“十二五”普通高等教育本科国家级规划教材
南开大学数学教学丛书

高等代数与解析几何

(上　册)
(第三版)

孟道骥　著

科学出版社
北京

内 容 简 介

数学分析、高等代数与解析几何是大学数学系的三大基础课程. 南开大学数学系将解析几何与高等代数统一为一门课程, 此举得到了同行们的普遍认同, 本书就是这种思想的尝试.

本书分上、下册, 第 1 章讨论多项式理论; 第 2 章介绍行列式, 包括用行列式解线性方程组的 Cramer 法则; 第 3 章矩阵, 主要介绍矩阵的计算、初等变换及矩阵与线性方程组的关系; 第 4 章介绍线性空间; 第 5 章介绍线性变换; 第 6 章多项式矩阵是为了讨论复线性变换而设的; 第 7 章介绍 Euclid空间; 第 8 章介绍双线性函数与二次型; 第 9 章讨论二次曲面; 第 10 章介绍仿射几何与射影几何. 本书附有相当丰富的习题.

本书可供高等院校数学系学生用作教材, 也可供数学教师和科研人员参考.

图书在版编目(CIP)数据

高等代数与解析几何(上、下册)/孟道骥著. —3 版. —北京: 科学出版社, 2014.3

("十二五"普通高等教育本科国家级规划教材·南开大学数学教学丛书)

ISBN 978-7-03-039766-9

I. ①高… II. ①孟… III. ①高等代数-高等学校-教材 ②解析几何-高等学校-教材 IV. ①O15 ②O182

中国版本图书馆 CIP 数据核字 (2014) 第 026688 号

责任编辑: 王 静 / 责任校对: 韩 杨
责任印制: 张 伟 / 封面设计: 陈 敬

科 学 出 版 社 出版
北京东黄城根北街 16 号
邮政编码: 100717
http://www.sciencep.com

北京九州迅驰传媒文化有限公司 印刷

科学出版社发行 各地新华书店经销

*

1998 年 8 月第一版 开本: 720 × 1000 B5
2007 年 1 月第二版 印张: 31
2014 年 3 月第三版 字数: 622 000
2022 年11月第二十五次印刷

定价: 69.00 元(上、下册)

(如有印装质量问题, 我社负责调换)

丛书第三版序

《南开大学数学教学丛书》于 1998 年在科学出版社出版, 2007 年出版第二版, 整套丛书列入 "普通高等教育 '十一五' 国家级规划教材" 中. 又过去几年了, 整套丛书又被列入 "'十二五' 普通高等教育本科国家级规划教材" 中. 这些都表明本丛书得到了使用者、读者以及南开大学, 特别是科学出版社的有效支持与帮助, 我们特向他们表示衷心的感谢!

我们曾被问及这套丛书的主编, 编委会是哪些人. 这套丛书虽然没有通常意义上的主编和编委会, 但是有一位 "精神主编": 陈省身先生. 中国改革开放后, 年事已高的陈省身先生回到祖国, 为将中国建设成数学大国、数学强国奋斗不息. 他这种崇高的精神感召我们在他创建的南开大学数学试点班的教学中尽我们的力量. 这套丛书就是我们努力的记录和见证.

陈省身先生为范曾的《庄子显灵记》写了序. 在这篇序中陈先生说在爱因斯坦书房的书架上有一本德译本老子的《道德经》.《道德经》第一句话说: "道可道, 无常道". 道总是在发展着的. 我们曾说: "更高兴地期待明天它 (《南开大学数学教学丛书》) 被更新、被更好的教材取而代之." 当然这需要进行必要的改革.《道德经》还说:"治大国若烹小鲜." 就是说要改革, 但不能瞎折腾.

我们虽已年过古稀 (有一位未到古稀但也逾花甲), 但仍想为建设数学强国出一点力, 因此推出这套丛书的第三版. 同时也藉此感谢支持帮助过我们的诸位! 陈省身先生离开我们快十周年了, 我们也藉此表示对陈省身先生的深切怀念!

全体编著者
2013 年 9 月于南开大学

丛书第一版序

海内外炎黄子孙都盼望中国早日成为数学大国，也就是“实现中国数学的平等和独立”[①]. 平等和独立是由中国出类拔萃的数学家及其杰出的研究工作来体现的，要有出类拔萃的数学家就要培养一批优秀的研究生、大学生. 这批人不在多，而在精，要层次高. 也就是要求他们热爱数学、基础扎实、知识面广、能力强.

20 世纪 80 年代中期，国家采纳了陈省身先生的几个建议. 建议之一是为培养高质量的数学专业的大学生，需要建立数学专业的试点班. 经过胡国定先生等的努力，1986 年在南开建立了数学专业的试点班. 这些做法取得了成功，并在基础学科的教学中有了推广. 1990 年在全国建立“国家理科基础学科研究和教学人才培养基地”，南开数学专业成为基地之一. 从 1986 年到现在的 10 余年中南开数学专业是有成绩的，如他们四次参加全国大学生数学竞赛获三次团体第一，一次团体第三. 在全国和国际大学生数学建模比赛中均获一等奖. 毕业生中的百分之八十继续攻读研究生，其中许多人取得了很好的成绩.

当然，取得这些成绩是与陈省身先生的指导、帮助分不开的，是与国内外同行们的支持与帮助分不开的. 如杨忠道、王叔平、许以超、虞言林、李克正等先生或参与教学计划、课程设置、课程内容的制订，或到南开任教等. 有了这些指导、帮助与支持，南开基础数学专业得以广泛吸收国内外先进的数学教学经验，并以此为基础对数学教学进行了许多改革、创新.

这套丛书是南开大学的部分教材，编著者们长期在南开数学专业任教，不断地把自己的心得体会融合到基础知识和基本理论的讲述中去，日积月累地形成了这套教材. 所以可以说这些教材不是“编”出来的，而是在长期教学中“教”出来的，“改”出来的，凝聚了我们的一些心血. 这些教材的共同点，也是我们教学所遵循的共同点是：首先要加强基础知识、基础理论和基本方法的教学；同时又要适当地开拓知识面，尤其注意反映学科前沿的成就、观点和方法；教学的目的是提高学生的能力，因此配置的习题中多数是为了巩固知识和训练基本方法，也有一些习题是为训练学生解题技巧与钻研数学的能力.

我们要感谢科学出版社主动提出将这套教材出版，这对编著者是件大好事. 编著者虽然尽了很大努力，一则由于编著者的水平所艰，二则数学的教育和所有学科的教育一样是在不断发展之中，因此这套教材中的缺欠和不足肯定存在. 我们恳请

---

①陈省身：在“二十一世纪中国数学展望”学术讨论会开幕式上的讲话.

各位同行不吝指正, 从而使编著者更明确了解教材及教学中的短长, 进而扬长避短, 改进我们的教学. 同进通过这套教材也可向同行们介绍南开的经验教训以供他们参考, 或许有益于他们的工作.

我们再次感谢帮助过南开的前辈、同行们, 同时也希望能继续得到他们的帮助. 办好南开的数学专业, 办好所有学校的数学专业, 把中国数学搞上去, 使中国成为数学大国是我们的共同愿望! 这个愿望一定能实现!

全体编著者

1998 年 6 月于南开大学

第三版前言

本书现在的第三版是将第二版做了少许的修改. 主要的改动有下面几处.

一、在预备知识 0.2 中添加了复数的基本内容, 在习题中也相应增加了几个有关的题目. 这是因为中学教学改革后, 复数的内容大幅度减少, 有的中学甚至不讲了. 复数又非常重要, 经常要用.

二、在 3.4 后面, 添加一段关于打洞技巧的阐述. 打洞技巧是华罗庚将矩阵的初等变换和分块运算结合起来而得到的一种矩阵计算技巧. 这是矩阵运算基本技巧之一.

三、4.7 添加了将矩阵等价标准形用于线性方程组理论的内容. 用这种方法求线性方程组的通解比用传统的寻找自由未知量求线性方程组的通解更快捷. 还添加了用线性映射理论研究线性方程组理论的例子.

四、4.11 添加了将线性映射用于研究矩阵的秩的几个例子. 这样比纯粹的矩阵方法更简捷.

五、在 4.5 与 4.6 之后分别添加了 Hamilton-Cayley 定理的另外两种证明. 书中一共有三种证明 Hamilton-Cayley 定理的方法. 这样有利于从不同的角度去理解这个极其重要的定理.

我们希望所有这些增加的内容都可以更好地诠释本书.

孟道骥

2013 年 9 月于南开大学

第二版前言

1996 年 10 月第六届全国代数会在上海华东师范大学举行时, 我有幸与科学出版社的资深编辑刘嘉善先生住在同一房间. 这是我第一次结识这位在全国负有盛名的编辑. 刘嘉善先生是天津人, 我在南开大学工作, 自然多了几分亲近, 交谈也就很多.

刘嘉善先生问起南开大学数学系的情况. 我将数学试点班的教学改革的情况告诉了他, 并将我讲授的高等代数与解析几何课程改革向他作了较详细的介绍. 我们的改革是将高等代数与解析几何两门课融合为一门课, 现在这样做的学校比较多了, 当时是很少的, 至少除南开大学外, 我没有听说过. 其实, 就是在南开也并非所有人都赞成. 我为此课程编写的讲义没有得到有关部门的出版支持, 据说是因为改革太大了.

刘嘉善先生对我们的改革和讲义表现出极大的热情, 让我给他一本讲义. 我回到天津后, 将讲义寄给他. 1997 年 2 月, 春节后, 收到他的信, 说科学出版社准备出版这个讲义, 并问我还有没有别的好讲义. 我想自陈省身先生建议办数学试点班以来, 已有 10 个年头了. 在这 10 年中, 南开数学试点班的教学做了许多工作, 教学质量有了很大提高. 为了进一步提高, 应当广泛征求意见与帮助. 出版我们的讲义是征求意见和帮助的最好途径之一. 因此我告诉刘嘉善先生, 数学试点班许多教材都是很好的. 科学出版社决定出一套《南开大学数学教学丛书》. 科学出版社的林鹏先生与刘嘉善先生还特地来南开与我们商谈有关事宜.

在当时的南开大学数学学院院长沈世镒教授、副院长王公恕教授及南开大学副教务长兼教务处处长骆家舜教授等的大力支持下, 出版此丛书的事宜终于落实了. 本书作为此丛书的第一本于 1998 年出版.

此后, 事情有了许多变化, 一些学校陆续将高等代数与解析几何并为一门课, 除我们自己使用我们的书外, 还有一些学校也使用我们的书. 同时也有将两门并为一门课的教材出版. 我们的课程成为教育部“理科人才基地创建名牌课程”的首批项目, 继而成为首批优秀项目, 后又成为“国家精品课程”. 本书也相继列入“中国科学院规划教材”,“普通高等教育‘十一五’国家级规划教材”.

更令人可喜的是, 在几年中得到许多朋友 (既有教师, 也有学生; 既有老朋友, 也有新朋友) 的各种各样的帮助. 这些帮助使我感动, 深深感觉已不再是“两间余一卒, 荷戟独彷徨”的情形.

应该要说的是, 我退休之后这样的帮助更多了. 先后有东北师范大学, 南京大学, 中国科技大学等学校让我去讲课. 一般是为硕士生和博士生讲李群、李代数方面的课程. 特别值得说说的是在中国科技大学讲了一年, 除李群、李代数外, 还为数学的本科生讲了一年的线性代数课. 中国科技大学数学系在代数方面由于深受她的创建人华罗庚先生的影响, 有很好的传统和优势. 数学界中流传的"龙生龙, 凤生凤, 科大的学生会打洞"(也有说成"龙生龙, 凤生凤, 华罗庚的学生会打洞") 就是生动的写照. 因此在这里讲课也是学习, 而且要学习就要如华罗庚先生所说的"弄斧到班门".

所有这些帮助使我感到这个教材有必要进行一些修改.

科学出版社支持了本书的出版, 还继续支持出本书的第二版, 很高兴有一个机会来弥补本书不足之处. 当然我们不指望本书尽善尽美. 高等代数与解析几何是数学中两个历史悠久、内容深刻、应用广泛的领域, 我们在教学中或在科研中应用它们时都是不断加深对它们的理解. 我们希望能在今后的学习、教学, 特别是研究中和朋友们一起, 更好地理解它们.

在第二版出版时, 我们要感谢科学出版社的朋友和所有帮助过我们的朋友. 特别要感谢邓少强、朱林生、王立云、史毅茜和王艳等, 没有他们具体的帮助, 第二版是不可能问世的.

作者还要感谢国家自然科学基金 (10571119) 的大力资助. 作者也不忘怀南开大学教务处, 南开大学数学科学学院和南开大学核心数学与组合数学重点实验室的帮助与支持.

孟道骥

2007 年 1 月于中国科技大学

目　录

(上　册)

丛书第三版序

丛书第一版序

第三版前言

第二版前言

引言 ······ (1)

0.1 概述 ······ (1)

0.2 预备事项 ······ (3)

第 1 章 多项式 ······ (13)

1.1 数域 ······ (13)

1.2 一元多项式 ······ (15)

1.3 带余除法 ······ (19)

1.4 最大公因式 ······ (25)

1.5 因式分解 ······ (33)

1.6 导数, 重因式 ······ (37)

1.7 多项式的根 ······ (39)

1.8 有理系数多项式 ······ (44)

1.9 多元多项式 ······ (48)

1.10 例 ······ (56)

第 2 章 行列式 ······ (64)

2.1 矩阵 ······ (64)

2.2 行列式 ······ (68)

2.3 行列式的性质 ······ (74)

2.4 行列式的完全展开 ······ (85)

2.5 Cramer 法则 ······ (91)

2.6 例 ······ (97)

第 3 章 矩阵 ······ (106)

3.1 矩阵的运算 ······ (106)

3.2 可逆矩阵 ······ (115)

3.3 矩阵的分块 ……(118)
3.4 矩阵的初等变换与初等矩阵 ……(124)
3.5 矩阵与线性方程组 ……(134)
3.6 例 ……(139)
第 4 章 线性空间 ……(146)
4.1 向量及其线性运算 ……(146)
4.2 坐标系 ……(150)
4.3 线性空间的定义 ……(160)
4.4 线性相关, 线性无关 ……(165)
4.5 秩、维数与基 ……(169)
4.6 矩阵的秩 ……(174)
4.7 线性方程组 ……(181)
4.8 坐标与基变换 ……(195)
4.9 子空间 ……(201)
4.10 商空间 ……(206)
4.11 线性空间的同态与同构 ……(210)
附录 代数学基本定理 ……(220)
上册索引 ……(224)

引　　言

0.1　概　　述

数学分析、高等代数与解析几何是大学数学系的三大基础课程. 事实上, 它们也是理工科的基础, 由于数学、计算机的广泛应用, 以致经济、管理等专业今天也离不开计算机, 离不开数学, 离不开数学就离不开这三个基础. 通常在数学系它们是三门独立的课程, 在教学中占有重要的地位, 并占有很大比例. 由于在大学教学中要反映科学的新发展, 就必须在大学开设一些新的课程. 事实上, 各大学数学系中开设与计算机有关的课程已经越来越多了, 这样就必须重新安排原来的课程以节省时间. 由于数学分析与高等代数是数学中的两大支柱, 应用又特别广泛, 这两门课几乎没有削减的可能. 其实, 高等代数还随着计算机的普及而不断增强. 如许多非数学专业开设的课程除高等数学 (数学分析加解析几何) 这一传统课程外, 还增加了线性代数 (高等代数的一部分). 在这种情况下, 大多数数学系是采取削减解析几何的办法来减少基础课的学时. 无疑, 过分削减甚至取消解析几何是对数学学习的重大损失. 其实, 高等代数与解析几何关系非常密切, 这两门课程的内容不可避免地有很多重叠部分. 因而若将这两门课程合起来, 不仅可以省出许多时间, 而且也不会太多地削减解析几何的内容. 从某种意义上说, 反而会使这两门课程都得到加强. 南开大学数学系数学专业就是本着这一宗旨将解析几何与高等代数统一为一门课程. 这种作法也为数学家陈省身、杨忠道、王叔平等所提倡, 本书是力求反映这种思想的尝试.

大家知道, 初等代数是研究数及代表数的文字的代数运算 (加法、减法、乘法、除法、乘方、开方) 的理论和方法, 也就是研究多项式 (实系数与复系数) 的代数运算的理论和方法. 而多项式方程及多项式方程组的解 (包括解的公式和数值解) 的求法及其分布的研究恰为初等代数学研究的中心问题. 以这个中心问题为基础发展起来的一般数域上的多项式理论与线性代数理论就是所谓的**高等代数**.

多项式理论有很长的历史. 高等代数中的多项式不仅是实系数、复系数多项式, 而且包括一般数域的数为系数的多项式. 求一元多项式方程 (高次方程) 的解, 或一元多项式的根, 实际上就是求此多项式的一次因式. 因而一元多项式理论将以因式分解为中心来展开. 而多元多项式的问题复杂得多, 我们只以对称多项式为中心来展开.

高等代数的另一部分, 即线性代数理论, 虽然历史久远, 但在 20 世纪才形成一个独立分支. 线性代数起源于 (多元) 一次方程组 (又叫线性方程组) 的解法. 几何、力学与物理学等学科中的许多概念 (如向量等) 也是它的源泉. 线性代数大致可以分为矩阵、线性空间和代数型三个对象. 这三个对象间的关系是非常密切的, 以致线性代数中的大部分问题在这三种理论中的每一种都有等价的说法. 因此, 在学习线性代数时要熟练地从一种理论的叙述转移到另一种去. 当然, 这三者的着眼点是不一样的. 矩阵的观点与实际计算结合得最多, 技巧性也很强. 而代数型许多是从几何、力学与物理学科中提出来的. 线性空间则着眼于更深刻、更透彻地揭示线性代数中各种问题的本质. 这里, 各种概念的明确性是至关重要的. 此外, 要指出行列式不仅在历史上, 而且在今天仍然是一个重要的工具.

古典几何学是以空间图形为其研究对象的, 如各种平面图形、空间图形等, 其方法是直接考察图形. 这种方法称为综合几何法或纯粹几何法. 在古希腊时代, 几何学几乎代表了全部数学. 文艺复兴后, 代数学在欧洲迅速发展. 17 世纪以后, 数学分析发展非常显著, 几何学也摆脱了和代数学相脱离的状态. 特别是 R. 笛卡儿在空间设立坐标系之后, 可以用方程来表示图形; 反过来, 图形也可以表示方程. 所谓方程, 实际就是数与数之间的关系. 例如, 在平面直角坐标系中, $ax+by=c$(a, b,c 为常数; x,y 为未知数) 表示了一条平面直线. 反过来, 一条直线也代表了这样一个方程. 又例如, $x^2+y^2=r^2$ 在平面直角坐标系中表示以原点为中心, r 为半径的圆周. 反过来, 一个圆周也代表了一个二元二次方程 $(x-x_0)^2+(y-y_0)^2=r^2$. 按照坐标把图形改变成数与数之间的关系问题而对之进行处理的方法称为**解析几何**.

以代数方法来研究几何问题, 对某些问题带来很大方便. 但因方法所限, 研究的对象不可避免地有所限制. 因而解析几何系统研究的平面曲线是一次曲线 (直线) 与二次曲线 (如圆、双曲线、抛物线等); 系统研究的空间曲面为一次曲面 (平面)、二次曲面以及锥面、柱面和旋转面; 空间曲线多作为两曲面的交线.

既然解析几何是以代数为工具的, 因而本着 “工欲善其事, 必先利其器” 的原则, 我们基本上是先讨论代数, 而后用它去解决几何问题. 但是, 代数, 特别是线性代数中许多概念、结果又概括了几何、力学、物理等学科中一些概念、结果, 而产生更抽象、更本质的概念和结果. 故有时先讲解析几何中的 “原始” 的概念、结果对理解代数也是很有好处的, 也只有这样才能将这两门课真正统一起来.

不用坐标而直接考察图形的纯粹几何方法不仅用于古典几何的研究, 而且也用于射影几何的研究. 射影几何是由透视图法而发展起来的, 它可以说是纯粹几何法指导下的产物. 与射影几何密切相关的是仿射几何. 现在射影几何与仿射几何也都可以用线性代数方法来研究, 因而有人将解析几何、仿射几何与射影几何统归于线性几何之中. 我们也将以代数的观点介绍仿射几何与射影几何的基本概念与基本定理, 如 Desargue 定理等. 由于教学课时所限, 也只能如此而已.

许以超在《线性代数与矩阵论》一书的序中说: "所谓线性代数学, 就是或者直接研究线性空间的几何问题, 或者将线性空间的一些几何问题化为矩阵问题." K. W. Gruenberg 与 A. J. Weir 在其*Linear Geometry* (《线性几何》) 一书的序中第一句话就说:"这主要是一本关于线性代数的书." 这些看法也适用于本书.

本书的第 1 章讨论多项式理论. 我们在实际教学中只讲授一元多项式部分, 多元多项式部分在抽象代数中讲授. 第 2 章是行列式, 包括用行列式解线性方程组的 Cramer 法则. 第 3 章矩阵主要是讲矩阵的计算、初等变换及矩阵与线性方程组的关系. 这 3 章的习题一般说来技巧性较强. 为了介绍一些技巧, 我们在这 3 章的最后都安排了一些例题. 第 4 章是线性空间. 其中第一、二节可以说是解析几何, 这样我们可以更清楚线性空间的几何背景. 第 5 章是线性变换. 第 6 章多项式矩阵是为了讨论复线性变换而设的. 实际上, 在第 5 章的第 8 节及其习题中这个问题已经解决, 但这种方法在其他书中未曾见过, 一般书上都采用第 6 章的方法, 这两种讲法采用一种即可. 我们采用第 5 章第 8 节的讲法, 因此第 6 章的多项式矩阵理论可以作为抽象代数中模论中更一般结果的特例. 第 7 章 Euclid 空间是通常 Euclid 几何的推广. 向量的长度与向量间的夹角起着关键性的作用. 在三维 Euclid 空间中的向量积与混合积是解析几何中的重要内容与重要工具, 我们在本章最后一节讲述. 第 8 章是双线性函数与二次型, 实际上也是多元二次多项式, 这是用代数方法研究的最重要的工具之一. 它在数学分析中也是很有用的, 因而在这章最后两节分别论述二次型在数学分析与解析几何中的应用. 至此, 高等代数的内容可以告一段落. 同时解析几何中平面、直线的理论也基本论述完毕. 作为解析几何学工具的代数也准备完了, 因而在第 9 章我们就可以很轻松地讨论二次曲面了. 第 10 章是仿射几何与射影几何, 我们仍然采用代数方法而不是纯粹几何方法来处理.

最后要说明的是, 线性空间的张量代数在几何学 (如微分几何学)、物理学中有广泛的应用, 因而也是很重要的. 按其性质应属于线性代数, 但一般却不在高等代数的课程中讲授, 有的在抽象代数中讲授, 有的在微分几何课中讲授. 由于课时的原因, 本书也不介绍.

正式内容前的预备事项一是介绍连加号、连乘号; 一是介绍数学归纳法. 当然也可以在正式内容中介绍, 单独介绍一下的好处是避免讲述正式内容时枝叶过多而分散学生的注意力.

0.2 预备事项

1. 连加号 (Σ) 在数学中, 为了使数学式表示简单明确, 通常要规定一些特殊符号. 连加号就是其中之一.

n 个数 $a_1, a_2, \cdots, a_n$ 的和

$$a_1 + a_2 + \cdots + a_n$$

简记为

$$\sum_{i=1}^{n} a_i.$$

当然, 也可以记为 $\sum\limits_{j=1}^{n} a_j$, $\sum\limits_{k=1}^{n} a_k$ 等.

序列

$$b_1, b_2, \cdots, b_p, \cdots, b_q, \cdots$$

中从第 p 项到第 q 项之和, 则可记为

$$\sum_{i=p}^{q} b_i \quad \text{或} \quad \sum_{p \leqslant i \leqslant q} b_i.$$

又如

$$\sum_{i=0}^{k} b_{2i+1}$$

则表示上述序列的第 1 项到第 $2k+1$ 项中所有奇数项的和, 即

$$\sum_{i=0}^{k} b_{2i+1} = b_1 + b_3 + \cdots + b_{2k+1}.$$

以后, 还可能出现两个、三个, 甚至更多个连加号在一起的情况.

如有 mn 个数, 我们可将它们排成一个长方阵: m 个 (横) 行, n 个 (竖) 列. 将第 i 行, 第 j 列的数表示为 a_{ij} 即有下面的表

$$\begin{matrix} a_{11} & a_{12} & \cdots & a_{1n} \\ a_{21} & a_{22} & \cdots & a_{2n} \\ \vdots & \vdots & & \vdots \\ a_{m1} & a_{m2} & \cdots & a_{mn} \end{matrix}$$

第 1 行, 第 2 行, $\cdots$, 第 m 行各数之和分别为

$$\sum_{j=1}^{n} a_{1j}, \quad \sum_{j=1}^{n} a_{2j}, \quad \cdots, \quad \sum_{j=1}^{n} a_{mj}.$$

然后, 再将这些数求和, 即

$$\left(\sum_{j=1}^{n} a_{1\,j}\right)+\left(\sum_{j=1}^{n} a_{2\,j}\right)+\cdots+\left(\sum_{j=1}^{n} a_{m\,j}\right).$$

这时可将此数记为

$$\sum_{i=1}^{m}\sum_{j=1}^{n} a_{i\,j}.$$

这数实际上是 mn 个数的总和. 当然, 我们也可先按列求和, 而后将各列之和相加而求得总和. 因此, 我们有

$$\sum_{i=1}^{m}\sum_{j=1}^{n} a_{ij}=\sum_{j=1}^{n}\sum_{i=1}^{m} a_{ij}.$$

其他还有许多情况, 以后再逐渐熟悉.

2. 连乘号 (Π) 与连加号相类似地, 有连乘号 Π.

n 个数 a_1, a_2, $\cdots$, a_n 之积

$$a_1a_2\cdots a_n$$

简记为

$$\prod_{i=1}^{n} a_i.$$

当然, 也可以有多重连乘号. 例如前面所说的 mn 个排成长方阵的数的积, 可表示为

$$\prod_{i=1}^{m}\prod_{j=1}^{n} a_{ij} \quad 或者 \quad \prod_{j=1}^{n}\prod_{i=1}^{m} a_{i\,j}.$$

有时可能用到一些别的表示法. 如

$$\prod_{1\leqslant i<j\leqslant n}(a_j-a_i)$$

表示所有 $i<j$ 的 a_j-a_i 因子的乘积, 即

$$\begin{aligned}\prod_{1\leqslant i<j\leqslant n}(a_j-a_i)=&(a_2-a_1)(a_3-a_1)\cdots(a_n-a_1)\\&(a_3-a_2)\cdots(a_n-a_2)\\&\cdots\\&(a_n-a_{n-1})\end{aligned}$$

为 $\dfrac{1}{2}n(n-1)$ 个因式之积.

3.　数学归纳法　我们知道, 证明一个与自然数有关的性质 $E(n)$ 对所有自然数成立, 首先对数 1 证明 $E(1)$ 成立, 然后在"归纳假设"之下, 即假定数 n 具有性质 $E(n)$ 来证明数 $n+1$ 具有性质 $E(n+1)$.

这种证明方法的可靠性在于自然数集 $\mathbf{N}$ 有下面性质.

完全归纳原理　设 S 为 $\mathbf{N}$ 的子集, 而且满足

1)　$1 \in S$;

2)　若 $n \in S$, 则 $n+1 \in S$.

那么, $S = \mathbf{N}$.

自然数集 $\mathbf{N}$ 除了上面的完全归纳原理的性质外, 还有一个很重要的定理.

定理 0.2.1　自然数集 $\mathbf{N}$ 的任一非空子集都有一个最小数.

证　设 S 是 $\mathbf{N}$ 的一个非空子集. 于是有 $k \in S$, 因此集合

$$S_k = S \cap \{1,\ 2,\ \cdots, k\} = \{s \in S | s \leqslant k\}$$

是有限集, 于是有最小数 m.

显然, $m \in S$, $s \in S_k$, 则 $s \geqslant m$. 又若 $n \in S$, $n \notin S_k$, 则 $n > k \geqslant m$. 故 m 是 S 的最小数.

由这个定理, 我们可以建立第二数学归纳法:

为证明一个与自然数有关的性质 $E(n)$ 对所有自然数成立, 首先证明 $E(1)$ 成立. 在归纳假设对每个小于 n 的数 $k(<n)$ $E(k)$ 成立下, 证明 $E(n)$ 成立. 那么, $E(n)$ 对所有自然数都成立.

事实上, 假设使 $E(n)$ 不成立的自然数集为 S. 若 S 非空, 即 $S \neq \varnothing$. 则 S 中有最小数 n_0, $k < n_0$ 时, $E(k)$ 成立. 故 $E(n_0)$ 成立, 即 $n_0 \notin S$. 矛盾. 因而我们知道第二归纳法成立.

例 0.1　证明 Fibonacci 序列

$$a_1 = 1,\ a_2 = 2,\quad a_n = a_{n-1} + a_{n-2},\qquad n = 3,\ 4,\ \cdots$$

的通项公式为

$$a_n = \frac{1}{\sqrt{5}}\left(\left(\frac{1+\sqrt{5}}{2}\right)^{n+1} - \left(\frac{1-\sqrt{5}}{2}\right)^{n+1}\right).$$

证　直接验算有

$$\begin{aligned}&\frac{1}{\sqrt{5}}\left(\left(\frac{1+\sqrt{5}}{2}\right)^{2} - \left(\frac{1-\sqrt{5}}{2}\right)^{2}\right)\\ =&\frac{1}{\sqrt{5}}\left(\frac{3+\sqrt{5}}{2} - \frac{3-\sqrt{5}}{2}\right) = 1;\end{aligned}$$

$$\frac{1}{\sqrt{5}}\left(\frac{1+\sqrt{5}}{2}-\frac{1-\sqrt{5}}{2}\right)\left(\frac{3+\sqrt{5}}{2}-1+\frac{3-\sqrt{5}}{2}\right)=2.$$

即 $n=1, 2$ 时公式成立. 假设 $k\leqslant n$ 时, 公式成立. 现证 $n+1$ 时公式成立. 此时

$$\begin{aligned}a_{n+1}=&a_n+a_{n-1}\\=&\frac{1}{\sqrt{5}}\left(\left(\frac{1+\sqrt{5}}{2}\right)^n\left(\frac{1+\sqrt{5}}{2}+1\right)\right.\\&\left.-\left(\frac{1-\sqrt{5}}{2}\right)^n\left(\frac{1-\sqrt{5}}{2}+1\right)\right)\\=&\frac{1}{\sqrt{5}}\left(\left(\frac{1+\sqrt{5}}{2}\right)^{n+2}-\left(\frac{1-\sqrt{5}}{2}\right)^{n+2}\right).\end{aligned}$$

即公式成立. 于是公式对任意自然数成立.

双重数学归纳法 若 $E(m, n)$ 是依赖于独立的自然数 m, n 的性质. 如果可以对 m 用数学归纳法证明对任何自然数 m, 性质 $E(m, 1)$ 成立. 对任何固定的 m, 又可对 n 用归纳法证明 $E(m, n)$ 对任何自然数 n 成立. 那么性质 $E(m, n)$ 对一切自然数 m, n 成立.

事实上, 令

$$S=\{(m, n)|\, m, n\in \mathbf{N},\ E(m, n)\ \text{不成立}\}.$$

$$S_1=\{n|\, n\in \mathbf{N},\ \text{若}\ \exists m\in \mathbf{N}\ \text{使}\ (m, n)\in S\}.$$

显然, $1\notin S_1$. 若 $S\neq\varnothing$, 即 $S_1\neq\varnothing$. 设 n_1 为 S_1 的最小数, 于是有 m_1 使 $(m_1, n_1)\in S$. 但是 $E(m_1, k)$, $k<n_1$ 时, $E(m_1, k)$ 成立. 因而 $E(m_1, n_1)$ 成立, 故 $(m_1, n_1)\notin S$ 矛盾.

当然, 我们可以有更多重的数学归纳法.

在举下一个例子之前, 我们先不加证明地叙述有关自然数 (整数) 的性质.

通常, 如果自然数 (整数) a 能整除自然数 (整数) b, 我们记为 $a|b$. a, b 的最大公约数, 最小公倍数分别记为 (a, b), $[a, b]$. 如果 $(a, b)=1$, 则称 a 与 b 互素.

若 p 是素数, 且 $p|ab$. 则 $p|a$ 或 $p|b$.

例 0.2 设自然数 $a_1, a_2, \cdots, a_m$ 中每一个与自然数 $b_1, b_2, \cdots, b_n$ 中每一个互素, 即

$$(a_i, b_j)=1, \qquad 1\leqslant i\leqslant m,\ 1\leqslant j\leqslant n.$$

则 $a_1a_2\cdots a_m$ 与 $b_1b_2\cdots b_n$ 互素.

证　设 $n=1$, 当 $m=1$ 时, $(a_1,\ b_1)=1$. 假设 $m-1$ 时, 结论成立. 现证 m 时, 结论成立. 若不然, 则有素数 p, 使得 $p\left|\left(\prod_{i=1}^{m} a_i,\ b_1\right)\right.$. 因而

$$p|b_1, \qquad p\left|\prod_{i=1}^{m} a_i\right. .$$

因而

$$p\left|\prod_{i=1}^{m-1} a_i\right. \text{或} p|a_m.$$

于是

$$p\left|\left(\prod_{i=1}^{m-1} a_i,\ b_1\right)\right. \quad \text{或} \quad p|(a_m,\ b_1).$$

这是矛盾的. 于是对任意自然数 m, 当 $n=1$ 时, 结论成立. 设 $n-1$ 时, 结论成立. 现证 n 时结论成立, 若不然, 则有素数 p 使得

$$p\left|\left(\prod_{i=1}^{m} a_i,\ \prod_{j=1}^{n} b_j\right)\right. .$$

于是

$$p\left|\prod_{i=1}^{m} a_i\right. , \qquad p\left|\prod_{j=1}^{n} b_j\right. .$$

故

$$p\left|\prod_{j=1}^{n-1} b_j\right. \quad \text{或} \quad p|b_n.$$

因而

$$p\left|\left(\prod_{i=1}^{m} a_i,\ \prod_{j=1}^{n-1} b_j\right)\right. \quad \text{或} \quad p\left|\left(\prod_{i=1}^{m} a_i,\ b_n\right)\right. .$$

这与

$$\left(\prod_{i=1}^{m} a_i,\ \prod_{j=1}^{n-1} b_j\right)=\left(\prod_{i=1}^{m} a_i,\ b_n\right)=1$$

矛盾. 故 n 时结论成立. 故结论对任何自然数 $m,\ n$ 成立.

归纳定义 (**归纳构造法**)　定义一个与自然数 n 有关的量 $\varphi(n)$, 如果 $\varphi(n)$ 是用 $\varphi(m)\ (m<n)$ 来表示, 这种定义方法称为**归纳定义法**.

例如, 设 a 是一个数 ,a 的正整数方幂的定义为 $a^1 = a,\ a^n = a^{n-1} \cdot a$ 就是归纳定义的.

又如, 等比数列, $a_1 = a,\ a_n = a_{n-1} \cdot a$, 也是归纳定义的.

再如, 在例 0.1 中提到的 Fibonacci 数列

$$a_1 = 1,\ a_2 = 2,\ \cdots,\ a_n = a_{n-1} + a_{n-2}$$

也是归纳定义的.

归纳定义法在高等代数中经常用到, 在别的数学分支中也经常用到. 归纳定义法的合理性也是由完全归纳原理所保证的. 因而, 可以说它与数学归纳法是亲兄弟.

4. 复数 在初等数学中我们知道, $\sqrt{-1}$ 或 i 表示 -1 的平方根, 也就是说 $\sqrt{-1}^2 = -1$.$\sqrt{-1}$ 称为**虚数单位**.

如果 x, y 是实数, 称下面形式的数

$$z = x + y\sqrt{-1}$$

为一个**复数**,x, $y\sqrt{-1}$ 分别称为 z 的**实部**, **虚部**.

复数的运算如下:x, y, x_1, y_1 是实数, 则

$$(x + y\sqrt{-1}) + (x_1 + y_1\sqrt{-1}) = (x + x_1) + (y + y_1)\sqrt{-1};$$
$$(x + y\sqrt{-1}) - (x_1 + y_1\sqrt{-1}) = (x - x_1) + (y - y_1)\sqrt{-1};$$
$$(x + y\sqrt{-1})(x_1 + y_1\sqrt{-1}) = (xx_1 - yy_1) + (xy_1 + x_1y)\sqrt{-1};$$
$$(x+y\sqrt{-1})\div(x_1+y_1\sqrt{-1}) = \frac{(xx_1+yy_1)+(yx_1-xy_1)\sqrt{-1}}{x_1^2+y_1^2}, \quad \text{当}\ x_1+y_1\sqrt{-1}\neq 0.$$

复数 $z = x + y\sqrt{-1}$ 可以表示为 (复) 平面上的一个点, 如图 0.1.

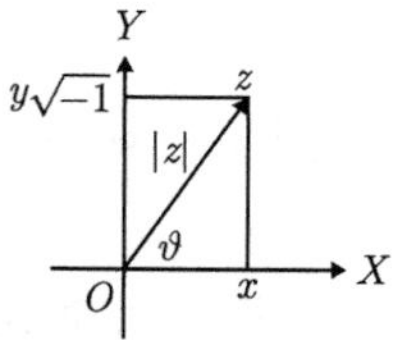

图 0.1

于是有

$$z = x + y\sqrt{-1} = |z|(\cos\vartheta + \sqrt{-1}\sin\vartheta),$$

其中

$$|z| = \sqrt{x^2 + y^2}, \quad x = |z|\cos\vartheta, \quad y = |z|\sin\vartheta.$$

$|z|$, ϑ 分别称为 z 的**模** (**长度**), **辐角**. 复数的这种表示法也称为**三角表示法**.

由复数 $z=x+y\sqrt{-1}$ 得到的复数 $\bar{z}=x-y\sqrt{-1}$ 称为 z 的**共轭**, 在复平面的表示中, z 和它的共轭 $\bar{z}$ 关于实轴是对称的 (图 0.2).

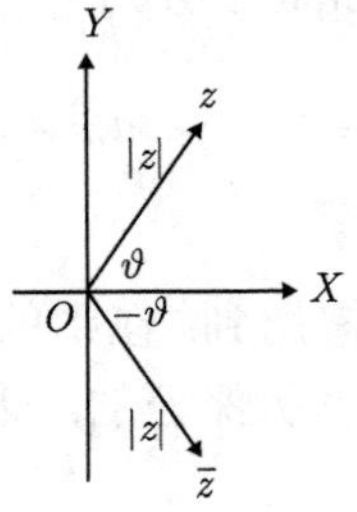

图 0.2

用三角表示法计算复数的乘积相当简单, 如果 $z_1=x_1+y_1\sqrt{-1}=|z_1|(\cos\vartheta_1+\sqrt{-1}\sin\vartheta_1)$, 则

$$zz_1=|z|\,|z_1|(\cos(\vartheta_1+\vartheta_2)+\sqrt{-1}\sin(\vartheta_1+\vartheta_2)),$$

即只要把它们的模相乘, 辐角相加就可以了.

从 16 世纪开始, 解高于一次方程的需要导致复数的形成. 高斯在证明代数学基本定理和研究双二次剩余理论中应用并论述了复数, 他把复数和平面上的点一一对应, 引进了 "复数" 这个名词.

18 世纪以后, 复数在数学、力学和电学中得到了应用, 从此对它的研究日益展开, 现在复数已成为科学技术中普遍应用的一种数学工具.

陈省身说:"复数系统在科学上的作用可大了. 没有复数便没有电磁学, 便没有近代文明! 数学的伟大是不可想象的."

习　题

1. 以 C_n^k 表示 n 个元素中取 k 个元素的组合数. 试证:

   1) $\displaystyle\sum_{k=0}^{n}C_n^k=2^n$;

   2) $C_{n-1}^{k-1}+C_{n-1}^{k}=C_n^k$;

   3) $\displaystyle\sum_{i=0}^{k}C_{n+i}^{i}=C_{n+k+1}^{k}$;

   4) $\displaystyle\sum_{k=0}^{n}\left(C_n^k\right)^2=C_{2n}^{n}$.

2. 试证下列代数恒等式

$$(x_1+\cdots+x_m)^n=\sum_{i_1+\cdots+i_m=n}\frac{n!}{i_1!i_2!\cdots i_m!}x_1^{i_1}x_2^{i_2}\cdots x_m^{i_m}.$$

3. 设 $a_1=1,\ a_2=2,\ \cdots,\ a_n=a_{n-1}+a_{n-2},\ \cdots$ 为 Fibonacci 序列. 试证

$$\sum_{i=1}^{n}a_i=a_{n+2}-2.$$

4. 性质 $E(n)$ 对 $n=3$ 成立, 并且如果它对 $n\geqslant 3$ 成立, 那么对于 $n+1$ 也成立. 证明对于所有的 $n\geqslant 3$ 的数全成立.

5. 将上题中的 3 换成 0, 作同样的证明.

6. 设 $E(n)$ 是关于自然数的性质. 如果:

1) $E(1), E(2), \cdots, E(l)$ $(l\geqslant 2)$ 成立;

2) 在假设 $E(k+1), E(k+2), \cdots, E(k+l-1)$ 成立的条件下, 可以证明 $E(k+l)$ 成立,

则 $E(n)$ 对任何自然数成立.

注 此命题称为**大跨度数学归纳法**.

7. 设 $E(n)$ 是关于自然数的性质. 如果:

1) 有无限多个自然数使 $E(n)$ 成立;

2) 在假设 $E(k+1)$ (k 是自然数) 成立的条件下, 可以证明 $E(k)$ 成立,

则 $E(n)$ 对任何自然数成立.

注 此命题称为**反向数学归纳法**.

8. 设 $a_1, a_2, \cdots, a_n$ 是正数. 证明 $n=2^k$ $(k=1,2,\cdots)$ 有

$$\frac{1}{n}(a_1+a_2+\cdots+a_n)\geqslant(a_1a_2\cdots a_n)^{\frac{1}{n}}.$$

9. 设 $a_1, a_2, \cdots, a_n$ 是正数. 证明对任何正整数 n 有

$$\frac{1}{n}(a_1+a_2+\cdots+a_n)\geqslant(a_1a_2\cdots a_n)^{\frac{1}{n}}.$$

10. 设 $E_1(n), E_2(n)$ 是关于自然数的两个性质. 如果:

1) $E_1(1)$ 成立;

2) 在假设 $E_1(k)$ 成立的条件下, 可以证明 $E_2(k)$ 成立;

3) 在 $E_2(k)$ 成立的条件下, 可以证明 $E_1(k+1)$ 成立,

则 $E_1(n), E_2(n)$ 对任何自然数成立.

注 此命题称为**跷跷板数学归纳法**.

11\. 设 $a_{2l}=3l^2$, $a_{2l-1}=3l(l-1)+1(l=1,2,\cdots)$. 证明

$$\sum_{n=1}^{2l-1} a_n=\frac{1}{2}l(4l^2-3l+1);$$
$$\sum_{n=1}^{2l} a_n=\frac{1}{2}l(4l^2+3l+1).$$

注 上述等式是朱世杰 (元代数学家) 得到的.

12\. 设 $E_1(n)$, $E_2(n)$, $\cdots$, $E_m(n)$ 是关于自然数的 m 个性质. 如果:

1) $E_1(1)$ 成立;

2) 在假设 $E_l(k)$ $(1\leqslant l\leqslant m-1)$ 成立的条件下, 可以证明 $E_{l+1}(k)$ 成立;

3) 在 $E_m(k)$ 成立的条件下, 可以证明 $E_1(k+1)$ 成立,

则 $E_1(n)$, $E_2(n)$, $\cdots$, $E_m(n)$ 对任何自然数成立.

注 此命题称为**螺旋式数学归纳法**.

13\. 设 z, z_1 是复数, 证明

$$\overline{z+z_1}=\bar{z}+\bar{z_1},\ \overline{z-z_1}=\bar{z}-\bar{z_1},\ \overline{zz_1}=\bar{z}\bar{z_1},\ \overline{z\div z_1}=\bar{z}\div\bar{z_1},\ |z|^2=z\bar{z}.$$

14\. 设 $z=|z|(\cos\vartheta+\sqrt{-1}\sin\vartheta), z_1=|z_1|(\cos\vartheta_1+\sqrt{-1}\sin\vartheta_1)\neq 0$, 证明

$$z\div z_1=\frac{|z|}{|z_1|}(\cos(\vartheta-\vartheta_1)+\sqrt{-1}\sin(\vartheta-\vartheta_1)).$$

15\. 设 n 是一个正整数, k 是一个整数, 证明

$$\left(\cos\frac{2k\pi}{n}+\sqrt{-1}\sin\frac{2k\pi}{n}\right)^n=1.$$

16\. 设 n 是一个正整数, 证明

$$\cos\frac{2k\pi}{n}+\sqrt{-1}\sin\frac{2k\pi}{n},\quad k=0,1,\cdots,n-1$$

将复平面上以原点为圆心的半径为 1 的圆 (单位圆)n 等分.

第1章　多　项　式

多项式理论是高等代数的一个重要组成部分. 原则上说, 多项式的内容是中学代数课程中最重要的部分, 因此大家对本章的内容不是陌生的. 但是, 中学是以多项式的具体运算为主, 而这里将以多项式的理论为主. 也就是说, 这里讨论的多项式主要侧重于一般性的规律, 因而比起初等代数更具有抽象性.

多项式理论包括一元多项式与多元多项式两部分. 我们以一元多项式理论中的因式分解理论为主.

1.1　数　　域

我们分别用 $\mathbf{N}$, $\mathbf{Z}$, $\mathbf{Q}$, $\mathbf{R}$ 与 $\mathbf{C}$ 表示自然数、整数、有理数、实数与复数的集合. 显然有

$$1 \in \mathbf{N} \subset \mathbf{Z} \subset \mathbf{Q} \subset \mathbf{R} \subset \mathbf{C}.$$

在复数集 $\mathbf{C}$ 中有加法、减法、乘法与除法四种运算, 称为**四则运算**.

以后, 我们经常要用到下面一些术语.

设$\boldsymbol{P}$ 是 $\mathbf{C}$ 的一个子集.

1)　如果对任何 a, $b \in \boldsymbol{P}$, 有 $a+b \in \boldsymbol{P}$ (这句话, 常简单地表示为: $\forall a$, $b \in \boldsymbol{P} \Rightarrow a+b \in \boldsymbol{P}$. 下面用类似的表示法), 则称$\boldsymbol{P}$ **对加法封闭**.

2)　$\forall a$, $b \in \boldsymbol{P} \Rightarrow a-b \in \boldsymbol{P}$, 则称$\boldsymbol{P}$ **对减法封闭**.

3)　$\forall a$, $b \in \boldsymbol{P} \Rightarrow ab \in \boldsymbol{P}$, 则称$\boldsymbol{P}$ **对乘法封闭**.

4)　$\forall a$, $b \in \boldsymbol{P}$, $b \neq 0 \Rightarrow a/b \in \boldsymbol{P}$, 则称$\boldsymbol{P}$ **对除法封闭**.

例 1.1　$\mathbf{N}$ 对加法与乘法封闭, 但对减法与除法不封闭.

例 1.2　$\mathbf{Z}$ 对加法、减法与乘法封闭, 但对除法不封闭.

例 1.3　$\mathbf{Q}$, $\mathbf{R}$, $\mathbf{C}$ 对加、减、乘、除法都封闭.

这里, 我们先说明一下, 如何用数学的语言来说 $\mathbf{C}$ 的子集$\boldsymbol{P}$ 对除法 “不封闭”. 所谓$\boldsymbol{P}$对除法不封闭, 即存在 (以后用符号 “$\exists$” 表示) a, $b \in \boldsymbol{P}, b \neq 0$ 使得 $a/b \notin \boldsymbol{P}$.

例 1.4　令 $\boldsymbol{P} = \{0\}$. 则$\boldsymbol{P}$对加、减、乘、除法都封闭.

这里$\boldsymbol{P}$对加、减、乘法封闭是显然的. 由于在$\boldsymbol{P}$中不存在 a, b, $b \neq 0$ 使得 $a/b \notin \boldsymbol{P}$, 故$\boldsymbol{P}$对除法不是 “不封闭” 的. 因而是封闭的.

以后, 我们讨论 $\mathbf{C}$ 的包含非零数、对四则运算都封闭的子集, 这种子集称为数域.

定义 1.1.1　复数集 $\mathbf{C}$ 的子集$\boldsymbol{P}$, 如果满足下面两个条件:

1)　$\exists a \in \boldsymbol{P},\ a \neq 0$;

2)　$\boldsymbol{P}$对四则运算都封闭,

则称为一个**数域**.

从上面例 1.3 知道, $\mathbf{Q}$, $\mathbf{R}$, $\mathbf{C}$ 都是数域, 分别称为**有理数域**、**实数域**、**复数域**.

从例 1.4 知 $\{0\}$ 虽然对四则运算封闭, 但不是数域.

例 1.5　令

$$\boldsymbol{P} = \mathbf{Q}(\sqrt{2}) = \{a + b\sqrt{2} \mid a,\ b \in \mathbf{Q}\},$$

则$\boldsymbol{P}$是一个数域.

证　因为 $0,\ 1 \in \mathbf{Q}(\sqrt{2})$, 故$\boldsymbol{P}$满足条件 1). 设 $a, b, c, d \in \mathbf{Q}$, 则

$$(a + b\sqrt{2}) \pm (c + d\sqrt{2}) = (a \pm c) + (b \pm d)\sqrt{2} \in \boldsymbol{P},$$

$$(a + b\sqrt{2})(c + d\sqrt{2}) = (ac + 2bd) + (ad + bc)\sqrt{2} \in \boldsymbol{P}.$$

又设 $c + d\sqrt{2} \neq 0$. 若 $d = 0$, 则 $c \neq 0$. 于是 $c = c - d\sqrt{2} \neq 0$. 若 $d \neq 0$, 由 $\sqrt{2}$ 是无理数知 $c - d\sqrt{2} \neq 0$. 总之, $c + d\sqrt{2} \neq 0$ 则 $c - d\sqrt{2} \neq 0$. 于是

$$\begin{aligned}&(a + b\sqrt{2})/(c + d\sqrt{2})\\=&(a + b\sqrt{2})(c - d\sqrt{2})/(c^2 - 2d^2) \in \boldsymbol{P}\end{aligned}$$

因而$\boldsymbol{P}$满足条件 2), 故 $\boldsymbol{P} = \mathbf{Q}(\sqrt{2})$ 是数域.

显然,

$$\mathbf{Q} \subset \mathbf{Q}(\sqrt{2}) \subset \mathbf{R}.$$

例 1.6　令

$$\boldsymbol{P} = \mathbf{Q}(\sqrt{-1}) = \{a + b\sqrt{-1} \mid a,\ b \in \mathbf{Q}\},$$

则$\boldsymbol{P}$是一个数域.

证　证明方法与例 1.5 完全一样. 读者可自行完成.

显然,

$$\mathbf{Q} \subset \mathbf{Q}(\sqrt{-1}) \subset \mathbf{C}.$$

此时, $\mathbf{Q}(\sqrt{-1})$ 既不是 $\mathbf{R}$ 的子集, $\mathbf{R}$ 也不是 $\mathbf{Q}(\sqrt{-1})$ 的子集.

定理 1.1.1　若$\boldsymbol{P}$是一个数域, 则

$$\mathbf{Q} \subseteq \boldsymbol{P}.$$

特别地, 0, $1 \in \boldsymbol{P}$.

证 因为$\boldsymbol{P}$为数域, 故 $\exists a \in \boldsymbol{P}$, $a \neq 0$. 由$\boldsymbol{P}$对减法封闭, 故 $a-a=0 \in \boldsymbol{P}$. $\boldsymbol{P}$对除法封闭, 故 $1=a/a \in \boldsymbol{P}$. 由0, $1 \in \boldsymbol{P}$, $\boldsymbol{P}$对四则运算封闭, 故 $\mathbf{Q} \subseteq \boldsymbol{P}$.

定理 1.1.2 若数域 $\boldsymbol{P} \supset \mathbf{R}$, 则 $\boldsymbol{P}=\mathbf{C}$.

证 因为 $\boldsymbol{P} \supset \mathbf{R}$, 故有 $\alpha \in \boldsymbol{P}$, $\alpha \notin \mathbf{R}$. 因而 $\alpha = a+b\sqrt{-1}$, $a, b \in \mathbf{R}$, $b \neq 0$. 由于 $a, b \in \mathbf{R} \subset \boldsymbol{P}$, $\boldsymbol{P}$ 对四则运算封闭, 故 $(\alpha-a)/b=\sqrt{-1} \in \boldsymbol{P}$. 故 $\forall c, d \in \mathbf{R}$, $c+d\sqrt{-1} \in \mathbf{C}$. 即有 $\boldsymbol{P}=\mathbf{C}$.

习　　题

1. 举出对加法、乘法及除法封闭但对减法不封闭的例子.
2. 举出对加法、减法封闭, 但对乘法不封闭的例子.
3. 举出对加法、减法都不封闭, 但对乘法封闭的例子.
4. 试证 $\mathbf{C}$ 的子集$\boldsymbol{P}$若对减法封闭, 则必对加法封闭.
5. 试证 $\mathbf{C}$ 的子集$\boldsymbol{P}$若对除法封闭, 则必对乘法封闭.
6. 令
$$\mathbf{Q}(\sqrt[3]{5}) = \{a+b\sqrt[3]{5}+c\sqrt[3]{25} \mid a, b, c \in \mathbf{Q}\},$$
试证 $\mathbf{Q}(\sqrt[3]{5})$ 是一个数域.

1.2　一元多项式

一元多项式的运算是大家所熟知的, 本节只作一个简要的介绍.

设$\boldsymbol{P}$是一个数域, x 是一个文字 (符号).

定义 1.2.1 设 n 是一个非负整数, $a_0, a_1, \cdots, a_n \in \boldsymbol{P}$. 称形式表达式

$$a_0+a_1x+a_2x^2+\cdots+a_nx^n=\sum_{i=0}^{n} a_ix^i$$

为**系数在数域$\boldsymbol{P}$中的一元多项式** (简称**数域$\boldsymbol{P}$上的一元多项式**, 更简单地称**多项式**).

a_ix^i (令 $a_0x^0=a_0$) 称为该多项式的 i **次项**, a_i 称为 i 次项的**系数**; a_0 又称为**常数项**; 若 $a_n \neq 0$, 则称 a_nx^n 为**首项** (**最高项**), a_n 为**首项系数**, 而 n 称为该多项式的**次数**.

若多项式中各项系数全为零, 则称此多项式为**零多项式**, 记为 0. 不规定零多项式的次数. (**注** 也有规定零多项式 0 的次数为 $-\infty$ 的.)

$n=0$ 时, $a_0 \in \boldsymbol{P}$, 也称为$\boldsymbol{P}$上的多项式.

以后, 用 $f(x)$, $g(x)$ 或 f, g 等表示多项式. 若 $f(x) \neq 0$, 则记 $f(x)$ 的次数为 $\deg f(x)$.

设 $\deg f(x) = n$, 且 $f(x) = \sum_{i=0}^{n} a_i x^i$, $a_n \neq 0$. 如果 $i > n$, 我们约定 $f(x)$ 的 i 次项系数 $a_i = 0$. 于是我们又可记

$$f(x) = \sum_{i=0}^{\infty} a_i x^i.$$

这样, $f(x)$ 的系数构成一个无穷序列

$$a_0, a_1, \cdots, a_i, \cdots.$$

在此序列中只有有限项不为零. 反过来, 我们从这样一个序列也可以构造出一个多项式.

$\boldsymbol{P}$上所有以 x 为文字的一元多项式集合记为 $\boldsymbol{P}[x]$. 特别地,$\boldsymbol{P} \subset \boldsymbol{P}[x]$.

定义 1.2.2 $\boldsymbol{P}[x]$ 中两个多项式 $f(x) = \sum_{i=0}^{\infty} a_i x^i$, $g(x) = \sum_{i=0}^{\infty} b_i x^i$ 称为**相等**, 如果它们的各项系数都相等, 即 $a_i = b_i$, $i = 0, 1, \cdots$. 此时记为

$$f(x) = g(x).$$

显然, $f(x) \neq 0$ 且 $f(x) = g(x)$, 则 $\deg f(x) = \deg g(x)$.

下面讨论 $\boldsymbol{P}[x]$ 中加法, 减法与乘法运算.

定义 1.2.3 $\boldsymbol{P}[x]$ 中多项式

$$f(x) = \sum_{i=0}^{\infty} a_i x^i, \quad g(x) = \sum_{i=0}^{\infty} b_i x^i$$

的**和**定义为

$$f(x) + g(x) = \sum_{i=0}^{\infty} (a_i + b_i) x^i.$$

显然, 序列 a_0+b_0, a_1+b_1, $\cdots$, a_i+b_i, $\cdots$ 中只有有限项不为零. 故 $f(x)+g(x)$ 仍为多项式.

我们具体写一个多项式 $f(x) = \sum_{i=0}^{n} a_i x^i$ 时, 经常把系数为零的项省去. 如 $1 + 0x + x^2$ 写成 $1 + x^2$.

例 1.7 设 $f(x) = 1 - 7x - 4x^3 + 6x^4 + 3x^5$, $g(x) = 12 + 7x^4 + 8x^8$, 则

$$f(x) + g(x) = 13 - 7x - 4x^3 + 13x^4 + 3x^5 + 8x^8.$$

容易验证, 加法有下列运算律:

1. 交换律: $f(x)+g(x)=g(x)+f(x)$;

2. 结合律: $(f(x)+g(x))+h(x)=f(x)+(g(x)+h(x))$;

3. $0+f(x)=f(x)$;

4. 设 $f(x)=\sum\limits_{i=0}^{\infty}a_ix^i$, 记 $-f(x)=\sum\limits_{i=0}^{\infty}(-a_i)x^i$. 则

$$f(x)+(-f(x))=0;$$

5. $-(-f(x))=f(x)$.

有了加法及其运算规律, 特别是结合律, 多项式 $f(x)=a_0+a_1x+\cdots+a_nx^n$ 可以看成是多项式 a_0, a_1x, $\cdots$, a_nx^n 的和. 于是再由交换律, 它们的次序可以任意排列, 求和之后是不变的. 因而一个多项式不一定按升幂次序排列. 如 $1+3x+5x^2$ 也可写成 $5x^2+3x+1$, $1+5x^2+3x$ 等.

定义 1.2.4 $\boldsymbol{P}[x]$ 中多项式 $f(x)$, $g(x)$ 的**差**定义为

$$f(x)-g(x)=f(x)+(-g(x)).$$

如果 $f(x)=\sum\limits_{i=0}^{\infty}a_ix^i$, $g(x)=\sum\limits_{i=0}^{\infty}b_ix^i$, 则

$$f(x)-g(x)=\sum_{i=0}^{\infty}(a_i-b_i)x^i.$$

减法的性质与加法的性质不一样. 特别注意

$$g(x)-f(x)=-(f(x)-g(x)),$$

$$(f(x)-g(x))-h(x)=f(x)-(g(x)+h(x)).$$

定义 1.2.5 $\boldsymbol{P}[x]$ 中多项式 $f(x)=\sum\limits_{i=0}^{\infty}a_ix^i$, $g(x)=\sum\limits_{j=0}^{\infty}b_jx^j$ 的**积**定义为

$$f(x)g(x)=\sum_{k=0}^{\infty}\left(\sum_{i+j=k}a_ib_j\right)x^k.$$

如果记 $f(x)g(x)=\sum\limits_{k=0}^{\infty}c_kx^k$, 则

$$\begin{aligned}c_k&=\sum_{i+j=k}a_ib_j\\&=a_0b_k+a_1b_{k-1}+\cdots+a_{k-1}b_1+a_kb_0, k=0,\ 1,\ \cdots\end{aligned}$$

如果 $\deg f(x)=m$, 即 $a_i=0,\ i>m$; $\deg g(x)=n$, 即 $b_j=0,\ j>n$. 于是, $k>m+n$ 时, 若 $i+j=k$, 则必有 $i>m$, 或 $j>n$. 于是 $a_ib_j=0$. 因而 $c_k=0,\ \forall k>m+n$. 所以 $f(x)g(x)\in \boldsymbol{P}[x]$.

例 1.8 设 $f(x)=1x^2+1x+1,\ g(x)=1x^2-1x+1$. 则

$$f(x)g(x)=1x^4+1x^2+1.$$

容易证明乘法有下面的运算律:

1. 交换律: $f(x)g(x)=g(x)f(x)$;

2. 结合律: $(f(x)g(x))h(x)=f(x)(g(x)h(x))$;

事实上, 设 $f(x)=\sum\limits_{i=0}^{\infty}a_ix^i,\ g(x)=\sum\limits_{i=0}^{\infty}b_ix^i,\ h(x)=\sum\limits_{i=0}^{\infty}c_ix^i$. 于是

$$\begin{aligned}
&(f(x)g(x))h(x)\\
&=\sum_{m=0}^{\infty}\left(\sum_{l+k=m}\left(\sum_{i+j=l}a_ib_j\right)c_k\right)x^m\\
&=\sum_{m=0}^{\infty}\left(\sum_{i+j+k=m}a_ib_jc_k\right)x^m\\
&=\sum_{m=0}^{\infty}\left(\sum_{i+n=m}a_i\left(\sum_{j+k=n}b_jc_k\right)\right)x^m\\
&=f(x)(g(x)h(x));
\end{aligned}$$

3. $1\cdot f(x)=f(x)$;

4. $0\cdot f(x)=0$.

乘法与加法之间有**分配律**:

$$(f(x)+g(x))h(x)=f(x)h(x)+g(x)h(x).$$

事实上

$$\begin{aligned}
&\left(\sum_{i=0}^{\infty}a_ix^i+\sum_{i=0}^{\infty}b_ix^i\right)\left(\sum_{j=0}^{\infty}c_jx^j\right)\\
&=\sum_{k=0}^{\infty}\sum_{i+j=k}(a_i+b_i)c_jx^k\\
&=\sum_{k=0}^{\infty}\sum_{i+j=k}a_ic_jx^k+\sum_{k=0}^{\infty}\sum_{i+j=k}b_ic_jx^k
\end{aligned}$$

$$= \left(\sum_{i=0}^{\infty} a_i x^i\right)\left(\sum_{j=0}^{\infty} c_j x^j\right) + \left(\sum_{i=0}^{\infty} b_i x^i\right)\left(\sum_{j=0}^{\infty} c_j x^j\right).$$

如果多项式 $f(x)$ 的 i 次项为 $1x^i$, 即 $a_i = 1$, 我们就记为 x^i. 由结合律, 我们可以将多项式 x^i 看成 $\underbrace{x \cdot x \cdot \cdots \cdot x}_{i\text{个}}$.

易证, 多项式的运算与次数之间有下面的关系:

$$\deg(f(x) \pm g(x)) \leqslant \max(\deg f(x),\ \deg g(x)),$$

$$\deg(f(x)g(x)) = \deg f(x) + \deg g(x).$$

特别地, 由第二个关系立即得到下面结果

$$f(x)g(x) = 0, \quad \text{当且仅当} \quad f(x) = 0 \text{ 或 } g(x) = 0.$$

习　　题

1. 设$\boldsymbol{P}$是数域. $f(x),\ g(x),\ h(x) \in \boldsymbol{P}[x]$, 且 $f(x) + g(x) = f(x) + h(x)$. 试证 $g(x) = h(x)$.
2. 设 $f(x),\ g(x),\ h(x) \in \boldsymbol{P}[x]$, 且 $f(x) \neq 0$. $f(x)g(x) = f(x)h(x)$. 试证 $g(x) = h(x)$.
3. 设 $f(x),\ g(x) \in \boldsymbol{P}[x],\ f(x) \neq 0,\ g(x) \neq 0$. 又 $\deg(f(x)g(x)) = \deg g(x)$. 试证 $f(x) = c \in \boldsymbol{P}$.
4. 设 $m,\ n \in \mathbf{N}$. $f(x) \in \boldsymbol{P}[x]$. 归纳定义

$$f^1(x) = (f(x))^1 = f(x),$$

$$f^n(x) = (f(x))^n = f(x) \cdot f^{n-1}(x).$$

试证:

1) $f^n(x)f^m(x) = f^{m+n}(x)$;

2) $(f^n(x))^m = f^{mn}(x)$;

3) $(f(x)g(x))^n = f^n(x)g^n(x)$;

4) $(f(x) + g(x))^n = \sum\limits_{k=0}^{n} C_n^k f^k(x) g^{n-k}(x)$.

这里 $f^0(x),\ g^0(x)$ 定义为 1.

1.3 带余除法

两个多项式相除, 不一定是多项式. 也就是说, 在多项式的范围来讨论问题, 原则上是不能用除法的. 一种替代的办法是所谓的**带余除法**.

定义 1.3.1 设$\boldsymbol{P}$是一个数域. $f(x)$, $g(x) \in \boldsymbol{P}[x]$. 且 $g(x) \neq 0$. 如果 $q(x)$, $r(x) \in \boldsymbol{P}[x]$ 满足下面条件:

1) $f(x) = g(x)q(x) + r(x)$;

2) $r(x) = 0$ 或 $\deg r(x) < \deg g(x)$.

则称 $q(x)$ 是 $g(x)$ 除 $f(x)$ 的**商** (**式**), $r(x)$ 为 $g(x)$ 除 $f(x)$ 的**余** (**式**).

自然, $f(x)$, $g(x)$ 分别叫做**被除式**、**除式**.

例 1.9 求 $x^2 - 3x + 1$ 除 $3x^3 + 4x^2 - 5x + 6$ 的商式和余式.

解 我们可以用如下算式进行运算:

$$
\begin{array}{r|rrrrrrr}
 & & & & & 3x & + & 13 \\ \cline{2-8}
x^2 - 3x + 1 & 3x^3 & + & 4x^2 & - & 5x & + & 6 \\
 & 3x^3 & - & 9x^2 & + & 3x & & \\ \cline{2-8}
 & & & 13x^2 & - & 8x & + & 6 \\
 & & & 13x^2 & - & 39x & + & 13 \\ \cline{4-8}
 & & & & & 31x & - & 7
\end{array}
$$

由此可知, 商式、余式分别为 $3x + 13$, $31x - 7$.

如果 $f(x) = \sum\limits_{i=0}^{n} a_i x^i$, $g(x) = x - a$. 那么余式 $r \in \boldsymbol{P}$. 商式 $q(x) = \sum\limits_{j=0}^{n-1} b_j x^j$. 此时有下面关系式:

$$
\begin{aligned}
&b_{n-1} = a_n, \\
&b_i = ab_{i+1} + a_{i+1}, \qquad i < n-1, \\
&r = ab_0 + a_0.
\end{aligned}
$$

特别地

$$
r = \sum_{i=0}^{n} a_i a^i = f(a).
$$

于是, 可用下表算出 $q(x)$ 的各项系数与 r

$$
\begin{array}{c|ccccc}
a & a_n & a_{n-1} & \cdots & a_1 & a_0 \\ \hline
 & b_{n-1} & b_{n-2} & \cdots & b_0 & r
\end{array}
$$

这就是所谓的**综合除法**.

例 1.10 求 $x + 1$ 除 $x^4 - 8x^3 + x^2 + 4x - 6$ 的商式与余式.

解 用综合除法列表如下:

$$
\begin{array}{c|ccccc}
-1 & 1 & -8 & 1 & 4 & -6 \\ \hline
 & 1 & -9 & 10 & -6 & 0
\end{array}
$$

即余式为零, 商式为 $x^3-9x^2+10x-6$.

例 1.11 求 $x-3$ 除 $2x^5-x^4-3x^3+x-3$ 的商式与余式.

解 用综合除法列表如下:

$$\begin{array}{c|cccccc} 3 & 2 & -1 & -3 & 0 & 1 & -3 \\ \hline & 2 & 5 & 12 & 36 & 109 & 324 \end{array}$$

因而商式为 $2x^4+5x^3+12x^2+36x+109$, 余式为 324.

一般地, 商式与余式是否存在? 如果存在, 是否唯一? 这是数学中经常碰到的问题. 下面的定理就是回答.

定理 1.3.1 设 $f(x), g(x)\in \boldsymbol{P}[x]$, 且 $g(x)\neq 0$. 则 $f(x)$ 除以 $g(x)$ 的商式与余式存在唯一.

证 首先证明商式 $q(x)$ 与余式 $r(x)$ 存在.

如果 $f(x)=0$ 或 $\deg f(x)<\deg g(x)$, 则取 $q(x)=0$, $r(x)=f(x)$, 即

$$f(x)=g(x)\cdot 0+f(x).$$

所以 0, $f(x)$ 分别为商式与余式.

余下讨论 $\deg f(x)\geqslant \deg g(x)$ 的情况. 由于 $\deg f(x)<\deg g(x)$ 的情况已经成立, 故可对 $f(x)$ 的次数用第二归纳法来证明. 设

$$f(x)=\sum_{i=0}^{m}a_ix^i,\quad a_m\neq 0,$$
$$g(x)=\sum_{j=0}^{n}b_jx^j,\quad b_n\neq 0,\ n\leqslant m.$$

令

$$f_1(x)=f(x)-g(x)\frac{a_m}{b_n}x^{m-n}, \tag{1}$$

则

$$\deg f_1(x)<\deg f(x).$$

于是有 $q_1(x)$, $r(x)\in \boldsymbol{P}[x]$, 使得

$$\begin{aligned} &f_1(x)=g(x)q_1(x)+r(x), \\ &r(x)=0 \quad 或 \quad \deg r(x)<\deg g(x). \end{aligned} \tag{2}$$

将 (2) 式代入 (1) 式, 整理后可得

$$f(x)=g(x)\left(\frac{a_m}{b_n}x^{m-n}+q_1(x)\right)+r(x).$$

于是 $\dfrac{a_m}{b_n}x^{m-n}+q_1(x)$, $r(x)$ 分别为 $g(x)$ 除 $f(x)$ 的商式与余式.

再证商式与余式的唯一性.

设 $q(x)$, $r(x)$ 与 $p(x)$, $s(x)$ 都是 $g(x)$ 除 $f(x)$ 的商式与余式. 因而

$$f(x)=g(x)q(x)+r(x)=g(x)p(x)+s(x).$$

因此

$$r(x)-s(x)=g(x)(p(x)-q(x)).$$

若 $p(x)\neq q(x)$, 由 $g(x)\neq 0$, 故 $r(x)-s(x)\neq 0$. 但

$$\deg(r(x)-s(x))<\deg g(x)\leqslant \deg g(x)(p(x)-q(x)).$$

这是矛盾的. 故 $p(x)=q(x)$, 从而 $r(x)=s(x)$.

定义 1.3.2 设 $f_1(x)$, $f_2(x)$, $g(x)\in \boldsymbol{P}[x]$, 且 $g(x)\neq 0$. 如果 $g(x)$ 除 $f_1(x)$, $f_2(x)$ 的余式相同, 则称 $f_1(x)$, $f_2(x)$ **模** $g(x)$ **同余**, 记作

$$f_1(x)\equiv f_2(x)\,(\mathrm{mod}\,g(x)).$$

否则, 称 $f_1(x)$, $f_2(x)$ **模** $g(x)$ **非同余**, 记作

$$f_1(x)\not\equiv f_2(x)\,(\mathrm{mod} g(x)).$$

例 1.12 $x^2-2x+2\equiv x^2\,(\mathrm{mod}\,(x-1))$.

因为 $x-1$ 除 x^2-2x+2, x^2 的余式都是 1.

定义 1.3.3 设 $f(x)$, $g(x)\in \boldsymbol{P}[x]$, 且 $g(x)\neq 0$. 若 $g(x)$ 除 $f(x)$ 的余式为 0, 则称 $g(x)$ **能整除** $f(x)$. 此时, 称 $g(x)$ 为 $f(x)$ 的**因式**, $f(x)$ 为 $g(x)$ 的**倍式**, 记为 $g(x)|f(x)$.

$g(x)$ 整除 $f(x)$ $(g(x)|f(x))$, 也就是说存在 $q(x)\in \boldsymbol{P}[x]$, 使得

$$f(x)=g(x)q(x).$$

注意到, $g(x)$ 除 0 的余式为 0. 故 $g(x)|f(x)$, 也就是 $f(x)$ 与 0 模 $g(x)$ 同余, 即

$$f(x)\equiv 0\,(\mathrm{mod}\,g(x)).$$

对于同余, 整除有很多重要、有趣但又很容易证明的性质. 我们只举出一部分.

1. $f_1(x)\equiv f_2(x)\,(\mathrm{mod} g(x))$ 当且仅当

$$f_1(x)-f_2(x)\equiv 0\,(\mathrm{mod} g(x)).$$

事实上, 若 $f_1(x) \equiv f_2(x)\,(\mathrm{mod}\,g(x))$, 则有

$$f_i(x) = g(x)q_i(x) + r(x), \quad i = 1,\ 2.$$

因此

$$f_1(x) - f_2(x) = g(x)(q_1(x) - q_2(x)),$$

故

$$f_1(x) - f_2(x) \equiv 0\,(\mathrm{mod}\,g(x)).$$

反之, 若 $f_1(x) - f_2(x) \equiv 0\,(\mathrm{mod}\,g(x))$, 即有

$$f_1(x) - f_2(x) = g(x)q(x).$$

设 $g(x)$ 除 $f_i(x)$ 的商式, 余式为 $q_i(x)$, $r_i(x)$, 故

$$f_1(x) - f_2(x) = g(x)(q_1(x) - q_2(x)) + (r_1(x) - r_2(x)).$$

即 $g(x)$ 除 $f_1(x) - f_2(x)$ 的余式为 $r_1(x) - r_2(x)$, 又为 0. 因而 $f_1(x)$, $f_2(x)$ 模 $g(x)$ 同余.

2. 设 $f_i(x) \equiv h_i(x)\,(\mathrm{mod}\,g(x))$, $i = 1,\ 2$. 则

$$f_1(x) \pm f_2(x) \equiv h_1(x) \pm h_2(x)\,(\mathrm{mod}\,g(x)),$$
$$f_1(x)f_2(x) \equiv h_1(x)h_2(x)\,(\mathrm{mod}\,g(x)).$$

事实上, 如果 $f_i(x)$ 除以 $g(x)$ 的余式为 $r_i(x)$, 则容易看出 $f_1(x) \pm f_2(x)$ 除以 $g(x)$ 的余式为 $r_1(x) \pm r_2(x)$. 因而 $f_i(x) \equiv h_i(x)\,(\mathrm{mod}\,g(x))$, $i = 1,\ 2$, 推出

$$f_1(x) \pm f_2(x) \equiv h_1(x) \pm h_2(x)\,(\mathrm{mod}\,g(x)).$$

其次, 我们注意到, $f_i(x) - h_i(x) = g(x)q_i(x)$, $i = 1, 2$. 于是

$$\begin{aligned}
&f_1(x)f_2(x) - h_1(x)h_2(x)\\
=&f_1(x)f_2(x) - f_1(x)h_2(x) + f_1(x)h_2(x) - h_1(x)h_2(x)\\
=&f_1(x)(f_2(x) - h_2(x)) + h_2(x)(f_1(x) - h_1(x))\\
=&g(x)(f_1(x)q_2(x) + h_2(x)q_1(x)).
\end{aligned}$$

由性质 1 知 $f_1(x)f_2(x) \equiv h_1(x)h_2(x)\,(\mathrm{mod}\,g(x))$.

3. $\forall c \in \boldsymbol{P}$, $c \neq 0$, $f(x) \in \boldsymbol{P}[x]$, 有 $c|f(x)$.

事实上, $f(x) = c \cdot (c^{-1}f(x))$.

4. 设 $f(x)$, $g(x) \in \boldsymbol{P}[x]$, 且 $f(x) \neq 0$, $g(x) \neq 0$. 则 $f(x)|g(x)$, $g(x)|f(x)$ 的充分必要条件是存在 $c \in \boldsymbol{P}$, $c \neq 0$, 使得 $f(x) = c\,g(x)$.

事实上, $f(x) = c\,g(x)$, 即 $g(x)|f(x)$. 另一方面, $c \neq 0$, $c \in \boldsymbol{P}$, 故 $g(x) = c^{-1}f(x)$. 即 $f(x)|g(x)$.

如果 $f(x)|g(x)$, $g(x)|f(x)$, 因而有

$$f(x) = g(x)p(x),$$

$$g(x) = f(x)q(x).$$

于是

$$f(x) = f(x)p(x)q(x).$$

因而

$$p(x)q(x) = 1.$$

注意到 $\deg 1 = 0$, 故 $\deg p(x) = \deg q(x) = 0$. 即有 $p(x) = c \in \boldsymbol{P}$, $c \neq 0$.

5. 若 $g(x)|f_i(x)$, $i = 1, 2, \cdots, k$. 则 $\forall u_i(x) \in \boldsymbol{P}[x]$, $i = 1, 2, \cdots, k$, 都有

$$g(x) \left| \sum_{i=1}^{k} u_i(x) f_i(x) \right. .$$

事实上, 由性质 2 有

$$\begin{aligned} \sum_{i=1}^{k} u_i(x) f_i(x) &\equiv \sum_{i=1}^{k} u_i(x) 0 \pmod{g(x)} \\ &\equiv 0 \pmod{g(x)}. \end{aligned}$$

我们称 $\sum\limits_{i=1}^{k} u_i(x) f_i(x)$ 是 $f_1(x)$, $f_2(x)$, $\cdots$, $f_k(x)$ 的一个**组合**.

6. 设 $f(x)$, $g(x)$, $h(x) \in \boldsymbol{P}[x]$, $g(x) \neq 0$, $h(x) \neq 0$. 若 $h(x)|g(x)$, $g(x)|f(x)$, 则 $h(x)|f(x)$.

事实上, 由 $g(x) = h(x)q_1(x)$, $f(x) = g(x)q_2(x)$ 可得

$$f(x) = h(x)(q_1(x)q_2(x)).$$

7. 设 $\boldsymbol{P}, \overline{\boldsymbol{P}}$ 都是数域, 且 $\boldsymbol{P} \subseteq \overline{\boldsymbol{P}}$. 又设 $f(x)$, $g(x) \in \boldsymbol{P}[x] \subseteq \overline{\boldsymbol{P}}[x]$, $g(x) \neq 0$, 则 $g(x)$ 除 $f(x)$ 在 $\boldsymbol{P}[x]$ 中的商式 $q(x)$ 与余式 $r(x)$ 也是 $g(x)$ 除 $f(x)$ 在 $\overline{\boldsymbol{P}}[x]$ 中的商式与余式. 因而, 在 $\boldsymbol{P}[x]$ 中, $g(x)|f(x)$ 当且仅当在 $\overline{\boldsymbol{P}}[x]$ 中, $g(x)|f(x)$.

习 题

1. 求用 $g(x)$ 除 $f(x)$ 的商式 $q(x)$ 与余式 $r(x)$:
   1) $f(x)=x^3-3x^2-x-1,\ g(x)=3x^2-2x+1$;
   2) $f(x)=x^4-2x+5,\ g(x)=x^2-x+2$.
2. $m,\ p,\ q$ 适合什么条件时, 有:
   1) $x^2+mx-1|x^3+px+q$;
   2) $x^2+mx+1|x^4+px+q$.
3. 用综合除法求 $g(x)$ 除 $f(x)$ 的商式与余式:
   1) $f(x)=2x^5-5x^3-8x,\ g(x)=x+3$;
   2) $f(x)=x^3-x^2-x,\ g(x)=x-1+2\sqrt{-1}$.
4. 用综合除法把 $f(x)$ 表成 $x-x_0$ 的方幂和
$$f(x)=\sum_{i=0}^{\infty}c_i(x-x_0)^i$$
   的形式:
   1) $f(x)=x^5,\ x_0=1$;
   2) $f(x)=x^4-2x^2+3,\ x_0=-2$;
   3) $f(x)=x^4+2\sqrt{-1}x^3-(1+\sqrt{-1})x^2-3x+7+\sqrt{-1},\ x_0=-\sqrt{-1}$.
5. 设 $g(x),\ f_1(x),\ f_2(x)\in \boldsymbol{P}[x],\ g(x)\neq 0$. 以 S_i 表示所有与 $f_i(x)$ 模 $g(x)$ 同余的多项式的集合, 即
$$S_i=\{f(x)\in \boldsymbol{P}[x]|f(x)\equiv f_i(x)\,(\mathrm{mod}\,g(x))\}.$$
   试证 $S_1\cap S_2\neq\varnothing$ 当且仅当 $f_1(x)\equiv f_2(x)\,(\mathrm{mod}\,g(x))$, 当且仅当 $S_1=S_2$.
6. 求 $f(x),\ g(x)\in \mathbf{R}[x]$, 使得 $\deg f(x)\neq \deg g(x)$, 且
$$f(x)^2-g(x)^2=x^4+x^3+x^2+x+1.$$

1.4 最大公因式

设$\boldsymbol{P}$是一个数域,$h(x),\ f(x),\ g(x)\in \boldsymbol{P}[x]$. 如果 $h(x)$ 既是 $f(x)$ 的因式, 又是 $g(x)$ 的因式, 即
$$h(x)|f(x),\ h(x)|g(x),$$
则称 $h(x)$ 为 $f(x)$ 与 $g(x)$ 的**公因式**.

例如, x^2-1 是 x^4-1 与 x^6-1 的公因式.

定义 1.4.1 若 $d(x),\ f(x),\ g(x)\in \boldsymbol{P}[x]$, 且 $d(x)\neq 0$. 如果 $d(x)$ 满足下面两条件:

1)　$d(x)|f(x)$, $d(x)|g(x)$;

2)　若 $h(x)|f(x)$, $h(x)|g(x)$, 则 $h(x)|d(x)$,

则称 $d(x)$ 是 $f(x)$ 与 $g(x)$ 的**最大公因式**.

从 1) 知, $d(x)$ 为 $f(x)$, $g(x)$ 的公因式. 2) 则说 $f(x)$, $g(x)$ 的任何公因式都是 $d(x)$ 的因式.

例 1.13　$x-1$, $x+1$, x^2-1 都是 x^4-2x^2+1, x^4-1 的公因式, x^2-1 是它们的最大公因式.

关于最大公因式有下面性质:

1.　若 $d(x)$ 是 $f(x)$ 与 $g(x)$ 的一个最大公因式, 则 $d_1(x)$ 为 $f(x)$ 与 $g(x)$ 的最大公因式当且仅当 $d_1(x)=c\,d(x)$, $c\in \boldsymbol{P}$, $c\neq 0$.

事实上, 因 $d(x)$ 为最大公因式, $d_1(x)$ 也为最大公因式, 则 $d_1(x)|d(x)$, $d(x)|d_1(x)$. 因而, $d_1(x)=c\,d(x)$, $c\in\boldsymbol{P}$, $c\neq 0$. 反之, 若此式成立, 则 $d_1(x)|d(x)$, 故 $d_1(x)|f(x)$, $d_1(x)|g(x)$, 故 $d_1(x)$ 为公因式. 若 $h(x)|f(x)$, $h(x)|g(x)$, 由于 $d(x)$ 为最大公因式, 故 $h(x)|d(x)$, 但 $d(x)|d_1(x)$, 因而 $h(x)|d_1(x)$. 即 $d_1(x)$ 为最大公因式.

2.　设 $h(x)$, $d(x)$ 分别是 $f(x)$, $g(x)$ 的公因式, 最大公因式. 则

$$\deg h(x)\leqslant \deg d(x),$$

而且, 当且仅当 $h(x)$ 也是最大公因式时等号成立.

由 $h(x)|d(x)$ 知上面不等式成立. 若 $h(x)$ 为最大公因式, 则 $h(x)=c\,d(x)$, $c\in\boldsymbol{P}$, $c\neq 0$, 于是等号成立. 反之, 若等号成立, 于是 $d(x)=h(x)q(x)$ 中 $\deg q(x)=0$. 于是 $d(x)=c\,h(x)$, $c\in\boldsymbol{P}$, $c\neq 0$. 故 $h(x)$ 为最大公因式.

3.　若 $g(x)|f(x)$, 则 $g(x)$ 是 $f(x)$ 与 $g(x)$ 的一个最大公因式.

从这些性质可知, 如果 $f(x)$, $g(x)$ 的最大公因式存在, 就不是唯一的, 但彼此之间差一常数因子, 它们为公因式中次数最高者. 它们之中有唯一的一个首项系数为 1 (这样的多项式称为**首一多项式**) 的最大公因式, 记为

$$(f(x),\ g(x)).$$

下面我们将证明最大公因式的存在性.

引理 1.4.1　设 $f(x)$ 除以 $g(x)$ 的余式, 商式分别为 $r(x)$, $q(x)$. 又 $(g(x),\ r(x))$ 存在, 则 $(f(x),\ g(x))$ 存在, 且

$$(f(x),\ g(x))=(g(x),\ r(x)).$$

证　只要证明 $f(x)$ 与 $g(x)$ 的公因式的集合和 $g(x)$ 与 $r(x)$ 的公因式的集合相等就行了. 设 $h(x)|f(x)$, $h(x)|g(x)$. 于是

$$h(x)|f(x)-g(x)q(x)=r(x),$$

即 $h(x)|g(x)$, $h(x)|r(x)$. 反之, 设 $k(x)|g(x)$, $k(x)|r(x)$, 则

$$k(x)|g(x)q(x)+r(x)=f(x),$$

即 $k(x)$ 为 $f(x)$, $g(x)$ 的公因式. 因而引理成立.

推论 设 $f(x)$ 除以 $g(x)$ 的余式为 $r(x)$, 且 $r(x)|g(x)$. 则 $r(x)$ 为 $f(x)$ 与 $g(x)$ 的最大公因式.

事实上, 此时 $r(x)$ 为 $g(x)$ 与 $r(x)$ 的最大公因式, 因而也是 $f(x)$ 与 $g(x)$ 的最大公因式.

在引理 1.4.1 的证明中并未用到 $r(x)$ 是余式这个条件, 仅仅用到 $f(x)=g(x)q(x)+r(x)$ 这一事实. 这个引理说明, 求 $f(x)$ 与 $g(x)$ 的最大公因式变成了求 $g(x)$ 与 $r(x)$ 的最大公因式, 这里 $r(x)=0$ 或 $\deg r(x)<\deg g(x)$. 这就使我们可以用归纳法来证明 $f(x)$, $g(x)$ 的最大公因式的存在. 如果两个多项式中有为零的, 这时很简单. 因而, 只需考查两个非零的多项式的最大公因式.

定理 1.4.2 $\boldsymbol{P}[x]$ 中两个非零多项式 $f(x)$, $g(x)$ 的最大公因式 $(f(x), g(x))$ 存在, 且为 $f(x)$ 与 $g(x)$ 的组合.

证 我们对 $\min\{\deg f(x), \deg g(x)\}=n$ 作归纳证明. 不妨假设 $\deg g(x)\leqslant\deg f(x)$.

$n=0$, 即 $g(x)=c\in\boldsymbol{P}$, $c\neq0$. 显然 $c|f(x)$. 于是 $(f(x), g(x))=1$, 且 $1=c^{-1}g(x)+0\cdot f(x)$ 为 $f(x)$ 与 $g(x)$ 的组合. 即定理成立.

设 $n\leqslant k$ 时, 定理成立. 现证 $n=k+1$ 时定理成立, 此时 $\deg g(x)=k+1$. 设 $q(x)$, $r(x)$ 分别为 $g(x)$ 除 $f(x)$ 的商式与余式, 因而

$$f(x)=g(x)q(x)+r(x),$$

$$r(x)=0 \quad 或 \quad \deg r(x)<\deg g(x).$$

若 $r(x)=0$, 则 $g(x)$ 为 $f(x)$ 与 $g(x)$ 的最大公因式. 设 $g(x)$ 的首项系数为 b, 于是

$$(f(x), g(x))=b^{-1}g(x)=0\cdot f(x)+b^{-1}g(x).$$

因而定理成立.

若 $r(x)\neq0$, 于是

$$\min\{\deg g(x), \deg r(x)\}=\deg r(x)<\deg g(x)=k+1.$$

由归纳假设 $(g(x), r(x))$ 存在, 且有 $u_1(x)$, $v_1(x)\in\boldsymbol{P}[x]$ 使得

$$(g(x), r(x))=u_1(x)g(x)+v_1(x)r(x).$$

因而

$$
\begin{aligned}
(f(x),\ g(x)) &= (g(x),\ r(x)) \\
&= u_1(x)g(x) + v_1(x)(f(x) - g(x)q(x)) \\
&= u(x)f(x) + v(x)g(x).
\end{aligned}
$$

即定理在 $n = k+1$ 时成立. 故定理成立.

引理 1.4.1 与定理 1.4.2 不仅告诉我们 $(f(x),\ g(x))$ 的存在性, 而且告诉了我们一种求出它的办法以及如何将它表示为 $f(x)$ 与 $g(x)$ 的组合. 其步骤如下: 以 $g(x)$ 除 $f(x)$ 得余式 $r(x)$; $r(x) \neq 0$, 以 $r(x)$ 除 $g(x)$ 得余式 $r_1(x)$; $r_1(x) = 0$, 则 $r(x)$ 为最大公因式, $r_1(x) \neq 0$, 以 $r_1(x)$ 除 $r(x)$ 得余式 $r_2(x)$, $\cdots$ 写成数学表达式

$$
\begin{aligned}
&f(x) = g(x)q(x) + r(x), \\
&g(x) = r(x)q_1(x) + r_1(x), \\
&r(x) = r_1(x)q_2(x) + r_2(x), \\
&\qquad\cdots\cdots\cdots\cdots \\
&r_{s-2}(x) = r_{s-1}(x)q_s(x) + r_s(x), \\
&r_{s-1}(x) = r_s(x)q_{s+1}(x).
\end{aligned}
$$

由于

$$\deg g(x) > \deg r(x) > \deg r_1(x) > \cdots$$

故一定有 $r_{s+1}(x) = 0$, 即 $r_s(x) | r_{s-1}(x)$. $r_s(x)$ 即为 $f(x)$ 与 $g(x)$ 的最大公因式, 且

$$r_s(x) = r_{s-2}(x) - r_{s-1}(x)q_s(x),$$

又可将 $r_{s-1}(x)$ 换成 $r_{s-2}(x)$ 与 $r_{s-3}(x)$ 的组合, $\cdots\cdots$, 依次下去, 就可将 $r_s(x)$ 表示为 $f(x)$ 与 $g(x)$ 的组合, 再除以 $r_s(x)$ 的首项系数就可以了. 这种求最大公因式的方法称为**辗转相除法**. 一般我们用下面形式表示

$q_1(x)$	$g(x)$	$f(x)$	$q(x)$
$\vdots$	$r(x)q_1(x)$	$g(x)q(x)$	
	$r_1(x)$	$r(x)$	$q_2(x)$
	$\vdots$	$\vdots$	

例 1.14　求 $(f(x),\ g(x))$ 及 $u(x)$, $v(x)$ 使

$$(f(x),\ g(x)) = u(x)f(x) + v(x)g(x)$$

其中 $f(x) = x^3 + 2x^2 - 5x - 6$, $g(x) = x^2 + x - 2$.

解 用辗转相除法, 有

$$
\begin{array}{r|lr|rrrr|l}
\dfrac{-1}{4}x & x^2+x & -2 & x^3+ & 2x^2 & -5x & -6 & x+1 \\
 & x^2+x & & x^3+ & x^2 & -2x & & \\
\cline{2-7}
 & & -2 & & x^2 & -3x & -6 & \\
 & & & & x^2 & +x & -2 & \\
\cline{4-7}
 & & & & & -4x & -4 & 2x+2 \\
 & & & & & -4x & -4 & \\
\cline{6-7}
 & & & & & & 0 &
\end{array}
$$

这里 $r(x)=-4x-4,\ r_1(x)=-2,\ r_2(x)=0$. 故

$$(f(x),\ g(x))=1.$$

而且由

$$f(x)=g(x)(x+1)+(-4x-4),$$
$$g(x)=(-4x-4)\left(-\frac{1}{4}x\right)+(-2),$$

得

$$
\begin{aligned}
1&=\frac{-1}{2}(-2)=\frac{-1}{2}\left(g(x)-r(x)\left(-\frac{1}{4}x\right)\right)\\
&=\frac{-1}{2}\left(g(x)-(f(x)-g(x)(x+1))\frac{-x}{4}\right)\\
&=-\frac{x}{8}f(x)+\left(\frac{x^2}{8}+\frac{x}{8}-\frac{1}{2}\right)g(x),
\end{aligned}
$$

即可取 $u(x)=-\dfrac{x}{8},\ v(x)=\dfrac{1}{8}(x^2+x-4)$.

定义 1.4.2 设 $f(x),\ g(x)\in \boldsymbol{P}[x]$. 如果

$$(f(x),\ g(x))=1,$$

则称 $f(x)$ 与 $g(x)$ **互素**.

如果 $f(x), g(x)$ 互素, 则 $f(x), g(x)$ 的任何公因式都是非零常数. 反过来也是对的.

定理 1.4.3 设 $f(x),\ g(x)\in \boldsymbol{P}[x]$, 则 $f(x)$ 与 $g(x)$ 互素的充分必要条件是存在 $u(x),\ v(x)\in \boldsymbol{P}[x]$ 使得

$$u(x)f(x)+v(x)g(x)=1.$$

证 必要性可由定理 1.4.2 得到. 反之, 如果

$$u(x)f(x)+v(x)g(x)=1.$$

由 $(f(x),\ g(x))|f(x)$, $(f(x),\ g(x))|g(x)$, 知 $(f(x),\ g(x))|1$. 故 $(f(x),\ g(x))\in \boldsymbol{P}$. 又 $(f(x),\ g(x))$ 的首项系数为 1, 故 $(f(x),\ g(x))=1$. 充分性得证.

定理 1.4.4 设 $f(x),\ g(x),\ h(x)\in \boldsymbol{P}[x]$, 且

$$(f(x),\ g(x))=1,\qquad f(x)|g(x)h(x).$$

则

$$f(x)|h(x).$$

证 由 $(f(x),\ g(x))=1$, 故有 $u(x),\ v(x)$ 使得

$$1=u(x)f(x)+v(x)g(x).$$

因此

$$h(x)=u(x)f(x)h(x)+v(x)g(x)h(x).$$

于是由 $f(x)|u(x)f(x)h(x)$, $f(x)|v(x)g(x)h(x)$ 知 $f(x)|h(x)$.

推论 设 $(f_1(x),\ f_2(x))=1$, 且 $f_i(x)|g(x),\ i=1,2$, 则 $f_1(x)f_2(x)|g(x)$.

证 由 $f_1(x)|g(x)$, 知 $g(x)=f_1(x)q(x)$. 又由

$$f_2(x)|g(x),\ (f_1(x),\ f_2(x))=1$$

知 $f_2(x)|q(x)$. 故 $q(x)=f_2(x)h(x)$, $g(x)=f_1(x)f_2(x)h(x)$. 推论成立.

下面我们讨论任意有限多个多项式的最大公因式.

定义 1.4.3 设 $f_1(x),\ f_2(x),\ \cdots,\ f_k(x)\ (k\geqslant 2)$; $d(x)\in \boldsymbol{P}[x]$. 如果 $d(x)$ 满足下面两个条件:

1) $d(x)|f_i(x),\ 1\leqslant i\leqslant k$;

2) 若 $h(x)|f_i(x),\ 1\leqslant i\leqslant k$, 则 $h(x)|d(x)$,

则称 $d(x)$ 为 $f_1(x),\ f_2(x),\ \cdots,\ f_k(x)$ 的**最大公因式**.

如同 $k=2$ 的情形, 可以证明如果 $f_1(x), f_2(x), \cdots, f_k(x)$ 的最大公因式存在, 彼此之间可以差一个非零常数因子. 因而有唯一的首项系数为 1 的最大公因式, 记为

$$(f_1(x),\ f_2(x),\ \cdots,\ f_k(x)).$$

定理 1.4.5 设 $f_1(x),\ f_2(x),\ \cdots,\ f_k(x)\in \boldsymbol{P}[x]\ (k\geqslant 2)$, 则有下面结果:

1) $(f_1(x),\ f_2(x),\ \cdots,\ f_k(x))$ 存在, 且

$$
\begin{aligned}
&(f_1(x),\ f_2(x),\ \cdots,\ f_k(x))\\
=&((f_1(x),\ f_2(x),\ \cdots,\ f_{k-1}(x)),\ f_k(x));
\end{aligned}
$$

2) $(f_1(x), f_2(x), \cdots, f_k(x))$ 是 $f_1(x), f_2(x), \cdots, f_k(x)$ 的组合;

3) $(f_1(x),\ f_2(x),\ \cdots,\ f_k(x)) = 1$ (称 $f_1(x), f_2(x), \cdots, f_k(x)$ **互素**) 的充分必要条件是存在 $u_i(x) \in \boldsymbol{P}[x]$ $(1 \leqslant i \leqslant k)$ 使得

$$\sum_{i=1}^{k} u_i(x) f_i(x) = 1.$$

证 对 k 作归纳证明. $k=2$ 时, 定理 1.4.5 成立. 现设 $k-1$ 时定理 1.4.5 成立. 记 $d_1(x) = (f_1(x),\ f_2(x),\ \cdots,\ f_{k-1}(x))$.

1) 若 $h(x)|f_i(x)$, $1 \leqslant i \leqslant k$, 则 $h(x)|d_1(x)$, $h(x)|f_k(x)$. 反之, 若 $h(x)|d_1(x)$, $h(x)|f_k(x)$, 则有 $h(x)|f_i(x)$, $1 \leqslant i \leqslant k-1$ 及 $h(x)|f_k(x)$. 因而 $(d_1(x), f_k(x))$ 为 $f_1(x), f_2(x), \cdots, f_k(x)$ 的最大公因式. 自然

$$(f_1(x),\ f_2(x),\ \cdots,\ f_k(x)) = ((f_1(x),\ f_2(x),\ \cdots,\ f_{k-1}(x)),\ f_k(x)).$$

2) 由于 $(d_1(x),\ f_k(x))$ 是 $d_1(x)$ 与 $f_k(x)$ 的组合, $d_1(x)$ 是 $f_1(x),\ f_2(x),\ \cdots,\ f_{k-1}(x)$ 的组合, 故 $(f_1(x),\ f_2(x), \cdots,\ f_k(x))$ 是 $f_1(x),\ f_2(x),\ \cdots,\ f_k(x)$ 的组合.

3) 必要性可由 2) 得到. 反之, 由于

$$(f_1(x),\ f_2(x),\ \cdots,\ f_k(x))|f_i(x),\ 1 \leqslant i \leqslant k,$$

故

$$(f_1(x),\ f_2(x),\ \cdots,\ f_k(x))\Big|\sum_{i=1}^{k} u_i(x) f_i(x) = 1,$$

故

$$(f_1(x),\ f_2(x),\ \cdots,\ f_k(x)) = 1.$$

这样 k 时定理 1.4.5 成立. 故定理成立.

习　　题

1. 求 $f(x)$ 与 $g(x)$ 的最大公因式:

   1) $f(x) = x^4 + x^3 - 3x^2 - 4x - 1$, $\quad g(x) = x^3 + x^2 - x - 1$;

   2) $f(x) = x^4 - 4x^3 + 1$, $\quad g(x) = x^3 - 3x^2 + 1$;

   3) $f(x) = x^4 - 10x^2 + 1$, $\quad g(x) = x^4 - 4\sqrt{2}x^3 + 6x^2 + 4\sqrt{2}x + 1$.

2. 求 $u(x)$, $v(x)$ 使 $u(x)f(x)+v(x)g(x)=(f(x),\ g(x))$:

   1) $f(x)=x^4+2x^3-x^2-4x-2$,　　$g(x)=x^4+x^3-x^2-2x-2$;

   2) $f(x)=4x^4-2x^3-16x^2+5x+9$,　$g(x)=2x^3-x^2-5x+4$;

   3) $f(x)=x^4-x^3-4x^2+4x+1$,　　$g(x)=x^2-x-1$.

3. 设 $f(x)=x^3+(1+t)x^2+2x+2u$, $g(x)=x^3+tx^2+u$ 的最大公因式的次数为 2. 求 t, u 的值.

4. 证明: 如果 $d(x)=u(x)f(x)+v(x)g(x)$, 则 $d(x)$ 为 $f(x)$, $g(x)$ 的最大公因式, 当且仅当 $d(x)|f(x)$ 及 $d(x)|g(x)$.

5. 设 $h(x)$ 是首一多项式. 证明

$$(f(x)h(x),\ g(x)h(x))=(f(x),\ g(x))h(x).$$

6. 如果 $f(x)$, $g(x)$ 不全为零. 证明

$$\left(\frac{f(x)}{(f(x),\ g(x))},\ \frac{g(x)}{(f(x),\ g(x))}\right)=1,$$

   其中 $\dfrac{f(x)}{(f(x),\ g(x))}$, $\dfrac{g(x)}{(f(x),\ g(x))}$ 分别表示 $f(x)$, $g(x)$ 除以 $(f(x),\ g(x))$ 的商式.

7. 证明: 如果 $f(x)$, $g(x)$ 不全为零, 且

$$u(x)f(x)+v(x)g(x)=(f(x),\ g(x)),$$

   则 $(u(x),\ v(x))=1$.

8. 证明: 如果 $(f(x),\ g(x))=(f(x),\ h(x))=1$, 则

$$(f(x),\ g(x)h(x))=1.$$

9. 设 $f_i(x)$, $g_j(x)\in \boldsymbol{P}[x]$, $1\leqslant i\leqslant m$, $1\leqslant j\leqslant n$. 且 $(f_i(x),\ g_j(x))=1$, $1\leqslant i\leqslant m$, $1\leqslant j\leqslant n$. 试证

$$\left(\prod_{i=1}^{m} f_i(x),\quad \prod_{j=1}^{n} g_j(x)\right)=1.$$

10. 设 $(f(x),\ g(x))=1$. 试证 $(f(x)g(x),\ f(x)+g(x))=1$.

11. 设 $f_1(x)=af(x)+bg(x)$, $g_1(x)=cf(x)+dg(x)$, a, b, c, $d\in \boldsymbol{P}$, 且 $ad-bc\neq 0$. 试证 $(f(x),\ g(x))=(f_1(x),\ g_1(x))$.

12. 设 $(f(x),\ g(x))=1$. 试证 $(f(x^m),\ g(x^m))=1\ (m\geqslant 1)$.

13. 设 $\deg \dfrac{f(x)}{(f(x),\ g(x))}>0$, $\deg \dfrac{g(x)}{(f(x),\ g(x))}>0$. 试证存在 $u(x)$, $v(x)$ 满足

$$\deg u(x)<\deg \frac{g(x)}{(f(x),\ g(x))},$$

$$\deg v(x)<\deg \frac{f(x)}{(f(x),\ g(x))},$$

使得

$$u(x)f(x)+v(x)g(x)=(f(x),\ g(x)).$$

14. 设 $g(x)\neq 0$, 又 $f(x)\equiv h(x)\,(\mathrm{mod}\,g(x))$. 试证

$$(f(x),\ g(x))=(h(x),\ g(x)).$$

15. 求一次数最低的多项式 $f(x)$, 使得

$$f(x)\equiv\begin{cases}x^2+x+1(\mathrm{mod}x^4-2x^3-2x^2+10x-7),\\ 2x^2-3(\mathrm{mod}x^4-2x^3-3x^2+13x-10).\end{cases}$$

16. 求多项式 $f(x)$, 使得

$$(x^2+1)|f(x),\ (x^3+x^2+1)|(f(x)+1).$$

17. 设 $f(x),\ g(x)\in \boldsymbol{P}[x]$. 试证下列条件等价:
   1) $(f(x),\ g(x))=1$;
   2) $\exists u(x)\in \boldsymbol{P}[x]$, 使得 $u(x)f(x)\equiv 1\,(\mathrm{mod}\,g(x))$;
   3) $\exists v(x)\in \boldsymbol{P}[x]$, 使得 $v(x)g(x)\equiv 1\,(\mathrm{mod}\,f(x))$.

1.5 因式分解

中学数学中介绍了一些因式分解的方法. 而且对多项式进行因式分解时, 总是要求分到不能再分的程度. 但什么是不能再分呢? 这就要依情况而定. 如

$$x^4-4=(x^2-2)(x^2+2).$$

如果将 x^4-4 作为 $\mathbf{Q}[x]$ 中元素, 上面分解就是不能再分的了. 但作为 $\mathbf{R}[x]$ 中元素, 还可以继续分解

$$x^4-4=(x^2+2)(x-\sqrt{2})(x+\sqrt{2}),$$

而且作为 $\mathbf{R}[x]$ 中元素, 这个分解是不能再分解的了. 但作为 $\mathbf{C}[x]$ 中元素又可以再分解

$$x^4-4=(x-\sqrt{2})(x+\sqrt{2})(x-\sqrt{-2})(x+\sqrt{-2}).$$

当然, 这是不能再分的了.

"不能分" 的多项式的确切数学定义如下:

定义 1.5.1 数域$\boldsymbol{P}$上多项式 $p(x)$ $(\deg p(x)\geqslant 1)$ 如果不能表示为 $\boldsymbol{P}[x]$ 中两个次数小于 $\deg p(x)$ 的多项式的乘积, 则称 $p(x)$ 为 $\boldsymbol{P}[x]$ 中**不可约多项式**. 如果 $f(x)\in \boldsymbol{P}[x]$, 存在 $f_i(x)\in \boldsymbol{P}[x]$, $i=1,\ 2$, 使得

$$f(x)=f_1(x)f_2(x),\ \deg f_i(x)<\deg f(x),\ i=1,\ 2.$$

则称 $f(x)$ 是 $\boldsymbol{P}[x]$ 中**可约多项式**.

如 x^2-2 是 $\mathbf{Q}[x]$ 中不可约多项式, 但作为 $\mathbf{R}[x]$ 或 $\mathbf{C}[x]$ 中多项式却是可约的. 又如 x^2+2 作为 $\mathbf{Q}[x]$ 或 $\mathbf{R}[x]$ 中多项式是不可约的, 但作为 $\mathbf{C}[x]$ 中多项式是可约的.

我们先列举不可约多项式的性质:

1. $p(x)\in \boldsymbol{P}[x]$, $\deg p(x)=1$, 则 $p(x)$ 不可约;

2. $p(x)$, $f(x)\in \boldsymbol{P}[x]$, 且 $p(x)$ 不可约. 则 $(p(x), f(x))=1$, 或 $(p(x),f(x))=c^{-1}p(x)$ (c 为 $p(x)$ 的首项系数). 后一情况成立当且仅当 $p(x)|f(x)$.

事实上, 令 $d(x)=(p(x), f(x))$, 则 $d(x)|p(x)$, 于是 $p(x)=d(x)q(x)$. 由 $p(x)$ 不可约, 知 $\deg d(x)=0$, 或 $\deg q(x)=0$. $\deg d(x)=0$, 即 $d(x)=1$. $\deg q(x)=0$, 即 $p(x)=cd(x)$. 由 $d(x)$ 是首一多项式, 故 c 为 $p(x)$ 的首项系数. 此时, 有 $p(x)|f(x)$. 反之, $p(x)|f(x)$, 即 $p(x)$ 为 $f(x)$, $p(x)$ 的最大公因式. 因而 $(p(x), f(x))=c^{-1}p(x)$.

3. 设 $p(x)$, $f_1(x)$, $\cdots$, $f_s(x)\in \boldsymbol{P}[x]$, 且 $p(x)$ 不可约. 若 $p(x)\Big|\prod\limits_{i=1}^{s}f_i(x)$, 则存在 i, 使得 $p(x)|f_i(x)$.

$s=1$ 时, 显然成立. 设 $s-1$ 时成立, 由于

$$p(x)\Big|\prod_{i=1}^{s}f_i(x)=\left(\prod_{i=1}^{s-1}f_i(x)\right)f_s(x).$$

若 $p(x)\nmid f_s(x)$, 由性质 2 知 $(p(x), f_s(x))=1$. 再由定理 1.4.4 知

$$p(x)\Big|\prod_{i=1}^{s-1}f_i(x).$$

由归纳假设知有 i 使 $p(x)|f_i(x)$.

定理 1.5.1(因式分解及唯一性定理)　设$\boldsymbol{P}$是一个数域, 又 $f(x)\in \boldsymbol{P}[x]$, $\deg f(x)>0$. 则 $f(x)$ 可以分解为 $\boldsymbol{P}[x]$ 中不可约多项式的乘积

$$f(x)=p_1(x)p_2(x)\cdots p_s(x),\quad p_i(x)\text{不可约}.$$

如果 $f(x)$ 还有另一种分解

$$f(x)=q_1(x)q_2(x)\cdots q_t(x),\quad q_j(x)\text{不可约}.$$

则 $s=t$ 且经过适当排列后有

$$p_i(x)=c_iq_i(x),\ c_i\in \boldsymbol{P},\ c_i\neq 0.$$

证 先证 $f(x)$ 的分解的存在性. 对 $\deg f(x)$ 用第二归纳法. $\deg f(x)=1$ 此时 $s=1$, $p_1(x)=f(x)$. 设 $\deg f(x)<n$ 时, $f(x)$ 的分解存在. $\deg f(x)=n$ 时, 若 $f(x)$ 不可约, 则 $p_1(x)=f(x)$; 若 $f(x)$ 可约, 则有

$$f(x)=f_1(x)f_2(x),\quad 1\leqslant \deg f_i(x)<\deg f(x)=n.$$

故由归纳假设

$$f_1(x)=\prod_{i=1}^{r}p_i(x),\qquad f_2(x)=\prod_{i=r+1}^{s}p_i(x),$$

$p_i(x)$, $1\leqslant i\leqslant s$, 不可约. 于是

$$f(x)=\prod_{i=1}^{s}p_i(x).$$

即 $\deg f(x)=n$ 时成立. 因而因式分解存在性成立.

下面证明定理的第二部分. 对 s 作归纳法. $s=1$, 则 $f(x)=p_1(x)$ 不可约. 于是 $t=1$, 且 $f(x)=q_1(x)=p_1(x)$. 设 $s-1$ 时结论成立. 对 s, 有

$$f(x)=p_1(x)p_2(x)\cdots p_s(x)=q_1(x)q_2(x)\cdots q_t(x).$$

由于 $p_1(x)\Big|\prod\limits_{j=1}^{t}q_j(x)$, 故由性质 3, 存在 j 使得 $p_1(x)|q_j(x)$. 又 $q_j(x)$ 不可约, 故 $q_j(x)=b_jp_1(x)$, $b_j\in\boldsymbol{P}$, $b_j\neq 0$. 重新排列 $q_1(x)$, $q_2(x)$, $\cdots$, $q_t(x)$ 的次序, 可假定 $j=1$. 于是

$$p_2(x)\cdots p_s(x)=(b_1q_2(x))\cdots q_t(x).$$

由归纳假设知 $s-1=t-1$. 故 $s=t$. 且 $q_i(x)=c_ip_i(x)$. 故定理的第二部分也成立.

定理的第二部分通常称为**因式分解唯一性**.

可以假定 $p_i(x)$ 为首一不可约多项式, 于是对于 $f(x)\in\boldsymbol{P}[x]$, $\deg f(x)\geqslant 1$ 有分解

$$f(x)=cp_1(x)^{r_1}p_2(x)^{r_2}\cdots p_s(x)^{r_s},$$

其中 c 为 $f(x)$ 的首项系数; $i\neq j$ 时, $(p_i(x),\ p_j(x))=1$. 这种分解称为 $f(x)$ 的**标准分解**.

为方便计, 对任何 $f(x)\in\boldsymbol{P}[x]$, $f(x)\neq 0$, 约定 $f(x)^0=1$.

定理 1.5.2 设 $f(x)$, $g(x)\in\boldsymbol{P}[x]$, 且不为 0, 又

$$f(x)=ap_1(x)^{r_1}p_2(x)^{r_2}\cdots p_s(x)^{r_s},\quad r_i\geqslant 0,$$
$$g(x)=bp_1(x)^{t_1}p_2(x)^{t_2}\cdots p_s(x)^{t_s},\quad t_i\geqslant 0$$

分别为 $f(x)$, $g(x)$ 的标准分解, 则

$$(f(x),\ g(x)) = \prod_{i=1}^{s} p_i(x)^{\min\{r_i,\ t_i\}}.$$

证　因为 $p_i(x)$ 是首一的, 故上式右面是首一多项式. 显然,

$$\prod_{i=1}^{s} p_i(x)^{\min\{r_i,\ t_i\}} | (f(x),\ g(x)).$$

设 $q(x)$ 是一个不可约首一多项式, 且 $q(x)|(f(x),\ g(x))$. 故有 i 使得 $q(x)|p_i(x)$, 因而 $q(x) = p_i(x)$, 于是

$$(f(x),\ g(x)) = \prod_{i=1}^{s} p_i(x)^{k_i},$$

且 $p_i(x)^{k_i}|f(x)$, $p_i(x)^{k_i}|g(x)$, 不难证明 $k_i \leqslant \min\{t_i,\ r_i\}$. 故

$$(f(x),\ g(x)) \left| \prod_{i=1}^{s} p_i(x)^{\min\{t_i,\ r_i\}} \right. .$$

故定理成立.

习　　题

1. 设 $p(x) \in \boldsymbol{P}[x]$, $\deg p(x) > 0$. 又 $p(x)$ 满足

$$p(x)|f(x)g(x), \text{ 则 } p(x)|f(x) \text{ 或 } p(x)|g(x).$$

试证 $p(x)$ 不可约.

2. 设 $f(x) \in \boldsymbol{P}[x]$, $\deg f(x) > 0$. 试证下面三个条件等价:
   1) $f(x) = cp(x)^m$, $p(x)$ 不可约, $c \in \boldsymbol{P}$, $c \neq 0$;
   2) $\forall g(x) \in \boldsymbol{P}[x]$, 或 $(f(x),\ g(x)) = 1$, 或存在 k 使得 $f(x)|g(x)^k$;
   3) 若 $f(x)|g(x)h(x)$, 则 $f(x)|g(x)$ 或者存在 k 使得 $f(x)|h(x)^k$.
3. 设 $f(x)$, $g(x) \in \boldsymbol{P}[x]$, $g(x) \neq 0$. 则下面条件等价:
   1) $g(x)|f(x)$;
   2) $\forall k \in \mathbf{N}$, $g(x)^k|f(x)^k$;
   3) 存在自然数 m, 使得 $g(x)^m|f(x)^m$.
4. 设 $f(x), g(x), h(x) \in \boldsymbol{P}[x]$, 又

$$(f(x),\ h(x)) = 1 \text{ 及 } f(x)^k|(g(x)h(x))^k$$

对某个 $k \in \mathbf{N}$ 成立. 试证 $f(x)|g(x)$.

5. 将 $x^4 + x^3 + x^2 + x + 1 \in \mathbf{C}[x]$ 分解为不可约因式的乘积.

1.6 导数, 重因式

本节用代数方法定义多项式的导数, 并用它来研究一个多项式何时有重因式.

定义 1.6.1 设 $f(x)=\sum\limits_{k=0}^{n}a_kx^k\in \boldsymbol{P}[x]$. 称多项式

$$\sum_{k=1}^{n}ka_kx^{k-1}$$

为 $f(x)$ 的**导数** (**微商**), 记为 $f'(x)$ 或 $\dfrac{\mathrm{d}f(x)}{\mathrm{d}x}$.

导数有下面一些性质:

1. $\deg f(x)\geqslant 1$ 时, $\deg f'(x)=\deg f(x)-1$;

2. $f'(x)=0$ 当且仅当 $f(x)=c\in\boldsymbol{P}$;

3. $(f(x)+g(x))'=f'(x)+g'(x)$;

4. $c\in\boldsymbol{P}$, 则 $(cf(x))'=cf'(x)$;

5. $(f(x)g(x))'=f'(x)g(x)+f(x)g'(x)$;

6. $(f(x)^m)'=mf(x)^{m-1}f'(x)$;

7. 若 $p(x)$ 不可约, 则 $(p(x),\ p'(x))=1$.

性质 1 到性质 4 可从定义 1.6.1 直接得到. 现证性质 5. 设 $f(x)=\sum\limits_{i=0}^{n}a_ix^i$, $g(x)=\sum\limits_{j=0}^{m}b_jx^j$. 于是

$$f(x)g(x)=\sum_{k=0}^{m+n}\left(\sum_{i+j=k}a_ib_j\right)x^k.$$

由导数的定义有

$$\begin{aligned}(f(x)g(x))' &=\sum_{k=1}^{m+n}k\left(\sum_{i+j=k}a_ib_j\right)x^{k-1}\\ &=\sum_{k=1}^{m+n}\sum_{i+j=k}(ia_ix^{i-1}b_jx^j+jb_jx^{j-1}a_ix^i)\\ &=\left(\sum_{i=1}^{n}ia_ix^{i-1}\right)\left(\sum_{j=0}^{m}b_jx^j\right)+\left(\sum_{i=0}^{n}a_ix^i\right)\left(\sum_{j=1}^{m}jb_jx^{j-1}\right)\\ &=f'(x)g(x)+f(x)g'(x).\end{aligned}$$

由性质 5 可用归纳法证明性质 6. 下证性质 7. 由 $p(x)$ 不可约, 故

$$(p'(x),\ p(x))=1 \text{ 或 } cp(x).$$

又 $(p'(x),\ p(x))|p'(x)$. 故

$$\deg(p'(x),\ p(x)) \leqslant \deg p'(x) < \deg p(x).$$

故 $(p'(x),\ p(x)) = 1$.

定义 1.6.2 不可约多项式 $p(x)$ 称为多项式 $f(x)$ 的 k **重因式**, 如果 $p(x)^k|f(x)$, 而 $p(x)^{k+1} \nmid f(x)$.

这时, 我们也说 $p(x)^k$ **恰整除** $f(x)$, 并记为 $p(x)^k||f(x)$. 特别地, $k=0$ 时, $p(x)$ 不是 $f(x)$ 的因式; $k=1$ 时, 我们说 $p(x)$ 是 $f(x)$ 的**单因式**; $k \geqslant 2$ 时, 我们说 $p(x)$ 是 $f(x)$ 的**重因式**.

如果能将 $f(x)$ 分解为不可约多项式之积, 我们很容易判断 $f(x)$ 有无重因式. 可惜的是这实际上往往做不到. 下面的方法则不依赖于因式分解就可以断定 $f(x)$ 有无重因式.

定理 1.6.1 若不可约多项式 $p(x)$ 是 $f(x)$ 的一个 $k(\geqslant 1)$ 重因式, 则 $p(x)$ 为 $f'(x)$ 的 $k-1$ 重因式.

证 由 $p(x)^k||f(x)$, 于是有 $g(x) \in \boldsymbol{P}[x]$ 使得

$$f(x) = p(x)^k g(x), \quad (p(x),\ g(x)) = 1.$$

因而

$$f'(x) = p(x)^{k-1}(p(x)g'(x) + kp'(x)g(x)).$$

由 $(p(x),\ g(x)) = 1$, $(p(x),\ p'(x)) = 1$ 知 $p(x) \nmid kp'(x)g(x)$. 因此 $p(x)^{k-1}||f'(x)$.

推论 1 记 $f^{(1)}(x) = f'(x)$, $f^{(k)}(x) = \left(f^{(k-1)}(x)\right)'$, 称 $f^{(k)}(x)$ 为 $f(x)$ 的 k **阶导数**. 如果 $p(x)$ 是 $f(x)$ 的 k 重因式, 则 $p(x)$ 是 $f'(x)$, $f^{(2)}(x)$, $\cdots$, $f^{(k-1)}(x)$ 的因式, 但不是 $f^{(k)}(x)$ 的因式.

事实上, 由定理 1.6.1 的证明不难得到, 对任何 $l \leqslant k$, $p(x)$ 是 $f^{(l)}(x)$ 的 $k-l$ 重因式.

推论 2 不可约多项式 $p(x)$ 为 $f(x)$ 的重因式当且仅当 $p(x)|(f(x),\ f'(x))$.

设 $p(x)$ 为 $f(x)$ 的 k 重因式. 由定理 1.6.1 知, $k \geqslant 2$ 当且仅当 $p(x)|f(x)$, $p(x)|f'(x)$, 即结论成立.

推论 3 $f(x)$ 无重因式当且仅当 $(f(x),\ f'(x)) = 1$.

由定理 1.6.1 及前两个推论可得此推论.

定理 1.6.2 $\boldsymbol{P}[x]$ 中多项式 $f(x)$ 的标准分解为

$$f(x) = cp_1(x)^{r_1}p_2(x)^{r_2}\cdots p_s(x)^{r_s},$$

其中 $p_i(x)$ 为首一不可约多项式, $r_i \geqslant 1$. 则

$$(f(x),\ f'(x)) = p_1(x)^{r_1-1}p_2(x)^{r_2-1}\cdots p_s(x)^{r_s-1},$$

$$f(x)/(f(x),\ f'(x)) = cp_1(x)p_2(x)\cdots p_s(x).$$

证 由于 $p_i(x)^{r_i}||f(x)$, 故由定理 1.6.1 知 $p_i(x)^{r_i-1}||f'(x)$. 因而

$$p_i(x)^{r_i-1}||(f(x),\ f'(x)).$$

于是定理 1.6.2 成立.

习 题

1. 判断下列多项式有无重因式, 如有, 试求出重数

$$x^3-x^2-x+1,$$
$$x^5-10x^3-20x^2-15x-4,$$
$$x^5-5x^4+7x^3-2x^2+4x-8,$$
$$x^6-6x^4-4x^3+9x^2+12x+4.$$

2. $a,\ b,\ \lambda$ 满足什么条件时, 下面多项式有重因式

$$x^3-3x^2+\lambda x+1,\quad x^3+3ax+b,\quad x^4+4ax+b.$$

3. 证明 $1+x+\dfrac{x^2}{2!}+\cdots+\dfrac{x^n}{n!}$ 没有重因式.
4. 设 $\deg f(x)>0$. 试证 $f'(x)|f(x)$ 当且仅当 $f(x)=a(x-b)^n$, $a,\ b\in \boldsymbol{P}$.

1.7 多项式的根

我们在 1.3 节中知道, 多项式 $f(x)=\sum\limits_{i=0}^{n}a_ix^i$ 除以 $x-a$ 的余式为 $f(a)=\sum\limits_{i=0}^{n}a_ia^i$. 这个结果在世界上称为**中国剩余定理**. 我们可以从另一个角度去理解这件事情. 对一个固定的多项式 $f(x)$, 我们可以建立一个$\boldsymbol{P}$到$\boldsymbol{P}$的映射: $a\longrightarrow f(a)$, $\forall a\in \boldsymbol{P}$. 这样, 我们得到一个函数, 称为$\boldsymbol{P}$上的**多项式函数**, 仍记为 $f(x)$, 而 $f(a)$ 称为 $f(x)$ 在 a 处的**值**.

从 1.3 节立即可以得到下面一些结果:

1. $f(a)=0$ 当且仅当 $x-a|f(x)$.

2. 若 $f(x)+g(x)=k(x)$, $f(x)g(x)=h(x)$, 则

$$k(a)=f(a)+g(a),\ h(a)=f(a)g(a),\ \forall a\in \boldsymbol{P}.$$

如果 $f(x)$ 在 a 处的值为 0, 即 $f(a)=0$, 用函数的术语, 称 a 为 $f(x)$ 的**零点**. 我们也可以将 a 叫做 (以 x 为未知数的) 多项式方程 $f(x)=0$ 的**解**或**根**, 我们也直

接称 a 为多项式 $f(x)$ 的**根**. 如果 $x-a$ 是 $f(x)$ 的 $k\,(\geqslant 0)$ 重因式, 则称 a 为 $f(x)$ 的 k **重根**. $k=0$, a 不是根; $k=1$, a 叫做**单根**; $k>1$, a 叫**重根**.

定理 1.7.1　$\boldsymbol{P}[x]$ 中 $n(\geqslant 0)$ 次多项式至多 n 个根, 其中 k 重根算 k 个根.

证　设 $f(x)\in \boldsymbol{P}[x]$, $\deg f(x)=n$.

$n=0$, 则 $f(x)$ 为非零常数, 因而没有根.

设 $n>0$, 设 $f(x)$ 的标准分解为

$$f(x)=cp_1(x)^{r_1}p_2(x)^{r_2}\cdots p_s(x)^{r_s},$$

其中 $p_i(x)$ 为首一不可约多项式, 且 $i\neq j$ 时, $p_i(x)\neq p_j(x)$. 显然, $f(x)$ 根的个数为

$$\sum_{\deg p_j(x)=1} r_j \leqslant \sum_{i=1}^{s} r_i \deg p_i(x)=\deg f(x)=n.$$

因而定理成立.

推论　设 $f(x)$, $g(x)\in \boldsymbol{P}[x]$, 且

$$\max\{\deg f(x),\ \deg g(x)\}\leqslant n.$$

又 a_1, a_2, $\cdots$, a_{n+1} 是$\boldsymbol{P}$中 $n+1$ 个不同的数, 且 $f(a_i)=g(a_i)$, 则 $f(x)=g(x)$.

证　令 $h(x)=f(x)-g(x)$. 如果 $h(x)\neq 0$, 则有 $0\leqslant \deg h(x)\leqslant n$. 但 $h(a_i)=f(a_i)-g(a_i)=0$, $1\leqslant i\leqslant n+1$, 即 $h(x)$ 有 $n+1$ 个根, 与定理 1.7.1 矛盾. 故 $h(x)=0$, 即 $f(x)=g(x)$.

这个定理及推论说明不同的多项式定义的多项式函数是不同的; 一个 n 次多项式, 由它在 $n+1$ 处的值完全决定.

如果$\boldsymbol{P}$=**C**, 我们有下面的重要定理.

定理 1.7.2 (代数学基本定理)　设 $f(x)\in \mathbf{C}[x]$, 且 $\deg f(x)\geqslant 1$, 则 $f(x)$ 在 **C** 中有根.

也就是说, $\exists a\in \mathbf{C}$ 使 $f(a)=0$. 这个定理还可以有一些等价的说法:

1.　若 $f(x)\in \mathbf{C}[x]$, $\deg f(x)\geqslant 1$, 则 $f(x)$ 有一次因式.

2.　$f(x)\in \mathbf{C}[x]$, $f(x)$ 不可约当且仅当 $\deg f(x)=1$.

3.　**复系数多项式因式分解定理**　若

$$f(x)\in \mathbf{C}[x],\ \text{且}\ \deg f(x)\geqslant 1,$$

则 $f(x)$ 有分解

$$f(x)=a(x-a_1)^{l_1}(x-a_2)^{l_2}\cdots(x-a_s)^{l_s},$$

a 为 $f(x)$ 的首项系数, $\sum\limits_{i=1}^{s} l_i=\deg f(x)$.

4. n 次复系数多项式在 $\mathbf{C}$ 中恰有 n 个根 (k 重根算 k 个根).

"代数学基本定理" 是数学中最伟大成果之一, 最早是由 Gauss 证明的 (他有四个证明). 代数学基本定理的证明要用到连续性等数学分析中的结果, 最简单的证明是用复变函数理论给出的证明. 我们略去这个定理的证明.

$\boldsymbol{P}=\mathbf{R}$ 的情况, 有下列结果.

引理 1.7.1 若 $f(x)\in\mathbf{R}[x]$, $a\in\mathbf{C}$ 为 $f(x)$ 的根, 则 a 的共轭数 $\bar{a}$ 也是 $f(x)$ 的根.

证 设 $f(x)=\sum\limits_{i=0}^{n}a_ix^i$, 其中 $a_i\in\mathbf{R}$, 即 $\bar{a}_i=a_i$. 因为 $f(a)=\sum\limits_{i=0}^{n}a_ia^i=0$. 于是

$$f(\bar{a})=\sum_{i=0}^{n}a_i\bar{a}^i=\sum_{i=0}^{n}\bar{a}_i\bar{a}^i=\overline{f(a)}=0,$$

即 $\bar{a}$ 为 $f(x)$ 的根.

定理 1.7.3 (实系数多项式因式分解定理) 设 $f(x)\in\mathbf{R}[x]$, 且 $\deg f(x)\geqslant 1$, 则 $f(x)$ 的标准分解为

$$\begin{aligned}f(x)=&a(x-c_1)^{l_1}\cdots(x-c_s)^{l_s}\\&\cdot(x^2+p_1x+q_1)^{k_1}\cdots(x^2+p_rx+q_r)^{k_r},\end{aligned}$$

其中 a 为首项系数, $p_j^2-4q_j<0$, $1\leqslant i\leqslant r$.

证 我们对 $\deg f(x)$ 作归纳证明.$\deg f(x)=1$ 时, $f(x)=a(x-c)$, 结论成立. 设 $\deg f(x)<n$ 时结论成立.

假定 $\deg f(x)=n$. $f(x)$ 作为 $\mathbf{C}[x]$ 中元素, 有 $c\in\mathbf{C}$, 使得 $(x-c)|f(x)$ 即 $f(c)=0$.

若 $c\in\mathbf{R}$, 则 $f(x)=(x-c)f_1(x)$. $f_1(x)\in\mathbf{R}[x]$ 有上述形式的分解, 故 $f(x)$ 也有上述形式的分解.

若 $c\notin\mathbf{R}$, 则 $f(\bar{c})=0$, 即 $(x-\bar{c})|f(x)$. 由于 $c\neq\bar{c}$, 故 $(x-c,\ x-\bar{c})=1$. 于是 $(x^2-(c+\bar{c})x+c\bar{c})|f(x)$, $c+\bar{c}$, $c\bar{c}\in\mathbf{R}$, $(c+\bar{c})^2-4c\bar{c}<0$. 因而

$$f(x)=(x^2-(c+\bar{c})x+c\bar{c})f_2(x).$$

$f_2(x)\in\mathbf{R}[x]$ 有上述形式的分解, 故 $f(x)$ 有上述形式的分解. 由此知 $\deg f(x)=n$ 时结论成立, 从而定理成立.

从理论上说, $\mathbf{C}[x]$, $\mathbf{R}[x]$ 中多项式的根, 因式分解的问题已经完全解决. 但是, 如何具体地分解一个多项式, 即如何求多项式的根并未完全解决. 探讨求多项式的根的近似值的方法是计算数学中的一个分支.

例 1.15　设 $a_1, a_2, \cdots, a_n; b_1, b_2, \cdots, b_n \in \boldsymbol{P}$, 且 $i \neq j$ 时, $a_i \neq a_j$. 令

$$F(x) = \prod_{i=1}^{n}(x - a_i), \quad F_i(x) = \prod_{j \neq i}(x - a_j).$$

则 $\boldsymbol{P}[x]$ 中多项式

$$L(x) = \sum_{i=1}^{n} \frac{b_i}{F'(a_i)} F_i(x) \tag{1}$$

满足

$$L(a_i) = b_i, \quad 1 \leqslant i \leqslant n.$$

公式 (1) 称为**Lagrange 插值公式**.

事实上, 由于 $i \neq j$ 时, $F_i(a_j) = 0$, 又容易得到 $F'(x) = \sum\limits_{i=1}^{n} F_i(x)$, 故 $F'(a_j) = F_j(a_j)$. 故 $L(a_i) = \dfrac{b_i}{F'(a_i)} F_i(a_i) = b_i$.

例 1.16　设 $f(x) \in \boldsymbol{P}[x]$. 又 $a_1, a_2, \cdots, a_n \in \boldsymbol{P}$, 且 $i \neq j$ 时, $a_i \neq a_j$. 令

$$F(x) = (x - a_1)(x - a_2) \cdots (x - a_n).$$

则 $f(x)$ 除以 $F(x)$ 的余式为

$$\sum_{i=1}^{n} f(a_i) F_i(x) / F'(a_i).$$

事实上, 设 $f(x) = F(x)q(x) + r(x)$. 由于

$$F(x) \equiv 0 \pmod{(x - a_i)},$$

故

$$\begin{aligned} r(x) &\equiv f(x) \pmod{(x - a_i)} \\ &\equiv f(a_i) \pmod{(x - a_i)}, \\ r(a_i) &= f(a_i). \end{aligned}$$

又 $\deg r(x) < n$, 由 Lagrange 插值公式知结论成立.

习　题

1. 求证 $(x^m - 1, x^n - 1) = x^{(m, n)} - 1$, (m, n) 为 m 与 n 的最大公因数.

2. 设 m, n, p 为非负整数. 求证 $x^2+x+1|x^{3m}+x^{3n+1}+x^{3p+2}$.

3. 决定 m, n, p 使下列条件成立:

 1) $x^2-x+1|x^{3m}+x^{3n+1}+x^{3p+2}$;

 2) $x^4+x^2+1|x^{3m}+x^{3n+1}+x^{3p+2}$;

 3) $x^2+x+1|x^{2m}+x^m+1$;

 4) $(x-1)^2|mx^4+nx^2+1$.

4. 如果 a 是 $f'''(x)$ 的 k 重根. 试证 a 是

$$g(x)=\frac{1}{2}(x-a)(f'(x)+f'(a))-f(x)+f(a)$$

的 $k+3$ 重根.

5. 证明 x_0 为 $f(x)$ 的 k 重根, 当且仅当

$$f(x_0)=f^{(i)}(x_0)=0,\ 1\leqslant i\leqslant k-1;\ f^{(k)}(x_0)\neq 0.$$

6. "如果 a 是 $f'(x)$ 的 m 重根, 则 a 是 $f(x)$ 的 $m+1$ 重根" 这一论断是否正确? 为什么?

7. 证明: 若 $x-1|f(x^n)$, 则 $x^n-1|f(x^n)$.

8. 证明: 若 $x^2+x+1|f_1(x^3)+xf_2(x^3)$, 则 $x-1|f_1(x)$, $x-1|f_2(x)$.

9. 试证 $x^n+ax^{n-m}+b$ 的非零根的重数 $\leqslant 2$.

10. 若 $f(x)|f(x^n)$, 则 $f(x)$ 的根只能是零或单位根 (即 x^m-1 的根).

11. 求一个次数尽可能低的多项式 $f(x)$ 使得下面条件成立:

 1) $f(2)=3$, $f(3)=-1$, $f(4)=0$, $f(5)=2$;

 2) $f(0)=1$, $f(1)=2$, $f(2)=5$, $f(3)=10$;

 3) $f(x)$ 在 $x=0$, $\frac{\pi}{2}$, π 处与函数 $\sin x$ 有相同的值.

12. 将 x^n-1 在复数与实数范围内分解因式.

13. 在复数范围内解方程组

$$\begin{cases} x^3+2x^2+2x+1 & =0 \\ x^4+x^3+2x^2+x+1 & =0. \end{cases}$$

14. a, $b\in\mathbf{R}$. x^3+2x^2+ax+b 有根 $-1+\sqrt{-2}$, 求 a, b 及在 $\mathbf{C}$ 中的其他根.

15. 设 $f(x)\in\mathbf{C}[x]$, 用 $\bar{f}(x)$ 表示将 $f(x)$ 的系数换成它们的共轭数后所得的多项式. 试证:

 1) 若 $g(x)|f(x)$, 则 $\bar{g}(x)|\bar{f}(x)$;

 2) 存在 $f_1(x)$, $f_2(x)\in\mathbf{R}[x]$, 使

$$f(x)=f_1(x)+\sqrt{-1}f_2(x),\ \bar{f}(x)=f_1(x)-\sqrt{-1}f_2(x);$$

 3) $(f(x),\ \bar{f}(x))\in\mathbf{R}[x]$.

16. 设 $f(x) \in \mathbf{R}[x]$, $\deg f(x)$ 为奇数. 试证 $f(x)$ 在 $\mathbf{R}$ 中有根.

17. 设 $f(x) \in \mathbf{C}[x]$, $\deg f(x) = 3$. a, $b \in \mathbf{C}$, 但 a, $b \notin \mathbf{R}$, 又 $a \neq b$, $a \neq \bar{b}$. 若 $f(\bar{a}) = \overline{f(a)}$, $f(\bar{b}) = \overline{f(b)}$. 试证 $f(x) \in \mathbf{R}[x]$.

18. 设 $f(x) \in \mathbf{R}[x]$ 且 $\forall a \in \mathbf{R}$, $f(a) \geqslant 0$. 试证 $\exists f_1(x)$, $f_2(x) \in \mathbf{R}[x]$ 使得 $f(x) = f_1(x)^2 + f_2(x)^2$.

19. 求出所有适合下式的非零复多项式 $f(x)$:$f(f(x)) = f(x)^n$.

20. 试证 $\sum\limits_{k=0}^{n}(-1)^k C_n^k (n-k+1)^n = n!$.

1.8 有理系数多项式

经常将有理系数多项式转化为整系数多项式, 以利用整数的性质.

以 $\mathbf{Z}[x]$ 表示所有整系数的一元多项式的集合. 显然, $\mathbf{Z}[x]$ 对加法、减法及乘法封闭.

设 $f(x) \in \mathbf{Z}[x]$, 若存在 $f_1(x)$, $f_2(x) \in \mathbf{Z}[x]$ 使得

$$\deg f_i(x) < \deg f(x),\ i = 1,\ 2,\ f(x) = f_1(x) f_2(x),$$

则称 $f(x)$ 是**可分解的**, 否则称 $f(x)$ 是**不可分解的**.

定义 1.8.1　设 $f(x) \in \mathbf{Z}[x]$, $f(x)$ 的各项系数的最大公约数称为 $f(x)$ 的**容度**, 记为 $c(f)$. 如果 $c(f) = 1$, 则称 $f(x)$ 为**本原多项式**.

显然, 首一整系数多项式是本原多项式; 若 $f(x)$ 是本原的, 则 $-f(x)$ 也是本原的.

引理 1.8.1　设 $f(x) \in \mathbf{Q}[x]$, 则存在 $r \in \mathbf{Q}$ 与本原多项式 $g(x)$ 使 $f(x) = rg(x)$, 而且 r 与 $g(x)$ 除正负号外是唯一的.

证　设 $f(x) = \sum\limits_{i=0}^{n} a_i x^i$, $a_i = c_i/b_i$, c_i, $b_i \in \mathbf{Z}$, $b_i \neq 0$. 令 $d = b_0 b_1 \cdots b_n$, 故 $df(x) \in \mathbf{Z}[x]$. 令 $c = c(df(x))$, 故 $g(x) = \dfrac{d}{c} f(x)$ 为本原多项式, 且 $r = \dfrac{c}{d} \in \mathbf{Q}$, 且 $f(x) = rg(x)$.

若 $f(x) = r_1 g_1(x)$, $r_1 = \dfrac{c_1}{d_1} \in \mathbf{Q}$, c_1, $d_1 \in \mathbf{Z}$, $g_1(x)$ 为本原多项式, 则 $dc_1 g_1(x) = cd_1 g(x)$. 比较两边容度, 得 $dc_1 = \pm cd_1$, 故 $r = \pm r_1$, 因而 $g(x) = \pm g_1(x)$.

定理 1.8.2 (Gauss 引理)　本原多项式的积是本原的.

证　设 $f(x) = \sum\limits_{i=0}^{n} a_i x^i$, $g(x) = \sum\limits_{j=0}^{m} b_j x^j$ 是本原的. 如果

$$f(x)g(x) = \sum_{k=0}^{m+n} \left(\sum_{i+j=k} a_i b_j \right) x^k$$

不是本原的, 则有素数 p 使得

$$p\Big|\sum_{i+j=k} a_i b_j,\ k=0,\ 1,\ \cdots,\ m+n.$$

由于 $f(x)$, $g(x)$ 是本原的, 故有 r, s 使得

$$p|a_i,\quad 0\leqslant i\leqslant r-1,\quad p\nmid a_r;$$

$$p|b_j,\quad 0\leqslant j\leqslant s-1,\quad p\nmid b_s.$$

注意到

$$\sum_{i+j=r+s} a_i b_j = a_r b_s + \sum_{\substack{i+j=r+s\\ i<r}} a_i b_j + \sum_{\substack{i+j=r+s\\ j<s}} a_i b_j,$$

p 能整除等式左边及右边 $a_r b_s$ 外的所有项, 但 $p\nmid a_r b_s$. 矛盾, 故 $f(x)g(x)$ 仍是本原的.

推论 1 设 $f(x)\in \mathbf{Z}[x]$, 且 $f(x)=f_1(x)f_2(x)$, $f_i(x)\in\mathbf{Q}[x]$, $\deg f_i(x)<\deg f(x)$, 则有 $g_1(x)$, $g_2(x)\in\mathbf{Z}[x]$ 使得 $f(x)=g_1(x)g_2(x)$ 且 $\deg g_i(x)=\deg f_i(x)$.

证 因为 $f_i(x)\in\mathbf{Q}[x]$, 故有 $r_i\in\mathbf{Q}$ 与本原多项式 $h_i(x)$ 使得 $f_i(x)=r_ih_i(x)$. 又 $c(f)^{-1}f(x)$ 也是本原的, 于是

$$f(x)=c(f)(c(f)^{-1}f(x))=r_1r_2h_1(x)h_2(x).$$

由 Gauss 引理知 $h_1(x)h_2(x)$ 是本原的, 再由引理 1.8.1 知 $r_1r_2=\pm c(f)\in\mathbf{Z}$. 令 $g_1(x)=r_1r_2h_1(x)$, $g_2(x)=h_2(x)$, 知引理成立.

推论 2 设 $f(x)$, $g(x)\in\mathbf{Z}[x]$, 且 $g(x)$ 是本原的, 又 $h(x)\in\mathbf{Q}[x]$. 如果 $f(x)=g(x)h(x)$, 则 $h(x)\in\mathbf{Z}[x]$.

证 设 $h(x)=rh_1(x)$, $r\in\mathbf{Q}$, $h_1(x)$ 为本原多项式. 于是

$$f(x)=c(f)(c(f)^{-1}f(x))=rg(x)h_1(x).$$

由 Gauss 引理 $g(x)h_1(x)$ 是本原的, 又 $c(f)^{-1}f(x)$ 是本原的. 故由引理 1.8.1 知 $r=\pm c(f)\in\mathbf{Z}$, 因而 $h(x)=rh_1(x)\in\mathbf{Z}[x]$.

定理 1.8.3 设 $f(x)\in\mathbf{Q}[x]$, $f(x)=rg(x)$, 其中 $r\in\mathbf{Q}$, $g(x)$ 是本原的. 则 $f(x)$ 不可约 (可约) 当且仅当 $g(x)$ 是不可分解 (可分解) 的.

证 由于 $f(x)=rg(x)$, 于是 $f(x)$ 可约当且仅当 $g(x)$ 作为 $\mathbf{Q}[x]$ 中元素是可约的. 由 Gauss 引理的推论 1, $g(x)$ 可约, 则 $g(x)$ 作为 $\mathbf{Z}[x]$ 中的元素可分解. 反之, $g(x)$ 作为 $\mathbf{Z}[x]$ 中元素可分解, 自然作为 $\mathbf{Q}[x]$ 中元素是可约的.

定理 1.8.4 设 $f(x)=\sum_{i=0}^{n}a_ix^i\in\mathbf{Z}[x]$, $r,\ s\in\mathbf{Z}$, $(r,\ s)=1$. 如果 r/s 是 $f(x)$ 的根, 则 $r|a_0,\ s|a_n$.

证 由于 $f(r/s)=0$, 故 $(x-r/s)|f(x)$, 于是 $(sx-r)|f(x)$. 因此

$$f(x)=(sx-r)(b_{n-1}x^{n-1}+b_{n-2}x^{n-2}+\cdots+b_1x+b_0).$$

由 $(s,\ r)=1$, 故 $sx-r$ 是本原的. 由 Gauss 引理的推论 2 知 $b_i\in\mathbf{Z}$, $0\leqslant i\leqslant n-1$. 故由 $a_n=sb_{n-1}$, $a_0=-rb_0$ 知 $s|a_n$, $r|a_0$.

推论 $f(x)$ 是首一的整系数多项式, 则 $f(x)$ 的有理根为整数, 且为 $f(x)$ 的常数项的因子.

这是定理 1.8.4 的直接结果.

例 1.17 求多项式 $x^3-6x^2+15x-14$ 的有理根.

解 由上面推论知此多项式的根只可能是 ±1, ±2, ±7 与 ±14. 显然, 此多项式无负根. 进一步验算知, 只有 2 是此多项式的根.

例 1.18 判断 x^3+kx+1 在 $\mathbf{Q}[x]$ 中是否可约, 其中 $k\in\mathbf{Z}$.

解 由 x^3+kx+1 是首一的 3 次整系数多项式, 因而如可约则必有整数根 ±1. 即有

$$1+k+1=0 \quad 或 \quad -1-k+1=0.$$

因而 $k=-2$, $k=0$ 时可约; $k\neq-2$, 0 时, 不可约.

有理系数或整系数多项式理论的困难之一是判断一个多项式的可约性. 下面介绍一个方法.

定理 1.8.5 (Eisenstein 判别法) 设

$$f(x)=\sum_{i=0}^{n}a_ix^i\in\mathbf{Z}[x].$$

若有素数 p 使得

$$p\nmid a_n;\quad p|a_i,\ 0\leqslant i\leqslant n-1;\quad p^2\nmid a_0.$$

则 $f(x)$ 是 $\mathbf{Q}[x]$ 中不可约多项式.

证 若 $f(x)$ 在 $\mathbf{Q}[x]$ 中可约, 则 $f(x)$ 在 $\mathbf{Z}[x]$ 中可分解. 即有 $b_i\ (0\leqslant i\leqslant l)$, $c_j\ (0\leqslant j\leqslant m)\in\mathbf{Z}$ 使得

$$f(x)=\left(\sum_{i=0}^{l}b_ix^i\right)\left(\sum_{j=0}^{m}c_jx^j\right).$$

因而有

$$a_n=b_lc_m,\quad a_0=b_0c_0.$$

由于 $p||a_0$, 故 $p|b_0$, $p\nmid c_0$ 或 $p\nmid b_0$, $p|c_0$. 不妨设 $p|b_0$, $p\nmid c_0$, 又由 $p\nmid a_n$, 知 $p\nmid b_l$, $p\nmid c_m$. 于是存在 k 满足 $1\leqslant k\leqslant l$, 而

$$p|b_i, 0 \leqslant i \leqslant k-1; \quad p \nmid b_k.$$

又 $k \leqslant l < n$, 故 $p|a_k$. 但

$$a_k = b_k c_0 + b_{k-1} c_1 + \cdots + b_0 c_k.$$

而 $p|b_i c_{k-i}$, $i < k$; $p \nmid b_k c_0$, 故 $p \nmid a_k$. 这就产生矛盾, 故 $f(x)$ 是不可约多项式.

推论 1 $\forall n \in \mathbf{N}$, $\mathbf{Q}[x]$ 中一定有 n 次不可约多项式.

事实上, $x^n - 2$ 为 $\mathbf{Q}[x]$ 中不可约多项式.

推论 2 $n \geqslant 2$, p 为素数, 则 $\sqrt[n]{p}$ 是无理数.

事实上, $x^n - p$ 为 $\mathbf{Q}[x]$ 中不可约多项式, 故 $n \geqslant 2$ 时无有理根, 于是 $\sqrt[n]{p}$ 是无理数.

有理系数多项式的根也就是整系数多项式的根, 称为代数数. 代数数之外的数叫做超越数. 可以证明代数数的集合是一个数域, 称为代数数域. 首一整系数多项式的根称为代数整数. 代数整数的集合对加法、减法与乘法封闭. 对于代数整数的研究已经构成一个独立的分支 —— 代数数论.

习　　题

1. 求下列多项式的有理根:
   1) $x^3 - 6x^2 + 15x - 14$;
   2) $4x^4 - 7x^2 - 5x - 1$;
   3) $x^5 + x^4 - 6x^3 - 14x^2 - 11x - 3$.
2. 设 $f(x) \in \mathbf{Q}[x]$, $\deg f(x) = 3$. 试证 $f(x)$ 可约当且仅当 $f(x)$ 有有理根.
3. 断定下列多项式在 $\mathbf{Q}$ 上是否可约:
   1) $x^4 - 8x^3 + 12x^2 + 2$;
   2) $x^6 + x^3 + 1$;
   3) $x^p + px + 1$, p 为奇素数;
   4) $x^4 + 4kx + 1$, k 为整数.
4. 设 $p_1, p_2, \cdots, p_k$ 是互不相等的素数, 又 $n \geqslant 2$. 试证 $\sqrt[n]{p_1 p_2 \cdots p_k}$ 是无理数.
5. 设 $f(x) \in \mathbf{Q}[x]$, 且有无理根 $a + \sqrt{b}$, $a, b \in \mathbf{Q}$. 试证 $a - \sqrt{b}$ 也是 $f(x)$ 的一个无理根.
6. 设 $f(x) = \sum\limits_{i=0}^{n} a_i x^i \in \mathbf{Z}[x]$, p 是素数, 满足:
   1) $f(x)$ 无有理根;
   2) $p \nmid a_n$;
   3) $p|a_i$, $0 \leqslant i \leqslant n-2$;
   4) $p^2 \nmid a_0$. 试证 $f(x)$ 在 $\mathbf{Q}[x]$ 中不可约.

7. 设 $f(x)=\sum_{i=0}^{n} a_i x^i \in \mathbf{Z}[x]$, 又 p 为素数, 满足:

1) $p \nmid a_0$;

2) $p|a_i,\ 1 \leqslant i \leqslant n$;

3) $p^2 \nmid a_n$. 试证 $f(x)$ 不可约.

1.9 多元多项式

设$\boldsymbol{P}$是一个数域, $x_1,\ x_2,\ \cdots,\ x_n$ 是 n 个文字, $k_1,\ k_2,\ \cdots,\ k_n$ 为非负整数, $a_{k_1k_2\cdots k_n} \in \boldsymbol{P}$, 称

$$a_{k_1k_2\cdots k_n}x_1^{k_1}x_2^{k_2}\cdots x_n^{k_n}$$

为 ($\boldsymbol{P}$**上**)**单项式**, $a_{k_1k_2\cdots k_n}$ 叫做此单项式的**系数**, $k_1+k_2+\cdots+k_n$ 叫做此单项式的**次数**.

两个单项式

$$a_{k_1k_2\cdots k_n}x_1^{k_1}x_2^{k_2}\cdots x_n^{k_n},\ b_{l_1l_2\cdots l_n}x_1^{l_1}x_2^{l_2}\cdots x_n^{l_n}$$

称为**同类的** (**同类项**), 如果 $k_i=l_i,\ 1 \leqslant i \leqslant n$.

有限个单项式的和

$$\sum_{k_1,\,k_2,\,\cdots,\,k_n} a_{k_1k_2\cdots k_n}x_1^{k_1}x_2^{k_2}\cdots x_n^{k_n}$$

称为 n **元多项式** (也简称为**多项式**).

数域$\boldsymbol{P}$上所有以 $x_1, x_2, \cdots, x_n$ 为文字的 n 元多项式的集合记为

$$\boldsymbol{P}[x_1,\ x_2,\ \cdots,\ x_n].$$

记 $a=a_0x_1^0x_2^0\cdots x_n^0,\ a \in \boldsymbol{P}$, 于是

$$\boldsymbol{P} \subset \boldsymbol{P}[x_1,\ x_2,\ \cdots,\ x_n].$$

在 $\boldsymbol{P}[x_1,\ x_2,\ \cdots,\ x_n]$ 内可以定义相等、加法、减法与乘法, 使得

$$ax_1^{k_1}x_2^{k_2}\cdots x_n^{k_n} \pm bx_1^{k_1}x_2^{k_2}\cdots x_n^{k_n}=(a \pm b)x_1^{k_1}x_2^{k_2}\cdots x_n^{k_n},$$

$$(ax_1^{k_1}x_2^{k_2}\cdots x_n^{k_n})(bx_1^{l_1}x_2^{l_2}\cdots x_n^{l_n})=abx_1^{k_1+l_1}x_2^{k_2+l_2}\cdots x_n^{k_n+l_n},$$

以及第 1.3 节中一元多项式的加法、减法、乘法及其之间的性质成立.

当一个多项式表示成一些不同类的单项式的和之后, 其中非零单项式的次数的最大值称为这个多项式的**次数**.

$f\in \boldsymbol{P}[x_1,\ x_2,\ \cdots,\ x_n]$, 其次数记为 $\deg f$. 如

$$\begin{aligned}&(5x_1^3x_2x_3^2+4x_1^2x_2^2x_3-2x_1x_2x_3)+(2x_1^2x_2^2x_3-x_1^4x_2x_3+2x_1x_2x_3)\\=&5x_1^3x_2x_3^2+6x_1^2x_2^2x_3-x_1^4x_2x_3,\\&(5x_1^3x_2x_3^2+4x_1^2x_2^2x_3)(2x_1^2x_2^2-x_1^4x_2x_3+1)\\=&10x_1^5x_2^3x_3^2-5x_1^7x_2^2x_3^3+8x_1^4x_2^4x_3-4x_1^6x_2^3x_3^2+5x_1^3x_2x_3^2+4x_1^2x_2^2x_3,\\&\deg(3x_1^2x_2^2+2x_1x_2^2x_3+x_3^3)=4.\end{aligned}$$

给定一个多项式, 由于加法的交换律, 不只一种方法将它排成单项式的和, 常用排法是“**字典序**”排列. 设 $a,\ b\in \boldsymbol{P},\ a\,b\neq 0$. 单项式

$$f=ax_1^{j_1}x_2^{j_2}\cdots x_n^{j_n},\quad g=bx_1^{k_1}x_2^{k_2}\cdots x_n^{k_n}.$$

如果有

$$k_1=j_1,\ k_2=j_2,\ \cdots,\ k_s=j_s,\ k_{s+1}<j_{s+1},$$

则称单项式 f 在单项式 g **之前** (或 f **先于** g).

按字典排列法写出的第一个非零单项式称为此多项式的**首项**.

如多项式 $2x_1x_2^2x_3^2+x_1^2x_2+x_1^3$ 按字典排列法写出来是

$$x_1^3+x_1^2x_2+2x_1x_2^2x_3^2,$$

故其首项是 x_1^3.

首项不一定是次数最高的单项式. 这是字典排列法的一个缺点. 为克服这一缺点, 我们可以先按次数的大小排列, 而次数相同的单项式按字典排列法排列.

如果多项式

$$h(x_1,\ x_2,\ \cdots,\ x_n)=\sum_{k_1,k_2,\cdots,k_n}a_{k_1k_2\cdots k_n}x_1^{k_1}x_2^{k_2}\cdots x_n^{k_n}$$

中每个单项式都是 m 次的 (即 $k_1+k_2+\cdots+k_n=m$) 则称 $h(x_1,\ x_2,\ \cdots,\ x_n)$ 为 m **次齐次多项式**.

显然 $h(x_1,\ x_2,\ \cdots,\ x_n)$ 为 m 次齐次多项式当且仅当 $\forall t\in \boldsymbol{P}$,

$$\begin{aligned}&h(tx_1,\ tx_2,\ \cdots,\ tx_n)\\=&\sum_{k_1,k_2,\cdots,k_n}a_{k_1k_2\cdots k_n}(tx_1)^{k_1}(tx_2)^{k_2}\cdots(tx_n)^{k_n}\\=&t^mh(x_1,\ x_2,\ \cdots,\ x_n).\end{aligned}$$

设 $f\in \boldsymbol{P}[x_1,\ x_2,\ \cdots,\ x_n]$, $\deg f=m$. 则有唯一的 i 次齐次多项式 f_i, $0\leqslant i\leqslant m$ 使得

$$f=f_m+f_{m-1}+\cdots+f_1+f_0$$

(其中某些 f_i 可以是零). f_i 称为 f 的 i 次**齐次分量**.

如 $g=g_l+g_{l-1}+\cdots+g_1+g_0$, g_i 为 g 的 i 次齐次分量. 又 $fg=h$, $f+g=k$, 则 h, k 的 i 次齐次分量分别为

$$k_i=f_i+g_i,\quad h_i=\sum_{r+s=i} f_r g_s.$$

定理 1.9.1 设 f, $g\in \boldsymbol{P}[x_1,\ x_2,\ \cdots,\ x_n]$, $f\neq 0$, $g\neq 0$. 则有以下结果:

1) fg 的首项是 f 的首项与 g 的首项的积.

2) $\deg(fg)=\deg f+\deg g$.

证 1) 设 f, g 的首项分别为

$$ax_1^{p_1}x_2^{p_2}\cdots x_n^{p_n},\quad bx_1^{q_1}x_2^{q_2}\cdots x_n^{q_n},\ ab\neq 0.$$

于是对于 f, g, 任何其他项 $cx_1^{k_1}x_2^{k_2}\cdots x_n^{k_n}$, $dx_1^{l_1}x_2^{l_2}\cdots x_n^{l_n}$ 有

$$p_i=k_i,\ 1\leqslant i\leqslant r,\quad p_{r+1}>k_{r+1},$$
$$q_j=l_j,\ 1\leqslant j\leqslant s,\quad q_{s+1}>l_{s+1}.$$

令 $t=\min\{r,\ s\}$, 因而

$$p_i+q_i=p_i+l_i,\ 1\leqslant i\leqslant s,\ p_{s+1}+q_{s+1}>p_{s+1}+l_{s+1};$$
$$p_i+q_i=k_i+q_i,\ 1\leqslant i\leqslant r,\ p_{r+1}+q_{r+1}>k_{r+1}+q_{r+1};$$
$$p_i+q_i=k_i+l_i,\ 1\leqslant i\leqslant t,\ p_{t+1}+q_{t+1}>k_{t+1}+l_{t+1}.$$

由此可知 $abx_1^{p_1+q_1}x_2^{p_2+q_2}\cdots x_n^{p_n+q_n}$ 为 fg 的首项.

2) 先将 f, g 写成齐次多项式的和:

$$f=f_m+f_{m-1}+\cdots+f_1+f_0,\ g=g_l+g_{l-1}+\cdots+g_1+g_0.$$

又设 $h=fg=\sum h_i$, 其中 $h_i=\sum\limits_{r+s=i} f_r g_s$. 特别地, $h_{m+l}=f_m g_l$. 因为 $\deg f=m$, $\deg g=l$, 于是 f_m, g_l 均不为零, 故它们的首项不为零, 于是 $f_m g_l$ 的首项不为零, 故 $h_{m+l}\neq 0$, 因而 $\deg fg=\deg f+\deg g$.

关于多元多项式的次数还有一个常用的关系是

$$\deg(f+g)\leqslant \max(\deg f,\ \deg g).$$

对称多项式既是一类重要的, 也是常见的多元多项式.

设 $i_1, i_2, \cdots, i_n$ 是 1, 2, $\cdots$, n 的一个排列. 又

$$\begin{aligned} f(x_1, x_2, \cdots, x_n) &= \sum_{k_1 k_2 \cdots k_n} a_{k_1 k_2 \cdots k_n} x_1^{k_1} x_2^{k_2} \cdots x_n^{k_n} \\ &\in \boldsymbol{P}[x_1, x_2, \cdots, x_n]. \end{aligned}$$

记

$$f(x_{i_1}, x_{i_2}, \cdots, x_{i_n}) = \sum_{k_1 k_2 \cdots k_n} a_{k_1 k_2 \cdots k_n} x_{i_1}^{k_1} x_{i_2}^{k_2} \cdots x_{i_n}^{k_n}.$$

如 $f(x_1, x_2, x_3) = x_1$, 则有

$$f(x_2, x_1, x_3) = f(x_2, x_3, x_1) = x_2,$$

$$f(x_3, x_1, x_2) = f(x_3, x_2, x_1) = x_3,$$

以及

$$f(x_1, x_3, x_2) = x_1.$$

定义 1.9.1 设 $f(x_1, x_2, \cdots, x_n) \in \boldsymbol{P}[x_1, x_2, \cdots, x_n]$. 如果对 1, 2, $\cdots$, n 的任何排列 $i_1, i_2, \cdots, i_n$ 都有

$$f(x_{i_1}, x_{i_2}, \cdots, x_{i_n}) = f(x_1, x_2, \cdots, x_n),$$

则称 $f(x_1, x_2, \cdots, x_n)$ 是**对称多项式**.

有两类重要的齐次对称多项式.

下面的**Newton 等幂和** s_k 是齐次对称多项式.

$$s_k = x_1^k + x_2^k + \cdots + x_n^k, \quad k = 0, 1, \cdots,$$

显然, 对 $k > 0$, $\deg s_k = k$, 首项为 x_1^k.

下面的**初等对称多项式** σ_k 是齐次对称多项式.

$$\begin{aligned} \sigma_1 &= x_1 + x_2 + \cdots + x_n = \sum_{i=1}^{n} x_i, \\ \sigma_2 &= x_1x_2 + \cdots + x_1x_n + \cdots + x_{n-1}x_n = \sum_{1 \leqslant j < k \leqslant n} x_j x_k, \\ &\cdots\cdots\cdots\cdots \\ \sigma_{n-1} &= x_1x_2 \cdots x_{n-1} + x_1x_2 \cdots x_{n-2}x_n + \cdots + x_2x_3 \cdots x_n \\ &= \sum_{1 \leqslant j_1 < \cdots < j_{n-1} \leqslant n} x_{j_1} x_{j_2} \cdots x_{j_{n-1}}, \\ \sigma_n &= x_1x_2 \cdots x_n. \end{aligned}$$

σ_k 的次数为 k, 首项为 $x_1x_2\cdots x_k$.

事实上, 考虑 $n+1$ 元 $x,\ x_1,\ x_2,\ \cdots,\ x_n$ 的多项式 $\prod_{i=1}^{n}(x-x_i)$. 由 Vieta 定理

$$\prod_{i=1}^{n}(x-x_i)=x^n-\sigma_1x^{n-1}+\sigma_2x^{n-2}-\cdots+(-1)^{n-1}\sigma_{n-1}x+(-1)^n\sigma_n.$$

对 1, 2, $\cdots$, n 的任何一个排列 $i_1,\ i_2,\ \cdots,\ i_n$ 有

$$\prod_{j=1}^{n}(x-x_j)=\prod_{j=1}^{n}(x-x_{i_j}).$$

于是

$$\sigma_k(x_{i_1},\ x_{i_2},\ \cdots,\ x_{i_n})=\sigma_k(x_1,\ x_2,\ \cdots,\ x_n),$$

即 σ_k 为对称多项式.

对称多项式有下面一些性质:

1. 若 $f,\ g$ 是对称多项式, 则 $f\pm g,\ fg$ 也是对称多项式.

2. 若 $f,\ g$ 是对称多项式, 且 $g\neq 0$ 又有多项式 h 使 $f=gh$, 则 h 也是对称的.

事实上, 对 1, 2, $\cdots$, n 的任何一个排列 $i_1,\ i_2,\ \cdots,\ i_n$ 有

$$\begin{aligned}&g(x_1,\ x_2,\ \cdots,\ x_n)h(x_1,\ x_2,\ \cdots,\ x_n)\\=&f(x_1,\ x_2,\ \cdots,\ x_n)\\=&f(x_{i_1},\ x_{i_2},\ \cdots,\ x_{i_n})\\=&g(x_{i_1},\ x_{i_2},\ \cdots,\ x_{i_n})h(x_{i_1},\ x_{i_2},\ \cdots,\ x_{i_n})\\=&g(x_1,\ x_2,\ \cdots,\ x_n)h(x_{i_1},\ x_{i_2},\ \cdots,\ x_{i_n}).\end{aligned}$$

由 $g\neq 0$ 知

$$h(x_{i_1},\ x_{i_2},\ \cdots,\ x_{i_n})=h(x_1,\ x_2,\ \cdots,\ x_n),$$

即 h 是对称多项式.

3. 对称多项式的齐次分量也是对称的.

事实上, 如果 $f=\sum_{s=0}^{m}f_s,\ f_s$ 为 f 的 s 次齐次分量, $i_1, i_2, \cdots, i_n$ 是 $1, 2, \cdots, n$ 的一个排列, 则 $f_s(x_{i_1},\ x_{i_2},\ \cdots,\ x_{i_n})$ 是 $f(x_{i_1},\ x_{i_2},\ \cdots,\ x_{i_n})$ 的 s 次齐次分量. 故

$$f_s(x_{i_1},\ x_{i_2},\ \cdots,\ x_{i_n})=f_s(x_1,\ x_2,\ \cdots,\ x_n),$$

即 f_s 是对称的.

4. 若 $ax_1^{k_1}x_2^{k_2}\cdots x_n^{k_n}$ 是对称多项式 f 的首项, 则 $k_1\geqslant k_2\geqslant\cdots\geqslant k_n$.

设 $f=ax_1^{k_1}x_2^{k_2}\cdots x_n^{k_n}+f_1$, f_1 是首项以外各项的和. 如果有 $k_i<k_{i+1}$, 于是

$$\begin{aligned}&f(x_1,\ x_2,\ \cdots,\ x_n)\\=&f(x_1,\ \cdots,x_{i+1},\ x_i,\ \cdots,\ x_n)\\=&ax_1^{k_1}\cdots x_{i+1}^{k_i}x_i^{k_{i+1}}\cdots x_n^{k_n}+f_1(x_1,\ \cdots,\ x_{i+1},\ x_i,\ \cdots,\ x_n).\end{aligned}$$

因而 f 中的项 $ax_1^{k_1}\cdots x_{i+1}^{k_i}x_i^{k_{i+1}}\cdots x_n^{k_n}$ 先于 f 的首项, 这就产生矛盾, 故 $k_1\geqslant k_2\geqslant\cdots\geqslant k_n$.

5. 设 $k_1\geqslant k_2\geqslant\cdots\geqslant k_n$, 则

$$\sigma_1^{k_1-k_2}\sigma_2^{k_2-k_3}\cdots\sigma_{n-1}^{k_{n-1}-k_n}\sigma_n^{k_n}$$

的首项为 $x_1^{k_1}x_2^{k_2}\cdots\sigma_n^{k_n}$.

这是定理 1.9.1 的直接结果.

6. $\sigma_1^{j_1}\sigma_2^{j_2}\cdots\sigma_n^{j_n}$ 与 $\sigma_1^{l_1}\sigma_2^{l_2}\cdots\sigma_n^{l_n}$ 有相同的首项当且仅当 $j_i=l_i$, $1\leqslant i\leqslant n$.

事实上, 它们的首项中 $x_1,\ x_2,\ \cdots,\ x_n$ 的次数分别为

$$\begin{aligned}&j_1+j_2+\cdots+j_n,\ j_2+\cdots+j_n,\ \cdots,\ j_n;\\&l_1+l_2+\cdots+l_n,\ l_2+\cdots+l_n,\ \cdots,\ l_n.\end{aligned}$$

于是首项相同当且仅当 $\sum\limits_{s=k}^{n}j_s=\sum\limits_{s=k}^{n}l_s$, $1\leqslant k\leqslant n$, 即 $j_i=l_i$, $1\leqslant i\leqslant n$.

定理 1.9.2 (对称多项式基本定理) 设 f 是 $x_1,\ x_2,\ \cdots,\ x_n$ 的对称多项式, 则有唯一的 n 元多项式 $F(y_1,\ y_2,\ \cdots,\ y_n)\in\boldsymbol{P}[y_1,\ y_2,\ \cdots,\ y_n]$ 使得

$$f(x_1,\ x_2,\ \cdots,\ x_n)=F(\sigma_1,\ \sigma_2,\ \cdots,\ \sigma_n).$$

证 设 f 的首项为 $ax_1^{k_1}x_2^{k_2}\cdots x_n^{k_n}$, 于是 $k_1\geqslant k_2\geqslant\cdots\geqslant k_n$, 则由性质 5 知对称多项式

$$f_1=f-a\sigma_1^{k_1-k_2}\sigma_2^{k_2-k_3}\cdots\sigma_n^{k_n}$$

的首项 $bx_1^{j_1}x_2^{j_2}\cdots x_n^{j_n}$ 排在 f 的首项之后, 且有 $j_1\geqslant j_2\geqslant\cdots\geqslant j_n$; $j_1=k_1,\ \cdots,\ j_r=k_r$, $j_{r+1}<k_{r+1}$.

$$f_2=f_1-b\sigma_1^{j_1-j_2}\sigma_2^{j_2-j_3}\cdots\sigma_n^{j_n}$$

的首项在 f_1 首项之后. 由于满足条件

$$l_1\geqslant l_2\geqslant\cdots\geqslant l_n,\ l_1\leqslant k_1$$

的数组 $(l_1,\ l_2,\ \cdots,\ l_n)$ 只有有限多个, 于是, 有

$$f=\sum_{s_1\,s_2\,\cdots\,s_n} a_{s_1\,s_2\,\cdots\,s_n}\sigma_1^{s_1}\sigma_2^{s_2}\cdots\sigma_n^{s_n}.$$

取

$$F(y_1,\ y_2,\ \cdots,\ y_n)=\sum_{s_1\,s_2\,\cdots\,s_n} a_{s_1\,s_2\,\cdots\,s_n}y_1^{s_1}y_2^{s_2}\cdots y_n^{s_n}.$$

则

$$f(x_1,\ x_2,\ \cdots,\ x_n)=F(\sigma_1,\ \sigma_2,\ \cdots,\ \sigma_n).$$

欲证这样的 F 是唯一的, 只要证 $F\neq 0$, 即

$$F(\sigma_1,\ \sigma_2,\ \cdots,\ \sigma_n)\neq 0.$$

设 $F=\sum\limits_{s_1\,s_2\,\cdots\,s_n} a_{s_1\,s_2\,\cdots\,s_n}y_1^{s_1}y_2^{s_2}\cdots y_n^{s_n}$. 在 $y_1, y_2, \cdots, y_n$ 的次数集

$$S=\{\,(s_1,\ s_2,\ \cdots,\ s_n)\,|\,a_{s_1\,s_2\,\cdots\,s_n}\neq 0\,\}$$

中取 $(t_1,\ t_2,\ \cdots,\ t_n)$ 使得

$$\sum_{j=1}^{n} j\,t_j=\max\left\{\sum_{j=1}^{n} j\,s_j\,|(s_1,\ s_2,\ \cdots,\ s_n)\in S\right\}.$$

于是 $F(\sigma_1,\ \sigma_2,\ \cdots,\ \sigma_n)$ 的最高次齐次分量的次数为

$$\sum_{j=1}^{n} j\,t_j,$$

而且含

$$a_{t_1\,t_2\,\cdots\,t_n}x_1^{k_1}x_2^{k_2}\cdots x_n^{k_n},$$

其中 $k_i=\sum\limits_{r=i}^{n} t_r$. 故 $F(\sigma_1,\ \sigma_2,\ \cdots,\ \sigma_n)\neq 0$.

这个定理的证明实际上也指出了将对称多项式表示为初等对称多项式的多项式的方法. 如果我们再将多元多项式看作多元函数, 那么还可以用待定系数法, 就更容易.

例 1.19　试将对称多项式

$$\begin{aligned}&f(x_1,\ x_2,\ \cdots,\ x_n)\\=&\sum_{1\leqslant j_1<j_2<j_3\leqslant n}\left(x_{j_1}^2x_{j_2}^2x_{j_3}+x_{j_1}^2x_{j_2}x_{j_3}^2+x_{j_1}x_{j_2}^2x_{j_3}^2\right)\end{aligned}$$

表示为初等对称多项式的多项式.

解 f 是 5 次齐次对称多项式, 首项为 $x_1^2x_2^2x_3$, 满足

$$\sum_{i=1}^{5}k_i=5,\quad k_1\geqslant k_2\geqslant\cdots\geqslant k_n\geqslant 0,\quad k_1\leqslant 2$$

的数组只有

$$(2,\ 2,\ 1,\ 0,\ \cdots,\ 0),\quad (2,\ 1,\ 1,\ 1,\ 0,\ \cdots,\ 0)$$

及

$$(1,\ 1,\ 1,\ 1,\ 1,\ 0,\ \cdots,\ 0)$$

三种情况. 于是

$$f(x_1,\ x_2,\ \cdots,\ x_n)=\sigma_2\sigma_3+a\sigma_1\sigma_4+b\sigma_5.$$

取 $x_i=1,\ 1\leqslant i\leqslant 4$; $x_i=0,\ i\geqslant 5$, 则 $\sigma_1=4,\ \sigma_2=6,\ \sigma_3=4,\ \sigma_4=1$. 而 $f=3\times 4=12$, 故 $a=-3$. 又取 $x_i=1,\ 1\leqslant i\leqslant 5$; $x_i=0,\ i\geqslant 6$, 则 $\sigma_1=\sigma_4=5,\ \sigma_2=\sigma_3=10,\ \sigma_5=1$. 而 $f=3\times 10=30$, 于是 $b=5$. 故 $f=\sigma_2\sigma_3-3\sigma_1\sigma_4+5\sigma_5$.

习　题

1. 证明

$$D(x_1,\ x_2,\ \cdots,\ x_n)=\prod_{i\neq j}(x_i-x_j)$$

是对称多项式. 当 $n=2,\ 3$ 时, 试用初等对称多项式表示 D.

2. $f(x)=(x-x_1)(x-x_2)\cdots(x-x_n)=x^n-\sigma_1x^{n-1}+\cdots+(-1)^n\sigma_n$.

1) 证明

$$x^{k+1}f'(x)=(s_0x^k+s_1x^{k-1}+\cdots+s_{k-1}x+s_k)f(x)+g(x),$$

其中 $\deg g(x)<n$ 或 $g(x)=0$.

2) 由上式证明**Newton 公式**

$$s_k-\sigma_1s_{k-1}+\sigma_2s_{k-2}-\cdots+(-1)^{k-1}\sigma_{k-1}s_1+(-1)^kk\sigma_k=0,\quad 1\leqslant k\leqslant n;$$
$$s_k-\sigma_1s_{k-1}+\cdots+(-1)^n\sigma_ns_{k-n}=0,\quad k>n.$$

3. 设

$$s_k=\sum_{\sum\limits_{j=1}^{n}j\,l_j=k}a_{l_1\,l_2\,\cdots\,l_n}\sigma_1^{l_1}\sigma_2^{l_2}\cdots\sigma_n^{l_n}.$$

证明

$$a_{l_1 l_2 \cdots l_n} = \frac{(-1)^l k(l_1 + l_2 + \cdots + l_n - 1)!}{l_1! l_2! \cdots l_n!},$$

其中 $l = l_2 + l_4 + \cdots + l_{2[\frac{n}{2}]}$, $\left[\frac{n}{2}\right]$ 表示 $\frac{n}{2}$ 的整数部分.

1.10 例

本节通过例题介绍多项式理论中的一些技巧. 当然, 这不是系统的, 更不是完整的. 熟练的技巧来源于勤学苦练.

例 1.20 设 $(f(x), g(x)) = 1$, 问 $u(x)$, $v(x)$ 满足什么条件才使 $u(x)f(x) + v(x)g(x) = 1$ 成立的 $u(x)$, $v(x)$ 是唯一的. (这里假定 $\deg f(x) > 0$, $\deg g(x) > 0$.)

解 任取 $u(x)$, $v(x)$ 使得

$$u(x)f(x) + v(x)g(x) = 1.$$

分别用 $g(x)$, $f(x)$ 除 $u(x)$, $v(x)$ 得

$$u(x) = u_1(x)g(x) + u_0(x); \quad v(x) = v_1(x)f(x) + v_0(x).$$

若 $u_0(x) = 0$, 则 $g(x)|1$ 矛盾. 同样 $v_0(x) \neq 0$. 设

$$\deg u_0(x) < \deg g(x), \quad \deg v_0(x) < \deg f(x).$$

于是

$$(u_1(x) + v_1(x))f(x)g(x) + u_0(x)f(x) + v_0(x)g(x) = 1.$$

如果 $(u_1(x) + v_1(x))f(x)g(x) \neq 0$, 则由

$$\begin{aligned}\deg((u_1(x) + v_1(x))f(x)g(x)) &\geqslant \deg f(x) + \deg g(x) \\ &> \deg(u_0(x)f(x) + v_0(x)g(x)).\end{aligned}$$

因而

$$\deg(u(x)f(x) + v(x)g(x)) = \deg((u_1(x) + v_1(x))f(x)g(x)) > 0.$$

这就产生矛盾, 故 $(u_1(x) + v_1(x))f(x)g(x) = 0$. 于是有

$$u_0(x)f(x) + v_0(x)g(x) = 1.$$

设 $\hat{u}(x)$, $\hat{v}(x)$ 也满足条件

$$\hat{u}(x)f(x) + \hat{v}(x)g(x) = 1, \quad \deg \hat{u}(x) < \deg g(x), \quad \deg \hat{v}(x) < \deg f(x),$$

则有

$$(u_0(x)-\hat{u}(x))f(x)=(\hat{v}(x)-v_0(x))g(x).$$

由 $(f(x),\ g(x))=1$ 知 $g(x)|(u_0(x)-\hat{u}(x))$. 但 $\deg g(x)>\max\{\deg u_0(x),\ \deg\hat{u}(x)\}$, 故 $u_0(x)=\hat{u}(x)$. 同理 $\hat{v}(x)=v_0(x)$.

总结以上可知, 满足

$$\begin{cases} u(x)f(x)+v(x)g(x)=1, \\ \deg u(x)<\deg g(x), \\ \deg v(x)<\deg f(x) \end{cases}$$

的 $u(x)$, $v(x)$ 存在且唯一.

从这个例子还可知道:

1) $u_1(x)=-v_1(x)$;

2) 如果 $u(x)f(x)+v(x)g(x)=1$, $\deg u(x)<\deg g(x)$, 则 $\deg v(x)<\deg f(x)$.

例 1.21 设 $f(x),\ g(x),\ h(x)\in \boldsymbol{P}[x]$, 而且

$$(x^2+1)h(x)+(x-1)f(x)+(x+2)g(x)=0, \tag{1}$$

$$(x^2+1)h(x)+(x+1)f(x)+(x-2)g(x)=0, \tag{2}$$

试证 $(x^2+1)|(f(x),\ g(x))$.

证 将 (1) 式与 (2) 式相加, 可得

$$2(x^2+1)h(x)+2x(f(x)+g(x))=0.$$

由 $(x^2+1,\ x)=1$, 知

$$x^2+1|f(x)+g(x).$$

再将 (1) 式减去 (2) 式得

$$-2f(x)+4g(x)=0.$$

故 $f(x)=2g(x)$. 故 $x^2+1|f(x)$, $x^2+1|g(x)$.

另证 将 $f(x)$, $g(x)$, $h(x)$ 看作多项式函数. 令 $x=\sqrt{-1}$, 代入 (1), (2) 得

$$(\sqrt{-1}-1)f(\sqrt{-1})+(\sqrt{-1}+2)g(\sqrt{-1})=0, \tag{1'}$$

$$(\sqrt{-1}+1)f(\sqrt{-1})+(\sqrt{-1}-2)g(\sqrt{-1})=0, \tag{2'}$$

两式相加, 相减分别得下面两式

$$2\sqrt{-1}\,(f(\sqrt{-1})+g(\sqrt{-1}))=0,$$

$$-2f(\sqrt{-1})+4g(\sqrt{-1})=0.$$

于是 $f(\sqrt{-1})=g(\sqrt{-1})=0$. 同理 $f(-\sqrt{-1})=g(-\sqrt{-1})=0$. 从而 $x^2+1|(f(x), g(x))$.

实际上, 第一种证法比第二种证法直接、简单, 而且得到的结果要多一些 $(f(x)=2g(x))$. 但第二种证法从想法上较自然, 因为 $x^2+1|f(x)$ 当且仅当 $f(\pm\sqrt{-1})=0$. 这种证法还包括了将多项式的系数域扩大的思想.

如果 $\boldsymbol{P}$, $\overline{\boldsymbol{P}}$ 都是数域, 且 $\boldsymbol{P}\subseteq\overline{\boldsymbol{P}}$, 因而 $\boldsymbol{P}[x]\subseteq\overline{\boldsymbol{P}}[x]$. 我们曾经指出, 如果 $f(x)$, $g(x)\in\boldsymbol{P}[x]$, $g(x)\neq 0$, 那么, $g(x)$ 除 $f(x)$ 在 $\boldsymbol{P}[x]$ 中与在 $\overline{\boldsymbol{P}}[x]$ 中的商式, 余式是相同的. 因而, 由辗转相除法,$f(x)$, $g(x)$ 在 $\boldsymbol{P}[x]$ 与 $\overline{\boldsymbol{P}}[x]$ 中有相同的首一的最大公因式 $(f(x), g(x))$.

例 1.22　设 $f(x)\in\boldsymbol{P}[x]$. $f(x)$ 的标准分解为

$$f(x)=c\,p_1(x)^{k_1}p_2(x)^{k_2}\cdots p_r(x)^{k_r},\quad k_i\geqslant 1.$$

k_i 称为不可约多项式 $p_i(x)$ 在 $f(x)$ 中的重数. 若 $\forall i$, $k_i=1$, 则称 $f(x)$ 为无重因式; 若有 i_0 使得 $k_{i_0}>1$, 则称 $f(x)$ 有重因式. 试证下列条件等价:

1)　$f(x)$ 无重因式;

2)　$f(x)$ 作为 $\mathbf{C}[x]$ 中元素无重根;

3)　$(f(x), f'(x))=1$.

证　1) $\Longrightarrow$ 2) 若 $p(x)$, $q(x)\in\boldsymbol{P}[x]$, 不可约, 且 $(p(x), q(x))=1$. 因为 $(p(x), p'(x))=1$, $(q(x), q'(x))=1$, 故 $p(x)$, $q(x)$ 在 $\mathbf{C}$ 中无重根, 且 $p(x)$, $q(x)$ 在 $\mathbf{C}$ 中无公共根. 于是 $f(x)$ 无重因式, 则 $f(x)$ 在 $\mathbf{C}$ 中无重根.

2) $\Longrightarrow$ 3) 因为 $f(x)$ 在 $\mathbf{C}$ 中无重根, 故 $(f(x), f'(x))=1$.

3) $\Longrightarrow$ 1) 设 $f(x)=c\,p_1(x)^{k_1}p_2(x)^{k_2}\cdots p_r(x)^{k_r}$. 于是

$$f'(x)=c\sum_{i=1}^{r}\left(k_ip_i(x)^{k_i-1}p_i'(x)\prod_{j\neq i}p_j(x)^{k_j}\right).$$

注意到

$$\left(p_i(x),\quad p_i'(x)\prod_{j\neq i}p_j(x)^{k_j}\right)=1.$$

故

$$1=(f(x),f'(x))=\prod_{j=1}^{r}p_j(x)^{k_j-1}.$$

于是 $k_j-1=0$, $1\leqslant j\leqslant r$, 故 $k_j=1$, $1\leqslant j\leqslant r$. 因而 $f(x)$ 无重因式.

此例也可以按 3) $\Longrightarrow$ 2), 2) $\Longrightarrow$ 1), 1) $\Longrightarrow$ 3) 的顺序, 或别的顺序来证明.

例 1.23 设 $f(x)\in\mathbf{Q}[x]$, 且 $f(x)$ 不可约. 又 $a\in\mathbf{C}$, a, a^{-1} 都是 $f(x)$ 在 $\mathbf{C}$ 中的根. 试证, 若 $b\in\mathbf{C}$ 也是 $f(x)$ 在 $\mathbf{C}$ 中的根, 则 b^{-1} 也是 $f(x)$ 的根.

证 设 $\deg f(x)=n$. 因为 $f(a)=f(a^{-1})=0$ 故 $(f(x),\ x)=1$. 由 $f(b)=0$ 知 $b\neq 0$, 故 b^{-1} 存在, 记

$$f(x)=a_nx^n+a_{n-1}x^{n-1}+\cdots+a_1x+a_0.$$

令

$$g(x)=a_0x^n+a_1x^{n-1}+\cdots+a_{n-1}x+a_n,$$

于是 $g(c)=0$ 当且仅当 $f(c^{-1})=0$. 由于

$$f(a)=f(a^{-1})=0,$$

故

$$g(a)=g(a^{-1})=0.$$

于是作为 $\mathbf{C}[x]$ 中元素有

$$(x-a)|(f(x),\ g(x)).$$

因而在 $\mathbf{Q}[x]$ 中, $f(x)$, $g(x)$ 不是互素的. 由 $f(x)$ 不可约, 故 $f(x)$ 为 $f(x)$ 与 $g(x)$ 的最大公因式, 即 $f(x)|g(x)$. 注意到 $\deg g(x)=\deg f(x)=n$, 因而 $g(x)=d\,f(x)$, $d\in\mathbf{Q}$, $d\neq 0$. 由 $f(b)=0$, 知 $g(b^{-1})=0$, 故 $f(b^{-1})=0$.

一般的, 如果 $f(x)=\sum\limits_{i=0}^{n}a_ix^i\in\boldsymbol{P}[x]$ 是不可约的, 则 $g(x)=\sum\limits_{i=0}^{n}a_ix^{n-i}$ 也是不可约的.

事实上, 若 $f(x)=f_1(x)f_2(x)$, 我们用上面同样的办法可构造 $g_1(x)$, $g_2(x)$, 使得 $g(x)=g_1(x)g_2(x)$.

如果允许使用分式形式, 这样写起来更简单. 此时有

$$\begin{aligned}g(x)&=x^nf\left(\frac{1}{x}\right)=x^nf_1\left(\frac{1}{x}\right)f_2\left(\frac{1}{x}\right)\\&=x^{n_1}f_1\left(\frac{1}{x}\right)x^{n_2}f_2\left(\frac{1}{x}\right)=g_1(x)g_2(x),\end{aligned}$$

这里 $n_i=\deg f_i(x)$, $i=1,\ 2$.

例 1.24 设 $f(x)$, $g(x)\in\mathbf{Z}[x]$, $\deg f(x)\geqslant 1$, $\deg g(x)\geqslant 1$. 又 $(f(x),\ g(x))=1$, 则只有有限多个 $k\in\mathbf{Z}$ 使得 $g(k)|f(k)$.

证 由 $(f(x),\ g(x))=1$, 故有 $u(x)$, $v(x)\in\mathbf{Q}[x]$ 使得 $u(x)f(x)+v(x)g(x)=1$. 设

$$u(x)=\frac{n_1}{m_1}u_1(x),\quad v(x)=\frac{n_2}{m_2}v_1(x),$$

$m_1,\ m_2,\ n_1,\ n_2 \in \mathbf{Z}$, 且 $(m_1,\ n_1) = (m_2,\ n_2) = 1$, $u_1(x)$, $v_1(x)$ 均为本原多项式. 于是

$$n_1 m_2 u_1(x) f(x) + n_2 m_1 v_1(x) g(x) = m_1 m_2.$$

若 $k \in \mathbf{Z}$ 使得 $g(k)|f(k)$, 则 $g(k)|m_1m_2$, 故 $g(k)$ 是 m_1m_2 的因数. 对 m_1m_2 的任一因数 m, $g(x)-m$ 的整数根是有限的, m_1m_2 的因数是有限的, 故

$$\{k \in \mathbf{Z} \mid g(k)|m_1m_2\}$$

是有限的. 因而其子集 $\{k \in \mathbf{Z}|g(k) \mid f(k)\}$ 是有限的.

例 1.25 设 $f(x) \in \mathbf{Z}[x]$, p 是正整数, $p > 1$. 如果

$$p \nmid f(k), \quad k = 0,\ 1,\ \cdots,\ p-1,$$

则 $f(x)$ 无整数根.

证 设 $m \in \mathbf{Z}$, 则有 $m = m_1 p + k$, $0 \leqslant k \leqslant p-1$. 设 $f(x) = \sum\limits_{i=0}^{n} a_i x^i$, $a_i \in \mathbf{Z}$. 于是

$$f(m) = \sum_{i=0}^{n} a_i (m_i p + k)^i \equiv \sum_{i=0}^{n} a_i k^i \pmod{p},$$

即

$$f(m) \equiv f(k) \pmod{p}.$$

因为 $p \nmid f(k)$, $0 \leqslant k \leqslant p-1$, 故 $p \nmid f(m)$. 特别地有 $f(m) \neq 0$.

此题实际上有更强的结果: $p \nmid f(m)$, $\forall m \in \mathbf{Z}$.

p 取一些特殊素数, 如 2, 3 时, 常是有用的. 例如, 若有奇素数 m, 偶数 n 使 $f(m)$, $f(n)$ 都是奇数, 则 $f(x)$ 无整数根. 又如, 若 $3 \nmid f(0)$, $3 \nmid f(\pm 1)$, 则 $f(x)$ 无整数根.

例 1.26 设 $f_1(x),\ f_2(x),\ \cdots,\ f_t(x) \in \boldsymbol{P}[x]$. 而且 $i \neq j$ 时, $(f_i(x),\ f_j(x)) = 1$. 又 $r_1(x),\ r_2(x),\ \cdots,\ r_t(x) \in \boldsymbol{P}[x]$. 求 $f(x)$ 使得

$$f(x) \equiv r_j(x) \pmod{f_j(x)}, \quad 1 \leqslant j \leqslant t.$$

解 令

$$\begin{aligned} F(x) &= f_1(x) f_2(x) \cdots f_t(x), \\ F_j(x) &= \prod_{i \neq j} f_i(x) = F(x)/f_j(x). \end{aligned}$$

由于 $i \neq j$ 时 $(f_i(x),\ f_j(x)) = 1$, 故 $(F_j(x),\ f_j(x)) = 1$. 故有 $u_j(x),\ v_j(x) \in \boldsymbol{P}[x]$, 使得

$$u_j(x)F_j(x) + v_j(x)f_j(x) = 1.$$

令

$$f(x) = \sum_{i=1}^{t} u_i(x)F_i(x)r_i(x) + k(x)F(x).$$

由于

$$\begin{aligned} &F_i(x) \equiv 0 \pmod{f_j(x)}, \quad i \neq j; \\ &u_j(x)F_j(x)r_j(x) = r_j(x) - v_j(x)f_j(x)r_j(x) \equiv r_j(x) \pmod{f_j(x)}; \\ &F(x) \equiv 0 \pmod{f_j(x)}. \end{aligned}$$

因而

$$f(x) \equiv r_j(x) \pmod{f_j(x)}, \quad 1 \leqslant j \leqslant t.$$

不难看出这样的 $f(x)$ 不是唯一的. 此外, 如果令 $f_j(x) = x - a_j$, 我们就回到 Lagrange 插值公式了. 但是这种思想中国早就有了, 它体现在“孙子定理”中. 南北朝时期的名著《孙子算经》中“物不知数”一问说: “今有物, 不知其数, 三三数之剩二, 五五数之剩三, 七七数之剩二, 问物几何?”用现代数学语言来说, 求非负整数 n 使得 $n \equiv 2 \pmod 3$, $n \equiv 3 \pmod 5$, $n \equiv 2 \pmod 7$. 答案是 23 或 $23 + 105k,\ k \in \mathbf{Z}$.

习　　题

1. 设 $f(x),\ g(x) \in \boldsymbol{P}[x]$, $\deg f(x) > 0$, $\deg g(x) > 0$. 添上什么条件后, 满足

$$u(x)f(x) + v(x)g(x) = (f(x),\ g(x))$$

的 $u(x)$, $v(x)$ 是唯一的.

2. $f_i(x)\ (1 \leqslant i \leqslant k)$, $g_j(x)\ (1 \leqslant j \leqslant l) \in \boldsymbol{P}[x]$. 试证

$$(f_1(x),\ f_2(x),\ \cdots,\ f_k(x)) = (g_1(x),\ g_2(x),\ \cdots,\ g_l(x))$$

的充分必要条件是 $f_i(x)$ 是 $g_1(x),\ g_2(x),\ \cdots,\ g_l(x)$ 的组合; $g_j(x)$ 是 $f_1(x),\ f_2(x),\ \cdots,\ f_k(x)$ 的组合 $(\forall i,\ j)$.

3. 设 $a_1,\ a_2,\ \cdots,\ a_n$ 是不同的整数. 试证

$$(x - a_1)(x - a_2)\cdots(x - a_n) - 1$$

是 $\mathbf{Q}[x]$ 中不可约多项式.

4. 设 $a_1,\ a_2,\ \cdots,\ a_n$ 是不同的整数. 试证, 当 $n>4$ 时

$$(x-a_1)(x-a_2)\cdots(x-a_n)+1$$

是 $\mathbf{Q}[x]$ 中不可约多项式.

5. 举例说明习题 4 中条件“$n>4$”不能去掉 (除非 $n=1,3$).

6. 设 $f(x)\in\mathbf{Z}[x]$, $\deg f(x)=n$, $m=\dfrac{1}{2}n$ 或者 $m=\dfrac{1}{2}(n-1)$. 若有互不相等的 $a_1,\ a_2,\ \cdots,\ a_k\in\mathbf{Z}$, $k>2m$ 使得

$$f(a_i)=\pm 1,\quad 1\leqslant i\leqslant k,$$

则 $f(x)$ 在 $\mathbf{Q}[x]$ 中不可约.

7. 设 $f(x),\ g(x)\in\boldsymbol{P}[x]$. $m(x)\in\boldsymbol{P}[x]$ 叫 $f(x),\ g(x)$ 的**最小公倍式**, 如果 $m(x)$ 满足下面条件:

$$f(x)|m(x),\quad g(x)|m(x);$$

$$\text{若 } f(x)|h(x),\ g(x)|h(x),\ \text{则 } m(x)|h(x).$$

试证:

1) $f(x),\ g(x)$ 的最小公倍式存在, 且除一个非零常数因子外是唯一的.

2) 以 $[f(x),\ g(x)]$ 表示 $f(x),\ g(x)$ 的首项系数为 1 的最小公倍式. 若 $f(x),\ g(x)$ 都是首一的, 则

$$[f(x),\ g(x)](f(x),\ g(x))=f(x)g(x).$$

3) 设

$$f(x)=\prod_{i=1}^{k}p_i(x)^{n_i},\quad g(x)=\prod_{i=1}^{k}p_i(x)^{m_i}$$

$(a\,b\neq 0,\ n_i\geqslant 0,\ m_i\geqslant 0)$ 为 $f(x),\ g(x)$ 的标准分解. 则

$$[f(x),\ g(x)]=\prod_{i=1}^{k}p_i(x)^{\max\{m_i,\ n_i\}}.$$

8. 设 $f_i(x),\ r_i(x)\in\boldsymbol{P}[x]$, $1\leqslant i\leqslant t$, 且 $i\neq j$ 时 $(f_i(x),\ f_j(x))=1$. 又设 $f(x)\equiv r_i(x)\,(\mathrm{mod}\, f_i(x))$, $1\leqslant i\leqslant t$. 试证:

1) $g(x)\equiv r_i(x)\,(\mathrm{mod}\, f_i(x))$, $1\leqslant i\leqslant t$, 当且仅当

$$g(x)\equiv f(x)\,(\mathrm{mod}\, f_1(x)f_2(x)\cdots f_t(x));$$

2) 满足条件

$$f(x)\equiv r_i(x)\,(\mathrm{mod}\, f_i(x)),\ 1\leqslant i\leqslant t,$$

$$\deg f(x)<\sum_{i=1}^{t}\deg f_i(x)$$

的 $f(x)$ 存在唯一.

9. 设 $g_1(x)$, $g_2(x)$, $r_1(x)$, $r_2(x) \in \boldsymbol{P}[x]$, 而且 $g_1(x) \neq 0$, $g_2(x) \neq 0$.

1) 试问何时存在 $f(x)$ 使得

$$f(x) \equiv r_i(x) \pmod{g_i(x)}, \ i = 1, \ 2.$$

2) 如果 $f(x)$, $h(x)$ 都满足上述条件, $f(x)$ 与 $h(x)$ 有何关系?

3) 如果有 $f(x)$ 满足上述条件, 什么情况唯一?

第2章　行　列　式

行列式是多元一次方程组 (线性方程组) 求解中产生的. 现在它不仅是解线性方程组的工具, 也是线性代数以及其他数学分支和物理学中常用的工具. 行列式的概念很简单, 关键是计算行列式的技巧及应用行列式的灵活性, 这是要特别注意的.

2.1　矩　　阵

在数域$\boldsymbol{P}$ 中取 mn 个数, 将它们排成 m (横)**行 (row)**, n (竖)**列 (column)**的长方阵 (将第 i 行, 第 j 列的**元素 (entry)**, 记为 a_{ij}), 再加上括号, 即有

$$\begin{pmatrix} a_{11} & a_{12} & \cdots & a_{1n} \\ a_{21} & a_{22} & \cdots & a_{2n} \\ \vdots & \vdots & & \vdots \\ a_{m1} & a_{m2} & \cdots & a_{mn} \end{pmatrix}.$$

我们称它为$\boldsymbol{P}$上的一个 $m\times n$ **矩阵 (matrix)**. 通常用一个英文大写字母, 如$\boldsymbol{A}$表示. 从上到下的各行依次叫第 1 行, $\cdots$, 第 m 行, 并记为 $\mathrm{row}_1\boldsymbol{A}$, $\cdots$, $\mathrm{row}_m\boldsymbol{A}$; 从左到右的各列依次叫第 1 列, $\cdots$, 第 n 列, 并记为 $\mathrm{col}_1\boldsymbol{A}$, $\cdots$, $\mathrm{col}_n\boldsymbol{A}$; 矩阵中每个数, 也叫做矩阵的元素, 第 i 行, 第 j 列处的数 (元素) a_{ij}, 也记为 $\mathrm{ent}_{ij}A$.

$\boldsymbol{P}$上的 $m\times n$ 矩阵$\boldsymbol{A}$与 $k\times l$ 矩阵$\boldsymbol{B}$叫做相等, 如果满足

1)　$m=k,\ n=l$;

2)　$\mathrm{ent}_{ij}\boldsymbol{A}=\mathrm{ent}_{ij}\boldsymbol{B},\ 1\leqslant i\leqslant m,\ 1\leqslant j\leqslant n$.

也就是说$\boldsymbol{A}$, $\boldsymbol{B}$是一样的.

只有一行 (列) 的矩阵称为**行矩阵**(**列矩阵**).

一个 $n\times n$ 的矩阵叫做 n **阶方阵**. n 阶方阵

$$\boldsymbol{I}_n=\begin{pmatrix} 1 & 0 & \cdots & 0 \\ 0 & 1 & \cdots & 0 \\ \vdots & \vdots & & \vdots \\ 0 & 0 & \cdots & 1 \end{pmatrix},$$

其中

$$\mathrm{ent}_{ij}\boldsymbol{I}_n=\delta_{ij}=\begin{cases} 0, & i\neq j, \\ 1, & i=j \end{cases}$$

称为 n **阶单位矩阵**.

例 2.1 矩阵

$$A = \begin{pmatrix} 1 & 1 & 1 & 1 \\ 1 & 2 & 3 & 4 \\ 1 & 3 & 6 & 10 \end{pmatrix}$$

的第 2 行, 第 3 列与第 2 行第 3 列的元素分别为

$$\begin{aligned} &\mathrm{row}_2\boldsymbol{A} = (1 \quad 2 \quad 3 \quad 4), \\ &\mathrm{col}_3\boldsymbol{A} = \begin{pmatrix} 1 \\ 3 \\ 6 \end{pmatrix}, \\ &\mathrm{ent}_{23}\boldsymbol{A} = 3. \end{aligned}$$

设$\boldsymbol{A}$是一个 $m \times n$ 的矩阵

$$A = \begin{pmatrix} a_{11} & a_{12} & \cdots & a_{1n} \\ a_{21} & a_{22} & \cdots & a_{2n} \\ \vdots & \vdots & & \vdots \\ a_{m1} & a_{m2} & \cdots & a_{mn} \end{pmatrix}.$$

将$\boldsymbol{A}$的第 1 行, 第 2 行, $\cdots$, 第 m 行顺次竖排成第 1 列, 第 2 列, $\cdots$, 第 m 列, 得到另一个矩阵

$$\begin{pmatrix} a_{11} & a_{21} & \cdots & a_{m1} \\ a_{12} & a_{22} & \cdots & a_{m2} \\ \vdots & \vdots & & \vdots \\ a_{1n} & a_{2n} & \cdots & a_{mn} \end{pmatrix}$$

称为$\boldsymbol{A}$的**转置**. 常记为$\boldsymbol{A}'$(或 $\boldsymbol{A}^{\mathrm{T}}$).

显然$\boldsymbol{A}'$ 是 $n \times m$ 矩阵, 且与$\boldsymbol{A}$有以下关系

$$\begin{aligned} \mathrm{ent}_{ij}\boldsymbol{A}' &= \mathrm{ent}_{ji}\boldsymbol{A}, \quad 1 \leqslant i \leqslant n,\ 1 \leqslant j \leqslant m; \\ \mathrm{row}_i\boldsymbol{A}' &= (\mathrm{col}_i\boldsymbol{A})', \quad 1 \leqslant i \leqslant n; \\ \mathrm{col}_j\boldsymbol{A}' &= (\mathrm{row}_j\boldsymbol{A})', \quad 1 \leqslant j \leqslant m. \end{aligned}$$

而且, 若一个 $n \times m$ 矩阵$\boldsymbol{B}$与$\boldsymbol{A}$有上述关系之一, 则$\boldsymbol{B} = \boldsymbol{A}'$, 另外两个关系也成立.

例 2.2　矩阵

$$A=\begin{pmatrix}3&7\\2&8\\1&9\end{pmatrix}$$

的转置为

$$A'=\begin{pmatrix}3&2&1\\7&8&9\end{pmatrix}.$$

为叙述方便, 我们介绍三个术语以及表示它们的符号.

1.　若将矩阵$\boldsymbol{A}$ 的第 i 行 (第 j 列) 的每个元素都乘以数 k, 而其他元素不变, 所得的矩阵称为$\boldsymbol{A}$的第 i 行 (第 j 列) 乘 k, 记为 $\boldsymbol{A}_{k\mathrm{r}_i}$ ($\boldsymbol{A}_{k\mathrm{c}_j}$). 于是$\boldsymbol{A}$与$\boldsymbol{A}_{k\mathrm{r}_i}$ 有下面关系

$$\begin{aligned}\mathrm{row}_l\boldsymbol{A}_{k\mathrm{r}_i}&=\mathrm{row}_l\boldsymbol{A},\quad l\neq i;\\ \mathrm{row}_i\boldsymbol{A}_{k\mathrm{r}_i}&=(k\,\mathrm{ent}_{i1}\boldsymbol{A},\ k\,\mathrm{ent}_{i2}\boldsymbol{A},\ \cdots)\end{aligned}$$

第二个等式右边简记为 $k\,\mathrm{row}_i\boldsymbol{A}$, 于是

$$\mathrm{row}_i\boldsymbol{A}_{k\mathrm{r}_i}=k\,\mathrm{row}_i\boldsymbol{A}.$$

类似地 $\boldsymbol{A}_{k\mathrm{c}_j}$ 与$\boldsymbol{A}$有下面关系

$$\begin{aligned}\mathrm{col}_l\boldsymbol{A}_{k\mathrm{c}_j}&=\mathrm{col}_l\boldsymbol{A},\quad l\neq j;\\ \mathrm{col}_j\boldsymbol{A}_{k\mathrm{c}_j}&=k\,\mathrm{col}_j\boldsymbol{A}=\begin{pmatrix}k\,\mathrm{ent}_{1j}\boldsymbol{A}\\k\,\mathrm{ent}_{2j}\boldsymbol{A}\\\vdots\end{pmatrix}.\end{aligned}$$

例 2.3　设 $\boldsymbol{A}=\begin{pmatrix}1&2&3\\2&4&6\\3&6&9\end{pmatrix}$ 则

$$\boldsymbol{A}_{3\mathrm{r}_2}=\begin{pmatrix}1&2&3\\6&12&18\\3&6&9\end{pmatrix},\qquad \boldsymbol{A}_{\frac{1}{3}\mathrm{c}_3}=\begin{pmatrix}1&2&1\\2&4&2\\3&6&3\end{pmatrix}.$$

2.　将矩阵$\boldsymbol{A}$的第 i 行 (列) 加上第 j 行 (列) 的 k 倍, 而其他行 (列)(包括第 j 行 (列)) 不变, 即$\boldsymbol{A}$的第 i 行 (列) 的每个元素加上第 j 行 (列) 对应元素的 k 倍. 这样得到的矩阵记为 $\boldsymbol{A}_{\mathrm{r}_i+k\mathrm{r}_j}$ ($\boldsymbol{A}_{\mathrm{c}_i+k\mathrm{c}_j}$). 于是

$$\begin{aligned}\mathrm{row}_l\boldsymbol{A}_{\mathrm{r}_i+k\mathrm{r}_j}&=\mathrm{row}_l\boldsymbol{A},\quad l\neq i;\\ \mathrm{row}_i\boldsymbol{A}_{\mathrm{r}_i+k\mathrm{r}_j}&=(\mathrm{ent}_{i1}\boldsymbol{A}+k\,\mathrm{ent}_{j1}\boldsymbol{A},\ \cdots).\end{aligned}$$

我们将上式右边记为 $\mathrm{row}_i\boldsymbol{A}+k\,\mathrm{row}_j\boldsymbol{A}$. 于是

$$\mathrm{row}_i\boldsymbol{A}_{\mathrm{r}_i+k\mathrm{r}_j}=\mathrm{row}_i\boldsymbol{A}+k\,\mathrm{row}_j\boldsymbol{A}.$$

类似地, 有

$$\begin{aligned}\mathrm{col}_l\boldsymbol{A}_{\mathrm{c}_i+k\mathrm{c}_j}&=\mathrm{col}_l\boldsymbol{A},\quad l\neq i;\\ \mathrm{col}_i\boldsymbol{A}_{\mathrm{c}_i+k\mathrm{c}_j}&=\mathrm{col}_i\boldsymbol{A}+k\,\mathrm{col}_j\boldsymbol{A},\end{aligned}$$

其中

$$\mathrm{col}_i\boldsymbol{A}+k\mathrm{col}_j\boldsymbol{A}=\begin{pmatrix}\mathrm{ent}_{1i}\boldsymbol{A}+k\,\mathrm{ent}_{1j}\boldsymbol{A}\\ \mathrm{ent}_{2i}\boldsymbol{A}+k\,\mathrm{ent}_{2j}\boldsymbol{A}\\ \vdots\end{pmatrix}.$$

例 2.4 对于例 2.3 中的$\boldsymbol{A}$, 有

$$\boldsymbol{A}_{\mathrm{r}_3-3\mathrm{r}_1}=\begin{pmatrix}1&2&3\\2&4&6\\0&0&0\end{pmatrix},\quad \boldsymbol{A}_{\mathrm{c}_2-2\mathrm{c}_1}=\begin{pmatrix}1&0&3\\2&0&6\\3&0&9\end{pmatrix},$$

$$\boldsymbol{A}_{\mathrm{r}_1+\mathrm{r}_2}=\begin{pmatrix}3&6&9\\2&4&6\\3&6&9\end{pmatrix},\quad \boldsymbol{A}_{\mathrm{r}_2+\mathrm{r}_1}=\begin{pmatrix}1&2&3\\3&6&9\\3&6&9\end{pmatrix}.$$

3. 将矩阵$\boldsymbol{A}$的第 i 行 (列) 与第 j 行 (列) 互换, 其余行 (列) 不动, 所得的矩阵记为 $\boldsymbol{A}_{\mathrm{r}_i\mathrm{r}_j}$ ($\boldsymbol{A}_{\mathrm{c}_i\mathrm{c}_j}$), 即有

$$\begin{aligned}\mathrm{row}_l\boldsymbol{A}_{\mathrm{r}_i\mathrm{r}_j}&=\mathrm{row}_l\boldsymbol{A},\quad l\neq i,\ j;\\ \mathrm{row}_i\boldsymbol{A}_{\mathrm{r}_i\mathrm{r}_j}&=\mathrm{row}_j\boldsymbol{A};\\ \mathrm{row}_j\boldsymbol{A}_{\mathrm{r}_i\mathrm{r}_j}&=\mathrm{row}_i\boldsymbol{A}.\end{aligned}$$

类似地

$$\begin{aligned}\mathrm{col}_l\boldsymbol{A}_{\mathrm{c}_i\mathrm{c}_j}&=\mathrm{col}_l\boldsymbol{A},\quad l\neq i,\ j;\\ \mathrm{col}_i\boldsymbol{A}_{\mathrm{c}_i\mathrm{c}_j}&=\mathrm{col}_j\boldsymbol{A};\\ \mathrm{col}_j\boldsymbol{A}_{\mathrm{c}_i\mathrm{c}_j}&=\mathrm{col}_i\boldsymbol{A}.\end{aligned}$$

例 2.5 对于例 2.3 中的$\boldsymbol{A}$, 有

$$\boldsymbol{A}_{\mathrm{r}_1\mathrm{r}_2}=\begin{pmatrix}2&4&6\\1&2&3\\3&6&9\end{pmatrix},\quad \boldsymbol{A}_{\mathrm{c}_2\mathrm{c}_3}=\begin{pmatrix}1&3&2\\2&6&4\\3&9&6\end{pmatrix}.$$

定义 2.1.1　设$\boldsymbol{A}$是一个矩阵, 称 $\boldsymbol{A}_{k\mathrm{r}_i}\ (k\neq 0)$, $\boldsymbol{A}_{\mathrm{r}_i+k\mathrm{r}_j}$, $\boldsymbol{A}_{\mathrm{r}_i\mathrm{r}_j}$, ($\boldsymbol{A}_{k\mathrm{c}_i}\ (k\neq 0)$, $\boldsymbol{A}_{\mathrm{c}_i+k\mathrm{c}_j}$, $\boldsymbol{A}_{\mathrm{c}_i\mathrm{c}_j}$) 为$\boldsymbol{A}$ 经过一次**初等行 (列) 变换**得到的矩阵. 初等行变换, 初等列变换, 统称**初等变换**.

习　题

1. 由下面条件写出 $m\times n$ 矩阵$\boldsymbol{A}$ 及转置矩阵$\boldsymbol{A}'$.

   1) $m=n,\ \mathrm{ent}_{ij}\boldsymbol{A}=a_i^{j-1},\ 1\leqslant i\leqslant n,\ 1\leqslant j\leqslant n.$

   2) $m=3,\ n=2,\ \mathrm{ent}_{ij}\boldsymbol{A}=\delta_{i3}\delta_{j2},\ 1\leqslant i\leqslant 3,\ 1\leqslant j\leqslant 2.$

   3) $m=n,\ \mathrm{ent}_{ij}\boldsymbol{A}=\dfrac{1}{i+j-1},\ 1\leqslant i,\ j\leqslant n.$

   4) $m=n,\quad \mathrm{ent}_{ij}\boldsymbol{A}=\begin{cases}2, & |i-j|=0;\\ -1, & |i-j|=1;\\ 0, & |i-j|>1.\end{cases}$

   5) $m=n,\quad \mathrm{ent}_{ij}\boldsymbol{A}=\begin{cases}0, & i<j;\\ 1, & i\geqslant j.\end{cases}$

2. 用初等行变换将 n 阶方阵$\boldsymbol{A}$ 变为 n 阶单位方阵 $\boldsymbol{I}_n$. 并求 $\boldsymbol{I}_n$ 经过这些同样的行变换所得的方阵.

   1) $\boldsymbol{A}=\begin{pmatrix}1&0&0&0\\1&1&0&0\\1&1&1&0\\1&1&1&1\end{pmatrix}.$

   2) $\boldsymbol{A}=\begin{pmatrix}1&1&1&1\\1&1&-1&-1\\1&-1&1&-1\\1&-1&-1&1\end{pmatrix}.$

   3) $\boldsymbol{A}=\begin{pmatrix}2&a\\b&2\end{pmatrix},\quad ab\neq 4.$

   4) $\boldsymbol{A}=\begin{pmatrix}a_1&0&\cdots&0\\0&a_2&\cdots&0\\\vdots&\vdots&&\vdots\\0&0&\cdots&a_n\end{pmatrix}$, 这里, $\prod\limits_{i=1}^{n}a_i\neq 0$, 而 $i\neq j$ 时, $\mathrm{ent}_{ij}\boldsymbol{A}=0$.

2.2　行　列　式

中学课程中已经介绍过 2、3 阶行列式及其在 2、3 元一次 (线性) 方程组中的应用. 我们在 2、3 阶行列式的基础上用归纳方法定义一般 n 阶方阵$\boldsymbol{A}$的行列式, 记为 $\det\boldsymbol{A}$ 或 $|\boldsymbol{A}|$.

若 $\boldsymbol{A}=(a)$ 为 1 阶方阵, 则将 a 叫做$\boldsymbol{A}$ 的行列式, 即 $\det \boldsymbol{A}=a$.

我们知道 2 阶行列式为

$$\det\begin{pmatrix} a & b \\ c & d \end{pmatrix}=\begin{vmatrix} a & b \\ c & d \end{vmatrix}=ad-bc.$$

3 阶行列式为

$$\begin{aligned}\det\begin{pmatrix} a_1 & b_1 & c_1 \\ a_2 & b_2 & c_2 \\ a_3 & b_3 & c_3 \end{pmatrix}&=\begin{vmatrix} a_1 & b_1 & c_1 \\ a_2 & b_2 & c_2 \\ a_3 & b_3 & c_3 \end{vmatrix}\\ &=a_1b_2c_3+b_1c_2a_3+c_1a_2b_3-a_1c_2b_3-b_1a_2c_3-c_1b_2a_3\\ &=a_1\begin{vmatrix} b_2 & c_2 \\ b_3 & c_3 \end{vmatrix}-b_1\begin{vmatrix} a_2 & c_2 \\ a_3 & c_3 \end{vmatrix}+c_1\begin{vmatrix} a_2 & b_2 \\ a_3 & b_3 \end{vmatrix}.\end{aligned}$$

我们可以依次定义 4 阶, 5 阶, $\cdots$ 方阵的行列式. 一般假定 $n-1$ 阶方阵的行列式已经定义了. 对于一个 n 阶方阵

$$A=\begin{pmatrix} a_{11} & \cdots & a_{1j} & \cdots & a_{1n} \\ \vdots & & \vdots & & \vdots \\ a_{i1} & \cdots & a_{ij} & \cdots & a_{in} \\ \vdots & & \vdots & & \vdots \\ a_{n1} & \cdots & a_{nj} & \cdots & a_{nn} \end{pmatrix}$$

划去 $\mathrm{ent}_{ij}\boldsymbol{A}$ 所在的行 (第 i 行) 与所在的列 (第 j 列) 后得到一个 $n-1$ 阶方阵

$$\begin{pmatrix} a_{11} & \cdots & a_{1\,j-1} & a_{1\,j+1} & \cdots & a_{1n} \\ \vdots & & \vdots & \vdots & & \vdots \\ a_{i-1\,1} & \cdots & a_{i-1\,j-1} & a_{i-1\,j+1} & \cdots & a_{i-1\,n} \\ a_{i+1\,1} & \cdots & a_{i+1\,j-1} & a_{i+1\,j+1} & \cdots & a_{i+1\,n} \\ \vdots & & \vdots & \vdots & & \vdots \\ a_{n1} & \cdots & a_{n\,j-1} & a_{n\,j+1} & \cdots & a_{nn} \end{pmatrix}.$$

它的行列式 M_{ij} 叫做 $\mathrm{ent}_{ij}\boldsymbol{A}$ 的**余子式**.

用余子式的语言, 上面 2, 3 阶行列式可以写成

$$\begin{vmatrix} a & b \\ c & d \end{vmatrix}=aM_{11}-bM_{12}.$$

$$\begin{vmatrix} a_1 & b_1 & c_1 \\ a_2 & b_2 & c_2 \\ a_3 & b_3 & c_3 \end{vmatrix} = a_1 M_{11} - b_1 M_{12} + c_1 M_{13}.$$

由此我们用归纳方法定义 n 阶方阵的行列式.

定义 2.2.1　一阶方阵 $\boldsymbol{A} = (a_{11})$ 的行列式为

$$\det \boldsymbol{A} = |(a_{11})| = a_{11}.$$

如果 $n-1$ 阶方阵的行列式已经定义, 则 n 阶方阵$\boldsymbol{A}$ 的行列式定义为

$$\det \boldsymbol{A} = |\boldsymbol{A}| = \sum_{j=1}^{n} (-1)^{1+j} (\mathrm{ent}_{1j} \boldsymbol{A})\, M_{1j}, \tag{1}$$

其中 M_{1j} 是 $\mathrm{ent}_{1j}\boldsymbol{A}$ 的余子式, 即划去$\boldsymbol{A}$ 的第 1 行, 第 j 列后所得的 $n-1$ 阶方阵的行列式.

例 2.6　设$\boldsymbol{A}$是 n 阶下三角方阵

$$A = \begin{pmatrix} a_{11} & 0 & \cdots & 0 \\ a_{21} & a_{22} & \cdots & 0 \\ \vdots & \vdots & & \vdots \\ a_{n1} & a_{n2} & \cdots & a_{nn} \end{pmatrix},$$

即 $i < j$ 时, $\mathrm{ent}_{ij}\boldsymbol{A} = 0$. 则

$$\det \boldsymbol{A} = a_{11} a_{22} \cdots a_{nn}.$$

证　$n = 1$ 时, 结论成立. 设 $n-1$ 时结论成立, 于是

$$M_{11} = \begin{vmatrix} a_{22} & 0 & \cdots & 0 \\ a_{32} & a_{33} & \cdots & 0 \\ \vdots & \vdots & & \vdots \\ a_{n2} & a_{n3} & \cdots & a_{nn} \end{vmatrix} = a_{22} a_{33} \cdots a_{nn}.$$

由行列式的定义知

$$\begin{aligned} \det \boldsymbol{A} = |\boldsymbol{A}| &= \sum_{j=1}^{n} (-1)^{1+j} (\mathrm{ent}_{1j} \boldsymbol{A})\, M_{1j} \\ &= a_{11} M_{11} = a_{11} a_{22} \cdots a_{nn}. \end{aligned}$$

因而结论成立.

定理 2.2.1 设$\boldsymbol{A}$ 是一个 $n(\geqslant 2)$ 阶方阵. 则

$$\det \boldsymbol{A} = \sum_{i=1}^{n}(-1)^{i+1}(\mathrm{ent}_{i1}\boldsymbol{A})M_{i1}. \tag{2}$$

证 $n=1, 2$ 时, 定理显然成立. 假设 $n-1$ 时定理成立. 设$\boldsymbol{A}$ 为 n 阶方阵, 且 $\mathrm{ent}_{ij}\boldsymbol{A} = a_{ij}$. 于是

$$\begin{aligned}\det \boldsymbol{A} &= \sum_{j=1}^{n}(-1)^{1+j}(\mathrm{ent}_{1\,j}\boldsymbol{A})M_{1\,j}\\ &= a_{1\,1}M_{1\,1} + \sum_{j=2}^{n}(-1)^{1+j}(\mathrm{ent}_{1\,j}\boldsymbol{A})\,M_{1\,j}.\end{aligned}$$

由于 M_{1j} 是 $n-1$ 阶 (方阵的) 行列式, 且$\boldsymbol{A}$ 的第 i 行 $(i\geqslant 2)$ 去掉 a_{ij} 之后为 M_{1j} 的第 $i-1$ 行. 因而由归纳假设有

$$\begin{aligned}M_{1j} &= \sum_{i=2}^{n}(-1)^{(i-1)+1}a_{i1}(M_{1j})_{i1}\\ &= \sum_{i=2}^{n}(-1)^{i}a_{i1}(M_{1j})_{i1},\end{aligned}$$

其中 $(M_{1j})_{i1}$ 是$\boldsymbol{A}$ 划去第 1 行, 第 i 行, 第 j 列与第 1 列后所得的 $n-2$ 阶方阵的行列式, 即

$$(M_{1j})_{i1} = \begin{vmatrix} a_{22} & \cdots & a_{2\,j-1} & a_{2\,j+1} & \cdots & a_{2n}\\ \vdots & & \vdots & \vdots & & \vdots\\ a_{i-1\,2} & \cdots & a_{i-1\,j-1} & a_{i-1\,j+1} & \cdots & a_{i-1\,n}\\ a_{i+1\,2} & \cdots & a_{i+1\,j-1} & a_{i+1\,j+1} & \cdots & a_{i+1\,n}\\ \vdots & & \vdots & \vdots & & \vdots\\ a_{n2} & \cdots & a_{n\,j-1} & a_{n\,j+1} & \cdots & a_{nn}\end{vmatrix}.$$

另一方面, M_{i1} 也是 $n-1$ 阶方阵的行列式, 而且$\boldsymbol{A}$的第 j 列 $(j\geqslant 2)$ 去掉 a_{ij} 之后是 M_{i1} 的第 $j-1$ 列. 因而由行列式的定义有

$$M_{i1} = \sum_{j=2}^{n}(-1)^{1+(j-1)}a_{1j}(M_{i1})_{1j},$$

其中 $(M_{i1})_{1j}$ 是 A 去掉第 i 行, 第 1 行, 第 1 列与第 j 列后所得的 $n-2$ 阶方阵的行列式. 由此

$$(M_{i1})_{1j} = (M_{1j})_{i1}.$$

因而, 我们有

$$\begin{aligned}
&\sum_{i=1}^{n}(-1)^{i+1}a_{i1}M_{i1}\\
=&a_{11}M_{11}+\sum_{i=2}^{n}(-1)^{i+1}a_{i1}\left(\sum_{j=2}^{n}(-1)^{1+(j-1)}a_{1j}(M_{i1})_{1j}\right)\\
=&a_{11}M_{11}+\sum_{i=2}^{n}\sum_{j=2}^{n}(-1)^{i+j+1}a_{i1}a_{1j}(M_{1j})_{i1}\\
=&a_{11}M_{11}+\sum_{j=2}^{n}(-1)^{1+j}a_{1j}M_{1j}\\
=&\det \boldsymbol{A}.
\end{aligned}$$

于是定理对任何 $n\geqslant 2$ 都成立.

例 2.7　设$\boldsymbol{A}$ 是一个 n 阶**上三角方阵**, 即 $\mathrm{ent}_{ij}\boldsymbol{A}=0$, 当 $i>j$ 时. 则 $\det \boldsymbol{A}=\prod_{i=1}^{n}\mathrm{ent}_{ii}\boldsymbol{A}$.

证　利用定理 2.2.1 及例 2.6 的办法即可.

n 阶方阵

$$\boldsymbol{A}=\begin{pmatrix} a_{11} & a_{12} & \cdots & a_{1n}\\ a_{21} & a_{22} & \cdots & a_{2n}\\ \vdots & \vdots & & \vdots\\ a_{n1} & a_{n2} & \cdots & a_{nn}\end{pmatrix}$$

从左上角到右下角叫**主对角线**或简称**对角线**, 其上元素 $a_{11}, a_{22}, \cdots, a_{nn}$ 称为**对角线上元素**或**对角元素**. 如果$\boldsymbol{A}$满足 $i\neq j$ 时, $a_{ij}=0$, 即

$$A=\begin{pmatrix} a_{11} & 0 & \cdots & 0\\ 0 & a_{22} & \cdots & 0\\ \vdots & \vdots & & \vdots\\ 0 & 0 & \cdots & a_{nn}\end{pmatrix},$$

则称$\boldsymbol{A}$为**对角矩阵**, 且记为

$$\boldsymbol{A}=\mathrm{diag}(a_{11},\ a_{22},\ \cdots,\ a_{nn}).$$

此时, $\det \boldsymbol{A}=a_{11}a_{22}\cdots a_{nn}$.

习 题

计算下面行列式.

1. $\begin{vmatrix} \cos\alpha & -\sin\alpha \\ \sin\alpha & \cos\alpha \end{vmatrix}$.

2. $\begin{vmatrix} x & y & z \\ z & x & y \\ y & z & x \end{vmatrix}$.

3. $\begin{vmatrix} 1 & \varepsilon & \varepsilon^2 \\ \varepsilon^2 & 1 & \varepsilon \\ \varepsilon & \varepsilon^2 & 1 \end{vmatrix}$.

4. $\begin{vmatrix} 0 & a & b \\ -a & 0 & c \\ -b & -c & 0 \end{vmatrix}$.

5. $\begin{vmatrix} 0 & 0 & \cdots & 0 & a_1 \\ 0 & 0 & \cdots & a_2 & 0 \\ \vdots & \vdots & & \vdots & \vdots \\ 0 & a_{n-1} & \cdots & 0 & 0 \\ a_n & 0 & \cdots & 0 & 0 \end{vmatrix}$.

6. $\begin{vmatrix} a_{11} & 0 & 0 & a_{14} \\ 0 & a_{22} & a_{23} & 0 \\ 0 & a_{32} & a_{33} & 0 \\ a_{41} & 0 & 0 & a_{44} \end{vmatrix}$.

7. $\begin{vmatrix} 0 & 0 & \cdots & 0 & a_1 \\ 0 & 0 & \cdots & a_2 & a_{2n} \\ \vdots & \vdots & & \vdots & \vdots \\ 0 & a_{n-1} & \cdots & a_{n-1\,n-1} & a_{n-1\,n} \\ a_n & a_{n2} & \cdots & a_{n\,n-1} & a_{nn} \end{vmatrix}$.

8. $\begin{vmatrix} 0 & 1 & 0 & \cdots & 0 & 0 \\ 0 & 0 & 2 & \cdots & 0 & 0 \\ \vdots & \vdots & \vdots & & \vdots & \vdots \\ 0 & 0 & 0 & \cdots & 0 & n-1 \\ n & 0 & 0 & \cdots & 0 & 0 \end{vmatrix}$.

9. $\begin{vmatrix} 0 & 0 & \cdots & 0 & 1 & 0 \\ 0 & 0 & \cdots & 2 & 0 & 0 \\ \vdots & \vdots & & \vdots & \vdots & \vdots \\ n-1 & 0 & \cdots & 0 & 0 & 0 \\ 0 & 0 & \cdots & 0 & 0 & n \end{vmatrix}$.

10. $\begin{vmatrix} x & y & 0 & \cdots & 0 & 0 \\ 0 & x & y & \cdots & 0 & 0 \\ \vdots & \vdots & \vdots & & \vdots & \vdots \\ 0 & 0 & 0 & \cdots & x & y \\ y & 0 & 0 & \cdots & 0 & x \end{vmatrix}$.

11. $\begin{vmatrix} 0 & a_{12} & 0 & 0 & 0 \\ a_{21} & 0 & 0 & 0 & 0 \\ 0 & 0 & a_{33} & 0 & 0 \\ 0 & 0 & 0 & 0 & a_{45} \\ 0 & 0 & 0 & a_{54} & 0 \end{vmatrix}$.

2.3 行列式的性质

按行列式的定义来计算行列式往往很复杂, 因而需要研究行列式的性质, 以便简化计算.

性质 1 若$\boldsymbol{A}'$ 为方阵$\boldsymbol{A}$ 的转置, 则

$$\det \boldsymbol{A} = \det \boldsymbol{A}'.$$

证 对$\boldsymbol{A}$ 的阶数作归纳证明. 阶为 1, 显然此性质成立, 设阶为 $n-1$ 时成立, 讨论$\boldsymbol{A}$ 的阶为 n. 设

$$\boldsymbol{A} = \begin{pmatrix} a_{11} & a_{12} & \cdots & a_{1n} \\ a_{21} & a_{22} & \cdots & a_{2n} \\ \vdots & \vdots & & \vdots \\ a_{n1} & a_{n2} & \cdots & a_{nn} \end{pmatrix}.$$

于是

$$\det \boldsymbol{A} = \sum_{j=1}^{n} (-1)^{1+j} a_{1j} M_{1j}.$$

其中 M_{1j} 为 $n-1$ 阶方阵的行列式. 于是

$$M_{1j} = \begin{vmatrix} a_{21} & \cdots & a_{2\,j-1} & a_{2\,j+1} & \cdots & a_{2n} \\ a_{31} & \cdots & a_{3\,j-1} & a_{3\,j+1} & \cdots & a_{3n} \\ \vdots & & \vdots & \vdots & & \vdots \\ a_{n1} & \cdots & a_{n\,j-1} & a_{n\,j+1} & \cdots & a_{nn} \end{vmatrix}$$

$$= \begin{vmatrix} a_{21} & a_{31} & \cdots & a_{n1} \\ \vdots & \vdots & & \vdots \\ a_{2\,j-1} & a_{3\,j-1} & \cdots & a_{n\,j-1} \\ a_{2\,j+1} & a_{3\,j+1} & \cdots & a_{n\,j+1} \\ a_{2n} & a_{3n} & \cdots & a_{nn} \end{vmatrix}.$$

最后一个恰为$\boldsymbol{A}'$ 的元素 $\mathrm{ent}_{j1}\boldsymbol{A}'$ 的余子式 M'_{j1}, 而 $\mathrm{ent}_{j1}\boldsymbol{A}' = \mathrm{ent}_{1j}\boldsymbol{A} = a_{1j}$. 于是由定理 2.2.1 知

$$\det \boldsymbol{A} = \sum_{j=1}^{n} (-1)^{1+j} a_{1j} M_{1j} = \sum_{j=1}^{n} (-1)^{1+j} \mathrm{ent}_{j1} A' M'_{j1} = \det \boldsymbol{A}'.$$

因而性质 1 仍成立. 故性质 1 对任何 n 成立.

此性质说明, 行列式中行与列处于平等地位. 因此对于行的性质, 可自然变为列的性质. 下面只叙述对于行的性质, 主要考察初等变换对行列式的影响.

性质 2 行列式中两行互换, 行列式变号. 即

$$\det \boldsymbol{A}_{\mathrm{r}_i\mathrm{r}_j} = -\det \boldsymbol{A}.$$

证 仍对$\boldsymbol{A}$ 的阶归纳证明. 阶为 2, 显然

$$\begin{vmatrix} c & d \\ a & b \end{vmatrix} = -\begin{vmatrix} a & b \\ c & d \end{vmatrix}.$$

现在证明从 $n-1$ 到 n. 先证明相邻两行互换时结论成立, 即证

$$\det \boldsymbol{A}_{\mathrm{r}_i\mathrm{r}_{i+1}} = -\det \boldsymbol{A}.$$

事实上, 由定理 2.2.1, 有

$$\det \boldsymbol{A}_{\mathrm{r}_i\mathrm{r}_{i+1}} = \sum_{k=1}^{n}(-1)^{k+1}(\mathrm{ent}_{k1}\boldsymbol{A}_{\mathrm{r}_i\mathrm{r}_{i+1}})M'_{k1},$$

其中 M'_{k1} 是 $\boldsymbol{A}_{\mathrm{r}_i\mathrm{r}_{i+1}}$ 中元素 $\mathrm{ent}_{k1}\boldsymbol{A}_{\mathrm{r}_i\mathrm{r}_{i+1}}$ 的余子式. 设 M_{k1} 为$\boldsymbol{A}$ 中元素 $\mathrm{ent}_{k1}\boldsymbol{A}$ 的余子式. 由归纳假设有

$$M'_{k1} = \begin{cases} M_{i1}, & \text{当 } k = i+1; \\ M_{i+1\,1}, & \text{当 } k = i; \\ -M_{k\,1}, & \text{当 } k \neq i,\ i+1. \end{cases}$$

注意到

$$\mathrm{ent}_{k1}\boldsymbol{A}_{\mathrm{r}_i\mathrm{r}_{i+1}} = \begin{cases} \mathrm{ent}_{i1}\boldsymbol{A}, & \text{当 } k = i+1; \\ \mathrm{ent}_{i+1\,1}\boldsymbol{A}, & \text{当 } k = i; \\ \mathrm{ent}_{k1}\boldsymbol{A}, & \text{当 } k \neq i,\ i+1. \end{cases}$$

于是

$$\begin{aligned} \det \boldsymbol{A}_{\mathrm{r}_i\mathrm{r}_{i+1}} &= \sum_{k\neq i,\, i+1}(-1)^{k+2}(\mathrm{ent}_{k1}\boldsymbol{A})M_{k1} \\ &\quad + (-1)^{i+1}(\mathrm{ent}_{i+1\,1}\boldsymbol{A})M_{i+1\,1} + (-1)^{i+2}(\mathrm{ent}_{i1}\boldsymbol{A})M_{i1} \\ &= -\sum_{k=1}^{n}(-1)^{k+1}(\mathrm{ent}_{k1}\boldsymbol{A})M_{k1} \\ &= -\det \boldsymbol{A}. \end{aligned}$$

下面讨论任意两行互换. 不妨设 $i<j$, 我们将第 i 行与第 j 行互换, 只要依次将第 i 行与第 $i+1$ 行, 第 $i+2$ 行, $\cdots$, 第 j 行互换后得矩阵

$$\boldsymbol{A}_1=\begin{pmatrix}\vdots\\ \mathrm{row}_{i-1}\boldsymbol{A}\\ \mathrm{row}_{i+1}\boldsymbol{A}\\ \vdots\\ \mathrm{row}_j\boldsymbol{A}\\ \mathrm{row}_i\boldsymbol{A}\\ \vdots\end{pmatrix}.$$

再将 $\boldsymbol{A}_1$ 的第 $j-1$ 行, 即 $\mathrm{row}_j\boldsymbol{A}$ 依次与 $\boldsymbol{A}_1$ 的第 $j-2$ 行, 第 $j-3$ 行, $\cdots$, 第 i 行互换, 即可得 $\boldsymbol{A}_{\mathrm{r}_i\mathrm{r}_j}$. 注意到从 $\boldsymbol{A}$ 到 $\boldsymbol{A}_1$, 从 $\boldsymbol{A}_1$ 到 $\boldsymbol{A}_{\mathrm{r}_i\mathrm{r}_j}$ 分别经过 $j-i$ 次, $(j-1)-i$ 次相邻两行互换. 于是

$$\det\boldsymbol{A}_{\mathrm{r}_i\mathrm{r}_j}=(-1)^{(j-i)+(j-1)-i}\det\boldsymbol{A}=-\det\boldsymbol{A}.$$

即 n 阶行列式有性质 2, 故性质 2 成立.

性质 3 行列式某行乘 k, 则行列式乘 k (k 为任何数). 即

$$\det\boldsymbol{A}_{k\mathrm{r}_i}=k\det\boldsymbol{A}.$$

证 若 $i=1$, 则

$$\begin{aligned}\det\boldsymbol{A}_{k\mathrm{r}_1}&=\sum_{j=1}^{n}(-1)^{1+j}(\mathrm{ent}_{1j}\boldsymbol{A}_{k\mathrm{r}_1})M_{1j}\\&=\sum_{j=1}^{n}(-1)^{1+j}k(\mathrm{ent}_{1j}\boldsymbol{A})M_{1j}\\&=k\det\boldsymbol{A}.\end{aligned}$$

对任意的 i, 注意到 $(\boldsymbol{A}_{k\mathrm{r}_i})_{\mathrm{r}_1\mathrm{r}_i}=(\boldsymbol{A}_{\mathrm{r}_1\mathrm{r}_i})_{k\mathrm{r}_1}$, 故

$$\begin{aligned}\det\boldsymbol{A}_{k\mathrm{r}_i}&=-\det(\boldsymbol{A}_{k\mathrm{r}_i})_{\mathrm{r}_1\mathrm{r}_i}=-\det(\boldsymbol{A}_{\mathrm{r}_1\mathrm{r}_i})_{k\mathrm{r}_1}\\&=-k\det\boldsymbol{A}_{\mathrm{r}_1\mathrm{r}_i}=k\det\boldsymbol{A}.\end{aligned}$$

推论 若 $\boldsymbol{A}$ 中有两行成比例, 即有 i, j 使得

$$\mathrm{ent}_{jl}\boldsymbol{A}=k\mathrm{ent}_{il}\boldsymbol{A},\quad l=1,\ 2,\ \cdots,\ n,$$

我们记为 $\text{row}_j\boldsymbol{A} = k\text{row}_i\boldsymbol{A}$. 则

$$\det \boldsymbol{A} = 0.$$

证 我们先作一个矩阵 $\boldsymbol{A}_1$ 满足

$$\begin{aligned}\text{row}_l\boldsymbol{A}_1 &= \text{row}_l\boldsymbol{A}, \quad l \neq j;\\ \text{row}_j\boldsymbol{A}_1 &= \text{row}_i\boldsymbol{A}.\end{aligned}$$

于是有

$$\text{row}_i\boldsymbol{A}_1 = \text{row}_j\boldsymbol{A}_1 \quad \text{或} \quad (\boldsymbol{A}_1)_{\mathrm{r}_i\mathrm{r}_j} = \boldsymbol{A}_1.$$

$$\boldsymbol{A} = (\boldsymbol{A}_1)_{k\mathrm{r}_j}.$$

因而

$$\begin{aligned}\det \boldsymbol{A} &= k\det \boldsymbol{A}_1 = -k\det(\boldsymbol{A}_1)_{\mathrm{r}_i\mathrm{r}_j}\\ &= -k\det \boldsymbol{A}_1 = -\det \boldsymbol{A}.\end{aligned}$$

故 $\det \boldsymbol{A} = 0$.

特别地, 一行为零, 或两行相同的行列式为零.

性质 4 设 n 阶方阵$\boldsymbol{A}$ 的第 i 行为

$$\text{row}_i\boldsymbol{A} = (b_1 + c_1,\ b_2 + c_2,\ \cdots,\ b_n + c_n).$$

又设 n 阶方阵 $\boldsymbol{A}_1$, $\boldsymbol{A}_2$ 各为$\boldsymbol{A}$ 的第 i 行分别换成

$$(b_1,\ b_2,\ \cdots,\ b_n), \quad (c_1,\ c_2,\ \cdots,\ c_n),$$

其余行不动, 即

$$\begin{aligned}&\text{row}_j\boldsymbol{A}_1 = \text{row}_j\boldsymbol{A}_2 = \text{row}_j\boldsymbol{A},\ j \neq i,\\ &\text{row}_i\boldsymbol{A}_1 = (b_1,\ b_2,\ \cdots,\ b_n),\\ &\text{row}_i\boldsymbol{A}_2 = (c_1,\ c_2,\ \cdots,\ c_n),\end{aligned}$$

则

$$\det \boldsymbol{A} = \det \boldsymbol{A}_1 + \det \boldsymbol{A}_2.$$

证 分别以 M_{1j} 和 M'_{1j} 表示$\boldsymbol{A}$ 和 $\boldsymbol{A}_{\mathrm{r}_1\mathrm{r}_i}$ 的元素 $\text{ent}_{1j}\boldsymbol{A}$ 和 $\text{ent}_{1j}\boldsymbol{A}_{\mathrm{r}_1\mathrm{r}_i}$ 的余子

式. 于是

$$\begin{aligned}\det \boldsymbol{A} &= -\det \boldsymbol{A}_{\mathrm{r}_1\mathrm{r}_i}\\ &= -\sum_{j=1}^{n}(-1)^{1+j}(b_j+c_j)M'_{1j}\\ &= -\sum_{j=1}^{n}(-1)^{1+j}b_jM'_{1j}-\sum_{j=1}^{n}(-1)^{1+j}c_jM'_{1j}\\ &= -\det(\boldsymbol{A}_1)_{\mathrm{r}_1\mathrm{r}_i}-\det(\boldsymbol{A}_2)_{\mathrm{r}_1\mathrm{r}_i}\\ &= \det \boldsymbol{A}_1+\det \boldsymbol{A}_2.\end{aligned}$$

性质 5 方阵$\boldsymbol{A}$ 的第 i 行加第 j 行的 k 倍, 行列式的值不变. 即

$$\det \boldsymbol{A}_{\mathrm{r}_i+k\mathrm{r}_j}=\det \boldsymbol{A}.$$

证 由于

$$\mathrm{row}_i\boldsymbol{A}_{\mathrm{r}_i+k\mathrm{r}_j}=(\mathrm{ent}_{i1}\boldsymbol{A}+k\mathrm{ent}_{j1}\boldsymbol{A},\ \cdots,\ \mathrm{ent}_{in}\boldsymbol{A}+k\mathrm{ent}_{jn}\boldsymbol{A}).$$

于是由性质 4

$$\det \boldsymbol{A}_{\mathrm{r}_i+k\mathrm{r}_j}=\det \boldsymbol{A}+\det \boldsymbol{A}_1,$$

其中 $\boldsymbol{A}_1$ 满足

$$\mathrm{row}_l\boldsymbol{A}_1=\mathrm{row}_l\boldsymbol{A},\quad l\neq j;$$

$$\mathrm{row}_i\boldsymbol{A}_1=k\mathrm{row}_j\boldsymbol{A}=k\mathrm{row}_j\boldsymbol{A}_1.$$

故 $\det \boldsymbol{A}_1=0$. 故性质 5 成立.

虽然在行列式的定义中赋予了第一行特殊地位, 但通过上面性质 1, 性质 2 知道行列式中各行各列的地位实际上是平等的. 下面的定理更充分地说明了这点.

定理 2.3.1 (Laplace 展开) 设$\boldsymbol{A}$ 为 n 阶方阵, $\mathrm{ent}_{ij}\boldsymbol{A}=a_{ij}$ 的余子式为 M_{ij}, 则

$$\det \boldsymbol{A}=\sum_{j=1}^{n}(-1)^{i+j}a_{ij}M_{ij}=\sum_{i=1}^{n}(-1)^{i+j}a_{ij}M_{ij}.$$

(上面二式分别叫按第 i 行, 第 j 列展开.)

证 将$\boldsymbol{A}$ 的第 i 行依次与第 $i-1$ 行, 第 $i-2$ 行, 第 1 行对换, 得一矩阵 $\boldsymbol{A}_1$.

于是 $\text{ent}_{1j}\boldsymbol{A}_1 = \text{ent}_{ij}\boldsymbol{A}$, 而 $\text{ent}_{1j}\boldsymbol{A}_1$ 的余子式 $M'_{1j} = M_{ij}$. 故

$$\begin{aligned}\det \boldsymbol{A} &= (-1)^{i-1}\det \boldsymbol{A}_1\\ &= (-1)^{i-1}\sum_{j=1}^{n}(-1)^{1+j}(\text{ent}_{1j}\boldsymbol{A}_1)M'_{1j}\\ &= \sum_{j=1}^{n}(-1)^{i+j}(\text{ent}_{ij}\boldsymbol{A})M_{ij},\end{aligned}$$

即第一个等式成立. 第二个等式只要更换$\boldsymbol{A}$ 的列即可.

例 2.8　求Vandermonde 行列式 d.

$$d = \begin{vmatrix} 1 & 1 & \cdots & 1\\ x_1 & x_2 & \cdots & x_n\\ x_1^2 & x_2^2 & \cdots & x_n^2\\ \vdots & \vdots & & \vdots\\ x_1^{n-1} & x_2^{n-1} & \cdots & x_n^{n-1}\end{vmatrix}.$$

解　从第 n 行开始每行加上前一行的 $-x_1$ 倍, 由行列式性质知值不变. 于是

$$d = \begin{vmatrix} 1 & 1 & \cdots & 1\\ 0 & x_2-x_1 & \cdots & x_n-x_1\\ 0 & x_2(x_2-x_1) & \cdots & x_n(x_n-x_1)\\ \vdots & \vdots & & \vdots\\ 0 & x_2^{n-2}(x_2-x_1) & \cdots & x_n^{n-2}(x_n-x_1)\end{vmatrix}.$$

由定理 2.2.1 及性质 3, 有

$$d = (x_2-x_1)\cdots(x_n-x_1)\begin{vmatrix} 1 & 1 & \cdots & 1\\ x_2 & x_3 & \cdots & x_n\\ x_2^2 & x_3^2 & \cdots & x_n^2\\ \vdots & \vdots & & \vdots\\ x_2^{n-2} & x_3^{n-2} & \cdots & x_n^{n-2}\end{vmatrix}.$$

后面是一个 $n-1$ 阶 Vandermonde 行列式. 重复上面的办法, 最后可得

$$\begin{aligned} d &= (x_2-x_1)\cdots(x_n-x_1)(x_3-x_2)\cdots(x_n-x_2)\cdots(x_n-x_{n-1})\\ &= \prod_{1\leqslant i<j\leqslant n}(x_j-x_i).\end{aligned}$$

例 2.9　证明

$$\begin{vmatrix} a_{11} & a_{12} & \cdots & a_{1k} & 0 & 0 & \cdots & 0 \\ a_{21} & a_{22} & \cdots & a_{2k} & 0 & 0 & \cdots & 0 \\ \vdots & \vdots & & \vdots & \vdots & \vdots & & \vdots \\ a_{k1} & a_{k2} & \cdots & a_{kk} & 0 & 0 & \cdots & 0 \\ c_{11} & c_{12} & \cdots & c_{1k} & b_{11} & b_{12} & \cdots & b_{1r} \\ c_{21} & c_{22} & \cdots & c_{2k} & b_{21} & b_{22} & \cdots & b_{2r} \\ \vdots & \vdots & & \vdots & \vdots & \vdots & & \vdots \\ c_{r1} & c_{r2} & \cdots & c_{rk} & b_{r1} & b_{r2} & \cdots & b_{rr} \end{vmatrix}$$

$$= \begin{vmatrix} a_{11} & a_{12} & \cdots & a_{1k} \\ a_{21} & a_{22} & \cdots & a_{2k} \\ \vdots & \vdots & & \vdots \\ a_{k1} & a_{k2} & \cdots & a_{kk} \end{vmatrix} \cdot \begin{vmatrix} b_{11} & b_{12} & \cdots & b_{1r} \\ b_{21} & b_{22} & \cdots & b_{2r} \\ \vdots & \vdots & & \vdots \\ b_{r1} & b_{r2} & \cdots & b_{rr} \end{vmatrix}.$$

证　将上面左边的行列式记为 d, 对 k 作归纳证明. $k=1$, 由行列式的定义知上式成立. 现从 $k-1$ 成立, 证明 k 时成立. 由行列式定义知

$$d = \sum_{j=1}^{n}(-1)^{1+j}a_{1j}M_{1j} = \sum_{j=1}^{k}(-1)^{1+j}a_{1j}M_{1j}.$$

$$M_{1j} = \begin{vmatrix} a_{21} & \cdots & a_{2\,j-1} & a_{2\,j+1} & \cdots & a_{2k} \\ \vdots & & \vdots & \vdots & & \vdots \\ a_{k1} & \cdots & a_{k\,j-1} & a_{k\,j+1} & \cdots & a_{kk} \end{vmatrix} \cdot \begin{vmatrix} b_{11} & b_{12} & \cdots & b_{1r} \\ b_{21} & b_{22} & \cdots & b_{2r} \\ \vdots & \vdots & & \vdots \\ b_{r1} & b_{r2} & \cdots & b_{rr} \end{vmatrix}.$$

于是 d 为

$$\sum_{j=1}^{k}(-1)^{1+j}a_{1j} \begin{vmatrix} a_{21} & \cdots & a_{2\,j-1} & a_{2\,j+1} & \cdots & a_{2k} \\ \vdots & & \vdots & \vdots & & \vdots \\ a_{k1} & \cdots & a_{k\,j-1} & a_{k\,j+1} & \cdots & a_{kk} \end{vmatrix} \cdot \begin{vmatrix} b_{11} & b_{12} & \cdots & b_{1r} \\ b_{21} & b_{22} & \cdots & b_{2r} \\ \vdots & \vdots & & \vdots \\ b_{r1} & b_{r2} & \cdots & b_{rr} \end{vmatrix}$$

$$= \begin{vmatrix} a_{11} & a_{12} & \cdots & a_{1k} \\ a_{21} & a_{22} & \cdots & a_{2k} \\ \vdots & \vdots & & \vdots \\ a_{k1} & a_{k2} & \cdots & a_{kk} \end{vmatrix} \cdot \begin{vmatrix} b_{11} & b_{12} & \cdots & b_{1r} \\ b_{21} & b_{22} & \cdots & b_{2r} \\ \vdots & \vdots & & \vdots \\ b_{r1} & b_{r2} & \cdots & b_{rr} \end{vmatrix}.$$

注 我们记

$$A=\begin{pmatrix} a_{11} & a_{12} & \cdots & a_{1k} \\ a_{21} & a_{22} & \cdots & a_{2k} \\ \vdots & \vdots & & \vdots \\ a_{k1} & a_{k2} & \cdots & a_{kk} \end{pmatrix}, \quad B=\begin{pmatrix} b_{11} & b_{12} & \cdots & b_{1r} \\ b_{21} & b_{22} & \cdots & b_{2r} \\ \vdots & \vdots & & \vdots \\ b_{r1} & b_{r2} & \cdots & b_{rr} \end{pmatrix},$$

$$C=\begin{pmatrix} c_{11} & c_{12} & \cdots & c_{1k} \\ c_{21} & c_{22} & \cdots & c_{2k} \\ \vdots & \vdots & & \vdots \\ c_{r1} & c_{r2} & \cdots & c_{rk} \end{pmatrix}, \quad \boldsymbol{O}=\begin{pmatrix} 0 & 0 & \cdots & 0 \\ 0 & 0 & \cdots & 0 \\ \vdots & \vdots & & \vdots \\ 0 & 0 & \cdots & 0 \end{pmatrix}.$$

并将左面行列式的矩阵记为

$$\begin{pmatrix} \boldsymbol{A} & \boldsymbol{O} \\ \boldsymbol{C} & \boldsymbol{B} \end{pmatrix},$$

于是

$$\begin{vmatrix} \boldsymbol{A} & \boldsymbol{O} \\ \boldsymbol{C} & \boldsymbol{B} \end{vmatrix} = |\boldsymbol{A}|\cdot|\boldsymbol{B}|.$$

类似地可证明

$$\begin{vmatrix} \boldsymbol{A} & \boldsymbol{C} \\ \boldsymbol{O} & \boldsymbol{B} \end{vmatrix} = |\boldsymbol{A}|\cdot|\boldsymbol{B}|.$$

例 2.10 设$\boldsymbol{B}$, $\boldsymbol{C}$为 n 阶方阵.

$$-\boldsymbol{I}=\mathrm{diag}(-1,\ \cdots,\ -1), \quad \boldsymbol{O}=\mathrm{diag}(0,\ \cdots,\ 0)$$

也是 n 阶方阵. 则

$$\begin{vmatrix} \boldsymbol{O} & \boldsymbol{C} \\ -\boldsymbol{I} & \boldsymbol{B} \end{vmatrix} = |\boldsymbol{C}|.$$

证 我们将左面行列式的方阵的第 $i\,(1\leqslant i\leqslant n)$ 列与 $n+i$ 列互换, 得到

$$\begin{pmatrix} \boldsymbol{C} & \boldsymbol{O} \\ \boldsymbol{B} & -\boldsymbol{I} \end{pmatrix}.$$

一共经过了 n 次两列互换. 于是

$$\begin{aligned}\begin{vmatrix} \boldsymbol{O} & \boldsymbol{C} \\ -\boldsymbol{I} & \boldsymbol{B} \end{vmatrix} &= (-1)^n \begin{vmatrix} \boldsymbol{C} & \boldsymbol{O} \\ \boldsymbol{B} & -\boldsymbol{I} \end{vmatrix} \\ &= (-1)^n|\boldsymbol{C}|\cdot|-\boldsymbol{I}| \\ &= (-1)^{2n}|\boldsymbol{C}| = |\boldsymbol{C}|.\end{aligned}$$

习 题

1. 计算下列行列式:

1) $\begin{vmatrix} 246 & 427 & 327 \\ 1014 & 543 & 443 \\ -342 & 721 & 621 \end{vmatrix}$; 2) $\begin{vmatrix} x & y & x+y \\ y & x+y & x \\ x+y & x & y \end{vmatrix}$;

3) $\begin{vmatrix} 3 & 1 & 1 & 1 \\ 1 & 3 & 1 & 1 \\ 1 & 1 & 3 & 1 \\ 1 & 1 & 1 & 3 \end{vmatrix}$; 4) $\begin{vmatrix} 1+x & 1 & 1 & 1 \\ 1 & 1-x & 1 & 1 \\ 1 & 1 & 1+y & 1 \\ 1 & 1 & 1 & 1-y \end{vmatrix}$;

5) $\begin{vmatrix} 1 & 2 & 3 & 4 \\ 2 & 3 & 4 & 1 \\ 3 & 4 & 1 & 2 \\ 4 & 1 & 2 & 3 \end{vmatrix}$; 6) $\begin{vmatrix} a_2a_3 & a_3b_1 & a_1b_2 \\ b_2b_3 & a_3b_1 & a_2b_2 \\ a_2b_3 & b_3b_1 & a_1a_2 \end{vmatrix}$;

7) $\begin{vmatrix} a^2 & (a+1)^2 & (a+2)^2 & (a+3)^2 \\ b^2 & (b+1)^2 & (b+2)^2 & (b+3)^2 \\ c^2 & (c+1)^2 & (c+2)^2 & (c+3)^2 \\ d^2 & (d+1)^2 & (d+2)^2 & (d+3)^2 \end{vmatrix}$;

8) $\begin{vmatrix} 1 & 1 & 1 \\ \tan A & \tan B & \tan C \\ \sin 2A & \sin 2B & \sin 2C \end{vmatrix}$, $A+B+C=2\pi$;

9) $\begin{vmatrix} \cos\varphi & \sin\varphi & \cos\varphi & \sin\varphi \\ \cos 2\varphi & \sin 2\varphi & 2\cos 2\varphi & 2\sin 2\varphi \\ \cos 3\varphi & \sin 3\varphi & 3\cos 3\varphi & 3\sin 3\varphi \\ \cos 4\varphi & \sin 4\varphi & 4\cos 4\varphi & 4\sin 4\varphi \end{vmatrix}$;

10) $\begin{vmatrix} a_1-b_1 & a_1-b_2 & \cdots & a_1-b_n \\ a_2-b_1 & a_2-b_2 & \cdots & a_2-b_n \\ \vdots & \vdots & & \vdots \\ a_n-b_1 & a_n-b_2 & \cdots & a_n-b_n \end{vmatrix}$;

11) $\begin{vmatrix} x_1-m & x_2 & \cdots & x_n \\ x_1 & x_2-m & \cdots & x_n \\ \vdots & \vdots & & \vdots \\ x_1 & x_2 & \cdots & x_n-m \end{vmatrix}$;

12) $\begin{vmatrix} 1 & 2 & 3 & \cdots & n-1 & n \\ 1 & -1 & 0 & \cdots & 0 & 0 \\ 0 & 2 & -2 & \cdots & 0 & 0 \\ \vdots & \vdots & \vdots & & \vdots & \vdots \\ 0 & 0 & 0 & \cdots & n-1 & 1-n \end{vmatrix}$;

13) $\begin{vmatrix} 1 & 2 & 2 & \cdots & 2 \\ 2 & 2 & 2 & \cdots & 2 \\ 2 & 2 & 3 & \cdots & 2 \\ \vdots & \vdots & \vdots & & \vdots \\ 2 & 2 & 2 & \cdots & n \end{vmatrix}$; 14) $\begin{vmatrix} 1 & 1 & 1 & \cdots & 1 \\ b_1 & a_1 & a_1 & \cdots & a_1 \\ b_1 & b_2 & a_2 & \cdots & a_2 \\ \vdots & \vdots & \vdots & & \vdots \\ b_1 & b_2 & b_3 & \cdots & a_n \end{vmatrix}$.

2. 证明下列等式:

1) $\begin{vmatrix} a_0 & 1 & 1 & \cdots & 1 \\ 1 & a_1 & 0 & \cdots & 0 \\ 1 & 0 & a_2 & \cdots & 0 \\ \vdots & \vdots & \vdots & & \vdots \\ 1 & 0 & 0 & \cdots & a_n \end{vmatrix} = a_0a_1\cdots a_n - \sum_{i=1}^{n}\Big(\prod_{j\neq 0,i} a_j\Big)$;

2) $\begin{vmatrix} a_0 & -1 & 0 & \cdots & 0 & 0 \\ a_1 & x & -1 & \cdots & 0 & 0 \\ \vdots & \vdots & \vdots & & \vdots & \vdots \\ a_{n-2} & 0 & 0 & \cdots & x & -1 \\ a_{n-1} & 0 & 0 & \cdots & 0 & x \end{vmatrix} = \sum_{i=0}^{n-1} a_i x^{n-1-i}$;

$$3)\quad n \geqslant 2, \begin{vmatrix} 1+a_1 & 1 & \cdots & 1 \\ 1 & 1+a_2 & \cdots & 1 \\ \vdots & \vdots & & \vdots \\ 1 & 1 & \cdots & 1+a_n \end{vmatrix} = a_1a_2\cdots a_n + \sum_{i=1}^{n}\Big(\prod_{j\neq i} a_j\Big).$$

3. 设 $\boldsymbol{A}$, $\boldsymbol{A}_1$, $\boldsymbol{A}_2$ 为 n 阶方阵, 且

$$\operatorname{col}_j \boldsymbol{A}_1 = \sum_{i\neq j} \operatorname{col}_i \boldsymbol{A}, \quad \operatorname{col}_j \boldsymbol{A}_2 = \operatorname{col}_j \boldsymbol{A} - \operatorname{col}_j \boldsymbol{A}_1.$$

证明

$$\det \boldsymbol{A}_1 = (-1)^{n-1}(n-1)\det \boldsymbol{A},$$
$$\det \boldsymbol{A}_2 = -(n-2)2^{n-1}\det \boldsymbol{A}.$$

4. 设 a_1, a_2, $\cdots$, a_{n-1} 是互不相同的数. 将 x 的多项式

$$p(x) = \begin{vmatrix} 1 & x & x^2 & \cdots & x^{n-1} \\ 1 & a_1 & a_1^2 & \cdots & a_1^{n-1} \\ \vdots & \vdots & \vdots & & \vdots \\ 1 & a_{n-1} & a_{n-1}^2 & \cdots & a_{n-1}^{n-1} \end{vmatrix}$$

分解为不可约因式的乘积.

5. 计算

$$\begin{vmatrix} 1 & a_1 & a_1^2 & \cdots & a_1^{n-2} & a_1^n \\ 1 & a_2 & a_2^2 & \cdots & a_2^{n-2} & a_2^n \\ \vdots & \vdots & \vdots & & \vdots & \vdots \\ 1 & a_n & a_n^2 & \cdots & a_n^{n-2} & a_n^n \end{vmatrix}.$$

6. 证明

$$\begin{vmatrix} x_1 & y_1 & a_{13} & a_{14} & \cdots & a_{1n} \\ \lambda_1 x_2 & x_2 & y_2 & a_{24} & \cdots & a_{2n} \\ \lambda_1\lambda_2 x_3 & \lambda_2 x_3 & x_3 & y_3 & \cdots & a_{3n} \\ \vdots & \vdots & \vdots & \vdots & & \vdots \\ x_n\prod\limits_{i=1}^{n-1}\lambda_i & x_n\prod\limits_{i=2}^{n-1}\lambda_i & x_n\prod\limits_{i=3}^{n-1}\lambda_i & x_n\prod\limits_{i=4}^{n-1}\lambda_i & \cdots & x_n \end{vmatrix}$$
$$=(x_1-\lambda_1y_1)(x_2-\lambda_2y_2)\cdots(x_{n-1}-\lambda_{n-1}y_{n-1})x_n.$$

2.4 行列式的完全展开

n 阶方阵 $\boldsymbol{A}=(a_{ij})$ 的行列式 $\det \boldsymbol{A}$ 自然是 n^2 个元素 a_{ij} 的函数. 这个函数的解析表达式是什么? 本节将回答这个问题.

$$\begin{vmatrix} a_{11} & a_{12} \\ a_{21} & a_{22} \end{vmatrix} = a_{11}a_{22}-a_{12}a_{21}$$

的一般项是 $\pm a_{1\,i_1}a_{2\,i_2}$, i_1, i_2 是 1, 2 的排列. 当 $i_1<i_2$ 时前面为正号; 当 $i_1>i_2$ 时前面为负号.

$$\begin{aligned} &\begin{vmatrix} a_{1\,1} & a_{1\,2} & a_{1\,3} \\ a_{2\,1} & a_{2\,2} & a_{2\,3} \\ a_{3\,1} & a_{3\,2} & a_{3\,3} \end{vmatrix} \\ =&a_{1\,1}a_{2\,2}a_{3\,3}+a_{1\,3}a_{2\,1}a_{3\,2}+a_{1\,2}a_{2\,3}a_{3\,1} \\ &-a_{1\,2}a_{2\,1}a_{3\,3}-a_{1\,1}a_{2\,3}a_{3\,2}-a_{1\,3}a_{2\,2}a_{3\,1}. \end{aligned}$$

有 6 项. 一般项是 $\pm a_{1\,i_1}a_{2\,i_2}a_{3\,i_3}$, 其中 i_1, i_2, i_3 是 1, 2, 3 的排列.

$(i_1,\ i_2,\ i_3)$ 为 (1, 2, 3), (3, 1, 2), (2, 3, 1) 时取正号. 注意这三种情况 i_1, i_2, i_3 之间的大小关系分别为 $1<2<3$; $3>1$, $3>2$; $2>1$, $3>1$. 即大数排在小数之前分别出现 0 次, 2 次与 2 次, 总之是偶数次.

$(i_1,\ i_2,\ i_3)$ 为 (3, 2, 1), (1, 3, 2), (2, 1, 3), 此时大数排在小数前的情况分别为 $3>2$, $3>1$, $2>1$; $3>2$; $2>1$. 即分别出现 3 次, 1 次与 1 次, 总之是奇数次.

大数排在小数之前这种反常次序叫 "逆序".

定义 2.4.1 设 k_1, k_2, $\cdots$, k_m 是 m 个不同的自然数组成的有序组. 如果 $i<j$ 时, $k_i>k_j$, 则称 k_i, k_j 构成一个**逆序**; $k_i<k_j$ 则称 k_i, k_j 构成一个**正序**. 此有序组中逆序的总数叫它的**逆序数**, 记为 $\tau(k_1,\ k_2,\ \cdots,\ k_m)$.

例 2.11 $\tau(1,\ 2)=0$, $\tau(2,\ 1)=1$, $\tau(1,\ 2,\ 3)=0$, $\tau(2,\ 3,\ 1)=\tau(3,\ 1,\ 2)=2$, $\tau(3,\ 2,\ 1)=3$, $\tau(1,\ 3,\ 2)=\tau(2,\ 1,\ 3)=1$.

性质 1 设 k_1, k_2, $\cdots$, k_m 是 m 个不同自然数的排列. 令 $\tau_i=|\{k_j\mid j>i,k_j<k_i.\}|$ 为集合 $\{k_j\mid j>i,k_j<k_i.\}$ 中元素个数. 则

$$\tau(k_1,\ k_2,\ \cdots,\ k_m)=\tau_1+\tau_2+\cdots+\tau_{m-1}.$$

性质 2 设 $i_2, i_3, \cdots, i_n$ 是 $1, 2, \cdots, j-1, j+1, \cdots, n$ 的一个排列, 则

$$\tau(j,\ i_2,\ \cdots,\ i_n)=j-1+\tau(i_2,\ \cdots,\ i_n).$$

事实上, $i_1 = j$, i_2, $\cdots$, i_n 是 1, 2, $\cdots$, n 的排列, 且 $\tau_1 = |\{i_t \mid t \geqslant 2, i_t < j\}| = |\{1, 2, \cdots, j-1\}| = j-1$. 于是有 $\tau(j, i_2, \cdots, i_n) = j - 1 + \tau(i_2, \cdots, i_n)$.

定理 2.4.1 设 $\boldsymbol{A} = (a_{i\,j})$ 为 n 阶方阵. 则

$$\begin{vmatrix} a_{1\,1} & a_{1\,2} & \cdots & a_{1\,n} \\ a_{2\,1} & a_{2\,2} & \cdots & a_{2\,n} \\ \vdots & \vdots & & \vdots \\ a_{n\,1} & a_{n\,2} & \cdots & a_{n\,n} \end{vmatrix} = \sum_{i_1\,i_2\,\cdots\,i_n} (-1)^{\tau(i_1, i_2, \cdots, i_n)} a_{1\,i_1} a_{2\,i_2} \cdots a_{n\,i_n}.$$

求和跑遍 1, 2, $\cdots$, n 的所有排列 i_1, i_2, $\cdots$, i_n.

证 $n = 1$, 2 时, 定理 2.4.1 显然成立. 故只要在 $n-1$ 成立的假设下, 证明 n 时成立. 由于

$$\det \boldsymbol{A} = \sum_{j=1}^{n} (-1)^{1+j} a_{1\,j} M_{1\,j},$$

其中

$$M_{1\,j} = \begin{vmatrix} a_{2\,1} & \cdots & a_{2\,j-1} & a_{2\,j+1} & \cdots & a_{2\,n} \\ \vdots & & \vdots & \vdots & & \vdots \\ a_{n\,1} & \cdots & a_{n\,j-1} & a_{n\,j+1} & \cdots & a_{n\,n} \end{vmatrix} = \sum_{i_2\,\cdots\,i_n} (-1)^{\tau(i_2, \cdots, i_n)} a_{2\,i_2} \cdots a_{n\,i_n}.$$

求和跑遍 1, $\cdots$, $j-1$, $j+1$, $\cdots$, n 的所有排列 i_2, $\cdots$, i_n. 因而

$$\begin{aligned} \det \boldsymbol{A} &= \sum_{j=1}^{n} \sum_{i_2\,\cdots\,i_n} (-1)^{j+1} (-1)^{\tau(i_2, \cdots, i_n)} a_{1\,j} a_{2\,i_2} \cdots a_{n\,i_n} \\ &= \sum_{i_1\,i_2\,\cdots\,i_n} (-1)^{\tau(i_1, i_2, \cdots, i_n)} a_{1\,i_1} a_{2\,i_2} \cdots a_{n\,i_n}. \end{aligned}$$

因此, 定理成立.

定理中的公式称为行列式的**完全展开**.

设 i_1, i_2, $\cdots$, i_n 为 1, 2, $\cdots$, n 的排列. 如果 $\tau(i_1, i_2, \cdots, i_n)$ 为奇数 (偶数), 则称此排列为**奇排列** (**偶排列**). 若 $n > 1$, 由

$$\begin{vmatrix} 1 & 1 & \cdots & 1 \\ 1 & 1 & \cdots & 1 \\ \vdots & \vdots & & \vdots \\ 1 & 1 & \cdots & 1 \end{vmatrix} = \sum_{i_1\,i_2\,\cdots\,i_n} (-1)^{\tau(i_1\,i_2\,\cdots\,i_n)} = 0,$$

知奇排列与偶排列个数相等, 均为 $\dfrac{n!}{2}$.

下面我们将 Laplace 展开推广到更一般的情况, 为此先介绍一些概念.

设$\boldsymbol{A}$ 为 n 阶方阵, 且

$$\boldsymbol{A}=\begin{pmatrix} a_{1\,1} & a_{1\,2} & \cdots & a_{1\,n} \\ a_{2\,1} & a_{2\,2} & \cdots & a_{2\,n} \\ \vdots & \vdots & & \vdots \\ a_{n\,1} & a_{n\,2} & \cdots & a_{n\,n} \end{pmatrix}.$$

又有 $2p$ 个自然数 i_s, j_t $(1\leqslant s,t\leqslant p)$ 满足

$$1\leqslant i_1<i_2<\cdots<i_p\leqslant n;$$
$$1\leqslant j_1<j_2<\cdots<j_p\leqslant n.$$

将$\boldsymbol{A}$ 中不是 i_1, i_2, $\cdots$, i_p 的行划去; 再将不是 j_1, j_2, $\cdots$, j_p 的列划去得一 p 阶方阵

$$\begin{pmatrix} a_{i_1j_1} & a_{i_1j_2} & \cdots & a_{i_1j_p} \\ a_{i_2j_1} & a_{i_2j_2} & \cdots & a_{i_2j_p} \\ \vdots & \vdots & & \vdots \\ a_{i_pj_1} & a_{i_pj_2} & \cdots & a_{i_pj_p} \end{pmatrix},$$

其行列式称为方阵$\boldsymbol{A}$ 的一个 p 阶**子式**, 记为 $\boldsymbol{A}\begin{pmatrix} i_1\,i_2\cdots i_p \\ j_1\,j_2\cdots j_p \end{pmatrix}$. 又设

$$(1\leqslant)\,i_{p+1}<\cdots<i_n\,(\leqslant n),$$
$$(1\leqslant)\,j_{p+1}<\cdots<j_n\,(\leqslant n)$$

分别是 1, 2, $\cdots$, n 中去掉

$$i_1,\ \cdots\ ,\ i_p,$$
$$j_1,\ \cdots\ ,\ j_p$$

后的 $2(n-p)$ 个自然数. 称

$$\boldsymbol{A}\begin{pmatrix} i_{p+1}\cdots i_n \\ j_{p+1}\cdots j_n \end{pmatrix}$$

为

$$\boldsymbol{A}\begin{pmatrix} i_1\,i_2\cdots i_p \\ j_1\,j_2\cdots j_p \end{pmatrix}$$

的**余子式**, 而

$$(-1)^{\sum\limits_{s=1}^{p} i_s+\sum\limits_{t=1}^{p} j_t} \boldsymbol{A}\begin{pmatrix} i_{p+1} \cdots i_n \\ j_{p+1} \cdots j_n \end{pmatrix}$$

称为 $\boldsymbol{A}\begin{pmatrix} i_1\, i_2 \cdots i_p \\ j_1\, j_2 \cdots j_p \end{pmatrix}$ 的**代数余子式**.

特别地, $\mathrm{ent}_{ij}\boldsymbol{A}$ 是$\boldsymbol{A}$ 的一个 1 阶子式, 它的余子式为 M_{ij}, 代数余子式为 $(-1)^{i+j}M_{ij}$, 记为 A_{ij}.

引理 2.4.2　设 $M=\boldsymbol{A}\begin{pmatrix} i_1\, i_2 \cdots i_p \\ j_1\, j_2 \cdots j_p \end{pmatrix}$ 是 n 阶方阵$\boldsymbol{A}$ 的一个 p 级子式, M', $\bar{M}$ 分别为M 的余子式与代数余子式, 则 $M\cdot\bar{M}$ 中每项都是 $\det\boldsymbol{A}$ 的展开式中的一项, 且符号也相同.

证　首先讨论 $M=\boldsymbol{A}\begin{pmatrix} 1\,2 \cdots p \\ 1\,2 \cdots p \end{pmatrix}$ 的情况. 此时 $M'=\boldsymbol{A}\begin{pmatrix} p+1 \cdots n \\ p+1 \cdots n \end{pmatrix}$, 而

$$\bar{M}=(-1)^{2(1+2+\cdots+p)}M'=M'.$$

于是 $M\cdot\bar{M}$ 中一般项为

$$(-1)^{\tau(\alpha_1,\cdots,\alpha_p)}(-1)^{\tau(\alpha_{p+1},\cdots,\alpha_n)}a_{1\,\alpha_1}\cdots a_{p\,\alpha_p}a_{p+1\,\alpha_{p+1}}\cdots a_{n\,\alpha_n},$$

其中 $\alpha_1, \cdots, \alpha_p$ 为 $1, \cdots, p$ 的排列, $\alpha_{p+1}, \cdots, \alpha_n$ 为 $p+1, \cdots, n$ 的排列, 故 $\alpha_1, \cdots, \alpha_p, \alpha_{p+1}, \cdots, \alpha_n$ 为 $1, 2, \cdots, n$ 的排列. 又 $\alpha_i<\alpha_j$, 若 $1\leqslant i\leqslant p$, $p+1\leqslant j\leqslant n$, 故

$$\tau(\alpha_1, \cdots, \alpha_n)=\tau(\alpha_1, \cdots, \alpha_p)+\tau(\alpha_{p+1}, \cdots, \alpha_n).$$

因而 $(-1)^{\tau(\alpha_1,\cdots,\alpha_p)}(-1)^{\tau(\alpha_{p+1},\cdots,\alpha_n)}=(-1)^{\tau(\alpha_1,\cdots,\alpha_n)}$. 由此知 $M\cdot\bar{M}$ 中每项都是 $\det\boldsymbol{A}$ 中一项.

现讨论一般情况. 设

$$M=\boldsymbol{A}\begin{pmatrix} i_1 \cdots i_p \\ j_1 \cdots j_p \end{pmatrix},\quad M'=\boldsymbol{A}\begin{pmatrix} i_{p+1} \cdots i_n \\ j_{p+1} \cdots j_n \end{pmatrix}.$$

将$\boldsymbol{A}$ 中第 i_1 行依次与前面的 i_1-1 行对换, 而到第 1 行, 再将第 i_2 行依次与前面的 i_2-2 行对换而到第 2 行, $\cdots$, 第 i_p 行依次与前面 i_p-p 行对换而到第 p 行. 用类似方法将第 j_1 列, 第 j_2 列, $\cdots$, 第 j_p 列依次换到第 1 列, 第 2 列, $\cdots$, 第 p 列. 如此得到一个矩阵 $\boldsymbol{A}_1$, 有

$$\boldsymbol{A}_1\begin{pmatrix} 1\,2 \cdots p \\ 1\,2 \cdots p \end{pmatrix}=\boldsymbol{A}\begin{pmatrix} i_1\, i_2 \cdots i_p \\ j_1\, j_2 \cdots j_p \end{pmatrix}=M,$$

$$\boldsymbol{A}_1\begin{pmatrix} p+1 \cdots n \\ p+1 \cdots n \end{pmatrix} = \boldsymbol{A}\begin{pmatrix} i_{p+1} \cdots i_n \\ j_{p+1} \cdots j_n \end{pmatrix} = M',$$

$$\det \boldsymbol{A}_1 = (-1)^{\sum_{t=1}^{p}(i_t+j_t)-p(p+1)} \det \boldsymbol{A}.$$

于是 MM' 中每一项是 $\det \boldsymbol{A}_1$ 中的一项, 且有相同符号, 故 $M\bar{M}$ 中每一项是 $\det \boldsymbol{A}$ 中的一项, 且有相同符号.

定理 2.4.3 (Laplace 定理) 在 n 阶方阵$\boldsymbol{A}$ 中任意取定 p 行 $(1 \leqslant) i_1 < i_2 < \cdots < i_p (\leqslant n)$, 由这 p 行元素所组成的一切 p 级子式及其代数余子式的积之和为 $\det \boldsymbol{A}$, 即

$$\det \boldsymbol{A} = \sum_{j_1 j_2 \cdots j_p} (-1)^{\sum_{t=1}^{p}(i_t+j_t)} \boldsymbol{A}\begin{pmatrix} i_1\, i_2 \cdots i_p \\ j_1\, j_2 \cdots j_p \end{pmatrix} \boldsymbol{A}\begin{pmatrix} i_{p+1} \cdots i_n \\ j_{p+1} \cdots j_n \end{pmatrix},$$

这里, $\boldsymbol{A}\begin{pmatrix} i_{p+1} \cdots i_n \\ j_{p+1} \cdots j_n \end{pmatrix}$ 为 $\boldsymbol{A}\begin{pmatrix} i_1\, i_2 \cdots i_p \\ j_1\, j_2 \cdots j_p \end{pmatrix}$ 的余子式; 求和跑遍所有 $1 \leqslant j_1 < j_2 < \cdots < j_p \leqslant n$.

证 由于 $1 \leqslant j_1 < j_2 < \cdots < j_p \leqslant n$ 的取法有 $C_n^p = s$ 种, 记对应的子式与代数余子式分别为 $M_1, \cdots, M_s$; $\bar{M}_1, \cdots, \bar{M}_s$. 显然, $i \neq j$ 时, $M_i\bar{M}_i$ 与 $M_j\bar{M}_j$ 的展开式中无公共项. 由引理 2.4.2 知 $\sum\limits_{i=1}^{s} M_i\bar{M}_i$ 中每一项都是 $\det \boldsymbol{A}$ 中一项, 且有相同符号. 而 $\sum\limits_{i=1}^{s} M_i\bar{M}_i$ 中一共有

$$C_n^p \cdot p! \cdot (n-p)! = n!$$

项, 即与 $\det \boldsymbol{A}$ 有相同的项数. 故

$$\sum_{i=1}^{s} M_i\bar{M}_i = \det \boldsymbol{A}.$$

习 题

1. 求以下排列的逆序数及奇偶性:
   1) 3, 1, 7, 4, 8, 2, 6, 9, 5;
   2) 1, 2, 9, 7, 6, 8, 5, 3, 4;
   3) 9, 8, 7, 6, 5, 4, 3, 2, 1;
   4) 5, 4, 3, 2, 1, 9, 8, 7, 6;
   5) $n, n-1, \cdots, 2, 1$;
   6) $1, 3, 5, \cdots, 2n-1, 2, 4, \cdots, 2n$;
   7) $2, 4, \cdots, 2n, 1, 3, 5, \cdots, 2n-1$.

2. $i_1, i_2, \cdots, i_n$ 是 1, 2, $\cdots$, n 的排列, 且逆序数为 τ. 求 $i_n, i_{n-1}, \cdots, i_1$ 的逆序数.

3. 选择 i, k $(1 \leqslant i, k \leqslant 9)$ 使

1) 1, 2, 7, 4, i, 5, 6, k, 9 为偶排列;

2) 1, i, 2, 5, k, 4, 8, 9, 7 为奇排列.

4. 用行列式的完全展开证明

$$\begin{vmatrix} a_1 & a_2 & a_3 & a_4 & a_5 \\ b_1 & b_2 & b_3 & b_4 & b_5 \\ c_1 & c_2 & 0 & 0 & 0 \\ d_1 & d_2 & 0 & 0 & 0 \\ e_1 & e_2 & 0 & 0 & 0 \end{vmatrix} = 0.$$

5. 求

$$\sum_{j_1 j_2 \cdots j_n} \begin{vmatrix} a_{1\,j_1} & a_{1\,j_2} & \cdots & a_{1\,j_n} \\ a_{2\,j_1} & a_{2\,j_2} & \cdots & a_{2\,j_n} \\ \vdots & \vdots & & \vdots \\ a_{n\,j_1} & a_{n\,j_2} & \cdots & a_{n\,j_n} \end{vmatrix},$$

求和跑遍 1, 2, $\cdots$, n 的所有排列 $j_1, j_2, \cdots, j_n$.

6. 证明

$$\begin{vmatrix} a_{1\,1} & a_{1\,2} & \cdots & a_{1\,n} \\ a_{2\,1} & a_{2\,2} & \cdots & a_{2\,n} \\ \vdots & \vdots & & \vdots \\ a_{n\,1} & a_{n\,2} & \cdots & a_{n\,n} \end{vmatrix} = \sum_{i_1 i_2 \cdots i_n} (-1)^{\tau(i_1, i_2, \cdots, i_n)} a_{i_1\,1} a_{i_2\,2} \cdots a_{i_n\,n}.$$

7. 设 $a_{i\,j}(t)$ 都是 t 的可微函数, 证明

$$\frac{\mathrm{d}}{\mathrm{d}t}\begin{vmatrix} a_{1\,1}(t) & a_{1\,2}(t) & \cdots & a_{1\,n}(t) \\ a_{2\,1}(t) & a_{2\,2}(t) & \cdots & a_{2\,n}(t) \\ \vdots & \vdots & & \vdots \\ a_{n\,1}(t) & a_{n\,2}(t) & \cdots & a_{n\,n}(t) \end{vmatrix} = \sum_{i=1}^{n}\sum_{j=1}^{n} \frac{\mathrm{d}a_{i\,j}(t)}{\mathrm{d}t} A_{i\,j}(t),$$

这里 $A_{i\,j}(t)$ 是 $a_{i\,j}(t)$ 的代数余子式.

8. 计算 $2n$ 阶行列式

$$\begin{vmatrix} a_1 & & & & & & & c_1 \\ & a_2 & & & & & c_2 & \\ & & \ddots & & & \iddots & & \\ & & & a_n & c_n & & & \\ & & & d_n & b_n & & & \\ & & \iddots & & & \ddots & & \\ & d_2 & & & & & b_2 & \\ d_1 & & & & & & & b_1 \end{vmatrix}.$$

9. 计算

$$\begin{vmatrix} a_1 & -b_1 & 0 & \cdots & 0 & 0 \\ 0 & a_2 & -b_2 & \cdots & 0 & 0 \\ \vdots & \vdots & \vdots & & \vdots & \vdots \\ 0 & 0 & 0 & \cdots & a_{n-1} & -b_{n-1} \\ -b_n & 0 & 0 & \cdots & 0 & a_n \end{vmatrix}.$$

10. 计算 l 阶行列式

$$\begin{vmatrix} 2 & -1 & 0 & \cdots & 0 & -m \\ -1 & 2 & -1 & \cdots & 0 & 0 \\ \vdots & \vdots & \vdots & & \vdots & \vdots \\ 0 & 0 & 0 & \cdots & 2 & -1 \\ -n & 0 & 0 & \cdots & -1 & 2 \end{vmatrix}.$$

2.5 Cramer 法则

现在介绍行列式在线性方程组中的应用. 先介绍名词. 设有 m 个包含 n 个未知数 x_1, x_2, $\cdots$, x_n 的一次方程构成的方程组

$$\begin{cases} a_{1\,1}x_1 + a_{1\,2}x_2 + \cdots + a_{1\,n}x_n = b_1, \\ a_{2\,1}x_1 + a_{2\,2}x_2 + \cdots + a_{2\,n}x_n = b_2, \\ \cdots\cdots\cdots\cdots \\ a_{m\,1}x_1 + a_{m\,2}x_2 + \cdots + a_{m\,n}x_n = b_m. \end{cases} \tag{1}$$

我们称 (1) 为 n 元**线性方程组** (或 n 元**一次方程组**). $a_{i\,j}$ $(1 \leqslant i \leqslant m,\ 1 \leqslant j \leqslant n)$

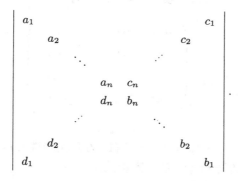

叫**系数**, b_j, $1 \leqslant j \leqslant m$ 叫**常数项**. 由系数构成的 $m \times n$ 矩阵

$$\begin{pmatrix} a_{1\,1} & a_{1\,2} & \cdots & a_{1\,n} \\ a_{2\,1} & a_{2\,2} & \cdots & a_{2\,n} \\ \vdots & \vdots & & \vdots \\ a_{m\,1} & a_{m\,2} & \cdots & a_{m\,n} \end{pmatrix}$$

叫做**系数矩阵**.

如果 $b_1 = b_2 = \cdots = b_m = 0$, 则称 (1) 为**齐次线性方程组**, 否则, 即 $b_1, b_2, \cdots, b_m$ 不全为零, 则称方程组 (1) 是**非齐次的**.

齐次线性方程组一定有解 $x_1 = x_2 = \cdots = x_n = 0$, 这个解叫做**零解**. 若除零解外, 还有另外的解, 即解中的数不全为零, 则称为**非零解**.

例 2.12 齐次线性方程组

$$\begin{cases} x + y + z = 0, \\ x + 2y + 2z = 0. \end{cases}$$

除零解 $x = y = z = 0$ 外, 还有非零解: $x = 0,\ y = 1,\ z = -1$. 其实对任何 k, $x = 0,\ y = k,\ z = -k$ 都是解, 而且此方程组的任何解也是这种形状.

定理 2.5.1 以 $A_{i\,j}$ 表示 n 阶方阵 $\boldsymbol{A} = (a_{i\,j})$ 元素 $a_{i\,j}$ 的代数余子式, 则

$$\sum_{k=1}^{n} a_{i\,k} A_{j\,k} = \delta_{i\,j} \det \boldsymbol{A}, \tag{2}$$

$$\sum_{k=1}^{n} a_{k\,i} A_{k\,j} = \delta_{i\,j} \det \boldsymbol{A}. \tag{2'}$$

证 (2) 与 (2′) 式的证明方法类似, 以 (2′) 式为例来证明. 作一个新矩阵 $\boldsymbol{A}_1$, 除第 j 列外, 其余各列与 $\boldsymbol{A}$ 的列相同, 即 $\mathrm{col}_l \boldsymbol{A}_1 = \mathrm{col}_l \boldsymbol{A},\ l \neq j$. 而第 j 列为

$$\mathrm{col}_j \boldsymbol{A}_1 = \begin{pmatrix} b_1 \\ b_2 \\ \vdots \\ b_n \end{pmatrix}.$$

于是 $\mathrm{ent}_{k\,j} \boldsymbol{A}_1 = b_k$ 与 $\mathrm{ent}_{k\,j} \boldsymbol{A} = a_{k\,j}$ 在 $\boldsymbol{A}_1$, $\boldsymbol{A}$ 中的代数余子式都是 $A_{k\,j}$. 由定理 2.2.1 知

$$\det \boldsymbol{A}_1 = \sum_{k=1}^{n} (\mathrm{ent}_{k\,j} \boldsymbol{A}_1) A_{k\,j} = \sum_{k=1}^{n} b_k A_{k\,j}.$$

取

$$\begin{pmatrix} b_1 \\ b_2 \\ \vdots \\ b_n \end{pmatrix} = \mathrm{col}_i \boldsymbol{A}, \text{ 即 } b_k = a_{k\,i},\ 1 \leqslant k \leqslant n.$$

若 $i = j$, 则 $\boldsymbol{A}_1 = \boldsymbol{A}$, 于是 $\det \boldsymbol{A}_1 = \det \boldsymbol{A}$. 若 $i \neq j$, 则 $\mathrm{col}_i \boldsymbol{A}_1 = \mathrm{col}_j \boldsymbol{A}_1 = \mathrm{col}_i \boldsymbol{A}$, 故 $\det \boldsymbol{A}_1 = 0$, 因而

$$\sum_{k=1}^{n} a_{k\,i} A_{k\,j} = \delta_{i\,j} \det \boldsymbol{A}.$$

定理 2.5.2 如果线性方程组

$$\begin{cases} a_{1\,1}x_1 + a_{1\,2}x_2 + \cdots + a_{1\,n}x_n = b_1 \\ a_{2\,1}x_1 + a_{2\,2}x_2 + \cdots + a_{2\,n}x_n = b_2 \\ \cdots\cdots\cdots\cdots \\ a_{n\,1}x_1 + a_{n\,2}x_2 + \cdots + a_{n\,n}x_n = b_n \end{cases} \tag{3}$$

的系数矩阵 $\boldsymbol{A} = (a_{i\,j})$ 的行列式 $\det \boldsymbol{A} = d \neq 0$, 则方程组 (3) 的解存在唯一, 且

$$x_j = \frac{d_j}{d}, \quad 1 \leqslant j \leqslant n,$$

其中 d_j 是将$\boldsymbol{A}$ 的第 j 列换成方程组 (3) 的常数项所得方阵的行列式.

证 只要直接验证 $x_j = \dfrac{d_j}{d}$, $1 \leqslant j \leqslant n$ 为 (3) 的解就可以证明解的存在性. 从定理 1 的证明知

$$d_j = \sum_{k=1}^{n} b_k A_{k\,j},$$

其中 $A_{k\,j}$ 是 $a_{k\,j}$ 在$\boldsymbol{A}$ 中的代数余子式. 因而

$$\begin{aligned} \sum_{j=1}^{n} a_{i\,j} \frac{d_j}{d} &= \frac{1}{d} \sum_{j=1}^{n} \sum_{k=1}^{n} a_{i\,j} b_k A_{k\,j} = \frac{1}{d} \sum_{k=1}^{n} \sum_{j=1}^{n} b_k a_{i\,j} A_{k\,j} \\ &= \frac{1}{d} \sum_{k=1}^{n} b_k \delta_{i\,k} d = b_i. \end{aligned}$$

故 $x_j = \dfrac{d_j}{d}$, $1 \leqslant j \leqslant n$ 为方程组 (3) 的解.

下面证解的唯一性. 取定 j. 在方程组 (3) 中, 从上至下, 分别以 $\boldsymbol{A}_{1\,j}$, $\boldsymbol{A}_{2\,j}$, $\cdots$, $\boldsymbol{A}_{n\,j}$ 乘第 1 个, 第 2 个, $\cdots$, 第 n 个方程两边, 再相加. 于是有

$$x_1 \sum_{k=1}^{n} a_{k\,1} A_{k\,j} + x_2 \sum_{k=1}^{n} a_{k\,2} A_{k\,j} + \cdots + x_n \sum_{k=1}^{n} a_{k\,n} A_{k\,j} = \sum_{k=1} b_k A_{k\,j}.$$

故有

$$d(\delta_{1\,j}x_1+\delta_{2\,j}x_2+\cdots+\delta_{n\,j}x_n)=d_j.$$

于是

$$x_j=\frac{d_j}{d}.$$

因而解唯一.

推论　若 (3) 为齐次线性方程, 即 $b_k=0,\ 1\leqslant k\leqslant n$. 且 $\det\boldsymbol{A}\neq 0$, 则方程组 (3) 只有零解.

因零解为方程组 (3) 的解, 又解唯一, 故只有零解.

定理 2.5.2 给出了未知数个数与方程个数相同且系数矩阵的行列式不为零的线性方程组的一种解法, 这种解法叫做**Cramer 法则**.

例 2.13　解方程组

$$\begin{cases}x_1+2x_2+x_3\ =4,\\ x_1-x_2+x_3\quad=5,\\ 2x_1+3x_2-x_3=1.\end{cases}$$

解　先计算系数矩阵行列式

$$d=\begin{vmatrix}1&2&1\\1&-1&1\\2&3&-1\end{vmatrix}=\begin{vmatrix}0&2&1\\0&-1&1\\3&3&-1\end{vmatrix}=9.$$

再计算 $d_1,\ d_2,\ d_3$

$$d_1=\begin{vmatrix}4&2&1\\5&-1&1\\1&3&-1\end{vmatrix}=20,$$

$$d_2=\begin{vmatrix}1&4&1\\1&5&1\\2&1&-1\end{vmatrix}=-3,$$

$$d_3=\begin{vmatrix}1&2&4\\1&-1&5\\2&3&1\end{vmatrix}=22.$$

于是解为 $x_1=20/9,\ x_2=-1/3,\ x_3=22/9$.

例 2.14 λ 为何值时, 方程组

$$\begin{cases} \lambda x_1 + x_2 = 0, \\ x_1 + \lambda x_2 = 0 \end{cases}$$

有非零解.

解 若有非零解, 则系数矩阵行列式为 0, 即 $\lambda^2 - 1 = 0$. 故必有 $\lambda = \pm 1$.

$\lambda = 1$ 时, $\forall k \neq 0$, $x_1 = k$, $x_2 = -k$ 均为解. $\lambda = -1$ 时, $\forall k \neq 0$, $x_1 = x_2 = k$ 均为解.

故 $\lambda = \pm 1$ 时, 上述方程组有非零解.

例 2.15 设 $x_1, x_2, \ldots, x_n$ 为数域$\boldsymbol{P}$ 中 n 个不同的数. $b_1, b_2, \cdots, b_n \in \boldsymbol{P}$ 不全为零. 则存在唯一的 $f(x) \in \boldsymbol{P}[x]$, 满足 $\deg f(x) < n$, $f(x_i) = b_i$, $1 \leqslant i \leqslant n$.

证 不妨假定 $f(x) = \sum\limits_{i=0}^{n-1} a_i x^i$, 其中 $a_0, a_1, \cdots, a_{n-1}$ 为待定系数 (未知数). 于是有

$$\begin{cases} a_0 + x_1 a_1 + x_1^2 a_2 + \cdots + x_1^{n-1} a_{n-1} = b_1, \\ a_0 + x_2 a_1 + x_2^2 a_2 + \cdots + x_2^{n-1} a_{n-1} = b_2, \\ \cdots\cdots\cdots\cdots \\ a_0 + x_n a_1 + x_n^2 a_2 + \cdots + x_n^{n-1} a_{n-1} = b_n. \end{cases}$$

方程组的系数矩阵恰为 Vandermonde 行列式的矩阵的转置, 故系数矩阵行列式为

$$d = \prod_{1 \leqslant i < j \leqslant n} (x_j - x_i) \neq 0.$$

故有 $a_j = d_j / d \in \boldsymbol{P}$. 如果 $f(x) = 0$, 则 $a_0 = \cdots = a_{n-1} = 0$, 于是 $b_1 = b_2 = \cdots = b_n = 0$. 这与 $b_1, b_2, \cdots, b_n$ 不全为零矛盾, 故 $f(x) \in \boldsymbol{P}[x]$, $0 \leqslant \deg f(x) \leqslant n - 1$.

若 $b_1 = b_2 = \cdots = b_n = 0$, 此时 $f(x) = 0$.

习 题

1. 用 Cramer 法则解下列方程组:

1) $\begin{cases} 2x_1 - x_2 + 3x_3 + 2x_4 = 6, \\ 3x_1 - 3x_2 + 3x_3 + 2x_4 = 5, \\ 3x_1 - x_2 - x_3 + 2x_4 = 3, \\ 3x_1 - x_2 + 3x_3 - x_4 = 4. \end{cases}$

2) $\begin{cases} x_1+2x_2+3x_3-2x_4 &= 6, \\ 2x_1-x_2-2x_3-3x_4 &= 8, \\ 3x_1+2x_2-x_3+2x_4 &= 4, \\ 2x_1-3x_2+2x_3+x_4 &= -8. \end{cases}$

3) $\begin{cases} x_1+2x_2-2x_3+4x_4-x_5 &= -1, \\ 2x_1-x_2+3x_3-4x_4+2x_5 &= 8, \\ 3x_1+x_2-x_3+2x_4-x_5 &= 3, \\ 4x_1+3x_2+4x_3+2x_4+2x_5 &= -2, \\ x_1-x_2-x_3+2x_4-3x_5 &= -3. \end{cases}$

4) $\begin{cases} 5x_1+6x_2 &= 1, \\ x_1+5x_2+6x_3 &= 0, \\ x_2+5x_3+6x_4 &= 0, \\ x_3+5x_4+6x_5 &= 0, \\ x_4+5x_5 &= 1. \end{cases}$

2. 如果一个圆心的坐标 $(x_0,\ y_0)$ 中至少有一个是无理数, 则圆上至多两个点的坐标都是有理数.

3. 设水银密度 h 与温度 t 的关系为

$$h=a_0+a_1t+a_2t^2+a_3t^3.$$

由实验测定, 得以下数据

t	0°	10°	20°	30°
h	13.60	13.57	13.55	13.52

求 $t=15^\circ$, 40° 时, 水银密度 (准确到两位小数).

4. 图 2.1 表示一电路网络, 每条线上标出的数字是电阻, E 点接地, 由 X, Y, Z, U 点通入电流, 强度皆为 100 安培. 求这四点的电位 (用基尔霍夫定律).

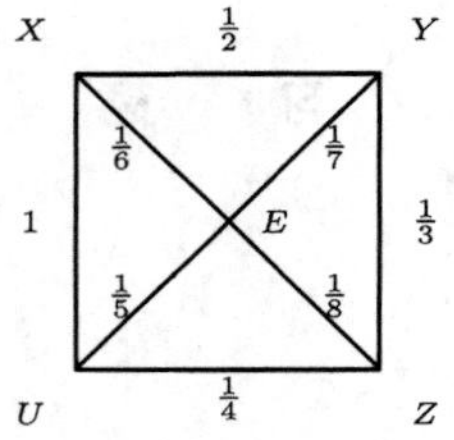

图 2.1

2.6 例

计算 n 阶行列式时有时会遇到一个数列, 数列的一般项由前两项给出. 我们先讨论数列

$$D_1,\ D_2,\ \cdots,\ D_n,\ \cdots,$$

其中

$$D_n = pD_{n-1} + qD_{n-2}, \quad n = 3, 4, \cdots,$$

这里 p, q 是常数.

若 $q = 0$, 则序列 $\{D_n\}$ 为等比数列. 如果 $p = q = 1$, $D_1 = 1$, $D_2 = 2$, 则为 Fibonacci 数列. 下面假定 $q \neq 0$. a, b 为一元二次方程

$$x^2 - px - q = 0$$

的两个根, 则 $a + b = p$, $ab = -q$. 于是

$$D_n = (a+b)D_{n-1} - abD_{n-2}.$$
$$D_n - bD_{n-1} = a(D_{n-1} - bD_{n-2}).$$
$$D_n - aD_{n-1} = b(D_{n-1} - aD_{n-2}).$$

这样, 有两个分别以 a, b 为公比的等比数列

$$D_2 - bD_1,\ D_3 - bD_2,\ \cdots,\ D_n - bD_{n-1},\ \cdots,$$

$$D_2 - aD_1,\ D_3 - aD_2,\ \cdots,\ D_n - aD_{n-1},\ \cdots.$$

于是

$$D_n - bD_{n-1} = a^{n-2}(D_2 - bD_1),$$
$$D_n - aD_{n-1} = b^{n-2}(D_2 - aD_1).$$

$a \neq b$, 由 Cramer 法则知

$$D_n = \frac{D_2 - bD_1}{a(a-b)}a^n - \frac{D_2 - aD_1}{b(a-b)}b^n.$$

$a = b$, 两个等比数列相同, 此时

$$\begin{aligned}&(D_n - aD_{n-1}) + a(D_{n-1} - aD_{n-2})\\&+ a^2(D_{n-2} - aD_{n-3}) + \cdots + a^{n-3}(D_3 - aD_2)\\=&(n-2)a^{n-2}(D_2 - aD_1).\end{aligned}$$

因此

$$\begin{aligned} D_n &= (n-2)a^{n-2}(D_2 - aD_1) + a^{n-2}D_2 \\ &= a^{n-2}((n-1)D_2 - a(n-2)D_1). \end{aligned}$$

例 2.16　设 $bc \neq 0$. 计算 n 阶行列式

$$D_n = \begin{vmatrix} b+c & b & 0 & \cdots & 0 & 0 \\ c & b+c & b & \cdots & 0 & 0 \\ 0 & c & b+c & \cdots & 0 & 0 \\ \vdots & \vdots & \vdots & & \vdots & \vdots \\ 0 & 0 & 0 & \cdots & c & b+c \end{vmatrix}.$$

解　按第一行展开有

$$D_n = (b+c)D_{n-1} - bcD_{n-2}.$$

方程 $x^2 - (b+c)x + bc = 0$ 的根恰为 b, c. 又

$$D_1 = b+c, \quad D_2 = b^2 + bc + c^2.$$

若 $b \neq c$, 则

$$\begin{aligned} D_n &= \frac{b^2+bc+c^2-bc-c^2}{b(b-c)}b^n - \frac{b^2+bc+c^2-b^2-bc}{c(b-c)}c^n \\ &= \frac{1}{b-c}(b^{n+1} - c^{n+1}). \end{aligned}$$

若 $b = c$, 则

$$D_n = b^{n-2}((n-1)3b^2 - (n-2)2b^2) = (n+1)b^n.$$

例 2.17　计算 n 阶行列式

$$D_n = \begin{vmatrix} 1 & 1 & 0 & \cdots & 0 & 0 \\ -1 & 1 & 1 & \cdots & 0 & 0 \\ \vdots & \vdots & \vdots & & \vdots & \vdots \\ 0 & 0 & 0 & \cdots & 1 & 1 \\ 0 & 0 & 0 & \cdots & -1 & 1 \end{vmatrix}.$$

解 按第一行展开, 有

$$D_n = D_{n-1} + D_{n-2}, \quad D_1 = 1, \quad D_2 = 2.$$

二次方程 $x^2 - x - 1 = 0$ 的根为 $\frac{1}{2}(1+\sqrt{5})$, $\frac{1}{2}(1-\sqrt{5})$. 于是

$$D_n = \frac{1}{\sqrt{5}}\left(\left(\frac{1+\sqrt{5}}{2}\right)^{n+1} - \left(\frac{1-\sqrt{5}}{2}\right)^{n+1}\right).$$

这里得到的数列恰为 Fibonacci 数列.

计算行列式一般是降低阶数, 但有时增加阶数反而更容易计算, 这就是所谓 "镶边法".

例 2.18 设 $a_1a_2\cdots a_n \neq 0$. 计算

$$D = \begin{vmatrix} 0 & a_1+a_2 & \cdots & a_1+a_n \\ a_2+a_1 & 0 & \cdots & a_2+a_n \\ \vdots & \vdots & & \vdots \\ a_n+a_1 & a_n+a_2 & \cdots & 0 \end{vmatrix}.$$

解 将 D 的矩阵记为$\boldsymbol{A}$, 显然

$$D = \begin{vmatrix} 1 & a_1 \quad a_2 \quad \cdots \quad a_n \\ 0 & \\ 0 & \\ \vdots & \boldsymbol{A} \\ 0 & \end{vmatrix}.$$

在右面的行列式中将第 $i\ (\geqslant 2)$ 行减去第 1 行, 得

$$D = \begin{vmatrix} 1 & a_1 & a_2 & \cdots & a_n \\ -1 & -a_1 & a_1 & \cdots & a_1 \\ -1 & a_2 & -a_2 & \cdots & a_2 \\ \vdots & \vdots & \vdots & & \vdots \\ -1 & a_n & a_n & \cdots & -a_n \end{vmatrix}.$$

将右面的行列式的矩阵记为$\boldsymbol{B}$, 显然

$$D=\begin{vmatrix} 1 & 0 \ 0 \ \cdots \ 0 \\ 0 & \\ a_1 & \boldsymbol{B} \\ \vdots & \\ a_n & \end{vmatrix}.$$

在右面的行列式中将第 j $(\geqslant 3)$ 列减去第 1 列, 则有

$$D=\begin{vmatrix} 1 & 0 & -1 & -1 & \cdots & -1 \\ 0 & 1 & a_1 & a_2 & \cdots & a_n \\ a_1 & -1 & -2a_1 & 0 & \cdots & 0 \\ a_2 & -1 & 0 & -2a_2 & \cdots & 0 \\ \vdots & \vdots & \vdots & \vdots & & \vdots \\ a_n & -1 & 0 & 0 & \cdots & -2a_n \end{vmatrix}.$$

再在右面的行列式中将第 j $(\geqslant 3)$ 列的 1/2 倍加到第 1 列, 再分别乘以 $\dfrac{-1}{2a_1}, \cdots, \dfrac{-1}{2a_n}$ 加到第 2 列, 得

$$D=\begin{vmatrix} 1-\dfrac{n}{2} & \dfrac{1}{2}\sum\limits_{j=1}^{n}\dfrac{1}{a_j} & -1 & -1 & \cdots & -1 \\ \dfrac{1}{2}\sum\limits_{j=1}^{n}a_j & 1-\dfrac{n}{2} & a_1 & a_2 & \cdots & a_n \\ 0 & 0 & -2a_1 & 0 & \cdots & 0 \\ 0 & 0 & 0 & -2a_2 & \cdots & 0 \\ \vdots & \vdots & \vdots & \vdots & & \vdots \\ 0 & 0 & 0 & 0 & \cdots & -2a_n \end{vmatrix}.$$

由例 2.9 可知

$$D=\begin{vmatrix} 1-\dfrac{n}{2} & \dfrac{1}{2}\sum\limits_{j=1}^{n}\dfrac{1}{a_j} \\ \dfrac{1}{2}\sum\limits_{j=1}^{n}a_j & 1-\dfrac{n}{2} \end{vmatrix}\cdot\begin{vmatrix} -2a_1 & 0 & \cdots & 0 \\ 0 & -2a_2 & \cdots & 0 \\ \vdots & \vdots & & \vdots \\ 0 & 0 & \cdots & -2a_n \end{vmatrix}$$

$$=(-2)^{n-2}a_1a_2\cdots a_n\left((n-2)^2-\sum_{j,\,k=1}^{n}\frac{a_j}{a_k}\right).$$

例 2.19 求证

$$\begin{vmatrix} a_{11}+x_1 & a_{12}+x_2 & \cdots & a_{1n}+x_n \\ a_{21}+x_1 & a_{22}+x_2 & \cdots & a_{2n}+x_n \\ \vdots & \vdots & & \vdots \\ a_{n1}+x_1 & a_{n2}+x_2 & \cdots & a_{nn}+x_n \end{vmatrix} = \det \boldsymbol{A} + \sum_{j=1}^{n}\sum_{i=1}^{n} x_j \boldsymbol{A}_{ij},$$

其中 $\boldsymbol{A}=(a_{ij})$, A_{kj} 为 a_{kj} 的代数余子式.

证 因为左边行列式第 1 列每个数为和的形式, 故可分解为两个行列式的和.

$$\begin{vmatrix} a_{11}+x_1 & a_{12}+x_2 & \cdots & a_{1n}+x_n \\ a_{21}+x_1 & a_{22}+x_2 & \cdots & a_{2n}+x_n \\ \vdots & \vdots & & \vdots \\ a_{n1}+x_1 & a_{n2}+x_2 & \cdots & a_{nn}+x_n \end{vmatrix}$$

$$= \begin{vmatrix} a_{11} & a_{12}+x_2 & \cdots & a_{1n}+x_n \\ a_{21} & a_{22}+x_2 & \cdots & a_{2n}+x_n \\ \vdots & \vdots & & \vdots \\ a_{n1} & a_{n2}+x_2 & \cdots & a_{nn}+x_n \end{vmatrix}$$

$$+ \begin{vmatrix} x_1 & a_{12}+x_2 & \cdots & a_{1n}+x_n \\ x_1 & a_{22}+x_2 & \cdots & a_{2n}+x_n \\ \vdots & \vdots & & \vdots \\ x_1 & a_{n2}+x_2 & \cdots & a_{nn}+x_n \end{vmatrix}.$$

再对右边两个行列式的第 2 列分解, 注意到两列成比例的行列式为 0 , 一直继续下去得

$$\begin{vmatrix} a_{11}+x_1 & a_{12}+x_2 & \cdots & a_{1n}+x_n \\ a_{21}+x_1 & a_{22}+x_2 & \cdots & a_{2n}+x_n \\ \vdots & \vdots & & \vdots \\ a_{n1}+x_1 & a_{n2}+x_2 & \cdots & a_{nn}+x_n \end{vmatrix} = \det \boldsymbol{A}$$

$$+\sum_{j=1}^{n}\begin{vmatrix} a_{11} & \cdots & a_{1\,j-1} & x_j & a_{1\,j+1} & \cdots & a_{1n} \\ a_{21} & \cdots & a_{2\,j-1} & x_j & a_{2\,j+1} & \cdots & a_{2n} \\ \vdots & & \vdots & \vdots & \vdots & & \vdots \\ a_{n1} & \cdots & a_{n\,j-1} & x_j & a_{n\,j+1} & \cdots & a_{nn} \end{vmatrix}$$

$$=\det \boldsymbol{A}+\sum_{j=1}^{n}\sum_{i=1}^{n} x_j A_{ij}.$$

利用这个行列式, 我们还可以得到一个代数余子式和的公式.

例 2.20　设 A_{ij} 是 $\boldsymbol{A}=(a_{ij})$ 的元素 a_{ij} 的代数余子式. 试证

$$\begin{vmatrix} 1 & 1 & \cdots & 1 \\ a_{21}-a_{11} & a_{22}-a_{12} & \cdots & a_{2n}-a_{1n} \\ \vdots & \vdots & & \vdots \\ a_{n1}-a_{n-1\,1} & a_{n2}-a_{n-1\,2} & \cdots & a_{nn}-a_{n-1\,n} \end{vmatrix}=\sum_{i,j=1}^{n} A_{ij}.$$

证　记左边行列式为 d. 在例 4 中取 $x_1=x_2=\cdots=x_n=1$, 并记其左边行列式为 d_1, 于是

$$d_1=\begin{vmatrix} a_{11}+1 & a_{12}+1 & \cdots & a_{1n}+1 \\ a_{21}+1 & a_{22}+1 & \cdots & a_{2n}+1 \\ \vdots & \vdots & & \vdots \\ a_{n1}+1 & a_{n2}+1 & \cdots & a_{nn}+1 \end{vmatrix}=\det \boldsymbol{A}+\sum_{j=1}^{n}\sum_{i=1}^{n} A_{ij},$$

在 d_1 中将第 i 行减去第 $i-1$ 行, 于是有

$$d_1=\begin{vmatrix} a_{11}+1 & a_{12}+1 & \cdots & a_{1n}+1 \\ a_{21}-a_{11} & a_{22}-a_{12} & \cdots & a_{2n}-a_{1n} \\ \vdots & \vdots & & \vdots \\ a_{n1}-a_{n-1\,1} & a_{n2}-a_{n-1\,2} & \cdots & a_{nn}-a_{n-1\,n} \end{vmatrix}.$$

再将第 1 行分成两个行列式之和, 其中一个为 d, 另一个为

$$\begin{vmatrix} a_{11} & a_{12} & \cdots & a_{1n} \\ a_{21}-a_{11} & a_{22}-a_{12} & \cdots & a_{2n}-a_{1n} \\ \vdots & \vdots & & \vdots \\ a_{n1}-a_{n-1\,1} & a_{n2}-a_{n-1\,2} & \cdots & a_{nn}-a_{n-1\,n} \end{vmatrix}=\det \boldsymbol{A}.$$

因而

$$d_1=\det \boldsymbol{A}+d=\det \boldsymbol{A}+\sum_{i,j=1}^{n} A_{ij}.$$

故 $d=\sum\limits_{i,j=1}^{n} A_{i\,j}$.

例 2.21 计算 n 阶行列式

$$\begin{vmatrix} \dfrac{1}{a_1+b_1} & \dfrac{1}{a_1+b_2} & \cdots & \dfrac{1}{a_1+b_n} \\ \dfrac{1}{a_2+b_1} & \dfrac{1}{a_2+b_2} & \cdots & \dfrac{1}{a_2+b_n} \\ \vdots & \vdots & & \vdots \\ \dfrac{1}{a_n+b_1} & \dfrac{1}{a_n+b_2} & \cdots & \dfrac{1}{a_n+b_n} \end{vmatrix}.$$

解 注意到

$$\frac{1}{a_i+b_j}-\frac{1}{a_n+b_j}=\frac{a_n-a_i}{(a_i+b_j)(a_n+b_j)}.$$

将上述行列式的第 $i\,(<n)$ 行减去第 n 行, 于是第 i 行有因式 a_n-a_i, 第 j 列有因式 $\dfrac{1}{a_n+b_j}$. 因而有

$$D_n=\frac{\prod\limits_{i=1}^{n-1}(a_n-a_i)}{\prod\limits_{j=1}^{n}(a_n+b_j)}\begin{vmatrix} \dfrac{1}{a_1+b_1} & \dfrac{1}{a_1+b_2} & \cdots & \dfrac{1}{a_1+b_n} \\ \vdots & \vdots & & \vdots \\ \dfrac{1}{a_{n-1}+b_1} & \dfrac{1}{a_{n-1}+b_2} & \cdots & \dfrac{1}{a_{n-1}+b_n} \\ 1 & 1 & \cdots & 1 \end{vmatrix}.$$

再注意到

$$\frac{1}{a_i+b_j}-\frac{1}{a_i+b_n}=\frac{b_n-b_j}{(a_i+b_j)(a_i+b_n)}.$$

再将上述右面的行列式的第 $j\,(<n)$ 列减去第 n 列, 于是第 i 行有因式 $\dfrac{1}{a_i+b_n}$ $(i<n)$, 第 j 列有因式 b_n-b_j. 于是

$$D_n=\frac{\prod\limits_{i=1}^{n-1}(a_n-a_i)\prod\limits_{j=1}^{n-1}(b_n-b_j)}{\prod\limits_{j=1}^{n}(a_n+b_j)\prod\limits_{i=1}^{n-1}(a_i+b_n)}\cdot\begin{vmatrix} \dfrac{1}{a_1+b_1} & \cdots & \dfrac{1}{a_1+b_{n-1}} & 1 \\ \vdots & & \vdots & \vdots \\ \dfrac{1}{a_{n-1}+b_1} & \cdots & \dfrac{1}{a_{n-1}+b_{n-1}} & 1 \\ 0 & \cdots & 0 & 1 \end{vmatrix}$$

$$= \frac{\prod_{i=1}^{n-1}(a_n - a_i)\prod_{j=1}^{n-1}(b_n - b_j)}{\prod_{j=1}^{n}(a_n + b_j)\prod_{i=1}^{n-1}(a_i + b_n)} D_{n-1}.$$

再由 $D_2 = \dfrac{(a_2 - a_1)(b_2 - b_1)}{(a_1+b_1)(a_1+b_2)(a_2+b_1)(a_2+b_2)}$ 知

$$D_n = \frac{\prod_{i<j}(a_j - a_i)(b_j - b_i)}{\prod_{i\,j}(a_i + b_j)}.$$

习　题

计算下面行列式.

1. $\begin{vmatrix} a_1b_1 & a_1b_2 & a_1b_3 & \cdots & a_1b_n \\ a_1b_2 & a_2b_2 & a_2b_3 & \cdots & a_2b_n \\ a_1b_3 & a_2b_3 & a_3b_3 & \cdots & a_3b_n \\ \vdots & \vdots & \vdots & & \vdots \\ a_1b_n & a_2b_n & a_3b_n & \cdots & a_nb_n \end{vmatrix}$.　2. $\begin{vmatrix} x & a_1 & a_2 & \cdots & a_{n-1} & 1 \\ a_1 & x & a_2 & \cdots & a_{n-1} & 1 \\ a_1 & a_2 & x & \cdots & a_{n-1} & 1 \\ \vdots & \vdots & \vdots & & \vdots & \vdots \\ a_1 & a_2 & a_3 & \cdots & x & 1 \\ a_1 & a_2 & a_3 & \cdots & a_n & 1 \end{vmatrix}$.

3. $\begin{vmatrix} \sin\theta_1 & \sin 2\theta_1 & \cdots & \sin n\theta_1 \\ \sin\theta_2 & \sin 2\theta_2 & \cdots & \sin n\theta_2 \\ \vdots & \vdots & & \vdots \\ \sin\theta_n & \sin 2\theta_n & \cdots & \sin n\theta_n \end{vmatrix}$.　4. $\begin{vmatrix} 1+x_1 & 1+x_1^2 & \cdots & 1+x_1^n \\ 1+x_2 & 1+x_2^2 & \cdots & 1+x_2^n \\ \vdots & \vdots & & \vdots \\ 1+x_n & 1+x_n^2 & \cdots & 1+x_n^n \end{vmatrix}$.

5. $\begin{vmatrix} C_{m_1}^0 & C_{m_1}^1 & \cdots & C_{m_1}^{n-1} \\ C_{m_2}^0 & C_{m_2}^1 & \cdots & C_{m_2}^{n-1} \\ \vdots & \vdots & & \vdots \\ C_{m_n}^0 & C_{m_n}^1 & \cdots & C_{m_n}^{n-1} \end{vmatrix}$.　6. $\begin{vmatrix} \cos\alpha & 1 & 0 & \cdots & 0 & 0 \\ 1 & 2\cos\alpha & 1 & \cdots & 0 & 0 \\ 0 & 1 & 2\cos\alpha & \cdots & 0 & 0 \\ \vdots & \vdots & \vdots & & \vdots & \vdots \\ 0 & 0 & 0 & \cdots & 1 & 2\cos\alpha \end{vmatrix}$.

7. $$\begin{vmatrix} 0 & 1 & 1 & 1 & \cdots & 1 \\ 1 & 0 & a_1+a_2 & a_1+a_3 & \cdots & a_1+a_n \\ 1 & a_2+a_1 & 0 & a_2+a_3 & \cdots & a_2+a_n \\ \vdots & \vdots & \vdots & \vdots & & \vdots \\ 1 & a_n+a_1 & a_n+a_2 & a_n+a_3 & \cdots & 0 \end{vmatrix}.$$

8. $$\begin{vmatrix} \lambda & & & -a_0 \\ -1 & \ddots & & -a_1 \\ & \ddots & \lambda & -a_{n-2} \\ & & -1 & \lambda-a_{n-1} \end{vmatrix}.$$

第3章 矩 阵

矩阵是线性代数中的重要内容, 线性代数中的计算及线性代数的应用都离不开矩阵及其计算. 掌握并灵活运用矩阵运算规律是很重要的.

3.1 矩阵的运算

本节将介绍矩阵的加法, 矩阵与数的乘法, 矩阵与矩阵的乘法. 减法可变为加法, 因而不必单独介绍.

以后, 用 $\boldsymbol{P}^{m\times n}$ 表示元素在数域$\boldsymbol{P}$ 中的所有 $m\times n$ 矩阵的集合.

矩阵的加法, 矩阵与数的乘法

定义 3.1.1 设 $\boldsymbol{A}=(a_{ij})$, $\boldsymbol{B}=(b_{ij})\in\boldsymbol{P}^{m\times n}$, 则$\boldsymbol{A}$与$\boldsymbol{B}$ 的和$\boldsymbol{A}+\boldsymbol{B}$定义为

$$\boldsymbol{A}+\boldsymbol{B}=(a_{ij}+b_{ij}).$$

求$\boldsymbol{A}$, $\boldsymbol{B}$ 的和的运算称为**加法**.

根据这个定义, 我们立即知道, 若$\boldsymbol{A}$, $\boldsymbol{B}$, $\boldsymbol{C}\in\boldsymbol{P}^{m\times n}$, 则

$$\boldsymbol{C}=\boldsymbol{A}+\boldsymbol{B}$$

当且仅当

$$\mathrm{ent}_{ij}\boldsymbol{C}=\mathrm{ent}_{ij}\boldsymbol{A}+\mathrm{ent}_{ij}\boldsymbol{B},\ 1\leqslant i\leqslant m,\ 1\leqslant j\leqslant n$$

当且仅当

$$\mathrm{row}_i\boldsymbol{C}=\mathrm{row}_i\boldsymbol{A}+\mathrm{row}_i\boldsymbol{B},\ 1\leqslant i\leqslant m$$

当且仅当

$$\mathrm{col}_j\boldsymbol{C}=\mathrm{col}_j\boldsymbol{A}+\mathrm{col}_j\boldsymbol{B},\ 1\leqslant j\leqslant n.$$

定义 3.1.2 设 $\boldsymbol{A}=(a_{ij})\in\boldsymbol{P}^{m\times n}$, $k\in\boldsymbol{P}$. 定义 k 与$\boldsymbol{A}$的积为

$$k\boldsymbol{A}=(ka_{ij}).$$

求 k 与$\boldsymbol{A}$ 的积, 称为**矩阵与数的乘法**.

根据定义, 若 $\boldsymbol{A}$, $\boldsymbol{B}\in\boldsymbol{P}^{m\times n}$, $k\in\boldsymbol{P}$, 则

$$\boldsymbol{B}=k\boldsymbol{A}$$

当且仅当

$$\mathrm{ent}_{ij}\boldsymbol{B}=k\mathrm{ent}_{ij}\boldsymbol{A},\ 1\leqslant i\leqslant m,\ 1\leqslant j\leqslant n,$$

当且仅当

$$\text{row}_i\boldsymbol{B} = k\text{row}_i\boldsymbol{A},\ 1 \leqslant i \leqslant m,$$

当且仅当

$$\text{col}_j\boldsymbol{B} = k\text{col}_j\boldsymbol{A},\ 1 \leqslant j \leqslant n.$$

从上面矩阵加法, 矩阵与数的乘法的定义立即可得下面性质:

1. $\boldsymbol{A}+\boldsymbol{B}=\boldsymbol{B}+\boldsymbol{A},\quad \forall \boldsymbol{A},\ \boldsymbol{B} \in \boldsymbol{P}^{m\times n}$.

2. $(\boldsymbol{A}+\boldsymbol{B})+\boldsymbol{C}=\boldsymbol{A}+(\boldsymbol{B}+\boldsymbol{C}),\quad \forall \boldsymbol{A},\ \boldsymbol{B},\ \boldsymbol{C} \in \boldsymbol{P}^{m\times n}$.

3. 以 0 记所有元素为 0 的 $m \times n$ 矩阵 (称为**零矩阵**). 则

$$\boldsymbol{A}+0=\boldsymbol{A},\quad \forall \boldsymbol{A} \in \boldsymbol{P}^{m\times n}.$$

4. 记 $-\boldsymbol{A}=-1\cdot\boldsymbol{A}$, 则

$$\boldsymbol{A}+(-\boldsymbol{A})=0,\quad \forall \boldsymbol{A} \in \boldsymbol{P}^{m\times n}.$$

5. $1\cdot\boldsymbol{A}=\boldsymbol{A},\quad \forall \boldsymbol{A} \in \boldsymbol{P}^{m\times n}$.

6. $(kl)\boldsymbol{A}=k(l\boldsymbol{A}), \forall k,\ l \in \boldsymbol{P},\ \boldsymbol{A} \in \boldsymbol{P}^{m\times n}$.

7. $(k+l)\boldsymbol{A}=k\boldsymbol{A}+l\boldsymbol{A}, \forall k,\ l \in \boldsymbol{P},\ \boldsymbol{A} \in \boldsymbol{P}^{m\times n}$.

8. $k(\boldsymbol{A}+\boldsymbol{B})=k\boldsymbol{A}+k\boldsymbol{B}, \forall k \in \boldsymbol{P},\ \boldsymbol{A},\ \boldsymbol{B} \in \boldsymbol{P}^{m\times n}$.

这八条是最基本的性质, 此外还有

9. 若$\boldsymbol{A}+\boldsymbol{B}=\boldsymbol{A}+\boldsymbol{C}$, 则 $\boldsymbol{B}=\boldsymbol{C}$.

事实上, $\boldsymbol{B}=\boldsymbol{B}+(\boldsymbol{A}+(-\boldsymbol{A}))=(\boldsymbol{A}+\boldsymbol{B})+(-\boldsymbol{A})=(\boldsymbol{A}+\boldsymbol{C})+(-\boldsymbol{A})=\boldsymbol{C}+(\boldsymbol{A}+(-\boldsymbol{A}))=\boldsymbol{C}$.

10. 若 $\boldsymbol{A},\ \boldsymbol{B} \in \boldsymbol{P}^{m\times n}$, 定义

$$\boldsymbol{A}-\boldsymbol{B}=\boldsymbol{A}+(-\boldsymbol{B}).$$

这样, 我们在 $\boldsymbol{P}^{m\times n}$ 中也有减法运算.

11. 以$\boldsymbol{A}',\ \boldsymbol{B}'$ 表示矩阵 $\boldsymbol{A},\ \boldsymbol{B}$ 的转置, 则

$$(\boldsymbol{A}+\boldsymbol{B})'=\boldsymbol{A}'+\boldsymbol{B}',\ (k\boldsymbol{A})'=k\boldsymbol{A}',\quad \forall k \in \boldsymbol{P},\ \boldsymbol{A},\boldsymbol{B} \in \boldsymbol{P}^{m\times n}.$$

例 3.1 以 $\boldsymbol{E}_{ij}$ 表示第 i 行, 第 j 列处为 1, 而其余元素为 0 的 $m\times n$ 矩阵, 即

$$\text{ent}_{kl}\boldsymbol{E}_{ij}=\delta_{ki}\delta_{lj},\ 1 \leqslant k \leqslant m,\ 1 \leqslant l \leqslant n.$$

又 $\boldsymbol{A}=(a_{ij}) \in \boldsymbol{P}^{m\times n}$. 从矩阵加法, 矩阵与数的乘法的定义及性质知

$$\boldsymbol{A}=\sum_{i=1}^{m}\sum_{j=1}^{n}a_{ij}\boldsymbol{E}_{ij}.$$

矩阵乘法

定义 3.1.3　设

$$A=\begin{pmatrix} a_{11} & a_{12} & \cdots & a_{1p} \\ a_{21} & a_{22} & \cdots & a_{2p} \\ \vdots & \vdots & & \vdots \\ a_{m1} & a_{m2} & \cdots & a_{mp} \end{pmatrix},\quad B=\begin{pmatrix} b_{11} & b_{12} & \cdots & b_{1n} \\ b_{21} & b_{22} & \cdots & b_{2n} \\ \vdots & \vdots & & \vdots \\ b_{p1} & b_{p2} & \cdots & b_{pn} \end{pmatrix}.$$

分别为 $m\times p$, $p\times n$ 矩阵, 定义$\boldsymbol{A}$ 与 $\boldsymbol{B}$ 的积 $\boldsymbol{AB}$ 为一个 $m\times n$ 矩阵, 且其第 i 行, 第 j 列处的元素为

$$\sum_{k=1}^{p} a_{ik}b_{kj}=a_{i1}b_{1j}+a_{i2}b_{2j}+\cdots+a_{ip}b_{pj}.$$

即

$$\boldsymbol{AB}=\begin{pmatrix} c_{11} & c_{12} & \cdots & c_{1n} \\ c_{21} & c_{22} & \cdots & c_{2n} \\ \vdots & \vdots & & \vdots \\ c_{m1} & c_{m2} & \cdots & c_{mn} \end{pmatrix},$$

其中 $c_{ij}=\sum\limits_{k=1}^{p} a_{ik}b_{kj},\ 1\leqslant i\leqslant m,\ 1\leqslant j\leqslant n.$

求两矩阵的积的运算叫**矩阵的乘法**.

如果 $m=n=1$, 这时

$$\begin{pmatrix} a_1 & a_2 & \cdots & a_p \end{pmatrix}\begin{pmatrix} b_1 \\ b_2 \\ \vdots \\ b_p \end{pmatrix}=\sum_{k=1}^{p} a_k b_k.$$

由定义, 我们知道若 $\boldsymbol{A}\in \boldsymbol{P}^{m\times p}$, $\boldsymbol{B}\in \boldsymbol{P}^{p\times n}$, $\boldsymbol{C}\in \boldsymbol{P}^{m\times n}$, 则

$$\boldsymbol{AB}=\boldsymbol{C}$$

当且仅当

$$\sum_{k=1}^{p} \mathrm{ent}_{ik}\boldsymbol{A}\cdot \mathrm{ent}_{kj}\boldsymbol{B}=\mathrm{ent}_{ij}\boldsymbol{C},\ 1\leqslant i\leqslant m,\ 1\leqslant j\leqslant n,$$

当且仅当

$$\mathrm{row}_i\boldsymbol{A}\cdot \mathrm{col}_j\boldsymbol{B}=\mathrm{ent}_{ij}\boldsymbol{C},\ 1\leqslant i\leqslant m,\ 1\leqslant j\leqslant n,$$

当且仅当

$$\mathrm{row}_i\boldsymbol{C} = \mathrm{row}_i\boldsymbol{A} \cdot \boldsymbol{B},\ 1 \leqslant i \leqslant m,$$

当且仅当

$$\mathrm{col}_j\boldsymbol{C} = \boldsymbol{A} \cdot \mathrm{col}_j\boldsymbol{B},\ 1 \leqslant j \leqslant n.$$

注意 不是任何两个矩阵都可以相乘, $\boldsymbol{A}$ 与 $\boldsymbol{B}$ 能相乘, 必须 $\boldsymbol{A}$ 的列数与 $\boldsymbol{B}$ 的行数相等. 因而,$\boldsymbol{AB}$ 有意义, 不一定 $\boldsymbol{BA}$ 有意义. 如 $\boldsymbol{A} = (1\ 2)$, $\boldsymbol{B} = \begin{pmatrix} 1 & 0 \\ 0 & 1 \end{pmatrix}$, 则 $\boldsymbol{AB} = (1\ 2)$, 但$\boldsymbol{B}$ 与 $\boldsymbol{A}$ 不能相乘.

即使 $\boldsymbol{A}$ 与 $\boldsymbol{B}$, $\boldsymbol{B}$ 与 $\boldsymbol{A}$ 都可以相乘, 但 $\boldsymbol{AB}$ 与 $\boldsymbol{BA}$ 未必是同类型的矩阵. 如 $\boldsymbol{A} = (1\ 2)$, $\boldsymbol{B} = \begin{pmatrix} 2 \\ 1 \end{pmatrix}$, 则 $\boldsymbol{AB} = 4$ 为 1×1 矩阵 (数), 而 $\boldsymbol{BA} = \begin{pmatrix} 2 & 4 \\ 1 & 2 \end{pmatrix}$ 为 2×2 矩阵.

在$\boldsymbol{A}$, $\boldsymbol{B}$ 同为 n 阶方阵时, $\boldsymbol{AB}$, $\boldsymbol{BA}$ 也是与 $\boldsymbol{A}$, $\boldsymbol{B}$ 相同阶的方阵, 但 $\boldsymbol{AB}$ 与 $\boldsymbol{BA}$ 不一定相等. 如

$$\boldsymbol{A} = \begin{pmatrix} 1 & 0 \\ 0 & 0 \end{pmatrix},\ \boldsymbol{B} = \begin{pmatrix} 2 & 1 \\ 1 & 0 \end{pmatrix}$$

均为 2 阶方阵, 但

$$\boldsymbol{AB} = \begin{pmatrix} 2 & 1 \\ 0 & 0 \end{pmatrix},\ \boldsymbol{BA} = \begin{pmatrix} 2 & 0 \\ 1 & 0 \end{pmatrix},\ \boldsymbol{AB} \neq \boldsymbol{BA}.$$

因而矩阵的乘法运算与数, 多项式, 函数的乘法运算有很大差别, 这是要特别留心的.

例 3.2 设 $\boldsymbol{E}_{i\,j} \in \boldsymbol{P}^{m\times p}$, $\boldsymbol{B} \in \boldsymbol{P}^{p\times n}$. 则

$$\begin{aligned} &\mathrm{row}_k(\boldsymbol{E}_{i\,j}\boldsymbol{B}) = 0, \quad \text{当 } k \neq i, \\ &\mathrm{row}_i(\boldsymbol{E}_{i\,j}\boldsymbol{B}) = \mathrm{row}_j\boldsymbol{B}. \end{aligned}$$

证 若 $k \neq i$, 则 $\mathrm{row}_k\boldsymbol{E}_{i\,j} = 0$. 于是

$$\mathrm{row}_k(\boldsymbol{E}_{i\,j}\boldsymbol{B}) = (\mathrm{row}_k\boldsymbol{E}_{i\,j})\boldsymbol{B} = 0.$$

又

$$\mathrm{ent}_{i\,l}(\boldsymbol{E}_{i\,j}\boldsymbol{B}) = \sum_{k=1}^{p} \mathrm{ent}_{i\,k}\boldsymbol{E}_{i\,j}\mathrm{ent}_{k\,l}\boldsymbol{B} = \sum_{k=1}^{p} \delta_{k\,j}\mathrm{ent}_{k\,l}\boldsymbol{B} = \mathrm{ent}_{j\,l}\boldsymbol{B},$$

故

$$\mathrm{row}_i(\boldsymbol{E}_{i\,j}\boldsymbol{B}) = \mathrm{row}_j\boldsymbol{B}.$$

例 3.3　设 $\boldsymbol{A} \in \boldsymbol{P}^{m\times p}$, $\boldsymbol{E}_{i\,j} \in \boldsymbol{P}^{p\times n}$. 则

$$\mathrm{col}_k(\boldsymbol{A}\boldsymbol{E}_{i\,j}) = \delta_{k\,j}\mathrm{col}_i\boldsymbol{A}.$$

证　注意到

$$\mathrm{col}_k\boldsymbol{E}_{i\,j} = \delta_{k\,j}\begin{pmatrix}\delta_{1\,i}\\ \delta_{2\,i}\\ \vdots\\ \delta_{p\,i}\end{pmatrix}.$$

因而

$$\mathrm{col}_k(\boldsymbol{A}\boldsymbol{E}_{i\,j}) = \boldsymbol{A}\mathrm{col}_k\boldsymbol{E}_{i\,j} = \delta_{k\,j}\boldsymbol{A}\begin{pmatrix}\delta_{1\,i}\\ \delta_{2\,i}\\ \vdots\\ \delta_{p\,i}\end{pmatrix} = \delta_{k\,j}\mathrm{col}_i\boldsymbol{A}.$$

例 3.4　设 $\boldsymbol{E}_{i\,j}$, $\boldsymbol{E}_{k\,l} \in \boldsymbol{P}^{n\times n}$ 则

$$\boldsymbol{E}_{i\,j}\cdot\boldsymbol{E}_{k\,l} = \delta_{j\,k}\boldsymbol{E}_{i\,l}.$$

矩阵乘法, 加法及矩阵与数的乘法间有以下一些常用的性质:

12.　$\boldsymbol{A} \in \boldsymbol{P}^{m\times n}$, 则 $\boldsymbol{I}_m\boldsymbol{A} = \boldsymbol{A}\boldsymbol{I}_n = \boldsymbol{A}$.

13.　$\boldsymbol{A} \in \boldsymbol{P}^{m\times n}$, 又 $\boldsymbol{P}^{p\times m}$, $\boldsymbol{P}^{n\times q}$ 及 $\boldsymbol{P}^{m\times n}$ 中零矩阵都用 0 表示, 则 $0\boldsymbol{A} = 0\,(\in \boldsymbol{P}^{p\times n})$, $\boldsymbol{A}0 = 0\,(\in \boldsymbol{P}^{m\times q})$ 及 $0\boldsymbol{A} = 0\,(\in \boldsymbol{P}^{m\times n}$, $0\boldsymbol{A}$ 中的 $0 \in \boldsymbol{P})$.

14.　若 $\boldsymbol{A} \in \boldsymbol{P}^{m\times p}$, $\boldsymbol{B} \in \boldsymbol{P}^{p\times q}$, $\boldsymbol{C} \in \boldsymbol{P}^{q\times n}$, 则

$$(\boldsymbol{A}\boldsymbol{B})\boldsymbol{C} = \boldsymbol{A}(\boldsymbol{B}\boldsymbol{C}).$$

证　容易看出 $(\boldsymbol{A}\boldsymbol{B})\boldsymbol{C}$, $\boldsymbol{A}(\boldsymbol{B}\boldsymbol{C}) \in \boldsymbol{P}^{m\times n}$, 且

$$\begin{aligned}
&\mathrm{ent}_{i\,j}((\boldsymbol{A}\boldsymbol{B})\boldsymbol{C})\\
=&\sum_{s=1}^{q}\mathrm{ent}_{i\,s}(\boldsymbol{A}\boldsymbol{B})\mathrm{ent}_{s\,j}\boldsymbol{C} = \sum_{s=1}^{q}\sum_{t=1}^{p}\mathrm{ent}_{i\,t}\boldsymbol{A}\cdot\mathrm{ent}_{t\,s}\boldsymbol{B}\cdot\mathrm{ent}_{s\,j}\boldsymbol{C}\\
=&\sum_{t=1}^{p}\mathrm{ent}_{i\,t}\boldsymbol{A}\left(\sum_{s=1}^{q}\mathrm{ent}_{t\,s}\boldsymbol{B}\cdot\mathrm{ent}_{s\,j}\boldsymbol{C}\right) = \sum_{t=1}^{p}\mathrm{ent}_{i\,t}\boldsymbol{A}\cdot\mathrm{ent}_{t\,j}(\boldsymbol{B}\boldsymbol{C})\\
=&\mathrm{ent}_{i\,j}(\boldsymbol{A}(\boldsymbol{B}\boldsymbol{C})),\quad \forall i\,(1\leqslant i\leqslant m),\ j\,(1\leqslant j\leqslant n).
\end{aligned}$$

故$(\boldsymbol{AB})\boldsymbol{C}=\boldsymbol{A}(\boldsymbol{BC})$.

15. 设 $\boldsymbol{A}\in\boldsymbol{P}^{m\times p}$, $\boldsymbol{B}\in\boldsymbol{P}^{p\times n}$, $k\in\boldsymbol{P}$, 则

$$k(\boldsymbol{AB})=(k\boldsymbol{A})\boldsymbol{B}=\boldsymbol{A}(k\boldsymbol{B}).$$

16. 设 $\boldsymbol{A}_1$, $\boldsymbol{A}_2\in\boldsymbol{P}^{m\times p}$, $\boldsymbol{B}_1$, $\boldsymbol{B}_2\in\boldsymbol{P}^{p\times n}$, 则

$$(\boldsymbol{A}_1+\boldsymbol{A}_2)\boldsymbol{B}_1=\boldsymbol{A}_1\boldsymbol{B}_1+\boldsymbol{A}_2\boldsymbol{B}_1,\quad \boldsymbol{A}_1(\boldsymbol{B}_1+\boldsymbol{B}_2)=\boldsymbol{A}_1\boldsymbol{B}_1+\boldsymbol{A}_1\boldsymbol{B}_2.$$

17. $\boldsymbol{A}\in\boldsymbol{P}^{m\times p}$, $\boldsymbol{B}\in\boldsymbol{P}^{p\times n}$, 则

$$(\boldsymbol{AB})'=\boldsymbol{B}'\boldsymbol{A}'.$$

证 由 $\boldsymbol{AB}\in\boldsymbol{P}^{m\times n}$ 知 $(\boldsymbol{AB})'\in\boldsymbol{P}^{n\times m}$. 又 $\boldsymbol{A}'\in\boldsymbol{P}^{p\times m}$, $\boldsymbol{B}'\in\boldsymbol{P}^{n\times p}$, 故 $\boldsymbol{B}'\boldsymbol{A}'\in\boldsymbol{P}^{n\times m}$. 而且

$$\begin{aligned}\mathrm{ent}_{i\,j}(\boldsymbol{AB})' &= \mathrm{ent}_{j\,i}(\boldsymbol{AB})=\mathrm{row}_j\boldsymbol{A}\mathrm{col}_i\boldsymbol{B}\\ &=(\mathrm{col}_i\boldsymbol{B})'(\mathrm{row}_j\boldsymbol{A})'=\mathrm{row}_i\boldsymbol{B}'\mathrm{col}_j\boldsymbol{A}'\\ &=\mathrm{ent}_{i\,j}(\boldsymbol{B}'\boldsymbol{A}'),\quad \forall i,\ j.\end{aligned}$$

于是 $(\boldsymbol{AB})'=\boldsymbol{B}'\boldsymbol{A}'$.

18. 设 $\boldsymbol{A}$, $\boldsymbol{B}\in\boldsymbol{P}^{n\times n}$, 则

$$\det\boldsymbol{AB}=\det\boldsymbol{A}\cdot\det\boldsymbol{B}.$$

证 令 $\mathrm{ent}_{i\,j}\boldsymbol{A}=a_{i\,j}$, $\mathrm{ent}_{i\,j}\boldsymbol{B}=b_{i\,j}$. 于是, 由例 2.9 知

$$\det\boldsymbol{A}\cdot\det\boldsymbol{B}=\begin{vmatrix}a_{1\,1}&a_{1\,2}&\cdots&a_{1\,n}&0&0&\cdots&0\\ a_{2\,1}&a_{2\,2}&\cdots&a_{2\,n}&0&0&\cdots&0\\ \vdots&\vdots&&\vdots&\vdots&\vdots&&\vdots\\ a_{n\,1}&a_{n\,2}&\cdots&a_{n\,n}&0&0&\cdots&0\\ -1&0&\cdots&0&b_{1\,1}&b_{1\,2}&\cdots&b_{1\,n}\\ 0&-1&\cdots&0&b_{2\,1}&b_{2\,2}&\cdots&b_{2\,n}\\ \vdots&\vdots&&\vdots&\vdots&\vdots&&\vdots\\ 0&0&\cdots&-1&b_{n\,1}&b_{n\,2}&\cdots&b_{n\,n}\end{vmatrix}.$$

任取 i $(1\leqslant i\leqslant n)$, 将右面行列式中第 $n+1$ 行的 $a_{i\,1}$ 倍, 第 $n+2$ 行的 $a_{i\,2}$ 倍, $\cdots$, 第 $2n$ 行的 $a_{i\,n}$ 倍都加到第 i 行. 此时, 第 i 行为

$$(0\ 0\ \cdots\ 0\ c_{i\,1}\ c_{i\,2}\ \cdots\ c_{i\,n}),$$

其中

$$c_{ij} = a_{i1}b_{1j} + a_{i2}b_{2j} + \cdots + a_{in}b_{nj} = \mathrm{ent}_{ij}(\boldsymbol{AB}).$$

于是

$$\det \boldsymbol{A} \cdot \det \boldsymbol{B} = \begin{vmatrix} 0 & 0 & \cdots & 0 & c_{11} & c_{12} & \cdots & c_{1n} \\ 0 & 0 & \cdots & 0 & c_{21} & c_{22} & \cdots & c_{2n} \\ \vdots & \vdots & & \vdots & \vdots & \vdots & & \vdots \\ 0 & 0 & \cdots & 0 & c_{n1} & c_{n2} & \cdots & c_{nn} \\ -1 & 0 & \cdots & 0 & b_{11} & b_{12} & \cdots & b_{1n} \\ 0 & -1 & \cdots & 0 & b_{21} & b_{22} & \cdots & b_{2n} \\ \vdots & \vdots & & \vdots & \vdots & \vdots & & \vdots \\ 0 & 0 & \cdots & -1 & b_{n1} & b_{n2} & \cdots & b_{nn} \end{vmatrix}.$$

再由例 2.10 知 $\det \boldsymbol{A} \cdot \det \boldsymbol{B} = \det \boldsymbol{AB}$.

矩阵多项式

如果$\boldsymbol{A}$, $\boldsymbol{B}$ 都是 n 阶方阵, 则$\boldsymbol{AB}$, $\boldsymbol{BA}$ 及 $\boldsymbol{A}+\boldsymbol{B}$ 也都是 n 阶方阵. 这种情形会经常出现.

设 $\boldsymbol{A} \in \boldsymbol{P}^{n\times n}$, $\boldsymbol{A}$ 的幂定义如下

$$\boldsymbol{A}^0 = \boldsymbol{I}_n,\ \boldsymbol{A}^1 = \boldsymbol{A},\ \boldsymbol{A}^k = \boldsymbol{A}^{k-1} \cdot \boldsymbol{A}.$$

$\boldsymbol{A}^k$ 称为$\boldsymbol{A}$ 的 k **次方**, 或$\boldsymbol{A}$ 的 k **次幂**.

由于结合律成立, 有下面一些性质:

19. $\boldsymbol{A}^{k_1} \cdot \boldsymbol{A}^{k_2} = \boldsymbol{A}^{k_1+k_2}$.

20. $(\boldsymbol{A}^{k_1})^{k_2} = \boldsymbol{A}^{k_1k_2}$.

21. $(\boldsymbol{A}^k)' = (\boldsymbol{A}')^k$.

22. 若 $\boldsymbol{A}$, $\boldsymbol{B} \in \boldsymbol{P}^{n\times n}$, 且$\boldsymbol{AB} = \boldsymbol{BA}$ (这时称 $\boldsymbol{A}$ 与 $\boldsymbol{B}$ **可换**), 则

$$\boldsymbol{A}^k\boldsymbol{B}^k = \boldsymbol{B}^k\boldsymbol{A}^k.$$

定义 3.1.4 设$\boldsymbol{P}$为数域, $\boldsymbol{A} \in \boldsymbol{P}^{n\times n}$, $f(x) \in \boldsymbol{P}[x]$, 且 $f(x) = \sum\limits_{i=0}^{k} a_ix^i$. 称 n 阶方阵

$$f(\boldsymbol{A}) = a_k\boldsymbol{A}^k + a_{k-1}\boldsymbol{A}^{k-1} + \cdots + a_1\boldsymbol{A} + a_0\boldsymbol{I}_n = \sum_{i=0}^{k} a_i\boldsymbol{A}^i$$

为$\boldsymbol{A}$ 的一个**多项式**.

由矩阵运算的性质可得下面性质:

23. 设 $f(x)$, $g(x)$, $u(x)$, $v(x) \in \boldsymbol{P}[x]$, 且 $f(x)+g(x)=u(x)$, $f(x)g(x)=v(x)$. 则对任何 $\boldsymbol{A} \in \boldsymbol{P}^{n\times n}$ 有

$$f(\boldsymbol{A})+g(\boldsymbol{A})=u(\boldsymbol{A}), \quad f(\boldsymbol{A})g(\boldsymbol{A})=v(\boldsymbol{A}).$$

习　　题

1. 求 $\boldsymbol{AB}-\boldsymbol{BA}$:

1) $\boldsymbol{A}=\begin{pmatrix} 3 & 1 & 1 \\ 2 & 1 & 2 \\ 1 & 2 & 3 \end{pmatrix}$, $\boldsymbol{B}=\begin{pmatrix} 1 & 1 & -1 \\ 2 & -1 & 0 \\ 1 & 0 & 1 \end{pmatrix}$;

2) $\boldsymbol{A}=\begin{pmatrix} a & b & c \\ c & b & a \\ 1 & 1 & 1 \end{pmatrix}$, $\boldsymbol{B}=\begin{pmatrix} 1 & a & c \\ 1 & b & b \\ 1 & c & a \end{pmatrix}$.

2. 计算:

1) $\begin{pmatrix} 2 & 1 & 1 \\ 3 & 1 & 0 \\ 0 & 1 & 2 \end{pmatrix}^2$;　　2) $\begin{pmatrix} 3 & 2 \\ -4 & -2 \end{pmatrix}^5$;

3) $\begin{pmatrix} \cos\varphi & -\sin\varphi \\ \sin\varphi & \cos\varphi \end{pmatrix}^n$;　4) $\begin{pmatrix} 1 & 1 \\ 0 & 1 \end{pmatrix}^n$;

5) $(2\ 3\ \ -1)\begin{pmatrix} 1 \\ -1 \\ -1 \end{pmatrix}$;　6) $\begin{pmatrix} 1 \\ -1 \\ -1 \end{pmatrix}(2\ 3\ \ -1)$;

7) $(x\ y\ 1)\begin{pmatrix} a_{11} & a_{12} & b_1 \\ a_{12} & a_{22} & b_2 \\ b_1 & b_2 & c \end{pmatrix}\begin{pmatrix} x \\ y \\ 1 \end{pmatrix}$;

8) $\begin{pmatrix} 1 & -1 & -1 & -1 \\ -1 & 1 & -1 & -1 \\ -1 & -1 & 1 & -1 \\ -1 & -1 & -1 & 1 \end{pmatrix}^2$, $\begin{pmatrix} 1 & -1 & -1 & -1 \\ -1 & 1 & -1 & -1 \\ -1 & -1 & 1 & -1 \\ -1 & -1 & -1 & 1 \end{pmatrix}^n$;

9) $\begin{pmatrix} 0 & 0 & 1 \\ 1 & 0 & 0 \\ 0 & 1 & 0 \end{pmatrix}\begin{pmatrix} a & b & c \\ b & c & a \\ c & a & b \end{pmatrix}$; 10) $\begin{pmatrix} \lambda & 1 & 0 \\ 0 & \lambda & 1 \\ 0 & 0 & \lambda \end{pmatrix}^n$.

3. 试求 $f(\boldsymbol{A})$:

1) $f(x) = x^2 - 5x + 3, \quad \boldsymbol{A} = \begin{pmatrix} 2 & -1 \\ -3 & 3 \end{pmatrix}$;

2) $f(x) = x^2 - x - 1, \quad \boldsymbol{A} = \begin{pmatrix} 2 & 1 & 1 \\ 3 & 1 & 2 \\ 1 & -1 & 0 \end{pmatrix}$.

4. 求所有与$\boldsymbol{A}$ 可换的矩阵:

1) $\boldsymbol{A} = \begin{pmatrix} 1 & 1 \\ 0 & 1 \end{pmatrix}$; 2) $\boldsymbol{A} = \begin{pmatrix} 1 & 0 & 0 \\ 0 & 1 & 2 \\ 3 & 1 & 2 \end{pmatrix}$;

3) $\boldsymbol{A} = \begin{pmatrix} 0 & 1 & 0 \\ 0 & 0 & 1 \\ 0 & 0 & 0 \end{pmatrix}$; 4) $\boldsymbol{A} = \begin{pmatrix} 0 & 1 & 0 \\ 0 & 0 & 1 \\ 1 & 0 & 0 \end{pmatrix}$;

5) $\boldsymbol{A} = \mathrm{diag}(a_1\, a_2\, \cdots\, a_n) = \begin{pmatrix} a_1 & 0 & \cdots & 0 \\ 0 & a_2 & \cdots & 0 \\ \vdots & \vdots & & \vdots \\ 0 & 0 & \cdots & a_n \end{pmatrix}$,

且 $i \neq j$ 时, $a_i \neq a_j$.

5. 证明若矩阵$\boldsymbol{A}$ 与所有 n 阶方阵可换, 则 $\boldsymbol{A} = a\boldsymbol{I}_n$ ($a \in \boldsymbol{P}, a\boldsymbol{I}_n$ 称为**数量矩阵**).

6. 若$\boldsymbol{B}$, $\boldsymbol{C}$ 都与 $\boldsymbol{A}$ 可换, 试证 $\boldsymbol{BC}$, $\boldsymbol{B}+\boldsymbol{C}$ 也与 $\boldsymbol{A}$ 可换.

7. 设 $\boldsymbol{A} = \dfrac{1}{2}(\boldsymbol{B} + \boldsymbol{I}_n)$. 试证$\boldsymbol{A}^2 = \boldsymbol{A}$ (即 $\boldsymbol{A}$ 为**幂等**方阵) 当且仅当 $\boldsymbol{B}^2 = \boldsymbol{I}_n$ (即为**对合**方阵).

8. 矩阵$\boldsymbol{A}$ 叫**对称矩阵**, 如果 $\boldsymbol{A}' = \boldsymbol{A}$. 试证:

   1) $\boldsymbol{A}$, $\boldsymbol{B}$ 都是 n 阶对称方阵, 则$\boldsymbol{AB}$ 也是对称的当且仅当 $\boldsymbol{A}$ 与 $\boldsymbol{B}$ 可换;

   2) $\boldsymbol{A} \in \boldsymbol{R}^{n\times n}$, $\boldsymbol{A}' = \boldsymbol{A}$. 则 $\boldsymbol{A}^2 = 0$ 当且仅当 $\boldsymbol{A} = 0$.

9. 矩阵$\boldsymbol{A}$ 叫做**反对称矩阵**, 如果 $\boldsymbol{A}' = -\boldsymbol{A}$. 试证 $\forall \boldsymbol{B} \in \boldsymbol{P}^{n\times n}$, 存在对称矩阵$\boldsymbol{S}$, 反对称矩阵 $\boldsymbol{A}$ 使得 $\boldsymbol{B} = \boldsymbol{S} + \boldsymbol{A}$, 且 $\boldsymbol{S}, \boldsymbol{A}$ 是唯一的.

10. 设$\boldsymbol{A}$ 与 $\boldsymbol{B}$ 可换. 证明:

1) $(\boldsymbol{A}+\boldsymbol{B})^m=\sum\limits_{k=0}^{m}C_m^k\boldsymbol{A}^k\boldsymbol{B}^{m-k}$;

2) $\boldsymbol{A}^m-\boldsymbol{B}^m=(\boldsymbol{A}-\boldsymbol{B})(\boldsymbol{A}^{m-1}+\boldsymbol{A}^{m-2}\boldsymbol{B}+\cdots+\boldsymbol{A}\boldsymbol{B}^{m-2}+\boldsymbol{B}^{m-1})$.

11. 设 $s_k=x_1^k+x_2^k+\cdots+x_n^k$, $k=0,\ 1,\ \cdots$, 则

$$\begin{vmatrix} s_0 & s_1 & \cdots & s_{n-1} \\ s_1 & s_2 & \cdots & s_n \\ \vdots & \vdots & & \vdots \\ s_{n-1} & s_n & \cdots & s_{2n-2} \end{vmatrix}=\prod_{i<j}(x_i-x_j)^2.$$

12. 设 $a_1a_2\cdots a_n\neq b_1b_2\cdots b_n$. 令$\boldsymbol{A}$, $\boldsymbol{B}$ 分别为

$$\begin{pmatrix} a_1 & -b_1 & 0 & \cdots & 0 & 0 \\ 0 & a_2 & -b_2 & \cdots & 0 & 0 \\ \vdots & \vdots & \vdots & & \vdots & \vdots \\ 0 & 0 & 0 & \cdots & a_{n-1} & -b_{n-1} \\ -b_n & 0 & 0 & \cdots & 0 & a_n \end{pmatrix},$$

$$\begin{pmatrix} a_2a_3\cdots a_n & a_3a_4\cdots a_nb_1 & \cdots & b_1b_2\cdots b_{n-1} \\ b_2b_3\cdots b_n & a_3a_4\cdots a_na_1 & \cdots & a_1b_2\cdots b_{n-1} \\ a_2b_3\cdots b_n & b_3b_4\cdots b_nb_1 & \cdots & a_1a_2b_3\cdots b_{n-1} \\ \vdots & \vdots & & \vdots \\ a_2a_3\cdots b_n & a_3a_4\cdots b_nb_1 & \cdots & a_1a_2\cdots a_{n-1} \end{pmatrix}.$$

1) 计算$\boldsymbol{A}\boldsymbol{B}$;

2) 求 $\det \boldsymbol{B}$;

3) $a_1a_2\cdots a_n=b_1b_2\cdots b_n$ 时, $\det \boldsymbol{B}=?$

3.2 可逆矩阵

可逆矩阵也是常用矩阵之一.

定义 3.2.1 一个 n 阶方阵叫**可逆矩阵**, 如果存在 n 阶方阵$\boldsymbol{B}$ 使得

$$\boldsymbol{A}\boldsymbol{B}=\boldsymbol{I}_n. \tag{1}$$

此时称$\boldsymbol{B}$ 为 $\boldsymbol{A}$ 的**逆矩阵**.

为讨论一个方阵何时可逆, 需要下面伴随矩阵的概念.

定义 3.2.2　设 $\boldsymbol{A}=(a_{ij})\in\boldsymbol{P}^{n\times n}$, A_{ij} 为 a_{ij} 的代数余子式, 则称矩阵

$$\boldsymbol{A}^*=\begin{pmatrix} A_{11} & A_{21} & \cdots & A_{n1} \\ A_{12} & A_{22} & \cdots & A_{n2} \\ \vdots & \vdots & & \vdots \\ A_{1n} & A_{2n} & \cdots & A_{nn} \end{pmatrix}$$

为$\boldsymbol{A}$ 的**伴随矩阵**.

引理 3.2.1　设 $\boldsymbol{A}^*$ 为 $\boldsymbol{A}=(a_{ij})\in\boldsymbol{P}^{n\times n}$ 的伴随矩阵, 则

$$\boldsymbol{A}^*\boldsymbol{A}=\boldsymbol{A}\boldsymbol{A}^*=\det\boldsymbol{A}\cdot\boldsymbol{I}_n. \tag{2}$$

证　由定理 3.2.1 知

$$\mathrm{ent}_{ij}(\boldsymbol{A}^*\boldsymbol{A})=\sum_{k=1}^{n}A_{ki}a_{kj}=\delta_{ij}\det\boldsymbol{A}=\mathrm{ent}_{ij}(\det\boldsymbol{A}\cdot\boldsymbol{I}_n),$$

$$\mathrm{ent}_{ij}(\boldsymbol{A}\boldsymbol{A}^*)=\sum_{k=1}^{n}a_{ik}A_{jk}=\delta_{ij}\det\boldsymbol{A}=\mathrm{ent}_{ij}(\det\boldsymbol{A}\cdot\boldsymbol{I}_n).$$

因而 (2) 式成立.

定理 3.2.2　设 $\boldsymbol{A}=(a_{ij})\in\boldsymbol{P}^{n\times n}$, 则$\boldsymbol{A}$ 可逆当且仅当

$$\det\boldsymbol{A}\neq 0.$$

证　设$\boldsymbol{A}$ 可逆, $\boldsymbol{B}$ 为 $\boldsymbol{A}$ 的逆矩阵, 于是

$$\det\boldsymbol{A}\cdot\det\boldsymbol{B}=\det(\boldsymbol{A}\boldsymbol{B})=\det\boldsymbol{I}_n=1.$$

因而 $\det\boldsymbol{A}\neq 0$.

反之, 设 $\det\boldsymbol{A}\neq 0$, 于是

$$\boldsymbol{A}\left(\frac{1}{\det\boldsymbol{A}}\boldsymbol{A}^*\right)=\frac{1}{\det\boldsymbol{A}}\boldsymbol{A}\boldsymbol{A}^*=\frac{1}{\det\boldsymbol{A}}\det\boldsymbol{A}\cdot\boldsymbol{I}_n=\boldsymbol{I}_n.$$

因而$\boldsymbol{A}$ 可逆. 且 $\dfrac{1}{\det\boldsymbol{A}}\boldsymbol{A}^*$ 为其逆矩阵.

从这个定理我们可得到可逆矩阵的若干常用的性质.

推论 1　可逆矩阵$\boldsymbol{A}$ 的逆矩阵是唯一的, 记为 $\boldsymbol{A}^{-1}$, 则

$$\boldsymbol{A}^{-1}=\frac{1}{\det\boldsymbol{A}}\boldsymbol{A}^*, \tag{3}$$

且 $\boldsymbol{A}^{-1}\boldsymbol{A}=\boldsymbol{A}\boldsymbol{A}^{-1}=\boldsymbol{I}_n$.

证 从定理 3.2.2 知, $\boldsymbol{A}^{-1}=\dfrac{1}{\det\boldsymbol{A}}\boldsymbol{A}^*$ 是$\boldsymbol{A}$ 的逆矩阵, 而且 $\boldsymbol{A}^{-1}\boldsymbol{A}=\boldsymbol{I}_n$. 又设$\boldsymbol{B}$ 也是 $\boldsymbol{A}$ 的逆矩阵, 则

$$\boldsymbol{B}=\boldsymbol{I}_n\boldsymbol{B}=(\boldsymbol{A}^{-1}\boldsymbol{A})\boldsymbol{B}=\boldsymbol{A}^{-1}(\boldsymbol{A}\boldsymbol{B})=\boldsymbol{A}^{-1}\boldsymbol{I}_n=\boldsymbol{A}^{-1}.$$

因而 $\boldsymbol{B}=\boldsymbol{A}^{-1}$, 且 $\boldsymbol{A}^{-1}\boldsymbol{A}=\boldsymbol{A}\boldsymbol{A}^{-1}=\boldsymbol{I}_n$.

推论 2 $\boldsymbol{A}$ 可逆, 则 $\boldsymbol{A}^{-1}$ 也可逆, 且

$$(\boldsymbol{A}^{-1})^{-1}=\boldsymbol{A}. \tag{4}$$

证 由 $\boldsymbol{A}^{-1}\boldsymbol{A}=\boldsymbol{I}_n$ 知 $\boldsymbol{A}^{-1}$ 可逆, 且其逆矩阵 $(\boldsymbol{A}^{-1})^{-1}=\boldsymbol{A}$.

推论 3 设$\boldsymbol{A}$ 为可逆矩阵, 则 $\boldsymbol{A}'$ 也可逆, 且

$$(\boldsymbol{A}')^{-1}=(\boldsymbol{A}^{-1})'. \tag{5}$$

事实上, $\boldsymbol{A}'(\boldsymbol{A}^{-1})'=(\boldsymbol{A}^{-1}\boldsymbol{A})'=\boldsymbol{I}_n'=\boldsymbol{I}_n$.

推论 4 设$\boldsymbol{A}$, $\boldsymbol{B}$ 都是 n 阶可逆方阵, 则$\boldsymbol{A}\boldsymbol{B}$ 也是可逆的, 且

$$(\boldsymbol{A}\boldsymbol{B})^{-1}=\boldsymbol{B}^{-1}\boldsymbol{A}^{-1}. \tag{6}$$

事实上, $(\boldsymbol{A}\boldsymbol{B})(\boldsymbol{B}^{-1}\boldsymbol{A}^{-1})=\boldsymbol{A}(\boldsymbol{B}\boldsymbol{B}^{-1})\boldsymbol{A}^{-1}=\boldsymbol{A}\boldsymbol{I}_n\boldsymbol{A}^{-1}=\boldsymbol{I}_n$.

定理 3.2.3 设$\boldsymbol{A}$ 是 n 阶可逆方阵, 又 $\boldsymbol{B}_1\in\boldsymbol{P}^{n\times p}$, $\boldsymbol{B}_2\in\boldsymbol{P}^{q\times n}$. 则有下面结论:

1) 存在唯一的 $\boldsymbol{C}_1\in\boldsymbol{P}^{n\times p}$ 使得 $\boldsymbol{A}\boldsymbol{C}_1=\boldsymbol{B}_1$;

2) 存在唯一的 $\boldsymbol{C}_2\in\boldsymbol{P}^{q\times n}$ 使得 $\boldsymbol{C}_2\boldsymbol{A}=\boldsymbol{B}_2$.

证 1), 2) 的证明类似, 只证 1). 令 $\boldsymbol{C}_1=\boldsymbol{A}^{-1}\boldsymbol{B}_1$, 于是 $\boldsymbol{A}\boldsymbol{C}_1=\boldsymbol{B}_1$. 又若 $\boldsymbol{D}_1\in\boldsymbol{P}^{n\times p}$ 使得 $\boldsymbol{A}\boldsymbol{D}_1=\boldsymbol{B}_1$, 故 $\boldsymbol{A}\boldsymbol{C}_1=\boldsymbol{A}\boldsymbol{D}_1$. 因而 $\boldsymbol{D}_1=\boldsymbol{A}^{-1}(\boldsymbol{A}\boldsymbol{C}_1)=\boldsymbol{C}_1$.

推论 1 $\boldsymbol{A}\in\boldsymbol{P}^{n\times n}$ 可逆, $\boldsymbol{C}_1$, $\boldsymbol{D}_1\in\boldsymbol{P}^{n\times p}$, $\boldsymbol{C}_2$, $\boldsymbol{D}_2\in\boldsymbol{P}^{q\times n}$. 则

$\boldsymbol{A}\boldsymbol{C}_1=\boldsymbol{A}\boldsymbol{D}_1$ 当且仅当 $\boldsymbol{C}_1=\boldsymbol{D}_1$;

$\boldsymbol{C}_2\boldsymbol{A}=\boldsymbol{D}_2\boldsymbol{A}$ 当且仅当 $\boldsymbol{C}_2=\boldsymbol{D}_2$.

例 3.5 判断矩阵

$$\boldsymbol{A}=\begin{pmatrix}3 & 1 & 0\\ 1 & -1 & 2\\ 1 & 1 & 1\end{pmatrix}$$

是否可逆, 若可逆, 求其逆方阵.

解 由 $\det\boldsymbol{A}=-8\neq 0$ 知$\boldsymbol{A}$ 可逆, 且

$$A^{-1}=\frac{-1}{8}\begin{pmatrix}-3&-1&2\\1&3&-6\\2&-2&-4\end{pmatrix}.$$

习 题

1. 求下列矩阵的伴随矩阵, 若可逆, 求逆矩阵:

1) $\begin{pmatrix}a&b\\c&d\end{pmatrix}$; 2) $\begin{pmatrix}\cos\varphi&-\sin\varphi\\\sin\varphi&\cos\varphi\end{pmatrix}$;

3) $\begin{pmatrix}1&-1&2\\3&2&1\\0&1&4\end{pmatrix}$; 4) $\begin{pmatrix}1&2&1&4\\0&-1&2&1\\0&0&2&1\\0&0&0&3\end{pmatrix}$;

5) $\begin{pmatrix}1&1&-1\\2&1&0\\1&-1&0\end{pmatrix}$; 6) $\begin{pmatrix}1&1&1&1\\1&1&-1&-1\\1&-1&1&-1\\1&-1&-1&1\end{pmatrix}$.

2. 若$\boldsymbol{A}$ 是可逆方阵, $k\in\boldsymbol{N}$, 则 $\boldsymbol{A}^k$ 也可逆, 且

$$(\boldsymbol{A}^k)^{-1}=(\boldsymbol{A}^{-1})^k.$$

3. $\boldsymbol{A}$ 为 n 阶方阵, 若有 $k\in\boldsymbol{N}$ 使 $\boldsymbol{A}^k=0$ (称为**幂零方阵**), 则 $\boldsymbol{A}+\boldsymbol{I}_n$, $\boldsymbol{I}_n-\boldsymbol{A}$ 都可逆, 且

$$(\boldsymbol{I}_n-\boldsymbol{A})^{-1}=\boldsymbol{I}_n+\boldsymbol{A}+\boldsymbol{A}^2+\cdots+\boldsymbol{A}^{k-1};$$
$$(\boldsymbol{I}_n+\boldsymbol{A})^{-1}=\boldsymbol{I}_n-\boldsymbol{A}+\boldsymbol{A}^2-\cdots+(-1)^{k-1}\boldsymbol{A}^{k-1}.$$

4. 设 $\boldsymbol{A}\in\boldsymbol{P}^{n\times n}$, $f(x)\in\boldsymbol{P}[x]$, $\deg f(x)>0$, $f(0)\neq 0$. 如果 $f(\boldsymbol{A})=0$, 则$\boldsymbol{A}$ 为可逆矩阵.

5. 设 $\boldsymbol{A}\in\boldsymbol{P}^{n\times n}$, $\boldsymbol{A}$ 为可逆对称 (反对称) 矩阵, 则 $\boldsymbol{A}^{-1}$ 也是对称 (反对称) 矩阵.

6. 设 $\boldsymbol{A}\in\boldsymbol{P}^{n\times n}$, 且为反对称. 若 n 为奇数, 则$\boldsymbol{A}$ 不可逆 (即$\boldsymbol{A}$ 不是可逆矩阵).

7. 设$\boldsymbol{A}$ 为 n 阶幂零方阵, $\boldsymbol{B}$ 为 n 阶可逆方阵, 且$\boldsymbol{A}$ 与 $\boldsymbol{B}$ 可换, 则$\boldsymbol{A}+\boldsymbol{B}$, $\boldsymbol{A}-\boldsymbol{B}$ 都是可逆矩阵.

3.3 矩阵的分块

通常处理较大的矩阵时, 将其分割成若干小块, 将每一小块看成一个统一体 (即一个较小的矩阵), 这种方法就是矩阵的分块.

如$\boldsymbol{A}$ 是一个 $m \times n$ 的矩阵. 我们知道

$$\boldsymbol{A} = (\text{col}_1\boldsymbol{A}\ \text{col}_2\boldsymbol{A}\ \cdots\ \text{col}_n\boldsymbol{A}) = \begin{pmatrix} \text{row}_1\boldsymbol{A} \\ \text{row}_2\boldsymbol{A} \\ \vdots \\ \text{row}_m\boldsymbol{A} \end{pmatrix}$$

就是用两种方法将$\boldsymbol{A}$ 分块. 第一种是每列成一块, 每块是一个 $m \times 1$ 的矩阵. 第二种是每行成一块, 每块是一个 $1 \times n$ 的矩阵.

一般将$\boldsymbol{A}$ 分块的方式是用一些水平线与垂直线 (这些水平线与垂直线通常不画出来) 将$\boldsymbol{A}$ 分成一些长方形的小块

$$\boldsymbol{A} = \left(\begin{array}{c|c|c|c} \boldsymbol{A}_{11} & \boldsymbol{A}_{12} & \cdots & \boldsymbol{A}_{1r} \\ \hline \boldsymbol{A}_{21} & \boldsymbol{A}_{22} & \cdots & \boldsymbol{A}_{2r} \\ \hline \vdots & \vdots & & \vdots \\ \hline \boldsymbol{A}_{s1} & \boldsymbol{A}_{s2} & \cdots & \boldsymbol{A}_{sr} \end{array}\right),$$

其中 $\boldsymbol{A}_{ij}$ 构成一个 $m_i \times n_j$ 矩阵. 这里

$$m_1 + m_2 + \cdots + m_s = m, \quad n_1 + n_2 + \cdots + n_r = n.$$

$\boldsymbol{A}_{ij}$ 称为$\boldsymbol{A}$ 的**子矩阵**.

将矩阵分块之后的运算可按下面方式进行:

1. 加法 设将$\boldsymbol{A}$, $\boldsymbol{B}$ 按照同样的规则分块, 即取

$$\boldsymbol{A} = \begin{pmatrix} \boldsymbol{A}_{11} & \boldsymbol{A}_{12} & \cdots & \boldsymbol{A}_{1r} \\ \boldsymbol{A}_{21} & \boldsymbol{A}_{22} & \cdots & \boldsymbol{A}_{2r} \\ \vdots & \vdots & & \vdots \\ \boldsymbol{A}_{s1} & \boldsymbol{A}_{s2} & \cdots & \boldsymbol{A}_{sr} \end{pmatrix}, \quad \boldsymbol{B} = \begin{pmatrix} \boldsymbol{B}_{11} & \boldsymbol{B}_{12} & \cdots & \boldsymbol{B}_{1r} \\ \boldsymbol{B}_{21} & \boldsymbol{B}_{22} & \cdots & \boldsymbol{B}_{2r} \\ \vdots & \vdots & & \vdots \\ \boldsymbol{B}_{s1} & \boldsymbol{B}_{s2} & \cdots & \boldsymbol{B}_{sr} \end{pmatrix},$$

其中 $\boldsymbol{A}_{ij}$, $\boldsymbol{B}_{ij} \in \boldsymbol{P}^{m_i \times n_j}$. 则

$$\boldsymbol{A} + \boldsymbol{B} = \begin{pmatrix} \boldsymbol{A}_{11} + \boldsymbol{B}_{11} & \boldsymbol{A}_{12} + \boldsymbol{B}_{12} & \cdots & \boldsymbol{A}_{1r} + \boldsymbol{B}_{1r} \\ \boldsymbol{A}_{21} + \boldsymbol{B}_{21} & \boldsymbol{A}_{22} + \boldsymbol{B}_{22} & \cdots & \boldsymbol{A}_{2r} + \boldsymbol{B}_{2r} \\ \vdots & \vdots & & \vdots \\ \boldsymbol{A}_{s1} + \boldsymbol{B}_{s1} & \boldsymbol{A}_{s2} + \boldsymbol{B}_{s2} & \cdots & \boldsymbol{A}_{sr} + \boldsymbol{B}_{sr} \end{pmatrix}.$$

即只要将对应的子矩阵相加.

2. 矩阵与数的乘法 计算 $k\boldsymbol{A}$ 时, 只要将每个子矩阵 $\boldsymbol{A}_{ij}$ 乘 k. 即

$$k\boldsymbol{A} = (k\boldsymbol{A}_{ij}).$$

3. 转置　设

$$A=\begin{pmatrix} A_{11} & A_{12} & \cdots & A_{1r} \\ A_{21} & A_{22} & \cdots & A_{2r} \\ \vdots & \vdots & & \vdots \\ A_{s1} & A_{s2} & \cdots & A_{sr} \end{pmatrix},$$

则

$$A'=\begin{pmatrix} A'_{11} & A'_{21} & \cdots & A'_{s1} \\ A'_{12} & A'_{22} & \cdots & A'_{s2} \\ \vdots & \vdots & & \vdots \\ A'_{1r} & A'_{2r} & \cdots & A'_{sr} \end{pmatrix},$$

即先将每个子矩阵看作一个元素作转置, 然后将每个子矩阵转置.

4. 矩阵乘法　设 $A \in P^{m\times p}$, $B \in P^{p\times n}$. 将A, B 分块时, A 的列的分法与 B 的行的分法一致, 即

$$A=\begin{pmatrix} A_{11} & A_{12} & \cdots & A_{1r} \\ A_{21} & A_{22} & \cdots & A_{2r} \\ \vdots & \vdots & & \vdots \\ A_{s1} & A_{s2} & \cdots & A_{sr} \end{pmatrix}, \quad B=\begin{pmatrix} B_{11} & B_{12} & \cdots & B_{1t} \\ B_{21} & B_{22} & \cdots & B_{2t} \\ \vdots & \vdots & & \vdots \\ B_{r1} & B_{r2} & \cdots & B_{rt} \end{pmatrix},$$

其中 $A_{ij} \in P^{m_i\times p_j}$, $B_{jk} \in P^{p_j\times n_k}$. 则

$$AB=\begin{pmatrix} C_{11} & C_{12} & \cdots & C_{1t} \\ C_{21} & C_{22} & \cdots & C_{2t} \\ \vdots & \vdots & & \vdots \\ C_{s1} & C_{s2} & \cdots & C_{st} \end{pmatrix}.$$

其中 $C_{ik} \in P^{m_i\times n_k}$, 且

$$C_{ik}=\sum_{j=1}^{r} A_{ij}B_{jk}.$$

证　由于 $A_{ij} \in P^{m_i\times p_j}$, $B_{jk} \in P^{p_j\times n_k}$, 于是 $A_{ij}B_{jk} \in P^{m_i\times n_k}$, 故 $C_{ik} \in P^{m_i\times n_k}$. 因而上面等式右边矩阵记为 $C \in P^{m\times n}$. 下面比较上面等式两边的元素. 取定 i_0, $k_0, 1 \leqslant i_0 \leqslant m$, $1 \leqslant k_0 \leqslant n$. 于是存在唯一的 i', k' 使得

$$1 \leqslant i' = i_0-(m_1+\cdots+m_{i-1}) \leqslant m_i,$$
$$1 \leqslant k' = k_0-(n_1+\cdots+n_{k-1}) \leqslant n_k.$$

因而

$$\text{ent}_{i_0\,k_0}\boldsymbol{C}=\text{ent}_{i'\,k'}\boldsymbol{C}_{i\,k}=\sum_{j=1}^{r}\text{ent}_{i'\,k'}(\boldsymbol{A}_{i\,j}\boldsymbol{B}_{j\,k})=\sum_{j=1}^{r}(\text{row}_{i'}\boldsymbol{A}_{i\,j})(\text{col}_{k'}\boldsymbol{B}_{j\,k}).$$

另一方面

$$\begin{aligned}\text{ent}_{i_0\,k_0}(\boldsymbol{AB})&=(\text{row}_{i_0}\boldsymbol{A})(\text{col}_{k_0}\boldsymbol{B})\\&=(\text{row}_{i'}\boldsymbol{A}_{i\,1}\ \cdots\ \text{row}_{i'}\boldsymbol{A}_{i\,r})\begin{pmatrix}\text{col}_{k'}\boldsymbol{B}_{1\,k}\\ \vdots\\ \text{col}_{k'}\boldsymbol{B}_{r\,k}\end{pmatrix}\\&=\sum_{j=1}^{r}(\text{row}_{i'}\boldsymbol{A}_{i\,j})(\text{col}_{k'}\boldsymbol{B}_{j\,k}).\end{aligned}$$

于是$\boldsymbol{AB}=\boldsymbol{C}$.

例 3.6 设 $\boldsymbol{A}$, $\boldsymbol{B}\in\boldsymbol{P}^{n\times n}$, 且

$$\boldsymbol{A}=\begin{pmatrix}\boldsymbol{A}_1&&&\\&\boldsymbol{A}_2&&\\&&\ddots&\\&&&\boldsymbol{A}_s\end{pmatrix},\quad \boldsymbol{B}=\begin{pmatrix}\boldsymbol{B}_1&&&\\&\boldsymbol{B}_2&&\\&&\ddots&\\&&&\boldsymbol{B}_s\end{pmatrix},$$

其中 $\boldsymbol{A}_i$, $\boldsymbol{B}_i\in\boldsymbol{P}^{n_i\times n_i}$, $\sum\limits_{i=1}^{s}n_i=n$, 其余未写出的元素均为零. 则

$$\boldsymbol{A}+\boldsymbol{B}=\begin{pmatrix}\boldsymbol{A}_1+\boldsymbol{B}_1&&&\\&\boldsymbol{A}_2+\boldsymbol{B}_2&&\\&&\ddots&\\&&&\boldsymbol{A}_s+\boldsymbol{B}_s\end{pmatrix};$$

$$k\boldsymbol{A}=\begin{pmatrix}k\boldsymbol{A}_1&&&\\&k\boldsymbol{A}_2&&\\&&\ddots&\\&&&k\boldsymbol{A}_s\end{pmatrix};$$

$$\boldsymbol{AB}=\begin{pmatrix}\boldsymbol{A}_1\boldsymbol{B}_1&&&\\&\boldsymbol{A}_2\boldsymbol{B}_2&&\\&&\ddots&\\&&&\boldsymbol{A}_s\boldsymbol{B}_s\end{pmatrix};$$

$$\boldsymbol{A}' = \begin{pmatrix} \boldsymbol{A}_1' & & & \\ & \boldsymbol{A}_2' & & \\ & & \ddots & \\ & & & \boldsymbol{A}_s' \end{pmatrix}.$$

$\boldsymbol{A}$ 可逆当且仅当 $\boldsymbol{A}_i$ 可逆, 且

$$\boldsymbol{A}^{-1} = \begin{pmatrix} \boldsymbol{A}_1^{-1} & & & \\ & \boldsymbol{A}_2^{-1} & & \\ & & \ddots & \\ & & & \boldsymbol{A}_s^{-1} \end{pmatrix}.$$

前四个等式显然. 后一个注意到 $\det \boldsymbol{A} = \prod_{i=1}^{s} \det \boldsymbol{A}_i$.

如上述形状的矩阵$\boldsymbol{A}$ 叫做**准对角矩阵**, 也记为

$$\boldsymbol{A} = \operatorname{diag}(\boldsymbol{A}_1,\ \boldsymbol{A}_2,\ \cdots,\ \boldsymbol{A}_s).$$

特别地, 当 $n_i = 1$ 时, $s = n$. 此时$\boldsymbol{A}$ 就是对角矩阵.

例 3.7　设$\boldsymbol{A}$, $\boldsymbol{B}$ 分别为 m 阶, n 阶可逆方阵. 又

$$\boldsymbol{D} = \begin{pmatrix} \boldsymbol{A} & \boldsymbol{O} \\ \boldsymbol{C} & \boldsymbol{B} \end{pmatrix}$$

为 $m+n$ 阶方阵. 求 $\boldsymbol{D}^{-1}$.

解　由 $\det \boldsymbol{D} = \det \boldsymbol{A} \det \boldsymbol{B} \neq 0$ 知$\boldsymbol{D}$ 可逆. 设

$$\boldsymbol{D}^{-1} = \begin{pmatrix} \boldsymbol{X}_{11} & \boldsymbol{X}_{12} \\ \boldsymbol{X}_{21} & \boldsymbol{X}_{22} \end{pmatrix},$$

其中 $\boldsymbol{X}_{11} \in \boldsymbol{P}^{m\times m}$, $\boldsymbol{X}_{12} \in \boldsymbol{P}^{m\times n}$, $\boldsymbol{X}_{21} \in \boldsymbol{P}^{n\times m}$, $\boldsymbol{X}_{22} \in \boldsymbol{P}^{n\times n}$. 由 $\boldsymbol{D}\boldsymbol{D}^{-1} = \boldsymbol{I}_{m+n}$, 即

$$\begin{pmatrix} \boldsymbol{A} & \boldsymbol{O} \\ \boldsymbol{C} & \boldsymbol{B} \end{pmatrix} \begin{pmatrix} \boldsymbol{X}_{11} & \boldsymbol{X}_{12} \\ \boldsymbol{X}_{21} & \boldsymbol{X}_{22} \end{pmatrix} = \begin{pmatrix} \boldsymbol{I}_m & \boldsymbol{O} \\ \boldsymbol{O} & \boldsymbol{I}_n \end{pmatrix}.$$

于是

$$\begin{aligned}
&\boldsymbol{A}\boldsymbol{X}_{11} = \boldsymbol{I}_m, && \boldsymbol{X}_{11} = \boldsymbol{A}^{-1}; \\
&\boldsymbol{A}\boldsymbol{X}_{12} = \boldsymbol{O}, && \boldsymbol{X}_{12} = \boldsymbol{O}; \\
&\boldsymbol{C}\boldsymbol{X}_{11} + \boldsymbol{B}\boldsymbol{X}_{21} = 0, && \boldsymbol{X}_{21} = -\boldsymbol{B}^{-1}\boldsymbol{C}\boldsymbol{A}^{-1}; \\
&\boldsymbol{C}\boldsymbol{X}_{12} + \boldsymbol{B}\boldsymbol{X}_{22} = \boldsymbol{B}\boldsymbol{X}_{22} = \boldsymbol{I}_n, && \boldsymbol{X}_{22} = \boldsymbol{B}^{-1}.
\end{aligned}$$

故

$$\boldsymbol{D}^{-1}=\begin{pmatrix}\boldsymbol{A}^{-1} & \boldsymbol{O}\\ -\boldsymbol{B}^{-1}\boldsymbol{C}\boldsymbol{A}^{-1} & \boldsymbol{B}^{-1}\end{pmatrix}.$$

习　题

1. 设 $\boldsymbol{A}=\operatorname{diag}(a_1\boldsymbol{I}_{n_1}\ a_2\boldsymbol{I}_{n-2}\ \cdots\ a_r\boldsymbol{I}_{n_r})$. 当 $i\neq j$ 时 $a_i\neq a_j$, $\sum\limits_{i=1}^{r}n_i=n$. 证明与$\boldsymbol{A}$ 可换的矩阵是准对角矩阵 $\boldsymbol{B}=\operatorname{diag}(\boldsymbol{B}_1\ \boldsymbol{B}_2\ \cdots\ \boldsymbol{B}_r)$, $\boldsymbol{B}_i$ 为 n_i 阶方阵.

2. 设 $\boldsymbol{X}=\begin{pmatrix}\boldsymbol{O} & \boldsymbol{A}\\ \boldsymbol{C} & \boldsymbol{O}\end{pmatrix}$, 又$\boldsymbol{A}$, $\boldsymbol{C}$ 为可逆方阵. 求 $\boldsymbol{X}^{-1}$.

3. 设 $\boldsymbol{A}\in\boldsymbol{P}^{m\times n}$, 且

$$\boldsymbol{A}=\begin{pmatrix}\boldsymbol{B} & \boldsymbol{C}\\ \boldsymbol{D} & \boldsymbol{E}\end{pmatrix},$$

其中 $\boldsymbol{B}\in\boldsymbol{P}^{r\times r}$, $\det\boldsymbol{B}\neq 0$. 求 $\boldsymbol{X}\in\boldsymbol{P}^{(m-r)\times r}$ 以及 $\boldsymbol{Y}\in\boldsymbol{P}^{r\times(n-r)}$ 使得下面两式成立:

$$\begin{pmatrix}\boldsymbol{I}_r & \boldsymbol{O}\\ \boldsymbol{X} & \boldsymbol{I}_{m-r}\end{pmatrix}\begin{pmatrix}\boldsymbol{B} & \boldsymbol{C}\\ \boldsymbol{D} & \boldsymbol{E}\end{pmatrix}=\begin{pmatrix}\boldsymbol{B} & \boldsymbol{C}\\ \boldsymbol{O} & \boldsymbol{E}_1\end{pmatrix},$$

$$\begin{pmatrix}\boldsymbol{B} & \boldsymbol{C}\\ \boldsymbol{D} & \boldsymbol{E}\end{pmatrix}\begin{pmatrix}\boldsymbol{I}_r & \boldsymbol{Y}\\ \boldsymbol{O} & \boldsymbol{I}_{n-r}\end{pmatrix}=\begin{pmatrix}\boldsymbol{B} & \boldsymbol{O}\\ \boldsymbol{D} & \boldsymbol{E}_2\end{pmatrix},$$

并求出 $\boldsymbol{E}_1$, $\boldsymbol{E}_2$.

4. 设 $\boldsymbol{A}\in\boldsymbol{P}^{n\times n}$, 且

$$\boldsymbol{A}=\begin{pmatrix}\boldsymbol{B} & \boldsymbol{C}\\ \boldsymbol{D} & \boldsymbol{E}\end{pmatrix},\quad \boldsymbol{B}\in\boldsymbol{P}^{r\times r},\ \det\boldsymbol{B}\neq 0.$$

试证

$$\det\boldsymbol{A}=\det\boldsymbol{B}\cdot\det(\boldsymbol{E}-\boldsymbol{D}\boldsymbol{B}^{-1}\boldsymbol{C}).$$

5. 设 $\boldsymbol{A}\in\boldsymbol{P}^{n\times n}$, $\det\boldsymbol{A}\neq 0$, $\boldsymbol{B}\in\boldsymbol{P}^{r\times r}$, $\det\boldsymbol{B}\neq 0$, 且

$$\boldsymbol{A}=\begin{pmatrix}\boldsymbol{B} & \boldsymbol{C}\\ \boldsymbol{D} & \boldsymbol{E}\end{pmatrix}.$$

试证

$$\boldsymbol{A}^{-1}=\begin{pmatrix}\boldsymbol{I}_r & -\boldsymbol{B}^{-1}\boldsymbol{C}\\ \boldsymbol{O} & \boldsymbol{I}_{n-r}\end{pmatrix}\begin{pmatrix}\boldsymbol{B}^{-1} & \boldsymbol{O}\\ \boldsymbol{O} & (\boldsymbol{E}-\boldsymbol{D}\boldsymbol{B}^{-1}\boldsymbol{C})^{-1}\end{pmatrix}\begin{pmatrix}\boldsymbol{I}_r & \boldsymbol{O}\\ -\boldsymbol{D}\boldsymbol{B}^{-1} & \boldsymbol{I}_{n-r}\end{pmatrix}.$$

注 习题 3~5 显示了将一个矩阵中的一个子矩阵变成$\boldsymbol{O}$的方法 (即所谓**打洞技巧**), 及其应用于求行列式, 求逆矩阵等.

6. 设 $\boldsymbol{A}$, $\boldsymbol{B}$, $\boldsymbol{C}$, $\boldsymbol{D} \in \boldsymbol{P}^{n\times n}$, 且$\boldsymbol{AC} = \boldsymbol{CA}$. 试证

$$\begin{vmatrix} \boldsymbol{A} & \boldsymbol{B} \\ \boldsymbol{C} & \boldsymbol{D} \end{vmatrix} = |\boldsymbol{AD} - \boldsymbol{CB}|.$$

7. 设 $\boldsymbol{A}$, $\boldsymbol{B} \in \boldsymbol{P}^{n\times n}$. 试证

$$\begin{vmatrix} \boldsymbol{A} & \boldsymbol{B} \\ \boldsymbol{B} & \boldsymbol{A} \end{vmatrix} = |\boldsymbol{A} + \boldsymbol{B}| \cdot |\boldsymbol{A} - \boldsymbol{B}|.$$

8. 设$\boldsymbol{A}$, $\boldsymbol{D}$ 分别为 m 阶, n 阶可逆方阵. 则矩阵

$$\boldsymbol{H} = \begin{pmatrix} \boldsymbol{A} & \boldsymbol{B} \\ \boldsymbol{C} & \boldsymbol{D} \end{pmatrix}$$

为可逆矩阵当且仅当

$$\boldsymbol{A} - \boldsymbol{B}\boldsymbol{D}^{-1}\boldsymbol{C} \text{ 与 } \boldsymbol{D} - \boldsymbol{C}\boldsymbol{A}^{-1}\boldsymbol{B}$$

都是可逆矩阵.

9. 设$\boldsymbol{A}$, $\boldsymbol{B}$, $\boldsymbol{C}$, $\boldsymbol{D} \in \boldsymbol{P}^{n\times n}$, $\boldsymbol{A}$ 可逆对称, $\boldsymbol{B}' = \boldsymbol{C}$, 证明存在可逆方阵 $\boldsymbol{T}$, 使

$$\boldsymbol{T}' \begin{pmatrix} \boldsymbol{A} & \boldsymbol{B} \\ \boldsymbol{C} & \boldsymbol{D} \end{pmatrix} \boldsymbol{T}$$

为准对角方阵.

10. 设 $\boldsymbol{A} = \operatorname{diag}(\boldsymbol{A}_1\ \boldsymbol{A}_2\ \cdots\ \boldsymbol{A}_s) \in \boldsymbol{P}^{n\times n}$ 为准对角方阵. 又 $f(x) \in \boldsymbol{P}[x]$. 证明

$$f(\boldsymbol{A}) = \operatorname{diag}(f(\boldsymbol{A}_1)\ f(\boldsymbol{A}_2)\ \cdots\ f(\boldsymbol{A}_s)).$$

3.4 矩阵的初等变换与初等矩阵

在 2.1 中介绍了矩阵的初等变换. 本节要将初等变换与乘法联系起来, 并给出由初等变换求出可逆矩阵的逆矩阵的办法.

定义 3.4.1 n 阶单位矩阵 $\boldsymbol{I}_n$ 经过一次初等变换而得的矩阵称为 n 阶**初等方阵** (**初等矩阵**).

从定义我们立即得到下面三种类型的初等方阵.

1. $\boldsymbol{P}(i,\ j)$ 将单位方阵 $\boldsymbol{I}_n$ 第 i 行与第 j 行互换, 或将单位方阵第 i 列与第 j 列互换, 即

$$\boldsymbol{P}(i,\ j)=\begin{pmatrix}1&&&&&&&&\\&\ddots&&&&&&&\\&&1&&&&&&\\&&&0&&1&&&\\&&&&1&&&&\\&&&&&\ddots&&&\\&&&1&&0&&&\\&&&&&&1&&\\&&&&&&&\ddots&\\&&&&&&&&1\end{pmatrix},$$

其中, 对角线上第 i 个与第 j 个元素为零, 其余为 1; 非对角线上 i 行 j 列与 j 行 i 列处为 1, 其余为零. 显然

$$\boldsymbol{P}(i,\ j)=\boldsymbol{E}_{i\,j}+\boldsymbol{E}_{j\,i}+\sum_{k\neq i,\,j}\boldsymbol{E}_{k\,k}=(\boldsymbol{I}_n)_{\mathrm{r}_i\ \mathrm{r}_j}=(\boldsymbol{I}_n)_{\mathrm{c}_i\ \mathrm{c}_j}.$$

2. $\boldsymbol{P}(i(c))$ 将单位方阵 $\boldsymbol{I}_n$ 第 i 行或第 i 列乘非零常数 c, 即

$$\boldsymbol{P}(i(c))=\mathrm{diag}(\underbrace{1\ \cdots\ 1}_{i-1\ 个}\ c\ 1\ \cdots\ 1)=\boldsymbol{I}_n+(c-1)\boldsymbol{E}_{i\,i}=(\boldsymbol{I}_n)_{\mathrm{cr}_i}=(\boldsymbol{I}_n)_{\mathrm{cc}_i}.$$

3. $\boldsymbol{P}(i,\ j(c))$ 将单位方阵第 i 行加上第 j 行的 c 倍, 或第 j 列加上第 i 列的 c 倍, 即

$$\boldsymbol{P}(i,\ j(c))=\begin{pmatrix}1&&&&&\\&\ddots&&&&\\&&1&&c&\\&&&\ddots&&\\&&&&1&\\&&&&&\ddots\\&&&&&&1\end{pmatrix},$$

其中, 对角线上元素为 1; 非对角线上 i 行 j 列处为 c, 其余为零. 显然

$$\boldsymbol{P}(i,\ j(c))=\boldsymbol{I}_n+c\boldsymbol{E}_{i\,j}=(\boldsymbol{I}_n)_{\mathrm{r}_i+c\mathrm{r}_j}=(\boldsymbol{I}_n)_{\mathrm{c}_j+c\mathrm{c}_i}.$$

定理 3.4.1 初等矩阵是可逆矩阵, 且其逆矩阵是同类型的初等矩阵.

证　注意到

$$\begin{aligned}\boldsymbol{P}(i,\ j)\boldsymbol{P}(i,\ j) &= \left(\boldsymbol{E}_{i\,j} + \boldsymbol{E}_{j\,i} + \sum_{k\neq i,\ j} \boldsymbol{E}_{k\,k}\right)^2 \\ &= \boldsymbol{E}_{i\,j}\boldsymbol{E}_{j\,i} + \boldsymbol{E}_{j\,i}\boldsymbol{E}_{i\,j} + \sum_{k\neq i,\ j} \boldsymbol{E}_{k\,k}^2 = \boldsymbol{I}_n.\end{aligned}$$

因而

$$\boldsymbol{P}(i,\ j)^{-1} = \boldsymbol{P}(i,\ j).$$

其次

$$\begin{aligned}\boldsymbol{P}(i(c))\boldsymbol{P}(i(c^{-1})) &= (\boldsymbol{I}_n + (c-1)\boldsymbol{E}_{i\,i})(\boldsymbol{I}_n + (c^{-1}-1)\boldsymbol{E}_{i\,i}) \\ &= \boldsymbol{I}_n + (c-1+c^{-1}-1)\boldsymbol{E}_{i\,i} + (c-1)(c^{-1}-1)\boldsymbol{E}_{i\,i} \\ &= \boldsymbol{I}_n.\end{aligned}$$

因而

$$\boldsymbol{P}(i(c))^{-1} = \boldsymbol{P}(i(c^{-1})).$$

最后

$$\begin{aligned}\boldsymbol{P}(i,\ j(c))\boldsymbol{P}(i,\ j(-c)) &= (\boldsymbol{I}_n + c\boldsymbol{E}_{i\,j})(\boldsymbol{I}_n - c\boldsymbol{E}_{i\,j}) \\ &= \boldsymbol{I}_n + c\boldsymbol{E}_{i\,j} - c\boldsymbol{E}_{i\,j} = \boldsymbol{I}_n.\end{aligned}$$

因而

$$\boldsymbol{P}(i,\ j(c))^{-1} = \boldsymbol{P}(i,\ j(-c)).$$

定理 3.4.2　设 $\boldsymbol{A} \in \boldsymbol{P}^{m\times n}$. 用 m 阶初等矩阵从左边乘$\boldsymbol{A}$, 就是把 $\boldsymbol{A}$ 进行相应的行变换. 用 n 阶初等矩阵从右边乘$\boldsymbol{A}$, 就是把 $\boldsymbol{A}$ 进行相应的列变换.

证　只证左乘初等矩阵的情形, 右乘初等矩阵读者可自行完成.

首先注意到 $\mathrm{row}_k\boldsymbol{E}_{l\,m}\boldsymbol{A} = \delta_{k\,l}\mathrm{row}_m\boldsymbol{A}$. 于是

$$\begin{aligned}&\mathrm{row}_k\boldsymbol{P}(i\,j)\boldsymbol{A} \\ &= \mathrm{row}_k\boldsymbol{E}_{i\,j}\boldsymbol{A} + \mathrm{row}_k\boldsymbol{E}_{j\,i}\boldsymbol{A} + \sum_{l\neq i,\ j} \mathrm{row}_k\boldsymbol{E}_{l\,l}\boldsymbol{A} \\ &= \delta_{k\,i}\mathrm{row}_j\boldsymbol{A} + \delta_{k\,j}\mathrm{row}_i\boldsymbol{A} + \sum_{l\neq i,\ j} \delta_{k\,l}\mathrm{row}_l\boldsymbol{A}.\end{aligned}$$

于是

$$\begin{aligned}
&k\neq i,\ j\ 时, &&\text{row}_k\boldsymbol{P}(i,\ j)\boldsymbol{A}=\text{row}_k\boldsymbol{A}=\text{row}_k\boldsymbol{A}_{\text{r}_i\text{r}_j};\\
&k=i\ 时, &&\text{row}_i\boldsymbol{P}(i,\ j)\boldsymbol{A}=\text{row}_j\boldsymbol{A}=\text{row}_i\boldsymbol{A}_{\text{r}_i\text{r}_j};\\
&k=j\ 时, &&\text{row}_j\boldsymbol{P}(i,\ j)\boldsymbol{A}=\text{row}_i\boldsymbol{A}=\text{row}_j\boldsymbol{A}_{\text{r}_i\text{r}_j}.
\end{aligned}$$

故

$$\boldsymbol{P}(i,\ j)\boldsymbol{A}=\boldsymbol{A}_{\text{r}_i\text{r}_j}.$$

其次由

$$\begin{aligned}
\text{row}_k(\boldsymbol{P}(i(c))\boldsymbol{A})&=\text{row}_k\boldsymbol{I}_m\boldsymbol{A}+\text{row}_k(c-1)\boldsymbol{E}_{i\,i}\boldsymbol{A}\\
&=\text{row}_k\boldsymbol{A}+(c-1)\delta_{k\,i}\text{row}_k\boldsymbol{A}\\
&=(1+(c-1)\delta_{k\,i})\text{row}_k\boldsymbol{A}\\
&=\text{row}_k\boldsymbol{A}_{c\text{r}_i}.
\end{aligned}$$

因而

$$\boldsymbol{P}(i(c))\boldsymbol{A}=\boldsymbol{A}_{c\text{r}_i}.$$

最后, 因为

$$\begin{aligned}
\text{row}_k(\boldsymbol{P}(i,\ j(c))\boldsymbol{A})&=\text{row}_k(\boldsymbol{A}+c\boldsymbol{E}_{i\,j}\boldsymbol{A})\\
&=\text{row}_k\boldsymbol{A}+c\delta_{k\,i}\text{row}_j\boldsymbol{A}\\
&=\text{row}_k\boldsymbol{A}_{\text{r}_i+c\text{r}_j}.
\end{aligned}$$

所以

$$\boldsymbol{P}(i,\ j(c))\boldsymbol{A}=\boldsymbol{A}_{\text{r}_i+c\text{r}_j}.$$

定理 3.4.3 设 $\boldsymbol{A}\in\boldsymbol{P}^{n\times n}$, 则下列三个条件等价 (即互为充分必要条件):

1) $\boldsymbol{A}$ 可经一系列初等行变换变为 $\boldsymbol{I}_n$;

2) 存在初等矩阵 $\boldsymbol{P}_1,\ \boldsymbol{P}_2,\ \cdots,\ \boldsymbol{P}_k$ 使得

$$\boldsymbol{A}=\boldsymbol{P}_1\boldsymbol{P}_2\cdots\boldsymbol{P}_k;$$

3) $\boldsymbol{A}$ 为可逆矩阵.

证 1) $\Longrightarrow$ 2) (表示从条件 1) 证明条件 2))

因为进行一次行的初等变换, 就是左乘一初等矩阵. 于是有初等矩阵 $\boldsymbol{Q}_1$, $\boldsymbol{Q}_2,\cdots,\boldsymbol{Q}_k$, 使得

$$\boldsymbol{Q}_k\boldsymbol{Q}_{k-1}\cdots\boldsymbol{Q}_2\boldsymbol{Q}_1\boldsymbol{A}=\boldsymbol{I}_n.$$

于是由 $\boldsymbol{Q}_i$ 可逆, 且 $\boldsymbol{Q}_i^{-1}=\boldsymbol{P}_i$ 也是初等矩阵, 有

$$\boldsymbol{A}=\boldsymbol{P}_1\boldsymbol{P}_2\cdots\boldsymbol{P}_k.$$

2) $\Longrightarrow$ 3) 由 $\boldsymbol{P}_i$ 可逆, 知 $\det\boldsymbol{P}_i\neq 0$. 于是

$$\det\boldsymbol{A}=\prod_{i=1}^{k}\det\boldsymbol{P}_i\neq 0.$$

故$\boldsymbol{A}$ 可逆.

3) $\Longrightarrow$ 1) 对$\boldsymbol{A}$ 的阶归纳证明 $\boldsymbol{A}$ 可逆, 则可经过一系列的初等行变换变为单位矩阵.

1 阶可逆矩阵 $\boldsymbol{A}=(a)$, $a\neq 0$, $\boldsymbol{A}_{a^{-1}\mathrm{r}_1}=\boldsymbol{I}_1$.

假定结论对 $n-1$ 阶可逆矩阵成立. 设$\boldsymbol{A}$ 为 n 阶可逆矩阵, 且

$$\boldsymbol{A}=\begin{pmatrix} a_{1\,1} & a_{1\,2} & \cdots & a_{1\,n}\\ a_{2\,1} & a_{2\,2} & \cdots & a_{2\,n}\\ \vdots & \vdots & & \vdots\\ a_{n\,1} & a_{n\,2} & \cdots & a_{n\,n}\end{pmatrix}.$$

由于 $\det\boldsymbol{A}\neq 0$, 故 $a_{1\,1}$, $a_{2\,1}$, $\cdots$, $a_{n\,1}$ 不全为零. 可用行对换将不为零的 $a_{i\,1}$ 换到第 1 行, 即$\boldsymbol{A}$ 变为

$$\boldsymbol{B}=\begin{pmatrix} b_{1\,1} & b_{1\,2} & \cdots & b_{1\,n}\\ b_{2\,1} & b_{2\,2} & \cdots & b_{2\,n}\\ \vdots & \vdots & & \vdots\\ b_{n\,1} & b_{n\,2} & \cdots & b_{n\,n}\end{pmatrix}.$$

$\boldsymbol{B}$ 仍然可逆, 且 $b_{1\,1}\neq 0$. 下面可经过 $n-1$ 次行变换: 第 i ($i\geqslant 2$) 行加上第 1 行的 $-\dfrac{b_{i\,1}}{b_{1\,1}}$ 倍, 然后第 1 行乘 $b_{1\,1}^{-1}$, 得到一个矩阵

$$\boldsymbol{C}=\begin{pmatrix} 1 & c_{1\,2} & \cdots & c_{1\,n}\\ 0 & & & \\ \vdots & & \boldsymbol{C}_1 & \\ 0 & & & \end{pmatrix}.$$

因$\boldsymbol{C}$ 为可逆矩阵, 故 $\boldsymbol{C}_1$ 为 $n-1$ 阶可逆矩阵. 由归纳假定, 可用一系列初等行变换将 $\boldsymbol{C}_1$ 变为 $\boldsymbol{I}_{n-1}$. 对 $\boldsymbol{C}_1$ 的行变换, 自然可看作对$\boldsymbol{C}$ 的第 2 行到第 n 行的行变

换, 而C 的第 1 列在这些变换下不变. 这样C 变成了

$$D=\begin{pmatrix}1 & c_{12} & \cdots & c_{1n}\\ 0 & 1 & \cdots & 0\\ \vdots & \vdots & & \vdots\\ 0 & 0 & \cdots & 1\end{pmatrix}.$$

再将D 的第 1 行依次加上第 2 行的 $-c_{12}$ 倍, $\cdots$, 第 n 行的 $-c_{1n}$ 倍, 最后得到 I_n. 即对 n 阶可逆矩阵结论也成立.

注 1 将定理条件 1) 中 "行变换" 改为 "列变换", 定理仍成立.

注 2 设 $A\in P^{n\times n}$, 且可逆, 又 $B\in P^{n\times p}$, 于是 $(A\ B)\in P^{n\times(n+p)}$. 设 P_i 为初等矩阵且

$$A^{-1}=P_1P_2\cdots P_k.$$

于是

$$A^{-1}(A\ B)=(I_n\ A^{-1}B).$$

另一方面又有

$$A^{-1}(A\ B)=P_1P_2\cdots P_k(A\ B).$$

也就是说, 如将$(A\ B)$ 进行一系列初等行变换, 当A 变为单位矩阵 I_n 时, B 就变成了 $A^{-1}B$. 特别 $B=I_n$ 时, 则 I_n 变成了 A^{-1}. 因而这个定理还提供了求逆矩阵的一种方法.

当然, 如果 $C\in P^{p\times n}$, 则 $\begin{pmatrix}A\\C\end{pmatrix}\in P^{(n+p)\times n}$. 于是

$$\begin{pmatrix}A\\C\end{pmatrix}A^{-1}=\begin{pmatrix}AA^{-1}\\CA^{-1}\end{pmatrix}=\begin{pmatrix}I_n\\CA^{-1}\end{pmatrix}.$$

于是对 $\begin{pmatrix}A\\C\end{pmatrix}$ 施行一系列初等列变换, 当A 变为 I_n 时, C 变为 CA^{-1}. 特别 $C=I_n$ 时, C 变为 A^{-1}.

例 3.8 求

$$\begin{pmatrix}2 & 3 & -1\\ -1 & 3 & -3\\ 3 & 0 & 3\end{pmatrix}^{-1}.$$

解 对下列矩阵进行行变换

$$\begin{pmatrix} 2 & 3 & -1 & 1 & 0 & 0 \\ -1 & 3 & -3 & 0 & 1 & 0 \\ 3 & 0 & 3 & 0 & 0 & 1 \end{pmatrix} \longrightarrow \begin{pmatrix} 3 & 0 & 3 & 0 & 0 & 1 \\ -1 & 3 & -3 & 0 & 1 & 0 \\ 2 & 3 & -1 & 1 & 0 & 0 \end{pmatrix} \longrightarrow$$

$$\begin{pmatrix} 1 & 0 & 1 & 0 & 0 & \frac{1}{3} \\ -1 & 3 & -3 & 0 & 1 & 0 \\ 2 & 3 & -1 & 1 & 0 & 0 \end{pmatrix} \longrightarrow \begin{pmatrix} 1 & 0 & 1 & 0 & 0 & \frac{1}{3} \\ 0 & 3 & -2 & 0 & 1 & \frac{1}{3} \\ 0 & 3 & -3 & 1 & 0 & \frac{-2}{3} \end{pmatrix} \longrightarrow$$

$$\begin{pmatrix} 1 & 0 & 1 & 0 & 0 & \frac{1}{3} \\ 0 & 3 & -2 & 0 & 1 & \frac{1}{3} \\ 0 & 0 & -1 & 1 & -1 & -1 \end{pmatrix} \longrightarrow \begin{pmatrix} 1 & 0 & 0 & 1 & -1 & \frac{-2}{3} \\ 0 & 1 & 0 & \frac{-2}{3} & 1 & \frac{7}{9} \\ 0 & 0 & 1 & -1 & 1 & 1 \end{pmatrix}.$$

于是

$$\begin{pmatrix} 2 & 3 & -1 \\ -1 & 3 & -3 \\ 3 & 0 & 3 \end{pmatrix}^{-1} = \begin{pmatrix} 1 & -1 & \frac{-2}{3} \\ \frac{-2}{3} & 1 & \frac{7}{9} \\ -1 & 1 & 1 \end{pmatrix}.$$

在上面施行行变换时, 我们把几次行变换合在一起写出, 以减少中间步骤. 有时为清楚起见常将$(\boldsymbol{A}\ \boldsymbol{B})$ 中间画一道线, 写成 $(\boldsymbol{A}|\boldsymbol{B})$.

例 3.9 设 $\boldsymbol{A}=\begin{pmatrix} 1 & 2 \\ 3 & 4 \end{pmatrix}$, $\boldsymbol{B}=\begin{pmatrix} 2 & 5 \\ 3 & -2 \end{pmatrix}$. 求 $\boldsymbol{A}^{-1}$ 和 $\boldsymbol{B}\boldsymbol{A}^{-1}$.

解 对下列矩阵施行列变换

$$\begin{pmatrix} \boldsymbol{A} \\ \hline \boldsymbol{I}_2 \\ \hline \boldsymbol{B} \end{pmatrix} = \begin{pmatrix} 1 & 2 \\ 3 & 4 \\ \hline 1 & 0 \\ 0 & 1 \\ \hline 2 & 5 \\ 3 & -2 \end{pmatrix} \longrightarrow \begin{pmatrix} 1 & 0 \\ 3 & -2 \\ \hline 1 & -2 \\ 0 & 1 \\ \hline 2 & 1 \\ 3 & -8 \end{pmatrix}$$

$$\longrightarrow \begin{pmatrix} 1 & 0 \\ 3 & 1 \\ \hline 1 & 1 \\ 0 & \dfrac{-1}{2} \\ \hline 2 & \dfrac{-1}{2} \\ 3 & 4 \end{pmatrix} \longrightarrow \begin{pmatrix} 1 & 0 \\ 0 & 1 \\ \hline -2 & 1 \\ \dfrac{3}{2} & \dfrac{-1}{2} \\ \hline \dfrac{7}{2} & \dfrac{-1}{2} \\ -9 & 4 \end{pmatrix}.$$

因而

$$\boldsymbol{A}^{-1} = \begin{pmatrix} -2 & 1 \\ \dfrac{3}{2} & \dfrac{-1}{2} \end{pmatrix}, \quad \boldsymbol{BA}^{-1} = \begin{pmatrix} \dfrac{7}{2} & \dfrac{-1}{2} \\ -9 & 4 \end{pmatrix}.$$

打洞技巧 这是由华罗庚将矩阵的初等变换和分块运算结合起来而得到的一种矩阵计算技巧.

设 $\boldsymbol{A} \in \boldsymbol{P}^{m\times n}$, 且

$$\boldsymbol{A} = \begin{pmatrix} \boldsymbol{B} & \boldsymbol{C} \\ \boldsymbol{D} & \boldsymbol{E} \end{pmatrix}. \tag{1}$$

于是当 $\boldsymbol{B}$ 是 r 阶方阵, 且 $\det \boldsymbol{B} \neq 0$ 时有

$$\begin{pmatrix} \boldsymbol{I}_r & 0 \\ -\boldsymbol{DB}^{-1} & \boldsymbol{I}_{m-r} \end{pmatrix} \begin{pmatrix} \boldsymbol{B} & \boldsymbol{C} \\ \boldsymbol{D} & \boldsymbol{E} \end{pmatrix} = \begin{pmatrix} \boldsymbol{B} & \boldsymbol{C} \\ 0 & \boldsymbol{E} - \boldsymbol{DB}^{-1}\boldsymbol{C} \end{pmatrix}, \tag{2}$$

$$\begin{pmatrix} \boldsymbol{B} & \boldsymbol{C} \\ \boldsymbol{D} & \boldsymbol{E} \end{pmatrix} \begin{pmatrix} \boldsymbol{I}_r & -\boldsymbol{B}^{-1}\boldsymbol{C} \\ 0 & \boldsymbol{I}_{n-r} \end{pmatrix} = \begin{pmatrix} \boldsymbol{B} & 0 \\ \boldsymbol{D} & \boldsymbol{E} - \boldsymbol{DB}^{-1}\boldsymbol{C} \end{pmatrix}. \tag{3}$$

(2) 式与 (3) 式分别将 (1) 式中的 $\boldsymbol{D}$, $\boldsymbol{C}$ 变成了 0, 0 在电报员的语言中称为“洞”, 因此这种方法称为 “打洞”.

类似地, 当 $\boldsymbol{E}$ 是 k 阶方阵, 且 $\det \boldsymbol{E} \neq 0$ 时有

$$\begin{pmatrix} \boldsymbol{I}_{m-k} & -\boldsymbol{CE}^{-1} \\ 0 & \boldsymbol{I}_k \end{pmatrix} \begin{pmatrix} \boldsymbol{B} & \boldsymbol{C} \\ \boldsymbol{D} & \boldsymbol{E} \end{pmatrix} = \begin{pmatrix} \boldsymbol{B} - \boldsymbol{CE}^{-1}\boldsymbol{D} & 0 \\ \boldsymbol{D} & \boldsymbol{E} \end{pmatrix}, \tag{4}$$

$$\begin{pmatrix} \boldsymbol{B} & \boldsymbol{C} \\ \boldsymbol{D} & \boldsymbol{E} \end{pmatrix} \begin{pmatrix} \boldsymbol{I}_{n-k} & 0 \\ -\boldsymbol{E}^{-1}\boldsymbol{D} & \boldsymbol{I}_k \end{pmatrix} = \begin{pmatrix} \boldsymbol{B} - \boldsymbol{CE}^{-1}\boldsymbol{D} & \boldsymbol{C} \\ 0 & \boldsymbol{E} \end{pmatrix}. \tag{5}$$

如果 $\boldsymbol{A}$ 是 2 阶方阵, 这时 (1) 式变为

$$\boldsymbol{A} = \begin{pmatrix} b & c \\ d & e \end{pmatrix}. \tag{1$'$}$$

如果 $b\neq 0$, (2) 式与 (3) 式分别变为

$$\begin{pmatrix}1 & 0\\ -db^{-1} & 1\end{pmatrix}\begin{pmatrix}b & c\\ d & e\end{pmatrix}=\begin{pmatrix}b & c\\ 0 & e-db^{-1}c\end{pmatrix},\tag{2'}$$

$$\begin{pmatrix}b & c\\ d & e\end{pmatrix}\begin{pmatrix}1 & -b^{-1}c\\ 0 & 1\end{pmatrix}=\begin{pmatrix}b & 0\\ d & e-db^{-1}c\end{pmatrix}.\tag{3'}$$

类似地, 当 $e\neq 0$, (4) 式与 (5) 式分别变为

$$\begin{pmatrix}1 & -ce^{-1}\\ 0 & 1\end{pmatrix}\begin{pmatrix}b & c\\ d & e\end{pmatrix}=\begin{pmatrix}b-ce^{-1}d & 0\\ d & e\end{pmatrix},\tag{4'}$$

$$\begin{pmatrix}b & c\\ d & e\end{pmatrix}\begin{pmatrix}1 & 0\\ -e^{-1}d & 1\end{pmatrix}=\begin{pmatrix}b-ce^{-1}d & c\\ 0 & e\end{pmatrix}.\tag{5'}$$

$(2')$ 式与 $(4')$ 式是将 $(1')$ 式中矩阵 $\boldsymbol{A}$ 进行一次初等行变换, $(3')$ 式与 $(5')$ 式是将 $(1')$ 式中矩阵 $\boldsymbol{A}$ 进行一次初等列变换.

因此打洞技巧是矩阵一行减另一行的若干倍, 或一列减另一列的若干倍这两类初等变换的推广. 由此可知, 若在 (1) 中,$\boldsymbol{C}$ 或 $\boldsymbol{D}$ 可逆, 也可将 $\boldsymbol{B}$,$\boldsymbol{E}$ 打成洞. 在 2.2 的习题 $3\sim 8$ 都可用打洞技巧做. 以后还会遇到打洞技巧. 打洞技巧的应用是不可能穷举的, 只有多练、多用才能熟能生巧.

习　题

1. 用初等变换法求下列矩阵的逆矩阵:

1) $\begin{pmatrix}1 & 1 & -1\\ 2 & 1 & 0\\ 1 & -1 & 0\end{pmatrix}$;　2) $\begin{pmatrix}2 & 2 & 3\\ 1 & -1 & 0\\ -1 & 2 & 1\end{pmatrix}$;

3) $\begin{pmatrix}1 & 2 & 3 & 4\\ 2 & 3 & 1 & 2\\ 1 & 1 & 1 & -1\\ 1 & 0 & -2 & -6\end{pmatrix}$;　4) $\begin{pmatrix}3 & 3 & -4 & -3\\ 0 & 6 & 1 & 1\\ 5 & 4 & 2 & 1\\ 2 & 3 & 3 & 2\end{pmatrix}$;

5) $\begin{pmatrix}1 & 3 & -5 & 7\\ 0 & 1 & 2 & -3\\ 0 & 0 & 1 & 2\\ 0 & 0 & 0 & 1\end{pmatrix}$;　6) $\begin{pmatrix}2 & 1 & 0 & 0\\ 3 & 2 & 0 & 0\\ 5 & 7 & 1 & 8\\ -1 & -3 & -1 & -6\end{pmatrix}$;

7) $\begin{pmatrix} 0 & 0 & 1 & -1 \\ 0 & 3 & 1 & 4 \\ 2 & 7 & 6 & -1 \\ 1 & 2 & 2 & -1 \end{pmatrix}$;　8) $\begin{pmatrix} 2 & 0 & 0 & 0 & 0 \\ 1 & 2 & 0 & 0 & 0 \\ 0 & 1 & 2 & 0 & 0 \\ 0 & 0 & 1 & 2 & 0 \\ 0 & 0 & 0 & 1 & 2 \end{pmatrix}$.

2. 设 $a_i \neq 0,\ 1 \leqslant i \leqslant n$. 求

$$\begin{pmatrix} 0 & a_1 & 0 & \cdots & 0 & 0 \\ 0 & 0 & a_2 & \cdots & 0 & 0 \\ \vdots & \vdots & \vdots & & \vdots & \vdots \\ 0 & 0 & 0 & \cdots & 0 & a_{n-1} \\ a_n & 0 & 0 & \cdots & 0 & 0 \end{pmatrix}^{-1}.$$

3. 求矩阵$\boldsymbol{X}$, $\boldsymbol{X}$ 满足:

1) $\begin{pmatrix} 2 & 5 \\ 1 & 3 \end{pmatrix} \boldsymbol{X} = \begin{pmatrix} 4 & -6 \\ 2 & 1 \end{pmatrix}$;

2) $\begin{pmatrix} 1 & 1 & -1 \\ 0 & 2 & 2 \\ 1 & -1 & 0 \end{pmatrix} \boldsymbol{X} = \begin{pmatrix} 1 & -1 & 1 \\ 1 & 1 & 0 \\ 2 & 1 & 1 \end{pmatrix}$;

3) $\boldsymbol{X} \begin{pmatrix} 1 & 1 & -1 \\ 0 & 2 & 2 \\ 1 & -1 & 0 \end{pmatrix} = \begin{pmatrix} 1 & -1 & 1 \\ 1 & 1 & 0 \\ 2 & 1 & 1 \end{pmatrix}$;

4) $\begin{pmatrix} 1 & 1 & \cdots & 1 \\ 0 & 1 & \cdots & 1 \\ \vdots & \vdots & & \vdots \\ 0 & 0 & \cdots & 1 \end{pmatrix} \boldsymbol{X} = \begin{pmatrix} 2 & 1 & 0 & \cdots & 0 & 0 \\ 1 & 2 & 1 & \cdots & 0 & 0 \\ \vdots & \vdots & \vdots & & \vdots & \vdots \\ 0 & 0 & 0 & \cdots & 2 & 1 \\ 0 & 0 & 0 & \cdots & 1 & 2 \end{pmatrix}$.

(**注**　4) 中矩阵均为 n 阶方阵.)

4. 证明: 1) 两个上 (下) 三角矩阵的积仍是上 (下) 三角矩阵;

2) 可逆上 (下) 三角矩阵的逆矩阵仍是上 (下) 三角矩阵.

5. 1) 试将 $\begin{pmatrix} a & 0 \\ 0 & a^{-1} \end{pmatrix}$ 表示为 $\begin{pmatrix} 1 & x \\ 0 & 1 \end{pmatrix}$ 形式与 $\begin{pmatrix} 1 & 0 \\ y & 1 \end{pmatrix}$ 形式矩阵的积.

2) 设 $\boldsymbol{A} = \begin{pmatrix} a & b \\ c & d \end{pmatrix} \in \mathbf{C}^{2\times 2}$, 且 $\det \boldsymbol{A} = 1$. 证明$\boldsymbol{A}$ 可以表示为 $\begin{pmatrix} 1 & x \\ 0 & 1 \end{pmatrix}$ 形式与

$\begin{pmatrix} 1 & 0 \\ y & 1 \end{pmatrix}$ 形式矩阵的积.

3) 设$\boldsymbol{A}$ 为 n 阶方阵, 且 $\det \boldsymbol{A} = 1$. 证明$\boldsymbol{A}$ 可表示成形如 $\boldsymbol{P}(i,\ j(c))$ 形式的初等矩阵的积.

6. 求 n 阶初等矩阵的乘积

$$\boldsymbol{A} = \boldsymbol{P}(n,\ n-1)\boldsymbol{P}(n-1,\ n-2)\cdots\boldsymbol{P}(3,\ 2)\boldsymbol{P}(2,\ 1);$$

$$\boldsymbol{B} = \boldsymbol{P}(1,\ 2)\boldsymbol{P}(2,\ 3)\cdots\boldsymbol{P}(n-2,\ n-1)\boldsymbol{P}(n-1,\ n).$$

7. 1) 求所有与习题 6 中$\boldsymbol{A}$ 可换的矩阵.

2) 求所有与习题 6 中$\boldsymbol{B}$ 可换的矩阵.

3.5　矩阵与线性方程组

在 2.5 节中已经介绍了有关线性方程组的名词, 本节将介绍线性方程组与矩阵的关系. 设有线性方程组

$$\begin{cases} a_{1\,1}x_1 + a_{1\,2}x_2 + \cdots + a_{1\,n}x_n = b_1, \\ a_{2\,1}x_1 + a_{2\,2}x_2 + \cdots + a_{2\,n}x_n = b_2, \\ \cdots\cdots\cdots\cdots \\ a_{m\,1}x_1 + a_{m\,2}x_2 + \cdots + a_{m\,n}x_n = b_m, \end{cases} \tag{1}$$

将系数矩阵记为$\boldsymbol{A}$. 再令

$$\boldsymbol{X} = \begin{pmatrix} x_1 \\ x_2 \\ \vdots \\ x_n \end{pmatrix}, \qquad \boldsymbol{B} = \begin{pmatrix} b_1 \\ b_2 \\ \vdots \\ b_m \end{pmatrix}.$$

我们仍将$\boldsymbol{B}$ 叫**常数项**.

显然,$\mathrm{col}_1\boldsymbol{A}$, $\mathrm{col}_2\boldsymbol{A}$, $\cdots$, $\mathrm{col}_n\boldsymbol{A}$ 与$\boldsymbol{B}$ 都是 $m\times 1$ 的矩阵, $\boldsymbol{X}$ 可看为待求的 $n\times 1$ 的矩阵. 于是用矩阵加法, 矩阵与数的乘法的观点, 及矩阵与矩阵乘法的观点, (1) 可分别写作

$$x_1\mathrm{col}_1\boldsymbol{A} + x_2\mathrm{col}_2\boldsymbol{A} + \cdots + x_n\mathrm{col}_n\boldsymbol{A} = \boldsymbol{B}; \tag{1'}$$

$$\boldsymbol{AX} = \boldsymbol{B}. \tag{1''}$$

如果 (1) 是非齐次线性方程组, 即 $\boldsymbol{B} \neq 0$, 我们称矩阵$(\boldsymbol{A}\ \boldsymbol{B})$ 为它的**增广矩阵**.

定理 3.5.1 设 $\boldsymbol{A} \in \boldsymbol{P}^{m\times n}$, $\boldsymbol{B} \in \boldsymbol{P}^{m\times 1}$, $\boldsymbol{P} \in \boldsymbol{P}^{m\times m}$ 可逆. 则线性方程组

$$\boldsymbol{AX} = \boldsymbol{B} \tag{2}$$

与线性方程组

$$(\boldsymbol{PA})\boldsymbol{X} = \boldsymbol{PB} \tag{3}$$

的解相同.

证 设 $\boldsymbol{X}_1$ 为 (2) 的解, 即

$$\boldsymbol{AX}_1 = \boldsymbol{B}.$$

两边左乘$\boldsymbol{P}$ 得

$$\boldsymbol{PAX}_1 = \boldsymbol{PB}.$$

故 $\boldsymbol{X}_1$ 也是 (3) 的解.

反之, 设 $\boldsymbol{X}_2$ 是 (3) 的解, 即

$$\boldsymbol{PAX}_2 = \boldsymbol{PB}.$$

两边左乘 $\boldsymbol{P}^{-1}$ 得

$$\boldsymbol{AX}_2 = \boldsymbol{B}.$$

故 $\boldsymbol{X}_2$ 也是 (2) 的解.

因而 (2), (3) 的解相同.

特别地, 若 $\boldsymbol{P} = \boldsymbol{P}(i(c))$ $(c \neq 0)$, 即将方程组 (2) 中第 i 个方程两边同乘以 c; 若 $\boldsymbol{P} = \boldsymbol{P}(i,\ j)$, 即将方程组 (2) 中第 i 个方程与第 j 个方程交换位置; 若 $\boldsymbol{P} = \boldsymbol{P}(i,\ j(c))$, 即将方程组 (2) 中第 i 个方程加上第 j 个方程的 c 倍. 我们知道这三种变换都不改变方程组的解, 这些就是用**消元法**解线性方程组的根据.

当$\boldsymbol{A}$ 为可逆矩阵时, 方程组 (2) 可以用 Cramer 法则求解.

由 (2), 有

$$\boldsymbol{X} = \boldsymbol{A}^{-1}\boldsymbol{AX} = \boldsymbol{A}^{-1}\boldsymbol{B}.$$

因 $\boldsymbol{A}^*\boldsymbol{A} = |\boldsymbol{A}|\boldsymbol{I}_n$, 故 $\boldsymbol{A}^{-1} = \dfrac{1}{|\boldsymbol{A}|}\boldsymbol{A}^*$. 于是

$$\boldsymbol{X} = \frac{1}{|\boldsymbol{A}|}\boldsymbol{A}^*\boldsymbol{B}.$$

因此 x_i 为 $\dfrac{1}{|\boldsymbol{A}|}\boldsymbol{A}^*$ 的第 i 行乘$\boldsymbol{B}$, 即

$$x_i = \frac{1}{|\boldsymbol{A}|}(A_{1i}, A_{2i}, \cdots, A_{mi})\begin{pmatrix} b_1 \\ b_2 \\ \vdots \\ b_m \end{pmatrix} = \frac{1}{|\boldsymbol{A}|}(b_1A_{1i} + b_2A_{2i} + \cdots + b_mA_{mi}).$$

将$\boldsymbol{A}$ 的第 i 列换成$\boldsymbol{B}$, 再按第 i 列展开 $\boldsymbol{A}_i$, 有

$$\begin{vmatrix} a_{11} & \cdots & b_1 & \cdots & a_{1m} \\ a_{21} & \cdots & b_2 & \cdots & a_{2m} \\ \vdots & & \vdots & & \vdots \\ a_{m1} & \cdots & b_m & \cdots & a_{mm} \end{vmatrix} = b_1A_{1i} + b_2A_{2i} + \cdots + b_mA_{mi}.$$
$$\qquad\qquad i$$

也可将增广矩阵$(\boldsymbol{A}\ \boldsymbol{B})$ 经过行变换变为 $(\boldsymbol{I}_n\ \boldsymbol{A}^{-1}\boldsymbol{B})$, $\boldsymbol{X} = \boldsymbol{A}^{-1}\boldsymbol{B}$ 就是解.

例 3.10 解线性方程组

$$\begin{cases} 2x_1 - x_2 + 3x_3 = 1, \\ 4x_1 + 2x_2 + 5x_3 = 4, \\ 2x_1 + 2x_3 = 6. \end{cases}$$

解 将此方程组的增广矩阵施行行变换

$$\left(\begin{array}{ccc|c} 2 & -1 & 3 & 1 \\ 4 & 2 & 5 & 4 \\ 2 & 0 & 2 & 6 \end{array}\right) \longrightarrow \left(\begin{array}{ccc|c} 2 & -1 & 3 & 1 \\ 0 & 4 & -1 & 2 \\ 0 & 1 & -1 & 5 \end{array}\right) \longrightarrow$$

$$\left(\begin{array}{ccc|c} 2 & -1 & 3 & 1 \\ 0 & 1 & -1 & 5 \\ 0 & 4 & -1 & 2 \end{array}\right) \longrightarrow \left(\begin{array}{ccc|c} 2 & -1 & 3 & 1 \\ 0 & 1 & -1 & 5 \\ 0 & 0 & 3 & -18 \end{array}\right) \longrightarrow$$

$$\left(\begin{array}{ccc|c} 2 & -1 & 3 & 1 \\ 0 & 1 & -1 & 5 \\ 0 & 0 & 1 & -6 \end{array}\right) \longrightarrow \left(\begin{array}{ccc|c} 1 & 0 & 0 & 9 \\ 0 & 1 & 0 & -1 \\ 0 & 0 & 1 & -6 \end{array}\right).$$

因而原方程组的解为

$$x_1 = 9, \quad x_2 = -1, \quad x_3 = -6.$$

当$\boldsymbol{A}$ 不可逆时, 自然不能用 Cramer 法则求解. 但我们仍可将增广矩阵进行行变换, 得到一个比原方程组简单的同解方程组, 然后再讨论它的解. 详细的讨论, 将在下章完成.

有时我们只需要将方程组中部分未知数求出, 这时可用打洞技巧来做到这一点.

例 3.11 设 $\boldsymbol{A} \in \boldsymbol{P}^{n\times n}$, 且

$$\boldsymbol{A} = \begin{pmatrix} \boldsymbol{A}_1 & \boldsymbol{A}_2 \\ \boldsymbol{A}_3 & \boldsymbol{A}_4 \end{pmatrix},$$

其中 $\boldsymbol{A}_1 \in \boldsymbol{P}^{k\times k}$, $\boldsymbol{A}_4 \in \boldsymbol{P}^{(n-k)\times(n-k)}$, 且 $\boldsymbol{A}_4$ 可逆. 又

$$\boldsymbol{X} = \begin{pmatrix} \boldsymbol{X}_1 \\ \boldsymbol{X}_2 \end{pmatrix}, \qquad \boldsymbol{B} = \begin{pmatrix} \boldsymbol{B}_1 \\ \boldsymbol{B}_2 \end{pmatrix},$$

$\boldsymbol{B}_1 \in \boldsymbol{P}^{k\times 1}$, $\boldsymbol{B}_2 \in \boldsymbol{P}^{(n-k)\times 1}$. $\boldsymbol{X}_1$, $\boldsymbol{X}_2$ 分别为 $k\times 1$, $(n-k)\times 1$ 的未知矩阵. 则方程组

$$\boldsymbol{AX} = \boldsymbol{B} \tag{4}$$

中前 k 个未知数, 即 $\boldsymbol{X}_1$ 满足方程组

$$(\boldsymbol{A}_1 - \boldsymbol{A}_2\boldsymbol{A}_4^{-1}\boldsymbol{A}_3)\boldsymbol{X}_1 = \boldsymbol{B}_1 - \boldsymbol{A}_2\boldsymbol{A}_4^{-1}\boldsymbol{B}_2. \tag{5}$$

证 在 (4) 式的两边左乘 $\begin{pmatrix} \boldsymbol{I}_k & -\boldsymbol{A}_2\boldsymbol{A}_4^{-1} \\ 0 & \boldsymbol{I}_{n-k} \end{pmatrix}$, 则

$$\begin{pmatrix} \boldsymbol{I}_k & -\boldsymbol{A}_2\boldsymbol{A}_4^{-1} \\ 0 & \boldsymbol{I}_{n-k} \end{pmatrix}\begin{pmatrix} \boldsymbol{A}_1 & \boldsymbol{A}_2 \\ \boldsymbol{A}_3 & \boldsymbol{A}_4 \end{pmatrix}\begin{pmatrix} \boldsymbol{X}_1 \\ \boldsymbol{X}_2 \end{pmatrix}$$
$$= \begin{pmatrix} \boldsymbol{I}_k & -\boldsymbol{A}_2\boldsymbol{A}_4^{-1} \\ 0 & \boldsymbol{I}_{n-k} \end{pmatrix}\begin{pmatrix} \boldsymbol{B}_1 \\ \boldsymbol{B}_2 \end{pmatrix},$$

$$\begin{pmatrix} \boldsymbol{A}_1 - \boldsymbol{A}_2\boldsymbol{A}_4^{-1}\boldsymbol{A}_3 & 0 \\ \boldsymbol{A}_3 & \boldsymbol{A}_4 \end{pmatrix}\begin{pmatrix} \boldsymbol{X}_1 \\ \boldsymbol{X}_2 \end{pmatrix} = \begin{pmatrix} \boldsymbol{B}_1 - \boldsymbol{A}_2\boldsymbol{A}_4^{-1}\boldsymbol{B}_2 \\ \boldsymbol{B}_2 \end{pmatrix},$$

于是 $\boldsymbol{X}_1$ 满足 (5) 式.

在实际运算时可将 $\begin{pmatrix} \boldsymbol{A}_2 \\ \boldsymbol{A}_4 \end{pmatrix}$ 进行列变换. 当 $\boldsymbol{A}_4$ 变为 $\boldsymbol{I}_{n-k}$ 时, $\boldsymbol{A}_2$ 变成了 $\boldsymbol{A}_2\boldsymbol{A}_4^{-1}$. 其他运算就简单了.

例 3.12 求下面方程组中的 x_1, x_2.

$$\begin{cases} x_1 + x_2 + x_3 + x_4 + x_5 = 3, \\ x_1 + 2x_2 + 2x_3 + 3x_4 + 4x_5 = 9, \\ 2x_1 + x_2 - 2x_3 + 2x_4 - 3x_5 = -16, \\ 3x_1 + 2x_2 + 3x_3 + 4x_4 + x_5 = 2, \\ -x_1 + x_2 - 4x_3 + 4x_4 + 2x_5 = -12. \end{cases}$$

解 将系数矩阵$\boldsymbol{A}$ 分块为

$$\boldsymbol{A}=\begin{pmatrix}\boldsymbol{A}_1 & \boldsymbol{A}_2\\ \boldsymbol{A}_3 & \boldsymbol{A}_4\end{pmatrix},\quad \boldsymbol{A}_1=\begin{pmatrix}1 & 1\\ 1 & 2\end{pmatrix}.$$

再将 $\begin{pmatrix}\boldsymbol{A}_2\\ \boldsymbol{A}_4\end{pmatrix}$ 施行列变换

$$\left(\begin{array}{ccc}1 & 1 & 1\\ 2 & 3 & 4\\ \hline -2 & 2 & -3\\ 3 & 4 & 1\\ -4 & 4 & 2\end{array}\right)\longrightarrow\left(\begin{array}{ccc}\frac{1}{2} & 2 & 1\\ \frac{3}{2} & 5 & 4\\ \hline 1 & 0 & -3\\ 2 & 7 & 1\\ 2 & 0 & 2\end{array}\right)\longrightarrow\left(\begin{array}{ccc}\frac{1}{2} & \frac{2}{7} & \frac{5}{2}\\ \frac{3}{2} & \frac{5}{7} & \frac{17}{2}\\ \hline 1 & 0 & 0\\ 2 & 1 & 7\\ 2 & 0 & 8\end{array}\right)$$

$$\longrightarrow\left(\begin{array}{ccc}\frac{1}{2} & \frac{2}{7} & \frac{1}{16}\\ \frac{3}{2} & \frac{5}{7} & \frac{7}{16}\\ \hline 1 & 0 & 0\\ 2 & 1 & 0\\ 2 & 0 & 1\end{array}\right)\longrightarrow\left(\begin{array}{ccc}\frac{-22}{112} & \frac{32}{112} & \frac{7}{112}\\ \frac{-90}{112} & \frac{80}{112} & \frac{49}{112}\\ \hline 1 & 0 & 0\\ 0 & 1 & 0\\ 0 & 0 & 1\end{array}\right).$$

因而

$$\boldsymbol{A}_2\boldsymbol{A}_4^{-1}=\frac{1}{112}\begin{pmatrix}-22 & 32 & 7\\ -90 & 80 & 49\end{pmatrix},$$

$$\boldsymbol{A}_1-\boldsymbol{A}_2\boldsymbol{A}_4^{-1}\boldsymbol{A}_3=\frac{1}{112}\begin{pmatrix}67 & 63\\ 101 & 105\end{pmatrix},$$

$$\boldsymbol{B}_1-\boldsymbol{A}_2\boldsymbol{A}_4^{-1}\boldsymbol{B}_2=\frac{1}{112}\begin{pmatrix}4\\ -4\end{pmatrix}.$$

故 x_1, x_2 为方程组

$$\begin{pmatrix}67 & 63\\ 101 & 105\end{pmatrix}\begin{pmatrix}x_1\\ x_2\end{pmatrix}=\begin{pmatrix}4\\ -4\end{pmatrix}$$

的解. 不难求出 $x_1=1$, $x_2=-1$.

习　　题

用初等变换法解下列方程组 (1 ~ 4):

1. $$\begin{cases} x_1 - 2x_2 + 3x_3 - 4x_4 = 4, \\ x_2 - x_3 + x_4 = -3, \\ x_1 + 3x_2 + x_4 = 1, \\ -7x_2 + 3x_3 + x_4 = -3. \end{cases}$$

2. $$\begin{cases} x_1 + 2x_2 + x_3 = 0, \\ 2x_1 - x_2 + x_3 = 1, \\ x_1 - x_2 + 2x_3 = 3, \\ 5x_1 + 2x_2 + 5x_3 = 4. \end{cases}$$

3. $$\begin{cases} x_1 + 2x_2 - 3x_4 + 2x_5 = 1, \\ x_1 - x_2 - 3x_3 + x_4 - 3x_5 = 2, \\ 2x_1 - 3x_2 + 4x_3 - 5x_4 + 2x_5 = 7, \\ 9x_1 - 9x_2 + 6x_3 - 16x_4 + 2x_5 = 25. \end{cases}$$

4. $$\begin{cases} 2x_1 + x_2 - x_3 = 1, \\ 3x_1 - 2x_2 + x_3 = 4, \\ x_1 + 4x_2 - 3x_3 = 7, \\ x_1 + 2x_2 + x_3 = 4. \end{cases}$$

5. 求下列方程组中的 x_1, x_2.

$$\begin{cases} 2x_1 - x_2 + 3x_3 + 2x_4 = 0, \\ 9x_1 - x_2 + 14x_3 + 2x_4 = 1, \\ 3x_1 + 2x_2 + 5x_3 - 4x_4 = 1, \\ 4x_1 + 5x_2 + 7x_3 - 10x_4 = 2. \end{cases}$$

3.6　例

例 3.13　一个 n 阶方阵叫做**正交方阵**, 如果它的逆矩阵是它的转置矩阵. 试证 n 阶方阵$\boldsymbol{A}$ 若满足下面三个条件中的两个则也满足第三个:

1)　$\boldsymbol{A}$ 对合 (即 $\boldsymbol{A}^2 = \boldsymbol{I}_n$);

2)　$\boldsymbol{A}$ 正交 (即 $\boldsymbol{A}\boldsymbol{A}' = \boldsymbol{I}_n$);

3)　$\boldsymbol{A}$ 对称 (即 $\boldsymbol{A}' = \boldsymbol{A}$).

证　由 $\boldsymbol{A}^2 = \boldsymbol{I}_n$, $\boldsymbol{A} = \boldsymbol{A}'$ 知, $\boldsymbol{A}\boldsymbol{A}' = \boldsymbol{A}'\boldsymbol{A} = \boldsymbol{I}_n$.

由 $\boldsymbol{A}^2 = \boldsymbol{I}_n$, $\boldsymbol{A}'\boldsymbol{A} = \boldsymbol{A}\boldsymbol{A}' = \boldsymbol{I}_n$ 知, $\boldsymbol{A}^{-1} = \boldsymbol{A}$, $\boldsymbol{A}^{-1} = \boldsymbol{A}'$. 故 $\boldsymbol{A}' = \boldsymbol{A}$.

由 $\boldsymbol{A}'\boldsymbol{A} = \boldsymbol{A}\boldsymbol{A}' = \boldsymbol{I}_n$, $\boldsymbol{A}' = \boldsymbol{A}$ 知, $\boldsymbol{A}^2 = \boldsymbol{I}_n$.

例 3.14　设 $\boldsymbol{X} \in \mathbf{R}^{n\times p}$ $(n > p)$, 且

$$(\mathrm{col}_i\boldsymbol{X})'\mathrm{col}_j\boldsymbol{X} = \delta_{ij},\ 1 \leqslant i,\ j \leqslant p. \tag{1}$$

则矩阵 $\boldsymbol{S_X} = 2\boldsymbol{XX}' - \boldsymbol{I}_n$ 满足例 1 中三个条件.

证　直接计算可得

$$\begin{aligned}\boldsymbol{S}'_{\boldsymbol{X}} &= (2\boldsymbol{XX}' - \boldsymbol{I}_n)' = 2(\boldsymbol{X}')'\boldsymbol{X}' - \boldsymbol{I}'_n \\ &= 2\boldsymbol{XX}' - \boldsymbol{I}_n = \boldsymbol{S_X}.\end{aligned}$$

其次, 由 (1) 式知 $\boldsymbol{X}'\boldsymbol{X} = \boldsymbol{I}_p$. 于是

$$\begin{aligned}\boldsymbol{S_X}^2 &= 4\boldsymbol{XX}'\boldsymbol{XX}' - 4\boldsymbol{XX}' + \boldsymbol{I}_n \\ &= 4\boldsymbol{X}\boldsymbol{I}_p\boldsymbol{X}' - 4\boldsymbol{XX}' + \boldsymbol{I}_n = \boldsymbol{I}_n.\end{aligned}$$

由$\boldsymbol{S_X}$ 满足例 3.13 中条件 3) 与 1), 故满足 2).

例 3.15　设$\boldsymbol{X}$, $\boldsymbol{S_X}$ 如例 3.14. 又 $\boldsymbol{A} \in \mathbf{R}^{n\times n}$, 且$\boldsymbol{A}$ 为正交矩阵, 令$\boldsymbol{Y} = \boldsymbol{AX}$. 则

$$\begin{gathered}(\mathrm{col}_i\boldsymbol{Y})'\mathrm{col}_j\boldsymbol{Y} = \delta_{ij}, \quad 1 \leqslant i,\ j \leqslant p; \\ \boldsymbol{S_Y} = \boldsymbol{AS_XA}^{-1}.\end{gathered}$$

证　由 $\mathrm{col}_i\boldsymbol{Y} = \mathrm{col}_i\boldsymbol{AX} = \boldsymbol{A}\mathrm{col}_i\boldsymbol{X}$, 故

$$\begin{aligned}(\mathrm{col}_i\boldsymbol{Y})'\mathrm{col}_j\boldsymbol{Y} &= (\mathrm{col}_i\boldsymbol{X})'\boldsymbol{A}'\boldsymbol{A}\mathrm{col}_j\boldsymbol{X} \\ &= (\mathrm{col}_i\boldsymbol{X})'\boldsymbol{I}_n\mathrm{col}_j\boldsymbol{X} = \delta_{ij}, \qquad 1 \leqslant i,\ j \leqslant p; \\ \boldsymbol{S_Y} &= 2\boldsymbol{YY}' - \boldsymbol{I}_n = 2\boldsymbol{AXX}'\boldsymbol{A}' - \boldsymbol{I}_n \\ &= \boldsymbol{A}(2\boldsymbol{XX}' - \boldsymbol{I}_n)\boldsymbol{A}' = \boldsymbol{AS_XA}^{-1}.\end{aligned}$$

于是结论成立.

例 3.16　设 $\boldsymbol{A}$, $\boldsymbol{B} \in \boldsymbol{P}^{n\times n}$, 且 $\boldsymbol{A}$, $\boldsymbol{B}$, $\boldsymbol{AB} - \boldsymbol{I}_n$ 可逆. 求证 $\boldsymbol{A} - \boldsymbol{B}^{-1}$, $(\boldsymbol{A} - \boldsymbol{B}^{-1})^{-1} - \boldsymbol{A}^{-1}$ 也可逆.

证　因为

$$\boldsymbol{A} - \boldsymbol{B}^{-1} = \boldsymbol{ABB}^{-1} - \boldsymbol{B}^{-1} = (\boldsymbol{AB} - \boldsymbol{I}_n)\boldsymbol{B}^{-1},$$

所以由 $\boldsymbol{B}$, $\boldsymbol{AB} - \boldsymbol{I}_n$ 可逆, 知 $\boldsymbol{A} - \boldsymbol{B}^{-1}$ 可逆, 且

$$(\boldsymbol{A} - \boldsymbol{B}^{-1})^{-1} = \boldsymbol{B}(\boldsymbol{AB} - \boldsymbol{I}_n)^{-1}.$$

进而

$$\begin{aligned}&(\boldsymbol{A}-\boldsymbol{B}^{-1})^{-1}-\boldsymbol{A}^{-1}\\=&\boldsymbol{B}(\boldsymbol{AB}-\boldsymbol{I}_n)^{-1}-\boldsymbol{A}^{-1}=\boldsymbol{A}^{-1}(\boldsymbol{AB}(\boldsymbol{AB}-\boldsymbol{I}_n)^{-1}-\boldsymbol{I}_n)\\=&\boldsymbol{A}^{-1}(\boldsymbol{AB}-(\boldsymbol{AB}-\boldsymbol{I}_n))(\boldsymbol{AB}-\boldsymbol{I}_n)^{-1}=\boldsymbol{A}^{-1}(\boldsymbol{AB}-\boldsymbol{I}_n)^{-1},\end{aligned}$$

因而 $(\boldsymbol{A}-\boldsymbol{B}^{-1})^{-1}-\boldsymbol{A}^{-1}$ 也可逆, 且

$$((\boldsymbol{A}-\boldsymbol{B}^{-1})^{-1}-\boldsymbol{A}^{-1})^{-1}=\boldsymbol{ABA}-\boldsymbol{A}.$$

注 最后这个等式叫**华罗庚等式**.

例 3.17 设 $\boldsymbol{A}, \boldsymbol{B}\in \boldsymbol{P}^{n\times n}$, 且 $\boldsymbol{I}_n-\boldsymbol{AB}$ 可逆, 则 $\boldsymbol{I}_n-\boldsymbol{BA}$ 也可逆.

证 1 由于

$$\begin{aligned}\boldsymbol{I}_n-\boldsymbol{BA}&=\boldsymbol{I}_n-\boldsymbol{B}(\boldsymbol{I}_n-\boldsymbol{AB})(\boldsymbol{I}_n-\boldsymbol{AB})^{-1}\boldsymbol{A}\\&=\boldsymbol{I}_n-(\boldsymbol{B}-\boldsymbol{BAB})(\boldsymbol{I}_n-\boldsymbol{AB})^{-1}\boldsymbol{A}\\&=\boldsymbol{I}_n-(\boldsymbol{I}_n-\boldsymbol{BA})\boldsymbol{B}(\boldsymbol{I}_n-\boldsymbol{AB})^{-1}\boldsymbol{A}.\end{aligned}$$

因而有

$$\boldsymbol{I}_n-\boldsymbol{BA}+(\boldsymbol{I}_n-\boldsymbol{BA})\boldsymbol{B}(\boldsymbol{I}_n-\boldsymbol{AB})^{-1}\boldsymbol{A}=\boldsymbol{I}_n.$$

于是

$$(\boldsymbol{I}_n-\boldsymbol{BA})^{-1}=\boldsymbol{I}_n+\boldsymbol{B}(\boldsymbol{I}_n-\boldsymbol{AB})^{-1}\boldsymbol{A}.$$

证 2 由于

$$\begin{aligned}\det\begin{pmatrix}\boldsymbol{I}_n&\boldsymbol{A}\\\boldsymbol{B}&\boldsymbol{I}_n\end{pmatrix}&=\det\left(\begin{pmatrix}\boldsymbol{I}_n&0\\-\boldsymbol{B}&\boldsymbol{I}_n\end{pmatrix}\begin{pmatrix}\boldsymbol{I}_n&\boldsymbol{A}\\\boldsymbol{B}&\boldsymbol{I}_n\end{pmatrix}\right)\\&=\det\begin{pmatrix}\boldsymbol{I}_n&\boldsymbol{A}\\0&\boldsymbol{I}_n-\boldsymbol{BA}\end{pmatrix}=\det(\boldsymbol{I}_n-\boldsymbol{BA}),\end{aligned}$$

$$\begin{aligned}\det\begin{pmatrix}\boldsymbol{I}_n&\boldsymbol{A}\\\boldsymbol{B}&\boldsymbol{I}_n\end{pmatrix}&=\det\left(\begin{pmatrix}\boldsymbol{I}_n&-\boldsymbol{A}\\0&\boldsymbol{I}_n\end{pmatrix}\begin{pmatrix}\boldsymbol{I}_n&\boldsymbol{A}\\\boldsymbol{B}&\boldsymbol{I}_n\end{pmatrix}\right)\\&=\det\begin{pmatrix}\boldsymbol{I}_n-\boldsymbol{AB}&0\\\boldsymbol{B}&\boldsymbol{I}_n\end{pmatrix}=\det(\boldsymbol{I}_n-\boldsymbol{AB}),\end{aligned}$$

因此

$$\det(\boldsymbol{I}_n-\boldsymbol{BA})=\det(\boldsymbol{I}_n-\boldsymbol{AB}).$$

于是 $\boldsymbol{I}_n-\boldsymbol{AB}$ 可逆, 则 $\boldsymbol{I}_n-\boldsymbol{BA}$ 可逆.

例 3.18 设 $\boldsymbol{B}\in\boldsymbol{P}^{n\times n}$, 且$\boldsymbol{B}$ 可逆. 又$\boldsymbol{\alpha},\ \boldsymbol{\beta}\in\boldsymbol{P}^{n\times 1}$, 且 $\boldsymbol{a}=1+\boldsymbol{\beta}'\boldsymbol{B}^{-1}\boldsymbol{\alpha}\neq 0$. 则 $\boldsymbol{B}+\boldsymbol{\alpha\beta}'$ 可逆, 且

$$(\boldsymbol{B}+\boldsymbol{\alpha\beta}')^{-1}=\boldsymbol{B}^{-1}-\frac{1}{a}(\boldsymbol{B}^{-1}\boldsymbol{\alpha})(\boldsymbol{\beta}'\boldsymbol{B}^{-1}). \tag{2}$$

证 直接计算

$$\begin{aligned}&(\boldsymbol{B}+\boldsymbol{\alpha\beta}')\left(\boldsymbol{B}^{-1}-\frac{1}{a}(\boldsymbol{B}^{-1}\boldsymbol{\alpha})(\boldsymbol{\beta}'\boldsymbol{B}^{-1})\right)\\ =&\boldsymbol{I}_n-\frac{1}{a}\boldsymbol{\alpha\beta}'\boldsymbol{B}^{-1}+\boldsymbol{\alpha\beta}'\boldsymbol{B}^{-1}-\frac{1}{a}\boldsymbol{\alpha\beta}'\boldsymbol{B}^{-1}\boldsymbol{\alpha\beta}'\boldsymbol{B}^{-1}\\ =&\boldsymbol{I}_n+\left(1-\frac{1}{a}\right)\boldsymbol{\alpha\beta}'\boldsymbol{B}^{-1}-\frac{1}{a}\boldsymbol{\alpha}(\boldsymbol{\beta}'\boldsymbol{B}^{-1}\boldsymbol{\alpha})\boldsymbol{\beta}'\boldsymbol{B}^{-1}\\ =&\boldsymbol{I}_n+\left(1-\frac{1}{a}\right)\boldsymbol{\alpha\beta}'\boldsymbol{B}^{-1}-\frac{1}{a}\boldsymbol{\alpha}(a-1)\boldsymbol{\beta}'\boldsymbol{B}^{-1}\\ =&\boldsymbol{I}_n.\end{aligned}$$

因而 $\boldsymbol{B}+\boldsymbol{\alpha\beta}'$ 可逆, 且 (2) 式成立.

例 3.19 设 $\boldsymbol{A}\in\boldsymbol{P}^{n\times n}$, 求证

$$\det\boldsymbol{A}^*=(\det\boldsymbol{A})^{n-1}. \tag{3}$$

证 由于

$$\boldsymbol{AA}^*=\boldsymbol{A}^*\boldsymbol{A}=\det\boldsymbol{A}\cdot\boldsymbol{I}_n,$$

于是 $\det\boldsymbol{A}\neq 0$ 时, (3) 式成立.

现设 $\det\boldsymbol{A}=0$. 若 $\det\boldsymbol{A}^*\neq 0$, 则线性方程组

$$\boldsymbol{A}^*\boldsymbol{X}=0$$

有唯一解 $\boldsymbol{X}=0$. 但由 $\boldsymbol{A}^*\boldsymbol{A}=0$ 知

$$\boldsymbol{A}^*\mathrm{col}_j\boldsymbol{A}=0,\ 1\leqslant j\leqslant n.$$

于是 $\mathrm{col}_j\boldsymbol{A}=0,\ 1\leqslant j\leqslant n$. 因而 $\boldsymbol{A}=0,\ \boldsymbol{A}^*=0$. 得到矛盾, 故 (3) 式仍然成立.

例 3.20 设

$$\boldsymbol{A}=\begin{pmatrix}a_{11}&a_{12}&\cdots&a_{1n}\\a_{21}&a_{22}&\cdots&a_{2n}\\\vdots&\vdots&&\vdots\\a_{n1}&a_{n2}&\cdots&a_{nn}\end{pmatrix}\in\mathbf{R}^{n\times n}$$

满足下面两个条件:

1) $i \neq j$ 时, $a_{ij} \leqslant 0$;

2) $\boldsymbol{A}\begin{pmatrix} 1\,2\cdots k \\ 1\,2\cdots k \end{pmatrix} > 0,\ 1 \leqslant k \leqslant n$. 则下面两个结论成立:

i) $\boldsymbol{A}^{-1}$ 的所有元素非负;

ii) 存在 $\boldsymbol{X} = \begin{pmatrix} x_1 \\ x_2 \\ \vdots \\ x_n \end{pmatrix}$, $x_i > 0,\ 1 \leqslant i \leqslant n$ 使得$\boldsymbol{AX}$ 中每个元素都是正数.

证 对 n 作归纳证明. $n=1$ 时, 命题显然成立. 设 $n-1$ 时命题已成立. 对$\boldsymbol{A}$ 作如下分块

$$\boldsymbol{A} = \begin{pmatrix} \boldsymbol{A}_{n-1} & \boldsymbol{\alpha} \\ \boldsymbol{\beta} & a_{nn} \end{pmatrix}.$$

于是有 $\boldsymbol{A}_{n-1}$ 可逆, 且 $\boldsymbol{A}_{n-1}^{-1}$ 中每个元素非负, 且

$$\begin{pmatrix} \boldsymbol{I}_{n-1} & 0 \\ -\boldsymbol{\beta}\boldsymbol{A}_{n-1}^{-1} & 1 \end{pmatrix}\begin{pmatrix} \boldsymbol{A}_{n-1} & \boldsymbol{\alpha} \\ \boldsymbol{\beta} & a_{nn} \end{pmatrix} = \begin{pmatrix} \boldsymbol{A}_{n-1} & \boldsymbol{\alpha} \\ 0 & a_{nn} - \boldsymbol{\beta}\boldsymbol{A}_{n-1}^{-1}\boldsymbol{\alpha} \end{pmatrix}.$$

令 $d = a_{nn} - \boldsymbol{\beta}\boldsymbol{A}_{n-1}^{-1}\boldsymbol{\alpha}$, 则 $d = \det \boldsymbol{A}/\det \boldsymbol{A}_{n-1} > 0$. 又

$$\begin{pmatrix} \boldsymbol{I}_{n-1} & -\dfrac{1}{d}\boldsymbol{\alpha} \\ 0 & 1 \end{pmatrix}\begin{pmatrix} \boldsymbol{A}_{n-1} & \boldsymbol{\alpha} \\ 0 & d \end{pmatrix} = \begin{pmatrix} \boldsymbol{A}_{n-1} & 0 \\ 0 & d \end{pmatrix}.$$

因而有

$$\boldsymbol{A}^{-1} = \begin{pmatrix} \boldsymbol{A}_{n-1}^{-1} & 0 \\ 0 & d^{-1} \end{pmatrix}\begin{pmatrix} \boldsymbol{I}_{n-1} & -\dfrac{1}{d}\boldsymbol{\alpha} \\ 0 & 1 \end{pmatrix}\begin{pmatrix} \boldsymbol{I}_{n-1} & 0 \\ -\boldsymbol{\beta}\boldsymbol{A}_{n-1}^{-1} & 1 \end{pmatrix}.$$

由于 $\boldsymbol{A}_{n-1}^{-1}$ 中每个元素非负, $d > 0$, $\boldsymbol{\alpha}, \boldsymbol{\beta}$ 中元素非正, 于是上式右面三个矩阵中元素都非负, 因而 $\boldsymbol{A}^{-1}$ 中元素非负, 记 $\boldsymbol{A}^{-1} = (b_{ij})$, 于是 $b_{ij} \geqslant 0$. 令 $\boldsymbol{X} = \sum\limits_{j=1}^{n} \mathrm{col}_j \boldsymbol{A}^{-1} = \begin{pmatrix} x_1 \\ x_2 \\ \vdots \\ x_n \end{pmatrix}$, 则 $x_i = \sum\limits_{j=1}^{n} b_{ij}$. 由 $\boldsymbol{A}^{-1}$ 可逆, 故 $x_i > 0$, 且

$$AX = \sum_{j=1}^{n} A\mathrm{col}_j A^{-1} = \sum_{j=1}^{n} \mathrm{col}_j AA^{-1} = \begin{pmatrix} 1 \\ 1 \\ \vdots \\ 1 \end{pmatrix}.$$

故AX 中每个元素为正数.

例 3.21　设A, $R \in P^{m\times n}$, B 为 P上 m 阶可逆矩阵, $X = \begin{pmatrix} x_1 \\ x_2 \\ \vdots \\ x_n \end{pmatrix}$. 试证: 若$BA$ 的每行的转置都是 RX=0 的解, 则A 的每行的转置也是 $RX = 0$ 的解.

证　因为 $R(\mathrm{row}_i(BA))' = 0$, 于是 $R((\mathrm{row}_i B)A)' = 0$, 即 $R(A'(\mathrm{row}_i B)') = 0$. 因此

$$RA'(\mathrm{col}_i B') = 0, \quad 1 \leqslant i \leqslant m.$$

故

$$RA'(\mathrm{col}_1 B', \mathrm{col}_2 B', \cdots, \mathrm{col}_m B') = RA'B = 0.$$

于是 $RA' = 0$, 即A 的每行的转置也是 $RX = 0$ 的解.

习　　题

1. 设 A, $B \in P^{n\times n}$, A^*, B^* 为它们的伴随矩阵. 证明:
   1) $(A^*)' = (A')^*$;
   2) 若A 可逆, 则 $(A^{-1})^* = (A^*)^{-1}$;
   3) 若A 正交, 则 A^* 也正交;
   4) 若A 对称, 则 A^* 也对称;
   5) 若A 对合, 则 A^* 也对合;
   6) $(AB)^* = B^*A^*$;
   7) 若A 幂等, 则 A^* 也幂等.
2. 设 $A \in P^{m\times n}$, $B \in P^{n\times m}$, $n \geqslant m$. 又若 $\lambda \neq 0$, 则

$$\det(\lambda I_n - BA) = \lambda^{n-m} \det(\lambda I_m - AB),$$

   而且 $\lambda = 0$ 时, 上式也成立.
3. 设 $A \in P^{n\times n}$, 我们称

$$\mathrm{tr} A = \sum_{i=1}^{n} \mathrm{ent}_{i\,i} A$$

为$\boldsymbol{A}$ 的迹. 设 $\boldsymbol{A}$, $\boldsymbol{B}\in\boldsymbol{P}^{n\times n}$, $k\in\boldsymbol{P}$. 试证:

1) $\mathrm{tr}(\boldsymbol{A}+\boldsymbol{B})=\mathrm{tr}\boldsymbol{A}+\mathrm{tr}\boldsymbol{B}$;

2) $\mathrm{tr}(k\boldsymbol{A})=k\mathrm{tr}\boldsymbol{A}$;

3) $\mathrm{tr}(\boldsymbol{AB})=\mathrm{tr}(\boldsymbol{BA})$;

4) $\boldsymbol{AB}-\boldsymbol{BA}\neq\boldsymbol{I}_n$;

5) 若$\boldsymbol{A}$ 为可逆矩阵, 则 $\mathrm{tr}(\boldsymbol{ABA}^{-1})=\mathrm{tr}\boldsymbol{B}$.

4. 设 $\boldsymbol{A}_p\in\mathbf{R}^{p\times p}$, $\mathrm{ent}_{i\,i}=2$, $\mathrm{ent}_{i\,j}=-\delta_{|i-j|\,1}$ $(i\neq j)$, 即

$$\boldsymbol{A}_p=\begin{pmatrix} 2 & -1 & 0 & \cdots & 0 & 0\\ -1 & 2 & -1 & \cdots & 0 & 0\\ \vdots & \vdots & \vdots & & \vdots & \vdots\\ 0 & 0 & 0 & \cdots & 2 & -1\\ 0 & 0 & 0 & \cdots & -1 & 2 \end{pmatrix}.$$

又设

$$\boldsymbol{A}=\begin{pmatrix} \boldsymbol{A}_p & \boldsymbol{B}\\ \boldsymbol{C} & \boldsymbol{A}_q \end{pmatrix},$$

其中

$$\boldsymbol{B}=\begin{pmatrix} 0 & 0 & \cdots & 0\\ \vdots & \vdots & & \vdots\\ 0 & 0 & \cdots & 0\\ -b & 0 & \cdots & 0 \end{pmatrix},$$

$$\boldsymbol{C}=\begin{pmatrix} 0 & 0 & \cdots & -c\\ 0 & 0 & \cdots & 0\\ \vdots & \vdots & & \vdots\\ 0 & 0 & \cdots & 0 \end{pmatrix},$$

b, $c\in\mathbf{N}$.

试问, b, c, p, q 在什么情况下分别使 $\det\boldsymbol{A}$ 为正数, 零, 负数?

5. 设 $\boldsymbol{A}=(a_{i\,j})\in\boldsymbol{P}^{p\times q}$, $\boldsymbol{B}=(b_{k\,l})\in\boldsymbol{P}^{q\times p}$. 试证

$$\det\boldsymbol{AB}=\begin{cases} 0, & p>q;\\ \det\boldsymbol{A}\cdot\det\boldsymbol{B}, & p=q;\\ \displaystyle\sum_{1\leqslant i_1<\cdots<i_p\leqslant q}\boldsymbol{A}\begin{pmatrix} 1 & 2 & \cdots & p\\ i_1 & i_2 & \cdots & i_p \end{pmatrix}\boldsymbol{B}\begin{pmatrix} i_1 & i_2 & \cdots & i_p\\ 1 & 2 & \cdots & p \end{pmatrix}, & p<q. \end{cases}$$

上式称为**Binet-Cauchy 公式**.

第4章　线性空间

线性空间是数学中最基本的概念之一. 线性空间理论不仅是高等代数的核心, 而且广泛渗透到各自然科学, 工程技术, 经济管理科学中. 因而线性空间理论既是现代数学的支柱, 又是应用广泛的理论.

线性空间又叫向量空间. 在一定意义上说, 线性空间是几何学特别是解析几何学的推广与升华. 解析几何学为抽象的线性空间提供了一个具体, 生动, 有血有肉的模型. 而线性空间则是解析几何的灵魂.

4.1　向量及其线性运算

将平面解析几何的思想、方法用于立体几何学的研究, 就是空间解析几何学. 因而与平面解析几何学一样, 空间解析几何学的最基本的研究对象也是向量. 当然, 这里向量是包括平面向量在内的空间向量.

向量 (又称**矢量**) 是既有长度又有方向的量.

如力, 速度, 加速度等均是向量.

又如 A, B 是空间中两点. 所谓以 A 为**始点**, B 为**终点**的向量, 是指连接 A, B 的有向线段. 在作图时, 在线段 AB 上画一个指向 B 的箭头, 如图 4.1 所示.

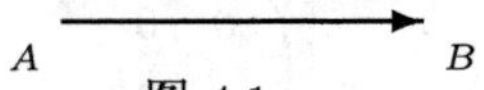

图 4.1

将此向量记为 $\overrightarrow{AB}$. 向量 $\overrightarrow{AB}$ 的长度为线段 AB 的长度, 即 A 与 B 的距离, 以 $|\overrightarrow{AB}|$ 表示.

零向量　长度为零的向量, 即始点与终点重合的向量. 零向量的方向不确定, 可按需要取任意方向.

如果能将向量 $\overrightarrow{AB}$ 平行移动到向量 $\overrightarrow{A'B'}$, 即

$$\overrightarrow{AA'}\|\overrightarrow{BB'},\ \overrightarrow{AB}\|\overrightarrow{A'B'},$$

则称向量 $\overrightarrow{AB}$ 与 $\overrightarrow{A'B'}$ **相等**, 记为 $\overrightarrow{AB}=\overrightarrow{A'B'}$. 换句话说, 相等的向量有相同的长度与方向, 如图 4.2 所示.

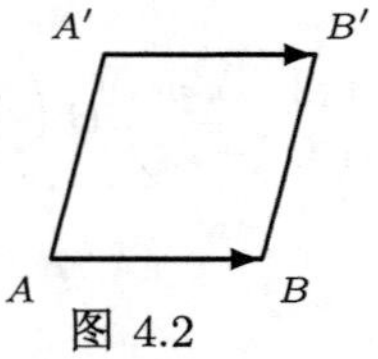

图 4.2

如果把相等的向量看成是同一的, 即只考虑长度和方向而始点可任意选取, 因而位置不固定的向量称为**自由向量**.

以后常用一个字母表示自由向量. 特别地, 零向量表示为 0.

如两向量长度相等, 方向相反, 则称它们是**相反向量**, 或互为**反向量**, **负向量**. 如向量 $\overrightarrow{AB}$ 的反向量为 $\overrightarrow{BA}$. 一个 (自由) 向量$\boldsymbol{\alpha}$ 的负向量是唯一的, 记为$-\boldsymbol{\alpha}$, 即 $\overrightarrow{BA}=-\overrightarrow{AB}$. 显然

$$-(-\boldsymbol{\alpha})=\boldsymbol{\alpha}.$$

如果几个向量平行于同一直线, 则称它们**共线**. 如果几个向量平行于同一平面, 则称它们**共面**. 显然, 任意两个向量一定共面.

向量的**线性运算**是指下面两种运算:

1. 向量与向量的加法 设$\boldsymbol{\alpha}, \boldsymbol{\beta}$ 为空间两个向量. 在空间任取一点 O, 作 $\overrightarrow{OA}=\boldsymbol{\alpha}$, $\overrightarrow{AB}=\boldsymbol{\beta}$. 称以 O 为始点, B 为终点的向量 $\overrightarrow{OB}$ 为$\boldsymbol{\alpha}$ 与 $\boldsymbol{\beta}$ 的**和**, 记为$\boldsymbol{\alpha}+\boldsymbol{\beta}$, 即 $\overrightarrow{OB}=\boldsymbol{\alpha}+\boldsymbol{\beta}$. 称此运算为**向量的加法**, 如图 4.3 所示.

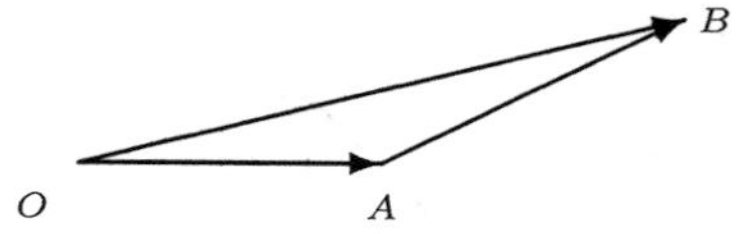

图 4.3

容易证明, $\boldsymbol{\alpha}+\boldsymbol{\beta}$ 与 O 的选取无关.

2. 向量与数的乘法 设$\boldsymbol{\alpha}$ 为向量, $k\in\mathbf{R}$. k 与$\boldsymbol{\alpha}$ 的**积** 是满足下面两个条件的向量:

1) $|k\boldsymbol{\alpha}|=|k|\cdot|\boldsymbol{\alpha}|$;

2) 若 $k>0$, 则 $k\boldsymbol{\alpha}$ 与$\boldsymbol{\alpha}$ 同向; 若 $k<0$, 则 $k\boldsymbol{\alpha}$ 与$\boldsymbol{\alpha}$ 反向.

从条件 1) 知, $k=0$ 或 $\boldsymbol{\alpha}=0$ 时, $k\boldsymbol{\alpha}=0$.

定理 4.1.1 空间所有向量的集合对于向量的线性运算满足下面八个条件:

1) $\boldsymbol{\alpha}+\boldsymbol{\beta}=\boldsymbol{\beta}+\boldsymbol{\alpha}$;

2) $(\boldsymbol{\alpha}+\boldsymbol{\beta})+\boldsymbol{\gamma}=\boldsymbol{\alpha}+(\boldsymbol{\beta}+\boldsymbol{\gamma})$;

3) $0+\boldsymbol{\alpha}=\boldsymbol{\alpha}$;

4) $\boldsymbol{\alpha}+(-\boldsymbol{\alpha})=0$;

5) $1\cdot\boldsymbol{\alpha}=\boldsymbol{\alpha}$;

6) $k(l\boldsymbol{\alpha})=(kl)\boldsymbol{\alpha}$;

7) $(k+l)\boldsymbol{\alpha}=k\boldsymbol{\alpha}+l\boldsymbol{\alpha}$;

8) $k(\boldsymbol{\alpha}+\boldsymbol{\beta})=k\boldsymbol{\alpha}+k\boldsymbol{\beta}$.

在上述八个条件中, $\boldsymbol{\alpha}$, $\boldsymbol{\beta}$, $\boldsymbol{\gamma}$ 表示向量, k, l 表示实数.

证 1) 在空间任取一点 O, 作 $\overrightarrow{OA}=\boldsymbol{\alpha},\overrightarrow{AB}=\boldsymbol{\beta}$; $\overrightarrow{OA_1}=\boldsymbol{\beta},\overrightarrow{A_1B_1}=\boldsymbol{\alpha}$. 由于 $\overrightarrow{OA}\|\overrightarrow{A_1B_1}$, $\overrightarrow{OA}=\overrightarrow{A_1B_1}$, 故

$$\overrightarrow{OA_1}\|\overrightarrow{AB},\ \overrightarrow{OA_1}=\overrightarrow{AB}.$$

因而 B 与 B_1 重合. 即

$$\boldsymbol{\alpha}+\boldsymbol{\beta}=\boldsymbol{\beta}+\boldsymbol{\alpha}=\overrightarrow{OB}.$$

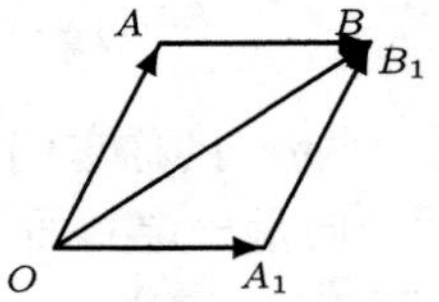

图 4.4

2) 在空间任取一点 O. 作 $\overrightarrow{OA}=\boldsymbol{\alpha}$, $\overrightarrow{AB}=\boldsymbol{\beta}$, $\overrightarrow{BC}=\gamma$. 于是 $\overrightarrow{AC}=\boldsymbol{\beta}+\gamma$,$\overrightarrow{OB}=\boldsymbol{\alpha}+\boldsymbol{\beta}$. 因而

$$(\boldsymbol{\alpha}+\boldsymbol{\beta})+\gamma=\boldsymbol{\alpha}+(\boldsymbol{\beta}+\gamma)=\overrightarrow{OC}.$$

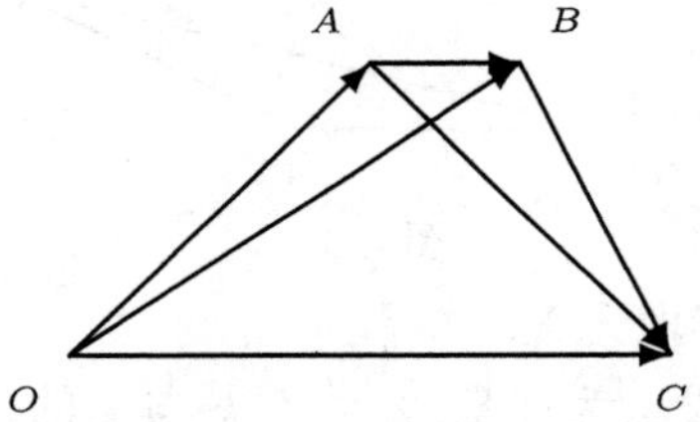

图 4.5

3), 4) 及 5) 是显然的.

6) $\boldsymbol{\alpha}$, k, l 中有一个为 0, 则 $k(l\boldsymbol{\alpha})=(kl)\boldsymbol{\alpha}=0$. 设 $\boldsymbol{\alpha}\neq 0$, $k\neq 0$, $l\neq 0$, 此时

$$|k(l\boldsymbol{\alpha})|=|k|\cdot|l|\cdot|\boldsymbol{\alpha}|=|kl|\cdot|\boldsymbol{\alpha}|=|(kl)\boldsymbol{\alpha}|.$$

若 $k>0$, $l>0$, 则 $kl>0$. $k(l\boldsymbol{\alpha})$ 与 $(kl)\boldsymbol{\alpha}$ 都与$\boldsymbol{\alpha}$ 的方向相同, 因而它们同向.

若 $k<0$, $l<0$, 则 $kl>0$, $(kl)\boldsymbol{\alpha}$ 与$\boldsymbol{\alpha}$ 同向, $l\boldsymbol{\alpha}$ 与$\boldsymbol{\alpha}$ 反向, $k(l\boldsymbol{\alpha})$ 与 $l\boldsymbol{\alpha}$ 反向, 故与$\boldsymbol{\alpha}$ 同向, 也与 $(kl)\boldsymbol{\alpha}$ 同向.

若 $k<0$, $l>0$, 则 $kl<0$, $(kl)\boldsymbol{\alpha}$ 与$\boldsymbol{\alpha}$ 反向, $l\boldsymbol{\alpha}$ 与$\boldsymbol{\alpha}$ 同向. $k(l\boldsymbol{\alpha})$ 与 $l\boldsymbol{\alpha}$ 反向, 也与$\boldsymbol{\alpha}$ 反向, 故与 $(kl)\boldsymbol{\alpha}$ 同向.

若 $k>0$, $l<0$, 则 $kl<0$, $(kl)\boldsymbol{\alpha}$ 与$\boldsymbol{\alpha}$ 反向, $k(l\boldsymbol{\alpha})$ 与 $l\boldsymbol{\alpha}$ 同向. 而 $l\boldsymbol{\alpha}$ 与$\boldsymbol{\alpha}$ 反向, 因而 $k(l\boldsymbol{\alpha})$ 与$\boldsymbol{\alpha}$ 反向, 于是与 $(kl)\boldsymbol{\alpha}$ 同向.

总之, 在所有可能的情况下 6) 均成立.

7) k, l, $\boldsymbol{\alpha}$ 有一为 0 时, 7) 自然成立, 故设 k, l, $\boldsymbol{\alpha}$ 都不为 0.

若 $kl > 0$, 则 $(k+l)\boldsymbol{\alpha}$, $k\boldsymbol{\alpha}$, $l\boldsymbol{\alpha}$ 及 $k\boldsymbol{\alpha}+l\boldsymbol{\alpha}$ 四个向量方向相同, 且

$$|k\boldsymbol{\alpha}+l\boldsymbol{\alpha}| = |k\boldsymbol{\alpha}| + |l\boldsymbol{\alpha}|.$$

若 $kl < 0$, 则 $(k+l)\boldsymbol{\alpha}$ 与 $k\boldsymbol{\alpha}$, $l\boldsymbol{\alpha}$ 中长度大者同向. 同样, $k\boldsymbol{\alpha}+l\boldsymbol{\alpha}$ 也与 $k\boldsymbol{\alpha}$, $l\boldsymbol{\alpha}$ 中长度大者同向. 故 $(k+l)\boldsymbol{\alpha}$ 与 $k\boldsymbol{\alpha}+l\boldsymbol{\alpha}$ 同向, 且

$$|(k+l)\boldsymbol{\alpha}| = |k+l|\cdot|\boldsymbol{\alpha}| = ||k|-|l||\cdot|\boldsymbol{\alpha}|.$$

$$|k\boldsymbol{\alpha}+l\boldsymbol{\alpha}| = ||k\boldsymbol{\alpha}|-|l\boldsymbol{\alpha}|| = ||k|-|l||\cdot|\boldsymbol{\alpha}|.$$

故在所有情形 7) 成立.

8) 若 $\boldsymbol{\alpha}$, $\boldsymbol{\beta}$, k 中有为 0 者, 8) 自然成立, 故设 $\boldsymbol{\alpha}\neq 0$, $\boldsymbol{\beta}\neq 0$, $k\neq 0$.

若 $k>0$. 在空间取 O, O', 分别作 $\overrightarrow{OA}=\boldsymbol{\alpha}$, $\overrightarrow{O'A'}=k\boldsymbol{\alpha}$; $\overrightarrow{AB}=\boldsymbol{\beta}$, $\overrightarrow{A'B'}=k\boldsymbol{\beta}$. 于是 $\overrightarrow{OB}=\boldsymbol{\alpha}+\boldsymbol{\beta}$, $\overrightarrow{O'B'}=k\boldsymbol{\alpha}+k\boldsymbol{\beta}$. 如图 4.6 所示.

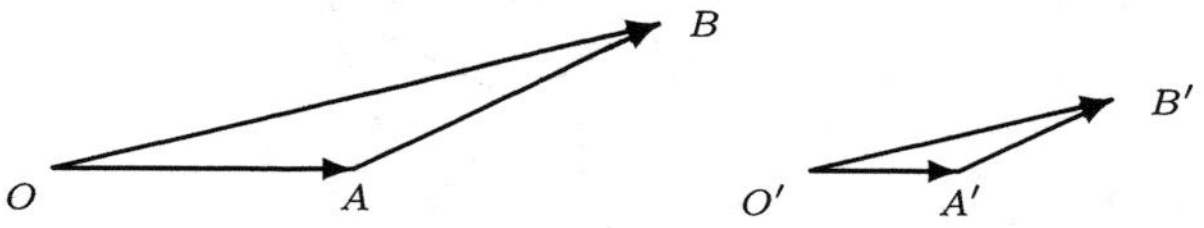

图 4.6

显然, $\triangle OAB \sim \triangle O'A'B'$. 于是 $|k\boldsymbol{\alpha}+k\boldsymbol{\beta}| = k|\boldsymbol{\alpha}+\boldsymbol{\beta}|$. 且 $\overrightarrow{OB}$ 与 $\overrightarrow{O'B'}$ 同向. 故 $k(\boldsymbol{\alpha}+\boldsymbol{\beta}) = k\boldsymbol{\alpha}+k\boldsymbol{\beta}$.

其次, 显然有 $(-1)\cdot\boldsymbol{\alpha} = -\boldsymbol{\alpha}$, $-(\boldsymbol{\alpha}+\boldsymbol{\beta}) = -\boldsymbol{\alpha}-\boldsymbol{\beta}$.

若 $k<0$, 则

$$\begin{aligned}&k(\boldsymbol{\alpha}+\boldsymbol{\beta})\\=&(-1)\cdot|k|(\boldsymbol{\alpha}+\boldsymbol{\beta}) = (-1)\cdot(|k|\boldsymbol{\alpha}+|k|\boldsymbol{\beta})\\=&-|k|\boldsymbol{\alpha}-|k|\boldsymbol{\beta} = k\boldsymbol{\alpha}+k\boldsymbol{\beta},\end{aligned}$$

即 8) 成立.

习 题

1. 设 $\overrightarrow{AB} = \overrightarrow{A_1B_1}$, $\overrightarrow{A_1B_1} = \overrightarrow{A_2B_2}$, 则 $\overrightarrow{AB} = \overrightarrow{A_2B_2}$.
2. 设 $\overrightarrow{AB}$, $\overrightarrow{CD}$ 是两个向量, 令 $\boldsymbol{S}_1$, $\boldsymbol{S}_2$ 分别为与 $\overrightarrow{AB}$, $\overrightarrow{CD}$ 相等的向量集. 试证下面条件等价:
   1) $\boldsymbol{S}_1\cap\boldsymbol{S}_2\neq\varnothing$;
   2) $\overrightarrow{AB} = \overrightarrow{CD}$;
   3) $\boldsymbol{S}_1 = \boldsymbol{S}_2$.

3. 如图 4.7 所示的平行六面体中,

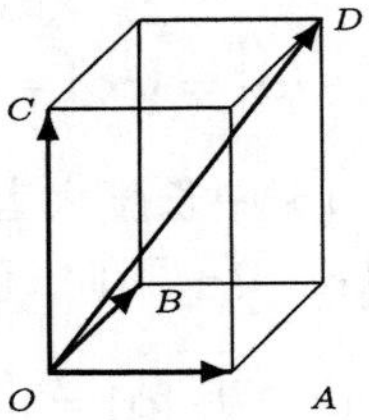

图 4.7

$\overrightarrow{OA}=\boldsymbol{\alpha}$, $\overrightarrow{OB}=\boldsymbol{\beta}$, $\overrightarrow{OC}=\boldsymbol{\gamma}$. 试证

$$\overrightarrow{OD}=\boldsymbol{\alpha}+\boldsymbol{\beta}+\boldsymbol{\gamma}.$$

4. 如图 4.8 所示的平行四边形 $ABCD$ 中,

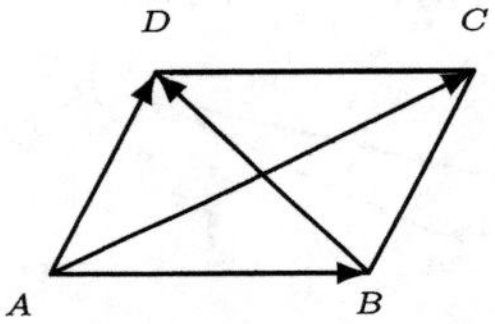

图 4.8

$\overrightarrow{AB}=\boldsymbol{\alpha}$, $\overrightarrow{AD}=\boldsymbol{\beta}$. 试用 α, β 表示 $\overrightarrow{AC}$,$\overrightarrow{BD}$.

5. 设向量 $\boldsymbol{\alpha}\neq 0$. 试证$\boldsymbol{\beta}$ 与 $\boldsymbol{\alpha}$ 共线的充分必要条件是存在实数 k, 使得 $\beta=k\boldsymbol{\alpha}$, 且 k 由$\boldsymbol{\alpha}$, $\boldsymbol{\beta}$ 唯一确定.

6. 设$\boldsymbol{\alpha}$, $\boldsymbol{\beta}$ 不共线, 则向量$\boldsymbol{\gamma}$ 与 $\boldsymbol{\alpha}$, $\boldsymbol{\beta}$ 共面的充分必要条件是存在实数 k, l 使得 $\gamma=k\boldsymbol{\alpha}+l\boldsymbol{\beta}$, 且 k, l 由$\boldsymbol{\alpha}$, $\boldsymbol{\beta}$, $\boldsymbol{\gamma}$ 唯一确定.

7. 试证向量$\boldsymbol{\alpha}$, $\boldsymbol{\beta}$, $\boldsymbol{\gamma}$ 共面的充分必要条件是存在不全为 0 的实数 k, l, m 使得 $k\boldsymbol{\alpha}+l\boldsymbol{\beta}+m\boldsymbol{\gamma}=0$.

8. 设$\boldsymbol{\alpha}$, $\boldsymbol{\beta}$, $\boldsymbol{\gamma}$ 是三个非零向量, k, l, m 是三个非零实数. 试证 $k\boldsymbol{\alpha}-l\boldsymbol{\beta}$, $l\boldsymbol{\beta}-m\boldsymbol{\gamma}$, $m\boldsymbol{\gamma}-k\boldsymbol{\alpha}$ 是三个共面向量.

4.2 坐 标 系

连接几何与代数的纽带是在空间建立坐标系, 从而使几何问题代数化, 这是解析几何的核心. 本节将建立坐标系.

定理 4.2.1　设$\boldsymbol{\alpha}$, $\boldsymbol{\beta}$, $\boldsymbol{\gamma}$ 是三个不共面的向量, 则对任一向量$\boldsymbol{\delta}$ 有唯一的一组实数 k, l, m 使得

$$\boldsymbol{\delta}=k\boldsymbol{\alpha}+l\boldsymbol{\beta}+m\boldsymbol{\gamma}. \tag{1}$$

证 在空间任取一点 O, 过 O 作直线 a, b, c 分别平行$\boldsymbol{\alpha}$, $\boldsymbol{\beta}$, $\boldsymbol{\gamma}$, 并作 $\overrightarrow{OP}=\boldsymbol{\delta}$. 由 $\boldsymbol{\alpha}$, $\boldsymbol{\beta}$, $\boldsymbol{\gamma}$ 不共面, 故 a, b, c 不在一个平面内. 过 P 点作三个平面分别平行 Obc, Oca, Oab. 它们与 a, b, c 的交点分别为 K, L, M, 如图 4.9 所示.

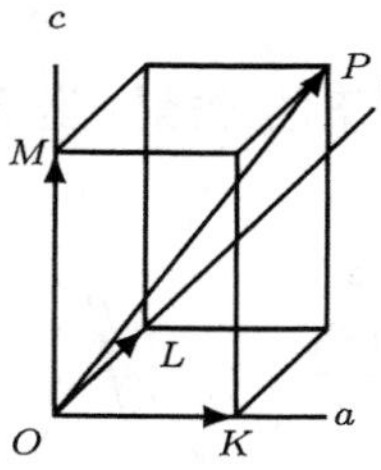

图 4.9

于是有唯一的 k, l, $m\in\mathbf{R}$, 使得 $\overrightarrow{OK}=k\boldsymbol{\alpha}$, $\overrightarrow{OL}=l\boldsymbol{\beta}$, $\overrightarrow{OM}=m\boldsymbol{\gamma}$, 而且 (1) 成立.

若 k', l', $m'\in\mathbf{R}$, 且 $\boldsymbol{\delta}=k'\boldsymbol{\alpha}+l'\boldsymbol{\beta}+m'\boldsymbol{\gamma}$, 则

$$(k-k')\boldsymbol{\alpha}+(l-l')\boldsymbol{\beta}+(m-m')\boldsymbol{\gamma}=0.$$

因$\boldsymbol{\alpha}$, $\boldsymbol{\beta}$, $\boldsymbol{\gamma}$ 不共面, 由 4.1 节习题 7 知

$$k-k'=l-l'=m-m'=0.$$

故知 k, l, m 是唯一的.

定义 4.2.1 空间中三个不共面的向量$\boldsymbol{\alpha}$, $\boldsymbol{\beta}$, $\boldsymbol{\gamma}$ 叫空间的一个**坐标系** (或一组**基**). 若向量 $\boldsymbol{\delta}=k\boldsymbol{\alpha}+l\boldsymbol{\beta}+m\boldsymbol{\gamma}$, 则称 $\begin{pmatrix}k\\l\\m\end{pmatrix}$ 为$\boldsymbol{\delta}$ 在基 $\boldsymbol{\alpha},\boldsymbol{\beta},\boldsymbol{\gamma}$ 下的**坐标**, $k\boldsymbol{\alpha}$, $l\boldsymbol{\beta}$, $m\boldsymbol{\gamma}$ 称为$\boldsymbol{\delta}$ (在 $\boldsymbol{\alpha}$ 方向, $\boldsymbol{\beta}$ 方向, γ 方向) 的**分量**.

$\boldsymbol{\delta}$ 在基 $\boldsymbol{\alpha}$, $\boldsymbol{\beta}$, $\boldsymbol{\gamma}$ 下的坐标, 我们记作 $\mathrm{crd}(\boldsymbol{\delta};\ \boldsymbol{\alpha},\ \boldsymbol{\beta},\ \boldsymbol{\gamma})$. 不混淆时, 记为 $\mathrm{crd}\,\boldsymbol{\delta}$, 即

$$\mathrm{crd}(\boldsymbol{\delta};\ \boldsymbol{\alpha},\ \boldsymbol{\beta},\ \boldsymbol{\gamma})=\begin{pmatrix}k\\l\\m\end{pmatrix}.$$

由定理 4.2.1 知, 取定基$\boldsymbol{\alpha}$, $\boldsymbol{\beta}$, $\boldsymbol{\gamma}$ 后, 每个向量$\boldsymbol{\delta}$ 都有唯一的坐标 $\mathrm{crd}\boldsymbol{\delta}\in\mathbf{R}^{3\times1}$. 反之, 对任一 $\boldsymbol{X}\in\mathbf{R}^{3\times1}$, 有唯一向量以$\boldsymbol{X}$ 为其坐标.

显然

$$\mathrm{crd}(\boldsymbol{\delta}_1+\boldsymbol{\delta}_2)=\mathrm{crd}\boldsymbol{\delta}_1+\mathrm{crd}\boldsymbol{\delta}_2,$$

$$\mathrm{crd}(k\boldsymbol{\delta})=k\,\mathrm{crd}\boldsymbol{\delta}.$$

定义 4.2.2　设 O 为空间一点, $\boldsymbol{\alpha}$, $\boldsymbol{\beta}$, γ 为一组基, 则称 $\{O;\ \boldsymbol{\alpha}\ \boldsymbol{\beta},\ \gamma\}$ 为空间的一个(**仿射**) **标架** (**坐标系**). P 为空间一点, 向量 $\overrightarrow{OP}$ 在$\boldsymbol{\alpha}$, $\boldsymbol{\beta}$, γ 下的坐标 $\begin{pmatrix} x \\ y \\ z \end{pmatrix}$ 称为点 P 在标架 $\{O;\ \boldsymbol{\alpha},\ \boldsymbol{\beta},\ \gamma\}$ 下的(**仿射**) **坐标**. 此时, 记 P 点为 $P(x,\ y,\ z)$, 如图 4.10 所示.

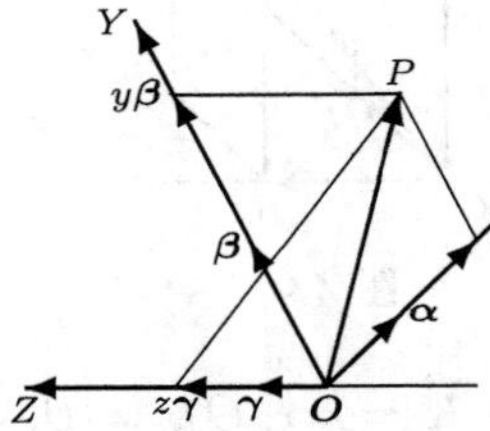

图 4.10

$\boldsymbol{O}$ 叫**原点**. 显然, $\boldsymbol{O}$ 的坐标为 $\begin{pmatrix} 0 \\ 0 \\ 0 \end{pmatrix} = 0.$

由定理 4.2.1 知, 取定标架后, 空间每点有唯一的坐标 $\begin{pmatrix} x \\ y \\ z \end{pmatrix} \in \mathbf{R}^{3\times 1}$. 反过来, 对任一 $\boldsymbol{X} = \begin{pmatrix} x_1 \\ x_2 \\ x_3 \end{pmatrix} \in \mathbf{R}^{3\times 1}$, 空间有唯一点 Q, 使得 $\overrightarrow{OQ}=x_1\boldsymbol{\alpha}+x_2\boldsymbol{\beta}+x_3\boldsymbol{\gamma}$, 即 Q 以$\boldsymbol{X}$ 为其坐标.

通过$\boldsymbol{O}$ 点, 分别与α, β, γ 同向的有向直线 OX, OY, OZ 称为**坐标轴**; 平面 XOY, YOZ, ZOX 称为**坐标平面**, 也称此坐标系为 $OXYZ$.

若基$\boldsymbol{\alpha}$, $\boldsymbol{\beta}$, γ (相互垂直) 的相对位置依次和右 (左) 手的拇指, 食指, 中指不共面地 (前两指平伸, 中指跟它们 "垂直") 伸开时一样, 则称$\boldsymbol{\alpha}$, $\boldsymbol{\beta}$, γ 为**右** (**左**) **手系**, 如图 4.11 所示.

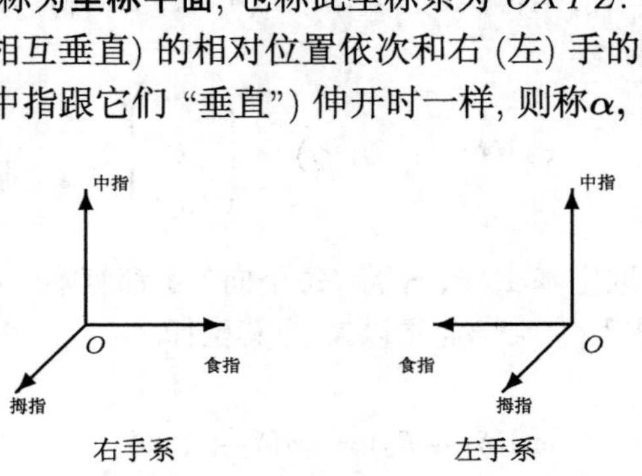

图 4.11

一般地, 我们采用右手系.

如果 ε_1, ε_2, ε_3 是互相垂直的长度为 1 的向量, 则称坐标系 ε_1, ε_2, ε_3 ($\{\boldsymbol{O};\ \varepsilon_1,\ \varepsilon_2,\ \varepsilon_3\}$ 或 $OXYZ$) 为**直角坐标系**.

这时空间被三个坐标平面分割成八个部分, 如图 4.12.

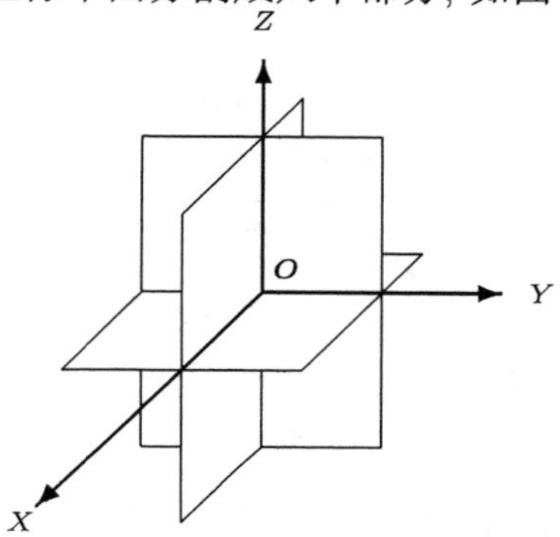

图 4.12

每个部分称为一个卦限, 它们的顺序按其中点 $P(x,\ y,\ z)$ 的坐标如下排列:

第一卦限: $x>0,\ y>0,\ z>0$;

第二卦限: $x<0,\ y>0,\ z>0$;

第三卦限: $x<0,\ y<0,\ z>0$;

第四卦限: $x>0,\ y<0,\ z>0$;

第五卦限: $x>0,\ y>0,\ z<0$;

第六卦限: $x<0,\ y>0,\ z<0$;

第七卦限: $x<0,\ y<0,\ z<0$;

第八卦限: $x>0,\ y<0,\ z<0$.

在解析几何中将几何图形, 特别是曲线与曲面看成是点的几何轨迹, 而这些点是由它们的坐标来确定的. 因而点所满足的条件变为点的坐标应该满足的条件, 而这些条件是由方程 (或不等式) 来表示的. 从点与坐标这种关系就知道解析几何有两个**基本课题**:

1. 给定曲线或曲面, 建立其方程;

2. 给定坐标 x, y 和 z 的方程, 确定对应曲线或曲面的形状.

例 4.1 设 $\{\boldsymbol{O};\ \varepsilon_1,\ \varepsilon_2,\ \varepsilon_3\}$ 为直角坐标系. 质点经过 $P_0(x_0,\ y_0,\ z_0)$ 在空间做匀速直线运动, 其速度 $\boldsymbol{v}=\{v_1,\ v_2,\ v_3\}\ (\neq 0)$. 求质点轨迹的方程.

证 如图 4.13 所示, 以 $P(x,\ y,\ z)$ 表示质点在空间中的位置, t 表示时间, 规

定 P 过 P_0 的时间 $t=0$. 于是 P 的坐标为时间 t 的函数

$$\begin{cases} x(t)=x_0+v_1t, \\ y(t)=y_0+v_2t, \\ z(t)=z_0+v_3t. \end{cases} \tag{2}$$

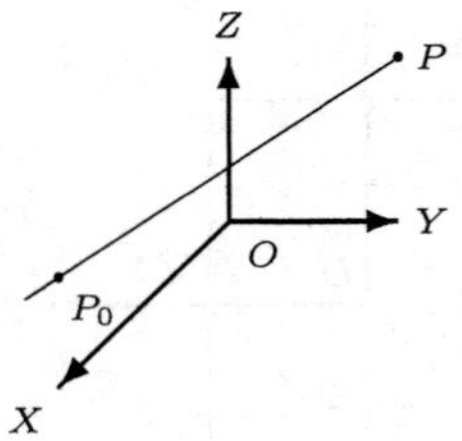

图 4.13

如果只考虑质点轨迹的几何性质, 可将 t 消去. 假定 $v_1\neq 0$, 则

$$\begin{cases} v_2(x-x_0) &= v_1(y-y_0), \\ v_3(x-x_0) &= v_1(z-z_0). \end{cases} \tag{3}$$

这是三元线性方程组. 或者

$$\frac{x-x_0}{v_1}=\frac{y-y_0}{v_2}=\frac{z-z_0}{v_3}, \tag{4}$$

这里, 如果某个 v_i, 如 $v_2=0$, 则 $y-y_0=0$, 即 $y=y_0$.

例 4.2　设 $a, b, c, d\in \mathbf{R}$, 且 a, b, c 不全为零. 试确定方程

$$ax+by+cz=d \tag{5}$$

所对应的图形.

解　先设 $d=0$. 不妨设 $a\neq 0$, 不难验证原点 O, $P_1\left(-\frac{b}{a}, 1, 0\right)$ 及 $P_2\left(-\frac{c}{a}, 0, 1\right)$ 均在图形上. 容易看出 $P(x, y, z)$ 在图形上当且仅当

$$x=-\frac{b}{a}y-\frac{c}{a}z,$$

即

$$\overrightarrow{OP}=y\overrightarrow{OP_1}+z\overrightarrow{OP_2}.$$

故此时图形为 O, P_1, P_2 所确定的平面 π.

设 $d\neq 0$. 又设 $Q_0(x_0, y_0, z_0)$, $Q_1(x_1, y_1, z_1)$ 为图形上两个不同点. 将它们的坐标分别代入方程 (5), 再相减得

$$a(x_0-x_1)+b(y_0-y_1)+c(z_0-z_1)=0.$$

故 $\overrightarrow{Q_1Q_0}$ 与平面 π 平行. 故此时方程 (5) 的图形是平行于平面 π 的平面 π_1, 如图 4.14 所示.

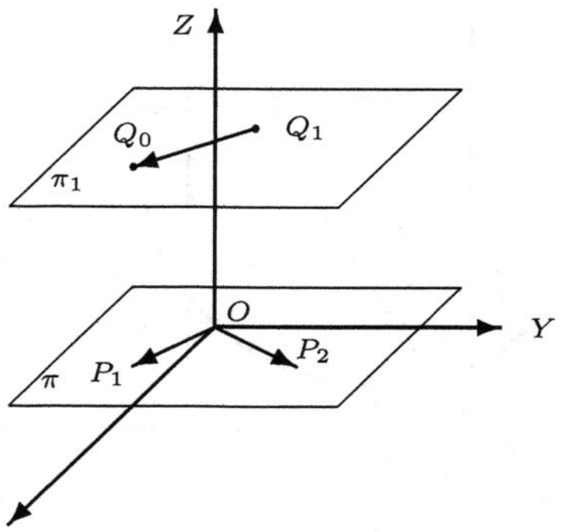

图 4.14

注 这里, 我们没有要求所用标架为直角标架.

例 4.3 设 $\boldsymbol{\alpha}=\begin{pmatrix}a_1\\a_2\\a_3\end{pmatrix}$, $\boldsymbol{\beta}=\begin{pmatrix}b_1\\b_2\\b_3\end{pmatrix}$ 是两个不共线的向量. 决定通过空间点 $P_0(x_0,\ y_0,\ z_0)$ 并平行于$\boldsymbol{\alpha}$ 及 $\boldsymbol{\beta}$ 的平面 π 的方程.

解 设 $P(x,\ y,\ z)\in\pi$, 则 $\overrightarrow{P_0P}$, $\boldsymbol{\alpha}$, $\boldsymbol{\beta}$ 共面. 于是有不全为零的 $k,\ l,\ m\in\mathbf{R}$ 使得

$$k\overrightarrow{P_0P}+l\boldsymbol{\alpha}+m\boldsymbol{\beta}=0.$$

若 $k=0$, 则$\boldsymbol{\alpha}$, $\boldsymbol{\beta}$ 共线, 这与假设矛盾, 故 $k\neq0$. 令 $u=-l/k$, $v=-m/k$, 则

$$\overrightarrow{P_0P}=u\boldsymbol{\alpha}+v\boldsymbol{\beta}. \tag{6}$$

反之, 空间 P 点, 如果满足上述条件, 则 $P\in\pi$. 于是 π 的方程可写成

$$\begin{cases}x=x_0+a_1u+b_1v,\\y=y_0+a_2u+b_2v,\\z=z_0+a_3u+b_3v,\end{cases} \tag{7}$$

其中 $u,\ v$ 是两个独立变量.

例 4.4 设 $OXYZ$ 为直角坐标系. 试求以 $P_0(x_0,\ y_0,\ z_0)$ 为球心, r 为半径的球面 S 的方程.

解 过 P_0, P 作坐标平面 XOY 的垂线, 垂足为 Q_0, Q. 过 P_0 作直线平行于 Q_0Q, 交 PQ 于 P_1. 如图 4.15 所示.

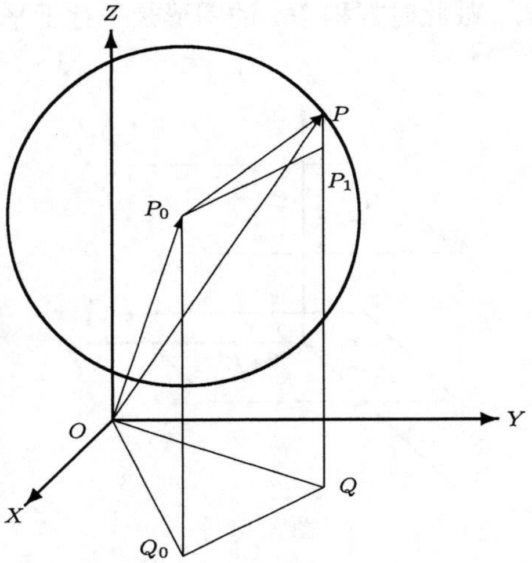

图 4.15

于是

$$\begin{aligned}|P_0P|^2 &= |P_0P_1|^2 + |PP_1|^2 \\ &= |Q_0Q|^2 + (z-z_0)^2.\end{aligned}$$

由平面解析几何理论知

$$|Q_0Q|^2 = (x-x_0)^2 + (y-y_0)^2.$$

因而

$$|P_0P|^2 = (x-x_0)^2 + (y-y_0)^2 + (z-z_0)^2. \tag{8}$$

故以 $P_0(x_0,\ y_0,\ z_0)$ 为球心, r 为半径的球面的方程为

$$(x-x_0)^2 + (y-y_0)^2 + (z-z_0)^2 = r^2. \tag{9}$$

特别地, 若球心 $P_0 = O$ 为原点时, 则球面方程为

$$x^2 + y^2 + z^2 = r^2. \tag{10}$$

在实际中, 确定空间一点的位置通常是确定它的经度, 纬度与高度.

设 $P(x,\ y,\ z)$ 为空间一点, 直线 PQ 垂直于坐标平面 XOY, $Q(x,\ y,\ 0)$ 为垂足. 设 OX 到 OQ 的夹角为 φ $(0 \leqslant \varphi \leqslant 2\pi)$, OZ 到 OP 的夹角为 θ $(0 \leqslant \theta \leqslant \pi)$. $|OP| = r$ 如图 4.16 所示.

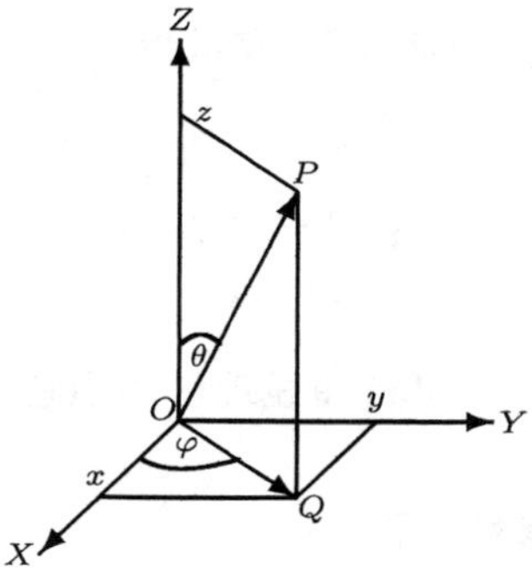

图 4.16

于是

$$\begin{cases} x = r\sin\theta\cos\varphi, \\ y = r\sin\theta\sin\varphi, \\ z = r\cos\theta, \end{cases} \tag{11}$$

$(r,\ \theta,\ \varphi)$ 称为点 P 的**球面坐标**, O 称为**极点**, 直线 OZ 称为**极轴**, 半平面 $\{P(x,\ 0,\ z) \mid x>0\}$ 称为**极半平面**, 极点, 极轴与极半平面合称**球面坐标系**.

以原点为球心, 半径为 r 的球面方程可以写成

$$\begin{cases} x(\theta,\ \varphi) = r\sin\theta\cos\varphi, \\ y(\theta,\ \varphi) = r\sin\theta\sin\varphi, \\ z(\theta,\ \varphi) = r\cos\theta, \end{cases} \\ 0 \leqslant \theta \leqslant \pi,\ 0 \leqslant \varphi \leqslant 2\pi. \tag{12}$$

从上面例 4.2, 例 4.3 与例 4.4 可以看到, 空间曲面的方程可以写成

$$F(x,\ y,\ z) = 0 \tag{13}$$

的形式, 也可以写成

$$\begin{cases} x = x(u,\ v), \\ y = y(u,\ v), \\ z = z(u,\ v) \end{cases} \tag{14}$$

的形式, 这里 $u,\ v$ 为变量, 称为**参变量**. (14) 称为**曲面的参数方程**.

如方程 (7) 为**平面的参数方程**. 方程 (12) 为以原点为球心, r 为半径的**球面的参数方程**.

从例 4.1 可以看出, 空间曲线可以用一个方程组来表示

$$\begin{cases} F_1(x,\ y,\ z) = 0, \\ F_2(x,\ y,\ z) = 0, \end{cases} \tag{15}$$

即曲线是两个曲面的交线. 空间曲线也可表示为

$$\begin{cases} x = x(t), \\ y = y(t), \\ z = z(t), \end{cases} \tag{16}$$

其中 t 为变量, 称为**参变量**. 即可将曲线理解为点在空间运动产生的轨迹. 方程 (16) 也称为**曲线的参数方程**.

如方程 (2) 就是**直线的参数方程**.

参数方程在数学分析, 微分几何中经常要用到.

习 题

1. 设 $\{\boldsymbol{O};\ \boldsymbol{\alpha},\ \boldsymbol{\beta},\ \boldsymbol{\gamma}\}$ 为仿射坐标系,

$$\pi: \quad ax + by + cz + d = 0,$$

$$l: \quad \begin{cases} x = x_0 + et, \\ y = y_0 + gt, \\ z = z_0 + ft \end{cases}$$

为空间中的平面与直线. 试证:

1) $\pi \cap l = \varnothing$ (即 l 平行 π , 但不在 π 中) 当且仅当

$$ae + bg + cf = 0, \quad ax_0 + by_0 + cz_0 + d \neq 0.$$

2) $l \subset \pi$ (即 l 在 π 中) 当且仅当

$$ae + bg + cf = ax_0 + by_0 + cz_0 + d = 0.$$

3) l 不平行 π, 即 l 与 π 相交当且仅当

$$ae + bg + cf \neq 0.$$

并求 l 与 π 交点的坐标.

2. 设平面 π_i $(i = 1,\ 2)$

$$f_i(x,\ y,\ z) = a_i x + b_i y + c_i z + d_i = 0$$

经过直线 l. 试证: 平面 π 经过 l 的充分必要条件是存在不全为零的数 λ_1, λ_2 使得 π 的方程为

$$\lambda_1 f_1(x,\ y,\ z) + \lambda_2 f_2(x,\ y,\ z) = 0.$$

(**注** 当 λ_1, λ_2 变动时, 上面方程代表了所有经过直线 l 的平面的集合, 称为以 l 为轴的**有轴平面束**.)

3. 试证平行于平面

$$\pi: \quad ax+by+cz+d=0$$

的平面的方程为

$$ax+by+cz+\lambda=0,$$

其中 λ 为一实数. (**注** 所有平行于平面 π 的平面的集合称为平行于 π 的**平行平面束**.)

4. 试证通过同一点 $P_0(x_0, y_0, z_0)$ 的平面方程为

$$a(x-x_0)+b(y-y_0)+c(z-z_0)=0.$$

(**注** 空间所有通过 $P_0(x_0, y_0, z_0)$ 的平面的集合称为以 $P_0(x_0, y_0, z_0)$ 为中心的**中心平面把**.)

5. 试证平行于向量 $\boldsymbol{\delta}=(d_1, d_2, d_3)$ 的平面方程为

$$ax+by+cz+d=0,$$

其中 a, b, c 满足

$$ad_1+bd_2+cd_3=0.$$

(**注** 所有平行于向量$\boldsymbol{\delta}$ 的平面的集合称为平行于 $\boldsymbol{\delta}$ 的**平行平面把**.)

6. 试证通过点 $P_0(x_0, y_0, z_0)$ 的直线方程为

$$\frac{x-x_0}{a}=\frac{y-y_0}{b}=\frac{z-z_0}{c},$$

其中 a, b, c 为不全为零的实数. (**注** 空间所有通过 $P_0(x_0, y_0, z_0)$ 的直线的集合称为以 $P_0(x_0, y_0, z_0)$ 为中心的**中心直线把**.)

7. 试证平行于向量 $\boldsymbol{\delta}=(d_1, d_2, d_3)$ 的直线方程为

$$\frac{x-x_0}{d_1}=\frac{y-y_0}{d_2}=\frac{z-z_0}{d_3},$$

其中 x_0, y_0, z_0 为实数. (**注** 所有平行于向量$\boldsymbol{\delta}$ 的直线的集合称为平行于 $\boldsymbol{\delta}$ 的**平行直线把**, (d_1, d_2, d_3) 称为其**方向数**.)

8. 试求过 $P_1(x_1, y_1, z_1)$, $P_2(x_2, y_2, z_2)$ 两点的直线方程.

9. 设 $P_i(x_i, y_i, z_i)$, $i=1, 2, 3$, 为三点.

   1) P_1, P_2, P_3 共线的条件是什么?

   2) 若它们不共线, 求过它们的平面方程.

10. 设 $\{\boldsymbol{O}; \boldsymbol{\varepsilon}_1, \boldsymbol{\varepsilon}_2, \boldsymbol{\varepsilon}_3\}$ 为直角坐标系. 又 $P_i(x_i, y_i, z_i)$, $i=1, 2, 3$, 为不同三点.

    1) 确定线段 P_1P_2 的中点坐标.

2) 若 P_1, P_2, P_3 不共线, 试证 $\triangle P_1P_2P_3$ 的重心的坐标为

$$\begin{pmatrix} \frac{1}{3}\sum_{i=1}^{3} x_i \\ \frac{1}{3}\sum_{i=1}^{3} y_i \\ \frac{1}{3}\sum_{i=1}^{3} z_i \end{pmatrix}.$$

(**注** 设 $P_i(x_i,\ y_i,\ z_i)$, $i = 1,\ 2,\ \cdots,\ n$. 则由坐标 $x = \frac{1}{n}\sum_{i=1}^{n} x_i$, $y = \frac{1}{n}\sum_{i=1}^{n} y_i$, $z = \frac{1}{n}\sum_{i=1}^{n} z_i$ 所确定的点 P 称为 P_i $(1 \leqslant i \leqslant n)$ 的**重心**.)

4.3 线性空间的定义

回顾前面讨论过的三种对象: 多项式, 矩阵及向量. 每个对象的元素之间有加法, 每个对象的元素与某个数域的数之间有乘法. 而这两种运算无论对哪种对象都有共同的规律, 所有这些规律中有 8 条是最基本的. 将这些抽象出来, 就构成了 "线性空间" 这一最重要最基本的概念.

定义 4.3.1 设$\boldsymbol{P}$是一个数域, $\boldsymbol{V}$ 是一个非空集合. 对 $\boldsymbol{V}$ 中任何两个元素 $\boldsymbol{\alpha}$, $\boldsymbol{\beta}$ 有唯一的 $\boldsymbol{V}$ 中元素与它们对应, 称为 $\boldsymbol{\alpha}$ 与 $\boldsymbol{\beta}$ 的**和**, 记为 $\boldsymbol{\alpha}+\boldsymbol{\beta}$, 即在 $\boldsymbol{V}$ 中定义了加法. 又对 $\boldsymbol{P}$ 中任一数 k 与$\boldsymbol{V}$ 中任一元素 $\boldsymbol{\alpha}$ 有唯一的 $\boldsymbol{V}$ 中元素与它们对应, 叫做 k 与$\boldsymbol{\alpha}$ 的**积**, 记为 $k\boldsymbol{\alpha}$, 即定义了$\boldsymbol{V}$ 的元素与数的乘积 (简称**纯量积**). 这两种运算满足下面 8 个条件:

1) 加法交换律

$$\boldsymbol{\alpha}+\boldsymbol{\beta}=\boldsymbol{\beta}+\boldsymbol{\alpha}, \quad \forall \boldsymbol{\alpha},\ \boldsymbol{\beta} \in \boldsymbol{V}.$$

2) 加法结合律

$$(\boldsymbol{\alpha}+\boldsymbol{\beta})+\boldsymbol{\gamma}=\boldsymbol{\alpha}+(\boldsymbol{\beta}+\boldsymbol{\gamma}), \quad \forall \boldsymbol{\alpha},\ \boldsymbol{\beta},\ \boldsymbol{\gamma} \in \boldsymbol{V}.$$

3) 存在元素 $0 \in \boldsymbol{V}$, 使得

$$0+\boldsymbol{\alpha}=\boldsymbol{\alpha}, \quad \forall \boldsymbol{\alpha} \in \boldsymbol{V}.$$

4) 对任一 $\boldsymbol{\alpha} \in \boldsymbol{V}$, 存在 $-\boldsymbol{\alpha} \in \boldsymbol{V}$, 使得

$$\boldsymbol{\alpha}+(-\boldsymbol{\alpha})=0.$$

5) $1\cdot\boldsymbol{\alpha}=\boldsymbol{\alpha},\quad \forall\boldsymbol{\alpha}\in\boldsymbol{V}$.

6) $k(l\boldsymbol{\alpha})=(kl)\boldsymbol{\alpha},\quad \forall k,\ l\in\boldsymbol{P},\ \boldsymbol{\alpha}\in\boldsymbol{V}$.

7) $(k+l)\boldsymbol{\alpha}=k\boldsymbol{\alpha}+l\boldsymbol{\alpha},\quad \forall k,\ l\in\boldsymbol{P},\ \boldsymbol{\alpha}\in\boldsymbol{V}$.

8) $k(\boldsymbol{\alpha}+\boldsymbol{\beta})=k\boldsymbol{\alpha}+k\boldsymbol{\beta},\quad \forall k\in\boldsymbol{P},\ \boldsymbol{\alpha},\ \boldsymbol{\beta}\in\boldsymbol{V}$.

则称$\boldsymbol{V}$ 是数域 $\boldsymbol{P}$ 上的**线性空间或向量空间**, $\boldsymbol{V}$ 中元素称为**向量**, $\boldsymbol{P}$ 叫做 $\boldsymbol{V}$ 的**基域**.

线性空间的运算除上面 8 个条件外, 还有以下的一些性质是常用的:

1. 满足条件 3) 的元素是唯一的.

事实上, 若有 $0'\in\boldsymbol{V}$, 使得 $0'+\boldsymbol{\alpha}=\boldsymbol{\alpha},\quad \forall\boldsymbol{\alpha}\in\boldsymbol{V}$. 则

$$0'=0+0'=0'+0=0.$$

我们称 0 为$\boldsymbol{V}$ 的**零元素或零向量**.

2. 对于 $\boldsymbol{\alpha}\in\boldsymbol{V}$, 满足条件 4) 的元素是唯一的, 称 $-\boldsymbol{\alpha}$ 为$\boldsymbol{\alpha}$ 的**负元素或负向量**.

事实上, 若$\boldsymbol{\beta}\in\boldsymbol{V}$ 使 $\boldsymbol{\alpha}+\boldsymbol{\beta}=0$. 则

$$\boldsymbol{\beta}=0+\boldsymbol{\beta}=(\boldsymbol{\alpha}+(-\boldsymbol{\alpha}))+\boldsymbol{\beta}=(-\boldsymbol{\alpha})+(\boldsymbol{\alpha}+\boldsymbol{\beta})=-\boldsymbol{\alpha}.$$

3. 消去律: $\boldsymbol{\alpha},\ \boldsymbol{\beta},\ \boldsymbol{\gamma}\in\boldsymbol{V}$, 且 $\boldsymbol{\alpha}+\boldsymbol{\beta}=\boldsymbol{\alpha}+\boldsymbol{\gamma}$, 则 $\boldsymbol{\beta}=\boldsymbol{\gamma}$.

事实上

$$\boldsymbol{\beta}=0+\boldsymbol{\beta}=-\boldsymbol{\alpha}+\boldsymbol{\alpha}+\boldsymbol{\beta}=-\boldsymbol{\alpha}+\boldsymbol{\alpha}+\boldsymbol{\gamma}=\boldsymbol{\gamma}.$$

4. $\forall k\in\boldsymbol{P},\ k\cdot 0=0;\ \forall\boldsymbol{\alpha}\in\boldsymbol{V},\ 0\cdot\boldsymbol{\alpha}=0,\ (-1)\boldsymbol{\alpha}=-\boldsymbol{\alpha}$.

事实上, 由

$$0+k\cdot 0=k\cdot 0=k(0+0)=k\cdot 0+k\cdot 0,$$

知 $k\cdot 0=0$.

由

$$0+0\cdot\boldsymbol{\alpha}=0\cdot\boldsymbol{\alpha}=(0+0)\boldsymbol{\alpha}=0\cdot\boldsymbol{\alpha}+0\cdot\boldsymbol{\alpha},$$

知 $0\cdot\boldsymbol{\alpha}=0$.

由 $0\cdot\boldsymbol{\alpha}=0$, 知

$$\boldsymbol{\alpha}+(-1)\boldsymbol{\alpha}=(1+(-1))\boldsymbol{\alpha}=0=\boldsymbol{\alpha}+(-\boldsymbol{\alpha}),$$

故 $(-1)\boldsymbol{\alpha}=-\boldsymbol{\alpha}$.

5. $k\in\boldsymbol{P},\ \boldsymbol{\alpha}\in\boldsymbol{V}$, 且 $k\boldsymbol{\alpha}=0$, 则 $k=0$ 或 $\boldsymbol{\alpha}=0$.

若 $k\neq 0$, 则

$$\boldsymbol{\alpha}=\left(\frac{1}{k}k\right)\boldsymbol{\alpha}=\frac{1}{k}(k\boldsymbol{\alpha})=\frac{1}{k}0=0.$$

在$\boldsymbol{V}$ 中引入减法是很方便的. 规定

$$\boldsymbol{\alpha}-\boldsymbol{\beta}=\boldsymbol{\alpha}+(-\boldsymbol{\beta}).$$

还有许多性质不再列举.

例 4.5　数域$\boldsymbol{P}$上所有 $m\times n$ 矩阵的集合 $\boldsymbol{P}^{m\times n}$ 对于矩阵的加法, 矩阵与数的乘法构成$\boldsymbol{P}$ 上的线性空间. 特别地, $\boldsymbol{P}^{1\times n}$ 称为n **维行向量空间**, $\boldsymbol{P}^{m\times 1}$ 称为m **维列向量空间**.

例 4.6　数域$\boldsymbol{P}$ 上一元多项式集合 $\boldsymbol{P}[x]$ 对多项式的加法, 多项式与数的乘法构成$\boldsymbol{P}$ 上的线性空间.

例 4.7　空间中所有自由向量构成的集合对向量的加法, 向量与实数的乘法构成$\mathbf{R}$ 上的线性空间.

例 4.8　设$\boldsymbol{V}$ 是所有收敛的实数数列的集合, 即

$$\boldsymbol{V}=\{\boldsymbol{\alpha}=(a_1,\ a_2,\ \cdots,\ a_n,\ \cdots)|\lim_{n\to\infty}a_n\ 存在\},$$

则对数列的加法, 数列与 (实) 数的乘法, $\boldsymbol{V}$ 构成$\mathbf{R}$ 上的线性空间.

例 4.9　以 $\boldsymbol{C}([a,\ b])$ 表示所有在闭区间 $[a,\ b]$ 上连续的函数的集合. 对于函数的加法, 函数与数的乘法, $\boldsymbol{C}([a,\ b])$ 为$\mathbf{R}$ 上的线性空间.

设$\boldsymbol{W}$ 为数域 $\boldsymbol{P}$ 上线性空间 $\boldsymbol{V}$ 的子集. 如果对任何 $\boldsymbol{\alpha},\ \boldsymbol{\beta}\in\boldsymbol{W}$, 有 $\boldsymbol{\alpha}+\boldsymbol{\beta}\in\boldsymbol{W}$, 则称 $\boldsymbol{W}$ **对加法封闭**. 如果对任何 $k\in\boldsymbol{P},\ \boldsymbol{\alpha}\in\boldsymbol{W}$, 有 $k\boldsymbol{\alpha}\in\boldsymbol{W}$, 则称$\boldsymbol{W}$ **对纯量乘法封闭**.

定义 4.3.2　设$\boldsymbol{W}$ 为数域 $\boldsymbol{P}$ 上线性空间 $\boldsymbol{V}$ 的非空子集. 如果对于 $\boldsymbol{V}$ 的加法, 纯量乘法 $\boldsymbol{W}$ 也构成一个线性空间, 则称 $\boldsymbol{W}$ 是 $\boldsymbol{V}$ 的**线性子空间**, 简称**子空间**.

有两点要注意.

1.　设$\boldsymbol{W}$ 是线性空间 $\boldsymbol{V}$ 的非空子集, 则下面三个命题等价:

(i) $\boldsymbol{W}$ 是 $\boldsymbol{V}$ 的子空间;

(ii) $\boldsymbol{W}$ 对 $\boldsymbol{V}$ 的加法, 纯量乘法封闭;

(iii) $\forall k,\ l\in\boldsymbol{P},\ \boldsymbol{\alpha},\ \boldsymbol{\beta}\in\boldsymbol{W}$, 有 $k\boldsymbol{\alpha}+l\boldsymbol{\beta}\in\boldsymbol{W}$.

事实上$\boldsymbol{W}$ 是 $\boldsymbol{V}$ 的子空间, 因此是线性空间, 就有加法与纯量乘法. 这两种运算与$\boldsymbol{V}$ 的两种运算一致, 因而$\boldsymbol{W}$ 对 $\boldsymbol{V}$ 的两种运算都封闭.

反过来, 若$\boldsymbol{W}$ 对 $\boldsymbol{V}$ 的两种运算都封闭, 由 $\boldsymbol{W}\neq\varnothing$, 有 $\boldsymbol{\alpha}\in\boldsymbol{W}$, 于是

$$-\boldsymbol{\alpha}=(-1)\boldsymbol{\alpha},\quad 0=\boldsymbol{\alpha}-\boldsymbol{\alpha}\in\boldsymbol{W}.$$

由此容易验证$\boldsymbol{W}$ 也是 $\boldsymbol{P}$ 上线性空间, 即为 $\boldsymbol{V}$ 的子空间.

$\boldsymbol{W}$ 为 $\boldsymbol{V}$ 的子空间, 则对任何 $k,\ l\in\boldsymbol{P},\ \boldsymbol{\alpha},\ \boldsymbol{\beta}\in\boldsymbol{W}$, 有 $k\boldsymbol{\alpha}+l\boldsymbol{\beta}\in\boldsymbol{W}$.

反之, 若此断言成立, 取 $k=l=1$ 及 $l=0$, 可知$\boldsymbol{W}$ 对 $\boldsymbol{V}$ 的两种运算封闭, 故为 $\boldsymbol{V}$ 的子空间.

2. 在子空间的定义中, 要求$\boldsymbol{W}$ 中两种运算与 $\boldsymbol{V}$ 的两种运算要一致. 因而如果在 $\boldsymbol{V}$ 的非空子集 $\boldsymbol{W}_1$ 中另外定义加法与纯量乘法使 $\boldsymbol{W}_1$ 为线性空间, $\boldsymbol{W}_1$ 不能叫做$\boldsymbol{V}$ 的子空间.

例如, $\mathbf{R}^{1\times 3}$ 的子集 $\boldsymbol{W}_1=\{(x,\ y,\ 1)|x,\ y\in\mathbf{R}\}$ 对 $\mathbf{R}^{1\times 3}$ 的两种运算都不封闭, 故 $\boldsymbol{W}_1$ 不是 $\mathbf{R}^{1\times 3}$ 的子空间. 但若在 $\boldsymbol{W}_1$ 中定义加法 (记为 $+'$):

$$(x,\ y,\ 1)+'(x_1,\ y_1,\ 1)=(x+x_1,\ y+y_1,\ 1);$$

纯量乘法 (记为 $*$):

$$k*(x,\ y,\ 1)=(kx,\ ky,\ 1).$$

容易证明 $\boldsymbol{W}_1$ 是$\mathbf{R}$ 上的线性空间, 但不是 $\mathbf{R}^{1\times 3}$ 的子空间!

例 4.10 设$\boldsymbol{V}$ 是 $\boldsymbol{P}$ 上线性空间, 则$\boldsymbol{V}$ 与 $\{0\}$ 都是$\boldsymbol{V}$ 的子空间, 它们叫做**平凡子空间**.

例 4.11 设$\boldsymbol{V}$ 是 $\boldsymbol{P}$ 上线性空间, $\boldsymbol{\alpha}_1,\ \boldsymbol{\alpha}_2,\ \cdots,\ \boldsymbol{\alpha}_s\in\boldsymbol{V}$. 则$\boldsymbol{V}$ 的子集

$$L(\boldsymbol{\alpha}_1,\ \boldsymbol{\alpha}_2,\ \cdots,\ \boldsymbol{\alpha}_s)=\left\{\sum_{i=1}^{s}k_i\boldsymbol{\alpha}_i\ \middle|\ k_i\in\boldsymbol{P}\right\}$$

是$\boldsymbol{V}$ 的子空间, 称为由 $\boldsymbol{\alpha}_1,\ \boldsymbol{\alpha}_2,\ \cdots,\ \boldsymbol{\alpha}_s$ **生成的子空间**.

事实上, $\boldsymbol{\alpha}_i\in L(\boldsymbol{\alpha}_1,\ \boldsymbol{\alpha}_2,\ \cdots,\ \boldsymbol{\alpha}_s)$, $1\leqslant i\leqslant s$. 又由

$$\sum_{i=1}^{s}k_i\boldsymbol{\alpha}_i+\sum_{i=1}^{s}l_i\boldsymbol{\alpha}_i=\sum_{i=1}^{s}(k_i+l_i)\boldsymbol{\alpha}_i,$$

$$k\left(\sum_{i=1}^{s}k_i\boldsymbol{\alpha}_i\right)=\sum_{i=1}^{s}(kk_i)\boldsymbol{\alpha}_i$$

知 $L(\boldsymbol{\alpha}_1,\ \boldsymbol{\alpha}_2,\ \cdots,\ \boldsymbol{\alpha}_s)$ 对两种运算封闭, 故为子空间.

$\sum\limits_{i=1}^{s}k_i\boldsymbol{\alpha}_i$ 叫做 $\boldsymbol{\alpha}_1,\ \boldsymbol{\alpha}_2,\ \cdots,\ \boldsymbol{\alpha}_s$ 的一个**线性组合**.

定理 4.3.1 设 $\boldsymbol{W}_1,\ \boldsymbol{W}_2$ 为$\boldsymbol{P}$ 上线性空间 $\boldsymbol{V}$ 的两个子空间, 则 $\boldsymbol{W}_1$ 与 $\boldsymbol{W}_2$ 的交

$$\boldsymbol{W}_1\cap\boldsymbol{W}_2,$$

以及 $\boldsymbol{W}_1$ 与 $\boldsymbol{W}_2$ 的和

$$\boldsymbol{W}_1+\boldsymbol{W}_2=\{\boldsymbol{\alpha}_1+\boldsymbol{\alpha}_2|\boldsymbol{\alpha}_1\in\boldsymbol{W}_1,\ \boldsymbol{\alpha}_2\in\boldsymbol{W}_2\}$$

也是$\boldsymbol{V}$ 的子空间.

证　由 $0 \in \boldsymbol{W}_1 \cap \boldsymbol{W}_2$, 知 $\boldsymbol{W}_1 \cap \boldsymbol{W}_2 \neq \varnothing$. 设 $\boldsymbol{\alpha}, \boldsymbol{\beta} \in \boldsymbol{W}_1 \cap \boldsymbol{W}_2$, $k, l \in \boldsymbol{P}$. 由 $\boldsymbol{W}_i$ $(i=1, 2)$ 为子空间, 故 $k\boldsymbol{\alpha}+l\boldsymbol{\beta} \in \boldsymbol{W}_i$. 因而 $k\boldsymbol{\alpha}+l\boldsymbol{\beta} \in \boldsymbol{W}_1 \cap \boldsymbol{W}_2$. 即 $\boldsymbol{W}_1 \cap \boldsymbol{W}_2$ 为$\boldsymbol{V}$ 的子空间.

其次, 由 $0 \in \boldsymbol{W}_i$, 故 $\boldsymbol{W}_i \subseteq \boldsymbol{W}_1 + \boldsymbol{W}_2$, $i=1, 2$. 因此

$$\boldsymbol{W}_1 + \boldsymbol{W}_2 \neq \varnothing.$$

设 $\boldsymbol{\alpha}_1+\boldsymbol{\alpha}_2, \boldsymbol{\beta}_1+\boldsymbol{\beta}_2 \in \boldsymbol{W}_1+\boldsymbol{W}_2$, 其中 $\boldsymbol{\alpha}_i, \boldsymbol{\beta}_i \in \boldsymbol{W}_i$; $k, l \in \boldsymbol{P}$. 于是 $k\boldsymbol{\alpha}_i+l\boldsymbol{\beta}_i \in \boldsymbol{W}_i$. 故

$$k(\boldsymbol{\alpha}_1+\boldsymbol{\alpha}_2)+l(\boldsymbol{\beta}_1+\boldsymbol{\beta}_2)=(k\boldsymbol{\alpha}_1+l\boldsymbol{\beta}_1)+(k\boldsymbol{\alpha}_2+l\boldsymbol{\beta}_2) \in \boldsymbol{W}_1+\boldsymbol{W}_2.$$

因而 $\boldsymbol{W}_1+\boldsymbol{W}_2$ 是$\boldsymbol{V}$ 的子空间.

习　题

1. 检验以下集合对所指运算是否构成 $\mathbf{R}$ 上的线性空间:

1) $\boldsymbol{A} \in \mathbf{R}^{n\times n}$, $\{f(A)|f(x) \in \mathbf{R}[x]\}$ 对矩阵的加法及矩阵与数的乘法.

2) 全体 n 阶实对称 (反对称, 上三角) 方阵对矩阵的加法及矩阵与数的乘法.

3) $\boldsymbol{\alpha}$ 为非零平面向量. 平面上所有与$\boldsymbol{\alpha}$ 不平行的向量的集合, 对向量的加法和纯量积.

4) 全体实数的二元数列, 对下面运算

$$(a_1, b_1) \oplus (a_2, b_2)=(a_1+a_2, b_1+b_2+a_1a_2),$$

$$k \cdot (a, b)=\left(ka, kb+\frac{1}{2}k(k+1)a^2\right).$$

5) 平面上全体向量, 对通常的加法和纯量积: $k\boldsymbol{\alpha}=0$.

6) 集合及加法同 5) 纯量积: $k\boldsymbol{\alpha}=\boldsymbol{\alpha}$.

7) 全体正实数 $\mathbf{R}^+=\{a \in \mathbf{R}|a>0\}$. 加法与纯量积定义为

$$a \oplus b=ab, \quad k \cdot a=a^k (k \in \mathbf{R}).$$

8) $\mathbf{R}[x]_n=\{f(x) \in \mathbf{R}[x]| \deg f(x)<n \text{ 或 } f(x)=0\}$ 对多项式的加法及多项式与数的乘法.

9) $a \in \mathbf{R}$, 以 a 为极限的收敛的实数数列集, 对数列的加法及数列与数的乘法.

10) $\boldsymbol{A} \in \mathbf{R}^{n\times n}$, $\boldsymbol{C}(\boldsymbol{A})$ 为所有与$\boldsymbol{A}$ 可换的 n 阶方阵集, 对矩阵的加法及矩阵与数的乘法.

2. $\boldsymbol{V}$ 为 $\boldsymbol{P}$ 上线性空间. 试证

$$k(\boldsymbol{\alpha}-\boldsymbol{\beta})=k\boldsymbol{\alpha}-k\boldsymbol{\beta}; (-k)(\boldsymbol{\alpha}-\boldsymbol{\beta})=k\boldsymbol{\beta}-k\boldsymbol{\alpha}.$$

3. 设 $f(x)$, $g(x) \in \boldsymbol{P}[x]$, $f(x)g(x) \neq 0$. 令

$$\langle f(x)\rangle = \{h(x) \in \boldsymbol{P}[x] \mid f(x)|h(x)\}.$$

试证:

1) $\langle f(x)\rangle$, $\langle g(x)\rangle$ 是 $\boldsymbol{P}[x]$ 的线性子空间;

2) $\langle f(x)\rangle \cap \langle g(x)\rangle = \langle [f(x), g(x)]\rangle$;

3) $\langle f(x)\rangle + \langle g(x)\rangle = \langle (f(x), g(x))\rangle$.

这里 $[f(x), g(x)]$, $(f(x), g(x))$ 分别为 $f(x)$, $g(x)$ 的首一的最小公倍式与最大公因式.

4. 证明 $\boldsymbol{V} = \boldsymbol{P}^{n\times n}$ 中上三角矩阵的集合、下三角矩阵的集合、对称矩阵的集合、反对称矩阵的集合, 是$\boldsymbol{V}$的子空间.

4.4 线性相关, 线性无关

线性相关与线性无关是建立线性空间结构与分类理论的基础, 也是线性方程组理论的基础, 因而是线性代数学最重要的概念之一. 这个概念来源于向量的共线, 共面.

若$\boldsymbol{\alpha}$, $\boldsymbol{\beta}$ 为两个共线向量, 则有不全为零的实数 k_1, k_2 使得 $k_1\boldsymbol{\alpha} + k_2\boldsymbol{\beta} = 0$.

若$\boldsymbol{\alpha}$, $\boldsymbol{\beta}$, γ 为三个共面向量, 则有不全为零的实数 k_1, k_2, k_3 使得

$$k_1\boldsymbol{\alpha} + k_2\boldsymbol{\beta} + k_3\gamma = 0.$$

反之, 若$\boldsymbol{\alpha}$, $\boldsymbol{\beta}$ 不共线, k_1, $k_2 \in \mathbf{R}$ 使得 $k_1\boldsymbol{\alpha} + k_2\boldsymbol{\beta} = 0$, 则 $k_1 = k_2 = 0$.

若$\boldsymbol{\alpha}$, $\boldsymbol{\beta}$, γ 不共面, k_1, k_2, $k_3 \in \mathbf{R}$ 使得 $k_1\boldsymbol{\alpha} + k_2\boldsymbol{\beta} + k_3\gamma = 0$, 则 $k_1 = k_2 = k_3 = 0$.

共线, 共面在线性代数中叫线性相关; 不共线, 不共面则叫线性无关. 更确切的定义如下.

定义 4.4.1 设$\boldsymbol{V}$ 是数域 $\boldsymbol{P}$ 上的线性空间. $\boldsymbol{V}$ 中向量组 $\boldsymbol{\alpha}_1, \boldsymbol{\alpha}_2, \cdots, \boldsymbol{\alpha}_s$ 称为**线性相关**, 如果有不全为零的数 $k_1, k_2, \cdots, k_s \in \boldsymbol{P}$ 使得

$$k_1\boldsymbol{\alpha}_1 + k_2\boldsymbol{\alpha}_2 + \cdots + k_s\boldsymbol{\alpha}_s = 0.$$

否则, 称为**线性无关**.

所谓 $\boldsymbol{\alpha}_1$, $\boldsymbol{\alpha}_2$, $\cdots$, $\boldsymbol{\alpha}_s$ 线性无关, 即若

$$k_1\boldsymbol{\alpha}_1 + k_2\boldsymbol{\alpha}_2 + \cdots + k_s\boldsymbol{\alpha}_s = 0,$$

则必有

$$k_1 = k_2 = \cdots = k_s = 0.$$

在定义 4.4.1 中的有限向量组 $\{\boldsymbol{\alpha}_1,\ \boldsymbol{\alpha}_2,\ \cdots,\ \boldsymbol{\alpha}_s\}$ 一般可以换成无限向量组$\boldsymbol{A}$. 称$\boldsymbol{A}$ 为**线性相关**, 如果$\boldsymbol{A}$ 中有一个有限子集是线性相关的. 称$\boldsymbol{A}$ 为**线性无关**, 如果$\boldsymbol{A}$ 的任何有限子集是线性无关的.

例 4.12 设 $\boldsymbol{V} = \boldsymbol{P}^{1\times n}$. 令 $\boldsymbol{\varepsilon}_i = \boldsymbol{E}_{1\,i}$, 即

$$\boldsymbol{\varepsilon}_i = (\underbrace{0,\ \cdots,\ 0}_{i-1\ 个},\ 1,\ 0,\ \cdots,\ 0),$$

则 $\boldsymbol{\varepsilon}_1,\ \boldsymbol{\varepsilon}_2,\ \cdots,\ \boldsymbol{\varepsilon}_n$ 是线性无关的. 又若 $\boldsymbol{\alpha} \in \boldsymbol{P}^{1\times n}$, 则 $\boldsymbol{\varepsilon}_1, \boldsymbol{\varepsilon}_2, \cdots, \boldsymbol{\varepsilon}_n, \boldsymbol{\alpha}$ 是线性相关的.

事实上, 若 $\sum\limits_{i=1}^{n} k_i\boldsymbol{\varepsilon}_i = 0$, 即

$$(k_1,\ k_2,\ \cdots,\ k_n) = 0.$$

所以

$$k_1 = k_2 = \cdots = k_n = 0.$$

因而 $\boldsymbol{\varepsilon}_1,\ \boldsymbol{\varepsilon}_2,\ \cdots,\ \boldsymbol{\varepsilon}_n$ 线性无关.

又设 $\boldsymbol{\alpha} = (a_1,\ a_2,\ \cdots,\ a_n)$. 则

$$-a_1\boldsymbol{\varepsilon}_1 - a_2\boldsymbol{\varepsilon}_2 - \cdots - a_n\boldsymbol{\varepsilon}_n + \boldsymbol{\alpha} = 0.$$

$-a_1,\ -a_2,\ \cdots,\ -a_n,\ 1$ 不全为零. 故 $\boldsymbol{\varepsilon}_1,\ \boldsymbol{\varepsilon}_2,\ \cdots,\ \boldsymbol{\varepsilon}_n,\ \boldsymbol{\alpha}$ 线性相关.

更一般的有下面结果:

例 4.13 设 $\boldsymbol{V} = \boldsymbol{P}^{m\times n}$, 则 $\{\boldsymbol{E}_{i\,j} | 1 \leqslant i \leqslant m,\ 1 \leqslant j \leqslant n\}$ 线性无关. 而 $\{\boldsymbol{E}_{i\,j},\ \boldsymbol{A} | 1 \leqslant i \leqslant m,\ 1 \leqslant j \leqslant n\}$ ($\boldsymbol{A}$ 是 $\boldsymbol{V}$ 中任一元素) 线性相关.

例 4.14 $1,\ x,\ x^2,\ \cdots,\ x^n$ 是 $\boldsymbol{P}[x]$ 中线性无关组. 又若 $f(x) \in \boldsymbol{P}[x]$, 且 $\deg f(x) \leqslant n$, 则 $1,\ x,\ x^2,\ \cdots,\ x^n,\ f(x)$ 是线性相关组.

事实上, 由 $\sum\limits_{i=0}^{n} a_i x^i = 0$ 知 $a_0 = a_1 = \cdots = a_n = 0$, 故 $1,\ x,\ x^2,\ \cdots,\ x^n$ 线性无关. 又 $\deg f(x) \leqslant n$, 因而有 $f(x) = \sum\limits_{i=0}^{n} a_i x^i$. 于是

$$a_0 \cdot 1 + a_1 x + \cdots + a_n x^n + (-1)f(x) = 0,$$

$a_0,\ a_1,\ \cdots,\ a_n,\ -1$ 不全为零. 故 $1,\ x,\ x^2,\ \cdots,\ x^n,\ f(x)$ 线性相关.

下面介绍线性相关与线性无关的一些简单性质. 总假定讨论中的元素是$\boldsymbol{P}$ 上线性空间 $\boldsymbol{V}$ 的元素:

1. 一个元素$\boldsymbol{\alpha}$ 的向量组线性无关当且仅当 $\boldsymbol{\alpha} \neq 0$. 换句话说, $\boldsymbol{\alpha}$ 线性相关当且仅当 $\boldsymbol{\alpha} = 0$.

2. $\boldsymbol{\alpha}_1, \boldsymbol{\alpha}_2, \cdots, \boldsymbol{\alpha}_s$ $(s \geqslant 2)$ 线性相关当且仅当 $\boldsymbol{\alpha}_1, \boldsymbol{\alpha}_2, \cdots, \boldsymbol{\alpha}_s$ 中有一个 $\boldsymbol{\alpha}_{i_0}$ 为其他向量的**线性组合**, 或说可被其他向量**线性表出**.

事实上, 由 $\boldsymbol{\alpha}_1, \boldsymbol{\alpha}_2, \cdots, \boldsymbol{\alpha}_s$ 线性相关, 故有不全为零的数 $k_1, k_2, \cdots, k_s$, 不妨设 $k_s \neq 0$, 使

$$k_1\boldsymbol{\alpha}_1 + k_2\boldsymbol{\alpha}_2 + \cdots + k_s\boldsymbol{\alpha}_s = 0.$$

于是

$$\boldsymbol{\alpha}_s = \frac{-k_1}{k_s}\boldsymbol{\alpha}_1 + \cdots + \frac{-k_{s-1}}{k_s}\boldsymbol{\alpha}_{s-1}.$$

即 $\boldsymbol{\alpha}_s$ 可被 $\boldsymbol{\alpha}_1, \boldsymbol{\alpha}_2, \cdots, \boldsymbol{\alpha}_{s-1}$ 线性表出.

反之, 若某个, 如 $\boldsymbol{\alpha}_1$ 可被其余向量线性表出, 即有

$$\boldsymbol{\alpha}_1 = a_2\boldsymbol{\alpha}_2 + \cdots + a_s\boldsymbol{\alpha}_s.$$

于是

$$1\boldsymbol{\alpha}_1 + (-a_2)\boldsymbol{\alpha}_2 + \cdots + (-a_s)\boldsymbol{\alpha}_s = 0.$$

而 $1, -a_2, \cdots, -a_s$ 不全为零, 故 $\boldsymbol{\alpha}_1, \boldsymbol{\alpha}_2, \cdots, \boldsymbol{\alpha}_s$ 线性相关.

3. 向量组 $\boldsymbol{\alpha}_1, \boldsymbol{\alpha}_2, \cdots, \boldsymbol{\alpha}_s$ 线性无关当且仅当它的任何部分组 $\boldsymbol{\alpha}_{i_1}, \boldsymbol{\alpha}_{i_2}, \cdots, \boldsymbol{\alpha}_{i_t}$ 也是线性无关的.

事实上, 当 $t = s$ 时, 知 $\boldsymbol{\alpha}_{i_1}, \boldsymbol{\alpha}_{i_2}, \cdots, \boldsymbol{\alpha}_{i_t}$ 线性无关, 即 $\boldsymbol{\alpha}_1, \boldsymbol{\alpha}_2, \cdots, \boldsymbol{\alpha}_s$ 线性无关. 即充分性成立.

现设 $\boldsymbol{\alpha}_{i_1}, \boldsymbol{\alpha}_{i_2}, \cdots, \boldsymbol{\alpha}_{i_t}$ 线性相关, 故有不全为零的 $k_{i_1}, k_{i_2}, \cdots, k_{i_t} \in \boldsymbol{P}$, 使得 $\sum\limits_{j=1}^{t} k_{i_j}\boldsymbol{\alpha}_{i_j} = 0$. 取

$$k_l = \begin{cases} 0, & l \neq i_1, \cdots, i_t; \\ k_{i_j}, & l = i_j, \ 1 \leqslant j \leqslant t. \end{cases}$$

则 $k_1, k_2, \cdots, k_s$ 不全为零. 而

$$\sum_{l=1}^{s} k_l\boldsymbol{\alpha}_l = 0.$$

即 $\boldsymbol{\alpha}_1, \boldsymbol{\alpha}_2, \cdots, \boldsymbol{\alpha}_s$ 线性相关. 必要性成立.

从这个性质可以看出前面将线性相关与线性无关的概念由有限向量组扩充为一般向量组的必然性与合理性.

4. 设 $\boldsymbol{\alpha}_1, \boldsymbol{\alpha}_2, \cdots, \boldsymbol{\alpha}_s$ 线性无关, 而 $\boldsymbol{\alpha}_1, \boldsymbol{\alpha}_2, \cdots, \boldsymbol{\alpha}_s, \boldsymbol{\alpha}$ 线性相关. 则 $\boldsymbol{\alpha}$ 可被 $\boldsymbol{\alpha}_1, \boldsymbol{\alpha}_2, \cdots, \boldsymbol{\alpha}_s$ 线性表出, 且表示方式是唯一的 (不计 $\boldsymbol{\alpha}_1, \boldsymbol{\alpha}_2, \cdots, \boldsymbol{\alpha}_s$ 的次序).

由 $\boldsymbol{\alpha}_1, \boldsymbol{\alpha}_2, \cdots, \boldsymbol{\alpha}_s, \boldsymbol{\alpha}$ 线性相关, 知有不全为零的 $k_1, k_2, \cdots, k_s, k \in \boldsymbol{P}$, 使

$$\sum_{i=1}^{s} k_i\boldsymbol{\alpha}_i + k\boldsymbol{\alpha} = 0.$$

若 $k=0$, 则 $\sum\limits_{i=1}^{s} k_i\boldsymbol{\alpha}_i = 0$, $k_1, k_2, \cdots, k_s$ 不全为零. 这与 $\boldsymbol{\alpha}_1, \boldsymbol{\alpha}_2, \cdots, \boldsymbol{\alpha}_s$ 线性无关矛盾, 故 $k \neq 0$. 因而

$$\boldsymbol{\alpha} = \sum_{i=1}^{s} \frac{-k_i}{k}\boldsymbol{\alpha}_i,$$

即$\boldsymbol{\alpha}$ 可被 $\boldsymbol{\alpha}_1, \boldsymbol{\alpha}_2, \cdots, \boldsymbol{\alpha}_s$ 线性表出.

又若有 $\boldsymbol{\alpha} = \sum\limits_{i=1}^{s} l_i\boldsymbol{\alpha}_i$, 则

$$\sum_{i=1}^{s}\left(\frac{-k_i}{k} - l_i\right)\boldsymbol{\alpha}_i = 0.$$

由 $\boldsymbol{\alpha}_1, \boldsymbol{\alpha}_2, \cdots, \boldsymbol{\alpha}_s$ 的线性无关性知

$$l_i = \frac{-k_i}{k}, \quad i = 1, \cdots, s.$$

即$\boldsymbol{\alpha}$ 被 $\boldsymbol{\alpha}_1, \boldsymbol{\alpha}_2, \cdots, \boldsymbol{\alpha}_s$ 线性表出的方式唯一.

5. 若向量$\boldsymbol{\alpha}$ 可被 $\boldsymbol{\alpha}_1, \boldsymbol{\alpha}_2, \cdots, \boldsymbol{\alpha}_s$ 线性表出, 且表示法唯一, 则 $\boldsymbol{\alpha}_1, \boldsymbol{\alpha}_2, \cdots, \boldsymbol{\alpha}_s$ 线性无关.

设$\boldsymbol{\alpha}$ 被 $\boldsymbol{\alpha}_1, \boldsymbol{\alpha}_2, \cdots, \boldsymbol{\alpha}_s$ 线性表出的方式为

$$\boldsymbol{\alpha} = k_1\boldsymbol{\alpha}_1 + k_2\boldsymbol{\alpha}_2 + \cdots + k_s\boldsymbol{\alpha}_s.$$

若 $\boldsymbol{\alpha}_1, \boldsymbol{\alpha}_2, \cdots, \boldsymbol{\alpha}_s$ 线性相关, 则有不全为零的 $l_1, l_2, \cdots, l_s$ 使得

$$0 = l_1\boldsymbol{\alpha}_1 + l_2\boldsymbol{\alpha}_2 + \cdots + l_s\boldsymbol{\alpha}_s.$$

因而$\boldsymbol{\alpha}$ 可被 $\boldsymbol{\alpha}_1, \boldsymbol{\alpha}_2, \cdots, \boldsymbol{\alpha}_s$ 用另一方式表出

$$\boldsymbol{\alpha} = (k_1 + l_1)\boldsymbol{\alpha}_1 + (k_2 + l_2)\boldsymbol{\alpha}_2 + \cdots + (k_s + l_s)\boldsymbol{\alpha}_s.$$

这与假设矛盾, 故 $\boldsymbol{\alpha}_1, \boldsymbol{\alpha}_2, \cdots, \boldsymbol{\alpha}_s$ 线性无关.

习　题

1. 证明在实函数空间中, 1, $\cos^2 t$, $\cos 2t$ 线性相关; 1, $\sin t$, $\cos t$ 线性无关.

2. 设 $f_1(x)$, $f_2(x)$, $f_3(x) \in \boldsymbol{P}[x]$ 且

$$(f_1(x),\ f_2(x),\ f_3(x)) = 1,\ (f_i(x),\ f_j(x)) \neq 1,$$

则 $f_1(x)$, $f_2(x)$, $f_3(x)$ 线性无关.

3. 若 $\boldsymbol{\alpha}_1$, $\boldsymbol{\alpha}_2$, $\boldsymbol{\alpha}_3$ 线性无关, 则 $\boldsymbol{\alpha}_1+\boldsymbol{\alpha}_2$, $\boldsymbol{\alpha}_2+\boldsymbol{\alpha}_3$, $\boldsymbol{\alpha}_3+\boldsymbol{\alpha}_1$ 也线性无关.

4. 将$\boldsymbol{\beta}$ 表成 $\boldsymbol{\alpha}_1$, $\boldsymbol{\alpha}_2$, $\boldsymbol{\alpha}_3$, $\boldsymbol{\alpha}_4$ 的线性组合:

1) $\boldsymbol{\beta} = (1,\ 2,\ 1,\ 1)$

$$\begin{aligned} &\boldsymbol{\alpha}_1 = (1,\ 1,\ 1,\ 1), &&\boldsymbol{\alpha}_2 = (1,\ 1,\ -1,\ -1),\\ &\boldsymbol{\alpha}_3 = (1,\ -1,\ 1,\ -1), &&\boldsymbol{\alpha}_4 = (1,\ -1,\ -1,\ 1). \end{aligned}$$

2) $\boldsymbol{\beta} = (0,\ 0,\ 0,\ 1)$

$$\begin{aligned} &\boldsymbol{\alpha}_1 = (1,\ 1,\ 0,\ 1), &&\boldsymbol{\alpha}_2 = (2,\ 1,\ 3,\ 1),\\ &\boldsymbol{\alpha}_3 = (1,\ 1,\ 0,\ 0), &&\boldsymbol{\alpha}_4 = (0,\ 1,\ -1,\ -1). \end{aligned}$$

5. 证明 $\boldsymbol{\alpha} = (a_1,\ a_2)$, $\boldsymbol{\beta} = (b_1,\ b_2)$ 线性相关当且仅当 $a_1b_2 - a_2b_1 = 0$.

6. 若 $\boldsymbol{\alpha}_1$, $\boldsymbol{\alpha}_2$, $\cdots$, $\boldsymbol{\alpha}_r$ $(r \geqslant 2)$ 线性无关, 则向量组 $\boldsymbol{\beta}_1 = \boldsymbol{\alpha}_1 + k_1\boldsymbol{\alpha}_r$, $\boldsymbol{\beta}_2 = \boldsymbol{\alpha}_2 + k_2\boldsymbol{\alpha}_r$, $\cdots$, $\boldsymbol{\beta}_{r-1} = \boldsymbol{\alpha}_{r-1} + k_{r-1}\boldsymbol{\alpha}_r$, $\boldsymbol{\beta}_r = \boldsymbol{\alpha}_r$ $(k_i \in \boldsymbol{P})$ 也线性无关.

7. 设 $\boldsymbol{\alpha}_i = (a_{i1},\ a_{i2},\ \cdots,\ a_{in})$ $(1 \leqslant i \leqslant r)$ 是 $\boldsymbol{P}^{1\times n}$ 中线性无关组, 其中 $m > n$. 又当 $1 \leqslant i \leqslant r$, $n < j \leqslant m$ 时, $a_{ij} \in \boldsymbol{P}$. 试证 $\bar{\boldsymbol{\alpha}}_i = (a_{i1},\ \cdots,\ a_{in},\ a_{in+1},\ \cdots,\ a_{im})$ 是 $\boldsymbol{P}^{1\times m}$ 中的线性无关组.

8. 设 $\boldsymbol{A} \in \boldsymbol{P}^{n\times n}$, 且$\boldsymbol{A}$ 可逆. $\boldsymbol{\alpha}_1, \boldsymbol{\alpha}_2, \cdots, \boldsymbol{\alpha}_k \in \boldsymbol{P}^{n\times 1}$. 试证 $\boldsymbol{\alpha}_1, \boldsymbol{\alpha}_2, \cdots, \boldsymbol{\alpha}_k$ 线性无关当且仅当 $\boldsymbol{A}\boldsymbol{\alpha}_1, \boldsymbol{A}\boldsymbol{\alpha}_2, \cdots, \boldsymbol{A}\boldsymbol{\alpha}_k$ 线性无关.

4.5 秩、维数与基

秩、维数与基是由线性相关, 线性无关导出的线性空间的更本质更深入的概念. 本节总假定$\boldsymbol{V}$ 是数域 $\boldsymbol{P}$ 上的线性空间.

设$\boldsymbol{A}$, $\boldsymbol{B}$ 是 $\boldsymbol{V}$ 的两个向量组, 如果 $\boldsymbol{A}$ 中每个元素可被 $\boldsymbol{B}$ 中一个有限部分组线性表出, 则称 **$\boldsymbol{A}$ 可被 $\boldsymbol{B}$ 线性表出**. 若 $\boldsymbol{A}$ 可被 $\boldsymbol{B}$ 线性表出, $\boldsymbol{B}$ 也可被 $\boldsymbol{A}$ 线性表出, 则称 $\boldsymbol{A}$ 与 $\boldsymbol{B}$ **等价**, 记为 $\boldsymbol{A} \sim \boldsymbol{B}$.

等价具有下面三个性质:

1. 反身性: $\boldsymbol{A} \sim \boldsymbol{A}$;

2. 对称性: $\boldsymbol{A} \sim \boldsymbol{B}$, 则 $\boldsymbol{B} \sim \boldsymbol{A}$;

3. 传递性: $\boldsymbol{A} \sim \boldsymbol{B}$, $\boldsymbol{B} \sim \boldsymbol{C}$, 则 $\boldsymbol{A} \sim \boldsymbol{C}$.

性质 1, 2 是显然的. 现证性质 3. 任取$\boldsymbol{\alpha} \in \boldsymbol{A}$, 由 $\boldsymbol{\alpha}$ 可被 $\boldsymbol{B}$ 中有限部分组线性表出, 故有

$$\boldsymbol{\alpha} = \sum_{i=1}^{s} b_i \boldsymbol{\beta}_i,\ \ \boldsymbol{\beta}_i \in \boldsymbol{B},\ b_i \in \boldsymbol{P}.$$

又$\boldsymbol{B}$ 可被 $\boldsymbol{C}$ 线性表出, 故有

$$\boldsymbol{\beta}_i = \sum_{j=1}^{t} c_{i\,j} \boldsymbol{\gamma}_j,\ \ \boldsymbol{\gamma}_j \in \boldsymbol{C},\ c_{i\,j} \in \boldsymbol{P}.$$

因而

$$\boldsymbol{\alpha} = \sum_{j=1}^{t} \left(\sum_{i=1}^{s} b_i c_{i\,j} \right) \boldsymbol{\gamma}_j.$$

即$\boldsymbol{\alpha}$ 可被 $\boldsymbol{C}$ 中部分向量组线性表出, 于是 $\boldsymbol{A}$ 可被 $\boldsymbol{C}$ 线性表出. 同理, $\boldsymbol{C}$ 可被 $\boldsymbol{A}$ 线性表出. 于是 $\boldsymbol{A} \sim \boldsymbol{C}$.

这里, 我们实际证明了: 若$\boldsymbol{A}$ 可被 $\boldsymbol{B}$ 线性表出, $\boldsymbol{B}$ 可被 $\boldsymbol{C}$ 线性表出, 则 $\boldsymbol{A}$ 可被 $\boldsymbol{C}$ 线性表出.

定理 4.5.1 (替换定理)　设 $\boldsymbol{\alpha}_1, \boldsymbol{\alpha}_2, \cdots, \boldsymbol{\alpha}_s$ 线性无关, 且可被 $\boldsymbol{\beta}_1, \boldsymbol{\beta}_2, \cdots, \boldsymbol{\beta}_t$ 线性表出, 则有下面结论:

1) $s \leqslant t$;

2) 存在 $\boldsymbol{\beta}_{j_{s+1}}, \boldsymbol{\beta}_{j_{s+2}}, \cdots, \boldsymbol{\beta}_{j_t}$ 使得向量组 $\boldsymbol{\alpha}_1, \cdots, \boldsymbol{\alpha}_s, \boldsymbol{\beta}_{j_{s+1}}, \cdots, \boldsymbol{\beta}_{j_t}$ 与 $\boldsymbol{\beta}_1, \boldsymbol{\beta}_2, \cdots, \boldsymbol{\beta}_t$ 等价;

3) 若 $\boldsymbol{\beta}_1, \boldsymbol{\beta}_2, \cdots, \boldsymbol{\beta}_t$ 线性无关, 则 $\boldsymbol{\alpha}_1, \cdots, \boldsymbol{\alpha}_s, \boldsymbol{\beta}_{j_{s+1}}, \cdots, \boldsymbol{\beta}_{j_t}$ 也线性无关.

证　对 s 作归纳证明. $s = 1$ 时, $\boldsymbol{\alpha}_1$ 线性无关, 即 $\boldsymbol{\alpha}_1 \neq 0$. $\boldsymbol{\alpha}_1$ 可被 $\boldsymbol{\beta}_1, \boldsymbol{\beta}_2, \cdots, \boldsymbol{\beta}_t$ 线性表出, 故 $t \geqslant 1$, 且

$$\boldsymbol{\alpha}_1 = k_1 \boldsymbol{\beta}_1 + k_2 \boldsymbol{\beta}_2 + \cdots + k_t \boldsymbol{\beta}_t.$$

由 $\boldsymbol{\alpha}_1 \neq 0$, 故 $k_1, k_2, \cdots, k_t$ 不全为零. 不妨设 $k_1 \neq 0$, 于是

$$\boldsymbol{\beta}_1 = \frac{1}{k_1} \boldsymbol{\alpha}_1 + \frac{-k_2}{k_1} \boldsymbol{\beta}_2 + \cdots + \frac{-k_t}{k_1} \boldsymbol{\beta}_t.$$

因而 $\boldsymbol{\beta}_1, \boldsymbol{\beta}_2, \cdots, \boldsymbol{\beta}_t$ 可被 $\boldsymbol{\alpha}_1, \boldsymbol{\beta}_2, \cdots, \boldsymbol{\beta}_t$ 线性表出. 自然, $\boldsymbol{\alpha}_1, \boldsymbol{\beta}_2, \cdots, \boldsymbol{\beta}_t$ 也可被 $\boldsymbol{\beta}_1, \boldsymbol{\beta}_2, \cdots, \boldsymbol{\beta}_t$ 线性表出. 于是 $\boldsymbol{\beta}_1, \boldsymbol{\beta}_2, \cdots, \boldsymbol{\beta}_t$ 与 $\boldsymbol{\alpha}_1, \boldsymbol{\beta}_2, \cdots, \boldsymbol{\beta}_t$ 等价.

若 $\boldsymbol{\beta}_1, \boldsymbol{\beta}_2, \cdots, \boldsymbol{\beta}_t$ 线性无关, 则 $\boldsymbol{\beta}_2, \cdots, \boldsymbol{\beta}_t$ 也线性无关. 若 $\boldsymbol{\alpha}_1, \boldsymbol{\beta}_2, \cdots, \boldsymbol{\beta}_t$ 线性相关, 则有 $\boldsymbol{\alpha}_1 = \sum\limits_{j=2}^{t} a_j \boldsymbol{\beta}_j$. 于是

$$\boldsymbol{\beta}_1 = \sum_{j=2}^{t} \frac{a_j - k_j}{k_1} \boldsymbol{\beta}_j.$$

这与 $\boldsymbol{\beta}_1, \boldsymbol{\beta}_2, \cdots, \boldsymbol{\beta}_t$ 线性无关矛盾, 故 $\boldsymbol{\alpha}_1, \boldsymbol{\beta}_2, \cdots, \boldsymbol{\beta}_t$ 线性无关. 故此时定理成立.

设 $s-1$ 时定理成立. s 时, 有

$$\boldsymbol{\alpha}_1, \cdots, \boldsymbol{\alpha}_{s-1}, \boldsymbol{\beta}_{j_s}, \boldsymbol{\beta}_{j_{s+1}}, \cdots, \boldsymbol{\beta}_{j_t}$$

与 $\boldsymbol{\beta}_1, \boldsymbol{\beta}_2, \cdots, \boldsymbol{\beta}_t$ 等价. 因而 $\boldsymbol{\alpha}_s$ 可被 $\boldsymbol{\alpha}_1, \cdots, \boldsymbol{\alpha}_{s-1}, \boldsymbol{\beta}_{j_s}, \boldsymbol{\beta}_{j_{s+1}}, \cdots, \boldsymbol{\beta}_{j_t}$ 线性表出.

若 $t=s-1$, 则 $\boldsymbol{\alpha}_s$ 可被 $\boldsymbol{\alpha}_1, \cdots, \boldsymbol{\alpha}_{s-1}$ 线性表出, 这与 $\boldsymbol{\alpha}_1, \cdots, \boldsymbol{\alpha}_s$ 线性无关矛盾, 故 $t \geqslant s$.

设

$$\boldsymbol{\alpha}_s = \sum_{i=1}^{s-1} c_i \boldsymbol{\alpha}_i + \sum_{k=s}^{t} b_k \boldsymbol{\beta}_{j_k}.$$

若 $b_s = b_{s+1} = \cdots = b_t = 0$, 则 $\boldsymbol{\alpha}_s$ 可被 $\boldsymbol{\alpha}_1, \cdots, \boldsymbol{\alpha}_{s-1}$ 线性表出, 这与 $\boldsymbol{\alpha}_1, \cdots, \boldsymbol{\alpha}_s$ 线性无关矛盾. 因而 $b_s, b_{s+1}, \cdots, b_t$ 不全为零. 不妨设 $b_s \neq 0$. 于是, 由 $s=1$ 的情况的证明知

$$\boldsymbol{\alpha}_1, \cdots, \boldsymbol{\alpha}_s, \quad \boldsymbol{\beta}_{j_{s+1}}, \cdots, \boldsymbol{\beta}_{j_t}$$

与 $\boldsymbol{\alpha}_1, \cdots, \boldsymbol{\alpha}_{s-1}, \boldsymbol{\beta}_{j_s}, \boldsymbol{\beta}_{j_{s+1}}, \cdots, \boldsymbol{\beta}_{j_t}$ 等价, 因而与 $\boldsymbol{\beta}_1, \boldsymbol{\beta}_2, \cdots, \boldsymbol{\beta}_t$ 等价.

$\boldsymbol{\beta}_1, \boldsymbol{\beta}_2, \cdots, \boldsymbol{\beta}_t$ 线性无关, 则由归纳假设 $\boldsymbol{\alpha}_1, \cdots, \boldsymbol{\alpha}_{s-1}, \boldsymbol{\beta}_{j_s}, \boldsymbol{\beta}_{j_{s+1}}, \cdots, \boldsymbol{\beta}_{j_t}$ 线性无关. 仍由 $s=1$ 的情况的证明知 $\boldsymbol{\alpha}_1, \cdots, \boldsymbol{\alpha}_s, \boldsymbol{\beta}_{j_{s+1}}, \cdots, \boldsymbol{\beta}_{j_t}$ 线性无关.

因而定理成立.

定义 4.5.1 向量组$\boldsymbol{A}$ 的部分组 $\boldsymbol{A}_1$ 若满足:

1) $\boldsymbol{A}_1$ 是线性无关的;

2) $\forall \boldsymbol{\alpha} \in \boldsymbol{A}$, 均可被 $\boldsymbol{A}_1$ 线性表出,

则称 $\boldsymbol{A}_1$ 是$\boldsymbol{A}$ 的**极大线性无关部分组**.

定理 4.5.2 向量组$\boldsymbol{A}$ 的任何两个极大线性无关部分组等价, 且包含相同个数的向量, 此数称为$\boldsymbol{A}$ 的**秩**, 记为 $\operatorname{rank} \boldsymbol{A}$ 或 $R(\boldsymbol{A})$.

证 设 $\boldsymbol{A}_1, \boldsymbol{A}_2$ 为$\boldsymbol{A}$ 的两个极大线性无关部分组, 由定义知 $\boldsymbol{A}_1, \boldsymbol{A}_2$ 均与$\boldsymbol{A}$ 等价, 故 $\boldsymbol{A}_1$ 与 $\boldsymbol{A}_2$ 等价. 由定理 4.5.1 知 $|\boldsymbol{A}_1| \leqslant |\boldsymbol{A}_2|$, $|\boldsymbol{A}_2| \leqslant |\boldsymbol{A}_1|$, 故 $|\boldsymbol{A}_1| = |\boldsymbol{A}_2|$.

推论 等价向量组的秩相等.

设$\boldsymbol{A} \sim \boldsymbol{B}$. 又 $\boldsymbol{A}_1, \boldsymbol{B}_1$ 分别为$\boldsymbol{A}, \boldsymbol{B}$ 的极大线性无关部分组, 故 $\boldsymbol{A}_1 \sim \boldsymbol{A}$, $\boldsymbol{B}_1 \sim \boldsymbol{B}$. 故 $\boldsymbol{A}_1 \sim \boldsymbol{B}_1$. 由定理 4.5.1 知 $|\boldsymbol{A}_1| = |\boldsymbol{B}_1|$, 即 $R(\boldsymbol{A}) = R(\boldsymbol{B})$.

若一个向量组中含有无限多个线性无关的向量, 则规定其秩为 ∞. 又规定 $R(0)=0$.

定义 4.5.2 $\boldsymbol{V}$ 作为向量组的秩称为 $\boldsymbol{V}$ 的**维数**, 记为 $\dim \boldsymbol{V}$; $\boldsymbol{V}$ 的极大线性无关部分组称为$\boldsymbol{V}$ 的**基**.

除去个别例子, 我们一般讨论有限维线性空间. 因而, 我们不对维数特别声明时, 总假定是有限的.

从上面讨论知: $\boldsymbol{V}$ 的任何两组基等价; 基中包含 $\dim \boldsymbol{V}$ 个向量; $\boldsymbol{\alpha}_1, \boldsymbol{\alpha}_2, \cdots, \boldsymbol{\alpha}_n$ 为$\boldsymbol{V}$ 的基当且仅当 $\boldsymbol{\alpha}_1, \boldsymbol{\alpha}_2, \cdots, \boldsymbol{\alpha}_n$ 满足下面两个条件:

1) $\boldsymbol{\alpha}_1, \boldsymbol{\alpha}_2, \cdots, \boldsymbol{\alpha}_n$ 线性无关;

2) $\forall \boldsymbol{\alpha} \in \boldsymbol{V}$, $\boldsymbol{\alpha}$ 可被 $\boldsymbol{\alpha}_1, \boldsymbol{\alpha}_2, \cdots, \boldsymbol{\alpha}_n$ 线性表出.

例 4.15 $\varepsilon_1, \varepsilon_2, \cdots, \varepsilon_n$ 是线性空间 $\boldsymbol{P}^{1\times n}$ 的基, 因而

$$\dim \boldsymbol{P}^{1\times n} = n.$$

例 4.16 $\{\boldsymbol{E}_{ij} | 1 \leqslant i \leqslant m, 1 \leqslant j \leqslant n\}$ 是线性空间 $\boldsymbol{P}^{m\times n}$ 的基, 因而 $\dim \boldsymbol{P}^{m\times n} = mn$.

例 4.17 $1, x, \cdots, x^n, \cdots$ 是线性空间 $\boldsymbol{P}[x]$ 的基, 因而 $\dim \boldsymbol{P}[x] = \infty$.

例 4.18 设 $\boldsymbol{\alpha}_1, \boldsymbol{\alpha}_2, \cdots, \boldsymbol{\alpha}_s \in \boldsymbol{V}$, 则

$$\dim L(\boldsymbol{\alpha}_1, \boldsymbol{\alpha}_2, \cdots, \boldsymbol{\alpha}_s) = R(\boldsymbol{\alpha}_1, \boldsymbol{\alpha}_2, \cdots, \boldsymbol{\alpha}_s),$$

且 $\boldsymbol{\alpha}_1, \boldsymbol{\alpha}_2, \cdots, \boldsymbol{\alpha}_s$ 的极大线性无关部分组是 $L(\boldsymbol{\alpha}_1, \boldsymbol{\alpha}_2, \cdots, \boldsymbol{\alpha}_s)$ 的基.

注意到, $\boldsymbol{L}(\boldsymbol{\alpha}_1, \boldsymbol{\alpha}_2, \cdots, \boldsymbol{\alpha}_s)$ 与 $\boldsymbol{\alpha}_1, \boldsymbol{\alpha}_2, \cdots, \boldsymbol{\alpha}_s$ 等价.

不难证明子空间的基可以扩充为空间的基.

我们将线性相关性用于 n 阶方阵.

定理 4.5.3 设 $\boldsymbol{A} \in \boldsymbol{P}^{n\times n}$, 则 $\det \boldsymbol{A} \neq 0$ 当且仅当 $\mathrm{col}_1\boldsymbol{A}, \mathrm{col}_2\boldsymbol{A}, \cdots, \mathrm{col}_n\boldsymbol{A}$ $(\in \boldsymbol{P}^{n\times 1})$ 线性无关, 为 $\boldsymbol{P}^{n\times 1}$ 的基.

证 $\det \boldsymbol{A} \neq 0$, 由 Cramer 法则知齐次线性方程组

$$\sum_{i=1}^{n} x_i \mathrm{col}_i \boldsymbol{A} = 0$$

只有零解. 即

$$x_1 = x_2 = \cdots = x_n = 0.$$

因而 $\mathrm{col}_1\boldsymbol{A}, \mathrm{col}_2\boldsymbol{A}, \cdots, \mathrm{col}_n\boldsymbol{A}$ 线性无关.

又 $\forall \boldsymbol{B} \in \boldsymbol{P}^{n\times 1}$, 方程组$\boldsymbol{AX} = \boldsymbol{B}$, 即 $\sum\limits_{i=1}^{n} x_i \mathrm{col}_i \boldsymbol{A} = \boldsymbol{B}$ 有解. 故$\boldsymbol{B}$ 可被 $\mathrm{col}_1\boldsymbol{A}$, $\mathrm{col}_2\boldsymbol{A}, \cdots, \mathrm{col}_n\boldsymbol{A}$ 线性表出, 因而 $\mathrm{col}_1\boldsymbol{A}, \mathrm{col}_2\boldsymbol{A}, \cdots, \mathrm{col}_n\boldsymbol{A}$ 为 $\boldsymbol{P}^{n\times 1}$ 的基.

反之, 设 $\mathrm{col}_1\boldsymbol{A}, \mathrm{col}_2\boldsymbol{A}, \cdots, \mathrm{col}_n\boldsymbol{A}$ 线性无关. 由于它们可被 $\boldsymbol{\varepsilon}_1', \boldsymbol{\varepsilon}_2', \cdots, \boldsymbol{\varepsilon}_n'$ 线性表出, 故由定理 4.5.1 知 $\mathrm{col}_1\boldsymbol{A}, \mathrm{col}_2\boldsymbol{A}, \cdots, \mathrm{col}_n\boldsymbol{A}$ 与 $\boldsymbol{\varepsilon}_1', \boldsymbol{\varepsilon}_2', \cdots, \boldsymbol{\varepsilon}_n'$ 等价. 因此,

$\forall \boldsymbol{B} \in \boldsymbol{P}^{n\times 1}$ 可被它们线性表出. 故 $\mathrm{col}_1\boldsymbol{A}, \mathrm{col}_2\boldsymbol{A}, \cdots, \mathrm{col}_n\boldsymbol{A}$ 为 $\boldsymbol{P}^{n\times 1}$ 的基. 特别地, 有

$$\sum_{j=1}^{n} b_{j\,i}\mathrm{col}_j\boldsymbol{A} = \boldsymbol{\varepsilon}_i', \quad 1 \leqslant i \leqslant n.$$

令

$$\boldsymbol{X} = \begin{pmatrix} b_{1\,1} & b_{1\,2} & \cdots & b_{1\,n} \\ b_{2\,1} & b_{2\,2} & \cdots & b_{2\,n} \\ \vdots & \vdots & & \vdots \\ b_{n\,1} & b_{n\,2} & \cdots & b_{n\,n} \end{pmatrix},$$

则

$$\boldsymbol{AX} = \boldsymbol{I}_n,$$

即$\boldsymbol{A}$ 为可逆矩阵. 故 $\det \boldsymbol{A} \neq 0$.

推论 设 $\boldsymbol{A} \in \boldsymbol{P}^{n\times n}$, 则齐次线性方程组

$$\boldsymbol{AX} = 0$$

有非零解的充分必要条件是 $\det \boldsymbol{A} = 0$.

事实上, 上面方程组有非零解当且仅当 $\mathrm{col}_1\boldsymbol{A}, \mathrm{col}_2\boldsymbol{A}, \cdots, \mathrm{col}_n\boldsymbol{A}$ 线性相关. 由定理 4.5.3 知, 上面方程组有非零解当且仅当 $\det \boldsymbol{A} = 0$.

习　题

1. 求向量组 $\boldsymbol{\alpha}_1 = (1,\ 1,\ 1)$, $\boldsymbol{\alpha}_2 = (0,\ 1,\ 1)$, $\boldsymbol{\alpha}_3 = (1,\ 0,\ 0)$ 与向量组 $\boldsymbol{\beta}_1 = (1,\ 2,\ 3)$, $\boldsymbol{\beta}_2 = (1,\ 0,\ 1)$, $\boldsymbol{\beta}_3 = (1,\ 1,\ 2)$ 的秩. 问 $\boldsymbol{\alpha}_1,\ \boldsymbol{\alpha}_2,\ \boldsymbol{\alpha}_3$ 与 $\boldsymbol{\beta}_1,\ \boldsymbol{\beta}_2,\ \boldsymbol{\beta}_3$ 是否等价?

2. 设 $\boldsymbol{\alpha}_k = (a_{k\,1},\ a_{k\,2},\ \cdots,\ a_{k\,n})$, $1 \leqslant k \leqslant m$ 是 $\boldsymbol{P}^{1\times n}$ 的秩为 r 的向量组. 又

$$\bar{\boldsymbol{\alpha}}_k = (a_{k\,1},\ \cdots,\ \alpha_{k\,n},\ \cdots,\ a_{k\,n_1}),\ n_1 > n,\ 1 \leqslant k \leqslant m$$

是 $\boldsymbol{P}^{1\times n_1}$ 中秩为 s 的向量组. 证明 $r \leqslant s$.

3. 设 $t_1,\ t_2,\ \cdots,\ t_r$ 是不同的数, 又 $r \leqslant n$. 求向量组 $\boldsymbol{\alpha}_i = (1,\ t_i,\ t_i^2,\ \cdots,\ t_i^{n-1})$ $(1 \leqslant i \leqslant r)$ 的秩.

4. 设 $R(\boldsymbol{\alpha}_1,\ \boldsymbol{\alpha}_2,\ \cdots,\ \boldsymbol{\alpha}_s) = r$. 证明 $\boldsymbol{\alpha}_1,\ \boldsymbol{\alpha}_2,\ \cdots,\ \boldsymbol{\alpha}_s$ 中任意 r 个线性无关向量为一极大线性无关部分组.

5. 设 $R(\boldsymbol{\alpha}_1,\ \boldsymbol{\alpha}_2,\ \cdots,\ \boldsymbol{\alpha}_s) = r$, $\boldsymbol{\alpha}_{i_1},\ \boldsymbol{\alpha}_{i_2},\ \cdots,\ \boldsymbol{\alpha}_{i_r}$ 为 $\boldsymbol{\alpha}_1,\ \boldsymbol{\alpha}_2,\ \cdots,\ \boldsymbol{\alpha}_s$ 中 r 个向量, 且任何 $\boldsymbol{\alpha}_j$ $(1 \leqslant j \leqslant s)$ 可被 $\boldsymbol{\alpha}_{i_1},\ \boldsymbol{\alpha}_{i_2},\ \cdots,\ \boldsymbol{\alpha}_{i_r}$ 线性表出. 证明 $\boldsymbol{\alpha}_{i_1},\ \boldsymbol{\alpha}_{i_2},\ \cdots,\ \boldsymbol{\alpha}_{i_r}$ 是 $\boldsymbol{\alpha}_1,\ \boldsymbol{\alpha}_2,\ \cdots,\ \boldsymbol{\alpha}_s$ 的极大线性无关部分组.

6. 已知 $R(\boldsymbol{\alpha}_1, \boldsymbol{\alpha}_2, \cdots, \boldsymbol{\alpha}_r) = R(\boldsymbol{\alpha}_1, \cdots, \boldsymbol{\alpha}_r, \boldsymbol{\alpha}_{r+1}, \cdots, \boldsymbol{\alpha}_s)$. 证明: $\boldsymbol{\alpha}_1, \boldsymbol{\alpha}_2, \cdots, \boldsymbol{\alpha}_r$ 与 $\boldsymbol{\alpha}_1, \cdots, \boldsymbol{\alpha}_r, \boldsymbol{\alpha}_{r+1}, \cdots, \boldsymbol{\alpha}_s$ 等价.

7. 设 $\boldsymbol{\alpha}_1, \boldsymbol{\alpha}_2, \cdots, \boldsymbol{\alpha}_r$ 与 $\boldsymbol{\beta}_1, \boldsymbol{\beta}_2, \cdots, \boldsymbol{\beta}_r$ 是两个向量组, 又 $\boldsymbol{\beta}_i = \sum\limits_{j \neq i} \boldsymbol{\alpha}_j$. 试证

$$R(\boldsymbol{\alpha}_1, \boldsymbol{\alpha}_2, \cdots, \boldsymbol{\alpha}_r) = R(\boldsymbol{\beta}_1, \boldsymbol{\beta}_2, \cdots, \boldsymbol{\beta}_r).$$

8. 设 $\boldsymbol{\alpha}_1, \boldsymbol{\alpha}_2, \cdots, \boldsymbol{\alpha}_t$ 是不同的向量. 若 $\boldsymbol{\alpha}_1, \boldsymbol{\alpha}_2, \cdots, \boldsymbol{\alpha}_t$ 中的极大线性无关部分组除次序排列外是唯一的, 则

$$R(\boldsymbol{\alpha}_1, \boldsymbol{\alpha}_2, \cdots, \boldsymbol{\alpha}_t) = t - 1,$$

且 $\boldsymbol{\alpha}_1, \boldsymbol{\alpha}_2, \cdots, \boldsymbol{\alpha}_t$ 中之一为 0; 或者

$$R(\boldsymbol{\alpha}_1, \boldsymbol{\alpha}_2, \cdots, \boldsymbol{\alpha}_t) = t.$$

9. 设 $\boldsymbol{\alpha}_1, \boldsymbol{\alpha}_2, \cdots, \boldsymbol{\alpha}_n \in \boldsymbol{P}^{n\times 1}$. 证明下面四个条件等价:
   1) $\boldsymbol{\alpha}_1, \boldsymbol{\alpha}_2, \cdots, \boldsymbol{\alpha}_n$ 线性无关;
   2) $\boldsymbol{\varepsilon}'_1, \boldsymbol{\varepsilon}'_2, \cdots, \boldsymbol{\varepsilon}'_n$ 可被 $\boldsymbol{\alpha}_1, \boldsymbol{\alpha}_2, \cdots, \boldsymbol{\alpha}_n$ 线性表出;
   3) $\forall \boldsymbol{\alpha} \in \boldsymbol{P}^{n\times 1}$ 可被 $\boldsymbol{\alpha}_1, \boldsymbol{\alpha}_2, \cdots, \boldsymbol{\alpha}_n$ 线性表出;
   4) $\det(\boldsymbol{\alpha}_1, \boldsymbol{\alpha}_2, \cdots, \boldsymbol{\alpha}_n) \neq 0$.

10. 求下列线性空间的一组基与维数:
    1) $\boldsymbol{P}^{n\times n}$ 中全体对称 (反对称, 上三角) 矩阵构成的$\boldsymbol{P}$ 上的线性空间;
    2) 4.3 的习题 1 的 7) 中的空间;
    3) 4.3 的习题 1 的 10) 中的空间$\boldsymbol{C}(\boldsymbol{A})$, 其中 $\boldsymbol{A} = (\boldsymbol{\varepsilon}'_n, \boldsymbol{\varepsilon}'_1, \cdots, \boldsymbol{\varepsilon}'_{n-1})$;
    4) $\{f(\boldsymbol{A}) | f(x) \in \mathbf{R}[x],\ \boldsymbol{A} = \mathrm{diag}(1, \omega, \omega^2),\ \omega = \frac{1}{2}(-1 + \sqrt{-3})\}$.

11. 设 $\boldsymbol{V}_1, \boldsymbol{V}_2$ 是$\boldsymbol{V}$ 的子空间, 且 $\boldsymbol{V}_1 \subseteq \boldsymbol{V}_2$. 证明: $\dim \boldsymbol{V}_1 = \dim \boldsymbol{V}_2$ 的充分必要条件是 $\boldsymbol{V}_1 = \boldsymbol{V}_2$.

12. 设 $R(\boldsymbol{\alpha}_1, \boldsymbol{\alpha}_2, \cdots, \boldsymbol{\alpha}_s) = r$. $\boldsymbol{\alpha}_{i_1}, \boldsymbol{\alpha}_{i_2}, \cdots, \boldsymbol{\alpha}_{i_m}$ 是 $\boldsymbol{\alpha}_1, \boldsymbol{\alpha}_2, \cdots, \boldsymbol{\alpha}_s$ 的部分组. 证明:

$$R(\boldsymbol{\alpha}_{i_1}, \boldsymbol{\alpha}_{i_2}, \cdots, \boldsymbol{\alpha}_{i_m}) \geqslant r + m - s.$$

13. 设 $R(\boldsymbol{\alpha}_1, \boldsymbol{\alpha}_2, \cdots, \boldsymbol{\alpha}_s) = r_1$, $R(\boldsymbol{\beta}_1, \boldsymbol{\beta}_2, \cdots, \boldsymbol{\beta}_t) = r_2$, 以及 $R(\boldsymbol{\alpha}_1, \cdots, \boldsymbol{\alpha}_s, \boldsymbol{\beta}_1, \cdots, \boldsymbol{\beta}_t) = r_3$. 证明:

$$\max(r_1, r_2) \leqslant r_3 \leqslant r_1 + r_2.$$

14. 试证: 由空间自由向量构成实数域 $\mathbf{R}$ 上的 3 维空间中任何三个不共面的向量都是一组基.

4.6 矩阵的秩

本节与下节将线性空间理论用于线性方程组, 从而建立完整的线性方程组的理论. 本节先建立矩阵的秩的概念.

定义 4.6.1 $\boldsymbol{A}\in\boldsymbol{P}^{m\times n}$, $\mathrm{row}_1\boldsymbol{A}$, $\mathrm{row}_2\boldsymbol{A}$, $\cdots$, $\mathrm{row}_m\boldsymbol{A}$ 作为 $\boldsymbol{P}^{1\times n}$ 中向量组的秩称为$\boldsymbol{A}$的**行秩**, $\mathrm{col}_1\boldsymbol{A}$, $\mathrm{col}_2\boldsymbol{A}$, $\cdots$, $\mathrm{col}_n\boldsymbol{A}$ 作为 $\boldsymbol{P}^{m\times 1}$ 中向量组的秩称为$\boldsymbol{A}$的**列秩**.

例 4.19 $\boldsymbol{A}=\boldsymbol{E}_{11}+\boldsymbol{E}_{22}+\cdots+\boldsymbol{E}_{rr}=\begin{pmatrix}\boldsymbol{I}_r & 0\\ 0 & 0\end{pmatrix}$ 的行秩与列秩都是 r.

例 4.20 $\boldsymbol{A}\in\boldsymbol{P}^{m\times n}$, $\boldsymbol{A}'\in\boldsymbol{P}^{n\times m}$. $\boldsymbol{A}$ 的行秩等于 $\boldsymbol{A}'$ 的列秩, $\boldsymbol{A}$ 的列秩等于 $\boldsymbol{A}'$ 的行秩.

例 4.21 $\boldsymbol{A}\in\boldsymbol{P}^{n\times n}$, 则 $\det\boldsymbol{A}\neq 0$ 当且仅当$\boldsymbol{A}$ 的列秩为 n, 当且仅当$\boldsymbol{A}$ 的行秩为 n.

事实上, $\det\boldsymbol{A}\neq 0$ 当且仅当 $\mathrm{col}_1\boldsymbol{A}$, $\mathrm{col}_2\boldsymbol{A}$, $\cdots$, $\mathrm{col}_n\boldsymbol{A}$ 线性无关, 即$\boldsymbol{A}$ 的列秩为 n. 又 $\det\boldsymbol{A}=\det\boldsymbol{A}'\neq 0$ 当且仅当 $\boldsymbol{A}'$ 的列秩即$\boldsymbol{A}$ 的行秩为 n.

例 4.22 $\boldsymbol{A}=(a_{ij})\in\boldsymbol{P}^{m\times n}$ 满足下面条件: 存在 r 个数 $1\leqslant j_1<j_2<\cdots<j_r\leqslant n$ 使得

1) $a_{1j_1}a_{2j_2}\cdots a_{rj_r}\neq 0$;

2) $i>r$ 时, $a_{ij}=0$, 即 $\mathrm{row}_i\boldsymbol{A}=0$;

3) $j<j_k$ 时, $a_{kj}=0,\quad 1\leqslant k\leqslant r$,

即

$$\boldsymbol{A}=\begin{pmatrix}0 & \cdots & a_{1j_1} & \cdots & \cdots & \cdots & \cdots\\ 0 & \cdots & \cdots & \cdots & a_{2j_2} & \cdots & \cdots\\ \vdots & & \vdots & & \vdots & & \vdots\\ 0 & \cdots & \cdots & \cdots & \cdots & a_{rj_r} & \cdots\\ 0 & \cdots & \cdots & \cdots & \cdots & \cdots & 0\\ \vdots & & \vdots & & \vdots & & \vdots\\ 0 & \cdots & \cdots & \cdots & \cdots & \cdots & 0\end{pmatrix}.$$

此时称$\boldsymbol{A}$ 为**阶梯矩阵**.

$\boldsymbol{A}$ 的行秩为 r.

事实上, 由 $i>r$ 时, $\mathrm{row}_i\boldsymbol{A}=0$ 知$\boldsymbol{A}$ 的行秩 $\leqslant r$. 另一方面, 由 $\sum\limits_{i=1}^{r}k_i\mathrm{row}_i\boldsymbol{A}=0$, 依次可得 $k_1=0$, $k_2=0$, $\cdots$, $k_r=0$. 于是 $\mathrm{row}_1\boldsymbol{A}$, $\mathrm{row}_2\boldsymbol{A}$, $\cdots$, $\mathrm{row}_r\boldsymbol{A}$ 是线性无关的, 故$\boldsymbol{A}$ 的行秩为 r.

在例 4.19 与例 4.21 中矩阵的行秩和列秩相等, 这是普遍成立的.

定理 4.6.1 设 $\boldsymbol{A}\in\boldsymbol{P}^{m\times n}$, $\boldsymbol{P}$, $\boldsymbol{Q}$ 分别为 m 阶, n 阶可逆方阵, 则$\boldsymbol{PAQ}$ 与 $\boldsymbol{A}$ 有相同的行秩与列秩.

证 首先证明$\boldsymbol{PA}$ 与 $\boldsymbol{A}$ 的列秩相同. 由

$$\mathrm{col}_j(\boldsymbol{PA})=\boldsymbol{P}\mathrm{col}_j\boldsymbol{A},\quad 1\leqslant j\leqslant n,$$

于是有

$$\sum_{i=1}^{s} k_{j_i}\,\mathrm{col}_{j_i}(\boldsymbol{PA}) = \boldsymbol{P}\left(\sum_{i=1}^{s} k_{j_i}\,\mathrm{col}_{j_i}\boldsymbol{A}\right) = 0$$

当且仅当

$$\boldsymbol{P}^{-1}\boldsymbol{P}\left(\sum_{i=1}^{s} k_{j_i}\,\mathrm{col}_{j_i}\boldsymbol{A}\right) = \sum_{i=1}^{s} k_{j_i}\,\mathrm{col}_{j_i}\boldsymbol{A} = 0.$$

于是$\boldsymbol{PA}$ 与 $\boldsymbol{A}$ 的列秩相同.

其次证明$\boldsymbol{PA}$ 与 $\boldsymbol{A}$ 的行秩相等. 由 $\boldsymbol{P}$ 可逆, 故为初等矩阵之积. 因而只要证明$\boldsymbol{P}$ 为初等矩阵时, $\boldsymbol{PA}$ 与 $\boldsymbol{A}$ 的行秩相等即可.

若 $\boldsymbol{P} = \boldsymbol{P}(i,\ j)$, 故 $\boldsymbol{PA} = \boldsymbol{A}_{\mathrm{r}_i\,\mathrm{r}_j}$. 于是 $\{\mathrm{row}_k\boldsymbol{A}\} = \{\mathrm{row}_k(\boldsymbol{PA})\}$, 故$\boldsymbol{PA}$ 与 $\boldsymbol{A}$ 行秩相等.

若 $\boldsymbol{P} = \boldsymbol{P}(i(c))$, $c \neq 0$. 由 $\mathrm{row}_k(\boldsymbol{PA}) = \mathrm{row}_k\boldsymbol{A}$, $k \neq i$, $\mathrm{row}_i(\boldsymbol{PA}) = c\,\mathrm{row}_i\boldsymbol{A}$, $c^{-1}\mathrm{row}_i(\boldsymbol{PA}) = \mathrm{row}_i\boldsymbol{A}$, 故得到 $\{\mathrm{row}_k\boldsymbol{A}\}$ 与 $\{\mathrm{row}_k(\boldsymbol{PA})\}$ 等价. 故$\boldsymbol{PA}$ 与 $\boldsymbol{A}$ 的行秩相等.

若 $\boldsymbol{P} = \boldsymbol{P}(i,\ j(c))$. 于是 $\mathrm{row}_k(\boldsymbol{PA}) = \mathrm{row}_k\boldsymbol{A}$, $k \neq i$, $\mathrm{row}_i(\boldsymbol{PA}) = \mathrm{row}_i\boldsymbol{A} + c\,\mathrm{row}_j\boldsymbol{A}$; $\mathrm{row}_i\boldsymbol{A} = \mathrm{row}_i(\boldsymbol{PA}) - c\,\mathrm{row}_j(\boldsymbol{PA})$. 因而 $\{\mathrm{row}_k\boldsymbol{A}\}$ 与 $\{\mathrm{row}_k(\boldsymbol{PA})\}$ 等价, $\boldsymbol{PA}$ 与 $\boldsymbol{A}$ 的行秩相等.

最后, 完成定理的证明. $\boldsymbol{Q}$ 可逆, 故 $\boldsymbol{Q}'$ 也可逆. 于是

$$\begin{aligned}\boldsymbol{PAQ}\text{的行秩} &= (\boldsymbol{PAQ})'\text{ 的列秩} = \boldsymbol{A}'\boldsymbol{P}'\text{ 的列秩}\\ &= (\boldsymbol{PA})'\text{ 的列秩} = \boldsymbol{PA}\text{ 的行秩}\\ &= \boldsymbol{A}\text{ 的行秩},\\ \boldsymbol{PAQ}\text{的列秩} &= (\boldsymbol{PAQ})'\text{ 的行秩} = \boldsymbol{A}'\boldsymbol{P}'\text{ 的行秩}\\ &= (\boldsymbol{PA})'\text{ 的行秩} = \boldsymbol{PA}\text{ 的列秩}\\ &= \boldsymbol{A}\text{ 的列秩}.\end{aligned}$$

至此, 定理证毕.

推论 初等变换不改变矩阵的行秩与列秩.

定理 4.6.2 $\boldsymbol{A}$ 的行秩与列秩相等, 称为$\boldsymbol{A}$ **的秩**, 记为 $\mathrm{rank}\boldsymbol{A}$ 或 $R(\boldsymbol{A})$.

证 若$\boldsymbol{A}$ 的行秩为零, 则 $\boldsymbol{A} = 0$, $\boldsymbol{A}$ 的列秩也为零. 反之亦然.

设 $\boldsymbol{A} \neq 0$. 如果$\boldsymbol{A}$ 经过一系列初等变换后可变为 $\boldsymbol{E}_{11} + \boldsymbol{E}_{22} + \cdots + \boldsymbol{E}_{rr}$ 形状, 则由定理 4.6.1 的推论及例 4.19 知$\boldsymbol{A}$ 的行秩与列秩都为 r, 故相等.

由 $\boldsymbol{A} \neq 0$, 可经行互换, 列互换将$\boldsymbol{A}$ 的非零元素换到第 1 行第 1 列, 即变为

$$\begin{pmatrix} b_{11} & \cdots \\ \vdots & \boldsymbol{B}_1 \end{pmatrix}, \qquad b_{11} \neq 0.$$

第 1 行乘 b_{11}^{-1}, 各行 (列) 减去第 1 行 (列) 的适当倍数, 可变为

$$\begin{pmatrix} 1 & 0 & \cdots & 0 \\ 0 & & & \\ \vdots & & \boldsymbol{A}_1 & \\ 0 & & & \end{pmatrix},$$

其中 $\boldsymbol{A}_1 \in \boldsymbol{P}^{(m-1)\times(n-1)}$. 若 $\boldsymbol{A}_1 = 0$, 则 $\boldsymbol{A} = \boldsymbol{E}_{11}$. $\boldsymbol{A}_1 \neq 0$, 则可对 $\boldsymbol{A}_1$ 实现对上面矩阵第 2 行 (列) 及以后的行 (列) 施行 (列) 初等变换. 继续下去得

$$\begin{pmatrix} \boldsymbol{I}_r & 0 \\ 0 & 0 \end{pmatrix} = \boldsymbol{E}_{11} + \boldsymbol{E}_{22} + \cdots + \boldsymbol{E}_{rr}.$$

故$\boldsymbol{A}$ 的行秩, 列秩均为 r.

推论 1 $\boldsymbol{A} \in \boldsymbol{P}^{m\times n}$, 则 $R(\boldsymbol{A}) = r$ 当且仅当存在 $\boldsymbol{P} \in \boldsymbol{P}^{m\times m}$, $\boldsymbol{Q} \in \boldsymbol{P}^{n\times n}$, $\boldsymbol{P}$, $\boldsymbol{Q}$ 可逆, 使

$$\boldsymbol{PAQ} = \begin{pmatrix} \boldsymbol{I}_r & 0 \\ 0 & 0 \end{pmatrix}.$$

推论 2 $\boldsymbol{A}$, $\boldsymbol{B} \in \boldsymbol{P}^{m\times n}$, 则 $R(\boldsymbol{A}) = R(\boldsymbol{B})$ 当且仅当存在 $\boldsymbol{P} \in \boldsymbol{P}^{m\times m}$, $\boldsymbol{Q} \in \boldsymbol{P}^{n\times n}$, $\boldsymbol{P}$, $\boldsymbol{Q}$ 可逆, 使

$$\boldsymbol{PAQ} = \boldsymbol{B}.$$

定义 4.6.2 设 $\boldsymbol{A}$, $\boldsymbol{B} \in \boldsymbol{P}^{m\times n}$, 若有 $\boldsymbol{P} \in \boldsymbol{P}^{m\times m}$, $\boldsymbol{Q} \in \boldsymbol{P}^{n\times n}$, $\boldsymbol{P}$, $\boldsymbol{Q}$ 可逆, 使 $\boldsymbol{PAQ} = \boldsymbol{B}$, 则称 $\boldsymbol{A}$, $\boldsymbol{B}$ **相抵** (或**等价**), 记为 $\boldsymbol{A} \sim \boldsymbol{B}$.

显然相抵关系有以下性质:

1. 反身性: $\boldsymbol{A} \sim \boldsymbol{A}$;
2. 对称性: $\boldsymbol{A} \sim \boldsymbol{B}$, 则 $\boldsymbol{B} \sim \boldsymbol{A}$;
3. 传递性: $\boldsymbol{A} \sim \boldsymbol{B}$, $\boldsymbol{B} \sim \boldsymbol{C}$, 则 $\boldsymbol{A} \sim \boldsymbol{C}$;
4. $R(\boldsymbol{A}) = r$ 当且仅当 $\boldsymbol{A} \sim \begin{pmatrix} \boldsymbol{I}_r & 0 \\ 0 & 0 \end{pmatrix}$. $\begin{pmatrix} \boldsymbol{I}_r & 0 \\ 0 & 0 \end{pmatrix}$ 称为相抵下的**标准形**.

设 $\boldsymbol{A} \in \boldsymbol{P}^{m\times n}$,

$$\boldsymbol{A} = \begin{pmatrix} a_{11} & a_{12} & \cdots & a_{1n} \\ a_{21} & a_{22} & \cdots & a_{2n} \\ \vdots & \vdots & & \vdots \\ a_{m1} & a_{m2} & \cdots & a_{mn} \end{pmatrix} \in \boldsymbol{P}^{m\times n}.$$

任取 $2p$ ($p < m$, $p < n$) 个数:

$$1 \leqslant i_1 < i_2 < \cdots < i_p \leqslant m, \quad 1 \leqslant j_1 < j_2 < \cdots < j_p \leqslant n.$$

将$\boldsymbol{A}$ 中不为 i_1, i_2, $\cdots$, i_p 的行, 不为 j_1, j_2, $\cdots$, j_p 的列划去得一 p 阶方阵. 其行列式

$$A\begin{pmatrix} i_1\, i_2 \cdots i_p \\ j_1\, j_2 \cdots j_p \end{pmatrix} = \begin{vmatrix} a_{i_1 j_1} & a_{i_1 j_2} & \cdots & a_{i_1 j_p} \\ a_{i_2 j_1} & a_{i_2 j_2} & \cdots & a_{i_2 j_p} \\ \vdots & \vdots & & \vdots \\ a_{i_p j_1} & a_{i_p j_2} & \cdots & a_{i_p j_p} \end{vmatrix},$$

称为矩阵$\boldsymbol{A}$ 的一个 p 级子式.

定理 4.6.3　设 $\boldsymbol{A} \in \boldsymbol{P}^{m\times n}$, 则 $R(\boldsymbol{A}) = r$ 的充分必要条件是$\boldsymbol{A}$ 中有一 r 级子式不为零, 而所有 $r+1$ 级子式全为零.

证　首先, 我们证明若有

$$A\begin{pmatrix} i_1\, i_2 \cdots i_p \\ j_1\, j_2 \cdots j_p \end{pmatrix} \neq 0,$$

则 $R(\boldsymbol{A}) \geqslant p$.

考虑 $p \times n$ 矩阵

$$\boldsymbol{B} = \begin{pmatrix} \mathrm{row}_{i_1}\boldsymbol{A} \\ \mathrm{row}_{i_2}\boldsymbol{A} \\ \vdots \\ \mathrm{row}_{i_p}\boldsymbol{A} \end{pmatrix}.$$

由于 $\mathrm{col}_{j_1}\boldsymbol{B}$, $\mathrm{col}_{j_2}\boldsymbol{B}$, $\cdots$, $\mathrm{col}_{j_p}\boldsymbol{B}$ 线性无关, 于是 $R(\boldsymbol{B}) = p$. 由 $\{\mathrm{row}_k\boldsymbol{B}\} \subseteq \{\mathrm{row}_i\boldsymbol{A}\}$, 于是有 $R(\boldsymbol{A}) \geqslant R(\boldsymbol{B}) = p$. 故 $R(\boldsymbol{A}) \geqslant p$.

设 $R(\boldsymbol{A}) = r$. 设 $\mathrm{row}_{i_1}\boldsymbol{A}$, $\mathrm{row}_{i_2}\boldsymbol{A}$, $\cdots$, $\mathrm{row}_{i_r}\boldsymbol{A}$ 为$\boldsymbol{A}$ 的行向量中极大无关部分组, 于是

$$\boldsymbol{A}_1 = \begin{pmatrix} \mathrm{row}_{i_1}\boldsymbol{A} \\ \mathrm{row}_{i_2}\boldsymbol{A} \\ \vdots \\ \mathrm{row}_{i_r}\boldsymbol{A} \end{pmatrix} \in \boldsymbol{P}^{r\times n},$$

且 $R(\boldsymbol{A}_1) = r$. 又设 $\mathrm{col}_{j_1}\boldsymbol{A}_1$, $\mathrm{col}_{j_2}\boldsymbol{A}_1$, $\cdots$, $\mathrm{col}_{j_r}\boldsymbol{A}_1$ 为 $\boldsymbol{A}_1$ 的列向量中极大线性无关部分组, 故

$$\boldsymbol{A}_2 = (\mathrm{col}_{j_1}\boldsymbol{A}_1,\ \mathrm{col}_{j_2}\boldsymbol{A}_1,\ \cdots,\ \mathrm{col}_{j_r}\boldsymbol{A}_1) \in \boldsymbol{P}^{r\times r},$$

且 $R(\boldsymbol{A}_2)=r$. 故

$$A\begin{pmatrix} i_1\, i_2 \cdots i_r \\ j_1\, j_2 \cdots j_r \end{pmatrix} = \det \boldsymbol{A}_2 \neq 0.$$

若$\boldsymbol{A}$ 中有 $r+1$ 级子式不为零, 则由前面讨论知 $R(\boldsymbol{A}) \geqslant r+1$, 矛盾.

设$\boldsymbol{A}$ 有 r 级子式不为零, 所有 $r+1$ 级子式全为零, 设 $R(\boldsymbol{A})=r_1$. 由前面讨论知 $r_1 \geqslant r$, 且有 r_1 级子式不为零. 但 $\forall p \geqslant r+1$, 由 $r+1$ 级子式全为零, 故所有 p 级子式全为零. 故 $r_1 < r+1$, 因而 $r_1 = r$.

例 4.23 矩阵

$$\boldsymbol{A}=\begin{pmatrix} 3 & 5 & 6 & 7 \\ 0 & 1 & 2 & 0 \\ 6 & 10 & 12 & 14 \end{pmatrix}$$

的列向量组为

$$\boldsymbol{\alpha}_1=\begin{pmatrix} 3 \\ 0 \\ 6 \end{pmatrix}, \boldsymbol{\alpha}_2=\begin{pmatrix} 5 \\ 1 \\ 10 \end{pmatrix}, \boldsymbol{\alpha}_3=\begin{pmatrix} 6 \\ 2 \\ 12 \end{pmatrix}, \boldsymbol{\alpha}_4=\begin{pmatrix} 7 \\ 0 \\ 14 \end{pmatrix}.$$

其中

$$\boldsymbol{\alpha}_4=\frac{7}{3}\boldsymbol{\alpha}_1;$$

$$\boldsymbol{\alpha}_3=-\frac{4}{3}\begin{pmatrix} 3 \\ 0 \\ 6 \end{pmatrix}+2\begin{pmatrix} 5 \\ 1 \\ 10 \end{pmatrix}, \text{ 即 } \boldsymbol{\alpha}_3=-\frac{4}{3}\boldsymbol{\alpha}_1+2\boldsymbol{\alpha}_2.$$

又若

$$k_1\boldsymbol{\alpha}_1+k_2\boldsymbol{\alpha}_2=0,$$

即

$$\begin{pmatrix} 3k_1+5k_2 \\ k_2 \\ 6k_1+10k_2 \end{pmatrix}=\begin{pmatrix} 0 \\ 0 \\ 0 \end{pmatrix},$$

因此 $k_1=k_2=0$.

故 $\boldsymbol{\alpha}_1, \boldsymbol{\alpha}_2$ 线性无关, 为 $\boldsymbol{\alpha}_1, \boldsymbol{\alpha}_2, \boldsymbol{\alpha}_3\ \boldsymbol{\alpha}_4$ 的极大线性无关部分组, 于是

$$R(\boldsymbol{\alpha}_1, \boldsymbol{\alpha}_2, \boldsymbol{\alpha}_3, \boldsymbol{\alpha}_4)=2.$$

$\boldsymbol{A}$ 的行向量组为

$$\boldsymbol{\beta}_1=(3\ 5\ 6\ 7), \quad \boldsymbol{\beta}_2=(0\ 1\ 2\ 0), \quad \boldsymbol{\beta}_3=(6\ 10\ 12\ 14).$$

其中 $\boldsymbol{\beta}_3 = 2\boldsymbol{\beta}_1$. 又若

$$k_1\boldsymbol{\beta}_1 + k_2\boldsymbol{\beta}_2 = (3k_1\ 5k_1 + k_2\ 6k_1 + 2k_2\ 7k_1) = 0,$$

则 $k_1 = 0, k_2 = 0$.

于是 $\boldsymbol{\beta}_1, \boldsymbol{\beta}_2$ 线性无关, 为 $\boldsymbol{\beta}_1, \boldsymbol{\beta}_2, \boldsymbol{\beta}_3$ 的极大线性无关部分组. 因此

$$R(\boldsymbol{\beta}_1, \boldsymbol{\beta}_2, \boldsymbol{\beta}_3) = 2.$$

$\boldsymbol{A}$ 有子式

$$A\begin{pmatrix} 1\,2 \\ 1\,2 \end{pmatrix} = \begin{vmatrix} 3 & 5 \\ 0 & 1 \end{vmatrix} = 3 \neq 0, \quad A\begin{pmatrix} 1\,2 \\ 1\,4 \end{pmatrix} = \begin{vmatrix} 3 & 7 \\ 0 & 0 \end{vmatrix} = 0,$$

而

$$A\begin{pmatrix} 1\ 2\ 3 \\ i_1\, i_2\, i_3 \end{pmatrix} = 0, \quad 1 \leqslant i_1 < i_2 < i_3 \leqslant 4.$$

定理 4.6.4　设 $\boldsymbol{A} \in \boldsymbol{P}^{m\times p}$, $\boldsymbol{B} \in \boldsymbol{P}^{p\times n}$, 则

$$R(\boldsymbol{AB}) \leqslant \min\{R(\boldsymbol{A}),\ R(\boldsymbol{B})\}.$$

证　因为 $\mathrm{col}_j(\boldsymbol{AB}) = \boldsymbol{A}\mathrm{col}_j\boldsymbol{B}$, 于是由

$$\sum_{i=1}^{s} k_i \mathrm{col}_{j_i}\boldsymbol{B} = 0$$

得

$$\sum_{i=1}^{s} k_i \mathrm{col}_{j_i}(\boldsymbol{AB}) = \boldsymbol{A}\left(\sum_{i=1}^{s} k_i \mathrm{col}_{j_i}\boldsymbol{B}\right) = 0.$$

因而

$$R(\boldsymbol{AB}) \leqslant R(\boldsymbol{B}).$$

又

$$R(\boldsymbol{AB}) = R(\boldsymbol{B}'\boldsymbol{A}') \leqslant R(\boldsymbol{A}') = R(\boldsymbol{A}).$$

故定理成立.

习　　题

1. 计算下列矩阵的秩:

1) $\begin{pmatrix} 0 & 1 & 1 & -1 & 2 \\ 0 & 2 & 2 & -2 & 0 \\ 0 & -1 & -1 & 1 & 1 \\ 1 & 1 & 0 & -1 & 1 \end{pmatrix}$;　2) $\begin{pmatrix} 1 & -1 & 2 & 1 & 0 \\ 2 & -2 & 4 & -2 & 0 \\ 3 & 0 & 6 & -1 & 1 \\ 0 & 3 & 0 & 0 & 1 \end{pmatrix}$;

3) $\begin{pmatrix} 14 & 12 & 6 & 8 & 2 \\ 6 & 104 & 21 & 9 & 17 \\ 7 & 6 & 3 & 4 & 1 \\ 35 & 30 & 15 & 20 & 5 \end{pmatrix}$; 4) $\begin{pmatrix} 1 & 0 & 0 & 1 & 4 \\ 0 & 1 & 0 & 2 & 5 \\ 0 & 0 & 1 & 3 & 6 \\ 1 & 2 & 3 & 14 & 32 \\ 4 & 5 & 6 & 32 & 77 \end{pmatrix}$.

2. 设 $\boldsymbol{B} \in \boldsymbol{P}^{r\times r}$, $\boldsymbol{C} \in \boldsymbol{P}^{r\times n}$, $R(\boldsymbol{C}) = r$. 证明:
   1) 若 $\boldsymbol{BC} = 0$, 则 $\boldsymbol{B} = 0$;
   2) 若 $\boldsymbol{BC} = \boldsymbol{C}$, 则 $\boldsymbol{B} = \boldsymbol{I}_r$.
3. 证明
$$R(\boldsymbol{A}+\boldsymbol{B}) \leqslant R(\boldsymbol{A}) + R(\boldsymbol{B}).$$
4. 设 $\boldsymbol{A} \in \boldsymbol{P}^{n\times n}$. 证明: $R(\boldsymbol{A}) = 1$ 当且仅当存在 $\boldsymbol{\alpha}$, $\boldsymbol{\beta} \in \boldsymbol{P}^{n\times 1}$, $\boldsymbol{\alpha} \neq 0$, $\boldsymbol{\beta} \neq 0$, 使得 $\boldsymbol{A} = \boldsymbol{\alpha\beta}'$, 且 $\boldsymbol{A}^2 = k\boldsymbol{A}$.
5. $\boldsymbol{A}, \boldsymbol{B}, \boldsymbol{C}, \boldsymbol{D} \in \boldsymbol{P}^{n\times n}$, $\boldsymbol{A}$ 可逆, $\boldsymbol{AC} = \boldsymbol{CA}, \boldsymbol{AD} = -\boldsymbol{CB}$. 求 $R\begin{pmatrix} \boldsymbol{A} & \boldsymbol{B} \\ \boldsymbol{C} & \boldsymbol{D} \end{pmatrix}$.
6. 设 $\boldsymbol{A} \in \boldsymbol{P}^{n\times n}$, $\boldsymbol{B} \in \boldsymbol{P}^{n\times p}$, $\boldsymbol{C} \in \boldsymbol{P}^{m\times n}$, $\boldsymbol{D} \in \boldsymbol{P}^{m\times p}$, 又$\boldsymbol{A}$ 可逆. 证明
$$R\begin{pmatrix} \boldsymbol{A} & \boldsymbol{B} \\ \boldsymbol{C} & \boldsymbol{D} \end{pmatrix} = n + R(\boldsymbol{D} - \boldsymbol{CA}^{-1}\boldsymbol{B}).$$
7. 设 $R(\boldsymbol{A}) = r$, 证明$\boldsymbol{A}$ 可以表示为 r 个秩为 1 的矩阵的和.
8. 设 $R(\boldsymbol{A}) = r$. 证明$\boldsymbol{A}$ 的 r 级子式
$$A\begin{pmatrix} i_1\ i_2 \cdots i_r \\ j_1\ j_2 \cdots j_r \end{pmatrix} \neq 0$$
   当且仅当 $\mathrm{row}_{i_1}\boldsymbol{A}$, $\mathrm{row}_{i_2}\boldsymbol{A}$, $\cdots$, $\mathrm{row}_{i_r}\boldsymbol{A}$ 为$\boldsymbol{A}$ 的行向量的极大线性无关部分组; $\mathrm{col}_{j_1}\boldsymbol{A}$, $\mathrm{col}_{j_2}\boldsymbol{A}$, $\cdots$, $\mathrm{col}_{j_r}\boldsymbol{A}$ 为$\boldsymbol{A}$ 的列向量的极大线性无关部分组.
9. 设$\boldsymbol{A}$ 是秩为 r 的对称矩阵, 证明存在$\boldsymbol{A}$ 的 r 级主子式
$$A\begin{pmatrix} i_1\ i_2 \cdots i_r \\ i_1\ i_2 \cdots i_r \end{pmatrix} \neq 0.$$

4.7 线性方程组

本节讨论线性方程组的解的存在性与唯一性, 解的结构及解法, 因此而建立起线性方程组的完整理论.

设 $\boldsymbol{A} \in \boldsymbol{P}^{m\times n}$, $\boldsymbol{B} \in \boldsymbol{P}^{m\times 1}$. 于是以$\boldsymbol{A}$ 为系数矩阵, $\boldsymbol{B}$ 为常数项的 n 元线性方程组可写成
$$\boldsymbol{AX} = \boldsymbol{B}. \tag{1}$$

也可写成

$$x_1\text{col}_1\boldsymbol{A}+x_2\text{col}_2\boldsymbol{A}+\cdots+x_n\text{col}_n\boldsymbol{A}=\boldsymbol{B}.$$

$(\boldsymbol{A}\ \boldsymbol{B})=\bar{\boldsymbol{A}}$ 称为方程组 (1) 的增广矩阵. 方程组

$$\boldsymbol{AX}=0 \tag{2}$$

称为方程组 (1) 的**导出 (方程) 组**.

定理 4.7.1　线性方程组 (1) 有解的充分必要条件是

$$R(\bar{\boldsymbol{A}})=R(\boldsymbol{A}). \tag{3}$$

证　若方程组 (1) 有解, 知$\boldsymbol{B}$ 可被 $\text{col}_1\boldsymbol{A}$, $\text{col}_2\boldsymbol{A}$, $\cdots$, $\text{col}_n\boldsymbol{A}$ 线性表出. 于是 $\{\text{col}_j\boldsymbol{A}\}$ 与 $\{\text{col}_j\boldsymbol{A},\ \boldsymbol{B}\}$ 等价. 因而 (3) 式成立.

反之, 若 (3) 式成立, 则 $\{\text{col}_j\boldsymbol{A}\}$ 中极大线性无关部分组 $\{\text{col}_{j_i}\boldsymbol{A},\ 1\leqslant i\leqslant r\}$, 也是 $\{\text{col}_j\boldsymbol{A},\ \boldsymbol{B}\}$ 的极大无关部分组. 因而$\boldsymbol{B}$ 可被 $\{\text{col}_{j_i}\boldsymbol{A}\}$ 线性表出, 故也可被 $\{\text{col}_j\boldsymbol{A}\}$ 线性表出. 因而方程组 (1) 有解.

定理 4.7.2　齐次线性方程组 (2) 的所有解构成 $\boldsymbol{P}^{n\times 1}$ 的一个 $n-R(\boldsymbol{A})$ 维子空间, 叫方程组 (2) 的**解子空间**.

证　记 $r=R(\boldsymbol{A})$. 设 $\boldsymbol{X}_1$, $\boldsymbol{X}_2\in\boldsymbol{P}^{n\times 1}$ 都是方程组 (2) 的解, 于是 $\boldsymbol{AX}_1=\boldsymbol{AX}_2=0$. 又 k_1, $k_2\in\boldsymbol{P}$, 故

$$\boldsymbol{A}(k_1\boldsymbol{X}_1+k_2\boldsymbol{X}_2)=k_1\boldsymbol{AX}_1+k_2\boldsymbol{AX}_2=0.$$

因而 $k_1\boldsymbol{X}_1+k_2\boldsymbol{X}_2$ 也是方程组 (2) 的解. 又 $\boldsymbol{X}=0$ 为方程组 (2) 的解, 所以方程组 (2) 的所有解$\boldsymbol{S}$ 为 $\boldsymbol{P}^{n\times 1}$ 的子空间.

在 $\text{col}_1\boldsymbol{A}$, $\text{col}_2\boldsymbol{A}$, $\cdots$, $\text{col}_n\boldsymbol{A}$ 中取极大线性无关部分组, 将$\boldsymbol{A}$ 的列与未知数做适当的同样排列后, 不妨假定为

$$\text{col}_1\boldsymbol{A},\ \text{col}_2\boldsymbol{A},\ \cdots,\ \text{col}_r\boldsymbol{A}.$$

对任何 $j>r$, $-\text{col}_j\boldsymbol{A}$ 可被 $\text{col}_1\boldsymbol{A}$, $\text{col}_2\boldsymbol{A}$, $\cdots$, $\text{col}_r\boldsymbol{A}$ 唯一地线性表出

$$-\text{col}_j\boldsymbol{A}=\sum_{i=1}^{r}b_{i\,j}\text{col}_i\boldsymbol{A}.$$

即有

$$\sum_{i=1}^{r}b_{i\,j}\text{col}_i\boldsymbol{A}+\text{col}_j\boldsymbol{A}+\sum_{\substack{k>r\\k\neq j}}0\text{col}_k\boldsymbol{A}=0.$$

因而

$$\boldsymbol{X}_1=\begin{pmatrix} b_{1\,r+1}\\ \vdots\\ b_{r\,r+1}\\ 1\\ 0\\ \vdots\\ 0\end{pmatrix},\ \boldsymbol{X}_2=\begin{pmatrix} b_{1\,r+2}\\ \vdots\\ b_{r\,r+2}\\ 0\\ 1\\ 0\\ \vdots\end{pmatrix},\ \cdots,\ \boldsymbol{X}_{n-r}=\begin{pmatrix} b_{1\,n}\\ \vdots\\ b_{r\,n}\\ 0\\ \vdots\\ 0\\ 1\end{pmatrix}$$

都是方程组 (2) 的解. 显然 $\boldsymbol{X}_1,\boldsymbol{X}_2,\cdots,\boldsymbol{X}_{n-r}$ 是线性无关的. 设 $\boldsymbol{X}=(c_1,\cdots,c_r,c_{r+1},\ \cdots,c_n)'$ 也是方程组 (2) 的解, 故

$$\boldsymbol{X}-\sum_{i=1}^{n-r}c_{r+i}\boldsymbol{X}_i=(d_1,\ \cdots,\ d_r,\ 0,\ \cdots,\ 0)'$$

也是方程组 (2) 的解. 故由 $\mathrm{col}_1\boldsymbol{A}$, $\mathrm{col}_2\boldsymbol{A}$, $\cdots$, $\mathrm{col}_r\boldsymbol{A}$ 线性无关以及

$$d_1\mathrm{col}_1\boldsymbol{A}+d_2\mathrm{col}_2\boldsymbol{A}+\cdots+d_r\mathrm{col}_r\boldsymbol{A}=0,$$

知 $d_1=d_2=\cdots=d_r=0$. 故

$$\boldsymbol{X}=\sum_{i=1}^{n-r}c_{r+i}\boldsymbol{X}_i.$$

故 $\boldsymbol{X}_1$, $\boldsymbol{X}_2$, $\cdots$, $\boldsymbol{X}_{n-r}$ 为$\boldsymbol{S}$ 的基, $\dim\boldsymbol{S}=n-R(\boldsymbol{A})$.

推论 方程组 (2) 有非零解当且仅当 $R(\boldsymbol{A})<n$. 特别地, $m<n$ 时, 方程组 (2) 一定有非零解. $m=n$, $\det\boldsymbol{A}\neq 0$ 时, 方程组 (2) 无非零解.

定义 4.7.1 齐次线性方程组 (2) 的解 $\boldsymbol{X}_1$, $\boldsymbol{X}_2$, $\cdots$, $\boldsymbol{X}_k$ 若满足:

1) 线性无关;

2) 方程组 (2) 的任何解都可被它们线性表出,

则称 $\boldsymbol{X}_1$, $\boldsymbol{X}_2$, $\cdots$, $\boldsymbol{X}_k$ 为方程组 (2) 的**基础解系**;

$$\boldsymbol{X}=t_1\boldsymbol{X}_1+t_2\boldsymbol{X}_2+\cdots+t_k\boldsymbol{X}_k$$

为方程组 (2) 的**通解**.

所谓基础解系就是解子空间的基.

定理 4.7.3 设方程组 (1) 有解, 且 $\boldsymbol{X}_0$ 是方程组 (1) 的一个解 (称为**特解**), 则方程组 (1) 的所有解有如下形式

$$\boldsymbol{X}=\boldsymbol{X}_0+t_1\boldsymbol{X}_1+t_2\boldsymbol{X}_2+\cdots+t_k\boldsymbol{X}_k,\ \forall t_i\in\boldsymbol{P},\ 1\leqslant i\leqslant k. \tag{4}$$

称 (4) 式为方程组 (1) 的**通解**.

证　由 $\boldsymbol{AX}_0=\boldsymbol{B}$, $\boldsymbol{AX}_i=0$, $1\leqslant i\leqslant k$, 故 $\forall t_i\in\boldsymbol{P}$

$$\boldsymbol{A}(\boldsymbol{X}_0+t_1\boldsymbol{X}_1+\cdots+t_k\boldsymbol{X}_k)=\boldsymbol{B}.$$

故 (4) 式为方程组 (1) 的解.

设$\boldsymbol{X}$ 为 (1) 的解, 于是 $\boldsymbol{A}(\boldsymbol{X}-\boldsymbol{X}_0)=\boldsymbol{B}-\boldsymbol{B}=0$, 因而 $\boldsymbol{X}-\boldsymbol{X}_0$ 为方程组 (2) 的解. 由 $\boldsymbol{X}_1$, $\boldsymbol{X}_2$, $\cdots$, $\boldsymbol{X}_k$ 为方程组 (2) 的基础解系, 故有 $t_i\in\boldsymbol{P}$, 使 $\boldsymbol{X}-\boldsymbol{X}_0=t_1\boldsymbol{X}_1+\cdots+t_k\boldsymbol{X}_k$. 因而$\boldsymbol{X}$ 为 (4) 式的形式.

实际上, $\boldsymbol{A}$ 的极大线性无关列向量组不一定恰好是前 r 列, 假设为

$$\mathrm{col}_{j_1}\boldsymbol{A},\ \mathrm{col}_{j_2}\boldsymbol{A},\ \cdots,\ \mathrm{col}_{j_r}\boldsymbol{A}.$$

余下的列依次记为

$$\mathrm{col}_{j_{r+1}}\boldsymbol{A},\ \mathrm{col}_{j_{r+2}}\boldsymbol{A},\ \cdots,\ \mathrm{col}_{j_n}\boldsymbol{A}.$$

如同定理 4.7.2 的证明, 可将 $-\mathrm{col}_{j_k}\boldsymbol{A}$ $(k>r)$ 用 $\mathrm{col}_{j_1}\boldsymbol{A}$, $\mathrm{col}_{j_2}\boldsymbol{A}$, $\cdots$, $\mathrm{col}_{j_r}\boldsymbol{A}$ 线性表出, 从而可得满足

$$x_{j_k}=1,\quad x_{j_l}=0\quad (l>r,\ l\neq k)$$

的解. 而任何解都由

$$x_{j_{r+1}},\ \cdots,\ x_{j_n}$$

的值完全确定. 反之, 对 $x_{j_{r+1}}$, $x_{j_{r+2}}$, $\cdots$, x_{j_n} 的任一组值方程组 (2) 有唯一的解. 我们称

$$x_{j_{r+1}},\ x_{j_{r+2}},\ \cdots,\ x_{j_n}$$

为**自由未知量**.

要确定$\boldsymbol{A}$ 的极大线性无关列向量部分组或确定自由未知量一般也是困难的. 但若$\boldsymbol{P}$ 为 n 阶可逆方阵, 则$\boldsymbol{AX}=\boldsymbol{B}$ 与 $\boldsymbol{PAX}=\boldsymbol{PB}$ 有相同的解, 而且$\boldsymbol{P}(\boldsymbol{A}\,\boldsymbol{B})=(\boldsymbol{PA}\,\boldsymbol{PB})$ 的列向量与$(\boldsymbol{A}\,\boldsymbol{B})$ 的列向量之间的线性关系是完全一致的 (见定理 4.6.1 的证明). 因而我们可以将$(\boldsymbol{A}\,\boldsymbol{B})$ 经过行变换化简, 且一定可以化为阶梯形矩阵, 且前 r 行不为零. 由此我们可以给出方程组 (1) 的一套解法.

①将$(\boldsymbol{A}\,\boldsymbol{B})$ 用行变换化为阶梯形矩阵:

$$\begin{pmatrix}
\underline{a_{11}\ \cdots} & & \cdots & & & \\
 & & \underline{|a_{2\,j_2}\ \cdots} & \cdots & & \\
\cdots & & \cdots & \cdots & \cdots & \cdots \\
 & & & & \underline{|a_{r\,j_r}\ \cdots} & \\
 & & & & & \underline{|b_{r+1\,n+1}} \\
\cdots & & \cdots & \cdots & \cdots & \cdots
\end{pmatrix}.$$

若 $b_{r+1\,n+1}=0$, 则方程组 (1) 有解, 否则无解.

②确定自由未知量 $x_{j_{r+1}}, x_{j_{r+2}}, \cdots, x_{j_n}$.

③求方程组 (2) 的满足条件

$$x_{j_k}=1,\ x_{j_l}=0,\ k,l>r,\ l\neq k,\ k=r+1,\cdots,n$$

的解: $\boldsymbol{X}_1, \boldsymbol{X}_2, \cdots, \boldsymbol{X}_{n-r}$.

④求方程组 (1) 的满足 $x_{j_k}=0,\ r+1\leqslant k\leqslant n$ 的特解 $\boldsymbol{X}_0$.

⑤求出方程组 (1) 的通解: $\boldsymbol{X}_0+t_1\boldsymbol{X}_1+\cdots+t_{n-r}\boldsymbol{X}_{n-r}$.

下面举例说明.

例 4.24 解线性方程组

$$\begin{cases}2x_1-\ x_2+3x_3=1,\\4x_1-2x_2+5x_3=4,\\2x_1-\ x_2+4x_3=0.\end{cases}$$

解 将增广矩阵施行行变换

$$\begin{pmatrix}2&-1&3&1\\4&-2&5&4\\2&-1&4&0\end{pmatrix}\xrightarrow{r_2-2r_1;\ r_3-r_1}\begin{pmatrix}2&-1&3&1\\0&0&-1&2\\0&0&1&-1\end{pmatrix}\xrightarrow{r_3+r_2}\begin{pmatrix}2&-1&3&1\\0&0&-1&2\\0&0&0&1\end{pmatrix}.$$

由此知系数矩阵秩为 2, 增广矩阵秩为 3, 故方程组无解.

例 4.25 解方程组

$$\begin{cases}2x_1-\ x_2+3x_3=1,\\4x_1-2x_2+5x_3=4,\\2x_1-\ x_2+4x_3=-1.\end{cases}$$

解 将增广矩阵施行行变换

$$\begin{pmatrix}2&-1&3&1\\4&-2&5&4\\2&-1&4&-1\end{pmatrix}\longrightarrow\begin{pmatrix}2&-1&3&1\\0&0&-1&2\\0&0&1&-2\end{pmatrix}\longrightarrow\begin{pmatrix}2&-1&3&1\\0&0&-1&2\\0&0&0&0\end{pmatrix}.$$

由系数矩阵秩, 增广矩阵的秩均为 2, 故方程组有解, 且第 1, 3 列为极大线性无关列向量组, 故自由未知量为 x_2. 令 $x_2=0$, 则从

$$\begin{cases} 2x_1 + 3x_3 = 1, \\ \quad\;\; - x_3 = 2, \end{cases}$$

求得特解 $\boldsymbol{X}_0=(7/2,\ 0,\ -2)'$.

由 $x_2=1$ 及

$$\begin{cases} 2x_1 + 3x_3 = 1, \\ \quad\;\; - x_3 = 0, \end{cases}$$

求得导出组的基础解系 $\boldsymbol{X}_1=(1/2,\ 1,\ 0)'$.

最后得通解

$$\boldsymbol{X}=\begin{pmatrix} 7/2 \\ 0 \\ -2 \end{pmatrix}+t\begin{pmatrix} 1/2 \\ 1 \\ 0 \end{pmatrix}=\begin{pmatrix} \frac{1}{2}(7+t) \\ t \\ -2 \end{pmatrix},$$

即 $x_1=\dfrac{1}{2}(7+t),\ x_2=t,\ x_3=-2,\ t$ 任意.

例 4.26　解线性方程组

$$\begin{cases} 2x_1+\lambda x_2-x_3=1, \\ \lambda x_1-x_2+x_3=2, \\ 4x_1+5x_2-5x_3=-1. \end{cases}$$

解法 1　此方程组的增广矩阵为

$$\left(\begin{array}{ccc|c} 2 & \lambda & -1 & 1 \\ \lambda & -1 & 1 & 2 \\ 4 & 5 & -5 & -1 \end{array}\right).$$

要将此矩阵变为通常阶梯矩阵较困难, 注意到 x_1 与 x_3 的地位并无多大区别, 故行变换可如下进行

$$\left(\begin{array}{ccc|c} 2 & \lambda & -1 & 1 \\ \lambda & -1 & 1 & 2 \\ 4 & 5 & -5 & -1 \end{array}\right)\xrightarrow[r_3+5r_2]{}\left(\begin{array}{ccc|c} 2 & \lambda & -1 & 1 \\ \lambda & -1 & 1 & 2 \\ 5\lambda+4 & 0 & 0 & 9 \end{array}\right)$$

$$\xrightarrow[r_2+r_1]{}\left(\begin{array}{ccc|c} 2 & \lambda & -1 & 1 \\ \lambda+2 & \lambda-1 & 0 & 3 \\ 5\lambda+4 & 0 & 0 & 9 \end{array}\right).$$

因此, 有以下结果:

(1) $\lambda = -\frac{4}{5}$ 时, 方程组无解.

(2) $\lambda \neq -\frac{4}{5}, 1$ 时, 方程组解唯一:

$$
\begin{aligned}
x_1 &= \frac{9}{5\lambda+4},\\
x_2 &= \frac{1}{\lambda-1}\left(3-\frac{9(\lambda+2)}{5\lambda+4}\right) = \frac{6}{5\lambda+4},\\
x_3 &= \frac{18}{5\lambda+4} + \frac{6\lambda}{5\lambda+4} - 1 = \frac{\lambda+14}{5\lambda+4}.
\end{aligned}
$$

(3) $\lambda = 1$ 时, 有无穷多组解, 自由未知量可取 x_3. 特解: $x_1 = 1$, $x_2 = -1$, $x_3 = 0$. 导出组的基础解系 $\begin{pmatrix} 0 \\ 1 \\ 1 \end{pmatrix}$. 于是方程组的通解为

$$
\begin{pmatrix} 1 \\ -1 \\ 0 \end{pmatrix} + k \begin{pmatrix} 0 \\ 1 \\ 1 \end{pmatrix}.
$$

解法 2 系数矩阵行列式

$$
\begin{vmatrix} 2 & \lambda & -1 \\ \lambda & -1 & 1 \\ 4 & 5 & -5 \end{vmatrix} = \begin{vmatrix} 2 & \lambda & -1 \\ \lambda+2 & \lambda-1 & 0 \\ 4+5\lambda & 0 & 0 \end{vmatrix} = (\lambda-1)(4+5\lambda).
$$

(1) $\lambda \neq -\frac{4}{5}, 1$ 时, 方程组解唯一.

$$
x_1 = \frac{9}{5\lambda+4},\ x_2 = \frac{6}{5\lambda+4},\ x_3 = \frac{\lambda+14}{5\lambda+4}.
$$

(2) $\lambda = -\frac{4}{5}$ 时, 由

$$
\left(\begin{array}{ccc|c} 2 & -\frac{4}{5} & -1 & 1 \\ -\frac{4}{5} & -1 & 1 & 2 \\ 4 & 5 & -5 & -1 \end{array}\right) \to \left(\begin{array}{ccc|c} 2 & -\frac{4}{5} & -1 & 1 \\ -\frac{4}{5} & -1 & 1 & 2 \\ 0 & 0 & 0 & 9 \end{array}\right)
$$

知方程组无解.

(3) $\lambda = 1$ 时,

$$\left(\begin{array}{ccc|c} 2 & 1 & -1 & 1 \\ 1 & -1 & 1 & 2 \\ 4 & 5 & -5 & -1 \end{array}\right) \rightarrow \left(\begin{array}{ccc|c} 0 & 3 & -3 & -3 \\ 1 & -1 & 1 & 2 \\ 0 & 9 & -9 & -9 \end{array}\right)$$

$$\rightarrow \left(\begin{array}{ccc|c} 1 & -1 & 1 & 2 \\ 0 & 1 & -1 & -1 \\ 0 & 0 & 0 & 0 \end{array}\right)$$

知方程组通解为

$$\begin{pmatrix} 1 \\ -1 \\ 0 \end{pmatrix} + k\begin{pmatrix} 0 \\ 1 \\ 1 \end{pmatrix} = \begin{pmatrix} 1 \\ k-1 \\ k \end{pmatrix}.$$

回顾一下 4.2 节中在空间取定坐标系 $OXYZ$ 之后, 一个三元线性方程

$$ax + by + cz = d \tag{5}$$

表示一个平面 π. 此方程的导出方程

$$ax + by + cz = 0 \tag{6}$$

则是通过原点$\boldsymbol{O}$ 的平面 π_1. π_1 与 π 平行.

不妨设 $a \neq 0$, 于是方程 (5), (6) 的自由未知量可选为 y, z. 因而 (6) 的基础解系为

$$\boldsymbol{X}_1 = \begin{pmatrix} -b/a \\ 1 \\ 0 \end{pmatrix}, \quad \boldsymbol{X}_2 = \begin{pmatrix} -c/a \\ 0 \\ 1 \end{pmatrix}.$$

于是有点 P_1, P_2 使 $\overrightarrow{OP}_i = \boldsymbol{X}_i$, $i = 1, 2$. 因而 π_1 由 $\overrightarrow{OP}_1$, $\overrightarrow{OP}_2$ 或 O, P_1, P_2 确定.

令 $y = z = 0$, 求得 (5) 的一个特解 $\boldsymbol{X}_0 = (-d/a, 0, 0)'$. 于是有空间一点 P_0 使 $\overrightarrow{OP}_0 = \boldsymbol{X}_0$, π 则是通过 P_0 平行 π_1 的平面, $P \in \pi$, 则有

$$\overrightarrow{OP} = \overrightarrow{OP}_0 + t_1\overrightarrow{OP}_1 + t_2\overrightarrow{OP}_2.$$

如图 4.17 所示.

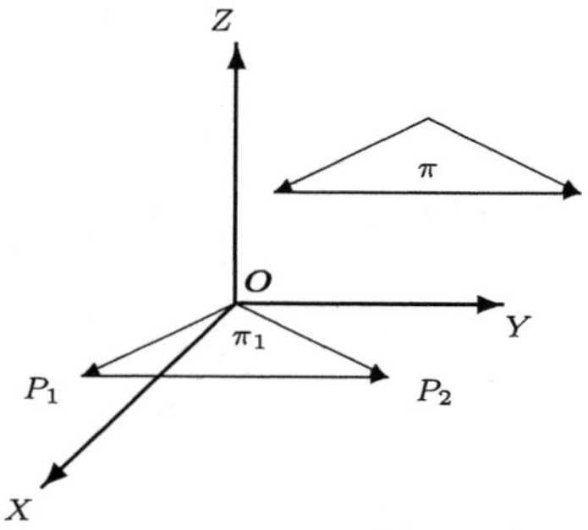

图 4.17

从上面讨论知通过原点的平面可以看作 $\mathbf{R}^{3\times 1}$ 中的 2 维子空间. 反过来, 假定 U 是 $\mathbf{R}^{3\times 1}$ 的一个 2 维子空间, 取基 $\boldsymbol{\delta}_1$, $\boldsymbol{\delta}_2$. 在空间取点 Q_1, Q_2 使 $\overrightarrow{OQ}_i = \boldsymbol{\delta}_i$. 由 $\boldsymbol{\delta}_1$, $\boldsymbol{\delta}_2$ 线性无关, 故 $\overrightarrow{OQ}_1$ 与 $\overrightarrow{OQ}_2$ 不共线. 令 π_2 为由 O, Q_1, Q_2 确定的平面, 则 $Q \in \pi_2$ 当且仅当

$$\overrightarrow{OQ} = x_1\overrightarrow{OQ}_1 + x_2\overrightarrow{OQ}_2 = x_1\boldsymbol{\delta}_1 + x_2\boldsymbol{\delta}_2.$$

即 U 可视为通过原点的平面 π_2.

矩阵等价标准形与线性方程组理论

线性方程组的理论也可用化矩阵为等价标准形的途径来建立.

定理 4.7.4 设 P 是数域, $\boldsymbol{A} \in P^{m\times n}, \boldsymbol{B} \in P^{m\times 1}$. P 上的线性方程组

$$\boldsymbol{AX} = \boldsymbol{B} \tag{1}$$

中的系数矩阵 $\boldsymbol{A}$ 的等价标准形为

$$\boldsymbol{PAQ} = \begin{pmatrix} \boldsymbol{I}_r & 0 \\ 0 & 0 \end{pmatrix},$$

其中 $\boldsymbol{P}, \boldsymbol{Q}$ 分别是 m 阶, n 阶可逆矩阵. 则有以下结果:

1) 方程组 (1) 有解的充分必要条件是 $R(\boldsymbol{A}) = R(\bar{\boldsymbol{A}})$, $\bar{\boldsymbol{A}} = (\boldsymbol{A}, \boldsymbol{B})$;

2) $\boldsymbol{B} = 0$ 时, 齐次线性方程组 $\boldsymbol{AX} = 0$ 的解构成 $P^{n\times 1}$ 的一个 $n - R(\boldsymbol{A})$ 维子空间, 且 $\boldsymbol{Q}$ 的后 $n - R(\boldsymbol{A})$ 列为基础解系;

3) 在方程组 (1) 有解时, 设 $\boldsymbol{X}_0$ 是一个解, 则 (1) 的解均可表示为 $\boldsymbol{X}_0$ 与 $\boldsymbol{AX} = 0$ 的解的和.

证 我们知道方程组 (1) 与方程组

$$\boldsymbol{PAX} = \boldsymbol{PB} \tag{7}$$

的解相同.

注意 $\boldsymbol{PAX} = \boldsymbol{PAQQ}^{-1}\boldsymbol{X}$, 设

$$\boldsymbol{PB} = \boldsymbol{C} = \begin{pmatrix} c_1 \\ \vdots \\ c_r \\ c_{r+1} \\ \vdots \\ c_m \end{pmatrix}, \quad \boldsymbol{Q}^{-1}\boldsymbol{X} = \boldsymbol{Y} = \begin{pmatrix} y_1 \\ \vdots \\ y_r \\ y_{r+1} \\ \vdots \\ y_n \end{pmatrix}, \quad \boldsymbol{Q} = (\boldsymbol{Q}_1, \boldsymbol{Q}_2, \cdots, \boldsymbol{Q}_n),$$

其中 $\boldsymbol{Q}_j$ $(1 \leqslant j \leqslant n)$ 是 $\boldsymbol{Q}$ 的第 j 列.

1)　在上述设定下, 方程组 (7) 可写成

$$\begin{pmatrix} \boldsymbol{I}_r & 0 \\ 0 & 0 \end{pmatrix} \boldsymbol{Y} = \boldsymbol{C}, \tag{8}$$

也就是

$$\begin{cases} y_1 = c_1, \\ \vdots \\ y_r = c_r, \\ 0 = c_{r+1}, \\ \vdots \\ 0 = c_m. \end{cases}$$

由此可知方程组 (8) 有解当且仅当 $c_{r+1} = \cdots = c_m = 0$, 也就是 $R(\boldsymbol{A}) = R(\bar{\boldsymbol{A}})$.

2)　因为 $PAQ = \begin{pmatrix} \boldsymbol{I}_r & 0 \\ 0 & 0 \end{pmatrix}$, 所以 $\boldsymbol{PAQ}_j = 0\,(1 \leqslant j \leqslant n)$. 由于 $\boldsymbol{P}$ 是可逆的, 因此 $\boldsymbol{AQ}_j = 0\,(1 \leqslant j \leqslant n)$. $Q_j\,(1 \leqslant j \leqslant n)$ 是 $\boldsymbol{AX} = 0$ 的解. 由于 $\boldsymbol{Q}$ 可逆, 因而 $\boldsymbol{Q}_1, \boldsymbol{Q}_2, \cdots, \boldsymbol{Q}_n$ 是 $\boldsymbol{P}^{n\times 1}$ 的基, 特别 $\boldsymbol{Q}_j\,(1 \leqslant j \leqslant n)$ 线性无关. $\boldsymbol{X} \in F^{n\times 1}$ 有

$$\boldsymbol{X} = t_1\boldsymbol{Q}_1 + \cdots + t_r\boldsymbol{Q}_r + t_{r+1}\boldsymbol{Q}_{r+1} + \cdots + t_n\boldsymbol{Q}_n.$$

由于 $\boldsymbol{AX} = 0$ 当且仅当 $\boldsymbol{PAX} = 0$, 即有

$$0 = \boldsymbol{PAX} = \sum_{j=1}^{n} t_j \boldsymbol{PAQ}_j = \begin{pmatrix} t_1 \\ \vdots \\ t_r \\ 0 \\ \vdots \\ 0 \end{pmatrix}.$$

因此 $\boldsymbol{AX}=0$ 的解为 $\boldsymbol{X}=t_{r+1}\boldsymbol{Q}_{r+1}+\cdots+t_n\boldsymbol{Q}_n$. 由此结论 2) 得证.

3) 由于 $\boldsymbol{AX}=\boldsymbol{B}$ 当且仅当 $\boldsymbol{PAX}=\boldsymbol{PB}=\boldsymbol{C}$, 设 $\boldsymbol{X}=\sum\limits_{j=1}^{n}t_j\boldsymbol{Q}_j$, 于是 $\boldsymbol{X}$ 是 (8) 的解当且仅当

$$\boldsymbol{PAX}=\sum_{j=1}^{n}t_j\boldsymbol{PAQ}_j=\begin{pmatrix}t_1\\ \vdots\\ t_r\\ 0\\ \vdots\\ 0\end{pmatrix}=\begin{pmatrix}c_1\\ \vdots\\ c_r\\ 0\\ \vdots\\ 0\end{pmatrix},$$

即 $t_i=c_i\,(1\leqslant i\leqslant r)$. 特别 $\boldsymbol{X}_0=\sum\limits_{i=1}^{r}c_i\boldsymbol{Q}_i$ 是 $\boldsymbol{AX}=\boldsymbol{B}$ 的解, $\sum\limits_{j=r+1}^{n}t_j\boldsymbol{Q}_j$ 是 $\boldsymbol{AX}=0$ 的解. 于是结论 3) 得证. □

从上面的证明知道, 给出方程组的解关键在于求出 $\boldsymbol{Q}$, 因此这种方法也提供了求解方程组的程序:

i) 用行变换将增广矩阵 $(\boldsymbol{A}\quad\boldsymbol{B})$ 化为阶梯矩阵 $(\boldsymbol{PA}\quad\boldsymbol{PB})$.

ii) 判断有无解.

iii) 有解时, 将 $\boldsymbol{PA}$ 用列变换化为等价标准形, 并求出 $\boldsymbol{Q}$.

iv) 写出通解.

上面的步骤 iii), 可如下进行将 $(m+n)\times n$ 的矩阵 $\begin{pmatrix}\boldsymbol{PA}\\ \boldsymbol{I}_n\end{pmatrix}$ 进行列变换, 当 $\boldsymbol{PA}$ 变成等价标准形时, $\boldsymbol{I}_n$ 就变成了所要求的 $\boldsymbol{Q}$.

例 4.27 解下列线性方程组:

$$\begin{cases}x_1+x_2-2x_4=-6,\\ 4x_1-x_2-x_3-x_4=1,\\ 3x_1-x_2-x_3=3.\end{cases}$$

解 将此方程组的增广矩阵进行行变换

$$\left(\begin{array}{cccc|c}1&1&0&-2&-6\\ 4&-1&-1&-1&1\\ 3&-1&-1&0&3\end{array}\right)$$

$$\xrightarrow[r_2-r_1-r_3;r_3-3r_1]{}\left(\begin{array}{cccc|c}1&1&0&-2&-6\\ 0&-1&0&1&4\\ 0&-4&-1&6&21\end{array}\right)$$

$$\xrightarrow{r_1+r_2;-r_3+4r_2}\left(\begin{array}{cccc|c}1&0&0&-1&-2\\0&-1&0&1&4\\0&0&1&-2&-5\end{array}\right)$$

再进行所说列变换:

$$\left(\begin{array}{cccc}1&0&0&-1\\0&-1&0&1\\0&0&1&-2\\\hline 1&0&0&0\\0&1&0&0\\0&0&1&0\\0&0&0&1\end{array}\right)\longrightarrow\left(\begin{array}{cccc}1&0&0&0\\0&1&0&0\\0&0&1&0\\\hline 1&0&0&1\\0&-1&0&1\\0&0&1&2\\0&0&0&1\end{array}\right)$$

于是方程组的通解为

$$\boldsymbol{X}=\begin{pmatrix}-2\\-4\\-5\\0\end{pmatrix}+k\begin{pmatrix}1\\1\\2\\1\end{pmatrix}=\begin{pmatrix}k-2\\k-4\\2k-5\\k\end{pmatrix}.$$

习　　题

1. 解线性方程组:

1) $$\begin{cases}x_1+x_2-3x_3=-1,\\2x_1+x_2-2x_3=1,\\x_1+x_2+x_3=3,\\x_1+2x_2-3x_3=1;\end{cases}$$

2) $$\begin{cases}x_1+3x_2+5x_3-4x_4=-1,\\x_1+3x_2+2x_3-2x_4+x_5=1,\\x_1+2x_2+x_3-x_4+x_5=-1,\\x_1-2x_2+3x_3-x_4-x_5=3,\\x_1-4x_2+3x_3+x_4-x_5=3;\end{cases}$$

3) $$\begin{cases}\lambda x_1+x_2+3x_3=1,\\x_2+\lambda x_2+x_3=1,\\x_1+x_2+\lambda x_3=1;\end{cases}$$

4) $\begin{cases} a_1x_1 + a_2x_2 + a_3x_3 = c, \\ a_3x_2 - a_2x_3 = b_1, \\ -a_3x_1 + a_1x_3 = b_2, \\ a_2x_1 - a_1x_2 = b_3; \end{cases}$

5) $\begin{cases} 2x_1 + x_2 - 3x_3 + x_4 = 1, \\ 3x_1 - 2x_2 + 2x_3 - 3x_4 = 2, \\ 5x_1 + x_2 - x_3 + 2x_4 = -1, \\ 2x_1 - 2x_2 + x_3 - 3x_4 = 4; \end{cases}$

6) $\begin{cases} x_1 + x_2 + x_3 + x_4 + x_5 = 0, \\ 3x_1 - 2x_2 + x_3 + x_4 - 3x_5 = 0, \\ x_2 + 2x_3 + 2x_4 + 6x_5 = 0, \\ 5x_1 + 4x_2 - 3x_3 + 2x_4 + 6x_5 = 0; \end{cases}$

7) $\begin{cases} x_1 + x_2 - 3x_4 - x_5 = 0, \\ x_1 - x_2 + 2x_3 - x_4 = 0, \\ 4x_1 - 2x_2 + 6x_3 + 3x_4 - 4x_5 = 0, \\ 2x_1 + 4x_2 - 2x_3 + 4x_4 - 7x_5 = 0, \\ x_1 - 4x_2 + 3x_3 + x_4 - x_5 = 3. \end{cases}$

2. 设线性方程组

$$\sum_{j=1}^{n} a_{kj}x_j = 0, \quad 1 \leqslant k \leqslant n-1$$

的系数矩阵为$\boldsymbol{A}$. 划去 $\boldsymbol{A}$ 的第 i 列所得矩阵的行列式为 M_i. 证明:

1) $(M_1, -M_2, \ldots, (-1)^{n-1}M_n)'$ 是方程组的解;

2) 若 $R(\boldsymbol{A}) = n-1$, 则方程组的通解为

$$t(M_1, -M_2, \ldots, (-1)^{n-1}M_n)'.$$

3. 设 $\boldsymbol{\eta}_0 \neq 0$ 为线性方程组 $\boldsymbol{AX} = \boldsymbol{B}$ ($\boldsymbol{B} \neq 0$) 的一个解, $\boldsymbol{\eta}_1$, $\boldsymbol{\eta}_2$, $\cdots$, $\boldsymbol{\eta}_t$ 是导出组 $\boldsymbol{AX} = 0$ 的一基础解系. 令 $\gamma_1 = \boldsymbol{\eta}_0$, $\gamma_2 = \boldsymbol{\eta}_0 + \boldsymbol{\eta}_1$, $\cdots$, $\gamma_{t+1} = \boldsymbol{\eta}_0 + \boldsymbol{\eta}_t$. 证明:

1) γ_1, γ_2, $\cdots$, γ_{t+1} 线性无关;

2) $\boldsymbol{\eta}$ 为 $\boldsymbol{AX} = \boldsymbol{B}$ 的解当且仅当

$$\boldsymbol{\eta} = \sum_{i=1}^{t+1} u_i\gamma_i, \quad \sum_{i=1}^{t+1} u_i = 1.$$

4. 设 $\boldsymbol{A} \in \boldsymbol{P}^{m\times n}$, $\boldsymbol{B} \in \boldsymbol{P}^{n\times p}$, 又 $\boldsymbol{AB} = 0$, 则 $R(\boldsymbol{A}) + R(\boldsymbol{B}) \leqslant n$.

5. 设 $\boldsymbol{A} \in \boldsymbol{P}^{n\times n}$, 且 $\boldsymbol{A}^2 = \boldsymbol{I}_n$, 则 $R(\boldsymbol{A} + \boldsymbol{I}_n) + R(\boldsymbol{A} - \boldsymbol{I}_n) = n$.

6. 设 $\boldsymbol{A} \in \boldsymbol{P}^{n\times n}$, 且 $\boldsymbol{A}^2 = \boldsymbol{A}$, 则 $R(\boldsymbol{A}) + R(\boldsymbol{A} - \boldsymbol{I}_n) = n$.

7. 设 $\boldsymbol{A} \in \boldsymbol{P}^{n\times n}$ $(n \geqslant 2)$. 证明:

1) $R(A^*) = \begin{cases} n, & 当\ R(\boldsymbol{A}) = n, \\ 1, & 当\ R(\boldsymbol{A}) = n-1, \\ 0, & 当\ R(\boldsymbol{A}) < n-1; \end{cases}$

2) $n > 2$ 时, 有 $(A^*)^* = |A|^{n-2}A$.

8. 设 $\boldsymbol{A} = (a_{ij}) \in \mathbf{R}^{n\times n}$. 证明:

1) 若 $|a_{ii}| > \sum\limits_{j\neq i} |a_{ij}|$, $1 \leqslant i \leqslant n$, 则 $|\boldsymbol{A}| \neq 0$;

2) 若 $a_{ii} > \sum\limits_{j\neq i} |a_{ij}|$, $1 \leqslant i \leqslant n$, 则 $|\boldsymbol{A}| > 0$.

9. 给出 $\mathbf{R}^{3\times 1}$ 的一维子空间的几何解释.

10. 设空间有三张平面:

$$\pi_k: \quad a_kx + b_ky + c_kz = d_k, \quad k = 1, 2, 3.$$

试讨论它们在空间的位置与它们的方程所成矩阵之间的关系, 并绘出示意图.

11. 已知下列齐次线性方程组

$$\text{(I)} \qquad \begin{cases} x_1 + x_2 - 2x_4 = -6, \\ 4x_1 - x_2 - x_3 - x_4 = 1, \\ 3x_1 - x_2 - x_3 = 3, \end{cases}$$

$$\text{(II)} \qquad \begin{cases} x_1 + mx_2 - x_3 - x_4 = -5, \\ nx_1 - x_3 - 2x_4 = 11, \\ x_3 - 2x_4 = -t + 1, \end{cases}$$

(1) 求解方程组 (I);

(2) (II) 中参数 m, n, t 为何值时, (I) 与 (II) 同解.

12. 已知线性方程组

$$\text{(I)} \qquad \begin{cases} a_{11}x_1 + a_{12}x_2 + \ldots + a_{1n}x_n = 0, \\ a_{21}x_1 + a_{22}x_2 + \ldots + a_{2n}x_n = 0, \\ \cdots\cdots\cdots\cdots \\ a_{m1}x_1 + a_{m2}x_2 + \ldots + a_{mn}x_n = 0 \end{cases}$$

的一个基础解系为

$$\begin{pmatrix} b_{11} \\ \vdots \\ b_{1n} \end{pmatrix}, \begin{pmatrix} b_{21} \\ \vdots \\ b_{2n} \end{pmatrix}, \quad \cdots, \quad \begin{pmatrix} b_{p1} \\ \vdots \\ b_{pn} \end{pmatrix}.$$

试写出线性方程组

$$\text{(II)}\quad \begin{cases} b_{11}y_1 + b_{12}y_2 + \cdots + b_{1n}y_n = 0, \\ b_{21}y_1 + b_{22}y_2 + \cdots + b_{2n}y_n = 0, \\ \cdots\cdots\cdots\cdots \\ b_{p1}y_1 + b_{p2}y_2 + \cdots + b_{pn}y_n = 0 \end{cases}$$

的通解, 并说明理由.

4.8 坐标与基变换

本节将一般线性空间中抽象的向量及其运算具体化为矩阵的相应运算. 先引进一些术语.

设 $\boldsymbol{S}_1$, $\boldsymbol{S}_2$ 是两个集合. φ 是 $\boldsymbol{S}_1$ 到 $\boldsymbol{S}_2$ 的一个映射, 即对 $\boldsymbol{S}_1$ 中任一元素 a, 按 φ 给的规则有 $\boldsymbol{S}_2$ 的一个元素 a' 与 a 对应, 记 $a' = \varphi(a)$.

如果 $a \neq b$ 时, $\varphi(a) \neq \varphi(b)$, 称 φ 是**一一映射**.

如果 $\forall a' \in \boldsymbol{S}_2$, 存在 $a \in \boldsymbol{S}_1$ 使得 $a' = \varphi(a)$, 称 φ 是**满映射**, 或说 φ 是**$\boldsymbol{S}_1$ 到 $\boldsymbol{S}_2$ 上的映射**.

如果 φ 既是一一映射又是满映射, 则称 φ 是**一一对应**.

如果 φ 是 $\boldsymbol{S}_1$ 到 $\boldsymbol{S}_2$ 上的一一对应, 那么由 $a' \in \boldsymbol{S}_2$ 有唯一的 $a \in \boldsymbol{S}_1$ 使得 $a' = \varphi(a)$, 这时得到 $\boldsymbol{S}_2$ 到 $\boldsymbol{S}_1$ 上的一一对应 φ^{-1}, $\varphi^{-1}(a') = a$, 我们称 φ^{-1} 为 φ 的**逆映射**. 于是 $\varphi^{-1}(\varphi(a)) = a$, $\forall a \in \boldsymbol{S}_1$. 同样, $\varphi(\varphi^{-1}(a')) = a'$, $\forall a' \in \boldsymbol{S}_2$. 因而 φ^{-1} 的逆映射 $(\varphi^{-1})^{-1} = \varphi$.

下面将抽象的线性空间具体化.

定义 4.8.1 设$\boldsymbol{V}$ 是数域 $\boldsymbol{P}$ 上的 n 维线性空间. $\boldsymbol{\alpha}_1, \boldsymbol{\alpha}_2, \cdots, \boldsymbol{\alpha}_n$ 是$\boldsymbol{V}$ 的一组基. $\boldsymbol{\beta} \in \boldsymbol{V}$, 有唯一的数组 $x_1, x_2, \cdots, x_n$ 使得$\boldsymbol{\beta} = \sum\limits_{i=1}^{n} x_i \boldsymbol{\alpha}_i$. 我们称

$$\begin{pmatrix} x_1 \\ x_2 \\ \vdots \\ x_n \end{pmatrix} \in \boldsymbol{P}^{n\times 1}$$

为$\boldsymbol{\beta}$ 在基 $\boldsymbol{\alpha}_1$, $\boldsymbol{\alpha}_2$, $\cdots$, $\boldsymbol{\alpha}_n$ 下的**坐标**, 记为

$$\operatorname{crd}(\boldsymbol{\beta};\ \boldsymbol{\alpha}_1, \boldsymbol{\alpha}_2, \cdots, \boldsymbol{\alpha}_n) = \begin{pmatrix} x_1 \\ x_2 \\ \vdots \\ x_n \end{pmatrix}.$$

在不混淆时也记作 $\mathrm{crd}\boldsymbol{\beta}$.

取定$\boldsymbol{V}$ 的基 $\boldsymbol{\alpha}_1, \boldsymbol{\alpha}_2, \cdots, \boldsymbol{\alpha}_n$ 后, $\boldsymbol{V}$ 中向量与其坐标间有下面一些性质:

1. $\boldsymbol{\beta}_1 = \boldsymbol{\beta}_2$ 当且仅当 $\mathrm{crd}\boldsymbol{\beta}_1 = \mathrm{crd}\boldsymbol{\beta}_2$.

2. $\forall \boldsymbol{X} = \begin{pmatrix} x_1 \\ \vdots \\ x_n \end{pmatrix}$, 存在唯一的$\boldsymbol{\beta} \in \boldsymbol{V}$ 使得 $\mathrm{crd}\boldsymbol{\beta} = \boldsymbol{X}$.

3. $\mathrm{crd}(\boldsymbol{\beta}_1 + \boldsymbol{\beta}_2) = \mathrm{crd}\boldsymbol{\beta}_1 + \mathrm{crd}\boldsymbol{\beta}_2, \ \forall \boldsymbol{\beta}_1, \ \boldsymbol{\beta}_2 \in \boldsymbol{V}$.

4. $\mathrm{crd}(k\boldsymbol{\beta}) = k\mathrm{crd}\boldsymbol{\beta}, \ \forall k \in \boldsymbol{P}, \ \boldsymbol{\beta} \in \boldsymbol{V}$

5. $\boldsymbol{V}$ 中向量组 $\boldsymbol{\beta}_1, \boldsymbol{\beta}_2, \cdots, \boldsymbol{\beta}_k$ 线性相关当且仅当

$$\mathrm{crd}\boldsymbol{\beta}_1, \ \mathrm{crd}\boldsymbol{\beta}_2, \ \cdots, \ \mathrm{crd}\boldsymbol{\beta}_k$$

在 $\boldsymbol{P}^{n\times 1}$ 中线性相关.

这几个性质都很容易证明. 仅以性质 5 为例来证明.

设 $\boldsymbol{\beta}_1, \boldsymbol{\beta}_2, \cdots, \boldsymbol{\beta}_k$ 线性相关, 则有不全为零的 $x_1, x_2, \cdots, x_k \in \boldsymbol{P}$ 使得 $\sum\limits_{i=1}^{k} x_i \boldsymbol{\beta}_i = 0$. 由性质 3, 4 知

$$\sum_{i=1}^{k} x_i \mathrm{crd}\boldsymbol{\beta}_i = \mathrm{crd}\left(\sum_{i=1}^{k} x_i \boldsymbol{\beta}_i\right) = \mathrm{crd}0 = 0.$$

故 $\mathrm{crd}\boldsymbol{\beta}_1, \ \mathrm{crd}\boldsymbol{\beta}_2, \ \cdots, \ \mathrm{crd}\boldsymbol{\beta}_k$ 线性相关.

反之, 若 $x_1, x_2, \cdots, x_k \in \boldsymbol{P}$ 不全为零, 且 $\sum\limits_{i=1}^{k} x_i \mathrm{crd}\boldsymbol{\beta}_i = 0$, 则

$$\mathrm{crd}\left(\sum_{i=1}^{k} x_i \boldsymbol{\beta}_i\right) = \sum_{i=1}^{k} x_i \mathrm{crd}\boldsymbol{\beta}_i = 0.$$

因而 $\sum\limits_{i=1}^{k} x_i \boldsymbol{\beta}_i = 0$.

从定义 4.8.1 及性质 1 至性质 5, 我们已经在$\boldsymbol{V}$ 到 $\boldsymbol{P}^{n\times 1}$ 之间建立了一一对应: $\boldsymbol{\beta} \longrightarrow \mathrm{crd}\boldsymbol{\beta}$. 且 $\boldsymbol{\beta} + \boldsymbol{\gamma} \longrightarrow \mathrm{crd}\boldsymbol{\beta} + \mathrm{crd}\boldsymbol{\gamma}$ (称此映射是**保持加法**); $k\boldsymbol{\alpha} \longrightarrow k\mathrm{crd}\boldsymbol{\alpha}$ (称此映射是保持向量与数的乘法); 线性相关组对应线性相关组; 线性无关组对应线性无关组. 于是, 可以通过 $\boldsymbol{P}^{n\times 1}$ 的性质来完全描绘$\boldsymbol{V}$ 的性质, 这样就把$\boldsymbol{V}$ 具体化为 $\boldsymbol{P}^{n\times 1}$.

以后, 我们使用下面符号是方便的. 取定$\boldsymbol{V}$ 的基 $\boldsymbol{\alpha}_1, \boldsymbol{\alpha}_2, \cdots, \boldsymbol{\alpha}_n$. $\boldsymbol{\beta} \in \boldsymbol{V}$,

$\boldsymbol{\beta}=\sum_{i=1}^{n}x_i\boldsymbol{\alpha}_i$. 因而 $\mathrm{crd}\boldsymbol{\beta}=(x_1,\ x_2,\ \cdots,\ x_n)'$, 我们记

$$\begin{aligned}\boldsymbol{\beta}&=(\boldsymbol{\alpha}_1,\ \boldsymbol{\alpha}_2,\ \cdots,\ \boldsymbol{\alpha}_n)\begin{pmatrix}x_1\\x_2\\\vdots\\x_n\end{pmatrix}\\&=(\boldsymbol{\alpha}_1,\ \boldsymbol{\alpha}_2,\ \cdots,\ \boldsymbol{\alpha}_n)\mathrm{crd}(\boldsymbol{\beta};\ \boldsymbol{\alpha}_1,\ \boldsymbol{\alpha}_2,\ \cdots,\ \boldsymbol{\alpha}_n),\end{aligned}$$

或简单的 (以不引起混淆为原则)

$$\boldsymbol{\beta}=(\boldsymbol{\alpha}_1,\ \boldsymbol{\alpha}_2,\ \cdots,\ \boldsymbol{\alpha}_n)\mathrm{crd}\boldsymbol{\beta}.\tag{1}$$

如果 $\boldsymbol{\beta}_1,\ \boldsymbol{\beta}_2,\ \cdots,\ \boldsymbol{\beta}_k\in\boldsymbol{V}$, 又 $\mathrm{crd}\boldsymbol{\beta}_j=\boldsymbol{X}_j$, 则可记

$$(\boldsymbol{\beta}_1,\ \boldsymbol{\beta}_2,\ \cdots,\ \boldsymbol{\beta}_k)=(\boldsymbol{\alpha}_1,\ \boldsymbol{\alpha}_2,\ \cdots,\ \boldsymbol{\alpha}_n)(\boldsymbol{X}_1,\ \boldsymbol{X}_2,\ \cdots,\ \boldsymbol{X}_k).\tag{2}$$

如果 $\boldsymbol{\beta}=\sum_{j=1}^{k}b_j\boldsymbol{\beta}_j$, 则 $\mathrm{crd}\boldsymbol{\beta}=\sum_{j=1}^{k}b_j\boldsymbol{X}_j$ 或

$$\mathrm{crd}\boldsymbol{\beta}=(\boldsymbol{X}_1,\ \boldsymbol{X}_2,\ \cdots,\ \boldsymbol{X}_k)\begin{pmatrix}b_1\\b_2\\\vdots\\b_k\end{pmatrix}.$$

因而

$$\begin{aligned}\boldsymbol{\beta}&=(\boldsymbol{\beta}_1,\ \boldsymbol{\beta}_2,\ \cdots,\ \boldsymbol{\beta}_k)\begin{pmatrix}b_1\\b_2\\\vdots\\b_k\end{pmatrix}\\&=(\boldsymbol{\alpha}_1,\ \boldsymbol{\alpha}_2,\ \cdots,\ \boldsymbol{\alpha}_n)(\boldsymbol{X}_1,\ \boldsymbol{X}_2,\ \cdots,\ \boldsymbol{X}_k)\begin{pmatrix}b_1\\b_2\\\vdots\\b_k\end{pmatrix}.\end{aligned}$$

下面讨论同一向量在不同基下坐标间的关系.

定义 4.8.2 设 $\boldsymbol{\alpha}_1,\ \boldsymbol{\alpha}_2,\ \cdots,\ \boldsymbol{\alpha}_n$ 与 $\boldsymbol{\beta}_1,\ \boldsymbol{\beta}_2,\ \cdots,\ \boldsymbol{\beta}_n$ 是$\boldsymbol{P}$ 上 n 维线性空间$\boldsymbol{V}$ 的两组基. 设 $\boldsymbol{\beta}_j$ 在 $\boldsymbol{\alpha}_1,\ \boldsymbol{\alpha}_2,\ \cdots,\ \boldsymbol{\alpha}_n$ 下的坐标为 T_j, 即

$$\mathrm{crd}(\boldsymbol{\beta}_j;\ \boldsymbol{\alpha}_1,\ \boldsymbol{\alpha}_2,\ \cdots,\ \boldsymbol{\alpha}_n) = T_j,\ 1 \leqslant j \leqslant n.$$

则称矩阵

$$(T_1,\ T_2,\ \cdots,\ T_n)$$

为从基 $\boldsymbol{\alpha}_1, \boldsymbol{\alpha}_2, \cdots, \boldsymbol{\alpha}_n$ 到基 $\boldsymbol{\beta}_1, \boldsymbol{\beta}_2, \cdots, \boldsymbol{\beta}_n$ 的**过渡矩阵**, 记为

$$T\begin{pmatrix} \boldsymbol{\alpha}_1 & \boldsymbol{\alpha}_2 & \cdots & \boldsymbol{\alpha}_n \\ \boldsymbol{\beta}_1 & \boldsymbol{\beta}_2 & \cdots & \boldsymbol{\beta}_n \end{pmatrix}.$$

用前面的符号, 我们可以写作

$$(\boldsymbol{\beta}_1,\ \boldsymbol{\beta}_2,\ \cdots,\ \boldsymbol{\beta}_n) = (\boldsymbol{\alpha}_1,\ \boldsymbol{\alpha}_2,\ \cdots,\ \boldsymbol{\alpha}_n) T\begin{pmatrix} \boldsymbol{\alpha}_1 & \boldsymbol{\alpha}_2 & \cdots & \boldsymbol{\alpha}_n \\ \boldsymbol{\beta}_1 & \boldsymbol{\beta}_2 & \cdots & \boldsymbol{\beta}_n \end{pmatrix}. \tag{3}$$

定理 4.8.1　设 $\boldsymbol{\alpha}_1, \boldsymbol{\alpha}_2, \cdots, \boldsymbol{\alpha}_n$ 与 $\boldsymbol{\beta}_1, \boldsymbol{\beta}_2, \cdots, \boldsymbol{\beta}_n$ 都是线性空间$\boldsymbol{V}$ 的基, 又$\boldsymbol{\gamma} \in \boldsymbol{V}$. 则

$$\mathrm{crd}(\gamma;\ \boldsymbol{\alpha}_1,\ \boldsymbol{\alpha}_2,\ \cdots,\ \boldsymbol{\alpha}_n) = T\begin{pmatrix} \boldsymbol{\alpha}_1 & \boldsymbol{\alpha}_2 & \cdots & \boldsymbol{\alpha}_n \\ \boldsymbol{\beta}_1 & \boldsymbol{\beta}_2 & \cdots & \boldsymbol{\beta}_n \end{pmatrix} \mathrm{crd}(\gamma;\ \boldsymbol{\beta}_1,\ \boldsymbol{\beta}_2,\ \cdots,\ \boldsymbol{\beta}_n). \tag{4}$$

证　由 (1), (2) 及 (3) 式, 有

$$\begin{aligned} \boldsymbol{\gamma} &= (\boldsymbol{\alpha}_1, \boldsymbol{\alpha}_2, \cdots, \boldsymbol{\alpha}_n)\mathrm{crd}(\gamma; \boldsymbol{\alpha}_1, \boldsymbol{\alpha}_2, \cdots, \boldsymbol{\alpha}_n) \\ &= (\boldsymbol{\beta}_1, \boldsymbol{\beta}_2, \cdots, \boldsymbol{\beta}_n)\mathrm{crd}(\gamma; \boldsymbol{\beta}_1, \boldsymbol{\beta}_2, \cdots, \boldsymbol{\beta}_n) \\ &= (\boldsymbol{\alpha}_1, \boldsymbol{\alpha}_2, \cdots, \boldsymbol{\alpha}_n) T\begin{pmatrix} \boldsymbol{\alpha}_1 & \boldsymbol{\alpha}_2 & \cdots & \boldsymbol{\alpha}_n \\ \boldsymbol{\beta}_1 & \boldsymbol{\beta}_2 & \cdots & \boldsymbol{\beta}_n \end{pmatrix} \\ &\quad \times \mathrm{crd}(\gamma;\ \boldsymbol{\beta}_1,\ \boldsymbol{\beta}_2,\ \cdots,\ \boldsymbol{\beta}_n). \end{aligned}$$

因而定理成立.

定理 4.8.2　设 $\boldsymbol{\alpha}_1, \boldsymbol{\alpha}_2, \cdots, \boldsymbol{\alpha}_n; \boldsymbol{\beta}_1, \boldsymbol{\beta}_2, \cdots, \boldsymbol{\beta}_n$ 及 $\gamma_1, \gamma_2, \cdots, \gamma_n$ 为$\boldsymbol{V}$ 的三组基, 则

$$T\begin{pmatrix} \boldsymbol{\alpha}_1 & \boldsymbol{\alpha}_2 & \cdots & \boldsymbol{\alpha}_n \\ \gamma_1 & \gamma_2 & \cdots & \gamma_n \end{pmatrix} = T\begin{pmatrix} \boldsymbol{\alpha}_1 & \boldsymbol{\alpha}_2 & \cdots & \boldsymbol{\alpha}_n \\ \boldsymbol{\beta}_1 & \boldsymbol{\beta}_2 & \cdots & \boldsymbol{\beta}_n \end{pmatrix} T\begin{pmatrix} \boldsymbol{\beta}_1 & \boldsymbol{\beta}_2 & \cdots & \boldsymbol{\beta}_n \\ \gamma_1 & \gamma_2 & \cdots & \gamma_n \end{pmatrix}. \tag{5}$$

证　由定理 4.8.1 知

$$\begin{aligned} &\mathrm{crd}(\boldsymbol{\gamma}_j;\ \boldsymbol{\alpha}_1,\ \boldsymbol{\alpha}_2,\ \cdots,\ \boldsymbol{\alpha}_n) \\ &= T\begin{pmatrix} \boldsymbol{\alpha}_1 & \boldsymbol{\alpha}_2 & \cdots & \boldsymbol{\alpha}_n \\ \boldsymbol{\beta}_1 & \boldsymbol{\beta}_2 & \cdots & \boldsymbol{\beta}_n \end{pmatrix} \mathrm{crd}(\boldsymbol{\gamma}_j;\ \boldsymbol{\beta}_1,\ \boldsymbol{\beta}_2,\ \cdots,\ \boldsymbol{\beta}_n). \end{aligned}$$

因而定理成立.

推论 $T\begin{pmatrix} \boldsymbol{\alpha}_1\ \boldsymbol{\alpha}_2\ \cdots\ \boldsymbol{\alpha}_n \\ \boldsymbol{\beta}_1\ \boldsymbol{\beta}_2\ \cdots\ \boldsymbol{\beta}_n \end{pmatrix}^{-1} = T\begin{pmatrix} \boldsymbol{\beta}_1\ \boldsymbol{\beta}_2\ \cdots\ \boldsymbol{\beta}_n \\ \boldsymbol{\alpha}_1\ \boldsymbol{\alpha}_2\ \cdots\ \boldsymbol{\alpha}_n \end{pmatrix}$.

这是因为

$$T\begin{pmatrix} \boldsymbol{\alpha}_1\ \boldsymbol{\alpha}_2\ \cdots\ \boldsymbol{\alpha}_n \\ \boldsymbol{\beta}_1\ \boldsymbol{\beta}_2\ \cdots\ \boldsymbol{\beta}_n \end{pmatrix} T\begin{pmatrix} \boldsymbol{\beta}_1\ \boldsymbol{\beta}_2\ \cdots\ \boldsymbol{\beta}_n \\ \boldsymbol{\alpha}_1\ \boldsymbol{\alpha}_2\ \cdots\ \boldsymbol{\alpha}_n \end{pmatrix} = T\begin{pmatrix} \boldsymbol{\alpha}_1\ \boldsymbol{\alpha}_2\ \cdots\ \boldsymbol{\alpha}_n \\ \boldsymbol{\alpha}_1\ \boldsymbol{\alpha}_2\ \cdots\ \boldsymbol{\alpha}_n \end{pmatrix} = \boldsymbol{I}_n$$

之故.

例 4.28 求 $\boldsymbol{\alpha} = (a_1,\ a_2,\ \cdots,\ a_n) \in \boldsymbol{P}^{1\times n}$ 在基

$$\begin{aligned} \boldsymbol{\alpha}_1 &= (1,\ 1,\ \cdots,\ 1), \\ \boldsymbol{\alpha}_2 &= (0,\ 1,\ \cdots,\ 1), \\ &\cdots\cdots\cdots\cdots \\ \boldsymbol{\alpha}_n &= (0,\ \cdots,\ 0,\ 1) \end{aligned}$$

下的坐标.

解 $\boldsymbol{\alpha}$ 在基

$$\begin{aligned} \boldsymbol{\varepsilon}_1 &= (1,\ 0,\ \cdots,\ 0), \\ \boldsymbol{\varepsilon}_2 &= (0,\ 1,\ \cdots,\ 0), \\ &\cdots\cdots\cdots\cdots \\ \boldsymbol{\varepsilon}_n &= (0,\ \cdots,\ 0,\ 1) \end{aligned}$$

下的坐标为 $(a_1,\ a_2,\ \cdots,\ a_n)'$. 而

$$T\begin{pmatrix} \boldsymbol{\alpha}_1\ \boldsymbol{\alpha}_2\ \cdots\ \boldsymbol{\alpha}_n \\ \boldsymbol{\varepsilon}_1\ \boldsymbol{\varepsilon}_2\ \cdots\ \boldsymbol{\varepsilon}_n \end{pmatrix} = \begin{pmatrix} 1 & 0 & \cdots & 0 \\ 1 & 1 & \cdots & 0 \\ \vdots & \vdots & & \vdots \\ 1 & 1 & \cdots & 1 \end{pmatrix}^{-1}.$$

于是

$$\operatorname{crd}(\boldsymbol{\alpha};\ \boldsymbol{\alpha}_1,\ \boldsymbol{\alpha}_2,\ \cdots,\ \boldsymbol{\alpha}_n) = T\begin{pmatrix} \boldsymbol{\alpha}_1\ \boldsymbol{\alpha}_2\ \cdots\ \boldsymbol{\alpha}_n \\ \boldsymbol{\varepsilon}_1\ \boldsymbol{\varepsilon}_2\ \cdots\ \boldsymbol{\varepsilon}_n \end{pmatrix} \begin{pmatrix} a_1 \\ a_2 \\ \vdots \\ a_n \end{pmatrix}$$

$$=\begin{pmatrix}1&0&\cdots&0\\1&1&\cdots&0\\\vdots&\vdots&&\vdots\\1&1&\cdots&1\end{pmatrix}^{-1}\begin{pmatrix}a_1\\a_2\\\vdots\\a_n\end{pmatrix}=\begin{pmatrix}a_1\\a_2-a_1\\\vdots\\a_n-a_{n-1}\end{pmatrix}.$$

例 4.29　在 $\boldsymbol{P}^{1\times 4}$ 中有基 $\boldsymbol{\alpha}_1,\cdots,\boldsymbol{\alpha}_4$ 与 $\boldsymbol{\beta}_1,\cdots,\boldsymbol{\beta}_4$:

$$\begin{cases}\boldsymbol{\alpha}_1=(1\ 1\ 1\ 1),\\\boldsymbol{\alpha}_2=(1\ 1\ -1\ -1),\\\boldsymbol{\alpha}_3=(1\ -1\ 1\ -1),\\\boldsymbol{\alpha}_4=(1\ -1\ -1\ 1),\end{cases}\qquad\begin{cases}\boldsymbol{\beta}_1=(1\ 1\ 0\ 1),\\\boldsymbol{\beta}_2=(2\ 1\ 3\ 1),\\\boldsymbol{\beta}_3=(1\ 1\ 0\ 0),\\\boldsymbol{\beta}_4=(0\ 1\ -1\ -1),\end{cases}$$

求 $T\begin{pmatrix}\boldsymbol{\alpha}_1,\ \boldsymbol{\alpha}_2,\ \boldsymbol{\alpha}_3,\ \boldsymbol{\alpha}_4\\\boldsymbol{\beta}_1,\ \boldsymbol{\beta}_2,\ \boldsymbol{\beta}_3,\ \boldsymbol{\beta}_4\end{pmatrix}$.

解　在 $\boldsymbol{P}^{1\times 4}$ 中取基 $\boldsymbol{\varepsilon}_1=(1\,0\,0\,0)$, $\boldsymbol{\varepsilon}_2=(0\,1\,0\,0)$, $\boldsymbol{\varepsilon}_3=(0\,0\,1\,0)$, $\boldsymbol{\varepsilon}_4=(0\,0\,0\,1)$, 于是

$$\begin{aligned}T\begin{pmatrix}\boldsymbol{\alpha}_1\ \boldsymbol{\alpha}_2\ \boldsymbol{\alpha}_3\ \boldsymbol{\alpha}_4\\\boldsymbol{\beta}_1\ \boldsymbol{\beta}_2\ \boldsymbol{\beta}_3\ \boldsymbol{\beta}_4\end{pmatrix}&=T\begin{pmatrix}\boldsymbol{\alpha}_1\ \boldsymbol{\alpha}_2\ \boldsymbol{\alpha}_3\ \boldsymbol{\alpha}_4\\\boldsymbol{\varepsilon}_1\ \boldsymbol{\varepsilon}_2\ \boldsymbol{\varepsilon}_3\ \boldsymbol{\varepsilon}_4\end{pmatrix}T\begin{pmatrix}\boldsymbol{\varepsilon}_1\ \boldsymbol{\varepsilon}_2\ \boldsymbol{\varepsilon}_3\ \boldsymbol{\varepsilon}_4\\\boldsymbol{\beta}_1\ \boldsymbol{\beta}_2\ \boldsymbol{\beta}_3\ \boldsymbol{\beta}_4\end{pmatrix}\\&=T\begin{pmatrix}\boldsymbol{\varepsilon}_1\ \boldsymbol{\varepsilon}_2\ \boldsymbol{\varepsilon}_3\ \boldsymbol{\varepsilon}_4\\\boldsymbol{\alpha}_1\ \boldsymbol{\alpha}_2\ \boldsymbol{\alpha}_3\ \boldsymbol{\alpha}_4\end{pmatrix}^{-1}T\begin{pmatrix}\boldsymbol{\varepsilon}_1\ \boldsymbol{\varepsilon}_2\ \boldsymbol{\varepsilon}_3\ \boldsymbol{\varepsilon}_4\\\boldsymbol{\beta}_1\ \boldsymbol{\beta}_2\ \boldsymbol{\beta}_3\ \boldsymbol{\beta}_4\end{pmatrix}\\&=\begin{pmatrix}1&1&1&1\\1&1&-1&-1\\1&-1&1&-1\\1&-1&-1&1\end{pmatrix}^{-1}\begin{pmatrix}1&2&1&0\\1&1&1&1\\0&3&0&-1\\1&1&0&-1\end{pmatrix}\\&=\frac{1}{4}\begin{pmatrix}3&7&2&-1\\1&-1&2&3\\-1&3&0&-1\\1&-1&0&-1\end{pmatrix}.\end{aligned}$$

习　　题

1. 在 $\boldsymbol{P}^{1\times 4}$ 中, 求 $T\begin{pmatrix}\boldsymbol{\xi}_1\ \boldsymbol{\xi}_2\ \boldsymbol{\xi}_3\ \boldsymbol{\xi}_4\\\boldsymbol{\eta}_1\ \boldsymbol{\eta}_2\ \boldsymbol{\eta}_3\ \boldsymbol{\eta}_4\end{pmatrix}$ 及$\boldsymbol{\alpha}$ 在指定基下的坐标:

$$1)\ \begin{cases} \boldsymbol{\xi}_1 = \boldsymbol{\varepsilon}_1 = (1,\ 0,\ 0,\ 0), \\ \boldsymbol{\xi}_2 = \boldsymbol{\varepsilon}_2 = (0,\ 1,\ 0,\ 0), \\ \boldsymbol{\xi}_3 = \boldsymbol{\varepsilon}_3 = (0,\ 0,\ 1,\ 0), \\ \boldsymbol{\xi}_4 = \boldsymbol{\varepsilon}_4 = (0,\ 0,\ 0,\ 1), \end{cases} \quad \begin{cases} \boldsymbol{\eta}_1 = (2,\ 1,\ -1,\ 1), \\ \boldsymbol{\eta}_2 = (0,\ 3,\ 1,\ 0), \\ \boldsymbol{\eta}_3 = (5,\ 3,\ 2,\ 1), \\ \boldsymbol{\eta}_4 = (6,\ 6,\ 1,\ 3), \end{cases}$$

$$\mathrm{crd}(\boldsymbol{\alpha};\ \boldsymbol{\eta}_1,\ \boldsymbol{\eta}_2,\ \boldsymbol{\eta}_3,\ \boldsymbol{\eta}_4), \quad \boldsymbol{\alpha} = (x_1,\ x_2,\ x_3,\ x_4);$$

$$2)\ \begin{cases} \boldsymbol{\xi}_1 = (1,\ 2,\ -1,\ 0), \\ \boldsymbol{\xi}_2 = (1,\ -1,\ 1,\ 1), \\ \boldsymbol{\xi}_3 = (-1,\ 2,\ 1,\ 1), \\ \boldsymbol{\xi}_4 = (-1,\ -1,\ 0,\ 1), \end{cases} \quad \begin{cases} \boldsymbol{\eta}_1 = (2,\ 1,\ 0,\ 1), \\ \boldsymbol{\eta}_2 = (0,\ 1,\ 2,\ 2), \\ \boldsymbol{\eta}_3 = (-2,\ 1,\ 1,\ 2), \\ \boldsymbol{\eta}_4 = (1,\ 3,\ 1,\ 2), \end{cases}$$

$$\mathrm{crd}(\boldsymbol{\alpha};\ \boldsymbol{\xi}_1,\ \boldsymbol{\xi}_2,\ \boldsymbol{\xi}_3,\ \boldsymbol{\xi}_4), \quad \boldsymbol{\alpha} = (1,\ 0,\ 0,\ 0).$$

2. 设 $\boldsymbol{\alpha}_1,\ \boldsymbol{\alpha}_2,\ \cdots,\ \boldsymbol{\alpha}_n$ 与 $\boldsymbol{\beta}_1,\ \boldsymbol{\beta}_2,\ \cdots,\ \boldsymbol{\beta}_n$ 都是$\boldsymbol{V}$ 的基. 试求存在 $\boldsymbol{\alpha} \in \boldsymbol{V},\ \boldsymbol{\alpha} \neq 0$ 使得 $\mathrm{crd}(\boldsymbol{\alpha};\ \boldsymbol{\alpha}_1,\ \boldsymbol{\alpha}_2,\ \cdots,\ \boldsymbol{\alpha}_n) = \mathrm{crd}(\boldsymbol{\alpha};\ \boldsymbol{\beta}_1,\ \boldsymbol{\beta}_2,\ \cdots,\ \boldsymbol{\beta}_n)$ 的充分必要条件.

3. 证明下面四组多项式:

$S_1:\ 1,\ x,\ \cdots,\ x^{n-1};$

$S_2:\ 1,\ x-a,\ \cdots,\ (x-a)^{n-1};$

$S_3:\ f(x),\ f'(x),\ \cdots,\ f^{(n-1)}(x),$
$(\deg f(x) = n-1);$

$S_4:\ \prod_{j\neq 1}(x-a_j),\ \prod_{j\neq 2}(x-a_j),\cdots,\ \prod_{j\neq n}(x-a_n),$
($i \neq j$ 时, $a_i \neq a_j,\ 1 \leqslant i,\ j \leqslant n$)

都是 $\boldsymbol{P}[x]_n$ 的基. 并求从第一组基到第二, 三组基的过渡矩阵 $T\begin{pmatrix} S_1 \\ S_2 \end{pmatrix}, T\begin{pmatrix} S_1 \\ S_3 \end{pmatrix}$ 及从第四组基到第一组基的过渡矩阵 $T\begin{pmatrix} S_4 \\ S_1 \end{pmatrix}$.

4.9 子 空 间

在 4.3 中已经介绍了线性空间的子空间的概念及子空间的和与交. 本节将更进一步讨论子空间的性质, 先列举一些较明显的性质.

1. 设$\boldsymbol{W}$ 是线性空间 $\boldsymbol{V}$ 的子空间, 则 $\boldsymbol{W}$ 的基 $\boldsymbol{\alpha}_1, \boldsymbol{\alpha}_2, \cdots, \boldsymbol{\alpha}_r$ 可扩充为$\boldsymbol{V}$ 的基 $\boldsymbol{\alpha}_1, \cdots, \boldsymbol{\alpha}_r, \boldsymbol{\alpha}_{r+1}, \cdots, \boldsymbol{\alpha}_n$.

事实上, 在$\boldsymbol{V}$ 中取一组基 $\boldsymbol{\beta}_1,\ \boldsymbol{\beta}_2,\ \cdots,\ \boldsymbol{\beta}_n$, 由替换定理, 有 $\boldsymbol{\alpha}_1,\ \boldsymbol{\alpha}_2,\ \cdots,\ \boldsymbol{\alpha}_r,\ \boldsymbol{\beta}_{j_{r+1}},\ \cdots,\ \boldsymbol{\beta}_{j_n}$ 与 $\boldsymbol{\beta}_1,\ \boldsymbol{\beta}_2,\ \cdots,\ \boldsymbol{\beta}_n$ 等价, 且线性无关, 故为$\boldsymbol{V}$ 的基.

2. 若 $\boldsymbol{V}_1,\ \boldsymbol{V}_2,\ \boldsymbol{V}_3$ 都是$\boldsymbol{V}$ 的子空间. 则有:

1) $\boldsymbol{V}_1 \cap \boldsymbol{V}_2 = \boldsymbol{V}_2 \cap \boldsymbol{V}_1;$

2) $\boldsymbol{V}_1\cap(\boldsymbol{V}_2\cap\boldsymbol{V}_3)=(\boldsymbol{V}_1\cap\boldsymbol{V}_2)\cap\boldsymbol{V}_3$;

3) $\boldsymbol{V}_1\cap\boldsymbol{V}_2\cap\cdots\cap\boldsymbol{V}_s=\bigcap\limits_{i=1}^{s}\boldsymbol{V}_i$ 也是$\boldsymbol{V}$ 的子空间;

4) $\boldsymbol{V}_1+\boldsymbol{V}_2=\boldsymbol{V}_2+\boldsymbol{V}_1$;

5) $\boldsymbol{V}_1+(\boldsymbol{V}_2+\boldsymbol{V}_3)=(\boldsymbol{V}_1+\boldsymbol{V}_2)+\boldsymbol{V}_3$;

6) $\boldsymbol{V}_1+\boldsymbol{V}_2+\cdots+\boldsymbol{V}_s=\sum\limits_{i=1}^{s}\boldsymbol{V}_i$ 也是$\boldsymbol{V}$ 的子空间.

3. 设 $\boldsymbol{V}_1$, $\boldsymbol{V}_2$ 都是$\boldsymbol{V}$ 的子空间, 则下面三个条件:

1) $\boldsymbol{V}_1\subseteq\boldsymbol{V}_2$;

2) $\boldsymbol{V}_1+\boldsymbol{V}_2=\boldsymbol{V}_2$;

3) $\boldsymbol{V}_1\cap\boldsymbol{V}_2=\boldsymbol{V}_1$

是等价的.

4. 设 $\boldsymbol{V}_1$, $\boldsymbol{V}_2$ 与$\boldsymbol{W}$ 都是 $\boldsymbol{V}$ 的子空间,

1) 若 $\boldsymbol{W}\subseteq\boldsymbol{V}_1$, $\boldsymbol{W}\subseteq\boldsymbol{V}_2$, 则 $\boldsymbol{W}\subseteq\boldsymbol{V}_1\cap\boldsymbol{V}_2$.

2) 若 $\boldsymbol{W}\supseteq\boldsymbol{V}_1$, $\boldsymbol{W}\supseteq\boldsymbol{V}_2$, 则 $\boldsymbol{W}\supseteq\boldsymbol{V}_1+\boldsymbol{V}_2$.

定理 4.9.1(维数公式) 设 $\boldsymbol{V}_1$, $\boldsymbol{V}_2$ 都是$\boldsymbol{V}$ 的子空间, 则

$$\dim(\boldsymbol{V}_1+\boldsymbol{V}_2)=\dim\boldsymbol{V}_1+\dim\boldsymbol{V}_2-\dim(\boldsymbol{V}_1\cap\boldsymbol{V}_2).$$

证 设 $\dim\boldsymbol{V}_1=s$, $\dim\boldsymbol{V}_2=t$, $\dim(\boldsymbol{V}_1\cap\boldsymbol{V}_2)=r$.

在 $\boldsymbol{V}_1\cap\boldsymbol{V}_2$ 中取基 $\boldsymbol{\alpha}_1, \boldsymbol{\alpha}_2, \cdots, \boldsymbol{\alpha}_r$.

将 $\boldsymbol{\alpha}_1,\boldsymbol{\alpha}_2,\cdots,\boldsymbol{\alpha}_r$ 扩充为 $\boldsymbol{V}_1$ 的基 $\boldsymbol{\alpha}_1,\cdots,\boldsymbol{\alpha}_r,\boldsymbol{\beta}_{r+1},\cdots,\boldsymbol{\beta}_s$.

将 $\boldsymbol{\alpha}_1, \boldsymbol{\alpha}_2, \cdots, \boldsymbol{\alpha}_r$ 扩充为 $\boldsymbol{V}_2$ 的基 $\boldsymbol{\alpha}_1,\cdots,\boldsymbol{\alpha}_r,\boldsymbol{\gamma}_{r+1},\cdots,\boldsymbol{\gamma}_t$.

若 $\boldsymbol{\alpha}\in\boldsymbol{V}_1+\boldsymbol{V}_2$, 则有 $\boldsymbol{\beta}\in\boldsymbol{V}_1$, $\boldsymbol{\gamma}\in\boldsymbol{V}_2$ 使得$\boldsymbol{\alpha}=\boldsymbol{\beta}+\boldsymbol{\gamma}$. 而 $\boldsymbol{\beta}$ 与 $\boldsymbol{\gamma}$ 可分别被 $\boldsymbol{\alpha}_1, \cdots, \boldsymbol{\alpha}_r, \boldsymbol{\beta}_{r+1}, \cdots, \boldsymbol{\beta}_s$ 与 $\boldsymbol{\alpha}_1, \cdots, \boldsymbol{\alpha}_r, \boldsymbol{\gamma}_{r+1}, \cdots, \boldsymbol{\gamma}_t$ 线性表出, 故$\boldsymbol{\alpha}$ 可被 $\boldsymbol{\alpha}_1, \cdots, \boldsymbol{\alpha}_r, \boldsymbol{\beta}_{r+1}, \cdots, \boldsymbol{\beta}_s, \boldsymbol{\gamma}_{r+1}, \cdots, \boldsymbol{\gamma}_t$ 线性表出. 又 $\boldsymbol{\alpha}_i, \boldsymbol{\beta}_j, \boldsymbol{\gamma}_k\in\boldsymbol{V}_1+\boldsymbol{V}_2$, 故

$$\boldsymbol{V}_1+\boldsymbol{V}_2=L(\boldsymbol{\alpha}_1, \cdots, \boldsymbol{\alpha}_r, \boldsymbol{\beta}_{r+1}, \cdots, \boldsymbol{\beta}_s, \boldsymbol{\gamma}_{r+1}, \cdots, \boldsymbol{\gamma}_t).$$

设有 $x_1, \cdots, x_r, y_{r+1}, \cdots, y_s, z_{r+1}, \cdots, z_t\in\boldsymbol{P}$ 使

$$\sum_{i=1}^{r}x_i\boldsymbol{\alpha}_i+\sum_{j=r+1}^{s}y_j\boldsymbol{\beta}_j+\sum_{k=r+1}^{t}z_k\boldsymbol{\gamma}_k=0.$$

因而

$$\sum_{j=r+1}^{s}y_j\boldsymbol{\beta}_j=-\sum_{i=1}^{r}x_i\boldsymbol{\alpha}_i-\sum_{k=r+1}^{t}z_k\boldsymbol{\gamma}_k\in\boldsymbol{V}_1\cap\boldsymbol{V}_2.$$

$\boldsymbol{V}_1\cap\boldsymbol{V}_2$ 的基为 $\boldsymbol{\alpha}_1$, $\boldsymbol{\alpha}_2$, $\cdots$, $\boldsymbol{\alpha}_r$, 故

$$\sum_{j=r+1}^{s} y_j\boldsymbol{\beta}_j=\sum_{i=1}^{r} x_i'\boldsymbol{\alpha}_i.$$

由 $\boldsymbol{\alpha}_1$, $\cdots$, $\boldsymbol{\alpha}_r$, $\boldsymbol{\beta}_{r+1}$, $\cdots$, $\boldsymbol{\beta}_s$ 线性无关, 知

$$y_{r+1}=\cdots=y_s=-x_1'=\cdots=-x_r'=0.$$

于是

$$\sum_{i=1}^{r} x_i\boldsymbol{\alpha}_i+\sum_{k=r+1}^{t} z_k\boldsymbol{\gamma}_k=0.$$

再由 $\boldsymbol{\alpha}_1$, $\cdots$, $\boldsymbol{\alpha}_r$, $\boldsymbol{\gamma}_{r+1}$, $\cdots$, $\boldsymbol{\gamma}_t$ 线性无关, 知

$$x_1=\cdots=x_r=z_{r+1}=\cdots=z_t=0.$$

故 $\boldsymbol{\alpha}_1$, $\cdots$, $\boldsymbol{\alpha}_r$, $\boldsymbol{\beta}_{r+1}$, $\cdots$, $\boldsymbol{\beta}_s$, $\boldsymbol{\gamma}_{r+1}$, $\cdots$, $\boldsymbol{\gamma}_t$ 线性无关, 为 $\boldsymbol{V}_1+\boldsymbol{V}_2$ 的基. 于是

$$\dim(\boldsymbol{V}_1+\boldsymbol{V}_2)=\dim\boldsymbol{V}_1+\dim\boldsymbol{V}_2-\dim(\boldsymbol{V}_1\cap\boldsymbol{V}_2).$$

推论 若 $\dim\boldsymbol{V}_1+\dim\boldsymbol{V}_2>\dim\boldsymbol{V}$, 则 $\boldsymbol{V}_1\cap\boldsymbol{V}_2\neq\{0\}$.

这是因为 $\dim(\boldsymbol{V}_1+\boldsymbol{V}_2)\leqslant\dim\boldsymbol{V}$, 故

$$\dim(\boldsymbol{V}_1\cap\boldsymbol{V}_2)=\dim\boldsymbol{V}_1+\dim\boldsymbol{V}_2-\dim(\boldsymbol{V}_1+\boldsymbol{V}_2)>0.$$

定理 4.9.2 $\boldsymbol{V}_1$, $\boldsymbol{V}_2$ 都是$\boldsymbol{V}$ 的子空间, 则下面四个条件等价:

1) $\boldsymbol{V}_1\cap\boldsymbol{V}_2=\{0\}$.

2) $\dim(\boldsymbol{V}_1+\boldsymbol{V}_2)=\dim\boldsymbol{V}_1+\dim\boldsymbol{V}_2$.

3) $\forall\boldsymbol{\alpha}\in\boldsymbol{V}_1+\boldsymbol{V}_2$, $\boldsymbol{\alpha}$ 的分解式

$$\boldsymbol{\alpha}=\boldsymbol{\beta}+\boldsymbol{\gamma},\ \boldsymbol{\beta}\in\boldsymbol{V}_1,\ \boldsymbol{\gamma}\in\boldsymbol{V}_2$$

是唯一的.

4) $\boldsymbol{\beta}\in\boldsymbol{V}_1$, $\boldsymbol{\gamma}\in\boldsymbol{V}_2$, 且 $\boldsymbol{\beta}+\boldsymbol{\gamma}=0$, 则 $\boldsymbol{\beta}=\boldsymbol{\gamma}=0$.

证 $\boldsymbol{V}_1\cap\boldsymbol{V}_2=\{0\}$ 也就是 $\dim(\boldsymbol{V}_1\cap\boldsymbol{V}_2)=0$. 由定理 4.9.1 知 1) 与 2) 等价.

1)$\Longrightarrow$ 3) 设

$$\boldsymbol{\alpha}=\boldsymbol{\beta}+\boldsymbol{\gamma}=\boldsymbol{\beta}_1+\boldsymbol{\gamma}_1,\quad \boldsymbol{\beta},\ \boldsymbol{\beta}_1\in\boldsymbol{V}_1,\ \boldsymbol{\gamma},\ \boldsymbol{\gamma}_1\in\boldsymbol{V}_2.$$

于是

$$\boldsymbol{\beta}-\boldsymbol{\beta}_1=\boldsymbol{\gamma}_1-\boldsymbol{\gamma}\in\boldsymbol{V}_1\cap\boldsymbol{V}_2=\{0\}.$$

因而 $\boldsymbol{\beta}=\boldsymbol{\beta}_1, \gamma=\gamma_1$, 即分解唯一.

3)$\Longrightarrow$ 4) $0=\boldsymbol{\beta}+\gamma$, $\boldsymbol{\beta}\in\boldsymbol{V}_1$, $\gamma\in\boldsymbol{V}_2$. 又 $0=0+0$, $0\in\boldsymbol{V}_1$, $0\in\boldsymbol{V}_2$. 由分解唯一性知 $\boldsymbol{\beta}=\gamma=0$.

4)$\Longrightarrow$ 1) 设 $\boldsymbol{\beta}\in\boldsymbol{V}_1\cap\boldsymbol{V}_2$, 故 $-\boldsymbol{\beta}\in\boldsymbol{V}_1\cap\boldsymbol{V}_2$. 而

$$0=\boldsymbol{\beta}+(-\boldsymbol{\beta}),\quad \boldsymbol{\beta}\in\boldsymbol{V}_1,\ -\boldsymbol{\beta}\in\boldsymbol{V}_2,$$

于是 $\boldsymbol{\beta}=-\boldsymbol{\beta}=0$. 故 $\boldsymbol{V}_1\cap\boldsymbol{V}_2=\{0\}$.

对于适合定理 4.9.2 的条件的两个子空间 $\boldsymbol{V}_1$, $\boldsymbol{V}_2$ 之和 $\boldsymbol{V}_1+\boldsymbol{V}_2$ 称为 $\boldsymbol{V}_1$ 与 $\boldsymbol{V}_2$ 的**直和**, 记为 $\boldsymbol{V}_1\dot{+}\boldsymbol{V}_2$ 或 $\boldsymbol{V}_1\oplus\boldsymbol{V}_2$.

定义 4.9.1 设 $\boldsymbol{V}_1, \boldsymbol{V}_2, \cdots, \boldsymbol{V}_s$ 都是线性空间$\boldsymbol{V}$ 的子空间, 又 $\boldsymbol{W}=\boldsymbol{V}_1+\boldsymbol{V}_2+\cdots+\boldsymbol{V}_s$. 如果$\boldsymbol{\alpha}\in\boldsymbol{W}$ 的分解

$$\boldsymbol{\alpha}=\boldsymbol{\alpha}_1+\boldsymbol{\alpha}_2+\cdots+\boldsymbol{\alpha}_s,\ \boldsymbol{\alpha}_i\in\boldsymbol{V}_i,\ 1\leqslant i\leqslant s$$

是唯一的, 则称$\boldsymbol{W}$ 是 $\boldsymbol{V}_1, \boldsymbol{V}_2, \cdots, \boldsymbol{V}_s$ 的**直和**, 记为

$$\boldsymbol{W}=\boldsymbol{V}_1\dot{+}\boldsymbol{V}_2\dot{+}\cdots\dot{+}\boldsymbol{V}_s \text{ 或 } \boldsymbol{W}=\boldsymbol{V}_1\oplus\boldsymbol{V}_2\oplus\cdots\oplus\boldsymbol{V}_s.$$

定理 4.9.3 设 $\boldsymbol{V}_1, \boldsymbol{V}_2, \cdots, \boldsymbol{V}_s$ 为线性空间$\boldsymbol{V}$ 的子空间, 又 $\boldsymbol{W}=\boldsymbol{V}_1+\boldsymbol{V}_2+\cdots+\boldsymbol{V}_s$, 则下面四个条件等价:

1) $\boldsymbol{W}=\boldsymbol{V}_1\dot{+}\boldsymbol{V}_2\dot{+}\cdots\dot{+}\boldsymbol{V}_s$;

2) $\boldsymbol{\alpha}_i\in\boldsymbol{V}_i$, $1\leqslant i\leqslant s$, 且 $\displaystyle\sum_{i=1}^{s}\boldsymbol{\alpha}_i=0$, 则 $\boldsymbol{\alpha}_i=0$, $1\leqslant i\leqslant s$;

3) $\boldsymbol{V}_i\cap\displaystyle\sum_{j\neq i}\boldsymbol{V}_j=\{0\}$, $1\leqslant i\leqslant s$;

4) $\dim\boldsymbol{W}=\displaystyle\sum_{i=1}^{s}\dim\boldsymbol{V}_i$.

证 方法大致与定理 4.9.2 的证明方法一样. 读者可自行完成.

推论 若

$$\boldsymbol{W}=\boldsymbol{V}_1\dot{+}\boldsymbol{V}_2\dot{+}\cdots\dot{+}\boldsymbol{V}_s,$$

且 $\{\boldsymbol{\alpha}_j^i,\ 1\leqslant j\leqslant n_i\}$ 为 $\boldsymbol{V}_i$ 的基, 则

$$\{\boldsymbol{\alpha}_1^1,\cdots,\boldsymbol{\alpha}_{n_1}^1,\ \boldsymbol{\alpha}_1^2,\cdots,\ \boldsymbol{\alpha}_{n_2}^2,\ \cdots,\ \boldsymbol{\alpha}_1^s,\cdots,\boldsymbol{\alpha}_{n_s}^s\}$$

为$\boldsymbol{W}$ 的基.

显然 $\{\boldsymbol{\alpha}_j^i,\ 1\leqslant j\leqslant n_i,\ 1\leqslant i\leqslant s\}$ 生成$\boldsymbol{W}$, 又由 4) 知 $\dim\boldsymbol{W}=\displaystyle\sum_{i=1}^{s}n_i$, 故 $\{\boldsymbol{\alpha}_j^i,\ 1\leqslant j\leqslant n_i,\ 1\leqslant i\leqslant s\}$ 为$\boldsymbol{W}$ 的基.

习 题

1. 设 $\boldsymbol{V}_1, \boldsymbol{V}_2, \boldsymbol{V}_3$ 都是线性空间$\boldsymbol{V}$ 的子空间, 等式

$$\boldsymbol{V}_1 \cap (\boldsymbol{V}_2 + \boldsymbol{V}_3) = (\boldsymbol{V}_1 \cap \boldsymbol{V}_2) + (\boldsymbol{V}_1 \cap \boldsymbol{V}_3),$$
$$\boldsymbol{V}_1 + (\boldsymbol{V}_2 \cap \boldsymbol{V}_3) = (\boldsymbol{V}_1 + \boldsymbol{V}_2) \cap (\boldsymbol{V}_1 + \boldsymbol{V}_3),$$

是否成立?

2. 求由向量组 $\{\boldsymbol{\alpha}_i\}$, $\{\boldsymbol{\beta}_j\}$ 分别生成的子空间的交的基和维数:

1) $\begin{cases} \boldsymbol{\alpha}_1 = (1,\ 2,\ 1,\ 0), \\ \boldsymbol{\alpha}_2 = (-1,\ 1,\ 1,\ 1), \end{cases} \quad \begin{cases} \boldsymbol{\beta}_1 = (2,\ -1,\ 0,\ 1), \\ \boldsymbol{\beta}_2 = (1,\ -1,\ 3,\ 7); \end{cases}$

2) $\begin{cases} \boldsymbol{\alpha}_1 = (1,\ 1,\ 0,\ 0), \\ \boldsymbol{\alpha}_2 = (1,\ 0,\ 1,\ 1), \end{cases} \quad \begin{cases} \boldsymbol{\beta}_1 = (0,\ 0,\ 1,\ 1), \\ \boldsymbol{\beta}_2 = (0,\ 1,\ 1,\ 0); \end{cases}$

3) $\begin{cases} \boldsymbol{\alpha}_1 = (1,\ 2,\ -1,\ -2), \\ \boldsymbol{\alpha}_2 = (3,\ 1,\ 1,\ 1), \\ \boldsymbol{\alpha}_3 = (-1,\ 0,\ 1,\ -1), \end{cases} \quad \begin{cases} \boldsymbol{\beta}_1 = (2,\ 5,\ -6,\ -5), \\ \boldsymbol{\beta}_2 = (-1,\ 2,\ -7,\ 3). \end{cases}$

3. 设 $\boldsymbol{\alpha}_1,\ \boldsymbol{\alpha}_2,\ \cdots,\ \boldsymbol{\alpha}_r$ 与 $\boldsymbol{\beta}_1,\ \boldsymbol{\beta}_2,\ \cdots,\boldsymbol{\beta}_s$ 是 $\boldsymbol{P}^{n\times 1}$ 中两个线性无关组, 则

$$\begin{aligned} & L(\boldsymbol{\alpha}_1,\ \boldsymbol{\alpha}_2,\ \cdots,\ \boldsymbol{\alpha}_r) \cap L(\boldsymbol{\beta}_1,\ \boldsymbol{\beta}_2,\ \cdots,\ \boldsymbol{\beta}_s) \\ = & \{(\boldsymbol{\alpha}_1,\ \boldsymbol{\alpha}_2,\ \cdots,\ \boldsymbol{\alpha}_r)\boldsymbol{X}_1 \mid \boldsymbol{AX} = 0\}, \end{aligned}$$

其中

$$\boldsymbol{X} = \begin{pmatrix} \boldsymbol{X}_1 \\ \boldsymbol{X}_2 \end{pmatrix} \in \boldsymbol{P}^{(r+s)\times 1},\ \boldsymbol{X}_1 \in \boldsymbol{P}^{r\times 1},\ \boldsymbol{X}_2 \in \boldsymbol{P}^{s\times 1};$$
$$\boldsymbol{A} = (\boldsymbol{\alpha}_1,\ \cdots,\ \boldsymbol{\alpha}_r,\ \boldsymbol{\beta}_1,\ \cdots,\ \boldsymbol{\beta}_s).$$

4. $\boldsymbol{W}$ 是数域 $\boldsymbol{P}$ 上线性空间 $\boldsymbol{V}$ 的子空间, 称 $\dim \boldsymbol{V} - \dim \boldsymbol{W}$ 为$\boldsymbol{W}$ 的**余维数**, 记为 $\operatorname{codim} \boldsymbol{W}$. 试证若 $\operatorname{codim} \boldsymbol{W} > 0$, 则有余维数为 1 的子空间 $\boldsymbol{W}_i$, 使得 $\boldsymbol{W} = \bigcap\limits_i \boldsymbol{W}_i$.

5. 设 $\boldsymbol{V}_1,\ \boldsymbol{V}_2$ 是有限维线性空间$\boldsymbol{V}$ 的子空间, 且

$$\dim(\boldsymbol{V}_1 + \boldsymbol{V}_2) = \dim(\boldsymbol{V}_1 \cap \boldsymbol{V}_2) + 1.$$

试证 $\boldsymbol{V}_1 + \boldsymbol{V}_2 = \boldsymbol{V}_1$ 或 $\boldsymbol{V}_1 + \boldsymbol{V}_2 = \boldsymbol{V}_2$.

6. 设$\boldsymbol{V}$ 是一个线性空间. 证明不存在 $\boldsymbol{V}$ 的子空间 $\boldsymbol{W}_1, \boldsymbol{W}_2, \boldsymbol{W}_3, \boldsymbol{W}_4, \boldsymbol{W}_5$ 同时满足下面四个条件:

1) $i \neq j$ 时, $\boldsymbol{W}_i \neq \boldsymbol{W}_j$.

2) $\forall 1 \leqslant i, j \leqslant 5,\ \boldsymbol{W}_i + \boldsymbol{W}_j,\ \boldsymbol{W}_i \cap \boldsymbol{W}_j$ 仍在这五个子空间之中.

3) $\boldsymbol{W}_1 \subset \boldsymbol{W}_2 \subset \boldsymbol{W}_3 \subset \boldsymbol{W}_5,\ \boldsymbol{W}_1 \subset \boldsymbol{W}_4 \subset \boldsymbol{W}_5$.

4) $\boldsymbol{W}_2$ 与 $\boldsymbol{W}_4$, $\boldsymbol{W}_3$ 与 $\boldsymbol{W}_4$ 之间无包含关系.

7. 设$\boldsymbol{W}$ 是 $\boldsymbol{P}^{1\times n}$ 中非零子空间, $\boldsymbol{\alpha}=(a_1, a_2, \cdots, a_n)\in \boldsymbol{W}$. 当 $\boldsymbol{\alpha}\neq 0$ 时, $a_1a_2\cdots a_n\neq 0$. 则 $\dim \boldsymbol{W}=1$.

8. 设 $\boldsymbol{V}_1$ 是齐次线性方程

$$x_1+x_2+\cdots+x_n=0$$

的解空间. $\boldsymbol{V}_2$ 是齐次线性方程组

$$x_i-x_{i+1}=0,\ 1\leqslant i\leqslant n-1$$

的解空间. 证明 $\boldsymbol{P}^{1\times n}=\boldsymbol{V}_1\dotplus\boldsymbol{V}_2$.

9. 设 $\boldsymbol{V}=\boldsymbol{V}_1\dotplus\boldsymbol{V}_2\dotplus\cdots\dotplus\boldsymbol{V}_r$, $\boldsymbol{V}_i=\boldsymbol{V}_{i\,1}\dotplus\cdots\dotplus\boldsymbol{V}_{i\,t_i}$, $1\leqslant i\leqslant r$. 试证

$$\begin{aligned}\boldsymbol{V}=&\boldsymbol{V}_{1\,1}\dotplus\cdots\dotplus\boldsymbol{V}_{1\,t_1}\dotplus\boldsymbol{V}_{2\,1}\dotplus\cdots\dotplus\boldsymbol{V}_{2\,t_2}\\&\dotplus\cdots\dotplus\boldsymbol{V}_{r\,1}\dotplus\cdots\dotplus\boldsymbol{V}_{r\,t_r}.\end{aligned}$$

10. 设 $\boldsymbol{V}_1, \boldsymbol{V}_2, \cdots, \boldsymbol{V}_s$ 为$\boldsymbol{V}$ 的子空间. 证明

$$\boldsymbol{W}=\boldsymbol{V}_1+\boldsymbol{V}_2+\cdots+\boldsymbol{V}_s$$

为直和当且仅当

$$\boldsymbol{V}_i\cap(\boldsymbol{V}_1+\boldsymbol{V}_2+\cdots+\boldsymbol{V}_{i-1})=\{0\},\quad 2\leqslant i\leqslant s.$$

11. 设$\boldsymbol{S}$, $\boldsymbol{A}$, $\boldsymbol{T}$ 分别为 $\boldsymbol{P}^{n\times n}$ 中对称, 反对称, 上三角方阵构成的子空间. 证明:
1) $\boldsymbol{P}^{n\times n}=\boldsymbol{S}\dotplus\boldsymbol{A}$;
2) $\boldsymbol{P}^{n\times n}=\boldsymbol{A}\dotplus\boldsymbol{T}$.

12. 设 $\boldsymbol{V}_i$ $(1\leqslant i\leqslant s)$ 为$\boldsymbol{V}$ 的真子空间, 则 $\bigcup\limits_{i=1}^{s}\boldsymbol{V}_i\neq\boldsymbol{V}$.

13. 设$\boldsymbol{V}$ 是数域 $\boldsymbol{P}$ 上 $n(>0)$ 维线性空间, 则对任何 $m\geqslant n$, 在$\boldsymbol{V}$中存在向量 $\boldsymbol{\alpha}_1, \boldsymbol{\alpha}_2, \cdots, \boldsymbol{\alpha}_m$, 使得其中任意 n 个均为$\boldsymbol{V}$ 的基.

14. 设$\boldsymbol{P}$ 为数域, 又 $m\geqslant n$. 证明: 存在 $\boldsymbol{A}\in\boldsymbol{P}^{n\times m}$, 满足$\boldsymbol{A}$的任何 n 阶子式不为 0.

4.10 商 空 间

商空间可以看成是整数, 多项式等代数体系中同余类的概念的推广, 也是线性代数中的重要的概念.

定义 4.10.1 设$\boldsymbol{V}$ 是数域 $\boldsymbol{P}$ 上的线性空间, $\boldsymbol{W}$ 是 $\boldsymbol{V}$ 的子空间. 设 $\boldsymbol{\alpha}, \boldsymbol{\beta}\in\boldsymbol{V}$, 且 $\boldsymbol{\alpha}-\boldsymbol{\beta}\in\boldsymbol{W}$, 则称 $\boldsymbol{\alpha}, \boldsymbol{\beta}$ 模 $\boldsymbol{W}$ **同余**, 记为

$$\boldsymbol{\alpha}\equiv\boldsymbol{\beta}(\mathrm{mod}\boldsymbol{W}).$$

$\boldsymbol{V}$ 中所有与 $\boldsymbol{\alpha}$ 同余的向量的集合

$$\bar{\boldsymbol{\alpha}} = \{\boldsymbol{\beta}|\boldsymbol{\beta} \equiv \boldsymbol{\alpha}(\text{mod}\boldsymbol{W})\}$$

称为$\boldsymbol{\alpha}$ 模 $\boldsymbol{W}$ 的**同余类**. 类中任一向量称为此类的**代表**.

例 4.30 设 $\boldsymbol{V} = \boldsymbol{P}[x]$, $g(x) \neq 0$, 则

$$\boldsymbol{W} = \langle g(x) \rangle = \{h(x) \in \boldsymbol{P}[x] \mid g(x)|h(x)\}$$

是$\boldsymbol{V}$ 的子空间. 显然 $\boldsymbol{\alpha}$, $\boldsymbol{\beta} \in \boldsymbol{V}$,

$$\boldsymbol{\alpha} \equiv \boldsymbol{\beta}(\text{mod} g(x))$$

当且仅当

$$\boldsymbol{\alpha} \equiv \boldsymbol{\beta}(\text{mod}\boldsymbol{W}),$$

且

$$\{\boldsymbol{\beta} \in \boldsymbol{P}[x]|\boldsymbol{\beta} \equiv \boldsymbol{\alpha}(\text{mod} g(x))\} = \{\boldsymbol{\beta} \in \boldsymbol{P}[x]|\boldsymbol{\beta} \equiv \boldsymbol{\alpha}(\text{mod}\boldsymbol{W})\}$$

此例说明线性空间中同余, 同余类概念是多项式中同余, 同余类概念的推广.

例 4.31 在空间中取定标架 $OXYZ$, 于是 XOY 平面 π 可看成 $\mathbf{R}^{3\times1}$ 中子空间 $\boldsymbol{W} = \left\{\begin{pmatrix} x \\ y \\ 0 \end{pmatrix}\right\}$, 则

$$\begin{pmatrix} a \\ b \\ c \end{pmatrix} \equiv \begin{pmatrix} a_1 \\ b_1 \\ c_1 \end{pmatrix} (\text{mod}\boldsymbol{W})$$

当且仅当 $c = c_1$. 因而 $\boldsymbol{\alpha} = \begin{pmatrix} a \\ b \\ c \end{pmatrix}$ 的模$\boldsymbol{W}$ 的同余类$\bar{\boldsymbol{\alpha}}$ 的图形是通过 $\begin{pmatrix} 0 \\ 0 \\ c \end{pmatrix}$ 平行 π 的平面 π_1. 如图 4.18 所示.

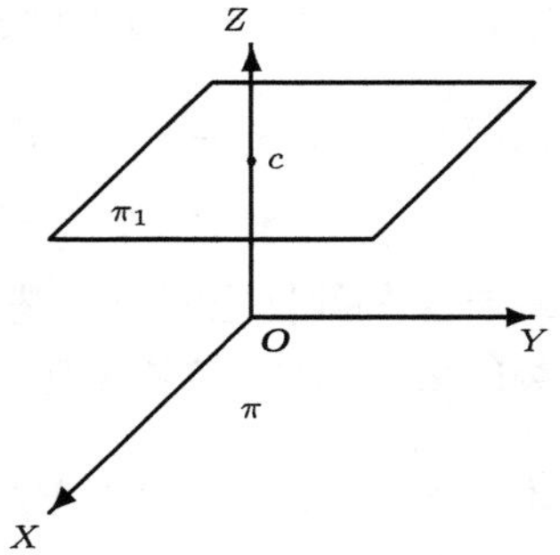

图 4.18

容易验证同余及同余类有以下性质:

1. $\boldsymbol{\alpha} \equiv \boldsymbol{\alpha}(\mathrm{mod}\boldsymbol{W})$.

2. 若 $\boldsymbol{\alpha} \equiv \boldsymbol{\beta}(\mathrm{mod}\boldsymbol{W})$, 则 $\boldsymbol{\beta} \equiv \boldsymbol{\alpha}(\mathrm{mod}\boldsymbol{W})$.

3. 若 $\boldsymbol{\alpha} \equiv \boldsymbol{\beta}(\mathrm{mod}\boldsymbol{W})$, $\boldsymbol{\beta} \equiv \boldsymbol{\gamma}(\mathrm{mod}\boldsymbol{W})$, 则

$$\boldsymbol{\alpha} \equiv \boldsymbol{\gamma}(\mathrm{mod}\boldsymbol{W}).$$

4. $\boldsymbol{\alpha}$, $\boldsymbol{\beta} \in \boldsymbol{V}$. $\bar{\alpha} = \bar{\beta}$ 当且仅当 $\bar{\alpha} \cap \bar{\beta} \neq \varnothing$ 当且仅当 $\boldsymbol{\alpha} \equiv \boldsymbol{\beta}(\mathrm{mod}\boldsymbol{W})$.

事实上, 只要注意到

$$\begin{aligned}
&\boldsymbol{\alpha} - \boldsymbol{\alpha} = 0;\\
&\boldsymbol{\beta} - \boldsymbol{\alpha} = -(\boldsymbol{\alpha} - \boldsymbol{\beta});\\
&\boldsymbol{\alpha} - \boldsymbol{\gamma} = (\boldsymbol{\alpha} - \boldsymbol{\beta}) + (\boldsymbol{\beta} - \boldsymbol{\gamma}),
\end{aligned}$$

则知性质 $1 \sim 3$ 成立.

又$\bar{\alpha} = \bar{\beta}$, 自然 $\bar{\alpha} \cap \bar{\beta} \neq \varnothing$. 设$\gamma \in \bar{\alpha} \cap \bar{\beta}$, 于是

$$\boldsymbol{\alpha} \equiv \gamma(\mathrm{mod}\boldsymbol{W}), \quad \boldsymbol{\beta} \equiv \gamma(\mathrm{mod}\boldsymbol{W}).$$

故 $\boldsymbol{\alpha} \equiv \boldsymbol{\beta}(\mathrm{mod}\boldsymbol{W})$.

若 $\boldsymbol{\alpha} \equiv \boldsymbol{\beta}(\mathrm{mod}\boldsymbol{W})$, 则 $\gamma \equiv \boldsymbol{\alpha}(\mathrm{mod}\boldsymbol{W})$, 当且仅当 $\gamma \equiv \boldsymbol{\beta}(\mathrm{mod}\boldsymbol{W})$. 于是$\bar{\alpha} = \bar{\beta}$.

性质 4 说明两个同余类或者相等, 或者不相交.

定理 4.10.1 设$\boldsymbol{W}$ 是 $\boldsymbol{V}$ 的子空间. 又 $\boldsymbol{\alpha}_1$, $\boldsymbol{\beta}_1$, $\boldsymbol{\alpha}_2$, $\boldsymbol{\beta}_2 \in \boldsymbol{V}$, $k \in \boldsymbol{P}$, 且 $\boldsymbol{\alpha}_i \equiv \boldsymbol{\beta}_i(\mathrm{mod}\boldsymbol{W})$, $i = 1, 2$, 则

$$\boldsymbol{\alpha}_1 + \boldsymbol{\alpha}_2 \equiv \boldsymbol{\beta}_1 + \boldsymbol{\beta}_2(\mathrm{mod}\boldsymbol{W}). \quad k\boldsymbol{\alpha}_1 \equiv k\boldsymbol{\beta}_1(\mathrm{mod}\boldsymbol{W}).$$

证 由 $\boldsymbol{\alpha}_i - \boldsymbol{\beta}_i \in \boldsymbol{W}$, $i = 1, 2$, 故

$$(\boldsymbol{\alpha}_1 + \boldsymbol{\alpha}_2) - (\boldsymbol{\beta}_1 + \boldsymbol{\beta}_2) = (\boldsymbol{\alpha}_1 - \boldsymbol{\beta}_1) + (\boldsymbol{\alpha}_2 - \boldsymbol{\beta}_2) \in \boldsymbol{W},$$

$$k\boldsymbol{\alpha}_1 - k\boldsymbol{\alpha}_1 = k(\boldsymbol{\alpha}_1 - \beta_1) \in \boldsymbol{W}.$$

因而定理成立.

定理 4.10.2 设$\boldsymbol{V}$ 是数域 $\boldsymbol{P}$ 上的线性空间, $\boldsymbol{W}$ 是 $\boldsymbol{V}$ 的一个子空间. 以 $\boldsymbol{V}/\boldsymbol{W}$ 表示 $\boldsymbol{V}$ 中元素模 $\boldsymbol{W}$ 的同余类的集合. 在 $\boldsymbol{V}/\boldsymbol{W}$ 中定义加法和纯量乘法如下

$$\bar{\alpha} + \bar{\beta} = \overline{\boldsymbol{\alpha} + \boldsymbol{\beta}}, \ \forall \bar{\alpha}, \ \bar{\beta} \in \boldsymbol{V}/\boldsymbol{W},$$

$$k \cdot \bar{\alpha} = \overline{k\boldsymbol{\alpha}}, \ \forall \bar{\alpha} \in \boldsymbol{V}/\boldsymbol{W}, \ k \in \boldsymbol{P}.$$

则$\boldsymbol{V}/\boldsymbol{W}$ 构成数域 $\boldsymbol{P}$ 上的线性空间, 称为 $\boldsymbol{V}$ 对 $\boldsymbol{W}$ 的**商空间**.

证 首先证明上述两种运算定义的合理性. 由同余性质 4 及定理 4.10.1 知, $\bar{\boldsymbol{\alpha}}_1 = \bar{\boldsymbol{\alpha}}$, $\bar{\boldsymbol{\beta}}_1 = \bar{\boldsymbol{\beta}}$ 时 $\overline{\boldsymbol{\alpha}_1 + \boldsymbol{\beta}_1} = \overline{\boldsymbol{\alpha} + \boldsymbol{\beta}}$, 故加法定义合理; $\overline{k\boldsymbol{\alpha}_1} = \overline{k\boldsymbol{\alpha}}$, 故纯量乘法合理.

余下验证上述两种运算满足线性空间的八个条件, 仅举两条为例.

$$\begin{aligned}(\bar{\boldsymbol{\alpha}} + \bar{\boldsymbol{\beta}}) + \bar{\boldsymbol{\gamma}} &= \overline{\boldsymbol{\alpha} + \boldsymbol{\beta}} + \bar{\boldsymbol{\gamma}} = \overline{(\boldsymbol{\alpha} + \boldsymbol{\beta}) + \boldsymbol{\gamma}} \\ &= \overline{\boldsymbol{\alpha} + (\boldsymbol{\beta} + \boldsymbol{\gamma})} = \bar{\boldsymbol{\alpha}} + \overline{\boldsymbol{\beta} + \boldsymbol{\gamma}} = \bar{\boldsymbol{\alpha}} + (\bar{\boldsymbol{\beta}} + \bar{\boldsymbol{\gamma}}). \\ k(\bar{\boldsymbol{\alpha}} + \bar{\boldsymbol{\beta}}) &= k \cdot \overline{\boldsymbol{\alpha} + \boldsymbol{\beta}} = \overline{k(\boldsymbol{\alpha} + \boldsymbol{\beta})} \\ &= \overline{k\boldsymbol{\alpha} + k\boldsymbol{\beta}} = \overline{k\boldsymbol{\alpha}} + \overline{k\boldsymbol{\beta}} = k\bar{\boldsymbol{\alpha}} + k\bar{\boldsymbol{\beta}}.\end{aligned}$$

余者读者可自行验证.

定理 4.10.3 设$\boldsymbol{V}$ 是数域 $\boldsymbol{P}$ 上有限维线性空间, $\boldsymbol{W}$ 是 $\boldsymbol{V}$ 的子空间, 则

$$\dim \boldsymbol{V}/\boldsymbol{W} = \dim \boldsymbol{V} - \dim \boldsymbol{W}.$$

证 设 $\dim \boldsymbol{V} = n$, $\dim \boldsymbol{W} = k$. 将$\boldsymbol{W}$ 的基 $\boldsymbol{\alpha}_1, \boldsymbol{\alpha}_2, \cdots, \boldsymbol{\alpha}_k$ 扩充为$\boldsymbol{V}$ 的基 $\boldsymbol{\alpha}_1, \cdots, \boldsymbol{\alpha}_k, \boldsymbol{\alpha}_{k+1}, \cdots, \boldsymbol{\alpha}_n$. $\boldsymbol{\alpha} \in \boldsymbol{V}$, $\boldsymbol{\alpha} = \sum\limits_{i=1}^{n} x_i \boldsymbol{\alpha}_i$, 因而

$$\boldsymbol{\alpha} \equiv x_{k+1}\boldsymbol{\alpha}_{k+1} + \cdots + x_n\boldsymbol{\alpha}_n \,(\mathrm{mod}\boldsymbol{W}).$$

于是

$$\bar{\boldsymbol{\alpha}} = \sum_{i=k+1}^{n} x_i \bar{\boldsymbol{\alpha}}_i.$$

即 $\boldsymbol{V}/\boldsymbol{W} = L(\bar{\boldsymbol{\alpha}}_{k+1}, \cdots, \bar{\boldsymbol{\alpha}}_n)$. 又若 $\sum\limits_{j=k+1}^{n} x_j \bar{\boldsymbol{\alpha}}_j = 0$, 即 $\overline{\sum\limits_{j=k+1}^{n} x_j \boldsymbol{\alpha}_j} = \bar{0}$. 换句话说 $\sum\limits_{j=k+1}^{n} x_j \boldsymbol{\alpha}_j \in \boldsymbol{W}$. 因而有

$$\sum_{j=k+1}^{n} x_j \boldsymbol{\alpha}_j + \sum_{i=1}^{k} y_i \boldsymbol{\alpha}_i = 0.$$

故

$$x_{k+1} = \cdots = x_n = y_1 = \cdots = y_k = 0.$$

即 $\bar{\boldsymbol{\alpha}}_{k+1}, \cdots, \bar{\boldsymbol{\alpha}}_n$ 为$\boldsymbol{V}/\boldsymbol{W}$ 的基. 于是定理成立.

定理 4.10.4　设$\boldsymbol{W}$ 是线性空间 $\boldsymbol{V}$ 的子空间, 对 $\boldsymbol{\alpha} \in \boldsymbol{V}$, 记 $\bar{\alpha} = \boldsymbol{\alpha} + \boldsymbol{W} \in \boldsymbol{V}/\boldsymbol{W}$. 若 $\boldsymbol{\alpha}_1, \boldsymbol{\alpha}_2, \cdots, \boldsymbol{\alpha}_k$ 是$\boldsymbol{W}$ 的基, 又 $\boldsymbol{\alpha}_{k+1}, \cdots, \boldsymbol{\alpha}_n$ 为$\boldsymbol{V}$ 中元素, 且 $\bar{\boldsymbol{\alpha}}_{k+1}, \cdots, \bar{\alpha}_n$ 为$\boldsymbol{V}/\boldsymbol{W}$ 的基, 则 $\boldsymbol{\alpha}_1, \boldsymbol{\alpha}_2, \cdots, \boldsymbol{\alpha}_k, \boldsymbol{\alpha}_{k+1}, \cdots, \boldsymbol{\alpha}_n$ 为$\boldsymbol{V}$ 的基.

证　由假设知 $\dim \boldsymbol{W} = k$, $\dim \boldsymbol{V}/\boldsymbol{W} = n-k$, 因此 $\dim \boldsymbol{V} = n$. 又 $\forall \boldsymbol{\alpha} \in \boldsymbol{V}$, 于是 $\bar{\boldsymbol{\alpha}} \in \boldsymbol{V}/\boldsymbol{W}$. 因此有 $x_{k+1}, \cdots, x_n$ 使得

$$\bar{\boldsymbol{\alpha}} = x_{k+1}\bar{\boldsymbol{\alpha}}_{k+1} + \cdots + x_n\bar{\boldsymbol{\alpha}}_n.$$

于是

$$\boldsymbol{\alpha} - x_{k+1}\boldsymbol{\alpha}_{k+1} - \cdots - x_n\boldsymbol{\alpha}_n \in \boldsymbol{W},$$

故有 $x_1, x_2, \cdots, x_k$ 使得

$$\boldsymbol{\alpha} = x_1\boldsymbol{\alpha}_1 + x_2\boldsymbol{\alpha}_2 + \cdots + x_k\boldsymbol{\alpha}_k + x_{k+1}\boldsymbol{\alpha}_{k+1} + \cdots + x_n\boldsymbol{\alpha}_n.$$

于是 $\boldsymbol{\alpha}_1, \boldsymbol{\alpha}_2, \cdots, \boldsymbol{\alpha}_k, \boldsymbol{\alpha}_{k+1}, \cdots, \boldsymbol{\alpha}_n$ 为$\boldsymbol{V}$ 的基.

习　　题

1. 在空间取定标架 $OXYZ$. 直线 OZ 轴可看成 $\mathbf{R}^{3\times 1}$ 的子空间 $\boldsymbol{W} = \left\{ \begin{pmatrix} 0 \\ 0 \\ a \end{pmatrix}, a \in \mathbf{R} \right\}$.

   试给模$\boldsymbol{W}$ 的同余类一个几何解释.

2. 设 $f(x) \in \boldsymbol{P}[x]$, $\deg f(x) = n \geqslant 1$. 令 $\boldsymbol{W} = \langle f(x) \rangle = \{g(x) \in \boldsymbol{P}[x] \mid f(x)|g(x)\}$. 试证 $\dim \boldsymbol{P}[x]/\langle f(x) \rangle = n$.

3. 设$\boldsymbol{W}$ 是线性空间 $\boldsymbol{V}$ 的子空间, $\bar{\boldsymbol{\alpha}}$ 为 $\boldsymbol{\alpha}$ 模 $\boldsymbol{W}$ 的同余类. 试证 $\boldsymbol{\alpha}_1 \in \bar{\boldsymbol{\alpha}}$ 当且仅当存在$\beta \in \boldsymbol{W}$ 使得 $\boldsymbol{\alpha}_1 = \boldsymbol{\alpha} + \beta$.

   注　由此, 我们将$\bar{\alpha}$ 记作 $\boldsymbol{\alpha} + \boldsymbol{W} = \{\alpha + \beta | \beta \in \boldsymbol{W}\}$, 并称为 $\boldsymbol{\alpha}$ 关于 $\boldsymbol{W}$ 的**陪集** (或**傍集**).

4. 设 $\boldsymbol{W}_1$, $\boldsymbol{W}_2$ 是$\boldsymbol{V}$ 的子空间. 又$\boldsymbol{\alpha}$, $\boldsymbol{\beta} \in \boldsymbol{V}$ 使得 $\boldsymbol{\alpha} + \boldsymbol{W}_1 = \boldsymbol{\beta} + \boldsymbol{W}_2$, 则 $\boldsymbol{W}_1 = \boldsymbol{W}_2$.

5. 设 $\boldsymbol{W}_1$, $\boldsymbol{W}_2$, $\cdots$, $\boldsymbol{W}_s$ 是$\boldsymbol{V}$ 的子空间, $\boldsymbol{\alpha} \in \boldsymbol{V}$, 则 $\bigcap\limits_{i=1}^{s} (\boldsymbol{\alpha} + \boldsymbol{W}_i) = \boldsymbol{\alpha} + \bigcap\limits_{i=1}^{s} \boldsymbol{W}_i$.

6. 设 $\boldsymbol{A} \in \boldsymbol{P}^{m\times n}$, $\boldsymbol{B} \in \boldsymbol{P}^{m\times 1}$. $\boldsymbol{V}_1 = \{\boldsymbol{X} \in \boldsymbol{P}^{n\times 1} | \boldsymbol{A}\boldsymbol{X} = 0\}$. $\boldsymbol{S}$ 为 $\boldsymbol{A}\boldsymbol{X} = \boldsymbol{B}$ 的解的集合. 试证: 或者 $\boldsymbol{S} = \varnothing$ 或者存在 $\boldsymbol{X}_0 \in \boldsymbol{P}^{n\times 1}$ 使 $\boldsymbol{S} = \boldsymbol{X}_0 + \boldsymbol{V}_1$.

4.11　线性空间的同态与同构

本节我们将有限维线性空间分类. 为此, 先介绍映射的乘积.

设 f 是 $\boldsymbol{S}_1$ 到 $\boldsymbol{S}_2$ 的映射, g 是 $\boldsymbol{S}_2$ 到 $\boldsymbol{S}_3$ 的映射. 我们可定义 $\boldsymbol{S}_1$ 到 $\boldsymbol{S}_3$ 的映射 gf 为

$$gf(a) = g(f(a)),\ \forall a \in \boldsymbol{S}_1.$$

gf 称为 g 与 f 的**积**. 如图 4.19 所示.

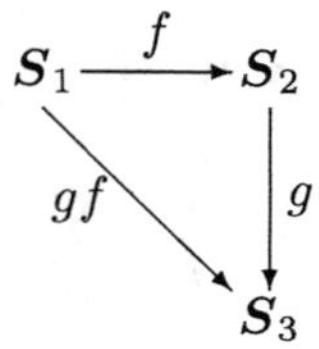

图 4.19

显然, 映射乘积有下面一些性质.

若 g, f 都是一一的, 则 gf 也是一一的.

若 g, f 都是满的, 则 gf 也是满的.

若 g, f 都是一一对应, 则 gf 也是一一对应. 而且

$$(gf)^{-1} = f^{-1}g^{-1}.$$

若还有 $\boldsymbol{S}_3$ 到 $\boldsymbol{S}_4$ 的映射 h. 则

$$h(gf) = (hg)f, \quad \begin{array}{ccc} \boldsymbol{S}_1 & \stackrel{f}{\longrightarrow} & \boldsymbol{S}_2 \\ {\scriptstyle hgf}\downarrow & & \downarrow{\scriptstyle g} \\ \boldsymbol{S}_4 & \stackrel{h}{\longleftarrow} & \boldsymbol{S}_3 \end{array}$$

于是可记为 hgf.

读者可自行证明.

定义 4.11.1 设 $\boldsymbol{V}_1$ 与 $\boldsymbol{V}_2$ 都是数域$\boldsymbol{P}$ 上的线性空间. $\boldsymbol{V}_1$ 到 $\boldsymbol{V}_2$ 的映射 f 若满足:

1) $f(\boldsymbol{\alpha}+\boldsymbol{\beta}) = f(\boldsymbol{\alpha}) + f(\boldsymbol{\beta}),\ \forall \boldsymbol{\alpha},\ \boldsymbol{\beta} \in \boldsymbol{V}_1$;

2) $f(k\boldsymbol{\alpha}) = kf(\boldsymbol{\alpha}),\ \forall \boldsymbol{\alpha} \in \boldsymbol{V}_1,\ k \in \boldsymbol{P}$.

则称 f 是 $\boldsymbol{V}_1$ 到 $\boldsymbol{V}_2$ 的**同态映射**或**线性映射**.

又若 f 还是一一对应, 则称 f 是 $\boldsymbol{V}_1$ 到 $\boldsymbol{V}_2$ 的**同构映射**. 此时称 $\boldsymbol{V}_1$ 与 $\boldsymbol{V}_2$ **同构**.

例 4.32 设 $\boldsymbol{A} \in \boldsymbol{P}^{m\times n}$, 定义 $\boldsymbol{P}^{n\times 1}$ 到 $\boldsymbol{P}^{m\times 1}$ 的映射 f 为

$$f(\boldsymbol{\alpha}) = \boldsymbol{A\alpha},\ \forall \boldsymbol{\alpha} \in \boldsymbol{P}^{n\times 1},$$

则 f 是同态映射.

例 4.33 定义 $\boldsymbol{P}^{m\times n}$ 到 $\boldsymbol{P}^{n\times m}$ 中的映射 f 为

$$f(\boldsymbol{A})=\boldsymbol{A}',\ \forall \boldsymbol{A}\in \boldsymbol{P}^{m\times n},$$

则 f 是同构映射. 故 $\boldsymbol{P}^{m\times n}$ 与 $\boldsymbol{P}^{n\times m}$ 同构.

线性映射有以下常用性质:

1. 对 $\boldsymbol{\alpha}_i\in \boldsymbol{V}_1, k_i\in \boldsymbol{P}\ (1\leqslant i\leqslant r)$, 有

$$f\left(\sum_{i=1}^{r}k_i\boldsymbol{\alpha}_i\right)=\sum_{i=1}^{r}k_if(\boldsymbol{\alpha}_i).$$

特别地, $f(0)=0$, $f(-\boldsymbol{\alpha})=-f(\boldsymbol{\alpha})$.

2. $\boldsymbol{\alpha}_1,\ \boldsymbol{\alpha}_2,\ \cdots,\ \boldsymbol{\alpha}_r$ 线性相关, 则 $f(\boldsymbol{\alpha}_1), f(\boldsymbol{\alpha}_2), \cdots, f(\boldsymbol{\alpha}_r)$ 也线性相关.

这可以从性质 1 得到.

3. $f(\boldsymbol{V}_1)=\{f(\boldsymbol{\alpha})|\boldsymbol{\alpha}\in \boldsymbol{V}_1\}$ 是 $\boldsymbol{V}_2$ 的子空间, 称 $f(\boldsymbol{V}_1)$ 为 $\boldsymbol{V}_1$ 在 f 下的**像**.

事实上, 由

$$0=f(0)\in f(\boldsymbol{V}_1),$$

知 $f(\boldsymbol{V}_1)\neq\varnothing$. 又 $\forall k,\ l\in \boldsymbol{P}, \boldsymbol{\alpha},\ \boldsymbol{\beta}\in \boldsymbol{V}_1$, 有

$$kf(\boldsymbol{\alpha})+lf(\boldsymbol{\beta})=f(k\boldsymbol{\alpha}+l\boldsymbol{\beta})\in f(\boldsymbol{V}_1).$$

故 $f(\boldsymbol{V}_1)$ 为 $\boldsymbol{V}_2$ 的子空间.

4. $\ker f=\{\boldsymbol{\alpha}\in \boldsymbol{V}_1|f(\boldsymbol{\alpha})=0\}$ 是 $\boldsymbol{V}_1$ 的子空间, 称为 f 的**核**.

事实上, 由

$$f(0)=0,\ 0\in\ker f.$$

知 $\ker f\neq\varnothing$. 又若 $\boldsymbol{\alpha},\ \boldsymbol{\beta}\in\ker f,\ k,\ l\in \boldsymbol{P}$

$$f(k\boldsymbol{\alpha}+l\boldsymbol{\beta})=kf(\boldsymbol{\alpha})+lf(\boldsymbol{\beta})=0.$$

因而 $k\boldsymbol{\alpha}+l\boldsymbol{\beta}\in\ker f$. 故 $\ker f$ 为 $\boldsymbol{V}_1$ 的子空间.

5. f 是同构映射当且仅当 $f(\boldsymbol{V}_1)=\boldsymbol{V}_2$, $\ker f=\{0\}$.

设 f 是同构映射, 故 f 是满映射, 因此 $f(\boldsymbol{V}_1)=\boldsymbol{V}_2$.

再因 f 是一一映射, 故由 $f(\boldsymbol{\alpha})=0$ 推出 $\boldsymbol{\alpha}=0$, 即 $\ker f=\{0\}$.

反之, 由 $f(\boldsymbol{V}_1)=\boldsymbol{V}_2$ 即 f 是满映射.

设 $\ker f=\{0\}$. 若 $f(\boldsymbol{\alpha})=f(\boldsymbol{\beta})$, 则 $\boldsymbol{\alpha}-\boldsymbol{\beta}\in\ker f=\{0\}$, 故$\boldsymbol{\alpha}=\boldsymbol{\beta}$. 故 f 是一一对应的, 故 f 是同构映射.

6. f 是同构映射. $\boldsymbol{\alpha}_1,\ \boldsymbol{\alpha}_2,\ \cdots,\ \boldsymbol{\alpha}_r$ 线性相关, 当且仅当 $f(\boldsymbol{\alpha}_1),\ f(\boldsymbol{\alpha}_2),\ \cdots,$ $f(\boldsymbol{\alpha}_r)$ 线性相关.

事实上, $\sum_{i=1}^{r} k_i f(\boldsymbol{\alpha}_i)=0$ 当且仅当 $f\left(\sum_{i=1}^{r} k_i\boldsymbol{\alpha}_i\right)=0$, 即 $\sum_{i=1}^{r} k_i\boldsymbol{\alpha}_i\in\ker f=\{0\}$ 当且仅当 $\sum_{i=1}^{r} k_i\boldsymbol{\alpha}_i=0$. 因而性质 6 成立.

7. 若 f 是 $\boldsymbol{V}_1$ 到 $\boldsymbol{V}_2$ 的同构映射, 则 f^{-1} 是 $\boldsymbol{V}_2$ 到 $\boldsymbol{V}_1$ 的同构映射.

f 是一一对应, f^{-1} 也是一一对应. 设 $\boldsymbol{\alpha}'$, $\boldsymbol{\beta}'\in\boldsymbol{V}_2$, 则

$$\begin{aligned}f(f^{-1}(\boldsymbol{\alpha}'+\boldsymbol{\beta}'))&=\boldsymbol{\alpha}'+\boldsymbol{\beta}'=f(f^{-1}(\boldsymbol{\alpha}'))+f(f^{-1}(\boldsymbol{\beta}'))\\&=f(f^{-1}(\boldsymbol{\alpha}')+f^{-1}(\boldsymbol{\beta}')),\\f(f^{-1}(k\boldsymbol{\alpha}'))&=k\boldsymbol{\alpha}'=kf(f^{-1}(\boldsymbol{\alpha}'))=f(k(f^{-1}(\boldsymbol{\alpha}'))).\end{aligned}$$

由于 f 是一一对应的, 故

$$\begin{aligned}&f^{-1}(\boldsymbol{\alpha}'+\boldsymbol{\beta}')=f^{-1}(\boldsymbol{\alpha}')+f^{-1}(\boldsymbol{\beta}'),\\&f^{-1}(k\boldsymbol{\alpha}')=kf^{-1}(\boldsymbol{\alpha}').\end{aligned}$$

即 f^{-1} 是 $\boldsymbol{V}_2$ 到 $\boldsymbol{V}_1$ 的同构映射.

8. 若 f 是 $\boldsymbol{V}_1$ 到 $\boldsymbol{V}_2$ 的同态映射, g 是 $\boldsymbol{V}_2$ 到 $\boldsymbol{V}_3$ 的同态映射, 则 gf 是 $\boldsymbol{V}_1$ 到 $\boldsymbol{V}_3$ 的同态映射. 特别地, 若 f, g 都是同构映射, 则 gf 也是同构映射.

事实上, 对 $\boldsymbol{\alpha}$, $\boldsymbol{\beta}\in\boldsymbol{V}_1$, k, $l\in\boldsymbol{P}$, 有

$$\begin{aligned}gf(k\boldsymbol{\alpha}+l\boldsymbol{\beta})&=g(f(k\boldsymbol{\alpha}+l\boldsymbol{\beta}))=g(kf(\boldsymbol{\alpha})+lf(\boldsymbol{\beta}))\\&=k(gf)(\boldsymbol{\alpha})+l(gf)(\boldsymbol{\beta}).\end{aligned}$$

故 gf 为同态映射. f, g 为同构, f, g 为一一对应. gf 也是一一对应, 故为同构映射.

自然, $\boldsymbol{V}$ 到 $\boldsymbol{V}$ 的**恒等映射** id_V : $\mathrm{id}_V(\boldsymbol{\alpha})=\boldsymbol{\alpha}$, 是$\boldsymbol{V}$ 到 $\boldsymbol{V}$ 的同构映射. 这样, 线性空间的同构关系有反身性, 对称性 (性质 7) 与传递性 (性质 8). 故可将$\boldsymbol{P}$ 上线性空间按同构关系分类, 不同类不相交, 在同一类中只要找一个具有代表性的空间进行研究.

定理 4.11.1 数域$\boldsymbol{P}$ 上有限维线性空间同构的充分必要条件是维数相等.

证 必要性 设 f 是 $\boldsymbol{V}_1$ 到 $\boldsymbol{V}_2$ 的同构映射. 设 $\boldsymbol{\alpha}_1,\boldsymbol{\alpha}_2,\cdots,\boldsymbol{\alpha}_n$ 为 $\boldsymbol{V}_1$ 的基. 由性质 7 知 $f(\boldsymbol{\alpha}_1)$, $f(\boldsymbol{\alpha}_2)$, $\cdots$, $f(\boldsymbol{\alpha}_n)$ 线性无关. 又设 $\boldsymbol{\alpha}'\in\boldsymbol{V}_2$, 由 $f(\boldsymbol{V}_1)=\boldsymbol{V}_2$ 即有 $\boldsymbol{\alpha}=\sum_{i=1}^{n}k_i\boldsymbol{\alpha}_i\in\boldsymbol{V}_1$ 使得 $f(\boldsymbol{\alpha})=\boldsymbol{\alpha}'$, 即

$$\boldsymbol{\alpha}'=f\left(\sum_{i=1}^{n}k_i\boldsymbol{\alpha}_i\right)=\sum_{i=1}^{n}k_if(\boldsymbol{\alpha}_i).$$

因而 $f(\boldsymbol{\alpha}_1)$, $f(\boldsymbol{\alpha}_2)$, $\cdots$, $f(\boldsymbol{\alpha}_n)$ 为 $\boldsymbol{V}_2$ 的基, 故 $\dim \boldsymbol{V}_1 = \dim \boldsymbol{V}_2$.

充分性 设 $\boldsymbol{\alpha}_1, \boldsymbol{\alpha}_2, \cdots, \boldsymbol{\alpha}_n$ 与 $\boldsymbol{\alpha}_1', \boldsymbol{\alpha}_2', \cdots, \boldsymbol{\alpha}_n'$ 分别为 $\boldsymbol{V}_1$, $\boldsymbol{V}_2$ 的基. 定义 $\boldsymbol{V}_1$ 到 $\boldsymbol{V}_2$ 的映射 f 为

$$f\left(\sum_{i=1}^{n} k_i\boldsymbol{\alpha}_i\right) = \sum_{i=1}^{n} k_i\boldsymbol{\alpha}_i',\ k_i \in \boldsymbol{P},\ 1 \leqslant i \leqslant n.$$

由 f 的定义知

$$\begin{aligned}
f\left(\left(\sum_{i=1}^{n} k_i\boldsymbol{\alpha}_i\right) + \left(\sum_{i=1}^{n} l_i\boldsymbol{\alpha}_i\right)\right) &= \sum_{i=1}^{n}(k_i + l_i)\boldsymbol{\alpha}_i' = \sum_{i=1}^{n} k_i\boldsymbol{\alpha}_i' + \sum_{i=1}^{n} l_i\boldsymbol{\alpha}_i' \\
&= f\left(\sum_{i=1}^{n} k_i\boldsymbol{\alpha}_i\right) + f\left(\sum_{i=1}^{n} l_i\boldsymbol{\alpha}_i\right), \\
f\left(k\sum_{i=1}^{n} k_i\boldsymbol{\alpha}_i\right) = f\left(\sum_{i=1}^{n} kk_i\boldsymbol{\alpha}_i\right) &= \sum_{i=1}^{n} kk_i\boldsymbol{\alpha}_i' \\
&= k\left(\sum_{i=1}^{n} k_i\boldsymbol{\alpha}_i'\right) = kf\left(\sum_{i=1}^{n} k_i\boldsymbol{\alpha}_i\right),
\end{aligned}$$

因而 f 是同态映射.

又 $\forall \boldsymbol{\beta}' = \sum\limits_{i=1}^{n} k_i\boldsymbol{\alpha}_i'$, 令 $\boldsymbol{\beta} = \sum\limits_{i=1}^{n} k_i\boldsymbol{\alpha}_i$, 则 $f(\boldsymbol{\beta}) = \boldsymbol{\beta}'$. 故 $f(\boldsymbol{V}_1) = \boldsymbol{V}_2$.

又若 $\boldsymbol{\beta} \in \ker f$, $\boldsymbol{\beta} = \sum\limits_{i=1}^{n} k_i\boldsymbol{\alpha}_i$, 则

$$f(\boldsymbol{\beta}) = \sum_{i=1}^{n} k_i\boldsymbol{\alpha}_i' = 0.$$

由于 $\boldsymbol{\alpha}_1', \boldsymbol{\alpha}_2', \cdots, \boldsymbol{\alpha}_n'$ 为 $\boldsymbol{V}_2$ 的基, 故 $k_1 = k_2 = \cdots = k_n = 0$. 因而 $\boldsymbol{\beta} = 0$, 即 $\ker f = \{0\}$.

故 f 是同构映射. 即 $\boldsymbol{V}_1$ 与 $\boldsymbol{V}_2$ 同构.

推论 $\boldsymbol{P}$ 上 n 维线性空间 $\boldsymbol{V}$ 与 $\boldsymbol{P}^{n\times 1}$ 同构. 若 $\boldsymbol{\alpha}_1, \boldsymbol{\alpha}_2, \cdots, \boldsymbol{\alpha}_n$ 为 $\boldsymbol{V}$ 的基, 则 $\boldsymbol{V}$ 到 $\boldsymbol{P}^{n\times 1}$ 的映射

$$f(\boldsymbol{\alpha}) = \mathrm{crd}(\boldsymbol{\alpha};\ \boldsymbol{\alpha}_1,\ \boldsymbol{\alpha}_2,\ \cdots,\ \boldsymbol{\alpha}_n)$$

为同构映射.

事实上, 只要取 $\boldsymbol{\alpha}_i' = \boldsymbol{\varepsilon}_i$, $1 \leqslant i \leqslant n$. 由定理 1 知此推论成立.

由定理 4.11.1 及其推论知对 $\boldsymbol{P}$ 上 n 维线性空间的研究只要对 $\boldsymbol{P}^{n\times 1}$ 进行研究即可. 通常以 $\boldsymbol{P}^n$ 来表示 $\boldsymbol{P}$ 上 n 维线性空间.

特别地, 将此观点用于解析几何学则有下述结论: 直线, 平面, 空间向量所构成的向量空间分别为 $\boldsymbol{R}^1$, $\boldsymbol{R}^2$, $\boldsymbol{R}^3$.

定理 4.11.2 设 $\boldsymbol{V}_1$, $\boldsymbol{V}_2$ 都是数域$\boldsymbol{P}$ 上的线性空间, f 是 $\boldsymbol{V}_1$ 到 $\boldsymbol{V}_2$ 的满同态, 则有 $\boldsymbol{V}_1$ 到商空间 $\boldsymbol{V}_1/\ker f$ 的满同态 π 及 $\boldsymbol{V}_1/\ker f$ 到 $\boldsymbol{V}_2$ 的同构 $\bar{f}$ 使得

$$\bar{f}\cdot\pi = f.$$

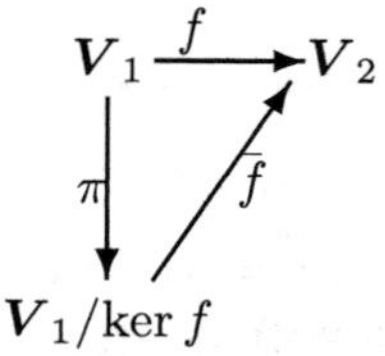

证 由于 $\ker f$ 是 $\boldsymbol{V}_1$ 的子空间, 于是 $\boldsymbol{V}_1/\ker f = \{\bar{\boldsymbol{\alpha}}|\boldsymbol{\alpha}\in\boldsymbol{V}_1\}$, 其中

$$\bar{\boldsymbol{\alpha}} = \{\boldsymbol{\beta}\in\boldsymbol{V}_1|\boldsymbol{\beta}\equiv\boldsymbol{\alpha}(\mathrm{mod}\ \ker f)\}.$$

定义 $\boldsymbol{V}_1$ 到 $\boldsymbol{V}_1/\ker f$ 的映射 π 如下:

$$\pi(\boldsymbol{\alpha}) = \bar{\boldsymbol{\alpha}},\ \forall\boldsymbol{\alpha}\in\boldsymbol{V}_1.$$

显然, π 是满映射. 由定理 4.10.2 知

$$\pi(\boldsymbol{\alpha}+\boldsymbol{\beta}) = \overline{\boldsymbol{\alpha}+\boldsymbol{\beta}} = \bar{\boldsymbol{\alpha}}+\bar{\boldsymbol{\beta}} = \pi(\boldsymbol{\alpha})+\pi(\boldsymbol{\beta}),$$
$$\pi(k\boldsymbol{\alpha}) = \overline{k\boldsymbol{\alpha}} = k\bar{\boldsymbol{\alpha}} = k\pi(\boldsymbol{\alpha}).$$

因而 π 是 $\boldsymbol{V}_1$ 到 $\boldsymbol{V}_1/\ker f$ 的满同态.

由于 $f(\boldsymbol{\alpha}) = f(\boldsymbol{\beta})$ 当且仅当 $\boldsymbol{\alpha}-\boldsymbol{\beta}\in\ker f$ 当且仅当 $\pi(\boldsymbol{\alpha}) = \pi(\boldsymbol{\beta})$. 于是 $\boldsymbol{V}_1/\ker f$ 到 $\boldsymbol{V}_2$ 的映射

$$\bar{f}(\bar{\boldsymbol{\alpha}}) = \bar{f}(\pi(\boldsymbol{\alpha})) = f(\boldsymbol{\alpha})$$

是一一映射. 由于 f 是满映射, 故 $\bar{f}$ 是满映射. 即 $\bar{f}$ 是一一对应, 且 $\bar{f}\cdot\pi = f$. 又

$$\begin{aligned}\bar{f}(k\bar{\boldsymbol{\alpha}}+l\bar{\boldsymbol{\beta}}) &= \bar{f}(\overline{k\boldsymbol{\alpha}+l\boldsymbol{\beta}}) = f(k\boldsymbol{\alpha}+l\boldsymbol{\beta})\\ &= kf(\boldsymbol{\alpha})+lf(\boldsymbol{\beta}) = k\bar{f}(\bar{\boldsymbol{\alpha}})+l\bar{f}(\bar{\boldsymbol{\beta}}).\end{aligned}$$

因而 $\bar{f}$ 是同构映射.

推论 若 f 是 $\boldsymbol{V}_1$ 到 $\boldsymbol{V}_2$ 的满同态, 则

$$\dim\boldsymbol{V}_1 = \dim(\ker f)+\dim\boldsymbol{V}_2.$$

事实上, 由

$$\dim\boldsymbol{V}_2 = \dim\boldsymbol{V}_1/\ker f = \dim\boldsymbol{V}_1-\dim\ker f$$

知结论成立.

例 4.34　设 $\boldsymbol{V}_1=\boldsymbol{P}^{n\times 1}$, $\boldsymbol{A}\in\boldsymbol{P}^{m\times n}$. 定义 $\boldsymbol{V}_1$ 到 $\boldsymbol{P}^{m\times 1}$ 的同态 f 为 $f(\boldsymbol{\alpha})=\boldsymbol{A}\boldsymbol{\alpha}$ (见例 4.31). 令 $\boldsymbol{V}_2=f(\boldsymbol{V}_1)$. 在 $\boldsymbol{V}_1$ 中取基 $\varepsilon_1, \varepsilon_2, \cdots, \varepsilon_n$, 于是

$$\begin{aligned}\boldsymbol{V}_2=f(\boldsymbol{V}_1)&=L(f(\varepsilon_1),\ f(\varepsilon_2),\ \cdots,\ f(\varepsilon_n))\\&=L(\mathrm{col}_1\boldsymbol{A},\ \mathrm{col}_2\boldsymbol{A},\ \cdots,\ \mathrm{col}_n\boldsymbol{A}),\end{aligned}$$

因而 $\dim\boldsymbol{V}_2=R(\boldsymbol{A})$.

又 $\boldsymbol{\alpha}\in\ker f$ 当且仅当 $f(\boldsymbol{\alpha})=\boldsymbol{A}\boldsymbol{\alpha}=0$. 即$\boldsymbol{\alpha}$ 为线性方程组 $\boldsymbol{AX}=0$ 的解, 于是 $\ker f$ 为方程组 $\boldsymbol{AX}=0$ 的解空间. 由上面的推论知

$$\dim\ker f=\dim\boldsymbol{V}_1-\dim\boldsymbol{V}_2=n-R(\boldsymbol{A}).$$

这就是定理 4.7.2 的结论.

此例说明我们也可以从线性映射的观点来建立线性方程组的理论. 线性映射的观念也可以用于研究矩阵的秩.

例 4.35　设 $\boldsymbol{U}$, $\boldsymbol{V}$ 是数域 $\boldsymbol{P}$ 上的线性空间, 又设 f 是 $\boldsymbol{U}$ 到 $\boldsymbol{V}$ 的线性映射. 证明

1)　$\dim f(\boldsymbol{U})+\dim\ker f=\dim\boldsymbol{U}$;

2)　又若 $\boldsymbol{W}$ 是 $\boldsymbol{U}$ 的子空间, 则 $\dim\boldsymbol{U}-\dim\boldsymbol{W}\geqslant\dim f(\boldsymbol{U})-\dim f(\boldsymbol{W})$.

证　1) 将 $\ker f$ 的基 $\boldsymbol{u}_1,\boldsymbol{u}_2,\cdots,\boldsymbol{u}_k$ 扩充为 $\boldsymbol{U}$ 的基 $\boldsymbol{u}_1,\boldsymbol{u}_2,\cdots,\boldsymbol{u}_k,\boldsymbol{u}_{k+1},\cdots,\boldsymbol{u}_n$. 于是 $\boldsymbol{u}\in\boldsymbol{U}$, 有 $\boldsymbol{u}=\sum\limits_{i=1}^{n}x_i\boldsymbol{u}_i$. 于是 $f(\boldsymbol{u})=\sum\limits_{i=k+1}^{n}x_if(\boldsymbol{u}_i)$. 若 $\sum\limits_{i=k+1}^{n}y_if(\boldsymbol{u}_i)=0$, 即 $\sum\limits_{i=k+1}^{n}y_i\boldsymbol{u}_i\in\ker f$, 于是 $y_i=0,\ k+1\leqslant i\leqslant n$. 因而 $f(\boldsymbol{u}_{k+1}),\cdots,f(\boldsymbol{u}_n)$ 为 $f(\boldsymbol{U})$ 的基, 所以 $\dim f(\boldsymbol{U})+\dim\ker f=\dim\boldsymbol{U}$.

2)　定义 $\boldsymbol{W}$ 到 $\boldsymbol{V}$ 的映射 $f|_{\boldsymbol{W}}(\boldsymbol{w})=f(\boldsymbol{w})$, $\boldsymbol{w}\in\boldsymbol{W}$ (称为 f 在 $\boldsymbol{W}$ 上的限制). 由于 f 是线性的, 所以 $f|_{\boldsymbol{W}}$ 也是线性的. 而且 $\ker f|_{\boldsymbol{W}}=\ker f\cap\boldsymbol{W}\subseteq\ker f$. 于是 $\dim\ker f|_{\boldsymbol{W}}\leqslant\dim\ker f$. 由结论 1) 知

$$\begin{aligned}\dim\boldsymbol{W}-\dim f(\boldsymbol{W})&=\dim\ker f|_{\boldsymbol{W}}\\&\leqslant\dim\ker f=\dim\boldsymbol{U}-\dim f(\boldsymbol{U}).\end{aligned}$$

即 $\dim\boldsymbol{U}-\dim\boldsymbol{W}\geqslant\dim f(\boldsymbol{U})-\dim f(\boldsymbol{W})$.

注　可将结论 2) 表示为一个示意图:

$$\begin{array}{ccc}\boldsymbol{U} & \supseteq & \boldsymbol{W}\\ {\scriptstyle f}\downarrow & & {\scriptstyle f}\downarrow\\ f(\boldsymbol{U}) & \supseteq & f(\boldsymbol{W})\end{array}$$

由上面的证明知, 结论 2) 中等号成立, 当且仅当 $\boldsymbol{W} \supseteq \ker f$.

例 4.36 设 $\mathcal{A}$ 是线性空间 $\boldsymbol{V}$ 到 $\boldsymbol{V}$ 的线性映射.

1) 证明 $R(\mathcal{A}^k) - R(\mathcal{A}^{k+1}) \geqslant R(\mathcal{A}^{k+1}) - R(\mathcal{A}^{k+2}) \geqslant 0$;

2) 若 $R(\mathcal{A}^k) = R(\mathcal{A}^{k+1})$, 证明

$$R(\mathcal{A}^k) = R(\mathcal{A}^{k+s}), \quad s \in \mathbf{N}\ (\text{自然数集}).$$

证 1) 因 $\mathcal{A}$ 是 $\boldsymbol{V}$ 到 $\boldsymbol{V}$ 的线性映射, 所以 $\mathcal{A}(\boldsymbol{V}) \subseteq \boldsymbol{V}$, 于是 $\mathcal{A}^{k+2}(\boldsymbol{V}) = \mathcal{A}^{k+1}(\mathcal{A}(\boldsymbol{V})) \subseteq \mathcal{A}^{k+1}(\boldsymbol{V})$ 所以 $R(\mathcal{A}^{k+1}) - R(\mathcal{A}^{k+2}) \geqslant 0$.

在例 4.35 的结论 2) 中, 令 $\boldsymbol{U} = \mathcal{A}^k(\boldsymbol{V})$, $\boldsymbol{W} = \mathcal{A}^{k+1}(\boldsymbol{V})$, $f = \mathcal{A}$, 于是有

$$\dim \mathcal{A}^k(\boldsymbol{V}) - \dim \mathcal{A}^{k+1}(\boldsymbol{V}) \geqslant \dim \mathcal{A}^{k+1}(\boldsymbol{V}) - \dim \mathcal{A}^{k+2}(\boldsymbol{V}).$$

于是结论 1) 成立.

2) 由结论 1) 及 $R(\mathcal{A}^k) = R(\mathcal{A}^{k+1})$, 有 $0 \geqslant R(\mathcal{A}^{k+1}) - R(\mathcal{A}^{k+2}) \geqslant 0$, 于是

$$R(\mathcal{A}^{k+2}) = R(\mathcal{A}^{k+1}) = R(\mathcal{A}^k).$$

依此可得

$$R(\mathcal{A}^k) = R(\mathcal{A}^{k+s}), \quad s \in \mathbf{N}.$$

例 4.37 设 f 是线性空间 $\boldsymbol{V}_1$ 到 $\boldsymbol{V}_2$ 的线性映射, g 是线性空间 $\boldsymbol{V}_2$ 到 $\boldsymbol{V}_3$ 的线性映射. 证明

$$\dim f(\boldsymbol{V}_1) + \dim g(\boldsymbol{V}_2) \leqslant \dim gf(\boldsymbol{V}_1) + \dim \boldsymbol{V}_2.$$

证 在例 4.35 的结论 2) 中, 令 $\boldsymbol{U} = \boldsymbol{V}_2$, $\boldsymbol{W} = f(\boldsymbol{V}_1)$, 将该例中 “$f$” 换为本例中的 g, 如下图:

$$\begin{array}{ccccc} \boldsymbol{V}_2 & \supseteq & f(\boldsymbol{V}_1) & \xleftarrow{f} & \boldsymbol{V}_1 \\ {\scriptstyle g}\downarrow & & {\scriptstyle g}\downarrow & & \\ g(\boldsymbol{V}_2) & \supseteq & gf(\boldsymbol{V}_1) & \xleftarrow{gf} & \boldsymbol{V}_1 \end{array}$$

于是 $\dim \boldsymbol{V}_2 - \dim f(\boldsymbol{V}_1) \geqslant \dim g(\boldsymbol{V}_2) - \dim gf(\boldsymbol{V}_1)$, 即 $\dim f(\boldsymbol{V}_1) + \dim g(\boldsymbol{V}_2) \leqslant \dim gf(\boldsymbol{V}_1) + \dim \boldsymbol{V}_2$.

例 4.38 设 f 是线性空间 $\boldsymbol{V}_1$ 到 $\boldsymbol{V}_2$ 的线性映射, g 是线性空间 $\boldsymbol{V}_2$ 到 $\boldsymbol{V}_3$ 的线性映射, h 是线性空间 $\boldsymbol{V}_3$ 到 $\boldsymbol{V}_4$ 的线性映射. 证明

$$\dim gf(\boldsymbol{V}_1) + \dim hg(\boldsymbol{V}_2) - \dim g(\boldsymbol{V}_2) \leqslant \dim hgf(\boldsymbol{V}_1).$$

证 由假设, 有如下示意图.

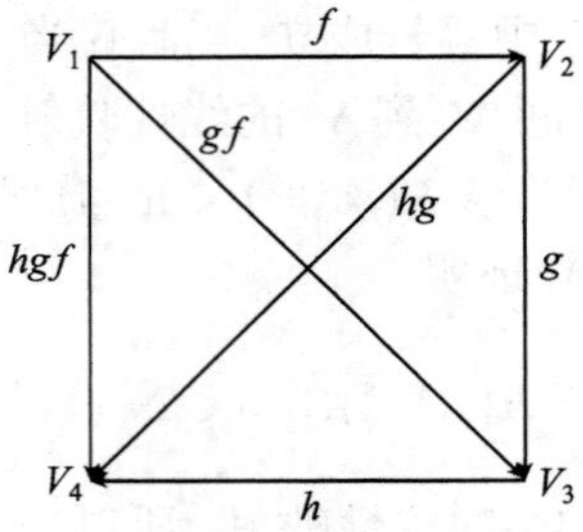

在例 4.35 的结论 2) 中, 令 $\boldsymbol{U}=g(\boldsymbol{V}_2)$, $\boldsymbol{W}=gf(\boldsymbol{V}_1)$, 将该例中 “$f$” 换为本例中的 h, 于是有

$$\begin{array}{ccc} g(\boldsymbol{V}_2) & \supseteq & gf(\boldsymbol{V}_1) \\ h\downarrow & & h\downarrow \\ hg(\boldsymbol{V}_2) & \supseteq & hgf(\boldsymbol{V}_1) \end{array}$$

因而

$$\dim g(\boldsymbol{V}_2)-\dim gf(\boldsymbol{V}_1)\geqslant \dim hg(\boldsymbol{V}_2)-\dim hgf(\boldsymbol{V}_1),$$

即

$$\dim gf(\boldsymbol{V}_1)+\dim hg(\boldsymbol{V}_2)-\dim g(\boldsymbol{V}_2)\leqslant \dim hgf(\boldsymbol{V}_1).$$

习　题

1. 求线性空间 $\mathbf{R}$ 与 $\mathbf{R}^+$ (见 4.3 习题 1 中之 7)) 间的同构映射.
2. 设 $\boldsymbol{\alpha}_1, \boldsymbol{\alpha}_2, \cdots, \boldsymbol{\alpha}_n$ 是$\boldsymbol{P}$上线性空间 $\boldsymbol{V}_1$ 的一组基, $\boldsymbol{\beta}_1, \boldsymbol{\beta}_2, \cdots, \boldsymbol{\beta}_n$ 是$\boldsymbol{P}$ 上线性空间 $\boldsymbol{V}_2$ 中 n 个向量. 试证: 存在唯一的 $\boldsymbol{V}_1$ 到 $\boldsymbol{V}_2$ 的同态满足

$$f(\boldsymbol{\alpha}_i)=\boldsymbol{\beta}_i,\ 1\leqslant i\leqslant n.$$

3. 设 f 是线性空间 $\boldsymbol{V}_1$ 到 $\boldsymbol{V}_2$ 的同态. 若 $\boldsymbol{W}_1$ 是 $\boldsymbol{W}_1$ 的子空间, 则 $f(\boldsymbol{W}_1)=\{f(\boldsymbol{\alpha})|\boldsymbol{\alpha}\in\boldsymbol{W}_1\}$ 为 $\boldsymbol{V}_2$ 的子空间. 若 $\boldsymbol{W}_2$ 是 $\boldsymbol{V}_2$ 的子空间, 则 $\{\boldsymbol{\alpha}\in\boldsymbol{V}_1|f(\boldsymbol{\alpha})\in\boldsymbol{W}_2\}$ (此集合常记为 $f^{-1}(\boldsymbol{W}_2)$) 是 $\boldsymbol{V}_1$ 的包含 $\ker f$ 的子空间.
4. 设 $\boldsymbol{V}_1$, $\boldsymbol{V}_2$ 都是$\boldsymbol{P}$ 上线性空间. 又 $\boldsymbol{\alpha}_1, \boldsymbol{\alpha}_2, \cdots, \boldsymbol{\alpha}_n$ 与 $\boldsymbol{\beta}_1, \boldsymbol{\beta}_2, \cdots, \boldsymbol{\beta}_m$ 分别为 $\boldsymbol{V}_1$ 与 $\boldsymbol{V}_2$ 的基, f 是 $\boldsymbol{V}_1$ 到 $\boldsymbol{V}_2$ 的同态. $\boldsymbol{A}\in\boldsymbol{P}^{m\times n}$ 满足

$$\mathrm{col}_j\boldsymbol{A}=\mathrm{crd}(f(\boldsymbol{\alpha}_j);\ \boldsymbol{\beta}_1, \boldsymbol{\beta}_2, \cdots, \boldsymbol{\beta}_m).$$

试证 $\forall\boldsymbol{\alpha}\in\boldsymbol{V}_1$

$$\mathrm{crd}(f(\boldsymbol{\alpha});\ \boldsymbol{\beta}_1, \boldsymbol{\beta}_2, \cdots, \boldsymbol{\beta}_m)=\boldsymbol{A}\mathrm{crd}(\boldsymbol{\alpha};\ \boldsymbol{\alpha}_1, \boldsymbol{\alpha}_2, \cdots, \boldsymbol{\alpha}_n).$$

5. 设 $\boldsymbol{A}$ 是数域 $\boldsymbol{P}$ 上 n 阶方阵.

   1) 证明 $R(\boldsymbol{A}^k) - R(\boldsymbol{A}^{k+1}) \geqslant R(\boldsymbol{A}^{k+1}) - R(\boldsymbol{A}^{k+2}) \geqslant 0$;

   2) 若 $R(\boldsymbol{A}^k) = R(\boldsymbol{A}^{k+1})$, 证明 $R(\boldsymbol{A}^k) = R(\boldsymbol{A}^{k+s}), \quad s \in \mathbf{N}$ (自然数集).

6. 设 $\boldsymbol{A} \in \boldsymbol{P}^{m\times n}$, $\boldsymbol{B} \in \boldsymbol{P}^{n\times p}$. 证明 $R(\boldsymbol{A}) + R(\boldsymbol{B}) \leqslant R(\boldsymbol{AB}) + n$.

7. 设 $\boldsymbol{A} \in \boldsymbol{P}^{m\times n}$, $\boldsymbol{B} \in \boldsymbol{P}^{n\times p}$, $\boldsymbol{C} \in \boldsymbol{P}^{p\times q}$. 证明

$$R(\boldsymbol{AB}) + R(\boldsymbol{BC}) - R(\boldsymbol{B}) \leqslant R(\boldsymbol{ABC}).$$

此不等式称为**Frobenius 秩不等式**, 或**Sylvester 秩不等式**.

附录　代数学基本定理

1799 年, 高斯证明了代数学基本定理, 因此而获得博士学位. 与以前不同的是, 高斯不是去计算一个根, 而是证明根的存在. 这个方法开创了探讨数学中存在性的新途径.

域扩张

我们知道实数域 $\mathbf{R}$ 的一元多项式 $f(x)$ 不一定有实数根, 如 x^2+1 就没有实数根. 但是, 引进虚数 $\sqrt{-1}$ 后, x^2+1 就有两个根 $\pm\sqrt{-1}$ 了. 这时, 在

$$\mathbf{C}=\mathbf{R}(\sqrt{-1})=\{a+b\sqrt{-1}|a,b\in\mathbf{R}\}$$

中也有四则运算, 称其为复数域, 其元素称为复数. 我们也称 $\mathbf{C}$ 为 $\mathbf{R}$ 的扩域或扩张.

这种将数域扩大的思想, 也可以用同余及同余式的形式表述.

我们用 $\mathbf{R}[x]$ ($\mathbf{C}[x]$) 表示所有实 (复) 系数的多项式的集合, 当然其中有加法、减法和乘法, 虽然没有除法, 但有带余除法, 即若 $f(x)$ 是非零多项式, 称

$$\overline{g(x)}=\{g(x)+k(x)f(x)\}=\{h(x)|h(x)\equiv g(x)\,(\mathrm{mod}f(x))\},$$

为一个模 $f(x)$ 的剩余类. 此时

$$\overline{g(x)}\cap\overline{h(x)}=\begin{cases}\overline{g(x)}=\overline{h(x)}, & g(x)\equiv h(x)\,(\mathrm{mod}f(x));\\ \varnothing, & g(x)\not\equiv h(x)\,(\mathrm{mod}f(x)).\end{cases}$$

设

$$\mathbf{R}[x]/\langle f(x)\rangle=\{\overline{g(x)}|g(x)\in\mathbf{R}[x]\}$$

是模 $f(x)$ 的剩余类的集合, 在其中可定义 "加法" 与 "乘法":

$$\overline{g(x)}+\overline{h(x)}=\overline{g(x)+h(x)},$$
$$\overline{g(x)}\,\overline{h(x)}=\overline{g(x)h(x)},$$

这两种运算有交换律、结合律和分配律.

由于 $\overline{g(x)}+\overline{-g(x)}=\bar{0}$, 因此, 我们可以定义 "减法"

$$\overline{g(x)}-\overline{h(x)}=\overline{g(x)-h(x)}.$$

一般来说, 在 $\mathbf{R}[x]/\langle f(x)\rangle$ 中不能定义 "除法".

如果 $f(x)$ 是可约的, 于是有 $f(x)=f_1(x)f_2(x)$, 此时

$$\overline{f_1(x)}\,\overline{f_2(x)}=\overline{f(x)}=\bar{0}.$$

如果 $f(x)$ 是不可约多项式, 则对任何 $g(x) \notin \bar{0}$, $g(x)$ 与 $f(x)$ 互素, 因此有 $u(x)$, $v(x)$ 使得

$$g(x)u(x) + f(x)v(x) = 1.$$

于是 $\overline{g(x)}\,\overline{u(x)} = \bar{1}$. 记 $\overline{u(x)} = \overline{g(x)}^{-1}$, 则可在 $\mathbf{R}[x]/\langle f(x)\rangle$ 中定义 "除法":

$$\frac{\overline{h(x)}}{\overline{g(x)}} = \overline{h(x)}\,\overline{g(x)}^{-1}, \quad \overline{g(x)} \neq \bar{0}.$$

这种方法得到的 $\mathbf{R}[x]/\langle f(x)\rangle$ 构成一个域. 注意到 $a, b \in \mathbf{R}$, $\bar{a} = \bar{b}$ 当且仅当 $a = b$, 因此可将 $\mathbf{R}$ 与 $\mathbf{R}[x]/\langle f(x)\rangle$ 中的子集 $\{\bar{a} | a \in \mathbf{R}\}$ 等同, 或者, 将 $\mathbf{R}$ 看成 $\mathbf{R}[x]/\langle f(x)\rangle$ 中的子集. 于是 $\mathbf{R}[x]/\langle f(x)\rangle$ 是比 $\mathbf{R}$ 大的域.

设 $\deg f(x) = n$, 令 $\alpha = \bar{x}$, 则有

$$\mathbf{R}(\alpha) = \mathbf{R}[x]/\langle f(x)\rangle = \{b_0 + b_1\alpha + \cdots + b_{n-1}\alpha^{n-1} | b_i \in \mathbf{R}\},$$

此时, $f(x)$ 在 $\mathbf{R}(\alpha)$ 中有根 α.

注　上面的讨论并未用到 $\mathbf{R}$ 的特殊性, 因此上面的讨论对一般的数域, 域都是可行的. 总之, 对于一个 n 次多项式 $f(x)$, 我们总可以构造一个域包含它的所有根 $\alpha_1, \alpha_2, \cdots, \alpha_n$, 记为

$$\boldsymbol{K} = \mathbf{R}(\alpha_1, \alpha_2, \cdots, \alpha_n).$$

根和系数的关系　对称多项式

一元二次多项式的根与系数间的关系是很清楚的, 现在我们将这种关系推广. 讨论多项式的根时, 自然可以讨论首项系数为 1 的多项式. 设

$$\begin{aligned} f(x) &= x^n + a_{n-1}x^{n-1} + \cdots + a_1x + a_0 \\ &= (x - \alpha_1)(x - \alpha_2)\cdots(x - \alpha_n). \end{aligned}$$

于是有

$$\begin{cases} \alpha_1 + \alpha_2 + \cdots + \alpha_n = -a_{n-1}, \\ \displaystyle\sum_{i<j} \alpha_i\alpha_j = a_{n-2}, \\ \qquad\cdots\cdots\cdots\cdots \\ \displaystyle\sum_{i_1<i_2<\cdots<i_k} \alpha_{i_1}\alpha_{i_2}\cdots\alpha_{i_k} = (-1)^k a_{n-k}, \\ \qquad\cdots\cdots\cdots\cdots \\ \alpha_1\alpha_2\cdots\alpha_n = (-1)^n a_0. \end{cases}$$

此时, $(-1)^{n-i}a_i$ 都是根的初等对称多项式.

利用对称多项式基本定理, 我们知道, 关于 $f(x)$ 的根的任何对称多项式, 都可表示为 $f(x)$ 的系数的多项式.

奇数次实多项式

设

$$f(x) = x^n + a_{n-1}x^{n-1} + \cdots + a_1x + a_0 \tag{1}$$

是实多项式, 且 n 为奇数. 令

$$A = \max\{|a_0|, |a_1|, \cdots, |a_{n-1}|\}.$$

于是, 当 $|x| > 1$ 时,

$$\begin{aligned}|a_{n-1}x^{n-1} + \cdots + a_1x + a_0| &\leqslant |a_{n-1}||x|^{n-1} + \cdots + |a_1||x| + |a_0| \\ &\leqslant A\frac{|x|^n - 1}{|x| - 1} < A\frac{|x|^n}{|x| - 1}.\end{aligned}$$

因此, 当 $|x| \geqslant A + 1$ 时,

$$|x|^n > |a_{n-1}x^{n-1} + \cdots + a_1x + a_0|.$$

于是

$$f(|x|) > 0, \quad f(-|x|) < 0, \quad |x| \geqslant A + 1.$$

注意 $f(x)$ 是连续函数, 故有实数 α 使得 $f(\alpha) = 0$. 这样, 我们得到

引理 1　奇数次实多项式有实数根.

实多项式

有了引理 1, 我们可以证明下面的引理.

引理 2　次数大于零的实多项式有复数根.

对一般的实多项式 $f(x)$ 如 (1), 设 $\deg f(x) = 2^k q$, q 为奇数. 我们对 k 作归纳证明. $k = 0$ 时, 由引理 1 知结论成立. 设 $k - 1$ 时结论成立. 现对 $n = 2^k q$ 的情况来证明结论成立.

扩大 $\mathbf{R}$ 为 $\boldsymbol{K}$, 使其包含 $f(x)$ 的根 $\alpha_1, \alpha_2, \cdots, \alpha_n$. 对任一实数 c, 令

$$\beta_{ij} = \alpha_i\alpha_j + c(\alpha_i + \alpha_j), \quad 1 \leqslant i < j \leqslant n. \tag{2}$$

令

$$g(x) = \prod_{1 \leqslant i < j \leqslant n} (x - \beta_{ij}). \tag{3}$$

于是有

$$\begin{aligned}g(x) &= x^m + b_{m-1}x^{m-1} + \cdots + b_1x + b_0, \\ \deg g(x) &= m = \frac{1}{2}n(n-1) = 2^{k-1}q(2^k q - 1) = 2^{k-1}q',\end{aligned}$$

其中 q' 是一奇数.

又每个 b_j 都是 β_{ij} 的实对称多项式, 而每个 β_{ij} 又是 α_i, α_j 的实多项式, 因此每个 b_j 都是 $\alpha_1, \alpha_2, \cdots, \alpha_n$ 的实多项式. 对于 $\alpha_1, \alpha_2, \cdots, \alpha_n$ 的任一排列, 只能引起 β_{ij} 的排列, 因此不改变 b_j. 于是 b_j 是 $\alpha_1, \alpha_2, \cdots, \alpha_n$ 的实对称多项式, 因此是 $a_{n-1}, \cdots, a_1, a_0$ 的实多项式, 故为实数. 因此 $g(x)$ 是实多项式. 于是由归纳假设有复根 β_{ij}.

给一个实数 c 就有一对 $\{i, j\}$ 使得 $\alpha_i\alpha_j + c(\alpha_i + \alpha_j)$ 为复数, 于是存在实数 $c_1, c_2 (c_1 \neq c_2)$ 及 $\{i, j\}$ 使得

$$\begin{cases} \alpha_i\alpha_j + c_1(\alpha_i + \alpha_j) = a, \\ \alpha_i\alpha_j + c_2(\alpha_i + \alpha_j) = b \end{cases} \tag{4}$$

都是复数.

因此

$$\alpha_i + \alpha_j = \frac{a-b}{c_1-c_2}, \quad \alpha_i\alpha_j = a - c_1(\alpha_i+\alpha_j)$$

都是复数, 作为复 2 次多项式

$$x^2 - (\alpha_i+\alpha_j)x + \alpha_i\alpha_j$$

的根 α_i, α_j 也是复数. 这样我们完成了引理 2 的证明.

现在我们可以证明代数学基本定理了.

代数学基本定理 次数大于零的复多项式

$$f(x) = x^n + a_{n-1}x^{n-1} + \cdots + a_1x + a_0 \tag{5}$$

有复数根.

证 令

$$\bar{f}(x) = x^n + \bar{a}_{n-1}x^{n-1} + \cdots + \bar{a}_1x + \bar{a}_0, \tag{6}$$

其中 $\bar{a}_i$ 是 a_i 的共轭复数. 再令

$$F(x) = f(x)\bar{f}(x) = x^{2n} + b_{2n-1}x^{2n-1} + \cdots + b_1x + b_0. \tag{7}$$

记 $a_n = 1$, 于是有

$$b_k = \sum_{i+j=k} a_i\bar{a}_j = \sum_{i+j=k} \bar{a}_ia_j = \bar{b}_k, \quad 0 \leqslant k \leqslant 2n.$$

因此 $F(x)$ 是实多项式, 于是由引理 2, 有复数根 β:

$$F(\beta) = f(\beta)\bar{f}(\beta) = 0. \tag{8}$$

若 $f(\beta) = 0$, 则 β 是 $f(x)$ 的根. 否则

$$\begin{aligned} 0 &= \bar{f}(\beta) \\ &= \beta^n + \bar{a}_{n-1}\beta^{n-1} + \cdots + \bar{a}_1\beta + \bar{a}_0 \\ &= \overline{\bar{\beta}^n + a_{n-1}\bar{\beta}^{n-1} + \cdots + a_1\bar{\beta} + a_0} \\ &= \overline{f(\bar{\beta})}. \end{aligned}$$

于是 $f(\bar{\beta}) = 0$, $\bar{\beta}$ 是 $f(x)$ 的复数根.

上 册 索 引

B

伴随矩阵　adjoint matrix　116
倍式　multiple　22
被除式　dividend　20
本原多项式　primitive polynomial　44
标架　frame　152
标准分解　standard factorization　35
不可分解　indecomposable　44
不可约多项式　irreducible polynomial　33

C

常数项　constant　15，92，134
重根　multiple root　40
重因式　multiple divisor　38
初等对称多项式　elementary symmetrical polynomial　51
初等矩阵　elementary matrix　124
除式　divisor　20
次数　degree　15，48

D

带余除法　division with remaind　19
代数学基本定理　fundamental theorem of algebra　40
代数余子式　algebraic cofactor　88
单根　simple root　40
单项式　monomial　48
单因式　simple factor　38
单位矩阵　unit matrix　65
导出方程组　derived system of linear equations　182
导数　derivative　37
等价标准形　equivalent standard form　177
等价矩阵　equivalent matrices　177
等价向量组　equivalent sets of vectors　169
对称多项式　symmetrical polynomial　51
对称多项式基本定理　fundamental theorem of symmetrical polynomial　53
对称矩阵　symmetric matrix　114
对合矩阵　involutory matrix　114
对角矩阵　diagonal matrix　72
多项式的根　root of a polynomial　40
多项式函数　polynomial function　39
多项式函数的值　value of a polynomial　39
多元多项式　polynomial in several indeterminates　48

F

反对称矩阵　skew symmetric matrix　114
反向量　opposite vectors　147
方阵　square matrix　64
仿射标架　affine frame　152
非零解　nonzero solution　92
非齐次线性方程组　system of nonhomogeneous linear equations　92
分块矩阵　block matrix　119
分量　component　151
复系数多项式因式分解定理　factorization theorem of a complex polynomial　40
负向量　negative vector　147, 161

G

根　root　39
公因式　common divisor　25

共面向量 coplanar vector 147
共线 collinear 147
卦限 octant 153
归纳定义 definition by induction 8
归纳构造法 constructive method by induction 8
过渡矩阵 transition matrix 198

H

行 row 64
行矩阵 row matrix 64
行列式 determinant 68
行列式的完全展开 complete development of a determinant 86
行向量空间 row vector space 162
核 kernel 212
恒等映射 identity mapping 213
互素 relatively prime 29
华罗庚等式 Hua's identity 141

J

基 basis 151，171
基础解系 fundamental system of solutions 183
基域 ground field 161
奇排列 odd permutation 86
极大线性无关部分组 maximal linearly independent subset 171
极半平面 polar half plane 157
极点 pole 157
极轴 polar axis 157
阶梯矩阵 echelon matrix 175
解 solution 39
解子空间 subspace of solutions vector 182
矩阵 matrix 64
矩阵的初等变换 elementary operations of a matrix 68
矩阵的初等列变换 elementary column operations of a matrix 68
矩阵的初等行变换 elementary row operations of a matrix 68
矩阵的幂 power of matrix 112
矩阵的秩 rank of a matrix 176
矩阵的转置 transpose of a matrix 65
矩阵多项式 polynomial in a matrix 112

K

可分解 decomposable 44
可逆矩阵 invertible matrix 115
可约多项式 reducible polynomial 34

L

连乘号 product symbol 5
连加号 summation symbol 3
列 column 64
列矩阵 column matrix 64
列向量空间 column vector space 162
零点 zero 39
零解 zero solution 92
零矩阵 zero matrix 107
零向量 zero vector 146, 161

M

满映射 surjection 195
幂等矩阵 idempotent matrix 114
幂零矩阵 nilpotent matrix 118

N

逆矩阵 inverse matrix 115
逆序 inversion, inverse order 85
逆映射 inverse mapping 195

O

偶排列 even permutation 86

P

傍集　coset　210
陪集　coset　210
平凡子空间　trivial subspace　163
平面的参数方程　parameter equation of plane　157

Q

齐次多项式　homogeneous polynomial　49
齐次分量　homogeneous component　50
齐次线性方程组　system of homogeneous linear equations　92
恰整除　exact divisible　38
球面坐标　spherical coordinates　157
球面坐标系　spherical coordinates system　157
曲面的参数方程　parametric equation of a surface　157
曲线的参数方程　parametric equation of a curve　158

R

容度　content　44

S

商 (式)　quotient, factor　20
商空间　factor space　209
上三角矩阵　upper triangular matrix　72
生成子空间　generating subspace　163
实系数多项式因式分解定理　factorization theorem of a real polynomial　41
矢量　vector　146
始点　initial point　146
首项　leading term　15, 49
首项系数　leading coefficient　15
首一多项式　monic polynomial　26
数量矩阵　scalar matrix　114
数学归纳法　mathematical induction　6
数域　number field　14
双重数学归纳法　double mathematical induction　7

T

特解　particular solution　183
替换定理　substitution theorem　170
通解　general solution　183
同构　isomorphism　211
同构映射　isomorphic mapping　211
同类项　like term　48
同态映射　homomorphic mapping　211
同余　congruence　22, 206
同余类　congruence class　207

W

完全归纳原理　complete inductive principle　6
微商　differential quotient　37
维数　dimension　171
维数公式　dimensional formula　202

X

系数　coefficient　15, 48, 92
系数矩阵　coefficient matrix　92
下三角矩阵　lower triangular matrix　70
线性表出　linear expression　167
线性方程组　system of linear equations　91
线性空间　linear space　161
线性无关　linearly independent　165
线性相关　linearly dependent　165
线性映射　linear mapping　211
线性组合　linear combination　163，167
相等向量　equal vectors　146
相抵　equivalent　177
相反向量　opposite vectors　147
向量　vector　146，161

向量空间　vector space　161
像　image　212
消元法　elimination method　135

Y

一次方程组　system of linear equations　91
一一对应　bijective, one-one correspondence　195
一一映射　injective　195
一元多项式　polynomial in one indeterminate　15
因式　factor　22
因式分解及唯一性定理　unique factorization theorem　34
有向线段　directed line segment, oriented segment　146
右手系　right handed system　152
余 (式)　remainder　20
余维数　codimension　205
余子式　cofactor　69, 88
元素 (矩阵的)　entry　64
原点　origin　152

Z

增广矩阵　augmented matrix　134
辗转相除法　division algorithm　28
整除　divisible　22
正交矩阵　orthogonal matrix　139
正序　direct order　85
直角坐标系　rectangular coordinate system　153
秩　rank　171
中国剩余定理　Chinese remainder theorem　39
终点　terminal point　146
主对角线　main diagonal　72
准对角矩阵　quasi-diagonal matrix　122
子矩阵　submatrix　119
子空间　subspace　162
子空间的交　intersection of subspaces　163
子空间的和　sum of subspaces　163
子空间的直和　direct sum of subspaces　204
子式　minor　87
自由未知量　free variable, free unknown　184
自由向量　free vector　147
字典序　lexicographic order　49
综合除法　synthetic division　20
最大公因式　greatest common divisor　26
最小公倍式　lowest common multiple　62
左手系　left handed system　152
坐标　coordinate　151
坐标平面　coordinate plane　152
坐标系　coordinate system　151
坐标轴　coordinate axis　152

其他

Binet-Cauchy 公式　Binet-Cauchy formula　145
Cramer 法则　Cramer rule　94
Eisenstein 判别法　Eisenstein irreducibility criterion　46
Frobenius 秩不等式　219
Gauss 引理　Gauss Lemma　44
Lagrange 插值公式　Lagrange interpolation formula　42
Laplace 展开　Laplace expansion　78
Laplace 定理　Laplace Theorem　89
Newton 等幂和　Newton's sum of equal powers　51
Newton 公式　Newton's formula　55
Sylvester 秩不等式　219
Vandermonde 行列式　Vandermonde determinant　79

“十二五”普通高等教育本科国家级规划教材
南开大学数学教学丛书

高等代数与解析几何

(下　册)
(第三版)

孟道骥　著

科　学　出　版　社
北　京

内 容 简 介

数学分析、高等代数与解析几何是大学数学系的三大基础课程. 南开大学数学系将解析几何与高等代数统一为一门课程, 此举得到了同行们的普遍认同, 本书就是这种思想的尝试.

本书分上、下册, 第 1 章讨论多项式理论; 第 2 章介绍行列式, 包括用行列式解线性方程组的 Cramer 法则; 第 3 章矩阵, 主要介绍矩阵的计算、初等变换及矩阵与线性方程组的关系; 第 4 章介绍线性空间; 第 5 章介绍线性变换; 第 6 章多项式矩阵是为了讨论复线性变换而设的; 第 7 章介绍 Euclid 空间; 第 8 章介绍双线性函数与二次型; 第 9 章讨论二次曲面; 第 10 章介绍仿射几何与射影几何. 本书附有相当丰富的习题.

本书可供高等院校数学系学生用作教材, 也可供数学教师和科研人员参考.

图书在版编目(CIP)数据

高等代数与解析几何（上、下册）/孟道骥著. —3 版. —北京：科学出版社, 2014.3

（“十二五”普通高等教育本科国家级规划教材·南开大学数学教学丛书）

ISBN 978-7-03-039766-9

Ⅰ. ①高… Ⅱ. ①孟… Ⅲ. ①高等代数-高等学校-教材 ②解析几何-高等学校-教材 Ⅳ. ①O15 ②O182

中国版本图书馆 CIP 数据核字 (2014) 第 026688 号

责任编辑: 王 静 / 责任校对: 钟 洋
责任印制: 张 伟 / 封面设计: 陈 敬

科 学 出 版 社 出版
北京东黄城根北街 16 号
邮政编码: 100717
http://www.sciencep.com

北京九州迅驰传媒文化有限公司 印刷

科学出版社发行 各地新华书店经销

*

1998 年 8 月第一版 开本: 720 × 1000 B5
2007 年 1 月第二版 印张: 31
2014 年 3 月第三版 字数: 622 000
2022 年11月第二十五次印刷

定价: 69.00 元(上、下册)

目　录

(下　册)

第 5 章　线性变换 ……………………………… (229)

5.1　线性变换的定义 ……………………………… (229)

5.2　线性变换的运算 ……………………………… (233)

5.3　线性变换的矩阵 ……………………………… (239)

5.4　特征值与特征向量 ……………………………… (247)

5.5　具有对角矩阵的线性变换 ……………………………… (255)

5.6　不变子空间 ……………………………… (261)

5.7　二、三维复线性空间的线性变换 ……………………………… (270)

5.8　复线性空间线性变换的标准形 ……………………………… (277)

第 6 章　多项式矩阵 ……………………………… (284)

6.1　多项式矩阵及其标准形 ……………………………… (284)

6.2　标准形的唯一性 ……………………………… (290)

6.3　矩阵相似的条件 ……………………………… (294)

6.4　复方阵的 Jordan 标准形 ……………………………… (298)

第 7 章　Euclid 空间 ……………………………… (303)

7.1　Euclid 空间的定义 ……………………………… (303)

7.2　标准正交基 ……………………………… (310)

7.3　Euclid 空间的同构 ……………………………… (318)

7.4　子空间 ……………………………… (319)

7.5　共轭变换, 正规变换 ……………………………… (325)

7.6　正交变换 ……………………………… (330)

7.7　对称变换 ……………………………… (334)

7.8　酉空间及其变换 ……………………………… (339)

7.9　向量积与混合积 ……………………………… (343)

第 8 章　双线性函数与二次型 ……………………………… (350)

8.1　对偶空间 ……………………………… (350)

8.2　双线性函数 ……………………………… (356)

8.3　二次型及其标准形 ……………………………… (365)

8.4 唯一性 ……………………………………………………………… (372)
8.5 正定二次型 ………………………………………………………… (376)
8.6 二次型在分析中的应用 …………………………………………… (382)
8.7 二次型在解析几何中的应用 ……………………………………… (385)
第 9 章 二次曲面 ……………………………………………………… (395)
9.1 二次曲面 …………………………………………………………… (395)
9.2 直纹面 ……………………………………………………………… (406)
9.3 旋转面 ……………………………………………………………… (413)
9.4 二次曲面的仿射性质 ……………………………………………… (418)
9.5 二次曲面的度量性质 ……………………………………………… (430)
第 10 章 仿射几何与射影几何 ………………………………………… (435)
10.1 仿射几何 …………………………………………………………… (435)
10.2 基本仿射性质 ……………………………………………………… (437)
10.3 仿射同构 …………………………………………………………… (441)
10.4 仿射几何基本定理 ………………………………………………… (445)
10.5 射影几何 …………………………………………………………… (452)
10.6 射影几何的基本关联定理 ………………………………………… (458)
10.7 射影同构 …………………………………………………………… (460)
10.8 对偶, 对偶几何 …………………………………………………… (466)
10.9 射影二次型 ………………………………………………………… (469)
参考文献 ………………………………………………………………… (472)
下册索引 ………………………………………………………………… (473)

第 5 章　线 性 变 换

所谓线性变换就是一个线性空间到自身的同态映射 (即线性映射). 线性变换除线性映射的一般性质外, 还有许多特殊的性质, 如特征值, 特征向量, 不变子空间等. 另外, 就是将线性变换具体化为方阵, 利用线性变换的方阵表示给出线性变换的分类理论.

线性变换是线性代数中很重要的很精彩的理论, 线性变换的用处也极为广泛.

5.1　线性变换的定义

定义 5.1.1　设 $\boldsymbol{V}$ 是数域 $\boldsymbol{P}$ 上的线性空间. $\mathcal{A}$ 是$\boldsymbol{V}$ 的一个**变换** (即 $\boldsymbol{V}$ 到 $\boldsymbol{V}$ 的映射), 并满足:

$$\mathcal{A}(\boldsymbol{\alpha}+\boldsymbol{\beta})=\mathcal{A}\boldsymbol{\alpha}+\mathcal{A}\boldsymbol{\beta},\ \forall\boldsymbol{\alpha},\boldsymbol{\beta}\in\boldsymbol{V}; \tag{1}$$

$$\mathcal{A}(k\boldsymbol{\alpha})=k\mathcal{A}\boldsymbol{\alpha},\ \forall k\in\boldsymbol{P},\ \boldsymbol{\alpha}\in\boldsymbol{V}. \tag{2}$$

则称 $\mathcal{A}$ 是$\boldsymbol{V}$ 的一个**线性变换**.

等式 (1), (2) 分别叫做 $\mathcal{A}$ **保持加法与保持纯量乘法**.

例 5.1　设 $\boldsymbol{A}\in\boldsymbol{P}^{n\times n}$, 定义 $\boldsymbol{P}^{n\times 1}$ 中变换 $\mathcal{A}$ 为

$$\mathcal{A}(\boldsymbol{\alpha})=\boldsymbol{A}\boldsymbol{\alpha},\ \forall\boldsymbol{\alpha}\in\boldsymbol{P}^{n\times 1},$$

则 $\mathcal{A}$ 是 $\boldsymbol{P}^{n\times 1}$ 的一个线性变换.

例 5.2　在 $\boldsymbol{P}^{n\times n}$ 中取定一个元素$\boldsymbol{A}$, 定义 $\boldsymbol{P}^{n\times n}$ 中变换 $\mathrm{ad}\boldsymbol{A}$ 如下:

$$\mathrm{ad}\boldsymbol{A}(\boldsymbol{B})=\boldsymbol{A}\boldsymbol{B}-\boldsymbol{B}\boldsymbol{A},\ \forall\boldsymbol{B}\in\boldsymbol{P}^{n\times n}.$$

则由

$$\begin{aligned}\mathrm{ad}\boldsymbol{A}(\boldsymbol{B}+\boldsymbol{C})=&\boldsymbol{A}(\boldsymbol{B}+\boldsymbol{C})-(\boldsymbol{B}+\boldsymbol{C})\boldsymbol{A}\\=&(\boldsymbol{A}\boldsymbol{B}-\boldsymbol{B}\boldsymbol{A})+(\boldsymbol{A}\boldsymbol{C}-\boldsymbol{C}\boldsymbol{A})=\mathrm{ad}\boldsymbol{A}(\boldsymbol{B})+\mathrm{ad}\boldsymbol{A}(\boldsymbol{C})\\\mathrm{ad}\boldsymbol{A}(k\boldsymbol{B})=&\boldsymbol{A}(k\boldsymbol{B})-(k\boldsymbol{B})\boldsymbol{A}=k(\boldsymbol{A}\boldsymbol{B}-\boldsymbol{B}\boldsymbol{A})=k\mathrm{ad}\boldsymbol{A}(\boldsymbol{B})\end{aligned}$$

知 $\mathrm{ad}\boldsymbol{A}$ 是 $\boldsymbol{P}^{n\times n}$ 的线性变换.

例 5.3　在平面上取定直角坐标系 XOY. 每个平面向量均由过原点 O 的向量表示, 将每个向量绕原点 O 旋转 θ 角, 这样得到平面向量空间的一个变换, 记为 I_θ, 如图 5.1 所示.

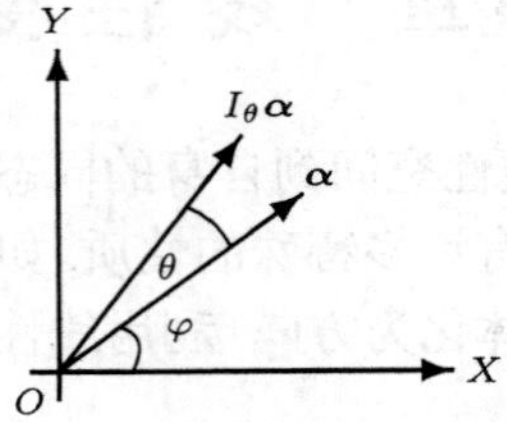

图 5.1

设向量$\boldsymbol{\alpha}$ 的长度为 r, 幅角为 φ, 则$\boldsymbol{\alpha}$ 的坐标为 $\begin{pmatrix} x \\ y \end{pmatrix} = \begin{pmatrix} r\cos\varphi \\ r\sin\varphi \end{pmatrix}$. $I_\theta\boldsymbol{\alpha}$ 的长度为 r, 幅角为 $\theta+\varphi$, 因而坐标为

$$\begin{pmatrix} x' \\ y' \end{pmatrix} = \begin{pmatrix} r\cos(\theta+\varphi) \\ r\sin(\theta+\varphi) \end{pmatrix} = \begin{pmatrix} r\cos\varphi\cos\theta - r\sin\varphi\sin\theta \\ r\cos\varphi\sin\theta + r\sin\varphi\cos\theta \end{pmatrix}$$
$$= \begin{pmatrix} x\cos\theta - y\sin\theta \\ x\sin\theta + y\cos\theta \end{pmatrix} = \begin{pmatrix} \cos\theta & -\sin\theta \\ \sin\theta & \cos\theta \end{pmatrix}\begin{pmatrix} x \\ y \end{pmatrix}.$$

由此不难看出 I_θ 是一个线性变换.

例 5.4　在空间取定直角坐标系 $OXYZ$. 设 $\overrightarrow{OP}=\boldsymbol{\alpha}\neq 0$, 又$\boldsymbol{\beta}=\overrightarrow{OQ}$. 过 Q 作 OP 的垂线, 垂足为 Q_0, 称向量$\overrightarrow{OQ_0}$ 为 $\boldsymbol{\beta}$ 在 $\boldsymbol{\alpha}$ 上的**投影**. 定义变换 $\Pi_{\boldsymbol{\alpha}}$ 为将$\boldsymbol{\beta}$ 映到 $\boldsymbol{\beta}$ 在 $\boldsymbol{\alpha}$ 上的投影, 记为 $\Pi_{\boldsymbol{\alpha}}\boldsymbol{\beta}$, 如图 5.2 所示.

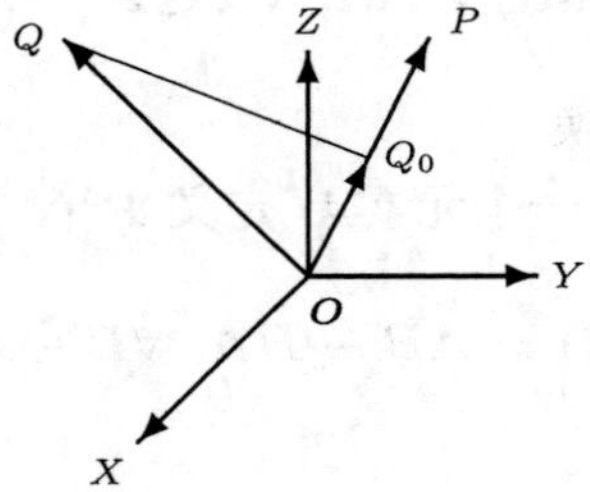

图 5.2

设 $\boldsymbol{\alpha}$, $\boldsymbol{\beta}$, $\Pi_{\boldsymbol{\alpha}}\boldsymbol{\beta}$ 的坐标分别为

$$\begin{pmatrix} x_0 \\ y_0 \\ z_0 \end{pmatrix}, \quad \begin{pmatrix} x \\ y \\ z \end{pmatrix}, \quad \begin{pmatrix} x' \\ y' \\ z' \end{pmatrix}.$$

于是 $\Pi_{\boldsymbol{\alpha}}\boldsymbol{\beta}=\lambda\boldsymbol{\alpha}$, 且 $|\lambda\boldsymbol{\alpha}|^2+|\overrightarrow{QQ_0}|^2=|\overrightarrow{OQ}|^2$. 而

$$\overrightarrow{QQ_0}=\Pi_{\boldsymbol{\alpha}}\boldsymbol{\beta}-\boldsymbol{\beta}=\begin{pmatrix}\lambda x_0-x\\ \lambda y_0-y\\ \lambda z_0-z\end{pmatrix}.$$

于是有

$$\begin{aligned}&(\lambda x_0)^2+(\lambda y_0)^2+(\lambda z_0)^2+(\lambda x_0-x)^2+(\lambda y_0-y)^2+(\lambda z_0-z)^2\\=&x^2+y^2+z^2.\end{aligned}$$

由此可得

$$\lambda=(xx_0+yy_0+zz_0)/(x_0^2+y_0^2+z_0^2).$$

因而

$$\begin{aligned}\begin{pmatrix}x'\\ y'\\ z'\end{pmatrix}&=\lambda\begin{pmatrix}x_0\\ y_0\\ z_0\end{pmatrix}=\frac{1}{x_0^2+y_0^2+z_0^2}\begin{pmatrix}x_0^2x+x_0y_0y+x_0z_0z\\ x_0y_0x+y_0^2y+y_0z_0z\\ x_0z_0x+y_0z_0y+z_0^2z\end{pmatrix}\\&=\frac{1}{x_0^2+y_0^2+z_0^2}\begin{pmatrix}x_0^2 & x_0y_0 & x_0z_0\\ x_0y_0 & y_0^2 & y_0z_0\\ x_0z_0 & y_0z_0 & z_0^2\end{pmatrix}\begin{pmatrix}x\\ y\\ z\end{pmatrix}.\end{aligned}$$

由此知 $\Pi_{\boldsymbol{\alpha}}$ 是线性变换.

例 5.5 设 $C^\infty(a,\ b)$ 是区间 $(a,\ b)$ 上任意次可微函数的集合, 则 $C^\infty(a,b)$ 是 $\mathbf{R}$ 上的无限维线性空间. $\dfrac{\mathrm{d}}{\mathrm{d}x}$ 是 $C^\infty(a,\ b)$ 的变换, 由微分学知 $\dfrac{\mathrm{d}}{\mathrm{d}x}$ 保持加法与纯量乘法, 故 $\dfrac{\mathrm{d}}{\mathrm{d}x}$ 是 $C^\infty(a,\ b)$ 的线性变换.

例 5.6 闭区间 $[a,\ b]$ 上全体连续函数的集合 $C[a,\ b]$ 是 $\mathbf{R}$ 上的线性空间. 在 $C[a,\ b]$ 中定义变换 S 如下:

$$S(f(x))=\int_a^x f(t)\,\mathrm{d}t,\quad \forall f(x)\in C[a,\ b].$$

则由积分学知 S 保持加法与纯量乘法, 因而是 $C[a,\ b]$ 上的线性变换.

下面总假定$\boldsymbol{V}$ 是数域 $\boldsymbol{P}$ 上的线性空间.

零变换 0, 即 $0(\boldsymbol{\alpha})=0,\ \forall\boldsymbol{\alpha}\in\boldsymbol{V}$.

在书写时, 数零, 零向量与零变换都不加区别, 但要注意它们在意义上的区别.

恒等变换 (**单位变换**) id, 即 $\mathrm{id}(\boldsymbol{\alpha})=\boldsymbol{\alpha},\ \forall\boldsymbol{\alpha}\in\boldsymbol{V}$.

显然这是线性变换, 有时也记为 $\mathcal{E}$, I.

数乘变换 k, 即将 $\boldsymbol{\alpha}$ 对应到 $k\boldsymbol{\alpha}$, 这里 k 是 $\boldsymbol{P}$ 中一个固定的数. 显然, 这是线性变换. 当 $k=0$ 时, 为零变换; $k=1$ 时, 为恒等变换.

由于线性变换是一类特殊的同态映射, 故同态映射的性质对线性变换都成立, 如

$$\mathcal{A}(0)=0;$$
$$\mathcal{A}(-\boldsymbol{\alpha})=-\mathcal{A}(\boldsymbol{\alpha});$$
$$\mathcal{A}\left(\sum_{i=1}^{r}k_i\boldsymbol{\alpha}_i\right)=\sum_{i=1}^{r}k_i\mathcal{A}(\boldsymbol{\alpha}_i);$$

$\boldsymbol{\alpha}_1, \boldsymbol{\alpha}_2, \cdots, \boldsymbol{\alpha}_r$ 线性相关, 则 $\mathcal{A}(\boldsymbol{\alpha}_1), \mathcal{A}(\boldsymbol{\alpha}_2), \cdots, \mathcal{A}(\boldsymbol{\alpha}_r)$ 线性相关;

$\mathcal{A}(\boldsymbol{V})$ 是 $\boldsymbol{V}$ 的子空间 ($\dim\mathcal{A}(\boldsymbol{V})$ 称为 $\mathcal{A}$ **的秩**, 记为 $R(\mathcal{A})$, $\mathrm{rank}\mathcal{A}$) 等.

习 题

判断 1 ~ 12 中定义的变换 $\mathcal{A}$ 是否为线性变换.

1. 在线性空间 $\boldsymbol{V}$ 中, $\mathcal{A}\xi=\xi+\boldsymbol{\alpha}$, 其中 $\boldsymbol{\alpha}$ 为 $\boldsymbol{V}$ 的一固定向量.

2. 在线性空间 $\boldsymbol{V}$ 中, $\mathcal{A}\xi=\boldsymbol{\alpha}$, 其中 $\boldsymbol{\alpha}$ 为 $\boldsymbol{V}$ 的一固定向量.

3. 在 $\boldsymbol{P}^{1\times 3}$ 中 $\mathcal{A}(x_1, x_2, x_3)=(x_1^2, x_2+x_3, x_3^2)$.

4. 在 $\boldsymbol{P}^{1\times 3}$ 中 $\mathcal{A}(x_1, x_2, x_3)=(2x_1-x_2, x_2+x_3, x_1)$.

5. 在 $\boldsymbol{P}[x]$ 中, $\mathcal{A}f(x)=f(x+1)$.

6. 在 $\boldsymbol{P}[x]$ 中, $\mathcal{A}f(x)=f(x_0)$, 其中 x_0 是 $\boldsymbol{P}$ 中一固定的数.

7. 把复数域作为复数域上的线性空间. $\mathcal{A}\xi=\bar{\xi}$, $\bar{\xi}$ 为 ξ 的共轭数.

8. 把复数域作为实数域上的线性空间. $\mathcal{A}\xi=\bar{\xi}$.

9. 在 $\boldsymbol{P}^{n\times n}$ 中, $\mathcal{A}(\boldsymbol{X})=\boldsymbol{BXC}$, 其中 $\boldsymbol{B}$, $\boldsymbol{C}$ 是 $\boldsymbol{P}^{n\times n}$ 中两个固定矩阵.

10. 在 $C^{\infty}(a, b)$ 中

$$\mathcal{A}f(x)=\frac{\mathrm{d}^2f(x)}{\mathrm{d}x^2}+x\frac{\mathrm{d}f(x)}{\mathrm{d}x}+\sin x\cdot f(x).$$

11. 在 $C^{\infty}(a, b)$ 中

$$\mathcal{A}f(x)=\left(\frac{\mathrm{d}f(x)}{\mathrm{d}x}\right)^2+x\frac{\mathrm{d}f(x)}{\mathrm{d}x}+\sin x\cdot f(x).$$

12. 在 $C[a, b]$ 中

$$\mathcal{A}f(x)=\int_a^x K(t)f(t)\,\mathrm{d}t,\quad \forall f(x)\in C[a, b].$$

其中 $K(x)$ 是 $C[a, b]$ 的一固定函数.

13. 求 $\boldsymbol{P}[x]$ 的线性变换 $\dfrac{\mathrm{d}}{\mathrm{d}x}$ 的像及核

$$\frac{\mathrm{d}}{\mathrm{d}x}\boldsymbol{P}[x]=\left\{\frac{\mathrm{d}f(x)}{\mathrm{d}x}\middle|f(x)\in\boldsymbol{P}[x]\right\},$$

$$\ker\frac{\mathrm{d}}{\mathrm{d}x}=\left\{f(x)\in\boldsymbol{P}[x]\middle|\frac{\mathrm{d}f(x)}{\mathrm{d}x}=0\right\}.$$

14. 求 $\boldsymbol{P}[x]$ 的线性变换

$$L_x(f(x))=xf(x)$$

的像 $L_x(\boldsymbol{P}[x])$ 及核 $\ker L_x$.

5.2 线性变换的运算

设 $\boldsymbol{V}$ 是数域 $\boldsymbol{P}$ 上的线性空间, $\mathrm{End}\,\boldsymbol{V}$ 为 $\boldsymbol{V}$ 的所有线性变换的集合, 本节将定义 $\mathrm{End}\,\boldsymbol{V}$ 中的几种运算.

1. 加法 设 $\mathcal{A}$, $\mathcal{B}\in\mathrm{End}\,\boldsymbol{V}$, $\mathcal{A}$ 与 $\mathcal{B}$ **的和** 定义为

$$(\mathcal{A}+\mathcal{B})\boldsymbol{\alpha}=\mathcal{A}\boldsymbol{\alpha}+\mathcal{B}\boldsymbol{\alpha},\ \forall\boldsymbol{\alpha}\in\boldsymbol{V}.$$

求和的运算称为加法.

事实上, 若$\boldsymbol{\alpha}$, $\boldsymbol{\beta}\in\boldsymbol{V}$, $k\in\boldsymbol{P}$, 我们有

$$\begin{aligned}(\mathcal{A}+\mathcal{B})(\boldsymbol{\alpha}+\boldsymbol{\beta})&=\mathcal{A}(\boldsymbol{\alpha}+\boldsymbol{\beta})+\mathcal{B}(\boldsymbol{\alpha}+\boldsymbol{\beta})\\&=\mathcal{A}\boldsymbol{\alpha}+\mathcal{B}\boldsymbol{\alpha}+\mathcal{A}\boldsymbol{\beta}+\mathcal{B}\boldsymbol{\beta}=(\mathcal{A}+\mathcal{B})\boldsymbol{\alpha}+(\mathcal{A}+\mathcal{B})\boldsymbol{\beta},\\(\mathcal{A}+\mathcal{B})(k\boldsymbol{\alpha})&=\mathcal{A}(k\boldsymbol{\alpha})+\mathcal{B}(k\boldsymbol{\alpha})=k\mathcal{A}\boldsymbol{\alpha}+k\mathcal{B}\boldsymbol{\alpha}=k(\mathcal{A}+\mathcal{B})\boldsymbol{\alpha}.\end{aligned}$$

因而 $\mathcal{A}+\mathcal{B}\in\mathrm{End}\,\boldsymbol{V}$.

2. 纯量乘法 设 $k\in\boldsymbol{P}$, $\mathcal{A}\in\mathrm{End}\,\boldsymbol{V}$, 定义 k 与 $\mathcal{A}$ **的积** 如下:

$$(k\mathcal{A})\boldsymbol{\alpha}=k\cdot\mathcal{A}\boldsymbol{\alpha},\ \forall\boldsymbol{\alpha}\in\boldsymbol{V}.$$

不难证明 $k\mathcal{A}\in\mathrm{End}\,\boldsymbol{V}$.

3. 乘法 设 $\mathcal{A}$, $\mathcal{B}\in\mathrm{End}\,\boldsymbol{V}$, 则 $\mathcal{A}$ 与 $\mathcal{B}$ 的积为

$$(\mathcal{A}\mathcal{B})\boldsymbol{\alpha}=\mathcal{A}(\mathcal{B}\boldsymbol{\alpha}),\ \forall\boldsymbol{\alpha}\in\boldsymbol{V}.$$

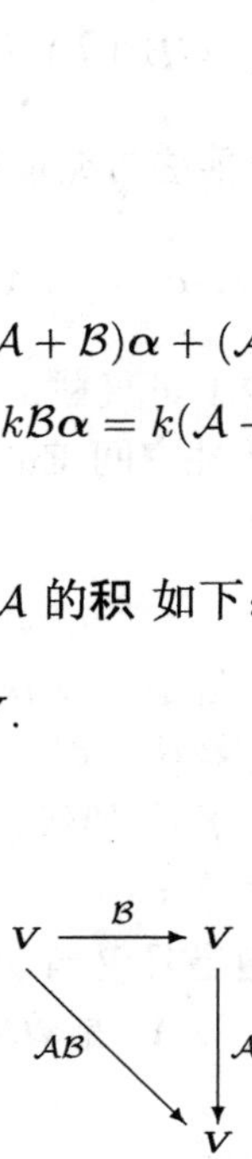

若 $k, l \in \boldsymbol{P}$, $\boldsymbol{\alpha}, \boldsymbol{\beta} \in \boldsymbol{V}$, 则

$$\begin{aligned}(\mathcal{AB})(k\boldsymbol{\alpha}+l\boldsymbol{\beta}) &= \mathcal{A}(\mathcal{B}(k\boldsymbol{\alpha}+l\boldsymbol{\beta})) = \mathcal{A}(k\mathcal{B}\boldsymbol{\alpha}+l\mathcal{B}\boldsymbol{\beta}) \\ &= k\mathcal{A}(\mathcal{B}\boldsymbol{\alpha})+l\mathcal{A}(\mathcal{B}\boldsymbol{\beta}) = k(\mathcal{AB})\boldsymbol{\alpha}+l(\mathcal{AB})\boldsymbol{\beta}.\end{aligned}$$

故 $\mathcal{AB} \in \operatorname{End}\boldsymbol{V}$.

线性变换对于上述三种运算满足下面性质.

定理 5.2.1　设 $\boldsymbol{V}$ 是数域 $\boldsymbol{P}$ 上的线性空间, $\boldsymbol{V}$ 的所有线性变换的集合为 $\operatorname{End}\boldsymbol{V}$, 则

1) $\operatorname{End}\boldsymbol{V}$ 对加法及纯量乘法为$\boldsymbol{P}$ 上线性空间;

2) $\operatorname{End}\boldsymbol{V}$ 中乘法满足结合律

$$\mathcal{A}(\mathcal{BC}) = (\mathcal{AB})\mathcal{C},\ \forall \mathcal{A},\ \mathcal{B},\ \mathcal{C} \in \operatorname{End}\boldsymbol{V},$$

且

$$\operatorname{id}\mathcal{A} = \mathcal{A}\operatorname{id} = \mathcal{A}, \quad 0\mathcal{A} = \mathcal{A}0 = 0;$$

3) $\operatorname{End}\boldsymbol{V}$ 中乘法及加法适合分配律

$$\mathcal{A}(\mathcal{B}+\mathcal{C}) = \mathcal{AB}+\mathcal{AC}; \quad (\mathcal{B}+\mathcal{C})\mathcal{A} = \mathcal{BA}+\mathcal{CA};$$

4) $\operatorname{End}\boldsymbol{V}$ 中乘法与纯量乘法满足

$$k(\mathcal{AB}) = (k\mathcal{A})\mathcal{B} = \mathcal{A}(k\mathcal{B}),\ \forall k \in \boldsymbol{P},\ \mathcal{A},\ \mathcal{B} \in \operatorname{End}\boldsymbol{V}.$$

证　定理 5.2.1 可直截了当地验证, 读者可自行完成.

特别指出, 线性空间 $\operatorname{End}\boldsymbol{V}$ 的零元素就是$\boldsymbol{V}$ 的零变换 0. $\mathcal{A}$ 的负元素 $-\mathcal{A} = (-1)\mathcal{A}$, 于是

$$(-\mathcal{A})\boldsymbol{\alpha} = -\mathcal{A}\boldsymbol{\alpha},\ \forall \boldsymbol{\alpha} \in \boldsymbol{V}.$$

若 $k \in \boldsymbol{P}$, 则 $k\operatorname{id}$ 就是由 k 决定的数乘变换 k.

此外, 乘法交换律一般不成立.

定义 5.2.1　若$\boldsymbol{V}$ 的线性变换 $\mathcal{A}$ 还是一一对应, 则称 $\mathcal{A}$ 为**可逆线性变换**, 否则称 $\mathcal{A}$ 为**不可逆**.

显然, $\mathcal{A}$ 可逆当且仅当 $\mathcal{A}^{-1}$ 存在.

定理 5.2.2　设 $\boldsymbol{V}$ 是数域 $\boldsymbol{P}$ 上的线性空间, $GL(\boldsymbol{V})$ 为 $\boldsymbol{V}$ 的所有可逆线性变换的集合, 则

1) $\operatorname{id} \in GL(\boldsymbol{V})$;

2) $\mathcal{A} \in GL(\boldsymbol{V})$, 则 $\mathcal{A}^{-1} \in GL(\boldsymbol{V})$, 且 $(\mathcal{A}^{-1})^{-1} = \mathcal{A}$;

3) $\mathcal{A}$, $\mathcal{B}\in GL(\boldsymbol{V})$, 则 $\mathcal{AB}\in GL(\boldsymbol{V})$, 且

$$(\mathcal{AB})^{-1}=\mathcal{B}^{-1}\mathcal{A}^{-1}.$$

证 $\mathcal{A}$ 为 $\boldsymbol{V}$ 的可逆线性变换, 即 $\boldsymbol{V}$ 到 $\boldsymbol{V}$ 的同构映射, 因而由 4.11 节知定理 5.2.2 成立.

定义 5.2.2 设 $\boldsymbol{V}$ 是数域 $\boldsymbol{P}$ 上的线性空间, 又 $\mathcal{A}\in\operatorname{End}\boldsymbol{V}$. 定义

$$\mathcal{A}^0=\mathrm{id},\quad \mathcal{A}^{n+1}=\mathcal{A}\mathcal{A}^n.$$

$\mathcal{A}^n$ 称为 $\mathcal{A}$ 的n **次幂**.

又若 $f(x)=\sum\limits_{i=0}^{m}a_ix^i\in\boldsymbol{P}[x]$, 定义

$$f(\mathcal{A})=a_0\,\mathrm{id}+a_1\mathcal{A}+\cdots+a_m\mathcal{A}^m.$$

称为 $\mathcal{A}$ 的一个**多项式**.

定理 5.2.3 设 $\mathcal{A}$ 是$\boldsymbol{P}$ 上线性空间 $\boldsymbol{V}$ 的线性变换. 定义 $\boldsymbol{P}[x]$ 到 $\operatorname{End}\boldsymbol{V}$ 的映射 $\varphi_{\mathcal{A}}$ 为

$$\varphi_{\mathcal{A}}(f(x))=f(\mathcal{A}),\ \forall f(x)\in\boldsymbol{P}[x].$$

则有以下结论:

1) $\varphi_{\mathcal{A}}$ 是线性空间 $\boldsymbol{P}[x]$ 到线性空间 $\operatorname{End}\boldsymbol{V}$ 的线性映射.

2) $\varphi_{\mathcal{A}}$ 保持乘法, 即

$$\varphi_{\mathcal{A}}(f(x)g(x))=\varphi_{\mathcal{A}}(f(x))\varphi_{\mathcal{A}}(g(x)),\ \forall f(x),\ g(x)\in\boldsymbol{P}[x].$$

3) $\ker\varphi_{\mathcal{A}}=\{f(x)|f(\mathcal{A})=0\}$ 是 $\boldsymbol{P}[x]$ 的子空间, 且若 $f(x)\in\ker\varphi_{\mathcal{A}}$, 则

$$f(x)g(x)\in\ker\varphi_{\mathcal{A}},\ \forall g(x)\in\boldsymbol{P}[x].$$

证 1) 设 $f(x)=\sum\limits_{i=0}^{n}a_ix^i$, $g(x)=\sum\limits_{i=0}^{n}b_ix^i$, $k\in\boldsymbol{P}$, 则

$$\begin{aligned}\varphi_{\mathcal{A}}(f(x)+g(x))&=\varphi_{\mathcal{A}}\left(\sum_{i=0}^{n}(a_i+b_i)x^i\right)=\sum_{i=0}^{n}(a_i+b_i)\mathcal{A}^i\\&=\sum_{i=0}^{n}a_i\mathcal{A}^i+\sum_{i=0}^{n}b_i\mathcal{A}^i=\varphi_{\mathcal{A}}(f(x))+\varphi_{\mathcal{A}}(g(x)).\\\varphi_{\mathcal{A}}(kf(x))&=\varphi_{\mathcal{A}}\left(\sum_{i=0}^{n}ka_ix^i\right)=\sum_{i=0}^{n}ka_i\mathcal{A}^i=k\sum_{i=0}^{n}a_i\mathcal{A}^i=k\varphi_{\mathcal{A}}(f(x)).\end{aligned}$$

故 1) 成立.

2) 首先, 由于线性变换乘法的结合律, 故有

$$\mathcal{A}^m\mathcal{A}^n=\mathcal{A}^{m+n},\ m,\ n\in\mathbf{Z},\ m\geqslant 0,\ n\geqslant 0.$$

于是

$$\begin{aligned}\varphi_{\mathcal{A}}(f(x)g(x))&=\sum_{k=0}^{2n}\left(\sum_{i+j=k}a_ib_j\right)\mathcal{A}^k=\left(\sum_{i=0}^{n}a_i\mathcal{A}^i\right)\left(\sum_{j=0}^{n}b_j\mathcal{A}^j\right)\\&=\varphi_{\mathcal{A}}(f(x))\varphi_{\mathcal{A}}(g(x)).\end{aligned}$$

因而 2) 成立.

3) 由 4.11 节知 $\ker\varphi_{\mathcal{A}}$ 是 $\boldsymbol{P}[x]$ 的子空间. 设 $f(x)\in\ker\varphi_{\mathcal{A}}$, $g(x)\in\boldsymbol{P}[x]$. 于是由

$$\varphi_{\mathcal{A}}(f(x)g(x))=f(\mathcal{A})g(\mathcal{A})=0$$

知 $f(x)g(x)\in\ker\varphi_{\mathcal{A}}$.

推论 1　$m,\ n\in\mathbf{Z},\ m\geqslant 0,\ n\geqslant 0$, 则

$$(\mathcal{A}^n)^m=\mathcal{A}^{mn}.$$

这是因为 $(x^n)^m=x^{mn}$, 由 2) 即可得上式.

推论 2　若 $\ker\varphi_{\mathcal{A}}\neq\{0\}$, 以 $d_{\mathcal{A}}(x)$ 表示 $\ker\varphi_{\mathcal{A}}$ 中次数最低的首一多项式, 称为 $\mathcal{A}$ 的**最低多项式**, 则 $f(x)\in\ker\varphi_{\mathcal{A}}$ 当且仅当 $d_{\mathcal{A}}(x)|f(x)$. 等价地说, 有

$$\ker\varphi_{\mathcal{A}}=\{d_{\mathcal{A}}(x)g(x)|g(x)\in\boldsymbol{P}[x]\}.$$

证　以 $q(x)$, $r(x)$ 表示 $f(x)$ 除以 $d_{\mathcal{A}}(x)$ 的商式与余式. 由

$$f(\mathcal{A})=d_{\mathcal{A}}(\mathcal{A})q(\mathcal{A})+r(\mathcal{A})=r(\mathcal{A})$$

知 $f(x)\in\ker\varphi_{\mathcal{A}}$ 当且仅当 $r(x)\in\ker\varphi_{\mathcal{A}}$. 但 $d_{\mathcal{A}}(x)$ 为 $\ker\varphi_{\mathcal{A}}$ 中次数最低者, 若 $r(x)\neq 0$, 由 $\deg r(x)<\deg d_{\mathcal{A}}(x)$, 这是不可能的, 故 $r(x)=0$.

例 5.7　设 $\boldsymbol{\alpha}$ 为空间一非零向量, 在直角坐标系 $OXYZ$ 中 $\overrightarrow{OP}=\boldsymbol{\alpha}$, 过 O 作平面 π 与 $\boldsymbol{\alpha}$ 垂直. 又 $\boldsymbol{\beta}=\overrightarrow{OQ}$, $\boldsymbol{\beta}$ 在 $\boldsymbol{\alpha}$ 上的投影为 $\Pi_{\boldsymbol{\alpha}}\boldsymbol{\beta}=\overrightarrow{OQ_0}$. 过 Q 作 π 的垂线, 垂足为 Q_1. $\overrightarrow{OQ_1}$ 为 $\boldsymbol{\beta}$ 在 π 上的投影, 记为 $\Pi_{\boldsymbol{\alpha}'}$. 如图 5.3 所示.

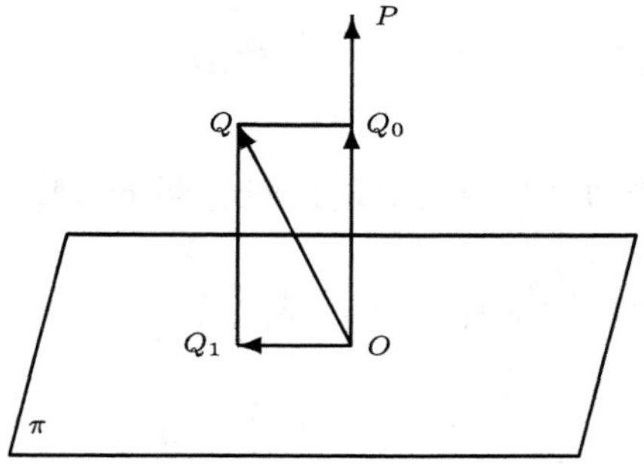

图 5.3

由于 id, $\Pi_{\boldsymbol{\alpha}} \in \operatorname{End}\boldsymbol{V}$, 故 id$-\Pi_{\boldsymbol{\alpha}} \in \operatorname{End}\boldsymbol{V}$. 但

$$(\mathrm{id}-\Pi_{\boldsymbol{\alpha}})\boldsymbol{\beta}=\mathrm{id}\boldsymbol{\beta}-\Pi_{\boldsymbol{\alpha}}\boldsymbol{\beta}=\Pi_{\boldsymbol{\alpha}'}\boldsymbol{\beta},$$

故 $\Pi_{\boldsymbol{\alpha}'}=\mathrm{id}-\Pi_{\boldsymbol{\alpha}} \in \operatorname{End}\boldsymbol{V}$.

显然有

$$\Pi_{\boldsymbol{\alpha}}^2=\Pi_{\boldsymbol{\alpha}},\quad \Pi_{\boldsymbol{\alpha}'}^2=\Pi_{\boldsymbol{\alpha}'},$$

因而 $x^2-x\in\ker\varphi_{\Pi_{\boldsymbol{\alpha}}}$, $x^2-x\in\ker\varphi_{\Pi_{\boldsymbol{\alpha}'}}$. 但 $\Pi_{\boldsymbol{\alpha}'}\neq 0$, $\Pi_{\boldsymbol{\alpha}}\neq \mathrm{id}$; $\Pi_{\boldsymbol{\alpha}'}\neq 0$, $\Pi_{\boldsymbol{\alpha}'}\neq \mathrm{id}$, 故

$$d_{\Pi_{\boldsymbol{\alpha}}}(x)=d_{\Pi_{\boldsymbol{\alpha}'}}(x)=x^2-x.$$

例 5.8 $d_{\mathrm{id}}(x)=x-1$.

例 5.9 $d_0(x)=x$.

例 5.10 设 $\mathcal{D}=\dfrac{\mathrm{d}}{\mathrm{d}x}\in\operatorname{End}\boldsymbol{P}[x]_n$, 显然

$$\mathcal{D}^n(f(x))=0,\quad \forall f(x)\in\boldsymbol{P}[x]_n;$$

$$\mathcal{D}^k(x^{n-1})\neq 0,\quad k<n.$$

故

$$d_{\mathcal{D}}(x)=x^n.$$

例 5.11 设 $a\in\boldsymbol{P}$. 定义 $S_a\in\operatorname{End}\boldsymbol{P}[x]_n$ 如下

$$S_a(f(x))=f(x+a),\quad \forall f(x)\in\boldsymbol{P}[x]_n.$$

由于

$$f(x+a)=\sum_{k=0}^{n-1}\frac{a^k}{k!}\frac{\mathrm{d}^kf(x)}{\mathrm{d}x^k},$$

因而

$$S_a=\sum_{i=0}^{n-1}\frac{a^i}{i!}\mathcal{D}^i.$$

例 5.12　$\mathcal{D}=\dfrac{\mathrm{d}}{\mathrm{d}x}$ 作为 $\boldsymbol{P}[x]$ 中的线性变换, 最低多项式不存在, 即 $\ker\varphi_{\mathcal{D}}=\{0\}$.

事实上, 设 $f(x)\in\boldsymbol{P}[x]$, $\deg f(x)=m$, 则

$$f(\mathcal{D})x^m\neq 0.$$

故 $f(x)\notin\ker\varphi_{\mathcal{D}}$, $\forall f(x)\in\boldsymbol{P}[x]$.

以后, 将证明若 $\dim\boldsymbol{V}<\infty$, 则任何 $\mathcal{A}\in\operatorname{End}\boldsymbol{V}$ 的最低多项式一定存在.

最后, 若 $\mathcal{A}\in GL(\boldsymbol{V})$, $k\in\mathbf{Z}$, 定义

$$\mathcal{A}^{-k}=(\mathcal{A}^{-1})^k.$$

则 $\forall m,\ n\in\mathbf{Z}$ 有

$$\mathcal{A}^m\mathcal{A}^n=\mathcal{A}^{m+n};\quad (\mathcal{A}^m)^n=\mathcal{A}^{mn}.$$

习　题

1. 在空间取定直角坐标系 $OXYZ$. 以 $\mathcal{A}$ 表示空间绕 OX 轴由 OY 向 OZ 方向旋转 90° 的变换, 以 $\mathcal{B}$ 表示绕 OY 轴由 OZ 向 OX 方向旋转 90° 的变换, 以 $\mathcal{C}$ 表示绕 OZ 轴由 OX 向 OY 方向旋转 90° 的变换. 证明

$$\mathcal{A}^4=\mathcal{B}^4=\mathcal{C}^4=\mathrm{id};$$

$$\mathcal{A}\mathcal{B}\neq\mathcal{B}\mathcal{A};\quad \mathcal{A}^2\mathcal{B}^2=\mathcal{B}^2\mathcal{A}^2.$$

并验证 $(\mathcal{A}\mathcal{B})^2=\mathcal{A}^2\mathcal{B}^2$ 是否成立.

2. $\mathcal{A},\ \mathcal{B}\in\operatorname{End}\boldsymbol{P}[x]$, 其中 $\mathcal{A}f(x)=f'(x)$, $\mathcal{B}f(x)=xf(x)$. 证明 $\mathcal{A}\mathcal{B}-\mathcal{B}\mathcal{A}=\mathrm{id}$.
3. 设 $\mathcal{A},\ \mathcal{B}\in\operatorname{End}\boldsymbol{V}$, 且 $\mathcal{A}\mathcal{B}-\mathcal{B}\mathcal{A}=\mathrm{id}$. 试证 $\mathcal{A}^k\mathcal{B}-\mathcal{B}\mathcal{A}^k=k\mathcal{A}^{k-1}$, $k>1$.
4. 设 $\varepsilon_1,\ \varepsilon_2,\ \cdots,\ \varepsilon_n$ 为线性空间 $\boldsymbol{V}$ 的一组基, $\mathcal{A}\in\operatorname{End}\boldsymbol{V}$. 证明 $\mathcal{A}\in GL(\boldsymbol{V})$ 当且仅当 $\mathcal{A}\varepsilon_1,\ \mathcal{A}\varepsilon_2,\ \cdots,\ \mathcal{A}\varepsilon_n$ 线性无关.
5. 设线性空间 $\boldsymbol{V}$ 有直和分解 $\boldsymbol{V}=\boldsymbol{M}\dot{+}\boldsymbol{N}$. 作 $\boldsymbol{V}$ 到 $\boldsymbol{V}$ 的映射 $\mathcal{A}$, $\mathcal{B}$ 如下:

$$\mathcal{A}(\boldsymbol{\alpha}_1+\boldsymbol{\alpha}_2)=\boldsymbol{\alpha}_1,\quad \boldsymbol{\alpha}_1\in\boldsymbol{M},\ \boldsymbol{\alpha}_2\in\boldsymbol{N};$$

$$\mathcal{B}(\boldsymbol{\alpha}_1+\boldsymbol{\alpha}_2)=\boldsymbol{\alpha}_2,\quad \boldsymbol{\alpha}_1\in\boldsymbol{M},\ \boldsymbol{\alpha}_2\in\boldsymbol{N}.$$

分别称为 $\boldsymbol{V}$ 关于上述分解对 $\boldsymbol{M}$, $\boldsymbol{N}$ 的**投影**. 证明:

1) $\mathcal{A}$, $\mathcal{B} \in \operatorname{End} \boldsymbol{V}$;

2) $\boldsymbol{V} \neq \boldsymbol{M}$ 时 $\mathcal{A} \notin GL(\boldsymbol{V})$;

3) $\mathcal{A}+\mathcal{B}=\mathrm{id}$, $\mathcal{A}^2=\mathcal{A}$, $\mathcal{B}^2=\mathcal{B}$;

4) 若 $\mathcal{A}, \mathcal{B} \notin GL(\boldsymbol{V})$, 则 $d_{\mathcal{A}}(x)=d_{\mathcal{B}}(x)$.

6. 设 $\mathcal{A} \in \operatorname{End} \boldsymbol{V}$ 且 $\mathcal{A}^2=\mathcal{A}$. 证明:

1) $\boldsymbol{V}$ 有直和分解: $\boldsymbol{V}=\boldsymbol{M}\dot{+}\boldsymbol{N}$, 其中 $\boldsymbol{M}$, $\boldsymbol{N}$ 分别为 $\boldsymbol{M}=\{\boldsymbol{\alpha} \in \boldsymbol{V} | \mathcal{A}\boldsymbol{\alpha}=\boldsymbol{\alpha}\}$, $\boldsymbol{N}=\{\boldsymbol{\alpha} \in \boldsymbol{V} | \mathcal{A}\boldsymbol{\alpha}=0\}$.

2) 若 $\mathcal{A}\boldsymbol{\alpha}=k\boldsymbol{\alpha}$, $k \neq 0, 1$, 则 $\boldsymbol{\alpha}=0$.

7. 设 $\mathcal{A}$, $\mathcal{B} \in \operatorname{End} \boldsymbol{V}$ 且 $\mathcal{A}^2=\mathcal{A}$, $\mathcal{B}^2=\mathcal{B}$. 证明 $(\mathcal{A}+\mathcal{B})^2=\mathcal{A}+\mathcal{B}$ 当且仅当 $\mathcal{A}\mathcal{B}=\mathcal{B}\mathcal{A}=0$.

8. 设 $\mathcal{A}$, $\mathcal{B} \in \operatorname{End} \boldsymbol{V}$ 且 $\mathcal{A}^2=\mathcal{A}$, $\mathcal{B}^2=\mathcal{B}$. 证明若 $\mathcal{A}\mathcal{B}=\mathcal{B}\mathcal{A}$, 则 $(\mathcal{A}+\mathcal{B}-\mathcal{A}\mathcal{B})^2=\mathcal{A}+\mathcal{B}-\mathcal{A}\mathcal{B}$.

5.3　线性变换的矩阵

本节是将有限维线性空间的线性变换具体化为矩阵. 线性变换的运算对应于矩阵的运算.

定理 5.3.1　设 $\boldsymbol{\alpha}_1$, $\boldsymbol{\alpha}_2$, $\cdots$, $\boldsymbol{\alpha}_n$ 是数域$\boldsymbol{P}$ 上 n 维线性空间 $\boldsymbol{V}$ 的一组基, 则对于 $\boldsymbol{V}$ 中任意 n 个向量 $\boldsymbol{\beta}_1$, $\boldsymbol{\beta}_2$, $\cdots$, $\boldsymbol{\beta}_n$ 存在唯一的线性变换 $\mathcal{A}$ 使得

$$\mathcal{A}\boldsymbol{\alpha}_i=\boldsymbol{\beta}_i, \quad 1 \leqslant i \leqslant n. \tag{1}$$

证　作$\boldsymbol{V}$ 的变换 $\mathcal{A}$ 如下:

$$\mathcal{A}\left(\sum_{i=1}^n k_i\boldsymbol{\alpha}_i\right)=\sum_{i=1}^n k_i\boldsymbol{\beta}_i.$$

于是对 $\boldsymbol{\alpha}=\sum\limits_{i=1}^n k_i\boldsymbol{\alpha}_i$, $\boldsymbol{\beta}=\sum\limits_{i=1}^n l_i\boldsymbol{\alpha}_i \in \boldsymbol{V}$, k, $l \in \boldsymbol{P}$, 有

$$\begin{aligned}\mathcal{A}(k\boldsymbol{\alpha}+l\boldsymbol{\beta}) &= \mathcal{A}\left(\sum_{i=1}^n (kk_i+ll_i)\boldsymbol{\alpha}_i\right)=\sum_{i=1}^n (kk_i+ll_i)\boldsymbol{\beta}_i \\ &= k\left(\sum_{i=1}^n k_i\boldsymbol{\beta}_i\right)+l\left(\sum_{i=1}^n l_i\boldsymbol{\beta}_i\right)=k\mathcal{A}\boldsymbol{\alpha}+l\mathcal{A}\boldsymbol{\beta}.\end{aligned}$$

故 $\mathcal{A} \in \operatorname{End} \boldsymbol{V}$. 又若 $\mathcal{B} \in \operatorname{End} \boldsymbol{V}$, 且 $\mathcal{B}\boldsymbol{\alpha}_i=\boldsymbol{\beta}_i$, $1 \leqslant i \leqslant n$. 则

$$\mathcal{B}\left(\sum_{i=1}^n k_i\boldsymbol{\alpha}_i\right)=\sum_{i=1}^n k_i\mathcal{B}\boldsymbol{\alpha}_i=\sum_{i=1}^n k_i\boldsymbol{\beta}_i=\mathcal{A}\left(\sum_{i=1}^n k_i\boldsymbol{\alpha}_i\right).$$

因此 $\mathcal{A}=\mathcal{B}$, 即满足 (1) 式的线性变换是唯一的.

特别地, 当 $\boldsymbol{\alpha}_i=\boldsymbol{\beta}_i$, $1\leqslant i\leqslant n$ 时, $\mathcal{A}=\mathrm{id}$; 当 $\boldsymbol{\beta}_i=0$, $1\leqslant i\leqslant n$ 时, $\mathcal{A}=0$.

由定理 5.3.1 知道, $\mathcal{A}\in\operatorname{End}\boldsymbol{V}$, $\mathcal{A}$ 完全由 $\mathcal{A}\boldsymbol{\alpha}_i$, $1\leqslant i\leqslant n$ 决定. 当然, 每个 $\mathcal{A}\boldsymbol{\alpha}_i$ 又由它的坐标决定. 由此事实引出下面定义.

定义 5.3.1　设 $\boldsymbol{\alpha}_1, \boldsymbol{\alpha}_2, \cdots, \boldsymbol{\alpha}_n$ 为 $\boldsymbol{P}$ 上 n 维线性空间 $\boldsymbol{V}$ 的一组基, 记

$$\operatorname{crd}(\boldsymbol{\alpha};\ \boldsymbol{\alpha}_1,\cdots,\boldsymbol{\alpha}_n)=\operatorname{crd}\boldsymbol{\alpha},\ \boldsymbol{\alpha}\in\boldsymbol{V}.$$

又 $\mathcal{A}\in\operatorname{End}\boldsymbol{V}$. 称矩阵

$$(\operatorname{crd}\mathcal{A}\boldsymbol{\alpha}_1,\ \operatorname{crd}\mathcal{A}\boldsymbol{\alpha}_2,\ \cdots,\ \operatorname{crd}\mathcal{A}\boldsymbol{\alpha}_n) \tag{2}$$

为 $\mathcal{A}$ 在基 $\boldsymbol{\alpha}_1, \boldsymbol{\alpha}_2, \cdots, \boldsymbol{\alpha}_n$ 下的矩阵, 记为

$$\boldsymbol{M}(\mathcal{A};\ \boldsymbol{\alpha}_1,\ \boldsymbol{\alpha}_2,\ \cdots,\ \boldsymbol{\alpha}_n).$$

在不混淆时, 简记为 $\boldsymbol{M}(\mathcal{A})$.

即固定$\boldsymbol{V}$ 的基 $\boldsymbol{\alpha}_1, \boldsymbol{\alpha}_2, \cdots, \boldsymbol{\alpha}_n$ 后, 有

$$\operatorname{col}_j\boldsymbol{M}(\mathcal{A})=\operatorname{crd}\mathcal{A}\boldsymbol{\alpha}_j,\ 1\leqslant j\leqslant n.$$

更明确地说, 如果

$$\boldsymbol{M}(\mathcal{A};\ \boldsymbol{\alpha}_1,\boldsymbol{\alpha}_2,\cdots,\boldsymbol{\alpha}_n)=\begin{pmatrix} a_{11} & a_{12} & \cdots & a_{1n}\\ a_{21} & a_{22} & \cdots & a_{2n}\\ \vdots & \vdots & & \vdots\\ a_{n1} & a_{n2} & \cdots & a_{nn}\end{pmatrix},$$

则 $\forall 1\leqslant j\leqslant n$, 有

$$\begin{aligned}\mathcal{A}\boldsymbol{\alpha}_j&=a_{1j}\boldsymbol{\alpha}_1+a_{2j}\boldsymbol{\alpha}_2+\cdots+a_{nj}\boldsymbol{\alpha}_n\\&=(\boldsymbol{\alpha}_1,\ \boldsymbol{\alpha}_2,\ \cdots,\ \boldsymbol{\alpha}_n)\operatorname{col}_j\boldsymbol{M}(\mathcal{A}).\end{aligned}$$

显然, $\boldsymbol{M}(\mathrm{id})=\boldsymbol{I}_n$, $\boldsymbol{M}(0)=0$.

定理 5.3.2　设 $\boldsymbol{\alpha}_1, \boldsymbol{\alpha}_2, \cdots, \boldsymbol{\alpha}_n$ 是$\boldsymbol{P}$ 上线性空间 $\boldsymbol{V}$ 的一组基, $\mathcal{A}\in\operatorname{End}\boldsymbol{V}$, 则

$$\operatorname{crd}(\mathcal{A}\boldsymbol{\alpha};\ \boldsymbol{\alpha}_1,\ \cdots,\ \boldsymbol{\alpha}_n)=M(\mathcal{A};\ \boldsymbol{\alpha}_1,\ \cdots,\ \boldsymbol{\alpha}_n)\operatorname{crd}(\boldsymbol{\alpha};\ \boldsymbol{\alpha}_1,\ \cdots,\ \boldsymbol{\alpha}_n). \tag{3}$$

证　因为固定 $\boldsymbol{\alpha}_1, \boldsymbol{\alpha}_2, \cdots, \boldsymbol{\alpha}_n$, 下面将坐标中的 $\boldsymbol{\alpha}_1, \boldsymbol{\alpha}_2, \cdots, \boldsymbol{\alpha}_n$ 省去, 而使用简单记号. 由

$$\boldsymbol{\alpha}=(\boldsymbol{\alpha}_1,\ \boldsymbol{\alpha}_2,\ \cdots,\ \boldsymbol{\alpha}_n)\operatorname{crd}\boldsymbol{\alpha}$$

知

$$\begin{aligned}\mathcal{A}\boldsymbol{\alpha} &= (\mathcal{A}\boldsymbol{\alpha}_1,\ \mathcal{A}\boldsymbol{\alpha}_2,\ \cdots,\ \mathcal{A}\boldsymbol{\alpha}_n)\mathrm{crd}\boldsymbol{\alpha}\\ &= (\boldsymbol{\alpha}_1,\ \cdots,\ \boldsymbol{\alpha}_n)(\mathrm{crd}\mathcal{A}\boldsymbol{\alpha}_1,\ \cdots,\ \mathrm{crd}\mathcal{A}\boldsymbol{\alpha}_n)\mathrm{crd}\boldsymbol{\alpha}\\ &= (\boldsymbol{\alpha}_1,\ \boldsymbol{\alpha}_2,\ \cdots,\ \boldsymbol{\alpha}_n)\boldsymbol{M}(\mathcal{A})\mathrm{crd}\boldsymbol{\alpha}.\end{aligned}$$

因而

$$\mathrm{crd}\mathcal{A}\boldsymbol{\alpha} = \boldsymbol{M}(\mathcal{A})\mathrm{crd}\boldsymbol{\alpha}.$$

即 (3) 式成立.

下面我们讨论 $\mathrm{End}\,\boldsymbol{V}$ 与 $\boldsymbol{P}^{n\times n}$ 中运算的关系.

定理 5.3.3 设 $\boldsymbol{V}$ 是数域 $\boldsymbol{P}$ 上 n 维线性空间, $\boldsymbol{\alpha}_1, \boldsymbol{\alpha}_2, \cdots, \boldsymbol{\alpha}_n$ 为 $\boldsymbol{V}$ 的一组基, 则 $\mathrm{End}\boldsymbol{V}$ 到 $\boldsymbol{P}^{n\times n}$ 中的映射

$$\varphi(\mathcal{A}) = \boldsymbol{M}(\mathcal{A};\ \boldsymbol{\alpha}_1,\ \cdots,\ \boldsymbol{\alpha}_n),\ \forall\mathcal{A}\in\mathrm{End}\,\boldsymbol{V} \tag{4}$$

满足下面条件:

1) φ 是线性空间 $\mathrm{End}\,\boldsymbol{V}$ 到线性空间 $\boldsymbol{P}^{n\times n}$ 的同构映射.

2) $\varphi(\mathcal{A}\mathcal{B}) = \varphi(\mathcal{A})\varphi(\mathcal{B}),\ \forall\mathcal{A},\ \mathcal{B}\in\mathrm{End}\,\boldsymbol{V}$.

3) $\mathcal{A}\in GL(\boldsymbol{V})$ 当且仅当 $\varphi(\mathcal{A})$ 为可逆方阵, 且

$$\varphi(\mathcal{A}^{-1}) = \varphi(\mathcal{A})^{-1}.$$

4) $\varphi(f(\mathcal{A})) = f(\varphi(\mathcal{A})),\ \forall f(x)\in\boldsymbol{P}[x],\ \mathcal{A}\in\mathrm{End}\,\boldsymbol{V}$.

证 1) 由定理 5.3.1 知 $\mathcal{A},\ \mathcal{B}\in\mathrm{End}\,\boldsymbol{V}$, $\mathcal{A}=\mathcal{B}$ 当且仅当 $\mathcal{A}\boldsymbol{\alpha}_i = \mathcal{B}\boldsymbol{\alpha}_i$, 当且仅当 $\mathrm{crd}\mathcal{A}\boldsymbol{\alpha}_i = \mathrm{crd}\mathcal{B}\boldsymbol{\alpha}_i$ 当且仅当 $\boldsymbol{M}(\mathcal{A}) = \boldsymbol{M}(\mathcal{B})$, 即 $\varphi(\mathcal{A}) = \varphi(\mathcal{B})$. 故 φ 是一一的. 又设 $\boldsymbol{A}\in\boldsymbol{P}^{n\times n}$, 于是有 $\boldsymbol{\beta}_i\in\boldsymbol{V}$ 使得 $\mathrm{crd}\boldsymbol{\beta}_i = \mathrm{col}_i\boldsymbol{A}$, $1\leqslant i\leqslant n$. 设 $\mathcal{A}\in\mathrm{End}\,\boldsymbol{V}$ 使得 $\mathcal{A}\boldsymbol{\alpha}_i = \boldsymbol{\beta}_i$, 于是

$$\varphi(\mathcal{A}) = \boldsymbol{M}(\mathcal{A}) = \boldsymbol{A}.$$

故 φ 是满映射, 因而为一一对应.

设 $\mathcal{A},\ \mathcal{B}\in\mathrm{End}\,\boldsymbol{V},\ k,\ l\in\boldsymbol{P}$. 于是由

$$\mathrm{crd}((k\mathcal{A}+l\mathcal{B})\boldsymbol{\alpha}_i) = \mathrm{crd}(k\mathcal{A}\boldsymbol{\alpha}_i + l\mathcal{B}\boldsymbol{\alpha}_i) = k\mathrm{crd}\mathcal{A}\boldsymbol{\alpha}_i + l\mathrm{crd}\mathcal{B}\boldsymbol{\alpha}_i,$$

知

$$\varphi(k\mathcal{A}+l\mathcal{B}) = k\varphi(\mathcal{A}) + l\varphi(\mathcal{B}).$$

因而 φ 是线性空间的同构.

2) 设 $\mathcal{A}, \mathcal{B} \in \operatorname{End} \boldsymbol{V}$. 由定理 5.3.2 知

$$\operatorname{crd}\mathcal{A}\mathcal{B}\boldsymbol{\alpha}_i = \operatorname{crd}\mathcal{A}(\mathcal{B}\boldsymbol{\alpha}_i) = \boldsymbol{M}(\mathcal{A})\operatorname{crd}\mathcal{B}\boldsymbol{\alpha}_i = \boldsymbol{M}(\mathcal{A})\operatorname{col}_i\boldsymbol{M}(\mathcal{B}).$$

因而

$$\boldsymbol{M}(\mathcal{A}\mathcal{B}) = \boldsymbol{M}(\mathcal{A})\boldsymbol{M}(\mathcal{B}).$$

即 2) 成立.

3) $\mathcal{A} \in GL(\boldsymbol{V})$, 则 $\mathcal{A}\mathcal{A}^{-1} = \mathrm{id}$. 于是

$$\varphi(\mathcal{A})\varphi(\mathcal{A}^{-1}) = \varphi(\mathrm{id}) = \boldsymbol{I}_n.$$

因而 $\varphi(\mathcal{A})$ 可逆, 且 $\varphi(\mathcal{A}^{-1}) = \varphi(\mathcal{A})^{-1}$.

反之, 设 $\varphi(\mathcal{A})$ 可逆. 由 1) 知有 $\mathcal{B} \in \operatorname{End} \boldsymbol{V}$ 使得 $\varphi(\mathcal{B}) = \varphi(\mathcal{A})^{-1}$, 因而

$$\varphi(\mathcal{A}\mathcal{B}) = \varphi(\mathcal{A})\varphi(\mathcal{B}) = \boldsymbol{I}_n = \varphi(\mathrm{id}).$$

因而 $\mathcal{A}\mathcal{B} = \mathrm{id}$. 故 $\mathcal{B} = \mathcal{A}^{-1}$, $\mathcal{A} \in GL(\boldsymbol{V})$.

4) 由 1) 与 2) 知

$$\varphi(f(\mathcal{A})) = f(\varphi(\mathcal{A})), \quad f(x) \in \boldsymbol{P}[x],\ \mathcal{A} \in \operatorname{End} \boldsymbol{V}.$$

推论 1 设 $\dim \boldsymbol{V} = n$, 则 $\dim(\operatorname{End} \boldsymbol{V}) = n^2$.

这是因为 $\operatorname{End} \boldsymbol{V}$ 与 $\boldsymbol{P}^{n\times n}$ 同构.

推论 2 设 $\dim \boldsymbol{V} = n$, $\mathcal{A} \in \operatorname{End} \boldsymbol{V}$, 则 $d_{\mathcal{A}}(x)$ 存在.

$\mathcal{A}^0 = \mathrm{id}, \mathcal{A}, \cdots, \mathcal{A}^{n^2}$ 为 $\operatorname{End} \boldsymbol{V}$ 中 n^2+1 个元素, 因而线性相关. 故有不全为零的数 $a_0, a_1, \cdots, a_{n^2}$ 使得 $\sum\limits_{i=0}^{n^2} a_i\mathcal{A}^i = 0$. 因而 $f(x) = \sum\limits_{i=0}^{n^2} a_i x^i \in \boldsymbol{P}[x]$, $f(x) \neq 0$, $f(\mathcal{A}) = 0$. 故 $\ker \varphi_{\mathcal{A}} \neq \{0\}$, 故 $d_{\mathcal{A}}(x)$ 存在.

由 $f(\mathcal{A}) = 0$, 知 $\varphi(f(\mathcal{A})) = f(\varphi(\mathcal{A})) = 0$.

反之, 若 $g(x) \in \boldsymbol{P}[x]$, $g(\varphi(\mathcal{A})) = 0$, 则 $\varphi(g(\mathcal{A})) = 0$, 故 $g(\mathcal{A}) = 0$. 因而 $d_{\mathcal{A}}(x)$ 也是 $\{f(x) \in \boldsymbol{P}[x] | f(\varphi(\mathcal{A})) = 0\}$ 中次数最低者.

$d_{\mathcal{A}}(x)$ 也叫 $\varphi(\mathcal{A})$ 的**最低多项式**.

定义 5.3.2 设 $\boldsymbol{A}, \boldsymbol{B} \in \boldsymbol{P}^{n\times n}$. 若有可逆矩阵 $\boldsymbol{T} \in \boldsymbol{P}^{n\times n}$ 使得

$$\boldsymbol{T}^{-1}\boldsymbol{A}\boldsymbol{T} = \boldsymbol{B}$$

则称 $\boldsymbol{A}$ 与 $\boldsymbol{B}$ **相似**, 记为 $\boldsymbol{A} \sim \boldsymbol{B}$.

相似关系有以下一些性质:

1. 反身性: $\boldsymbol{A} \sim \boldsymbol{A}$.

2. 对称性: 若$\boldsymbol{A} \sim \boldsymbol{B}$, 则 $\boldsymbol{B} \sim \boldsymbol{A}$.

3. 传递性: 若$\boldsymbol{A} \sim \boldsymbol{B}$, $\boldsymbol{B} \sim \boldsymbol{C}$, 则 $\boldsymbol{A} \sim \boldsymbol{C}$.

4. $\boldsymbol{A} \sim \boldsymbol{B}$, $f(x) \in \boldsymbol{P}[x]$, 则 $f(\boldsymbol{A}) \sim f(\boldsymbol{B})$.

事实上, 由 $\boldsymbol{B} = \boldsymbol{T}^{-1}\boldsymbol{A}\boldsymbol{T}$ 知 $\boldsymbol{B}^k = \boldsymbol{T}^{-1}\boldsymbol{A}^k\boldsymbol{T}$. 设 $f(x) = \sum\limits_{i=0}^{m} a_i x^i$, 则

$$f(\boldsymbol{B}) = \sum_{i=0}^{m} a_i \boldsymbol{B}^i = \sum_{i=0}^{m} a_i \boldsymbol{T}^{-1}\boldsymbol{A}^i\boldsymbol{T} = \boldsymbol{T}^{-1}\left(\sum_{i=0}^{m} a_i \boldsymbol{A}^i\right)\boldsymbol{T} = \boldsymbol{T}^{-1} f(\boldsymbol{A})\boldsymbol{T}.$$

即 $f(\boldsymbol{A}) \sim f(\boldsymbol{B})$.

5. 若$\boldsymbol{A} \sim \boldsymbol{B}$, 则 $\det \boldsymbol{A} = \det \boldsymbol{B}$, $\operatorname{tr} \boldsymbol{A} = \operatorname{tr} \boldsymbol{B}$ ($\operatorname{tr} \boldsymbol{A} = \sum\limits_{i=1}^{n} \operatorname{ent}_{i\,i}\boldsymbol{A}$ 叫$\boldsymbol{A}$ 的迹, 见 3.6 节习题 3).

事实上, 若 $\boldsymbol{B} = \boldsymbol{T}^{-1}\boldsymbol{A}\boldsymbol{T}$, 则

$$\det \boldsymbol{B} = \det \boldsymbol{T}^{-1} \cdot \det \boldsymbol{A} \cdot \det \boldsymbol{T} = \det \boldsymbol{A}.$$

$$\begin{aligned}\operatorname{tr} \boldsymbol{B} &= \sum_{i=1}^{n}\sum_{j=1}^{n} \operatorname{ent}_{i\,j}\boldsymbol{T}^{-1} \cdot \operatorname{ent}_{j\,i}(\boldsymbol{A}\boldsymbol{T}) = \sum_{j=1}^{n}\sum_{i=1}^{n} \operatorname{ent}_{j\,i}(\boldsymbol{A}\boldsymbol{T}) \cdot \operatorname{ent}_{i\,j}\boldsymbol{T}^{-1} \\ &= \sum_{j=1}^{n} \operatorname{ent}_{j\,j}((\boldsymbol{A}\boldsymbol{T})\boldsymbol{T}^{-1}) = \operatorname{tr} \boldsymbol{A}.\end{aligned}$$

定理 5.3.4 设 $\boldsymbol{\alpha}_1, \boldsymbol{\alpha}_2, \cdots, \boldsymbol{\alpha}_n$ 与 $\boldsymbol{\beta}_1, \boldsymbol{\beta}_2, \cdots, \boldsymbol{\beta}_n$ 都是$\boldsymbol{P}$ 上线性空间 $\boldsymbol{V}$ 的基, 且 $\boldsymbol{T} = T\begin{pmatrix} \boldsymbol{\alpha}_1, \boldsymbol{\alpha}_2, \cdots, \boldsymbol{\alpha}_n \\ \boldsymbol{\beta}_1, \boldsymbol{\beta}_2, \cdots, \boldsymbol{\beta}_n \end{pmatrix}$ 是从 $\boldsymbol{\alpha}_1, \boldsymbol{\alpha}_2, \cdots, \boldsymbol{\alpha}_n$ 到 $\boldsymbol{\beta}_1, \boldsymbol{\beta}_2, \cdots, \boldsymbol{\beta}_n$ 的过渡矩阵, 又 $\mathcal{A} \in \operatorname{End} \boldsymbol{V}$, 则

$$\boldsymbol{M}(\mathcal{A};\ \boldsymbol{\beta}_1, \boldsymbol{\beta}_2, \cdots, \boldsymbol{\beta}_n) = \boldsymbol{T}^{-1}\boldsymbol{M}(\mathcal{A};\ \boldsymbol{\alpha}_1, \boldsymbol{\alpha}_2, \cdots, \boldsymbol{\alpha}_n)\boldsymbol{T}.$$

若 $\boldsymbol{C} \in \boldsymbol{P}^{n\times n}$, 且 $\boldsymbol{C} \sim \boldsymbol{M}(\mathcal{A};\ \boldsymbol{\alpha}_1, \boldsymbol{\alpha}_2, \cdots, \boldsymbol{\alpha}_n)$, 则在 $\boldsymbol{V}$ 中有基 $\boldsymbol{\gamma}_1, \boldsymbol{\gamma}_2, \cdots, \boldsymbol{\gamma}_n$ 使得

$$\boldsymbol{M}(\mathcal{A};\ \boldsymbol{\gamma}_1, \boldsymbol{\gamma}_2, \cdots, \boldsymbol{\gamma}_n) = \boldsymbol{C}.$$

证 为简单记, 设

$$\boldsymbol{A} = \boldsymbol{M}(\mathcal{A};\ \boldsymbol{\alpha}_1, \boldsymbol{\alpha}_2, \cdots, \boldsymbol{\alpha}_n), \quad \boldsymbol{B} = \boldsymbol{M}(\mathcal{A};\ \boldsymbol{\beta}_1, \boldsymbol{\beta}_2, \cdots, \boldsymbol{\beta}_n).$$

于是由定理 4.8.1 知

$$\operatorname{col}_j \boldsymbol{B} = \operatorname{crd}(\mathcal{A}\boldsymbol{\beta}_j;\ \boldsymbol{\beta}_1, \boldsymbol{\beta}_2, \cdots, \boldsymbol{\beta}_n) = \boldsymbol{T}^{-1}\operatorname{crd}(\mathcal{A}\boldsymbol{\beta}_j;\ \boldsymbol{\alpha}_1, \boldsymbol{\alpha}_2, \cdots, \boldsymbol{\alpha}_n).$$

再从定理 5.3.2 知

$$\begin{aligned}\mathrm{col}_j\boldsymbol{B}&=\boldsymbol{T}^{-1}\boldsymbol{M}(\mathcal{A};\ \boldsymbol{\alpha}_1,\ \boldsymbol{\alpha}_2,\ \cdots,\ \boldsymbol{\alpha}_n)\mathrm{crd}(\boldsymbol{\beta}_j;\ \boldsymbol{\alpha}_1,\ \boldsymbol{\alpha}_2,\ \cdots,\ \boldsymbol{\alpha}_n)\\&=\boldsymbol{T}^{-1}\boldsymbol{A}\mathrm{col}_j\boldsymbol{T}=\mathrm{col}_j(\boldsymbol{T}^{-1}\boldsymbol{AT}).\end{aligned}$$

因而

$$\boldsymbol{B}=\boldsymbol{T}^{-1}\boldsymbol{AT}.$$

设 $\boldsymbol{S}\in\boldsymbol{P}^{n\times n}$, $\boldsymbol{S}$ 可逆, 且 $\boldsymbol{S}^{-1}\boldsymbol{AS}=\boldsymbol{C}$. 令

$$\boldsymbol{\gamma}_j=(\boldsymbol{\alpha}_1,\ \boldsymbol{\alpha}_2,\ \cdots,\ \boldsymbol{\alpha}_n)\mathrm{col}_j\boldsymbol{S},\ 1\leqslant j\leqslant n.$$

由$\boldsymbol{S}$ 可逆, 知 $\boldsymbol{\gamma}_1,\ \boldsymbol{\gamma}_2,\ \cdots,\ \boldsymbol{\gamma}_n$ 为 $\boldsymbol{V}$ 的基, 且

$$\boldsymbol{S}=T\begin{pmatrix}\boldsymbol{\alpha}_1,\ \boldsymbol{\alpha}_2,\ \cdots,\ \boldsymbol{\alpha}_n\\\boldsymbol{\gamma}_1,\ \boldsymbol{\gamma}_2,\ \cdots,\ \boldsymbol{\gamma}_n\end{pmatrix}.$$

因而

$$\boldsymbol{M}(\mathcal{A};\ \boldsymbol{\gamma}_1,\ \boldsymbol{\gamma}_2,\ \cdots,\ \boldsymbol{\gamma}_n)=\boldsymbol{S}^{-1}\boldsymbol{AS}=\boldsymbol{C}.$$

推论 $\mathcal{A}$ 的矩阵的行列式及迹均与基的选取无关, 即

$$\det\boldsymbol{M}(\mathcal{A};\ \boldsymbol{\alpha}_1,\ \boldsymbol{\alpha}_2,\ \cdots,\ \boldsymbol{\alpha}_n)=\det\boldsymbol{M}(\mathcal{A};\ \boldsymbol{\beta}_1,\ \boldsymbol{\beta}_2,\ \cdots,\ \boldsymbol{\beta}_n),$$

$$\mathrm{tr}\,\boldsymbol{M}(\mathcal{A};\ \boldsymbol{\alpha}_1,\ \boldsymbol{\alpha}_2,\ \cdots,\ \boldsymbol{\alpha}_n)=\mathrm{tr}\,\boldsymbol{M}(\mathcal{A};\ \boldsymbol{\beta}_1,\ \boldsymbol{\beta}_2,\ \cdots,\ \boldsymbol{\beta}_n).$$

由于 $\mathcal{A}$ 在 $\boldsymbol{V}$ 的任何基下的矩阵的行列式与迹都是一样的, 故可分别称为 $\mathcal{A}$ 的**行列式与迹**, 记为 $\det\mathcal{A}$ 与 $\mathrm{tr}\,\mathcal{A}$.

例 5.13 设线性空间 $\boldsymbol{V}$ 有直和分解

$$\boldsymbol{V}=\boldsymbol{M}\dot{+}\boldsymbol{N},\ \dim\boldsymbol{M}=k,\ \dim\boldsymbol{N}=l,$$

$\mathcal{A}$ 为对此分解在 $\boldsymbol{M}$ 上的投影. $\boldsymbol{\alpha}_1,\ \boldsymbol{\alpha}_2,\ \cdots,\ \boldsymbol{\alpha}_k$ 与 $\boldsymbol{\beta}_1,\ \boldsymbol{\beta}_2,\ \cdots,\ \boldsymbol{\beta}_l$ 分别为 $\boldsymbol{M}$ 与 $\boldsymbol{N}$ 的基, 则

$$\boldsymbol{M}(\mathcal{A};\ \boldsymbol{\alpha}_1,\ \cdots,\ \boldsymbol{\alpha}_k,\ \boldsymbol{\beta}_1,\ \cdots,\ \boldsymbol{\beta}_l)=\mathrm{diag}(\underbrace{1\ \cdots\ 1}_{k\text{个}}\ \underbrace{0\ \cdots\ 0}_{l\text{个}}).$$

例 5.14 我们知道 $1,\ x,\ \cdots,\ x^{n-1}$ 为 $\boldsymbol{P}[x]_n$ 的基, 又 $\mathcal{D}=\dfrac{\mathrm{d}}{\mathrm{d}x}\in\mathrm{End}\boldsymbol{P}[x]_n$. 于是容易求出

$$\boldsymbol{M}(\mathcal{D};\ 1,\ x,\ \cdots,\ x^{n-1})=\begin{pmatrix}0&1&0&\cdots&0\\0&0&2&\cdots&0\\\vdots&\vdots&\vdots&&\vdots\\0&0&0&\cdots&n-1\\0&0&0&\cdots&0\end{pmatrix}.$$

例 5.15 设 $\varepsilon_1, \varepsilon_2$ 是$\boldsymbol{P}$ 上 2 维线性空间$\boldsymbol{V}$ 的基. $\mathcal{A}\in \mathrm{End}\,\boldsymbol{V}$ 满足

$$\boldsymbol{M}(\mathcal{A};\ \varepsilon_1,\ \varepsilon_2)=\begin{pmatrix} 2 & 1\\ -1 & 0\end{pmatrix}.$$

显然 $\boldsymbol{\eta}_1=\varepsilon_1-\varepsilon_2,\ \boldsymbol{\eta}_2=-\varepsilon_1+2\varepsilon_2$ 也是$\boldsymbol{V}$ 的基, 且

$$T\begin{pmatrix} \varepsilon_1 & \varepsilon_2\\ \boldsymbol{\eta}_1 & \boldsymbol{\eta}_2\end{pmatrix}=\begin{pmatrix} 1 & -1\\ -1 & 2\end{pmatrix}.$$

因而

$$\begin{aligned}&\boldsymbol{M}(\mathcal{A};\ \boldsymbol{\eta}_1,\ \boldsymbol{\eta}_2)\\ =&\begin{pmatrix} 1 & -1\\ -1 & 2\end{pmatrix}^{-1}\begin{pmatrix} 2 & 1\\ -1 & 0\end{pmatrix}\begin{pmatrix} 1 & -1\\ -1 & 2\end{pmatrix}=\begin{pmatrix} 1 & 1\\ 0 & 1\end{pmatrix}.\end{aligned}$$

利用这个关系, 容易得到

$$\begin{aligned}\begin{pmatrix} 2 & 1\\ -1 & 0\end{pmatrix}^k&=\begin{pmatrix} 1 & -1\\ -1 & 2\end{pmatrix}\begin{pmatrix} 1 & 1\\ 0 & 1\end{pmatrix}^k\begin{pmatrix} 1 & -1\\ -1 & 2\end{pmatrix}^{-1}\\ &=\begin{pmatrix} 1 & -1\\ -1 & 2\end{pmatrix}\begin{pmatrix} 1 & k\\ 0 & 1\end{pmatrix}\begin{pmatrix} 1 & -1\\ -1 & 2\end{pmatrix}^{-1}\\ &=\begin{pmatrix} k+1 & k\\ -k & -k+1\end{pmatrix}.\end{aligned}$$

此例说明, 用矩阵相似的性质可以简化矩阵的计算.

还有另一种计算方法. 容易求出 $d_{\mathcal{A}}(x)=(x-1)^2$, 而 $x^k\equiv 1+k(x-1)\ (\mathrm{mod}(x-1)^2)$, 故

$$\begin{pmatrix} 2 & 1\\ -1 & 0\end{pmatrix}^k=\begin{pmatrix} 1 & 0\\ 0 & 1\end{pmatrix}+k\begin{pmatrix} 1 & 1\\ -1 & -1\end{pmatrix}=\begin{pmatrix} k+1 & k\\ -k & -k+1\end{pmatrix}.$$

习 题

1. 设 $\boldsymbol{V}$ 是 $\boldsymbol{P}$ 上 n 维线性空间. $\mathcal{A}\in \mathrm{End}\,\boldsymbol{V}$.

   1) $\boldsymbol{\alpha}_1, \boldsymbol{\alpha}_2, \cdots, \boldsymbol{\alpha}_n$ 与 $\boldsymbol{\beta}_1, \boldsymbol{\beta}_2, \cdots, \boldsymbol{\beta}_n$ 都是$\boldsymbol{V}$ 的基. 证明

   $$\mathrm{rank}\boldsymbol{M}(\mathcal{A};\ \boldsymbol{\alpha}_1,\ \cdots,\ \boldsymbol{\alpha}_n)=\mathrm{rank}\boldsymbol{M}(\mathcal{A};\ \boldsymbol{\beta}_1,\ \cdots,\ \boldsymbol{\beta}_n)=\mathrm{rank}\mathcal{A}.$$

   2) $\mathcal{A}$ 可逆当且仅当 $\mathrm{rank}\mathcal{A}=n$ 当且仅当 $\mathcal{A}\boldsymbol{\alpha}_1, \mathcal{A}\boldsymbol{\alpha}_2, \cdots, \mathcal{A}\boldsymbol{\alpha}_n$ 线性无关.

2. 求线性变换 $\mathcal{A}$ 在指定基下的矩阵.

1) 在 $\boldsymbol{P}^{1\times 3}$ 中, $\mathcal{A}(x_1,\ x_2,\ x_3)=(2x_1-x_2,\ x_2+x_3,\ x_1)$, 基 $\boldsymbol{\varepsilon}_1=(1,\ 0,\ 0)$, $\boldsymbol{\varepsilon}_2=(0,\ 1,\ 0)$, $\boldsymbol{\varepsilon}_3=(0,\ 0,\ 1)$.

2) $(\mathbf{O};\ \boldsymbol{\varepsilon}_1,\ \boldsymbol{\varepsilon}_2)$ 为平面直角坐标系, $\mathcal{A}$ 是平面向量对第一, 三象限角平分线的垂直投影, $\mathcal{B}$ 是平面向量对 $\boldsymbol{\varepsilon}_2$ 的垂直投影. 求 $\mathcal{A}$, $\mathcal{B}$, $\mathcal{AB}$ 在 $\boldsymbol{\varepsilon}_1$, $\boldsymbol{\varepsilon}_2$ 下的矩阵.

3) 在 $\boldsymbol{P}[x]_n$ 中

$$\mathcal{A}(f(x))=f(x+1)-f(x)$$

基为 $\varepsilon_0=1$, $\varepsilon_i=\dfrac{1}{i!}x(x-1)\cdots(x-i+1)$, $1\leqslant i\leqslant n-1$.

4) 六个函数

$$\varepsilon_1=\mathrm{e}^{ax}\cos bx,\qquad \varepsilon_2=\mathrm{e}^{ax}\sin bx,$$

$$\varepsilon_3=x\,\mathrm{e}^{ax}\cos bx,\qquad \varepsilon_4=x\,\mathrm{e}^{ax}\sin bx,$$

$$\varepsilon_5=\frac{1}{2}x^2\mathrm{e}^{ax}\cos bx,\quad \varepsilon_6=\frac{1}{2}x^2\mathrm{e}^{ax}\sin bx$$

的所有实系数线性组合 $\left\{\sum\limits_{i=1}^{6}a_i\varepsilon_i|a_i\in\mathbf{R}\right\}$ 构成的 $\mathbf{R}$ 上的 6 维线性空间. 求

$$\boldsymbol{M}\left(\frac{\mathrm{d}}{\mathrm{d}x};\ \varepsilon_1,\ \cdots,\ \varepsilon_6\right).$$

5) $\mathcal{A}\in\mathrm{End}\,\boldsymbol{P}^{1\times 3}$, 且

$$\boldsymbol{M}(\mathcal{A};\ \boldsymbol{\eta}_1,\ \boldsymbol{\eta}_2,\ \boldsymbol{\eta}_3)=\begin{pmatrix}1&0&1\\1&1&0\\-1&2&1\end{pmatrix},$$

其中 $\boldsymbol{\eta}_1=(-1,\ 1,\ 1)$, $\boldsymbol{\eta}_2=(1,\ 0,\ -1)$, $\boldsymbol{\eta}_3=(0,\ 0,\ 1)$. 又设 $\boldsymbol{\varepsilon}_1=(1,\ 0,\ 0)$, $\boldsymbol{\varepsilon}_2=(0,\ 1,\ 0)$, $\boldsymbol{\varepsilon}_3=(0,\ 0,\ 1)$. 求 $\boldsymbol{M}(\mathcal{A};\ \boldsymbol{\varepsilon}_1,\ \boldsymbol{\varepsilon}_2,\ \boldsymbol{\varepsilon}_3)$.

6) $\mathcal{A}\in\mathrm{End}\,\boldsymbol{P}^{1\times 3}$, 又 $\boldsymbol{\eta}_1=(-1,\ 0,\ 2)$, $\boldsymbol{\eta}_2=(0,\ 1,\ 1)$, $\boldsymbol{\eta}_3=(3,\ -1,\ 0)$ 与 $\boldsymbol{\varepsilon}_1=(1,\ 0,\ 0)$, $\boldsymbol{\varepsilon}_2=(0,\ 1,\ 0)$, $\boldsymbol{\varepsilon}_3=(0,\ 0,\ 1)$ 为 $\boldsymbol{P}^{1\times 3}$ 的基. 且

$$\mathcal{A}\boldsymbol{\eta}_1=(-5,\ 0,\ 3),\quad \mathcal{A}\boldsymbol{\eta}_2=(0,\ -1,\ 6),\quad \mathcal{A}\boldsymbol{\eta}_3=(-5,\ -1,\ 9).$$

求 $\boldsymbol{M}(\mathcal{A};\ \boldsymbol{\eta}_1,\ \boldsymbol{\eta}_2,\ \boldsymbol{\eta}_3)$, $\boldsymbol{M}(\mathcal{A};\ \boldsymbol{\varepsilon}_1,\ \boldsymbol{\varepsilon}_2,\ \boldsymbol{\varepsilon}_3)$.

3. 设 $\boldsymbol{A}=\begin{pmatrix}a&b\\c&d\end{pmatrix}\in\boldsymbol{P}^{2\times 2}$. 定义 $\mathrm{End}\,\boldsymbol{P}^{2\times 2}$ 中元素:

$$\boldsymbol{L_A X}=\boldsymbol{AX},\ \boldsymbol{R_A X}=\boldsymbol{XA},\ \forall\boldsymbol{X}\in\boldsymbol{P}^{2\times 2},\mathrm{ad}\,\boldsymbol{A}=\boldsymbol{L_A}-\boldsymbol{R_A}.$$

求 $\boldsymbol{L_A}$, $\boldsymbol{R_A}$, $\boldsymbol{L_A R_A}$ 及 $\mathrm{ad}\,\boldsymbol{A}$ 在 $\boldsymbol{P}^{2\times 2}$ 的基 $\boldsymbol{E}_{11}$, $\boldsymbol{E}_{12}$, $\boldsymbol{E}_{21}$, $\boldsymbol{E}_{22}$ 下的矩阵.

4. 设 $\varepsilon_1, \varepsilon_2, \varepsilon_3$ 为 $\boldsymbol{V}$ 的基, $\mathcal{A} \in \operatorname{End} \boldsymbol{V}$, 且

$$\boldsymbol{M}(\mathcal{A};\ \varepsilon_1,\ \varepsilon_2,\ \varepsilon_3) = \begin{pmatrix} a_{11} & a_{12} & a_{13} \\ a_{21} & a_{22} & a_{23} \\ a_{31} & a_{32} & a_{33} \end{pmatrix}.$$

求 $\boldsymbol{M}(\mathcal{A};\ \varepsilon_3,\ \varepsilon_2,\ \varepsilon_1)$, $\boldsymbol{M}(\mathcal{A};\ \varepsilon_1,\ k\varepsilon_2,\ \varepsilon_3)$, $\boldsymbol{M}(\mathcal{A};\ \varepsilon_1+\varepsilon_2,\ \varepsilon_2,\ \varepsilon_3)$.

5. 设 $\mathcal{A} \in \operatorname{End} \boldsymbol{V}$, $k \in \mathbf{N}$.$\mathcal{A}^{k-1}\xi \neq 0$, $\mathcal{A}^k\xi = 0$. 试证 $\xi, \mathcal{A}\xi, \cdots, \mathcal{A}^{k-1}\xi$ 线性无关.

6. 设 $\dim \boldsymbol{V} = n$, $\mathcal{A} \in \operatorname{End} \boldsymbol{V}$. $\xi \in \boldsymbol{V}$ 使得 $\mathcal{A}^{n-1}\xi \neq 0$, $\mathcal{A}^n\xi = 0$, 则存在基 $\boldsymbol{\alpha}_1, \boldsymbol{\alpha}_2, \cdots, \boldsymbol{\alpha}_n$ 使得

$$\boldsymbol{M}(\mathcal{A};\ \boldsymbol{\alpha}_1,\ \cdots,\ \boldsymbol{\alpha}_n) = \begin{pmatrix} 0 & 0 & \cdots & 0 & 0 \\ 1 & 0 & \cdots & 0 & 0 \\ 0 & 1 & \ddots & \vdots & \vdots \\ \vdots & \ddots & \ddots & 0 & 0 \\ 0 & \cdots & 0 & 1 & 0 \end{pmatrix},$$

且 $\mathcal{A}^n = 0$.

7. 设 $\dim \boldsymbol{V} = n$. 证明 $\mathcal{A} \in \operatorname{End} \boldsymbol{V}$ 对下面条件是等价的:

1) $\mathcal{A} = k\,\mathrm{id}$;

2) $\mathcal{A}\mathcal{B} = \mathcal{B}\mathcal{A}$, $\forall \mathcal{B} \in \operatorname{End} \boldsymbol{V}$;

3) $\mathcal{A}$ 在任何基下的矩阵都相同.

8. $\boldsymbol{V} = \boldsymbol{P}^{1\times 3}$ 中有基 $\boldsymbol{\alpha}_1 = (1,\ 0,\ 1)$, $\boldsymbol{\alpha}_2 = (2,\ 1,\ 0)$, $\boldsymbol{\alpha}_3 = (1,\ 1,\ 1)$ 与 $\boldsymbol{\beta}_1 = (1,\ 2,\ -1)$, $\boldsymbol{\beta}_2 = (2,\ 2,\ -1)$, $\boldsymbol{\beta}_3 = (2,\ -1,\ -1)$. $\mathcal{A} \in \operatorname{End} \boldsymbol{V}$, 且 $\mathcal{A}\boldsymbol{\alpha}_i = \boldsymbol{\beta}_i$, $i = 1, 2, 3$. 求

$$T\begin{pmatrix} \boldsymbol{\alpha}_1\, \boldsymbol{\alpha}_2\, \boldsymbol{\alpha}_3 \\ \boldsymbol{\beta}_1\, \boldsymbol{\beta}_2\, \boldsymbol{\beta}_3 \end{pmatrix},\ \boldsymbol{M}(\mathcal{A};\ \boldsymbol{\alpha}_1,\ \boldsymbol{\alpha}_2,\ \boldsymbol{\alpha}_3),\ \boldsymbol{M}(\mathcal{A};\ \boldsymbol{\beta}_1,\ \boldsymbol{\beta}_2,\ \boldsymbol{\beta}_3).$$

9. 设 $i_1, i_2, \cdots, i_n$ 是 $1, 2, \cdots, n$ 的排列. 证明 $\operatorname{diag}(\lambda_1, \lambda_2, \cdots, \lambda_n)$ 与 $\operatorname{diag}(\lambda_{i_1}, \lambda_{i_2}, \cdots, \lambda_{i_n})$ 相似.

10. 设 $\boldsymbol{A}, \boldsymbol{B} \in \boldsymbol{P}^{n\times n}$, 且 $\boldsymbol{A}$ 可逆. 证明 $\boldsymbol{AB}$ 与 $\boldsymbol{BA}$ 相似.

11. 若 $\boldsymbol{A}$ 与 $\boldsymbol{B}$ 相似, $\boldsymbol{C}$ 与 $\boldsymbol{D}$ 相似. 证明 $\begin{pmatrix} \boldsymbol{A} & 0 \\ 0 & \boldsymbol{C} \end{pmatrix}$ 与 $\begin{pmatrix} \boldsymbol{B} & 0 \\ 0 & \boldsymbol{D} \end{pmatrix}$ 相似.

5.4 特征值与特征向量

一个线性变换在不同基下的矩阵不相同. 在什么样的基下的矩阵最简单, 这是我们今后要解决的问题. 线性变换的特征值与特征向量与此问题密切相关, 特征值与特征向量在物理学中也是极为重要的.

定义 5.4.1　设 $\boldsymbol{V}$ 是数域 $\boldsymbol{P}$ 上的 n 维线性空间, $\mathcal{A} \in \mathrm{End}\,\boldsymbol{V}$. $\lambda_0 \in \boldsymbol{P}$ 若有 $\boldsymbol{\xi} \in \boldsymbol{V}$, $\boldsymbol{\xi} \neq 0$ 使得

$$\mathcal{A}\boldsymbol{\xi} = \lambda_0\boldsymbol{\xi} \tag{1}$$

则称 λ_0 是 $\mathcal{A}$ 的**特征值**, $\boldsymbol{\xi}$ 为 $\mathcal{A}$ 的属于特征值 λ_0 的**特征向量**.

从几何上看, 特征向量变换的前后是共线的, 或方向不变 (若 $\lambda_0 > 0$), 或相反 (若 $\lambda_0 < 0$), 或变为零向量 (若 $\lambda_0 = 0$).

显然, $\boldsymbol{V}$ 中任何非零向量都是数乘变换 $\mathcal{A} = k\,\mathrm{id}$ 的属于特征值 k 的特征向量.

平面转动 I_θ (见 5.1 节例 5.3), 在 $\theta = 2k\pi$ $(k \in \mathbf{Z})$ 时, $I_\theta = \mathrm{id}$, 1 为其特征值, 非零向量都是属于 1 的特征向量; $\theta = (2k+1)\pi$ $(k \in \mathbf{Z})$ 时, $I_\theta = -\mathrm{id}$, -1 为其特征值, 非零向量均为属于 -1 的特征向量; 若 $\theta \neq k\pi$ $(k \in \mathbf{Z})$, 则 $I_\theta\boldsymbol{\xi}$, $\boldsymbol{\xi}$ 不共线. 故 I_θ 没有特征值.

定理 5.4.1　设 $\boldsymbol{V}$ 是数域 $\boldsymbol{P}$ 上线性空间, $\mathcal{A} \in \mathrm{End}\,\boldsymbol{V}$, $\lambda_0 \in \boldsymbol{P}$. 令

$$E_{\lambda_0}(\mathcal{A}) = \{\boldsymbol{\xi} \in \boldsymbol{V} | \mathcal{A}\boldsymbol{\xi} = \lambda_0\boldsymbol{\xi}\}. \tag{2}$$

则 $E_{\lambda_0}(\mathcal{A})$ 是$\boldsymbol{V}$ 的子空间, 且

$$\dim E_{\lambda_0}(\mathcal{A}) = \dim \boldsymbol{V} - \mathrm{rank}(\lambda_0\mathrm{id} - \mathcal{A}). \tag{3}$$

又 $E_{\lambda_0}(\mathcal{A})$ 关于下面三个条件等价:

1) λ_0 是 $\mathcal{A}$ 的特征值;

2) $E_{\lambda_0}(\mathcal{A}) \neq \{0\}$, 或 $\dim E_{\lambda_0}(\mathcal{A}) > 0$;

3) $\det(\lambda_0\mathrm{id} - \mathcal{A}) = 0$.

称 $E_{\lambda_0}(\mathcal{A})$ 为 $\mathcal{A}$ 的属于 λ_0 的**特征子空间**.

证　首先, 证 $E_{\lambda_0}(\mathcal{A})$ 为子空间. 事实上, $0 \in E_{\lambda_0}(\mathcal{A})$. 又若 ξ, $\eta \in E_{\lambda_0}(\mathcal{A})$, k, $l \in \boldsymbol{P}$, 则由

$$\mathcal{A}(k\boldsymbol{\xi} + l\boldsymbol{\eta}) = k\mathcal{A}\boldsymbol{\xi} + l\mathcal{A}\boldsymbol{\eta} = \lambda_0(k\boldsymbol{\xi} + l\boldsymbol{\eta})$$

知 $k\boldsymbol{\xi} + l\boldsymbol{\eta} \in E_{\lambda_0}(\mathcal{A})$. 故 $E_{\lambda_0}(\mathcal{A})$ 为$\boldsymbol{V}$ 的子空间.

其次, 证明 (3) 式. 事实上

$$\begin{aligned} E_{\lambda_0}(\mathcal{A}) &= \{\boldsymbol{\xi} \in \boldsymbol{V} | \mathcal{A}\boldsymbol{\xi} = \lambda_0\boldsymbol{\xi}\} \\ &= \{\boldsymbol{\xi} \in \boldsymbol{V} | (\lambda_0\mathrm{id} - \mathcal{A})\boldsymbol{\xi} = 0\} \\ &= \ker(\lambda_0\mathrm{id} - \mathcal{A}). \end{aligned}$$

因而

$$\begin{aligned} \dim E_{\lambda_0}(\mathcal{A}) &= \dim(\ker(\lambda_0\mathrm{id} - \mathcal{A})) \\ &= \dim \boldsymbol{V} - \dim(\lambda_0\mathrm{id} - \mathcal{A})\boldsymbol{V} \\ &= \dim \boldsymbol{V} - \mathrm{rank}(\lambda_0\mathrm{id} - \mathcal{A}). \end{aligned}$$

最后, 证明三个条件的等价性:

1) $\Longrightarrow$ 2) 直接由特征值, 特征向量的定义可得.

2) $\Longrightarrow$ 3) $\dim E_{\lambda_0}(\mathcal{A}) > 0$, 有 $\boldsymbol{\xi} \neq 0$, $\boldsymbol{\xi} \in E_{\lambda_0}(\mathcal{A})$ 使得 $\mathcal{A}\boldsymbol{\xi} = \lambda_0\boldsymbol{\xi}$, 即 $(\lambda_0\mathrm{id} - \mathcal{A})\boldsymbol{\xi} = 0$. 在$\boldsymbol{V}$ 中取基 $\boldsymbol{\alpha}_1, \boldsymbol{\alpha}_2, \cdots, \boldsymbol{\alpha}_n$, 由此知

$$\boldsymbol{M}(\lambda_0\mathrm{id} - \mathcal{A};\ \boldsymbol{\alpha}_1, \cdots, \boldsymbol{\alpha}_n)\mathrm{crd}(\boldsymbol{\xi};\ \boldsymbol{\alpha}_1, \cdots, \boldsymbol{\alpha}_n) = 0.$$

而 $\mathrm{crd}(\boldsymbol{\xi}; \boldsymbol{\alpha}_1, \cdots, \boldsymbol{\alpha}_n) \neq 0$, 故

$$\det(\lambda_0\mathrm{id} - \mathcal{A}) = \det \boldsymbol{M}(\lambda_0\mathrm{id} - \mathcal{A};\ \boldsymbol{\alpha}_1, \cdots, \boldsymbol{\alpha}_n) = 0.$$

3) $\Longrightarrow$ 1) 在 $\boldsymbol{V}$ 中取基 $\boldsymbol{\alpha}_1, \boldsymbol{\alpha}_2, \cdots, \boldsymbol{\alpha}_n$, 于是

$$\det \boldsymbol{M}(\lambda_0\mathrm{id} - \mathcal{A};\ \boldsymbol{\alpha}_1, \cdots, \boldsymbol{\alpha}_n) = \det(\lambda_0\mathrm{id} - \mathcal{A}) = 0.$$

故有 $\boldsymbol{X}_0 \in \boldsymbol{P}^{n\times 1}$, $\boldsymbol{X}_0 \neq 0$ 使

$$\boldsymbol{M}(\lambda_0\mathrm{id} - \mathcal{A};\ \boldsymbol{\alpha}_1, \boldsymbol{\alpha}_2, \cdots, \boldsymbol{\alpha}_n)\boldsymbol{X}_0 = 0.$$

因而 $\boldsymbol{\xi} = (\boldsymbol{\alpha}_1, \boldsymbol{\alpha}_2, \cdots, \boldsymbol{\alpha}_n)\boldsymbol{X}_0 \neq 0$, 且

$$\mathcal{A}\boldsymbol{\xi} = \lambda_0\boldsymbol{\xi}.$$

故 λ_0 为 $\mathcal{A}$ 的特征值, $\boldsymbol{\xi}$ 为对应的特征向量.

这个定理的证明实际上已经将如何求线性变换的特征值、特征向量及特征子空间的方法叙述清楚了. 为更明确, 先引进下面定义.

定义 5.4.2 设 $\boldsymbol{A} \in \boldsymbol{P}^{n\times n}$, λ 是一个文字, 称 $\det(\lambda \boldsymbol{I}_n - \boldsymbol{A})$ 为$\boldsymbol{A}$ 的**特征多项式**, 它的根称为 $\boldsymbol{A}$ 的**特征值** 或**特征根**. 若 λ_0 为$\boldsymbol{A}$ 的特征值, 则称齐次线性方程组

$$(\lambda_0\boldsymbol{I}_n - \boldsymbol{A})\boldsymbol{X} = 0 \tag{4}$$

的非零解为 $\boldsymbol{A}$ 的属于 λ_0 的**特征向量**.

显然, 相似矩阵的特征多项式相等.

事实上, 若 $\boldsymbol{T} \in \boldsymbol{P}^{n\times n}$ 可逆, 则

$$\begin{aligned}\det(\lambda \boldsymbol{I}_n - \boldsymbol{T}^{-1}\boldsymbol{A}\boldsymbol{T}) &= \det \boldsymbol{T}^{-1}(\lambda \boldsymbol{I}_n - \boldsymbol{A})\boldsymbol{T}\\ &= \det(\lambda \boldsymbol{I}_n - \boldsymbol{A}).\end{aligned}$$

由此可知, 若 $\mathcal{A} \in \mathrm{End}\,\boldsymbol{V}$, 则 $\mathcal{A}$ 在任何基下的矩阵的特征多项式是一样的, 称为 $\mathcal{A}$ 的**特征多项式**, 记为 $\det(\lambda\,\mathrm{id} - \mathcal{A})$.

现在将求线性变换 $\mathcal{A}$ 的特征值及特征向量的步骤归纳如下:

1. 在 $\boldsymbol{V}$ 中取一组基 $\boldsymbol{\alpha}_1, \boldsymbol{\alpha}_2, \cdots, \boldsymbol{\alpha}_n$, 求出 $\mathcal{A}$ 在此基下的矩阵

$$\boldsymbol{M}(\mathcal{A};\ \boldsymbol{\alpha}_1,\ \boldsymbol{\alpha}_2,\ \cdots,\ \boldsymbol{\alpha}_n),$$

简记为$\boldsymbol{A}$.

2. 求特征多项式 $\det(\lambda \boldsymbol{I}_n - \boldsymbol{A}) = f(\lambda)$ 的根, 即 $\mathcal{A}$ 的特征值.

3. 对每个特征值 λ_0 解齐次线性方程组 (4), 其基础解系就是 $E_{\lambda_0}(\mathcal{A})$ 的基在 $\boldsymbol{\alpha}_1, \cdots, \boldsymbol{\alpha}_n$ 下的坐标.

例 5.16　设 $\boldsymbol{\varepsilon}_1, \boldsymbol{\varepsilon}_2, \boldsymbol{\varepsilon}_3$ 为 $\boldsymbol{V}$ 的基, $\mathcal{A} \in \operatorname{End} \boldsymbol{V}$, 且

$$\boldsymbol{M}(\mathcal{A};\ \boldsymbol{\varepsilon}_1,\ \boldsymbol{\varepsilon}_2,\ \boldsymbol{\varepsilon}_3) = \boldsymbol{A} = \begin{pmatrix} 1 & 2 & 2 \\ 2 & 1 & 2 \\ 2 & 2 & 1 \end{pmatrix}.$$

求 $\mathcal{A}$ 的特征值与特征向量.

解　特征多项式

$$\begin{aligned}
&|\lambda \boldsymbol{I}_3 - \boldsymbol{A}| \\
=&\begin{vmatrix} \lambda-1 & -2 & -2 \\ -2 & \lambda-1 & -2 \\ -2 & -2 & \lambda-1 \end{vmatrix} = (\lambda-5)\begin{vmatrix} 1 & 1 & 1 \\ -2 & \lambda-1 & -2 \\ -2 & -2 & \lambda-1 \end{vmatrix} \\
=&(\lambda-5)\begin{vmatrix} 1 & 1 & 1 \\ 0 & \lambda+1 & 0 \\ 0 & 0 & \lambda+1 \end{vmatrix} = (\lambda-5)(\lambda+1)^2
\end{aligned}$$

的根为 -1 (二重) 与 5, 即 $\mathcal{A}$ 的特征值为 -1, 5.

$\lambda = -1$ 时, 齐次线性方程组

$$\begin{pmatrix} -2 & -2 & -2 \\ -2 & -2 & -2 \\ -2 & -2 & -2 \end{pmatrix}\begin{pmatrix} x_1 \\ x_2 \\ x_3 \end{pmatrix} = 0$$

有基础解系

$$\begin{pmatrix} 1 \\ -1 \\ 0 \end{pmatrix},\quad \begin{pmatrix} 1 \\ 0 \\ -1 \end{pmatrix}.$$

故 $E_{-1}(\mathcal{A})$ 有基 $\boldsymbol{\varepsilon}_1 - \boldsymbol{\varepsilon}_2,\ \boldsymbol{\varepsilon}_1 - \boldsymbol{\varepsilon}_3$.

$\lambda = 5$ 时, 齐次线性方程组

$$\begin{pmatrix} 4 & -2 & -2 \\ -2 & 4 & -2 \\ -2 & -2 & 4 \end{pmatrix} \begin{pmatrix} x_1 \\ x_2 \\ x_3 \end{pmatrix} = 0$$

有基础解系 $(1\ 1\ 1)'$.

故 $E_5(\mathcal{A})$ 有基 $\boldsymbol{\varepsilon}_1 + \boldsymbol{\varepsilon}_2 + \boldsymbol{\varepsilon}_3$.

注 易知 $\boldsymbol{\varepsilon}_1 - \boldsymbol{\varepsilon}_2$, $\boldsymbol{\varepsilon}_1 - \boldsymbol{\varepsilon}_3$, $\boldsymbol{\varepsilon}_1 + \boldsymbol{\varepsilon}_2 + \boldsymbol{\varepsilon}_3$ 也是$\boldsymbol{V}$ 的基. $\mathcal{A}$ 在此基下的矩阵为 $\mathrm{diag}(-1,\ -1,\ 5)$, 特别简单.

例 5.17 求 $\boldsymbol{P}[x]_n$ 的线性变换 $\mathcal{D} = \dfrac{\mathrm{d}}{\mathrm{d}x}$ 的特征值及特征向量.

解 在 $\boldsymbol{P}[x]_n$ 中取基 $1,\ x,\ \cdots,\ x^{n-1}$. $\mathcal{D}$ 在此基下的矩阵为

$$\boldsymbol{D} = \begin{pmatrix} 0 & 1 & 0 & \cdots & 0 \\ & 0 & 2 & \cdots & 0 \\ & & \ddots & \ddots & \vdots \\ & & & 0 & n-1 \\ & & & & 0 \end{pmatrix}.$$

故 $\mathcal{D}$ 的特征多项式为

$$\det(\lambda \boldsymbol{I}_n - \boldsymbol{D}) = \lambda^n.$$

故 $\mathcal{D}$ 的特征值为 0. 又

$$-\boldsymbol{D}\boldsymbol{X} = 0$$

的基础解系为 $(1,\ 0,\ \cdots,\ 0)'$. 故 $\mathcal{D} = \dfrac{\mathrm{d}}{\mathrm{d}x}$ 的特征向量为常数 $k\ (\neq 0)$, 这与微分学中结果一致.

例 5.18 求平面旋转变换 I_θ (见 5.1 节中例 5.3) 的特征值与特征向量.

解 在直角坐标系中, I_θ 的矩阵为

$$\begin{pmatrix} \cos\theta & -\sin\theta \\ \sin\theta & \cos\theta \end{pmatrix}.$$

于是 I_θ 的特征多项式为 $\lambda^2 - 2\lambda\cos\theta + 1$. 因

$$4\cos^2\theta - 4 = 4(\cos^2\theta - 1) \leqslant 0.$$

取 "$<$" 时, 无特征值. 取 "$=$" 时有特征值, 此时 $\cos\theta = \pm 1$, 即 $\theta = 2k\pi$ 或 $\theta = (2k+1)\pi$, 此时 $I_\theta = \mathrm{id}$ 或 $I_\theta = -\mathrm{id}$, 特征值分别为 $1,\ -1$. 平面上任何非零向量都是特征向量.

为了讨论方阵的特征多项式的性质, 我们需要将矩阵的概念推广. 设$\boldsymbol{P}$ 为数域, λ 为一文字. 以 $\boldsymbol{P}[\lambda]^{n\times n}$ 表示以 λ 的多项式为元素的 n 阶方阵的集合. 显然, $\boldsymbol{P}^{n\times n}\subset \boldsymbol{P}[\lambda]^{n\times n}$. 在 $\boldsymbol{P}[\lambda]^{n\times n}$ 中也可定义加法, 乘法及矩阵与多项式的乘法, 而且与 $\boldsymbol{P}^{n\times n}$ 中相应运算有相同的规律. 但要注意 $\boldsymbol{A}(\lambda)\in \boldsymbol{P}[\lambda]^{n\times n}$, $\boldsymbol{A}(\lambda)$ 可逆当且仅当 $\det \boldsymbol{A}(\lambda)$ 为非零常数.

设 $\boldsymbol{A}(\lambda)=(a_{i\,j}(\lambda))\in \boldsymbol{P}[\lambda]^{n\times n}$, 其中

$$a_{i\,j}(\lambda)=\sum_{k=0}^{m}a_{i\,j\,k}\lambda^k,\ 1\leqslant i,\ j\leqslant n.$$

令

$$\boldsymbol{A}_k=(a_{i\,j\,k}),\quad 0\leqslant k\leqslant m.$$

于是

$$\boldsymbol{A}(\lambda)=\sum_{k=0}^{m}\boldsymbol{A}_k\lambda^k.$$

故 $\boldsymbol{A}_0, \boldsymbol{A}_1, \cdots, \boldsymbol{A}_m$ 由 $\boldsymbol{A}(\lambda)$ 唯一决定. 又设 $\boldsymbol{B}(\lambda)=\sum\limits_{k=0}^{m}\boldsymbol{B}_k\lambda^k$, 则

$$\boldsymbol{A}(\lambda)+\boldsymbol{B}(\lambda)=\sum_{k=0}^{m}(\boldsymbol{A}_k+\boldsymbol{B}_k)\lambda^k, \tag{5}$$

$$\boldsymbol{A}(\lambda)\boldsymbol{B}(\lambda)=\sum_{t=0}^{2m}\sum_{k+l=t}\boldsymbol{A}_k\boldsymbol{B}_l\lambda^t. \tag{6}$$

第一个式子是显然的. 又

$$\begin{aligned}\operatorname{ent}_{i\,j}(\boldsymbol{A}(\lambda)\boldsymbol{B}(\lambda))&=\sum_{j_1=1}^{n}a_{i\,j_1}(\lambda)b_{j_1\,j}(\lambda)=\sum_{j_1=1}^{n}\sum_{t=0}^{2m}\sum_{k+l=t}a_{i\,j_1\,k}b_{j_1\,j\,l}\lambda^t\\&=\sum_{t=0}^{2m}\sum_{k+l=t}\operatorname{ent}_{i\,j}(\boldsymbol{A}_k\boldsymbol{B}_l)\lambda^t=\operatorname{ent}_{i\,j}\left(\sum_{t=0}^{2m}\sum_{k+l=t}\boldsymbol{A}_k\boldsymbol{B}_l\lambda^t\right).\end{aligned}$$

故第二个式子也成立.

这样, $\boldsymbol{P}[\lambda]^{n\times n}$ 中元素也可看成以矩阵为系数的多项式, 其中运算类似于多项式的运算.

例 5.19

$$\begin{aligned}&\begin{pmatrix}\lambda-1 & -2 & -2\\ -2 & \lambda-1 & -2\\ -2 & -2 & \lambda-1\end{pmatrix}\\=&\lambda\begin{pmatrix}1&0&0\\0&1&0\\0&0&1\end{pmatrix}-\begin{pmatrix}1&2&2\\2&1&2\\2&2&1\end{pmatrix}\cdot\begin{pmatrix}\lambda^2+2\lambda+1 & \lambda+1 & 0\\ \lambda+1 & \lambda^2+1 & \lambda^2\\ 2\lambda & 3\lambda & \lambda^2+1\end{pmatrix}\\=&\lambda^2\begin{pmatrix}1&0&0\\0&1&1\\0&0&1\end{pmatrix}+\lambda\begin{pmatrix}2&1&0\\1&0&0\\2&3&0\end{pmatrix}+\begin{pmatrix}1&1&0\\1&1&0\\0&0&1\end{pmatrix}.\end{aligned}$$

定理 5.4.2 (Hamilton-Caylay) 设 $\boldsymbol{A}\in\boldsymbol{P}^{n\times n}$, $f(\lambda)=\det(\lambda\boldsymbol{I}_n-\boldsymbol{A})=\lambda^n+a_1\lambda^{n-1}+\cdots+a_{n-1}\lambda+a_n$, 则

$$f(\boldsymbol{A})=\boldsymbol{A}^n+a_1\boldsymbol{A}^{n-1}+\cdots+a_{n-1}\boldsymbol{A}+a_n\boldsymbol{I}_n=0.$$

证 设 $\boldsymbol{B}(\lambda)=(\lambda\boldsymbol{I}_n-\boldsymbol{A})^*$, 即为 $\lambda\boldsymbol{I}_n-\boldsymbol{A}$ 的伴随方阵, 于是 $\mathrm{ent}_{ij}\boldsymbol{B}(\lambda)\in\boldsymbol{P}[\lambda]$ 是 $\mathrm{ent}_{ij}(\lambda\boldsymbol{I}_n-\boldsymbol{A})$ 的代数余子式. 因而 $\deg(\mathrm{ent}_{ij}\boldsymbol{B}(\lambda))\leqslant n-1$. 于是

$$\boldsymbol{B}(\lambda)=\lambda^{n-1}\boldsymbol{B}_0+\lambda^{n-2}\boldsymbol{B}_1+\cdots+\boldsymbol{B}_{n-1},\ \boldsymbol{B}_i\in\boldsymbol{P}^{n\times n}.$$

又

$$\boldsymbol{B}(\lambda)(\lambda\boldsymbol{I}_n-\boldsymbol{A})=f(\lambda)\boldsymbol{I}_n,$$

故

$$\begin{aligned}&(\lambda^{n-1}\boldsymbol{B}_0+\lambda^{n-2}\boldsymbol{B}_1+\cdots+\boldsymbol{B}_{n-1})(\lambda\boldsymbol{I}_n-\boldsymbol{A})\\=&\lambda^n\boldsymbol{I}_n+\lambda^{n-1}a_1\boldsymbol{I}_n+\cdots+a_n\boldsymbol{I}_n,\end{aligned}$$

即有

$$\begin{cases}\boldsymbol{B}_0 &= \boldsymbol{I}_n\\ \boldsymbol{B}_1-\boldsymbol{B}_0\boldsymbol{A} &= a_1\boldsymbol{I}_n,\\ \cdots\cdots\cdots\cdots & \\ \boldsymbol{B}_{n-1}-\boldsymbol{B}_{n-2}\boldsymbol{A} &= a_{n-1}\boldsymbol{I}_n,\\ -\boldsymbol{B}_{n-1}\boldsymbol{A} &= a_n\boldsymbol{I}_n.\end{cases}$$

以 $\boldsymbol{A}^n$, $\boldsymbol{A}^{n-1}$, $\cdots$, $\boldsymbol{A}$, $\boldsymbol{I}_n$ 依次右乘上面第 1 式, 第 2 式, $\cdots\cdots$, 第 n 式与第 $n+1$ 式, 再相加. 左面为 0, 右面为 $f(\boldsymbol{A})$. 于是定理成立.

推论 1　设 $\mathcal{A}$ 是 n 维线性空间的线性变换，$f(\lambda)$ 是 $\mathcal{A}$ 的特征多项式，则 $f(\mathcal{A})=0$.

推论 2　设 $\mathcal{A}$ 是 n 维线性空间的线性变换，$d_{\mathcal{A}}(\lambda)$ 是 $\mathcal{A}$ 的最低多项式，则 $\deg d_{\mathcal{A}}(\lambda)\leqslant n$.

事实上，$f(\lambda)$ 为 $\mathcal{A}$ 的特征多项式，而 $d_{\mathcal{A}}(\lambda)|f(\lambda)$，故 $\deg d_{\mathcal{A}}(\lambda)\leqslant n$.

注　这种证明实际上已经把 $\boldsymbol{P}[\lambda]^{n\times n}$ 中元素看成以矩阵为系数的多项式了. 严格地讲应该讨论这种多项式的运算及其规律. 下面的证明可以避免这样的讨论.

只要将 $\boldsymbol{A}$ 看成复方阵来证明本定理即可.

设 $\boldsymbol{A}\in\mathbf{C}^{n\times n}$，$f_{\boldsymbol{A}}(\lambda)=\det(\lambda\boldsymbol{I}_n-\boldsymbol{A})$.

$n=1$ 时，结论自然成立. 设 $n-1$ 时结论也成立. 设 λ_1 是 $\boldsymbol{A}$ 的一个特征值，于是有可逆矩阵 $\boldsymbol{T}$，使得 $\boldsymbol{T}^{-1}\boldsymbol{A}\boldsymbol{T}=\boldsymbol{B}=\begin{pmatrix}\lambda_1 & \boldsymbol{A}_2\\ 0 & \boldsymbol{A}_1\end{pmatrix}$，其中 $\boldsymbol{A}_1$ 是 $n-1$ 阶方阵. 由此可得

$$f_{\boldsymbol{A}}(\lambda)=f_{\boldsymbol{B}}(\lambda)=(\lambda-\lambda_1)f_{\boldsymbol{A}_1}(\lambda),\quad f_{\boldsymbol{A}_1}(\boldsymbol{A}_1)=0.$$

而

$$f_{\boldsymbol{B}}(\boldsymbol{B})=(\boldsymbol{B}-\lambda_1\boldsymbol{I}_n)f_{\boldsymbol{A}_1}(\boldsymbol{B})=\begin{pmatrix}0 & \boldsymbol{A}_2\\ 0 & \boldsymbol{A}_1-\lambda_1\boldsymbol{I}_{n-1}\end{pmatrix}\begin{pmatrix}f_{\boldsymbol{A}_1}(\lambda_1) & \boldsymbol{A}_3\\ 0 & f_{\boldsymbol{A}_1}(\boldsymbol{A}_1)\end{pmatrix}=0.$$

于是 $f_{\boldsymbol{A}}(\boldsymbol{A})=\boldsymbol{T}f_{\boldsymbol{B}}(\boldsymbol{B})\boldsymbol{T}^{-1}=0$.

习　题

1. 设 $\boldsymbol{V}$ 是复数域 $\mathbf{C}$ 上线性空间，$\mathcal{A}\in\operatorname{End}\boldsymbol{V}$. 已知 $\mathcal{A}$ 在某组基下矩阵 $\boldsymbol{A}$ (如下). 求 $\mathcal{A}$ 的特征值与特征向量.

1) $\begin{pmatrix}3 & 4\\ 5 & 2\end{pmatrix}$;　　2) $\begin{pmatrix}0 & a\\ -a & 0\end{pmatrix}$;

3) $\begin{pmatrix}1 & 1 & 1 & 1\\ 1 & 1 & -1 & -1\\ 1 & -1 & 1 & -1\\ 1 & -1 & -1 & 1\end{pmatrix}$;　　4) $\begin{pmatrix}0 & 0 & 1\\ 0 & 1 & 0\\ 1 & 0 & 0\end{pmatrix}$;

5) $\begin{pmatrix}5 & 6 & -3\\ -1 & 0 & 1\\ 1 & 2 & -1\end{pmatrix}$;　　6) $\begin{pmatrix}0 & 2 & 1\\ -2 & 0 & 3\\ -1 & -3 & 0\end{pmatrix}$;

7) $\begin{pmatrix} 3 & 1 & 0 \\ -4 & -1 & 0 \\ 4 & -8 & -2 \end{pmatrix}$; 8) $\begin{pmatrix} 1 & 4 & 2 \\ 0 & -3 & 4 \\ 0 & 4 & 3 \end{pmatrix}$.

2. $\boldsymbol{A}$ 如上面习题 1 之 8). 求 $\boldsymbol{A}^k$.

3. 设 λ_1, λ_2 是线性变换 $\mathcal{A}$ 的两个不同特征值, $\boldsymbol{\alpha}_1$ 与 $\boldsymbol{\alpha}_2$ 分别为属于 λ_1, λ_2 的特征向量. 试证 $\boldsymbol{\alpha}_1+\boldsymbol{\alpha}_2$ 不是 $\mathcal{A}$ 的特征向量.

4. 设 $\mathcal{A}\in \operatorname{End}\boldsymbol{V}$. 若 $\forall\boldsymbol{\alpha}\in\boldsymbol{V}$, $\boldsymbol{\alpha}\neq 0$ 都是 $\mathcal{A}$ 的特征向量, 则 $\mathcal{A}$ 是数乘变换.

5. 设 $\boldsymbol{V}$ 是 $\boldsymbol{P}$ 上 n 维线性空间. $\mathcal{A}\in\operatorname{End}\boldsymbol{V}$, 其特征多项式为 $f(\lambda)=\lambda^n+a_1\lambda^{n-1}+\cdots+a_{n-1}\lambda+a_n$, 则 $a_1=\operatorname{tr}\mathcal{A}$, $a_n=(-1)^n\det\mathcal{A}$.

6. 设 $\boldsymbol{V}$ 是 $\boldsymbol{P}$ 上 n 维线性空间, $\mathcal{A}\in\operatorname{End}\boldsymbol{V}$. 证明 $\mathcal{A}\in GL(\boldsymbol{V})$ 当且仅当存在 $f(\lambda)\in\boldsymbol{P}[\lambda]$, $f(0)\neq 0$ 而 $f(\mathcal{A})=0$.

7. 设 $\mathcal{A}\in GL(\boldsymbol{V})$, 则 $\mathcal{A}$ 的特征值 $\lambda\neq 0$, 且 λ^{-1} 为 $\mathcal{A}^{-1}$ 的特征值.

8. 设 $\mathcal{A}\in\operatorname{End}\boldsymbol{V}$. 证明 $\det\mathcal{A}=0$ 当且仅当 0 为 $\mathcal{A}$ 的特征值.

9. 设 $d_{\mathcal{A}}(\lambda)$ 为线性变换 $\mathcal{A}$ 的最低多项式. 证明 λ_0 是 $\mathcal{A}$ 的特征值当且仅当 $(\lambda-\lambda_0)|d_{\mathcal{A}}(\lambda)$.

10. 设 $\boldsymbol{A}=\begin{pmatrix} 1 & 0 & 0 \\ 1 & 0 & 1 \\ 0 & 1 & 0 \end{pmatrix}$. 证明 $\boldsymbol{A}^n=\boldsymbol{A}^{n-2}+\boldsymbol{A}^2-\boldsymbol{I}_3$, 若 $n\geqslant 3$. 并求 $\boldsymbol{A}^{100}$.

11. 设 λ_0 是线性变换 $\mathcal{A}$ 的特征值, $h(x)\in\boldsymbol{P}[x]$. 证明 $h(\lambda_0)$ 是 $h(\mathcal{A})$ 的特征值.

12. 证明实对称矩阵的特征值为实数.

13. 证明实反对称矩阵的特征值为零或纯虚数.

14. 设 $\boldsymbol{V}$ 是线性空间, 且 $\dim\boldsymbol{V}=n<\infty$. 证明

$$\mathcal{AB}-\mathcal{BA}\neq \mathrm{id}_{\boldsymbol{V}},\quad \forall\mathcal{A},\ \mathcal{B}\in\operatorname{End}\boldsymbol{V}.$$

15. 设 $\boldsymbol{V}=\boldsymbol{P}[x]$ 是数域 $\boldsymbol{P}$ 上一元多项式集构成的线性空间. 证明

1) $\mathcal{A}=\dfrac{\mathrm{d}}{\mathrm{d}x}$, $\mathcal{B}=x\mathrm{id}_{\boldsymbol{V}}$ 都是 $\boldsymbol{V}$ 的线性变换;

2) $\mathcal{AB}-\mathcal{BA}=\mathrm{id}_{\boldsymbol{V}}$.

5.5 具有对角矩阵的线性变换

什么样的线性变换的矩阵可以是对角矩阵, 换句话说什么样的矩阵相似于对角矩阵? 本节将回答这个问题.

定理 5.5.1 设 $\boldsymbol{V}$ 是 $\boldsymbol{P}$ 上 n 维线性空间, $\mathcal{A}\in\operatorname{End}\boldsymbol{V}$. λ_1, λ_2, $\cdots$, λ_k 是 $\mathcal{A}$ 的不同的特征值, $E_{\lambda_i}(\mathcal{A})$ 是 $\mathcal{A}$ 的属于 λ_i 的特征子空间, 则

$$E_{\lambda_1}(\mathcal{A})+E_{\lambda_2}(\mathcal{A})+\cdots+E_{\lambda_k}(\mathcal{A})=E_{\lambda_1}(\mathcal{A})\dot{+}E_{\lambda_2}(\mathcal{A})\dot{+}\cdots\dot{+}E_{\lambda_k}(\mathcal{A}).$$

证 设有 $\boldsymbol{\alpha}_i \in E_{\lambda_i}(\mathcal{A})$, $1 \leqslant i \leqslant k$, 使

$$\boldsymbol{\alpha}_1 + \boldsymbol{\alpha}_2 + \cdots + \boldsymbol{\alpha}_k = 0.$$

于是, 分别以 λ_1 乘上式两端, $\mathcal{A}$ 作用上式两端

$$\lambda_1\boldsymbol{\alpha}_1 + \lambda_1\boldsymbol{\alpha}_2 + \cdots + \lambda_1\boldsymbol{\alpha}_k = 0,$$

$$\lambda_1\boldsymbol{\alpha}_1 + \lambda_2\boldsymbol{\alpha}_2 + \cdots + \lambda_k\boldsymbol{\alpha}_k = 0.$$

因而

$$(\lambda_1 - \lambda_2)\boldsymbol{\alpha}_2 + \cdots + (\lambda_1 - \lambda_k)\boldsymbol{\alpha}_k = 0.$$

再以 λ_2 乘上式两端, $\mathcal{A}$ 作用上式两端后相减

$$(\lambda_2 - \lambda_3)(\lambda_1 - \lambda_3)\boldsymbol{\alpha}_3 + \cdots + (\lambda_2 - \lambda_k)(\lambda_1 - \lambda_k)\boldsymbol{\alpha}_k = 0.$$

如此继续, 有

$$\prod_{i=1}^{k-2}(\lambda_i - \lambda_{k-1})\boldsymbol{\alpha}_{k-1} + \prod_{i=1}^{k-2}(\lambda_i - \lambda_k)\boldsymbol{\alpha}_k = 0,$$

$$\prod_{i=1}^{k-1}(\lambda_i - \lambda_k)\boldsymbol{\alpha}_k = 0.$$

注意 $\lambda_i - \lambda_j \neq 0$, 故有 $\boldsymbol{\alpha}_k = 0$, $\boldsymbol{\alpha}_{k-1} = 0$, $\cdots$, $\boldsymbol{\alpha}_2 = 0$, $\boldsymbol{\alpha}_1 = 0$. 于是由定理 4.9.3 知定理 5.5.1 成立.

推论 设 $1 \leqslant i \leqslant k$, 又 $\boldsymbol{\alpha}_{i\,1}$, $\boldsymbol{\alpha}_{i\,2}$, $\cdots$, $\boldsymbol{\alpha}_{i\,r_i}$ 为 $E_{\lambda_i}(\mathcal{A})$ 中线性无关组, 则 $\boldsymbol{\alpha}_{1\,1}$, $\cdots$, $\boldsymbol{\alpha}_{1\,r_1}$, $\cdots$, $\boldsymbol{\alpha}_{k\,1}$, $\cdots$, $\boldsymbol{\alpha}_{k\,r_k}$ 为 $\boldsymbol{V}$ 中线性无关组.

定理 5.5.2 设 $\boldsymbol{V}$ 是 $\boldsymbol{P}$ 上 n 维线性空间, $\mathcal{A} \in \operatorname{End}\boldsymbol{V}$, 则下面四个条件等价:

1) $\mathcal{A}$ 在某组基下的矩阵是对角矩阵;

2) $\mathcal{A}$ 有 n 个线性无关的特征向量;

3) $\boldsymbol{V} = E_{\lambda_1}(\mathcal{A}) \dot{+} E_{\lambda_2}(\mathcal{A}) \dot{+} \cdots \dot{+} E_{\lambda_k}(\mathcal{A})$, $\lambda_1, \lambda_2, \cdots, \lambda_k$ 是 $\mathcal{A}$ 的不同的特征值;

4) $\mathcal{A}$ 的最低多项式 $d_{\mathcal{A}}(\lambda)$ 为不同的一次因式的积, 即 $d_{\mathcal{A}}(\lambda) = (\lambda - \lambda_1)(\lambda - \lambda_2)\cdots(\lambda - \lambda_k)$.

证 1) $\Longrightarrow$ 2) 设 $\boldsymbol{\alpha}_1, \boldsymbol{\alpha}_2, \cdots, \boldsymbol{\alpha}_n$ 为 $\boldsymbol{V}$ 的基,

$$\boldsymbol{M}(\mathcal{A};\ \boldsymbol{\alpha}_1,\ \cdots,\ \boldsymbol{\alpha}_n) = \operatorname{diag}(\lambda_1,\ \lambda_2,\ \cdots,\ \lambda_n).$$

于是

$$\mathcal{A}\boldsymbol{\alpha}_i = \lambda_i\boldsymbol{\alpha}_i, \quad 1 \leqslant i \leqslant n.$$

即 $\boldsymbol{\alpha}_i$ 是 $\mathcal{A}$ 的特征向量, 自然线性无关.

2) $\Longrightarrow$ 3) 设 $\boldsymbol{\alpha}_1,\ \boldsymbol{\alpha}_2,\ \cdots,\ \boldsymbol{\alpha}_n$ 是 $\mathcal{A}$ 的 n 个线性无关的特征向量, 将它们按所属特征值重新排列

$$\boldsymbol{\alpha}_{1\,1},\ \cdots,\ \boldsymbol{\alpha}_{1\,r_1},\ \boldsymbol{\alpha}_{2\,1},\ \cdots,\ \boldsymbol{\alpha}_{2\,r_2},\ \cdots,\ \boldsymbol{\alpha}_{k\,1},\ \cdots,\ \boldsymbol{\alpha}_{k\,r_k}.$$

其中 $\boldsymbol{\alpha}_{i\,j},\ 1\leqslant j\leqslant r_i$ 是 $\mathcal{A}$ 的属于 λ_i 的特征向量, 而 $\lambda_1,\ \lambda_2,\ \cdots,\ \lambda_k$ 互不相等, 于是有

$$\boldsymbol{V}_{\lambda_i}=L(\boldsymbol{\alpha}_{i\,1},\ \cdots,\ \boldsymbol{\alpha}_{i\,r_i})\subseteq E_{\lambda_i}(\mathcal{A}),\ \ 1\leqslant i\leqslant k.$$

因而

$$\boldsymbol{V}=\sum_{i=1}^{k}\boldsymbol{V}_{\lambda_i}\subseteq\sum_{i=1}^{k}E_{\lambda_i}(\mathcal{A})\subseteq\boldsymbol{V}.$$

故由定理 5.5.1 知

$$\boldsymbol{V}=E_{\lambda_1}(\mathcal{A})\dot{+}E_{\lambda_2}(\mathcal{A})\dot{+}\cdots\dot{+}E_{\lambda_k}(\mathcal{A}).$$

3) $\Longrightarrow$ 4) 令 $d(\lambda)=(\lambda-\lambda_1)(\lambda-\lambda_2)\cdots(\lambda-\lambda_k)$, $d_i(\lambda)=\prod\limits_{j\neq i}(\lambda-\lambda_j)$, 于是 $d(\lambda)=(\lambda-\lambda_i)d_i(\lambda)$.

设 $\boldsymbol{\alpha}\in\boldsymbol{V}$, 于是 $\boldsymbol{\alpha}=\boldsymbol{\alpha}_1+\boldsymbol{\alpha}_2+\cdots+\boldsymbol{\alpha}_k,\ \boldsymbol{\alpha}_i\in E_{\lambda_i}(\mathcal{A})$. 因而

$$d(\mathcal{A})\boldsymbol{\alpha}=\sum_{i=1}^{k}d_i(\mathcal{A})(\mathcal{A}-\lambda_i\mathrm{id})\boldsymbol{\alpha}_i=0,$$

故 $d_{\mathcal{A}}(\lambda)|d(\lambda)$. 但对任何 $i,\ 1\leqslant i\leqslant k$, 取 $\boldsymbol{\alpha}_i\in E_{\lambda_i}(\mathcal{A}),\ \boldsymbol{\alpha}_i\neq 0$, 则

$$d_i(\mathcal{A})\boldsymbol{\alpha}_i=\prod_{j\neq i}(\mathcal{A}-\lambda_j\mathrm{id})\boldsymbol{\alpha}_i=\prod_{j\neq i}(\lambda_i-\lambda_j)\boldsymbol{\alpha}_i\neq 0.$$

因而 $d_{\mathcal{A}}(\lambda)=d(\lambda)=(\lambda-\lambda_1)(\lambda-\lambda_2)\cdots(\lambda-\lambda_k)$.

4) $\Longrightarrow$ 3) 设 $d_{\mathcal{A}}(\lambda)=(\lambda-\lambda_1)(\lambda-\lambda_2)\cdots(\lambda-\lambda_k)$. 令 $d_i(\lambda)=\prod\limits_{j\neq i}(\lambda-\lambda_j)$, $1\leqslant i\leqslant k$. 于是 $d_1(\lambda),\ \cdots,\ d_k(\lambda)$ 互素, 故有 $u_i(\lambda)\in\boldsymbol{P}[\lambda]$ 使得

$$d_1(\lambda)u_1(\lambda)+d_2(\lambda)u_2(\lambda)+\cdots+d_k(\lambda)u_k(\lambda)=1.$$

令

$$\boldsymbol{V}_i=\{d_i(\mathcal{A})u_i(\mathcal{A})\boldsymbol{\alpha}\,|\,\boldsymbol{\alpha}\in\boldsymbol{V}\},$$

显然, $\boldsymbol{V}_i$ 是$\boldsymbol{V}$ 的子空间. 且由

$$\boldsymbol{\alpha}=\mathrm{id}\,\boldsymbol{\alpha}=\sum_{i=1}^{k}d_i(\mathcal{A})u_i(\mathcal{A})\boldsymbol{\alpha}$$

知

$$\boldsymbol{V}=\boldsymbol{V}_1+\boldsymbol{V}_2+\cdots+\boldsymbol{V}_k.$$

又

$$(\mathcal{A}-\lambda_i\mathrm{id})(d_i(\mathcal{A})u_i(\mathcal{A}))\boldsymbol{\alpha}=d_{\mathcal{A}}(\mathcal{A})u_i(\mathcal{A})\boldsymbol{\alpha}=0,$$

于是 $\boldsymbol{V}_i\subseteq E_{\lambda_i}(\mathcal{A})$, $1\leqslant i\leqslant k$. 因而由定理 5.5.1 知

$$\boldsymbol{V}=\sum_{i=1}^{k}\boldsymbol{V}_i\subseteq E_{\lambda_1}(\mathcal{A})\dot{+}E_{\lambda_2}(\mathcal{A})\dot{+}\cdots\dot{+}E_{\lambda_k}(\mathcal{A})\subseteq\boldsymbol{V}.$$

故

$$\boldsymbol{V}=E_{\lambda_1}(\mathcal{A})\dot{+}E_{\lambda_2}(\mathcal{A})\dot{+}\cdots\dot{+}E_{\lambda_k}(\mathcal{A}).$$

3) $\Longrightarrow$ 1) 在 $E_{\lambda_i}(\mathcal{A})$ 中取基 $\boldsymbol{\alpha}_{i1},\cdots,\boldsymbol{\alpha}_{ir_i}$, 则 $\{\boldsymbol{\alpha}_{ij}|1\leqslant i\leqslant k,\ 1\leqslant j\leqslant r_i\}$ 构成$\boldsymbol{V}$ 的基. 由 $\mathcal{A}\boldsymbol{\alpha}_{ij}=\lambda_i\boldsymbol{\alpha}_{ij}$, 知 $\boldsymbol{M}(\mathcal{A};\ \boldsymbol{\alpha}_{11},\cdots,\boldsymbol{\alpha}_{kr_k})=\mathrm{diag}(\lambda_1\boldsymbol{I}_{r_1},\cdots,\lambda_k\boldsymbol{I}_{r_k})$ 为对角矩阵.

推论 1　设 $\lambda_1,\lambda_2,\cdots,\lambda_k$ 为 $\mathcal{A}$ 的不同的特征值, 则 $\mathcal{A}$ 有对角矩阵当且仅当 $\sum\limits_{i=1}^{k}\dim E_{\lambda_i}(\mathcal{A})=\dim\boldsymbol{V}$.

推论 2　设 $\mathcal{A}$ 有对角矩阵, λ_i 为 $\mathcal{A}$ 的特征值, 则 λ_i 是 $\mathcal{A}$ 的特征多项式的 $\dim E_{\lambda_i}(\mathcal{A})$ 重根.

推论 3　$\boldsymbol{V}$ 为 $\boldsymbol{P}$ 上线性空间, $\mathcal{A}\in\mathrm{End}\,\boldsymbol{V}$. 若 $\mathcal{A}$ 的特征多项式在$\boldsymbol{P}$ 中有 $\dim\boldsymbol{V}$ 个不同的根, 则 $\mathcal{A}$ 在某组基下的矩阵为对角矩阵.

特别地, 若 $\boldsymbol{P}=\mathbf{C}$, $\mathcal{A}$ 的特征多项式无重根, 则 $\mathcal{A}$ 在某组基下的矩阵为对角矩阵.

例 5.20　$\mathbf{C}^{n\times n}$ 中矩阵

$$\boldsymbol{A}=\begin{pmatrix}0&1&0&\cdots&0\\0&0&1&\cdots&0\\\vdots&\vdots&\ddots&\ddots&\vdots\\0&0&0&\ddots&1\\1&0&0&\cdots&0\end{pmatrix}$$

是否相似于对角矩阵?

解　$\boldsymbol{A}$ 的特征多项式

$$f(\lambda)=\begin{vmatrix}\lambda&-1&&\\&\ddots&\ddots&\\&&\lambda&-1\\-1&&&\lambda\end{vmatrix}$$

$$
= \lambda \begin{vmatrix} \lambda & -1 & & \\ & \ddots & \ddots & \\ & & \lambda & -1 \\ & & & \lambda \end{vmatrix} + (-1)^n \begin{vmatrix} -1 & & & \\ \lambda & \ddots & & \\ & \ddots & & \\ & & \lambda & -1 \end{vmatrix}
$$

$$
= \lambda^n - 1
$$

有 n 个不同的特征值 $\varepsilon_i = \cos\dfrac{2i\pi}{n} + \sqrt{-1}\sin\dfrac{2i\pi}{n} = \mathrm{e}^{\frac{2i\pi\sqrt{-1}}{n}}$, $0 \leqslant i \leqslant n-1$. 故 $\boldsymbol{A}$ 与对角矩阵 $\mathrm{diag}(\varepsilon_0, \varepsilon_1, \cdots, \varepsilon_{n-1})$ 相似.

这个结果的一种妙用是计算轮换矩阵的行列式. 为此, 我们先计算 $\boldsymbol{A}^k$. 设

$$
\begin{aligned}
\boldsymbol{\alpha}_1 &= (1, 0, 0, \cdots, 0), \\
\boldsymbol{\alpha}_2 &= (0, 1, 0, \cdots, 0), \\
&\cdots\cdots\cdots\cdots \\
\boldsymbol{\alpha}_n &= (0, 0, \cdots, 0, 1).
\end{aligned}
$$

则有

$$
\boldsymbol{A}^k = \begin{pmatrix} \boldsymbol{\alpha}_{k+1} \\ \vdots \\ \boldsymbol{\alpha}_n \\ \boldsymbol{\alpha}_1 \\ \vdots \\ \boldsymbol{\alpha}_k \end{pmatrix}, \quad 1 \leqslant k < n.
$$

特别地, $\boldsymbol{A}^n = \boldsymbol{I}_n$.

例 5.21 求轮换矩阵

$$
\boldsymbol{B} = \begin{pmatrix} a_0 & a_1 & a_2 & \cdots & a_{n-1} \\ a_{n-1} & a_0 & a_1 & \cdots & a_{n-2} \\ a_{n-2} & a_{n-1} & a_0 & \cdots & a_{n-3} \\ \vdots & \vdots & \vdots & & \vdots \\ a_1 & a_2 & a_3 & \cdots & a_0 \end{pmatrix}
$$

的行列式.

解 令 $f(x) = a_0 + a_1 x + a_2 x^2 + \cdots + a_{n-1} x^{n-1}$, 则

$$
\boldsymbol{B} = f(\boldsymbol{A}) = a_0 \boldsymbol{I}_n + a_1 \boldsymbol{A} + a_2 \boldsymbol{A}^2 + \cdots + a_{n-1} \boldsymbol{A}^{n-1}
$$

其中$\boldsymbol{A}$ 如例 5.20 所述. 由例 5.20 知有可逆矩阵$\boldsymbol{T}$ 使

$$\boldsymbol{T}^{-1}\boldsymbol{AT} = \mathrm{diag}(\varepsilon_0,\ \varepsilon_1,\ \cdots,\ \varepsilon_{n-1}).$$

于是

$$\boldsymbol{T}^{-1}\boldsymbol{BT} = f(\boldsymbol{T}^{-1}\boldsymbol{AT}) = \mathrm{diag}(f(\varepsilon_0),\ f(\varepsilon_1),\ \cdots,\ f(\varepsilon_{n-1})).$$

因此

$$\det \boldsymbol{B} = f(\varepsilon_0)f(\varepsilon_1)\cdots f(\varepsilon_{n-1}).$$

注意, $\boldsymbol{A}$ 的属于 ε_i 的特征向量 $\boldsymbol{\xi}_i$ 也是$\boldsymbol{B}$ 的属于 $f(\varepsilon_i)$ 的特征向量, 即

$$E_{\varepsilon_i}(\boldsymbol{A}) \subseteq E_{f(\varepsilon_i)}(\boldsymbol{B}).$$

习　　题

1. 在 5.4 节的习题 1 中哪些矩阵与对角矩阵相似? 若相似于对角矩阵, 求$\boldsymbol{T}$ 使 $\boldsymbol{T}^{-1}\boldsymbol{AT}$ 为对角矩阵.

2. 设 $\boldsymbol{\varepsilon}_1,\ \boldsymbol{\varepsilon}_2,\ \boldsymbol{\varepsilon}_3,\ \boldsymbol{\varepsilon}_4$ 为线性空间 $\boldsymbol{V}$ 的基. $\mathcal{A} \in \mathrm{End}\,\boldsymbol{V}$, 且

$$\boldsymbol{M}(\mathcal{A};\ \boldsymbol{\varepsilon}_1,\ \boldsymbol{\varepsilon}_2,\ \boldsymbol{\varepsilon}_3,\ \boldsymbol{\varepsilon}_4) = \begin{pmatrix} 5 & -2 & -4 & 3 \\ 3 & -1 & -3 & 2 \\ -3 & \dfrac{1}{2} & \dfrac{9}{2} & -\dfrac{5}{2} \\ -10 & 3 & 11 & -7 \end{pmatrix}.$$

   1) 求 $\boldsymbol{M}(\mathcal{A};\ \boldsymbol{\eta}_1,\ \boldsymbol{\eta}_2,\ \boldsymbol{\eta}_3,\ \boldsymbol{\eta}_4)$, 其中

$$(\boldsymbol{\eta}_1,\ \boldsymbol{\eta}_2,\ \boldsymbol{\eta}_3,\ \boldsymbol{\eta}_4) = (\boldsymbol{\varepsilon}_1,\ \boldsymbol{\varepsilon}_2,\ \boldsymbol{\varepsilon}_3,\ \boldsymbol{\varepsilon}_4)\begin{pmatrix} 1 & 2 & 0 & 0 \\ 2 & 3 & 0 & 0 \\ 1 & 1 & 1 & 0 \\ 1 & 0 & 0 & 1 \end{pmatrix}.$$

   2) 求 $\mathcal{A}$ 的特征值与特征向量.
   3) 求可逆矩阵 $\boldsymbol{T}$ 使 $\boldsymbol{T}^{-1}\boldsymbol{AT}$ 为对角矩阵.

3. 设 $\boldsymbol{A} = (a_{ij})$ 是 n 阶下三角矩阵. 证明:
   1) 如果 $i \neq j$ 时, $a_{ii} \neq a_{jj}$, 则$\boldsymbol{A}$ 相似于对角矩阵.
   2) 若 $a_{11} = a_{22} = \cdots = a_{nn}$, 且至少有一个 $a_{i_0 j_0} \neq 0$, $(i_0 > j_0)$, 则$\boldsymbol{A}$ 与对角矩阵不相似.

4. 设 $\varepsilon = \mathrm{e}^{\frac{2\pi\sqrt{-1}}{n}}$, $\varepsilon_i = \varepsilon^i = \mathrm{e}^{\frac{2i\pi\sqrt{-1}}{n}}$, $0 \leqslant i \leqslant n-1$. 证明

$$\begin{pmatrix} \varepsilon_i^0 \\ \varepsilon_i \\ \varepsilon_i^2 \\ \vdots \\ \varepsilon_i^{n-1} \end{pmatrix}$$

是矩阵

$$\begin{pmatrix} 0 & 1 & 0 & \cdots & 0 \\ 0 & 0 & 1 & \cdots & 0 \\ \vdots & \vdots & \ddots & \ddots & \vdots \\ 0 & 0 & 0 & & 1 \\ 1 & 0 & 0 & \cdots & 0 \end{pmatrix}$$

的属于 ε_i 的特征向量.

5. 设 $\boldsymbol{A} \in \mathbf{C}^{n\times n}$. $f(\lambda)$, $d(\lambda)$ 分别为$\boldsymbol{A}$ 的特征多项式, 最低多项式. 证明下面三个条件等价:

1) $\boldsymbol{A}$ 相似于对角矩阵;

2) $(d(\lambda),\ d'(\lambda)) = 1$;

3) $d(\lambda) = f(\lambda)/(f(\lambda),\ f'(\lambda))$.

6. 设 $\boldsymbol{A} \in \boldsymbol{P}^{n\times n}$. 则$\boldsymbol{A}$ 在 $\boldsymbol{P}$ 中有 n 个不同特征值当且仅当有 $\boldsymbol{P}^{n\times n}$ 中可逆矩阵 $\boldsymbol{T}$ 使 $\boldsymbol{T}^{-1}\boldsymbol{A}\boldsymbol{T}$ 为对角矩阵, 且 $\det(\lambda \boldsymbol{I}_n - \boldsymbol{A})$ 为$\boldsymbol{A}$ 的最低多项式.

7. 设 $\boldsymbol{A} \in \mathbf{C}^{n\times n}$, 且有 $m \in \mathbf{N}$ 使得 $\boldsymbol{A}^m = \boldsymbol{I}_n$. 试证$\boldsymbol{A}$ 相似于对角矩阵.

8. 设 $\boldsymbol{V}$ 是 $\boldsymbol{P}$ 上线性空间. $\mathcal{A} \in \mathrm{End}\,\boldsymbol{V}$ 的最低多项式 $d_{\mathcal{A}}(\lambda)$ 有因式分解

$$d_{\mathcal{A}}(\lambda) = p_1(\lambda)p_2(\lambda)\cdots p_k(\lambda),$$

其中 $p_i(\lambda)$ 为不可约因式, 且 $i \neq j$ 时, $(p_i(\lambda),\ p_j(\lambda)) = 1$. 则

$$\boldsymbol{V} = \boldsymbol{E}_1 \dotplus \boldsymbol{E}_2 \dotplus \cdots \dotplus \boldsymbol{E}_k,$$

$\boldsymbol{E}_i = \ker p_i(\mathcal{A})$, 且 $\dim \boldsymbol{E}_i > 0$.

5.6　不变子空间

为研究线性变换, 往往要将其作用的线性空间进行分解, 使此线性变换分解为维数较低的线性空间上的线性变换, 这也是 "分而治之" 的运用.

定义 5.6.1 设 $\boldsymbol{V}$ 是 $\boldsymbol{P}$ 上线性空间, $\mathcal{A} \in \operatorname{End} \boldsymbol{V}$, $\boldsymbol{W}$ 是 $\boldsymbol{V}$ 的子空间. 如果对任何 $\boldsymbol{\alpha} \in \boldsymbol{W}$, 有 $\mathcal{A}\boldsymbol{\alpha} \in \boldsymbol{W}$, 则称$\boldsymbol{W}$ 是 $\mathcal{A}$ 的**不变子空间**, 简称**$\mathcal{A}$-子空间**. 此时 $\mathcal{A}$ 可看作$\boldsymbol{W}$ 的线性变换, 叫做 $\mathcal{A}$ 在$\boldsymbol{W}$ 上的**限制**, 记作 $\mathcal{A}|_{\boldsymbol{W}}$. 即 $\mathcal{A}|_{\boldsymbol{W}} \in \operatorname{End} \boldsymbol{W}$, 且

$$\mathcal{A}|_{\boldsymbol{W}}(\boldsymbol{\alpha}) = \mathcal{A}\boldsymbol{\alpha}, \quad \forall \boldsymbol{\alpha} \in \boldsymbol{W}.$$

例 5.22 零子空间 $\{0\}$ 及$\boldsymbol{V}$ 都是 $\mathcal{A}$ 的不变子空间, 称为**平凡不变子空间**.

例 5.23 $\mathcal{A}$ 的属于 λ_0 的特征子空间 $E_{\lambda_0}(\mathcal{A})$ 是不变子空间.

特别地, $E_0(\mathcal{A}) = \ker \mathcal{A}$ 是不变子空间.

例 5.24 设 $\boldsymbol{W}$ 是 $\mathcal{A}$- 子空间, 则 $\mathcal{A}(\boldsymbol{W}) = \{\mathcal{A}\boldsymbol{\alpha} | \boldsymbol{\alpha} \in \boldsymbol{W}\}$ 也是 $\mathcal{A}$- 子空间, 且 $\mathcal{A}(\boldsymbol{W}) \subseteq \boldsymbol{W}$.

特别地, $\mathcal{A}(\boldsymbol{V})$ 是 $\mathcal{A}$- 子空间, 叫 $\mathcal{A}$ 的**值域** (**像**).

例 5.25 设 $\mathcal{A}, \mathcal{B} \in \operatorname{End} \boldsymbol{V}$, 且 $\mathcal{A}\mathcal{B} = \mathcal{B}\mathcal{A}$, 则 $E_{\lambda_0}(\mathcal{B})$, $\ker \mathcal{B}$ 及 $\mathcal{B}(V)$ 都是 $\mathcal{A}$ 的不变子空间.

事实上, 设 $\boldsymbol{\alpha} \in E_{\lambda_0}(\mathcal{B})$, 则 $\mathcal{B}(\mathcal{A}\boldsymbol{\alpha}) = \mathcal{A}\mathcal{B}\boldsymbol{\alpha} = \lambda_0\mathcal{A}\boldsymbol{\alpha}$, 故 $\mathcal{A}\boldsymbol{\alpha} \in E_{\lambda_0}(\mathcal{B})$. 因而 $E_{\lambda_0}(\mathcal{B})$, $\ker \mathcal{B} = E_0(\mathcal{B})$ 是 $\mathcal{A}$ 的不变子空间.

由 $\mathcal{A}(\mathcal{B}(\boldsymbol{V})) = \mathcal{B}(\mathcal{A}(\boldsymbol{V})) \subseteq \mathcal{B}(\boldsymbol{V})$, 故 $\mathcal{B}(\boldsymbol{V})$ 也是 $\mathcal{A}$ 的不变子空间.

例 5.26 $\boldsymbol{V}$ 的任一子空间都是数乘变换 $k\,\mathrm{id}$ 的不变子空间.

例 5.27 设 $\mathcal{A} \in \operatorname{End} \boldsymbol{V}$, $\boldsymbol{\alpha} \in \boldsymbol{V}$, $\boldsymbol{\alpha} \neq 0$, 则由$\boldsymbol{\alpha}$ 生成的一维子空间 $L(\boldsymbol{\alpha})$ 是 $\mathcal{A}$ 的不变子空间当且仅当$\boldsymbol{\alpha}$ 是 $\mathcal{A}$ 的特征向量.

不变子空间的一些简单性质如下.

1. $\mathcal{A}$- 子空间的和与交仍是 $\mathcal{A}$- 子空间.

设 $\boldsymbol{W}_1$, $\boldsymbol{W}_2$ 是 $\mathcal{A}$- 子空间, 又 $\boldsymbol{\alpha}_i \in \boldsymbol{W}_i$, $i = 1, 2$. 于是 $\mathcal{A}\boldsymbol{\alpha}_i \in \boldsymbol{W}_i$, $i = 1, 2$, 故 $\mathcal{A}(\boldsymbol{\alpha}_1 + \boldsymbol{\alpha}_2) = \mathcal{A}\boldsymbol{\alpha}_1 + \mathcal{A}\boldsymbol{\alpha}_2 \in \boldsymbol{W}_1 + \boldsymbol{W}_2$. 故 $\boldsymbol{W}_1 + \boldsymbol{W}_2$ 是 $\mathcal{A}$- 子空间.

又 $\boldsymbol{\alpha} \in \boldsymbol{W}_1 \cap \boldsymbol{W}_2$, 则 $\mathcal{A}\boldsymbol{\alpha} \in \boldsymbol{W}_i$, 故 $\mathcal{A}\boldsymbol{\alpha} \in \boldsymbol{W}_1 \cap \boldsymbol{W}_2$. $\boldsymbol{W}_1 \cap \boldsymbol{W}_2$ 是 $\mathcal{A}$- 子空间.

2. 设 $\boldsymbol{W} = L(\boldsymbol{\alpha}_1, \boldsymbol{\alpha}_2, \cdots, \boldsymbol{\alpha}_s)$, 则$\boldsymbol{W}$ 为 $\mathcal{A}$- 子空间当且仅当 $\mathcal{A}\boldsymbol{\alpha}_i \in \boldsymbol{W}$, $1 \leqslant i \leqslant s$.

$\boldsymbol{W}$ 为 $\mathcal{A}$- 子空间, 自然 $\mathcal{A}\boldsymbol{\alpha}_i \in \boldsymbol{W}$. 反之, $\boldsymbol{\alpha} \in \boldsymbol{W}$ 有 $\boldsymbol{\alpha} = \sum\limits_{i=1}^{s} k_i\boldsymbol{\alpha}_i$. 于是 $\mathcal{A}\boldsymbol{\alpha} = \sum\limits_{i=1}^{s} k_i\mathcal{A}\boldsymbol{\alpha}_i \in \boldsymbol{W}$.

3. 若 $\dim \boldsymbol{V} < \infty$, $\mathcal{A} \in \operatorname{End} \boldsymbol{V}$, 则

$$\dim \boldsymbol{V} = \dim \ker \mathcal{A} + R(\mathcal{A}). \tag{1}$$

证 在 $\ker\mathcal{A}$ 中取基 $\boldsymbol{\alpha}_1, \boldsymbol{\alpha}_2, \cdots, \boldsymbol{\alpha}_r$ 并扩充为 $\boldsymbol{V}$ 的基 $\boldsymbol{\alpha}_1, \cdots, \boldsymbol{\alpha}_r, \boldsymbol{\beta}_1, \cdots, \boldsymbol{\beta}_s$, 于是$\boldsymbol{\alpha}\in\boldsymbol{V}$ 有唯一的分解 $\boldsymbol{\alpha}=\sum\limits_{i=1}^{r}x_i\boldsymbol{\alpha}_i+\sum\limits_{j=1}^{s}y_j\boldsymbol{\beta}_j$. 故

$$\mathcal{A}\boldsymbol{\alpha}=\sum_{j=1}^{s}y_j\mathcal{A}\boldsymbol{\beta}_j.$$

因而 $\mathcal{A}(\boldsymbol{V})=L(\mathcal{A}\boldsymbol{\beta}_1, \mathcal{A}\boldsymbol{\beta}_2, \cdots, \mathcal{A}\boldsymbol{\beta}_s)$. 若

$$\sum_{j=1}^{s}k_j\mathcal{A}\boldsymbol{\beta}_j=0,$$

则

$$\mathcal{A}\left(\sum_{j=1}^{s}k_j\boldsymbol{\beta}_j\right)=0.$$

故

$$\sum_{j=1}^{s}k_j\boldsymbol{\beta}_j\in\ker\mathcal{A}\cap L(\boldsymbol{\beta}_1, \boldsymbol{\beta}_2, \cdots, \boldsymbol{\beta}_s)=\{0\}.$$

因而 $k_j=0,\ 1\leqslant j\leqslant s$. 故 $\mathcal{A}\boldsymbol{\beta}_1, \mathcal{A}\boldsymbol{\beta}_2, \cdots, \mathcal{A}\boldsymbol{\beta}_s$ 线性无关为 $\mathcal{A}(\boldsymbol{V})$ 的基. 因此 $\dim\mathcal{A}(\boldsymbol{V})=s=R(\mathcal{A})$. 性质 3 成立.

其实, 由 $\boldsymbol{V}/\ker\mathcal{A}$ 与 $\mathcal{A}(\boldsymbol{V})$ 同构即可证此性质.

定理 5.6.1 设 $\boldsymbol{P}$ 上 n 维线性空间$\boldsymbol{V}$ 有直和分解 $\boldsymbol{V}=\boldsymbol{W}_1\dot{+}\boldsymbol{W}_2$. 又 $\boldsymbol{\alpha}_1, \cdots, \boldsymbol{\alpha}_k$ 与 $\boldsymbol{\alpha}_{k+1}, \cdots, \boldsymbol{\alpha}_n$ 分别为 $\boldsymbol{W}_1$ 与 $\boldsymbol{W}_2$ 的基, $\mathcal{A}\in\operatorname{End}\boldsymbol{V}$, 则

1) $\boldsymbol{W}_1$ 为 $\mathcal{A}$ 的不变子空间当且仅当

$$\boldsymbol{M}(\mathcal{A};\ \boldsymbol{\alpha}_1, \cdots, \boldsymbol{\alpha}_k, \boldsymbol{\alpha}_{k+1}, \cdots, \boldsymbol{\alpha}_n)=\begin{pmatrix}\boldsymbol{A}_1 & \boldsymbol{A}_3\\ 0 & \boldsymbol{A}_2\end{pmatrix}. \tag{2}$$

此时

$$\boldsymbol{A}_1=\boldsymbol{M}(\mathcal{A}|_{\boldsymbol{W}_1};\ \boldsymbol{\alpha}_1, \cdots, \boldsymbol{\alpha}_k).$$

2) $\boldsymbol{W}_1, \boldsymbol{W}_2$ 都是 $\mathcal{A}$ 的不变子空间当且仅当 (2) 式中矩阵 $\boldsymbol{A}_3=0$, 此时 $\boldsymbol{A}_2=\boldsymbol{M}(\mathcal{A}|_{\boldsymbol{W}_2};\ \boldsymbol{\alpha}_{k+1}, \cdots, \boldsymbol{\alpha}_n)$.

证 1) $\boldsymbol{W}_1$ 为 $\mathcal{A}$- 子空间当且仅当 $\mathcal{A}\boldsymbol{\alpha}_j\in\boldsymbol{W}_1,\ 1\leqslant j\leqslant k$ 当且仅当

$$\operatorname{ent}_{ij}\boldsymbol{M}(\mathcal{A};\ \boldsymbol{\alpha}_1, \cdots, \boldsymbol{\alpha}_n)=0,\ i>k,\ 1\leqslant j\leqslant k.$$

当且仅当 (2) 式成立. 此时, $\boldsymbol{A}_1=\boldsymbol{M}(\mathcal{A}|_{\boldsymbol{W}_1};\ \boldsymbol{\alpha}_1, \cdots, \boldsymbol{\alpha}_k)$.

2) $\boldsymbol{W}_1$, $\boldsymbol{W}_2$ 为 $\mathcal{A}$- 子空间, 当且仅当 $\mathcal{A}\boldsymbol{\alpha}_j \in \boldsymbol{W}_1$, $1 \leqslant j \leqslant k$; $\mathcal{A}\boldsymbol{\alpha}_j \in \boldsymbol{W}_2$, $k+1 \leqslant j \leqslant n$ 当且仅当

$$\mathrm{ent}_{ij}\boldsymbol{M}(\mathcal{A};\ \boldsymbol{\alpha}_1,\ \cdots,\ \alpha_n) = 0,\ i > k,\ 1 \leqslant j \leqslant k;$$

$$\mathrm{ent}_{ij}\boldsymbol{M}(\mathcal{A};\ \boldsymbol{\alpha}_1,\ \cdots,\ \boldsymbol{\alpha}_n) = 0,\ i < k,\ k+1 \leqslant j \leqslant n.$$

即 (2) 式中 $\boldsymbol{A}_3 = 0$. 此时 $\boldsymbol{A}_2 = \boldsymbol{M}(\mathcal{A}|_{\boldsymbol{W}_2};\ \boldsymbol{\alpha}_{k+1},\ \cdots,\ \boldsymbol{\alpha}_n)$.

推论 1　$\boldsymbol{V}$ 可分解为 $\mathcal{A}$ 的不变子空间的直和

$$\boldsymbol{V} = \boldsymbol{V}_1 \dot{+} \boldsymbol{V}_2 \dot{+} \cdots \dot{+} \boldsymbol{V}_s, \tag{3}$$

当且仅当 $\mathcal{A}$ 在某组基下的矩阵为准对角矩阵

$$\mathrm{diag}(\boldsymbol{A}_1,\ \boldsymbol{A}_2,\ \cdots,\ \boldsymbol{A}_s),$$

其中 $\boldsymbol{A}_i$ 为 $\mathcal{A}|_{\boldsymbol{V}_i}$ 在相应基下的矩阵.

这是定理 5.6.1 的 2) 的直接推论.

推论 2　若$\boldsymbol{V}$ 分解为 $\mathcal{A}$ 的不变子空间的直和 (3), 分别以 $f(\lambda)$, $f_i(\lambda)$ 记 $\mathcal{A}$, $\mathcal{A}|_{\boldsymbol{V}_i}$ 的特征多项式, 以 $d(\lambda)$, $d_i(\lambda)$ 记 $\mathcal{A}$, $\mathcal{A}|_{\boldsymbol{V}_i}$ 的最低多项式, 则

$$f(\lambda) = f_1(\lambda)f_2(\lambda)\cdots f_s(\lambda); \tag{4}$$

$$d(\lambda) = [d_1(\lambda),\ d_2(\lambda),\ \cdots,\ d_s(\lambda)]. \tag{5}$$

证　由 $\mathcal{A}$ 在某组基下的矩阵为

$$\boldsymbol{A} = \mathrm{diag}(\boldsymbol{A}_1,\ \boldsymbol{A}_2,\ \cdots,\ \boldsymbol{A}_s),$$

$\boldsymbol{A}_i$ 为 $\mathcal{A}|_{\boldsymbol{V}_i}$ 的矩阵. 于是

$$f(\lambda) = \det(\lambda\boldsymbol{I}_n - \boldsymbol{A}) = \prod_{i=1}^{s}\det(\lambda\boldsymbol{I}_{n_i} - \boldsymbol{A}_i) = \prod_{i=1}^{s} f_i(\lambda).$$

令 $g(\lambda) = [d_1(\lambda),\ d_2(\lambda),\ \cdots,\ d_s(\lambda)]$, 于是

$$g(\boldsymbol{A}) = \mathrm{diag}(g(\boldsymbol{A}_1),\ g(\boldsymbol{A}_2),\ \cdots,\ g(\boldsymbol{A}_s)) = 0.$$

因而 $d(\lambda)|g(\lambda)$. 另一方面

$$0 = d(\boldsymbol{A}) = \mathrm{diag}(d(\boldsymbol{A}_1),\ d(\boldsymbol{A}_2),\ \cdots,\ d(\boldsymbol{A}_s)).$$

于是 $d_i(\lambda)|d(\lambda)$, 即 $g(\lambda)|d(\lambda)$. 因而 $g(\lambda) = d(\lambda)$.

定理 5.6.2 设 $\boldsymbol{V}$ 是 $\boldsymbol{P}$ 上 n 维线性空间, $\mathcal{A}\in \operatorname{End}\boldsymbol{V}$, $\boldsymbol{W}$ 是 $\mathcal{A}$ 的不变子空间, π 是$\boldsymbol{V}$ 到商空间 $\boldsymbol{V}/\boldsymbol{W}$ 上的自然同态. 则存在唯一的 $\bar{\mathcal{A}}\in \operatorname{End}\boldsymbol{V}/\boldsymbol{W}$ 使得

$$\bar{\mathcal{A}}\pi=\pi\mathcal{A}. \tag{6}$$

$$\begin{array}{ccc}\boldsymbol{V} & \xrightarrow{\mathcal{A}} & \boldsymbol{V}\\ \pi\downarrow & & \downarrow\pi\\ \boldsymbol{V}/\boldsymbol{W} & \xrightarrow{\bar{\mathcal{A}}} & \boldsymbol{V}/\boldsymbol{W}\end{array}$$

在 $\boldsymbol{V}$ 中可取基, 使 $\mathcal{A}$ 的矩阵如 (2) 式, $\boldsymbol{A}_1$ 为 $\mathcal{A}|_{\boldsymbol{W}}$ 的矩阵, $\boldsymbol{A}_2$ 为 $\bar{\mathcal{A}}$ 的矩阵.

我们称 $\bar{\mathcal{A}}$ 为 $\mathcal{A}$ 在 $\boldsymbol{V}/\boldsymbol{W}$ 上**诱导的**线性变换.

证 由于$\boldsymbol{V}/\boldsymbol{W}$ 中元素都可以表示为 $\pi(\boldsymbol{\alpha})$, $\boldsymbol{\alpha}\in\boldsymbol{V}$ 的形式, 故在 $\boldsymbol{V}/\boldsymbol{W}$ 中定义映射 $\bar{\mathcal{A}}$ 为

$$\bar{\mathcal{A}}(\pi(\boldsymbol{\alpha}))=\pi(\mathcal{A}(\boldsymbol{\alpha})).$$

若 $\pi(\boldsymbol{\alpha}_1)=\pi(\boldsymbol{\alpha}_2)$, 即 $\boldsymbol{\alpha}_1-\boldsymbol{\alpha}_2\in\boldsymbol{W}$. 又$\boldsymbol{W}$ 是 $\mathcal{A}$- 子空间, 故 $\mathcal{A}(\boldsymbol{\alpha}_1-\boldsymbol{\alpha}_2)=\mathcal{A}(\boldsymbol{\alpha}_1)-\mathcal{A}(\boldsymbol{\alpha}_2)\in\boldsymbol{W}$. 因而 $\pi(\mathcal{A}(\boldsymbol{\alpha}_1))=\pi(\mathcal{A}(\boldsymbol{\alpha}_2))$, 即有

$$\bar{\mathcal{A}}(\pi(\boldsymbol{\alpha}_1))=\bar{\mathcal{A}}(\pi(\boldsymbol{\alpha}_2)).$$

$\bar{\mathcal{A}}$ 确为 $\boldsymbol{V}/\boldsymbol{W}$ 上的单值映射.

又若 $\pi(\boldsymbol{\alpha})$, $\pi(\boldsymbol{\beta})\in\boldsymbol{V}/\boldsymbol{W}$, k, $l\in\boldsymbol{P}$. 则

$$\begin{aligned}\bar{\mathcal{A}}(k\pi(\boldsymbol{\alpha})+l\pi(\boldsymbol{\beta}))&=\bar{\mathcal{A}}(\pi(k\boldsymbol{\alpha}+l\boldsymbol{\beta}))=\pi(\mathcal{A}(k\boldsymbol{\alpha}+l\boldsymbol{\beta}))\\&=k\pi(\mathcal{A}\boldsymbol{\alpha})+l\pi(\mathcal{A}\boldsymbol{\beta})=k\bar{\mathcal{A}}(\pi(\boldsymbol{\alpha}))+l\bar{\mathcal{A}}(\pi(\boldsymbol{\beta})).\end{aligned}$$

故 $\bar{\mathcal{A}}\in \operatorname{End}\boldsymbol{V}/\boldsymbol{W}$.

又若 $\bar{\mathcal{B}}\in \operatorname{End}\boldsymbol{V}/\boldsymbol{W}$ 使得 $\bar{\mathcal{B}}\pi=\pi\mathcal{A}$, 于是

$$\bar{\mathcal{B}}(\pi(\boldsymbol{\alpha}))=\pi(\mathcal{A}\boldsymbol{\alpha})=\bar{\mathcal{A}}(\pi(\boldsymbol{\alpha})),\ \forall\pi(\boldsymbol{\alpha})\in\boldsymbol{V}/\boldsymbol{W}.$$

故 $\bar{\mathcal{B}}=\bar{\mathcal{A}}$. 故 $\mathcal{A}$ 在 $\boldsymbol{V}/\boldsymbol{W}$ 上的诱导是唯一的.

将 $\boldsymbol{W}$ 的基 $\boldsymbol{\alpha}_1, \boldsymbol{\alpha}_2, \cdots, \boldsymbol{\alpha}_k$ 扩充为 $\boldsymbol{V}$ 的基 $\boldsymbol{\alpha}_1, \cdots, \boldsymbol{\alpha}_k, \boldsymbol{\alpha}_{k+1}, \cdots, \boldsymbol{\alpha}_n$, 则 $\pi(\boldsymbol{\alpha}_{k+1}), \cdots, \pi(\boldsymbol{\alpha}_n)$ 为 $\boldsymbol{V}/\boldsymbol{W}$ 的基, 且

$$\boldsymbol{M}(\mathcal{A};\ \boldsymbol{\alpha}_1,\ \cdots,\ \boldsymbol{\alpha}_n)=\begin{pmatrix}\boldsymbol{A}_1 & \boldsymbol{A}_3\\ 0 & \boldsymbol{A}_2\end{pmatrix}.$$

而

$$\boldsymbol{M}(\bar{\mathcal{A}};\ \pi(\boldsymbol{\alpha}_{k+1}),\ \cdots,\ \pi(\boldsymbol{\alpha}_n))=\boldsymbol{A}_2.$$

定理证完.

推论 设 $\mathcal{A} \in \operatorname{End} \boldsymbol{V}$, 且 $\boldsymbol{W}$ 为 $\mathcal{A}$ 子空间. 又 $\mathcal{A}$, $\mathcal{A}|_{\boldsymbol{W}}$, $\mathcal{A}$ 在 $\boldsymbol{V}/\boldsymbol{W}$ 上的诱导 $\bar{\mathcal{A}}$ 的特征多项式分别为 $f(\lambda)$, $f_1(\lambda)$, $f_2(\lambda)$; 最低多项式分别为 $d(\lambda)$, $d_1(\lambda)$, $d_2(\lambda)$. 则

$$f(\lambda) = f_1(\lambda) f_2(\lambda);$$
$$d_i(\lambda) | d(\lambda), \quad i = 1,\ 2.$$

这个推论是显然的.

注 利用定理 5.6.2 也可以证明 Hamilton-Caylay 定理.

对 $\dim \boldsymbol{V}$ 作归纳证明.

$\dim \boldsymbol{V} = 1$, $\boldsymbol{V}$ 有基 $\boldsymbol{\alpha}$, 于是 $\mathcal{A}\boldsymbol{\alpha} = \lambda_0 \boldsymbol{\alpha}$. 这时, $f(\lambda) = \lambda - \lambda_0$. 结论显然成立. 现设对于维数小于 n 的线性空间的线性变换结论成立.

$\dim \boldsymbol{V} = n$, 分两种情形讨论.

1) $\boldsymbol{V}$ 中有 $\mathcal{A}$ 的非平凡的不变子空间 $\boldsymbol{W}$. 于是 $\dim \boldsymbol{W} < n$, $\dim \boldsymbol{V}/\boldsymbol{W} < n$.

设 π 是 $\boldsymbol{V}$ 到 $\boldsymbol{V}/\boldsymbol{W}$ 的自然同态, $\bar{\mathcal{A}}$ 是 $\mathcal{A}$ 在 $\boldsymbol{V}/\boldsymbol{W}$ 上的诱导. $f_1(\lambda)$, $f_2(\lambda)$ 分别为 $\mathcal{A}|_{\boldsymbol{W}}$, $\bar{\mathcal{A}}$ 的特征多项式. 于是有

$$\begin{cases} f(\lambda) = f_1(\lambda) f_2(\lambda); \\ f_1(\mathcal{A}|_{\boldsymbol{W}})\boldsymbol{\beta} = f_1(\mathcal{A})\boldsymbol{\beta} = 0, & \forall \boldsymbol{\beta} \in W; \\ f_2(\bar{\mathcal{A}})\pi(\boldsymbol{\alpha}) = \pi(f_2(\mathcal{A})\boldsymbol{\alpha}) = \pi(0), & \forall \boldsymbol{\alpha} \in V. \end{cases}$$

上面第三个等式等价于

$$f_2(\mathcal{A})\boldsymbol{V} \subseteq \boldsymbol{W}.$$

因此 $f(\mathcal{A})\boldsymbol{V} = f_1(\mathcal{A}) f_2(\mathcal{A})\boldsymbol{V} \subseteq f_1(\mathcal{A})\boldsymbol{W} = \{0\}$. 即 $f(\mathcal{A}) = 0$.

2) $\boldsymbol{V}$ 中无 $\mathcal{A}$ 的非平凡的不变子空间. 取 $\boldsymbol{\alpha} \in \boldsymbol{V}, \boldsymbol{\alpha} \neq 0$. 于是有正整数 k, 使得 $\boldsymbol{\alpha}, \mathcal{A}\boldsymbol{\alpha}, \cdots, \mathcal{A}^{k-1}\boldsymbol{\alpha}$ 线性无关, 而 $\boldsymbol{\alpha}, \mathcal{A}\boldsymbol{\alpha}, \cdots, \mathcal{A}^{k-1}\boldsymbol{\alpha}$ 与 $\mathcal{A}^k\boldsymbol{\alpha}$ 线性相关. 因此有

$$\mathcal{A}^k\boldsymbol{\alpha} = a_0\boldsymbol{\alpha} + a_1\mathcal{A}\boldsymbol{\alpha} + \cdots + a_{k-1}\mathcal{A}^{k-1}\boldsymbol{\alpha}.$$

从而 $L(\boldsymbol{\alpha}, \mathcal{A}\boldsymbol{\alpha}, \cdots, \mathcal{A}^{k-1}\boldsymbol{\alpha})$ 是 $\mathcal{A}$ 的一个 k 维不变子空间. 于是由假定, $k = n$. 且 $\boldsymbol{\alpha}, \mathcal{A}\boldsymbol{\alpha}, \cdots, \mathcal{A}^{n-1}\boldsymbol{\alpha}$ 是 $\boldsymbol{V}$ 的基, $\mathcal{A}$ 在此基下的矩阵为

$$\boldsymbol{A} = \begin{pmatrix} 0 & & & & a_0 \\ 1 & 0 & & & a_1 \\ & \ddots & \ddots & & \vdots \\ & & 1 & 0 & a_{n-2} \\ & & & 1 & a_{n-1} \end{pmatrix}.$$

于是 $\mathcal{A}$ 的特征多项式

$$f(\lambda)=\begin{vmatrix}\lambda & & & & -a_0\\ -1 & \lambda & & & -a_1\\ & \ddots & \ddots & & \vdots\\ & & -1 & \lambda & -a_{n-2}\\ & & & -1 & \lambda-a_{n-1}\end{vmatrix}.$$

按第 1 行展开, 得

$$f(\lambda)=\lambda\begin{vmatrix}\lambda & & & & -a_1\\ -1 & \lambda & & & -a_2\\ & \ddots & \ddots & & \vdots\\ & & -1 & \lambda & -a_{n-2}\\ & & & -1 & \lambda-a_{n-1}\end{vmatrix}-a_0.$$

于是用归纳法可得

$$f(\lambda)=\lambda^n-a_{n-1}\lambda^{n-1}-\cdots-a_1\lambda-a_0.$$

因而

$$f(\mathcal{A})(\mathcal{A}^l\boldsymbol{\alpha})=\mathcal{A}^l(f(\mathcal{A})\boldsymbol{\alpha})=0,\quad 0\leqslant l\leqslant n-1.$$

于是 $f(\mathcal{A})=0$. □

最后我们讨论 $\boldsymbol{P}=\mathbf{C}$ 时, 即复线性空间的线性变换的不变子空间中一类特殊且很有用的子空间, 即所谓线性变换的根子空间.

定理 5.6.3 设 $\boldsymbol{V}$ 是复数域 $\mathbf{C}$ 上 n 维线性空间. $f(\lambda)$ 为 $\boldsymbol{V}$ 的线性变换 $\mathcal{A}$ 的特征多项式, 且有因式分解

$$f(\lambda)=(\lambda-\lambda_1)^{n_1}(\lambda-\lambda_2)^{n_2}\cdots(\lambda-\lambda_s)^{n_s},$$

其中 $\lambda_i\in\mathbf{C}$, $i\neq j$ 时, $\lambda_i\neq\lambda_j$. 则$\boldsymbol{V}$ 可分解为 $\mathcal{A}$ 的不变子空间的直和

$$\boldsymbol{V}=R_{\lambda_1}(\mathcal{A})\dot{+}R_{\lambda_2}(\mathcal{A})\dot{+}\cdots\dot{+}R_{\lambda_s}(\mathcal{A}),$$

其中

$$\begin{aligned}R_{\lambda_i}(\mathcal{A})&=\ker(\mathcal{A}-\lambda_i\mathrm{id})^{n_i}\\&=\{\,\boldsymbol{\alpha}\in\boldsymbol{V}\mid(\mathcal{A}-\lambda_i\mathrm{id})^{n_i}\boldsymbol{\alpha}=0\,\},\end{aligned}$$

称为 $\mathcal{A}$ 的属于 λ_i 的**根子空间**.

证 由于 $\mathcal{A}$ 与 $(\mathcal{A}-\lambda_i\mathrm{id})^{n_i}$ 可换, 故 $R_{\lambda_i}(\mathcal{A})$ 是 $\mathcal{A}$ 的不变子空间. 令 $f_i(\lambda)=\prod\limits_{j\neq i}(\lambda-\lambda_j)^{n_j}$, $1\leqslant i\leqslant s$, 则 $f(\lambda)=(\lambda-\lambda_i)^{n_i}f_i(\lambda)$. $(f_1(\lambda),\ f_2(\lambda),\ \cdots,\ f_s(\lambda))=1$. 因而有 $u_i(\lambda)\in\mathbf{C}[\lambda]$, $1\leqslant i\leqslant s$ 使得 $\sum\limits_{i=1}^{s}u_i(\lambda)f_i(\lambda)=1$. 因而 $\forall\boldsymbol{\alpha}\in\boldsymbol{V}$, 有

$$\boldsymbol{\alpha}=\mathrm{id}\,\boldsymbol{\alpha}=\sum_{i=1}^{s}u_i(\mathcal{A})f_i(\mathcal{A})\boldsymbol{\alpha}.$$

而

$$(\mathcal{A}-\lambda_i\mathrm{id})^{n_i}u_i(\mathcal{A})f_i(\mathcal{A})\boldsymbol{\alpha}=u_i(\mathcal{A})f(\mathcal{A})\boldsymbol{\alpha}=0,$$

即 $u_i(\mathcal{A})f_i(\mathcal{A})\boldsymbol{\alpha}\in R_{\lambda_i}(\mathcal{A})$. 因而

$$\boldsymbol{V}=R_{\lambda_1}(\mathcal{A})+R_{\lambda_2}(\mathcal{A})+\cdots+R_{\lambda_s}(\mathcal{A}).$$

设 $\boldsymbol{\beta}_i\in R_{\lambda_i}(\mathcal{A})$, $1\leqslant i\leqslant s$, 且

$$\boldsymbol{\beta}_1+\boldsymbol{\beta}_2+\cdots+\boldsymbol{\beta}_s=0.$$

由 $(\lambda-\lambda_j)^{n_j}|f_i(\lambda)$ $(i\neq j)$, 故 $f_i(\mathcal{A})\boldsymbol{\beta}_j=0$, 故 $f_i(\mathcal{A})\boldsymbol{\beta}_i=0$.

又 $(f_i(\lambda),\ (\lambda-\lambda_i)^{n_i})=1$, 故有 $u(\lambda),\ v(\lambda)\in\mathbf{C}[\lambda]$ 使

$$u(\lambda)f_i(\lambda)+v(\lambda)(\lambda-\lambda_i)^{n_i}=1.$$

因而

$$\boldsymbol{\beta}_i\ =\mathrm{id}\,\boldsymbol{\beta}_i=u(\mathcal{A})f_i(\mathcal{A})\boldsymbol{\beta}_i+v(\mathcal{A})(\mathcal{A}-\lambda_i\mathrm{id})^{n_i}\boldsymbol{\beta}_i=0.$$

于是

$$\boldsymbol{V}=R_{\lambda_1}(\mathcal{A})\dot{+}R_{\lambda_2}(\mathcal{A})\dot{+}\cdots\dot{+}R_{\lambda_s}(\mathcal{A}).$$

推论 1 $\dim R_{\lambda_i}(\mathcal{A})=n_i$.

设 $\dim R_{\lambda_i}(\mathcal{A})=m_i$. 由 $\mathcal{A}|_{R_{\lambda_i}(\mathcal{A})}$ 在 $R_{\lambda_i}(\mathcal{A})$ 中只有一个特征值 λ_i, 故其特征多项式为 $(\lambda-\lambda_i)^{m_i}$. 故 $f(\lambda)=\prod\limits_{i=1}^{s}(\lambda-\lambda_i)^{m_i}=\prod\limits_{i=1}^{s}(\lambda-\lambda_i)^{n_i}$, 因而 $m_i=n_i$.

推论 2 设 $k\geqslant n_i$, 则 $R_{\lambda_i}(\mathcal{A})=\{\,\boldsymbol{\alpha}\in\boldsymbol{V}\,|\,(\mathcal{A}-\lambda_i\mathrm{id})^k\boldsymbol{\alpha}=0\,\}$.

令 $\boldsymbol{W}_i=\{\boldsymbol{\alpha}\in\boldsymbol{V}\,|\,(\mathcal{A}-\lambda_i\mathrm{id})^k\boldsymbol{\alpha}=0\}$, $\dim\boldsymbol{W}_i=m_i$. 由 $\mathcal{A}|_{\boldsymbol{W}_i}$ 有唯一的特征值 λ_i, 故其特征多项式为 $(\lambda-\lambda_i)^{m_i}$. 由定理 5.6.2 的推论知 $(\lambda-\lambda_i)^{m_i}|f(\lambda)$, 故 $m_i\leqslant n_i$. 由 $R_{\lambda_i}(\mathcal{A})\subseteq\boldsymbol{W}_i$ 知 $n_i\leqslant m_i$. 故 $m_i=n_i$, 因而 $R_{\lambda_i}(\mathcal{A})=\boldsymbol{W}_i$.

习　题

1. 设 $\boldsymbol{V}$ 是 $\boldsymbol{P}$ 上 n 维线性空间, $\mathcal{A}\in \operatorname{End}\boldsymbol{V}$, 且 $\mathcal{A}^{n-1}\neq 0$, $\mathcal{A}^n=0$. 证明 $\mathcal{A}$ 只有 $n+1$ 个不变子空间.

2. 设 $\boldsymbol{V}$ 是 $\boldsymbol{P}$ 上 n 维线性空间, $\mathcal{A}\in \operatorname{End}\boldsymbol{V}$, 且有 n 个不同的特征值. 证明 $\mathcal{A}$ 只有 2^n 个不变子空间.

3. 设 $\boldsymbol{V}$ 是 $\mathbf{C}$ 上 n 维线性空间, $\mathcal{A}\in \operatorname{End}\boldsymbol{V}$. 证明 $\mathcal{A}$ 在某组基下的矩阵为对角矩阵的充分必要条件是对 $\mathcal{A}$ 的任一不变子空间 $\boldsymbol{W}$ 有 $\mathcal{A}$ 的不变子空间 $\boldsymbol{W}'$ 使得 $\boldsymbol{V}=\boldsymbol{W}\dotplus\boldsymbol{W}'$.

4. 设 ε_1, ε_2, ε_3, ε_4 为 $\boldsymbol{V}$ 的基, $\mathcal{A}\in \operatorname{End}\boldsymbol{V}$, 且

$$\boldsymbol{M}(\mathcal{A};\ \varepsilon_1,\ \varepsilon_2,\ \varepsilon_3,\ \varepsilon_4)=\begin{pmatrix} 1 & 0 & 2 & 1\\ -1 & 2 & 1 & 3\\ 1 & 2 & 5 & 5\\ 2 & -2 & 1 & -2\end{pmatrix}.$$

1) 求 $\mathcal{A}$ 在基 $\boldsymbol{\eta}_1=\varepsilon_1-2\varepsilon_2+\varepsilon_4$, $\boldsymbol{\eta}_2=3\varepsilon_2-\varepsilon_3-\varepsilon_4$, $\boldsymbol{\eta}_3=\varepsilon_3+\varepsilon_4$, $\boldsymbol{\eta}_4=2\varepsilon_4$ 下的矩阵.

2) 求 $\mathcal{A}$ 的值域与核.

3) 在 $\ker\mathcal{A}$ 中取基, 并扩充为 $\boldsymbol{V}$ 的基, 求 $\mathcal{A}$ 在这组基下的矩阵.

4) 在 $\mathcal{A}(\boldsymbol{V})$ 中取基, 并扩充为$\boldsymbol{V}$ 的基, 求 $\mathcal{A}$ 在这组基下的矩阵.

5. 设 $\boldsymbol{V}$ 是 $\mathbf{C}$ 上 n 维线性空间, $\mathcal{A}$, $\mathcal{B}\in \operatorname{End}\boldsymbol{V}$, 且 $\mathcal{AB}=\mathcal{BA}$. 证明:

1) $\mathcal{A}$, $\mathcal{B}$ 至少有一个公共特征向量;

2) 若 $\mathcal{A}$, $\mathcal{B}$ 各在一组基下的矩阵为对角矩阵, 则 $\mathcal{A}$, $\mathcal{B}$ 可在同一组基下的矩阵为对角矩阵.

6. 设 $\boldsymbol{V}$ 是 $\mathbf{C}$ 上 n 维线性空间, $\mathcal{A}\in \operatorname{End}\boldsymbol{V}$. ε_1, ε_2, $\cdots$, ε_n 为 $\boldsymbol{V}$ 的基, 且

$$\boldsymbol{M}(\mathcal{A};\ \varepsilon_1,\ \varepsilon_2,\ \cdots,\ \varepsilon_n)=\begin{pmatrix} \lambda_0 & 1 & & & \\ & \lambda_0 & 1 & & 0\\ & & \lambda_0 & \ddots & \\ & 0 & & \ddots & 1\\ & & & & \lambda_0\end{pmatrix}.$$

证明:

1) $\boldsymbol{V}$ 的包含 ε_n 的 $\mathcal{A}$- 子空间只有 $\boldsymbol{V}$;

2) $\boldsymbol{V}$ 的任一非零 $\mathcal{A}$- 子空间都包含 ε_1;

3) $\boldsymbol{V}$ 不能分解为两个非平凡的 $\mathcal{A}$- 子空间的直和;

4) 设 $\mathcal{A}$ 的特征多项式, 最低多项式分别为 $f(\lambda)$, $d(\lambda)$, 则 $f(\lambda)=d(\lambda)=(\lambda-\lambda_0)^n$.

7. 设 $\boldsymbol{A}\in\mathbf{C}^{n\times n}$. 证明$\boldsymbol{A}$ 相似于上三角矩阵.

8. 设 $\mathcal{A}_i \in \operatorname{End}\boldsymbol{V}$, $1 \leqslant i \leqslant s$, 且 $i \neq j$ 时, $\mathcal{A}_i \neq \mathcal{A}_j$. 则存在 $\boldsymbol{\alpha} \in \boldsymbol{V}$, 使 $i \neq j$ 时, $\mathcal{A}_i\boldsymbol{\alpha} \neq \mathcal{A}_j\boldsymbol{\alpha}$.

9. 设 $\boldsymbol{V}$ 为 $\boldsymbol{P}$ 上 n 维线性空间, $\mathcal{A} \in \operatorname{End}\boldsymbol{V}$, $\boldsymbol{W}$ 为 $\boldsymbol{V}$ 的子空间, $\mathcal{A}(\boldsymbol{W}) = \{\mathcal{A}\boldsymbol{\alpha} | \boldsymbol{\alpha} \in \boldsymbol{W}\}$. 证明 $\dim \mathcal{A}(\boldsymbol{W}) + \dim(\ker \mathcal{A} \cap \boldsymbol{W}) = \dim \boldsymbol{W}$.

10. 设 $\mathcal{A}$, $\mathcal{B} \in \operatorname{End}\boldsymbol{V}$. 证明 $\operatorname{rank}(\mathcal{AB}) \geqslant \operatorname{rank}\mathcal{A} + \operatorname{rank}\mathcal{B} - \dim \boldsymbol{V}$.

11. 设 $\mathcal{A}$, $\mathcal{B} \in \operatorname{End}\boldsymbol{V}$, 且 $\mathcal{A}^2 = \mathcal{A}$, $\mathcal{B}^2 = \mathcal{B}$. 证明:
    1) $\mathcal{A}(\boldsymbol{V}) = \mathcal{B}(\boldsymbol{V})$ 当且仅当 $\mathcal{AB} = \mathcal{B}$, $\mathcal{BA} = \mathcal{A}$;
    2) $\ker \mathcal{A} = \ker \mathcal{B}$ 当且仅当 $\mathcal{AB} = \mathcal{A}$, $\mathcal{BA} = \mathcal{B}$.

12. 设 $\boldsymbol{V}$ 是 $\mathbf{C}$ 上 n 维线性空间, $\mathcal{A} \in \operatorname{End}\boldsymbol{V}$, $\boldsymbol{W}$ 是 $\mathcal{A}$- 子空间, λ_i 为 $\mathcal{A}$ 的特征值. 证明 $R_{\lambda_i}(\mathcal{A}|_{\boldsymbol{W}}) = R_{\lambda_i}(\mathcal{A}) \cap \boldsymbol{W}$.

13. 设 $\boldsymbol{V}$ 是 $\boldsymbol{P}$ 上 2 维线性空间, $\boldsymbol{\varepsilon}_1$, $\boldsymbol{\varepsilon}_2$ 为 $\boldsymbol{V}$ 的基. 令 F 为

$$\left\{\mathcal{A} \in \operatorname{End}\boldsymbol{V} \mid \boldsymbol{M}(\mathcal{A};\, \boldsymbol{\varepsilon}_1,\, \boldsymbol{\varepsilon}_2) = \begin{pmatrix} 0 & a \\ 1-a & 0 \end{pmatrix} a \in \boldsymbol{P}\right\}.$$

证明 F 中线性变换无公共的非平凡不变子空间.

14. 设 $\boldsymbol{V}$ 是实数域 $\mathbf{R}$ 上 n 维线性空间, 又 $\mathcal{A} \in \operatorname{End}\boldsymbol{V}$. 证明必有 1 维或 2 维不变子空间.

15. 设 $\boldsymbol{V}$ 是数域 $\boldsymbol{P}$ 上 n 维线性空间. $\mathcal{A} \in \operatorname{End}\boldsymbol{V}$ 的特征多项式 $f(\lambda)$ 有不可约因式分解 $f(\lambda) = p_1(\lambda)^{n_1} p_2(\lambda)^{n_2} \cdots\ p_s(\lambda)^{n_s}$. 证明

$$\boldsymbol{V} = \boldsymbol{V}_1 \dotplus \boldsymbol{V}_2 \dotplus \cdots \dotplus \boldsymbol{V}_s,$$

其中 $\boldsymbol{V}_i = \ker p_i(\mathcal{A})^{n_i}$, $\quad 1 \leqslant i \leqslant s$.

5.7 二、三维复线性空间的线性变换

本节讨论二、三维复线性空间的线性变换的矩阵的最简单的形式及求法. 所谓最简单形式就是 Jordan 标准形.

定理 5.7.1 设 $\boldsymbol{V}$ 是 $\mathbf{C}$ 上 2 维线性空间, $\mathcal{A} \in \operatorname{End}\boldsymbol{V}$, 记 $\mathcal{A}$ 的特征多项式为 $f(\lambda)$, 则有下列结果:

1) 若 $f(\lambda) = (\lambda-\lambda_1)(\lambda-\lambda_2)$, $\lambda_1 \neq \lambda_2$, 则 $\mathcal{A}$ 在某组基下的矩阵为 $\operatorname{diag}(\lambda_1,\, \lambda_2)$;

2) 若 $f(\lambda) = (\lambda - \lambda_0)^2$, 有两种情形. $\mathcal{A} = \lambda_0\mathrm{id}$ 时, 在任何基下矩阵为 $\lambda_0\boldsymbol{I}_2$. $\mathcal{A} \neq \lambda_0\mathrm{id}$ 时, 在某组基下的矩阵为 $\begin{pmatrix} \lambda_0 & 0 \\ 1 & \lambda_0 \end{pmatrix}$.

证 1) 由定理 5.5.2 的推论 3 知结论成立. 此时取 λ_i 的特征向量 $\boldsymbol{\varepsilon}_i$, 则 $\boldsymbol{\varepsilon}_1$, $\boldsymbol{\varepsilon}_2$ 为基, 而且 $\boldsymbol{M}(\mathcal{A};\, \boldsymbol{\varepsilon}_1,\, \boldsymbol{\varepsilon}_2) = \operatorname{diag}(\lambda_1,\, \lambda_2)$.

2) $\mathcal{A} = \lambda_0\mathrm{id}$ 时, 结论显然成立.

设 $\mathcal{A} \neq \lambda_0\mathrm{id}$, 因而有 $\boldsymbol{\varepsilon}_1 \in \boldsymbol{V}$ 使得

$$\boldsymbol{\varepsilon}_2 = (\mathcal{A} - \lambda_0\mathrm{id})\boldsymbol{\varepsilon}_1 \neq 0.$$

而

$$(\mathcal{A} - \lambda_0\mathrm{id})\boldsymbol{\varepsilon}_2 = 0.$$

显然, $\boldsymbol{\varepsilon}_1$, $\boldsymbol{\varepsilon}_2$ 为 $\boldsymbol{V}$ 的基, 且

$$\begin{aligned}\mathcal{A}\boldsymbol{\varepsilon}_1 &= \lambda_0\boldsymbol{\varepsilon}_1 + (\mathcal{A} - \lambda_0\mathrm{id})\boldsymbol{\varepsilon}_1 = \lambda_0\boldsymbol{\varepsilon}_1 + \boldsymbol{\varepsilon}_2,\\ \mathcal{A}\boldsymbol{\varepsilon}_2 &= \lambda_0\boldsymbol{\varepsilon}_2.\end{aligned}$$

于是 $\boldsymbol{M}(\mathcal{A};\ \boldsymbol{\varepsilon}_1,\ \boldsymbol{\varepsilon}_2) = \begin{pmatrix} \lambda_0 & 0 \\ 1 & \lambda_0 \end{pmatrix}$.

推论 对应定理 5.7.1 中三种情形, $\mathcal{A}$ 的最低多项式分别为 $(\lambda-\lambda_1)(\lambda-\lambda_2)$, $\lambda-\lambda_0$, $(\lambda-\lambda_0)^2$.

定理 5.7.2 设 $\boldsymbol{V}$ 是 $\mathbf{C}$ 上 3 维线性空间, $\mathcal{A} \in \mathrm{End}\,\boldsymbol{V}$, $f(\lambda)$ 为 $\mathcal{A}$ 的特征多项式.

1) 若 $f(\lambda) = (\lambda-\lambda_1)(\lambda-\lambda_2)(\lambda-\lambda_3)$, λ_1, λ_2, λ_3 互不相等, 则 $\mathcal{A}$ 在适当基下的矩阵为 $\mathrm{diag}(\lambda_1,\ \lambda_2,\ \lambda_3)$.

2) 若 $f(\lambda) = (\lambda-\lambda_1)^2(\lambda-\lambda_2)$, 则在适当基下, $\mathcal{A}$ 的矩阵为下面两种情形之一.

$$\begin{pmatrix} \lambda_1 & 0 & 0 \\ 0 & \lambda_1 & 0 \\ 0 & 0 & \lambda_2 \end{pmatrix}, \quad \begin{pmatrix} \lambda_1 & 0 & 0 \\ 1 & \lambda_1 & 0 \\ 0 & 0 & \lambda_2 \end{pmatrix}.$$

3) 若 $f(\lambda) = (\lambda-\lambda_0)^3$, 则当 $\mathcal{A} - \lambda_0\mathrm{id} = 0$; $\mathcal{A} - \lambda_0\mathrm{id} \neq 0$, 而 $(\mathcal{A} - \lambda_0\mathrm{id})^2 = 0$; $(\mathcal{A} - \lambda_0\mathrm{id})^2 \neq 0$, 而 $(\mathcal{A} - \lambda_0\mathrm{id})^3 = 0$ 时, 在适当基下, $\mathcal{A}$ 的矩阵分别为

$$\begin{pmatrix} \lambda_0 & 0 & 0 \\ 0 & \lambda_0 & 0 \\ 0 & 0 & \lambda_0 \end{pmatrix}, \quad \begin{pmatrix} \lambda_0 & 0 & 0 \\ 1 & \lambda_0 & 0 \\ 0 & 0 & \lambda_0 \end{pmatrix}, \quad \begin{pmatrix} \lambda_0 & 0 & 0 \\ 1 & \lambda_0 & 0 \\ 0 & 1 & \lambda_0 \end{pmatrix}.$$

证 1) 取 $\boldsymbol{\varepsilon}_i$ 为属于 λ_i 的特征向量, 于是 $\boldsymbol{\varepsilon}_1$, $\boldsymbol{\varepsilon}_2$, $\boldsymbol{\varepsilon}_3$ 为 $\boldsymbol{V}$ 的基.

$$\boldsymbol{M}(\mathcal{A};\ \boldsymbol{\varepsilon}_1,\ \boldsymbol{\varepsilon}_2,\ \boldsymbol{\varepsilon}_3) = \mathrm{diag}(\lambda_1,\ \lambda_2,\ \lambda_3).$$

2) 由 $f(\lambda) = (\lambda-\lambda_1)^2(\lambda-\lambda_2)$, $\boldsymbol{V}$ 对 $\mathcal{A}$ 的根子空间分解为

$$\boldsymbol{V} = R_{\lambda_1}(\mathcal{A}) \dot{+} R_{\lambda_2}(\mathcal{A}),$$

$$\dim R_{\lambda_1}(\mathcal{A})=2,\quad \dim R_{\lambda_2}(\mathcal{A})=1.$$

若 $(\mathcal{A}-\lambda_1\mathrm{id})|_{R_{\lambda_1}(\mathcal{A})}=0$, 取 $R_{\lambda_1}(\mathcal{A})$ 的任一基 ε_1, ε_2, 再取属于 λ_2 的任一特征向量 ε_3 $(\in R_{\lambda_2}(\mathcal{A}))$, 则 ε_1, ε_2, ε_3 为 $\boldsymbol{V}$ 的基, 且 $\boldsymbol{M}(\mathcal{A};\ \varepsilon_1,\ \varepsilon_2,\ \varepsilon_3)=\mathrm{diag}(\lambda_1,\ \lambda_1,\ \lambda_2)$.

若 $(\mathcal{A}-\lambda_1\mathrm{id})|_{R_{\lambda_1}(\mathcal{A})}\neq 0$, 取 $\varepsilon_1\in R_{\lambda_1}(\mathcal{A})$ 使得 $\varepsilon_2=(\mathcal{A}-\lambda_1\mathrm{id})\varepsilon_1\neq 0$, 取 ε_3 为属于 λ_2 的特征向量, 则 ε_1, ε_2, ε_3 为 $\boldsymbol{V}$ 的基, 且

$$\boldsymbol{M}(\mathcal{A};\ \varepsilon_1,\ \varepsilon_2,\ \varepsilon_3)=\begin{pmatrix}\lambda_1 & 0 & 0\\ 1 & \lambda_1 & 0\\ 0 & 0 & \lambda_2\end{pmatrix}.$$

3) 若 $\mathcal{A}-\lambda_0\mathrm{id}=0$, 则 $\mathcal{A}$ 在$\boldsymbol{V}$ 的任何基下的矩阵为 $\lambda_0\boldsymbol{I}_3$.

若 $\mathcal{A}-\lambda_0\mathrm{id}\neq 0$, 而 $(\mathcal{A}-\lambda_0\mathrm{id})^2=0$. 首先证明 $\dim E_{\lambda_0}(\mathcal{A})=2$. 显然 $\dim E_{\lambda_0}(\mathcal{A})\leqslant 2$. 若 $\dim E_{\lambda_0}(\mathcal{A})=1$. 取基 $\boldsymbol{\beta}_1$, $\boldsymbol{\beta}_2$, $\boldsymbol{\beta}_3$ 使 $\boldsymbol{\beta}_3\in E_{\lambda_0}(\mathcal{A})$. 由此知 $(\mathcal{A}-\lambda_0\mathrm{id})\boldsymbol{\beta}_1=k\boldsymbol{\beta}_3\neq 0$, $(\mathcal{A}-\lambda_0\mathrm{id})\boldsymbol{\beta}_2=l\boldsymbol{\beta}_3\neq 0$. 但是 $(\mathcal{A}-\lambda_0\mathrm{id})(l\boldsymbol{\beta}_1-k\boldsymbol{\beta}_2)=0$, 即 $l\boldsymbol{\beta}_1-k\boldsymbol{\beta}_2\in E_{\lambda_0}(\mathcal{A})=L(\boldsymbol{\beta}_3)$. 这就产生矛盾.

取 $\varepsilon_1\in\boldsymbol{V}$ 使 $\varepsilon_2=(\mathcal{A}-\lambda_0\mathrm{id})\varepsilon_1\neq 0$, 则 $\varepsilon_2\in E_{\lambda_0}(\mathcal{A})$. 再取 ε_3 使 ε_2, ε_3 为 $E_{\lambda_0}(\mathcal{A})$ 的基. 若 $k_1\varepsilon_1+k_2\varepsilon_2+k_3\varepsilon_3=0$, 以 $\mathcal{A}-\lambda_0\mathrm{id}$ 作用之, 得 $k_1\varepsilon_2=0$, 故 $k_1=0$. 由 ε_2, ε_3 为 $E_{\lambda_0}(\mathcal{A})$ 的基, 知 $k_2=k_3=0$. 故 ε_1, ε_2, ε_3 为 $\boldsymbol{V}$ 的基. 因而

$$\boldsymbol{M}(\mathcal{A};\ \varepsilon_1,\ \varepsilon_2,\ \varepsilon_3)=\begin{pmatrix}\lambda_0 & 0 & 0\\ 1 & \lambda_0 & 0\\ 0 & 0 & \lambda_0\end{pmatrix}.$$

若 $(\mathcal{A}-\lambda_0\mathrm{id})^2\neq 0$, 取 $\varepsilon_1\in\boldsymbol{V}$ 使得

$$\varepsilon_3=(\mathcal{A}-\lambda_0\mathrm{id})^2\varepsilon_1\neq 0.$$

所以

$$\varepsilon_2=(\mathcal{A}-\lambda_0\mathrm{id})\varepsilon_1\neq 0.$$

若 $k_1\varepsilon_1+k_2\varepsilon_2+k_3\varepsilon_3=0$, 则 $(\mathcal{A}-\lambda_0\mathrm{id})^2k_1\varepsilon_1=0$, 即 $k_1\varepsilon_3=0$. 因而 $k_1=0$. 于是 $(\mathcal{A}-\lambda_0\mathrm{id})(k_2\varepsilon_2+k_3\varepsilon_3)=k_2\varepsilon_3=0$, 因而 $k_2=0$. 于是 $k_3\varepsilon_3=0$, 故 $k_3=0$. 因而 ε_1, ε_2, ε_3 为 $\boldsymbol{V}$ 的基, 而且

$$\boldsymbol{M}(\mathcal{A};\ \varepsilon_1,\ \varepsilon_2,\ \varepsilon_3)=\begin{pmatrix}\lambda_0 & 0 & 0\\ 1 & \lambda_0 & 0\\ 0 & 1 & \lambda_0\end{pmatrix}.$$

推论 对应定理 5.7.2 中六种情况, $\mathcal{A}$ 的最低多项式分别为 $(\lambda-\lambda_1)(\lambda-\lambda_2)(\lambda-\lambda_3)$, $(\lambda-\lambda_1)(\lambda-\lambda_2)$, $(\lambda-\lambda_1)^2(\lambda-\lambda_2)$, $\lambda-\lambda_0$, $(\lambda-\lambda_0)^2$, $(\lambda-\lambda_0)^3$.

定义 5.7.1 形如

$$\begin{pmatrix} \lambda_1 & 0 \\ 0 & \lambda_2 \end{pmatrix}, \begin{pmatrix} \lambda_0 & 0 \\ 0 & \lambda_0 \end{pmatrix}, \begin{pmatrix} \lambda_0 & 0 \\ 1 & \lambda_0 \end{pmatrix}$$

的 2 阶方阵称为 2 阶 Jordan 矩阵.

形如

$$\begin{pmatrix} \lambda_1 & 0 & 0 \\ 0 & \lambda_2 & 0 \\ 0 & 0 & \lambda_3 \end{pmatrix}, \begin{pmatrix} \lambda_1 & 0 & 0 \\ 0 & \lambda_1 & 0 \\ 0 & 0 & \lambda_2 \end{pmatrix}, \begin{pmatrix} \lambda_1 & 0 & 0 \\ 1 & \lambda_1 & 0 \\ 0 & 0 & \lambda_2 \end{pmatrix},$$

$$\begin{pmatrix} \lambda_0 & 0 & 0 \\ 0 & \lambda_0 & 0 \\ 0 & 0 & \lambda_0 \end{pmatrix}, \begin{pmatrix} \lambda_0 & 0 & 0 \\ 1 & \lambda_0 & 0 \\ 0 & 0 & \lambda_0 \end{pmatrix}, \begin{pmatrix} \lambda_0 & 0 & 0 \\ 1 & \lambda_0 & 0 \\ 0 & 1 & \lambda_0 \end{pmatrix}$$

的 3 阶方阵称为 3 阶 Jordan 矩阵.

由定理 5.7.1 和定理 5.7.2 知, 任何 2, 3 阶复方阵 $\boldsymbol{A}$ 相似于一个 Jordan 矩阵, 此 Jordan 矩阵称为 $\boldsymbol{A}$ 的 Jordan 标准形; 两个 2, 3 阶复方阵相似当且仅当它们有相同的 Jordan 标准形.

例 5.28 求 $\boldsymbol{A}=\begin{pmatrix} 1 & 2 & 1 \\ 1 & -1 & 1 \\ 2 & 0 & 1 \end{pmatrix}$ 的 Jordan 标准形.

解 $\boldsymbol{A}$ 的特征多项式为

$$\begin{aligned} f(\lambda) &= \begin{vmatrix} \lambda-1 & -2 & -1 \\ -1 & \lambda+1 & -1 \\ -2 & 0 & \lambda-1 \end{vmatrix} = \begin{vmatrix} \lambda-1 & -2 & -1 \\ -1 & \lambda+1 & -1 \\ 0 & -2(\lambda+1) & \lambda+1 \end{vmatrix} \\ &= (\lambda+1)\begin{vmatrix} \lambda-1 & -2 & -1 \\ -1 & \lambda+1 & -1 \\ 0 & -2 & 1 \end{vmatrix} = (\lambda+1)\begin{vmatrix} \lambda-1 & -4 & -1 \\ -1 & \lambda-1 & -1 \\ 0 & 0 & 1 \end{vmatrix} \\ &= (\lambda+1)^2(\lambda-3). \end{aligned}$$

$\boldsymbol{A}$ 的特征值为 3 与 -1 (二重).

$\lambda = 3$ 时, 由方程组

$$\begin{pmatrix} 2 & -2 & -1 \\ -1 & 4 & -1 \\ -2 & 0 & 2 \end{pmatrix}\begin{pmatrix} x_1 \\ x_2 \\ x_3 \end{pmatrix} = 0$$

求出$\boldsymbol{A}$ 的属于 3 的特征向量: $(2,\ 1,\ 2)'$.

$\lambda = -1$ 时, 由方程组

$$\begin{pmatrix} -2 & -2 & -1 \\ -1 & 0 & -1 \\ -2 & 0 & -2 \end{pmatrix}\begin{pmatrix} x_1 \\ x_2 \\ x_3 \end{pmatrix} = 0$$

求出 $\boldsymbol{A}$ 的属于 -1 的特征向量: $(2,\ -1,\ -2)'$.

由方程组

$$\begin{pmatrix} -2 & -2 & -1 \\ -1 & 0 & -1 \\ -2 & 0 & -2 \end{pmatrix}^2\begin{pmatrix} x_1 \\ x_2 \\ x_3 \end{pmatrix} = 0,$$

即

$$\begin{pmatrix} 8 & 4 & 6 \\ 4 & 2 & 3 \\ 8 & 4 & 6 \end{pmatrix}\begin{pmatrix} x_1 \\ x_2 \\ x_3 \end{pmatrix} = 0,$$

求出 $R_{-1}(\mathcal{A})$ 的基: $(1,\ -2,\ 0)'$, $(3,\ 0,\ -4)'$.

取 $\boldsymbol{P}^3$ 的基

$$\begin{pmatrix} 1 \\ -2 \\ 0 \end{pmatrix},\ -\begin{pmatrix} -2 & -2 & -1 \\ -1 & 0 & -1 \\ -2 & 0 & -2 \end{pmatrix}\begin{pmatrix} 1 \\ -2 \\ 0 \end{pmatrix} = \begin{pmatrix} -2 \\ 1 \\ 2 \end{pmatrix},\ \begin{pmatrix} 2 \\ 1 \\ 2 \end{pmatrix}.$$

令

$$\boldsymbol{T} = \begin{pmatrix} 1 & -2 & 2 \\ -2 & 1 & 1 \\ 0 & 2 & 2 \end{pmatrix},$$

则

$$\boldsymbol{T}^{-1}\boldsymbol{A}\boldsymbol{T} = \begin{pmatrix} -1 & 0 & 0 \\ 1 & -1 & 0 \\ 0 & 0 & 3 \end{pmatrix}$$

为 $\boldsymbol{A}$ 的 Jordan 标准形.

例 5.29 求 $\boldsymbol{A}=\begin{pmatrix}3&0&8\\3&-1&6\\-2&0&-5\end{pmatrix}$ 的 Jordan 标准形.

解 $\boldsymbol{A}$ 的特征多项式为

$$f(\lambda)=\begin{vmatrix}\lambda-3&0&-8\\-3&\lambda+1&-6\\2&0&\lambda+5\end{vmatrix}=(\lambda+1)^3.$$

由 $-1\,\boldsymbol{I}_3-\boldsymbol{A}\neq 0$, 且 $(-1\,\boldsymbol{I}_3-\boldsymbol{A})\boldsymbol{X}=0$ 有基础解系: $\begin{pmatrix}0\\1\\0\end{pmatrix}$, $\begin{pmatrix}2\\0\\-1\end{pmatrix}$.

又 $(-1\,\boldsymbol{I}_3-\boldsymbol{A})^2=0$, 取

$$\boldsymbol{\varepsilon}_1=\begin{pmatrix}1\\0\\0\end{pmatrix},\ \boldsymbol{\varepsilon}_2=(\boldsymbol{A}-(-1)\boldsymbol{I}_3)\boldsymbol{\varepsilon}_1=\begin{pmatrix}4\\3\\-2\end{pmatrix},\ \boldsymbol{\varepsilon}_3=\begin{pmatrix}0\\1\\0\end{pmatrix}.$$

$\boldsymbol{T}=(\boldsymbol{\varepsilon}_1,\ \boldsymbol{\varepsilon}_2,\ \boldsymbol{\varepsilon}_3)$, 则

$$\boldsymbol{T}^{-1}\boldsymbol{A}\boldsymbol{T}=\begin{pmatrix}-1&0&0\\1&-1&0\\0&0&-1\end{pmatrix}$$

为 $\boldsymbol{A}$ 的 Jordan 标准形.

例 5.30 求 $\boldsymbol{A}=\begin{pmatrix}4&5&-2\\-2&-2&1\\-1&-1&1\end{pmatrix}$ 的 Jordan 标准形.

解 $\boldsymbol{A}$ 的特征多项式为

$$\begin{aligned}|\lambda\boldsymbol{I}_3-\boldsymbol{A}|&=\begin{vmatrix}\lambda-4&-5&2\\2&\lambda+2&-1\\1&1&\lambda-1\end{vmatrix}=\begin{vmatrix}\lambda-4&-\lambda+1&2\\2&\lambda-1&-1\\1&\lambda-1&\lambda-1\end{vmatrix}\\&=(\lambda-1)\begin{vmatrix}\lambda-4&-1&2\\2&1&-1\\1&1&\lambda-1\end{vmatrix}=(\lambda-1)\begin{vmatrix}\lambda-4&-1&2\\\lambda-2&0&1\\\lambda-3&0&\lambda+1\end{vmatrix}\\&=(\lambda-1)^3,\end{aligned}$$

$$\boldsymbol{I}_3-\boldsymbol{A}=\begin{pmatrix}-3&-5&2\\2&3&-1\\1&1&0\end{pmatrix},\ (\boldsymbol{I}_3-\boldsymbol{A})^2=\begin{pmatrix}1&2&-1\\-1&-2&1\\-1&-2&1\end{pmatrix}.$$

又 $\boldsymbol{\varepsilon}_1=\begin{pmatrix}1\\0\\0\end{pmatrix}$ 满足 $(1\cdot\boldsymbol{I}_3-\boldsymbol{A})^2\boldsymbol{\varepsilon}_1\neq 0$, 令

$$\boldsymbol{T}=\begin{pmatrix}1&3&1\\0&-2&-1\\0&-1&-1\end{pmatrix},$$

则

$$\boldsymbol{T}^{-1}\boldsymbol{A}\boldsymbol{T}=\begin{pmatrix}1&0&0\\1&1&0\\0&1&1\end{pmatrix}$$

为 $\boldsymbol{A}$ 的标准形.

习　　题

1. 求下列矩阵的 Jordan 标准形:

1) $\begin{pmatrix}1&2&0\\0&2&0\\-2&-2&-1\end{pmatrix}$;　　2) $\begin{pmatrix}13&16&16\\-5&-7&-6\\-6&-8&-7\end{pmatrix}$;

3) $\begin{pmatrix}3&7&-3\\-2&-5&2\\-4&-10&3\end{pmatrix}$;　　4) $\begin{pmatrix}1&-1&2\\3&-3&6\\2&-2&4\end{pmatrix}$;

5) $\begin{pmatrix}1&1&-1\\-3&-3&3\\-2&-2&2\end{pmatrix}$;　　6) $\begin{pmatrix}-4&2&10\\-4&3&7\\-3&1&7\end{pmatrix}$;

7) $\begin{pmatrix}0&3&3\\-1&8&6\\2&-14&-10\end{pmatrix}$;　　8) $\begin{pmatrix}-1&1&0\\-4&3&0\\1&0&2\end{pmatrix}$.

2. 设 $\boldsymbol{A}$, $\boldsymbol{B}\in \mathbf{C}^{2\times 2}$. 证明$\boldsymbol{A}$ 与 $\boldsymbol{B}$ 相似当且仅当它们的最低多项式相同.

3. 设 $\boldsymbol{A}$, $\boldsymbol{B}\in \mathbf{C}^{3\times 3}$. 证明$\boldsymbol{A}$ 与 $\boldsymbol{B}$ 相似当且仅当它们的特征多项式, 最低多项式都相同.

4. 在 $\mathbf{C}^{3\times 3}$ 中求出两个最低多项式相同但不相似的矩阵.

5. 在 $\mathbf{C}^{4\times 4}$ 中求出两个特征多项式, 最低多项式都相同但不相似的矩阵.

6. 设 $\boldsymbol{A}$, $\boldsymbol{B}\in \mathbf{C}^{3\times 3}$ (或 $\mathbf{C}^{2\times 2}$), 且 $\boldsymbol{A}$, $\boldsymbol{B}$ 都只有一个特征值 λ_0. 证明$\boldsymbol{A}$ 与 $\boldsymbol{B}$ 相似当且仅当 $\dim E_{\lambda_0}(\boldsymbol{A}) = \dim E_{\lambda_0}(\boldsymbol{B})$.

7. 在 $\mathbf{C}^{4\times 4}$ 中求矩阵 $\boldsymbol{A}$, $\boldsymbol{B}$ 使得:

   1) $\boldsymbol{A}$, $\boldsymbol{B}$ 都只有一个特征值 λ_0;

   2) $\dim E_{\lambda_0}(\boldsymbol{A}) = \dim E_{\lambda_0}(\boldsymbol{B})$;

   3) $\boldsymbol{A}$ 与 $\boldsymbol{B}$ 不相似.

5.8 复线性空间线性变换的标准形

本节要将上节的结果推广到 n 维复线性空间的情形.

定义 5.8.1 设 λ, λ_1, $\cdots$, $\lambda_s \in \mathbf{C}$. $\mathbf{C}^{t\times t}$ 中矩阵

$$\boldsymbol{J}(\lambda,\ t) = \begin{pmatrix} \lambda & 0 & \cdots & 0 \\ 1 & \lambda & \cdots & 0 \\ & \ddots & \ddots & \\ 0 & \cdots & 1 & \lambda \end{pmatrix}$$

称为**Jordan 块**. $\mathbf{C}^{n\times n}$ 中矩阵

$$\boldsymbol{J} = \mathrm{diag}(\boldsymbol{J}(\lambda_1,\ t_1),\ \boldsymbol{J}(\lambda_2,\ t_2),\ \cdots,\ \boldsymbol{J}(\lambda_s, t_s)),$$
$$t_1 + t_2 + \cdots + t_s = n$$

称为**Jordan 矩阵**, $\boldsymbol{J}(\lambda_i,\ t_i)$ 称为 $\boldsymbol{J}$ 的一个 Jordan 块.

当然, Jordan 块是只有一块的 Jordan 矩阵.

我们的任务是证明 $\mathbf{C}$ 上 n 维线性空间 $\boldsymbol{V}$ 的任一线性变换 $\mathcal{A}$, 在适当基下的矩阵为 Jordan 矩阵. 等价地说, 任一 n 阶复方阵 $\boldsymbol{A}$ 相似于一个 Jordan 矩阵, 此 Jordan 矩阵称为 $\boldsymbol{A}$ 的**标准形**.

从 5.6 节知, $\boldsymbol{V}$ 对 $\mathcal{A}$ 有根子空间分解:

$$\boldsymbol{V} = R_{\lambda_1}(\mathcal{A}) \dot{+} R_{\lambda_2}(\mathcal{A}) \dot{+} \cdots \dot{+} R_{\lambda_k}(\mathcal{A}).$$

$\mathcal{A}$ 在 $R_{\lambda_i}(\mathcal{A})$ 上的限制 $\mathcal{A}|_{R_{\lambda_i}(\mathcal{A})}$ 只有一个特征值 λ_i. 因而, 问题转化为 $\mathcal{A}$ 只有一个特征值 λ_0 的情况. 再进一步, 由 $\mathcal{A}$ 与 $\lambda_0\mathrm{id} - \mathcal{A}$ 有相同的不变子空间, 且

$\boldsymbol{M}(\lambda_0\mathrm{id}-\mathcal{A};\ \boldsymbol{\alpha}_1,\ \cdots,\ \boldsymbol{\alpha}_n)=\lambda_0\boldsymbol{I}_n-\boldsymbol{M}(\mathcal{A};\ \boldsymbol{\alpha}_1,\ \cdots,\ \boldsymbol{\alpha}_n)$, 故讨论 $\lambda_0\mathrm{id}-\mathcal{A}$ 与 $\mathcal{A}$ 实质上并无区别. 但 $(\lambda_0\mathrm{id}-\mathcal{A})^n=0$, 故可假定 $\lambda_0=0$ 或 $\mathcal{A}^n=0$, 即 $\mathcal{A}$ 为幂零线性变换.

引理 5.8.1 设 $\boldsymbol{V}$ 是数域 $\boldsymbol{P}$ 上 n 维线性空间, $\mathcal{A}\in\mathrm{End}\,\boldsymbol{V}$. π 为$\boldsymbol{V}$ 到 $\boldsymbol{V}/\ker\mathcal{A}$ 上的自然同态, $\bar{\mathcal{A}}$ 为 $\mathcal{A}$ 在 $\boldsymbol{V}/\ker\mathcal{A}$ 上的诱导, 则

1) $\ker\bar{\mathcal{A}}=\pi(\ker\mathcal{A}^2)$;

2) $\boldsymbol{\alpha}_1,\ \boldsymbol{\alpha}_2,\ \cdots,\ \boldsymbol{\alpha}_k\in\boldsymbol{V}$, 且 $\pi(\boldsymbol{\alpha}_1),\ \pi(\boldsymbol{\alpha}_2),\ \cdots,\ \pi(\boldsymbol{\alpha}_k)$ 为 $\ker\bar{\mathcal{A}}$ 的基. 则 $\mathcal{A}\boldsymbol{\alpha}_1,\ \mathcal{A}\boldsymbol{\alpha}_2,\ \cdots,\ \mathcal{A}\boldsymbol{\alpha}_k\in\ker\mathcal{A}$ 线性无关, 进而

$$\dim\ker\bar{\mathcal{A}}\leqslant\dim\ker\mathcal{A};$$

3) 又若 $\mathcal{A}$ 是幂零的, 则 $\bar{\mathcal{A}}$ 也是幂零的, 且

$$\deg d_{\bar{\mathcal{A}}}(\lambda)<\deg d_{\mathcal{A}}(\lambda).$$

证 1) 设 $\boldsymbol{\alpha}\in\boldsymbol{V}$. 则 $\boldsymbol{\alpha}\in\ker\mathcal{A}^2$ 当且仅当 $\mathcal{A}\boldsymbol{\alpha}\in\ker\mathcal{A}$ 当且仅当 $\pi(\mathcal{A}\boldsymbol{\alpha})=\bar{\mathcal{A}}(\pi(\boldsymbol{\alpha}))=0$ 当且仅当 $\pi(\boldsymbol{\alpha})\in\ker\bar{\mathcal{A}}$. 故 1) 成立.

2) 设 $\boldsymbol{V}$ 中向量组 $\boldsymbol{\alpha}_1,\ \boldsymbol{\alpha}_2,\ \cdots,\ \boldsymbol{\alpha}_k$ 使得 $\pi(\boldsymbol{\alpha}_1),\pi(\boldsymbol{\alpha}_2),\cdots,\pi(\boldsymbol{\alpha}_k)$ 为 $\ker\bar{\mathcal{A}}$ 的基. 由 $\bar{\mathcal{A}}(\pi(\boldsymbol{\alpha}_i))=\pi(\mathcal{A}\boldsymbol{\alpha}_i)=0$, 知 $\mathcal{A}\boldsymbol{\alpha}_i\in\ker\mathcal{A}\subseteq\ker\mathcal{A}^2$, 由 $\sum\limits_{i=1}^k x_i\mathcal{A}\boldsymbol{\alpha}_i=0$, 即 $\mathcal{A}\left(\sum\limits_{i=1}^k x_i\alpha_i\right)=0$, 故 $\sum\limits_{i=1}^k x_i\boldsymbol{\alpha}_i\in\ker\mathcal{A}\subseteq\ker\mathcal{A}^2$. 故 $\sum\limits_{i=1}^k x_i\pi(\boldsymbol{\alpha}_i)=0$, 因而 $x_1=x_2=\cdots=x_k=0$. 即 $\mathcal{A}\boldsymbol{\alpha}_1,\mathcal{A}\boldsymbol{\alpha}_2,\cdots,\mathcal{A}\boldsymbol{\alpha}_k$ 线性无关. 因而 2) 成立.

3) 若 $\mathcal{A}$ 幂零, 故有 k 使得 $\mathcal{A}^{k-1}\neq0$ 而 $\mathcal{A}^k=0$. 于是对任何$\boldsymbol{\alpha}\in\boldsymbol{V}$ 有 $\mathcal{A}^{k-1}\boldsymbol{\alpha}\in\ker\mathcal{A}$, 故 $\pi(\mathcal{A}^{k-1}(\boldsymbol{\alpha}))=\bar{\mathcal{A}}^{k-1}(\pi(\boldsymbol{\alpha}))=0$, 即 $\bar{\mathcal{A}}^{k-1}=0$, 因而 $\bar{\mathcal{A}}$ 幂零, 且 $\deg d_{\bar{\mathcal{A}}}(\lambda)<\deg d_{\mathcal{A}}(\lambda)$.

引理 5.8.2 设 $\boldsymbol{V}$ 是 $\boldsymbol{P}$ 上 n 维线性空间, $\mathcal{A}\in\mathrm{End}\,\boldsymbol{V}$, 则下面三个条件等价:

1) $\mathcal{A}$ 的最低多项式 $d_{\mathcal{A}}(\lambda)=\lambda^n$;

2) $\mathcal{A}$ 在某组基下的矩阵为 Jordan 块 $\boldsymbol{J}(0,\ n)$;

3) 存在 $\boldsymbol{\alpha}\in\boldsymbol{V}$ 使得 $\boldsymbol{\alpha},\ \mathcal{A}\boldsymbol{\alpha},\ \cdots,\ \mathcal{A}^{n-1}\boldsymbol{\alpha}$ 为$\boldsymbol{V}$ 的基, 而 $\mathcal{A}^n\boldsymbol{\alpha}=0$.

证 3) $\Longrightarrow$ 2) 显然

$$\boldsymbol{M}(\mathcal{A};\ \boldsymbol{\alpha},\ \mathcal{A}\boldsymbol{\alpha},\ \cdots,\ \mathcal{A}^{n-1}\boldsymbol{\alpha})=\boldsymbol{J}(0,\ n).$$

2) $\Longrightarrow$ 1) 由于 $\boldsymbol{J}(0,\ n)=\boldsymbol{E}_{2\,1}+\boldsymbol{E}_{3\,2}+\cdots+\boldsymbol{E}_{n\,n-1}$, 容易得到

$$\boldsymbol{J}(0,\ n)^k=\boldsymbol{E}_{k+1\,1}+\boldsymbol{E}_{k+2\,2}+\cdots+\boldsymbol{E}_{n\,n-k},\quad 1\leqslant k\leqslant n-1.$$

$$\boldsymbol{J}(0,\ n)^n=0.$$

因此 $d_{\mathcal{A}}(\lambda)=\lambda^n$.

1) $\Longrightarrow$ 3) 由 $d_{\mathcal{A}}(\lambda)=\lambda^n$, 故 $\mathcal{A}^{n-1}\neq 0, \mathcal{A}^n=0$. 于是有$\boldsymbol{\alpha}\in\boldsymbol{V}$ 使得 $\mathcal{A}^{n-1}\boldsymbol{\alpha}\neq 0$, $\mathcal{A}^n\boldsymbol{\alpha}=0$. 若有 $\sum\limits_{i=0}^{n-1}x_i\mathcal{A}^i\boldsymbol{\alpha}=0$, 故由 $\mathcal{A}^{n-1}\left(\sum\limits_{i=0}^{n-1}x_i\mathcal{A}^i\boldsymbol{\alpha}\right)=x_0\mathcal{A}^{n-1}\boldsymbol{\alpha}=0$, 知 $x_0=0$; 由 $\mathcal{A}^{n-2}\left(\sum\limits_{i=1}^{n-1}x_i\mathcal{A}^i\boldsymbol{\alpha}\right)=x_1\mathcal{A}^{n-1}\boldsymbol{\alpha}=0$, 知 $x_1=0$. 如此继续知 $x_0=x_1=\cdots=x_{n-1}=0$. 因而 $\boldsymbol{\alpha}$, $\mathcal{A}\boldsymbol{\alpha}$, $\cdots$, $\mathcal{A}^{n-1}\boldsymbol{\alpha}$ 为 $\boldsymbol{V}$ 的基, 而 $\mathcal{A}^n\boldsymbol{\alpha}=0$.

定理 5.8.1 设 $\mathcal{A}$ 是数域$\boldsymbol{P}$ 上 n 维线性空间 $\boldsymbol{V}$ 的幂零线性变换, 即 $\mathcal{A}^n=0$. 则 $\mathcal{A}$ 在适当基下的矩阵为 Jordan 矩阵

$$\operatorname{diag}(\boldsymbol{J}(0,\ n_1),\ \boldsymbol{J}(0,\ n_2),\ \cdots,\ \boldsymbol{J}(0,\ n_s)),$$
$$n_1\geqslant n_2\geqslant\cdots\geqslant n_s\geqslant 1,\ \ n_1+n_2+\cdots+n_s=n.$$

证 对 $\dim\boldsymbol{V}$ 作归纳证明. $\dim\boldsymbol{V}=1,\ 2,\ 3$ 时由 5.7 节的讨论知定理成立. 设 $\dim\boldsymbol{V}<n$ 定理成立, 现证 $\dim\boldsymbol{V}=n$ 时, 定理成立, 由 $\mathcal{A}^n=0$, 故 $\dim\ker\mathcal{A}>0$, 因而

$$\dim\boldsymbol{V}/\ker\mathcal{A}<\dim\boldsymbol{V}=n.$$

设 $\bar{\mathcal{A}}$ 为 $\mathcal{A}$ 在 $\boldsymbol{V}/\ker\mathcal{A}$ 上的诱导, 由引理 5.8.1 知 $\bar{\mathcal{A}}$ 也是幂零的. 由归纳假设知 $\bar{\mathcal{A}}$ 在 $\boldsymbol{V}/\ker\mathcal{A}$ 的某组基下的矩阵为 Jordan 矩阵

$$\operatorname{diag}(\boldsymbol{J}(0,\ m_1),\ \boldsymbol{J}(0,\ m_2),\ \cdots,\ \boldsymbol{J}(0,\ m_r)).$$

由定理 5.6.1 的推论 1 知 $\boldsymbol{V}/\ker\mathcal{A}$ 对 $\bar{\mathcal{A}}$ 有不变子空间的直和分解

$$\boldsymbol{V}/\ker\mathcal{A}=\bar{\boldsymbol{V}}_1\dot{+}\bar{\boldsymbol{V}}_2\dot{+}\cdots\dot{+}\bar{\boldsymbol{V}}_r,$$

且 $\bar{\mathcal{A}}|_{\bar{\boldsymbol{V}}_i}$ 在 $\bar{\boldsymbol{V}}_i$ 相应基下的矩阵为 $\boldsymbol{J}(0,\ m_i)$. 因而由引理 5.8.2 知, 有 $\bar{\boldsymbol{\alpha}}_i\in\bar{\boldsymbol{V}}_i$ 使得

$$\bar{\boldsymbol{\alpha}}_i,\ \bar{\mathcal{A}}\bar{\boldsymbol{\alpha}}_i,\ \cdots,\ \bar{\mathcal{A}}^{m_i-1}\bar{\boldsymbol{\alpha}}_i$$

为 $\bar{\boldsymbol{V}}_i$ 的基. 设 π 为 $\boldsymbol{V}$ 到 $\boldsymbol{V}/\ker\mathcal{A}$ 的自然同态, 故有 $\boldsymbol{\alpha}_i$ 使得 $\pi(\boldsymbol{\alpha}_i)=\bar{\boldsymbol{\alpha}}_i$. 于是

$$\bar{\mathcal{A}}^k(\bar{\boldsymbol{\alpha}}_i)=\bar{\mathcal{A}}^k(\pi(\boldsymbol{\alpha}_i))=\pi(\mathcal{A}^k\boldsymbol{\alpha}_i).$$

令

$$\boldsymbol{V}_i=L(\boldsymbol{\alpha}_i,\ \mathcal{A}\boldsymbol{\alpha}_i,\ \cdots,\ \mathcal{A}^{m_i-1}\boldsymbol{\alpha}_i,\ \mathcal{A}^{m_i}\boldsymbol{\alpha}_i).$$

由 $\left(\bar{\mathcal{A}}|_{\bar{\boldsymbol{V}}_i}\right)^{m_i}=0$, 知 $\pi(\mathcal{A}^{m_i}\boldsymbol{\alpha}_i)=\bar{\mathcal{A}}^{m_i}(\pi(\boldsymbol{\alpha}_i))=0$, 故 $\mathcal{A}^{m_i}\boldsymbol{\alpha}_i\in\ker\mathcal{A}$. 于是 $\mathcal{A}^{m_i+1}\boldsymbol{\alpha}_i=0$, 因而 $\boldsymbol{V}_i$ 是 $\mathcal{A}$- 子空间, 且 $\pi(\boldsymbol{V}_i)=\bar{\boldsymbol{V}}_i$.

容易得到 $\ker\bar{\mathcal{A}}$ 有基

$$\pi(\mathcal{A}^{m_1-1}\boldsymbol{\alpha}_1),\ \pi(\mathcal{A}^{m_2-1}\boldsymbol{\alpha}_2),\ \cdots,\ \pi(\mathcal{A}^{m_r-1}\boldsymbol{\alpha}_r).$$

由引理 5.8.1 之 2) 知 $\mathcal{A}^{m_1}\boldsymbol{\alpha}_1, \mathcal{A}^{m_2}\boldsymbol{\alpha}_2, \cdots, \mathcal{A}^{m_r}\boldsymbol{\alpha}_r$ 为 $\ker\mathcal{A}$ 中线性无关组, 故可将其扩充为 $\ker\mathcal{A}$ 的基 $\mathcal{A}^{m_1}\boldsymbol{\alpha}_1, \mathcal{A}^{m_2}\boldsymbol{\alpha}_2, \cdots, \mathcal{A}^{m_r}\boldsymbol{\alpha}_r, \boldsymbol{\alpha}_{r+1}, \cdots, \boldsymbol{\alpha}_s$. 由定理 4.10.4 知

$$\boldsymbol{S}=\{\mathcal{A}^{k_i}\boldsymbol{\alpha}_i,\ \boldsymbol{\alpha}_{r+1},\ \cdots,\ \boldsymbol{\alpha}_s\,|\,0\leqslant k_i\leqslant m_i,\ 1\leqslant i\leqslant r\}$$

是$\boldsymbol{V}$ 的基.

令 $\boldsymbol{V}_j=L(\boldsymbol{\alpha}_j), r+1\leqslant j\leqslant s$, 故 $\boldsymbol{V}_j$ 也是 $\mathcal{A}$ 的不变子空间, 且 $\mathcal{A}|_{\boldsymbol{V}_j}=0$. 而且

$$\boldsymbol{V}=\boldsymbol{V}_1\dot{+}\boldsymbol{V}_2\dot{+}\cdots\dot{+}\boldsymbol{V}_{r+1}\dot{+}\cdots\dot{+}\boldsymbol{V}_s,$$

且

$$\boldsymbol{M}(\mathcal{A};\ \boldsymbol{S})=\mathrm{diag}(\boldsymbol{J}(0,\ m_1+1),\ \cdots,\ \boldsymbol{J}(0,\ m_r+1),\ 0,\ \cdots,\ 0),$$

$(\boldsymbol{J}(0,\ 1)=0)$ 即为 Jordan 矩阵.

推论 1　若 $\mathcal{A}\in\mathrm{End}\,\boldsymbol{V}$, 且 $(\lambda_0\mathrm{id}-\mathcal{A})^n=0$, 则 $\mathcal{A}$ 在适当基下的矩阵为 Jordan 矩阵

$$\mathrm{diag}(\boldsymbol{J}(\lambda_0,\ n_1),\ \boldsymbol{J}(\lambda_0,\ n_2),\ \cdots,\ \boldsymbol{J}(\lambda_0,\ n_s)).$$

事实上, 由上面定理 5.8.1 知 $\mathcal{A}-\lambda_0\mathrm{id}$ 在适当基下的矩阵为

$$\mathrm{diag}(\boldsymbol{J}(0,\ n_1),\ \boldsymbol{J}(0,\ n_2),\ \cdots,\ \boldsymbol{J}(0,\ n_s)).$$

于是 $\mathcal{A}=(\mathcal{A}-\lambda_0\mathrm{id})+\lambda_0\mathrm{id}$ 在这组基下的矩阵为

$$\mathrm{diag}(\boldsymbol{J}(\lambda_0,\ n_1),\ \boldsymbol{J}(\lambda_0,\ n_2),\ \cdots,\ \boldsymbol{J}(\lambda_0,\ n_s)).$$

推论 2　$\mathcal{A}\in\mathrm{End}\,\boldsymbol{V}$, 在某组基下的矩阵为

$$\mathrm{diag}(\boldsymbol{J}(\lambda_0,\ n_1),\ \boldsymbol{J}(\lambda_0,\ n_2),\ \cdots,\ \boldsymbol{J}(\lambda_0,\ n_s)),\ \ n_1\geqslant n_2\geqslant\cdots\geqslant n_s\geqslant 1.$$

则

$$\deg d_{\mathcal{A}}(\lambda)=n_1,\quad \dim E_{\lambda_0}(\mathcal{A})=s.$$

又若 $\bar{\mathcal{A}}$ 为 $\mathcal{A}$ 在 $\boldsymbol{V}/E_{\lambda_0}(\mathcal{A})$ 上的诱导, 则

$$\deg d_{\bar{\mathcal{A}}}(\lambda)=n_1-1,\quad \dim E_{\lambda_0}(\bar{\mathcal{A}})=|\{n_i|n_i\geqslant 2\}|.$$

上面这些结果是显然的.

定理 5.8.2　设 $\boldsymbol{V}$ 是复数域 $\mathbf{C}$ 上 n 维线性空间, $\mathcal{A}\in \operatorname{End}\boldsymbol{V}$, 则 $\mathcal{A}$ 在 $\boldsymbol{V}$ 的适当基下的矩阵为 Jordan 矩阵.

证　设 $\mathcal{A}$ 的特征多项式的因式分解为

$$f(\lambda)=(\lambda-\lambda_1)^{m_1}(\lambda-\lambda_2)^{m_2}\cdots(\lambda-\lambda_s)^{m_s},$$

其中 $i\neq j$ 时, $\lambda_i\neq\lambda_j$. 由定理 5.6.3 知$\boldsymbol{V}$ 可分解为 $\mathcal{A}$ 的根子空间的直和

$$\boldsymbol{V}=R_{\lambda_1}(\mathcal{A})\dot{+}R_{\lambda_2}(\mathcal{A})\dot{+}\cdots\dot{+}R_{\lambda_s}(\mathcal{A}).$$

由于 $\left(\mathcal{A}|_{R_{\lambda_i}(\mathcal{A})}-\lambda_i\mathrm{id}\right)^{m_i}=0$, 于是由定理 5.8.1 的推论 1 知在 $R_{\lambda_i}(\mathcal{A})$ 的适当基下 $\mathcal{A}|_{R_{\lambda_i}(\mathcal{A})}$ 的矩阵 $\boldsymbol{A}_i$ 为 Jordan 矩阵. 这些 $R_{\lambda_i}(\mathcal{A})$, $1\leqslant i\leqslant s$ 的基合成$\boldsymbol{V}$ 的基, 在此基下 $\mathcal{A}$ 的矩阵为

$$\operatorname{diag}(\boldsymbol{A}_1,\ \boldsymbol{A}_2,\ \cdots,\ \boldsymbol{A}_s)$$

是 Jordan 矩阵.

推论　任一复 n 阶方阵 $\boldsymbol{A}$ 相似于一个 n 阶 Jordan 矩阵, 此 Jordan 矩阵称为 $\boldsymbol{A}$ **的标准形**.

一个自然的问题是$\boldsymbol{A}$ 有多少个 Jordan 标准形, 或者两个 Jordan 矩阵在什么条件下相似? 可以从不同途径来解决这个问题. 一是继续遵循本节的方法用线性变换的观点来解决, 读者可通过本节习题完成. 另一途径是用多项式矩阵, 我们将在下章讲述.

习　　题

1. 设自然数组 $n_1,\ n_2,\ \cdots,\ n_s$ 及 $n_1',\ n_2',\ \cdots,\ n_t'$ 满足

$$n_1\geqslant n_2\geqslant\cdots\geqslant n_s;\quad n_1'\geqslant n_2'\geqslant\cdots\geqslant n_t';\sum_{i=1}^{s}n_i=\sum_{j=1}^{t}n_j'=n.$$

令

$$m_k=|\{n_i|n_i\geqslant k\}|,\quad m_k'=|\{n_i'|n_i'\geqslant k\}|.$$

证明:

1)　$m_1\geqslant m_2\geqslant\cdots\geqslant m_{n_1};\quad m_1'\geqslant m_2'\geqslant\cdots\geqslant m_{n_1'}'$;

2)　$k>n_1$ 时, $m_k=0$; $k>n_1'$ 时, $m_k'=0$;

3)　$\displaystyle\sum_{i=1}^{n_1}m_i=\sum_{j=1}^{n_1'}m_j'=n$;

4)　$m_i=m_i'$ 的充分必要条件是 $s=t$ 且 $n_i=n_i'$, $1\leqslant i\leqslant s$.

2. 设 $\boldsymbol{V}$ 是 $\boldsymbol{P}$ 上 n 维线性空间, $\mathcal{A}\in\operatorname{End}\boldsymbol{V}$. 若 $\mathcal{A}$ 在某组基下的矩阵为

$$\operatorname{diag}(\boldsymbol{J}(0,\ n_1),\ \boldsymbol{J}(0,\ n_2),\ \cdots,\ \boldsymbol{J}(0,\ n_s)),$$

其中 $n_1\geqslant n_2\geqslant\cdots\geqslant n_s\geqslant 1$. 则

$$\dim\ker\mathcal{A}^k=m_1+m_2+\cdots+m_k,\ \ 1\leqslant k\leqslant n_1.$$

这里 m_i 如习题 1 中定义.

3. 试证

$$\begin{aligned}&\boldsymbol{J}=\operatorname{diag}(\boldsymbol{J}(0,\ n_1),\ \boldsymbol{J}(0,\ n_2),\ \cdots,\ \boldsymbol{J}(0,\ n_s)),\\&\boldsymbol{J}'=\operatorname{diag}(\boldsymbol{J}(0,\ n_1'),\ \boldsymbol{J}(0,\ n_2'),\ \cdots,\ \boldsymbol{J}(0,\ n_t'))\\&\left(\begin{array}{c}n_1\geqslant n_2\geqslant\cdots\geqslant n_s;\quad n_1'\geqslant n_2'\geqslant\cdots\geqslant n_t';\\ \displaystyle\sum_{i=1}^{s}n_i=\sum_{j=1}^{t}n_j'=n.\end{array}\right)\end{aligned}$$

相似的充分必要条件是 $s=t$, 且 $n_i=n_i'$, $1\leqslant i\leqslant s$.

4. 证明两个 Jordan 矩阵

$$\boldsymbol{J}=\operatorname{diag}(\boldsymbol{J}(\lambda_1,\ n_1),\ \boldsymbol{J}(\lambda_2,\ n_2),\ \cdots,\ \boldsymbol{J}(\lambda_s,\ n_s)),$$

$$\boldsymbol{J}'=\operatorname{diag}(\boldsymbol{J}(\lambda_1',\ n_1'),\ \boldsymbol{J}(\lambda_2',\ n_2'),\ \cdots,\ \boldsymbol{J}(\lambda_t',\ n_t'))$$

相似当且仅当 $s=t$, 且有 $1,\ 2,\ \cdots,\ s$ 的排列 $i_1, i_2, \cdots, i_s$ 使得

$$\boldsymbol{J}(\lambda_j,\ n_j)=\boldsymbol{J}(\lambda_{i_j}',\ n_{i_j}'),\ 1\leqslant j\leqslant s.$$

注 若一个线性变换 (矩阵) 的标准形为

$$\boldsymbol{J}=\operatorname{diag}(\boldsymbol{J}(\lambda_1,\ n_1),\ \boldsymbol{J}(\lambda_2,\ n_2),\ \cdots,\ \boldsymbol{J}(\lambda_s,\ n_s)).$$

则称 $(\lambda-\lambda_i)^{n_i}$, $1\leqslant i\leqslant s$ 为其**初等因子**. 此习题说明, 初等因子是唯一的.

5. 设 $\boldsymbol{V}$ 是 $\boldsymbol{P}$ 上 n 维线性空间, $\mathcal{A}\in\operatorname{End}\boldsymbol{V}$, $\boldsymbol{W}$ 是 $\mathcal{A}$- 子空间. 若有 $\boldsymbol{\alpha}\in\boldsymbol{W}$ 使得 $\boldsymbol{W}=L(\boldsymbol{\alpha},\ \mathcal{A}\boldsymbol{\alpha},\ \mathcal{A}^2\boldsymbol{\alpha},\ \cdots)$, 则称$\boldsymbol{W}$ 为 $\mathcal{A}$ 的**循环子空间**. 证明若 $\mathcal{A}|_{\boldsymbol{W}}$ 在 $\boldsymbol{W}$ 的某组基下的矩阵为 Jordan 块 $\boldsymbol{J}(\lambda_0,\ n_1)$, 则$\boldsymbol{W}$ 是 $\mathcal{A}$ 的循环子空间.

6. 设 $\mathcal{A}\in\operatorname{End}\boldsymbol{V}$ 且 $\mathcal{A}$ 在 $\boldsymbol{V}$ 的某组基下的矩阵为 Jordan 矩阵

$$\operatorname{diag}(\boldsymbol{J}(\lambda_1,\ n_1),\ \boldsymbol{J}(\lambda_2,\ n_2),\ \cdots,\ \boldsymbol{J}(\lambda_s,\ n_s)),$$

且 $i\neq j$ 时, $\lambda_i\neq\lambda_j$. 试证: $\boldsymbol{V}$ 为 $\mathcal{A}$ 的循环 (子) 空间; $\mathcal{A}$ 的最低多项式与 $\mathcal{A}$ 的特征多项式相等.

7. 设 $\boldsymbol{V}$ 是复数域 $\mathbf{C}$ 上 n 维线性空间, $\mathcal{A} \in \operatorname{End} \boldsymbol{V}$. 证明$\boldsymbol{V}$ 可以分解为 $\mathcal{A}$ 的循环子空间的直和

$$\boldsymbol{V} = \boldsymbol{V}_1 \dot{+} \boldsymbol{V}_2 \dot{+} \cdots \dot{+} \boldsymbol{V}_t,$$

且满足:

1) $\mathcal{A}|_{\boldsymbol{V}_i}$ 的最低多项式 $d_i(\lambda)$ 为 $\mathcal{A}|_{\boldsymbol{V}_i}$ 的特征多项式;

2) $d_i(\lambda)|d_{i+1}(\lambda)$, $i = 1, 2, \cdots, t-1$.

注 $d_i(\lambda)$, $1 \leqslant i \leqslant t$ 称为 $\mathcal{A}$ 的**不变因子**.

8. 设 $\boldsymbol{V}$ 是复数域 $\mathbf{C}$ 上 n 维线性空间, $\mathcal{A} \in \operatorname{End} \boldsymbol{V}$. 试寻求的初等因子与不变因子之间的关系, 由此证明的不变因子是唯一的.

9. 设 $\boldsymbol{V}$ 是 $\boldsymbol{P}$ 上 n 维线性空间, $\mathcal{A} \in \operatorname{End} \boldsymbol{V}$, 且 $\boldsymbol{V}$ 是 $\mathcal{A}$ 的循环空间, 即有 $\boldsymbol{\alpha} \in \boldsymbol{V}$ 使 $\boldsymbol{V} = L(\boldsymbol{\alpha}, \mathcal{A}\boldsymbol{\alpha}, \mathcal{A}^2\boldsymbol{\alpha}, \cdots)$. 证明 $\boldsymbol{\alpha}, \mathcal{A}\boldsymbol{\alpha}, \mathcal{A}^2\boldsymbol{\alpha}, \cdots, \mathcal{A}^{n-1}\boldsymbol{\alpha}$ 为 $\boldsymbol{V}$ 的一组基. 并求 $\mathcal{A}$ 在这组基下矩阵, $\mathcal{A}$ 的特征多项式与最低多项式.

10. 设 $\boldsymbol{V}$ 是 $\mathbf{C}$ 上 n 维线性空间, $\mathcal{A} \in \operatorname{End} \boldsymbol{V}$. 证明存在 $\mathcal{A}_s, \mathcal{A}_n \in \operatorname{End} \boldsymbol{V}$ 满足下列条件:

1) $\mathcal{A} = \mathcal{A}_s + \mathcal{A}_n$, $\quad \mathcal{A}_s\mathcal{A}_n = \mathcal{A}_n\mathcal{A}_s$;

2) $\mathcal{A}_n$ 是幂零的, $\mathcal{A}_s$ 在某组基下的矩阵为对角矩阵;

3) 存在 $f(\lambda), g(\lambda) \in \mathbf{C}[\lambda]$ 使得 $\mathcal{A}_s = f(\mathcal{A})$, $\mathcal{A}_n = g(\mathcal{A})$;

4) 若有 $\mathcal{A}_s', \mathcal{A}_n' \in \operatorname{End} \boldsymbol{V}$ 满足条件 1), 2), 则 $\mathcal{A}_s' = \mathcal{A}_s$, $\mathcal{A}_n' = \mathcal{A}_n$.

注 $\mathcal{A} = \mathcal{A}_s + \mathcal{A}_n$ 称为 $\mathcal{A}$ 的 **Jordan 分解**, 且称 $\mathcal{A}_s$, $\mathcal{A}_n$ 分别为 $\mathcal{A}$ 的**半单部分**, **幂零部分**.

第 6 章　多项式矩阵

本章将用多项式矩阵的语言来证明任何复方阵相似于 Jordan 矩阵, 而且除 Jordan 块的次序外, 这个 Jordan 矩阵是唯一的.

6.1　多项式矩阵及其标准形

设 $\boldsymbol{P}$ 是数域, λ 是一个文字. $\boldsymbol{P}[\lambda]$ 为 $\boldsymbol{P}$ 上 λ 的所有一元多项式的集合. 以 $\boldsymbol{P}[\lambda]$ 中多项式为元素的矩阵称为**多项式矩阵或λ- 矩阵**. 所有 $m\times n$ 的 λ- 矩阵的集合记为 $\boldsymbol{P}[\lambda]^{m\times n}$. 很显然 $\boldsymbol{P}^{m\times n}\subseteq\boldsymbol{P}[\lambda]^{m\times n}$. 如同$\boldsymbol{P}$ 上矩阵及 5.4 节对 n 阶多项式方阵一样, 可在 $\boldsymbol{P}[\lambda]^{m\times n}$ 中定义加法, 减法, 多项式与矩阵乘法以及 $\boldsymbol{P}[\lambda]^{m\times n}$ 中元素与 $\boldsymbol{P}[\lambda]^{n\times l}$ 中元素的乘法. 同样, 一个 λ- 矩阵可用唯一的方式表示为系数为$\boldsymbol{P}$ 上矩阵的 λ 的多项式, 而且加法与乘法可用 5.4 节中 (5), (6) 的形式表达.

对于 $\boldsymbol{A}(\lambda)\in\boldsymbol{P}[\lambda]^{n\times n}$, 行列式, 子式, 余子式, 代数余子式及伴随矩阵概念及绝大部分性质与 $\boldsymbol{P}^{n\times n}$ 中方阵相同. 如 $\boldsymbol{A}(\lambda)\boldsymbol{A}(\lambda)^*=\det\boldsymbol{P}(\lambda)\boldsymbol{I}_n$. 但对于 “可逆” 要留心一些.

定义 6.1.1　设 $\boldsymbol{A}(\lambda)\in\boldsymbol{P}[\lambda]^{n\times n}$, 若有 $\boldsymbol{B}(\lambda)\in\boldsymbol{P}[\lambda]^{n\times n}$ 使得 $\boldsymbol{A}(\lambda)\boldsymbol{B}(\lambda)=\boldsymbol{I}_n$, 则称 $\boldsymbol{A}(\lambda)$ **可逆**, $\boldsymbol{B}(\lambda)$ 为 $\boldsymbol{A}(\lambda)$ 的**逆矩阵**, 记为 $\boldsymbol{A}(\lambda)^{-1}$.

定理 6.1.1　$\boldsymbol{A}(\lambda)\in\boldsymbol{P}[\lambda]^{n\times n}$ 可逆当且仅当 $\det\boldsymbol{A}(\lambda)=d$ 为非零常数, 且 $\boldsymbol{A}(\lambda)$ 有唯一的逆矩阵

$$\boldsymbol{A}(\lambda)^{-1}=\frac{1}{d}\boldsymbol{A}(\lambda)^*.$$

并且, $\boldsymbol{A}(\lambda)^{-1}$ 满足 $\boldsymbol{A}(\lambda)^{-1}\boldsymbol{A}(\lambda)=\boldsymbol{A}(\lambda)\boldsymbol{A}(\lambda)^{-1}=\boldsymbol{I}_n$.

证　设 $\boldsymbol{B}(\lambda)\in\boldsymbol{P}[\lambda]^{n\times n}$, 使 $\boldsymbol{A}(\lambda)\boldsymbol{B}(\lambda)=\boldsymbol{I}_n$. 于是

$$\det\boldsymbol{A}(\lambda)\det\boldsymbol{B}(\lambda)=1.$$

故 $d=\det\boldsymbol{A}(\lambda)$ 为非零常数.

反之, 若 $d=\det\boldsymbol{A}(\lambda)$ 为非零常数. 于是, $\dfrac{1}{d}\boldsymbol{A}(\lambda)^*\in\boldsymbol{P}[\lambda]^{n\times n}$, 且

$$\frac{1}{d}\boldsymbol{A}(\lambda)^*\boldsymbol{A}(\lambda)=\boldsymbol{A}(\lambda)\left(\frac{1}{d}\boldsymbol{A}(\lambda)^*\right)=\boldsymbol{I}_n,$$

即 $\boldsymbol{A}(\lambda)$ 可逆. 又若 $\boldsymbol{A}(\lambda)\boldsymbol{B}(\lambda)=\boldsymbol{I}_n$, 则

$$\frac{1}{d}\boldsymbol{A}(\lambda)^*=\frac{1}{d}\boldsymbol{A}(\lambda)^*(\boldsymbol{A}(\lambda)\boldsymbol{B}(\lambda))=\boldsymbol{I}_n\boldsymbol{B}(\lambda)=\boldsymbol{B}(\lambda).$$

秩的概念是$\boldsymbol{P}$上矩阵的重要概念, 同样在 λ- 矩阵中也是一个重要的概念.

定义 6.1.2 $\boldsymbol{A}(\lambda) \in \boldsymbol{P}[\lambda]^{m\times n}$. 如果 $\boldsymbol{A}(\lambda)$ 中有一个 r 级子式不为零, 而所有 $r+1$ 级子式 (如果有 $r+1$ 级子式的话) 全为零, 则称 $\boldsymbol{A}(\lambda)$ 的**秩**为 r. 零矩阵 0 的秩为 0. $\boldsymbol{A}(\lambda)$ 的秩记为 $R(\boldsymbol{A}(\lambda))$ 或 $\mathrm{rank}\boldsymbol{A}(\lambda)$.

若 $\boldsymbol{A}(\lambda) \in \boldsymbol{P}[\lambda]^{n\times n}$ 可逆, 则 $R(\boldsymbol{A}(\lambda)) = n$.

与$\boldsymbol{P}$ 上矩阵不同之处是 $R(\boldsymbol{A}(\lambda)) = n$, $\boldsymbol{A}(\lambda)$ 不一定可逆. 如 $R(\lambda \boldsymbol{I}_n) = n$, 但 $\lambda \boldsymbol{I}_n$ 不可逆.

初等变换与初等矩阵对于$\boldsymbol{P}$ 上矩阵的研究有重要作用, 对 λ- 矩阵也有重要作用.

以下变换称为 λ- 矩阵的**初等变换**:

1. 将 $\boldsymbol{A}(\lambda)$ 的某行 (列) 乘以非零常数.

2. 将 $\boldsymbol{A}(\lambda)$ 的某行 (列) 加上另一行 (列) 的 $\varphi(\lambda)$ 倍, 这里 $\varphi(\lambda) \in \boldsymbol{P}[\lambda]$.

3. 将 $\boldsymbol{A}(\lambda)$ 的两行 (列) 互换.

将单位方阵 $\boldsymbol{I}_n$ 经过一次初等变换得到的矩阵称为**初等矩阵**. 于是, 有三种类型的初等矩阵: $\boldsymbol{P}(i(c))$, $c \in \boldsymbol{P}$, $c \neq 0$; $\boldsymbol{P}(i,\ j(\varphi(\lambda)))$, $\boldsymbol{P}(i,\ j)$.

初等矩阵可逆, 逆矩阵仍为初等矩阵, 且

$$\begin{aligned}
&\boldsymbol{P}(i(c))^{-1} = \boldsymbol{P}(i(c^{-1})),\\
&\boldsymbol{P}(i,\ j(\varphi(\lambda)))^{-1} = \boldsymbol{P}(i,\ j(-\varphi(\lambda))),\\
&\boldsymbol{P}(i,\ j)^{-1} = \boldsymbol{P}(i,\ j).
\end{aligned}$$

若 $\boldsymbol{A}(\lambda) \in \boldsymbol{P}[\lambda]^{m\times n}$. 用一个 m 阶初等矩阵左乘 $\boldsymbol{A}(\lambda)$, 就是将 $\boldsymbol{A}(\lambda)$ 进行相应的初等行变换; 用一个 n 阶初等矩阵右乘 $\boldsymbol{A}(\lambda)$, 就是将 $\boldsymbol{A}(\lambda)$ 进行相应的初等列变换.

定义 6.1.3 $\boldsymbol{A}(\lambda)$, $\boldsymbol{B}(\lambda) \in \boldsymbol{P}[\lambda]^{m\times n}$. 如果经过一系列初等变换可将 $\boldsymbol{A}(\lambda)$ 化为 $\boldsymbol{B}(\lambda)$, 则称 $\boldsymbol{A}(\lambda)$ 与 $\boldsymbol{B}(\lambda)$ **等价** (**相抵**). 记为 $\boldsymbol{A}(\lambda) \sim \boldsymbol{B}(\lambda)$.

由于初等变换与初等矩阵的关系, 我们知 $\boldsymbol{A}(\lambda) \sim \boldsymbol{B}(\lambda)$ 当且仅当存在 m 阶初等矩阵 $\boldsymbol{P}_1$, $\boldsymbol{P}_2$, $\cdots$, $\boldsymbol{P}_s$ 及 n 阶初等矩阵 $\boldsymbol{Q}_1$, $\boldsymbol{Q}_2$, $\cdots$, $\boldsymbol{Q}_t$ 使得

$$\boldsymbol{B}(\lambda) = \boldsymbol{P}_1\boldsymbol{P}_2\cdots\boldsymbol{P}_s\boldsymbol{A}(\lambda)\boldsymbol{Q}_1\boldsymbol{Q}_2\cdots\boldsymbol{Q}_t.$$

从这里立即可知等价 (相抵) 有下列性质:

1. 反身性: $\boldsymbol{A}(\lambda) \sim \boldsymbol{A}(\lambda)$.

2. 对称性: $\boldsymbol{A}(\lambda) \sim \boldsymbol{B}(\lambda)$, 则 $\boldsymbol{B}(\lambda) \sim \boldsymbol{A}(\lambda)$.

3. 传递性: 若 $\boldsymbol{A}(\lambda) \sim \boldsymbol{B}(\lambda)$, $\boldsymbol{B}(\lambda) \sim \boldsymbol{C}(\lambda)$, 则 $\boldsymbol{A}(\lambda) \sim \boldsymbol{C}(\lambda)$.

4. $\boldsymbol{A}(\lambda)\sim\boldsymbol{B}(\lambda)$, 则 $\boldsymbol{A}(\lambda)$ 元素为 $\boldsymbol{B}(\lambda)$ 的元素的 (多项式) 组合; $\boldsymbol{B}(\lambda)$ 的元素为 $\boldsymbol{A}(\lambda)$ 的元素的组合.

5. $\boldsymbol{A}(\lambda)\sim\boldsymbol{B}(\lambda)$, 则 $R(\boldsymbol{A}(\lambda))=R(\boldsymbol{B}(\lambda))$.

我们知道, 对于 $\boldsymbol{P}^{m\times n}$ 中矩阵, 性质 5 的逆命题也是对的, 但对于 λ- 矩阵却不然了. 如 $\lambda\boldsymbol{I}_n$ 与 $\boldsymbol{I}_n$ 的秩均为 n, 但它们不等价.

为了讨论两个 λ- 矩阵何时等价, 我们可用初等变换将 λ- 矩阵化为比较简单的形式. 这种方法我们在定理 3.4.3 及定理 4.6.2 的证明中已经运用过了.

引理 6.1.1　设 $\boldsymbol{A}(\lambda)\in\boldsymbol{P}[\lambda]^{m\times n}$, $\boldsymbol{A}(\lambda)\neq 0$, 则有 $\boldsymbol{B}(\lambda)\in\boldsymbol{P}[\lambda]^{m\times n}$ 满足:

1)　$\boldsymbol{A}(\lambda)\sim\boldsymbol{B}(\lambda)$,

2)　$\mathrm{ent}_{11}\boldsymbol{B}(\lambda)|\mathrm{ent}_{ij}\boldsymbol{B}(\lambda),\ 1\leqslant i\leqslant m,\ 1\leqslant j\leqslant n.$

证　因为 $\boldsymbol{A}(\lambda)\neq 0$, 故经过初等变换可将非零元素换到第 1 行第 1 列的位置. 故不妨设 $\mathrm{ent}_{11}\boldsymbol{A}(\lambda)\neq 0$, 记 $a_{ij}(\lambda)=\mathrm{ent}_{ij}\boldsymbol{A}(\lambda)$. 若有 $a_{ij}(\lambda)$ 使 $a_{11}(\lambda)\nmid a_{ij}(\lambda)$, 此时有三种情形:

1)　$i=1$, 即 $a_{11}(\lambda)\nmid a_{1j}(\lambda)$. 于是

$$a_{1j}(\lambda)=a_{11}(\lambda)q_1(\lambda)+r_1(\lambda),\ \deg r_1(\lambda)<\deg a_{11}(\lambda).$$

做两次列变换: 第 j 列加上第 1 列的 $-q_1(\lambda)$ 倍; 第 j 列与第 1 列互换, 得到 $\boldsymbol{B}_1(\lambda)\sim\boldsymbol{A}(\lambda)$, 且

$$\mathrm{ent}_{11}\boldsymbol{B}_1(\lambda)=r_1(\lambda).$$

2)　$j=1$, 即 $a_{11}(\lambda)\nmid a_{i1}(\lambda)$. 于是

$$a_{i1}(\lambda)=a_{11}(\lambda)q_2(\lambda)+r_2(\lambda),\ \deg r_2(\lambda)<\deg a_{11}(\lambda).$$

先将第 i 行加上第 1 行的 $-q_2(\lambda)$ 倍, 再将第 i 行与第 1 行互换, 得到 $\boldsymbol{B}_2(\lambda)\sim\boldsymbol{A}(\lambda)$, 且

$$\mathrm{ent}_{11}\boldsymbol{B}_2(\lambda)=r_2(\lambda).$$

3)　$a_{11}(\lambda)|a_{1j}(\lambda),\ 1\leqslant j\leqslant n;\ a_{11}(\lambda)|a_{i1}(\lambda),\ 1\leqslant i\leqslant m$; 而有 $i\neq 1, j\neq 1$ 使得 $a_{11}(\lambda)\nmid a_{ij}(\lambda)$. 设 $a_{i1}(\lambda)=a_{11}(\lambda)q(\lambda)$. 先将第 i 行加上第 1 行的 $-q(\lambda)$ 倍, 再将第 1 行加上第 i 行, 得到矩阵 $\boldsymbol{B}_3(\lambda)\sim\boldsymbol{A}(\lambda)$, 且

$$\mathrm{ent}_{11}\boldsymbol{B}_3(\lambda)=\mathrm{ent}_{11}\boldsymbol{A}(\lambda),\quad \mathrm{ent}_{1j}\boldsymbol{B}_3(\lambda)=a_{1j}(\lambda)(1-q(\lambda))+a_{ij}(\lambda).$$

于是 $\mathrm{ent}_{11}\boldsymbol{B}_3(\lambda)\nmid\mathrm{ent}_{1j}\boldsymbol{B}_3(\lambda)$, 这是情形 1).

总之, 可得到 $\boldsymbol{A}_1(\lambda)\in\boldsymbol{P}[\lambda]^{m\times n}$, 满足

$$\boldsymbol{A}(\lambda)\sim\boldsymbol{A}_1(\lambda),\ \deg(\mathrm{ent}_{11}\boldsymbol{A}_1(\lambda))<\deg(\mathrm{ent}_{11}\boldsymbol{A}(\lambda)).$$

若 $\boldsymbol{A}_1(\lambda)$ 满足条件 2) 则可取 $\boldsymbol{B}(\lambda)=\boldsymbol{A}_1(\lambda)$. 若不然, 重复上面过程, 可得 $\boldsymbol{A}_2(\lambda)\sim\boldsymbol{A}_1(\lambda)\sim\boldsymbol{A}(\lambda)$,

$$\deg(\mathrm{ent}_{11}\boldsymbol{A}_2(\lambda))<\deg(\mathrm{ent}_{11}\boldsymbol{A}_1(\lambda)).$$

显然, 经有限步后可得满足条件的 $\boldsymbol{B}(\lambda)$.

定理 6.1.2 设 $\boldsymbol{A}(\lambda)\in\boldsymbol{P}[\lambda]^{m\times n}$, $\boldsymbol{A}(\lambda)\neq 0$, 则 $\boldsymbol{A}(\lambda)$ 与下面形状的矩阵 $\boldsymbol{D}(\lambda)$ 等价,

$$\boldsymbol{D}(\lambda)=\begin{pmatrix} d_1(\lambda) & & & & & & \\ & d_2(\lambda) & & & & & \\ & & \ddots & & & & \\ & & & d_r(\lambda) & & & \\ & & & & 0 & & \\ & & & & & \ddots & \\ & & & & & & 0 \end{pmatrix},$$

其中 $r\geqslant 1$, $d_i(\lambda)$ 为首一多项式 $(1\leqslant i\leqslant r)$, 且

$$d_i(\lambda)|d_{i+1}(\lambda),\ \ 1\leqslant i\leqslant r-1.$$

证 设 $a_{ij}(\lambda)=\mathrm{ent}_{ij}\boldsymbol{A}(\lambda)$. 由引理 6.1.1, 存在 $\boldsymbol{B}(\lambda)\in\boldsymbol{P}[\lambda]^{m\times n}$ 使得 $\boldsymbol{A}(\lambda)\sim\boldsymbol{B}(\lambda)$, 且 $b_{11}(\lambda)|b_{ij}(\lambda)$, 其中 $b_{ij}(\lambda)=\mathrm{ent}_{ij}\boldsymbol{B}(\lambda)$. 设

$$b_{1j}(\lambda)=b_{11}(\lambda)q_j(\lambda),\ \ b_{i1}(\lambda)=b_{11}(\lambda)p_i(\lambda).$$

将 $\boldsymbol{B}(\lambda)$ 的第 i 行加上第 1 行的 $-p_i(\lambda)$ 倍; 第 j 列加上第 1 列的 $-q_j(\lambda)$ 倍, 得到 $\boldsymbol{C}(\lambda)\sim\boldsymbol{B}(\lambda)$, 且

$$\boldsymbol{C}(\lambda)=\begin{pmatrix} b_{11}(\lambda) & 0 & \cdots & 0 \\ 0 & & & \\ \vdots & & \boldsymbol{C}_1(\lambda) & \\ 0 & & & \end{pmatrix},$$

其中 $\boldsymbol{C}_1(\lambda)\in\boldsymbol{P}[\lambda]^{(m-1)\times(n-1)}$, 其元素为 $\boldsymbol{B}(\lambda)$ 的元素的组合. 于是

$$b_{11}(\lambda)|\mathrm{ent}_{ij}\boldsymbol{C}_1(\lambda).$$

若 $\boldsymbol{C}_1(\lambda)\neq 0$, 则可对 $\boldsymbol{C}_1(\lambda)$ 施行初等变换, 即在 $\boldsymbol{C}(\lambda)$ 的第 2 行至第 m 行,

第 2 列至第 n 列的初等变换, 使得

$$\boldsymbol{A}(\lambda) \sim \begin{pmatrix} b_{11}(\lambda) & 0 & 0 & \cdots & 0 \\ 0 & c_{22}(\lambda) & 0 & \cdots & 0 \\ 0 & 0 & & & \\ \vdots & \vdots & & \boldsymbol{C}_2(\lambda) & \\ 0 & 0 & & & \end{pmatrix},$$

这里 $\boldsymbol{C}_2(\lambda) \in \boldsymbol{P}[\lambda]^{(m-2)\times(n-2)}$,

$$b_{11}(\lambda)|c_{22}(\lambda),\ c_{22}(\lambda)|\mathrm{ent}_{ij}\boldsymbol{C}_2(\lambda).$$

令 $d_1(\lambda) = b_{11}(\lambda)$, $d_2(\lambda) = c_{22}(\lambda)$, 如此继续有限步后可得

$$\boldsymbol{A}(\lambda) \sim \begin{pmatrix} d_1(\lambda) & & & & & & \\ & d_2(\lambda) & & & & & \\ & & \ddots & & & & \\ & & & d_r(\lambda) & & & \\ & & & & 0 & & \\ & & & & & \ddots & \\ & & & & & & 0 \end{pmatrix},$$

$$d_i(\lambda)|d_{i+1}(\lambda),\quad 1 \leqslant i \leqslant r-1.$$

定义 6.1.4　设 $\boldsymbol{A}(\lambda) \in \boldsymbol{P}[\lambda]^{m\times n}$, $\boldsymbol{A}(\lambda) \sim \boldsymbol{D}(\lambda)$, $\boldsymbol{D}(\lambda)$ 满足定理 6.1.2 中条件, 则称 $\boldsymbol{D}(\lambda)$ 为 $\boldsymbol{A}(\lambda)$ 的 (等价或相抵) **标准形**, $d_1(\lambda)$, $d_2(\lambda)$, $\cdots$, $d_r(\lambda)$ 为 $\boldsymbol{A}(\lambda)$ 的**不变因子**.

例 6.1　用初等变换求 $\begin{pmatrix} 1-\lambda & 2\lambda-1 & \lambda \\ \lambda & \lambda^2 & -\lambda \\ 1+\lambda^2 & \lambda^2+\lambda-1 & -\lambda^2 \end{pmatrix}$ 的标准形.

解　以 $\boldsymbol{A}(\lambda) \longrightarrow \boldsymbol{B}(\lambda)$ 表示将 $\boldsymbol{A}(\lambda)$ 经初等变换化为 $\boldsymbol{B}(\lambda)$, 并在 $\longrightarrow$ 的上方与下方标明所用列 (c) 或行 (r) 变换. 有时, 将两次 (多次) 初等变换并作一次. 于是

$$\begin{pmatrix} 1-\lambda & 2\lambda-1 & \lambda \\ \lambda & \lambda^2 & -\lambda \\ 1+\lambda^2 & \lambda^2+\lambda-1 & -\lambda^2 \end{pmatrix} \xrightarrow{c_1+c_3} \begin{pmatrix} 1 & 2\lambda-1 & \lambda \\ 0 & \lambda^2 & -\lambda \\ 1 & \lambda^2+\lambda-1 & -\lambda^2 \end{pmatrix} \xrightarrow{r_3-r_1}$$

$$\begin{pmatrix} 1 & 2\lambda-1 & \lambda \\ 0 & \lambda^2 & -\lambda \\ 0 & \lambda^2-\lambda & -\lambda^2-\lambda \end{pmatrix} \xrightarrow[c_3-\lambda c_1]{c_2-(2\lambda-1)c_1} \begin{pmatrix} 1 & 0 & 0 \\ 0 & \lambda^2 & -\lambda \\ 0 & \lambda^2-\lambda & -\lambda^2-\lambda \end{pmatrix} \xrightarrow[(-1)c_2]{c_2\leftrightarrow c_3}$$

$$\begin{pmatrix} 1 & 0 & 0 \\ 0 & \lambda & \lambda^2 \\ 0 & \lambda^2+\lambda & \lambda^2-\lambda \end{pmatrix} \xrightarrow{c_3-\lambda c_2} \begin{pmatrix} 1 & 0 & 0 \\ 0 & \lambda & 0 \\ 0 & \lambda^2+\lambda & -\lambda^3-\lambda \end{pmatrix} \xrightarrow[(-1)r_3]{r_3-(\lambda+1)r_2}$$

$$\begin{pmatrix} 1 & 0 & 0 \\ 0 & \lambda & 0 \\ 0 & 0 & \lambda(\lambda^2+1) \end{pmatrix},$$

最后矩阵为所求标准形.

习　　题

1. 设 $\boldsymbol{A}(\lambda)$, $\boldsymbol{B}(\lambda) \in \boldsymbol{P}[\lambda]^{m\times n}$, 且 $\boldsymbol{A}(\lambda) \sim \boldsymbol{B}(\lambda)$. 试证 $R(\boldsymbol{A}(\lambda)) = R(\boldsymbol{B}(\lambda))$.

2. 设 $\boldsymbol{A}(\lambda) \in \boldsymbol{P}[\lambda]^{n\times n}$. 试证下面条件等价:

   1) $\boldsymbol{A}(\lambda)$ 可逆;

   2) $\boldsymbol{A}(\lambda) = \boldsymbol{P}_1\boldsymbol{P}_2\cdots\boldsymbol{P}_t$, $\boldsymbol{P}_t$ 为初等矩阵;

   3) $\boldsymbol{A}(\lambda)$ 的标准形为 $\boldsymbol{I}_n$.

3. 求下列矩阵的标准形:

1) $\begin{pmatrix} \lambda^3-\lambda & 2\lambda^2 \\ \lambda^2+5\lambda & 3\lambda \end{pmatrix}$;　　2) $\begin{pmatrix} 1-\lambda & \lambda^2 & \lambda \\ \lambda & \lambda & -\lambda \\ 1+\lambda^2 & \lambda^2 & -\lambda^2 \end{pmatrix}$;

3) $\begin{pmatrix} \lambda^2+\lambda & 0 & 0 \\ 0 & \lambda & 0 \\ 0 & 0 & (\lambda+1)^2 \end{pmatrix}$;　4) $\begin{pmatrix} 3\lambda^2+2\lambda-3 & 2\lambda-1 & \lambda^2+2\lambda-3 \\ 4\lambda^2+3\lambda-5 & 3\lambda-2 & \lambda^2+3\lambda-4 \\ \lambda^2+\lambda-4 & \lambda-2 & \lambda-1 \end{pmatrix}$;

5) $\begin{pmatrix} 0 & 0 & 0 & \lambda^2 \\ 0 & 0 & \lambda^2-\lambda & 0 \\ 0 & (\lambda-1)^2 & 0 & 0 \\ \lambda^2-\lambda & 0 & 0 & 0 \end{pmatrix}$;

6) $\begin{pmatrix} 2\lambda & 3 & 0 & 1 & \lambda \\ 4\lambda & 3\lambda+6 & 0 & \lambda+2 & 2\lambda \\ 0 & 6\lambda & \lambda & 2\lambda & 0 \\ \lambda-1 & 0 & \lambda-1 & 0 & 0 \\ 3\lambda-3 & 1-\lambda & 2\lambda-2 & 0 & 0 \end{pmatrix}$.

6.2 标准形的唯一性

本节将证明一个 λ- 矩阵的标准形是唯一的, 并将给出两个 λ- 矩阵等价的条件.

定义 6.2.1 设 $\boldsymbol{A}(\lambda) \in \boldsymbol{P}[\lambda]^{m\times n}$. $R(\boldsymbol{A}(\lambda)) = r$, $k \in \mathbf{N}$. $\boldsymbol{A}(\lambda)$ 的k **级行列式因子** $D_k(\boldsymbol{A}(\lambda))$ 定义为:

1) $1 \leqslant k \leqslant r$ 时,$D_k(\boldsymbol{A}(\lambda))$ 为 $\boldsymbol{A}(\lambda)$ 的所有 k 级子式的 (首一的) 最大公因式;

2) $k > r$ 时, $D_k(\boldsymbol{A}(\lambda)) = 0$.

例 6.2 求 $\begin{pmatrix} \lambda-1 & -1 & 0 \\ 0 & \lambda+3 & -1 \\ 0 & 0 & \lambda+3 \end{pmatrix}$ 的行列式因子.

解 以 $\boldsymbol{A}(\lambda)$ 表示上面矩阵, $D_i(\lambda) = D_i(\boldsymbol{A}(\lambda))$. 由

$$\mathrm{ent}_{12}\boldsymbol{A}(\lambda) = -1, \boldsymbol{A}(\lambda)\begin{pmatrix} 1 & 2 \\ 2 & 3 \end{pmatrix} = 1, \det \boldsymbol{A}(\lambda) = (\lambda-1)(\lambda+3)^2,$$

知

$$D_1(\lambda) = D_2(\lambda) = 1, \quad D_3(\lambda) = (\lambda-1)(\lambda+3)^2.$$

例 6.3 设 $d_i(\lambda)|d_{i+1}(\lambda)$, $i = 1, 2, \cdots, r-1$. 又

$$\boldsymbol{A}(\lambda) = \begin{pmatrix} d_1(\lambda) &&&&&& \\ & d_2(\lambda) &&&&& \\ && \ddots &&&& \\ &&& d_r(\lambda) &&& \\ &&&& 0 && \\ &&&&& \ddots & \\ &&&&&& 0 \end{pmatrix},$$

则 $\boldsymbol{A}(\lambda)$ 的 k 级行列式因子为

$$D_k(\boldsymbol{A}(\lambda)) = \begin{cases} d_1(\lambda)d_2(\lambda)\cdots d_k(\lambda), & 1 \leqslant k \leqslant r; \\ 0, & k > r. \end{cases}$$

证 显然 $(i_1, \cdots, i_k) \neq (j_1, \cdots, j_k)$ 时, 或 $k > r$ 时, $\boldsymbol{A}(\lambda)\begin{pmatrix} i_1 \cdots i_k \\ j_1 \cdots j_k \end{pmatrix} = 0$. 而 $k \leqslant r$ 时

$$\boldsymbol{A}\begin{pmatrix} i_1 \cdots i_k \\ i_1 \cdots i_k \end{pmatrix} = d_{i_1}(\lambda) \cdots d_{i_k}(\lambda).$$

由于 $i < j \leqslant r$ 时, $d_i(\lambda) | d_j(\lambda)$, 故结论成立.

引理 6.2.1 设 $\boldsymbol{A}(\lambda) \in \boldsymbol{P}[\lambda]^{m\times n}$, 则 $\boldsymbol{A}(\lambda)$ 经过初等变换后, 其行列式因子不变.

证 因为对于行变换, 与列变换的证明是一样的, 故我们只需要证明 $\boldsymbol{A}(\lambda)$ 经过一次初等行变换行列式因子不变就可以了.

1) $\boldsymbol{B}(\lambda) = \boldsymbol{P}(i(c))\boldsymbol{A}(\lambda)$, 此时 $\boldsymbol{A}(\lambda) = \boldsymbol{P}(i(c^{-1}))\boldsymbol{B}(\lambda)$. 此时 $\boldsymbol{B}(\lambda)$ 的 k 级子式或为 $\boldsymbol{A}(\lambda)$ 的 k 级子式, 或为 $\boldsymbol{A}(\lambda)$ 的 k 级子式的 c 倍, 即 $\boldsymbol{B}(\lambda)$ 的 k 级子式是 $\boldsymbol{A}(\lambda)$ 的 k 级子式的组合, 故 $D_k(\boldsymbol{A}(\lambda)) | D_k(\boldsymbol{B}(\lambda))$. 反过来也成立, 故 $D_k(\boldsymbol{A}(\lambda)) = D_k(\boldsymbol{B}(\lambda))$.

2) $\boldsymbol{B}(\lambda) = \boldsymbol{P}(i, j)\boldsymbol{A}(\lambda)$, 此时 $\boldsymbol{A}(\lambda) = \boldsymbol{P}(i, j)\boldsymbol{B}(\lambda)$. 此时 $\boldsymbol{B}(\lambda)$ 的 k 级子式为 $\boldsymbol{A}(\lambda)$ 的 k 级子式的 ± 1 倍, 故 $D_k(\boldsymbol{A}(\lambda)) = D_k(\boldsymbol{B}(\lambda))$.

3) 如果

$$\boldsymbol{B}(\lambda) = \boldsymbol{P}(i, j(\varphi(\lambda)))\boldsymbol{A}(\lambda),$$

则

$$\boldsymbol{A}(\lambda) = \boldsymbol{P}(i, j(-\varphi(\lambda)))\boldsymbol{B}(\lambda).$$

此时 $\boldsymbol{B}(\lambda)$ 的 k 级子式或为 $\boldsymbol{A}(\lambda)$ 的 k 级子式 (当此子式划去了第 i 行) 或为 $\boldsymbol{A}(\lambda)$ 的一个 k 级子式加上另一 k 级子式的 $\pm\varphi(\lambda)$ 倍 (当此子式未划去第 i 行). 总之, $\boldsymbol{B}(\lambda)$ 的 k 级子式是 $\boldsymbol{A}(\lambda)$ 的 k 级子式的组合, 故

$$D_k(\boldsymbol{A}(\lambda)) | D_k(\boldsymbol{B}(\lambda)).$$

反之, $\boldsymbol{A}(\lambda)$ 的 k 级子式也是 $\boldsymbol{B}(\lambda)$ 的 k 级子式的组合. 于是

$$D_k(\boldsymbol{A}(\lambda)) | D_k(\boldsymbol{B}(\lambda)).$$

故

$$D_k(\boldsymbol{A}(\lambda)) = D_k(\boldsymbol{B}(\lambda)).$$

推论 若 $\boldsymbol{A}(\lambda)$, $\boldsymbol{B}(\lambda)$ 等价, 则它们的秩相同.

证 因为它们的行列式因子相等, 故秩相同.

定理 6.2.1 设 $\boldsymbol{A}(\lambda), \boldsymbol{B}(\lambda) \in \boldsymbol{P}[\lambda]^{m\times n}$, 则下面三个条件等价:

1) $\boldsymbol{A}(\lambda) \sim \boldsymbol{B}(\lambda)$;

2) $D_k(\boldsymbol{A}(\lambda)) = D_k(\boldsymbol{B}(\lambda)),\ k = 1, 2, \cdots$;

3) $\boldsymbol{A}(\lambda)$ 与 $\boldsymbol{B}(\lambda)$ 有相同的标准形, 即有相同的不变因子.

证　3) $\Longrightarrow$ 1)　$\boldsymbol{A}(\lambda)$, $\boldsymbol{B}(\lambda)$ 有相同标准形 $\boldsymbol{D}(\lambda)$, 即 $\boldsymbol{A}(\lambda) \sim \boldsymbol{D}(\lambda)$, $\boldsymbol{B}(\lambda) \sim \boldsymbol{D}(\lambda)$. 故 $\boldsymbol{A}(\lambda) \sim \boldsymbol{B}(\lambda)$.

1) $\Longrightarrow$ 2)　$\boldsymbol{A}(\lambda) \sim \boldsymbol{B}(\lambda)$, 即对 $\boldsymbol{A}(\lambda)$ 施行初等变换可将 $\boldsymbol{A}(\lambda)$ 化为 $\boldsymbol{B}(\lambda)$. 由引理 6.2.1 知 $D_k(\boldsymbol{A}(\lambda)) = D_k(\boldsymbol{B}(\lambda))$.

2) $\Longrightarrow$ 3)　若 $D_k(\boldsymbol{A}(\lambda)) = D_k(\boldsymbol{B}(\lambda))$, $k = 1, 2, \cdots$, 设 $\boldsymbol{A}(\lambda)$, $\boldsymbol{B}(\lambda)$ 的标准形分别为

$$\boldsymbol{A}_1(\lambda) = \begin{pmatrix} d_1(\lambda) & & & & & & \\ & d_2(\lambda) & & & & & \\ & & \ddots & & & & \\ & & & d_r(\lambda) & & & \\ & & & & 0 & & \\ & & & & & \ddots & \\ & & & & & & 0 \end{pmatrix},$$

$$\boldsymbol{B}_1(\lambda) = \begin{pmatrix} e_1(\lambda) & & & & & & \\ & e_2(\lambda) & & & & & \\ & & \ddots & & & & \\ & & & e_s(\lambda) & & & \\ & & & & 0 & & \\ & & & & & \ddots & \\ & & & & & & 0 \end{pmatrix}.$$

故 $\boldsymbol{A}(\lambda) \sim \boldsymbol{A}_1(\lambda)$, $\boldsymbol{B}(\lambda) \sim \boldsymbol{B}_1(\lambda)$, 于是

$$D_k(\lambda) = D_k(\boldsymbol{A}_1(\lambda)) = D_k(\boldsymbol{A}(\lambda)) = D_k(\boldsymbol{B}(\lambda)) = D_k(\boldsymbol{B}_1(\lambda)).$$

由例 6.2 知 $r = s$, 且 $k > r$ 时 $D_k(\lambda) = 0$; $1 \leqslant k \leqslant r$ 时

$$D_k(\lambda) = d_1(\lambda)d_2(\lambda)\cdots d_k(\lambda) = e_1(\lambda)e_2(\lambda)\cdots e_k(\lambda).$$

于是有

$$\begin{aligned} d_1(\lambda) &= e_1(\lambda) = D_1(\lambda), \\ d_2(\lambda) &= e_2(\lambda) = D_2(\lambda)/D_1(\lambda), \\ &\cdots\cdots\cdots\cdots \\ d_k(\lambda) &= e_k(\lambda) = D_k(\lambda)/D_{k-1}(\lambda),\quad 1 \leqslant k \leqslant r. \end{aligned}$$

即 $\boldsymbol{A}_1(\lambda) = \boldsymbol{B}_1(\lambda)$.

推论 1 $\boldsymbol{A}(\lambda)$ 的标准形是唯一的.

推论 2 设 $\boldsymbol{A}(\lambda)$ 的行列式因子为：$D_1(\lambda), D_2(\lambda), \cdots, D_r(\lambda), 0, \cdots$, 则：

1) $(1 \leqslant) i \leqslant j \leqslant r$ 时, $D_i(\lambda) | D_j(\lambda)$;

2) $D_1(\lambda), D_2(\lambda)/D_1(\lambda), \cdots, D_r(\lambda)/D_{r-1}(\lambda)$ 为不变因子.

定理 6.2.2 设 $\boldsymbol{A}(\lambda) \in \boldsymbol{P}[\lambda]^{n\times n}$, 则 $\boldsymbol{A}(\lambda)$ 可逆的充分必要条件是 $\boldsymbol{A}(\lambda)$ 可表成初等矩阵的乘积.

证 由于初等矩阵是可逆矩阵, 故 $\boldsymbol{A}(\lambda)$ 若是初等矩阵的积, 则必可逆.

反之, 若 $\boldsymbol{A}(\lambda)$ 可逆, 则由定理 6.1.1 知 $\det \boldsymbol{A}(\lambda)$ 为非零常数, 故 $D_n(\boldsymbol{A}(\lambda)) = 1$. 于是由定理 6.2.1 的推论 2 知 $D_k(\boldsymbol{A}(\lambda)) = 1,\ 1 \leqslant k \leqslant n,\ d_i(\lambda) = 1,\ 1 \leqslant i \leqslant n$. 因而 $\boldsymbol{A}(\lambda) \sim \boldsymbol{I}_n$. 即有初等矩阵 $\boldsymbol{P}_1, \cdots, \boldsymbol{P}_s, \boldsymbol{Q}_1, \cdots, \boldsymbol{Q}_t$ 使得

$$\boldsymbol{A}(\lambda) = \boldsymbol{P}_1 \cdots \boldsymbol{P}_s \boldsymbol{I}_n \boldsymbol{Q}_1 \cdots \boldsymbol{Q}_t = \boldsymbol{P}_1 \cdots \boldsymbol{P}_s \boldsymbol{Q}_1 \cdots \boldsymbol{Q}_t$$

为初等矩阵之积.

推论 $\boldsymbol{A}(\lambda), \boldsymbol{B}(\lambda) \in \boldsymbol{P}[\lambda]^{m\times n}$, 则 $\boldsymbol{A}(\lambda) \sim \boldsymbol{B}(\lambda)$ 当且仅当存在可逆的 m 阶方阵 $\boldsymbol{P}(\lambda)$, n 阶方阵 $\boldsymbol{Q}(\lambda)$ 使得

$$\boldsymbol{B}(\lambda) = \boldsymbol{P}(\lambda)\boldsymbol{A}(\lambda)\boldsymbol{Q}(\lambda).$$

由等价定义及定理 6.2.2 知此结论成立.

习　题

求下列矩阵的行列式因子与不变因子：

1) $\begin{pmatrix} \lambda-2 & -1 & 0 \\ 0 & \lambda-2 & -1 \\ 0 & 0 & \lambda-2 \end{pmatrix}$;　　2) $\begin{pmatrix} \lambda & -1 & 0 & 0 \\ 0 & \lambda & -1 & 0 \\ 0 & 0 & \lambda & -1 \\ 5 & 4 & 3 & \lambda+2 \end{pmatrix}$;

3) $\begin{pmatrix} \lambda+\alpha & \beta & 1 & 0 \\ -\beta & \lambda+\alpha & 0 & 1 \\ 0 & 0 & \lambda+\alpha & \beta \\ 0 & 0 & -\beta & \lambda+\alpha \end{pmatrix}$;　4) $\begin{pmatrix} 0 & 0 & 0 & \lambda+2 \\ 0 & 1 & \lambda+2 & 0 \\ 0 & \lambda+2 & 0 & 0 \\ \lambda+2 & 0 & 0 & 0 \end{pmatrix}$;

5) $\begin{pmatrix} \lambda & & & & a_n \\ -1 & \lambda & & & a_{n-1} \\ & \ddots & \ddots & & \vdots \\ & & -1 & \lambda & a_2 \\ & & & -1 & \lambda+a_1 \end{pmatrix}$.

6.3 矩阵相似的条件

这节我们用多项式矩阵的方法来讨论 $\boldsymbol{P}^{n\times n}$ 中矩阵相似的条件.

定义 6.3.1 设 $\boldsymbol{A}\in\boldsymbol{P}^{n\times n}$. 称 $\lambda\boldsymbol{I}_n-\boldsymbol{A}\in\boldsymbol{P}[\lambda]^{n\times n}$ 为 $\boldsymbol{A}$ 的特征矩阵, $\lambda\boldsymbol{I}_n-\boldsymbol{A}$ 的不变因子为 $\boldsymbol{A}$ 的**不变因子**, $\lambda\boldsymbol{I}_n-\boldsymbol{A}$ 的行列式因子为$\boldsymbol{A}$ 的**行列式因子**.

引理 6.3.1 设 $\boldsymbol{A}\in\boldsymbol{P}^{n\times n}$, $\boldsymbol{U}(\lambda)$, $\boldsymbol{V}(\lambda)\in\boldsymbol{P}[\lambda]^{n\times n}$, 则存在 $\boldsymbol{Q}(\lambda)$, $\boldsymbol{R}(\lambda)\in\boldsymbol{P}[\lambda]^{n\times n}$, $\boldsymbol{U}_0$, $\boldsymbol{V}_0\in\boldsymbol{P}^{n\times n}$ 使得

$$\boldsymbol{U}(\lambda)=(\lambda\boldsymbol{I}_n-\boldsymbol{A})\boldsymbol{Q}(\lambda)+\boldsymbol{U}_0,\tag{1}$$

$$\boldsymbol{V}(\lambda)=\boldsymbol{R}(\lambda)(\lambda\boldsymbol{I}_n-\boldsymbol{A})+\boldsymbol{V}_0.\tag{2}$$

证 设

$$\boldsymbol{U}(\lambda)=\lambda^m\boldsymbol{D}_0+\lambda^{m-1}\boldsymbol{D}_1+\cdots+\lambda\boldsymbol{D}_{m-1}+\boldsymbol{D}_m,\quad \boldsymbol{D}_i\in\boldsymbol{P}^{n\times n}.$$

若 $m=0$, 则 $\boldsymbol{Q}(\lambda)=0$, $\boldsymbol{U}_0=\boldsymbol{D}_0=\boldsymbol{U}(\lambda)$.

设 $m>0$, 令

$$\boldsymbol{Q}(\lambda)=\lambda^{m-1}\boldsymbol{Q}_0+\lambda^{m-2}\boldsymbol{Q}_1+\cdots+\lambda\boldsymbol{Q}_{m-2}+\boldsymbol{Q}_{m-1},$$

其中 $\boldsymbol{Q}_i$ 是待定的 $\boldsymbol{P}^{n\times n}$ 中方阵. 于是

$$\begin{aligned}(\lambda\boldsymbol{I}_n-\boldsymbol{A})\boldsymbol{Q}(\lambda)=&\lambda^m\boldsymbol{Q}_0+\lambda^{m-1}(\boldsymbol{Q}_1-\boldsymbol{A}\boldsymbol{Q}_0)+\cdots\\&+\lambda^{m-k}(\boldsymbol{Q}_k-\boldsymbol{A}\boldsymbol{Q}_{k-1})+\cdots+\lambda(\boldsymbol{Q}_{m-1}-\boldsymbol{A}\boldsymbol{Q}_{m-2})-\boldsymbol{A}\boldsymbol{Q}_{m-1}.\end{aligned}$$

因而只要取

$$\begin{aligned}&\boldsymbol{Q}_0=\boldsymbol{D}_0,\\&\boldsymbol{Q}_1=\boldsymbol{D}_1+\boldsymbol{A}\boldsymbol{Q}_0,\\&\boldsymbol{Q}_2=\boldsymbol{D}_2+\boldsymbol{A}\boldsymbol{Q}_1,\\&\quad\cdots\cdots\cdots\cdots\\&\boldsymbol{Q}_k=\boldsymbol{D}_k+\boldsymbol{A}\boldsymbol{Q}_{k-1},\\&\quad\cdots\cdots\cdots\cdots\\&\boldsymbol{Q}_{m-1}=\boldsymbol{D}_{m-1}+\boldsymbol{A}\boldsymbol{Q}_{m-2},\\&\boldsymbol{U}_0=\boldsymbol{D}_m+\boldsymbol{A}\boldsymbol{Q}_{m-1}\end{aligned}$$

就可以了. 用类似的方法可求得 $\boldsymbol{R}(\lambda)$ 与 $\boldsymbol{V}_0$.

定理 6.3.1 $\boldsymbol{A}$, $\boldsymbol{B}\in\boldsymbol{P}^{n\times n}$, 则$\boldsymbol{A}$ 与 $\boldsymbol{B}$ 相似当且仅当 $\lambda\boldsymbol{I}_n-\boldsymbol{A}$ 与 $\lambda\boldsymbol{I}_n-\boldsymbol{B}$ 等价, 即有相同不变因子.

证 若$\boldsymbol{A}$与$\boldsymbol{B}$相似, 则有$\boldsymbol{T}\in\boldsymbol{P}^{n\times n}$, $\boldsymbol{T}$可逆使$\boldsymbol{T}^{-1}\boldsymbol{A}\boldsymbol{T}=\boldsymbol{B}$. 于是$\boldsymbol{T}^{-1}(\lambda\boldsymbol{I}_n-\boldsymbol{A})\boldsymbol{T}=\lambda\boldsymbol{I}_n-\boldsymbol{B}$. 由定理 6.2.2 的推论知$\lambda\boldsymbol{I}_n-\boldsymbol{A}$与$\lambda\boldsymbol{I}_n-\boldsymbol{B}$等价.

反之, 设$\lambda\boldsymbol{I}_n-\boldsymbol{A}$与$\lambda\boldsymbol{I}_n-\boldsymbol{B}$等价. 由定理 6.2.2 的推论知, 有可逆矩阵$\boldsymbol{U}(\lambda)$, $\boldsymbol{V}(\lambda)\in\boldsymbol{P}[\lambda]^{n\times n}$使得

$$\lambda\boldsymbol{I}_n-\boldsymbol{A}=\boldsymbol{U}(\lambda)(\lambda\boldsymbol{I}_n-\boldsymbol{B})\boldsymbol{V}(\lambda). \tag{3}$$

由引理 6.3.1 知有$\boldsymbol{R}(\lambda)\in\boldsymbol{P}[\lambda]^{n\times n}$, $\boldsymbol{V}_0\in\boldsymbol{P}^{n\times n}$使 (2) 式成立. 再由 (3) 式可得

$$\boldsymbol{U}(\lambda)^{-1}(\lambda\boldsymbol{I}_n-\boldsymbol{A})=(\lambda\boldsymbol{I}_n-\boldsymbol{B})(\boldsymbol{R}(\lambda)(\lambda\boldsymbol{I}_n-\boldsymbol{A})+\boldsymbol{V}_0),$$

即有

$$(\boldsymbol{U}(\lambda)^{-1}-(\lambda\boldsymbol{I}_n-\boldsymbol{B})\boldsymbol{R}(\lambda))(\lambda\boldsymbol{I}_n-\boldsymbol{A})=(\lambda\boldsymbol{I}_n-\boldsymbol{B})\boldsymbol{V}_0, \tag{4}$$

比较上式两边的次数, 可得

$$\boldsymbol{T}=\boldsymbol{U}(\lambda)^{-1}-(\lambda\boldsymbol{I}_n-\boldsymbol{B})\boldsymbol{R}(\lambda)\in\boldsymbol{P}^{n\times n}.$$

因而有

$$\boldsymbol{U}(\lambda)\boldsymbol{T}=\boldsymbol{I}_n-\boldsymbol{U}(\lambda)(\lambda\boldsymbol{I}_n-\boldsymbol{B})\boldsymbol{R}(\lambda).$$

又有$\boldsymbol{Q}(\lambda)\in\boldsymbol{P}[\lambda]^{n\times n}$, $\boldsymbol{U}_0\in\boldsymbol{P}^{n\times n}$使得 (1) 式成立. 于是

$$\begin{aligned}\boldsymbol{I}_n&=\boldsymbol{U}(\lambda)\boldsymbol{T}+\boldsymbol{U}(\lambda)(\lambda\boldsymbol{I}_n-\boldsymbol{B})\boldsymbol{R}(\lambda)\\&=\boldsymbol{U}(\lambda)\boldsymbol{T}+(\lambda\boldsymbol{I}_n-\boldsymbol{A})\boldsymbol{V}(\lambda)^{-1}\boldsymbol{R}(\lambda)\\&=((\lambda\boldsymbol{I}_n-\boldsymbol{A})\boldsymbol{Q}(\lambda)+\boldsymbol{U}_0)\boldsymbol{T}+(\lambda\boldsymbol{I}_n-\boldsymbol{A})\boldsymbol{V}(\lambda)^{-1}\boldsymbol{R}(\lambda)\\&=\boldsymbol{U}_0\boldsymbol{T}+(\lambda\boldsymbol{I}_n-\boldsymbol{A})(\boldsymbol{Q}(\lambda)\boldsymbol{T}+\boldsymbol{V}(\lambda)^{-1}\boldsymbol{R}(\lambda)).\end{aligned}$$

比较两边的次数知

$$\boldsymbol{Q}(\lambda)\boldsymbol{T}+\boldsymbol{V}(\lambda)^{-1}\boldsymbol{R}(\lambda)=0,$$
$$\boldsymbol{U}_0\boldsymbol{T}=\boldsymbol{I}_n.$$

即$\boldsymbol{U}_0$可逆, 且$\boldsymbol{T}=\boldsymbol{U}_0^{-1}\in\boldsymbol{P}^{n\times n}$. 再由 (4) 式可知$\boldsymbol{V}_0=\boldsymbol{T}$, 且$\boldsymbol{A}=\boldsymbol{T}^{-1}\boldsymbol{B}\boldsymbol{T}$. 即$\boldsymbol{A}$与$\boldsymbol{B}$相似.

推论 1 设$\boldsymbol{A}$, $\boldsymbol{B}\in\boldsymbol{P}^{n\times n}$, 则$\boldsymbol{A}$与$\boldsymbol{B}$相似当且仅当$\boldsymbol{A}$与$\boldsymbol{B}$有相同的行列式因子.

这是因为不变因子由行列式因子决定之故.

推论 2 设$\boldsymbol{A}$, $\boldsymbol{B}\in\boldsymbol{P}^{n\times n}$; $\boldsymbol{P}_0$, $\boldsymbol{Q}_0\in\boldsymbol{P}^{n\times n}$. 且

$$\lambda\boldsymbol{I}_n-\boldsymbol{A}=\boldsymbol{P}_0(\lambda\boldsymbol{I}_n-\boldsymbol{B})\boldsymbol{Q}_0,$$

则 $\boldsymbol{P}_0$, $\boldsymbol{Q}_0$ 可逆, 且 $\boldsymbol{Q}_0=\boldsymbol{P}_0^{-1}$; $\boldsymbol{A}$ 与 $\boldsymbol{B}$ 相似.

比较 λ 的系数即可.

由定理 6.3.1 及其推论 1 知, 下面定义是合理的.

定义 6.3.2　设 $\boldsymbol{V}$ 是 $\boldsymbol{P}$ 上 n 维线性空间, $\mathcal{A}\in\mathrm{End}\boldsymbol{V}$. $\boldsymbol{\alpha}_1, \boldsymbol{\alpha}_2, \cdots, \boldsymbol{\alpha}_n$ 为 $\boldsymbol{V}$ 的基. 称

$$\boldsymbol{M}(\mathcal{A};\ \boldsymbol{\alpha}_1,\ \boldsymbol{\alpha}_2,\ \cdots,\ \boldsymbol{\alpha}_n)$$

的不变因子, 行列式因子为 $\mathcal{A}$ 的**不变因子**, **行列式因子**.

定义 6.3.3　设 $d_1(\lambda), d_2(\lambda), \cdots, d_n(\lambda)$ 为 $\boldsymbol{A}\in\boldsymbol{P}^{n\times n}$ (或线性变换 $\mathcal{A}$) 的不变因子. 又

$$d_i(\lambda)=p_1(\lambda)^{k_{i1}}p_2(\lambda)^{k_{i2}}\cdots p_r(\lambda)^{k_{ir}},\ \ 1\leqslant i\leqslant n,$$

这里 $k_{ij}\geqslant 0$, $s\neq t$ 时, $(p_s(\lambda),\ p_t(\lambda))=1$, $p_s(\lambda)$ 是不可约的首一多项式. 则称 $\{p_j(\lambda)^{k_{ij}}\mid 1\leqslant i\leqslant n,\ 1\leqslant j\leqslant r,\ k_{ij}\geqslant 1\}$ 为 $\boldsymbol{A}$ (或 $\mathcal{A}$) 的**初等因子**.

显然, 由 $d_i(\lambda)|d_{i+1}(\lambda)$ 及 $\det(\lambda\boldsymbol{I}_n-\boldsymbol{A})=d_1(\lambda)\cdots d_n(\lambda)$ 可以得到

$$\begin{gathered}k_{1j}\leqslant k_{2j}\leqslant\cdots\leqslant k_{nj},\quad 1\leqslant j\leqslant r;\\ \prod_{i,\ j}p_j(\lambda)^{k_{ij}}=\det(\lambda\boldsymbol{I}_n-\boldsymbol{A});\\ \sum_{i,\ j}k_{ij}\deg p_j(\lambda)=n.\end{gathered}$$

例 6.4　设 $\boldsymbol{A}\in\mathbf{C}^{12\times 12}$ 的不变因子是

$$\underbrace{1,\ \cdots,\ 1}_{9个},\ (\lambda-1)^2,\ (\lambda-1)^2(\lambda+1),\ (\lambda-1)^2(\lambda+1)(\lambda^2+1)^2.$$

则$\boldsymbol{A}$ 的初等因子为 $(\lambda-1)^2, (\lambda-1)^2, (\lambda-1)^2, \lambda+1, \lambda+1, (\lambda-\sqrt{-1})^2, (\lambda+\sqrt{-1})^2$.

定理 6.3.2　设 $\boldsymbol{A}, \boldsymbol{B}\in\boldsymbol{P}^{n\times n}$, 则$\boldsymbol{A}$ 与 $\boldsymbol{B}$ 相似当且仅当 $\boldsymbol{A}$ 与 $\boldsymbol{B}$ 有相同的初等因子.

证　若$\boldsymbol{A}$ 与 $\boldsymbol{B}$ 相似, 则 $\boldsymbol{A}$ 与 $\boldsymbol{B}$ 有相同的不变因子. 由因式分解唯一性知 $\boldsymbol{A}$ 与 $\boldsymbol{B}$ 有相同的初等因子.

反之, 若$\boldsymbol{A}$ 与 $\boldsymbol{B}$ 有相同的初等因子, 可按降幂次序排列如下:

$$\begin{array}{cccc}p_1(\lambda)^{k_{11}}, & p_1(\lambda)^{k_{21}}, & \cdots, & p_1(\lambda)^{k_{n_11}};\\ p_2(\lambda)^{k_{12}}, & p_2(\lambda)^{k_{22}}, & \cdots, & p_2(\lambda)^{k_{n_22}};\\ \vdots & \vdots & & \vdots\\ p_r(\lambda)^{k_{1r}}, & p_r(\lambda)^{k_{2r}}, & \cdots, & p_r(\lambda)^{k_{n_rr}},\end{array}$$

这里 $k_{1j} \leqslant k_{2j} \leqslant \cdots \leqslant k_{n_j j}$, $1 \leqslant j \leqslant r$. 当 $n_j + 1 \leqslant i \leqslant n$ 时, 令 $k_{ij} = 0$. 令

$$d_i(\lambda) = \prod_{j=1}^{r} p_j(\lambda)^{k_{n-i+1j}}, \quad 1 \leqslant i \leqslant n.$$

于是 $d_i(\lambda)|d_{i+1}(\lambda)$, $1 \leqslant i \leqslant n-1$. 因而 $d_1(\lambda), \cdots, d_n(\lambda)$ 为 $\boldsymbol{A}$ 与 $\boldsymbol{B}$ 的不变因子, 故 $\boldsymbol{A}$ 与 $\boldsymbol{B}$ 相似.

例 6.5 设 $\boldsymbol{A} \in \mathbf{R}^{n\times n}$, $\boldsymbol{A}$ 的初等因子为

$$(\lambda-1),\ (\lambda-1)^2,\ (\lambda-1)^2,\ (\lambda^2+5),\ (\lambda^2+5)^2,\ \lambda^2+\lambda+1.$$

试求 n 及$\boldsymbol{A}$ 的不变因子.

解 $n = 1+2\times1+2\times1+2+2\times2+2 = 13$.

$\boldsymbol{A}$ 的不变因子为

$$\begin{aligned} d_{13}(\lambda) &= (\lambda-1)^2(\lambda^2+5)^2(\lambda^2+\lambda+1), \\ d_{12}(\lambda) &= (\lambda-1)^2(\lambda^2+5), \\ d_{11}(\lambda) &= \lambda-1, \\ d_{10}(\lambda) &= d_9(\lambda) = \cdots = d_1(\lambda) = 1. \end{aligned}$$

一般地, 将 $\boldsymbol{A}$ 的特征矩阵 $\lambda\boldsymbol{I}_n - \boldsymbol{A}$ 化为标准形, 然后求初等因子较麻烦. 下面定理使求初等因子较为简单.

定理 6.3.3 设 $\boldsymbol{A} \in \boldsymbol{P}^{n\times n}$. $\boldsymbol{A}$ 的特征矩阵 $\lambda\boldsymbol{I}_n - \boldsymbol{A}$ 等价于对角矩阵

$$\boldsymbol{D}(\lambda) = \mathrm{diag}(h_1(\lambda),\ h_2(\lambda),\ \cdots,\ h_n(\lambda)),$$

其中 $h_i(\lambda)$ 是首一多项式, 且有因式分解

$$h_i(\lambda) = p_1(\lambda)^{m_{1i}} p_2(\lambda)^{m_{2i}} \cdots p_r(\lambda)^{m_{ri}}, \quad m_{ij} \geqslant 0,$$

则$\boldsymbol{A}$ 的初等因子为 $\{p_j(\lambda)^{m_{ji}}|m_{ji} \geqslant 1\}$.

证 显然 $\boldsymbol{D}(\lambda)$ 的 k 级行列式因子 $D_k(\lambda)$ 是

$$\{h_{i_1}(\lambda)h_{i_2}(\lambda)\cdots h_{i_k}(\lambda)|1 \leqslant i_1 \leqslant i_2 \leqslant \cdots \leqslant i_k \leqslant n\}$$

的最大公因式. 现将 $m_{j1}, m_{j2}, \cdots, m_{jn}$ 按照递增顺序排列为 $m'_{j1}, m'_{j2}, \cdots, m'_{jn}$, 于是有

$$D_k(\lambda) = \prod_{j=1}^{r} p_j(\lambda)^{m'_{j1}+\cdots+m'_{jk}}.$$

因而 $\boldsymbol{D}(\lambda)$ 的不变因子为

$$d_k(\lambda)=\prod_{j=1}^{r}p_j(\lambda)^{m'_{jk}},\quad k=1,\ 2,\ \cdots,\ n.$$

故 $\boldsymbol{A}$ 的初等因子为

$$\{p_j(\lambda)^{m'_{ji}}|m'_{ji}\geqslant 1\}=\{p_j(\lambda)^{m_{ji}}|m_{ji}\geqslant 1\}.$$

习　题

1. 设 $\boldsymbol{A}\in\boldsymbol{P}^{n\times n}$. 证明$\boldsymbol{A}$ 与 $\boldsymbol{A}'$ 相似.
2. 设 $\boldsymbol{A},\ \boldsymbol{B},\ \boldsymbol{A}_1,\ \boldsymbol{B}_1\in\boldsymbol{P}^{n\times n}$, 且 $\boldsymbol{A}$, $\boldsymbol{A}_1$ 可逆. 证明 $\lambda\boldsymbol{A}-\boldsymbol{B}$ 与 $\lambda\boldsymbol{A}_1-\boldsymbol{B}_1$ 等价的充分必要条件是存在可逆矩阵 $\boldsymbol{P}$, $\boldsymbol{Q}\in\boldsymbol{P}^{n\times n}$ 使得 $\boldsymbol{A}_1=\boldsymbol{PAQ}$, $\boldsymbol{B}_1=\boldsymbol{PBQ}$.
3. 设 $g(\lambda)\in\boldsymbol{P}[\lambda]$, $\boldsymbol{A}\in\boldsymbol{P}^{n\times n}$, 又 $g(\boldsymbol{A})=0$. 试证存在 $\boldsymbol{P}(\lambda)$, $\boldsymbol{Q}(\lambda)\in\boldsymbol{P}[\lambda]^{n\times n}$ 使得 $g(\lambda)\boldsymbol{I}_n=(\lambda\boldsymbol{I}_n-\boldsymbol{A})\boldsymbol{Q}(\lambda)=\boldsymbol{R}(\lambda)(\lambda\boldsymbol{I}_n-\boldsymbol{A})$.
4. 设 $\boldsymbol{A}\in\boldsymbol{P}^{n\times n}$, 又 $D_1(\lambda)$, $D_2(\lambda)$, $\cdots$, $D_n(\lambda)$ 为 $\lambda\boldsymbol{I}_n-\boldsymbol{A}$ 的行列式因子. 试证存在 $\boldsymbol{B}(\lambda)\in\boldsymbol{P}[\lambda]^{n\times n}$ 满足:
   1) $D_1(\boldsymbol{B}(\lambda))=1$;
   2) $(\lambda\boldsymbol{I}_n-\boldsymbol{A})^*=D_{n-1}(\lambda)\boldsymbol{B}(\lambda)$.
5. 设 $\boldsymbol{A}\in\boldsymbol{P}^{n\times n}$, $d_1(\lambda)$, $d_2(\lambda)$, $\cdots$, $d_n(\lambda)$ 是$\boldsymbol{A}$ 的不变因子. 证明 $d_n(\lambda)$ 是$\boldsymbol{A}$ 的最低多项式.
6. 设 a, $b\in\mathbf{R}$, 且 $a^2<4b$. 又 $\boldsymbol{A}_2=\begin{pmatrix}0&-b\\1&a\end{pmatrix}$. 求 $2n$ 阶实方阵

$$\boldsymbol{A}=\begin{pmatrix}\boldsymbol{A}_2&&&\\\boldsymbol{I}_2&\boldsymbol{A}_2&&\\&\ddots&\ddots&\\&&\boldsymbol{I}_2&\boldsymbol{A}_2\end{pmatrix}$$

   的不变因子与初等因子.
7. 设 $\boldsymbol{A}\in\boldsymbol{P}^{n\times n}$, 且为准对角矩阵 $\boldsymbol{A}=\begin{pmatrix}\boldsymbol{A}_1&0\\0&\boldsymbol{A}_2\end{pmatrix}$. 试证$\boldsymbol{A}$ 的初等因子为 $\boldsymbol{A}_1$, $\boldsymbol{A}_2$ 的初等因子的并.

6.4　复方阵的 Jordan 标准形

复 n 阶方阵

$$\boldsymbol{J}=\operatorname{diag}(\boldsymbol{J}(\lambda_1,\ k_1),\ \boldsymbol{J}(\lambda_2,\ k_2),\ \cdots,\ \boldsymbol{J}(\lambda_s,\ k_s)),\tag{1}$$

这里

$$J(\lambda_i, k_i) = \begin{pmatrix} \lambda_i & & & \\ 1 & \lambda_i & & \\ & \ddots & \ddots & \\ & & 1 & \lambda_i \end{pmatrix} \in \mathbf{C}^{k_i \times k_i},$$

称为**Jordan 矩阵**, $J(\lambda_i, k_i)$ 称为**Jordan块**.

引理 6.4.1 Jordan 矩阵 (1) 的初等因子为 $(\lambda-\lambda_i)^{k_i}$, $1 \leqslant i \leqslant s$.

证 显然 $\det(\lambda I_{k_i} - J(\lambda_i, k_i)) = (\lambda-\lambda_i)^{k_i}$, 而 $\lambda I_{k_i} - J(\lambda_i, k_i)$ 中有 $k_i - 1$ 级子式

$$\begin{vmatrix} -1 & \lambda-\lambda_i & & & \\ & -1 & \lambda-\lambda_i & & \\ & & \ddots & \ddots & \\ & & & -1 & \lambda-\lambda_i \\ & & & & -1 \end{vmatrix} = (-1)^{k_i-1}.$$

故 $J(\lambda_i, k_i)$ 的不变因子为 $1, \cdots, 1, (\lambda-\lambda_i)^{k_i}$, 故 $J(\lambda_i, k_i)$ 的初等因子为 $(\lambda-\lambda_i)^{k_i}$. 于是由定理 6.3.3 知$J$ 的初等因子为 $(\lambda-\lambda_i)^{k_i}$, $1 \leqslant i \leqslant s$.

定理 6.4.1 两个 Jordan 矩阵

$$J_1 = \operatorname{diag}(J(\lambda_1, k_1), J(\lambda_2, k_2), \cdots, J(\lambda_s, k_s)),$$

$$J_2 = \operatorname{diag}(J(\mu_1, l_1), J(\mu_2, l_2), \cdots, J(\mu_t, l_t))$$

相似的充分必要条件是 $s = t$, 且经适当排列后

$$\lambda_i = \mu_i, \quad k_i = l_i, \quad i = 1, 2, \cdots, s.$$

证 由引理 6.4.1 知 J_1, J_2 的初等因子分别为 $\{(\lambda-\lambda_i)^{k_i} | 1 \leqslant i \leqslant s\}$, $\{(\lambda-\mu_j)^{l_j} | 1 \leqslant j \leqslant t\}$. 于是由定理 6.3.2 知定理成立.

定理 6.4.1 也可叙述两个 Jordan 矩阵相似当且仅当它们所含 Jordan 块除次序外是相同的.

定理 6.4.2 设 $A \in \mathbf{C}^{n\times n}$, 则$A$ 相似于一个 Jordan 矩阵, 且这个 Jordan 矩阵除 Jordan 块的次序外是唯一的, 它称为 A 的 Jordan 标准形.

证 设 A 的初等因子为 $(\lambda-\lambda_1)^{k_1}, \cdots, (\lambda-\lambda_s)^{k_s}$. 于是$A$ 相似于

$$J = \operatorname{diag}(J(\lambda_1, k_1), J(\lambda_2, k_2), \cdots, J(\lambda_s, k_s)).$$

由定理 6.4.1 知除 Jordan 块的次序外, J 是唯一的.

用线性变换的观点, 定理可叙述为

定理 6.4.3 设 $\boldsymbol{V}$ 是复数域 $\mathbf{C}$ 上 n 维线性空间, $\mathcal{A}\in \mathrm{End}\,\boldsymbol{V}$, 则 $\mathcal{A}$ 在 $\boldsymbol{V}$ 的某组基下的矩阵为 Jordan 矩阵, 且此 Jordan 矩阵除 Jordan 块的次序外是唯一的.

例 6.6 设 $\boldsymbol{A}\in \mathbf{C}^{12\times 12}$, 且 $\boldsymbol{A}$ 的不变因子是

$$\underbrace{1,\ \cdots,\ 1}_{9\text{个}},\ (\lambda-1)^2,\ (\lambda-1)^2(\lambda+1),\ (\lambda-1)^2(\lambda+1)(\lambda^2+1)^2.$$

试求$\boldsymbol{A}$ 的 Jordan 标准形.

解 由$\boldsymbol{A}$ 的不变因子求出 $\boldsymbol{A}$ 的初等因子: $(\lambda-1)^2$, $(\lambda-1)^2$, $(\lambda-1)^2$, $\lambda+1$, $\lambda+1$, $(\lambda-\sqrt{-1})^2$, $(\lambda+\sqrt{-1})^2$. 故 $\boldsymbol{A}$ 的 Jordan 标准形为

$$\mathrm{diag}(\boldsymbol{A}_1,\ \boldsymbol{A}_1,\ \boldsymbol{A}_1,\ -1,\ -1,\ \boldsymbol{A}_2,\ \boldsymbol{A}_3),$$

其中

$$\boldsymbol{A}_1=\begin{pmatrix}1&0\\1&1\end{pmatrix},$$

$$\boldsymbol{A}_2=\begin{pmatrix}\sqrt{-1}&0\\1&\sqrt{-1}\end{pmatrix},$$

$$\boldsymbol{A}_3=\begin{pmatrix}-\sqrt{-1}&0\\1&-\sqrt{-1}\end{pmatrix}.$$

例 6.7 求 $\boldsymbol{A}=\begin{pmatrix}-1&-2&6\\-1&0&3\\-1&-1&4\end{pmatrix}$ 的 Jordan 标准形.

解 将 $\boldsymbol{A}$ 的特征矩阵作初等变换

$$\lambda\boldsymbol{I}_3-\boldsymbol{A}=\begin{pmatrix}\lambda+1&2&6\\1&\lambda&-3\\1&1&\lambda-4\end{pmatrix}\longrightarrow\begin{pmatrix}1&1&\lambda-4\\0&\lambda-1&-\lambda+1\\0&-\lambda+1&-\lambda^2+3\lambda-2\end{pmatrix}$$

$$\longrightarrow\begin{pmatrix}1&0&0\\0&\lambda-1&-\lambda+1\\0&0&-\lambda^2+2\lambda-1\end{pmatrix}\longrightarrow\begin{pmatrix}1&0&0\\0&\lambda-1&0\\0&0&(\lambda-1)^2\end{pmatrix}.$$

由此得$\boldsymbol{A}$ 的初等因子为 $\lambda-1$, $(\lambda-1)^2$, 因而$\boldsymbol{A}$ 的 Jordan 标准形为

$$\begin{pmatrix}1&0&0\\0&1&0\\0&1&1\end{pmatrix}.$$

注 有的书将

$$\begin{pmatrix} \lambda_0 & 1 & & & \\ & \lambda_0 & 1 & & \\ & & \ddots & \ddots & \\ & & & \lambda_0 & 1 \\ & & & & \lambda_0 \end{pmatrix}$$

叫做 Jordan 块, 然后相应地定义 Jordan 矩阵. 本节的结论仍然成立.

习 题

1. 求下列复方阵的 Jordan 标准形:

1) $\begin{pmatrix} 3 & 1 & 0 & 0 \\ -4 & -1 & 0 & 0 \\ 7 & 1 & 2 & 1 \\ -7 & -6 & -1 & 0 \end{pmatrix}$; 2) $\begin{pmatrix} 1 & 2 & 3 & 4 \\ 0 & 1 & 2 & 3 \\ 0 & 0 & 1 & 2 \\ 0 & 0 & 0 & 1 \end{pmatrix}$;

3) $\begin{pmatrix} 1 & -3 & 0 & 3 \\ -2 & 6 & 0 & 13 \\ 0 & -3 & 1 & 3 \\ -1 & 2 & 0 & 8 \end{pmatrix}$; 4) $\begin{pmatrix} 1 & -3 & 0 & 3 \\ -2 & -6 & 0 & 13 \\ 0 & -3 & 1 & 3 \\ -4 & -4 & 0 & 8 \end{pmatrix}$;

5) $\boldsymbol{A} \in \mathbf{C}^{n\times n}$, $\text{ent}_{12}\boldsymbol{A} = \text{ent}_{23}\boldsymbol{A} = \cdots = \text{ent}_{n-1\,n}\boldsymbol{A} = 1$; $\text{ent}_{n\,1} = 0$; 其他 $\text{ent}_{i\,j}\boldsymbol{A} = 0$.

2. 设 $\boldsymbol{A} = \begin{pmatrix} \lambda & 0 & 0 \\ 1 & \lambda & 0 \\ 0 & 1 & \lambda \end{pmatrix}$. 求 $\boldsymbol{A}^k$.

3. 求 $\boldsymbol{J}(\lambda_0,\ n)^k$.

4. 设 $\boldsymbol{A}, \boldsymbol{B} \in \mathbf{R}^{n\times n}$. 证明存在可逆矩阵 $\boldsymbol{T} \in \mathbf{R}^{n\times n}$, 使得 $\boldsymbol{T}^{-1}\boldsymbol{A}\boldsymbol{T} = \boldsymbol{B}$, 当且仅当存在可逆矩阵 $\boldsymbol{S} \in \mathbf{C}^{n\times n}$, 使得 $\boldsymbol{S}^{-1}\boldsymbol{A}\boldsymbol{S} = \boldsymbol{B}$.

5. 设 $\lambda_0 = a + b\sqrt{-1}$, $a, b \in \mathbf{R}$, $b \neq 0$. 求证存在可逆的 $\boldsymbol{S} \in \mathbf{C}^{2\times 2}$, 使得

$$\boldsymbol{S}^{-1}\begin{pmatrix} 0 & -(a^2+b^2) \\ 1 & 2a \end{pmatrix}\boldsymbol{S} = \begin{pmatrix} \lambda_0 & 0 \\ 0 & \overline{\lambda_0} \end{pmatrix}.$$

6. 设 $\lambda_0 = a + b\sqrt{-1}$, $a, b \in \mathbf{R}$, $b \neq 0$. 证明 $2n$ 阶方阵

$$\begin{pmatrix} \boldsymbol{D} & & & \\ \boldsymbol{I}_2 & \boldsymbol{D} & & \\ & \ddots & \ddots & \\ & & \boldsymbol{I}_2 & \boldsymbol{D} \end{pmatrix}, \quad \boldsymbol{D} = \begin{pmatrix} 0 & -(a^2+b^2) \\ 1 & 2a \end{pmatrix},$$

相似于 Jordan 矩阵 $\mathrm{diag}(\boldsymbol{J}(\lambda_0, n), \boldsymbol{J}(\overline{\lambda_0}, n))$.

7. 设 $\boldsymbol{A} \in \mathbf{R}^{n\times n}$. 试证$\boldsymbol{A}$ 相似于下面形状的准对角矩阵

$$\mathrm{diag}(\boldsymbol{B}_1,\ \boldsymbol{B}_2,\ \cdots,\ \boldsymbol{B}_s),$$

其中 $\boldsymbol{B}_i$ 或为 Jordan 块 $\boldsymbol{J}(\lambda_i,\ n_i)$, 或为

$$\begin{pmatrix} \boldsymbol{D}_i & & & \\ \boldsymbol{I}_2 & \boldsymbol{D}_i & & \\ & \ddots & \ddots & \\ & & \boldsymbol{I}_2 & \boldsymbol{D}_i \end{pmatrix},\quad \boldsymbol{D}_i = \begin{pmatrix} 0 & -b_i \\ 1 & a_i \end{pmatrix},$$

且 $a_i^2 < 4b_i$. 而且除 $\boldsymbol{B}_1,\ \boldsymbol{B}_2,\ \cdots,\ \boldsymbol{B}_s$ 的排列次序外, 上述形状的矩阵是唯一的 (称为 $\boldsymbol{A}$ 的**标准形**).

8. 设 $\boldsymbol{A} = \sum_{i=1}^{n} \boldsymbol{E}_{i\ n+i-1}$. 求 $\boldsymbol{J}(\lambda,\ n)\boldsymbol{A}$.

9. 设 $\boldsymbol{J}$ 为 n 阶 Jordan 矩阵, 则$\boldsymbol{J}$ 可写成一个复对称与一个实对称矩阵之积.

10. 证明任一复方阵可写成两个复对称矩阵的积.

第 7 章 Euclid 空间

线性空间的两种运算反映了空间向量的两种运算 —— 向量加法, 向量与数的乘法的规律. 但是空间向量间另外两种重要的性质, 向量的长度及向量间的夹角在线性空间理论中并未得到反映, 这两种性质无论在实际上或是在理论上其价值怎么估计也不过分. 本章将讨论反映这两种性质的线性空间, 即 Euclid 空间.

7.1 Euclid 空间的定义

数学起源于人们对 "数" 与 "形" 的研究. 对 "形" 中的三角形的研究无论是对于数学科学的建立和数学科学的教学都是很重要的. 对三角形的认识最早只有定性的认识: "两边之和大于第三边", "大角对大边, 小角对小边". 再后, 对特殊的三角形, 直角三角形有了定量的认识: "勾三, 股四, 弦五", 更一般地是 "勾 (平) 方加股 (平) 方等于弦 (平) 方" 或 "直角边的平方和等于斜边的平方. 最终达到了对三角形的完全的定量的认识: "余弦定理". 因此我们说空间 (或平面) 中两个向量的长度及夹角间的关系突出地表现为余弦定理.

设 O, P, Q 为空间中三点, 令$\boldsymbol{\alpha}=\overrightarrow{OP}$, $\boldsymbol{\beta}=\overrightarrow{OQ}$, $\boldsymbol{\gamma}=\overrightarrow{QP}$, $\boldsymbol{\alpha}$, $\boldsymbol{\beta}$ 间夹角为 A, 由余弦定理知

$$|\boldsymbol{\gamma}|^2 = |\boldsymbol{\alpha}|^2 + |\boldsymbol{\beta}|^2 - 2|\boldsymbol{\alpha}||\boldsymbol{\beta}|\cos A. \tag{1}$$

17 世纪 R. Descartes (1596~1650) 建立的解析几何则将 "数" 和 "形" 紧密地结合在一起, 这是数学的一个重要的转折点. 下面用解析几何的观点, 来表现余弦定理.

以 O 为原点建立直角坐标系 $OXYZ$. 设 $\boldsymbol{\alpha} = (x_1, y_1, z_1)'$, $\boldsymbol{\beta} = (x_2, y_2, z_2)'$, 于是 $\boldsymbol{\gamma} = (x_1 - x_2, y_1 - y_2, z_1 - z_2)'$, 如图 7.1 所示

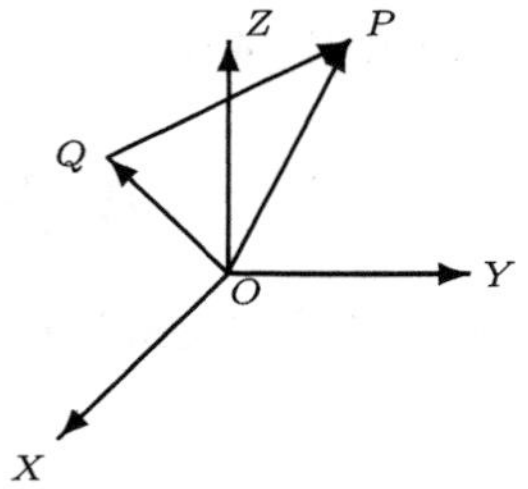

图 7.1

因而由 (1) 式可得

$$
\begin{aligned}
&(x_1-x_2)^2+(y_1-y_2)^2+(z_1-z_2)^2\\
=&x_1^2+y_1^2+z_1^2+x_2^2+y_2^2+z_2^2-2|\boldsymbol{\alpha}||\boldsymbol{\beta}|\cos A.
\end{aligned}
$$

因此

$$
|\boldsymbol{\alpha}||\boldsymbol{\beta}|\cos A=x_1x_2+y_1y_2+z_1z_2=\boldsymbol{\alpha}'\boldsymbol{\beta}. \tag{2}
$$

这样, 对于一对向量$\boldsymbol{\alpha}$, $\boldsymbol{\beta}$ 有一确定的实数 $|\boldsymbol{\alpha}||\boldsymbol{\beta}|\cos A$ 与之对应, 即得到一个以向量为自变量的二元函数, 记为$(\boldsymbol{\alpha},\ \boldsymbol{\beta})$ 或 $\boldsymbol{\alpha}\cdot\boldsymbol{\beta}$, 此数称为 $\boldsymbol{\alpha}$ 与 $\boldsymbol{\beta}$ 的内积, 从 (2) 式知

$$
\begin{aligned}
&(\boldsymbol{\alpha},\ \boldsymbol{\beta})=(\boldsymbol{\beta},\ \boldsymbol{\alpha}),\\
&(k_1\boldsymbol{\alpha}_1+k_2\boldsymbol{\alpha}_2,\ \boldsymbol{\beta})=k_1(\boldsymbol{\alpha}_1,\ \boldsymbol{\beta})+k_2(\boldsymbol{\alpha}_2,\ \boldsymbol{\beta}),\\
&(\boldsymbol{\alpha},\ \boldsymbol{\alpha})\geqslant 0,
\end{aligned}
$$

且等号成立当且仅当 $\boldsymbol{\alpha}=0$.

此外, 还有

$$
(\boldsymbol{\alpha},\ \boldsymbol{\alpha})=|\boldsymbol{\alpha}|^2,\quad \cos A=(\boldsymbol{\alpha},\ \boldsymbol{\beta})/|\boldsymbol{\alpha}||\boldsymbol{\beta}|.
$$

从上面前三个性质, 抽象出下面一类数学对象.

定义 7.1.1　设 $\boldsymbol{V}$ 是实数域 $\mathbf{R}$ 上的线性空间. $\boldsymbol{V}$ 上的二元实函数$(\boldsymbol{\alpha},\ \boldsymbol{\beta})$ 如果满足:

1)　对称性: $(\boldsymbol{\alpha},\ \boldsymbol{\beta})=(\boldsymbol{\beta},\ \boldsymbol{\alpha})$, $\forall\boldsymbol{\alpha},\ \boldsymbol{\beta}\in\boldsymbol{V}$,

2)　线性性: $(k_1\boldsymbol{\alpha}_1+k_2\boldsymbol{\alpha}_2,\ \boldsymbol{\beta})=k_1(\boldsymbol{\alpha}_1,\ \boldsymbol{\beta})+k_2(\boldsymbol{\alpha}_2,\ \boldsymbol{\beta})$, $\forall k_1,\ k_2\in\mathbf{R}$, $\boldsymbol{\alpha}_1,\ \boldsymbol{\alpha}_2,\ \boldsymbol{\beta}\in\boldsymbol{V}$,

3)　正定性: $(\boldsymbol{\alpha},\ \boldsymbol{\alpha})\geqslant 0$, 而且 $(\boldsymbol{\alpha},\ \boldsymbol{\alpha})=0$ 当且仅当 $\boldsymbol{\alpha}=0$,

则称$(\boldsymbol{\alpha},\ \boldsymbol{\beta})$ 是 $\boldsymbol{V}$ 的一个**内积**. 定义了内积的实线性空间叫做**Euclid 空间**.

例 7.1　记 $\mathbf{R}^n=\mathbf{R}^{1\times n}$. 在 $\mathbf{R}^n$ 中定义

$$
(\boldsymbol{\alpha},\ \boldsymbol{\beta})=\boldsymbol{\alpha}\boldsymbol{\beta}',\ \forall\boldsymbol{\alpha},\ \boldsymbol{\beta}\in\mathbf{R}^n,
$$

$\boldsymbol{\beta}'$ 为 $\boldsymbol{\beta}$ 的转置. 则 $(\boldsymbol{\alpha},\ \boldsymbol{\beta})$ 为内积, $\mathbf{R}^n$ 为 Euclid 空间.

事实上, $\boldsymbol{\alpha}\boldsymbol{\beta}'\in\mathbf{R}^{1\times 1}=\mathbf{R}$, 且

$$
(\boldsymbol{\alpha},\ \boldsymbol{\beta})=(\boldsymbol{\alpha}\boldsymbol{\beta}')'=\boldsymbol{\beta}\boldsymbol{\alpha}'=(\boldsymbol{\beta},\ \boldsymbol{\alpha}),
$$

$$
\begin{aligned}
&(k_1\boldsymbol{\alpha}_1+k_2\boldsymbol{\alpha}_2,\ \boldsymbol{\beta})\\
=&(k_1\boldsymbol{\alpha}_1+k_2\boldsymbol{\alpha}_2)\boldsymbol{\beta}'=k_1\boldsymbol{\alpha}_1\boldsymbol{\beta}'+k_2\boldsymbol{\alpha}_2\boldsymbol{\beta}'\\
=&k_1(\boldsymbol{\alpha}_1,\ \boldsymbol{\beta})+k_2(\boldsymbol{\alpha}_2,\ \boldsymbol{\beta}),
\end{aligned}
$$

记 $\boldsymbol{\alpha}=(a_1,\ a_2,\ \cdots,\ a_n)$. 故

$$(\boldsymbol{\alpha},\ \boldsymbol{\alpha})=\sum_{i=1}^{n}a_i^2\geqslant 0,$$

且 $(\boldsymbol{\alpha},\ \boldsymbol{\alpha})=0$ 当且仅当

$$a_1=a_2=\cdots=a_n=0,$$

即 $\boldsymbol{\alpha}=0$.

注 一般说 $\mathbf{R}^{1\times n}$ 为 Euclid 空间时, 均指例 7.1.1 中所定义的内积.

说 $\mathbf{R}^{n\times 1}$ 为 Euclid 空间时, 内积为

$$(\boldsymbol{\alpha},\boldsymbol{\beta})=\boldsymbol{\alpha}'\boldsymbol{\beta},\quad \boldsymbol{\alpha},\boldsymbol{\beta}\in\mathbf{R}^{n\times 1}.$$

例 7.2 设 $[a,\ b]$ 为闭区间, 令 $\boldsymbol{V}=\boldsymbol{C}([a,\ b])$ (见例 4.9). 在$\boldsymbol{V}$ 中定义

$$(f,\ g)=\int_a^b f(x)g(x)\mathrm{d}x,\ \forall f,\ g\in\boldsymbol{V},$$

则 $(f,\ g)$ 为 $\boldsymbol{V}$ 的内积, $\boldsymbol{V}=\boldsymbol{C}([a,\ b])$ 为 Euclid 空间.

事实上, 首先有

$$(f,\ g)=\int_a^b f(x)g(x)\mathrm{d}x=\int_a^b g(x)f(x)\mathrm{d}x=(g,\ f).$$

又若 $k_1,\ k_2\in\mathbf{R},\ f_1,\ f_2,\ g\in\boldsymbol{V}$, 则

$$
\begin{aligned}
(k_1f_1+k_2f_2,\ g)&=\int_a^b(k_1f_1(x)+k_2f_2(x))g(x)\mathrm{d}x\\
&=k_1\int_a^b f_1(x)g(x)\mathrm{d}x+k_2\int_a^b f_2(x)g(x)\mathrm{d}x\\
&=k_1(f_1,\ g)+k_2(f_2,\ g).
\end{aligned}
$$

最后, 显然

$$(f,\ f)=\int_a^b f^2(x)\mathrm{d}x\geqslant 0,$$

当且仅当 $f(x)=0$ 时, $(f,\ f)=0$.

例 7.3　设 $\boldsymbol{V}=\mathbf{R}[x]$. 任取一区间 $[a,\ b]$, 在 $\boldsymbol{V}$ 中定义

$$(p(x),\ g(x))=\int_a^b p(x)g(x)\mathrm{d}x,$$

则 $(p(x),\ g(x))$ 为 $\boldsymbol{V}$ 的内积, $\boldsymbol{V}$ 为 Euclid 空间.

从例 7.3 可以看出, 在一个实线性空间中可以定义不同的内积使其成为 Euclid 空间.

Euclid 空间中的内积有以下性质

1.　$(\boldsymbol{\alpha},\ k_1\boldsymbol{\beta}_1+k_2\boldsymbol{\beta}_2)=k_1(\boldsymbol{\alpha},\ \boldsymbol{\beta}_1)+k_2(\boldsymbol{\alpha},\ \boldsymbol{\beta}_2)$.

用内积定义中的对称性及线性性即可得此性质.

这个性质说明内积不仅对第一个变量, 而且对第二个变量都是线性的, 因而内积具有双线性性.

2.　$(0,\ \boldsymbol{\beta})=(\boldsymbol{\beta},\ 0)=0,\ \forall\boldsymbol{\beta}\in\boldsymbol{V}$.

3.　$(\boldsymbol{\alpha},\ \boldsymbol{\alpha})\geqslant 0$, 故 $\sqrt{(\boldsymbol{\alpha},\ \boldsymbol{\alpha})}$ 有意义, 称为$\boldsymbol{\alpha}$ 的**长度**, 记为 $|\boldsymbol{\alpha}|$. 显然

$$|k\boldsymbol{\alpha}|=|k||\boldsymbol{\alpha}|,\ k\in\mathbf{R},\ \boldsymbol{\alpha}\in\boldsymbol{V}.$$

$|\boldsymbol{\alpha}|=0$ 当且仅当 $\boldsymbol{\alpha}=0$.

事实上, $|k\boldsymbol{\alpha}|=\sqrt{(k\boldsymbol{\alpha},\ k\boldsymbol{\alpha})}=\sqrt{k^2(\boldsymbol{\alpha},\ \boldsymbol{\alpha})}=|k||\boldsymbol{\alpha}|$.

$|\boldsymbol{\alpha}|=0$ 即 $(\boldsymbol{\alpha},\ \boldsymbol{\alpha})=0$, 即 $\boldsymbol{\alpha}=0$.

若 $\boldsymbol{\alpha}\neq 0$, 则 $\dfrac{1}{|\boldsymbol{\alpha}|}\boldsymbol{\alpha}$ 的长度为 1. $\dfrac{1}{|\boldsymbol{\alpha}|}\boldsymbol{\alpha}$ 称为 $\boldsymbol{\alpha}$ 的**单位化**. 长度为 1 的向量称为**单位向量**.

定理 7.1.1　设 $\boldsymbol{V}$ 为 Euclid 空间, 则

$$|(\boldsymbol{\alpha},\ \boldsymbol{\beta})|\leqslant|\boldsymbol{\alpha}||\boldsymbol{\beta}|,\ \forall\boldsymbol{\alpha},\ \boldsymbol{\beta}\in\boldsymbol{V}. \tag{3}$$

而且等号成立当且仅当$\boldsymbol{\alpha}$ 与 $\boldsymbol{\beta}$ 线性相关.

(**注**　(3) 式称为**Cauchy–Буняковский不等式**.)

证　(3) 式等价于

$$(\boldsymbol{\alpha},\ \boldsymbol{\beta})(\boldsymbol{\alpha},\ \boldsymbol{\beta})\leqslant(\boldsymbol{\alpha},\boldsymbol{\alpha})(\boldsymbol{\beta},\ \boldsymbol{\beta}). \tag{3$'$}$$

若 $\boldsymbol{\beta}=0$, 上式自然成立. 此时, 取等号. $\boldsymbol{\alpha},\ \boldsymbol{\beta}=0$ 线性相关.

若 $\boldsymbol{\beta}\neq 0$, 故 $(\boldsymbol{\beta},\ \boldsymbol{\beta})>0$. 于是

$$\begin{aligned}0\leqslant&\left(\boldsymbol{\alpha}-\frac{(\boldsymbol{\alpha},\ \boldsymbol{\beta})}{(\boldsymbol{\beta},\ \boldsymbol{\beta})}\boldsymbol{\beta},\ \boldsymbol{\alpha}-\frac{(\boldsymbol{\alpha},\ \boldsymbol{\beta})}{(\boldsymbol{\beta},\ \boldsymbol{\beta})}\boldsymbol{\beta}\right)\\=&(\boldsymbol{\alpha},\ \boldsymbol{\alpha})-2\frac{(\boldsymbol{\alpha},\ \boldsymbol{\beta})}{(\boldsymbol{\beta}\ \boldsymbol{\beta})}(\boldsymbol{\alpha},\ \boldsymbol{\beta})+\left(\frac{(\boldsymbol{\alpha},\ \boldsymbol{\beta})}{(\boldsymbol{\beta},\ \boldsymbol{\beta})}\right)^2(\boldsymbol{\beta},\ \boldsymbol{\beta})\\=&(\boldsymbol{\alpha},\ \boldsymbol{\alpha})-\frac{(\boldsymbol{\alpha},\ \boldsymbol{\beta})^2}{(\boldsymbol{\beta},\ \boldsymbol{\beta})}.\end{aligned}$$

因而 (3′) 式成立.

若 (3′) 式取等号, 则 $\boldsymbol{\alpha}-\frac{(\boldsymbol{\alpha},\ \boldsymbol{\beta})}{(\boldsymbol{\beta},\ \boldsymbol{\beta})}\boldsymbol{\beta}=0$, $\boldsymbol{\alpha},\ \boldsymbol{\beta}$ 线性相关.

反之, 设 $\boldsymbol{\alpha},\ \boldsymbol{\beta}$ 线性相关, 即 $\boldsymbol{\alpha}=k\boldsymbol{\beta}$. 于是

$$(\boldsymbol{\alpha},\ \boldsymbol{\beta})^2=k^2(\boldsymbol{\beta},\ \boldsymbol{\beta})^2=(k\boldsymbol{\beta},\ k\boldsymbol{\beta})(\boldsymbol{\beta},\ \boldsymbol{\beta})=(\boldsymbol{\alpha},\ \boldsymbol{\alpha})(\boldsymbol{\beta},\ \boldsymbol{\beta}),$$

即 (3′) 式成立.

将这个定理用于例 7.1, 例 7.2 中的 Euclid 空间则分别得到

推论 1 设 $a_i,\ b_i\in\mathbf{R},\ i=1,\ 2,\ \cdots,\ n$, 则

$$\left|\sum_{i=1}^{n}a_ib_i\right|\leqslant\left(\sum_{i=1}^{n}a_i^2\right)^{1/2}\left(\sum_{i=1}^{n}b_i^2\right)^{1/2}.$$

推论 2 设 $f(x),\ g(x)\in C([a,\ b])$, 则

$$\left|\int_a^b f(x)g(x)\mathrm{d}x\right|\leqslant\left(\int_a^b f^2(x)\mathrm{d}x\right)^{1/2}\left(\int_a^b g^2(x)\mathrm{d}x\right)^{1/2}.$$

定理 7.1.2 设 $\boldsymbol{V}$ 是 Euclid 空间, $\boldsymbol{\alpha},\ \boldsymbol{\beta}\in\boldsymbol{V}$, 则下面**三角形不等式**成立

$$|\boldsymbol{\alpha}+\boldsymbol{\beta}|\leqslant|\boldsymbol{\alpha}|+|\boldsymbol{\beta}|. \tag{4}$$

证 事实上

$$\begin{aligned}&|\boldsymbol{\alpha}+\boldsymbol{\beta}|^2\\=&(\boldsymbol{\alpha}+\boldsymbol{\beta},\ \boldsymbol{\alpha}+\boldsymbol{\beta})=(\boldsymbol{\alpha},\ \boldsymbol{\alpha})+2(\boldsymbol{\alpha},\ \boldsymbol{\beta})+(\boldsymbol{\beta},\ \boldsymbol{\beta})\\\leqslant&|\boldsymbol{\alpha}|^2+2|\boldsymbol{\alpha}||\boldsymbol{\beta}|+|\boldsymbol{\beta}|^2=(|\boldsymbol{\alpha}|+|\boldsymbol{\beta}|)^2,\end{aligned}$$

故 (4) 式成立.

在几何学中三角形不等式是对三角形很粗的刻画, 对三角形精确刻画是余弦定理, 但须用到夹角的概念. 注意当 $\boldsymbol{\alpha}\neq0,\ \boldsymbol{\beta}\neq0$ 时, (3) 式可以表示为

$$\left|\frac{(\boldsymbol{\alpha},\ \boldsymbol{\beta})}{|\boldsymbol{\alpha}||\boldsymbol{\beta}|}\right|\leqslant1.$$

由此可引入下面概念.

定义 7.1.2 设 $\boldsymbol{\alpha},\ \boldsymbol{\beta}$ 为 Euclid 空间 $\boldsymbol{V}$ 中两个非零向量, 则称

$$\langle\boldsymbol{\alpha},\ \boldsymbol{\beta}\rangle=\arccos\frac{(\boldsymbol{\alpha},\ \boldsymbol{\beta})}{|\boldsymbol{\alpha}||\boldsymbol{\beta}|},\quad 0\leqslant\langle\boldsymbol{\alpha},\ \boldsymbol{\beta}\rangle\leqslant\pi$$

为 α 与 β 的**夹角**.

定义 7.1.3　设 $\boldsymbol{\alpha}, \boldsymbol{\beta}$ 是 Euclid 空间 $\boldsymbol{V}$ 中两个向量. 若 $(\boldsymbol{\alpha}, \boldsymbol{\beta}) = 0$, 则称$\boldsymbol{\alpha}$ 与 $\boldsymbol{\beta}$ **正交** (**相互垂直**), 记为 $\boldsymbol{\alpha} \perp \boldsymbol{\beta}$.

显然, $0 \perp \boldsymbol{\alpha}$, $\forall \boldsymbol{\alpha} \in \boldsymbol{V}$; $\boldsymbol{\alpha} \perp \boldsymbol{\alpha}$ 当且仅当 $\boldsymbol{\alpha} = 0$; $\boldsymbol{\alpha} \neq 0$, $\boldsymbol{\beta} \neq 0$, $\boldsymbol{\alpha} \perp \boldsymbol{\beta}$ 当且仅当 $\langle \boldsymbol{\alpha}, \boldsymbol{\beta} \rangle = \dfrac{\pi}{2}$.

定理 7.1.3 (余弦定理)　设$\boldsymbol{\alpha}$, $\boldsymbol{\beta}$ 为 Euclid 空间两个向量, 则

$$|\boldsymbol{\alpha} - \boldsymbol{\beta}|^2 = |\boldsymbol{\alpha}|^2 + |\boldsymbol{\beta}|^2 - 2|\boldsymbol{\alpha}||\boldsymbol{\beta}| \cos\langle \boldsymbol{\alpha}, \boldsymbol{\beta} \rangle.$$

证　事实上

$$\begin{aligned} & |\boldsymbol{\alpha} - \boldsymbol{\beta}|^2 \\ =& (\boldsymbol{\alpha} - \boldsymbol{\beta}, \boldsymbol{\alpha} - \boldsymbol{\beta}) = (\boldsymbol{\alpha}, \boldsymbol{\alpha}) + (\boldsymbol{\beta}, \boldsymbol{\beta}) - 2(\boldsymbol{\alpha}, \boldsymbol{\beta}) \\ =& |\boldsymbol{\alpha}|^2 + |\boldsymbol{\beta}|^2 - 2|\boldsymbol{\alpha}||\boldsymbol{\beta}| \frac{(\boldsymbol{\alpha}, \boldsymbol{\beta})}{|\boldsymbol{\alpha}||\boldsymbol{\beta}|} = |\boldsymbol{\alpha}|^2 + |\boldsymbol{\beta}|^2 - 2|\boldsymbol{\alpha}||\boldsymbol{\beta}| \cos\langle \boldsymbol{\alpha}, \boldsymbol{\beta} \rangle. \end{aligned}$$

定理 7.1.4 (勾股定理)　设 $\boldsymbol{\alpha}_1, \boldsymbol{\alpha}_2, \cdots, \boldsymbol{\alpha}_k$ 为 Euclid 空间 $\boldsymbol{V}$ 中向量, 且 $i \neq j$ 时, $(\boldsymbol{\alpha}_i, \boldsymbol{\alpha}_j) = 0$, 则

$$|\boldsymbol{\alpha}_1 + \boldsymbol{\alpha}_2 + \cdots + \boldsymbol{\alpha}_k|^2 = |\boldsymbol{\alpha}_1|^2 + |\boldsymbol{\alpha}_2|^2 + \cdots + |\boldsymbol{\alpha}_k|^2.$$

证　事实上

$$\begin{aligned} |\boldsymbol{\alpha}_1 + \boldsymbol{\alpha}_2 + \cdots + \boldsymbol{\alpha}_k|^2 &= (\boldsymbol{\alpha}_1 + \boldsymbol{\alpha}_2 + \cdots + \boldsymbol{\alpha}_k, \boldsymbol{\alpha}_1 + \boldsymbol{\alpha}_2 + \cdots + \boldsymbol{\alpha}_k) \\ &= \sum_{i=1}^{k} \sum_{j=1}^{k} (\boldsymbol{\alpha}_i, \boldsymbol{\alpha}_j) = \sum_{i=1}^{k} (\boldsymbol{\alpha}_i, \boldsymbol{\alpha}_i) = \sum_{i=1}^{k} |\boldsymbol{\alpha}_i|^2. \end{aligned}$$

习　题

1. 在 $\mathbf{R}^2$ 中定义下面六种二元函数. 试问 $\mathbf{R}^2$ 对哪些是 Euclid 空间. 这里 $\boldsymbol{\alpha} = (a_1, a_2)$, $\boldsymbol{\beta} = (b_1, b_2)$:

   1)　$(\boldsymbol{\alpha}, \boldsymbol{\beta}) = a_1 b_2 + a_2 b_1$;

   2)　$(\boldsymbol{\alpha}, \boldsymbol{\beta}) = (a_1 + a_2) b_1 + (a_1 + 2a_2) b_2$;

   3)　$(\boldsymbol{\alpha}, \boldsymbol{\beta}) = a_1 b_1 + a_2 b_2 + 1$;

   4)　$(\boldsymbol{\alpha}, \boldsymbol{\beta}) = a_1 b_1 - a_2 b_2$;

   5)　$(\boldsymbol{\alpha}, \boldsymbol{\beta}) = 3a_1 b_1 + 5a_2 b_2$;

   6)　$(\boldsymbol{\alpha}, \boldsymbol{\beta}) = p a_1 b_1 + q a_2 b_2$, $p, q \in \mathbf{R}$.

2. 在 $\mathbf{R}^{n\times n}$ 中定义二元函数 $(\boldsymbol{A},\ \boldsymbol{B}) = \operatorname{tr}(\boldsymbol{A}\boldsymbol{B}')$, $\forall \boldsymbol{A},\ \boldsymbol{B} \in \mathbf{R}^{n\times n}$. 证明 $\mathbf{R}^{n\times n}$ 对此二元函数为 Euclid 空间.

3. 设 $\boldsymbol{H} = \{\boldsymbol{\alpha} = (a_1,\ a_2,\ \cdots)|a_i \in \mathbf{R},\ \sum\limits_{i=1}^{\infty} a_i^2 < \infty\}$. 在$\boldsymbol{H}$ 中定义加法, 纯量乘法及二元函数为

$$\begin{aligned}&\boldsymbol{\alpha}+\boldsymbol{\beta} = (a_1+b_1,\ a_2+b_2,\ \cdots),\\&k\boldsymbol{\alpha} = (ka_1,\ ka_2,\ \cdots),\\&(\boldsymbol{\alpha},\ \boldsymbol{\beta}) = \sum_{i=1}^{\infty} a_i b_i,\end{aligned}$$

这里 $\boldsymbol{\alpha} = (a_1,\ a_2,\ \cdots)$, $\boldsymbol{\beta} = (b_1,\ b_2,\ \cdots) \in \boldsymbol{H}$, $k \in \mathbf{R}$. 试证$\boldsymbol{H}$ 是一个 Euclid 空间 (称$\boldsymbol{H}$ 为**Hilbert 空间**).

4. 在 $\mathbf{R}^4$ 中对通常的内积 (即例 7.1 中的内积), 求$\boldsymbol{\alpha}$, $\boldsymbol{\beta}$ 间的夹角:
   1) $\boldsymbol{\alpha} = (2,\ 1,\ 3,\ 2)$, $\boldsymbol{\beta} = (1,\ 2,\ -2,\ 1)$;
   2) $\boldsymbol{\alpha} = (1,\ 2,\ 2,\ 3)$, $\boldsymbol{\beta} = (3,\ 1,\ 5,\ 1)$;
   3) $\boldsymbol{\alpha} = (1,\ 1,\ 1,\ 2)$, $\boldsymbol{\beta} = (3,\ 1,\ -1,\ 0)$.

5. 设 $\boldsymbol{\alpha}$, $\boldsymbol{\beta}$ 是 Euclid 空间中两个向量, 称 $d(\boldsymbol{\alpha},\ \boldsymbol{\beta}) = |\boldsymbol{\alpha}-\boldsymbol{\beta}|$ 为 $\boldsymbol{\alpha}$ 与 $\boldsymbol{\beta}$ 间的**距离**. 试证

$$d(\boldsymbol{\alpha},\ \boldsymbol{\beta}) - d(\boldsymbol{\beta},\ \boldsymbol{\gamma}) \leqslant d(\boldsymbol{\alpha},\ \boldsymbol{\gamma}) \leqslant d(\boldsymbol{\alpha},\ \boldsymbol{\beta}) + d(\boldsymbol{\beta},\ \boldsymbol{\gamma}).$$

6. 设 $\boldsymbol{\alpha}_1,\ \boldsymbol{\alpha}_2,\ \cdots,\ \boldsymbol{\alpha}_n$ 为 Euclid 空间 $\boldsymbol{V}$ 的基. 试证:
   1) $\boldsymbol{\beta} = 0$ 当且仅当 $(\boldsymbol{\beta},\ \boldsymbol{\alpha}_i) = 0,\ 1 \leqslant i \leqslant n$;
   2) $\boldsymbol{\beta}_1 = \boldsymbol{\beta}_2$ 当且仅当 $(\boldsymbol{\beta}_1,\ \boldsymbol{\alpha}) = (\boldsymbol{\beta}_2,\ \boldsymbol{\alpha})$, $\forall \boldsymbol{\alpha} \in \boldsymbol{V}$.

7. 在 $\mathbf{R}^4$ 中求一单位向量与 $(1,\ 1,\ -1,\ 1)$, $(1,\ -1,\ -1,\ 1)$, $(2,\ 1,\ 1,\ 3)$ 正交.

8. 设 $\boldsymbol{V}$ 为 Euclid 空间, $\boldsymbol{\alpha}$, $\boldsymbol{\beta} \in \boldsymbol{V}$. 试证

$$\begin{aligned}&|\boldsymbol{\alpha}+\boldsymbol{\beta}|^2 + |\boldsymbol{\alpha}-\boldsymbol{\beta}|^2 = 2|\boldsymbol{\alpha}|^2 + 2|\boldsymbol{\beta}|^2,\\&(\boldsymbol{\alpha},\ \boldsymbol{\beta}) = \frac{1}{4}|\boldsymbol{\alpha}+\boldsymbol{\beta}|^2 - \frac{1}{4}|\boldsymbol{\alpha}-\boldsymbol{\beta}|^2.\end{aligned}$$

9. 设 $\boldsymbol{\alpha}$, $\boldsymbol{\beta}$ 为 Euclid 空间中两个单位向量, 且 $\boldsymbol{\alpha} \neq \boldsymbol{\beta}$, 试证 $(\boldsymbol{\alpha},\ \boldsymbol{\beta}) \neq 1$.

10. 设 $\boldsymbol{\alpha}$, $\boldsymbol{\beta}$ 为 Euclid 空间 $\boldsymbol{V}$ 中两个向量, 且 $\boldsymbol{\beta} \neq 0$. 试证 $|\boldsymbol{\alpha}+\boldsymbol{\beta}| = |\boldsymbol{\alpha}| + |\boldsymbol{\beta}|$ 当且仅当 $\boldsymbol{\alpha} = k\boldsymbol{\beta},\ k \geqslant 0$.

11. 设 $\boldsymbol{\alpha}$, $\boldsymbol{\beta}$, $\boldsymbol{\gamma}$ 为 Euclid 空间$\boldsymbol{V}$ 中向量. 试证

$$|\boldsymbol{\alpha}-\boldsymbol{\beta}||\boldsymbol{\gamma}| \leqslant |\boldsymbol{\alpha}-\boldsymbol{\gamma}||\boldsymbol{\beta}| + |\boldsymbol{\beta}-\boldsymbol{\gamma}||\boldsymbol{\alpha}|.$$

并讨论何时取等号.

7.2 标准正交基

本节要在有限维 Euclid 空间中寻找特殊的基, 使得内积的运算非常简单. 这种特殊的基就是标准正交基.

定义 7.2.1 设 $\boldsymbol{A} \in \mathbf{R}^{n\times n}$. 如果$\boldsymbol{A}$ 满足下面的两个条件:

1) $\boldsymbol{A}$ 是对称矩阵, 即 $\boldsymbol{A}' = \boldsymbol{A}$;

2) $\forall \boldsymbol{X} \in \mathbf{R}^{1\times n}$, $\boldsymbol{X} \neq 0$, $\boldsymbol{XAX}' > 0$.

则称$\boldsymbol{A}$ 为 n 阶**正定** **(对称)** **矩阵**.

如 $\boldsymbol{A} = \mathrm{diag}(a_1,\ a_2,\ \cdots,\ a_n)$, $a_i > 0$, $1 \leqslant i \leqslant n$ 就是 n 阶正定矩阵.

定义 7.2.2 设 $\boldsymbol{A} \in \mathbf{R}^{n\times n}$. 如果 $\boldsymbol{AA}' = \boldsymbol{I}_n$, 则称$\boldsymbol{A}$ 为 n 阶(**实**) **正交矩阵**.

关于正交矩阵, 有下面简单性质.

1. $\boldsymbol{I}_n$ 是正交矩阵.

2. $\boldsymbol{A}$ 为正交矩阵, 则 $\boldsymbol{A}^{-1} = \boldsymbol{A}'$ 也是正交矩阵.

3. $\boldsymbol{A}$, $\boldsymbol{B}$ 都是正交矩阵, 则 $\boldsymbol{AB}$ 也是正交矩阵.

事实上, $(\boldsymbol{AB})(\boldsymbol{AB})' = \boldsymbol{ABB}'\boldsymbol{A}' = \boldsymbol{I}_n$.

所有 n 阶实正交矩阵的集合记为 $\boldsymbol{O}(n,\ \mathbf{R})$.

定理 7.2.1 设 $\boldsymbol{V}$ 是 n 维 Euclid 空间, $\boldsymbol{\alpha}_1,\ \boldsymbol{\alpha}_2,\ \cdots,\ \boldsymbol{\alpha}_n$ 为 $\boldsymbol{V}$ 的一组基, 则有以下结果

1) 矩阵

$$\boldsymbol{A} = \begin{pmatrix} (\boldsymbol{\alpha}_1,\ \boldsymbol{\alpha}_1) & (\boldsymbol{\alpha}_1,\ \boldsymbol{\alpha}_2) & \cdots & (\boldsymbol{\alpha}_1,\ \boldsymbol{\alpha}_n) \\ (\boldsymbol{\alpha}_2,\ \boldsymbol{\alpha}_1) & (\boldsymbol{\alpha}_2,\ \boldsymbol{\alpha}_2) & \cdots & (\boldsymbol{\alpha}_2,\ \boldsymbol{\alpha}_n) \\ \vdots & \vdots & & \vdots \\ (\boldsymbol{\alpha}_n,\ \boldsymbol{\alpha}_1) & (\boldsymbol{\alpha}_n,\ \boldsymbol{\alpha}_2) & \cdots & (\boldsymbol{\alpha}_n,\ \boldsymbol{\alpha}_n) \end{pmatrix}$$

是正定矩阵, 称为 $\boldsymbol{V}$ 对于基 $\boldsymbol{\alpha}_1,\ \boldsymbol{\alpha}_2,\ \cdots,\ \boldsymbol{\alpha}_n$ 的**度量矩阵**.

2) 设 $\boldsymbol{\alpha},\ \boldsymbol{\beta} \in \boldsymbol{V}$,

$$\mathrm{crd}(\boldsymbol{\alpha}; \boldsymbol{\alpha}_1,\ \boldsymbol{\alpha}_2,\ \cdots,\ \boldsymbol{\alpha}_n) = \boldsymbol{X},$$
$$\mathrm{crd}(\boldsymbol{\beta};\ \boldsymbol{\alpha}_1,\ \boldsymbol{\alpha}_2,\ \cdots,\ \boldsymbol{\alpha}_n) = \boldsymbol{Y},$$

则

$$(\boldsymbol{\alpha},\ \boldsymbol{\beta}) = \boldsymbol{X}'\boldsymbol{AY}.$$

3) 设 $\boldsymbol{\beta}_1,\ \boldsymbol{\beta}_2,\ \cdots,\ \boldsymbol{\beta}_n$ 为 $\boldsymbol{V}$ 的另一组基, 又

$$T = T\begin{pmatrix} \boldsymbol{\alpha}_1\, \boldsymbol{\alpha}_2 \cdots \boldsymbol{\alpha}_n \\ \boldsymbol{\beta}_1\, \boldsymbol{\beta}_2 \cdots \boldsymbol{\beta}_n \end{pmatrix}$$

为从 $\boldsymbol{\alpha}_1, \boldsymbol{\alpha}_2, \cdots, \boldsymbol{\alpha}_n$ 到 $\boldsymbol{\beta}_1, \boldsymbol{\beta}_2, \cdots, \boldsymbol{\beta}_n$ 的过渡矩阵, $\boldsymbol{V}$ 对 $\boldsymbol{\beta}_1, \boldsymbol{\beta}_2, \cdots, \boldsymbol{\beta}_n$ 的度量矩阵为 $\boldsymbol{B}$, 则

$$\boldsymbol{B} = \boldsymbol{T}'\boldsymbol{A}\boldsymbol{T}.$$

证 由于 $(\boldsymbol{\alpha}_i, \boldsymbol{\alpha}_j) = (\boldsymbol{\alpha}_j, \boldsymbol{\alpha}_i) \in \mathbf{R}$, 故 $\boldsymbol{A}$ 为实对称矩阵. 设

$$\mathrm{crd}(\boldsymbol{\alpha}; \boldsymbol{\alpha}_1, \boldsymbol{\alpha}_2, \cdots, \boldsymbol{\alpha}_n) = \boldsymbol{X} = \begin{pmatrix} x_1 \\ x_2 \\ \vdots \\ x_n \end{pmatrix},$$

$$\mathrm{crd}(\boldsymbol{\beta}; \boldsymbol{\alpha}_1, \boldsymbol{\alpha}_2, \cdots, \boldsymbol{\alpha}_n) = \boldsymbol{Y} = \begin{pmatrix} y_1 \\ y_2 \\ \vdots \\ y_n \end{pmatrix}.$$

即 $\boldsymbol{\alpha} = \sum\limits_{i=1}^{n} x_i\boldsymbol{\alpha}_i$, $\boldsymbol{\beta} = \sum\limits_{j=1}^{n} y_j\boldsymbol{\alpha}_j$. 因而

$$\begin{aligned}(\boldsymbol{\alpha}, \boldsymbol{\beta}) &= \left(\sum_{i=1}^{n} x_i\boldsymbol{\alpha}_i, \sum_{j=1}^{n} y_j\boldsymbol{\alpha}_j\right) = \sum_{i,\, j=1}^{n} x_i(\boldsymbol{\alpha}_i, \boldsymbol{\alpha}_j)y_j \\ &= \boldsymbol{X}'\boldsymbol{A}\boldsymbol{Y}.\end{aligned}$$

又 $\boldsymbol{X} \neq 0$, 当且仅当 $\boldsymbol{\alpha} \neq 0$, 当且仅当

$$(\boldsymbol{\alpha}, \boldsymbol{\alpha}) = \boldsymbol{X}'\boldsymbol{A}\boldsymbol{X} > 0.$$

故知定理中 1) 与 2) 成立.

设 $\boldsymbol{T}_j = \mathrm{col}_j\boldsymbol{T}$, 即 $\mathrm{crd}(\boldsymbol{\beta}_j; \boldsymbol{\alpha}_1, \boldsymbol{\alpha}_2, \cdots, \boldsymbol{\alpha}_n) = \boldsymbol{T}_j$. 故由 2) 知

$$(\boldsymbol{\beta}_i, \boldsymbol{\beta}_j) = \boldsymbol{T}_i{}'\boldsymbol{A}\boldsymbol{T}_j = \mathrm{ent}_{ij}(\boldsymbol{T}'\boldsymbol{A}\boldsymbol{T}).$$

故$\boldsymbol{V}$ 对于 $\boldsymbol{\beta}_1, \boldsymbol{\beta}_2, \cdots, \boldsymbol{\beta}_n$ 的度量矩阵 $\boldsymbol{B} = \boldsymbol{T}'\boldsymbol{A}\boldsymbol{T}$.

定义 7.2.3 设 $\boldsymbol{\alpha}_1, \boldsymbol{\alpha}_2, \cdots, \boldsymbol{\alpha}_k$ 为 Euclid 空间 $\boldsymbol{V}$ 中非零向量组 (即 $\boldsymbol{\alpha}_i \neq 0$, $1 \leqslant i \leqslant k$). 若 $i \neq j$ 时, $(\boldsymbol{\alpha}_i, \boldsymbol{\alpha}_j) = 0$, 则称 $\boldsymbol{\alpha}_1, \boldsymbol{\alpha}_2, \cdots, \boldsymbol{\alpha}_k$ 为**正交向量组**.

引理 7.2.1 设 $\boldsymbol{\alpha}_1, \boldsymbol{\alpha}_2, \cdots, \boldsymbol{\alpha}_k$ 为 Euclid 空间 $\boldsymbol{V}$ 的正交向量组, 则 $\boldsymbol{\alpha}_1, \boldsymbol{\alpha}_2, \cdots, \boldsymbol{\alpha}_k$ 线性无关, 因而 $k \leqslant \dim \boldsymbol{V}$.

证　若 $\sum\limits_{j=1}^{k} x_j\boldsymbol{\alpha}_j = 0$, 则

$$\left(\boldsymbol{\alpha}_i,\ \sum_{j=1}^{k} x_j\boldsymbol{\alpha}_j\right) = \sum_{j=1}^{k} x_j(\boldsymbol{\alpha}_i,\ \boldsymbol{\alpha}_j) = x_i(\boldsymbol{\alpha}_i,\ \boldsymbol{\alpha}_i) = 0,$$

于是

$$x_i = 0,\quad i = 1,\ 2,\ \cdots,\ k.$$

因而 $\boldsymbol{\alpha}_1,\ \boldsymbol{\alpha}_2,\ \cdots,\ \boldsymbol{\alpha}_k$ 线性无关, $k \leqslant \dim\boldsymbol{V}$.

这个引理用于平面与立体几何就得到平面上不存在三个非零向量两两垂直; 空间不存在四个非零向量两两垂直.

定义 7.2.4　n 维 Euclid 空间 $\boldsymbol{V}$ 中由 n 个向量组成的正交向量组称为 $\boldsymbol{V}$ 的**正交基**, 又若正交基中每个向量都是单位向量, 则称为**标准正交基**.

也就是说, $\boldsymbol{\alpha}_1,\ \boldsymbol{\alpha}_2,\ \cdots,\ \boldsymbol{\alpha}_n$ 为正交基, 若

$$(\boldsymbol{\alpha}_i,\ \boldsymbol{\alpha}_j) = \delta_{ij}(\boldsymbol{\alpha}_i,\ \boldsymbol{\alpha}_i),\ \ (\boldsymbol{\alpha}_i,\ \boldsymbol{\alpha}_i) \neq 0.$$

$\boldsymbol{\varepsilon}_1,\ \boldsymbol{\varepsilon}_2,\ \cdots,\ \boldsymbol{\varepsilon}_n$ 为标准正交基, 若

$$(\boldsymbol{\varepsilon}_i,\ \boldsymbol{\varepsilon}_j) = \delta_{ij},\ \ 1 \leqslant i,\ j \leqslant n.$$

正交基与标准正交基有以下性质.

1.　$\boldsymbol{V}$ 对于正交基 $\boldsymbol{\alpha}_1,\ \boldsymbol{\alpha}_2,\ \cdots,\ \boldsymbol{\alpha}_n$ 的度量矩阵为对角矩阵

$$\mathrm{diag}(d_1,\ d_2,\ \cdots,\ d_n),\quad d_i = (\boldsymbol{\alpha}_i,\ \boldsymbol{\alpha}_i) > 0.$$

2.　$\boldsymbol{\alpha}_1,\ \boldsymbol{\alpha}_2,\ \cdots,\ \boldsymbol{\alpha}_n$ 为正交基, 则

$$\frac{1}{|\boldsymbol{\alpha}_1|}\boldsymbol{\alpha}_1,\ \frac{1}{|\boldsymbol{\alpha}_2|}\boldsymbol{\alpha}_2,\ \cdots,\ \frac{1}{|\boldsymbol{\alpha}_n|}\boldsymbol{\alpha}_n$$

为标准正交基.

3.　$\boldsymbol{V}$ 对标准正交基 $\boldsymbol{\varepsilon}_1,\ \boldsymbol{\varepsilon}_2,\ \cdots,\ \boldsymbol{\varepsilon}_n$ 的度量矩阵为 $\boldsymbol{I}_n$. 又若 $\mathrm{crd}(\boldsymbol{\alpha};\ \boldsymbol{\varepsilon}_1,\ \boldsymbol{\varepsilon}_2,\ \cdots,\ \boldsymbol{\varepsilon}_n) = \boldsymbol{X}$, $\mathrm{crd}(\boldsymbol{\beta};\ \boldsymbol{\varepsilon}_1,\ \boldsymbol{\varepsilon}_2,\ \cdots,\ \boldsymbol{\varepsilon}_n) = \boldsymbol{Y}$, 则 $(\boldsymbol{\alpha},\ \boldsymbol{\beta}) = \boldsymbol{X}'\boldsymbol{Y}$.

4.　$\boldsymbol{\varepsilon}_1,\ \boldsymbol{\varepsilon}_2,\ \cdots,\ \boldsymbol{\varepsilon}_n$ 为标准正交基, $\boldsymbol{\alpha} \in \boldsymbol{V}$, 则

$$\boldsymbol{\alpha} = \sum_{i=1}^{n} (\boldsymbol{\alpha},\ \boldsymbol{\varepsilon}_i)\boldsymbol{\varepsilon}_i,$$

即

$$\operatorname{crd}(\boldsymbol{\alpha};\ \boldsymbol{\varepsilon}_1,\ \boldsymbol{\varepsilon}_2,\ \cdots,\ \boldsymbol{\varepsilon}_n)=\begin{pmatrix}(\boldsymbol{\alpha},\ \boldsymbol{\varepsilon}_1)\\(\boldsymbol{\alpha},\ \boldsymbol{\varepsilon}_2)\\\vdots\\(\boldsymbol{\alpha},\ \boldsymbol{\varepsilon}_n)\end{pmatrix}.$$

事实上, 若 $\boldsymbol{\alpha}=\sum\limits_{i=1}^{n}x_i\boldsymbol{\varepsilon}_i$, 则

$$(\boldsymbol{\alpha},\boldsymbol{\varepsilon}_i)=\left(\sum_{j=1}^{n}x_j\boldsymbol{\varepsilon}_j,\ \boldsymbol{\varepsilon}_i\right)=\sum_{j=1}^{n}x_i\delta_{ij}=x_i.$$

上面性质 3 与性质 4 说明标准正交基下, 内积运算与求向量的坐标运算都很简单了, 因而一个自然的课题是寻找标准正交基.

定理 7.2.2 设 $\boldsymbol{V}$ 为 Euclid 空间, $\boldsymbol{\alpha}_1,\ \boldsymbol{\alpha}_2,\ \cdots,\ \boldsymbol{\alpha}_n$ 是一组基. 则在 $\boldsymbol{V}$ 中有标准正交基 $\boldsymbol{\varepsilon}_1,\ \boldsymbol{\varepsilon}_2,\ \cdots,\ \boldsymbol{\varepsilon}_n$ 使得

$$L(\boldsymbol{\alpha}_1,\boldsymbol{\alpha}_2,\cdots,\boldsymbol{\alpha}_k)=L(\boldsymbol{\varepsilon}_1,\boldsymbol{\varepsilon}_2,\cdots,\boldsymbol{\varepsilon}_k),\ 1\leqslant k\leqslant n.$$

证 可以用递推的方法逐一找出 $\boldsymbol{\varepsilon}_1,\ \boldsymbol{\varepsilon}_2,\ \cdots$.

令 $\boldsymbol{\varepsilon}_1=\dfrac{1}{|\boldsymbol{\alpha}_1|}\boldsymbol{\alpha}_1$, 显然 $L(\boldsymbol{\varepsilon}_1)=L(\boldsymbol{\alpha}_1)$.

注意到

$$\frac{(\boldsymbol{\alpha}_2,\ \boldsymbol{\alpha}_1)}{(\boldsymbol{\alpha}_1,\ \boldsymbol{\alpha}_1)}\boldsymbol{\alpha}_1=(\boldsymbol{\alpha}_2,\ \boldsymbol{\varepsilon}_1)\boldsymbol{\varepsilon}_1$$

是 $\boldsymbol{\alpha}_2$ 在 $\boldsymbol{\alpha}_1$ 或 $\boldsymbol{\varepsilon}_1$ 上的投影, 故再令

$$\begin{aligned}\boldsymbol{\varepsilon}_2{}'&=\boldsymbol{\alpha}_2-\frac{(\boldsymbol{\alpha}_2,\ \boldsymbol{\alpha}_1)}{(\boldsymbol{\alpha}_1,\ \boldsymbol{\alpha}_1)}\boldsymbol{\alpha}_1=\boldsymbol{\alpha}_2-(\boldsymbol{\alpha}_2,\ \boldsymbol{\varepsilon}_1)\boldsymbol{\varepsilon}_1,\\\boldsymbol{\varepsilon}_2&=\frac{1}{|\boldsymbol{\varepsilon}_2{}'|}\boldsymbol{\varepsilon}_2{}'.\end{aligned}$$

显然, $L(\boldsymbol{\varepsilon}_1,\ \boldsymbol{\varepsilon}_2)=L(\boldsymbol{\alpha}_1,\ \boldsymbol{\alpha}_2)$, 且

$$\begin{aligned}(\boldsymbol{\varepsilon}_1,\ \boldsymbol{\varepsilon}_2)&=\frac{1}{|\boldsymbol{\varepsilon}_2'|}(\boldsymbol{\varepsilon}_1,\ \boldsymbol{\alpha}_2-(\boldsymbol{\alpha}_2,\ \boldsymbol{\varepsilon}_1)\boldsymbol{\varepsilon}_1)\\&=\frac{1}{|\boldsymbol{\varepsilon}_2'|}((\boldsymbol{\varepsilon}_1,\ \boldsymbol{\alpha}_2)-(\boldsymbol{\alpha}_2,\ \boldsymbol{\varepsilon}_1)(\boldsymbol{\varepsilon}_1,\ \boldsymbol{\varepsilon}_1))\\&=0.\end{aligned}$$

设 $\boldsymbol{\varepsilon}_1,\ \boldsymbol{\varepsilon}_2,\ \cdots,\ \boldsymbol{\varepsilon}_k$ 已求出, 且

$$(\boldsymbol{\varepsilon}_i,\ \boldsymbol{\varepsilon}_j)=\delta_{ij},\ \ 1\leqslant i,\ j\leqslant k,$$

$$L(\boldsymbol{\alpha}_1, \boldsymbol{\alpha}_2, \cdots, \boldsymbol{\alpha}_k) = L(\boldsymbol{\varepsilon}_1, \boldsymbol{\varepsilon}_2, \cdots, \boldsymbol{\varepsilon}_k).$$

取

$$\begin{aligned}
\boldsymbol{\varepsilon}'_{k+1} &= \boldsymbol{\alpha}_{k+1} - (\boldsymbol{\alpha}_{k+1}, \boldsymbol{\varepsilon}_1)\boldsymbol{\varepsilon}_1 - (\boldsymbol{\alpha}_{k+1}, \boldsymbol{\varepsilon}_2)\boldsymbol{\varepsilon}_2 - \cdots - (\boldsymbol{\alpha}_{k+1}, \boldsymbol{\varepsilon}_k)\boldsymbol{\varepsilon}_k, \\
\boldsymbol{\varepsilon}_{k+1} &= \frac{1}{|\boldsymbol{\varepsilon}'_{k+1}|}\boldsymbol{\varepsilon}'_{k+1},
\end{aligned}$$

于是

$$\begin{aligned}
&L(\boldsymbol{\alpha}_1, \boldsymbol{\alpha}_2, \cdots, \boldsymbol{\alpha}_k, \boldsymbol{\alpha}_{k+1}) \\
=&L(\boldsymbol{\varepsilon}_1, \boldsymbol{\varepsilon}_2, \cdots, \boldsymbol{\varepsilon}_k, \boldsymbol{\varepsilon}'_{k+1}) = L(\boldsymbol{\varepsilon}_1, \boldsymbol{\varepsilon}_2, \cdots, \boldsymbol{\varepsilon}_k, \boldsymbol{\varepsilon}_{k+1}),
\end{aligned}$$

且 $i \leqslant k$ 时,

$$\begin{aligned}
&(\boldsymbol{\varepsilon}_i, \boldsymbol{\varepsilon}_{k+1}) \\
=&\frac{1}{|\boldsymbol{\varepsilon}'_{k+1}|}(\boldsymbol{\varepsilon}_i, \boldsymbol{\varepsilon}'_{k+1}) = \frac{1}{|\boldsymbol{\varepsilon}'_{k+1}|}\left((\boldsymbol{\varepsilon}_i, \boldsymbol{\alpha}_{k+1}) - \sum_{j=1}^{k}(\boldsymbol{\alpha}_{k+1}, \boldsymbol{\varepsilon}_j)(\boldsymbol{\varepsilon}_i, \boldsymbol{\varepsilon}_j)\right) \\
=&0.
\end{aligned}$$

因而

$$(\boldsymbol{\varepsilon}_i, \boldsymbol{\varepsilon}_j) = \delta_{ij}, \quad 1 \leqslant i, j \leqslant k+1.$$

由此可逐步求出标准正交基 $\boldsymbol{\varepsilon}_1, \boldsymbol{\varepsilon}_2, \cdots, \boldsymbol{\varepsilon}_n$.

这个定理不仅证明了标准正交基的存在, 而且给出了从任意一组基出发求出标准正交基的方法, 这种方法叫做**Schmidt 正交化方法**.

推论 1 若 $\boldsymbol{\alpha}_1, \boldsymbol{\alpha}_2, \cdots, \boldsymbol{\alpha}_k$ 是 Euclid 空间 $\boldsymbol{V}$ 的正交向量组, 则 $\boldsymbol{\alpha}_1, \boldsymbol{\alpha}_2, \cdots, \boldsymbol{\alpha}_k$ 可扩充为 $\boldsymbol{V}$ 的正交基 $\boldsymbol{\alpha}_1, \boldsymbol{\alpha}_2, \cdots, \boldsymbol{\alpha}_k, \boldsymbol{\alpha}_{k+1}, \cdots, \boldsymbol{\alpha}_n$.

证 由于 $\boldsymbol{\alpha}_1, \boldsymbol{\alpha}_2, \cdots, \boldsymbol{\alpha}_k$ 线性无关, 故可扩充为 $\boldsymbol{V}$ 的基 $\boldsymbol{\alpha}_1, \boldsymbol{\alpha}_2, \cdots, \boldsymbol{\alpha}_k, \boldsymbol{\beta}_{k+1}, \cdots, \boldsymbol{\beta}_n$. 用定理 7.2.2 中的证明方法, 令

$$\boldsymbol{\alpha}_{k+1} = \boldsymbol{\beta}_{k+1} - \sum_{j=1}^{k}\frac{(\boldsymbol{\beta}_{k+1}, \boldsymbol{\alpha}_j)}{(\boldsymbol{\alpha}_j, \boldsymbol{\alpha}_j)}\boldsymbol{\alpha}_j,$$

一般的

$$\boldsymbol{\alpha}_{k+i} = \boldsymbol{\beta}_{k+i} - \sum_{j=1}^{k+i-1}\frac{(\boldsymbol{\beta}_{k+i}, \boldsymbol{\alpha}_j)}{(\boldsymbol{\alpha}_j, \boldsymbol{\alpha}_j)}\boldsymbol{\alpha}_j.$$

则 $\boldsymbol{\alpha}_1, \boldsymbol{\alpha}_2, \cdots, \boldsymbol{\alpha}_k, \boldsymbol{\alpha}_{k+1}, \cdots, \boldsymbol{\alpha}_n$ 为 $\boldsymbol{V}$ 的正交基.

推论 2 设 $\boldsymbol{A}$ 是对于基 $\boldsymbol{\alpha}_1,\ \boldsymbol{\alpha}_2,\ \cdots,\ \boldsymbol{\alpha}_n$ 的度量矩阵, 则有可逆上三角矩阵 $\boldsymbol{T}$ 使得 $\boldsymbol{T}'\boldsymbol{A}\boldsymbol{T}=\boldsymbol{I}_n$.

证 由 Schmidt 正交化方法求得标准正交基 $\boldsymbol{\varepsilon}_1, \boldsymbol{\varepsilon}_2, \cdots, \boldsymbol{\varepsilon}_n$, 满足

$$L(\boldsymbol{\varepsilon}_1,\ \boldsymbol{\varepsilon}_2,\ \cdots,\ \boldsymbol{\varepsilon}_k)=L(\boldsymbol{\alpha}_1,\ \boldsymbol{\alpha}_2,\ \cdots,\ \boldsymbol{\alpha}_k),\ 1\leqslant k\leqslant n.$$

设 $T\begin{pmatrix}\boldsymbol{\alpha}_1\,\boldsymbol{\alpha}_2\,\cdots\,\boldsymbol{\alpha}_n\\ \boldsymbol{\varepsilon}_1\,\boldsymbol{\varepsilon}_2\,\cdots\,\boldsymbol{\varepsilon}_n\end{pmatrix}=\boldsymbol{T}$. 由 $\boldsymbol{\varepsilon}_k$ 被 $\boldsymbol{\alpha}_1,\ \boldsymbol{\alpha}_2,\ \cdots,\ \boldsymbol{\alpha}_k$ 线性表出, 故当 $i>j$ 时

$$\mathrm{ent}_{i\,j}\boldsymbol{T}=0.$$

即$\boldsymbol{T}$ 为上三角矩阵. 由定理 7.2.1 的结论 3) 知 $\boldsymbol{T}'\boldsymbol{A}\boldsymbol{T}=\boldsymbol{I}_n$.

在实际求标准正交基时, 通常由推论 1 先正交化, 即求正交基, 然后单位化, 即可求出标准正交基.

例 7.4 对 $\mathbf{R}^4$ 作通常内积. 将基 $\boldsymbol{\alpha}_1=(1,\ 1,\ 0,\ 0)$, $\boldsymbol{\alpha}_2=(1,\ 0,\ 1,\ 0)$, $\boldsymbol{\alpha}_3=(-1,\ 0,\ 0,\ 1)$, $\boldsymbol{\alpha}_4=(1,\ -1,\ -1,\ 1)$ 变成标准正交基.

解 先正交化:

$$\begin{aligned}
\boldsymbol{\beta}_1&=\boldsymbol{\alpha}_1=(1,\ 1,\ 0,\ 0),\\
\boldsymbol{\beta}_2&=\boldsymbol{\alpha}_2-\frac{(\boldsymbol{\alpha}_2,\ \boldsymbol{\beta}_1)}{(\boldsymbol{\beta}_1,\ \boldsymbol{\beta}_1)}\boldsymbol{\beta}_1=(1,\ 0,\ 1,\ 0)-\frac{1}{2}(1,\ 1,\ 0,\ 0)\\
&=\left(\frac{1}{2},\ -\frac{1}{2},\ 1,\ 0\right),\\
\boldsymbol{\beta}_3&=\boldsymbol{\alpha}_3-\frac{(\boldsymbol{\alpha}_3,\ \boldsymbol{\beta}_1)}{(\boldsymbol{\beta}_1,\ \boldsymbol{\beta}_1)}\boldsymbol{\beta}_1-\frac{(\boldsymbol{\alpha}_3,\ \boldsymbol{\beta}_2)}{(\boldsymbol{\beta}_2,\ \boldsymbol{\beta}_2)}\boldsymbol{\beta}_2\\
&=(-1,\ 0,\ 0,\ 1)+\frac{1}{2}(1,\ 1,\ 0,\ 0)+\frac{1}{3}\left(-\frac{1}{2},\ -\frac{1}{2},\ 1,\ 0\right)\\
&=\left(-\frac{1}{3},\ \frac{1}{3},\ \frac{1}{3},\ 1\right),\\
\boldsymbol{\beta}_4&=\boldsymbol{\alpha}_4-\frac{(\boldsymbol{\alpha}_4,\ \boldsymbol{\beta}_1)}{(\boldsymbol{\beta}_1,\ \boldsymbol{\beta}_1)}\boldsymbol{\beta}_1-\frac{(\boldsymbol{\alpha}_4,\ \boldsymbol{\beta}_2)}{(\boldsymbol{\beta}_2,\ \boldsymbol{\beta}_2)}\boldsymbol{\beta}_2-\frac{(\boldsymbol{\alpha}_4,\ \boldsymbol{\beta}_3)}{(\boldsymbol{\beta}_3,\ \boldsymbol{\beta}_3)}\boldsymbol{\beta}_3\\
&=(1,\ -1,\ -1,\ 1).
\end{aligned}$$

再单位化, 得出标准正交基如下:

$$\begin{aligned}
\boldsymbol{\varepsilon}_1&=\left(\frac{1}{\sqrt{2}},\ \frac{1}{\sqrt{2}},\ 0,\ 0\right),\\
\boldsymbol{\varepsilon}_2&=\left(\frac{1}{\sqrt{6}},\ \frac{-1}{\sqrt{6}},\ \frac{2}{\sqrt{6}},\ 0\right),\\
\boldsymbol{\varepsilon}_3&=\left(\frac{-1}{\sqrt{12}},\ \frac{1}{\sqrt{12}},\ \frac{1}{\sqrt{12}},\ \frac{3}{\sqrt{12}}\right),
\end{aligned}$$

$$\varepsilon_4 = \left(\frac{1}{2},\ -\frac{1}{2},\ -\frac{1}{2},\ \frac{1}{2}\right).$$

最后, 讨论标准正交基之间的关系.

定理 7.2.3　设 $\varepsilon_1,\ \varepsilon_2,\ \cdots,\ \varepsilon_n$ 为 Euclid 空间 $\boldsymbol{V}$ 的标准正交基. $\boldsymbol{\alpha}_1,\ \boldsymbol{\alpha}_2,\ \cdots,\ \boldsymbol{\alpha}_n$ 为 $\boldsymbol{V}$ 的一组基. 则 $\boldsymbol{\alpha}_1,\ \boldsymbol{\alpha}_2,\ \cdots,\ \boldsymbol{\alpha}_n$ 为标准正交基当且仅当从 $\varepsilon_1,\ \varepsilon_2,\ \cdots,\ \varepsilon_n$ 到 $\boldsymbol{\alpha}_1,\ \boldsymbol{\alpha}_2,\ \cdots,\ \boldsymbol{\alpha}_n$ 的过渡矩阵 $\boldsymbol{T}$ 为正交矩阵.

证　由于 $\varepsilon_1,\ \varepsilon_2,\ \cdots,\ \varepsilon_n$ 为标准正交基, 故对 $\varepsilon_1,\ \varepsilon_2,\cdots,\ \varepsilon_n$ 的度量矩阵为 $\boldsymbol{I}_n$. 由定理 7.2.1 知对 $\boldsymbol{\alpha}_1,\ \boldsymbol{\alpha}_2,\cdots,\ \boldsymbol{\alpha}_n$ 的度量矩阵为 $\boldsymbol{T}'\boldsymbol{I}_n\boldsymbol{T}=\boldsymbol{T}'\boldsymbol{T}$. 因而 $\boldsymbol{\alpha}_1,\ \boldsymbol{\alpha}_2,\cdots,\ \boldsymbol{\alpha}_n$ 为标准正交基当且仅当 $\boldsymbol{T}'\boldsymbol{T}=\boldsymbol{I}_n$, 即$\boldsymbol{T}$ 为正交矩阵.

推论　设 $\boldsymbol{T}\in\mathbf{R}^{n\times n}$, 则$\boldsymbol{T}$ 为正交矩阵当且仅当 $\mathrm{row}_1\boldsymbol{T},\ \mathrm{row}_2\boldsymbol{T},\cdots,\ \mathrm{row}_n\boldsymbol{T}$ 为 $\mathbf{R}^{1\times n}$ 的标准正交基 (对于通常的内积); 当且仅当 $\mathrm{col}_1\boldsymbol{T},\ \mathrm{col}_2\boldsymbol{T},\cdots,\ \mathrm{col}_n\boldsymbol{T}$ 为 $\mathbf{R}^{n\times 1}$ 的标准正交基 (对于通常的内积).

事实上, 由 $\boldsymbol{T}'\boldsymbol{T}=\boldsymbol{T}\boldsymbol{T}'=\boldsymbol{I}_n$ 当且仅当

$$(\mathrm{row}_i\boldsymbol{T})(\mathrm{row}_j\boldsymbol{T})'=(\mathrm{col}_i\boldsymbol{T})'(\mathrm{col}_j\boldsymbol{T})=\delta_{ij}.$$

故推论成立.

例 7.5　$\boldsymbol{A}=\begin{pmatrix}\cos\alpha & -\sin\alpha\\ \sin\alpha & \cos\alpha\end{pmatrix}$ 为 2 阶正交矩阵.

满足下面条件的$\boldsymbol{B}$

$$\mathrm{col}_1\boldsymbol{B}=\begin{pmatrix}\cos\varphi_1\cos\varphi_2-\cos\theta\sin\varphi_1\sin\varphi_2\\ \sin\varphi_1\cos\varphi_2+\cos\theta\cos\varphi_1\sin\varphi_2\\ \sin\varphi_2\sin\theta\end{pmatrix},$$

$$\mathrm{col}_2\boldsymbol{B}=\begin{pmatrix}-\cos\varphi_1\sin\varphi_2-\cos\theta\sin\varphi_1\cos\varphi_2\\ -\sin\varphi_1\sin\varphi_2+\cos\theta\cos\varphi_1\cos\varphi_2\\ \cos\varphi_2\sin\theta\end{pmatrix},$$

$$\mathrm{col}_3\boldsymbol{B}=\begin{pmatrix}\sin\varphi_1\sin\theta\\ -\cos\varphi_1\sin\theta\\ \cos\theta\end{pmatrix}$$

为 3 阶正交矩阵.

习　　题

1. 设 $\boldsymbol{A}=(a_{ij})\in\mathbf{R}^{n\times n}$ 为正定矩阵, 而 $\boldsymbol{\alpha}=(x_1,\ x_2,\ \cdots,\ x_n)$, $\boldsymbol{\beta}=(y_1,\ y_2,\ \cdots,\ y_n)\in\mathbf{R}^{1\times n}=\mathbf{R}^n$. 在 $\mathbf{R}^n$ 中定义二元函数$(\boldsymbol{\alpha},\ \boldsymbol{\beta})=\boldsymbol{\alpha}\boldsymbol{A}\boldsymbol{\beta}'$.

1) 试证$(\boldsymbol{\alpha}, \boldsymbol{\beta})$ 为内积, $\mathbf{R}^n$ 为 Euclid 空间.

2) 求对于基 $\boldsymbol{\varepsilon}_1=(1, 0, \cdots, 0)$, $\boldsymbol{\varepsilon}_2=(0, 1, \cdots, 0)$, $\cdots$, $\boldsymbol{\varepsilon}_n=(0, \cdots, 0, 1)$ 的度量矩阵.

3) 写出对此内积的 Cauchy–Буняковский不等式.

2. 设 $\boldsymbol{V}$ 是 $\mathbf{R}$ 上 n 维线性空间, $\boldsymbol{\alpha}_1, \boldsymbol{\alpha}_2, \cdots, \boldsymbol{\alpha}_n$ 为基. 又 $\boldsymbol{A}\in\mathbf{R}^{n\times n}$ 为正定矩阵. 试证可在 $\boldsymbol{V}$ 中定义内积使 $\boldsymbol{V}$ 是 Euclid 空间, 而且对于 $\boldsymbol{\alpha}_1, \boldsymbol{\alpha}_2, \cdots, \boldsymbol{\alpha}_n$ 的度量矩阵为 $\boldsymbol{A}$.

3. 证明下面矩阵是正定矩阵:

1) $\begin{pmatrix} 2 & -3 \\ -3 & 6 \end{pmatrix}$; 2) $\begin{pmatrix} 1 & -\frac{1}{2} & 0 & 0 \\ -\frac{1}{2} & 1 & -1 & 0 \\ 0 & -1 & 2 & -1 \\ 0 & 0 & -1 & 2 \end{pmatrix}$;

3) $$\begin{pmatrix} 2 & -1 & 0 & \cdots & 0 \\ -1 & 2 & -1 & \ddots & \vdots \\ 0 & \ddots & \ddots & \ddots & 0 \\ \vdots & \ddots & -1 & 2 & -1 \\ 0 & \cdots & 0 & -1 & 2 \end{pmatrix}.$$

4. $\boldsymbol{A}\in\mathbf{R}^{n\times n}$. 试证$\boldsymbol{A}$ 为正定矩阵当且仅当存在可逆矩阵 $\boldsymbol{C}\in\mathbf{R}^{n\times n}$ 使得 $\boldsymbol{A}=\boldsymbol{C}'\boldsymbol{C}$.

5. 设 $\boldsymbol{A}$ 为正定矩阵, 试证 $\det\boldsymbol{A}>0$.

6. 设 $\boldsymbol{\varepsilon}_1, \boldsymbol{\varepsilon}_2, \boldsymbol{\varepsilon}_3$ 为 3 维 Euclid 空间 $\boldsymbol{V}$ 的标准正交基. 试证 $\boldsymbol{\alpha}_1=\frac{1}{3}(2\boldsymbol{\varepsilon}_1+2\boldsymbol{\varepsilon}_2-\boldsymbol{\varepsilon}_3)$, $\boldsymbol{\alpha}_2=\frac{1}{3}(2\boldsymbol{\varepsilon}_1-\boldsymbol{\varepsilon}_2+2\boldsymbol{\varepsilon}_3)$, $\boldsymbol{\alpha}_3=\frac{1}{3}(\boldsymbol{\varepsilon}_1-2\boldsymbol{\varepsilon}_2-2\boldsymbol{\varepsilon}_3)$ 也是标准正交基.

7. 在 $\mathbf{R}[x]_4$ 中定义内积

$$(f(x), g(x))=\int_{-1}^{1} f(x)g(x)\mathrm{d}x.$$

从 $1, x, x^2, x^3$ 用 Schmidt 正交化方法求出 $\mathbf{R}[x]_4$ 的一组标准正交基.

8. 证明上三角矩阵为正交矩阵当且仅当它为对角线上元素为 1 或 -1 的对角矩阵.

9. 设 $\boldsymbol{A}\in\mathbf{R}^{n\times n}$, 且 $\det\boldsymbol{A}\neq 0$. 试证存在正交矩阵 $\boldsymbol{Q}$ 与上三角矩阵 $\boldsymbol{T}$, 且 $\mathrm{ent}_{ii}\boldsymbol{T}>0$, 使得$\boldsymbol{A}=\boldsymbol{Q}\boldsymbol{T}$, 且 $\boldsymbol{Q}, \boldsymbol{T}$ 是唯一的.

10. 设 $\boldsymbol{A}\in\mathbf{R}^{n\times n}$ 为正定矩阵. 证明存在上三角矩阵 $\boldsymbol{T}$, 使 $\boldsymbol{A}=\boldsymbol{T}'\boldsymbol{T}$.

11. 试证 $1, \cos x, \sin x, \cdots, \cos nx, \sin nx, \cdots$ 是 Euclid 空间 $\boldsymbol{C}([0, 2\pi])$ 的正交向量组, 并将它们单位化.

7.3 Euclid 空间的同构

本节讨论 Euclid 空间的同构及 Euclid 空间的分类.

定义 7.3.1 设 $\boldsymbol{V}$ 与 $\boldsymbol{V}'$ 都是 Euclid 空间, σ 是$\boldsymbol{V}$ 到 $\boldsymbol{V}'$ 的线性同构映射, 且

$$(\sigma(\boldsymbol{\alpha}),\ \sigma(\boldsymbol{\beta}))=(\boldsymbol{\alpha},\ \boldsymbol{\beta}),\ \ \forall \boldsymbol{\alpha},\ \boldsymbol{\beta}\in \boldsymbol{V},$$

则称 σ 是$\boldsymbol{V}$ 到 $\boldsymbol{V}'$ 的**同构映射**, 并称$\boldsymbol{V}$ 与 $\boldsymbol{V}'$ **同构**.

Euclid 空间之间同构有以下性质.

1. 自反性. $\boldsymbol{V}$ 与 $\boldsymbol{V}$ 同构.

只要取 $\sigma=\mathrm{id}$ 即可.

2. 对称性. 若$\boldsymbol{V}$ 与 $\boldsymbol{V}'$ 同构, 则 $\boldsymbol{V}'$ 与 $\boldsymbol{V}$ 也同构.

设 σ 为 $\boldsymbol{V}$ 到 $\boldsymbol{V}'$ 的同构映射, 则 σ^{-1} 为 $\boldsymbol{V}'$ 到 $\boldsymbol{V}$ 的线性同构映射, 且 $\forall \sigma(\boldsymbol{\alpha}),\ \sigma(\boldsymbol{\beta})\in \boldsymbol{V}'$, 有

$$(\sigma^{-1}(\sigma(\boldsymbol{\alpha})),\ \sigma^{-1}(\sigma(\boldsymbol{\beta})))=(\boldsymbol{\alpha},\ \boldsymbol{\beta})=(\sigma(\boldsymbol{\alpha}),\ \sigma(\boldsymbol{\beta})).$$

因此, σ^{-1} 是$\boldsymbol{V}'$ 到 $\boldsymbol{V}$ 的同构映射.

3. 传递性. 若$\boldsymbol{V}$ 与 $\boldsymbol{V}'$ 同构, $\boldsymbol{V}'$ 与 $\boldsymbol{V}''$ 同构, 则 $\boldsymbol{V}$ 与 $\boldsymbol{V}''$ 同构.

设 $\sigma,\ \tau$ 分别为 $\boldsymbol{V}$ 到 $\boldsymbol{V}'$, $\boldsymbol{V}'$ 到 $\boldsymbol{V}''$ 的同构映射. 于是 $\tau\sigma$ 为 $\boldsymbol{V}$ 到 $\boldsymbol{V}''$ 的线性同构映射, 而且 $\forall \boldsymbol{\alpha},\ \boldsymbol{\beta}\in \boldsymbol{V}$ 有

$$(\tau\sigma(\boldsymbol{\alpha}),\ \tau\sigma(\boldsymbol{\beta}))=(\sigma(\boldsymbol{\alpha}),\ \sigma(\boldsymbol{\beta}))=(\boldsymbol{\alpha},\ \boldsymbol{\beta}).$$

因而 $\tau\sigma$ 是$\boldsymbol{V}$ 到 $\boldsymbol{V}''$ 的同构映射.

从上面三个性质, 可以将 Euclid 空间按同构关系分类, 每类可选取一个有代表性的 Euclid 空间.

定理 7.3.1 设 $\boldsymbol{V}$ 与 $\boldsymbol{V}'$ 是两个有限维 Euclid 空间, 则$\boldsymbol{V}$ 与 $\boldsymbol{V}'$ 同构的充分必要条件是

$$\dim \boldsymbol{V}=\dim \boldsymbol{V}'.$$

特别地, 任何 n 维 Euclid 空间都与 $\mathbf{R}^n$ (按通常的内积) 同构.

证 若$\boldsymbol{V}$ 与 $\boldsymbol{V}'$ 同构, σ 为同构映射, 则 σ 也是线性空间的同构映射. 故 $\dim \boldsymbol{V}=\dim \boldsymbol{V}'$.

反之, 设 $\dim \boldsymbol{V}=\dim \boldsymbol{V}'$. 在 $\boldsymbol{V}$, $\boldsymbol{V}'$ 中各取一组标准正交基 $\boldsymbol{\alpha}_1,\ \boldsymbol{\alpha}_2,\ \cdots,\ \boldsymbol{\alpha}_n$ 与 $\boldsymbol{\alpha}_1{}',\ \boldsymbol{\alpha}_2{}',\ \cdots,\ \boldsymbol{\alpha}_n{}'$, 于是存在 $\boldsymbol{V}$ 到 $\boldsymbol{V}'$的线性同构映射 σ, 使得

$$\sigma\left(\sum_{i=1}^{n}x_i\boldsymbol{\alpha}_i\right)=\sum_{i=1}^{n}x_i\boldsymbol{\alpha}_i{}'.$$

因而由

$$\left(\sum_{i=1}^{n} x_i\boldsymbol{\alpha}_i,\ \sum_{j=1}^{n} y_j\boldsymbol{\alpha}_j\right)=\sum_{i=1}^{n} x_i y_i=\left(\sum_{i=1}^{n} x_i\boldsymbol{\alpha}_i{}',\ \sum_{j=1}^{n} y_j\boldsymbol{\alpha}_j{}'\right),$$

知 σ 是 Euclid 空间 $\boldsymbol{V}$ 到 Euclid 空间 $\boldsymbol{V}'$ 的同构映射.

由于 $\dim \mathbf{R}^n=n$, 故任何 n 维 Euclid 空间与 $\mathbf{R}^n$ 同构.

习　题

1. 在 $\mathbf{R}[x]_4$ 中定义内积为

$$(f(x),\ g(x))=\int_{-1}^{1} f(x)g(x)\mathrm{d}x.$$

求出 $\mathbf{R}[x]_4$ 到 $\mathbf{R}^4$ 的 Euclid 空间同构.

2. 设 $\boldsymbol{V},\ \boldsymbol{V}'$ 均为 n 维 Euclid 空间. $\boldsymbol{\alpha}_1,\ \boldsymbol{\alpha}_2,\ \cdots,\ \boldsymbol{\alpha}_n$ 与 $\boldsymbol{\alpha}_1{}',\ \boldsymbol{\alpha}_2{}',\ \cdots,\ \boldsymbol{\alpha}_n{}'$ 分别为 $\boldsymbol{V},\ \boldsymbol{V}'$ 的基. 试证存在 $\boldsymbol{V}$ 到 $\boldsymbol{V}'$ 的同构映射 σ, 使得

$$\sigma(\boldsymbol{\alpha}_i)=\boldsymbol{\alpha}_i{}',\quad 1\leqslant i\leqslant n,$$

当且仅当$\boldsymbol{V}$对 $\boldsymbol{\alpha}_1,\ \boldsymbol{\alpha}_2,\ \cdots,\ \boldsymbol{\alpha}_n$ 的度量矩阵与$\boldsymbol{V}'$ 对 $\boldsymbol{\alpha}_1{}',\ \boldsymbol{\alpha}_2{}',\ \cdots,\ \boldsymbol{\alpha}_n{}'$ 的度量矩阵相等.

3. 设 $\boldsymbol{V}$ 与 $\boldsymbol{V}'$ 都是 Euclid 空间, 又 σ 是$\boldsymbol{V}$ 到 $\boldsymbol{V}'$ 的满映射, 且

$$(\sigma(\boldsymbol{\alpha}),\ \sigma(\boldsymbol{\beta}))=(\boldsymbol{\alpha},\ \boldsymbol{\beta}),\ \ \forall\boldsymbol{\alpha},\ \boldsymbol{\beta}\in\boldsymbol{V}.$$

试证 σ 是$\boldsymbol{V}$ 到 $\boldsymbol{V}'$ 的同构映射.

4. 设 $\boldsymbol{V},\ \boldsymbol{V}'$ 为 Euclid 空间. σ 是$\boldsymbol{V}$ 到 $\boldsymbol{V}'$ 的满线性映射, 且 $\forall\boldsymbol{\alpha}\in\boldsymbol{V}$, 有

$$(\sigma(\boldsymbol{\alpha}),\ \sigma(\boldsymbol{\alpha}))=(\boldsymbol{\alpha},\ \boldsymbol{\alpha}).$$

试证 σ 是$\boldsymbol{V}$ 到 $\boldsymbol{V}'$ 的同构映射.

7.4 子 空 间

本节讨论 Euclid 空间的子空间的若干性质.

定理 7.4.1 设 $\boldsymbol{W}$ 是 Euclid 空间$\boldsymbol{V}$ 的线性子空间. 将 $\boldsymbol{V}$ 的内积限制在 $\boldsymbol{W}$ 上, 则 $\boldsymbol{W}$ 也是 Euclid 空间.

证 $\forall\boldsymbol{\alpha},\ \boldsymbol{\beta}\in\boldsymbol{W},\ (\boldsymbol{\alpha},\ \boldsymbol{\beta})\in\mathbf{R}$. $(\boldsymbol{\alpha},\ \boldsymbol{\beta})$ 是$\boldsymbol{W}$ 上二元函数, 仍满足对称性, 线性性及正定性. 故 $\boldsymbol{W}$ 为 Euclid 空间.

今后将 Euclid 空间 $\boldsymbol{V}$ 的子空间 $\boldsymbol{W}$ 自然地看成 Euclid 空间, 其内积为 $\boldsymbol{V}$ 的内积的限制.

定义 7.4.1　设 $\boldsymbol{V}_1$, $\boldsymbol{V}_2$ 是 Euclid 空间 $\boldsymbol{V}$ 的两个子空间. 如果 $\forall \boldsymbol{\alpha} \in \boldsymbol{V}_1, \boldsymbol{\beta} \in \boldsymbol{V}_2$, 有 $(\boldsymbol{\alpha}, \boldsymbol{\beta}) = 0$, 则称 $\boldsymbol{V}_1$ 与 $\boldsymbol{V}_2$ 是**正交的**, 记为 $(\boldsymbol{V}_1, \boldsymbol{V}_2) = 0$ 或 $\boldsymbol{V}_1 \perp \boldsymbol{V}_2$.

又若$\boldsymbol{\alpha} \in \boldsymbol{V}$, $\forall \boldsymbol{\beta} \in \boldsymbol{V}_1$ 有 $(\boldsymbol{\alpha}, \boldsymbol{\beta}) = 0$, 则称$\boldsymbol{\alpha}$ 与 $\boldsymbol{V}_1$ **正交**, 记为 $\boldsymbol{\alpha} \perp \boldsymbol{V}_1$ 或 $(\boldsymbol{\alpha}, \boldsymbol{V}_1) = 0$.

例 7.6　在平面取定直角坐标系 OXY, 又 a, b 不全为零. $\boldsymbol{l}_1$: $ax + by = 0$, $\boldsymbol{l}_2$: $bx - ay = 0$. 则 $\boldsymbol{l}_1$, $\boldsymbol{l}_2$ 都是子空间, 且有 $(b, -a) \in \boldsymbol{l}_1$, $(a, b) \in \boldsymbol{l}_2$. 因而

$$\boldsymbol{l}_1 = \{k_1(b, -a) | k_1 \in \mathbf{R}\}, \ \boldsymbol{l}_2 = \{k_2(a, b) | k_2 \in \mathbf{R}\}.$$

显然, $\forall \boldsymbol{\alpha} \in \boldsymbol{l}_1$, $\boldsymbol{\beta} \in \boldsymbol{l}_2$ 有 $(\boldsymbol{\alpha}, \boldsymbol{\beta}) = 0$ 即 $\boldsymbol{l}_1$ 与 $\boldsymbol{l}_2$ 是正交的子空间. 此时, $\langle \boldsymbol{\alpha}, \boldsymbol{\beta} \rangle = \dfrac{\pi}{2}$, 故 $\boldsymbol{l}_1$ 与 $\boldsymbol{l}_2$ 是互相垂直的两条直线. 如图 7.2 所示.

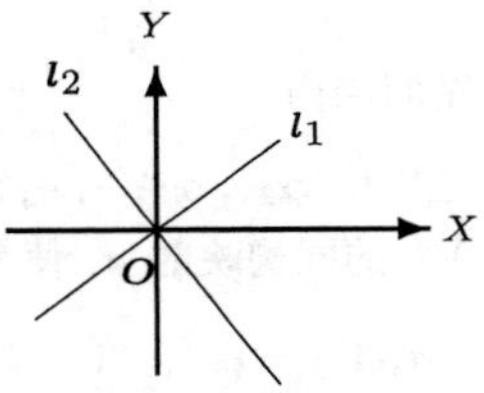

图 7.2

由此可知, 平面直线

$$\boldsymbol{l}'_1 : \ ax + by + c = 0, \quad \boldsymbol{l}'_2 : \ bx - ay + d = 0$$

互相垂直.

例 7.7　在空间取定直角坐标系 $OXYZ$, 又 a, b, c 不全为零.

$$\boldsymbol{\pi} : \ ax + by + cz = 0$$

是 2 维子空间 (平面).

$$\boldsymbol{l} : \ \frac{x}{a} = \frac{y}{b} = \frac{z}{c}$$

是 1 维子空间 (直线). 显然, $\boldsymbol{l} = \{k(a, b, c) | k \in \mathbf{R}\}$. 因而, $\forall \boldsymbol{\alpha} \in \boldsymbol{\pi}$, $\boldsymbol{\beta} \in \boldsymbol{l}$ 有 $(\boldsymbol{\alpha}, \boldsymbol{\beta}) = 0$, 即$\boldsymbol{\pi}$ 与 $\boldsymbol{l}$ 正交. 于是 $\langle \boldsymbol{\alpha}, \boldsymbol{\beta} \rangle = \dfrac{\pi}{2}$, $\boldsymbol{l}$ 为平面 $\boldsymbol{\pi}$ 的垂线. 如图 7.3 所示.

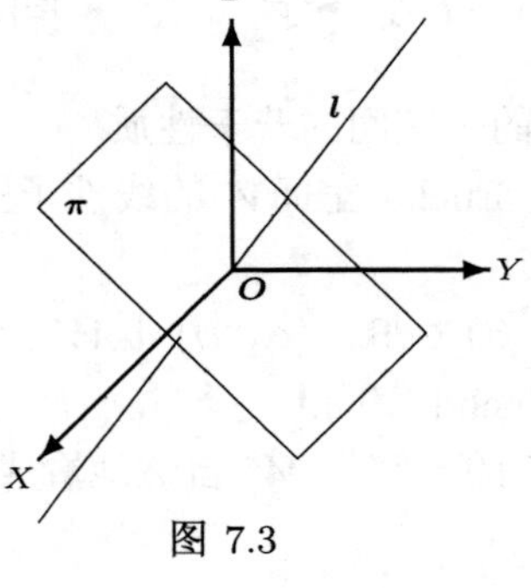

图 7.3

由此可知, 平面

$$\boldsymbol{\pi}': \quad ax+by+cz+d=0$$

与直线

$$\boldsymbol{l}': \quad \frac{x-x_0}{a}=\frac{y-y_0}{b}=\frac{z-z_0}{c}$$

互相垂直.

相互正交的子空间有下面性质.

1. 若 $(\boldsymbol{V}_1, \boldsymbol{V}_2)=0$, $(\boldsymbol{V}_1, \boldsymbol{V}_3)=0$, 则

$$(\boldsymbol{V}_1, \boldsymbol{V}_2+\boldsymbol{V}_3)=0.$$

事实上, $\boldsymbol{\alpha}\in\boldsymbol{V}_1$, $\boldsymbol{\beta}\in\boldsymbol{V}_2+\boldsymbol{V}_3$, 即有 $\boldsymbol{\beta}_2\in\boldsymbol{V}_2$, $\boldsymbol{\beta}_3\in\boldsymbol{V}_3$ 使 $\boldsymbol{\beta}=\boldsymbol{\beta}_2+\boldsymbol{\beta}_3$. 因而 $(\boldsymbol{\alpha}, \boldsymbol{\beta})=(\boldsymbol{\alpha}, \boldsymbol{\beta}_2)+(\boldsymbol{\alpha}, \boldsymbol{\beta}_3)=0$. 故 $(\boldsymbol{V}_1, \boldsymbol{V}_2+\boldsymbol{V}_3)=0$.

2. 若 $(\boldsymbol{V}_1, \boldsymbol{V}_2)=0$, 则 $\boldsymbol{V}_1\cap\boldsymbol{V}_2=\{0\}$.

事实上, 若 $\boldsymbol{\alpha}\in\boldsymbol{V}_1\cap\boldsymbol{V}_2$, 即 $\boldsymbol{\alpha}\in\boldsymbol{V}_1$, $\boldsymbol{\alpha}\in\boldsymbol{V}_2$, 因而$(\boldsymbol{\alpha}, \boldsymbol{\alpha})$=0. 故 $\boldsymbol{\alpha}=0$.

3. 若 $(\boldsymbol{W}, \boldsymbol{W})=0$, 则 $\boldsymbol{W}=\{0\}$.

只要在性质 2 中取 $\boldsymbol{V}_1=\boldsymbol{V}_2=\boldsymbol{W}$ 即可.

定理 7.4.2 设 $\boldsymbol{V}_1, \boldsymbol{V}_2, \cdots, \boldsymbol{V}_s$ 是 Euclid 空间 $\boldsymbol{V}$ 的子空间, 且 $i\neq j$ 时, $(\boldsymbol{V}_i, \boldsymbol{V}_j)=0$, 则

$$\sum_{i=1}^{s}\boldsymbol{V}_i=\boldsymbol{V}_1\dot{+}\boldsymbol{V}_2\dot{+}\cdots\dot{+}\boldsymbol{V}_s.$$

证 因为 $i\neq j$ 时, $(\boldsymbol{V}_i, \boldsymbol{V}_j)=0$. 由性质 1 知

$$\left(\boldsymbol{V}_i, \sum_{j\neq i}\boldsymbol{V}_j\right)=0.$$

再由性质 2 知

$$\boldsymbol{V}_i\cap\sum_{j\neq i}\boldsymbol{V}_j=\{0\}.$$

因而 $\boldsymbol{V}_1+\boldsymbol{V}_2+\cdots+\boldsymbol{V}_s$ 为直和.

定义 7.4.2 设 $\boldsymbol{V}_1$ 是 Euclid 空间 $\boldsymbol{V}$ 的子空间. 如果 $\boldsymbol{V}$ 的子空间 $\boldsymbol{V}_2$ 满足 1) $(\boldsymbol{V}_1, \boldsymbol{V}_2)=0$; 2) $\boldsymbol{V}=\boldsymbol{V}_1+\boldsymbol{V}_2$, 则称 $\boldsymbol{V}_2$ 是 $\boldsymbol{V}_1$ 的**正交补**.

显然, 若 $\boldsymbol{V}_2$ 是 $\boldsymbol{V}_1$ 的正交补, 则 $\boldsymbol{V}_1$ 也是 $\boldsymbol{V}_2$ 的正交补.

定理 7.4.3 设 $\boldsymbol{V}_1$ 是 n 维 Euclid 空间 $\boldsymbol{V}$ 的子空间, 则 $\boldsymbol{V}_1$ 有唯一的正交补, 记为 $\boldsymbol{V}_1^{\perp}$.

证 在 $\boldsymbol{V}_1$ 中取一组标准正交基 $\boldsymbol{\varepsilon}_1, \boldsymbol{\varepsilon}_2, \cdots, \boldsymbol{\varepsilon}_m$, 于是 $(\boldsymbol{\varepsilon}_i, \boldsymbol{\varepsilon}_j)=\delta_{ij}$, $1\leqslant i, j\leqslant m$. 将 $\boldsymbol{\varepsilon}_1, \boldsymbol{\varepsilon}_2, \cdots, \boldsymbol{\varepsilon}_m$ 扩充为$\boldsymbol{V}$ 的基, 再用 Schmidt 方法可得$\boldsymbol{V}$ 的

标准正交基 $\boldsymbol{\varepsilon}_1, \cdots, \boldsymbol{\varepsilon}_m, \boldsymbol{\varepsilon}_{m+1}, \cdots, \boldsymbol{\varepsilon}_n$. 于是 $\boldsymbol{V}_1 = L(\boldsymbol{\varepsilon}_1, \boldsymbol{\varepsilon}_2, \cdots, \boldsymbol{\varepsilon}_m)$.

令

$$\boldsymbol{V}_2 = L(\boldsymbol{\varepsilon}_{m+1}, \cdots, \boldsymbol{\varepsilon}_n),$$

于是 $\boldsymbol{V} = \boldsymbol{V}_1 \dot{+} \boldsymbol{V}_2$. 又若 $\boldsymbol{\alpha} \in \boldsymbol{V}_1$, $\boldsymbol{\beta} \in \boldsymbol{V}_2$, 则有

$$\boldsymbol{\alpha} = \sum_{i=1}^{m} x_i \boldsymbol{\varepsilon}_i, \quad \boldsymbol{\beta} = \sum_{j=m+1}^{n} y_j \boldsymbol{\varepsilon}_j.$$

因而

$$(\boldsymbol{\alpha}, \boldsymbol{\beta}) = \sum_{i=1}^{m} \sum_{j=m+1}^{n} x_i y_j (\boldsymbol{\varepsilon}_i, \boldsymbol{\varepsilon}_j) = 0.$$

即 $(\boldsymbol{V}_1, \boldsymbol{V}_2) = 0$. 因而 $\boldsymbol{V}_2$ 是 $\boldsymbol{V}_1$ 的正交补.

又若 $\boldsymbol{V}_3$ 也是 $\boldsymbol{V}_1$ 的正交补, 由定理 7.4.2 知

$$\boldsymbol{V} = \boldsymbol{V}_1 \dot{+} \boldsymbol{V}_2 = \boldsymbol{V}_1 \dot{+} \boldsymbol{V}_3.$$

设 $\boldsymbol{\alpha} \in \boldsymbol{V}_3$, 故有唯一的 $\boldsymbol{\alpha}_1 \in \boldsymbol{V}_1$, $\boldsymbol{\alpha}_2 \in \boldsymbol{V}_2$ 使得 $\boldsymbol{\alpha} = \boldsymbol{\alpha}_1 + \boldsymbol{\alpha}_2$. 故 $(\boldsymbol{\alpha}, \boldsymbol{\alpha}_1) = (\boldsymbol{\alpha}_2, \boldsymbol{\alpha}_1) = 0$, 故

$$(\boldsymbol{\alpha}_1, \boldsymbol{\alpha}_1) = (\boldsymbol{\alpha} - \boldsymbol{\alpha}_2, \boldsymbol{\alpha}_1) = 0.$$

即 $\boldsymbol{\alpha}_1 = 0$, $\boldsymbol{\alpha} = \boldsymbol{\alpha}_2$, 所以 $\boldsymbol{V}_3 \subseteq \boldsymbol{V}_2$. 而 $\dim \boldsymbol{V}_3 = \dim \boldsymbol{V}_2$, 故 $\boldsymbol{V}_3 = \boldsymbol{V}_2$.

推论　$\boldsymbol{V}$ 的子空间 $\boldsymbol{V}_1$ 的正交补为

$$\boldsymbol{V}_1^{\perp} = \{\boldsymbol{\alpha} \in \boldsymbol{V} | (\boldsymbol{\alpha}, \boldsymbol{V}_1) = 0\}.$$

事实上, 令 $\boldsymbol{V}' = \{\boldsymbol{\alpha} \in \boldsymbol{V} | (\boldsymbol{\alpha}, \boldsymbol{V}_1) = 0\}$, 显然 $\boldsymbol{V}_1^{\perp} \subseteq \boldsymbol{V}'$. 若 $\boldsymbol{\alpha} \in \boldsymbol{V}'$, 则有 $\boldsymbol{\alpha}_1 \in \boldsymbol{V}_1$, $\boldsymbol{\alpha}_2 \in \boldsymbol{V}_1^{\perp}$ 使得 $\boldsymbol{\alpha} = \boldsymbol{\alpha}_1 + \boldsymbol{\alpha}_2$. 于是 $(\boldsymbol{\alpha}, \boldsymbol{\alpha}_1) = (\boldsymbol{\alpha}_2, \boldsymbol{\alpha}_1) = 0$, 故

$$(\boldsymbol{\alpha}_1, \boldsymbol{\alpha}_1) = (\boldsymbol{\alpha} - \boldsymbol{\alpha}_2, \boldsymbol{\alpha}_1) = 0.$$

于是 $\boldsymbol{\alpha}_1 = 0$. 故 $\boldsymbol{\alpha} = \boldsymbol{\alpha}_2 \in \boldsymbol{V}_1^{\perp}$. 故 $\boldsymbol{V}' = \boldsymbol{V}_1^{\perp}$.

定义 7.4.3　设 $\boldsymbol{V}_1$ 是 n 维 Euclid 空间 $\boldsymbol{V}$ 的子空间, 又 $\boldsymbol{\alpha} \in \boldsymbol{V}$, 则由 $\boldsymbol{\alpha}$ 的唯一分解

$$\boldsymbol{\alpha} = \boldsymbol{\alpha}_1 + \boldsymbol{\alpha}_2, \quad \boldsymbol{\alpha}_1 \in \boldsymbol{V}_1, \ \boldsymbol{\alpha}_2 \in \boldsymbol{V}_1^{\perp}$$

确定的 $\boldsymbol{\alpha}_1$ 称为 $\boldsymbol{\alpha}$ 在子空间 $\boldsymbol{V}_1$ 上的**内射影**. $\boldsymbol{V}$ 到 $\boldsymbol{V}_1$ 的映射 $\boldsymbol{\alpha} \to \boldsymbol{\alpha}_1$ 也称为 $\boldsymbol{V}$ 到 $\boldsymbol{V}_1$ 上的**内射影**.

定义 7.4.4　设 $\boldsymbol{V}_1$ 为 n 维 Euclid 空间 $\boldsymbol{V}$ 的子空间, $\boldsymbol{\beta} \in \boldsymbol{V}$. 称

$$d(\boldsymbol{\beta}, \boldsymbol{V}_1) = \min_{\boldsymbol{\alpha} \in \boldsymbol{V}_1} \{d(\boldsymbol{\beta}, \boldsymbol{\alpha}) = |\boldsymbol{\beta} - \boldsymbol{\alpha}|\}$$

为 $\boldsymbol{\beta}$ 到 $\boldsymbol{V}_1$ 的**距离**.

定理 7.4.4 设 $\boldsymbol{V}_1$ 是 n 维 Euclid 空间 $\boldsymbol{V}$ 的子空间, 又$\boldsymbol{\beta} \in \boldsymbol{V}$, 且 $\boldsymbol{\beta} = \boldsymbol{\beta}_1 + \boldsymbol{\beta}_2$, $\boldsymbol{\beta}_1 \in \boldsymbol{V}_1$, $\boldsymbol{\beta}_2 \in \boldsymbol{V}_1^{\perp}$, (如图 7.4 所示) 则

$$d(\boldsymbol{\beta},\ \boldsymbol{V}_1) = |\boldsymbol{\beta}_2| = d(\boldsymbol{\beta},\ \boldsymbol{\beta}_1).$$

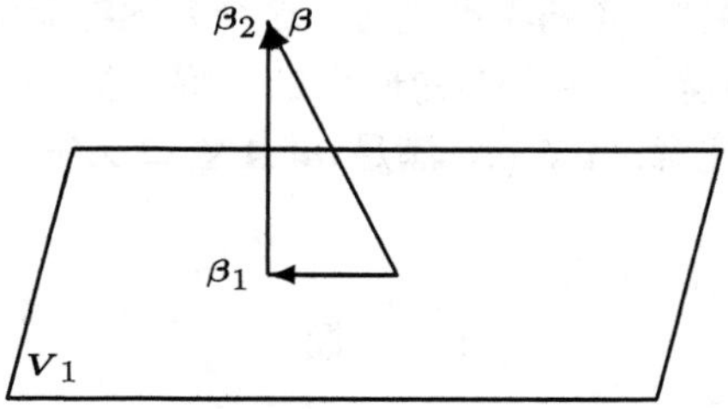

图 7.4

证 设 $\boldsymbol{\alpha} \in \boldsymbol{V}_1$, 于是 $(\boldsymbol{\beta}_2,\ \boldsymbol{\alpha} - \boldsymbol{\beta}_1) = 0$, 因而

$$|\boldsymbol{\beta} - \boldsymbol{\alpha}|^2 = |(\boldsymbol{\beta} - \boldsymbol{\beta}_1) + (\boldsymbol{\beta}_1 - \boldsymbol{\alpha})|^2 = |\boldsymbol{\beta} - \boldsymbol{\beta}_1|^2 + |\boldsymbol{\beta}_1 - \boldsymbol{\alpha}|^2.$$

于是

$$|\boldsymbol{\beta} - \boldsymbol{\beta}_1| \leqslant |\boldsymbol{\beta} - \boldsymbol{\alpha}|.$$

故

$$d(\boldsymbol{\beta},\ \boldsymbol{V}_1) = |\boldsymbol{\beta} - \boldsymbol{\beta}_1| = |\boldsymbol{\beta}_2|.$$

推论 $\boldsymbol{\beta} \in \boldsymbol{V}_1$ 当且仅当 $d(\boldsymbol{\beta},\ \boldsymbol{V}_1) = 0$.

在实际中往往知道 $\boldsymbol{V}_1$ 的一组生成元 $\boldsymbol{\alpha}_1,\ \boldsymbol{\alpha}_2,\ \cdots,\ \boldsymbol{\alpha}_s$, 求出一元素$\boldsymbol{\beta}$ 在 $\boldsymbol{V}_1$ 上的内射影, 这种方法称为**最小二乘法**.

定理 7.4.5 设 $\boldsymbol{V}_1 = L(\boldsymbol{\alpha}_1,\ \boldsymbol{\alpha}_2,\ \cdots,\ \boldsymbol{\alpha}_s)$ 为 Euclid 空间 $\mathbf{R}^n$ 的子空间. 设 $\boldsymbol{\beta} \in \mathbf{R}^n$, $\boldsymbol{\beta}$ 在 $\boldsymbol{V}_1$ 上的内射影为

$$\boldsymbol{\beta}_1 = x_1\boldsymbol{\alpha}_1 + x_2\boldsymbol{\alpha}_2 + \cdots + x_s\boldsymbol{\alpha}_s = (\boldsymbol{\alpha}_1,\ \boldsymbol{\alpha}_2,\ \cdots,\ \boldsymbol{\alpha}_s)\boldsymbol{X},$$

则$\boldsymbol{X}$ 满足

$$\boldsymbol{A}'\boldsymbol{A}\boldsymbol{X} = \boldsymbol{A}'\boldsymbol{\beta},\quad \boldsymbol{A} = (\boldsymbol{\alpha}_1,\ \boldsymbol{\alpha}_2,\ \cdots,\ \boldsymbol{\alpha}_s).$$

证 $\boldsymbol{\beta}_1$ 为 $\boldsymbol{\beta}$ 在 $\boldsymbol{V}_1$ 上的内射影当且仅当 $\boldsymbol{\beta} - \boldsymbol{\beta}_1 \in \boldsymbol{V}_1^{\perp}$ 当且仅当 $(\boldsymbol{\beta} - \boldsymbol{\beta}_1, \boldsymbol{V}_1) = 0$ 当且仅当 $(\boldsymbol{\alpha}_i,\ \boldsymbol{\beta} - \boldsymbol{\beta}_1) = 0,\ \ i = 1,\ 2,\ \cdots,\ s$ 当且仅当 $(\boldsymbol{\alpha}_i,\ \boldsymbol{\beta}) = (\boldsymbol{\alpha}_i,\ \boldsymbol{\beta}_1),\ \ i = 1,\ 2,\ \cdots,\ s$ 当且仅当

$$\boldsymbol{\alpha}_i{}'\left(\sum_{j=1}^{s} x_j\boldsymbol{\alpha}_j\right) = \boldsymbol{\alpha}_i{}'\boldsymbol{\beta},\quad i = 1,\ 2,\ \cdots,\ s.$$

即

$$\boldsymbol{A}'\boldsymbol{A}\boldsymbol{X} = \boldsymbol{A}'\boldsymbol{\beta}.$$

注 在实际中可能需要解非齐次线性方程组 (在实数范围内)

$$\boldsymbol{A}\boldsymbol{X} = \boldsymbol{\beta}.$$

但由于某些原因 (如测量误差, 资料不准确等), 这个方程组无解, 此时就用 $\boldsymbol{A}'\boldsymbol{A}\boldsymbol{X} = \boldsymbol{A}'\boldsymbol{\beta}$ 的解作为 (1) 的近似解, 称为 (1) 的**最小二乘解**. 求方程组的最小二乘解的问题称为**最小二乘法问题**. 注意, $\boldsymbol{A}\boldsymbol{X}$ ($\boldsymbol{X}$ 满足 $\boldsymbol{A}'\boldsymbol{A}\boldsymbol{X} = \boldsymbol{A}'\boldsymbol{\beta}$) 是 β 在 $L(\mathrm{col}_1\boldsymbol{A}, \cdots, \mathrm{col}_s\boldsymbol{A})$ 上的内射影.

习 题

1. 设 $m < n$, $\boldsymbol{A}_1$ 为 m 阶实对称矩阵. 试证存在 n 阶正定方阵 $\boldsymbol{A}$ 使得 $\boldsymbol{A} = \begin{pmatrix} \boldsymbol{A}_1 & \boldsymbol{A}_2 \\ \boldsymbol{A}_3 & \boldsymbol{A}_4 \end{pmatrix}$ 的充分必要条件是 $\boldsymbol{A}_1$ 为正定方阵.

2. 设 $\boldsymbol{A}$ 为 n 阶正定方阵, 则$\boldsymbol{A}$ 的子式
$$A\begin{pmatrix} 1 & 2 & \cdots & k \\ 1 & 2 & \cdots & k \end{pmatrix} > 0, \quad k = 1,\ 2,\ \cdots,\ n.$$

3. 设 $\boldsymbol{\varepsilon}_1, \boldsymbol{\varepsilon}_2, \boldsymbol{\varepsilon}_3, \boldsymbol{\varepsilon}_4, \boldsymbol{\varepsilon}_5$ 为 Euclid 空间 $\boldsymbol{V}$ 的标准正交基. 又 $\boldsymbol{\alpha}_1 = \boldsymbol{\varepsilon}_1+\boldsymbol{\varepsilon}_2$, $\boldsymbol{\alpha}_2 = \boldsymbol{\varepsilon}_1-\boldsymbol{\varepsilon}_2+\boldsymbol{\varepsilon}_4$, $\boldsymbol{\alpha}_3 = 2\boldsymbol{\varepsilon}_1 + \boldsymbol{\varepsilon}_2 + \boldsymbol{\varepsilon}_3$. 求 $\boldsymbol{V}_1 = L(\boldsymbol{\alpha}_1, \boldsymbol{\alpha}_2, \boldsymbol{\alpha}_3)$ 的标准正交基.

4. 求齐次线性方程组
$$\begin{cases} 2x_1 + x_2 - x_3 + x_4 - 3x_5 = 0, \\ x_1 + x_2 - x_3 + x_5 = 0 \end{cases}$$
的解空间 (作为 $\mathbf{R}^5$ 的子空间) 的一组标准正交基及其正交补的标准正交基.

5. 设 $\boldsymbol{V}$ 为 n 维 Euclid 空间, $\boldsymbol{\alpha} \in \boldsymbol{V}$, $\boldsymbol{\alpha} \neq 0$. 令 $\boldsymbol{V}_1 = \{\boldsymbol{\beta} \in \boldsymbol{V} | (\boldsymbol{\beta}, \boldsymbol{\alpha}) = 0\}$. 试证 $\boldsymbol{V}_1$ 为$\boldsymbol{V}$ 的子空间, 并求 $\dim \boldsymbol{V}_1$ 及 $\boldsymbol{V}_1^{\perp}$ 的基.

6. 设 $\boldsymbol{\alpha}_1, \boldsymbol{\alpha}_2, \cdots, \boldsymbol{\alpha}_m$ 是 n 维 Euclid 空间中一向量组. 令 $\Delta = ((\boldsymbol{\alpha}_i, \boldsymbol{\alpha}_j)) \in \mathbf{R}^{m\times m}$. 试证 $\boldsymbol{\alpha}_1, \boldsymbol{\alpha}_2, \cdots, \boldsymbol{\alpha}_m$ 线性无关当且仅当 $\det \Delta \neq 0$.

7. 设 $\mathbf{R}^4$ 中子空间
$$\boldsymbol{V}_1 = L(\boldsymbol{\alpha}_1, \boldsymbol{\alpha}_2, \boldsymbol{\alpha}_3), \ \boldsymbol{V}_2 = L(\boldsymbol{\beta}_1, \boldsymbol{\beta}_2, \boldsymbol{\beta}_3, \boldsymbol{\beta}_4),$$
其中
$$\begin{cases} \boldsymbol{\alpha}_1 = (1,\ 0,\ 1,\ -2), \\ \boldsymbol{\alpha}_2 = (1,\ 2,\ -1,\ 0), \\ \boldsymbol{\alpha}_3 = (1,\ 1,\ 0,\ -1); \end{cases} \qquad \begin{cases} \boldsymbol{\beta}_1 = (0,\ -2,\ 2,\ -2), \\ \boldsymbol{\beta}_2 = (-1,\ 3,\ 0,\ 4), \\ \boldsymbol{\beta}_3 = (1,\ 5,\ 0,\ 2), \\ \boldsymbol{\beta}_4 = (-1,\ 1,\ 2,\ 2). \end{cases}$$

求 $(\boldsymbol{V}_1+\boldsymbol{V}_2)^{\perp}$.

8. 设 $\boldsymbol{V}_1$, $\boldsymbol{V}_2$ 是 n 维 Euclid 空间 $\boldsymbol{V}$ 的两个子空间. 试证 $(\boldsymbol{V}_1+\boldsymbol{V}_2)^{\perp}=\boldsymbol{V}_1^{\perp}\cap\boldsymbol{V}_2^{\perp}$; $(\boldsymbol{V}_1\cap\boldsymbol{V}_2)^{\perp}=\boldsymbol{V}_1^{\perp}+\boldsymbol{V}_2^{\perp}$.

9. 求下列方程的最小二乘解

$$\begin{cases} 0.39x-1.89y=1,\\ 0.61x-1.80y=1,\\ 0.93x-1.68y=1,\\ 1.35x-1.50y=1. \end{cases}$$

10. 设 $\boldsymbol{V}_1$ 是 Euclid 空间 $\boldsymbol{V}$ 的有限维子空间. 试证 $\boldsymbol{V}_1$ 的正交补存在唯一.
(注 $\boldsymbol{V}$ 可以是无限维的.)

7.5 共轭变换, 正规变换

本节讨论 Euclid 空间中线性变换的特殊性.

定理 7.5.1 设 $\boldsymbol{V}$ 为 n 维 Euclid 空间, $\mathcal{A}\in\mathrm{End}\boldsymbol{V}$, 则存在唯一的 $\mathcal{A}^*\in\mathrm{End}\boldsymbol{V}$ 使得

$$(\mathcal{A}\boldsymbol{\alpha},\ \boldsymbol{\beta})=(\boldsymbol{\alpha},\ \mathcal{A}^*\boldsymbol{\beta}),\quad \forall\boldsymbol{\alpha},\ \boldsymbol{\beta}\in\boldsymbol{V}.$$

称 $\mathcal{A}^*$ 为 $\mathcal{A}$ 的**共轭变换**.

证 在 $\boldsymbol{V}$ 中取基 $\boldsymbol{\alpha}_1,\ \boldsymbol{\alpha}_2,\ \cdots,\ \boldsymbol{\alpha}_n$, 又设 $\boldsymbol{G}$ 为 $\boldsymbol{V}$ 对这组基的度量矩阵. $\boldsymbol{A}=\boldsymbol{M}(\mathcal{A};\ \boldsymbol{\alpha}_1,\ \boldsymbol{\alpha}_2,\ \cdots,\ \boldsymbol{\alpha}_n)$, 则存在唯一的 $\mathcal{A}^*\in\mathrm{End}\boldsymbol{V}$ 使得

$$\boldsymbol{M}(\mathcal{A}^*;\ \boldsymbol{\alpha}_1,\ \boldsymbol{\alpha}_2,\ \cdots,\ \boldsymbol{\alpha}_n)=\boldsymbol{G}^{-1}\boldsymbol{A}'\boldsymbol{G}.$$

设 $\boldsymbol{\alpha},\ \boldsymbol{\beta}\in\boldsymbol{V}$, 且

$$\mathrm{crd}(\boldsymbol{\alpha};\ \boldsymbol{\alpha}_1,\ \boldsymbol{\alpha}_2,\ \cdots,\ \boldsymbol{\alpha}_n)=\boldsymbol{X},$$
$$\mathrm{crd}(\boldsymbol{\beta};\ \boldsymbol{\alpha}_1,\ \boldsymbol{\alpha}_2,\ \cdots,\ \boldsymbol{\alpha}_n)=\boldsymbol{Y}.$$

则

$$\begin{aligned}(\mathcal{A}\boldsymbol{\alpha},\ \boldsymbol{\beta})&=(\boldsymbol{A}\boldsymbol{X})'\boldsymbol{G}\boldsymbol{Y}=\boldsymbol{X}'\boldsymbol{A}'\boldsymbol{G}\boldsymbol{Y}\\&=\boldsymbol{X}'\boldsymbol{G}(\boldsymbol{G}^{-1}\boldsymbol{A}'\boldsymbol{G})\boldsymbol{Y}=(\boldsymbol{\alpha},\ \mathcal{A}^*\boldsymbol{\beta}).\end{aligned}$$

若 $\mathcal{A}_1\in\mathrm{End}\boldsymbol{V}$ 使

$$(\mathcal{A}\boldsymbol{\alpha},\ \boldsymbol{\beta})=(\boldsymbol{\alpha},\ \mathcal{A}_1\boldsymbol{\beta})=(\boldsymbol{\alpha},\ \mathcal{A}^*\boldsymbol{\beta}),$$

则

$$(\boldsymbol{\alpha},\ (\mathcal{A}^* - \mathcal{A}_1)\boldsymbol{\beta}) = 0,\ \ \forall \boldsymbol{\alpha} \in \boldsymbol{V}.$$

于是

$$(\mathcal{A}_1 - \mathcal{A}^*)\boldsymbol{\beta} = 0,\ \ \forall \boldsymbol{\beta} \in \boldsymbol{V},$$

故 $\mathcal{A}^* = \mathcal{A}_1$. 故 $\mathcal{A}^*$ 唯一.

推论　若 $\varepsilon_1, \varepsilon_2, \cdots, \varepsilon_n$ 为标准正交基, 则

$$\boldsymbol{M}(\mathcal{A}^*;\ \varepsilon_1,\ \varepsilon_2,\ \cdots,\ \varepsilon_n) = \boldsymbol{M}(\mathcal{A};\ \varepsilon_1,\ \varepsilon_2,\ \cdots,\ \varepsilon_n)'.$$

因为此时, $\boldsymbol{G} = \boldsymbol{I}_n$.

共轭变换有以下一些性质.

性质 1　$(\mathcal{A}+\mathcal{B})^* = \mathcal{A}^* + \mathcal{B}^*$.

事实上, 由

$$\begin{aligned}(\boldsymbol{\alpha},\ (\mathcal{A}+\mathcal{B})^*\boldsymbol{\beta}) =& ((\mathcal{A}+\mathcal{B})\boldsymbol{\alpha},\ \boldsymbol{\beta}) = (\mathcal{A}\boldsymbol{\alpha},\ \boldsymbol{\beta}) + (\mathcal{B}\boldsymbol{\alpha},\ \boldsymbol{\beta}) \\ =& (\boldsymbol{\alpha},\ \mathcal{A}^*\boldsymbol{\beta}) + (\boldsymbol{\alpha},\ \mathcal{B}^*\boldsymbol{\beta}) = (\boldsymbol{\alpha},\ (\mathcal{A}^* + \mathcal{B}^*)\boldsymbol{\beta}),\end{aligned}$$

知上式成立.

性质 2　$(k\mathcal{A})^* = k\mathcal{A}^*$,　$k \in \mathbf{R}$.

事实上, $(\boldsymbol{\alpha},\ (k\mathcal{A})^*\boldsymbol{\beta}) = ((k\mathcal{A})\boldsymbol{\alpha},\ \boldsymbol{\beta}) = k(\mathcal{A}\boldsymbol{\alpha},\ \boldsymbol{\beta}) = (\boldsymbol{\alpha},\ k\mathcal{A}^*\boldsymbol{\beta})$.

性质 3　$(\mathcal{A}\mathcal{B})^* = \mathcal{B}^*\mathcal{A}^*$.

事实上, $(\boldsymbol{\alpha},\ (\mathcal{A}\mathcal{B})^*\boldsymbol{\beta}) = ((\mathcal{A}\mathcal{B})\boldsymbol{\alpha},\ \boldsymbol{\beta}) = (\mathcal{B}\boldsymbol{\alpha},\ \mathcal{A}^*\boldsymbol{\beta}) = (\boldsymbol{\alpha},\ \mathcal{B}^*\mathcal{A}^*\boldsymbol{\beta})$.

性质 4　$(\mathcal{A}^*)^* = \mathcal{A}$.

由于 $(\boldsymbol{\alpha},\ (\mathcal{A}^*)^*\boldsymbol{\beta}) = (\mathcal{A}^*\boldsymbol{\alpha},\ \boldsymbol{\beta}) = (\boldsymbol{\beta},\ \mathcal{A}^*\boldsymbol{\alpha}) = (\mathcal{A}\boldsymbol{\beta},\ \boldsymbol{\alpha}) = (\boldsymbol{\alpha},\ \mathcal{A}\boldsymbol{\beta})$, 于是 $(\mathcal{A}^*)^* = \mathcal{A}$.

性质 5　$\mathcal{A}$ 可逆, 则 $\mathcal{A}^*$ 可逆, 且 $(\mathcal{A}^*)^{-1} = (\mathcal{A}^{-1})^*$.

由 $\mathcal{A}\mathcal{A}^{-1} =\mathrm{id}$ 知 $(\mathcal{A}^{-1})^*\mathcal{A}^* = (\mathrm{id})^* =\mathrm{id}$. 于是 $(\mathcal{A}^*)^{-1} = (\mathcal{A}^{-1})^*$.

定义 7.5.1　设 $\boldsymbol{V}$ 为 n 维 Euclid 空间, $\mathcal{A} \in \mathrm{End}\,\boldsymbol{V}$. 如果

$$\mathcal{A}\mathcal{A}^* = \mathcal{A}^*\mathcal{A},$$

则称 $\mathcal{A}$ 为**正规变换**.

定义 7.5.2　设 $\boldsymbol{A} \in \mathbf{R}^{n\times n}$, 如果

$$\boldsymbol{A}\boldsymbol{A}' = \boldsymbol{A}'\boldsymbol{A},$$

则称 $\boldsymbol{A}$ 为**正规方阵**.

显然, 正交矩阵, 对称矩阵与反对称矩阵都是正规方阵.

引理 7.5.1 设 $\varepsilon_1, \varepsilon_2, \cdots, \varepsilon_n$ 为 Euclid 空间 $\boldsymbol{V}$ 的标准正交基, $\mathcal{A} \in \mathrm{End}\boldsymbol{V}$, 则 $\mathcal{A}$ 为正规变换当且仅当 $\mathcal{A}$ 在 $\varepsilon_1, \varepsilon_2, \cdots, \varepsilon_n$ 下的矩阵为正规方阵.

证 令 $\boldsymbol{A} = \boldsymbol{M}(\mathcal{A};\ \varepsilon_1,\ \varepsilon_2,\ \cdots,\ \varepsilon_n)$. 由定理 7.5.1 的推论知 $\boldsymbol{M}(\mathcal{A}^*;\ \varepsilon_1,\ \varepsilon_2,\ \cdots,\ \varepsilon_n) = A'$, 于是 $\mathcal{A}^*\mathcal{A} = \mathcal{A}\mathcal{A}^*$ 当且仅当 $\boldsymbol{A}'\boldsymbol{A} = \boldsymbol{A}\boldsymbol{A}'$. 即引理成立.

定理 7.5.2 设 $\mathcal{A}$ 是 Euclid 空间$\boldsymbol{V}$ 的正规变换, $\boldsymbol{V}_1$ 是 $\mathcal{A}$ 的不变子空间, 则 $\boldsymbol{V}_1$ 的正交补 $\boldsymbol{V}_1^{\perp}$ 也是 $\mathcal{A}$ 的不变子空间; 而且 $\boldsymbol{V}_1,\ \boldsymbol{V}_1^{\perp}$ 都是 $\mathcal{A}^*$ 的不变子空间.

证 在 $\boldsymbol{V}$ 中取标准正交基 $\varepsilon_1,\ \cdots,\ \varepsilon_k,\ \varepsilon_{k+1},\ \cdots,\ \varepsilon_n$ 使 $\boldsymbol{V}_1 = L(\varepsilon_1,\ \cdots,\ \varepsilon_k)$. 故 $\mathcal{A}$ 在此基下的矩阵为

$$\boldsymbol{A} = \begin{pmatrix} \boldsymbol{A}_1 & \boldsymbol{A}_3 \\ 0 & \boldsymbol{A}_2 \end{pmatrix},$$

其中 $\boldsymbol{A}_1 \in \mathbf{R}^{k\times k}$. 由 $\boldsymbol{A}'\boldsymbol{A} = \boldsymbol{A}\boldsymbol{A}'$ 得

$$\begin{pmatrix} \boldsymbol{A}_1{}'\boldsymbol{A}_1 & \boldsymbol{A}_1{}'\boldsymbol{A}_3 \\ \boldsymbol{A}_3{}'\boldsymbol{A}_1 & \boldsymbol{A}_3{}'\boldsymbol{A}_3 + \boldsymbol{A}_2{}'\boldsymbol{A}_2 \end{pmatrix} = \begin{pmatrix} \boldsymbol{A}_1\boldsymbol{A}_1' + \boldsymbol{A}_3\boldsymbol{A}_3{}' & \boldsymbol{A}_3\boldsymbol{A}_2{}' \\ \boldsymbol{A}_2\boldsymbol{A}_3{}' & \boldsymbol{A}_2\boldsymbol{A}_2' \end{pmatrix},$$

因而

$$\boldsymbol{A}_1\boldsymbol{A}_1{}' + \boldsymbol{A}_3\boldsymbol{A}_3{}' = \boldsymbol{A}_1{}'\boldsymbol{A}_1.$$

于是

$$\mathrm{tr}\,\boldsymbol{A}_3\boldsymbol{A}_3{}' = \sum_{i,\ j}(\mathrm{ent}_{i\,j}\boldsymbol{A}_3)^2 = 0,$$

因而 $\mathrm{ent}_{i\,j}\boldsymbol{A}_3 = 0$, 即 $\boldsymbol{A}_3 = 0$. 故

$$\boldsymbol{A} = \begin{pmatrix} \boldsymbol{A}_1 & 0 \\ 0 & \boldsymbol{A}_2 \end{pmatrix}, \quad \boldsymbol{A}' = \begin{pmatrix} \boldsymbol{A}_1{}' & 0 \\ 0 & \boldsymbol{A}_2{}' \end{pmatrix}.$$

故定理成立.

推论 若 $\boldsymbol{V}_1$ 是正规变换 $\mathcal{A}$ 的不变子空间, 则 $\mathcal{A}|_{\boldsymbol{V}_1}$ 是 $\boldsymbol{V}_1$ 的正规变换, 且 $(\mathcal{A}|_{\boldsymbol{V}_1})^* = \mathcal{A}^*|_{\boldsymbol{V}_1}$.

事实上, 由上面定理的证明知, $\boldsymbol{A}_1$ 恰为 $\mathcal{A}|_{\boldsymbol{V}_1}$ 在 $\varepsilon_1,\ \varepsilon_2,\ \cdots,\ \varepsilon_k$ 下的矩阵. 由 $\boldsymbol{A}_1{}'\boldsymbol{A}_1 = \boldsymbol{A}_1\boldsymbol{A}_1{}'$ 知 $\mathcal{A}|_{\boldsymbol{V}_1}$ 是正规变换, 又 $\boldsymbol{A}_1{}'$ 是 $\mathcal{A}^*|_{\boldsymbol{V}_1}$ 在 $\varepsilon_1,\ \varepsilon_2,\ \cdots,\ \varepsilon_k$ 下的矩阵. 故 $\mathcal{A}^*|_{\boldsymbol{V}_1} = (\mathcal{A}|_{\boldsymbol{V}_1})^*$.

引理 7.5.2 设 $\boldsymbol{A}$ 为 2 阶正规方阵, 且其特征多项式无实根. 则有

$$\boldsymbol{A} = r\begin{pmatrix} \cos\varphi & -\sin\varphi \\ \sin\varphi & \cos\varphi \end{pmatrix}, \quad r > 0.$$

证　设 $A=\begin{pmatrix} a & b \\ c & d \end{pmatrix}$. 由 $AA'=A'A$ 知

$$\begin{cases} a^2+b^2=a^2+c^2, \\ c^2+d^2=b^2+d^2, \\ ac+bd=ab+cd. \end{cases}$$

再由 $\lambda^2-(a+d)\lambda-bc+ad$ 无实根, 故 $(a-d)^2+4bc<0$. 因而 b 与 c 异号. 故

$$b=-c, \quad a=d.$$

令

$$r=\sqrt{a^2+b^2},\ \cos\varphi=\frac{a}{\sqrt{a^2+b^2}},\ \sin\varphi=\frac{-b}{\sqrt{a^2+b^2}}.$$

则知引理成立.

引理 7.5.3　设 $\mathcal{A}$ 为 n 维实线性空间 $\boldsymbol{V}$ 的线性变换, 则 $\mathcal{A}$ 有 1 维或 2 维不变子空间.

证　如果 $\dim \boldsymbol{V}\leqslant 2$, 结论自然成立. 故设 $\dim \boldsymbol{V}\geqslant 3$.

设 $\mathcal{A}$ 的最低多项式为 $d(\lambda)$.

1)　若有 $\lambda_0\in\mathbf{R}$, 使得 $(\lambda-\lambda_0)|d(\lambda)$, 故有

$$d(\lambda)=(\lambda-\lambda_0)d_1(\lambda).$$

于是 $d_1(\mathcal{A})\neq 0$, 由此知, 有 $\boldsymbol{\alpha}\in\boldsymbol{V}$ 使得

$$\boldsymbol{\alpha}_0=d_1(\mathcal{A})\boldsymbol{\alpha}\neq 0.$$

但是

$$(\mathcal{A}-\lambda_0\mathrm{id})\boldsymbol{\alpha}_0=d(\mathcal{A})\boldsymbol{\alpha}=0,$$

因此 $L(\boldsymbol{\alpha}_0)$ 是 $\mathcal{A}$ 的 1 维不变子空间.

2)　$\forall\ \lambda_0\in\mathbf{R}$, $(\lambda-\lambda_0)\nmid d(\lambda)$. 此时, 有 $a,b\in\mathbf{R}$ 使得

$$\begin{gathered}(\lambda^2+a\lambda+b)|d(\lambda), \\ a^2-4b<0.\end{gathered}$$

故有

$$d(\lambda)=(\lambda^2+a\lambda+b)d_1(\lambda).$$

于是 $d_1(\mathcal{A})\neq 0$, 由此知, 有 $\boldsymbol{\alpha}\in\boldsymbol{V}$ 使得

$$\boldsymbol{\alpha}_1=d_1(\mathcal{A})\boldsymbol{\alpha}\neq 0.$$

如果 $\boldsymbol{\alpha}_1$, $\mathcal{A}\boldsymbol{\alpha}_1$ 线性相关, 即

$$\mathcal{A}\boldsymbol{\alpha}_1 = \lambda_0\boldsymbol{\alpha}_1,$$

则 $(\lambda-\lambda_0)|d(\lambda)$, 与假设矛盾. 因此 $\boldsymbol{\alpha}_1$, $\mathcal{A}\boldsymbol{\alpha}_1$ 线性无关. 注意到

$$(\mathcal{A}^2 + a\mathcal{A} + b\mathrm{id})\boldsymbol{\alpha}_1 = d(\mathcal{A})\boldsymbol{\alpha} = 0,$$

因此

$$\mathcal{A}^2\boldsymbol{\alpha}_1 = -b\boldsymbol{\alpha}_1 - a\mathcal{A}\boldsymbol{\alpha}_1.$$

于是 $L(\boldsymbol{\alpha}_1, \mathcal{A}\boldsymbol{\alpha}_1)$ 是 $\mathcal{A}$ 的 2 维不变子空间.

定理 7.5.3(正规变换的标准形) 设 $\mathcal{A}$ 为 n 维 Euclid 空间$\boldsymbol{V}$ 的正规变换, 则 $\mathcal{A}$ 在某标准正交基下的矩阵为

$$\boldsymbol{A} = \mathrm{diag}(\lambda_1,\ \lambda_2,\ \cdots,\ \lambda_r,\ \boldsymbol{A}_1,\ \boldsymbol{A}_2,\ \cdots,\ \boldsymbol{A}_s),$$

其中

$$\boldsymbol{A}_i = r_i\begin{pmatrix}\cos\varphi_i & -\sin\varphi_i\\ \sin\varphi_i & \cos\varphi_i\end{pmatrix},\quad r_i > 0.$$

证 $\dim\boldsymbol{V}=1$ 时定理显然成立. $\dim\boldsymbol{V}=2$ 时, 若 $\mathcal{A}$ 有特征向量 $\boldsymbol{\alpha}_1$, 设 $\boldsymbol{V}_1 = L(\boldsymbol{\alpha}_1)$, 于是 $\boldsymbol{V}_1^{\perp}$ 也是 1 维的. 故在 $\boldsymbol{V}$ 中有标准正交基 $\boldsymbol{\varepsilon}_1$, $\boldsymbol{\varepsilon}_2$ 使得 $\boldsymbol{M}(\mathcal{A};\ \boldsymbol{\varepsilon}_1,\ \boldsymbol{\varepsilon}_2) = \mathrm{diag}(\lambda_1,\ \lambda_2)$. 若 $\mathcal{A}$ 无特征向量, 故 $\mathcal{A}$ 的特征多项式无实根. 由引理 7.5.2 知 $\mathcal{A}$ 在任一标准正交基 $\boldsymbol{\varepsilon}_1$, $\boldsymbol{\varepsilon}_2$ 下矩阵为 $r\begin{pmatrix}\cos\varphi & -\sin\varphi\\ \sin\varphi & \cos\varphi\end{pmatrix}$. 故 $\dim\boldsymbol{V}=2$ 时定理也成立.

设 $\dim\boldsymbol{V} = n > 2$. 此时 $\mathcal{A}$ 有不变子空间 $\boldsymbol{V}_1$, $\dim\boldsymbol{V}_1 = 1$ 或 2, 故 $\boldsymbol{V}_1^{\perp}$ 也是 $\mathcal{A}$ 的不变空间. 而 $\dim\boldsymbol{V}_1^{\perp} < \dim\boldsymbol{V}$, 于是由归纳法可证定理.

推论 实 n 阶方阵 $\boldsymbol{A}$ 为正规方阵当且仅当存在正交矩阵 $\boldsymbol{Q}$ 使得 $\boldsymbol{Q}'\boldsymbol{A}\boldsymbol{Q} = \mathrm{diag}(\lambda_1,\ \cdots,\ \lambda_r,\ \boldsymbol{A}_1,\ \cdots,\ \boldsymbol{A}_s)$, 其中 $\boldsymbol{A}_i = r_i\begin{pmatrix}\cos\varphi_i & -\sin\varphi_i\\ \sin\varphi_i & \cos\varphi_i\end{pmatrix}$, $r_i > 0$.

习　　题

1. 设 $\mathcal{A}$ 是 n 维 Euclid 空间 $\boldsymbol{V}$ 的正规变换. λ_1, λ_2 为 $\mathcal{A}$ 的特征值, 且 $\lambda_1 \neq \lambda_2$. 试证:
   1) $E_{\lambda_i}(\mathcal{A}) = E_{\lambda_i}(\mathcal{A}^*)$;
   2) $(E_{\lambda_1}(\mathcal{A}),\ E_{\lambda_2}(\mathcal{A})) = 0$.
2. 设 $\boldsymbol{\alpha}_1$, $\boldsymbol{\alpha}_2$, $\boldsymbol{\alpha}_3$ $(|\boldsymbol{\alpha}_3| = 1)$ 为 3 维 Euclid 空间$\boldsymbol{V}$ 的基, $\mathcal{A}$, $\mathcal{B} \in \mathrm{End}\,\boldsymbol{V}$. 它们在上述基下的矩阵各为

$$\boldsymbol{A} = \begin{pmatrix}1 & 0 & 0\\ -1 & 2 & 0\\ 0 & 2 & -1\end{pmatrix},\quad \boldsymbol{B} = \begin{pmatrix}1 & 2 & -2\\ 2 & -1 & 0\\ -2 & 1 & 0\end{pmatrix}.$$

若 $\mathcal{A}$ 是正规变换, 问 $\mathcal{B}$ 可否为正规变换?

3. 设 $\mathcal{A}$ 为 n 维 Euclid 空间 $\boldsymbol{V}$ 的正规变换, 且 $\mathcal{A}^2+\mathrm{id}=0$. 试证:

   1) $|\mathcal{A}\boldsymbol{\alpha}|=|\mathcal{A}^*\boldsymbol{\alpha}|=|\boldsymbol{\alpha}|$;

   2) $\mathcal{A}^*=-\mathcal{A}=\mathcal{A}^{-1}$, 且 n 为偶数.

4. 设 $\mathcal{A}$ 为 n 维 Euclid 空间 $\boldsymbol{V}$ 的正规变换, $m\in\mathbf{N}$. 试证存在正规变换 $\mathcal{B}$ 使得 $\mathcal{B}^{2m+1}=\mathcal{A}$. 又若 $\mathcal{A}$ 的特征多项式 $f(\lambda)$ 的实根非负. 试证存在正规变换 $\mathcal{B}_1$ 使得 $\mathcal{B}_1^{2m}=\mathcal{A}$.

5. 设 $\boldsymbol{A}\in\mathbf{R}^{2\times 2}$, 又$\boldsymbol{A}$ 的特征多项式 $f(\lambda)=(\lambda-\lambda_1)(\lambda-\lambda_2)$ $(\lambda_i\in\mathbf{C})$. 试证$\boldsymbol{A}$ 为正规方阵的充分必要条件是 $\mathrm{tr}\,\boldsymbol{A}\boldsymbol{A}'=|\lambda_1|^2+|\lambda_2|^2$.

6. 设 $\boldsymbol{A}\in\mathbf{R}^{n\times n}$, 又$\boldsymbol{A}$ 的特征多项式 $f(\lambda)=\prod\limits_{i=1}^{n}(\lambda-\lambda_i)$ $(\lambda_i\in\mathbf{C})$. 试证$\boldsymbol{A}$ 为正规方阵的充要条件是 $\mathrm{tr}\,\boldsymbol{A}\boldsymbol{A}'=\sum\limits_{i=1}^{n}|\lambda_i|^2$.

7. 设 $\boldsymbol{A}$, $\boldsymbol{B}$ 及 $\boldsymbol{AB}$ 都是 n 阶正规方阵. 试证$\boldsymbol{BA}$ 也是正规方阵.

8. 设 $\boldsymbol{A}$ 为 n 阶正规方阵, 则$\boldsymbol{A}$ 的最低多项式 $d_{\boldsymbol{A}}(\lambda)$ 无重因式.

9. 设 $\mathcal{A}$ 为 n 维 Euclid 空间 $\boldsymbol{V}$ 的正规变换, 又设 $\mathcal{A}$ 的特征多项式, 最低多项式分别为 $f(\lambda)$, $d(\lambda)$. 试证 $d(\lambda)=f(\lambda)/(f(\lambda),\ f'(\lambda))$.

10. 设 $\boldsymbol{V}$ 为 n 维 Euclid 空间, $\mathcal{A}\in\mathrm{End}\,\boldsymbol{V}$. 若 $\boldsymbol{V}_1$ 为 $\mathcal{A}$- 子空间, 则 $\boldsymbol{V}_1^{\perp}$ 为 $\mathcal{A}^*$- 子空间.

7.6 正交变换

保持向量长度不变的线性变换是极其重要的线性变换. 本节将讨论这类变换的性质.

定义 7.6.1 设 $\boldsymbol{V}$ 为 n 维 Euclid 空间, $\mathcal{A}\in\mathrm{End}\,\boldsymbol{V}$. 如果 $\mathcal{A}$ 满足

$$(\mathcal{A}\boldsymbol{\alpha},\ \mathcal{A}\boldsymbol{\beta})=(\boldsymbol{\alpha},\ \boldsymbol{\beta}),\quad \forall\boldsymbol{\alpha},\ \boldsymbol{\beta}\in\boldsymbol{V},$$

则称 $\mathcal{A}$ 为**正交变换**.

正交变换可以从不同的角度来刻画.

定理 7.6.1 设 $\boldsymbol{V}$ 为 n 维 Euclid 空间, $\mathcal{A}\in\mathrm{End}\boldsymbol{V}$, 则 $\mathcal{A}$ 对下列条件等价:

1) $\mathcal{A}$ 是正交变换;

2) $|\mathcal{A}\boldsymbol{\alpha}|=|\boldsymbol{\alpha}|$, $\forall\boldsymbol{\alpha}\in\boldsymbol{V}$;

3) $\mathcal{A}$ 将标准正交基变为标准正交基;

4) $\mathcal{A}$ 在标准正交基下的矩阵为正交矩阵;

5) $\mathcal{A}^*=\mathcal{A}^{-1}$.

证 2) $\Longrightarrow$ 1) 设$\boldsymbol{\alpha}, \boldsymbol{\beta} \in \boldsymbol{V}$, 于是由 $|\mathcal{A}\boldsymbol{\alpha}| = |\boldsymbol{\alpha}|$, $|\mathcal{A}\boldsymbol{\beta}| = |\boldsymbol{\beta}|$ 及 $|\mathcal{A}(\boldsymbol{\alpha}+\boldsymbol{\beta})| = |\boldsymbol{\alpha}+\boldsymbol{\beta}|$ 有

$$\begin{aligned}(\mathcal{A}\boldsymbol{\alpha}, \mathcal{A}\boldsymbol{\beta}) &= \frac{1}{2}(\mathcal{A}(\boldsymbol{\alpha}+\boldsymbol{\beta}), \mathcal{A}(\boldsymbol{\alpha}+\boldsymbol{\beta})) - \frac{1}{2}(\mathcal{A}\boldsymbol{\alpha}, \mathcal{A}\boldsymbol{\alpha}) - \frac{1}{2}(\mathcal{A}\boldsymbol{\beta}, \mathcal{A}\boldsymbol{\beta})\\ &= \frac{1}{2}(\boldsymbol{\alpha}+\boldsymbol{\beta}, \boldsymbol{\alpha}+\boldsymbol{\beta}) - \frac{1}{2}(\boldsymbol{\alpha}, \boldsymbol{\alpha}) - \frac{1}{2}(\boldsymbol{\beta}, \boldsymbol{\beta})\\ &= (\boldsymbol{\alpha}, \boldsymbol{\beta}),\end{aligned}$$

故 $\mathcal{A}$ 是正交变换.

1) $\Longrightarrow$ 3) 设 $\boldsymbol{\varepsilon}_1, \boldsymbol{\varepsilon}_2, \cdots, \boldsymbol{\varepsilon}_n$ 为 $\boldsymbol{V}$ 的标准正交基, 即 $(\boldsymbol{\varepsilon}_i, \boldsymbol{\varepsilon}_j) = \delta_{ij}$. 因而由

$$(\mathcal{A}\boldsymbol{\varepsilon}_i, \mathcal{A}\boldsymbol{\varepsilon}_j) = (\boldsymbol{\varepsilon}_i, \boldsymbol{\varepsilon}_j) = \delta_{ij},$$

知 $\mathcal{A}\boldsymbol{\varepsilon}_1, \mathcal{A}\boldsymbol{\varepsilon}_2, \cdots, \mathcal{A}\boldsymbol{\varepsilon}_n$ 为标准正交基.

3) $\Longrightarrow$ 4) 设 $\boldsymbol{\varepsilon}_1, \boldsymbol{\varepsilon}_2, \cdots, \boldsymbol{\varepsilon}_n$ 为标准正交基, 又 $\mathcal{A}\boldsymbol{\varepsilon}_1, \mathcal{A}\boldsymbol{\varepsilon}_2, \cdots, \mathcal{A}\boldsymbol{\varepsilon}_n$ 也是标准正交基, 故

$$\boldsymbol{M}(\mathcal{A}; \boldsymbol{\varepsilon}_1, \boldsymbol{\varepsilon}_2, \cdots, \boldsymbol{\varepsilon}_n) = T\begin{pmatrix} \boldsymbol{\varepsilon}_1 & \boldsymbol{\varepsilon}_2 & \cdots & \boldsymbol{\varepsilon}_n \\ \mathcal{A}\boldsymbol{\varepsilon}_1 & \mathcal{A}\boldsymbol{\varepsilon}_2 & \cdots & \mathcal{A}\boldsymbol{\varepsilon}_n \end{pmatrix}$$

为正交矩阵.

4) $\Longrightarrow$ 5) 设 $\boldsymbol{\varepsilon}_1, \boldsymbol{\varepsilon}_2, \cdots, \boldsymbol{\varepsilon}_n$ 为 $\boldsymbol{V}$ 的标准正交基, 记$\boldsymbol{A}$ 为 $\mathcal{A}$ 在此基下的矩阵. 由$\boldsymbol{A}$ 为正交矩阵知 $\boldsymbol{A}^{-1} = \boldsymbol{A}'$. 又 $\boldsymbol{A}^{-1}$, $\boldsymbol{A}'$ 分别为 $\mathcal{A}^{-1}$, $\mathcal{A}^*$ 在此基下的矩阵, 故 $\mathcal{A}^{-1} = \mathcal{A}^*$.

5) $\Longrightarrow$ 2) 由于 $\mathcal{A}^* = \mathcal{A}^{-1}$, 故 $\forall \boldsymbol{\alpha} \in \boldsymbol{V}$, 有

$$|\mathcal{A}\boldsymbol{\alpha}|^2 = (\mathcal{A}\boldsymbol{\alpha}, \mathcal{A}\boldsymbol{\alpha}) = (\boldsymbol{\alpha}, \mathcal{A}^*\mathcal{A}\boldsymbol{\alpha}) = (\boldsymbol{\alpha}, \mathcal{A}^{-1}\mathcal{A}\boldsymbol{\alpha}) = (\boldsymbol{\alpha}, \boldsymbol{\alpha}) = |\boldsymbol{\alpha}|^2,$$

即 2) 成立.

注 从证明中可以看到, 若 $\mathcal{A}$ 将某一组标准正交基变到标准正交基或在某一组标准正交基下的矩阵为正交矩阵, 则 $\mathcal{A}$ 一定是正交变换.

将 $\boldsymbol{V}$ 的所有正交变换的集合记为 $O(\boldsymbol{V})$.

推论 1 若 $\mathcal{A} \in O(\boldsymbol{V})$, 则 $\mathcal{A}^{-1} \in O(\boldsymbol{V})$.

事实上, $(\mathcal{A}^*)^{-1} = (\mathcal{A}^{-1})^* = (\mathcal{A}^*)^*$. 故 $\mathcal{A}^* = \mathcal{A}^{-1} \in O(\boldsymbol{V})$.

推论 2 若 $\mathcal{A}, \mathcal{B} \in O(\boldsymbol{V})$, 则 $\mathcal{A}\mathcal{B} \in O(\boldsymbol{V})$.

事实上, $\forall \boldsymbol{\alpha} \in \boldsymbol{V}$, 有

$$|\mathcal{A}\mathcal{B}\boldsymbol{\alpha}| = |\mathcal{B}\boldsymbol{\alpha}| = |\boldsymbol{\alpha}|.$$

定理 7.6.2　设 $\mathcal{A}\in O(\boldsymbol{V})$, 则存在标准正交基 $\varepsilon_1, \varepsilon_2, \cdots, \varepsilon_n$ 使得

$$\boldsymbol{M}(\mathcal{A};\ \varepsilon_1,\ \varepsilon_2,\ \cdots,\ \varepsilon_n)=\mathrm{diag}(\boldsymbol{I}_r,\ -\boldsymbol{I}_s,\ \boldsymbol{A}_1,\ \boldsymbol{A}_2,\ \cdots,\ \boldsymbol{A}_t),$$

其中

$$\boldsymbol{A}_i=\begin{pmatrix}\cos\varphi_i & -\sin\varphi_i\\ \sin\varphi_i & \cos\varphi_i\end{pmatrix},\quad 1\leqslant i\leqslant t.$$

证　由 $\mathcal{A}\in O(\boldsymbol{V})$, 知 $\mathcal{A}^*=\mathcal{A}^{-1}$, 故 $\mathcal{A}$ 是正规线性变换. 由定理 7.5.3, 知有标准正交基 $\varepsilon_1, \varepsilon_2, \cdots, \varepsilon_n$ 使得

$$\boldsymbol{M}(\mathcal{A};\ \varepsilon_1,\ \varepsilon_2,\ \cdots,\ \varepsilon_n)=\mathrm{diag}(\lambda_1,\ \cdots,\ \lambda_k,\ \boldsymbol{A}_1,\ \boldsymbol{A}_2,\ \cdots,\ \boldsymbol{A}_t),$$

其中

$$\boldsymbol{A}_i=r_i\begin{pmatrix}\cos\varphi_i & -\sin\varphi_i\\ \sin\varphi_i & \cos\varphi_i\end{pmatrix}.$$

而由 $\mathcal{A}^*=\mathcal{A}^{-1}$ 知 $\boldsymbol{A}'=\boldsymbol{A}^{-1}$, 因而

$$\begin{aligned}\lambda_i&={\lambda_i}^{-1}, &&1\leqslant i\leqslant k,\\ (\boldsymbol{A}_j)'&=\boldsymbol{A}_j^{-1}, &&1\leqslant j\leqslant t,\end{aligned}$$

故 $\lambda_i=\pm1$, $r_j=1$. 适当调整 $\varepsilon_1, \varepsilon_2, \cdots, \varepsilon_n$ 的次序后有

$$\boldsymbol{A}=\mathrm{diag}(\boldsymbol{I}_r,\ -\boldsymbol{I}_s,\ \boldsymbol{A}_1,\ \boldsymbol{A}_2,\ \cdots,\ \boldsymbol{A}_t).$$

推论 1　设 $\mathcal{A}\in O(\boldsymbol{V})$, $f(\lambda)=\det(\lambda\mathrm{id}-\mathcal{A})$ 为 $\mathcal{A}$ 的特征多项式. 若 λ_0 为 $f(\lambda)$ 在 $\mathbf{C}$ 中的一个根, 则 $\lambda_0\overline{\lambda_0}=1$.

事实上, 可设 $\mathcal{A}$ 的矩阵为 $\mathrm{diag}(\boldsymbol{I}_r,\ -\boldsymbol{I}_s,\ \boldsymbol{A}_1,\ \cdots,\ \boldsymbol{A}_t)$. 于是

$$f(\lambda)=(\lambda-1)^r(\lambda+1)^s\prod_{i=1}^t(\lambda^2-2\lambda\cos\varphi_i+1),$$

故 $f(\lambda)$ 的根为 ±1, $\cos\varphi_i\pm\sqrt{-1}\sin\varphi_i$. 故 $\lambda_0\overline{\lambda_0}=1$.

推论 2　设 $\mathcal{A}\in O(\boldsymbol{V})$, 则 $\det\mathcal{A}=\pm1$.

事实上, $\mathcal{A}$ 在标准正交基下的矩阵 $\boldsymbol{A}$ 为正交矩阵. 故 $(\det\boldsymbol{A})^2=\det\boldsymbol{A}\cdot\det\boldsymbol{A}'$ $=\det\boldsymbol{I}_n=1$.

若 $\mathcal{A}\in O(\boldsymbol{V})$ 且 $\det\mathcal{A}=1$, 则称 $\mathcal{A}$ 为**旋转或第一类的**. 所有第一类正交变换记为 $SO(\boldsymbol{V})$. 若 $\mathcal{A}\in O(\boldsymbol{V})$ 且 $\det\mathcal{A}=-1$, 则称 $\mathcal{A}$ 是**第二类的**.

例 7.8　设 $\varepsilon_1, \varepsilon_2, \cdots, \varepsilon_n$ 是 n 维 Euclid 空间$\boldsymbol{V}$ 的一组标准正交基. $\mathcal{A}\in\mathrm{End}\,\boldsymbol{V}$, 满足

$$\mathcal{A}\left(\sum_{i=1}^n x_i\varepsilon_i\right)=-x_1\varepsilon_1+x_2\varepsilon_2+\cdots+x_n\varepsilon_n,$$

则 $\mathcal{A}$ 是第二类正交变换.

例 7.9 设 $\mathcal{A}\in SO(\boldsymbol{V})$, $\dim\boldsymbol{V}=3$, 则 $\mathcal{A}$ 是绕某条轴 (过原点的直线) 的旋转.

事实上, 由 $\det\mathcal{A}=1$, 从定理 7.6.2 知, 在某组标准正交基 $\boldsymbol{\varepsilon}_1$, $\boldsymbol{\varepsilon}_2$, $\boldsymbol{\varepsilon}_3$ 下的矩阵为

$$\boldsymbol{I}_3,\quad \begin{pmatrix}1 & 0 & 0\\ 0 & \cos\varphi & -\sin\varphi\\ 0 & \sin\varphi & \cos\varphi\end{pmatrix},\quad \begin{pmatrix}1 & 0 & 0\\ 0 & -1 & 0\\ 0 & 0 & -1\end{pmatrix}$$

三种形式之一. 在第一种情况下取 $\varphi=0$, 在第三种情况取 $\varphi=\pi$, 则三种形式统一为第二种形式即 $\mathcal{A}$ 为绕通过 $\boldsymbol{\varepsilon}_1$ 的轴旋转 φ 角.

习　题

1. 设 $\boldsymbol{\alpha}$ 为 Euclid 空间 $\boldsymbol{V}$ 的非零向量. 又 $\mathcal{A}$ 为$\boldsymbol{V}$ 到 $\boldsymbol{V}$ 的映射, 满足

$$\mathcal{A}\boldsymbol{\beta}=\boldsymbol{\beta}-\frac{2(\boldsymbol{\beta},\ \boldsymbol{\alpha})}{(\boldsymbol{\alpha},\ \boldsymbol{\alpha})}\boldsymbol{\alpha}.$$

试证 $\mathcal{A}$ 是第二类正交变换. (**注**　$\mathcal{A}$ 称为**镜面反射**.)

2. 设 $\mathcal{A}\in O(\boldsymbol{V})$, $\dim\boldsymbol{V}=n$, $\dim E_1(\mathcal{A})=n-1$. 试证 $\mathcal{A}$ 为镜面反射.

3. 设 $\mathcal{A}\in O(\boldsymbol{V})$, $\boldsymbol{V}_1$ 为 $\mathcal{A}$ 的不变子空间. 试证 $\boldsymbol{V}_1^{\perp}$ 也是 $\mathcal{A}$ 的不变子空间.

4. 设 $\mathcal{A}\in SO(\boldsymbol{V})$, $\dim\boldsymbol{V}$ 为奇数, 试证 1 为 $\mathcal{A}$ 的特征值.

5. 设 $\mathcal{A}\in O(\boldsymbol{V})$, 且为第二类正交变换. 试证 -1 为 $\mathcal{A}$ 的特征值.

6. 设 $\mathcal{A}$ 为 Euclid 空间 $\boldsymbol{V}$ 的一个映射, 且

$$(\mathcal{A}\boldsymbol{\alpha},\ \mathcal{A}\boldsymbol{\beta})=(\boldsymbol{\alpha},\ \boldsymbol{\beta}),\ \ \forall\boldsymbol{\alpha},\ \boldsymbol{\beta}\in\boldsymbol{V}.$$

试证 $\mathcal{A}$ 是线性的. (从而 $\mathcal{A}$ 是正交变换.)

7. 设 $\boldsymbol{\alpha}_1,\ \boldsymbol{\alpha}_2,\ \cdots,\ \boldsymbol{\alpha}_n$ 与 $\boldsymbol{\beta}_1,\ \boldsymbol{\beta}_2,\ \cdots,\ \boldsymbol{\beta}_n$ 是 Euclid 空间$\boldsymbol{V}$ 的两组基. 证明存在 $\mathcal{A}\in O(\boldsymbol{V})$ 使得

$$\mathcal{A}\boldsymbol{\alpha}_i=\boldsymbol{\beta}_i,\ \ i=1,\ 2,\ \cdots,\ n$$

的充分必要条件为

$$(\boldsymbol{\alpha}_i,\ \boldsymbol{\alpha}_j)=(\boldsymbol{\beta}_i,\ \boldsymbol{\beta}_j),\ \ 1\leqslant i,\ j\leqslant n.$$

8. 设 $\boldsymbol{\alpha}$, $\boldsymbol{\beta}$ 是 Euclid 空间$\boldsymbol{V}$ 中两个不同向量且 $|\boldsymbol{\alpha}|=|\boldsymbol{\beta}|$. 证明存在镜面反射 $\mathcal{A}$ 使得 $\mathcal{A}\boldsymbol{\alpha}=\boldsymbol{\beta}$.

9. 设 $\mathcal{A}\in O(\boldsymbol{V})$, $\dim\boldsymbol{V}=n$. 试证存在镜面反射 $R_1, R_2, \cdots, R_s$ 使得 $R_1R_2\cdots R_s=\mathcal{A}$.

7.7 对称变换

正规变换中另一类重要的变换是对称变换, 本节将讨论这类变换的性质及其标准形.

定义 7.7.1 设 $\boldsymbol{V}$ 为 n 维 Euclid 空间, $\mathcal{A} \in \mathrm{End}\boldsymbol{V}$. 若 $\mathcal{A}$ 满足

$$(\mathcal{A}\boldsymbol{\alpha},\ \boldsymbol{\beta}) = (\boldsymbol{\alpha},\ \mathcal{A}\boldsymbol{\beta}),\ \forall \boldsymbol{\alpha},\ \boldsymbol{\beta} \in \boldsymbol{V},$$

则称 $\mathcal{A}$ 为**对称变换**.

换一种说法, $\mathcal{A}$ 为对称变换, 即 $\mathcal{A} = \mathcal{A}^*$.

定理 7.7.1 设 $\boldsymbol{V}$ 为 n 维 Euclid 空间, $\mathcal{A} \in \mathrm{End}\boldsymbol{V}$. 则 $\mathcal{A}$ 为对称变换的充分必要条件是 $\mathcal{A}$ 在标准正交基下的矩阵为对称矩阵.

证 设 $\boldsymbol{\varepsilon}_1, \boldsymbol{\varepsilon}_2, \cdots, \boldsymbol{\varepsilon}_n$ 为 $\boldsymbol{V}$ 的标准正交基. 又

$$\boldsymbol{M}(\mathcal{A};\ \boldsymbol{\varepsilon}_1,\ \boldsymbol{\varepsilon}_2,\ \cdots,\ \boldsymbol{\varepsilon}_n) = \boldsymbol{A} = (a_{ij}),$$

即 $\mathcal{A}\boldsymbol{\varepsilon}_k = \sum_{t=1}^{n} a_{tk}\boldsymbol{\varepsilon}_t$. 于是当 $\mathcal{A}$ 为对称变换时

$$a_{ij} = (\boldsymbol{\varepsilon}_i,\ \mathcal{A}\boldsymbol{\varepsilon}_j) = (\mathcal{A}\boldsymbol{\varepsilon}_i,\ \boldsymbol{\varepsilon}_j) = a_{ji}.$$

故 $\boldsymbol{A}' = \boldsymbol{A}$.

反之, 设

$$\begin{aligned}
&\boldsymbol{A}' = \boldsymbol{A},\\
&\mathrm{crd}(\boldsymbol{\alpha};\ \boldsymbol{\varepsilon}_1,\ \boldsymbol{\varepsilon}_2,\ \cdots,\ \boldsymbol{\varepsilon}_n) = \boldsymbol{X},\\
&\mathrm{crd}(\boldsymbol{\beta};\ \boldsymbol{\varepsilon}_1,\ \boldsymbol{\varepsilon}_2,\ \cdots,\ \boldsymbol{\varepsilon}_n) = \boldsymbol{Y}.
\end{aligned}$$

于是

$$\begin{aligned}
&\mathrm{crd}(\mathcal{A}\boldsymbol{\alpha};\ \boldsymbol{\varepsilon}_1,\ \boldsymbol{\varepsilon}_2,\ \cdots,\ \boldsymbol{\varepsilon}_n) = \boldsymbol{AX},\\
&\mathrm{crd}(\mathcal{A}\boldsymbol{\beta};\ \boldsymbol{\varepsilon}_1,\ \boldsymbol{\varepsilon}_2,\ \cdots,\ \boldsymbol{\varepsilon}_n) = \boldsymbol{AY}.
\end{aligned}$$

因而

$$\begin{aligned}
(\mathcal{A}\boldsymbol{\alpha},\ \boldsymbol{\beta}) &= (\boldsymbol{AX})'\boldsymbol{Y} = \boldsymbol{X}'\boldsymbol{A}'\boldsymbol{Y}\\
&= \boldsymbol{X}'(\boldsymbol{AY}) = (\boldsymbol{\alpha},\ \mathcal{A}\boldsymbol{\beta}).
\end{aligned}$$

故 $\mathcal{A}$ 为对称变换.

定理 7.7.2 设 $\mathcal{A}$ 是 n 维 Euclid 空间 $\boldsymbol{V}$ 的对称变换, 则有标准正交基 $\boldsymbol{\varepsilon}_1, \boldsymbol{\varepsilon}_2, \cdots, \boldsymbol{\varepsilon}_n$ 使得

$$M(\mathcal{A};\ \varepsilon_1,\ \varepsilon_2,\ \cdots,\ \varepsilon_n)=A=\mathrm{diag}(\lambda_1,\ \lambda_2,\ \cdots,\ \lambda_n).$$

证 $\mathcal{A}$ 为对称变换, 即 $\mathcal{A}=\mathcal{A}^*$, 因而为正规变换. 于是有标准正交基 $\varepsilon_1,\varepsilon_2,\cdots,\varepsilon_n$ 使得

$$M(\mathcal{A};\ \varepsilon_1,\ \varepsilon_2,\ \cdots,\ \varepsilon_n)=A=\mathrm{diag}(\lambda_1,\ \cdots,\ \lambda_r,\ A_1,\ \cdots,\ A_s),$$

其中

$$A_i=r_i\begin{pmatrix}\cos\varphi_i & -\sin\varphi_i\\ \sin\varphi_i & \cos\varphi_i\end{pmatrix},\quad 1\leqslant i\leqslant s.$$

但由定理 7.7.1 知 $A'=A$, 故 $A_i{}'=A_i$. 于是, $\sin\varphi_i=0$. 故定理成立.

推论 1 对称变换 $\mathcal{A}$ (实对称矩阵 A) 的特征多项式的根都是实根.

由于有标准正交基 $\varepsilon_1,\ \varepsilon_2,\ \cdots,\ \varepsilon_n$ 使得 $\mathcal{A}$ 的矩阵为

$$\mathrm{diag}(\lambda_1,\ \lambda_2,\ \cdots,\ \lambda_n),$$

故 $\mathcal{A}$ 的特征值 λ_i 为实数.

注 实对称矩阵 $A\in\mathbf{R}^{n\times n}$ 的特征多项式 $f(\lambda)$ 的根为实根, 还可证明如下:

设 λ_0 为 $f(\lambda)$ 的根, 于是有 $X_0\in\mathbf{C}^{n\times 1}$, $X_0\neq 0$ 使得 $AX_0=\lambda_0X_0$. 于是

$$A\overline{X_0}=\overline{AX_0}=\overline{\lambda_0X_0}.$$

因为 $\overline{X_0}'X_0>0$, 且

$$\lambda_0\overline{X_0}'X_0=\overline{X_0}'AX_0=(A\overline{X_0})'X_0=\overline{\lambda_0}\,\overline{X_0}'X_0,$$

于是 $\lambda_0=\overline{\lambda_0}$, 即 $\lambda_0\in\mathbf{R}$.

推论 2 设 $\lambda_1,\ \lambda_2,\ \cdots,\ \lambda_k$ 是对称变换 $\mathcal{A}$ 的全部不同的特征值, 则

$$V=E_{\lambda_1}(\mathcal{A})\dot{+}E_{\lambda_2}(\mathcal{A})\dot{+}\cdots\dot{+}E_{\lambda_k}(\mathcal{A}),$$

且 $i\neq j$ 时

$$(E_{\lambda_i}(\mathcal{A}),\ E_{\lambda_j}(\mathcal{A}))=0.$$

这是定理 7.7.2 的结果.

推论 3 设 $A\in\mathbf{R}^{n\times n}$, $A'=A$, 则存在正交方阵 T 使得 $T^{-1}AT=T'AT=\mathrm{diag}(\lambda_1,\ \lambda_2,\ \cdots,\ \lambda_n)$ 为对角矩阵, 此对角矩阵称为 A 的**标准形**.

事实上, 可将 A 看成某对称变换在标准正交基下的矩阵. 由定理 7.7.2 即可得此推论.

定理 7.7.2 及其推论实际上也给出了求实对称矩阵 A 的标准形的步骤.

第一步, 求出 $\boldsymbol{A}$ 的特征值 $\lambda_1, \lambda_2, \cdots, \lambda_k$.

第二步, 对 λ_i, 求出齐次线性方程组

$$(\lambda_i \boldsymbol{I}_n - \boldsymbol{A})\boldsymbol{X} = 0$$

的基础解系, 并用 Schmidt 方法将其正交化, 即求出 $E_{\lambda_i}(\boldsymbol{A})$ 的标准正交基

$$\boldsymbol{\eta}_{i1}, \boldsymbol{\eta}_{i2}, \cdots, \boldsymbol{\eta}_{in_i}.$$

第三步, 令

$$\boldsymbol{T} = (\boldsymbol{\eta}_{11}, \cdots, \boldsymbol{\eta}_{1n_1}, \boldsymbol{\eta}_{21}, \cdots, \boldsymbol{\eta}_{kn_k}).$$

则$\boldsymbol{T}$ 为正交矩阵, 且

$$\boldsymbol{T}'\boldsymbol{A}\boldsymbol{T} = \mathrm{diag}(\lambda_1 \boldsymbol{I}_{n_1}, \lambda_2 \boldsymbol{I}_{n_2}, \cdots, \lambda_k \boldsymbol{I}_{n_k}).$$

例 7.10　求正交矩阵 $\boldsymbol{T}$ 使 $\boldsymbol{T}'\boldsymbol{A}\boldsymbol{T}$ 为 $\boldsymbol{A}$ 的标准形, 其中

$$\boldsymbol{A} = \begin{pmatrix} 0 & 1 & 1 & -1 \\ 1 & 0 & -1 & 1 \\ 1 & -1 & 0 & 1 \\ -1 & 1 & 1 & 0 \end{pmatrix}.$$

解　由

$$\begin{aligned} |\lambda \boldsymbol{I}_4 - \boldsymbol{A}| &= \begin{vmatrix} \lambda & -1 & -1 & 1 \\ -1 & \lambda & 1 & -1 \\ -1 & 1 & \lambda & -1 \\ 1 & -1 & -1 & \lambda \end{vmatrix} = \begin{vmatrix} \lambda-1 & -1 & -1 & 1 \\ \lambda-1 & \lambda & 1 & -1 \\ \lambda-1 & 1 & \lambda & -1 \\ \lambda-1 & -1 & -1 & \lambda \end{vmatrix} \\ &= (\lambda-1)\begin{vmatrix} 1 & -1 & -1 & 1 \\ 1 & \lambda & 1 & -1 \\ 1 & 1 & \lambda & -1 \\ 1 & -1 & -1 & \lambda \end{vmatrix} = (\lambda-1)\begin{vmatrix} 1 & 0 & 0 & 0 \\ 1 & \lambda+1 & 2 & -2 \\ 1 & 2 & \lambda+1 & -2 \\ 1 & 0 & 0 & \lambda-1 \end{vmatrix} \\ &= (\lambda-1)^3(\lambda+3), \end{aligned}$$

知$\boldsymbol{A}$ 的特征根为 1 (三重) 与 -3.

$\lambda = 1$ 时, $(\boldsymbol{I}_4 - \boldsymbol{A})\boldsymbol{X} = 0$ 的基础解系为

$$\boldsymbol{\alpha}_1 = \begin{pmatrix} 1 \\ 1 \\ 0 \\ 0 \end{pmatrix}, \quad \boldsymbol{\alpha}_2 = \begin{pmatrix} 1 \\ 0 \\ 1 \\ 0 \end{pmatrix}, \quad \boldsymbol{\alpha}_3 = \begin{pmatrix} -1 \\ 0 \\ 0 \\ 1 \end{pmatrix}.$$

将基础解系正交化有

$$\boldsymbol{\beta}_1=\boldsymbol{\alpha}_1,$$

$$\boldsymbol{\beta}_2=\boldsymbol{\alpha}_2-\frac{(\boldsymbol{\alpha}_2,\ \boldsymbol{\alpha}_1)}{(\boldsymbol{\alpha}_1,\ \boldsymbol{\alpha}_1)}\boldsymbol{\alpha}_1=\begin{pmatrix}\frac{1}{2}\\-\frac{1}{2}\\1\\0\end{pmatrix},$$

$$\boldsymbol{\beta}_3=\boldsymbol{\alpha}_3-\frac{(\boldsymbol{\alpha}_3,\ \boldsymbol{\alpha}_1)}{(\boldsymbol{\alpha}_1,\ \boldsymbol{\alpha}_1)}\boldsymbol{\alpha}_1-\frac{(\boldsymbol{\alpha}_3,\ \boldsymbol{\beta}_2)}{(\boldsymbol{\beta}_2,\ \boldsymbol{\beta}_2)}\boldsymbol{\beta}_2=\begin{pmatrix}-\frac{1}{3}\\\frac{1}{3}\\\frac{1}{3}\\1\end{pmatrix}.$$

再单位化, 得

$$\boldsymbol{\eta}_1=\begin{pmatrix}\frac{1}{\sqrt{2}}\\\frac{1}{\sqrt{2}}\\0\\0\end{pmatrix},\quad \boldsymbol{\eta}_2=\begin{pmatrix}\frac{1}{\sqrt{6}}\\-\frac{1}{\sqrt{6}}\\\frac{2}{\sqrt{6}}\\0\end{pmatrix},\quad \boldsymbol{\eta}_3=\begin{pmatrix}-\frac{1}{\sqrt{12}}\\\frac{1}{\sqrt{12}}\\\frac{1}{\sqrt{12}}\\\frac{3}{\sqrt{12}}\end{pmatrix}.$$

$\lambda=-3$ 时, $(-3\boldsymbol{I}_4-\boldsymbol{A})\boldsymbol{X}=0$ 的非零解为

$$\boldsymbol{\eta}_4=\begin{pmatrix}\frac{1}{2}\\-\frac{1}{2}\\-\frac{1}{2}\\\frac{1}{2}\end{pmatrix}.$$

于是 $\boldsymbol{T}=(\boldsymbol{\eta}_1,\ \boldsymbol{\eta}_2,\ \boldsymbol{\eta}_3,\ \boldsymbol{\eta}_4)$.

$$\boldsymbol{T}'\boldsymbol{A}\boldsymbol{T}=\mathrm{diag}(1,\ 1,\ 1,\ -3)$$

为 $\boldsymbol{A}$ 的标准形.

对于推论 3 中的正交矩阵 $\boldsymbol{T}$, 还可以满足 $\det\boldsymbol{T}=1$. 事实上, 令 $\boldsymbol{S}=\mathrm{diag}(-1,1,\cdots,1)$, 则知 $\det\boldsymbol{TS}=-\det\boldsymbol{T}$, 且

$$\begin{aligned}(\boldsymbol{TS})'\boldsymbol{A}(\boldsymbol{TS}) =&\boldsymbol{S}'\boldsymbol{T}'\boldsymbol{ATS}=\boldsymbol{S}'\mathrm{diag}(\lambda_1,\lambda_2,\cdots,\lambda_n)\boldsymbol{S}\\ =&\mathrm{diag}(\lambda_1,\lambda_2,\cdots,\lambda_n).\end{aligned}$$

习 题

1. 求正交矩阵 $\boldsymbol{T}$ 使 $\boldsymbol{T}'\boldsymbol{AT}$ 成对角形. $\boldsymbol{A}$ 为

1) $\begin{pmatrix}2&-2&0\\-2&1&-2\\0&-2&0\end{pmatrix}$; 2) $\begin{pmatrix}2&2&-2\\2&5&-4\\-2&-4&5\end{pmatrix}$;

3) $\begin{pmatrix}0&0&4&1\\0&0&1&4\\4&1&0&0\\1&4&0&0\end{pmatrix}$; 4) $\begin{pmatrix}1&1&1&1\\1&1&1&1\\1&1&1&1\\1&1&1&1\end{pmatrix}$;

5) $\begin{pmatrix}-1&-3&3&-3\\-3&-1&-3&3\\3&-3&-1&-3\\-3&3&-3&-1\end{pmatrix}$.

2. 设 $\boldsymbol{A}$, $\boldsymbol{B}$ 都是 n 阶实对称矩阵. 证明存在正交矩阵 $\boldsymbol{T}$ 使 $\boldsymbol{T}^{-1}\boldsymbol{AT}=\boldsymbol{B}$ 的充分必要条件是$\boldsymbol{A}$, $\boldsymbol{B}$ 的特征多项式相等 (或特征多项式的根全部相同).

3. 设 $\boldsymbol{A}\in\mathbf{R}^{n\times n}$, 且 $\boldsymbol{A}'=\boldsymbol{A}$. 试证:
   1) 若 $\boldsymbol{A}^2=\boldsymbol{A}$, 则存在正交矩阵 $\boldsymbol{T}$ 使得 $\boldsymbol{T}'\boldsymbol{AT}=\mathrm{diag}(\boldsymbol{I}_r,0)$;
   2) 若 $\boldsymbol{A}^2=\boldsymbol{I}_n$, 则存在正交矩阵 $\boldsymbol{T}$ 使得 $\boldsymbol{T}'\boldsymbol{AT}=\mathrm{diag}(\boldsymbol{I}_r,-\boldsymbol{I}_{n-r})$.

4. 设对称变换 $\mathcal{A}$ 的特征值为 $\lambda_1\leqslant\lambda_2\leqslant\cdots\leqslant\lambda_n$. 试证 $\forall\boldsymbol{\alpha}\in\boldsymbol{V}$, 满足 $\lambda_1(\boldsymbol{\alpha},\boldsymbol{\alpha})\leqslant(\boldsymbol{\alpha},\mathcal{A}\boldsymbol{\alpha})\leqslant\lambda_n(\boldsymbol{\alpha},\boldsymbol{\alpha})$.

5. n 阶实对称矩阵 $\boldsymbol{A}$ 的特征值均为正数的充要条件是 $\boldsymbol{A}$ 为正定方阵.

6. 设 $\boldsymbol{A}$, $\boldsymbol{B}$ 都是 n 阶实对称矩阵, 且 $\boldsymbol{B}$ 是正定的. 证明: 存在实可逆矩阵 $\boldsymbol{T}$ 使得 $\boldsymbol{T}'\boldsymbol{AT}$, $\boldsymbol{T}'\boldsymbol{BT}$ 都是对角矩阵.

7. 设 $\boldsymbol{A}$, $\boldsymbol{B}$ 都是 n 阶实对称矩阵, 且 $\boldsymbol{A}$ 是正定的. 试证$\boldsymbol{AB}$ 相似于对角矩阵. 又若 $\boldsymbol{B}$ 也是正定的, 则 $\boldsymbol{AB}$ 的特征值为正实数.

8. 设 $\boldsymbol{\alpha}\in\mathbf{R}^n$, $|\boldsymbol{\alpha}|=1$. 证明存在对称正交矩阵 $\boldsymbol{A}$ 使得 $\mathrm{col}_1\boldsymbol{A}=\boldsymbol{\alpha}$.

9. 设 $\boldsymbol{V}$ 为 n 维 Euclid 空间, $\mathcal{A}\in \mathrm{End}\boldsymbol{V}$. 若

$$(\mathcal{A}\boldsymbol{\alpha},\ \boldsymbol{\beta})=-(\boldsymbol{\alpha},\ \mathcal{A}\boldsymbol{\beta}),\ \ \forall \boldsymbol{\alpha},\ \boldsymbol{\beta}\in \boldsymbol{V},$$

则称 $\mathcal{A}$ 为**反对称变换**, 试证:

1) $\mathcal{A}$ 为反对称变换当且仅当 $\mathcal{A}$ 在标准正交基下的矩阵是反对称的;

2) 反对称变换 $\mathcal{A}$ 的特征多项式的根为纯虚数 (即实部为零的复数);

3) 设 $\boldsymbol{V}_1$ 为反对称变换 $\mathcal{A}$ 的不变子空间, 则 $\boldsymbol{V}_1^{\perp}$ 也是 $\mathcal{A}$ 的不变子空间.

10. 设 $\boldsymbol{A}$ 为实对称矩阵, $\boldsymbol{B}$ 为实反对称矩阵, 且 $\boldsymbol{AB}=\boldsymbol{BA}$; $\boldsymbol{A}-\boldsymbol{B}$ 可逆. 试证 $(\boldsymbol{A}+\boldsymbol{B})(\boldsymbol{A}-\boldsymbol{B})^{-1}$ 为正交矩阵.

11. 设 $\boldsymbol{A}\in \mathbf{R}^{n\times n}$. 试证:

1) $\boldsymbol{A}=\boldsymbol{A}'$ 当且仅当 $\boldsymbol{A}'\boldsymbol{A}=\boldsymbol{A}\boldsymbol{A}'$, 且 $\boldsymbol{A}$ 的特征根都是实数;

2) $\boldsymbol{A}=-\boldsymbol{A}'$ 当且仅当 $\boldsymbol{A}'\boldsymbol{A}=\boldsymbol{A}\boldsymbol{A}'$, 且 $\boldsymbol{A}$ 的特征根都是纯虚数;

3) $\boldsymbol{A}'=\boldsymbol{A}^{-1}$ 当且仅当$\boldsymbol{A}'\boldsymbol{A}=\boldsymbol{A}\boldsymbol{A}'$, 且 $\boldsymbol{A}$ 的特征根的模为 1.

7.8　酉空间及其变换

Euclid 空间是有内积的实线性空间. 将此概念维广到复线性空间, 即复线性空间再加上内积就是酉空间. 内积的定义如下.

定义 7.8.1　设 $\boldsymbol{V}$ 是复数域 $\mathbf{C}$ 上的线性空间. $\boldsymbol{V}$ 上的二元复函数 $(\boldsymbol{\alpha},\ \boldsymbol{\beta})$ 若满足下面条件:

1)
$$(\boldsymbol{\alpha},\ \boldsymbol{\beta})=\overline{(\boldsymbol{\beta},\ \boldsymbol{\alpha})},\ \forall \boldsymbol{\alpha},\ \boldsymbol{\beta}\in \boldsymbol{V},$$
这里 $\overline{(\boldsymbol{\beta},\ \boldsymbol{\alpha})}$ 是 $(\boldsymbol{\beta},\ \boldsymbol{\alpha})$ 的共轭复数;

2) $(k_1\boldsymbol{\alpha}_1+k_2\boldsymbol{\alpha}_2,\ \boldsymbol{\beta})=k_1(\boldsymbol{\alpha}_1,\ \boldsymbol{\beta})+k_2(\boldsymbol{\alpha}_2,\ \boldsymbol{\beta})$,

$$\forall \boldsymbol{\alpha}_1,\ \boldsymbol{\alpha}_2,\ \boldsymbol{\beta}\in \boldsymbol{V},\ k_1,\ k_2\in \mathbf{C};$$

3) $(\boldsymbol{\alpha},\ \boldsymbol{\alpha})\geqslant 0$, 而且 $(\boldsymbol{\alpha},\ \boldsymbol{\alpha})=0$ 当且仅当 $\boldsymbol{\alpha}=0$.

则称$(\boldsymbol{\alpha},\ \boldsymbol{\beta})$ 为 $\boldsymbol{V}$ 的**内积**, 并称 $\boldsymbol{V}$ 为**酉空间**.

例 7.11　在 $\mathbf{C}^n=\mathbf{C}^{1\times n}$ 中定义二元函数$(\boldsymbol{\alpha},\ \boldsymbol{\beta})$ 为

$$(\boldsymbol{\alpha},\ \boldsymbol{\beta})=\boldsymbol{\alpha}\overline{\boldsymbol{\beta}}',\ \ \forall \boldsymbol{\alpha},\ \boldsymbol{\beta}\in \mathbf{C}^n,$$

则$(\boldsymbol{\alpha},\ \boldsymbol{\beta})$ 为内积, $\mathbf{C}^n$ 为酉空间.

酉空间的结构及线性变换的性质在很多地方与 Euclid 空间的结构及线性变换的性质雷同, 但又有区别, 现将酉空间的主要性质罗列于下. 读者应将其与 Euclid 空间相比较, 注意两者异同之处.

1. 内积对第二个变量是**半线性**的, 即

$$(\boldsymbol{\alpha},\ k_1\boldsymbol{\beta}_1 + k_2\boldsymbol{\beta}_2) = \overline{k_1}(\boldsymbol{\alpha},\ \boldsymbol{\beta}_1) + \overline{k_2}(\boldsymbol{\alpha},\ \boldsymbol{\beta}_2).$$

这个式子也等价于下面两个式子

$$\begin{aligned}&(\boldsymbol{\alpha},\ k\boldsymbol{\beta}) = \overline{k}(\boldsymbol{\alpha},\ \boldsymbol{\beta}),\\ &(\boldsymbol{\alpha},\ \boldsymbol{\beta}_1 + \boldsymbol{\beta}_2) = (\boldsymbol{\alpha},\ \boldsymbol{\beta}_1) + (\boldsymbol{\alpha},\ \boldsymbol{\beta}_2).\end{aligned}$$

2. 称 $|\boldsymbol{\alpha}| = \sqrt{(\boldsymbol{\alpha},\ \boldsymbol{\alpha})}$ 为 $\boldsymbol{\alpha}$ 的**长度**. 于是, $|\boldsymbol{\alpha}| = 0$ 当且仅当 $\boldsymbol{\alpha} = 0$.

3. Cauchy–Буняковский 不等式成立, 即

$$|(\boldsymbol{\alpha},\ \boldsymbol{\beta})| \leqslant |\boldsymbol{\alpha}| \cdot |\boldsymbol{\beta}|.$$

而且, 当且仅当$\boldsymbol{\alpha}$, $\boldsymbol{\beta}$ 线性相关时等号成立.

事实上, $\boldsymbol{\beta} = 0$ 时, 上式自然成立. 设 $\boldsymbol{\beta} \neq 0$, 于是

$$\begin{aligned}0 \leqslant &\left(\boldsymbol{\alpha} - \frac{(\boldsymbol{\alpha},\ \boldsymbol{\beta})}{(\boldsymbol{\beta},\ \boldsymbol{\beta})}\boldsymbol{\beta},\ \boldsymbol{\alpha} - \frac{(\boldsymbol{\alpha},\ \boldsymbol{\beta})}{(\boldsymbol{\beta},\ \boldsymbol{\beta})}\boldsymbol{\beta}\right)\\ =&(\boldsymbol{\alpha},\ \boldsymbol{\alpha}) - \frac{\overline{(\boldsymbol{\alpha},\ \boldsymbol{\beta})}}{(\boldsymbol{\beta},\ \boldsymbol{\beta})}(\boldsymbol{\alpha},\ \boldsymbol{\beta}) - \frac{(\boldsymbol{\alpha},\ \boldsymbol{\beta})}{(\boldsymbol{\beta},\ \boldsymbol{\beta})}(\boldsymbol{\beta},\ \boldsymbol{\alpha}) + \frac{(\boldsymbol{\alpha},\ \boldsymbol{\beta})(\boldsymbol{\beta},\ \boldsymbol{\alpha})}{(\boldsymbol{\beta},\ \boldsymbol{\beta})^2}(\boldsymbol{\beta},\ \boldsymbol{\beta}),\end{aligned}$$

于是

$$(\boldsymbol{\alpha},\ \boldsymbol{\alpha})(\boldsymbol{\beta},\ \boldsymbol{\beta}) \geqslant (\boldsymbol{\alpha},\ \boldsymbol{\beta})\overline{(\boldsymbol{\alpha},\ \boldsymbol{\beta})},$$

且等号成立当且仅当$\boldsymbol{\alpha} - \dfrac{(\boldsymbol{\alpha},\ \boldsymbol{\beta})}{(\boldsymbol{\beta},\ \boldsymbol{\beta})}\boldsymbol{\beta}=0$, 即$\boldsymbol{\alpha}$, $\boldsymbol{\beta}$ 线性相关.

从 Cauchy–Буняковский 不等式, 可定义两个非零向量$\boldsymbol{\alpha}$, $\boldsymbol{\beta}$ 的**夹角**为

$$\langle\boldsymbol{\alpha},\ \boldsymbol{\beta}\rangle = \arccos\frac{|(\boldsymbol{\alpha},\ \boldsymbol{\beta})|}{|\boldsymbol{\alpha}| \cdot |\boldsymbol{\beta}|},\ \ 0 \leqslant \langle\boldsymbol{\alpha},\ \boldsymbol{\beta}\rangle \leqslant \frac{\pi}{2}.$$

4. 若 $(\boldsymbol{\alpha},\ \boldsymbol{\beta}) = 0$, 则称$\boldsymbol{\alpha}$ 与 $\boldsymbol{\beta}$ **正交**. 非零向量组 $\boldsymbol{\alpha}_1,\ \boldsymbol{\alpha}_2,\ \cdots,\ \boldsymbol{\alpha}_k$ 中向量若两两正交, 即当 $i \neq j$ 时, $(\boldsymbol{\alpha}_i,\ \boldsymbol{\alpha}_j) = 0$, 则称为**正交向量组**.

容易证明正交向量组必线性无关.

5. 酉空间的基 $\boldsymbol{\alpha}_1,\ \boldsymbol{\alpha}_2,\ \cdots,\ \boldsymbol{\alpha}_n$ 若满足

$$(\boldsymbol{\alpha}_i,\ \boldsymbol{\alpha}_j) = \delta_{ij},\ \ 1 \leqslant i,\ j \leqslant n,$$

则称为**标准正交基**.

此时, 向量的坐标及内积有如下形式

$$\mathrm{crd}(\boldsymbol{\alpha};\ \boldsymbol{\alpha}_1,\ \boldsymbol{\alpha}_2,\ \cdots,\ \boldsymbol{\alpha}_n)=\begin{pmatrix}(\boldsymbol{\alpha},\ \boldsymbol{\alpha}_1)\\(\boldsymbol{\alpha},\ \boldsymbol{\alpha}_2)\\\vdots\\(\boldsymbol{\alpha},\ \boldsymbol{\alpha}_n)\end{pmatrix},$$

$$(\boldsymbol{\alpha},\ \boldsymbol{\beta})=\mathrm{crd}(\boldsymbol{\alpha};\ \boldsymbol{\alpha}_1,\ \boldsymbol{\alpha}_2,\ \cdots,\ \boldsymbol{\alpha}_n)'\overline{\mathrm{crd}(\boldsymbol{\beta};\ \boldsymbol{\alpha}_1,\ \boldsymbol{\alpha}_2,\ \cdots,\ \boldsymbol{\alpha}_n)}.$$

6. 对酉空间 $\boldsymbol{V}$ 的任何一组基 $\boldsymbol{\alpha}_1, \boldsymbol{\alpha}_2, \cdots, \boldsymbol{\alpha}_n$, 用 Schmidt 正交化方法, 可找到标准正交基 $\boldsymbol{\varepsilon}_1, \boldsymbol{\varepsilon}_2, \cdots, \boldsymbol{\varepsilon}_n$ 使得

$$L(\boldsymbol{\varepsilon}_1,\ \boldsymbol{\varepsilon}_2,\ \cdots,\ \boldsymbol{\varepsilon}_k)=L(\boldsymbol{\alpha}_1,\ \boldsymbol{\alpha}_2,\ \cdots,\ \boldsymbol{\alpha}_k),\ \ 1\leqslant k\leqslant n.$$

7. $\boldsymbol{A}\in\mathbf{C}^{n\times n}$, 且满足 $\overline{\boldsymbol{A}}'\boldsymbol{A}=\boldsymbol{A}\overline{\boldsymbol{A}}'=\boldsymbol{I}_n$, 则称$\boldsymbol{A}$ 为**酉矩阵**.

$\boldsymbol{A}, \boldsymbol{B}$ 为酉矩阵, 则 $\boldsymbol{A}^{-1}$, $\boldsymbol{AB}$ 也是酉矩阵. 又 $|\det\boldsymbol{A}|=1$.

从标准正交基到标准正交基的过渡矩阵为酉矩阵.

8. 酉空间 $\boldsymbol{V}$ 的子空间 $\boldsymbol{V}_1$ 也是酉空间, 且当 $\dim\boldsymbol{V}<\infty$ 时

$$\boldsymbol{V}=\boldsymbol{V}_1\dot{+}\boldsymbol{V}_1^{\perp},$$

其中

$$\boldsymbol{V}_1^{\perp}=\{\boldsymbol{\alpha}\in\boldsymbol{V}|(\boldsymbol{\alpha},\ \boldsymbol{\beta})=0,\ \ \forall\boldsymbol{\beta}\in\boldsymbol{V}_1\}$$

为$\boldsymbol{V}$ 的子空间, 称为 $\boldsymbol{V}_1$ 在$\boldsymbol{V}$ 中的正交补.

以下是酉空间的线性变换的一些性质.

9. 设 $\boldsymbol{V}$ 为酉空间, $\mathcal{A}\in\mathrm{End}\boldsymbol{V}$, 则存在唯一的线性变换 $\mathcal{A}^*$ 使得

$$(\mathcal{A}\boldsymbol{\alpha},\ \boldsymbol{\beta})=(\boldsymbol{\alpha},\ \mathcal{A}^*\boldsymbol{\beta}),\ \ \forall\boldsymbol{\alpha},\ \boldsymbol{\beta}\in\boldsymbol{V}.$$

称 $\mathcal{A}^*$ 为 $\mathcal{A}$ 的**共轭变换**.

事实上, 在 $\boldsymbol{V}$ 中取一组标准正交基 $\boldsymbol{\varepsilon}_1,\ \boldsymbol{\varepsilon}_2,\ \cdots,\ \boldsymbol{\varepsilon}_n$, 设 $\boldsymbol{M}(\mathcal{A};\ \boldsymbol{\varepsilon}_1,\ \boldsymbol{\varepsilon}_2, \cdots,\ \boldsymbol{\varepsilon}_n)=\boldsymbol{A}$. 于是存在唯一的 $\mathcal{A}^*\in\mathrm{End}\,\boldsymbol{V}$ 使得 $\boldsymbol{M}(\mathcal{A}^*;\ \boldsymbol{\varepsilon}_1,\ \boldsymbol{\varepsilon}_2,\ \cdots,\ \boldsymbol{\varepsilon}_n)=\overline{\boldsymbol{A}}'$. 故

$$\begin{aligned}(\mathcal{A}\boldsymbol{\alpha},\ \boldsymbol{\beta})=&(\boldsymbol{A}\mathrm{crd}(\boldsymbol{\alpha};\boldsymbol{\varepsilon}_1,\ \boldsymbol{\varepsilon}_2,\ \cdots,\ \boldsymbol{\varepsilon}_n))'\overline{\mathrm{crd}(\boldsymbol{\beta};\ \boldsymbol{\varepsilon}_1,\ \boldsymbol{\varepsilon}_2,\ \cdots,\ \boldsymbol{\varepsilon}_n)}\\=&\mathrm{crd}(\boldsymbol{\alpha};\ \boldsymbol{\varepsilon}_1,\ \boldsymbol{\varepsilon}_2,\ \cdots,\ \boldsymbol{\varepsilon}_n)'\overline{\overline{\boldsymbol{A}}'\mathrm{crd}(\boldsymbol{\beta};\ \boldsymbol{\varepsilon}_1,\ \boldsymbol{\varepsilon}_2,\ \cdots,\ \boldsymbol{\varepsilon}_n)}\\=&(\boldsymbol{\alpha},\ \mathcal{A}^*\boldsymbol{\beta}).\end{aligned}$$

若有 $\mathcal{A}_1\in\mathrm{End}\,\boldsymbol{V}$, 使得 $(\mathcal{A}\boldsymbol{\alpha},\ \boldsymbol{\beta})=(\boldsymbol{\alpha},\ \mathcal{A}_1\boldsymbol{\beta})$. 则

$$(\boldsymbol{\alpha},\ (\mathcal{A}^*-\mathcal{A}_1)\boldsymbol{\beta})=0,\ \ \forall\boldsymbol{\alpha},\ \boldsymbol{\beta}\in\boldsymbol{V}.$$

故 $\mathcal{A}_1 = \mathcal{A}^*$.

从这里, 还知当 $\varepsilon_1, \varepsilon_2, \cdots, \varepsilon_n$ 为标准正交基时, 则

$$\boldsymbol{M}(\mathcal{A}^*;\ \varepsilon_1,\ \varepsilon_2,\ \cdots,\ \varepsilon_n) = \overline{\boldsymbol{M}(\mathcal{A};\ \varepsilon_1,\ \varepsilon_2,\ \cdots,\ \varepsilon_n)}'.$$

若 $\mathcal{A}^*\mathcal{A} = \mathcal{A}\mathcal{A}^*$, 则称 $\mathcal{A}$ 为**正规变换**.

若 $\mathcal{A}$ 为正规变换, $\boldsymbol{\alpha} \in E_{\lambda_0}(\mathcal{A})$, 则 $\boldsymbol{\alpha} \in E_{\overline{\lambda_0}}(\mathcal{A}^*)$. 且 $L(\boldsymbol{\alpha})^{\perp}$ 为 $\mathcal{A}$ 与 $\mathcal{A}^*$ 的不变子空间.

事实上, 由 $(\mathcal{A} - \lambda_0 \mathrm{id})\boldsymbol{\alpha} = 0$, 知

$$\begin{aligned}((\mathcal{A}^* - \overline{\lambda_0}\mathrm{id})\boldsymbol{\alpha},\ (\mathcal{A}^* - \overline{\lambda_0}\mathrm{id})\boldsymbol{\alpha}) &= (\boldsymbol{\alpha},\ (\mathcal{A} - \lambda_0\mathrm{id})(\mathcal{A}^* - \overline{\lambda_0}\mathrm{id})\boldsymbol{\alpha}) \\ &= (\boldsymbol{\alpha},\ (\mathcal{A}^* - \overline{\lambda_0}\mathrm{id})(\mathcal{A} - \lambda_0\mathrm{id})\boldsymbol{\alpha}) = 0.\end{aligned}$$

又若 $\boldsymbol{\beta} \in L(\boldsymbol{\alpha})^{\perp}$, 则

$$\begin{aligned}(\boldsymbol{\alpha},\ \mathcal{A}\boldsymbol{\beta}) &= \overline{(\mathcal{A}\boldsymbol{\beta},\ \boldsymbol{\alpha})} = \overline{(\boldsymbol{\beta},\ \mathcal{A}^*\boldsymbol{\alpha})} = \overline{(\boldsymbol{\beta},\ \overline{\lambda_0}\boldsymbol{\alpha})} \\ &= \overline{\overline{\lambda_0}(\boldsymbol{\beta},\ \boldsymbol{\alpha})} = \overline{\lambda_0}(\boldsymbol{\alpha},\ \boldsymbol{\beta}) = 0.\end{aligned}$$

即 $\mathcal{A}\boldsymbol{\beta} \in L(\boldsymbol{\alpha})^{\perp}$. 类似地 $\mathcal{A}^*\boldsymbol{\beta} \in L(\boldsymbol{\alpha})^{\perp}$.

从上面分析可知, 若 $\mathcal{A}$ 为正规变换, 则有标准正交基 $\varepsilon_1, \varepsilon_2, \cdots, \varepsilon_n$ 使得

$$\boldsymbol{M}(\mathcal{A};\ \varepsilon_1,\ \varepsilon_2,\ \cdots,\ \varepsilon_n) = \mathrm{diag}(\lambda_1,\ \lambda_2,\ \cdots,\ \lambda_n).$$

此式称为**正规变换的标准形**. 有三类正规变换特别重要.

10. 若 $\mathcal{A}^* = \mathcal{A}^{-1}$, 则称 $\mathcal{A}$ 为**酉变换**. 对于酉变换下面条件是等价的:

1) $(\mathcal{A}\boldsymbol{\alpha},\ \mathcal{A}\boldsymbol{\beta}) = (\boldsymbol{\alpha},\ \boldsymbol{\beta})$;

2) $(\mathcal{A}\boldsymbol{\alpha},\ \mathcal{A}\boldsymbol{\alpha}) = (\boldsymbol{\alpha},\ \boldsymbol{\alpha})$, 或 $|\mathcal{A}\boldsymbol{\alpha}| = |\boldsymbol{\alpha}|$;

3) $\mathcal{A}$ 将标准正交基变为标准正交基;

4) $\mathcal{A}$ 在标准正交基下的矩阵为酉矩阵.

这里我们只要指出 2) 到 1) 的证明. 设 $\boldsymbol{\alpha},\ \boldsymbol{\beta} \in \boldsymbol{V},\ k \in \mathbf{C}$. 注意到

$$(\mathcal{A}(\boldsymbol{\alpha} + k\boldsymbol{\beta}),\ \mathcal{A}(\boldsymbol{\alpha} + k\boldsymbol{\beta})) = (\boldsymbol{\alpha} + k\boldsymbol{\beta},\ \boldsymbol{\alpha} + k\boldsymbol{\beta}).$$

又

$$\begin{aligned}&(\mathcal{A}(\boldsymbol{\alpha} + k\boldsymbol{\beta}),\ \mathcal{A}(\boldsymbol{\alpha} + k\boldsymbol{\beta})) \\ &= (\mathcal{A}\boldsymbol{\alpha}, \mathcal{A}\boldsymbol{\alpha}) + k(\mathcal{A}\boldsymbol{\beta}, \mathcal{A}\boldsymbol{\alpha}) + \overline{k}(\mathcal{A}\boldsymbol{\alpha}, \mathcal{A}\boldsymbol{\beta}) + k\overline{k}(\mathcal{A}\boldsymbol{\beta}, \mathcal{A}\boldsymbol{\beta}) \\ &= (\boldsymbol{\alpha}, \boldsymbol{\alpha}) + k(\mathcal{A}\boldsymbol{\beta}, \mathcal{A}\boldsymbol{\alpha}) + \overline{k}(\mathcal{A}\boldsymbol{\alpha}, \mathcal{A}\boldsymbol{\beta}) + k\overline{k}(\boldsymbol{\beta}, \boldsymbol{\beta}), \\ &(\boldsymbol{\alpha} + k\boldsymbol{\beta},\ \boldsymbol{\alpha} + k\boldsymbol{\beta}) = (\boldsymbol{\alpha}, \boldsymbol{\alpha}) + k(\boldsymbol{\beta}, \boldsymbol{\alpha}) + \overline{k}(\boldsymbol{\alpha}, \boldsymbol{\beta}) + k\overline{k}(\boldsymbol{\beta}, \boldsymbol{\beta}).\end{aligned}$$

故有

$$k(\mathcal{A}\boldsymbol{\beta}, \mathcal{A}\boldsymbol{\alpha}) + \overline{k}(\mathcal{A}\boldsymbol{\alpha}, \mathcal{A}\boldsymbol{\beta}) = k(\boldsymbol{\beta}, \boldsymbol{\alpha}) + \overline{k}(\boldsymbol{\alpha}, \boldsymbol{\beta}).$$

分别取 $k = 1$, $k = \sqrt{-1}$, 可得

$$(\mathcal{A}\boldsymbol{\alpha}, \mathcal{A}\boldsymbol{\beta}) = (\boldsymbol{\alpha}, \boldsymbol{\beta}).$$

若 λ_0 为酉变换的特征值, 则 $\lambda_0\overline{\lambda_0} = 1$.

11. 若 $\mathcal{A}^* = \mathcal{A}$, 则称 $\mathcal{A}$ 为**Hermite 变换**. 下面是 Hermite 变换的等价条件.

1) $(\mathcal{A}\boldsymbol{\alpha}, \boldsymbol{\beta}) = (\boldsymbol{\alpha}, \mathcal{A}\boldsymbol{\beta})$, $\forall \boldsymbol{\alpha}, \boldsymbol{\beta} \in \boldsymbol{V}$;

2) $\mathcal{A}$ 在标准正交基下的矩阵 $\boldsymbol{A}$ 满足

$$\overline{\boldsymbol{A}}' = \boldsymbol{A}.$$

这种矩阵叫做**Hermite 矩阵**.

Hermite 变换的特征值为实数.

12. 若 $\mathcal{A}^* = -\mathcal{A}$, 则称 $\mathcal{A}$ 为**反 Hermite 变换**. 下面是反 Hermite 变换的等价条件.

1) $(\mathcal{A}\boldsymbol{\alpha}, \boldsymbol{\beta}) = -(\boldsymbol{\alpha}, \mathcal{A}\boldsymbol{\beta})$, $\forall \boldsymbol{\alpha}, \boldsymbol{\beta} \in \boldsymbol{V}$;

2) $\mathcal{A}$ 在标准正交基下的矩阵 $\boldsymbol{A}$ 满足

$$\overline{\boldsymbol{A}}' = -\boldsymbol{A}.$$

这种矩阵叫做**反 Hermite 矩阵**.

反 Hermite 变换的特征值为纯虚数.

习　　题

证明本节给出但未证明的结论.

7.9 向量积与混合积

三维 Euclid 空间, 如通常意义的空间中, 除线性运算与内积外, 还有两种在解析几何、微分几何与物理中广泛使用的运算 —— 向量积与混合积. 本节总假定所讨论的空间是三维 Euclid 空间.

定义 7.9.1 设 $\boldsymbol{\alpha}_1, \boldsymbol{\alpha}_2, \boldsymbol{\alpha}_3$ 与 $\boldsymbol{\beta}_1, \boldsymbol{\beta}_2, \boldsymbol{\beta}_3$ 都是基, 如果

$$\det T\begin{pmatrix} \boldsymbol{\alpha}_1 & \boldsymbol{\alpha}_2 & \boldsymbol{\alpha}_3 \\ \boldsymbol{\beta}_1 & \boldsymbol{\beta}_2 & \boldsymbol{\beta}_3 \end{pmatrix} > 0,$$

则称 $\boldsymbol{\alpha}_1, \boldsymbol{\alpha}_2, \boldsymbol{\alpha}_3$ 与 $\boldsymbol{\beta}_1, \boldsymbol{\beta}_2, \boldsymbol{\beta}_3$ **有相同的定向**. 否则称 $\boldsymbol{\alpha}_1, \boldsymbol{\alpha}_2, \boldsymbol{\alpha}_3$ 与 $\boldsymbol{\beta}_1, \boldsymbol{\beta}_2, \boldsymbol{\beta}_3$ **有相反的定向**.

显然, 下列性质成立:

1. $\boldsymbol{\alpha}_1, \boldsymbol{\alpha}_2, \boldsymbol{\alpha}_3$ 与自身有相同的定向.

2. 若 $\boldsymbol{\alpha}_1, \boldsymbol{\alpha}_2, \boldsymbol{\alpha}_3$ 与 $\boldsymbol{\beta}_1, \boldsymbol{\beta}_2, \boldsymbol{\beta}_3$ 有相同的定向, 则 $\boldsymbol{\beta}_1, \boldsymbol{\beta}_2, \boldsymbol{\beta}_3$ 与 $\boldsymbol{\alpha}_1, \boldsymbol{\alpha}_2, \boldsymbol{\alpha}_3$ 有相同的定向.

3. $\boldsymbol{\alpha}_1, \boldsymbol{\alpha}_2, \boldsymbol{\alpha}_3$ 与 $\boldsymbol{\beta}_1, \boldsymbol{\beta}_2, \boldsymbol{\beta}_3$ 有相同的定向, $\boldsymbol{\beta}_1, \boldsymbol{\beta}_2, \boldsymbol{\beta}_3$ 与 $\gamma_1, \gamma_2, \gamma_3$ 有相同的定向, 则 $\boldsymbol{\alpha}_1, \boldsymbol{\alpha}_2, \boldsymbol{\alpha}_3$ 与 $\gamma_1, \gamma_2, \gamma_3$ 有相同的定向.

4. $\boldsymbol{\alpha}_1, \boldsymbol{\alpha}_2, \boldsymbol{\alpha}_3$ 与 $\boldsymbol{\alpha}_2, \boldsymbol{\alpha}_1, \boldsymbol{\alpha}_3$ 有相反的定向; 任一基 $\boldsymbol{\beta}_1, \boldsymbol{\beta}_2, \boldsymbol{\beta}_3$ 或与 $\boldsymbol{\alpha}_1, \boldsymbol{\alpha}_2, \boldsymbol{\alpha}_3$ 有相同定向, 或与 $\boldsymbol{\alpha}_2, \boldsymbol{\alpha}_1, \boldsymbol{\alpha}_3$ 有相同定向.

定理 7.9.1　设 $\varepsilon_1, \varepsilon_2, \varepsilon_3$ 与 $\varepsilon_1{}', \varepsilon_2{}', \varepsilon_3{}'$ 均为右 (左) 手系标准正交基, 则 $\varepsilon_1, \varepsilon_2, \varepsilon_3$ 与 $\varepsilon_1{}', \varepsilon_2{}', \varepsilon_3{}'$ 有相同定向.

证　不妨设 $\{O;\ \varepsilon_1,\ \varepsilon_2,\ \varepsilon_3\}$ 和 $\{O;\ \varepsilon_1',\ \varepsilon_2',\ \varepsilon_3'\}$ 的坐标系分别为 $OXYZ$, $OX'Y'Z'$ 且均为右手系, 如图 7.5 所示

设 $\varepsilon_3{}' \neq \pm\varepsilon_3$, 此时 OXY 平面与 $OX'Y'$ 平面相交, 设交线为 OL. 选取方向, 使 $\overrightarrow{OZ}$ 逆时针绕 $\overrightarrow{OL}$ 旋转到 $\overrightarrow{OZ'}$ 的夹角 $\angle ZOZ' = \theta$ 满足 $0 \leqslant \theta \leqslant \pi$. 记 $\angle XOL = \psi$, $\angle LOX' = \varphi$. 则有 $-\pi \leqslant \psi, \varphi \leqslant \pi$.

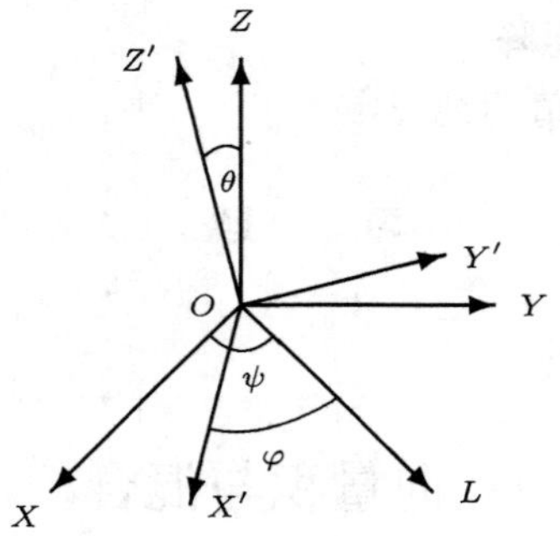

图 7.5

绕 OZ 旋转 OX 到 OL, 此时 ε_1 变为 $\boldsymbol{\eta}_1$, ε_2 变为 $\boldsymbol{\eta}_2$. 于是

$$T\begin{pmatrix}\varepsilon_1\ \varepsilon_2\ \varepsilon_3 \\ \boldsymbol{\eta}_1\ \boldsymbol{\eta}_2\ \varepsilon_3\end{pmatrix} = \begin{pmatrix}\cos\psi & -\sin\psi & 0 \\ \sin\psi & \cos\psi & 0 \\ 0 & 0 & 1\end{pmatrix}.$$

再绕 OL 旋转 OZ 到 OZ', 此时 $\boldsymbol{\eta}_2$ 变为 $\boldsymbol{\xi}_2$, ε_3 变为 ε_3', 于是

$$T\begin{pmatrix}\boldsymbol{\eta}_1\ \boldsymbol{\eta}_2\ \varepsilon_3\\ \boldsymbol{\eta}_1\ \boldsymbol{\xi}_2\ \varepsilon_3'\end{pmatrix}=\begin{pmatrix}1 & 0 & 0\\ 0 & \cos\theta & -\sin\theta\\ 0 & \sin\theta & \cos\theta\end{pmatrix}.$$

最后绕 OZ' 旋转 OL 到 OX', 此时 $\boldsymbol{\eta}_1$ 变为 ε_1', $\boldsymbol{\xi}_2$ 变为 ε_2', 于是

$$T\begin{pmatrix}\boldsymbol{\eta}_1\ \boldsymbol{\xi}_2\ \varepsilon_3'\\ \varepsilon_1'\ \varepsilon_2'\ \varepsilon_3'\end{pmatrix}=\begin{pmatrix}\cos\varphi & -\sin\varphi & 0\\ \sin\varphi & \cos\varphi & 0\\ 0 & 0 & 1\end{pmatrix}.$$

于是从 ε_1, ε_2, ε_3 到 ${\varepsilon_1}'$, ${\varepsilon_2}'$, ${\varepsilon_3}'$ 的过渡矩阵为

$$\begin{aligned}T\begin{pmatrix}\varepsilon_1\ \varepsilon_2\ \varepsilon_3\\ \varepsilon_1'\ \varepsilon_2'\ \varepsilon_3'\end{pmatrix}&=T\begin{pmatrix}\varepsilon_1\ \varepsilon_2\ \varepsilon_3\\ \boldsymbol{\eta}_1\ \boldsymbol{\eta}_2\ \varepsilon_3\end{pmatrix}T\begin{pmatrix}\boldsymbol{\eta}_1\ \boldsymbol{\eta}_2\ \varepsilon_3\\ \boldsymbol{\eta}_1\ \boldsymbol{\xi}_2\ \varepsilon_3'\end{pmatrix}T\begin{pmatrix}\boldsymbol{\eta}_1\ \boldsymbol{\xi}_2\ \varepsilon_3'\\ \varepsilon_1'\ \varepsilon_2'\ \varepsilon_3'\end{pmatrix}\\
&=\begin{pmatrix}\cos\psi & -\sin\psi & 0\\ \sin\psi & \cos\psi & 0\\ 0 & 0 & 1\end{pmatrix}\begin{pmatrix}1 & 0 & 0\\ 0 & \cos\theta & -\sin\theta\\ 0 & \sin\theta & \cos\theta\end{pmatrix}\\
&\quad\cdot\begin{pmatrix}\cos\varphi & -\sin\varphi & 0\\ \sin\varphi & \cos\varphi & 0\\ 0 & 0 & 1\end{pmatrix}.\end{aligned}$$

显然, 此矩阵的行列式为 1.

若基 $\boldsymbol{\alpha}_1$, $\boldsymbol{\alpha}_2$, $\boldsymbol{\alpha}_3$ 与右 (左) 手系标准正交基定向相同, 则称 $\boldsymbol{\alpha}_1$, $\boldsymbol{\alpha}_2$, $\boldsymbol{\alpha}_3$ 为**右 (左) 手系**.

定义 7.9.2 设 $\{\varepsilon_1, \varepsilon_2, \varepsilon_3\}$ 是右手系的标准正交基. $\boldsymbol{\alpha}=\sum\limits_{i=1}^{3}a_i\varepsilon_i$, $\boldsymbol{\beta}=\sum\limits_{i=1}^{3}b_i\varepsilon_i$. 则$\boldsymbol{\alpha}$ 与 $\boldsymbol{\beta}$ 的**外积 (向量积)**, 记为 $\boldsymbol{\alpha}\times\boldsymbol{\beta}$, 是下面向量

$$\boldsymbol{\alpha}\times\boldsymbol{\beta}=(a_2b_3-a_3b_2)\varepsilon_1+(a_3b_1-a_1b_3)\varepsilon_2+(a_1b_2-a_2b_1)\varepsilon_3.$$

由上面定义, 我们可用行列式符号表示

$$\boldsymbol{\alpha}\times\boldsymbol{\beta}=\det\begin{pmatrix}\varepsilon_1 & \varepsilon_2 & \varepsilon_3\\ a_1 & a_2 & a_3\\ b_1 & b_2 & b_3\end{pmatrix}.$$

定理 7.9.2 设 $\boldsymbol{\alpha}$, $\boldsymbol{\beta}$ 是两个向量, 则:

1) $|\boldsymbol{\alpha}\times\boldsymbol{\beta}|=|\boldsymbol{\alpha}|\cdot|\boldsymbol{\beta}|\sin\langle\boldsymbol{\alpha}, \boldsymbol{\beta}\rangle$, $0\leqslant\langle\boldsymbol{\alpha}, \boldsymbol{\beta}\rangle\leqslant\pi$.

2) $(\boldsymbol{\alpha}\times\boldsymbol{\beta}, \boldsymbol{\alpha})=(\boldsymbol{\alpha}\times\boldsymbol{\beta}, \boldsymbol{\beta})=0$.

3)　若$\boldsymbol{\alpha}$, $\boldsymbol{\beta}$ 线性相关, 则 $\boldsymbol{\alpha}\times\boldsymbol{\beta}=0$; 若$\boldsymbol{\alpha}$, $\boldsymbol{\beta}$ 线性无关, 则 $\boldsymbol{\alpha}$, $\boldsymbol{\beta}$, $\boldsymbol{\alpha}\times\boldsymbol{\beta}$ 也线性无关, 且构成右手系.

证　1)　由$\boldsymbol{\alpha}\times\boldsymbol{\beta}$ 的定义易知

$$\begin{aligned}|\boldsymbol{\alpha}\times\boldsymbol{\beta}|^2 =&(a_2b_3-a_3b_2)^2+(a_3b_1-a_1b_3)^2+(a_1b_2-a_2b_1)^2\\ =&\sum_{i\neq j}(a_ib_j)^2-2(a_2a_3b_2b_3+a_1a_3b_1b_3+a_1a_2b_1b_2)\\ =&\sum_{i,\ j}a_i^2b_j^2-a_1^2b_1^2-a_2^2b_2^2-a_3^2b_3^2-2(a_2a_3b_2b_3+a_1a_3b_1b_3+a_1a_2b_1b_2)\\ =&(a_1^2+a_2^2+a_3^2)(b_1^2+b_2^2+b_3^2)-(a_1b_1+a_2b_2+a_3b_3)^2\\ =&|\boldsymbol{\alpha}|^2|\boldsymbol{\beta}|^2-|\boldsymbol{\alpha}|^2|\boldsymbol{\beta}|^2\cos^2\langle\boldsymbol{\alpha},\ \boldsymbol{\beta}\rangle\\ =&|\boldsymbol{\alpha}|^2|\boldsymbol{\beta}|^2\sin^2\langle\boldsymbol{\alpha},\ \boldsymbol{\beta}\rangle.\end{aligned}$$

由此知 1) 成立.

2)　$(\boldsymbol{\alpha}\times\boldsymbol{\beta},\ \boldsymbol{\alpha})=(a_2b_3-a_3b_2)a_1+(a_3b_1-a_1b_3)a_2+(a_1b_2-a_2b_1)a_3=0.$

同样, $(\boldsymbol{\alpha}\times\boldsymbol{\beta},\ \boldsymbol{\beta})$=0.

3)　$\boldsymbol{\alpha}$, $\boldsymbol{\beta}$ 线性相关, $\langle\boldsymbol{\alpha},\ \boldsymbol{\beta}\rangle=0$ 或 π. 故 $\boldsymbol{\alpha}\times\boldsymbol{\beta}=0$.

若$\boldsymbol{\alpha}$, $\boldsymbol{\beta}$ 线性无关, 由 1) $\boldsymbol{\alpha}\times\boldsymbol{\beta}\neq 0$. 由 2) 知$\boldsymbol{\alpha}$, $\boldsymbol{\beta}$ 都与 $\boldsymbol{\alpha}\times\boldsymbol{\beta}$ 正交. 故 $\boldsymbol{\alpha}$, $\boldsymbol{\beta}$, $\boldsymbol{\alpha}\times\boldsymbol{\beta}$ 线性无关, 而且

$$\begin{vmatrix} a_1 & a_2 & a_3\\ b_1 & b_2 & b_3\\ \begin{vmatrix} a_2 & a_3\\ b_2 & b_3\end{vmatrix} & \begin{vmatrix} a_3 & a_1\\ b_3 & b_1\end{vmatrix} & \begin{vmatrix} a_1 & a_2\\ b_1 & b_2\end{vmatrix}\end{vmatrix}$$

$$=\begin{vmatrix} a_2 & a_3\\ b_2 & b_3\end{vmatrix}^2+\begin{vmatrix} a_3 & a_1\\ b_3 & b_1\end{vmatrix}^2+\begin{vmatrix} a_1 & a_2\\ b_1 & b_2\end{vmatrix}^2>0.$$

故 $\boldsymbol{\alpha}$, $\boldsymbol{\beta}$, $\boldsymbol{\alpha}\times\boldsymbol{\beta}$ 为右手系.

定理 7.9.2 的结论 1) 指出 $\boldsymbol{\alpha}\times\boldsymbol{\beta}$ 的长度由 $\boldsymbol{\alpha}$ 与 $\boldsymbol{\beta}$ 完全确定, 而结论 2), 3) 则说明 $\boldsymbol{\alpha}\times\boldsymbol{\beta}$ 的方向也由 $\boldsymbol{\alpha}$, $\boldsymbol{\beta}$ 完全确定. 因而 $\boldsymbol{\alpha}\times\boldsymbol{\beta}$ 与基 $\{\varepsilon_1,\ \varepsilon_2,\ \varepsilon_3\}$ 的选取无关. 通常在解析几何中更喜欢用几何上直观明显的定理 7.9.2 作为向量积的定义.

定理 7.9.3　设 $\boldsymbol{\alpha}$, $\boldsymbol{\beta}$, $\boldsymbol{\gamma}$ 为向量, k 为实数, 则下面结果成立:

1)　$\boldsymbol{\alpha}\times\boldsymbol{\beta}=-\boldsymbol{\beta}\times\boldsymbol{\alpha}$;

2)　$(k\boldsymbol{\alpha})\times\boldsymbol{\beta}=k(\boldsymbol{\alpha}\times\boldsymbol{\beta})=\boldsymbol{\alpha}\times(k\boldsymbol{\beta})$;

3)　$(\boldsymbol{\alpha}+\boldsymbol{\beta})\times\boldsymbol{\gamma}=\boldsymbol{\alpha}\times\boldsymbol{\gamma}+\boldsymbol{\beta}\times\boldsymbol{\gamma}$.　$\boldsymbol{\alpha}\times(\boldsymbol{\beta}+\boldsymbol{\gamma})=\boldsymbol{\alpha}\times\boldsymbol{\beta}+\boldsymbol{\alpha}\times\boldsymbol{\gamma}$.

证　这些结果由定义 7.9.2 直接算出.

定义 7.9.3 设 $\boldsymbol{\alpha}$, $\boldsymbol{\beta}$, $\boldsymbol{\gamma}$ 是三个向量. 称

$$(\boldsymbol{\alpha},\ \boldsymbol{\beta},\ \boldsymbol{\gamma}) = (\boldsymbol{\alpha}\times\boldsymbol{\beta},\ \boldsymbol{\gamma})$$

为 $\boldsymbol{\alpha}$, $\boldsymbol{\beta}$ 与 $\boldsymbol{\gamma}$ 的**混合积**.

向量积与混合积的几何意义如下: $\boldsymbol{\alpha}\times\boldsymbol{\beta}$ 与 $\boldsymbol{\alpha}$, $\boldsymbol{\beta}$ 正交, 且 $\boldsymbol{\alpha}$, $\boldsymbol{\beta}$, $\boldsymbol{\alpha}\times\boldsymbol{\beta}$ 构成右手系. $|\boldsymbol{\alpha}\times\boldsymbol{\beta}| = |\boldsymbol{\alpha}|\cdot|\boldsymbol{\beta}|\cdot\sin\langle\boldsymbol{\alpha},\ \boldsymbol{\beta}\rangle$ 恰为$\boldsymbol{\alpha}$, $\boldsymbol{\beta}$ 所张成平行四边形的面积. 以 θ 表示$\langle\boldsymbol{\alpha}\times\boldsymbol{\beta},\ \boldsymbol{\gamma}\rangle$, 则

$$(\boldsymbol{\alpha},\ \boldsymbol{\beta},\ \boldsymbol{\gamma}) = |\boldsymbol{\alpha}\times\boldsymbol{\beta}|\cdot|\boldsymbol{\gamma}|\cos\theta.$$

其中 $|\boldsymbol{\gamma}|\cos\theta$ 为 $\boldsymbol{\gamma}$ 在 $\boldsymbol{\alpha}\times\boldsymbol{\beta}$ 所在直线上的投影, 而此直线恰为 $\boldsymbol{\alpha}$, $\boldsymbol{\beta}$ 张成平面的垂线 (又称**法线**), 因而 $|(\boldsymbol{\alpha},\ \boldsymbol{\beta},\ \boldsymbol{\gamma})|$ 为以 $\boldsymbol{\alpha}$, $\boldsymbol{\beta}$, $\boldsymbol{\gamma}$ 为棱的平行六面体的体积. 当 $\boldsymbol{\alpha}$, $\boldsymbol{\beta}$, $\boldsymbol{\gamma}$ 为右手系时, $(\boldsymbol{\alpha},\ \boldsymbol{\beta},\ \boldsymbol{\gamma})$ 为正, 当 $\boldsymbol{\alpha}$, $\boldsymbol{\beta}$, $\boldsymbol{\gamma}$ 为左手系时, $(\boldsymbol{\alpha},\ \boldsymbol{\beta},\ \boldsymbol{\gamma})$ 为负, 因而称 $(\boldsymbol{\alpha},\ \boldsymbol{\beta},\ \boldsymbol{\gamma})$ 为 $\boldsymbol{\alpha}$, $\boldsymbol{\beta}$, $\boldsymbol{\gamma}$ 张成的平行六面体的**有向体积**, 也简称为**体积**, 如图 7.6 所示.

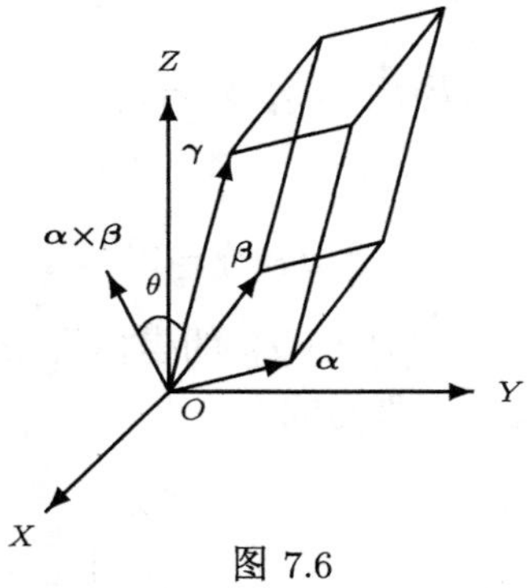

图 7.6

定理 7.9.4 设 $\{\boldsymbol{\varepsilon}_1,\ \boldsymbol{\varepsilon}_2,\ \boldsymbol{\varepsilon}_3\}$ 为右手系的标准正交基. 又 $\boldsymbol{\alpha} = \sum\limits_{i=1}^{3} a_i\boldsymbol{\varepsilon}_i$, $\boldsymbol{\beta} = \sum\limits_{i=1}^{3} b_i\boldsymbol{\varepsilon}_i$, $\boldsymbol{\gamma} = \sum\limits_{i=1}^{3} c_i\boldsymbol{\varepsilon}_i$, 则

$$(\boldsymbol{\alpha},\ \boldsymbol{\beta},\ \boldsymbol{\gamma}) = \begin{vmatrix} a_1 & a_2 & a_3 \\ b_1 & b_2 & b_3 \\ c_1 & c_2 & c_3 \end{vmatrix}.$$

证 可由向量积, 混合积的定义算出.

利用向量的内积, 向量积与混合积, 容易写出空间平面的方程.

1. 通过 P_0 点, 与向量$\boldsymbol{\alpha}$ 垂直的平面方程为

$$(\overrightarrow{P_0P},\ \boldsymbol{\alpha}) = 0.$$

如果在直角坐标系 $\{O;\ \boldsymbol{\varepsilon}_1,\ \boldsymbol{\varepsilon}_2,\ \boldsymbol{\varepsilon}_3\}$ 中 P_0 的坐标为 (x_0, y_0, z_0), $\boldsymbol{\alpha}$ 的分量为 a, b, c. 则可写成

$$a(x-x_0)+b(y-y_0)+c(z-z_0)=0.$$

如图 7.7 所示.

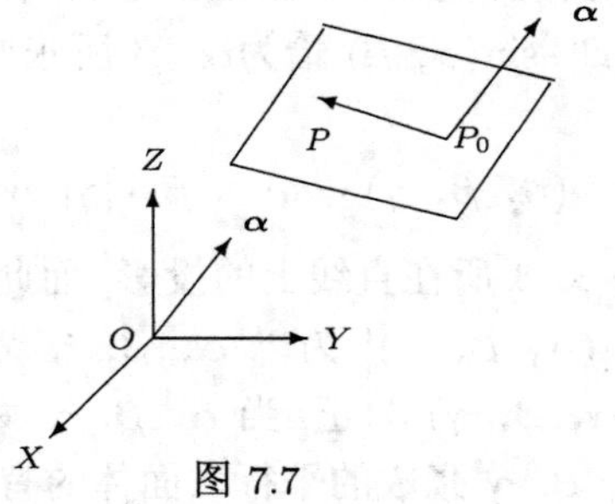

图 7.7

2. 通过 P_0 点平行于向量$\boldsymbol{\alpha}$, $\boldsymbol{\beta}$ ($\boldsymbol{\alpha}$, $\boldsymbol{\beta}$ 不共线) 的平面方程为

$$(\overrightarrow{P_0P},\ \boldsymbol{\alpha}\times\boldsymbol{\beta})=0,$$

或

$$(\boldsymbol{\alpha},\ \boldsymbol{\beta},\ \overrightarrow{P_0P})=0.$$

若在直角坐标系 $\{O;\ \boldsymbol{\varepsilon}_1,\ \boldsymbol{\varepsilon}_2,\ \boldsymbol{\varepsilon}_3\}$ 中 P_0 的坐标为 (x_0, y_0, z_0); $\boldsymbol{\alpha}$, $\boldsymbol{\beta}$ 的分量为 a_1, a_2, a_3 与 b_1, b_2, b_3. 则上述方程可写成

$$\begin{vmatrix} x-x_0 & y-y_0 & z-z_0 \\ a_1 & a_2 & a_3 \\ b_1 & b_2 & b_3 \end{vmatrix}=0,$$

如图 7.8 所示.

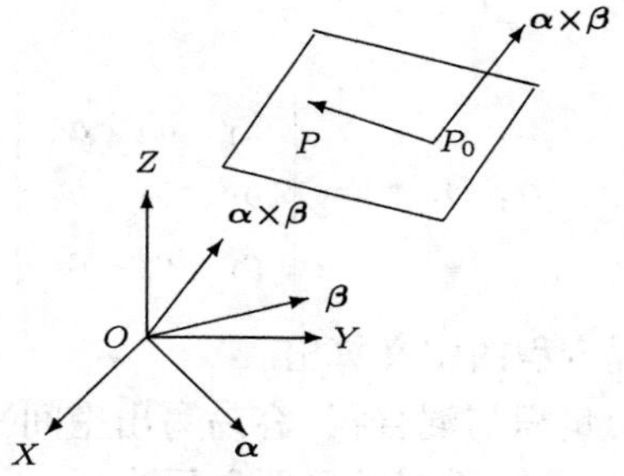

图 7.8

习 题

1. 设$\boldsymbol{\alpha}$, $\boldsymbol{\beta}$, $\boldsymbol{\gamma}$ 是三个向量. 试证 $(\boldsymbol{\alpha}\times\boldsymbol{\beta})\times\boldsymbol{\gamma}=(\boldsymbol{\alpha},\ \boldsymbol{\gamma})\boldsymbol{\beta}-(\boldsymbol{\beta},\ \boldsymbol{\gamma})\boldsymbol{\alpha}$.

2. 设 $\boldsymbol{\alpha}$, $\boldsymbol{\beta}$, $\boldsymbol{\gamma}$ 是三个向量. 试证

$$(\boldsymbol{\alpha}\times\boldsymbol{\beta})\times\boldsymbol{\gamma}+(\boldsymbol{\beta}\times\boldsymbol{\gamma})\times\boldsymbol{\alpha}+(\boldsymbol{\gamma}\times\boldsymbol{\alpha})\times\boldsymbol{\beta}=0.$$

(此式称为**Jacobi 恒等式**.)

3. 设 $\boldsymbol{\alpha}$, $\boldsymbol{\beta}$, $\boldsymbol{\gamma}$, $\boldsymbol{\delta}$ 是四个向量. 试证

$$(\boldsymbol{\alpha}\times\boldsymbol{\beta},\ \boldsymbol{\gamma}\times\boldsymbol{\delta})=(\boldsymbol{\alpha},\ \boldsymbol{\gamma})(\boldsymbol{\beta},\ \boldsymbol{\delta})-(\boldsymbol{\beta},\ \boldsymbol{\gamma})(\boldsymbol{\alpha},\ \boldsymbol{\delta}).$$

(此式称为**Lagrange 恒等式**.)

4. 试证

$$(\boldsymbol{\alpha}\times\boldsymbol{\beta})\times(\boldsymbol{\gamma}\times\boldsymbol{\delta})=(\boldsymbol{\alpha},\ \boldsymbol{\beta},\ \boldsymbol{\delta})\boldsymbol{\gamma}-(\boldsymbol{\alpha},\ \boldsymbol{\beta},\ \boldsymbol{\gamma})\boldsymbol{\delta};$$
$$(\boldsymbol{\beta},\ \boldsymbol{\gamma},\ \boldsymbol{\delta})\boldsymbol{\alpha}+(\boldsymbol{\gamma},\ \boldsymbol{\alpha},\ \boldsymbol{\delta})\boldsymbol{\beta}+(\boldsymbol{\alpha},\ \boldsymbol{\beta},\ \boldsymbol{\delta})\boldsymbol{\gamma}+(\boldsymbol{\beta},\ \boldsymbol{\alpha},\ \boldsymbol{\gamma})\boldsymbol{\delta}=\mathbf{0}.$$

5. 试证对向量 $\boldsymbol{\alpha}_i$, $\boldsymbol{\beta}_i$ $(1\leqslant i\leqslant 3)$, 下面等式成立

$$(\boldsymbol{\alpha}_1,\ \boldsymbol{\alpha}_2,\ \boldsymbol{\alpha}_3)(\boldsymbol{\beta}_1,\ \boldsymbol{\beta}_2,\ \boldsymbol{\beta}_3)=\det((\boldsymbol{\alpha}_i,\ \boldsymbol{\beta}_j));$$
$$\begin{aligned}(\boldsymbol{\alpha}_1\times\boldsymbol{\beta}_1,\ \boldsymbol{\alpha}_2\times\boldsymbol{\beta}_2,\ \boldsymbol{\alpha}_3\times\boldsymbol{\beta}_3)=&(\boldsymbol{\alpha}_1,\ \boldsymbol{\alpha}_2,\ \boldsymbol{\beta}_2)(\boldsymbol{\beta}_1,\ \boldsymbol{\alpha}_3,\ \boldsymbol{\beta}_3)\\&-(\boldsymbol{\alpha}_1,\ \boldsymbol{\alpha}_3,\ \boldsymbol{\beta}_3)(\boldsymbol{\beta}_1,\ \boldsymbol{\alpha}_2,\ \boldsymbol{\beta}_2).\end{aligned}$$

6. 设 O, A, B, C 四点不共面. 又令$\boldsymbol{\alpha}=\overrightarrow{OA}$, $\boldsymbol{\beta}=\overrightarrow{OB}$, $\boldsymbol{\gamma}=\overrightarrow{OC}$. 求证 O 到平面 ABC 的高为 $h=|(\boldsymbol{\alpha},\ \boldsymbol{\beta},\ \boldsymbol{\gamma})|/|(\boldsymbol{\beta}-\boldsymbol{\alpha})\times(\boldsymbol{\gamma}-\boldsymbol{\alpha})|$.

7. 在定理 7.9.1 中, 若 $\boldsymbol{\varepsilon}_3{}'=\pm\boldsymbol{\varepsilon}_3$, 试证明定理 7.9.1 的结论.

注 此时, 定理 7.9.1 的证明中的 θ 可分别取为 $0, \pi$. φ, ψ 的取值范围为 $-\pi\leqslant\varphi, \psi\leqslant\pi$. θ, φ, ψ 称为 $\boldsymbol{\varepsilon}_1', \boldsymbol{\varepsilon}_2', \boldsymbol{\varepsilon}_3'$ 关于 $\boldsymbol{\varepsilon}_1, \boldsymbol{\varepsilon}_2, \boldsymbol{\varepsilon}_3$ 的**Euler 角**.

第 8 章　双线性函数与二次型

本章将讨论三个内容. 一是线性空间的对偶空间, 即线性空间上的线性函数构成的空间. 二是线性空间上的双线性函数, 可以说这是 Euclid 空间的内积的推广. 最后, 也是本章的重点 —— 二次型. 我们主要讨论实数域与复数域上的二次型. 一种观点是将二次型看作二次齐次多项式, 另一种观点是视二次型为线性空间的对称双线性函数的某种限制, 双线性函数与二次型均可用矩阵的方式来表示. 二次型理论有多方面的应用, 这里仅以其在数学分析与解析几何中的应用为例.

8.1 对偶空间

本节讨论线性空间的对偶空间, 即线性空间到其基域 (一维线性空间) 的同态映射 —— 线性函数所构成的空间.

定义 8.1.1　设 $\boldsymbol{V}$ 为数域 $\boldsymbol{P}$ 上的线性空间. $\boldsymbol{V}$ 到 $\boldsymbol{P}$ 上的映射 f 若满足:

1) $f(\boldsymbol{\alpha}+\boldsymbol{\beta})=f(\boldsymbol{\alpha})+f(\boldsymbol{\beta}),\ \forall\boldsymbol{\alpha},\ \boldsymbol{\beta}\in\boldsymbol{V}$,

2) $f(k\boldsymbol{\alpha})=kf(\boldsymbol{\alpha}),\ \forall\boldsymbol{\alpha}\in\boldsymbol{V}, k\in\boldsymbol{P}$,

则称 f 是$\boldsymbol{V}$ 上的**线性函数**.

简言之, $\boldsymbol{V}$ 上线性函数 f 即为 $\boldsymbol{V}$ 到 $\boldsymbol{P}$ 的线性映射. 以 $\boldsymbol{V}^*$ 表示 $\boldsymbol{V}$ 上所有线性函数的集合, 容易得到线性函数的下列性质:

1.　$\boldsymbol{V}$ 上函数 (即 $\boldsymbol{V}$ 到 $\boldsymbol{P}$ 的映射) f 为线性函数当且仅当

$$f(k\boldsymbol{\alpha}+l\boldsymbol{\beta})=kf(\boldsymbol{\alpha})+lf(\boldsymbol{\beta}),\ \forall k,\ l\in\boldsymbol{P},\ \boldsymbol{\alpha},\ \boldsymbol{\beta}\in\boldsymbol{V}.$$

2.　若 $f\in\boldsymbol{V}^*$, 则 $f(0)=0,\ f(-\boldsymbol{\alpha})=-f(\boldsymbol{\alpha})$.

3.　若 $f\in\boldsymbol{V}^*,\ \boldsymbol{\alpha}_i\in\boldsymbol{V},\ k_i\in\boldsymbol{P},\ 1\leqslant i\leqslant s$ 则

$$f\left(\sum_{i=1}^{s}k_i\boldsymbol{\alpha}_i\right)=\sum_{i=1}^{s}k_if(\boldsymbol{\alpha}_i).$$

4.　设 $f,\ g\in\boldsymbol{V}^*,\ \boldsymbol{\varepsilon}_1,\ \boldsymbol{\varepsilon}_2,\ \cdots,\ \boldsymbol{\varepsilon}_n$ 为 $\boldsymbol{V}$ 的一组基, 则 $f=g$ 当且仅当

$$f(\boldsymbol{\varepsilon}_i)=g(\boldsymbol{\varepsilon}_i),\ \ i=1,\ 2,\ \cdots,\ n.$$

5.　设 $\boldsymbol{\varepsilon}_1,\ \boldsymbol{\varepsilon}_2,\ \cdots,\ \boldsymbol{\varepsilon}_n$ 为 $\boldsymbol{V}$ 的一组基. $a_1,\ a_2,\ \cdots,\ a_n\in\boldsymbol{P}$, 则存在唯一的 $f\in\boldsymbol{V}^*$ 使得

$$f(\boldsymbol{\varepsilon}_i)=a_i,\ \ i=1,\ 2,\ \cdots,\ n.$$

事实上, 对 $\boldsymbol{\alpha}=\sum_{i=1}^{n} k_i\boldsymbol{\varepsilon}_i \in \boldsymbol{V}$ 令

$$f(\boldsymbol{\alpha})=\sum_{i=1}^{n} k_i a_i=(f(\boldsymbol{\varepsilon}_1),\ f(\boldsymbol{\varepsilon}_2),\ \cdots,\ f(\boldsymbol{\varepsilon}_n))\mathrm{crd}(\boldsymbol{\alpha};\ \boldsymbol{\varepsilon}_1,\ \boldsymbol{\varepsilon}_2,\ \cdots,\ \boldsymbol{\varepsilon}_n).$$

容易验证 $f\in\boldsymbol{V}^*$. 由性质 4 知 f 的唯一性.

称 $(f(\boldsymbol{\varepsilon}_1),\ \cdots,\ f(\boldsymbol{\varepsilon}_n))$ 为 f 在基 $\boldsymbol{\varepsilon}_1,\ \boldsymbol{\varepsilon}_2,\ \cdots,\ \boldsymbol{\varepsilon}_n$ 下的**矩阵**.

定理 8.1.1 设 $\boldsymbol{V}$ 是数域 $\boldsymbol{P}$ 上的线性空间. $\boldsymbol{V}^*$ 为 $\boldsymbol{V}$ 上所有线性函数的集合. 又设 $f,\ g\in\boldsymbol{V}^*$, 定义 f 与 g 的**和** $f+g$ 如下

$$(f+g)(\boldsymbol{\alpha})=f(\boldsymbol{\alpha})+g(\boldsymbol{\alpha}),\ \ \forall\boldsymbol{\alpha}\in\boldsymbol{V}.$$

又设 $c\in\boldsymbol{P}$, 定义 c 与 f 的积 cf 如下

$$(cf)(\boldsymbol{\alpha})=cf(\boldsymbol{\alpha}),\ \ \forall\boldsymbol{\alpha}\in\boldsymbol{V},$$

则 $f+g,\ cf\in\boldsymbol{V}^*$; $\boldsymbol{V}^*$ 对上述加法及数量乘法构成$\boldsymbol{P}$ 上线性空间; $\dim\boldsymbol{V}^*=\dim\boldsymbol{V}$.

证 设 $\boldsymbol{\alpha},\ \boldsymbol{\beta}\in\boldsymbol{V}$; $k,\ l\in\boldsymbol{P}$. 于是

$$\begin{aligned}(f+g)(k\boldsymbol{\alpha}+l\boldsymbol{\beta})&=f(k\boldsymbol{\alpha}+l\boldsymbol{\beta})+g(k\boldsymbol{\alpha}+l\boldsymbol{\beta})\\&=kf(\boldsymbol{\alpha})+lf(\boldsymbol{\beta})+kg(\boldsymbol{\alpha})+lg(\boldsymbol{\beta})\\&=k(f+g)(\boldsymbol{\alpha})+l(f+g)(\boldsymbol{\beta}),\\(cf)(k\boldsymbol{\alpha}+l\boldsymbol{\beta})&=ckf(\boldsymbol{\alpha})+clf(\boldsymbol{\beta})=k(cf)(\boldsymbol{\alpha})+l(cf)(\boldsymbol{\beta}).\end{aligned}$$

因而 $f+g,\ cf\in\boldsymbol{V}^*$.

以 0 表示$\boldsymbol{V}$ 上的如下函数

$$0(\boldsymbol{\alpha})=0,\ \ \forall\boldsymbol{\alpha}\in\boldsymbol{V}.$$

显然, $0\in\boldsymbol{V}^*$ 且

$$0+f=f,\ \ \forall f\in\boldsymbol{V}^*.$$

又若 $f\in\boldsymbol{V}^*$, 令 $-f=(-1)f$, 则

$$f+(-f)=0.$$

容易验证 $\boldsymbol{V}^*$ 对上述加法及数量乘法构成$\boldsymbol{P}$ 上线性空间.

设 $\boldsymbol{\varepsilon}_1,\ \boldsymbol{\varepsilon}_2,\ \cdots,\ \boldsymbol{\varepsilon}_n$ 为 $\boldsymbol{V}$ 的一组基. 由性质 5 知, 存在 $f_1,\ f_2,\ \cdots,\ f_n\in\boldsymbol{V}^*$, 满足

$$f_i(\boldsymbol{\varepsilon}_j)=\delta_{ij},\ \ 1\leqslant i,\ j\leqslant n.$$

若 $k_1, k_2, \cdots, k_n \in \boldsymbol{P}$ 使得

$$\sum_{i=1}^{n} k_i f_i = 0,$$

则

$$k_j = \sum_{i=1}^{n} k_i \delta_{ij} = \sum_{i=1}^{n} k_i f_i(\boldsymbol{\varepsilon}_j) = 0(\boldsymbol{\varepsilon}_j) = 0,\ 1 \leqslant j \leqslant n.$$

因而 $f_1, f_2, \cdots, f_n$ 线性无关.

又若 $f \in \boldsymbol{V}^*$, 由于

$$\left(\sum_{i=1}^{n} f(\boldsymbol{\varepsilon}_i) f_i\right)(\boldsymbol{\varepsilon}_j) = \sum_{i=1}^{n} f(\boldsymbol{\varepsilon}_i) f_i(\boldsymbol{\varepsilon}_j) = f(\boldsymbol{\varepsilon}_j),\ 1 \leqslant j \leqslant n,$$

故

$$f = \sum_{i=1}^{n} f(\boldsymbol{\varepsilon}_i) f_i.$$

因而 $f_1, f_2, \cdots, f_n$ 是 $\boldsymbol{V}^*$ 的基. 故 $\dim \boldsymbol{V} = \dim \boldsymbol{V}^*$.

定义 8.1.2　线性空间 $\boldsymbol{V}$ 上所有线性函数所构成的线性空间 $\boldsymbol{V}^*$ 称为$\boldsymbol{V}$ 的**对偶空间**.

又设 $\boldsymbol{\varepsilon}_1, \boldsymbol{\varepsilon}_2, \cdots, \boldsymbol{\varepsilon}_n$ 为$\boldsymbol{V}$ 的基. 由

$$f_i(\boldsymbol{\varepsilon}_j) = \delta_{ij},\ 1 \leqslant i,\ j \leqslant n \tag{1}$$

所决定的 $\boldsymbol{V}^*$ 的基 $f_1, f_2, \cdots, f_n$ 称为 $\boldsymbol{\varepsilon}_1, \boldsymbol{\varepsilon}_2, \cdots, \boldsymbol{\varepsilon}_n$ 的**对偶基**.

定理 8.1.2　设 $\boldsymbol{\varepsilon}_1, \boldsymbol{\varepsilon}_2, \cdots, \boldsymbol{\varepsilon}_n$ 与 $\boldsymbol{\eta}_1, \boldsymbol{\eta}_2, \cdots, \boldsymbol{\eta}_n$ 都是线性空间 $\boldsymbol{V}$ 的基, $f_1, f_2, \cdots, f_n$ 与 $g_1, g_2, \cdots, g_n$ 分别为它们的对偶基, 则

$$T\begin{pmatrix} \boldsymbol{\varepsilon}_1\, \boldsymbol{\varepsilon}_2 \cdots \boldsymbol{\varepsilon}_n \\ \boldsymbol{\eta}_1\, \boldsymbol{\eta}_2 \cdots \boldsymbol{\eta}_n \end{pmatrix}' T\begin{pmatrix} f_1\, f_2 \cdots f_n \\ g_1\, g_2 \cdots g_n \end{pmatrix} = \boldsymbol{I}_n. \tag{2}$$

证　设 $\boldsymbol{\alpha} = \sum_{j=1}^{n} x_j \boldsymbol{\varepsilon}_j \in \boldsymbol{V}$, $f = \sum_{j=1}^{n} y_j f_j$. 于是

$$f_i(\boldsymbol{\alpha}) = \sum_{j=1}^{n} x_j f_i(\boldsymbol{\varepsilon}_j) = x_i,$$

$$f(\boldsymbol{\varepsilon}_i) = \sum_{j=1}^{n} y_j f_j(\boldsymbol{\varepsilon}_i) = y_i.$$

因而

$$\boldsymbol{\alpha}=\sum_{i=1}^{n} f_i(\boldsymbol{\alpha})\boldsymbol{\varepsilon}_i, \tag{3}$$

$$f=\sum_{i=1}^{n} f(\boldsymbol{\varepsilon}_i)f_i. \tag{4}$$

进而

$$\begin{aligned} f(\boldsymbol{\alpha}) &= \sum_{i=1}^{n} f(\boldsymbol{\varepsilon}_i)f_i(\boldsymbol{\alpha}) \\ &= \operatorname{crd}(f;\ f_1,\ f_2,\ \cdots,\ f_n)'\operatorname{crd}(\boldsymbol{\alpha};\ \boldsymbol{\varepsilon}_1,\ \boldsymbol{\varepsilon}_2,\ \cdots,\ \boldsymbol{\varepsilon}_n) \\ &= \operatorname{crd}(\boldsymbol{\alpha};\ \boldsymbol{\varepsilon}_1,\ \boldsymbol{\varepsilon}_2,\ \cdots,\boldsymbol{\varepsilon}_n)'\operatorname{crd}(f;\ f_1,\ f_2,\ \cdots,\ f_n). \end{aligned}$$

于是

$$\begin{aligned} &\operatorname{row}_i\left(T\begin{pmatrix}\boldsymbol{\varepsilon}_1\,\boldsymbol{\varepsilon}_2\cdots\boldsymbol{\varepsilon}_n\\ \boldsymbol{\eta}_1\,\boldsymbol{\eta}_2\cdots\boldsymbol{\eta}_n\end{pmatrix}'\right)\operatorname{col}_j\left(T\begin{pmatrix}f_1\,f_2\cdots f_n\\ g_1\,g_2\cdots g_n\end{pmatrix}\right) \\ =&\left(\operatorname{col}_i T\begin{pmatrix}\boldsymbol{\varepsilon}_1\,\boldsymbol{\varepsilon}_2\cdots\boldsymbol{\varepsilon}_n\\ \boldsymbol{\eta}_1\,\boldsymbol{\eta}_2\cdots\boldsymbol{\eta}_n\end{pmatrix}\right)'\operatorname{col}_j\left(T\begin{pmatrix}f_1\,f_2\cdots f_n\\ g_1\,g_2\cdots g_n\end{pmatrix}\right) \\ =&\operatorname{crd}(\boldsymbol{\eta}_i;\ \boldsymbol{\varepsilon}_1,\ \boldsymbol{\varepsilon}_2,\ \cdots,\ \boldsymbol{\varepsilon}_n)'\operatorname{crd}(g_j;\ f_1,\ f_2,\ \cdots,\ f_n) \\ =&g_j(\boldsymbol{\eta}_i)=\delta_{i\,j}. \end{aligned}$$

故定理成立.

等价地说, 即

$$T\begin{pmatrix}f_1\,f_2\cdots f_n\\ g_1\,g_2\cdots g_n\end{pmatrix}=T\begin{pmatrix}\boldsymbol{\varepsilon}_1\,\boldsymbol{\varepsilon}_2\cdots\boldsymbol{\varepsilon}_n\\ \boldsymbol{\eta}_1\,\boldsymbol{\eta}_2\cdots\boldsymbol{\eta}_n\end{pmatrix}^{\prime-1}.$$

设 $\boldsymbol{V}$ 是数域 $\boldsymbol{P}$ 上的线性空间, $\boldsymbol{V}^*$ 是$\boldsymbol{V}$ 的对偶空间, 又设 $\boldsymbol{\alpha}\in\boldsymbol{V}$. 则由下面等式定义的 $\boldsymbol{V}^*$ 上的函数 α^{**}

$$\alpha^{**}(f)=f(\boldsymbol{\alpha}),\ \ \forall f\in\boldsymbol{V}^*$$

是 $\boldsymbol{V}^*$ 上的线性函数, 即 $\alpha^{**}\in(\boldsymbol{V}^*)^*$.

事实上, $\forall f,\ g\in\boldsymbol{V}^*,\ k\in\boldsymbol{P}$, 我们有

$$\alpha^{**}(f+g)=(f+g)(\boldsymbol{\alpha})=f(\boldsymbol{\alpha})+g(\boldsymbol{\alpha})=\alpha^{**}(f)+\alpha^{**}(g),$$

$$\alpha^{**}(kf)=kf(\boldsymbol{\alpha})=k\alpha^{**}(f).$$

定理 8.1.3 设 $(\boldsymbol{V}^*)^*$ 为线性空间 $\boldsymbol{V}$ 的对偶空间 $\boldsymbol{V}^*$ 的对偶空间. 对 $\boldsymbol{\alpha} \in \boldsymbol{V}$, α^{**} 定义如上. 则$\boldsymbol{V}$ 到 $(\boldsymbol{V}^*)^*$ 的映射 $\boldsymbol{\alpha} \longrightarrow \alpha^{**}$ 是线性同构映射.

证 设 $\boldsymbol{\alpha}, \boldsymbol{\beta} \in \boldsymbol{V}$, $k, l \in \boldsymbol{P}$, $f \in \boldsymbol{V}^*$. 由

$$(k\boldsymbol{\alpha} + l\boldsymbol{\beta})^{**}(f) = f(k\boldsymbol{\alpha} + l\boldsymbol{\beta}) = kf(\boldsymbol{\alpha}) + lf(\boldsymbol{\beta}) = (k\alpha^{**} + l\beta^{**})(f),$$

知映射 $\boldsymbol{\alpha} \longrightarrow \alpha^{**}$ 是线性映射. 又若

$$\alpha^{**} = 0,$$

即

$$f(\boldsymbol{\alpha}) = 0, \ \forall f \in \boldsymbol{V}^*,$$

由 (3) 式知 $\boldsymbol{\alpha} = 0$, 因此映射是一一的. 又由 $\dim(\boldsymbol{V}^*)^* = \dim \boldsymbol{V}^* = \dim \boldsymbol{V}$, 知此映射是同构的.

由此定理, 我们可以将 α^{**} 与 $\boldsymbol{\alpha}$ 等同起来, 这时 $(\boldsymbol{V}^*)^*$ 等同于$\boldsymbol{V}$, 即 $\boldsymbol{V}$ 为 $\boldsymbol{V}^*$ 的对偶空间.

例 8.1 设 $\boldsymbol{V} = \boldsymbol{P}^{n\times n}$, 则 tr : $\boldsymbol{V} \longrightarrow \boldsymbol{P}$

$$\operatorname{tr} \boldsymbol{A} = \sum_{i=1}^{n} \operatorname{ent}_{i\,i} \boldsymbol{A}$$

为 $\boldsymbol{V}$ 的线性函数.

例 8.2 设 $\boldsymbol{V} = \boldsymbol{P}[x]$, $t \in \boldsymbol{P}$. 定义$\boldsymbol{V}$ 上函数 L_t 如下

$$L_t(f(x)) = f(t), \ \forall f(x) \in \boldsymbol{V},$$

则 L_t 是$\boldsymbol{V}$ 的线性函数.

例 8.3 设 $\boldsymbol{V} = \boldsymbol{P}[x]_n = \{f(x) \in \boldsymbol{P}[x] \mid \deg f(x) < n \text{ 或 } f(x) = 0\}$. $a_1, a_2, \cdots, a_n \in \boldsymbol{P}$, 互不相等. 令

$$p_i(x) = \prod_{i\neq j} \frac{x - a_j}{a_i - a_j}, \ i = 1, 2, \cdots, n.$$

于是

$$p_i(a_j) = \delta_{i\,j}, \ 1 \leqslant i, j \leqslant n.$$

若 $c_1, c_2, \cdots, c_n \in \boldsymbol{P}$ 使得

$$\sum_{i=1}^{n} c_i p_i(x) = 0,$$

则

$$\sum_{i=1}^{n} c_i p_i(a_j) = c_j = 0,\ 1 \leqslant j \leqslant n.$$

故 $p_1(x),\ p_2(x),\ \cdots,\ p_n(x)$ 为 $\boldsymbol{V}$ 的基, 而 $L_{a_1},\ L_{a_2},\ \cdots,\ L_{a_n}$ (参看例 8.2) 为其对偶基. 并由 (3) 式知, $\forall f(x) \in \boldsymbol{V}$, 有

$$f(x) = \sum_{i=1}^{n} f(a_i) p_i(x).$$

习　　题

1. 设 $\boldsymbol{V}$ 是数域 $\boldsymbol{P}$ 上三维线性空间, $\varepsilon_1,\ \varepsilon_2,\ \varepsilon_3$ 为 $\boldsymbol{V}$ 的一组基.

   1) 若 $f \in \boldsymbol{V}^*$, 且 $f(\varepsilon_1+\varepsilon_3)=1$, $f(\varepsilon_2-2\varepsilon_3)=-1$, $f(\varepsilon_1+\varepsilon_2)=-3$. 求 $f(x_1\varepsilon_1+x_2\varepsilon_2+x_3\varepsilon_3)$.

   2) 求 $f \in \boldsymbol{V}^*$, 使得 $f(\varepsilon_1+\varepsilon_3)=f(\varepsilon_2-3\varepsilon_3)=0$, $f(\varepsilon_1+\varepsilon_2)=1$.

   3) 设 $f_1,\ f_2,\ f_3$ 是 $\varepsilon_1,\ \varepsilon_2,\ \varepsilon_3$ 的对偶基. 试证 $\boldsymbol{\alpha}_1=\varepsilon_1-\varepsilon_3$, $\boldsymbol{\alpha}_2=\varepsilon_1+\varepsilon_2+\varepsilon_3$, $\boldsymbol{\alpha}_3=\varepsilon_2+\varepsilon_3$ 也是$\boldsymbol{V}$ 的一组基, 并求它的对偶基 (用 $f_1,\ f_2,\ f_3$ 表示).

2. 设 $f_1,\ f_2,\ \cdots,\ f_s$ 是线性空间 $\boldsymbol{V}$ 上的 s 个非零线性函数. 试证存在 $\boldsymbol{\alpha} \in \boldsymbol{V}$, 使得 $f_i(\boldsymbol{\alpha}) \neq 0,\ 1 \leqslant i \leqslant s$.

3. 设 $\boldsymbol{\alpha}_1,\ \boldsymbol{\alpha}_2,\ \cdots,\ \boldsymbol{\alpha}_s$ 是线性空间 $\boldsymbol{V}$ 的 s 个非零向量. 试证存在 $f \in \boldsymbol{V}^*$, 使得 $f(\boldsymbol{\alpha}_i) \neq 0,\ 1 \leqslant i \leqslant s$.

4. 设 $\boldsymbol{V}$ 是数域 $\boldsymbol{P}$ 上的线性空间, $\mathcal{A} \in \operatorname{End}\boldsymbol{V}$ 又 $f \in \boldsymbol{V}^*$. 定义$\boldsymbol{V}$ 上函数 $\mathcal{A}^*f$ 如下: $(\mathcal{A}^*f)(\boldsymbol{\alpha})=f(\mathcal{A}\boldsymbol{\alpha})$, $\forall \boldsymbol{\alpha} \in \boldsymbol{V}$. 试证:

   1) $\mathcal{A}^*f \in \boldsymbol{V}^*$;

   2) $\mathcal{A}^* \in \operatorname{End}\boldsymbol{V}^*$;

   3) $\operatorname{End}\boldsymbol{V}$ 到 $\operatorname{End}\boldsymbol{V}^*$ 的映射 $\mathcal{A} \longrightarrow \mathcal{A}^*$ 是线性同构映射, 且

   $$(\mathcal{A}\mathcal{B})^* = \mathcal{B}^*\mathcal{A}^*;$$

   4) 若 $\varepsilon_1,\ \varepsilon_2,\ \cdots,\ \varepsilon_n$ 为 $\boldsymbol{V}$ 的一组基, $f_1,\ f_2,\ \cdots,\ f_n$ 为它的对偶基, 则

   $$\boldsymbol{M}(\mathcal{A}^*;\ f_1,\ f_2,\ \cdots,\ f_n) = \boldsymbol{M}(\mathcal{A};\ \varepsilon_1,\ \varepsilon_2,\ \cdots,\ \varepsilon_n)'.$$

   我们称 $\mathcal{A}^*$ 为 $\mathcal{A}$ 的**转置映射**.

5. 设 $\boldsymbol{V}$ 是数域 $\boldsymbol{P}$ 上线性空间, $f_1,\ f_2,\ \cdots,\ f_k \in \boldsymbol{V}^*$. 试证:

   1) $\boldsymbol{W}=\{\boldsymbol{\alpha} \in \boldsymbol{V} \mid f_i(\boldsymbol{\alpha})=0,\ 1 \leqslant i \leqslant k\}$ 是$\boldsymbol{V}$ 的子空间, 称为 $f_1,\ f_2,\ \cdots, f_k$ 的**零化子空间**, 记为 $\operatorname{ann}\{f_1,\ f_2,\ \cdots,\ f_k\}$.

   2) 零化子空间的维数为

   $$\dim \operatorname{ann}\{f_1,\ f_2,\ \cdots,\ f_k\} = \dim \boldsymbol{V} - \operatorname{rank}\{f_1,\ f_2,\ \cdots,\ f_k\}.$$

   3) $\boldsymbol{V}$ 的任一子空间皆为某些线性函数的零化子空间.

8.2　双线性函数

本节讨论线性空间的双线性函数, 特别是对称双线性函数, Euclid 空间的内积就是一类特殊的对称双线性函数. 因而, 双线性函数的许多性质类似于 Euclid 空间内积的性质.

定义 8.2.1　数域$\boldsymbol{P}$ 上线性空间 $\boldsymbol{V}$ 上的一个二元函数 f (即 f 将 $\boldsymbol{V}$ 中任意一对元素 $\boldsymbol{\alpha}, \boldsymbol{\beta}$, 唯一地对应于$\boldsymbol{P}$ 中一个数 $f(\boldsymbol{\alpha}, \boldsymbol{\beta})$) 如有下列性质:

1)　$f(k_1\boldsymbol{\alpha}_1 + k_2\boldsymbol{\alpha}_2, \boldsymbol{\beta}) = k_1 f(\boldsymbol{\alpha}_1, \boldsymbol{\beta}) + k_2 f(\boldsymbol{\alpha}_2, \boldsymbol{\beta})$,

2)　$f(\boldsymbol{\alpha}, k_1\boldsymbol{\beta}_1 + k_2\boldsymbol{\beta}_2) = k_1 f(\boldsymbol{\alpha}, \boldsymbol{\beta}_1) + k_2 f(\boldsymbol{\alpha}, \boldsymbol{\beta}_2)$,

　　$\forall k_1, k_2 \in \boldsymbol{P}, \boldsymbol{\alpha}, \boldsymbol{\alpha}_1, \boldsymbol{\alpha}_2, \boldsymbol{\beta}, \boldsymbol{\beta}_1, \boldsymbol{\beta}_2 \in \boldsymbol{V}$,

则称 f 为 $\boldsymbol{V}$ 上的**双线性函数**.

显然, 如果 $f(\boldsymbol{\alpha}, \boldsymbol{\beta})$ 为 $\boldsymbol{V}$ 的双线性函数, 固定 $\boldsymbol{\alpha}$ (或 $\boldsymbol{\beta}$), 则 $f(\boldsymbol{\alpha}, \boldsymbol{\beta})$ 是以 $\boldsymbol{\beta}$ (相应地以 $\boldsymbol{\alpha}$) 为变量的线性函数.

例 8.4　设 $\boldsymbol{V}$ 为 Euclid 空间, 则$\boldsymbol{V}$ 的内积为 $\boldsymbol{V}$ 上双线性函数.

例 8.5　设 $\boldsymbol{V} = \boldsymbol{P}^{n\times 1}$, $\boldsymbol{A} \in \boldsymbol{P}^{n\times n}$, 定义 f 如下

$$f(\boldsymbol{X}, \boldsymbol{Y}) = \boldsymbol{X}'\boldsymbol{A}\boldsymbol{Y}, \ \forall \boldsymbol{X}, \boldsymbol{Y} \in \boldsymbol{V},$$

则 f 为 $\boldsymbol{V}$ 上双线性函数.

下面我们将证明, 有限维线性空间上的双线性函数都可以表示为例 8.5 的形式. 为此, 先引进下面的定义.

定义 8.2.2　设 f 是 n 维线性空间 $\boldsymbol{V}$ 上的双线性函数, $\varepsilon_1, \varepsilon_2, \cdots, \varepsilon_n$ 为 $\boldsymbol{V}$ 的基. 称 n 阶方阵

$$\boldsymbol{G}(f; \varepsilon_1, \varepsilon_2, \cdots, \varepsilon_n) = \begin{pmatrix} f(\varepsilon_1, \varepsilon_1) & f(\varepsilon_1, \varepsilon_2) & \cdots & f(\varepsilon_1, \varepsilon_n) \\ f(\varepsilon_2, \varepsilon_1) & f(\varepsilon_2, \varepsilon_2) & \cdots & f(\varepsilon_2, \varepsilon_n) \\ \vdots & \vdots & & \vdots \\ f(\varepsilon_n, \varepsilon_1) & f(\varepsilon_n, \varepsilon_2) & \cdots & f(\varepsilon_n, \varepsilon_n) \end{pmatrix}$$

为 f 在 $\varepsilon_1, \varepsilon_2, \cdots, \varepsilon_n$ 下的(**度量**) **矩阵**.

定理 8.2.1　设 $\varepsilon_1, \varepsilon_2, \cdots, \varepsilon_n$ 与 $\boldsymbol{\eta}_1, \boldsymbol{\eta}_2, \cdots, \boldsymbol{\eta}_n$ 都是线性空间 $\boldsymbol{V}$ 的基, 又 $\boldsymbol{T} = T\begin{pmatrix} \varepsilon_1\,\varepsilon_2 \cdots \varepsilon_n \\ \boldsymbol{\eta}_1\,\boldsymbol{\eta}_2 \cdots \boldsymbol{\eta}_n \end{pmatrix}$.

1)　设 $\boldsymbol{\alpha}, \boldsymbol{\beta} \in \boldsymbol{V}$, 它们在 $\varepsilon_1, \varepsilon_2, \cdots, \varepsilon_n$ 下的坐标分别为 $\boldsymbol{X}, \boldsymbol{Y}$. f 是$\boldsymbol{V}$ 上双线性函数. 则

$$f(\boldsymbol{\alpha}, \boldsymbol{\beta}) = \boldsymbol{X}'\boldsymbol{G}(f; \varepsilon_1, \varepsilon_2, \cdots, \varepsilon_n)\boldsymbol{Y}.$$

2) $\boldsymbol{V}$ 上双线性函数 f, g 满足 $f=g$ 的充分必要条件是

$$\boldsymbol{G}(f;\ \varepsilon_1,\ \varepsilon_2,\ \cdots,\ \varepsilon_n)=\boldsymbol{G}(g;\ \varepsilon_1,\ \varepsilon_2,\ \cdots,\ \varepsilon_n).$$

3) 对任一 $\boldsymbol{A}\in\boldsymbol{P}^{n\times n}$ 存在唯一的双线性函数 f 使得

$$\boldsymbol{A}=\boldsymbol{G}(f;\ \varepsilon_1,\ \varepsilon_2,\ \cdots,\ \varepsilon_n).$$

4) f 为 $\boldsymbol{V}$ 上双线性函数, 则

$$\boldsymbol{G}(f;\ \boldsymbol{\eta}_1,\ \boldsymbol{\eta}_2,\ \cdots,\ \boldsymbol{\eta}_n)=\boldsymbol{T}'\boldsymbol{G}(f;\ \varepsilon_1,\ \varepsilon_2,\ \cdots,\ \varepsilon_n)\boldsymbol{T}.$$

证 1) 设 $\boldsymbol{X}'=(x_1,\ x_2,\ \cdots,\ x_n)$, $\boldsymbol{Y}'=(y_1,y_2,\cdots,y_n)$, 于是

$$\begin{aligned}
&f(\boldsymbol{\alpha},\ \boldsymbol{\beta})\\
=&f\left(\sum_{i=1}^{n}x_i\varepsilon_i,\ \sum_{j=1}^{n}y_j\varepsilon_j\right)=\sum_{i=1}^{n}\sum_{j=1}^{n}x_iy_jf(\varepsilon_i,\ \varepsilon_j)\\
=&(x_1,\ x_2,\ \cdots,\ x_n)\cdot\begin{pmatrix} f(\varepsilon_1,\ \varepsilon_1) & f(\varepsilon_1,\ \varepsilon_2) & \cdots & f(\varepsilon_1,\ \varepsilon_n)\\ f(\varepsilon_2,\ \varepsilon_1) & f(\varepsilon_2,\ \varepsilon_2) & \cdots & f(\varepsilon_2,\ \varepsilon_n)\\ \vdots & \vdots & & \vdots\\ f(\varepsilon_n,\ \varepsilon_1) & f(\varepsilon_n,\ \varepsilon_2) & \cdots & f(\varepsilon_n,\ \varepsilon_n)\end{pmatrix}\begin{pmatrix} y_1\\ y_2\\ \vdots\\ y_n\end{pmatrix}\\
=&\boldsymbol{X}'\boldsymbol{G}(f;\ \varepsilon_1,\ \varepsilon_2,\ \cdots,\ \varepsilon_n)\boldsymbol{Y}.
\end{aligned}$$

2) 若 $f=g$ 则 $f(\varepsilon_i,\ \varepsilon_j)=g(\varepsilon_i,\ \varepsilon_j)$, $1\leqslant i,j\leqslant n$. 故 $\boldsymbol{G}(f;\ \varepsilon_1,\ \cdots,\ \varepsilon_n)=\boldsymbol{G}(g;\ \varepsilon_1,\ \cdots,\ \varepsilon_n)$. 反之, 由结论 1) 知 $f=g$.

3) 设 $\boldsymbol{\alpha}$, $\boldsymbol{\beta}\in V$, 它们在 $\varepsilon_1,\ \varepsilon_2,\ \cdots,\ \varepsilon_n$ 下坐标分别为 $\boldsymbol{X}$, $\boldsymbol{Y}$. 定义

$$f(\boldsymbol{\alpha},\ \boldsymbol{\beta})=\boldsymbol{X}'\boldsymbol{A}\boldsymbol{Y}.$$

容易验证 f 是$\boldsymbol{V}$ 上双线性函数, 且

$$f(\varepsilon_i,\ \varepsilon_j)=\mathrm{ent}_{ij}\boldsymbol{A},\ \ 1\leqslant i,\ j\leqslant n.$$

故 $\boldsymbol{G}(f;\ \varepsilon_1,\ \varepsilon_2,\ \cdots,\ \varepsilon_n)=\boldsymbol{A}$. 由结论 2) 知满足此条件的 f 是唯一的.

4) 因为

$$\mathrm{col}_j\boldsymbol{T}=\mathrm{crd}(\boldsymbol{\eta}_j;\ \varepsilon_1,\ \varepsilon_2,\ \cdots,\ \varepsilon_n),\ \ 1\leqslant j\leqslant n,$$

于是由结论 1) 知

$$\begin{aligned}
f(\boldsymbol{\eta}_i,\ \boldsymbol{\eta}_j)&=(\mathrm{col}_i\boldsymbol{T})'\boldsymbol{G}(f;\ \varepsilon_1,\ \varepsilon_2,\ \cdots,\ \varepsilon_n)\mathrm{col}_j\boldsymbol{T}\\
&=\mathrm{row}_i\boldsymbol{T}'\boldsymbol{G}(f;\ \varepsilon_1,\ \varepsilon_2,\ \cdots,\ \varepsilon_n)\mathrm{col}_j\boldsymbol{T},
\end{aligned}$$

故

$$\boldsymbol{G}(f;\ \boldsymbol{\eta}_1,\ \boldsymbol{\eta}_2,\ \cdots,\ \boldsymbol{\eta}_n) = \boldsymbol{T}'\boldsymbol{G}(f;\ \boldsymbol{\varepsilon}_1,\ \boldsymbol{\varepsilon}_2,\ \cdots,\ \boldsymbol{\varepsilon}_n)\boldsymbol{T}.$$

从这个定理可以看到下面概念的重要性.

定义 8.2.3 设 $\boldsymbol{A}, \boldsymbol{B} \in \boldsymbol{P}^{n\times n}$. 若有可逆矩阵 $\boldsymbol{T} \in \boldsymbol{P}^{n\times n}$ 使得

$$\boldsymbol{B} = \boldsymbol{T}'\boldsymbol{A}\boldsymbol{T},$$

则称$\boldsymbol{B}$ 与 $\boldsymbol{A}$ 合同.

合同是等价关系, 即满足:

1) $\boldsymbol{A}$ 与 $\boldsymbol{A}$ 合同;

2) $\boldsymbol{B}$ 与 $\boldsymbol{A}$ 合同, 则 $\boldsymbol{A}$ 与 $\boldsymbol{B}$ 合同;

3) $\boldsymbol{B}$ 与 $\boldsymbol{A}$ 合同, $\boldsymbol{C}$ 与 $\boldsymbol{B}$ 合同, 则 $\boldsymbol{C}$ 与 $\boldsymbol{A}$ 合同.

事实上, $\boldsymbol{A} = \boldsymbol{I}_n'\boldsymbol{A}\boldsymbol{I}_n$; $\boldsymbol{B} = \boldsymbol{T}'\boldsymbol{A}\boldsymbol{T}$, 则 $\boldsymbol{A} = (\boldsymbol{T}^{-1})'\boldsymbol{B}\boldsymbol{T}^{-1}$; $\boldsymbol{B} = \boldsymbol{T}'\boldsymbol{A}\boldsymbol{T}$, $\boldsymbol{C} = \boldsymbol{T}_1'\boldsymbol{B}\boldsymbol{T}_1$, 则 $\boldsymbol{C} = (\boldsymbol{T}\boldsymbol{T}_1)'\boldsymbol{A}(\boldsymbol{T}\boldsymbol{T}_1)$.

定义 8.2.4 设 f 是线性空间 $\boldsymbol{V}$ 上的双线性函数. 若从

$$f(\boldsymbol{\alpha},\ \boldsymbol{\beta}) = 0, \forall \boldsymbol{\beta} \in \boldsymbol{V}$$

可推出 $\alpha = 0$, 则称 f 是**非退化的或满秩的**.

定理 8.2.2 设 f 是线性空间 $\boldsymbol{V}$ 上的双线性函数. $\varepsilon_1, \varepsilon_2, \cdots, \varepsilon_n$ 是$\boldsymbol{V}$ 的基. 则下面条件等价:

1) f 是非退化的;

2) $\boldsymbol{G}(f;\ \varepsilon_1,\ \varepsilon_2,\ \cdots, \varepsilon_n)$ 是非退化的;

3) 若 $f(\boldsymbol{\alpha},\ \boldsymbol{\beta}) = 0,\ \forall \boldsymbol{\alpha} \in \boldsymbol{V}$, 则 $\boldsymbol{\beta} = 0$.

证 由定理 8.2.1 的结论 1), 有

$$f(\boldsymbol{\alpha}, \boldsymbol{\beta}) = \boldsymbol{X}'\boldsymbol{G}(f; \varepsilon_1, \varepsilon_2, \cdots, \varepsilon_n)\boldsymbol{Y},$$

其中$\boldsymbol{X}$, $\boldsymbol{Y}$ 为 $\boldsymbol{\alpha}$, $\boldsymbol{\beta}$ 在 $\varepsilon_1, \varepsilon_2, \cdots, \varepsilon_n$ 下的坐标. 因而若 $f(\boldsymbol{\alpha},\ \boldsymbol{\beta}) = 0,\ \forall \boldsymbol{\beta} \in \boldsymbol{V}$, 即

$$\boldsymbol{X}'\boldsymbol{G}(f;\ \varepsilon_1,\ \varepsilon_2,\ \cdots,\ \varepsilon_n)\boldsymbol{Y} = 0,\ \ \forall \boldsymbol{Y} \in \boldsymbol{P}^{n\times 1}.$$

故

$$\boldsymbol{X}'\boldsymbol{G}(f;\ \varepsilon_1,\ \varepsilon_2,\ \cdots,\ \varepsilon_n) = 0.$$

于是存在 $\boldsymbol{X} \in \boldsymbol{P}^{n\times 1}$, $\boldsymbol{X} \neq 0$ 使上式成立当且仅当

$$\boldsymbol{G}(f;\ \varepsilon_1,\ \varepsilon_2,\ \cdots,\ \varepsilon_n)$$

是退化的, 即条件 1) 与 2) 等价. 同样条件 2) 与 3) 等价.

定义 8.2.5 如果线性空间 $\boldsymbol{V}$ 的双线性函数 f 满足

$$f(\boldsymbol{\alpha},\ \boldsymbol{\beta})=f(\boldsymbol{\beta},\ \boldsymbol{\alpha}),\ \ \forall\boldsymbol{\alpha},\ \boldsymbol{\beta}\in\boldsymbol{V},$$

则称 f 为**对称双线性函数**. 如果 f 满足

$$f(\boldsymbol{\alpha},\ \boldsymbol{\beta})=-f(\boldsymbol{\beta},\ \boldsymbol{\alpha}),\ \ \forall\boldsymbol{\alpha},\ \boldsymbol{\beta}\in\boldsymbol{V},$$

则称 f 为**反对称双线性函数**.

由定理 8.2.1 的结论 1) 容易看出 f 为对称 (反对称) 双线性函数当且仅当在 $\boldsymbol{V}$ 的任何基下 f 的矩阵为对称 (反对称) 矩阵.

Euclid 空间的内积为非退化的对称双线性函数. 在标准正交基下的矩阵为单位方阵, 这是对角方阵. 下面的定理可看成这个结果的推广, 而证明方法仍是 Schmidt 的 “正交化” 方法.

定理 8.2.3 设 $\boldsymbol{V}$ 是数域 $\boldsymbol{P}$ 上 n 维线性空间, $f(\boldsymbol{\alpha},\ \boldsymbol{\beta})$ 为 $\boldsymbol{V}$ 上对称双线性函数. 则存在 $\boldsymbol{V}$ 的基 $\boldsymbol{\varepsilon}_1,\ \boldsymbol{\varepsilon}_2,\ \cdots,\ \boldsymbol{\varepsilon}_n$ 使得 $\boldsymbol{G}(f;\ \boldsymbol{\varepsilon}_1,\ \boldsymbol{\varepsilon}_2,\ \cdots,\ \boldsymbol{\varepsilon}_n)$ 为对角矩阵, 即

$$\boldsymbol{G}(f;\ \boldsymbol{\varepsilon}_1,\ \boldsymbol{\varepsilon}_2,\ \cdots,\ \boldsymbol{\varepsilon}_n)=\mathrm{diag}(d_1,\ d_2,\ \cdots,\ d_n).$$

证 若 $f=0$, 则定理自然成立.

如果 $f(\boldsymbol{\alpha},\ \boldsymbol{\alpha})=0,\ \forall\boldsymbol{\alpha}\in\boldsymbol{V}$, 则由

$$f(\boldsymbol{\alpha},\ \boldsymbol{\beta})=\frac{1}{2}(f(\boldsymbol{\alpha}+\boldsymbol{\beta},\ \boldsymbol{\alpha}+\boldsymbol{\beta})-f(\boldsymbol{\alpha},\ \boldsymbol{\alpha})-f(\boldsymbol{\beta},\ \boldsymbol{\beta}))=0$$

知 $f=0$. 故如果 $f\neq 0$, 则有 $\boldsymbol{\varepsilon}_1\in\boldsymbol{V}$, 使得 $f(\boldsymbol{\varepsilon}_1,\ \boldsymbol{\varepsilon}_1)\neq 0$, 自然 $\boldsymbol{\varepsilon}_1\neq 0$. 在 $\boldsymbol{V}$ 中取基 $\boldsymbol{\varepsilon}_1,\ \boldsymbol{\eta}_2,\ \cdots,\ \boldsymbol{\eta}_n$, 令

$$\boldsymbol{\varepsilon}_i'=\boldsymbol{\eta}_i-\frac{f(\boldsymbol{\varepsilon}_1,\ \boldsymbol{\eta}_i)}{f(\boldsymbol{\varepsilon}_1,\ \boldsymbol{\varepsilon}_1)}\boldsymbol{\varepsilon}_1,\ \ i=2,\ \cdots,\ n.$$

于是

$$f(\boldsymbol{\varepsilon}_1,\ \boldsymbol{\varepsilon}_i')=0,\ \ i=2,\ \cdots,\ n.$$

而且 $\boldsymbol{\varepsilon}_1,\ \boldsymbol{\eta}_2,\ \cdots,\ \boldsymbol{\eta}_n$ 可被 $\boldsymbol{\varepsilon}_1,\ \boldsymbol{\varepsilon}_2',\ \cdots,\ \boldsymbol{\varepsilon}_n'$ 线性表出, 故 $\boldsymbol{\varepsilon}_1,\ \boldsymbol{\varepsilon}_2',\ \cdots,\ \boldsymbol{\varepsilon}_n'$ 为 $\boldsymbol{V}$ 的基. 即有

$$\boldsymbol{V}=L(\boldsymbol{\varepsilon}_1)\dot{+}L(\boldsymbol{\varepsilon}_2',\ \boldsymbol{\varepsilon}_3',\ \cdots,\ \boldsymbol{\varepsilon}_n').$$

显然, $\forall\boldsymbol{\alpha}\in L(\boldsymbol{\varepsilon}_1),\ \boldsymbol{\beta}\in L(\boldsymbol{\varepsilon}_2',\ \boldsymbol{\varepsilon}_3',\ \cdots,\ \boldsymbol{\varepsilon}_n')$ 有

$$f(\boldsymbol{\alpha},\ \boldsymbol{\beta})=0,$$

而且 f 在 $L(\varepsilon_2', \varepsilon_3', \cdots, \varepsilon_n')$ 上的限制仍然是对称双线性函数. 于是对 $\dim \boldsymbol{V}$ 作归纳可得本定理.

推论 1　设 $\varepsilon_1, \varepsilon_2, \cdots, \varepsilon_n$ 如上. $\boldsymbol{\alpha}=\sum_{i=1}^{n} x_i\varepsilon_i$, $\boldsymbol{\beta}=\sum_{j=1}^{n} y_j\varepsilon_j$, 则

$$f(\boldsymbol{\alpha}, \boldsymbol{\beta})=\sum_{i=1}^{n} d_i x_i y_i.$$

推论 2　若 $\boldsymbol{P}=\mathbf{C}$, 则可取 $\varepsilon_1, \varepsilon_2, \cdots, \varepsilon_n$, 使得

$$\boldsymbol{G}(f;\ \varepsilon_1, \varepsilon_2, \cdots, \varepsilon_n)=\operatorname{diag}(\boldsymbol{I}_k, 0).$$

推论 3　若 $\boldsymbol{P}=\mathbf{R}$, 则可取 $\varepsilon_1, \varepsilon_2, \cdots, \varepsilon_n$, 使得

$$\boldsymbol{G}(f;\ \varepsilon_1, \varepsilon_2, \cdots, \varepsilon_n)=\operatorname{diag}(\boldsymbol{I}_p, -\boldsymbol{I}_q, 0).$$

与对称双线性函数密切相关的是二次齐次函数.

定义 8.2.6　设 $\boldsymbol{V}$ 是数域 $\boldsymbol{P}$ 上线性空间, $f(\boldsymbol{\alpha}, \boldsymbol{\beta})$ 是$\boldsymbol{V}$上的双线性函数. 当 $\boldsymbol{\alpha}=\boldsymbol{\beta}$ 时, 得到的$\boldsymbol{V}$ 上的函数 $f(\boldsymbol{\alpha}, \boldsymbol{\alpha})$ 称为与 $f(\boldsymbol{\alpha},\boldsymbol{\beta})$ 对应的**二次齐次函数**.

二次齐次函数有下面性质.

性质 1　设 f, g 均为 $\boldsymbol{V}$ 上双线性函数, 则 $f(\boldsymbol{\alpha}, \boldsymbol{\alpha})=g(\boldsymbol{\alpha}, \boldsymbol{\alpha}), \forall \boldsymbol{\alpha}\in \boldsymbol{V}$ 当且仅当

$$f(\boldsymbol{\alpha}, \boldsymbol{\beta})+f(\boldsymbol{\beta}, \boldsymbol{\alpha})=g(\boldsymbol{\alpha}, \boldsymbol{\beta})+g(\boldsymbol{\beta},\boldsymbol{\alpha}),\ \forall \boldsymbol{\alpha}, \boldsymbol{\beta}\in \boldsymbol{V}.$$

事实上, 取 $\boldsymbol{\alpha}=\boldsymbol{\beta}$, 则由上式得

$$2f(\boldsymbol{\alpha}, \boldsymbol{\alpha})=2g(\boldsymbol{\alpha}, \boldsymbol{\alpha}),\ \forall \boldsymbol{\alpha}\in \boldsymbol{V}.$$

从而

$$f(\boldsymbol{\alpha}, \boldsymbol{\alpha})=g(\boldsymbol{\alpha}, \boldsymbol{\alpha}),\ \forall \boldsymbol{\alpha}\in \boldsymbol{V}.$$

反之, 则由

$$f(\boldsymbol{\alpha}+\boldsymbol{\beta}, \boldsymbol{\alpha}+\boldsymbol{\beta})=g(\boldsymbol{\alpha}+\boldsymbol{\beta}, \boldsymbol{\alpha}+\boldsymbol{\beta}),\ \forall \boldsymbol{\alpha},\boldsymbol{\beta}\in \boldsymbol{V}$$

即可得上式.

性质 2　设 $\boldsymbol{V}$ 上双线性函数 f, g 在基 $\varepsilon_1, \varepsilon_2, \cdots, \varepsilon_n$ 下的矩阵为 $\boldsymbol{A}=(a_{ij})$, $\boldsymbol{B}=(b_{ij})$. 则 $\forall \boldsymbol{\alpha}\in \boldsymbol{V}$, $f(\boldsymbol{\alpha}, \boldsymbol{\alpha})=g(\boldsymbol{\alpha}, \boldsymbol{\alpha})$ 当且仅当

$$a_{ij}+a_{ji}=b_{ij}+b_{ji},\ 1\leqslant i, j\leqslant n.$$

其实, 只要注意到

$$f\left(\sum_{i=1}^{n} x_i\varepsilon_i,\ \sum_{j=1}^{n} x_j\varepsilon_j\right) = \sum_{i=1}^{n}\sum_{j=1}^{n} a_{ij}x_ix_j$$

中 x_ix_j 的系数为 $a_{ij}+a_{ji}$, 性质 2 只不过是性质 1 的矩阵形式的表示.

性质 3 $\boldsymbol{V}$ 上二次齐次函数与 $\boldsymbol{V}$ 上对称双线性函数间有一一对应关系.

事实上, 若 f, g 均为 $\boldsymbol{V}$ 上对称双线性函数, 则由

$$f(\boldsymbol{\alpha},\ \boldsymbol{\beta}) = \frac{1}{2}(f(\boldsymbol{\alpha}+\boldsymbol{\beta},\ \boldsymbol{\alpha}+\boldsymbol{\beta}) - f(\boldsymbol{\alpha},\ \boldsymbol{\alpha}) - f(\boldsymbol{\beta},\ \boldsymbol{\beta})),$$
$$g(\boldsymbol{\alpha},\ \boldsymbol{\beta}) = \frac{1}{2}(g(\boldsymbol{\alpha}+\boldsymbol{\beta},\ \boldsymbol{\alpha}+\boldsymbol{\beta}) - g(\boldsymbol{\alpha},\ \boldsymbol{\alpha}) - g(\boldsymbol{\beta},\ \boldsymbol{\beta})),$$

知 $f=g$ 当且仅当 $f(\boldsymbol{\alpha},\ \boldsymbol{\alpha}) = g(\boldsymbol{\alpha},\ \boldsymbol{\alpha})$, $\forall\boldsymbol{\alpha}\in\boldsymbol{V}$. 即映射 $f(\boldsymbol{\alpha},\ \boldsymbol{\beta}) \longrightarrow f(\boldsymbol{\alpha},\ \boldsymbol{\alpha})$ 是对称双线性函数到二次齐次函数的一一映射.

又设 f_1 为 $\boldsymbol{V}$ 上任一双线性函数, 定义 f 为

$$f(\boldsymbol{\alpha},\ \boldsymbol{\beta}) = \frac{1}{2}(f_1(\boldsymbol{\alpha},\ \boldsymbol{\beta}) + f_1(\boldsymbol{\beta},\ \boldsymbol{\alpha})),\ \ \forall\boldsymbol{\alpha},\ \boldsymbol{\beta}\in\boldsymbol{V}.$$

容易验证 f 为 $\boldsymbol{V}$ 上对称双线性函数, 且

$$f(\boldsymbol{\alpha},\ \boldsymbol{\alpha}) = f_1(\boldsymbol{\alpha},\ \boldsymbol{\alpha}),\ \ \forall\boldsymbol{\alpha}\in\boldsymbol{V}.$$

因而 $f(\boldsymbol{\alpha},\ \boldsymbol{\beta}) \longrightarrow f(\boldsymbol{\alpha},\ \boldsymbol{\alpha}) = f_1(\boldsymbol{\alpha},\ \boldsymbol{\alpha})$ 是对称双线性函数到二次齐次函数的满映射. 于是性质 3 成立.

二次齐次函数是线性空间上的一元函数, 也可以不依赖双线性函数而独立定义.

定义 8.2.7 数域$\boldsymbol{P}$ 上线性空间 $\boldsymbol{V}$ 到 $\boldsymbol{P}$ 的映射 q, 若满足:

1) $q(k\boldsymbol{\alpha}) = k^2q(\boldsymbol{\alpha})$, $\forall k\in\boldsymbol{P}$, $\boldsymbol{\alpha}\in\boldsymbol{V}$;

2) $f(\boldsymbol{\alpha},\boldsymbol{\beta}) = \dfrac{1}{2}(q(\boldsymbol{\alpha}+\boldsymbol{\beta}) - q(\boldsymbol{\alpha}) - q(\boldsymbol{\beta}))$ 是$\boldsymbol{V}$ 上对称双线性函数, 则称 q 为 $\boldsymbol{V}$ 的一个**二次型**.

下面讨论反对称双线性函数的性质.

定理 8.2.4 设 $f(\boldsymbol{\alpha},\ \boldsymbol{\beta})$ 是 n 维线性空间 $\boldsymbol{V}$ 上的反对称双线性函数, 则存在 $\boldsymbol{V}$ 的一组基 $\varepsilon_1,\ \varepsilon_2,\ \cdots,\ \varepsilon_n$, 使得

$$\boldsymbol{G}(f;\ \varepsilon_1,\ \varepsilon_2,\ \cdots,\ \varepsilon_n) = \mathrm{diag}(\boldsymbol{S}_2,\ \boldsymbol{S}_2,\ \cdots,\ \boldsymbol{S}_2,\ 0,\ 0,\ \cdots,\ 0),$$

其中

$$\boldsymbol{S}_2 = \begin{pmatrix} 0 & 1 \\ -1 & 0 \end{pmatrix}.$$

证 对 $\dim \boldsymbol{V}$ 作归纳证明.

$\dim \boldsymbol{V}=1$ 时, $f=0$. 定理自然成立.

$\dim \boldsymbol{V}=2$ 时, 若 $f=0$, 定理成立. 现设 $f\neq 0$, 于是有 ε_1, ε_2' 使得 $f(\varepsilon_1, \varepsilon_2')\neq 0$, 显然 ε_1, ε_2' 线性无关. 于是 ε_1, $\varepsilon_2=f(\varepsilon_1, \varepsilon_2')^{-1}\varepsilon_2'$ 为 $\boldsymbol{V}$ 的基, 而且 $\boldsymbol{G}(f;\ \varepsilon_1, \varepsilon_2)=\boldsymbol{S}_2$.

设 $\dim \boldsymbol{V}<n$ $(n\geqslant 2)$ 时定理成立, 现证 $\dim \boldsymbol{V}=n$ 时定理成立. 若 $f=0$, 结论自然成立, 故设 $f\neq 0$. 如同对 $\dim \boldsymbol{V}=2$ 时的证明, 此时有 ε_1, $\varepsilon_2\in \boldsymbol{V}$ 使得 $f(\varepsilon_1, \varepsilon_2)=1$, ε_1, ε_2 显然线性无关. 于是可将 ε_1, ε_2 扩充为 $\boldsymbol{V}$ 的基 $\varepsilon_1, \varepsilon_2, \boldsymbol{\eta}_3, \cdots, \boldsymbol{\eta}_n$. 令

$$\varepsilon_i'=\boldsymbol{\eta}_i+f(\boldsymbol{\eta}_i, \varepsilon_1)\varepsilon_2-f(\boldsymbol{\eta}_i, \varepsilon_2)\varepsilon_1,\ 3\leqslant i\leqslant n.$$

于是

$$f(\varepsilon_1, \varepsilon_i')=f(\varepsilon_1, \boldsymbol{\eta}_i)+f(\boldsymbol{\eta}_i, \varepsilon_1)f(\varepsilon_1, \varepsilon_2)=0,$$
$$f(\varepsilon_2, \varepsilon_i')=f(\varepsilon_2, \boldsymbol{\eta}_i)-f(\boldsymbol{\eta}_i, \varepsilon_2)f(\varepsilon_2, \varepsilon_1)=0.$$

显然, $\varepsilon_1, \varepsilon_2, \varepsilon_3', \cdots, \varepsilon_n'$ 仍为 $\boldsymbol{V}$ 的基. 令

$$\boldsymbol{V}_1=L(\varepsilon_1, \varepsilon_2),\ \boldsymbol{V}_2=L(\varepsilon_3', \cdots, \varepsilon_n'),$$

则

$$\boldsymbol{V}=\boldsymbol{V}_1\dot{+}\boldsymbol{V}_2,$$
$$f(\boldsymbol{\alpha}, \boldsymbol{\beta})=0,\ \boldsymbol{\alpha}\in \boldsymbol{V}_1,\ \boldsymbol{\beta}\in \boldsymbol{V}_2.$$

由于 f 在 $\boldsymbol{V}_2$ 上的限制仍为反对称双线性函数, 又 $\dim \boldsymbol{V}_2=\dim \boldsymbol{V}-2$. 故由归纳假设有 $\boldsymbol{V}_2$ 的基 $\varepsilon_3, \cdots, \varepsilon_n$ 使得

$$\boldsymbol{G}(f|_{\boldsymbol{V}_2};\ \varepsilon_3, \cdots, \varepsilon_n)=\operatorname{diag}(\underbrace{\boldsymbol{S}_2, \cdots, \boldsymbol{S}_2}_{k-1\text{个}}, 0, \cdots, 0).$$

显然, $\varepsilon_1, \varepsilon_2, \varepsilon_3, \cdots, \varepsilon_n$ 为 $\boldsymbol{V}$ 的基, 且

$$\boldsymbol{G}(f;\ \varepsilon_1, \varepsilon_2, \cdots, \varepsilon_n)=\operatorname{diag}(\underbrace{\boldsymbol{S}_2, \cdots, \boldsymbol{S}_2}_{k\text{个}}, 0, \cdots, 0).$$

于是定理成立.

推论 如果 n 维线性空间 $\boldsymbol{V}$ 有非退化的反对称双线性函数 f, 则 $n=2m$ 为偶数, 且存在$\boldsymbol{V}$ 的基 $\boldsymbol{\eta}_1, \boldsymbol{\eta}_2, \cdots, \boldsymbol{\eta}_n$ 使得

$$\boldsymbol{G}(f;\ \boldsymbol{\eta}_1, \boldsymbol{\eta}_2, \cdots, \boldsymbol{\eta}_n)=\begin{pmatrix} 0 & \boldsymbol{I}_m \\ -\boldsymbol{I}_m & 0 \end{pmatrix}.$$

事实上, 由 f 非退化及定理 4, 知有 $\boldsymbol{V}$ 的基 $\boldsymbol{\varepsilon}_1, \boldsymbol{\varepsilon}_2, \cdots, \boldsymbol{\varepsilon}_n$ 使得

$$\boldsymbol{G}(f;\ \boldsymbol{\varepsilon}_1, \boldsymbol{\varepsilon}_2, \cdots, \boldsymbol{\varepsilon}_n) = \operatorname{diag}(\underbrace{\boldsymbol{S}_2, \boldsymbol{S}_2, \cdots, \boldsymbol{S}_2}_{m\text{个}}).$$

于是 $n = 2m$. 令

$$\boldsymbol{\eta}_k = \boldsymbol{\varepsilon}_{2k-1}, \quad 1 \leqslant k \leqslant m;$$
$$\boldsymbol{\eta}_{k+m} = \boldsymbol{\varepsilon}_{2k}, \quad 1 \leqslant k \leqslant m.$$

于是 $\boldsymbol{\eta}_1, \cdots, \boldsymbol{\eta}_m, \boldsymbol{\eta}_{m+1}, \cdots, \boldsymbol{\eta}_n$ 为 $\boldsymbol{V}$ 的基, 且

$$\boldsymbol{G}(f;\ \boldsymbol{\eta}_1, \boldsymbol{\eta}_2, \cdots, \boldsymbol{\eta}_n) = \begin{pmatrix} 0 & \boldsymbol{I}_m \\ -\boldsymbol{I}_m & 0 \end{pmatrix}.$$

在现代数学中, 下面这些概念都是很重要的. 依据这些概念发展成许多重要的分支.

数域$\boldsymbol{P}$ 上线性空间 $\boldsymbol{V}$ 中, 定义了非退化双线性函数, 则称 $\boldsymbol{V}$ 为**双线性度量空间**.

实线性空间 $\boldsymbol{V}$ 上若定义了非退化的对称双线性函数, 则称 $\boldsymbol{V}$ 为**伪 Euclid 空间**.

实线性空间 $\boldsymbol{V}$ 上若定义了非退化的反对称双线性函数, 则称 $\boldsymbol{V}$ 为**辛空间**.

习　　题

1. 设 $\boldsymbol{P}$ 为数域. $\boldsymbol{A} \in \boldsymbol{P}^{m\times m}$, $\boldsymbol{V} = \boldsymbol{P}^{m\times n}$. 定义$\boldsymbol{V}$ 上二元函数 $f(\boldsymbol{X}, \boldsymbol{Y}) = \operatorname{tr}(\boldsymbol{X}'\boldsymbol{A}\boldsymbol{Y})$, $\boldsymbol{X}, \boldsymbol{Y} \in \boldsymbol{V}$.
   1) 试证 $f(\boldsymbol{X}, \boldsymbol{Y})$ 是$\boldsymbol{V}$ 上的双线性函数.
   2) 求 f 在基 $\{\boldsymbol{E}_{ij} | 1 \leqslant i \leqslant m, 1 \leqslant j \leqslant n; \operatorname{ent}_{kl}\boldsymbol{E}_{ij} = \delta_{ki}\delta_{lj}\}$ 下的度量矩阵.
2. 设 $\boldsymbol{V} = \boldsymbol{P}^4$ 上的双线性函数 $f(\boldsymbol{X}, \boldsymbol{Y})$ 为

$$f(\boldsymbol{X}, \boldsymbol{Y}) = 3x_1y_2 - 5x_2y_1 + x_3y_4 - 4x_4y_3,$$

其中 $\boldsymbol{X} = (x_1, x_2, x_3, x_4)$, $\boldsymbol{Y} = (y_1, y_2, y_3, y_4)$.

1) 求 $\boldsymbol{G}(f;\ \boldsymbol{\varepsilon}_1, \boldsymbol{\varepsilon}_2, \boldsymbol{\varepsilon}_3, \boldsymbol{\varepsilon}_4)$, 其中

$$\boldsymbol{\varepsilon}_1 = (1, -2, 1, 0), \quad \boldsymbol{\varepsilon}_2 = (1, -1, 1, 0),$$
$$\boldsymbol{\varepsilon}_3 = (-1, 2, 1, 1), \quad \boldsymbol{\varepsilon}_4 = (-1, -1, 0, 1).$$

2)　求 $\boldsymbol{G}(f;\ \boldsymbol{\eta}_1,\ \boldsymbol{\eta}_2,\ \boldsymbol{\eta}_3,\ \boldsymbol{\eta}_4)$, 其中 $(\boldsymbol{\eta}_1,\ \boldsymbol{\eta}_2,\ \boldsymbol{\eta}_3,\ \boldsymbol{\eta}_4)=(\boldsymbol{\varepsilon}_1,\ \boldsymbol{\varepsilon}_2,\ \boldsymbol{\varepsilon}_3,\ \boldsymbol{\varepsilon}_4)\boldsymbol{T}$

$$\boldsymbol{T}=\begin{pmatrix}1&1&1&1\\1&1&-1&-1\\1&-1&1&-1\\1&-1&-1&1\end{pmatrix}.$$

3. 设 $\boldsymbol{V}$ 是 $\mathbf{C}$ 上的线性空间, $\dim\boldsymbol{V}\geqslant 2$. $f(\boldsymbol{\alpha},\ \boldsymbol{\beta})$ 为 $\boldsymbol{V}$ 上的一个对称双线性函数.

1)　试证$\boldsymbol{V}$ 中存在非零向量$\boldsymbol{\xi}$ 使得 $f(\boldsymbol{\xi},\ \boldsymbol{\xi})=0$.

2)　若 $f(\boldsymbol{\alpha},\ \boldsymbol{\beta})$ 是非退化的, 则存在线性无关的向量 $\boldsymbol{\xi}$, $\boldsymbol{\eta}$, 满足 $f(\boldsymbol{\xi},\ \boldsymbol{\eta})=1$, $f(\boldsymbol{\xi},\ \boldsymbol{\xi})=f(\boldsymbol{\eta},\ \boldsymbol{\eta})=0$.

4. 试证线性空间 $\boldsymbol{V}$ 上双线性函数 $f(\boldsymbol{\alpha},\ \boldsymbol{\beta})$ 是反对称的当且仅当 $f(\boldsymbol{\alpha},\ \boldsymbol{\alpha})=0,\ \forall\boldsymbol{\alpha}\in\boldsymbol{V}$.

5. 设 $f(\boldsymbol{\alpha},\ \boldsymbol{\beta})$ 为线性空间 $\boldsymbol{V}$ 上的对称或反对称双线性函数. 若 $f(\boldsymbol{\alpha},\ \boldsymbol{\beta})=0$, 则称 $\boldsymbol{\alpha}$ 与 $\boldsymbol{\beta}$ **正交**. 设 $\boldsymbol{W}$ 是 $\boldsymbol{V}$ 的真子空间. 试证:

1)　对 $\boldsymbol{\xi}\notin\boldsymbol{W}$, 必有 $\boldsymbol{\eta}\in\boldsymbol{W}+L(\boldsymbol{\xi})$, $\boldsymbol{\eta}\neq 0$, 使 $f(\boldsymbol{\eta},\ \boldsymbol{\alpha})=0,\ \forall\boldsymbol{\alpha}\in\boldsymbol{W}$;

2)　$\boldsymbol{W}^{\perp}=\{\boldsymbol{\alpha}\in\boldsymbol{V}|f(\boldsymbol{\alpha},\ \boldsymbol{\beta})=0,\ \forall\boldsymbol{\beta}\in\boldsymbol{W}\}$ 是$\boldsymbol{V}$ 的子空间 (称为 $\boldsymbol{W}$ 的**正交补**);

3)　若 $\boldsymbol{W}\cap\boldsymbol{W}^{\perp}=(0)$, 则 $\boldsymbol{V}=\boldsymbol{W}\dotplus\boldsymbol{W}^{\perp}$;

4)　$f(\boldsymbol{\alpha},\ \boldsymbol{\beta})$ 在$\boldsymbol{W}$ 上的限制非退化的充分必要条件是 $\boldsymbol{V}=\boldsymbol{W}\dotplus\boldsymbol{W}^{\perp}$.

6. 设 $f(\boldsymbol{\alpha},\ \boldsymbol{\beta})$ 是 n 维线性空间 $\boldsymbol{V}$ 上的非退化对称双线性函数, 又设 $\boldsymbol{\alpha}\in\boldsymbol{V}$. 定义$\boldsymbol{V}$ 上函数 α^*: $\alpha^*(\boldsymbol{\beta})=f(\boldsymbol{\alpha},\ \boldsymbol{\beta}),\ \forall\boldsymbol{\beta}\in\boldsymbol{V}$. 试证:

1)　$\alpha^*\in\boldsymbol{V}^*$, 且 $\boldsymbol{\alpha}\longrightarrow\alpha^*$ 是$\boldsymbol{V}$ 到 $\boldsymbol{V}^*$ 的同构映射;

2)　设 $\boldsymbol{\varepsilon}_1,\ \boldsymbol{\varepsilon}_2,\ \cdots,\ \boldsymbol{\varepsilon}_n$ 为 $\boldsymbol{V}$ 的基, 存在 $\boldsymbol{V}$ 的唯一一组基 $\boldsymbol{\varepsilon}'_1,\ \boldsymbol{\varepsilon}'_2,\ \cdots,\ \boldsymbol{\varepsilon}'_n$, 使得 $f(\boldsymbol{\varepsilon}_i,\ \boldsymbol{\varepsilon}'_j)=\delta_{ij},\ 1\leqslant i,\ j\leqslant n$;

3)　若$\boldsymbol{V}$ 的基域为复数域 $\mathbf{C}$, 则存在$\boldsymbol{V}$ 的基 $\boldsymbol{\varepsilon}_1,\ \boldsymbol{\varepsilon}_2,\ \cdots,\ \boldsymbol{\varepsilon}_n$, 使得

$$f(\boldsymbol{\varepsilon}_i,\ \boldsymbol{\varepsilon}_j)=\delta_{ij},\ 1\leqslant i,\ j\leqslant n.$$

7. 设 $\boldsymbol{V}$ 是对于非退化对称双线性函数 f 的 n 维伪 Euclid 空间. $\boldsymbol{V}$ 的基 $\boldsymbol{\varepsilon}_1,\ \boldsymbol{\varepsilon}_2,\ \cdots,\ \boldsymbol{\varepsilon}_n$ 称为**正交基**, 如果

$$\boldsymbol{G}(f;\ \boldsymbol{\varepsilon}_1,\ \boldsymbol{\varepsilon}_2,\ \cdots,\ \boldsymbol{\varepsilon}_n)=\mathrm{diag}(\boldsymbol{I}_p,\ -\boldsymbol{I}_{n-p}).$$

又 $\mathcal{A}\in\mathrm{End}\,\boldsymbol{V}$ 称为**伪正交变换**, 如果

$$f(\mathcal{A}\boldsymbol{\alpha},\ \mathcal{A}\boldsymbol{\beta})=f(\boldsymbol{\alpha},\ \boldsymbol{\beta}),\ \forall\boldsymbol{\alpha},\ \boldsymbol{\beta}\in\boldsymbol{V}.$$

试证: 1)　伪正交变换是可逆的, 其逆仍是伪正交变换;

2)　伪正交变换的积仍为伪正交变换;

3)　伪正交变换的行列式为 1 或 -1;

4)　$\mathcal{A}$ 为伪正交变换当且仅当在正交基下的矩阵$\boldsymbol{A}$ 满足

$$\boldsymbol{A}'\mathrm{diag}(\boldsymbol{I}_p,\ -\boldsymbol{I}_{n-p})\boldsymbol{A}=\mathrm{diag}(\boldsymbol{I}_p,\ -\boldsymbol{I}_{n-p}).$$

8. 设 $\boldsymbol{V}$ 是对于非退化反对称双线性函数 f 的 $n=2m$ 维辛空间. $\boldsymbol{V}$ 的基 $\boldsymbol{\varepsilon}_1, \boldsymbol{\varepsilon}_2, \cdots, \boldsymbol{\varepsilon}_{2m}$ 称为**辛基**, 如果

$$\boldsymbol{G}(f;\ \boldsymbol{\varepsilon}_1,\ \boldsymbol{\varepsilon}_2,\ \cdots,\ \boldsymbol{\varepsilon}_{2m})=\begin{pmatrix} 0 & \boldsymbol{I}_m \\ -\boldsymbol{I}_m & 0 \end{pmatrix}.$$

又 $\mathcal{A}\in \operatorname{End}\boldsymbol{V}$ 称为**辛变换**, 如果

$$f(\mathcal{A}\boldsymbol{\alpha},\ \mathcal{A}\boldsymbol{\beta})=f(\boldsymbol{\alpha},\ \boldsymbol{\beta}),\ \forall \boldsymbol{\alpha},\ \boldsymbol{\beta}\in \boldsymbol{V}.$$

试证: 1) 辛变换是可逆的, 其逆仍为辛变换;

2) 辛变换之积仍是辛变换;

3) $\mathcal{A}$ 为辛变换当且仅当在辛基下的矩阵 $\boldsymbol{A}$ 满足

$$\boldsymbol{A}'\begin{pmatrix} 0 & \boldsymbol{I}_m \\ -\boldsymbol{I}_m & 0 \end{pmatrix}\boldsymbol{A}=\begin{pmatrix} 0 & \boldsymbol{I}_m \\ -\boldsymbol{I}_m & 0 \end{pmatrix}.$$

9. 设 $\boldsymbol{V}$ 是数域 $\boldsymbol{P}$ 上 n 维线性空间. 以 $(\boldsymbol{V}\otimes\boldsymbol{V})^*$ 表示$\boldsymbol{V}$上所有双线性函数的集合. 分别以 $\operatorname{Sym}(\boldsymbol{V}\otimes\boldsymbol{V})^*$, $\operatorname{Alt}(\boldsymbol{V}\otimes\boldsymbol{V})^*$ 表示$\boldsymbol{V}$ 上对称, 反对称双线性函数的集合. 对于 $f,\ g\in(\boldsymbol{V}\otimes\boldsymbol{V})^*$, $k\in\boldsymbol{P}$, 定义 $f+g$, kf 如下

$$(f+g)(\boldsymbol{\alpha},\ \boldsymbol{\beta})=f(\boldsymbol{\alpha},\ \boldsymbol{\beta})+g(\boldsymbol{\alpha},\ \boldsymbol{\beta});$$
$$(kf)(\boldsymbol{\alpha},\ \boldsymbol{\beta})=kf(\boldsymbol{\alpha},\ \boldsymbol{\beta}),\ \forall\boldsymbol{\alpha},\ \boldsymbol{\beta}\in\boldsymbol{V}.$$

试证: 1) $(\boldsymbol{V}\otimes\boldsymbol{V})^*$ 对上述加法与数乘构成$\boldsymbol{P}$ 上 n^2 维线性空间;

2) 若 $\boldsymbol{\varepsilon}_1, \boldsymbol{\varepsilon}_2, \cdots, \boldsymbol{\varepsilon}_n$ 为 $\boldsymbol{V}$ 的基; $f_{ij}\in(\boldsymbol{V}\otimes\boldsymbol{V})^*$, 满足 $\boldsymbol{G}(f;\ \boldsymbol{\varepsilon}_1,\ \boldsymbol{\varepsilon}_2,\ \cdots,\boldsymbol{\varepsilon}_n)=\boldsymbol{E}_{ij}$, $1\leqslant i,\ j\leqslant n$. 则 $\{f_{ij}|1\leqslant i,\ j\leqslant n\}$ 为 $(\boldsymbol{V}\otimes\boldsymbol{V})^*$ 的基;

3) $\operatorname{Sym}(\boldsymbol{V}\otimes\boldsymbol{V})^*$, $\operatorname{Alt}(\boldsymbol{V}\otimes\boldsymbol{V})^*$ 为 $(\boldsymbol{V}\otimes\boldsymbol{V})^*$ 的子空间, 且

$$(\boldsymbol{V}\otimes\boldsymbol{V})^*=\operatorname{Sym}(\boldsymbol{V}\otimes\boldsymbol{V})^*\dot{+}\operatorname{Alt}(\boldsymbol{V}\otimes\boldsymbol{V})^*,$$
$$\dim\operatorname{Sym}(\boldsymbol{V}\otimes\boldsymbol{V})^*=\frac{1}{2}n(n+1),$$
$$\dim\operatorname{Alt}(\boldsymbol{V}\otimes\boldsymbol{V})^*=\frac{1}{2}n(n-1).$$

8.3 二次型及其标准形

上节我们看到 n 维空间的二次齐次函数在固定基下, 可以表示为向量的坐标的二次齐次多项式; 二次齐次函数与对称双线性函数, 因而与对称矩阵有一一对应关系. 本节将从多项式的观点来讨论这类函数.

定义 8.3.1 设 $\boldsymbol{P}$ 为数域, $x_1, x_2, \cdots, x_n$ 为变量. $\boldsymbol{P}[x_1, x_2, \cdots, x_n]$ 中二次齐次多项式

$$f(x_1,\ x_2,\ \cdots,\ x_n)=\sum_{i=1}^{n}a_{ii}x_i^2+2\sum_{i<j}a_{ij}x_ix_j \tag{1}$$

称为 $\boldsymbol{P}$ 上一个 n **元二次型**, 简称**二次型**.

例 8.6　$x_1^2+x_1x_2+3x_1x_3+2x_2^2+4x_2x_3+x_3^2$ 是一个三元二次型.

注意到, $i<j$ 时,

$$2a_{ij}x_ix_j=a_{ij}x_ix_j+a_{ij}x_jx_i.$$

令 $a_{ji}=a_{ij}$, 于是 (1) 式可写成

$$f(x_1,\ x_2,\ \cdots,\ x_n)=\sum_{i=1}^{n}\sum_{j=1}^{n}a_{ij}x_ix_j. \tag{2}$$

我们用矩阵乘积的形式可将此式写得更简单

$$f(x_1,\ x_2,\ \cdots,\ x_n)=\boldsymbol{X}'\boldsymbol{A}\boldsymbol{X}, \tag{3}$$

其中

$$\boldsymbol{X}=\begin{pmatrix}x_1\\x_2\\\vdots\\x_n\end{pmatrix},\quad \boldsymbol{A}=\begin{pmatrix}a_{11}&a_{12}&\cdots&a_{1n}\\a_{21}&a_{22}&\cdots&a_{2n}\\\vdots&\vdots&&\vdots\\a_{n1}&a_{n2}&\cdots&a_{nn}\end{pmatrix}.$$

这里$\boldsymbol{A}$ 是对称矩阵, 称为二次型 $f(x_1,\ x_2,\ \cdots,\ x_n)$ 的**矩阵**, 也记为 $\boldsymbol{M}_f$, 即 $\boldsymbol{A}=\boldsymbol{M}_f$.

显然, 映射 $f\to\boldsymbol{M}_f$ 是二次型集合到对称矩阵集合的一一对应. 这样, 对二次型的研究就转化为对对称矩阵的研究. 为将二次型化简需要将变量 $x_1,\ x_2,\ \cdots,\ x_n$ 代之以另一组变量 $y_1,\ y_2,\ \cdots,\ y_n$. 为保证替换后仍为二次型, 要求所作替换是线性的, 每个 x_i 均为 $y_1,\ y_2,\ \cdots,\ y_n$ 的一次齐次多项式.

定义 8.3.2　设 $x_1,\ x_2,\ \cdots,\ x_n$ 与 $y_1,\ y_2,\ \cdots,\ y_n$ 是两组变量 (文字), 又设 $c_{ij}\in\boldsymbol{P}$, $1\leqslant i,\ j\leqslant n$. 关系式

$$\begin{cases}x_1=c_{11}y_1+c_{12}y_2+\cdots+c_{1n}y_n,\\x_2=c_{21}y_1+c_{22}y_2+\cdots+c_{2n}y_n,\\\qquad\cdots\cdots\cdots\cdots\\x_n=c_{n1}y_1+c_{n2}y_2+\cdots+c_{nn}y_n,\end{cases} \tag{4}$$

或者

$$\boldsymbol{X}=\boldsymbol{C}\boldsymbol{Y}$$

(其中 $\boldsymbol{X}'=(x_1,\ x_2,\ \cdots,\ x_n)$, $\boldsymbol{Y}'=(y_1,\ y_2,\ \cdots,\ y_n)$, $\boldsymbol{C}\in\boldsymbol{P}^{n\times n}$, $\mathrm{ent}_{ij}\boldsymbol{C}=c_{ij}$, $1\leqslant i,\ j\leqslant n$) 称为由 $x_1,\ x_2,\ \cdots,\ x_n$ 到 $y_1,\ y_2,\ \cdots,\ y_n$ 的一个**线性替换**, 简称线性替换. 如果 $\det\boldsymbol{C}\neq0$, 则称此线性替换是**非退化的**.

如果 $\det \boldsymbol{C} \neq 0$, 则$\boldsymbol{C}$ 可逆, 于是有从$\boldsymbol{Y}$ 到 $\boldsymbol{X}$ 的线性替换 $\boldsymbol{Y} = \boldsymbol{C}^{-1}\boldsymbol{X}$. 为使$\boldsymbol{X}$, $\boldsymbol{Y}$ 能互相线性替换, 我们总假定所进行的线性替换是非退化的.

定理 8.3.1 设 $f(x_1, x_2, \cdots, x_n)$ 为数域$\boldsymbol{P}$ 上的二次型, 则下面结论成立.

1) $g(y_1, y_2, \cdots, y_n)$ 也是$\boldsymbol{P}$ 上的二次型, 则存在非退化线性替换$\boldsymbol{X} = \boldsymbol{C}\boldsymbol{Y}$ 使得

$$f(x_1, x_2, \cdots, x_n) = g(y_1, y_2, \cdots, y_n)$$

的充分必要条件是 $\boldsymbol{M}_f$ 与 $\boldsymbol{M}_g$ 合同.

2) $f(x_1, x_2, \cdots, x_n)$ 经过非退化线性替换可化为平方和的形式, 即有 $\boldsymbol{X} = \boldsymbol{C}\boldsymbol{Y}$, $\det \boldsymbol{C} \neq 0$, 使得

$$f(x_1, x_2, \cdots, x_n) = d_1 y_1^2 + d_2 y_2^2 + \cdots + d_n y_n^2.$$

证 1) 设 $\boldsymbol{X} = \boldsymbol{C}\boldsymbol{Y}$, 于是

$$f(x_1, x_2, \cdots, x_n) = (\boldsymbol{C}\boldsymbol{Y})'\boldsymbol{M}_f(\boldsymbol{C}\boldsymbol{Y}) = \boldsymbol{Y}'(\boldsymbol{C}'\boldsymbol{M}_f\boldsymbol{C})\boldsymbol{Y}.$$

即 $\boldsymbol{M}_g = \boldsymbol{C}'\boldsymbol{M}_f\boldsymbol{C}$ 与 $\boldsymbol{M}_f$ 合同.

反之, 若 $\boldsymbol{M}_g$ 与 $\boldsymbol{M}_f$ 合同, 则有 $\boldsymbol{T} \in \boldsymbol{P}^{n\times n}$, $\boldsymbol{T}$ 可逆, 使 $\boldsymbol{M}_g = \boldsymbol{T}'\boldsymbol{M}_f\boldsymbol{T}$. 于是$\boldsymbol{X} = \boldsymbol{T}\boldsymbol{Y}$ 是 $\boldsymbol{X}$ 到 $\boldsymbol{Y}$ 的非退化线性替换, 此时

$$f(x_1, x_2, \cdots, x_n) = (\boldsymbol{T}\boldsymbol{Y})'\boldsymbol{M}_f(\boldsymbol{T}\boldsymbol{Y}) = \boldsymbol{Y}'(\boldsymbol{T}'\boldsymbol{M}_f\boldsymbol{T})\boldsymbol{Y} = g(y_1, y_2, \cdots, y_n).$$

2) 由定理 8.2.3 可知, 有可逆矩阵 $\boldsymbol{T} \in \boldsymbol{P}^{n\times n}$ 使得

$$\boldsymbol{T}'\boldsymbol{M}_f\boldsymbol{T} = \operatorname{diag}(d_1, d_2, \cdots, d_n).$$

作非退化线性替换$\boldsymbol{X} = \boldsymbol{T}\boldsymbol{Y}$. 于是由结论 1) 知

$$f(x_1, x_2, \cdots, x_n) = d_1 y_1^2 + d_2 y_2^2 + \cdots + d_n y_n^2.$$

定义 8.3.3 二次型 $f(x_1, x_2, \cdots, x_n)$ 经过非退化线性替换化为平方和形式, 即

$$f(x_1, x_2, \cdots, x_n) = d_1 y_1^2 + d_2 y_2^2 + \cdots + d_n y_n^2,$$

此平方和称为 $f(x_1, x_2, \cdots, x_n)$ 的**标准形**.

类似地, 与对称矩阵合同的对角矩阵称为此对称矩阵的**标准形**.

定理 8.3.1 证明了二次型 (对称矩阵) 的标准形一定存在. 定理 8.2.3 也给出了一种求标准形的办法. 下面再介绍两种求标准形的方法. 一种是多项式中的配方法, 另一种是矩阵的初等变换法.

1)　配方法化标准形

设 $f(x_1, x_2, \cdots, x_n)=\sum_{i,j=1}^{n} a_{ij}x_ix_j$, $a_{ij}=a_{ji}$. 若有 i_0 使得 $a_{i_0 j}=a_{j i_0}=0$, $1\leqslant j\leqslant n$, 则 f 是 $n-1$ 元二次型. 故可以假定, $\forall i_0$, 总有 j_0 使得 $a_{i_0 j_0}\neq 0$. 分两种情形讨论.

(1) 若 a_{ii} 不全为零, 不妨设 $a_{11}\neq 0$. 故

$$\begin{aligned}f(x_1, x_2, \cdots, x_n)=&a_{11}x_1^2+2x_1\sum_{j=2}^{n}a_{1j}x_j+\sum_{i,j=2}^{n}a_{ij}x_ix_j\\=&a_{11}\left(x_1+\sum_{j=2}^{n}\frac{a_{1j}}{a_{11}}x_j\right)^2-a_{11}\left(\sum_{j=2}^{n}\frac{a_{1j}}{a_{11}}x_j\right)^2\\&+\sum_{i,j=2}^{n}a_{ij}x_ix_j,\end{aligned}$$

于是

$$f_1(x_2, \cdots, x_n)=-\frac{1}{a_{11}}\left(\sum_{j=2}^{n}a_{1j}x_j\right)^2+\sum_{i,j=2}^{n}a_{ij}x_ix_j$$

为一个 $n-1$ 元二次型. 令

$$y_1=x_1+\sum_{j=2}^{n}\frac{a_{1j}}{a_{11}}x_j,\ \ y_i=x_i,\ 2\leqslant i\leqslant n$$

或

$$x_1=y_1-\sum_{j=2}^{n}\frac{a_{1j}}{a_{11}}y_j,\ \ x_i=y_i,\ 2\leqslant i\leqslant n.$$

显然, 这是非退化的线性替换. 此时有

$$f(x_1, x_2, \cdots, x_n)=a_{11}y_1^2+f_1(y_2, \cdots, y_n).$$

再继续将 $f_1(y_2, \cdots, y_n)$ 化为平方和即可.

(2) $a_{11}=a_{22}=\cdots=a_{nn}=0$, 则有 $a_{ij}\neq 0$. 不妨设 $a_{12}\neq 0$. 令

$$x_1=z_1+z_2,\ x_2=z_1-z_2,\ x_i=z_i,\ 3\leqslant i\leqslant n.$$

显然这是非退化线性替换, 此时有

$$\begin{aligned}&f(x_1, x_2, \cdots, x_n)\\=&2a_{12}(z_1+z_2)(z_1-z_2)+2a_{13}(z_1+z_2)z_3+\cdots\\=&2a_{12}z_1^2-2a_{12}z_2^2+\cdots.\end{aligned}$$

此时已变为前一种情形, 故可按前一情形做下去.

具体做时, 有时可将几个步骤并为一步来做, 可以提高速度. 下面举例以明之.

例 8.7 化二次型

$$f(x_1,\ x_2,\ x_3)=x_1^2+2x_2^2+4x_3^2+2x_1x_2+6x_2x_3+2x_1x_3$$

为标准形.

解 由 $a_{11}=1\neq 0$, 故为第一种情形, 因而有

$$\begin{aligned}&f(x_1,\ x_2,\ x_3)\\=&x_1^2+2x_1(x_2+x_3)+(x_2+x_3)^2-(x_2+x_3)^2+2x_2^2+4x_3^2+6x_2x_3\\=&(x_1+x_2+x_3)^2+x_2^2+3x_3^2+4x_2x_3\\=&(x_1+x_2+x_3)^2+(x_2+2x_3)^2-x_3^2.\end{aligned}$$

令 $y_1=x_1+x_2+x_3,\ y_2=x_2+2x_3,\ y_3=x_3$, 或

$$\begin{cases}x_1=y_1-y_2+y_3,\\x_2=y_2-2y_3,\\x_3=y_3,\end{cases}$$

则有

$$f(x_1,\ x_2,\ x_3)=y_1^2+y_2^2-y_3^2.$$

例 8.8 将四元二次型

$$f=2x_1x_2+2x_1x_3-2x_1x_4-2x_2x_3+2x_2x_4+2x_3x_4$$

化为标准形.

解 由于 f 中不含平方项, 故属于第二种情形. 先作替换

$$x_1=y_1+y_2,\ x_2=y_1-y_2,\ x_3=y_3,\ x_4=y_4.$$

则有

$$\begin{aligned}f=&2y_1^2-2y_2^2+4y_2y_3-4y_2y_4+2y_3y_4\\=&2y_1^2-2(y_2^2-2y_2(y_3-y_4)+(y_3-y_4)^2)+2(y_3-y_4)^2+2y_3y_4\\=&2y_1^2-2(y_2-y_3+y_4)^2+2y_3^2+2y_4^2-2y_3y_4\\=&2y_1^2-2(y_2-y_3+y_4)^2+2\left(y_3-\frac{1}{2}y_4\right)^2+\frac{3}{2}y_4^2.\end{aligned}$$

令

$$\begin{pmatrix} z_1 \\ z_2 \\ z_3 \\ z_4 \end{pmatrix} = \begin{pmatrix} 1 & 0 & 0 & 0 \\ 0 & 1 & -1 & 1 \\ 0 & 0 & 1 & -\frac{1}{2} \\ 0 & 0 & 0 & 1 \end{pmatrix} \begin{pmatrix} y_1 \\ y_2 \\ y_3 \\ y_4 \end{pmatrix}.$$

则有

$$f(x_1,\ x_2,\ x_3,\ x_4) = 2z_1^2 - 2z_2^2 + 2z_3^2 + \frac{3}{2}z_4^2.$$

其中

$$\begin{pmatrix} x_1 \\ x_2 \\ x_3 \\ x_4 \end{pmatrix} = \begin{pmatrix} 1 & 1 & 0 & 0 \\ 1 & -1 & 0 & 0 \\ 0 & 0 & 1 & 0 \\ 0 & 0 & 0 & 1 \end{pmatrix} \begin{pmatrix} 1 & 0 & 0 & 0 \\ 0 & 1 & -1 & 1 \\ 0 & 0 & 1 & -\frac{1}{2} \\ 0 & 0 & 0 & 1 \end{pmatrix}^{-1} \begin{pmatrix} z_1 \\ z_2 \\ z_3 \\ z_4 \end{pmatrix}$$

$$= \begin{pmatrix} 1 & 1 & 1 & -\frac{1}{2} \\ 1 & -1 & -1 & \frac{1}{2} \\ 0 & 0 & 1 & \frac{1}{2} \\ 0 & 0 & 0 & 1 \end{pmatrix} \begin{pmatrix} z_1 \\ z_2 \\ z_3 \\ z_4 \end{pmatrix}.$$

以上方法虽然切实可行, 但做起来比较麻烦, 尤其是要求出最终的线性替换来, 还要将中间的一系列矩阵乘起来. 下面介绍另一方法.

2)　初等变换法化标准形

由定理 8.2.3 知, $\boldsymbol{A}' = \boldsymbol{A}$, 则有可逆矩阵 $\boldsymbol{T}$ 使得 $\boldsymbol{T}'\boldsymbol{A}\boldsymbol{T}$ 为对角矩阵. 由 $\boldsymbol{T}$ 可逆, 于是 $\boldsymbol{T}$ 可分解为初等矩阵的乘积, $\boldsymbol{T} = \boldsymbol{P}_1\boldsymbol{P}_2\cdots\boldsymbol{P}_k$, 此时 $\boldsymbol{T}' = \boldsymbol{P}_k'\cdots\boldsymbol{P}_2'\boldsymbol{P}_1'$. 于是

$$\boldsymbol{T}'\boldsymbol{A}\boldsymbol{T} = \boldsymbol{P}_k'(\cdots(\boldsymbol{P}_2'(\boldsymbol{P}_1'\boldsymbol{A}\boldsymbol{P}_1)\boldsymbol{P}_2)\cdots)\boldsymbol{P}_k.$$

因而我们可以假定$\boldsymbol{T}$ 为初等矩阵, 来看看 $\boldsymbol{T}'\boldsymbol{A}\boldsymbol{T}$ 与 $\boldsymbol{A}$ 的关系.

(1) $\boldsymbol{T} = \boldsymbol{P}(i(c))$, $c \neq 0$, $\boldsymbol{T}' = \boldsymbol{P}(i(c))$. 此时, 我们将$\boldsymbol{A}$ 的第 i 行乘 c, 得到 $\boldsymbol{T}'\boldsymbol{A}$, 再将此矩阵的第 i 列乘 c, 即得$\boldsymbol{T}'\boldsymbol{A}\boldsymbol{T}$.

(2) $\boldsymbol{T} = \boldsymbol{P}(i,\ j)$, $\boldsymbol{T}' = \boldsymbol{P}(i,\ j)$. 此时, 我们将$\boldsymbol{A}$ 的第 i 行与第 j 行互换, 得$\boldsymbol{T}'\boldsymbol{A}$, 再将 $\boldsymbol{T}'\boldsymbol{A}$ 的第 i 列与第 j 列互换, 得$\boldsymbol{T}'\boldsymbol{A}\boldsymbol{T}$.

(3) $\boldsymbol{T} = \boldsymbol{P}(i,\ j(k))$, $\boldsymbol{T}' = \boldsymbol{P}(j,\ i(k))$. 此时, 将$\boldsymbol{A}$ 的第 j 行加上第 i 行的 k 倍, 得$\boldsymbol{T}'\boldsymbol{A}$. 再将 $\boldsymbol{T}'\boldsymbol{A}$ 的第 j 列加上第 i 列的 k 倍得$\boldsymbol{T}'\boldsymbol{A}\boldsymbol{T}$.

总之, 将 $\boldsymbol{A}$ 进行一次行变换, 而后进行一次相应的列变换, 这样一直变为对角矩阵. 为求出 $\boldsymbol{T}$, 我们将 $(\boldsymbol{A},\ \boldsymbol{I}_n)$ 进行行变换, 而后将前面部分进行相应的列变换. 最后得到$(\boldsymbol{D},\ \boldsymbol{T}')$, 其中 $\boldsymbol{D}=\mathrm{diag}(d_1,\ d_2,\ \cdots,\ d_n)$ 为对角矩阵.

例 8.9 化二次型

$$f(x_1,\ x_2,\ x_3)=2x_1x_2-6x_2x_3+2x_1x_3$$

为标准形.

解 $f(x_1,\ x_2,\ x_3)$ 的矩阵为

$$\boldsymbol{A}=\begin{pmatrix}0&1&1\\1&0&-3\\1&-3&0\end{pmatrix}.$$

现将 $\boldsymbol{A}$ 施行初等变换如下

$$\left(\begin{array}{ccc|ccc}0&1&1&1&0&0\\1&0&-3&0&1&0\\1&-3&0&0&0&1\end{array}\right)\xrightarrow{\text{行}}\left(\begin{array}{ccc|ccc}1&1&-2&1&1&0\\1&0&-3&0&1&0\\1&-3&0&0&0&1\end{array}\right)\xrightarrow{\text{列}}$$

$$\left(\begin{array}{ccc|ccc}2&1&-2&1&1&0\\1&0&-3&0&1&0\\-2&-3&0&0&0&1\end{array}\right)\xrightarrow{\text{行}}\left(\begin{array}{ccc|ccc}2&1&-2&1&1&0\\0&-1/2&-2&-1/2&1/2&0\\0&-2&-2&1&1&1\end{array}\right)\xrightarrow{\text{列}}$$

$$\left(\begin{array}{ccc|ccc}2&0&0&1&1&0\\0&-1/2&-2&-1/2&1/2&0\\0&-2&-2&1&1&1\end{array}\right)\xrightarrow{\text{行}}\left(\begin{array}{ccc|ccc}2&0&0&1&1&0\\0&-1/2&-2&-1/2&1/2&0\\0&0&6&3&-1&1\end{array}\right)\xrightarrow{\text{列}}$$

$$\left(\begin{array}{ccc|ccc}2&0&0&1&1&0\\0&-1/2&0&-1/2&1/2&0\\0&0&6&3&-1&1\end{array}\right).$$

于是令

$$\begin{pmatrix}x_1\\x_2\\x_3\end{pmatrix}=\begin{pmatrix}1&-1/2&3\\1&1/2&-1\\0&0&1\end{pmatrix}\begin{pmatrix}y_1\\y_2\\y_3\end{pmatrix},$$

则

$$f(x_1,\ x_2,\ x_3)=2y_1^2-\frac{1}{2}y_2^2+6y_3^2.$$

习　题

1. 用非退化线性替换化下列二次型为标准形, 并用矩阵验算所得结果:
   1) $-4x_1x_2+2x_1x_3+2x_2x_3$;
   2) $x_1^2+2x_1x_2+2x_2^2+4x_2x_3+4x_3^2$;
   3) $x_1^2-3x_2^2-2x_1x_2+2x_1x_3-6x_2x_3$;
   4) $8x_1x_4+2x_3x_4+2x_2x_3+8x_2x_4$;
   5) $x_1x_2+x_1x_3+x_1x_4+x_2x_3+x_2x_4+x_3x_4$;
   6) $x_1^2+2x_2^2+4x_1x_2+4x_1x_3+2x_1x_4+2x_2x_3+2x_2x_4+2x_3x_4$;
   7) $x_1^2+x_2^2+x_3^2+x_4^2+2x_1x_2+2x_2x_3+2x_3x_4$.
2. 用非退化线性替换化下列二次型为标准形, 并用矩阵验算所得结果.
   1) $x_1x_{2n}+x_2x_{2n-1}+\cdots+x_nx_{n-1}$;
   2) $x_1x_2+x_2x_3+\cdots+x_{n-1}x_n$;
   3) $\sum\limits_{i=1}^{n}x_i^2+\sum\limits_{1\leqslant i<j\leqslant n}x_ix_j$;
   4) $\sum\limits_{i=1}^{n}(x_i-\bar{x})^2$, 其中 $\bar{x}=\dfrac{1}{n}(x_1+x_2+\cdots+x_n)$.
3. 设 $\boldsymbol{A}\in\boldsymbol{P}^{n\times n}$. 试证:
   1) $\boldsymbol{A}'=-\boldsymbol{A}$ 当且仅当 $\forall\boldsymbol{X}\in\boldsymbol{P}^{n\times 1}$, 有 $\boldsymbol{X}'\boldsymbol{A}\boldsymbol{X}=0$;
   2) $\boldsymbol{A}'=\boldsymbol{A}$, 且 $\forall\boldsymbol{X}\in\boldsymbol{P}^{n\times 1}$, 有 $\boldsymbol{X}'\boldsymbol{A}\boldsymbol{X}=0$, 则 $\boldsymbol{A}=0$.
4. 设 $\boldsymbol{A}_{11}$, $\boldsymbol{A}_{22}$ 分别为 r, s 阶方阵, 且

$$\boldsymbol{A}=\begin{pmatrix}\boldsymbol{A}_{11}&\boldsymbol{A}_{12}\\ \boldsymbol{A}_{21}&\boldsymbol{A}_{22}\end{pmatrix}$$

是一对称矩阵, 且 $\det\boldsymbol{A}_{11}\neq 0$. 证明: 存在 $r\times s$ 矩阵 $\boldsymbol{X}$ 使得

$$\begin{pmatrix}\boldsymbol{I}_r&0\\ \boldsymbol{X}'&\boldsymbol{I}_s\end{pmatrix}\boldsymbol{A}\begin{pmatrix}\boldsymbol{I}_r&\boldsymbol{X}\\ 0&\boldsymbol{I}_s\end{pmatrix}=\begin{pmatrix}\boldsymbol{A}_{11}&0\\ 0&\boldsymbol{B}_{22}\end{pmatrix}.$$

8.4　唯　一　性

本节我们将讨论二次型的标准形的唯一性问题. 主要讨论复二次型, 实二次型的规范形 (一类特殊的标准形) 的唯一性.

一般地, 数域$\boldsymbol{P}$ 上 n 元二次型 $f(x_1, x_2, \cdots, x_n)$ 的标准形 $f(x_1, x_2, \cdots, x_n)=d_1y_1^2+d_2y_2^2+\cdots+d_ny_n^2$ 并不是唯一的. 事实上, 若 $t_1, t_2, \cdots, t_n$ 全不为零, 令 $y_i=t_iz_i$, $1\leqslant i\leqslant n$. 这是非退化线性替换, 且

$$f(x_1, x_2, \cdots, x_n)=d_1t_1^2z_1^2+d_2t_2^2z_2^2+\cdots+d_nt_n^2z_n^2$$

也是 f 的标准形, 因而 f 有无穷多个标准形. 但有一点可以肯定, f 的任何标准形中所含的非零项的个数是相同的.

定理 8.4.1 设数域$\boldsymbol{P}$ 上 n 元二次型 $f(x_1, x_2, \cdots, x_n)$ 的标准形为

$$f(x_1, x_2, \cdots, x_n) = d_1y_1^2 + d_2y_2^2 + \cdots + d_ry_r^2,$$

其中 $d_i \neq 0$, $1 \leqslant i \leqslant r$. 则 $r = \operatorname{rank}\boldsymbol{M}_f$, r 称为二次型 $f(x_1, x_2, \cdots, x_n)$ 的**秩**.

证 由假设知, 有可逆矩阵 $\boldsymbol{T} \in \boldsymbol{P}^{n\times n}$, 使得

$$\boldsymbol{T}'\boldsymbol{M}_f\boldsymbol{T} = \operatorname{diag}(d_1, d_2, \cdots, d_r, 0, \cdots).$$

于是

$$r = \operatorname{rank}(\boldsymbol{T}'\boldsymbol{M}_f\boldsymbol{T}) = \operatorname{rank}\boldsymbol{M}_f.$$

现在讨论复二次型.

定理 8.4.2 复数域 $\mathbf{C}$ 上的 n 元二次型 $f(x_1, x_2, \cdots, x_n)$ 经过非退化线性替换后可化为

$$f(x_1, x_2, \cdots, x_n) = z_1^2 + z_2^2 + \cdots + z_r^2.$$

右式称为 $f(x_1, x_2, \cdots, x_n)$ 的**规范形**. $f(x_1, x_2, \cdots, x_n)$ 的规范形是唯一的.

证 $f(x_1, x_2, \cdots, x_n)$ 经过非退化线性替换可化为标准形

$$d_1y_1^2 + d_2y_2^2 + \cdots + d_ry_r^2, \ d_i \neq 0, \ 1 \leqslant i \leqslant r.$$

再令

$$y_i = \frac{1}{\sqrt{d_i}}z_i, \ 1 \leqslant i \leqslant r; y_i = z_i, \ r+1 \leqslant i \leqslant n.$$

则可得

$$f(x_1, x_2, \cdots, x_n) = z_1^2 + z_2^2 + \cdots + z_r^2.$$

又由 r 为 f 的秩, 故 f 的规范形唯一.

这个定理用矩阵语言叙述就是: 任一复 n 阶对称方阵 $\boldsymbol{A}$ 必合同于 $\operatorname{diag}(\boldsymbol{I}_r, 0)$, $r = \operatorname{rank}\boldsymbol{A}$. 或等价地叙述为, 两个复 n 阶对称方阵合同的充分必要条件是它们的秩相等.

最后, 讨论实二次型.

定理 8.4.3 实数域 $\mathbf{R}$ 上的 n 元二次型 $f(x_1, x_2, \cdots, x_n)$ 经过非退化线性替换可化为

$$f(x_1, x_2, \cdots, x_n) = z_1^2 + z_2^2 + \cdots + z_p^2 - z_{p+1}^2 - \cdots - z_r^2.$$

右式称为 $f(x_1, x_2, \cdots, x_n)$ 的**规范形**. $f(x_1, x_2, \cdots, x_n)$ 的规范形是唯一的.

证　由 $f(x_1, x_2, \cdots, x_n)$ 是 $\mathbf{R}$ 上二次型, 于是经过非退化线性替换 $\boldsymbol{X} = \boldsymbol{T}_1\boldsymbol{Y}$ 可化为标准形

$$\begin{aligned}&f(x_1, x_2, \cdots, x_n)\\=&d_1y_1^2 + d_2y_2^2 + \cdots + d_py_p^2 - d_{p+1}y_{p+1}^2 - \cdots - d_ry_r^2.\end{aligned}$$

这里, $d_i > 0$, $1 \leqslant i \leqslant r$, r 为 $f(x_1, x_2, \cdots, x_n)$ 的秩. 再令

$$y_i = \frac{1}{\sqrt{d_i}}z_i,\ 1 \leqslant i \leqslant r; y_i = z_i,\ r+1 \leqslant i \leqslant n.$$

下面记

$$\begin{aligned}&\boldsymbol{X}' = (x_1, x_2, \cdots, x_n),\\&\boldsymbol{Y}' = (y_1, y_2, \cdots, y_n),\\&f(x_1, x_2, \cdots, x_n) = f(\boldsymbol{X}),\end{aligned}$$

等. 故有

$$\boldsymbol{X} = \boldsymbol{T}_1\mathrm{diag}(\sqrt{d_1}, \cdots, \sqrt{d_r}, 1, \cdots, 1)\boldsymbol{Z} = \boldsymbol{T}\boldsymbol{Z},$$

这里 $\boldsymbol{Z}' = (z_1, z_2, \cdots, z_n)$, 使得

$$f(x_1, x_2, \cdots, x_n) = z_1^2 + z_2^2 + \cdots + z_p^2 - z_{p+1}^2 - \cdots - z_r^2.$$

即 f 被化为规范形了.

设有可逆矩阵 $\boldsymbol{S}$, 使得 $\boldsymbol{X} = \boldsymbol{S}\boldsymbol{W} = \boldsymbol{S}(w_1, w_2, \cdots, w_n)'$, 而

$$f(x_1, x_2, \cdots, x_n) = w_1^2 + \cdots + w_q^2 - w_{q+1}^2 - \cdots - w_r^2.$$

于是有可逆矩阵 $\boldsymbol{G} = \boldsymbol{S}^{-1}\boldsymbol{T} \in \mathbf{R}^{n\times n}$ 使得

$$\begin{pmatrix} w_1 \\ w_2 \\ \vdots \\ w_n \end{pmatrix} = \boldsymbol{G}\begin{pmatrix} z_1 \\ z_2 \\ \vdots \\ z_n \end{pmatrix}.$$

如果 $q < p$, 线性方程组

$$\begin{cases}(\mathrm{row}_1\boldsymbol{G})\boldsymbol{Z} = 0,\\ \quad\cdots\cdots\cdots\cdots\\ (\mathrm{row}_q\boldsymbol{G})\boldsymbol{Z} = 0,\\ z_{p+1} = 0,\\ \quad\cdots\cdots\cdots\cdots\\ z_n = 0\end{cases}$$

中有 $q+(n-p)=n-(p-q)<n$ 个方程, 于是有非零解

$$\boldsymbol{Z}_0=(k_1,\cdots,k_p,k_{p+1},\cdots,k_n)'=(k_1,\cdots,k_p,0,\cdots,0)'.$$

于是 $\boldsymbol{X}_0=\boldsymbol{T}\boldsymbol{Z}_0$, 使得

$$f(\boldsymbol{X}_0)=k_1^2+k_2^2+\cdots+k_p^2>0.$$

另一方面有

$$\boldsymbol{W}_0=\boldsymbol{G}\boldsymbol{Z}_0=(0,\ \cdots,\ 0,\ w_{0\,q+1},\ \cdots,\ w_{0\,n})'.$$

而

$$f(\boldsymbol{X}_0)=-w_{0\,q+1}^2-w_{0\,q+2}^2-\cdots-w_{0\,n}^2\leqslant 0.$$

这就得到矛盾, 故 $q\geqslant p$. 同样 $p\geqslant q$, 即 $p=q$. 因而 f 的规范形是唯一的.

注 这个定理称为"**惯性定理**".

定义 8.4.1 在实二次型 $f(x_1,x_2,\cdots,x_n)$ 的规范形中正平方项的个数 p 称为 $f(x_1,x_2,\cdots,x_n)$ 的**正惯性指数**, 负平方项的个数 $r-p=q$ 称为 $f(x_1,x_2,\cdots,x_n)$ 的**负惯性指数**, 它们的差 $p-q=p-(r-p)=2p-r$ 称为 $f(x_1,x_2,\cdots,x_n)$ 的**符号差**.

上面定理 8.4.3 也可叙述为实二次型的标准形中系数为正、负的平方项的个数是唯一确定的, 分别等于正、负惯性指数.

当然, 我们也可将二次型的语言换为矩阵的语言, 即任一实 n 阶对称方阵 $\boldsymbol{A}$ 合同于一对角方阵 $\mathrm{diag}(\boldsymbol{I}_p,\ -\boldsymbol{I}_q,\ 0)$, $p+q=\mathrm{rank}\,\boldsymbol{A}$. p, q 由 $\boldsymbol{A}$ 唯一确定, 分别称为 $\boldsymbol{A}$ 的正、负惯性指数. 两个实 n 阶对称方阵合同, 当且仅当它们的正、负惯性指数分别相等.

习 题

1. 证明秩为 r 的对称矩阵可表示为 r 个秩为 1 的对称矩阵的和.
2. 设 $i_1,\ i_2,\ \cdots,\ i_n$ 是 $1,\ 2,\ \cdots,\ n$ 的一个排列. 证明 $\mathrm{diag}(\lambda_1,\ \lambda_2,\ \cdots,\ \lambda_n)$ 与 $\mathrm{diag}(\lambda_{i_1},\ \lambda_{i_2},\cdots,\ \lambda_{i_n})$ 合同.
3. 如果把实 n 阶对称矩阵按合同分类, 即两个实 n 阶对称矩阵属于同一类当且仅当它们合同. 证明每个实 n 阶对称矩阵属于也仅属于一类. 试问共有几类?
4. 证明一个实二次型可以分解为两个实系数的一次齐次多项式的乘积的充分必要条件是其秩为 2, 且符号差为零; 或秩为 1.

5. 设

$$A=\begin{pmatrix} a_{11} & a_{12} & \cdots & a_{1n} \\ a_{21} & a_{22} & \cdots & a_{2n} \\ \vdots & \vdots & & \vdots \\ a_{s1} & a_{s2} & \cdots & a_{sn} \end{pmatrix}\in \mathbf{R}^{s\times n}.$$

试证 $f(x_1,\ x_2,\ \cdots,\ x_n)=\sum\limits_{i=1}^{s}\left(\sum\limits_{j=1}^{n}a_{ij}x_j\right)^2$ 的秩为 $\operatorname{rank}\boldsymbol{A}$.

6. 设 $f(x_1,\ x_2,\ \cdots,\ x_n)=l_1^2+\cdots+l_p^2-l_{p+1}^2-\cdots-l_{p+q}^2$, 其中 $l_i\ (1\leqslant i\leqslant p+q)$ 是 $x_1,\ x_2,\ \cdots,\ x_n$ 的一次齐次式. 证明 $f(x_1,\ x_2,\ \cdots,\ x_n)$ 的正, 负惯性指数分别小于等于 $p,\ q$.

7. 设 $\boldsymbol{A}$ 是 n 阶实对称方阵. 证明存在正实数 c 使得 $\forall \boldsymbol{X}\in\mathbf{R}^{n\times 1}$ 有 $|\boldsymbol{X}'\boldsymbol{A}\boldsymbol{X}|\leqslant c\boldsymbol{X}'\boldsymbol{X}$.

8. 如果上三角矩阵 $\boldsymbol{T}$ 的对角线上元素都为 1, 即 $\operatorname{ent}_{ii}\boldsymbol{T}=1$, 则称$\boldsymbol{T}$ 为**特殊上三角矩阵**.

1) 设 $\boldsymbol{A}$ 为对称矩阵, $\boldsymbol{T}$ 为特殊上三角矩阵, 又 $\boldsymbol{B}=\boldsymbol{T}'\boldsymbol{A}\boldsymbol{T}$. 试证

$$B\begin{pmatrix}1\cdots k\\1\cdots k\end{pmatrix}=A\begin{pmatrix}1\cdots k\\1\cdots k\end{pmatrix},\quad k=1,\ 2,\ \cdots,\ n.$$

2) 如$\boldsymbol{A}$ 为对称矩阵, 且

$$A\begin{pmatrix}1\cdots k\\1\cdots k\end{pmatrix}\neq 0,\quad 1\leqslant k\leqslant n.$$

试证存在特殊上三角矩阵 $\boldsymbol{T}$ 使 $\boldsymbol{T}'\boldsymbol{A}\boldsymbol{T}$ 为对角形.

8.5 正定二次型

在第 7 章中我们知道 Euclid 空间的度量矩阵为正定对称矩阵. 本节讨论一类特殊的二次型 —— 正定二次型, 它的矩阵为正定对称矩阵. 这节中我们总假定讨论的基域是实数域 $\mathbf{R}$.

定义 8.5.1 实二次型 $f(x_1,\ x_2,\ \cdots,\ x_n)$ 称为**正定二次型**, 如果对任何不全为零的 $c_1,\ c_2,\ \cdots,\ c_n\in\mathbf{R}$ 均有

$$f(c_1,\ c_2,\ \cdots,\ c_n)>0.$$

设 $\boldsymbol{M}_f=\boldsymbol{A}$, 则 f 为正定二次型的充分必要条件是$\boldsymbol{A}$ 为正定矩阵 (见 7.2 节). 为了研究正定二次型, 我们再引进下面的定义.

定义 8.5.2 设 $\boldsymbol{A}\in\mathbf{R}^{n\times n}$, 又 $1\leqslant i_1<i_2<\cdots<i_k\leqslant n$. 将 $\boldsymbol{A}$ 中不是 $i_1,\ i_2,\ \cdots,\ i_k$ 的行, 列均划去得到的 k 阶方阵的行列式 $A\begin{pmatrix}i_1\,i_2\cdots i_k\\i_1\,i_2\cdots i_k\end{pmatrix}$ 叫做$\boldsymbol{A}$

的一个k **级主子式**. 特别地

$$A\begin{pmatrix}1\\1\end{pmatrix}=\mathrm{ent}_{1\,1}\boldsymbol{A},\ A\begin{pmatrix}1\ 2\\1\ 2\end{pmatrix},\ \cdots,$$
$$A\begin{pmatrix}1\ 2\ \cdots\ k\\1\ 2\ \cdots\ k\end{pmatrix},\ \cdots,\ \det\boldsymbol{A}$$

叫做$\boldsymbol{A}$ 的**顺序主子式**.

定理 8.5.1 设 $f(x_1,\ x_2,\ \cdots,\ x_n)$ 是实数域上的二次型, 则下面条件等价:

1) $f(x_1,\ x_2,\ \cdots,\ x_n)$ 是正定二次型;

2) $f(x_1,\ x_2,\ \cdots,\ x_n)$ 的正惯性指数为 n, 即$\boldsymbol{A}$ 合同于 $\boldsymbol{I}_n$;

3) $\boldsymbol{A}$ 的顺序主子式都大于零, 即

$$A\begin{pmatrix}1\,2\cdots k\\1\,2\cdots k\end{pmatrix}>0,\ 1\leqslant k\leqslant n.$$

证 为方便起见, 记 $\mathrm{ent}_{i\,j}\boldsymbol{A}=a_{i\,j}$.

2) $\Longrightarrow$ 1) 因为 $f(x_1,\ x_2,\ \cdots,\ x_n)$ 的正惯性指数为 n, 故有 n 阶实可逆矩阵 $\boldsymbol{T}$ 使得

$$\boldsymbol{A}=\boldsymbol{T}\boldsymbol{T}'.$$

设 $\boldsymbol{C}=(c_1,\ c_2,\ \cdots,\ c_n)'\neq 0$, 于是 $\boldsymbol{C}'\boldsymbol{T}\neq 0$. 故

$$f(c_1,\ c_2,\ \cdots,\ c_n)=\boldsymbol{C}'\boldsymbol{A}\boldsymbol{C}=(\boldsymbol{C}'\boldsymbol{T})(\boldsymbol{C}'\boldsymbol{T})'>0.$$

即 $f(x_1,\ x_2,\ \cdots,\ x_n)$ 是正定二次型.

1) $\Longrightarrow$ 3) $\boldsymbol{A}$ 是 n 阶实对称矩阵, 故有正交矩阵 $\boldsymbol{T}$ 使得

$$\boldsymbol{T}\boldsymbol{A}\boldsymbol{T}'=\mathrm{diag}(\lambda_1,\ \lambda_2,\ \cdots,\ \lambda_n),$$

其中 λ_i 是$\boldsymbol{A}$ 的特征值. 而

$$\lambda_i=(\mathrm{row}_i\boldsymbol{T})\boldsymbol{A}(\mathrm{col}_i\boldsymbol{T}')=(\mathrm{row}_i\boldsymbol{T})\boldsymbol{A}(\mathrm{row}_i\boldsymbol{T})'>0,$$

故

$$\det\boldsymbol{A}=\lambda_1\lambda_2\cdots\lambda_n>0.$$

对于 k 令

$$
\begin{aligned}
&f_k(x_1,\ x_2,\ \cdots,\ x_k)\\
=&f(x_1,\ \cdots,\ x_k,\ 0,\ \cdots,\ 0)\\
=&(x_1,\ x_2,\ \cdots,\ x_k)\begin{pmatrix} a_{1\,1} & a_{1\,2} & \cdots & a_{1\,k}\\ a_{2\,1} & a_{2\,2} & \cdots & a_{2\,k}\\ \vdots & \vdots & & \vdots\\ a_{k\,1} & a_{k\,2} & \cdots & a_{k\,k}\end{pmatrix}\begin{pmatrix} x_1\\ x_2\\ \vdots\\ x_k\end{pmatrix},
\end{aligned}
$$

则 f_k 是 k 元正定二次型. 于是

$$A\begin{pmatrix} 1\,2\cdots k\\ 1\,2\cdots k\end{pmatrix}>0,\ 1\leqslant k\leqslant n.$$

3) $\Longrightarrow$ 2) 对 n 作归纳证明. $n=1$ 时, 显然成立. 设 $n-1$ 时结论成立, 于是

$$\boldsymbol{A}_1=\begin{pmatrix} a_{1\,1} & a_{1\,2} & \cdots & a_{1\,n-1}\\ a_{2\,1} & a_{2\,2} & \cdots & a_{2\,n-1}\\ \vdots & \vdots & & \vdots\\ a_{n-1\,1} & a_{n-1\,2} & \cdots & a_{n-1\,n-1}\end{pmatrix}$$

合同于 $\boldsymbol{I}_{n-1}$. 令

$$b=\begin{pmatrix} a_{1\,n}\\ a_{2\,n}\\ \vdots\\ a_{n-1\,n}\end{pmatrix},$$

因而有

$$\boldsymbol{A}=\begin{pmatrix} \boldsymbol{A}_1 & b\\ b' & a_{n\,n}\end{pmatrix}.$$

由 $\det\boldsymbol{A}_1>0$, 故有唯一的 $\boldsymbol{\delta}\in\mathbf{R}^{(n-1)\times 1}$, 使 $\boldsymbol{A}_1\boldsymbol{\delta}=b$. 于是

$$\begin{pmatrix} \boldsymbol{I}_{n-1} & 0\\ -\boldsymbol{\delta}' & 1\end{pmatrix}\begin{pmatrix} \boldsymbol{A}_1 & b\\ b' & a_{n\,n}\end{pmatrix}\begin{pmatrix} \boldsymbol{I}_{n-1} & -\boldsymbol{\delta}\\ 0 & 1\end{pmatrix}=\begin{pmatrix} \boldsymbol{A}_1 & 0\\ 0 & c\end{pmatrix}.$$

这里

$$c=\frac{\det\boldsymbol{A}}{\det\boldsymbol{A}_1}>0.$$

故 $\boldsymbol{A}$ 合同于 $\boldsymbol{I}_n$.

推论 $f(x_1, x_2, \cdots, x_n) = \boldsymbol{X}'\boldsymbol{A}\boldsymbol{X}$ 为正定二次型的充分必要条件是$\boldsymbol{A}$ 的特征值都大于零.

例 8.10 判别二次型

$$f(x_1, x_2, x_3) = 5x_1^2 + x_2^2 + 5x_3^2 + 4x_1x_2 - 8x_1x_3 - 4x_2x_3$$

是否正定.

解 $f(x_1, x_2, x_3)$ 的矩阵为

$$\boldsymbol{A} = \begin{pmatrix} 5 & 2 & -4 \\ 2 & 1 & -2 \\ -4 & -2 & 5 \end{pmatrix}.$$

$\boldsymbol{A}$ 的顺序主子式

$$A\begin{pmatrix} 1 \\ 1 \end{pmatrix} = 5 > 0,$$

$$A\begin{pmatrix} 1 & 2 \\ 1 & 2 \end{pmatrix} = 1 > 0,$$

$$A\begin{pmatrix} 1 & 2 & 3 \\ 1 & 2 & 3 \end{pmatrix} = |\boldsymbol{A}| = 1 > 0.$$

因此, $f(x_1, x_2, x_3)$ 是正定的.

例 8.11 设 $a_1, a_2, \cdots, a_n$ 是 n 个互不相等的正数. 又

$$f(x_1, x_2, \cdots, x_n) = \sum_{i=1}^{n}\sum_{j=1}^{n} \frac{1}{a_i + a_j} x_i x_j.$$

判断 $f(x_1, x_2, \cdots, x_n)$ 是否为正定二次型.

我们用两种方法来解这个问题.

解一 f 的矩阵为 $\left(\dfrac{1}{a_i + a_j}\right)$. 由例 2.21 知

$$\det \boldsymbol{A} = \frac{\prod\limits_{i<j}(a_j - a_i)^2}{\prod\limits_{i,j}(a_i + a_j)} > 0.$$

由此可知$\boldsymbol{A}$ 的顺序主子式全大于零, 故 f 是正定二次型.

解二　令

$$f_1(x_1,\ x_2,\ \cdots,\ x_n)=\sum_{i,\,j}x_ix_j=\left(\sum_{i=1}^{n}x_i\right)^2.$$

于是

$$\begin{aligned}&\int_0^{\infty}f_1(x_1\mathrm{e}^{-a_1t},\ x_2\mathrm{e}^{-a_2t},\ \cdots,\ x_n\mathrm{e}^{-a_nt})\,\mathrm{d}t\\=&\int_0^{\infty}\left(\sum_{i=1}^{n}x_i\mathrm{e}^{-a_it}\right)^2\mathrm{d}t\geqslant 0.\end{aligned}$$

而且, 等号成立当且仅当

$$\sum_{i=1}^{n}x_i\mathrm{e}^{-a_it}=0,\ \ \forall t\in[0,\ +\infty).$$

将此式对 t 求 1 阶导数, 2 阶导数, $\cdots$, 直至 $n-1$ 阶导数. 再在这些式子中令 $t=0$, 于是有

$$\begin{cases}x_1+x_2+\cdots+x_n=0,\\(-a_1)x_1+(-a_2)x_2+\cdots+(-a_n)x_n=0,\\\cdots\cdots\cdots\cdots\\(-a_1)^{n-1}x_1+(-a_2)^{n-1}x_2+\cdots+(-a_n)^{n-1}x_n=0.\end{cases}$$

故 $x_1=x_2=\cdots=x_n=0$.

另一方面

$$\begin{aligned}&\int_0^{\infty}f_1(x_1\mathrm{e}^{-a_1t},\ x_2\mathrm{e}^{-a_2t},\ \cdots,\ x_n\mathrm{e}^{-a_nt})\,\mathrm{d}t\\=&\int_0^{\infty}\sum_{i,\,j}x_ix_j\mathrm{e}^{-(a_i+a_j)t}\,\mathrm{d}t\\=&\sum_{i,\,j=1}^{n}x_ix_j\frac{-1}{a_i+a_j}(0-1)\\=&f(x_1,\ x_2,\ \cdots,\ x_n).\end{aligned}$$

故 $f(x_1,\ x_2,\ \cdots,\ x_n)$ 是正定二次型.

与正定二次型平行的还有下面三个常用概念.

定义 8.5.3　实二次型 $f=\boldsymbol{X}'\boldsymbol{A}\boldsymbol{X}$ 分别叫做**负定**, **半正定**或**半负定**, 如果 f 分别满足下面条件 1), 2), 3).

1)　$\forall\boldsymbol{C}\in\mathbf{R}^{n\times 1}$, $\boldsymbol{C}\neq 0$, 有 $\boldsymbol{C}'\boldsymbol{A}\boldsymbol{C}<0$;

2)　$\forall \boldsymbol{C} \in \mathbf{R}^{n\times 1}$, 有 $\boldsymbol{C}'\boldsymbol{A}\boldsymbol{C} \geqslant 0$;

3)　$\forall \boldsymbol{C} \in \mathbf{R}^{n\times 1}$, 有 $\boldsymbol{C}'\boldsymbol{A}\boldsymbol{C} \leqslant 0$.

关于负定, 半正定及半负定的条件, 读者可仿照正定二次型的办法找出来. 这里就不再叙述了.

习　　题

1. 判别下列二次型是否正定:

   1)　$99x_1^2 - 12x_1x_2 + 48x_1x_3 + 130x_2^2 - 60x_2x_3 + 71x_3^2$;

   2)　$10x_1^2 + 8x_1x_2 + 24x_1x_2 + 2x_2^2 - 28x_2x_3 + x_3^2$;

   3)　$\displaystyle\sum_{i=1}^{n} x_i^2 + \sum_{1\leqslant i<j\leqslant n} x_ix_j$;

   4)　$\displaystyle\sum_{i=1}^{n} x_i^2 + \sum_{i=1}^{n-1} x_ix_{i+1}$.

2. t 取何值时, 下列二次型是正定的?

   1)　$x_1^2 + x_2^2 + 5x_3^2 + 2tx_1x_2 - 2x_1x_3 + 4x_2x_3$;

   2)　$x_1^2 + 4x_2^2 + x_3^2 + 2tx_1x_2 + 10x_1x_3 + 6x_2x_3$.

3. 证明$\boldsymbol{A}$ 是正定矩阵当且仅当 $\boldsymbol{A}$ 的所有主子式都大于零.

4. 设 $\boldsymbol{A}$ 是实对称矩阵. 证明 t 充分大时, $t\boldsymbol{I}_n + \boldsymbol{A}$ 为正定矩阵.

5. 证明正定矩阵之逆也是正定矩阵.

6. 设 $\boldsymbol{A}$ 是正定矩阵, 且 $i \neq j$ 时, $\mathrm{ent}_{ij}\boldsymbol{A} \leqslant 0$. 证明 $\mathrm{ent}_{ij}\boldsymbol{A}^{-1} \geqslant 0,\ 1 \leqslant i,\ j \leqslant n$.

7. $\boldsymbol{A}$ 是正定矩阵当且仅当 $\boldsymbol{A} = \boldsymbol{M}'\boldsymbol{M}$, 其中 $\boldsymbol{M}$ 为可逆矩阵.

8. 设 $\boldsymbol{B}$ 是实 n 阶对称矩阵. 试证$\boldsymbol{B}$ 为正定矩阵当且仅当对任何正定 n 阶矩阵 $\boldsymbol{A}$ 及实数 $\lambda \geqslant 0$, $\mu \geqslant 0$, $\lambda + \mu \neq 0$, $\lambda\boldsymbol{A} + \mu\boldsymbol{B}$ 是正定矩阵.

9. 设 $\boldsymbol{B} = (b_{ij})$ 是 n 阶正定矩阵, $a_1,\ a_2,\ \cdots,\ a_n$ 是 n 个互不相等的正数. 证明 $\left(\dfrac{b_{ij}}{a_i + a_j}\right)$ 是正定的.

10. 设 $\boldsymbol{A}$ 为实 n 阶对称矩阵, 且 $\det \boldsymbol{A} < 0$. 证明存在 $\boldsymbol{X} \in \mathbf{R}^{n\times 1}$ 使得 $\boldsymbol{X}'\boldsymbol{A}\boldsymbol{X} < 0$.

11. 证明二次型 $f(x_1,\ x_2,\ \cdots,\ x_n)$ 半正定当且仅当它的正惯性指数与秩相等.

12. 试证 $n\displaystyle\sum_{i=1}^{n} x_i^2 - \left(\sum_{i=1}^{n} x_i\right)^2$ 是半正定的.

13. 证明二次型半正定当且仅当它的任何主子式非负.

14. 设 $\boldsymbol{A} = (a_{ij})$ 是 n 阶正定矩阵. 试证:

    1)　$f(y_1,\ y_2,\ \cdots,\ y_n) = \begin{vmatrix} \boldsymbol{A} & \boldsymbol{Y} \\ \boldsymbol{Y}' & 0 \end{vmatrix}$ 是负定二次型, 其中 $\boldsymbol{Y}' = (y_1,\ y_2,\ \cdots,\ y_n)$;

2) $\det \boldsymbol{A} \leqslant a_{nn} A\begin{pmatrix} 1\,2 \cdots n-1 \\ 1\,2 \cdots n-1 \end{pmatrix}$;

3) $\det \boldsymbol{A} \leqslant a_{11} a_{22} \cdots a_{nn}$;

4) 设 $\boldsymbol{T} \in \mathbf{R}^{n\times n}$, 且可逆, 则

$$(\det \boldsymbol{T})^2 \leqslant \prod_{i=1}^{n}\left(\sum_{j=1}^{n}(\mathrm{ent}_{j\,i}\boldsymbol{T})^2\right).$$

15. 设 $\boldsymbol{X}'\boldsymbol{A}\boldsymbol{X}$ 是实二次型, 且有 $\boldsymbol{X}_1, \boldsymbol{X}_2 \in \mathbf{R}^{n\times 1}$ 使 $\boldsymbol{X}_1'\boldsymbol{A}\boldsymbol{X}_1 > 0$, $\boldsymbol{X}_2'\boldsymbol{A}\boldsymbol{X}_2 < 0$. 试证存在 $\boldsymbol{X}_0 \in \mathbf{R}^{n\times 1}$ 使 $\boldsymbol{X}_0'\boldsymbol{A}\boldsymbol{X}_0 = 0$.

16. 设实二次型$\boldsymbol{X}'\boldsymbol{A}\boldsymbol{X}$ 满足 $\boldsymbol{X}'\boldsymbol{A}\boldsymbol{X} = 0$ 当且仅当 $\boldsymbol{X} = 0$. 试证$\boldsymbol{X}'\boldsymbol{A}\boldsymbol{X}$ 或正定或负定.

8.6　二次型在分析中的应用

本节我们讨论二次型与多元函数的极值间的关系, 从而将二次型理论用于分析.

设 $y = f(x_1, x_2, \cdots, x_n)$ 是 n 元函数. 设 $X = (x_1, x_2, \cdots, x_n)'$. 于是 y 是$\boldsymbol{X}$ 的函数, 记为 $y = f(\boldsymbol{X})$. 设 $y = f(\boldsymbol{X})$ 在 $\boldsymbol{X}_0$ 处有三阶连续偏导数, 记 $\Delta\boldsymbol{X} = \boldsymbol{X} - \boldsymbol{X}_0$. f 的梯度

$$\mathrm{grad}\, f = \begin{pmatrix} \dfrac{\partial f}{\partial x_1} \\ \dfrac{\partial f}{\partial x_2} \\ \vdots \\ \dfrac{\partial f}{\partial x_n} \end{pmatrix}$$

在 $\boldsymbol{X}_0$ 处的值记为 $(\mathrm{grad}\, f)_0$. 又令

$$\boldsymbol{A} = \begin{pmatrix} \dfrac{\partial^2 f}{\partial x_1^2} & \dfrac{\partial^2 f}{\partial x_1 \partial x_2} & \cdots & \dfrac{\partial^2 f}{\partial x_1 \partial x_n} \\ \dfrac{\partial^2 f}{\partial x_2 \partial x_1} & \dfrac{\partial^2 f}{\partial x_2^2} & \cdots & \dfrac{\partial^2 f}{\partial x_2 \partial x_n} \\ \vdots & \vdots & & \vdots \\ \dfrac{\partial^2 f}{\partial x_n \partial x_1} & \dfrac{\partial^2 f}{\partial x_n \partial x_2} & \cdots & \dfrac{\partial^2 f}{\partial x_n^2} \end{pmatrix}.$$

即 $\mathrm{ent}_{i\,j}\boldsymbol{A} = \mathrm{ent}_{j\,i}\boldsymbol{A} = \dfrac{\partial^2 f}{\partial x_i \partial x_j} = \dfrac{\partial^2 f}{\partial x_j \partial x_i}$.

又记$\boldsymbol{A}$ 在 $\boldsymbol{X}_0$ 处的值为 $\boldsymbol{A}_0$.

定理 8.6.1 设 $y=f(\boldsymbol{X})$ 在 $\boldsymbol{X}_0$ 处有三阶连续偏导数, 又 $(\mathrm{grad}\, f)_0=0$. 则当 $\boldsymbol{A}_0$ 为正 (负) 定矩阵时, $y=f(\boldsymbol{X})$ 在 $\boldsymbol{X}_0$ 处取得极小 (大) 值.

证 将 $y=f(\boldsymbol{X})$ 在 $\boldsymbol{X}_0$ 处作 Taylor 展开, 有

$$\begin{aligned}f(\boldsymbol{X})=&f(\boldsymbol{X}_0)+\sum_{i=1}^{n}\frac{\partial f}{\partial x_i}(\boldsymbol{X}_0)(x_i-x_i^0)\\&+\frac{1}{2!}\sum_{i,\,j=1}^{n}\frac{\partial^2 f(\boldsymbol{X}_0)}{\partial x_i\partial x_j}(x_i-x_i^0)(x_j-x_j^0)+o(|\Delta\boldsymbol{X}|^2)\\=&f(\boldsymbol{X}_0)+(\Delta\boldsymbol{X})'(\mathrm{grad} f)_0+\frac{1}{2}(\Delta\boldsymbol{X})'\boldsymbol{A}_0\Delta\boldsymbol{X}+o(|\Delta\boldsymbol{X}|^2).\end{aligned}$$

由于 $(\mathrm{grad}\, f)_0=0$, 故

$$f(\boldsymbol{X})-f(\boldsymbol{X}_0)=\frac{1}{2}(\Delta\boldsymbol{X})'\boldsymbol{A}_0\Delta\boldsymbol{X}+o(|\Delta\boldsymbol{X}|^2).$$

$\boldsymbol{A}_0$ 正 (负) 定, 则 $(\Delta\boldsymbol{X})'\boldsymbol{A}_0\Delta\boldsymbol{X}>0\ (<0)$. 于是当 $|\Delta\boldsymbol{X}|$ 足够小时, 有 $f(\boldsymbol{X})-f(\boldsymbol{X}_0)>0\ (<0)$, 即 $f(\boldsymbol{X})$ 在 $\boldsymbol{X}_0$ 处取极小 (大) 值.

推论 1 设一元函数 $y=f(x)$ 在 x_0 处三次连续可微, 且 $f'(x_0)=0$. 则 $f''(x_0)>0\ (<0)$ 时, $f(x)$ 在 x_0 处取极小 (大) 值.

推论 2 设二元函数 $z=f(x,\ y)$ 在 $(x_0,\ y_0)$ 处有三阶连续偏导数, 又

$$\begin{aligned}&\frac{\partial f(x_0,\ y_0)}{\partial x}=\frac{\partial f(x_0,\ y_0)}{\partial y}=0,\\&\frac{\partial^2 f(x_0,\ y_0)}{\partial x^2}\frac{\partial^2 f(x_0,\ y_0)}{\partial y^2}-\left(\frac{\partial^2 f(x_0,\ y_0)}{\partial x\partial y}\right)^2>0,\end{aligned}$$

则 $\dfrac{\partial^2 f(x_0,\ y_0)}{\partial x^2}>0\ (<0)$ 时, $f(x,\ y)$ 在 $(x_0,\ y_0)$ 处取极小 (大) 值.

事实上, 此时

$$\boldsymbol{A}_0=\begin{pmatrix}\dfrac{\partial^2 f(x_0,\ y_0)}{\partial x^2} & \dfrac{\partial^2 f(x_0,\ y_0)}{\partial x\partial y}\\ \dfrac{\partial^2 f(x_0,\ y_0)}{\partial x\partial y} & \dfrac{\partial^2 f(x_0,\ y_0)}{\partial y^2}\end{pmatrix},$$

于是 $\det\boldsymbol{A}_0>0$. 当 $\dfrac{\partial^2 f(x_0,\ y_0)}{\partial x^2}>0\ (<0)$ 时, $\boldsymbol{A}_0$ 为正 (负) 定矩阵, 故 f 在 $(x_0,\ y_0)$ 处取极小 (大) 值.

例 8.12 求函数 $f(x,\ y)=\mathrm{e}^{2x}(x+y^2+2y)$ 的极值.

解　易得

$$\operatorname{grad} f = \mathrm{e}^{2x}\begin{pmatrix} 2x+2y^2+4y+1 \\ 2y+2 \end{pmatrix},$$

驻点为 $\begin{pmatrix} x_0 \\ y_0 \end{pmatrix} = \begin{pmatrix} 1/2 \\ -1 \end{pmatrix}$. 又 $\boldsymbol{A}_0 = \begin{pmatrix} 2\mathrm{e} & 0 \\ 0 & 2\mathrm{e} \end{pmatrix}$ 正定, 故 $f(x,\ y)$ 在 $\begin{pmatrix} 1/2 \\ -1 \end{pmatrix}$ 处有极小值 $f(1/2,\ -1) = -\mathrm{e}/2$.

例 8.13　设 $\boldsymbol{A}$ 为实 n 阶对称矩阵. 又 $\boldsymbol{X}' = (x_1,\ x_2,\ \cdots,\ x_n)$, $\boldsymbol{b}' = (b_1,\ b_2,\ \cdots,\ b_n)$, $c \in \mathbf{R}$, 则有 n 元二次函数

$$f(\boldsymbol{X}) = (\boldsymbol{X}'\ 1)\begin{pmatrix} \boldsymbol{A} & \boldsymbol{b} \\ \boldsymbol{b}' & c \end{pmatrix}\begin{pmatrix} \boldsymbol{X} \\ 1 \end{pmatrix}.$$

证明$\boldsymbol{A}$ 正定 (负定) 时, $f(\boldsymbol{X})$ 有极小 (大) 值.

证　令 $\boldsymbol{e}_i = (0,\ \cdots,\ 0,\ \overset{i}{1},\ 0,\ \cdots,\ 0)$, 于是

$$\begin{aligned}\frac{\partial f(\boldsymbol{X})}{\partial x_i} &= \boldsymbol{e}_i\begin{pmatrix} \boldsymbol{A} & \boldsymbol{b} \\ \boldsymbol{b}' & c \end{pmatrix}\begin{pmatrix} \boldsymbol{X} \\ 1 \end{pmatrix} + (\boldsymbol{X}'\ 1)\begin{pmatrix} \boldsymbol{A} & \boldsymbol{b} \\ \boldsymbol{b}' & c \end{pmatrix}\boldsymbol{e}_i' \\ &= 2\boldsymbol{e}_i\begin{pmatrix} \boldsymbol{A} & \boldsymbol{b} \\ \boldsymbol{b}' & c \end{pmatrix}\begin{pmatrix} \boldsymbol{X} \\ 1 \end{pmatrix} = 2(\mathrm{row}_i\boldsymbol{A}\ b_i)\begin{pmatrix} \boldsymbol{X} \\ 1 \end{pmatrix}.\end{aligned}$$

因而

$$\operatorname{grad} f(\boldsymbol{X}) = 2(\boldsymbol{A}\ \boldsymbol{b})\begin{pmatrix} \boldsymbol{X} \\ 1 \end{pmatrix} = 2(\boldsymbol{A}\boldsymbol{X}+\boldsymbol{b}).$$

又

$$\frac{\partial^2 f(\boldsymbol{X})}{\partial x_i \partial x_j} = 2(\mathrm{row}_i\boldsymbol{A}\ b_i)\boldsymbol{e}_j' = 2\mathrm{ent}_{ij}\boldsymbol{A}.$$

于是

$$\left(\frac{\partial^2 f(\boldsymbol{X})}{\partial x_i \partial x_j}\right) = 2\boldsymbol{A}.$$

由$\boldsymbol{A}$ 正 (负) 定, 则

$$\operatorname{grad} f(\boldsymbol{X}) = 2(\boldsymbol{A}\boldsymbol{X}+\boldsymbol{b}) = 0$$

有唯一解 $\boldsymbol{X}_0$, 且 $2\boldsymbol{A}$ 正 (负) 定. 故 $f(\boldsymbol{X})$ 有极小 (大) 值 $f(\boldsymbol{X}_0) = \boldsymbol{X}_0'\boldsymbol{b}+c = -\boldsymbol{b}'\boldsymbol{A}^{-1}\boldsymbol{b}+c$.

习 题

求下列函数的极值.

1. $u=x^2+y^2+z^2+2x+4y-6z$.

2. $u=x+\dfrac{y^2}{4x}+\dfrac{z^2}{y}+\dfrac{2}{z}\ (x>0,\ y>0,\ z>0)$.

8.7 二次型在解析几何中的应用

平面二次曲线, 空间二次曲面的分类分别是平面解析几何学, 空间解析几何学中的最重要的问题. 本节将应用二次型理论解决这两个问题. 不仅如此, 我们还将此问题扩大为任意有限维的空间的超二次曲面的分类问题.

以下, 我们令 $\mathbf{R}^n=\mathbf{R}^{n\times 1}$, 其中内积为

$$(\boldsymbol{X},\ \boldsymbol{Y})=\boldsymbol{X}'\boldsymbol{Y},\quad \boldsymbol{X},\ \boldsymbol{Y}\in\mathbf{R}^n.$$

定义 8.7.1 设 $\boldsymbol{X}_0\in\mathbf{R}^n$. 所谓**平移** $\boldsymbol{X}_0$, 是 $\mathbf{R}^n$ 的变换 (即 $\mathbf{R}^n$ 到 $\mathbf{R}^n$ 的映射) $\tau(\boldsymbol{X}_0)$ 定义为

$$\tau(\boldsymbol{X}_0)\boldsymbol{Y}=\boldsymbol{Y}+\boldsymbol{X}_0,\quad \forall\boldsymbol{Y}\in\mathbf{R}^n.$$

定义 8.7.2 $\mathbf{R}^n$ 的变换 φ 若保持任意两个向量间的距离不变, 即

$$|\varphi(\boldsymbol{X})-\varphi(\boldsymbol{Y})|=|\boldsymbol{X}-\boldsymbol{Y}|,\quad \boldsymbol{X},\ \boldsymbol{Y}\in\mathbf{R}^n,$$

则称为**等距变换**.

引理 8.7.1 $\mathbf{R}^n$ 中平移满足下面性质.

1) 平移是可逆变换, 即 $\mathbf{R}^n$ 到 $\mathbf{R}^n$ 的一一对应, 且

$$\tau(\boldsymbol{X}_0)^{-1}=\tau(-\boldsymbol{X}_0).$$

2) 两个平移的积是平移, 且可交换, 又

$$\tau(\boldsymbol{X}_0)\tau(\boldsymbol{Y}_0)=\tau(\boldsymbol{X}_0+\boldsymbol{Y}_0).$$

3) 平移是等距变换.

证 由平移的定义知

$$\tau(\boldsymbol{X}_0)\tau(\boldsymbol{Y}_0)\boldsymbol{Y}=\boldsymbol{Y}+\boldsymbol{Y}_0+\boldsymbol{X}_0=\boldsymbol{Y}+\boldsymbol{X}_0+\boldsymbol{Y}_0=\tau(\boldsymbol{Y}_0)\tau(\boldsymbol{X}_0)\boldsymbol{Y},$$

故 1), 2) 成立. 又

$$|\tau(\boldsymbol{X}_0)\boldsymbol{X}-\tau(\boldsymbol{X}_0)\boldsymbol{Y}|=|\boldsymbol{X}+\boldsymbol{X}_0-\boldsymbol{Y}-\boldsymbol{X}_0|=|\boldsymbol{X}-\boldsymbol{Y}|.$$

故 3) 成立.

引理 8.7.2 $\mathbf{R}^n$ 中等距变换有以下性质:

1) 两个等距变换的积仍是等距变换;

2) φ 是等距变换, 且 $\varphi(0)=0$, 则 φ 是正交变换. 反之, 亦然;

3) 任一等距变换可唯一地分解为一个正交变换与一个平移的积;

4) 等距变换是可逆的, 逆也是等距的.

证 1) 设 φ_1, φ_2 为等距变换, 故

$$|\varphi_1\varphi_2(\boldsymbol{X})-\varphi_1\varphi_2(\boldsymbol{Y})|=|\varphi_2(\boldsymbol{X})-\varphi_2(\boldsymbol{Y})|=|\boldsymbol{X}-\boldsymbol{Y}|.$$

因而 $\varphi_1\varphi_2$ 为等距变换.

2) 设 φ 为等距变换, 且 $\varphi(0)=0$. 于是

$$|\varphi(\boldsymbol{X})|=|\varphi(\boldsymbol{X})-\varphi(0)|=|\boldsymbol{X}|,\ \ \boldsymbol{X}\in\mathbf{R}^n.$$

因而, $\forall \boldsymbol{X}, \boldsymbol{Y}\in\mathbf{R}^n$ 有

$$\begin{aligned}(\varphi(\boldsymbol{X}), \varphi(\boldsymbol{Y}))&=-\frac{1}{2}(|\varphi(\boldsymbol{X})-\varphi(\boldsymbol{Y})|^2-|\varphi(\boldsymbol{X})|^2-|\varphi(\boldsymbol{Y})|^2)\\&=-\frac{1}{2}(|\boldsymbol{X}-\boldsymbol{Y}|^2-|\boldsymbol{X}|^2-|\boldsymbol{Y}|^2)=(\boldsymbol{X}, \boldsymbol{Y}).\end{aligned}$$

由此知

$$\begin{aligned}|\varphi(k\boldsymbol{X})-k\varphi(\boldsymbol{X})|^2=&|\varphi(k\boldsymbol{X})|^2+|k\varphi(\boldsymbol{X})|^2-2(\varphi(k\boldsymbol{X}), k\varphi(\boldsymbol{X}))\\=&2k^2|\boldsymbol{X}|^2-2k(k\boldsymbol{X}, \boldsymbol{X})=0.\end{aligned}$$

即

$$\varphi(k\boldsymbol{X})=k\varphi(\boldsymbol{X}),\ \ \forall\boldsymbol{X}\in\mathbf{R}^n,\ k\in\mathbf{R}.$$

又

$$\begin{aligned}&|\varphi(\boldsymbol{X}+\boldsymbol{Y})-\varphi(\boldsymbol{X})-\varphi(\boldsymbol{Y})|^2\\=&|\varphi(\boldsymbol{X}+\boldsymbol{Y})|^2+|\varphi(\boldsymbol{X})-\varphi(-\boldsymbol{Y})|^2-2(\varphi(\boldsymbol{X}+\boldsymbol{Y}), \varphi(\boldsymbol{X})+\varphi(\boldsymbol{Y}))\\=&|\boldsymbol{X}+\boldsymbol{Y}|^2+|\boldsymbol{X}+\boldsymbol{Y}|^2-2(\varphi(\boldsymbol{X}+\boldsymbol{Y}), \varphi(\boldsymbol{X}))-2(\varphi(\boldsymbol{X}+\boldsymbol{Y}), \varphi(\boldsymbol{Y}))\\=&2|\boldsymbol{X}+\boldsymbol{Y}|^2-2(\boldsymbol{X}+\boldsymbol{Y}, \boldsymbol{X})-2(\boldsymbol{X}+\boldsymbol{Y}, \boldsymbol{Y})=0.\end{aligned}$$

即

$$\varphi(\boldsymbol{X}+\boldsymbol{Y})=\varphi(\boldsymbol{X})+\varphi(\boldsymbol{Y}).$$

于是 φ 是 $\mathbf{R}^n$ 的正交变换.

反之, 若 $\mathcal{A}$ 为 $\mathbf{R}^n$ 的正交变换, 则 $\mathcal{A}(0)=0$, 且

$$|\mathcal{A}(\boldsymbol{X})-\mathcal{A}(\boldsymbol{Y})|=|\mathcal{A}(\boldsymbol{X}-\boldsymbol{Y})|=|\boldsymbol{X}-\boldsymbol{Y}|$$

故 $\mathcal{A}$ 是等距变换.

3) 设 φ 是一个等距变换, 令 $\boldsymbol{X}_0=\varphi(0)$. 于是 $\mathcal{A}=\tau(-\boldsymbol{X}_0)\varphi$ 是等距变换, 且 $\mathcal{A}(0)=0$, 故 $\mathcal{A}$ 为正交变换. 于是 $\varphi=\tau(\boldsymbol{X}_0)\mathcal{A}$, 又

$$\mathcal{A}\tau(\mathcal{A}^{-1}\boldsymbol{X}_0)\boldsymbol{Y}=\mathcal{A}(\boldsymbol{Y}+\mathcal{A}^{-1}\boldsymbol{X}_0)=\mathcal{A}\boldsymbol{Y}+\boldsymbol{X}_0=\varphi(\boldsymbol{Y}).$$

故

$$\varphi=\mathcal{A}\tau(\mathcal{A}^{-1}\boldsymbol{X}_0)$$

为正交变换与平移的积.

设 $\mathcal{A}_1$, $\mathcal{A}_2$ 为正交变换, $\boldsymbol{X}_1$, $\boldsymbol{X}_2\in\mathbf{R}^n$, 且 $\mathcal{A}_1\tau(\boldsymbol{X}_1)=\mathcal{A}_2\tau(\boldsymbol{X}_2)$. 于是

$$\mathcal{A}_2^{-1}\mathcal{A}_1=\tau(\boldsymbol{X}_2)\tau(-\boldsymbol{X}_1)=\tau(\boldsymbol{X}_2-\boldsymbol{X}_1).$$

因而

$$\boldsymbol{X}_2-\boldsymbol{X}_1=\tau(\boldsymbol{X}_2-\boldsymbol{X}_1)(0)=\mathcal{A}_2^{-1}\mathcal{A}_1(0)=0.$$

故 $\boldsymbol{X}_2=\boldsymbol{X}_1$. 因而 $\mathcal{A}_1=\mathcal{A}_2$.

4) 设 φ 为等距变换. 由 3) 知 $\varphi=\mathcal{A}\tau(\boldsymbol{X}_1)$, 其中 $\mathcal{A}$ 是正交变换, 可逆. $\tau(\boldsymbol{X}_1)$ 为平移也可逆, 故 φ 可逆, 且 $\varphi^{-1}=\tau(-\boldsymbol{X}_1)\mathcal{A}^{-1}$ 仍为等距变换.

一般说来, 等距变换不是线性变换. 其原因是等距变换中的平移部分 $\tau(\boldsymbol{X}_0)$ 当 $\boldsymbol{X}_0\neq 0$ 时, 不是线性变换. 但是我们稍加技术性处理后, 可使 $\tau(\boldsymbol{X}_0)$ 成为 “线性” 变换. 为此, 我们将 $\mathbf{R}^n$ 作为 $\mathbf{R}^{n+1}$ 中一个子集. (不是子空间!) 显然, $\boldsymbol{Y}\longrightarrow\begin{pmatrix}\mathrm{Y}\\1\end{pmatrix}$ 是 $\mathbf{R}^n$ 到 $\mathbf{R}^{n+1}$ 中的一一映射. (注意, 这既不是线性映射也不是满映射!) 在此映射下, 有

$$\tau(\boldsymbol{X}_0)\boldsymbol{Y}\longrightarrow\begin{pmatrix}\boldsymbol{Y}+\boldsymbol{X}_0\\1\end{pmatrix}=\begin{pmatrix}\boldsymbol{I}_n & \boldsymbol{X}_0\\0 & 1\end{pmatrix}\begin{pmatrix}\boldsymbol{Y}\\1\end{pmatrix}.$$

于是, 我们可以将 $\tau(\boldsymbol{X}_0)$ 视为 $\mathbf{R}^{n+1}$ 中由 $\begin{pmatrix}\boldsymbol{I}_n & \boldsymbol{X}_0\\0 & 1\end{pmatrix}$ 代表的线性变换.

设 $\mathcal{A}$ 为 $\mathbf{R}^n$ 的线性变换, 于是由

$$\mathcal{A}\boldsymbol{Y} \longrightarrow \begin{pmatrix} \mathcal{A}\boldsymbol{Y} \\ 1 \end{pmatrix} = \begin{pmatrix} \mathcal{A} & 0 \\ 0 & 1 \end{pmatrix}\begin{pmatrix} \boldsymbol{Y} \\ 1 \end{pmatrix},$$

我们可将 $\mathcal{A}$ 视为 $\mathbf{R}^{n+1}$ 中由 $\begin{pmatrix} \mathcal{A} & 0 \\ 0 & 1 \end{pmatrix}$ 代表的线性变换. 故 $\tau(\boldsymbol{X}_0)\mathcal{A}$ 可视为 $\mathbf{R}^{n+1}$ 中的变换, 且由于

$$\tau(\boldsymbol{X}_0)\mathcal{A}\boldsymbol{Y} = \mathcal{A}\boldsymbol{Y} + \boldsymbol{X}_0 \longrightarrow \begin{pmatrix} \mathcal{A}\boldsymbol{Y} + \boldsymbol{X}_0 \\ 1 \end{pmatrix},$$

而

$$\begin{aligned}\begin{pmatrix} \mathcal{A}\boldsymbol{Y} + \boldsymbol{X}_0 \\ 1 \end{pmatrix} &= \begin{pmatrix} \boldsymbol{I}_n & \boldsymbol{X}_0 \\ 0 & 1 \end{pmatrix}\begin{pmatrix} \mathcal{A} & 0 \\ 0 & 1 \end{pmatrix}\begin{pmatrix} \boldsymbol{Y} \\ 1 \end{pmatrix} \\ &= \begin{pmatrix} \mathcal{A} & \boldsymbol{X}_0 \\ 0 & 1 \end{pmatrix}\begin{pmatrix} \boldsymbol{Y} \\ 1 \end{pmatrix}.\end{aligned}$$

于是 $\tau(\boldsymbol{X}_0)\mathcal{A}$ 为以 $\begin{pmatrix} \mathcal{A} & \boldsymbol{X}_0 \\ 0 & 1 \end{pmatrix}$ 为代表的线性变换. 显然

$$\begin{pmatrix} \mathcal{A}_1 & \boldsymbol{X}_1 \\ 0 & 1 \end{pmatrix}\begin{pmatrix} \mathcal{A}_2 & \boldsymbol{X}_2 \\ 0 & 1 \end{pmatrix} = \begin{pmatrix} \mathcal{A}_1\mathcal{A}_2 & \mathcal{A}_1\boldsymbol{X}_2 + \boldsymbol{X}_1 \\ 0 & 1 \end{pmatrix}.$$

$\tau(\boldsymbol{X}_0)\mathcal{A}$ 为等距变换当且仅当 $\mathcal{A}$ 为正交变换. 经过这种技术性处理后, $\mathbf{R}^n$ 的等距变换就成了 $\mathbf{R}^{n+1}$ 中的 “线性变换” 了.

有了以上的准备之后, 我们着手讨论二次超曲面.

定义 8.7.3 由二次方程

$$\sum_{i,\,j=1}^{n} a_{i\,j}x_ix_j + 2\sum_{i=1}^{n} b_ix_i + c = 0,\ (a_{i\,j} = a_{j\,i})$$

的解 $\boldsymbol{X} = (x_1,\ x_2,\ \cdots,\ x_n)'$ 构成的 $\mathbf{R}^n$ 中子集称为**二次超曲面**. 以后简单地说上述方程为二次超曲面.

$n = 3$, 自然是通常的二次曲面. $n = 2$, 就是平面上的二次曲线. 设

$$\boldsymbol{X} = \begin{pmatrix} x_1 \\ x_2 \\ \vdots \\ x_n \end{pmatrix},\ \boldsymbol{A} = \begin{pmatrix} a_{1\,1} & a_{1\,2} & \cdots & a_{1\,n} \\ a_{2\,1} & a_{2\,2} & \cdots & a_{2\,n} \\ \vdots & \vdots & & \vdots \\ a_{n\,1} & a_{n\,2} & \cdots & a_{n\,n} \end{pmatrix},\ \boldsymbol{b} = \begin{pmatrix} b_1 \\ b_2 \\ \vdots \\ b_n \end{pmatrix}.$$

于是二次超曲面的方程可以写为 $f(\boldsymbol{X})=0$, 而

$$f(\boldsymbol{X})=(\boldsymbol{X}'\ 1)\begin{pmatrix}\boldsymbol{A} & \boldsymbol{b}\\ \boldsymbol{b}' & c\end{pmatrix}\begin{pmatrix}\boldsymbol{X}\\ 1\end{pmatrix}.$$

我们来考察经过正交变换与平移, 即等距变换后, 上述二次超曲面的变化. 设 $\boldsymbol{P}$ 是 n 阶正交矩阵, $\boldsymbol{\delta}\in\mathbf{R}^n$, 且

$$\begin{pmatrix}\boldsymbol{X}\\ 1\end{pmatrix}=\begin{pmatrix}\boldsymbol{P} & \boldsymbol{\delta}\\ 0 & 1\end{pmatrix}\begin{pmatrix}\boldsymbol{Y}\\ 1\end{pmatrix}.$$

于是

$$(\boldsymbol{X}'\ 1)=(\boldsymbol{Y}'\ 1)\begin{pmatrix}\boldsymbol{P}' & 0\\ \boldsymbol{\delta}' & 1\end{pmatrix}.$$

因而

$$f(\boldsymbol{X})=(\boldsymbol{Y}'\ 1)\begin{pmatrix}\boldsymbol{A}_1 & \boldsymbol{b}_1\\ \boldsymbol{b}_1' & c_1\end{pmatrix}\begin{pmatrix}\boldsymbol{Y}\\ 1\end{pmatrix}.$$

这里 $\boldsymbol{A}_1=\boldsymbol{P}'\boldsymbol{A}\boldsymbol{P},\ \boldsymbol{b}_1=\boldsymbol{P}'(\boldsymbol{A}\boldsymbol{\delta}+\boldsymbol{b}),\ c_1=f(\boldsymbol{\delta})$.

引理 8.7.3 设 $\boldsymbol{A}\in\mathbf{R}^{n\times n}$, $\boldsymbol{A}'=\boldsymbol{A}$, $\boldsymbol{b}\in\mathbf{R}^{n\times 1}$, $c\in\mathbf{R}$. 则

$$R\begin{pmatrix}\boldsymbol{A} & \boldsymbol{b}\\ \boldsymbol{b}' & c\end{pmatrix}\leqslant R(\boldsymbol{A})+1$$

当且仅当

$$R(\boldsymbol{A})=R(\boldsymbol{A}\ \boldsymbol{b}).$$

证 充分性是明显的. 下面证必要性. 由

$$R(\boldsymbol{A})\leqslant R(\boldsymbol{A}\ \boldsymbol{b})\leqslant R\begin{pmatrix}\boldsymbol{A} & \boldsymbol{b}\\ \boldsymbol{b}' & c\end{pmatrix}\leqslant R(\boldsymbol{A})+1,$$

知上式最后 “$\leqslant$” 中 “$<$” 号成立, 则上式中另两个 “$\leqslant$” 全部为 “$=$”.

故只需讨论上式最后的 “$\leqslant$” 中 “$=$” 成立的情况. 若 $R(\boldsymbol{A})\neq R(\boldsymbol{A}\ \boldsymbol{b})$, 则

$$R\begin{pmatrix}\boldsymbol{A}\\ \boldsymbol{b}'\end{pmatrix}=R(\boldsymbol{A}\ \boldsymbol{b})=R(\boldsymbol{A})+1=R\begin{pmatrix}\boldsymbol{A} & \boldsymbol{b}\\ \boldsymbol{b}' & c\end{pmatrix}.$$

于是有 $\boldsymbol{Y}\in\mathbf{R}^n$ 使得

$$\begin{pmatrix}\boldsymbol{A}\\ \boldsymbol{b}'\end{pmatrix}\boldsymbol{Y}=\begin{pmatrix}\boldsymbol{b}\\ c\end{pmatrix}.$$

故

$$\boldsymbol{AY}=\boldsymbol{b}.$$

这与 $R(\boldsymbol{A}\ \boldsymbol{b})=R(\boldsymbol{A})+1$ 矛盾. 故 $R(\boldsymbol{A}\ \boldsymbol{b})=R(\boldsymbol{A})$.

定理 8.7.1 (二次超曲面的度量分类定理) 设$\boldsymbol{A}$ 是 n 阶实对称矩阵, 则 $\begin{pmatrix}\boldsymbol{A} & \boldsymbol{b}\\ \boldsymbol{b}' & c\end{pmatrix}$ 有以下三种情形:

1) $R\begin{pmatrix}\boldsymbol{A} & \boldsymbol{b}\\ \boldsymbol{b}' & c\end{pmatrix}=R(\boldsymbol{A})$.

这时有正交矩阵 $\boldsymbol{P}$ 与 $\boldsymbol{\delta}\in\mathbf{R}^n$ 使得

$$\begin{pmatrix}\boldsymbol{P}' & 0\\ \boldsymbol{\delta}' & 1\end{pmatrix}\begin{pmatrix}\boldsymbol{A} & \boldsymbol{b}\\ \boldsymbol{b}' & c\end{pmatrix}\begin{pmatrix}\boldsymbol{P} & \boldsymbol{\delta}\\ 0 & 1\end{pmatrix}=\operatorname{diag}(\lambda_1,\ \lambda_2,\ \cdots,\ \lambda_n,\ 0),$$

其中 $\lambda_1,\ \lambda_2,\ \cdots,\ \lambda_n$ 为 $\boldsymbol{A}$ 的特征值.

2) $R\begin{pmatrix}\boldsymbol{A} & \boldsymbol{b}\\ \boldsymbol{b}' & c\end{pmatrix}=R(\boldsymbol{A})+1$.

这时有正交矩阵 $\boldsymbol{P}$ 与 $\boldsymbol{\delta}\in\mathbf{R}^n$ 使得

$$\begin{pmatrix}\boldsymbol{P}' & 0\\ \boldsymbol{\delta}' & 1\end{pmatrix}\begin{pmatrix}\boldsymbol{A} & \boldsymbol{b}\\ \boldsymbol{b}' & c\end{pmatrix}\begin{pmatrix}\boldsymbol{P} & \boldsymbol{\delta}\\ 0 & 1\end{pmatrix}=\operatorname{diag}(\lambda_1,\ \lambda_2,\ \cdots,\ \lambda_n,\ c_1),$$

其中 $\lambda_1,\ \lambda_2,\ \cdots,\ \lambda_n$ 为 $\boldsymbol{A}$ 的特征值, $c_1=f(\boldsymbol{\delta})\neq 0$.

3) $R\begin{pmatrix}\boldsymbol{A} & \boldsymbol{b}\\ \boldsymbol{b}' & c\end{pmatrix}=R(\boldsymbol{A})+2$.

这时有正交矩阵 $\boldsymbol{P}$ 与 $\boldsymbol{\delta}\in\mathbf{R}^n$ 使得

$$\begin{aligned}&\begin{pmatrix}\boldsymbol{P}' & 0\\ \boldsymbol{\delta}' & 1\end{pmatrix}\begin{pmatrix}\boldsymbol{A} & \boldsymbol{b}\\ \boldsymbol{b}' & c\end{pmatrix}\begin{pmatrix}\boldsymbol{P} & \boldsymbol{\delta}\\ 0 & 1\end{pmatrix}\\ =&\ \operatorname{diag}\left(\lambda_1,\ \cdots,\ \lambda_k,\ 0,\ \cdots,\ 0,\ \begin{pmatrix}0 & c_1\\ c_1 & 0\end{pmatrix}\right),\end{aligned}$$

其中 $\lambda_1,\ \lambda_2,\ \cdots,\ \lambda_k$ 为$\boldsymbol{A}$ 的非零特征值, $k<n,\ c_1\neq 0$.

证　由引理 8.7.3, 只要讨论 $R(\boldsymbol{A}\ \boldsymbol{b})=R(\boldsymbol{A})$ 及 $R(\boldsymbol{A}\ \boldsymbol{b})=R(\boldsymbol{A})+1$ 两种情形.

先讨论 $R(\boldsymbol{A}\ \boldsymbol{b})=R(\boldsymbol{A})$ 的情形. 此时有 $\boldsymbol{\delta}\in\mathbf{R}^n$ 使得 $\boldsymbol{A\delta}+\boldsymbol{b}=0$, 及正交矩阵 $\boldsymbol{P}$ 使得

$$\boldsymbol{P}'\boldsymbol{AP}=\operatorname{diag}(\lambda_1,\ \lambda_2,\ \cdots,\ \lambda_n),$$

其中 λ_i 为 $\boldsymbol{A}$ 的特征值. 于是

$$\begin{pmatrix} \boldsymbol{P}' & 0 \\ \boldsymbol{\delta}' & 1 \end{pmatrix}\begin{pmatrix} \boldsymbol{A} & \boldsymbol{b} \\ \boldsymbol{b}' & c \end{pmatrix}\begin{pmatrix} \boldsymbol{P} & \boldsymbol{\delta} \\ 0 & 1 \end{pmatrix} = \operatorname{diag}(\lambda_1,\ \lambda_2,\ \cdots,\ \lambda_n,\ c_1),$$

$$c_1 = f(\delta) = \boldsymbol{\delta}'\boldsymbol{A}\boldsymbol{\delta} + 2\boldsymbol{\delta}'\boldsymbol{b} + c.$$

当 $R\begin{pmatrix} \boldsymbol{A} & \boldsymbol{b} \\ \boldsymbol{b}' & c \end{pmatrix} = R(\boldsymbol{A})$ 时, $f(\boldsymbol{\delta}) = 0$. 当 $R\begin{pmatrix} \boldsymbol{A} & \boldsymbol{b} \\ \boldsymbol{b}' & c \end{pmatrix} = R(\boldsymbol{A}) + 1$ 时, $f(\boldsymbol{\delta}) \neq 0$. 即 1) 与 2) 成立.

再讨论 $R(\boldsymbol{A}\ \boldsymbol{b}) = R(\boldsymbol{A})+1$ 的情形. 此时 $R\begin{pmatrix} \boldsymbol{A} \\ \boldsymbol{b}' \end{pmatrix} = R(\boldsymbol{A})+1$, 而且 $R(\boldsymbol{A}) < n$. 故有正交矩阵 $\boldsymbol{P}$ 使得

$$\boldsymbol{P}'\boldsymbol{A}\boldsymbol{P} = \operatorname{diag}(\lambda_1,\ \cdots,\ \lambda_k,\ 0,\ \cdots,\ 0),$$

$k < n$. 于是

$$\begin{pmatrix} \boldsymbol{P}' & 0 \\ 0 & 1 \end{pmatrix}\begin{pmatrix} \boldsymbol{A} & \boldsymbol{b} \\ \boldsymbol{b}' & c \end{pmatrix}\begin{pmatrix} \boldsymbol{P} & 0 \\ 0 & 1 \end{pmatrix} = \begin{pmatrix} \boldsymbol{P}'\boldsymbol{A}\boldsymbol{P} & \boldsymbol{P}'\boldsymbol{b} \\ \boldsymbol{b}'\boldsymbol{P} & c \end{pmatrix},$$

其中

$$\boldsymbol{P}'\boldsymbol{b} = \begin{pmatrix} b_1' \\ b_2' \\ \vdots \\ b_n' \end{pmatrix},\quad \tilde{\boldsymbol{b}} = \begin{pmatrix} b_{k+1}' \\ \vdots \\ b_n' \end{pmatrix} \neq \begin{pmatrix} 0 \\ \vdots \\ 0 \end{pmatrix}.$$

令

$$\boldsymbol{\delta}_1 = \begin{pmatrix} -\dfrac{b_1'}{\lambda_1} \\ \vdots \\ -\dfrac{b_k'}{\lambda_k} \\ 0 \\ \vdots \\ 0 \end{pmatrix}.$$

则有

$$\begin{pmatrix} \boldsymbol{I}_n & 0 \\ \boldsymbol{\delta}_1' & 1 \end{pmatrix}\begin{pmatrix} \boldsymbol{P}'\boldsymbol{A}\boldsymbol{P} & \boldsymbol{P}'\boldsymbol{b} \\ \boldsymbol{b}'\boldsymbol{P} & c \end{pmatrix}\begin{pmatrix} \boldsymbol{I}_n & \boldsymbol{\delta}_1 \\ 0 & 1 \end{pmatrix} = \begin{pmatrix} \boldsymbol{A}_1 & 0 & 0 \\ 0 & 0 & \tilde{\boldsymbol{b}} \\ 0 & \tilde{\boldsymbol{b}}' & \tilde{c} \end{pmatrix},$$

其中 $\boldsymbol{A}_1 = \mathrm{diag}(\lambda_1, \lambda_2, \cdots, \lambda_k)$. 令 $c_1 = |\tilde{\boldsymbol{b}}|$, 故 $\dfrac{1}{c_1}\tilde{\boldsymbol{b}}$ 是 $\mathbf{R}^{n-k}$ 中单位向量. 故有 $n-k$ 阶正交矩阵 $\boldsymbol{P}_1$ 使得

$$\mathrm{col}_{n-k}\boldsymbol{P}_1 = \frac{1}{c_1}\tilde{\boldsymbol{b}}.$$

因而 $\mathrm{diag}(\boldsymbol{I}_k\ \boldsymbol{P}_1)$ 是 n 阶正交矩阵, 此时

$$\begin{aligned}&\begin{pmatrix}\boldsymbol{I}_k & 0 & 0\\ 0 & \boldsymbol{P}_1' & 0\\ 0 & 0 & 1\end{pmatrix}\begin{pmatrix}\boldsymbol{A}_1 & 0 & 0\\ 0 & 0 & \tilde{\boldsymbol{b}}\\ 0 & \tilde{\boldsymbol{b}}' & \tilde{c}\end{pmatrix}\begin{pmatrix}\boldsymbol{I}_k & 0 & 0\\ 0 & \boldsymbol{P}_1 & 0\\ 0 & 0 & 1\end{pmatrix}\\ =&\begin{pmatrix}\boldsymbol{A}_1 & 0 & 0\\ 0 & 0 & \boldsymbol{P}_1'\tilde{\boldsymbol{b}}\\ 0 & \tilde{\boldsymbol{b}}'\boldsymbol{P}_1 & \tilde{c}\end{pmatrix}\\ =&\mathrm{diag}\left(\lambda_1, \cdots, \lambda_k, 0, \cdots, 0, \begin{pmatrix}0 & c_1\\ c_1 & \tilde{c}\end{pmatrix}\right).\end{aligned}$$

取 $\boldsymbol{\delta}_2' = \left(0, \cdots, 0, -\dfrac{\tilde{c}}{2c_1}\right)$, 于是

$$\begin{aligned}&\begin{pmatrix}\boldsymbol{I}_n & 0\\ \boldsymbol{\delta}_2' & 1\end{pmatrix}\mathrm{diag}\left(\lambda_1, \cdots, \lambda_k, 0, \cdots, 0, \begin{pmatrix}0 & c_1\\ c_1 & \tilde{c}\end{pmatrix}\right)\begin{pmatrix}\boldsymbol{I}_n & \boldsymbol{\delta}_2\\ 0 & 1\end{pmatrix}\\ =&\mathrm{diag}\left(\lambda_1, \cdots, \lambda_k, 0, \cdots, 0, \begin{pmatrix}0 & c_1\\ c_1 & 0\end{pmatrix}\right).\end{aligned}$$

至此我们完成了定理的证明.

注意: $f(\boldsymbol{X}) = 0$ 与 $kf(\boldsymbol{X}) = 0$ (这里 k 为一固定的非零实数) 为同一曲线的方程, 于是总可以假定定理中的 $\lambda_1 > 0$; 结论 2) 中 $c_1 = \pm 1$.

对应于 $n = 2, 3$ 我们有下面定理 8.7.2 和定理 8.7.3.

定理 8.7.2 (平面二次曲线度量分类定理) 平面二次曲线经过等距变换可化为下列九种二次曲线之一.

1) 椭圆 $\dfrac{x_1^2}{\lambda^2} + \dfrac{x_2^2}{\mu^2} - 1 = 0.$

2) 虚椭圆 $\dfrac{x_1^2}{\lambda^2} + \dfrac{x_2^2}{\mu^2} + 1 = 0.$

3) 点 $\dfrac{x_1^2}{\lambda^2} + \dfrac{x_2^2}{\mu^2} = 0.$

4) 双曲线 $\dfrac{x_1^2}{\lambda^2} - \dfrac{x_2^2}{\mu^2} - 1 = 0.$

5) 相交直线 $\dfrac{x_1^2}{\lambda^2} - \dfrac{x_2^2}{\mu^2} = 0.$

6) 抛物线 $x_1^2 - 2px_2 = 0.$

7) 平行直线 $x_1^2 - \mu^2 = 0.$

8) 平行虚直线 $x_1^2 + \mu^2 = 0.$

9) 重合直线 $x_1^2 = 0.$

定理 8.7.3 (二次曲面度量分类定理) 空间二次曲面经过等距变换可化为下列十七种二次曲面之一.

1) 椭球面 $\dfrac{x_1^2}{\mu_1^2} + \dfrac{x_2^2}{\mu_2^2} + \dfrac{x_3^2}{\mu_3^2} - 1 = 0.$

2) 虚椭球面 $\dfrac{x_1^2}{\mu_1^2} + \dfrac{x_2^2}{\mu_2^2} + \dfrac{x_3^2}{\mu_3^2} + 1 = 0.$

3) 点 (虚二阶锥面) $\dfrac{x_1^2}{\mu_1^2} + \dfrac{x_2^2}{\mu_2^2} + \dfrac{x_3^2}{\mu_3^2} = 0.$

4) 单叶双曲面 $\dfrac{x_1^2}{\mu_1^2} + \dfrac{x_2^2}{\mu_2^2} - \dfrac{x_3^2}{\mu_3^2} - 1 = 0.$

5) 双叶双曲面 $\dfrac{x_1^2}{\mu_1^2} + \dfrac{x_2^2}{\mu_2^2} - \dfrac{x_3^2}{\mu_3^2} + 1 = 0.$

6) 二次锥面 $\dfrac{x_1^2}{\mu_1^2} + \dfrac{x_2^2}{\mu_2^2} - \dfrac{x_3^2}{\mu_3^2} = 0.$

7) 椭圆抛物面 $\dfrac{x_1^2}{\mu_1^2} + \dfrac{x_2^2}{\mu_2^2} - 2x_3 = 0.$

8) 双曲抛物面 $\dfrac{x_1^2}{\mu_1^2} - \dfrac{x_2^2}{\mu_2^2} - 2x_3 = 0.$

9) 椭圆柱面 $\dfrac{x_1^2}{\mu_1^2} + \dfrac{x_2^2}{\mu_2^2} - 1 = 0.$

10) 虚椭圆柱面 $\dfrac{x_1^2}{\mu_1^2} + \dfrac{x_2^2}{\mu_2^2} + 1 = 0.$

11) 直线 $\dfrac{x_1^2}{\mu_1^2} + \dfrac{x_2^2}{\mu_2^2} = 0.$

12) 双曲柱面 $\dfrac{x_1^2}{\mu_1^2} - \dfrac{x_2^2}{\mu_2^2} - 1 = 0.$

13) 相交平面 $\dfrac{x_1^2}{\mu_1^2} - \dfrac{x_2^2}{\mu_2^2} = 0.$

14) 抛物柱面 $x_1^2 - 2px_2 = 0.$

15) 平行平面 $x_1^2 - \mu_1^2 = 0.$

16) 虚平行平面 $x_1^2 + \mu_1^2 = 0.$

17)　重合平面　$x_1^2=0$.

注　11) 中曲面也叫零柱面或相交于实直线的两个虚平面.

例8.14　判断二次曲面

$$3x^2+4y^2+5z^2+4xy-4yz+1=0$$

的几何图形是什么.

解　此二次曲面对应的矩阵

$$\begin{pmatrix} 3 & 2 & 0 & 0 \\ 2 & 4 & -2 & 0 \\ 0 & -2 & 5 & 0 \\ 0 & 0 & 0 & 1 \end{pmatrix}$$

是一个正定矩阵, 故它的几何图形是虚椭球面.

习　题

1. 判断下面二次曲线的几何图形.
   1)　$x^2+2xy+y^2+2x+2y+1=0$;
   2)　$x^2+2xy+3y^2+3x+5y+2=0$;
   3)　$xy+7y^2+y=0$;
   4)　$x^2-2xy+2y^2-4x+y+6=0$.
2. 判断下面二次曲面的几何图形.
   1)　$x^2-2y^2-2z^2-4xy+4xz+8yz-2x+y-4z+1=0$;
   2)　$x^2+y^2+z^2+2xy+2xz+2yz+2x+2y+2z+1=0$;
   3)　$3x^2+6y^2+3z^2-4xy-8xz-4yz+2x+2y+4z+4=0$.
3. 写出定理 8.7.1 与定理 8.7.2 的全部证明.
4. 给出平面二次曲线在可逆线性变换及平移下的分类定理 (仿射分类定理).
5. 给出平面二次曲面在可逆线性变换及平移下的分类定理 (仿射分类定理).
6. 证明平面内动点到一定点与一定直线的距离之比为常数, 根据此常数小于 1, 大于 1 或等于 1, 此动点的轨迹分别为椭圆, 双曲线或抛物线.

第9章　二次曲面

本章及下章, 我们将讨论的重点由代数转向几何. 几何与代数一样有着悠久的历史, 同样也会有更光辉的未来.

前一章的最后一节, 我们已经利用二次型理论将二次曲面作了分类. 现在, 我们可以分别来讨论各类二次曲面. 如果注意到在分类中有的实际上只是点, 直线, 平面, 甚至有的实际上是不存在的 —— 虚的图形, 对于这些情形, 我们就不必再费笔墨了. 如果稍加留意, 就可发现有的类二次曲面是更广泛一类曲面的特殊情形. 这些更一般的曲面我们也不妨稍加讨论. 从一些具体对象的性质中抽象出某些共性来确定一类数学结构是数学研究中常用的方法之一.

9.1　二次曲面

本节讨论二次曲面的一般形状. 对于虚图形, 点, 直线与平面我们不讨论. 在讨论前回忆一下对称性的一些术语.

设 Σ 为一空间图形. P_0, g 与 π 分别为空间中的点, 直线与平面.

如果 $\forall P \in \Sigma$, $\exists Q \in \Sigma$ 使得 P_0 为 PQ 的中点, 则称 P_0 为 Σ 的**对称中心**, 也称 Σ 关于 P_0 是(**中心**) **对称的**, 如图 9.1 所示.

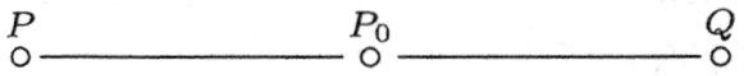

图 9.1

如果 $\forall P \in \Sigma$, $\exists Q \in \Sigma$ 使得 PQ 被 g 垂直平分, 则称 g 为 Σ 的**对称轴**, 也称 Σ 关于 g 是(**轴**) **对称的**, 如图 9.2 所示.

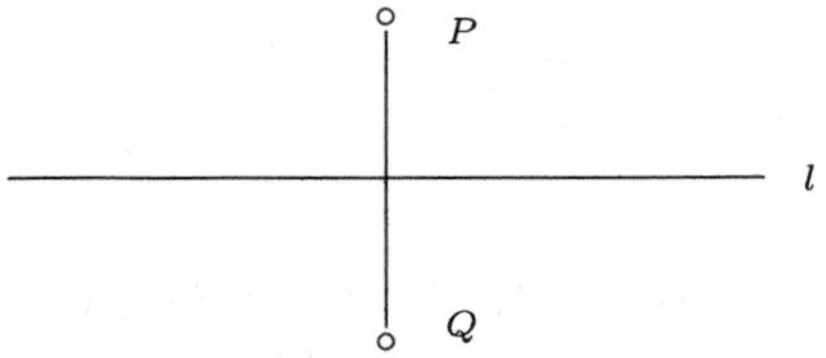

图 9.2

如果 $\forall P \in \Sigma$, $\exists Q \in \Sigma$ 使得 PQ 被 π 垂直平分, 则称 π 为 Σ 的**对称平面**, 也称 Σ 关于 π 是(**面**) **对称的**, 如图 9.3 所示.

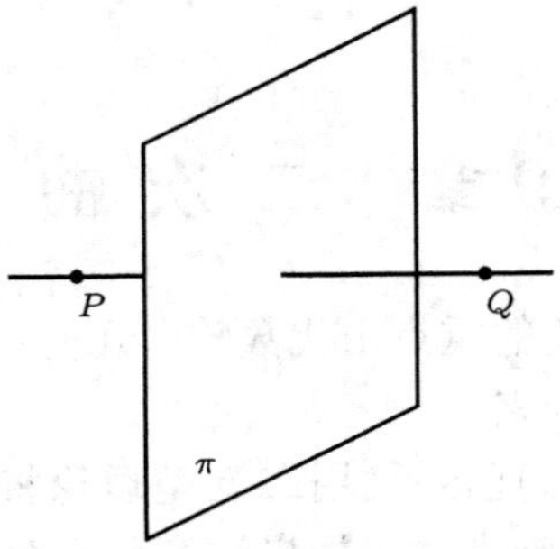

图 9.3

例 9.1　设 (x,y,z) 为点 P 在空间直角坐标系 $OXYZ$ 中的坐标, 则

1)　P 关于 O 的对称点是 $(-x,-y,-z)$;

2)　P 关于 OX, OY, OZ 三条坐标轴的对称点分别是 $(x,-y,-z), (-x,y,-z), (-x,-y,z)$;

3)　P 关于 OXY, OYZ, OZX 三个坐标平面的对称点分别是 $(x,y,-z), (-x,y,z), (x,-y,z)$.

下面开始讨论二次曲面的简单性质及形状.

1.　椭球面

$$S:\ \frac{x^2}{a^2}+\frac{y^2}{b^2}+\frac{z^2}{c^2}=1\ (a,\ b,\ c>0). \tag{1}$$

若 $(x,\ y,\ z)\in S$, 则 $(\pm x,\ \pm y,\ \pm z)\in S$. 因而, 原点、坐标轴、坐标平面分别为 S 的对称中心、对称轴和对称平面.

若 $(x,\ y,\ z)\in S$, 则

$$-a\leqslant x\leqslant a,\ \ -b\leqslant y\leqslant b,\ \ -c\leqslant z\leqslant c.$$

S 与平行于 XOY 平面的平面的交线

$$\begin{cases}\dfrac{x^2}{a^2}+\dfrac{y^2}{b^2}+\dfrac{z^2}{c^2}=1,\\ z=k\end{cases}$$

在 $|k|<c$ 时是椭圆; $|k|=c$ 时为一点 $(0,\ 0,\ k)$; $|k|>c$ 时, 不相交.

类似地, S 与平行于 XOZ, YOZ 平面的平面的交线也是椭圆、点或不相交.

$(\pm a,\ 0,\ 0)$, $(0,\ \pm b,\ 0)$, $(0,\ 0,\ \pm c)$ 称为椭球面 S 的**顶点**.

$a,\ b,\ c$ 称为椭球面的**半轴**, 依其大小分别称为**长**、**中**、**短半轴**.

有了上述认识之后, 就容易画出椭球面 S 的图形如图 9.4 所示.

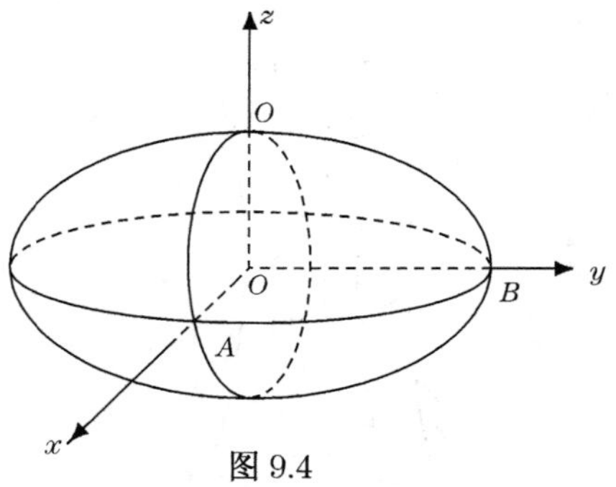

图 9.4

2. 单叶双曲面

$$S:\ \frac{x^2}{a^2}+\frac{y^2}{b^2}-\frac{z^2}{c^2}=1\ \ (a,\ b,\ c>0). \tag{2}$$

原点、坐标轴、坐标平面分别为 S 的对称中心、对称轴和对称平面.

S 是无界的, 因

$$-\infty<x,\ y,\ z<\infty.$$

S 与平行于 XOY 平面的平面的交线

$$\begin{cases}\dfrac{x^2}{a^2}+\dfrac{y^2}{b^2}-\dfrac{z^2}{c^2}=1,\\ z=k\end{cases}$$

为椭圆, 半轴为 $\dfrac{a}{c}\sqrt{c^2+k^2}$, $\dfrac{b}{c}\sqrt{c^2+k^2}$. 随着 $|k|$ 的增加, 椭圆的半轴变大. 当 $k=0$ 时, 半轴最短

$$\begin{cases}\dfrac{x^2}{a^2}+\dfrac{y^2}{b^2}=1,\\ z=0\end{cases}$$

称为单叶双曲面的**腰圆**, 其顶点 $(\pm a,\ 0,\ 0)$, $(0,\ \pm b,\ 0)$ 也称为单叶双曲面的**顶点**.

S 与平行于 YOZ, ZOX 平面的平面的交线

$$\begin{cases}\dfrac{x^2}{a^2}+\dfrac{y^2}{b^2}-\dfrac{z^2}{c^2}=1,\\ x=k\ (y=k)\end{cases}$$

是双曲线.

有了上述认识之后, 就容易画出单叶双曲面 S 的图形如图 9.5 所示.

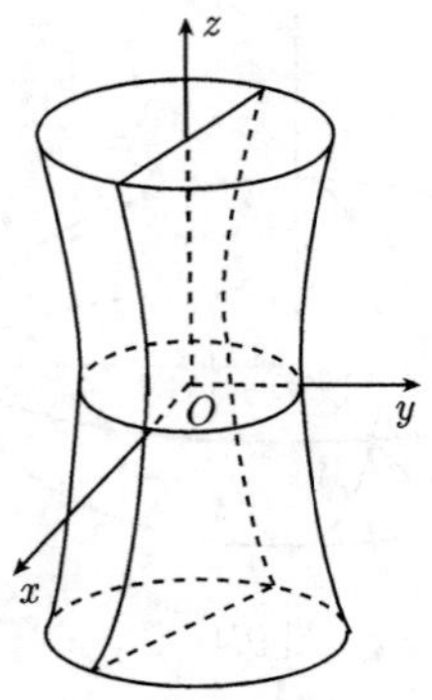

图 9.5

3. 双叶双曲面

$$S: \ \frac{x^2}{a^2}+\frac{y^2}{b^2}-\frac{z^2}{c^2}=-1 \ (a,\ b,\ c>0). \tag{3}$$

原点、坐标轴、坐标平面分别为 S 的对称中心、对称轴和对称平面.

S 是无界的, 因

$$-\infty<x,\ y<\infty.$$

但 S 分成两部分, 分别在平面 $z=\pm c$ 之上、下, 因为由 (3) 式知

$$|z|\geqslant c.$$

S 与平行于 XOY 平面的平面 $z=k$ $(|k|\geqslant c)$ 的交线

$$\begin{cases} \dfrac{x^2}{a^2}+\dfrac{y^2}{b^2}-\dfrac{z^2}{c^2}=-1, \\ z=k \end{cases}$$

为椭圆 $(|k|>c)$ 或点 $(0,\ 0,\ k)$ $(|k|=c)$.

$(0,\ 0,\ \pm c)$ 称为 S 的**顶点**.

S 与平行于 YOZ, ZOX 平面的平面的交线

$$\begin{cases} \dfrac{x^2}{a^2}+\dfrac{y^2}{b^2}-\dfrac{z^2}{c^2}=-1, \\ x=k\ (y=k) \end{cases}$$

是双曲线.

有了上述认识之后, 就容易画出双叶双曲面 S 的图形如图 9.6 所示.

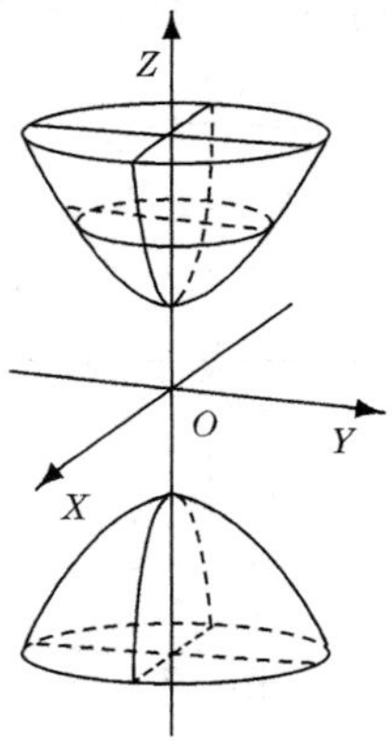

图 9.6

单叶双曲面

$$\frac{x^2}{a^2}+\frac{y^2}{b^2}-\frac{z^2}{c^2}=1$$

与双叶双曲面

$$\frac{x^2}{a^2}+\frac{y^2}{b^2}-\frac{z^2}{c^2}=-1$$

称为**共轭双曲面**.

4. 二次锥面

$$S:\ \frac{x^2}{a^2}+\frac{y^2}{b^2}-\frac{z^2}{c^2}=0 \qquad (a,\ b,\ c>0). \tag{4}$$

原点、坐标轴、坐标平面分别为 S 的对称中心、对称轴和对称平面.

因 $-\infty<x,\ y,\ z<\infty$, 故 S 是无界的.

S 与平行于 XOY 平面的平面的交线

$$\begin{cases}\dfrac{x^2}{a^2}+\dfrac{y^2}{b^2}-\dfrac{z^2}{c^2}=0,\\ z=k\end{cases}$$

为椭圆 $(k\neq 0)$ 或点 $(0,\ 0,\ 0)$ $(k=0)$. 此点称为二次锥面的**顶点** (注意, 此点也是对称中心).

S 与平行于 YOZ, ZOX 平面的平面的交线

$$\begin{cases}\dfrac{x^2}{a^2}+\dfrac{y^2}{b^2}-\dfrac{z^2}{c^2}=0,\\ x=k\ (y=k)\end{cases}$$

是双曲线 $(k\neq 0)$ 或一对交于 O 的直线 $(k=0)$.

有了上述认识之后, 就容易画出二次锥面 S 的图形如图 9.7 所示.

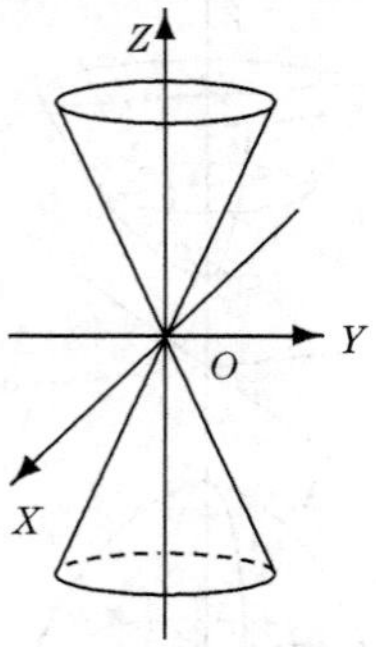

图 9.7

注意　二次锥面 (4), 双叶双曲面 (3) 与单叶双曲面 (2) 与平面 $z = k$ 的交线均为椭圆. 它们的半轴分别为

$$\bar{a} = \frac{a}{c}|k|, \qquad \bar{b} = \frac{b}{c}|k|;$$

$$a_1 = \frac{a}{c}\sqrt{k^2 - c^2}, \quad b_1 = \frac{b}{c}\sqrt{k^2 - c^2};$$

$$a_2 = \frac{a}{c}\sqrt{k^2 + c^2}, \quad b_2 = \frac{b}{c}\sqrt{k^2 + c^2}.$$

由于它们的离心率相同 $\left(e = \dfrac{\sqrt{a^2 - b^2}}{a} \text{或} e = \dfrac{\sqrt{b^2 - a^2}}{b}\right)$, 故为相似椭圆, 且

$$a_1 < \bar{a} < a_2, \quad b_1 < \bar{b} < b_2;$$

$$\lim_{|k|\to\infty}(a_2 - a_1) = \lim_{|k|\to\infty}(b_2 - b_1) = 0.$$

即 $|k|$ 无限增大时, 三个曲面无限接近. 因而称二次锥面 (4) 为双叶双曲面 (3) 与单叶双曲面 (2) 的**渐近锥面**, 如图 9.8 所示.

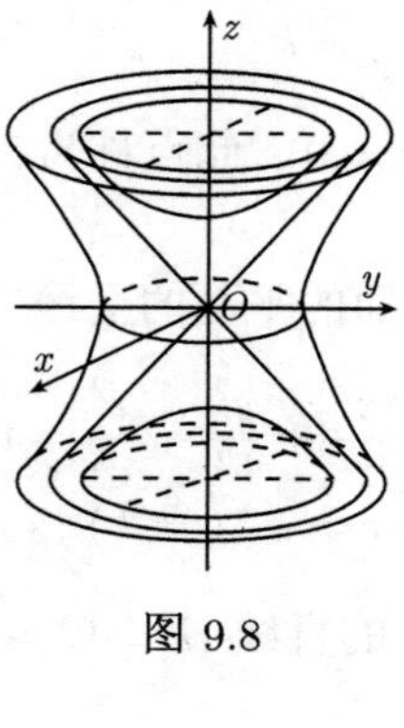

图 9.8

5. 椭圆抛物面

$$S:\ \frac{x^2}{a^2}+\frac{y^2}{b^2}=2z\ (a,\ b>0). \tag{5}$$

Z 轴为对称轴, YOZ 平面、ZOX 平面为对称平面.

由 $-\infty<x,\ y<\infty,\ z\geqslant 0$ 知 S 在 XOY 平面上方, 无界.

S 与平行于 XOY 平面的平面的交线

$$\begin{cases}\dfrac{x^2}{a^2}+\dfrac{y^2}{b^2}=2z,\\ z=k\end{cases}$$

不存在 $(k<0)$, 为原点 O ($k=0$ 称它为 S 的**顶点**), 或为椭圆 $(k>0)$.

S 与平行于 YOZ (ZOX) 平面的平面的交线

$$\begin{cases}\dfrac{x^2}{a^2}+\dfrac{y^2}{b^2}=2z,\\ x=k\ (y=k)\end{cases} \tag{5$'$}$$

为抛物线. 抛物线的开口向上, 顶点为 $\left(k,0,\dfrac{k^2}{2a^2}\right)\left(\left(0,k,\dfrac{k^2}{2b^2}\right)\right)$. 这些顶点的轨迹也是抛物线

$$\begin{cases}\dfrac{x^2}{a^2}+\dfrac{y^2}{b^2}=2z,\\ y=0\ (x=0).\end{cases} \tag{5$''$}$$

于是椭圆抛物面可视为一抛物线 $(5')$ 沿另一抛物线 $(5'')$ 平行运动而成, 如图 9.9 所示.

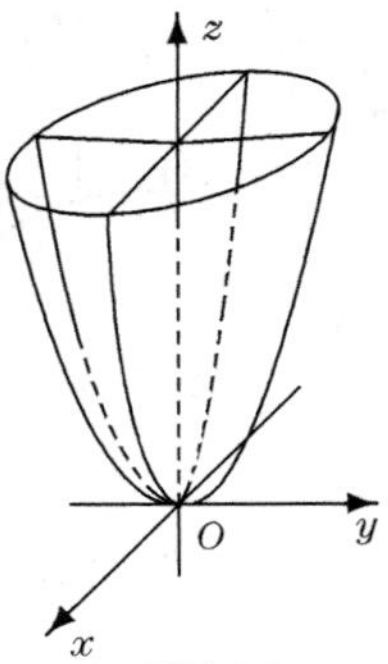

图 9.9

6. 双曲抛物面

$$S:\ \frac{x^2}{a^2}-\frac{y^2}{b^2}=2z\ (a,\ b>0). \tag{6}$$

Z 轴为对称轴, YOZ, ZOX 平面为对称平面.

由 $-\infty < x,\ y,\ z < \infty$ 知 S 无界.

S 与平行于 XOY 平面的平面的交线

$$\begin{cases} \dfrac{x^2}{a^2} - \dfrac{y^2}{b^2} = 2z, \\ z = k \end{cases}$$

为相交于原点 O 的两条直线 $(k = 0)$, 或为双曲线 $(k \neq 0)$.

S 与平行于 YOZ (ZOX) 平面的平面的交线

$$\begin{cases} \dfrac{x^2}{a^2} - \dfrac{y^2}{b^2} = 2z, \\ x = k\ (y = k) \end{cases} \tag{6'}$$

为抛物线. 抛物线的开口向下 (上), 顶点为 $\left(k,\ 0,\ \dfrac{k^2}{2a^2}\right)\left(\left(0, k, \dfrac{-k^2}{2b^2}\right)\right)$. 这些顶点的轨迹是抛物线

$$\begin{cases} x^2 = 2a^2 z \\ y = 0 \end{cases} \quad \left(\begin{cases} y^2 = -2b^2 z \\ x = 0 \end{cases}\right), \tag{6''}$$

其开口向上 (下).

于是双曲抛物面可视为一抛物线 (6′) 沿另一抛物线 (6″) 平行运动而成.

由于双曲抛物面形如马鞍, 故又称**马鞍面**或**鞍面**, 如图 9.10 所示.

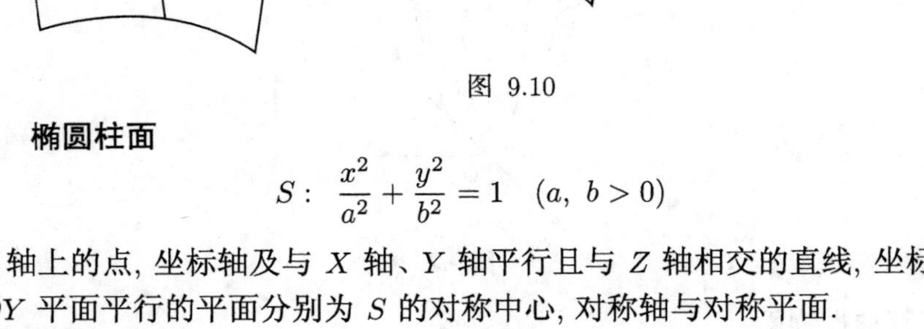

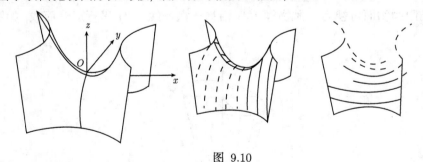

图 9.10

7. 椭圆柱面

$$S:\ \frac{x^2}{a^2} + \frac{y^2}{b^2} = 1 \quad (a,\ b > 0) \tag{7}$$

Z 轴上的点, 坐标轴及与 X 轴、Y 轴平行且与 Z 轴相交的直线, 坐标平面及与 XOY 平面平行的平面分别为 S 的对称中心, 对称轴与对称平面.

S 是无界的, 但

$$-a \leqslant x \leqslant a, \quad -b \leqslant y \leqslant b, \quad -\infty < z < \infty.$$

S 与平行于 XOY 平面的平面的交线

$$\begin{cases} \dfrac{x^2}{a^2}+\dfrac{y^2}{b^2}=1, \\ z=k \end{cases}$$

为椭圆.

S 与平行于 YOZ (ZOX) 平面的平面的交线

$$\begin{cases} \dfrac{x^2}{a^2}+\dfrac{y^2}{b^2}=1, \\ x=k\ (y=k) \end{cases}$$

当 $|k|>a\ (b)$ 时, 不存在; 当 $|k|=a\ (b)$ 时, 为一条直线; 当 $|k|<a\ (b)$ 时, 为两条直线. 这些直线均与 Z 轴平行.

因而椭圆柱面可视为一条平行于轴的直线沿一椭圆运动而成, 如图 9.11 所示.

8. 双曲柱面

$$S:\ \frac{x^2}{a^2}-\frac{y^2}{b^2}=1 \quad (a,\ b>0). \tag{8}$$

Z- 轴上的点, 坐标轴及与 X 轴、Y 轴平行且与 Z 轴相交的直线, 坐标平面及与 XOY 平面平行的平面分别为 S 的对称中心, 对称轴与对称平面.

S 是无界的, 分成两部分. 这是因为

$$|x|\geqslant a, \quad -\infty<y,\ z<\infty.$$

S 与平行于 XOY 平面的平面的交线

$$\begin{cases} \dfrac{x^2}{a^2}-\dfrac{y^2}{b^2}=1, \\ z=k \end{cases}$$

为双曲线.

S 与平行于 YOZ 平面的平面的交线

$$\begin{cases} \dfrac{x^2}{a^2}-\dfrac{y^2}{b^2}=1, \\ x=k \end{cases}$$

当 $|k|<a$ 时, 不存在; 当 $|k|=a$ 为一条直线; 当 $|k|>a$ 时, 为两条直线. 这些直线均与 Z 轴平行.

S 与平行于 ZOX 平面的平面的交线

$$\begin{cases} \dfrac{x^2}{a^2} - \dfrac{y^2}{b^2} = 1, \\ y = k \end{cases}$$

为两条平行于 Z 轴的直线.

因而双曲柱面可视为一条平行于 Z 轴的直线沿一双曲线运动而成. 如图 9.12 所示.

9. 抛物柱面

$$S:\ \ x^2 = 2py. \tag{9}$$

不妨设 $p > 0$. Y 轴及平行 Y 轴且与 Z 轴相交的直线都是 S 的对称轴, YOZ 平面及平行于 XOY 平面的平面都是 S 的对称平面.

S 是无界的, 但在 ZOX 平面的右侧, 这是因为

$$-\infty < x,\ z < \infty, \quad y \geqslant 0.$$

S 与 XOY 平面的平行平面的交线

$$\begin{cases} x^2 = 2py, \\ z = k \end{cases}$$

是抛物线.

S 与平行于 ZOX 平面的平面的交线

$$\begin{cases} x^2 = 2py, \\ y = k \end{cases}$$

不存在 $(k < 0)$; 是一条直线 $(k = 0)$; 是两条平行直线 $(k > 0)$.

S 与平行于 YOZ 平面的平面的交线

$$\begin{cases} x^2 = 2py, \\ x = k \end{cases}$$

为一条直线.

抛物柱面可视为一平行于 Z 轴的直线沿一抛物线运动而成, 如图 9.13 所示.

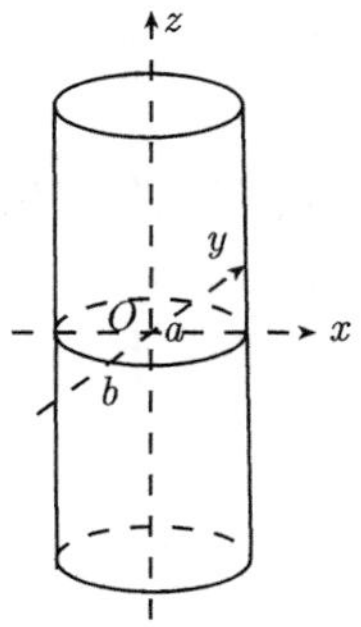

图 9.11

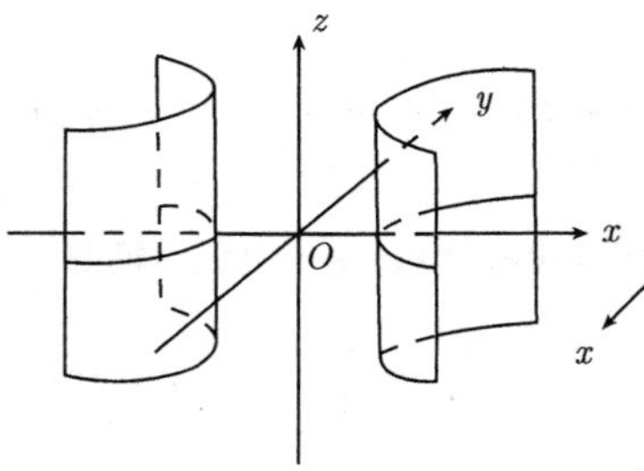

图 9.12

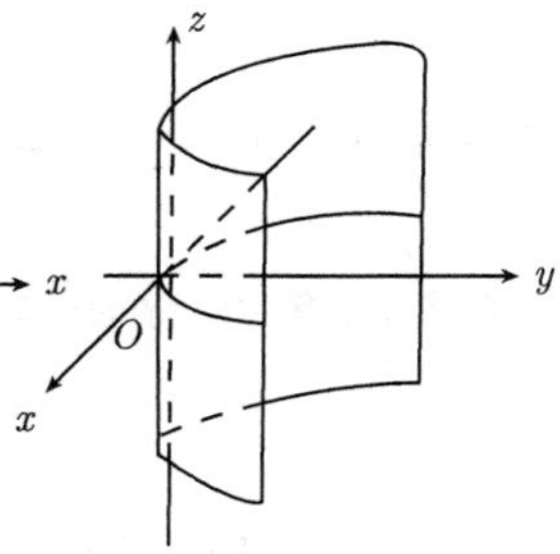

图 9.13

研究曲面时, 常常要研究两个曲面的交线. 当然比较简单的是讨论一个曲面与一个平面的交线. 从上述九种二次曲面的讨论就可以看出平面与曲面交线的重要性. 下面再举一例.

例 9.2 求过椭球面 S

$$\frac{x^2}{a^2}+\frac{y^2}{b^2}+\frac{z^2}{c^2}=1,\ 0<c<a<b$$

的中心并与 S 的交线为圆的平面 (称为 S 的**圆截面**, 此交线称为**截圆**).

解 设圆截面为 π. 于是由 S 的中心 O 也是 π 的对称中心, 知 O 为截圆的对称中心, 即圆心. 故此截圆的方程为

$$\begin{cases}\dfrac{x^2}{a^2}+\dfrac{y^2}{b^2}+\dfrac{z^2}{c^2}=1,\\ x^2+y^2+z^2=r^2,\end{cases}$$

其中 r 为截圆的半径. 于是

$$\left(\frac{1}{a^2}-\frac{1}{r^2}\right)x^2+\left(\frac{1}{b^2}-\frac{1}{r^2}\right)y^2+\left(\frac{1}{c^2}-\frac{1}{r^2}\right)z^2=0.$$

这是以 O 为顶点的二次锥面 S_1, 而且 $\pi\subseteq S_1$. 这样, S_1 应为过 O 点的两个平面. 于是当且仅当 S_1 的方程左边有一项的系数为 0.

若 $r^2=b^2$ 或 c^2, 则 S_1 为直线. $r^2=a^2$ 时, S_1 为一对实平面

$$c\sqrt{b^2-a^2}y\pm b\sqrt{a^2-c^2}z=0.$$

此即过中心的圆截面.

推论 以中心为圆心的截圆的半径为 a, 而且圆截面通过 X 轴.

习　　题

1. 试求平面 $x-2=0$ 与椭球面 $\frac{x^2}{16}+\frac{y^2}{12}+\frac{z^2}{4}=1$ 相交的椭圆的顶点坐标和半轴长.

2. 已知椭球面的轴 (对称轴) 与坐标轴重合, 并且经过椭圆

$$\frac{x^2}{9}+\frac{y^2}{16}=1,\quad z=0$$

和点 $M(1,\ 2,\ \sqrt{23})$. 求其方程.

3. 二椭球面

$$\frac{x^2}{a^2}+\frac{y^2}{b^2}+\frac{z^2}{c^2}=1,\quad \frac{x^2}{b^2}+\frac{y^2}{a^2}+\frac{z^2}{c^2}=1$$

相交成怎样的曲线?

4. 由椭球面 $S:\ \frac{x^2}{a^2}+\frac{y^2}{b^2}+\frac{z^2}{c^2}=1$ 的中心引三条相互垂直的射线, 分别交曲面于 $P_1,\ P_2,\ P_3$. 设 $|\boldsymbol{OP}_i|=r_i,\ i=1,\ 2,\ 3$. 试证

$$\frac{1}{r_1^2}+\frac{1}{r_2^2}+\frac{1}{r_3^2}=\frac{1}{a^2}+\frac{1}{b^2}+\frac{1}{c^2}.$$

5. 证明方程

$$\frac{x^2}{a^2}+\frac{y^2}{b^2}+\frac{z^2}{c^2}-1+\lambda(Ax+By+Cz+D)=0$$

(λ 为参数) 表示经过曲线

$$\begin{cases}\frac{x^2}{a^2}+\frac{y^2}{b^2}+\frac{z^2}{c^2}=1,\\ Ax+By+Cz+D=0\end{cases}$$

的**椭球面族**, 并求此族曲面的中心的轨迹方程.

6. 求共轭双曲面 $\frac{x^2}{a^2}+\frac{y^2}{b^2}-\frac{z^2}{c^2}=\pm1$ 在 YOZ 平面与 ZOX 平面上的交线, 并问这两个交线有什么关系.

9.2　直　纹　面

我们在讨论二次曲面时发现有的曲面是由直线运动而成, 本节将讨论这种曲面.

定义 9.2.1　设 S 为一曲面. 若对 S 上任一点 P, 存在直线 l 使得 $P\in l\subset S$, 则称 S 为**直纹面**. 称 l 为**直母线**, 简称**母线**.

下面讨论一些常见的直纹面.

1. 柱面

定义 9.2.2 设 Γ 是一条空间曲线, l 是一条固定的直线. 和 Γ 相交而且与 l 平行的直线的集合所构成的曲面称为**柱面**, 称 Γ 为柱面的**准线**, 柱面上与 l 平行的直线称为**母线**, 如图 9.14 所示.

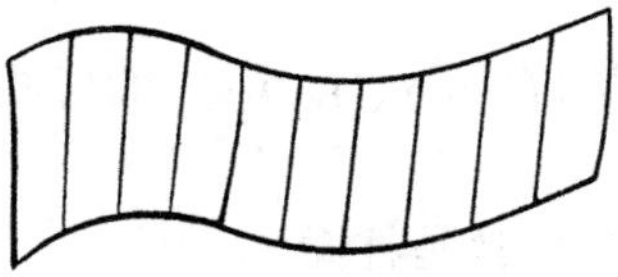

图 9.14

当然, S 也可视为 l 沿 Γ 平行运动而成.

定理 9.2.1 若柱面 S 的母线平行于 Z 轴, 又 S 与 XOY 平面的交线为

$$\Gamma:\ \begin{cases} f(x,\ y)=0, \\ z=0, \end{cases} \tag{1}$$

则 S 的方程为

$$f(x,\ y)=0. \tag{2}$$

证 因为 S 的母线与 Z 轴平行, 于是一定与 XOY 平面相交. 故 Γ 为 S 的准线.

设 $P_0(x_0,\ y_0,\ z_0)\in S$, 于是过 P_0 平行于 Z 轴的直线 $l_0\subset S$. l_0 的方程为

$$\begin{cases} x=x_0, \\ y=y_0. \end{cases}$$

l_0 与 XOY 平面的交点为 $P_0'(x_0,\ y_0,\ 0)$. 故

$$f(x_0,\ y_0)=0.$$

因而, $P_0(x_0,\ y_0,\ z_0)$ 满足 (2) 式.

反之, 以 S 表示 (2) 式所代表的曲面. 若 $P_0(x_0,\ y_0,\ z_0)$ 满足 (2) 式, 故 $f(x_0,\ y_0)=0$, 于是 $\forall z$, $P_0'(x_0,\ y_0,\ z)$ 也满足 (2) 式. 设过 $P_0(x_0,\ y_0,\ z_0)$ 平行于 Z 轴的直线为 l_0, 则 $l_0=\{P_0'(x_0,\ y_0,\ z)|\forall z\}$, 因而 $P_0\in l_0$, $l_0\subset S$. 因而 S 为柱面, 且 $\Gamma=\{(x,\ y,\ 0)\,|\,f(x,\ y)=0\}$ 为 S 的准线, 母线平行于 Z 轴.

由上述讨论知柱面 S 的方程为 (2) 式.

定理 9.2.2 设柱面 S 的准线 Γ 的参数的方程为

$$\begin{cases} x=f(t), \\ y=g(t), \qquad a\leqslant t\leqslant b, \\ z=h(t), \end{cases} \tag{3}$$

母线的方向为 $(k,\ l,\ m)$, 则柱面 S 的方程为

$$\begin{cases} x = f(t) + ks, \\ y = g(t) + ls, \\ z = h(t) + ms, \end{cases} \quad \begin{aligned} a \leqslant t \leqslant b, \\ -\infty < s < +\infty. \end{aligned} \tag{4}$$

证　这是因为过准线 Γ 上点 $(f(t),\ g(t),\ h(t))$ 的母线恰为方程 (4). 于是 t 变动时, 就得到 S 的方程为方程 (4).

椭圆柱面, 双曲柱面与抛物柱面都是柱面.

例 9.3　圆柱面

$$S:\ \ x^2 + y^2 = r^2$$

的准线可取成一个圆

$$\begin{cases} x^2 + y^2 = r^2, \\ z = 0. \end{cases}$$

r 也称为圆柱面 S 的**半径**. S 的母线平行于 Z 轴, 与 Γ 所在平面垂直.

2. 锥面

定义 9.2.3　Γ 为平面 π 上一条曲线, V 是 π 外一点. 当 P 沿着 Γ 运动时, 直线 $VP = l$ 的轨迹称为以 V 为**顶点**, Γ 为**底线**, l 为**母线**的**锥面**, 如图 9.15 所示.

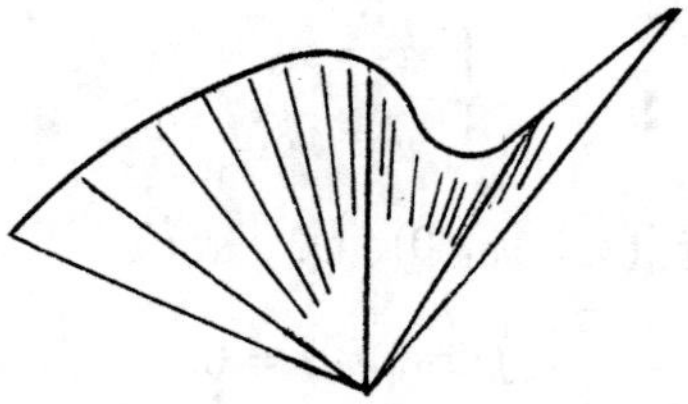

图 9.15

例 9.4　二次锥面

$$S:\ \ \frac{x^2}{a^2} + \frac{y^2}{b^2} - \frac{z^2}{c^2} = 0$$

是锥面.

事实上, 原点 O 在 S 上. 取平面曲线 Γ:

$$\begin{cases} \dfrac{x^2}{a^2} + \dfrac{y^2}{b^2} = 1, \\ z = c\ \ (c \neq 0) \end{cases}$$

是 S 与平面 $z = c$ 的交线, 即 $\Gamma \subset S$. 设 $P(x_0,\ y_0,\ c) \in \Gamma$, 则直线 $l = OP$ 的方程

为

$$\begin{cases} x = x_0 t, \\ y = y_0 t, \\ z = ct. \end{cases}$$

显然, $l \subset S$. 故 S 为锥面.

定理 9.2.3 S 为锥面, 则在适当坐标系下, S 的方程 (除去顶点) 为

$$f\left(\frac{kx}{z},\ \frac{ky}{z}\right) = 0. \tag{5}$$

证 以 S 的顶点为坐标原点, 以底线 Γ 所在平面 π 的垂线为 Z 轴. 于是 Γ 的方程为

$$\begin{cases} f(x,\ y) = 0, \\ z = k\ (k \neq 0). \end{cases}$$

设 $P(x,\ y,\ z)$ 为锥面顶点外的任一点, 直线 OP 与 Γ 的交点为 $M(x_0,\ y_0,\ k)$, 于是 $OM = tOP$. 因而

$$x_0 = \frac{kx}{z}, \quad y_0 = \frac{ky}{z}.$$

故 $P(x,\ y,\ z)$ 满足 (5) 式.

反之, 若 $P_1(x_1,\ y_1,\ z_1)$ 满足 (5) 式, 于是 $z_1 \neq 0$. 因而过 OP_1 的直线 l 的方程为

$$\begin{cases} x = x_1 t, \\ y = y_1 t, \\ z = z_1 t. \end{cases}$$

令 $t = \dfrac{k}{z_1}$, 即 $z = k$. 于是 $x = \dfrac{kx_1}{z_1}$, $y = \dfrac{ky_1}{z_1}$. 由 $f\left(\dfrac{kx_1}{z_1}, \dfrac{ky_1}{z_1}\right) = 0$ 知 $f(x,\ y) = 0$, $z = k$. 即 $M\left(\dfrac{kx_1}{z_1}, \dfrac{ky_1}{z_1}, k\right) \in \Gamma$, 故 P_1 在 S 上.

故 (5) 式为 S (除顶点) 的方程.

锥面方程还可以用更一般的形式来表示. 设 V 为锥面 S 的顶点, Γ 是 S 上的曲线 (不要求是平面曲线). 如果 V 与 Γ 上的点连接的直线的全体构成锥面 S, 则称 Γ 为 S 的**准线**. 自然, 锥面的底线是准线.

若锥面 S 的顶点为 $V(x_0,\ y_0,\ z_0)$, 准线为

$$\Gamma: \begin{cases} F_1(x,\ y,\ z) = 0, \\ F_2(x,\ y,\ z) = 0. \end{cases}$$

此时 S 的方程有两种表示法.

1) 设 $P_1(x_1,\ y_1,\ z_1) \in \Gamma$, 则母线 VP_1 的方程为

$$\frac{x-x_0}{x_1-x_0}=\frac{y-y_0}{y_1-y_0}=\frac{z-z_0}{z_1-z_0}.$$

将此式与

$$\begin{cases} F_1(x_1,\ y_1,\ z_1)=0, \\ F_2(x_1,\ y_1,\ z_1)=0 \end{cases}$$

联立, 消去 $x_1,\ y_1,\ z_1$ 后所得三元方程

$$F(x,\ y,\ z)=0$$

即为所求锥面 S 的方程.

2) 上述母线 VP_1 的方程可写作

$$\begin{cases} x_1=x_0+(x-x_0)t, \\ y_1=y_0+(y-y_0)t, \\ z_1=z_0+(z-z_0)t. \end{cases}$$

于是

$$\begin{cases} F_1(x_0+(x-x_0)t,\ y_0+(y-y_0)t,\ z_0+(z-z_0)t)=0, \\ F_2(x_0+(x-x_0)t,\ y_0+(y-y_0)t,\ z_0+(z-z_0)t)=0. \end{cases}$$

从这两个等式消去 t 所得三元方程即为锥面 S 的方程.

若锥面 S 的顶点为 $V(x_0,\ y_0,\ z_0)$, S 的准线 Γ 的参数方程为

$$\Gamma:\ \begin{cases} x=f(t), \\ y=g(t), \\ z=h(t), \end{cases} \qquad a \leqslant t \leqslant b,$$

则锥面 S 的参数方程为

$$\begin{cases} x=x_0+(f(t)-x_0)s, \\ y=y_0+(g(t)-y_0)s, \\ z=z_0+(h(t)-z_0)s, \end{cases} \qquad \begin{array}{c} a \leqslant t \leqslant b, \\ -\infty < s < \infty. \end{array}$$

3. 单叶双曲面

定理 9.2.4　单叶双曲面

$$S:\ \frac{x^2}{a^2}+\frac{y^2}{b^2}-\frac{z^2}{c^2}=1 \tag{6}$$

是直纹面, 且通过每点均有两条直母线.

证 由 (6) 式, 可得

$$\left(\frac{x}{a}+\frac{z}{c}\right)\left(\frac{x}{a}-\frac{z}{c}\right)=\left(1+\frac{y}{b}\right)\left(1-\frac{y}{b}\right). \tag{6'}$$

因而我们有

$$\frac{\frac{x}{a}+\frac{z}{c}}{1+\frac{y}{b}}=\frac{1-\frac{y}{b}}{\frac{x}{a}-\frac{z}{c}} \tag{7}$$

及

$$\frac{\frac{x}{a}+\frac{z}{c}}{1-\frac{y}{b}}=\frac{1+\frac{y}{b}}{\frac{x}{a}-\frac{z}{c}}. \tag{7'}$$

(7) 式可以改写为下述形式:

$$\left\{\begin{array}{l}\frac{x}{a}+\frac{z}{c}=t\left(1+\frac{y}{b}\right),\\ 1-\frac{y}{b}=t\left(\frac{x}{a}-\frac{z}{c}\right).\end{array}\right. \tag{7''}$$

对一个确定的数 t, (7′) 式表示一条直线, 此直线在 S 上. 又由 (6′) 式知, 直线

$$\left\{\begin{array}{l}\frac{x}{a}-\frac{z}{c}=0,\\ 1+\frac{y}{b}=0,\end{array}\right. \tag{8}$$

也在曲面 S 上.

令 $t=\dfrac{\lambda}{\mu}$ (λ, μ 不全为零, 称为齐次参数), (7′) 式与 (7″) 式可写成

$$\left\{\begin{array}{l}\mu\left(\frac{x}{a}+\frac{z}{c}\right)=\lambda\left(1+\frac{y}{b}\right),\\ \mu\left(1-\frac{y}{b}\right)=\lambda\left(\frac{x}{a}-\frac{z}{c}\right).\end{array}\right. \tag{9}$$

若 $\mu\neq 0$, (9) 式即为 (7′) 式; $\mu=0$, (9) 式即为 (7″) 式. 对确定的一对 λ, μ, (9) 式是一直线, 此直线在 S 上. 反之, S 上任一点必落在这些直线上. 故 (9) 式决定了一族直母线.

设 $P_0(x_0,\ y_0,\ z_0)\in S$, 代入 (9) 式得

$$\left\{\begin{array}{l}\mu\left(\frac{x_0}{a}+\frac{z_0}{c}\right)=\lambda\left(1+\frac{y_0}{b}\right),\\ \mu\left(1-\frac{y_0}{b}\right)=\lambda\left(\frac{x_0}{a}-\frac{z_0}{c}\right).\end{array}\right.$$

在上述两个等式的四个括号中至少有一个不为零, 故可求出唯一的比值 $\lambda:\mu$. 因而过 P_0 的 (9) 式中的直线是唯一的直母线.

类似地, 由 (8) 式可确定一族直母线, 过每点都有此族中的唯一的直母线.

因而过 S 上每点有两条直母线, 如图 9.16(a)、(b) 所示.

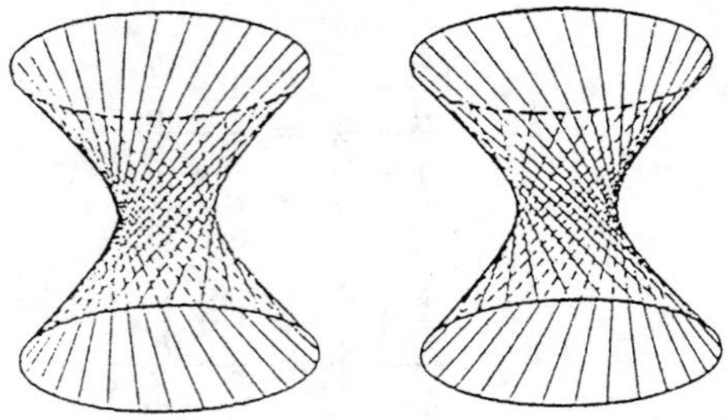

(a)　　　　(b)

图 9.16

4. 双曲抛物面

定理 9.2.5 双曲抛物面

$$S:\ \frac{x^2}{a^2}-\frac{y^2}{b^2}=2z \tag{10}$$

是直纹面, 而且通过每点均有两条直母线.

证 可将 (10) 式改写成

$$\begin{cases}\mu\left(\dfrac{x}{a}+\dfrac{y}{b}\right)=2\lambda,\\ \mu z=\lambda\left(\dfrac{x}{a}-\dfrac{y}{b}\right).\end{cases} \tag{11}$$

或

$$\begin{cases}\mu\left(\dfrac{x}{a}-\dfrac{y}{b}\right)=2\lambda,\\ \mu z=\lambda\left(\dfrac{x}{a}+\dfrac{y}{b}\right).\end{cases} \tag{12}$$

由 (11) 式可得 S 的一族直母线; 由 (12) 式得 S 的另一族直母线. 过一点, 每族有且仅有一条直母线通过该点. 于是过一点有两条直母线, 如图 9.17(a)、(b) 所示.

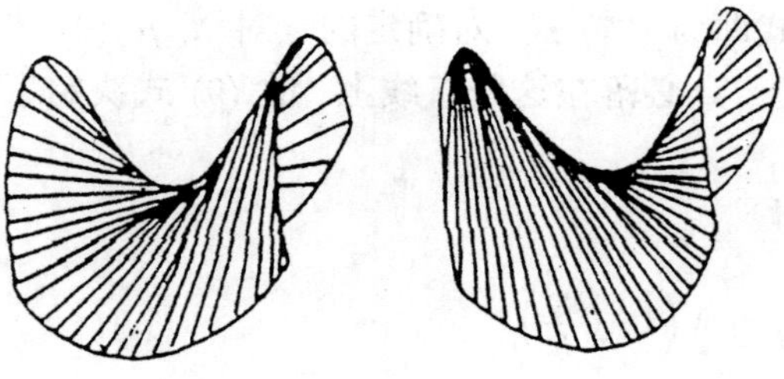

(a)　　　　(b)

图 9.17

习 题

1. 已知柱面的准线方程为 $\begin{cases} \dfrac{x^2}{4}+\dfrac{y^2}{9}-z^2=1, \\ y=3; \end{cases}$ 母线平行于 Y 轴. 试求此柱面的方程.

2. 已知柱面的准线方程为 $\begin{cases} x^2+y^2=25, \\ z=0; \end{cases}$ 母线方向数是 5, 3, 2. 试求此柱面的方程.

3. 已知锥面的顶点 V 及准线 Γ, 求锥面的方程.

   1) $V=0,\quad \begin{cases} \dfrac{x^2}{a^2}+\dfrac{y^2}{b^2}=1, \\ z=k. \end{cases}$

   2) $V=0,\quad \begin{cases} \dfrac{x^2}{a^2}-\dfrac{y^2}{b^2}=1, \\ z=k. \end{cases}$

   3) $V=0,\quad \begin{cases} \dfrac{x^2}{a^2}=2py, \\ z=k. \end{cases}$

   4) $V=0,\quad \begin{cases} x^2-2y^2-6z=0, \\ x+y+z=1. \end{cases}$

4. 求过 $M(2,\ 1,\ 3)$ 的单叶双曲面 $\dfrac{x^2}{4}+y^2-\dfrac{z^2}{9}=1$ 的两条直母线.

5. 求双曲抛物面 $\dfrac{x^2}{a^2}-\dfrac{y^2}{b^2}=2z$ 上互相垂直的直母线的交点的轨迹.

6. 试证单叶双曲面, 双曲抛物面的母线有下列性质:

   1) 同族的两条母线不共面;

   2) 异族的两条母线共面;

   3) 经过单叶双曲面的一条母线的平面也经过另一族的一条母线;

   4) 经过双曲抛物面的不平行对称轴的一条母线的平面也经过另一族的一条母线.

7. 列举不是直纹面的二次曲面.

9.3 旋 转 面

我们知道圆柱, 圆锥及球面都是由一条曲线绕一条直线旋转而成. 本节将讨论这类曲面的性质.

定义 9.3.1 一条曲线 Γ 绕一条固定直线 l 旋转产生的曲面称为**旋转面** (**回转面**). Γ 称为此旋转面的**母线**, l 称为旋转面的**轴**.

旋转面的轴自然是旋转面的对称轴.

过旋转面的轴 l 的半平面与旋转面的交线称为旋转面的一条**经线**.

经线自然可以作为旋转面的母线.

母线 $\varGamma$ 上任一点 P, 在旋转时产生一个圆, 称为旋转面的**纬圆**, 如图 9.18 所示.

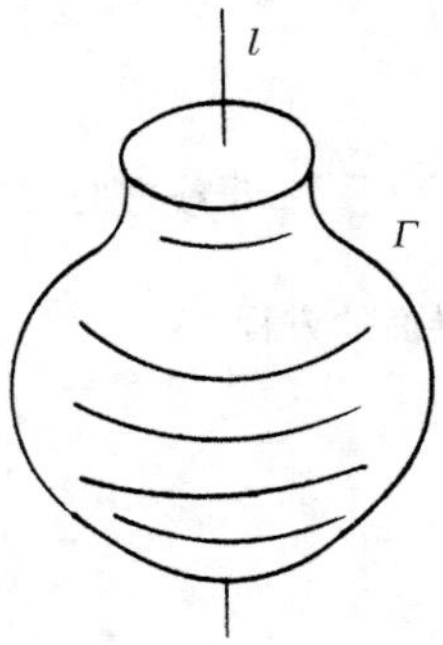

图 9.18

旋转面的方程可以用两种方式来建立.

1. 取旋转面 S 的轴为 Z 轴, 取母线 $\varGamma$ 为在 ZOX 平面上的经线

$$\begin{cases} f(x,\ z)=0, \qquad x\geqslant 0, \\ y=0. \end{cases} \tag{1}$$

则旋转面的方程为

$$f(\sqrt{x^2+y^2},\ z)=0. \tag{2}$$

事实上, 若 $P(x,\ y,\ z)$ 为旋转面上的点, 则 P 所在纬圆上有 $P_0(x_0,\ y_0,\ z_0)\in \varGamma,\ x_0>0$. 于是 $z=z_0,\ y_0=0$, 且

$$f(x_0,\ z_0)=0.$$

又由

$$|(0,\ 0,\ z_0)-(x_0,\ 0,\ z_0)|=|(x,\ y,\ z)-(0,\ 0,\ z_0)|$$

知 $x_0=\sqrt{x^2+y^2}$. 于是 P 满足 (2) 式.

反之, 若 $P(x,\ y,\ z)$ 满足 (2) 式, 则 $P_0(\sqrt{x^2+y^2},\ 0,\ z)\in\varGamma$. P 在 P_0 所在的纬圆上, 故 P 在旋转面上.

因而 (2) 式为旋转面的方程.

2. 取旋转面 S 的轴为 Z 轴. 母线 $\varGamma$ 的方程为

$$\begin{cases} x=f(t), \\ y=g(t), \qquad a\leqslant t\leqslant b, \\ z=h(t), \end{cases} \tag{3}$$

则旋转面 S 的方程为

$$\begin{cases} x = \sqrt{f^2(t)+g^2(t)}\cos\theta, \\ y = \sqrt{f^2(t)+g^2(t)}\sin\theta, \\ z = h(t), \end{cases} \quad \begin{matrix} a \leqslant t \leqslant b, \\ 0 \leqslant \theta \leqslant 2\pi. \end{matrix} \tag{4}$$

此时只要注意 $P_0(f(t),\ g(t),\ h(t))$ 所在纬圆的圆心为 $(0,\ 0,\ h(t))$, 半径为 $\sqrt{f^2(t)+g^2(t)}$, 即可得到 (4) 式.

例 9.5 取旋转面 S 的轴为 Z 轴. 母线 Γ 的方程为

$$\begin{cases} \dfrac{x^2}{a^2}+\dfrac{z^2}{b^2}=1, \\ y=0. \end{cases}$$

则旋转面 S 的方程为

$$\frac{x^2+y^2}{a^2}+\frac{z^2}{b^2}=1.$$

当 $a=b$ 时, 旋转面 S 是**球面**.

当 $a>b$ 时, 旋转面 S 称为**扁旋转椭球面**.

当 $a<b$ 时, 旋转面 S 称为**长旋转椭球面**.

长、扁旋转椭球面统称**旋转椭球面**.

例 9.6 取旋转面 S 的轴为 X 轴. 母线 Γ 的方程为

$$\begin{cases} \dfrac{x^2}{a^2}-\dfrac{y^2}{b^2}=1, \\ z=0. \end{cases}$$

则旋转面 S 的方程为

$$\frac{x^2}{a^2}-\frac{y^2+z^2}{b^2}=1.$$

称旋转面 S 为**旋转双叶双曲面**.

例 9.7 取旋转面 S 的轴为 Z 轴. 母线 Γ 的方程为

$$\begin{cases} \dfrac{y^2}{b^2}-\dfrac{z^2}{c^2}=1, \\ x=0. \end{cases}$$

则旋转面 S 的方程为

$$\frac{x^2+y^2}{b^2}-\frac{z^2}{c^2}=1.$$

称旋转面 S 为**旋转单叶双曲面**.

例 9.8　取旋转面 S 的轴为 Z 轴. 母线 Γ 的方程为

$$\begin{cases} y^2 = 2pz, \\ x = 0. \end{cases}$$

则旋转面 S 的方程为

$$x^2 + y^2 = 2pz.$$

称旋转面 S 为**旋转抛物面**.

例 9.9　取旋转面 S 的轴为 Z 轴. 母线 Γ 的方程为

$$\begin{cases} y = az + b, \\ x = 0, \end{cases}$$

则旋转面 S 的方程为

$$x^2 + y^2 = (az + b)^2.$$

$a \neq 0$, 是以 $\left(0,\ 0,\ -\dfrac{b}{a}\right)$ 为顶点的**圆锥面**.

$a = 0$, 是以 $|b|$ 为半径的**圆柱面**.

例 9.10　取旋转面 S 的轴为 Z- 轴. 母线 Γ 的方程为

$$\begin{cases} (y-b)^2 + z^2 = a^2, \\ x = 0, \end{cases} \qquad b > a > 0,$$

则旋转面 S 的方程为

$$(\sqrt{x^2+y^2} - b)^2 + z^2 = a^2.$$

此曲面称为**圆环面**, 或**环面**. 其形状犹如车胎, 如图 9.19(a)、(b) 所示.

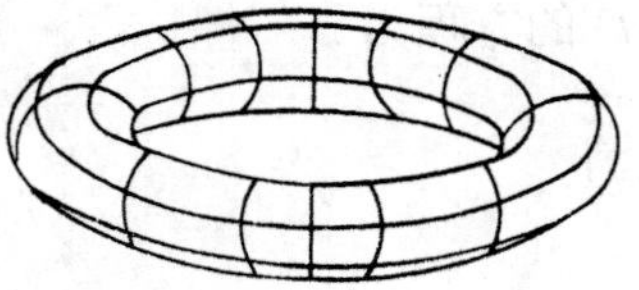

(a)

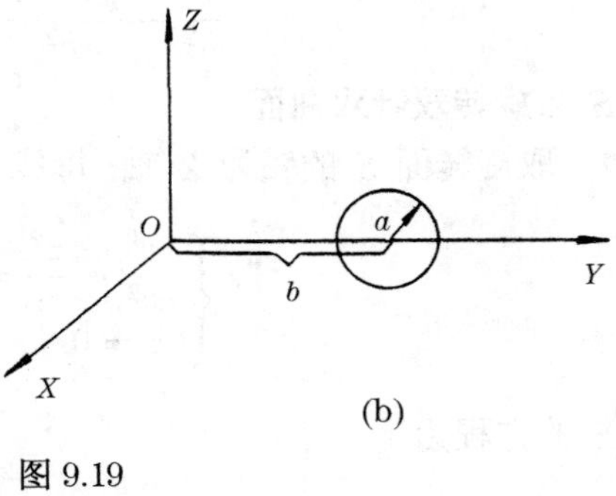

(b)

图 9.19

环面的参数方程可如下给出. 首先给出圆的参数方程

$$\begin{cases} x = 0, \\ y = b + a\cos t, \\ z = a\sin t, \end{cases} \quad \begin{matrix} 0 \leqslant t \leqslant 2\pi, \\ b > a > 0. \end{matrix}$$

于是环面的参数方程为

$$\begin{cases} x = (b + a\cos t)\cos\theta, & 0 \leqslant t \leqslant 2\pi, \\ y = (b + a\cos t)\sin\theta, & 0 \leqslant \theta \leqslant 2\pi, \\ z = a\sin t, & b > a > 0. \end{cases}$$

例 9.11 设 l_1, l_2 为两条异面直线, l_2 绕 l_1 旋转而成的曲面为 S. 试求 S 的方程.

解 取 l_1 为 Z 轴, l_1, l_2 的公垂线为 X 轴. l_1 上垂足为 (0, 0, 0), l_2 上垂足为 $(a,\ 0,\ 0)$, 于是 l_2 的方向数为 0, 1, b. 因而 l_2 的方程为

$$\begin{cases} x = a, \\ y = t, \\ z = bt, \end{cases} \quad -\infty < t < \infty.$$

由此知旋转面 S 的方程为

$$\begin{cases} x = \sqrt{a^2 + t^2}\cos\theta, \\ y = \sqrt{a^2 + t^2}\sin\theta, \\ z = bt, \end{cases} \quad \begin{matrix} -\infty < t < \infty, \\ 0 \leqslant \theta \leqslant 2\pi. \end{matrix}$$

$b \neq 0$ 时, 可消去 t 与 θ, 得

$$\frac{x^2 + y^2}{a^2} - \frac{z^2}{a^2 b^2} = 1.$$

这是旋转单叶双曲面.

$b = 0$, 消去 θ, 得

$$\begin{cases} x^2 + y^2 = a^2 + t^2, \\ z = 0, \end{cases} \quad -\infty < t < \infty.$$

这时, 有 $x^2 + y^2 \geqslant a^2$, 因而这是 XOY 平面上的圆

$$\begin{cases} x^2 + y^2 = a^2, \\ z = 0 \end{cases}$$

及其外面部分, 如图 9.20 所示.

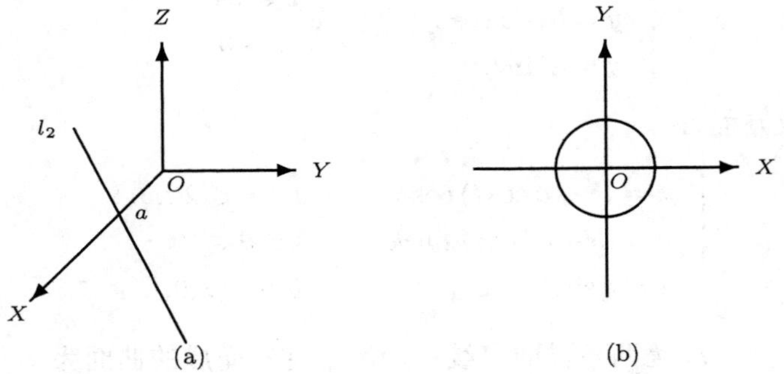

图 9.20

习　题

1. 设 $\triangle ABC$ 为直角三角形, $\angle A = 60^\circ$. 求 AB 绕 AC 旋转所成曲面的方程.

2. 求直线 $l:\begin{cases}x = 1+2t,\\ y=-3+3t,\\ z=t\end{cases}$ 绕 Z 轴旋转所成曲面的方程.

3. 求直线 $l_1:\begin{cases}x = 1+t,\\ y=2t,\\ z=2t\end{cases}$ 绕直线 l_2： $x=y=z$ 旋转所成曲面的方程.

4. 试求直线 $\dfrac{x}{a}=\dfrac{y-b}{0}=\dfrac{z}{1}$ 绕 Z 轴所成曲面的方程. 并按 a, b 取值情况讨论它是什么样的曲面.

9.4　二次曲面的仿射性质

这节我们将讨论二次曲面的仿射性质, 即与度量 (长度, 角度) 无关的性质. 下节再讨论与度量有关的一些性质. 我们的讨论将用代数方法来讨论, 这里讨论的许多性质也可以用分析的办法来处理, 将分析处理的方法推广到一般的曲线和曲面就形成了微分几何.

为了讨论方便先将一般二次曲面 Σ 的方程

$$\begin{aligned}F(x,\ y,\ z) =&a_{11}x^2+2a_{12}xy+2a_{13}xz+a_{22}y^2+2a_{23}yz+a_{33}z^2\\&+2a_{14}x+2a_{24}y+2a_{34}z+a_{44}\\=&0.\end{aligned}$$

写成矩阵形式

$$(x,\ y,\ z,\ 1)\boldsymbol{A}\begin{pmatrix} x \\ y \\ z \\ 1 \end{pmatrix} = 0,$$

其中

$$\boldsymbol{A} = \begin{pmatrix} a_{11} & a_{12} & a_{13} & a_{14} \\ a_{12} & a_{22} & a_{23} & a_{24} \\ a_{13} & a_{23} & a_{33} & a_{34} \\ a_{14} & a_{24} & a_{34} & a_{44} \end{pmatrix}.$$

再令

$$\boldsymbol{A}_{44} = \begin{pmatrix} a_{11} & a_{12} & a_{13} \\ a_{12} & a_{22} & a_{23} \\ a_{13} & a_{23} & a_{33} \end{pmatrix},\ \ \boldsymbol{b} = \begin{pmatrix} a_{14} \\ a_{24} \\ a_{34} \end{pmatrix}.$$

记 $\boldsymbol{r} = (x,\ y,\ z)'$. 令

$$F_i(\boldsymbol{r}) = (\mathrm{row}_i\boldsymbol{A})\begin{pmatrix} x \\ y \\ z \\ 1 \end{pmatrix} = (x,\ y,\ z,\ 1)\mathrm{col}_i\boldsymbol{A},\ \ 1 \leqslant i \leqslant 4.$$

于是

$$F(\boldsymbol{r}) = F(x,\ y,\ z) = (F_1(\boldsymbol{r}),\ F_2(\boldsymbol{r}),\ F_3(\boldsymbol{r}),\ F_4(\boldsymbol{r}))\begin{pmatrix} x \\ y \\ z \\ 1 \end{pmatrix}.$$

记

$$\varPhi(\boldsymbol{r}) = (x,\ y,\ z)\boldsymbol{A}_{44}\begin{pmatrix} x \\ y \\ z \end{pmatrix},$$

$$\varPhi_i(\boldsymbol{r}) = (\mathrm{row}_i\boldsymbol{A}_{44})\begin{pmatrix} x \\ y \\ z \end{pmatrix} = (x,\ y,\ z)\mathrm{col}_i\boldsymbol{A}_{44},\ \ 1 \leqslant i \leqslant 3.$$

于是

$$\Phi(\boldsymbol{r}) = (\Phi_1(\boldsymbol{r}),\ \Phi_2(\boldsymbol{r}),\ \Phi_3(\boldsymbol{r}))\begin{pmatrix} x \\ y \\ z \end{pmatrix}.$$

再令

$$\boldsymbol{\Phi}(\boldsymbol{r}) = (\Phi_1(\boldsymbol{r}),\ \Phi_2(\boldsymbol{r}),\ \Phi_3(\boldsymbol{r}))' = \boldsymbol{A}_{44}\boldsymbol{r},$$
$$\boldsymbol{F}(\boldsymbol{r}) = (F_1(\boldsymbol{r}),\ F_2(\boldsymbol{r}),\ F_3(\boldsymbol{r}))' = (\boldsymbol{A}_{44}\ \boldsymbol{b})\begin{pmatrix} \boldsymbol{r} \\ 1 \end{pmatrix}.$$

于是

$$\Phi(\boldsymbol{r}) = (\boldsymbol{\Phi}(\boldsymbol{r}),\ \boldsymbol{r}).$$

又若 $\boldsymbol{\alpha} = (X,\ Y,\ Z)'$, 记

$$[\boldsymbol{F}(\boldsymbol{r}),\ \boldsymbol{\alpha}] = XF_1(\boldsymbol{r}) + YF_2(\boldsymbol{r}) + ZF_3(\boldsymbol{r}).$$

在三维复空间 $\mathbf{C}^3 = \{(x,\ y,\ z)|x,\ y,\ z \in \mathbf{C}\}$ 中, 若 $x,\ y,\ z \in \mathbf{R}$, 称 $(x,\ y,\ z)$ 为**实点**; 否则称为**虚点**. 称 $(x,\ y,\ z)$ 与 $(\bar{x},\ \bar{y},\ \bar{z})$ 为**共轭点**. 设 $P_1,\ P_2 \in \mathbf{C}^3$, 称 $\overrightarrow{P_1P_2}$ 与 $\overrightarrow{\overline{P}_1\overline{P}_2}$ 为**共轭向量**. 如果 $\overrightarrow{P_1P_2} = \overrightarrow{\overline{P}_1\overline{P}_2}$, 则称它们为**实向量**. 显然, 一向量为实向量的充要条件是其分量都是实数.

1. 直线与二次曲面的关系　切线

定理 9.4.1　设 Σ 为二次曲面 $F(\boldsymbol{r}) = 0$, g 为直线 $\boldsymbol{r} = \boldsymbol{r}_0 + t\boldsymbol{\alpha}$, 其中 $\boldsymbol{r} = \begin{pmatrix} x \\ y \\ z \end{pmatrix}$ 为空间动点, $\boldsymbol{r}_0 = \begin{pmatrix} x_0 \\ y_0 \\ z_0 \end{pmatrix}$ 为空间固定点, $\boldsymbol{\alpha} = \begin{pmatrix} X \\ Y \\ Z \end{pmatrix}$ 为空间一非零向量. 又设

$$\Delta = [\boldsymbol{F}(\boldsymbol{r}_0), \boldsymbol{\alpha}]^2 - \Phi(\boldsymbol{\alpha})F(\boldsymbol{r}_0).$$

则有以下结果.

1) $\Phi(\boldsymbol{\alpha}) \neq 0,\ \Delta > 0,\ g \cap \Sigma = \{P_1,\ P_2\},\ P_1 \neq P_2$. 这时称 g 为 Σ 的一条**割线**.

2) $\Phi(\boldsymbol{\alpha}) \neq 0,\ \Delta < 0,\ g \cap \Sigma = \varnothing$. 此时, 若在复三维空间考虑, 则 $g \cap \Sigma$ 为一对共轭虚点.

3) $\Phi(\boldsymbol{\alpha}) \neq 0,\ \Delta = 0, g \cap \Sigma = \{P_1,\ P_2\}$ 为两个重合的实点. 此时, 称 g 为 Σ 的**切线**, P_1 为**切点**.

4) $\Phi(\boldsymbol{\alpha}) = 0,\ [\boldsymbol{F}(\boldsymbol{r}_0), \boldsymbol{\alpha}] \neq 0,\ g \cap \Sigma = \{P_1\}$.

5) $\Phi(\boldsymbol{\alpha})=0,\ [\boldsymbol{F}(\boldsymbol{r}_0),\boldsymbol{\alpha}]=0,\ F(\boldsymbol{r}_0)\neq 0,\ g\cap\Sigma=\varnothing.$

6) $\Phi(\boldsymbol{\alpha})=0,\ [\boldsymbol{F}(\boldsymbol{r}_0),\boldsymbol{\alpha}]=F(\boldsymbol{r}_0)=0,\ g\subset\Sigma$. 此时, 也称 g 为 Σ 的**切线**.

证 $g\cap\Sigma$ 的方程为

$$\begin{cases} F(\boldsymbol{r})=0, \\ \boldsymbol{r}=\boldsymbol{r}_0+t\boldsymbol{\alpha}. \end{cases}$$

将第二式代入第一式中, 有

$$\begin{aligned} F(\boldsymbol{r}) &= ((\boldsymbol{r}_0'\ 1)+t(\boldsymbol{\alpha}'\ 0))\boldsymbol{A}\left(\begin{pmatrix}\boldsymbol{r}_0\\1\end{pmatrix}+t\begin{pmatrix}\boldsymbol{\alpha}\\0\end{pmatrix}\right) \\ &= F(\boldsymbol{r}_0)+2(\boldsymbol{\alpha}'\ 0)\boldsymbol{A}\begin{pmatrix}\boldsymbol{r}_0\\1\end{pmatrix}t+\Phi(\boldsymbol{\alpha})t^2 \\ &= \Phi(\boldsymbol{\alpha})t^2+2[\boldsymbol{F}(\boldsymbol{r}_0),\ \boldsymbol{\alpha}]t+F(\boldsymbol{r}_0) \\ &= 0. \end{aligned}$$

若 $\Phi(\boldsymbol{\alpha})\neq 0$, 则上面为 t 的二次方程. 判别式为

$$4\Delta=4([\boldsymbol{F}(\boldsymbol{r}_0),\ \boldsymbol{\alpha}]^2-\Phi(\boldsymbol{\alpha})F(\boldsymbol{r}_0)).$$

于是由一元二次方程理论知结论 1)~3) 成立.

若 $\Phi(\boldsymbol{\alpha})=0$, 上述方程为 t 的一次方程, 因而结论 4)~6) 成立.

推论 若 $P_0(\boldsymbol{r}_0)\in\Sigma$, 则 $g:\ \boldsymbol{r}=\boldsymbol{r}_0+t\boldsymbol{\alpha}$ 为 Σ 的切线当且仅当 $[\boldsymbol{F}(\boldsymbol{r}_0),\ \boldsymbol{\alpha}]=0$.

注意 $F(\boldsymbol{r}_0)=0$, 这个推论是显然的.

2. 极面与切面

定义 9.4.1 设 Σ 为二次曲面,$P_0(\boldsymbol{r}_0)\in\mathbf{R}^3$. 如果 $F(\boldsymbol{r}_0)\neq 0$, 则称平面

$$\pi:\ \ (\boldsymbol{r}_0'\ 1)\boldsymbol{A}\begin{pmatrix}\boldsymbol{r}\\1\end{pmatrix}=(x_0,\ y_0,\ z_0,\ 1)\boldsymbol{A}\begin{pmatrix}x\\y\\z\\1\end{pmatrix}=0$$

为 Σ 的**极面**, $P_0(\boldsymbol{r}_0)$ 为对 Σ 的**极点**. 又若极点 $P_0(\boldsymbol{r}_0)\in\Sigma$, 则称极面 π 为 Σ 的**切面**, $P_0(\boldsymbol{r}_0)$ 为**切点**.

定理 9.4.2 设 $P_0(\boldsymbol{r}_0)$ 为 Σ 的切点, 则过 $P_0(\boldsymbol{r}_0)$ 的切面 π 由过 $P_0(\boldsymbol{r}_0)$ 的所有切线组成.

证 因为 $P_0(\boldsymbol{r}_0)\in\Sigma$, 故 $F(\boldsymbol{r}_0)=0$, 故

$$[\boldsymbol{F}(\boldsymbol{r}_0),\ \boldsymbol{r}_0]=-F_4(\boldsymbol{r}_0).$$

又由定理 9.4.1 的推论知, 过 $P_0(\boldsymbol{r}_0)$ 的直线 g 为 $\varSigma$ 的切线当且仅当

$$[\boldsymbol{F}(\boldsymbol{r}_0),\ \boldsymbol{r}-\boldsymbol{r}_0]=0,$$

即

$$[\boldsymbol{F}(\boldsymbol{r}_0),\ \boldsymbol{r}]+F_4(\boldsymbol{r}_0)=0.$$

即

$$(\boldsymbol{r}_0\ 1)\boldsymbol{A}\begin{pmatrix}\boldsymbol{r}\\1\end{pmatrix}=0.$$

故 $P(\boldsymbol{r})$ 在过 $P_0(\boldsymbol{r}_0)$ 的切平面 π 上.

推论　假设 π_1,π_2 分别为二次曲面 $\varSigma$ 过极点 $P_1(\boldsymbol{r}_1), P_2(\boldsymbol{r}_2)$ 的极面, 则 $P_1(\boldsymbol{r}_1)\in\pi_2$ 当且仅当 $P_2(\boldsymbol{r}_2)\in\pi_1$.

证　只要注意到 $P_1(\boldsymbol{r}_1)\in\pi_2$ 当且仅当 $(\boldsymbol{r}_2'\ 1)\boldsymbol{A}\begin{pmatrix}\boldsymbol{r}_1\\1\end{pmatrix}=0$ 当且仅当 $(\boldsymbol{r}_1'\ 1)\boldsymbol{A}\begin{pmatrix}\boldsymbol{r}_2\\1\end{pmatrix}=0$ 当且仅当 $P_2(\boldsymbol{r}_2)\in\pi_1$.

若极点 $P_1(\boldsymbol{r}_1)$ 与 $P_2(\boldsymbol{r}_2)$ 满足推论条件, 则称它们为对 $\varSigma$ 的**共轭点**.

3.　奇点与正则点

定义 9.4.2　设 $\varSigma$ 为二次曲面, $P(\boldsymbol{r})\in\varSigma$. 如果 $\boldsymbol{F}(\boldsymbol{r})\neq 0$, 则称 $P(\boldsymbol{r})$ 为 $\varSigma$ 的**正则点**. 如果 $\boldsymbol{F}(\boldsymbol{r})=0$, 则称 $P(\boldsymbol{r})$ 为 $\varSigma$ 的**奇点**.

定理 9.4.3　设 $P(\boldsymbol{r})\in\varSigma$, 则 $P(\boldsymbol{r})$ 为奇点当且仅当 $F_i(\boldsymbol{r})=0,\ 1\leqslant i\leqslant 4$. 此时, $\det\boldsymbol{A}=0$.

证　因为 $P(\boldsymbol{r})\in\varSigma$, 故 $F(\boldsymbol{r})=0$. 于是

$$F_4(\boldsymbol{r})=-[\boldsymbol{F}(\boldsymbol{r}),\ \boldsymbol{r}].$$

故 $P(\boldsymbol{r})$ 为奇点当且仅当 $F_i(\boldsymbol{r})=0,\ 1\leqslant i\leqslant 4$.

由于

$$(F_1(\boldsymbol{r}),\ F_2(\boldsymbol{r}),\ F_3(\boldsymbol{r}),\ F_4(\boldsymbol{r}))=(x,\ y,\ z,\ 1)\boldsymbol{A}.$$

故 $P(\boldsymbol{r})$ 为奇点, 则 $\det\boldsymbol{A}=0$.

推论　椭球面, 单叶双曲面, 双叶双曲面, 椭圆抛物面, 双曲抛物面, 二次柱面, 平行平面等均无奇点.

锥面 $ax^2+by^2-cz^2=0\ (a,\ b,\ c>0)$ 有唯一奇点 —— 锥面的顶点 O.

相交平面 $a^2x^2-b^2y^2=0\ (a,\ b>0)$ 的奇点构成相交平面的交线

$$\begin{cases}x=0,\\y=0.\end{cases}$$

从定理 9.4.3 可直接算出 $F_i(\boldsymbol{r})$, 从而得到推论.

从推论可以知道在奇点处是不光滑的.

若 $P_0(\boldsymbol{r}_0)$ 为奇点, 则对任何 $\boldsymbol{\alpha}=\begin{pmatrix} X \\ Y \\ Z \end{pmatrix}$ 均有 $[\boldsymbol{F}(\boldsymbol{r}_0),\ \boldsymbol{\alpha}]=0$. 故通过 $P_0(\boldsymbol{r}_0)$ 的任何直线均为 "切线", 从而通过 $P_0(\boldsymbol{r}_0)$ 的任何平面均为 "切平面".

4.　渐近方向

定义 9.4.3　对于二次曲面 Σ 满足

$$\Phi(\boldsymbol{\alpha})=\Phi(X,\ Y,\ Z)=0$$

的方向 $\boldsymbol{\alpha}$ 称为 Σ 的**渐近方向**.

定义 9.4.4　过 $P_0(\boldsymbol{r}_0)$ 的具有 Σ 的渐近方向的直线的全体构成的曲面称为 Σ 的过 $P_0(\boldsymbol{r}_0)$ 的**渐近方向锥面**.

显然, 过 $P_0(\boldsymbol{r}_0)$ 的渐近方向锥面的方程为

$$\Phi(\boldsymbol{r}-\boldsymbol{r}_0)=0.$$

这的确是一个锥面. 特别地, 过原点$\boldsymbol{O}$ 的渐近方向锥面为

$$\Phi(\boldsymbol{r})=0.$$

定理 9.4.4　二次曲面 Σ 总有无穷多个 (包括虚的) 渐近方向; 总有无穷多个非渐近方向; 总有三个不共面的实的非渐近方向.

证　因为

$$\Phi(\boldsymbol{\alpha})=0$$

是三元二次齐次方程, 故有无穷多个非零解 (包括虚解) (X, Y, Z), 故 Σ 总有无穷多个渐近方向.

考虑平面 $z=1$ (或 $x=1,\ y=1$) 与 Σ 的过原点的渐近方向锥面 $\Phi(\boldsymbol{r})=0$ 的交线

$$\Gamma:\ \begin{cases} \Phi(\boldsymbol{r})=0, \\ z=1. \end{cases}$$

Γ 是二次曲线. 于是在平面 $z=1$ 上有无穷多个点 $(X,\ Y,\ 1)\notin\Gamma$, 故 $\Phi(X,\ Y,\ 1)\neq 0$, 即 $\boldsymbol{\alpha}=(X,\ Y,\ 1)'$ 不是渐近方向.

特别地, 在平面 $z=1$ 上, 在 Γ 外可取三个不共线的点

$$M_i(X_i,\ Y_i,\ 1)',\quad i=1,\ 2,\ 3,$$

于是 $\boldsymbol{\alpha}_i = (X_i,\ Y_i,\ 1)'$ 为三个不共面的实的非渐近方向.

注意 Σ 可能没有实渐近方向, 例如椭球面就没有实渐近方向.

5. 中心

设 $\boldsymbol{\alpha}$ 为二次曲面 Σ 的非渐近方向, 于是由定理 9.4.1 知直线 $g:\ \boldsymbol{r} = \boldsymbol{r}_0 + t\boldsymbol{\alpha}$ 与 Σ 的交为两点 (包括虚点, 重合点) $P_1,\ P_2$. 线段 P_1P_2 称为 Σ 的**弦**.

定义 9.4.5 点 $C(\boldsymbol{r}_0)$ 称为二次曲面 Σ 的**中心**, 如果过 $C(\boldsymbol{r}_0)$ 的弦均以 $C(\boldsymbol{r}_0)$ 为中点.

其实, Σ 的中心就是 Σ 的对称中心.

定理 9.4.5 $C(\boldsymbol{r}_0)$ 为 Σ 的中心当且仅当

$$\boldsymbol{F}(\boldsymbol{r}_0) = 0.$$

证 设 $\boldsymbol{\alpha}$ 为非渐近方向, 直线 $g:\ \boldsymbol{r} = \boldsymbol{r}_0 + t\boldsymbol{\alpha}$. 于是 $g \cap \Sigma = \{P_1,\ P_2\}$, $\boldsymbol{P}_i = \boldsymbol{r}_0 + t_i\boldsymbol{\alpha},\ i = 1,\ 2$. 因而 t_i 为二次方程

$$\Phi(\boldsymbol{\alpha})t^2 + 2[\boldsymbol{F}(\boldsymbol{r}_0),\ \boldsymbol{\alpha}]t + F(\boldsymbol{r}_0) = 0$$

的两个根. 故 P_1P_2 的中点为

$$M\left(\boldsymbol{r}_0 + \frac{1}{2}(t_1 + t_2)\boldsymbol{\alpha}\right).$$

但

$$t_1 + t_2 = -\frac{2}{\Phi(\boldsymbol{\alpha})}[\boldsymbol{F}(\boldsymbol{r}_0),\ \boldsymbol{\alpha}].$$

于是 $C(\boldsymbol{r}_0)$ 为 Σ 的中心当且仅当

$$[\boldsymbol{F}(\boldsymbol{r}_0),\ \boldsymbol{\alpha}] = 0,\ \forall \boldsymbol{\alpha},\ \Phi(\boldsymbol{\alpha}) \neq 0.$$

由定理 9.4.4 知有不共面的非渐近方向 $\boldsymbol{\alpha}_1,\ \boldsymbol{\alpha}_2,\ \boldsymbol{\alpha}_3$. 于是上式成立当且仅当

$$[\boldsymbol{F}(\boldsymbol{r}_0),\ \boldsymbol{\alpha}_i] = 0,\ \ i = 1,\ 2,\ 3$$

当且仅当

$$\boldsymbol{F}(\boldsymbol{r}_0) = 0.$$

推论 1 Σ 的奇点即为 Σ 上的中心.

推论 2 二次曲面按中心分类有以下情形:

1) $R(\boldsymbol{A}_{44}) = 3$, Σ 有唯一中心, 称 Σ 为**中心二次曲面**. 椭球面, 双曲面, 二次锥面均为中心二次曲面.

2)　$R(\boldsymbol{A}_{44}) = R(\boldsymbol{A}_{44}\ \boldsymbol{b}) = 2$, Σ 的中心构成一条直线, 称 Σ 为**线心二次曲面**. 椭圆柱面, 双曲柱面与相交平面都是线心二次曲面.

3)　$R(\boldsymbol{A}_{44}) = R(\boldsymbol{A}_{44}\ \boldsymbol{b}) = 1$, Σ 的中心构成一个平面, 此时称 Σ 为**面心二次曲面**. 平行平面与重合平面为面心二次曲面.

4)　$R(\boldsymbol{A}_{44}\ \boldsymbol{b}) = R(\boldsymbol{A}_{44}) + 1$, Σ 无中心, 此时称 Σ 为**无心二次曲面**. 双曲抛物面, 椭圆抛物面都是无心二次曲面.

1) ~ 3) 中曲面统称**有心二次曲面**.

推论 3　原点 $\boldsymbol{O}(0,\ 0,\ 0)$ 为 Σ 的中心当且仅当 $F(\boldsymbol{r})$ 不含一次项.

事实上, 由于中心为方程

$$\boldsymbol{F}(\boldsymbol{r}) = 0,$$

即

$$\boldsymbol{A}_{44}\begin{pmatrix} x \\ y \\ z \end{pmatrix} + \boldsymbol{b} = 0$$

的解, 即可得到上面这些推论.

定义 9.4.6　通过二次曲面 Σ 的中心, 具有渐近方向的直线称为 Σ 的**渐近线**. 顶点为中心的渐近方向锥面称为**渐近锥面**.

显然, 渐近锥面的方程为

$$\begin{cases} \boldsymbol{F}(\boldsymbol{r}_0) = 0, \\ \Phi(\boldsymbol{r} - \boldsymbol{r}_0) = 0. \end{cases}$$

6.　奇向　共轭直径面

定义 9.4.7　设 Σ 为二次曲面. 如果方向 $\boldsymbol{\alpha} = (X,\ Y,\ Z)'$ 满足

$$\boldsymbol{\Phi}(\boldsymbol{\alpha}) = 0,$$

则称 $\boldsymbol{\alpha}$ 为 Σ 的**奇向**.

如果 $\boldsymbol{\alpha}$ 为非奇向, 则称平面

$$[\boldsymbol{F}(\boldsymbol{r}),\ \boldsymbol{\alpha}] = 0$$

为**共轭于方向 $\boldsymbol{\alpha}$ 的直径面**, 或 $\boldsymbol{\alpha}$ 的**共轭直径面**, 简称**直径面**.

显然, 从奇向的定义可得下面一些结果:

1)　奇向为渐近方向;

2)　$R(\boldsymbol{A}_{44}) = 3$, 即中心二次曲面无奇向;

3)　$R(\boldsymbol{A}_{44}) = 2$, 有唯一奇向. 特别地, 线心二次曲面的奇向为中心所成直线的方向;

4)　$R(\boldsymbol{A}_{44}) = 1$, 有无穷多个奇向, 它们平行于同一平面. 特别地, 面心二次曲面的奇向为中心所成平面上直线的方向.

定理 9.4.6　设 Σ 为二次曲面, 则有以下结果:

1)　非渐近方向 $\boldsymbol{\alpha}$ 的共轭直径面 π 为平行于 $\boldsymbol{\alpha}$ 的弦的中点的轨迹.

2)　若 Σ 为有心二次曲面, 则平面 π 为直径面当且仅当 Σ 的所有中心 $C(\boldsymbol{r}) \in \pi$.

3)　非奇向 $\boldsymbol{\alpha}$ 为渐近方向当且仅当 $\boldsymbol{\alpha}$ 平行于它的共轭直径面.

4)　$\boldsymbol{\alpha}$ 为奇向当且仅当 $\boldsymbol{\alpha}$ 平行于所有直径面.

证　1)　设 $M(\boldsymbol{r}_0)$ 为一条平行 $\boldsymbol{\alpha}$ 的弦的中点. 于是此弦所在直线为 $g: \boldsymbol{r} = \boldsymbol{r}_0 + t\boldsymbol{\alpha}$, 弦的端点为 $P_i(\boldsymbol{r}_0 + t_i\boldsymbol{\alpha})$, $i = 1, 2$, 其中 t_i 为二次方程

$$\Phi(\boldsymbol{\alpha})t^2 + 2[\boldsymbol{F}(\boldsymbol{r}_0),\ \boldsymbol{\alpha}]t + F(\boldsymbol{r}_0) = 0$$

的两个根. 故 $\dfrac{1}{2}(t_1 + t_2) = 0$, 即 $M(\boldsymbol{r}_0)$ 满足方程

$$[\boldsymbol{F}(\boldsymbol{r}_0),\ \boldsymbol{\alpha}] = 0.$$

故 $\boldsymbol{\alpha}$ 的共轭直径面为平行于 $\boldsymbol{\alpha}$ 的弦的中点的轨迹.

2)　由定理 9.4.5 知 $C(\boldsymbol{r})$ 为中心当且仅当 $\boldsymbol{F}(\boldsymbol{r}) = 0$. 故 $[\boldsymbol{F}(\boldsymbol{r}),\ \boldsymbol{\alpha}] = 0$, 对任何方向 $\boldsymbol{\alpha}$ 成立, 于是 $C(\boldsymbol{r}) \in \pi$.

反之, 若平面 π 包含所有的中心, 则 π 的方程可写成

$$XF_1(\boldsymbol{r}) + YF_2(\boldsymbol{r}) + ZF_3(\boldsymbol{r}) = 0.$$

记 $\boldsymbol{\alpha} = (X,\ Y,\ Z)'$. 即有

$$[\boldsymbol{F}(\boldsymbol{r}),\ \boldsymbol{\alpha}] = (\boldsymbol{\Phi}(\boldsymbol{\alpha}),\ \boldsymbol{r}) + \boldsymbol{b}'\boldsymbol{\alpha} = 0.$$

由 π 为平面, 故 $\boldsymbol{\Phi}(\boldsymbol{\alpha}) \neq 0$, 即 $\boldsymbol{\alpha}$ 为非奇向. 因而 π 为 $\boldsymbol{\alpha}$ 的共轭直径面.

3)　非奇向 $\boldsymbol{\alpha}$ 的共轭直径面 π 的方程为

$$[\boldsymbol{F}(\boldsymbol{r}),\ \boldsymbol{\alpha}] = 0.$$

也可写成

$$(\boldsymbol{\Phi}(\boldsymbol{\alpha}),\ \boldsymbol{r}) + \boldsymbol{b}'\boldsymbol{\alpha} = 0.$$

于是 $\boldsymbol{\alpha}$ 与 π 平行当且仅当

$$\Phi(\boldsymbol{\alpha}) = (\boldsymbol{\Phi}(\boldsymbol{\alpha}),\ \boldsymbol{\alpha}) = 0.$$

即 $\boldsymbol{\alpha}$ 为渐近方向.

4)　若 $\boldsymbol{\alpha}$ 为奇向, 则 $\boldsymbol{\Phi}(\boldsymbol{\alpha})=0$. 于是对任何方向 $\boldsymbol{\beta}$ 均有

$$(\boldsymbol{\Phi}(\boldsymbol{\alpha}),\ \boldsymbol{\beta})=(\boldsymbol{\Phi}(\boldsymbol{\beta}),\ \boldsymbol{\alpha})=0.$$

故 $\boldsymbol{\alpha}$ 平行于所有直径面.

反之, 由定理 9.4.4 知, 存在三个不共面的非渐近方向 $\boldsymbol{\alpha}_1$, $\boldsymbol{\alpha}_2$, $\boldsymbol{\alpha}_3$. 由 $\boldsymbol{\alpha}$ 平行于它们的共轭直径面, 于是

$$(\boldsymbol{\Phi}(\boldsymbol{\alpha}_i),\ \boldsymbol{\alpha})=(\boldsymbol{\Phi}(\boldsymbol{\alpha}),\ \boldsymbol{\alpha}_i)=0.$$

由 $\boldsymbol{\alpha}_1$, $\boldsymbol{\alpha}_2$, $\boldsymbol{\alpha}_3$ 不共面, 故 $\boldsymbol{\Phi}(\boldsymbol{\alpha})=0$, 即 $\boldsymbol{\alpha}$ 为奇向.

7.　共轭方向　共轭直径

定义 9.4.8　方向 $\boldsymbol{\alpha}=(X,\ Y,\ Z)'$ 与 $\boldsymbol{\alpha}'=(X',\ Y',\ Z')'$ 称为对于二次曲面 Σ **共轭**, 如果

$$(X,\ Y,\ Z)\boldsymbol{A}_{44}\begin{pmatrix}X'\\Y'\\Z'\end{pmatrix}=0.$$

也称 $\boldsymbol{\alpha}$, $\boldsymbol{\alpha}'$ 为关于 Σ 的**共轭方向**.

用我们常用的符号, 上面等式也可写成

$$(\boldsymbol{\Phi}(\boldsymbol{\alpha}),\ \boldsymbol{\alpha}')=(\boldsymbol{\Phi}(\boldsymbol{\alpha}'),\ \boldsymbol{\alpha})=0.$$

下面的性质是很明显的.

性质 1　$\boldsymbol{\alpha}$ 为奇向当且仅当 $\boldsymbol{\alpha}$ 与每个方向共轭. $\boldsymbol{\alpha}$ 为渐近方向当且仅当 $\boldsymbol{\alpha}$ 自共轭.

性质 2　$\boldsymbol{\alpha}'$ 与非奇向 $\boldsymbol{\alpha}$ 共轭当且仅当 $\boldsymbol{\alpha}'$ 平行于 $\boldsymbol{\alpha}$ 的共轭直径面.

性质 3　设 π, π' 分别为非奇向 $\boldsymbol{\alpha}$, $\boldsymbol{\alpha}'$ 的共轭直径面, 则 $\boldsymbol{\alpha}$ 平行于 π' 当且仅当 $\boldsymbol{\alpha}'$ 平行于 π.

性质 4　若 $\boldsymbol{\alpha}$ 共轭于 $\boldsymbol{\alpha}'$, $\boldsymbol{\alpha}''$, 则 $\boldsymbol{\alpha}$ 共轭于 $k\boldsymbol{\alpha}'+l\boldsymbol{\alpha}''$, k, $l\in\mathbf{R}$.

定理 9.4.7　二次曲面 Σ 总有三个不共面但互相共轭的方向, 它们中可以有 $R(\boldsymbol{A}_{44})$ 个非渐近方向, $3-R(\boldsymbol{A}_{44})$ 个奇向.

证　因为 $\boldsymbol{A}_{44}$ 是三阶实对称矩阵, 于是有三个特征值 λ_1, λ_2, λ_3 及对应的特征向量 $\boldsymbol{\alpha}_1$, $\boldsymbol{\alpha}_2$, $\boldsymbol{\alpha}_3$ 使得

$$\begin{aligned}\boldsymbol{A}_{44}\boldsymbol{\alpha}_i&=\lambda_i\boldsymbol{\alpha}_i,\qquad 1\leqslant i\leqslant 3;\\ \boldsymbol{\alpha}_i'\boldsymbol{\alpha}_j&=\delta_{ij},\qquad 1\leqslant i,\ j\leqslant 3.\end{aligned}$$

将 $\boldsymbol{\alpha}_i$ 视为空间中方向, 即知定理成立.

定义 9.4.9 通过中心二次曲面 Σ 的中心的直线称为 Σ 的直径. 若一条直径 l 的方向为 $\boldsymbol{\alpha}$, 则 $\boldsymbol{\alpha}$ 的共轭直径面 π, 也叫做**共轭于 l 的直径面**. 若两条直径 l_1, l_2 的方向是共轭的, 也称这两条直径是共轭的, 或称它们是**共轭直径**.

显然, 每条直径有无数多条与之共轭的直径. 渐近线 (即具有渐近方向的直径) 与自身共轭. 若 π_1, π_2 分别为直径 l_1, l_2 的共轭直径面, 则 $l_1 \subset \pi_2$ 当且仅当 $l_2 \subset \pi_1$.

定理 9.4.8 设中心二次曲面 Σ 的直径面 π 的方程为

$$Ax + By + Cz + D = 0.$$

则 Σ 的共轭于 π 的直径 l 的方程为

$$\frac{F_1(r)}{A} = \frac{F_2(r)}{B} = \frac{F_3(r)}{C}.$$

证 设 $C(\boldsymbol{r}_0)$ 为 Σ 的中心, $\boldsymbol{\alpha} = (X,\ Y,\ Z)'$ 为 l 的方向, 于是 l 的方程为

$$\boldsymbol{r} = \boldsymbol{r}_0 + t\boldsymbol{\alpha}.$$

共轭于 l 的直径面 π 的方程又可写成

$$(\boldsymbol{\Phi}(\boldsymbol{\alpha}),\ \boldsymbol{r}) + \boldsymbol{\alpha}'\boldsymbol{b} = 0.$$

又对任何 $P(\boldsymbol{r}) \in l,\ \boldsymbol{r} = (x,\ y,\ z)'$ 有

$$\frac{x - x_0}{X} = \frac{y - y_0}{Y} = \frac{z - z_0}{Z}.$$

因而

$$\frac{\Phi_1(\boldsymbol{r} - \boldsymbol{r}_0)}{A} = \frac{\Phi_2(\boldsymbol{r} - \boldsymbol{r}_0)}{B} = \frac{\Phi_3(\boldsymbol{r} - \boldsymbol{r}_0)}{C}.$$

又由 $C(\boldsymbol{r}_0)$ 为 Σ 的中心, 故 $\boldsymbol{F}(\boldsymbol{r}_0) = 0$. 因而

$$\begin{aligned}\boldsymbol{\Phi}(\boldsymbol{r} - \boldsymbol{r}_0) &= (x - x_0,\ y - y_0,\ z - z_0)\boldsymbol{A}_{44} \\ &= ((x,\ y,\ z,\ 1) - (x_0,\ y_0,\ z_0,\ 1))\begin{pmatrix}\boldsymbol{A}_{44} \\ \boldsymbol{b}'\end{pmatrix} \\ &= \boldsymbol{F}(\boldsymbol{r}) - \boldsymbol{F}(\boldsymbol{r}_0) \\ &= \boldsymbol{F}(\boldsymbol{r}).\end{aligned}$$

由此可知定理成立.

习 题

1. 设 Σ, g 分别为二次曲面与直线. 在下列条件下求 $g\cap\Sigma$, 并作出示意图.

1) $\Sigma:\dfrac{x^2}{a^2}+\dfrac{y^2}{b^2}=2z;\quad g:\begin{cases}x=x_1,\\ y=y_1.\end{cases}$

2) $\Sigma:\dfrac{x^2}{a^2}+\dfrac{y^2}{b^2}=1;\quad g:\begin{cases}x=x_1,\\ y=y_1.\end{cases}$

2. 试求平面 $\pi:\ Ax+By+Cz+D=0\ (D\neq 0)$ 为二次曲面 $\Sigma:\ ax^2+by^2+cz^2=1\ (abc\neq 0)$ 的切平面的充分必要条件.

3. 求下列曲面的奇点及曲面在正则点 $P_0(x_0,\ y_0,\ z_0)$ 处的切平面方程.

1) $\dfrac{x^2}{a^2}+\dfrac{y^2}{b^2}-\dfrac{z^2}{c^2}=0$; 2) $\dfrac{x^2}{a^2}-\dfrac{y^2}{b^2}=2z$;

3) $\dfrac{x^2}{a^2}-\dfrac{y^2}{b^2}=0$; 4) $x^2=a^2$.

4. 证明通过点 $P_0(\boldsymbol{r}_0)$ 的二次曲面 Σ 的切线在一个以 P_0 为顶点的 "锥面"

$$F(\boldsymbol{r}_0)F(\boldsymbol{r})-([\boldsymbol{F}(\boldsymbol{r}_0),\ \boldsymbol{r}]+F_4(\boldsymbol{r}_0))^2=0,$$

上, 此锥面称为 Σ 的**切锥面**. 又问, 是否此 "锥面" 上过 $P(\boldsymbol{r}_0)$ 的直线都是 Σ 的切线? 又若 $P_0(\boldsymbol{r}_0)$ 为正则点, 则此切锥面为切平面.

5. 设 π 为通过 $P_0(\boldsymbol{r}_0)$ 的二次曲面 Σ 的极平面, Γ 为 π 与 Σ 的交线. 试证以 $P_0(\boldsymbol{r}_0)$ 为顶点, Γ 为准线的锥面为切锥面.

6. 试证二次曲面 Σ 的所有以 $\boldsymbol{\alpha}=(X,\ Y,\ Z)'$ 为方向的切线所在的柱面

$$\Phi(\boldsymbol{\alpha})F(\boldsymbol{r})-[\boldsymbol{F}(\boldsymbol{r}),\ \boldsymbol{\alpha}]^2=0,$$

上, 此柱面称为 Σ 的平行于 $\boldsymbol{\alpha}$ 的**切柱面**.

7. 求二次曲面 $\Sigma:\ \dfrac{x^2}{a^2}+\dfrac{y^2}{b^2}-\dfrac{z^2}{c^2}=\pm 1$ 的分别以 $P(0,\ 1,\ 2)$, $\boldsymbol{O}(0,\ 0,\ 0)$ 为顶点的渐近方向锥面方程. 并指出何为 Σ 的渐近锥面.

8. 求下列曲面的中心.

1) $\dfrac{x^2}{a^2}+\dfrac{y^2}{b^2}-\dfrac{z^2}{c^2}=1$; 2) $Ax^2+By^2=1,\ (AB\neq 0)$;

3) $x^2=a^2$; 4) $ax^2+by^2=2z,\ (a,\ b$ 不全为零).

9. 求曲面 $\dfrac{x^2}{a^2}+\dfrac{y^2}{b^2}-\dfrac{z^2}{c^2}=\pm 1\ (a,\ b,\ c>0)$ 的中心, 渐近方向, 渐近线及渐近锥面.

10. 试证二次曲面 $\dfrac{x^2}{4}+\dfrac{y^2}{9}-\dfrac{z^2}{16}=1$ 无奇向; 方向 $\boldsymbol{\alpha}=(1,\ 0,\ 2)'$ 为渐近方向, 并求 $\boldsymbol{\alpha}$ 的共轭直径面.

11. 试证平面 π： $4x-3y+z-1=0$ 为二次曲面

$$\Sigma:\ 3x^2+z^2-2xy-yz-x-1=0$$

的一个直径面, 并求与 π 共轭的方向.

12. 求曲面 $\dfrac{x^2}{4}-\dfrac{y^2}{9}=1$ 的中心, 奇向, 直径面及其共轭方向.

13. 求曲面 $x^2-y^2-z=1$ 的奇向; 证明 $\boldsymbol{\alpha}=(1,\ 1,\ 1)'$ 为非奇渐近方向, 并求其共轭直径面.

14. 若 $l_1,\ l_2,\ l_3$ 为中心二次曲面 Σ 的三条互相共轭的直径. 试证其中任意两条所在平面是第三条的共轭直径面.

9.5　二次曲面的度量性质

本节讨论二次曲面的与度量 (长度, 角度等) 有关的性质. 我们知道此时使用直角坐标系较为方便, 因而本节中我们论述的二次曲面的方程都是直角坐标系下的方程.

既然要讨论与度量有关的性质, 当然我们所使用的变换应是保持度量的变换, 即使任何两点间距离不变的变换, 即等距变换.

从 8.7节知道, 三维Euclid空间的等距变换可以表示为一个四阶实方阵$\begin{pmatrix}\boldsymbol{B} & \boldsymbol{\delta}\\ 0 & 1\end{pmatrix}$, 其中$\boldsymbol{B}$ 为三阶正交矩阵, $\boldsymbol{\delta}$ 为 $\mathbf{R}^3$ 中向量, 其坐标也记为 $\boldsymbol{\delta}$.

若 φ 是一个等距变换, 则二次曲面 Σ 与 $\varphi(\Sigma)$ 在同一坐标系下的方程, 可视为 Σ 在不同坐标系下的方程.

所谓二次曲面的度量性质, 也就是二次曲面在等距变换下不变的性质, 也可以说是与直角坐标系选取无关的性质.

以下我们均假设所讨论的二次曲面 Σ 的方程 $F(\boldsymbol{r})=0$, 是在直角坐标系 $\{\boldsymbol{O};\ \boldsymbol{\varepsilon}_1,\ \boldsymbol{\varepsilon}_2,\ \boldsymbol{\varepsilon}_3\}$ 下的方程, 并继续沿用上节的符号, 如

$$F(\boldsymbol{r})=(x,\ y,\ z,\ 1)\begin{pmatrix}\boldsymbol{A}_{44} & \boldsymbol{b}\\ \boldsymbol{b}' & a_{44}\end{pmatrix}\begin{pmatrix}x\\ y\\ z\\ 1\end{pmatrix},$$

$$\boldsymbol{F}(\boldsymbol{r})=(\boldsymbol{A}_{44}\ \boldsymbol{b})\begin{pmatrix}\boldsymbol{r}\\ 1\end{pmatrix}$$

$$\boldsymbol{\Phi}(\boldsymbol{r})=\boldsymbol{A}_{44}\boldsymbol{r},$$

等.

$\boldsymbol{A}_{44}$ 的特征多项式 $D(\lambda)$, 特征方程 $D(\lambda)=0$, 与特征值也称为二次曲面 Σ 及二次齐次式 $\Phi(\boldsymbol{r})$ 的特征多项式, 特征方程及特征值. 若

$$D(\lambda)=\lambda^3-C_1\lambda^2+C_2\lambda-C_3,$$

则

$$\begin{cases} C_1=a_{11}+a_{22}+a_{33}, \\ C_2=\begin{vmatrix} a_{22} & a_{23} \\ a_{23} & a_{33} \end{vmatrix}+\begin{vmatrix} a_{11} & a_{13} \\ a_{13} & a_{33} \end{vmatrix}+\begin{vmatrix} a_{11} & a_{12} \\ a_{12} & a_{22} \end{vmatrix}, \\ C_3=\det \boldsymbol{A}_{44}. \end{cases}$$

再令

$$C_4=\det \boldsymbol{A}.$$

我们注意到, C_1, C_2, C_3, C_4 都是以 $F(\boldsymbol{r})$ 的系数为变量的函数, 也是以矩阵$\boldsymbol{A}$ 的元素为变量的函数. 因而, 我们将它们称为矩阵 $\boldsymbol{A}$ 的函数是合理的.

定义 9.5.1 若函数 $f(\boldsymbol{A})$ 对任何直角坐标系的变换 $\begin{pmatrix} \boldsymbol{P} & \boldsymbol{\delta} \\ 0 & 1 \end{pmatrix}$, $\boldsymbol{P}'\boldsymbol{P}=\boldsymbol{I}_3$ 满足

$$f(\boldsymbol{A})=f\left(\begin{pmatrix} \boldsymbol{P} & \boldsymbol{\delta} \\ 0 & 1 \end{pmatrix}' \boldsymbol{A}\begin{pmatrix} \boldsymbol{P} & \boldsymbol{\delta} \\ 0 & 1 \end{pmatrix}\right),$$

则称 f 为 Σ: $F(\boldsymbol{r})=0$ 的**正交不变量**, 简称**不变量**.

若

$$f(\boldsymbol{A})=f\left(\begin{pmatrix} \boldsymbol{P} & 0 \\ 0 & 1 \end{pmatrix}' \boldsymbol{A}\begin{pmatrix} \boldsymbol{P} & 0 \\ 0 & 1 \end{pmatrix}\right), \quad \boldsymbol{P}'\boldsymbol{P}=\boldsymbol{I}_3,$$

则称 f 为 Σ 的**正交半不变量**, 简称**半不变量**.

若

$$f(\boldsymbol{A})=f\left(\begin{pmatrix} \boldsymbol{I}_3 & \boldsymbol{\delta} \\ 0 & 1 \end{pmatrix}' \boldsymbol{A}\begin{pmatrix} \boldsymbol{I}_3 & \boldsymbol{\delta} \\ 0 & 1 \end{pmatrix}\right),$$

则称 f 为 Σ 的**平移不变量**.

引理 9.5.1 设 $F(\boldsymbol{r})$ 为二次多项式, 则:

1) $F(\boldsymbol{r})$ 的二次项是平移不变量;

2) 经过正交变换 (即 $\begin{pmatrix} \boldsymbol{P} & 0 \\ 0 & 1 \end{pmatrix}$ 对应的变换) $F(\boldsymbol{r})$ 的二次项, 一次项与常数项分别变为二次项, 一次项与常数项. 特别地, 常数项不变, 即为半不变量;

3) $F(\boldsymbol{r})$ 经过等距变换, 二次项变为二次项, 且 C_3 不变, 即 C_3 为不变量;

4) 若 $F(\boldsymbol{r})=x^2+y^2+z^2$, 则 $F(\boldsymbol{r})$ 在等距变换下的二次项部分为 $x'^2+y'^2+z'^2$.

证 这些结论均可由计算

$$\begin{pmatrix} \boldsymbol{P} & \boldsymbol{\delta} \\ 0 & 1 \end{pmatrix}' \begin{pmatrix} \boldsymbol{A}_{44} & \boldsymbol{b} \\ \boldsymbol{b}' & a_{44} \end{pmatrix} \begin{pmatrix} \boldsymbol{P} & \boldsymbol{\delta} \\ 0 & 1 \end{pmatrix}$$

得到.

令

$$K_1=\begin{vmatrix} a_{22} & a_{24} \\ a_{24} & a_{44} \end{vmatrix}+\begin{vmatrix} a_{11} & a_{14} \\ a_{14} & a_{44} \end{vmatrix}+\begin{vmatrix} a_{33} & a_{34} \\ a_{34} & a_{44} \end{vmatrix},$$

$$K_2=\begin{vmatrix} a_{22} & a_{23} & a_{24} \\ a_{23} & a_{33} & a_{34} \\ a_{24} & a_{34} & a_{44} \end{vmatrix}+\begin{vmatrix} a_{11} & a_{13} & a_{14} \\ a_{13} & a_{33} & a_{34} \\ a_{14} & a_{34} & a_{44} \end{vmatrix}+\begin{vmatrix} a_{11} & a_{12} & a_{14} \\ a_{12} & a_{22} & a_{24} \\ a_{14} & a_{24} & a_{44} \end{vmatrix},$$

$$K_3=\det \boldsymbol{A}=C_4.$$

定理 9.5.1 设 $\Sigma: F(\boldsymbol{r})=0$ 为二次曲面, 则:

1) Σ 的特征多项式, C_1, C_2, C_3, C_4 及特征根都是不变量;

2) K_1, K_2 是半不变量.

证 结论 1) 仍可由计算

$$\begin{pmatrix} \boldsymbol{P} & \boldsymbol{\delta} \\ 0 & 1 \end{pmatrix}' \begin{pmatrix} \boldsymbol{A}_{44} & \boldsymbol{b} \\ \boldsymbol{b}' & a_{44} \end{pmatrix} \begin{pmatrix} \boldsymbol{P} & \boldsymbol{\delta} \\ 0 & 1 \end{pmatrix}$$

得到.

2) 注意到$\boldsymbol{A}$ 与 $\begin{pmatrix} \boldsymbol{P} & 0 \\ 0 & 1 \end{pmatrix}' \boldsymbol{A} \begin{pmatrix} \boldsymbol{P} & 0 \\ 0 & 1 \end{pmatrix}$ 有相同的特征多项式 $\lambda^4-D_1\lambda^3+D_2\lambda^2-D_3\lambda+D_4$. 于是

$$D_1=C_1+a_{44},\quad D_2=C_2+K_1,$$
$$D_3=C_3+K_2,\quad D_4=K_3=C_4.$$

故 D_i $(1\leqslant i\leqslant 4)$ 为半不变量. 又 C_i $(1\leqslant i\leqslant 4)$ 为不变量, 自然是半不变量. 于是 K_1, K_2 是半不变量.

定义 9.5.2 设 Σ 为二次曲面, 又 λ 为 Σ 的特征值. $\boldsymbol{A}_{44}$ 的属于 λ 的特征向量 $\boldsymbol{\alpha}=(X,\ Y,\ Z)'$ 的方向称为 Σ 的**主方向**; 共轭于主方向的直径面称为**主径面**; 具有主方向的直径称为**主直径**, 如图 9.21 所示.

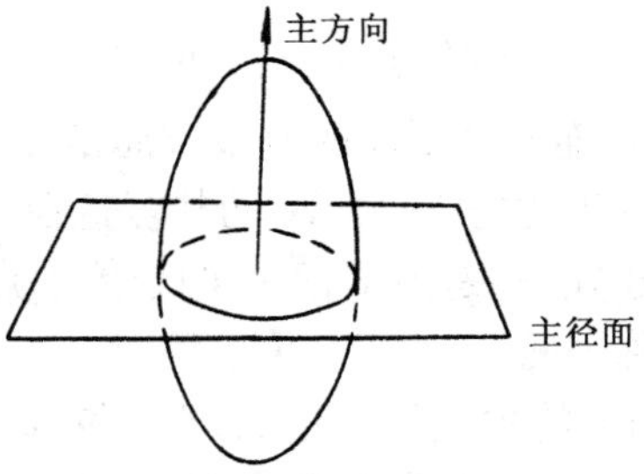

图 9.21

从主方向的定义, 对称矩阵的特征值及特征向量及共轭方向的性质, 立即可得下面一些性质.

性质 1 Σ 的特征值为实数, 且不全为零.

性质 2 不同特征值对应的主方向互相垂直共轭.

性质 3 $D(\lambda)=0$ 的单根对应唯一的主方向; $D(\lambda)=0$ 的二重根所对应的主方向是和一平面平行的一切方向, 且垂直于此平面的方向也是主方向; $D(\lambda)=0$ 的根为三重根时, 任何方向都是主方向; 一定有三个互相垂直共轭的主方向.

性质 4 奇向是对应特征值 0 的主方向; 非奇渐近方向不是主方向.

下面定理是从几何角度来判断一个方向是否为主方向.

定理 9.5.2 $\boldsymbol{\alpha}$ 为 Σ 的主方向的充分必要条件是存在两个不共线的与 $\boldsymbol{\alpha}$ 既垂直又共轭的方向 $\boldsymbol{\alpha}_1$, $\boldsymbol{\alpha}_2$.

证 设 $\boldsymbol{\alpha}$ 为主方向, 故有

$$\boldsymbol{\Phi}(\boldsymbol{\alpha})=\boldsymbol{A}_{44}\boldsymbol{\alpha}=\lambda\boldsymbol{\alpha}.$$

因而任何与 $\boldsymbol{\alpha}$ 垂直的方向也是与 $\boldsymbol{\alpha}$ 共轭的方向, 于是存在不共线的方向 $\boldsymbol{\alpha}_1$, $\boldsymbol{\alpha}_2$ 与 $\boldsymbol{\alpha}$ 既垂直又共轭.

反之, $\boldsymbol{\alpha}_1$, $\boldsymbol{\alpha}_2$ 不共线且与 $\boldsymbol{\alpha}$ 垂直共轭. 由于

$$(\boldsymbol{\Phi}(\boldsymbol{\alpha}),\ \boldsymbol{\alpha}_i)=0,\ i=1,\ 2,$$

故 $\boldsymbol{\Phi}(\boldsymbol{\alpha})$ 与 $\boldsymbol{\alpha}_1$, $\boldsymbol{\alpha}_2$ 垂直. 故 $\boldsymbol{\Phi}(\boldsymbol{\alpha})$ 与 $\boldsymbol{\alpha}$ 共线, 即

$$\boldsymbol{\Phi}(\boldsymbol{\alpha})=\lambda\boldsymbol{\alpha}.$$

即 $\boldsymbol{\alpha}$ 是特征向量, 即主方向.

推论 1 设 $\boldsymbol{\alpha}$ 是 Σ 的非渐近方向, 则 $\boldsymbol{\alpha}$ 为主方向当且仅当 $\boldsymbol{\alpha}$ 垂直于它的共轭直径面.

事实上, 我们只要注意到 $\boldsymbol{\alpha}$ 为主方向的条件是

$$\boldsymbol{\Phi}(\boldsymbol{\alpha})=\lambda\boldsymbol{\alpha},\ \lambda\neq 0.$$

而 $\boldsymbol{\alpha}$ 的共轭直径面为

$$(\boldsymbol{\Phi}(\boldsymbol{\alpha}),\ \boldsymbol{r}) + \boldsymbol{\alpha}'\boldsymbol{b} = 0.$$

这是与 $\boldsymbol{\Phi}(\boldsymbol{\alpha})$ 垂直的平面, 而一个平面的垂线方向是唯一的.

推论 2　设 $\boldsymbol{\alpha}$ 是非渐近主方向, 则 $\boldsymbol{\alpha}$ 的共轭直径面 π 是 Σ 的对称平面.

事实上, 由定理 9.4.6 知, π 是由平行 $\boldsymbol{\alpha}$ 的弦的中点组成. 而由推论 1 知 $\boldsymbol{\alpha}$ 与 π 垂直, 故 π 为 Σ 的对称平面.

推论 3　中心二次曲面的主直径 l 是 Σ 的对称轴.

设 P 为 Σ 上一点, 过 P 作直线 l 的垂线 g. 由于 l 的方向为主方向, 故 g 与 l 共轭. 又设 π_g 为 g 的共轭直径面, 因而 $l \subset \pi_g$. 又 g 上的弦 PP_1 被 π_g 平分, 故被 l 垂直平分. 因而 l 是 Σ 的对称轴, 如图 9.22 所示.

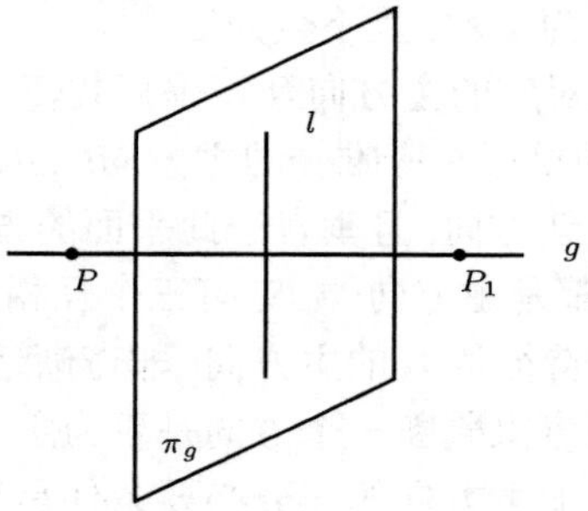

图 9.22

习　　题

1. 求下列二次曲面的相互垂直共轭的主方向及其共轭的主径面:
   1)　$\Sigma: 2x^2 - y^2 - z^2 + 4xz - 2x - 4y - 6z - 12 = 0$;
   2)　$\Sigma: x^2 + y^2 - 2xy - 2x - 4y - 2z + 3 = 0$;
   3)　$\Sigma: xy + xz + yz = a^2$.
2. 试证二次曲面至少有一个确定的主径面.
3. 若平面 π 与二次曲面 Σ 的交线为圆, 则称 π 为 Σ 的**圆截面**. 试证:
   1)　平行于圆截面的平面也是圆截面;
   2)　若 $\Sigma: F(\boldsymbol{r}) = 0$; $\Sigma_1:\ F_1(\boldsymbol{r}) = 0$ 均为二次曲面, 且 $F(\boldsymbol{r})$ 与 $F_1(\boldsymbol{r})$ 的二次项相等, 则 Σ 与 Σ_1 有相同的圆截面.
   3)　求 $\Sigma: F(\boldsymbol{r}) = \Phi(\boldsymbol{r}) = 0$ 的圆截面.
4. 求椭球面 $x^2 + 2y^2 + 2z^2 + 2xy - 2x - 4y + 4z + 2 = 0$ 上的圆的中心轨迹.
5. 设平面 $Ax + By + Cz = 0,\ ABC \neq 0$ 是 $\Phi(\boldsymbol{r}) = 1$ 的圆截面, 问它们的系数间有什么关系.

第 10 章　仿射几何与射影几何

本节将简略地介绍仿射几何与射影几何. 它们是几何学中的重要分支, 并且同解析几何一样, 与线性代数理论都有密切联系, 因而现在几何学中这三个分支也被统称为 "线性几何". 这里, 我们将讨论的对象从通常的空间 —— 实数域上的三维空间扩展到一般数域上的任何维数的空间. 当然, 还可以进一步扩大讨论的对象, 但这是后话.

10.1　仿射几何

这节我们将给出仿射几何的研究对象 (或元素) 及元素之间的运算.

设 $\boldsymbol{V}$ 是数域 $\boldsymbol{P}$ 上的有限维线性空间, $\boldsymbol{M}$, $\boldsymbol{N}$ 为 $\boldsymbol{V}$ 的子空间, $\boldsymbol{\alpha}$, $\boldsymbol{\beta}$ 为 $\boldsymbol{V}$ 的元素. 在 4.10 中我们知道 $\boldsymbol{\alpha}$ 模$\boldsymbol{M}$ 的同余类为

$$\boldsymbol{\alpha}+\boldsymbol{M}=\{\boldsymbol{\alpha}+\boldsymbol{\gamma}|\boldsymbol{\gamma}\in\boldsymbol{M}\}.$$

我们又称 $\boldsymbol{\alpha}+\boldsymbol{M}$ 为 $\boldsymbol{M}$ 在 $\boldsymbol{V}$ 中的一个**陪集**或**平移空间**.

陪集有以下一些性质.

性质 1　设 $\boldsymbol{\alpha}, \boldsymbol{\beta}\in\boldsymbol{V}$, 则下面条件等价:

1)　$\boldsymbol{\alpha}+\boldsymbol{M}=\boldsymbol{\beta}+\boldsymbol{M}$;

2)　$\boldsymbol{\beta}\in\boldsymbol{\alpha}+\boldsymbol{M}$;

3)　$-\boldsymbol{\alpha}+\boldsymbol{\beta}\in\boldsymbol{M}$.

性质 2　设 $\boldsymbol{\alpha}$, $\boldsymbol{\beta}\in\boldsymbol{V}$, $\boldsymbol{M}$, $\boldsymbol{N}$ 都是 $\boldsymbol{V}$ 的子空间. 若 $\boldsymbol{\alpha}+\boldsymbol{M}=\boldsymbol{\beta}+\boldsymbol{N}$, 则$\boldsymbol{M}=\boldsymbol{N}$.

事实上, 此时有 $\boldsymbol{\alpha}\in\boldsymbol{\beta}+\boldsymbol{N}$. 于是 $\boldsymbol{\alpha}+\boldsymbol{N}=\boldsymbol{\beta}+\boldsymbol{N}=\boldsymbol{\alpha}+\boldsymbol{M}$, 因而$\boldsymbol{M}=\boldsymbol{N}$.

性质 3　$\boldsymbol{V}$ 中任意陪集族之交或为陪集, 或为空集.

设 $\{\boldsymbol{S}_i|i\in\boldsymbol{I}\}$ 为给定的陪集族. 若 $\bigcap\limits_{i\in\boldsymbol{I}}\boldsymbol{S}_i\neq\varnothing$, 设 $\boldsymbol{\alpha}\in\bigcap\limits_{i\in\boldsymbol{I}}\boldsymbol{S}_i$. 由性质 1 知, $\boldsymbol{S}_i=\boldsymbol{\alpha}+\boldsymbol{M}_i$, $\boldsymbol{M}_i$ 是$\boldsymbol{V}$ 的子空间. 于是

$$\bigcap_{i\in\boldsymbol{I}}\boldsymbol{S}_i=\bigcap_{i\in\boldsymbol{I}}(\boldsymbol{\alpha}+\boldsymbol{M}_i)=\boldsymbol{\alpha}+\bigcap_{i\in\boldsymbol{I}}\boldsymbol{M}_i.$$

由于 $\bigcap\limits_{i\in\boldsymbol{I}}\boldsymbol{M}_i$ 为$\boldsymbol{V}$ 的子空间, 故 $\bigcap\limits_{i\in\boldsymbol{I}}\boldsymbol{S}_i$ 是一个陪集.

陪集除交这种自然的运算外, 下面的运算是另一种基本运算.

定义 10.1.1 设 $\{\boldsymbol{S}_i|i\in\boldsymbol{I}\}$ 是$\boldsymbol{V}$ 的陪集族, 则称包含 $\bigcup\limits_{i\in\boldsymbol{I}}\boldsymbol{S}_i$ 的所有陪集之交为此陪集族的**联接** 或**联**, 记为 $\bigvee\limits_{i\in\boldsymbol{I}}\boldsymbol{S}_i$.

对于两个陪集, 更常用 $\boldsymbol{S}_1\bigvee\boldsymbol{S}_2$ 表示.

首先, 我们要指出, 联接运算是有意义的. 因为包含 $\bigcup\limits_{i\in\boldsymbol{I}}\boldsymbol{S}_i$ 的陪集是存在的, 如$\boldsymbol{V}$ 就是一个. 于是这些陪集的交仍为$\boldsymbol{V}$ 的一个陪集.

其次, $\bigvee\limits_{i\in\boldsymbol{I}}\boldsymbol{S}_i$ 是包含每个 $\boldsymbol{S}_i$ 的最小陪集, 即 $\boldsymbol{S}_j\subseteq\bigvee\limits_{i\in\boldsymbol{I}}\boldsymbol{S}_i, \forall j\in\boldsymbol{I}$; 若陪集 $\boldsymbol{T}\supseteq\boldsymbol{S}_i$, $\forall i\in\boldsymbol{I}$, 则 $\boldsymbol{T}\supseteq\bigvee\limits_{i\in\boldsymbol{I}}\boldsymbol{S}_i$.

第三, 下面关系显然成立

$$(\boldsymbol{S}_1\bigvee\boldsymbol{S}_2)\bigvee\boldsymbol{S}_3=\boldsymbol{S}_1\bigvee(\boldsymbol{S}_2\bigvee\boldsymbol{S}_3)=\bigvee_{i=1}^{3}\boldsymbol{S}_i.$$

以下两例可以清楚地说明联接运算的几何背景.

例 10.1 设 $\boldsymbol{V}=\mathbf{R}^3$, P, Q 是两个点, 坐标向量分别为 $\boldsymbol{\alpha}$, $\boldsymbol{\beta}$. 于是 $\boldsymbol{\alpha}$, $\boldsymbol{\beta}$ 可视为子空间 $\{0\}$ 的陪集.

$$\boldsymbol{\alpha}\bigvee\boldsymbol{\beta}=\boldsymbol{\alpha}+\boldsymbol{M}=\boldsymbol{\beta}+\boldsymbol{M},$$

其中$\boldsymbol{M}$ 是 $\boldsymbol{V}$ 的子空间. 故

$$t(\boldsymbol{\alpha}-\boldsymbol{\beta})\in\boldsymbol{M},\ \forall t\in\mathbf{R}.$$

显然 $\{t(\boldsymbol{\alpha}-\boldsymbol{\beta})|t\in\mathbf{R}\}$ 是$\boldsymbol{V}$ 的子空间, 且

$$\boldsymbol{\alpha}+\{t(\boldsymbol{\alpha}-\boldsymbol{\beta})|\forall t\in\mathbf{R}\}=\boldsymbol{\beta}+\{\mathbf{t}(\boldsymbol{\alpha}-\boldsymbol{\beta})|\mathbf{t}\in\mathbf{R}\}$$

为包含 $\boldsymbol{\alpha}$, $\boldsymbol{\beta}$ 的陪集, 故 $\boldsymbol{M}=\{t(\boldsymbol{\alpha}-\boldsymbol{\beta})|t\in\mathbf{R}\}$. 这表明 $\boldsymbol{\alpha}\bigvee\boldsymbol{\beta}$ 是联接 P, Q 的直线, 如图 10.1 所示.

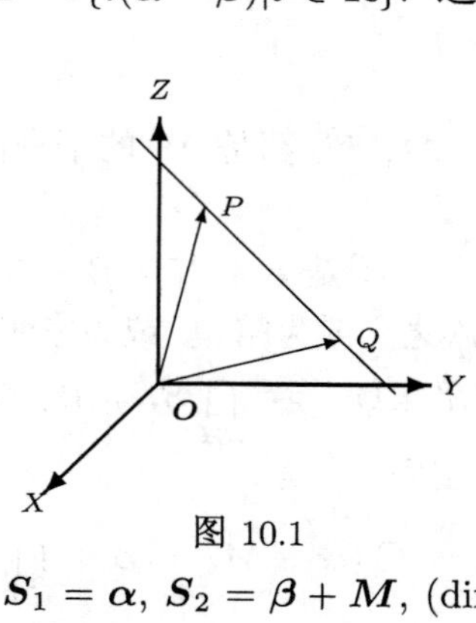

图 10.1

例 10.2 设 $\boldsymbol{V}=\mathbf{R}^3$, $\boldsymbol{S}_1=\boldsymbol{\alpha}$, $\boldsymbol{S}_2=\boldsymbol{\beta}+\boldsymbol{M}$, $(\dim\boldsymbol{M}=1)$. 故 $\boldsymbol{S}_1$ 是一个点, $\boldsymbol{S}_2$ 是一条直线, 且 $\boldsymbol{\alpha}\notin\boldsymbol{S}_2$. 设

$$\boldsymbol{S}_1\bigvee\boldsymbol{S}_2=\boldsymbol{\alpha}+\boldsymbol{M}_1=\boldsymbol{\beta}+\boldsymbol{M}_1.$$

由于 $t(\boldsymbol{\alpha}-\boldsymbol{\beta})\in\boldsymbol{M}_1$, $\forall t\in\mathbf{R}$, $\boldsymbol{M}\subset\boldsymbol{M}_1$, 于是

$$\boldsymbol{M}_2=L(\boldsymbol{\alpha}-\boldsymbol{\beta})+\boldsymbol{M}\subseteq\boldsymbol{M}_1.$$

而 $\boldsymbol{\alpha}+\boldsymbol{M}_2=\boldsymbol{\beta}+\boldsymbol{M}_2$ 为包含 $\boldsymbol{S}_1$, $\boldsymbol{S}_2$ 的陪集, 故 $\boldsymbol{M}_2=\boldsymbol{M}_1$. 由于 $\boldsymbol{\alpha}\notin\boldsymbol{S}_2$, 故 $\boldsymbol{\alpha}-\boldsymbol{\beta}\notin\boldsymbol{M}$, 因而 $\dim\boldsymbol{M}_1=2$. 这表明 $\boldsymbol{S}_1\bigvee\boldsymbol{S}_2$ 是通过点 $\boldsymbol{S}_1$ 与直线 $\boldsymbol{S}_2$ 的平面.

定义 10.1.2 设 $\boldsymbol{M}$ 是 $\boldsymbol{V}$ 的子空间, 则称 $\boldsymbol{M}$ 的维数为陪集 $\boldsymbol{\alpha}+\boldsymbol{M}$ 的**维数**, 记为 $\dim(\boldsymbol{\alpha}+\boldsymbol{M})=\dim\boldsymbol{M}$.

定义 10.1.3 设 $\boldsymbol{S}$ 为线性空间 $\boldsymbol{V}$ 的陪集, 称 $\boldsymbol{S}$ 中所有陪集的集合为 $\boldsymbol{S}$ 上的**仿射几何** (affine geometry), 记为 $\mathcal{A}(\boldsymbol{S})$. 并称 $\dim\boldsymbol{S}$ 为 $\mathcal{A}(\boldsymbol{S})$ 的**维数**, 记为 $\dim\mathcal{A}(\boldsymbol{S})$. $\mathcal{A}(\boldsymbol{S})$ 中 0, 1, 2 维元素分别称为**点**, **直线**, **平面**. $\mathcal{A}(\boldsymbol{S})$ 中 $\dim\boldsymbol{S}-1$ 维元素称为 $\mathcal{A}(\boldsymbol{S})$ (或$\boldsymbol{S}$) 的**超平面**.

若$\boldsymbol{S}$, $\boldsymbol{T}$ 都是陪集, 且 $\boldsymbol{S}\subseteq\boldsymbol{T}$, 则称 $\mathcal{A}(\boldsymbol{S})$ 为 $\mathcal{A}(\boldsymbol{T})$ 的**子几何**.

习　　题

1. 证明联接运算 $\bigvee$ 有交换律与结合律.
2. 证明 $\boldsymbol{S}\bigvee 0=L(\boldsymbol{S})$, 这里 0 为 $\boldsymbol{V}$ 的零元素, $L(\boldsymbol{S})$ 为由$\boldsymbol{S}$ 生成的子空间.
3. 设 $\boldsymbol{V}$ 是数域 $\boldsymbol{P}$ 上的线性空间, $\boldsymbol{S}$ 是 $\boldsymbol{V}$ 的陪集. 试证: 若 $\boldsymbol{\alpha}_1,\boldsymbol{\alpha}_2,\cdots,\boldsymbol{\alpha}_r\in\boldsymbol{S}$; $x_1,x_2,\cdots,x_r\in\boldsymbol{P}$, 且 $x_1+x_2+\cdots+x_r=1$, 则 $\sum\limits_{i=1}^{r}x_i\boldsymbol{\alpha}_i\in\boldsymbol{S}$.
4. 试证$\boldsymbol{V}$ 中非空集 $\boldsymbol{S}$, 若在 $r=2$ 时, 习题 3 的性质成立, 则$\boldsymbol{S}$ 为一陪集.
5. 设 $\boldsymbol{A}\in\boldsymbol{P}^{m\times n}$, $\boldsymbol{B}\in\boldsymbol{P}^{1\times n}$. 试证线性方程组$\boldsymbol{AX}=\boldsymbol{B}$ 的解集合是 $\boldsymbol{P}^n$ 中一个 $n-R(\boldsymbol{A})$ 维的陪集.

10.2 基本仿射性质

本节将讨论交与联接的基本性质, 并引进平行的概念.

定义 10.2.1 设 $\boldsymbol{\alpha}+\boldsymbol{M}$, $\boldsymbol{\beta}+\boldsymbol{N}$ 是线性空间$\boldsymbol{V}$ 的两个陪集. 如果

$$\boldsymbol{M}\subseteq\boldsymbol{N}\text{ 或 }\boldsymbol{N}\subseteq\boldsymbol{M},$$

则称 $\boldsymbol{\alpha}+\boldsymbol{M}$ 与 $\boldsymbol{\beta}+\boldsymbol{N}$ 平行, 记为 $(\boldsymbol{\alpha}+\boldsymbol{M})\|(\boldsymbol{\beta}+\boldsymbol{N})$.

显然, 对$\boldsymbol{V}$ 的任何陪集 $\boldsymbol{S}$ 有

$$\boldsymbol{S}\|\boldsymbol{S}$$

又若 $\boldsymbol{S}$, $\boldsymbol{T}$ 为两个陪集, 且 $\boldsymbol{S}\|\boldsymbol{T}$, 则 $\boldsymbol{T}\|\boldsymbol{S}$.

即平行关系有自反性与对称性. 下面的例子说明平行关系没有传递性, 同时也说明平行关系的几何意义.

例 10.3　设 $\boldsymbol{V}=\mathbf{R}^3$. $\boldsymbol{\alpha}=(0,\ 0,\ 1)$, $\boldsymbol{\beta}=(0,\ 0,\ 2)$, $\boldsymbol{M}_1=\{(x,\ 0,\ 0)|x\in\mathbf{R}\}$, $\boldsymbol{M}_2=\{(0,\ y,\ 0)|y\in\mathbf{R}\}$, $\boldsymbol{M}=\{(x,\ y,\ 0)|x,y\in\mathbf{R}\}$. $\boldsymbol{S}_1=\boldsymbol{\alpha}+\boldsymbol{M}_1$, $\boldsymbol{S}_2=\boldsymbol{\beta}+\boldsymbol{M}_2$, $\boldsymbol{S}_3=\boldsymbol{M}$. 于是

$$\boldsymbol{S}_1\|\boldsymbol{S}_3,\quad \boldsymbol{S}_2\|\boldsymbol{S}_3.$$

但 $\boldsymbol{S}_1$ 与 $\boldsymbol{S}_2$ 不平行, 如图 10.2 所示.

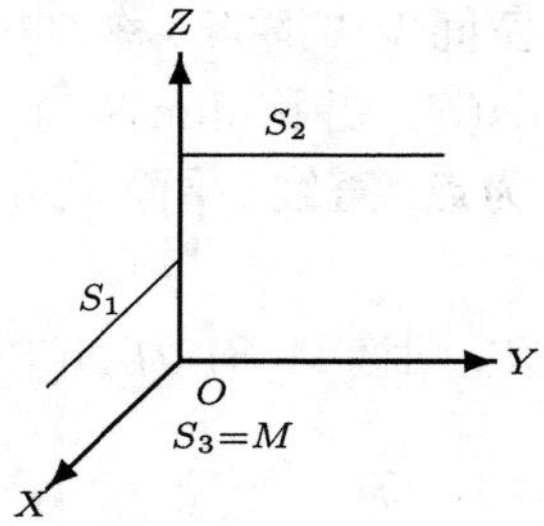

图 10.2

这里, 我们的平行概念也就是通常意义下的平行概念.

定理 10.2.1　设 $\boldsymbol{\alpha}+\boldsymbol{M}=\boldsymbol{S}$, $\boldsymbol{\beta}+\boldsymbol{N}=\boldsymbol{T}$ 分别为子空间 $\boldsymbol{M}$, $\boldsymbol{N}$ 的陪集, 则下述结果成立:

1)　$(\boldsymbol{\alpha}+\boldsymbol{M})\bigvee(\boldsymbol{\beta}+\boldsymbol{N})=\boldsymbol{\alpha}+L(\boldsymbol{\beta}-\boldsymbol{\alpha})+\boldsymbol{M}+\boldsymbol{N}$;

2)　$\boldsymbol{S}\cap\boldsymbol{T}\neq\varnothing$ 当且仅当$\boldsymbol{\beta}-\boldsymbol{\alpha}\in\boldsymbol{M}+\boldsymbol{N}$;

3)　$\boldsymbol{S}\cap\boldsymbol{T}=\varnothing$ 当且仅当 $\dim(\boldsymbol{S}\bigvee\boldsymbol{T})=\dim(\boldsymbol{M}+\boldsymbol{N})+1$.

证　1)　由于 $\boldsymbol{\alpha},\boldsymbol{\beta}\in\boldsymbol{S}\bigvee\boldsymbol{T}$, 故有子空间 $\boldsymbol{P}$使得

$$\boldsymbol{S}\bigvee\boldsymbol{T}=\boldsymbol{\alpha}+\boldsymbol{P}=\boldsymbol{\beta}+\boldsymbol{P}.$$

于是

$$L(\boldsymbol{\beta}-\boldsymbol{\alpha})+\boldsymbol{M}+\boldsymbol{N}\subseteq\boldsymbol{P},$$

又

$$(\boldsymbol{\alpha}+\boldsymbol{M})\cup(\boldsymbol{\beta}+\boldsymbol{N})\subseteq\boldsymbol{\alpha}+L(\boldsymbol{\beta}-\boldsymbol{\alpha})+\boldsymbol{M}+\boldsymbol{N}.$$

故由 $\boldsymbol{S}\bigvee\boldsymbol{T}$ 是包含 $\boldsymbol{\alpha}+\boldsymbol{M}$ 与 $\boldsymbol{\beta}+\boldsymbol{N}$ 的最小陪集, 知

$$\boldsymbol{P}=L(\boldsymbol{\beta}-\boldsymbol{\alpha})+\boldsymbol{M}+\boldsymbol{N}.$$

于是结果 1) 成立.

2)　$(\boldsymbol{\alpha}+\boldsymbol{M})\cap(\boldsymbol{\beta}+\boldsymbol{N})\neq\varnothing$ 当且仅当存在 $\boldsymbol{\gamma}\in\boldsymbol{M}$, $\boldsymbol{\delta}\in\boldsymbol{N}$, 使得 $\boldsymbol{\alpha}+\boldsymbol{\gamma}=\boldsymbol{\beta}+\boldsymbol{\delta}$. 即$\boldsymbol{\beta}-\boldsymbol{\alpha}=\boldsymbol{\gamma}-\boldsymbol{\delta}\in\boldsymbol{M}+\boldsymbol{N}$.

3) 由结果 2), 知 $\boldsymbol{S}\cap\boldsymbol{T}=\varnothing$ 当且仅当$\boldsymbol{\beta}-\boldsymbol{\alpha}\notin\boldsymbol{M}+\boldsymbol{N}$. 即 $L(\boldsymbol{\beta}-\boldsymbol{\alpha})\cap(\boldsymbol{M}+\boldsymbol{N})=\{0\}$. 再由结果 1) 知

$$\dim(\boldsymbol{S}\bigvee\boldsymbol{T})=\dim(\boldsymbol{M}+\boldsymbol{N})+1,$$

即结果 3) 成立.

仿射几何中关联性质将由下述定理导出.

定理 10.2.2 设 $\boldsymbol{S},\boldsymbol{T}$ 都是线性空间 $\boldsymbol{V}$ 的陪集, 则下述结果成立:

1) 若 $\boldsymbol{S}\subseteq\boldsymbol{T}$, 则 $\dim\boldsymbol{S}\leqslant\dim\boldsymbol{T}$, 且等号成立时$\boldsymbol{S}=\boldsymbol{T}$;

2) 若 $\boldsymbol{S}\cap\boldsymbol{T}\neq\varnothing$, 则

$$\dim(\boldsymbol{S}\bigvee\boldsymbol{T})+\dim(\boldsymbol{S}\cap\boldsymbol{T})=\dim\boldsymbol{S}+\dim\boldsymbol{T};$$

3) 若 $\boldsymbol{S}\cap\boldsymbol{T}\neq\varnothing$, 则$\boldsymbol{S}\|\boldsymbol{T}$ 的充分必要条件是 $\boldsymbol{S}\subseteq\boldsymbol{T}$ 或 $\boldsymbol{T}\subseteq\boldsymbol{S}$.

若 $\boldsymbol{S}\cap\boldsymbol{T}=\varnothing$, 则$\boldsymbol{S}\|\boldsymbol{T}$ 当且仅当

$$\dim(\boldsymbol{S}\bigvee\boldsymbol{T})=\max(\dim\boldsymbol{S},\ \dim\boldsymbol{T})+1.$$

证 设 $\boldsymbol{S}=\boldsymbol{\alpha}+\boldsymbol{M},\boldsymbol{T}=\boldsymbol{\beta}+\boldsymbol{N}$, 其中 $\boldsymbol{M},\boldsymbol{N}$ 为 $\boldsymbol{V}$ 的子空间.

取$\gamma\in\boldsymbol{S}\cap\boldsymbol{T}$, 故 $\boldsymbol{S}=\gamma+\boldsymbol{M},\boldsymbol{T}=\gamma+\boldsymbol{N}$. 因而

$$\boldsymbol{S}\bigvee\boldsymbol{T}=\gamma+(\boldsymbol{M}+\boldsymbol{N}),\quad \boldsymbol{S}\cap\boldsymbol{T}=\gamma+(\boldsymbol{M}\cap\boldsymbol{N}).$$

由平行的定义及线性空间和与交的维数关系知结论 1) 与 2) 成立.

3) $\boldsymbol{S}\cap\boldsymbol{T}\neq\varnothing$. 设 $\gamma\in\boldsymbol{S}\cap\boldsymbol{T}$, 于是 $\boldsymbol{S}=\gamma+\boldsymbol{M},\boldsymbol{T}=\gamma+\boldsymbol{N}$. $\boldsymbol{S}\|\boldsymbol{T}$ 即$\boldsymbol{M}\subseteq\boldsymbol{N}$ 或$\boldsymbol{N}\subseteq\boldsymbol{M}$, 当且仅当$\boldsymbol{S}\subseteq\boldsymbol{T}$ 或$\boldsymbol{T}\subseteq\boldsymbol{S}$.

$\boldsymbol{S}\cap\boldsymbol{T}=\varnothing$. 于是由定理 10.2.1 知

$$\dim(\boldsymbol{S}\bigvee\boldsymbol{T})=\dim(\boldsymbol{M}+\boldsymbol{N})+1.$$

因而

$$\dim(\boldsymbol{S}\bigvee\boldsymbol{T})=\max(\dim\boldsymbol{S},\ \dim\boldsymbol{T})+1$$

当且仅当

$$\begin{aligned}\dim(\boldsymbol{M}+\boldsymbol{N})&=\max(\dim\boldsymbol{S},\ \dim\boldsymbol{T})\\&=\max(\dim\boldsymbol{M},\ \dim\boldsymbol{N}).\end{aligned}$$

即

$$\boldsymbol{M}\subseteq\boldsymbol{N}\quad\text{或}\quad\boldsymbol{N}\subseteq\boldsymbol{M},$$

也就是$\boldsymbol{S}\|\boldsymbol{T}$. 故结论 3) 成立.

将此定理用于 2, 3 维仿射几何, 则有下面两个 2, 3 维仿射几何关联性质的推论.

推论 1 设 $\dim \boldsymbol{V}=2$, 则 $\mathcal{A}(\boldsymbol{V})$ 有以下性质:

1) 两个不同点的联接是一直线;

2) 两个不平行直线的交是一点.

证 性质 1) 的证明可见例 10.1.

2) $\dim \boldsymbol{S}=\dim \boldsymbol{T}=1$. $\boldsymbol{S}$ 与 $\boldsymbol{T}$ 不平行, 故 $\boldsymbol{S}\neq\boldsymbol{T}$. 于是由 $\boldsymbol{S}\subseteq\boldsymbol{S}\bigvee\boldsymbol{T}$ 知

$$\dim(\boldsymbol{S}\bigvee\boldsymbol{T})\geqslant\dim\boldsymbol{S}.$$

且等号成立时, $\boldsymbol{S}\bigvee\boldsymbol{T}=\boldsymbol{S}$, 从而 $\boldsymbol{T}=\boldsymbol{S}$, 这就产生矛盾. 故

$$\dim(\boldsymbol{S}\bigvee\boldsymbol{T})>\dim\boldsymbol{S}=1.$$

由 $\dim \boldsymbol{V}=2$, 知

$$\dim(\boldsymbol{S}\bigvee\boldsymbol{T})=2=\max(\dim\boldsymbol{S},\ \dim\boldsymbol{T})+1.$$

因而由定理 10.2.2 的结论 3) 知 $\boldsymbol{S}\cap\boldsymbol{T}=\varnothing$ 时, $\boldsymbol{S}\|\boldsymbol{T}$. 这又产生矛盾, 故 $\boldsymbol{S}\cap\boldsymbol{T}\neq\varnothing$, 且

$$\dim(\boldsymbol{S}\cap\boldsymbol{T})=-\dim(\boldsymbol{S}\bigvee\boldsymbol{T})+\dim\boldsymbol{S}+\dim\boldsymbol{T}=0.$$

故 $\boldsymbol{S}\cap\boldsymbol{T}$ 是一个点.

推论 2 设 $\dim \boldsymbol{V}=3$, 则 $\mathcal{A}(\boldsymbol{V})$ 有以下性质:

1) 两不同点的联接是一条直线;

2) 两不平行的平面的交是一条直线;

3) 交于一点的两条直线的联接是一平面;

4) 两条共面的不平行的直线的交是一点;

5) 两条不同的平行直线的联接是一平面;

6) 一点与不包含它的一条直线的联接是一个平面;

7) 一平面与一不平行于它的直线的交为一点.

证 性质 1) 与 6) 的证明可见例 10.1 与例 10.2.

5) $\boldsymbol{S}\neq\boldsymbol{T}$ 且 $\boldsymbol{S}\|\boldsymbol{T}$, 于是由定理 10.2.2 的结论 3) 知 $\boldsymbol{S}\cap\boldsymbol{T}=\varnothing$, 且

$$\dim(\boldsymbol{S}\bigvee\boldsymbol{T})=\max(\dim\boldsymbol{S},\dim\boldsymbol{T})+1=2.$$

即$\boldsymbol{S}\bigvee\boldsymbol{T}$ 为一平面.

其他性质的证明可作为练习.

两条既不平行又不相交的直线称为**交错直线**, 它们一定不共面, 故也称为**异面直线**.

习 题

1. 证明推论 2 中性质 2), 3), 4) 与 7).
2. 设 $\dim \boldsymbol{V}=3$, $\boldsymbol{S}, \boldsymbol{T}$ 为 $\mathcal{A}(\boldsymbol{V})$ 中两条交错直线. 试证:
   1) 存在唯一的平面 P_S 使得 $\boldsymbol{S} \subset P_S$, $\boldsymbol{T} \| P_S$;
   2) 存在唯一的平面 P_T 使得 $\boldsymbol{T} \subset P_T$, $\boldsymbol{S} \| P_T$;
   3) $P_T \| P_S$.
3. 设 $\boldsymbol{S}, \boldsymbol{T}$ 为两个陪集, 又

$$\boldsymbol{K}=\{x\boldsymbol{\alpha}+y\boldsymbol{\beta} \mid \boldsymbol{\alpha} \in \boldsymbol{S}, \boldsymbol{\beta} \in \boldsymbol{T}, x, y \in \boldsymbol{P}, x+y=1\}.$$

   试证: 1) $\boldsymbol{\alpha} \bigvee \boldsymbol{\beta} \subseteq \boldsymbol{K}, \forall \boldsymbol{\alpha} \in \boldsymbol{S},\ \boldsymbol{\beta} \in \boldsymbol{T}$;
   2) 若 $\dim \boldsymbol{V}=3$, $\boldsymbol{S}, \boldsymbol{T}$ 为交错直线, 则 $\boldsymbol{K}$ 不是陪集.
4. 设 $\boldsymbol{\alpha}_1, \boldsymbol{\alpha}_2, \cdots, \boldsymbol{\alpha}_r \in \boldsymbol{V}$. 试证:
   1) $\bigvee\limits_{i=1}^{r} \boldsymbol{\alpha}_i=\boldsymbol{\alpha}_1+L\{\boldsymbol{\alpha}_i-\boldsymbol{\alpha}_1 \mid 2 \leqslant i \leqslant r\}$.
   2) $\dim \bigvee\limits_{i=1}^{r} \boldsymbol{\alpha}_i=r-1$ 当且仅当 $\{\boldsymbol{\alpha}_i-\boldsymbol{\alpha}_1 \mid 2 \leqslant i \leqslant r\}$ 线性无关.

10.3 仿射同构

如同线性空间, Euclid 空间一样, 在仿射几何之间也有同构的关系. 两个同构的仿射几何应当有相同的性质与结构. 在事实上, 可以视为一个仿射几何. 本节我们将讨论这种关系.

定义 10.3.1 设 f 是仿射几何 $\boldsymbol{A}$ 到仿射几何 $\boldsymbol{A}'$ 的一一对应, 并满足

$$f(\boldsymbol{S}) \subseteq f(\boldsymbol{T}) \quad \text{当且仅当} \quad \boldsymbol{S} \subseteq \boldsymbol{T},\ \forall \boldsymbol{S},\ \boldsymbol{T} \in \boldsymbol{A},$$

则称 f 为 $\boldsymbol{A}$ 到 $\boldsymbol{A}'$ 上的**同构**. 如果这样的同构存在, 则称 $\boldsymbol{A}$ 与 $\boldsymbol{A}'$ **同构**.

显然, 同构关系具有自反性, 对称性与传递性.

仿射几何 $\boldsymbol{A}$ 到仿射几何 $\boldsymbol{A}'$ 的同构有以下性质.

性质 1 保持交的运算, 即 $f(\bigcap_i \boldsymbol{S}_i)=\bigcap_i f(\boldsymbol{S}_i),\ \forall \boldsymbol{S}_i \in \boldsymbol{A}$.

性质 2 保持联接运算, 即 $f(\bigvee_i \boldsymbol{S}_i)=\bigvee_i f(\boldsymbol{S}_i),\ \forall \boldsymbol{S}_i \in \boldsymbol{A}$.

性质 3 保持维数不变, 即 $\dim f(\boldsymbol{S})=\dim \boldsymbol{S},\ \forall \boldsymbol{S} \in \boldsymbol{A}$.

性质 4 保持平行关系, 即 $f(\boldsymbol{S}) \| f(\boldsymbol{T})$ 当且仅当 $\boldsymbol{S} \| \boldsymbol{T}$.

注意到, $\bigcap\limits_i \boldsymbol{S}_i$ 与 $\bigvee\limits_i \boldsymbol{S}_i$ 分别为包含在每个 $\boldsymbol{S}_i$ 中的最大陪集与包含每个 $\boldsymbol{S}_i$ 的最小陪集, 于是性质 1, 2 自然成立.

对于陪集 $\boldsymbol{S}$, 我们可构造一个陪集族

$$\boldsymbol{S} \supset \boldsymbol{S}_1 \supset \boldsymbol{S}_2 \supset \cdots \supset \boldsymbol{S}_k,$$

其中 $\dim \boldsymbol{S}_i = \dim \boldsymbol{S} - i$. 由此知 $k = \dim \boldsymbol{S}$

$$f(\boldsymbol{S}) \supset f(\boldsymbol{S}_1) \supset \cdots \supset f(\boldsymbol{S}_k).$$

因而由 $\dim f(\boldsymbol{S}_i) > \dim f(\boldsymbol{S}_{i+1})$ 知

$$\dim \boldsymbol{S} \leqslant \dim f(\boldsymbol{S}).$$

反之, 由于 f^{-1} 是$\boldsymbol{A}'$ 到 $\boldsymbol{A}$ 的同构, 故

$$\dim f(\boldsymbol{S}) \leqslant \dim f^{-1}(f(\boldsymbol{S})) = \dim \boldsymbol{S}.$$

于是性质 3 成立.

设 $\boldsymbol{S} \| \boldsymbol{T}$, 分两种情形来讨论:

1) $\boldsymbol{S} \cap \boldsymbol{T} \neq \varnothing$, 此时有 $\boldsymbol{S} \subseteq \boldsymbol{T}$ 或 $\boldsymbol{T} \subseteq \boldsymbol{S}$. 因而 $f(\boldsymbol{S}) \subseteq f(\boldsymbol{T})$ 或 $f(\boldsymbol{T}) \subseteq f(\boldsymbol{S})$, 故 $f(\boldsymbol{S}) \| f(\boldsymbol{T})$. 反之亦然.

2) $\boldsymbol{S} \cap \boldsymbol{T} = \varnothing$, 于是 $f(\boldsymbol{S}) \cap f(\boldsymbol{T}) = \varnothing$. 且

$$\begin{aligned}\dim(f(\boldsymbol{S}) \bigvee f(\boldsymbol{T})) &= \dim f(\boldsymbol{S} \bigvee \boldsymbol{T}) \\ &= \dim(\boldsymbol{S} \bigvee \boldsymbol{T}) \\ &= \max(\dim \boldsymbol{S},\ \dim \boldsymbol{T}) + 1 \\ &= \max(\dim f(\boldsymbol{S}),\ \dim f(\boldsymbol{T})) + 1.\end{aligned}$$

故 $f(\boldsymbol{S}) \| f(\boldsymbol{T})$. 反之亦然.

因而性质 4 也成立.

定理 10.3.1 数域$\boldsymbol{P}$ 上两个仿射几何 $\boldsymbol{A}$, $\boldsymbol{A}'$ 同构的充分必要条件是它们的维数相同.

证 必要性可由上面的性质 3 得出. 下面证明充分性.

设 $\boldsymbol{\alpha}, \boldsymbol{\alpha}'$; $\boldsymbol{M}, \boldsymbol{M}'$ 分别为线性空间 $\boldsymbol{V}, \boldsymbol{V}'$ 的向量与子空间, 且 $\boldsymbol{A} = \mathcal{A}(\boldsymbol{\alpha} + \boldsymbol{M})$, $\boldsymbol{A}' = \mathcal{A}(\boldsymbol{\alpha}' + \boldsymbol{M}')$. 由于 $\dim \boldsymbol{A} = \dim \boldsymbol{A}'$, 故 $\dim \boldsymbol{M} = \dim \boldsymbol{M}'$. 因而有$\boldsymbol{M}$ 到 $\boldsymbol{M}'$ 上的线性同构映射 g. 再作$\boldsymbol{A}$ 到 $\boldsymbol{A}'$ 的映射 f

$$f(\boldsymbol{S}) = \boldsymbol{\alpha}' + g(\boldsymbol{S} - \boldsymbol{\alpha}), \quad \forall \boldsymbol{S} \in \boldsymbol{A}.$$

这里

$$\boldsymbol{S} - \boldsymbol{\alpha} = \{\boldsymbol{\beta} - \boldsymbol{\alpha} | \boldsymbol{\beta} \in \boldsymbol{S}\} \subseteq \boldsymbol{M}.$$

显然, f 的逆映射 f^{-1} 为

$$f^{-1}(\boldsymbol{S}') = \boldsymbol{\alpha}' + g^{-1}(\boldsymbol{S}' - \boldsymbol{\alpha}'), \quad \forall \boldsymbol{S}' \in \boldsymbol{A}'.$$

于是 f 是$\boldsymbol{A}$ 到 $\boldsymbol{A}'$ 的一一对应, 且

$$f(\boldsymbol{S}) \subseteq f(\boldsymbol{T}) \quad \text{当且仅当} \quad \boldsymbol{S} \subseteq \boldsymbol{T}.$$

即 f 是$\boldsymbol{A}$ 到 $\boldsymbol{A}'$ 的同构映射.

从这个定理知 "n 维仿射几何" 的含义是明确的. 下面我们讨论一个仿射几何到自己的同构映射.

例 10.4 设 $\boldsymbol{V}$ 为数域 $\boldsymbol{P}$ 上的线性空间, $\boldsymbol{\alpha} \in \boldsymbol{V}$, $\tau_{\boldsymbol{\alpha}}$ 是由 $\boldsymbol{\alpha}$ 决定的平移, 则 $\tau_{\boldsymbol{\alpha}}$ 也是 $\mathcal{A}(\boldsymbol{V})$ 到 $\mathcal{A}(\boldsymbol{V})$ 的同构.

证 设 $\boldsymbol{\beta} \in \boldsymbol{V}$, $\boldsymbol{M}$ 是 $\boldsymbol{V}$ 的子空间, 则

$$\begin{aligned}
&\tau_{\boldsymbol{\alpha}}(\boldsymbol{\beta} + \boldsymbol{M}) = \boldsymbol{\alpha} + \boldsymbol{\beta} + \boldsymbol{M}, \\
&\tau_{-\boldsymbol{\alpha}}\tau_{\boldsymbol{\alpha}} = \mathrm{id}, \\
&\tau_{\boldsymbol{\alpha}}(\boldsymbol{S}) \subseteq \tau_{\boldsymbol{\alpha}}(\boldsymbol{T}) \text{ 当且仅当 } \boldsymbol{S} \subseteq \boldsymbol{T}.
\end{aligned}$$

故 $\tau_{\boldsymbol{\alpha}}$ 是 $\mathcal{A}(\boldsymbol{V})$ 到 $\mathcal{A}(\boldsymbol{V})$ 的同构.

例 10.5 $\boldsymbol{V}$ 的任何可逆线性变换 f 均为 $\mathcal{A}(\boldsymbol{V})$ 到 $\mathcal{A}(\boldsymbol{V})$ 的同构.

事实上, $\boldsymbol{\alpha} \in \boldsymbol{V}$, $\boldsymbol{M}$ 为 $\boldsymbol{V}$ 的子空间, 则

$$\begin{aligned}
&f(\boldsymbol{\alpha} + \boldsymbol{M}) = f(\boldsymbol{\alpha}) + f(\boldsymbol{M}), \\
&f^{-1}f = \mathrm{id}, \\
&f(\boldsymbol{S}) \subseteq f(\boldsymbol{T}) \text{ 当且仅当 } \boldsymbol{S} \subseteq \boldsymbol{T}.
\end{aligned}$$

故 f 为 $\mathcal{A}(\boldsymbol{V})$ 到 $\mathcal{A}(\boldsymbol{V})$ 的同构.

从例 10.4, 例 10.5 可以看出 $\tau_{\boldsymbol{\alpha}}f$ 也是 $\mathcal{A}(\boldsymbol{V})$ 到 $\mathcal{A}(\boldsymbol{V})$ 的同构. 特别地, 在 $\boldsymbol{V}$ 中取定基后, 仍以 $\boldsymbol{\alpha}$ 表示 $\boldsymbol{\alpha}$ 在取定基下的坐标, f 表示 f 的矩阵. 则我们可用矩阵来表示 $\tau_{\boldsymbol{\alpha}}f$

$$(\tau_{\boldsymbol{\alpha}}f)(\boldsymbol{\beta}) = \begin{pmatrix} f & \boldsymbol{\alpha} \\ 0 & 1 \end{pmatrix} \begin{pmatrix} \boldsymbol{\beta} \\ 1 \end{pmatrix} = \boldsymbol{\alpha} + f(\boldsymbol{\beta}).$$

定义 10.3.2 设 $\boldsymbol{V}$, $\boldsymbol{V}'$ 为数域 $\boldsymbol{P}$ 上线性空间, $\boldsymbol{\alpha}$, $\boldsymbol{\alpha}'$; $\boldsymbol{M}$, $\boldsymbol{M}'$ 分别为 $\boldsymbol{V}$, $\boldsymbol{V}'$ 的向量, 子空间, g 是$\boldsymbol{M}$ 到 $\boldsymbol{M}'$ 上的线性同构. 则称 $\tau_{\boldsymbol{\alpha}'}g\tau_{-\boldsymbol{\alpha}}$ 为 $\mathcal{A}(\boldsymbol{\alpha} + \boldsymbol{M})$ 到 $\mathcal{A}(\boldsymbol{\alpha}' + \boldsymbol{M}')$ 上的**仿射变换**.

关于仿射变换有以下性质:

1. 记 $h = \tau_{\boldsymbol{\alpha}'}g\tau_{-\boldsymbol{\alpha}}$, 则

$$g = \tau_{-h(\boldsymbol{\beta})}h\tau_{\boldsymbol{\beta}}, \quad \forall \boldsymbol{\beta} \in \boldsymbol{\alpha} + \boldsymbol{M}.$$

2. h^{-1} 是 $\mathcal{A}(\boldsymbol{\alpha}' + \boldsymbol{M}')$ 到 $\mathcal{A}(\boldsymbol{\alpha} + \boldsymbol{M})$ 的仿射变换.

3. h_1: $\mathcal{A}(\boldsymbol{S}) \longrightarrow \mathcal{A}(\boldsymbol{S}')$, h_2: $\mathcal{A}(\boldsymbol{S}') \longrightarrow \mathcal{A}(\boldsymbol{S}'')$ 都是仿射变换, 则 h_2h_1: $\mathcal{A}(\boldsymbol{S}) \longrightarrow \mathcal{A}(\boldsymbol{S}'')$ 也是仿射变换.

这些性质都可作为练习.

下面我们将在仿射几何中建立参照标架.

定义 10.3.3 设 $\boldsymbol{A}$ 是 $n(\geqslant 1)$ 维仿射几何. 又 $P_1, P_2, \cdots, P_n, Q$ 是 $n+1$ 个点, 且

$$\dim\left(\bigvee_{i=1}^{n} P_i \vee Q\right) = n,$$

则称有序 $(n+1)-$ 重组 $(P_1, P_2, \cdots, P_n; Q)$ 为$\boldsymbol{A}$ 的**以 Q 为原点的参照标架**.

设 $\boldsymbol{V} = \boldsymbol{P}^n$, 令 $O = (0, 0, \cdots, 0)$, 及

$$E_i = (0, \cdots, 0, \overset{i}{1}, 0, \cdots, 0), \quad 1 \leqslant i \leqslant n.$$

即 $\boldsymbol{E}_i$ 的第 i 个元素为 1, 其他元素为 0. 因而我们得到 $\mathcal{A}(\boldsymbol{P}^n)$ 的一个以 O 为原点的参照标架

$$(E_1, E_2, \cdots, E_n; O).$$

称此参照标架为**标准参照标架**.

定理 10.3.2 若 $(P_1, P_2, \cdots, P_n; Q)$,$(P_1', P_2', \cdots, P_n'; Q')$ 分别是仿射几何$\boldsymbol{A}$, $\boldsymbol{A}'$ 的参照标架, 则存在 $\boldsymbol{A}$ 到 $\boldsymbol{A}'$ 的唯一的仿射变换 f 使得

$$f(P_i) = P_i', \quad 1 \leqslant i \leqslant n;$$
$$f(Q) = Q'.$$

证 不妨设 $\boldsymbol{A} = \mathcal{A}(\boldsymbol{\alpha} + \boldsymbol{M})$, $\boldsymbol{A}' = \mathcal{A}(\boldsymbol{\alpha}' + \boldsymbol{M}')$, 这里 $\boldsymbol{\alpha}, \boldsymbol{\alpha}'$; $\boldsymbol{M}, \boldsymbol{M}'$ 分别为线性空间 $\boldsymbol{V}, \boldsymbol{V}'$ 的向量与子空间. P_i, Q; P_i', Q' 分别为 $\boldsymbol{A}, \boldsymbol{A}'$ 中的点, 因而为 V, V' 中的向量.

由于 $(P_1, \cdots, P_n; Q)$ 与 $(P_1', \cdots, P_n'; Q')$ 是参照标架, 于是 $\{P_i - Q|1 \leqslant i \leqslant n\}$, $\{P_i' - Q'|1 \leqslant i \leqslant n\}$ 分别为 $\boldsymbol{M}, \boldsymbol{M}'$ 的基 (见 10.2 之习题 4). 因而有 $\boldsymbol{M}$ 到 $\boldsymbol{M}'$ 的线性同构 g 使得

$$g(P_i - Q) = P_i' - Q'.$$

于是$\boldsymbol{A}$ 到 $\boldsymbol{A}'$ 的仿射变换

$$f = \tau_{\boldsymbol{Q}'} g \tau_{-\boldsymbol{Q}}$$

满足

$$f(P_i) = P_i', \quad 1 \leqslant i \leqslant n;$$
$$f(Q) = Q'.$$

显然, 这样的 f 是唯一的.

定义 10.3.4　若$\boldsymbol{A}$ 是数域上 $\boldsymbol{P}$ 的 n 维仿射几何, 则$\boldsymbol{A}$ 到 $\mathcal{A}(\boldsymbol{P}^n)$ 上的一个仿射变换 f 称为 $\boldsymbol{A}$ 的一个**仿射坐标系**.

由定理 10.3.2 知, 对于 f 存在唯一的$\boldsymbol{A}$ 的参照标架 $(P_1, P_2, \cdots, P_n; Q)$ 使得

$$f(Q)=0;$$

$$f(P_i)=E_i,\quad 1\leqslant i\leqslant n.$$

即$\boldsymbol{A}$ 的参照标架与坐标系有一一对应关系.

设 $X=Q+\sum\limits_{i=1}^{n}x_i(P_i-Q)\in\boldsymbol{A}$, 则

$$f(X)=(x_1,\ x_2,\ \cdots,\ x_n).$$

我们称 $(x_1,\ x_2,\ \cdots,\ x_n)$ 为 X 对给定参照标架 $(P_1, P_2, \cdots, P_n; Q)$ 的**坐标**.

注　若$\boldsymbol{O}$, $\boldsymbol{E}_i$ 将写成列的形式, 则$\boldsymbol{X}$ 的坐标也是列的形式.

习　　题

1. 证明本节中所述仿射变换的三个性质.
2. 设 f 是 $\mathcal{A}(\boldsymbol{S})$ 到 $\mathcal{A}(\boldsymbol{S}')$ 上的仿射变换, 陪集$\boldsymbol{T}\subset\boldsymbol{S}$. 试证 f 在 $\mathcal{A}(\boldsymbol{T})$ 上的限制也是仿射变换.
3. 设 $f=\tau_{\boldsymbol{\alpha}'}g\tau_{-\boldsymbol{\alpha}}$ 是 $\mathcal{A}(\boldsymbol{\alpha}+\boldsymbol{M})$ 到 $\mathcal{A}(\boldsymbol{\alpha}+\boldsymbol{M})$ 的仿射变换. 证明下列两个条件等价:
   1)　$f(\boldsymbol{S})\|\boldsymbol{S}$, $\forall\boldsymbol{S}\in\mathcal{A}(\boldsymbol{\alpha}+\boldsymbol{M})$.
   2)　$f(\boldsymbol{N})=\boldsymbol{N}$, $\forall\boldsymbol{M}$ 的子空间 $\boldsymbol{N}$.
   注　有这种性质的仿射变换叫做**膨胀变换**(dilatation).

10.4　仿射几何基本定理

本节将证明仿射几何中三个基本定理. 为了与射影几何联系起来, 我们将 “齐性向量” 的工具用于我们的证明.

设 $\mathcal{A}(\boldsymbol{V})$ 是数域$\boldsymbol{P}$ 上的三维仿射几何. $\boldsymbol{S}$ 是 $\mathcal{A}(\boldsymbol{V})$ 中的一个平面, 且不包含零向量 0, $\boldsymbol{S}$ 中的一点 P 即为$\boldsymbol{V}$ 的一个非零向量. 故 $OP=O\bigvee P$ 是$\boldsymbol{V}$ 的一维子空间, 称 OP 中任何非零向量$\boldsymbol{p}$ 为对于 P 的**齐性向量**, 如图 10.3 所示.

显然下列性质成立:

1.　$\boldsymbol{p}$ 为对于 P 的齐性向量当且仅当 $OP=L(\boldsymbol{p})$;

2.　$P\longrightarrow OP$ 是$\boldsymbol{S}$ 到所有通过 O 与$\boldsymbol{S}$ 不平行的直线集上的一一对应;

3.　$\boldsymbol{S}$ 上三点 P, Q 与 R 共线当且仅当 OP, OQ 与 OR 共面.

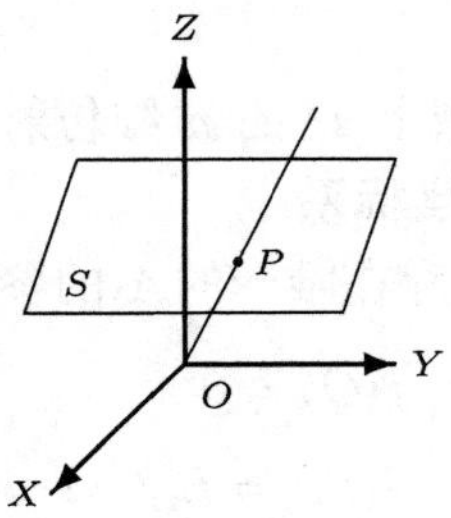

图 10.3

性质 3 可由 10.2 中三维仿射几何的关联性质 2) 与 6) 得到.

引理 10.4.1　设 P, Q, R 是 $\mathcal{A}(\boldsymbol{V})$ 中三个异于 O 的点, 又 OP, OQ 与 OR 共面, $OQ \neq OR$, $\boldsymbol{p}$ 为对于 P 的齐性向量. 则对任何 $x, y \in \boldsymbol{P} - \{0\}$, 存在对于 Q, R 的齐性向量$\boldsymbol{q}, \boldsymbol{r}$ (其中之一可能为 0) 使得

$$\boldsymbol{p} = x\boldsymbol{q} + y\boldsymbol{r}.$$

证　设 $\boldsymbol{q}_0, \boldsymbol{r}_0$ 为对于 Q, R 的齐性向量. 因为 OP, OQ 与 OR 共面, 于是$\boldsymbol{p}, \boldsymbol{q}_0, \boldsymbol{r}_0$ 线性相关. 又 $OQ \neq OR$, 故 $\boldsymbol{q}_0, \boldsymbol{r}_0$ 线性无关. 故有 x_0, y_0 使得 $\boldsymbol{p} = x_0\boldsymbol{q}_0 + y_0\boldsymbol{r}_0 = x\left(\dfrac{x_0}{x}\boldsymbol{q}_0\right) + y\left(\dfrac{y_0}{y}\boldsymbol{r}_0\right)$, 故只要取 $\boldsymbol{q} = \dfrac{x_0}{x}\boldsymbol{q}_0$, $\boldsymbol{r} = \dfrac{y_0}{y}\boldsymbol{r}_0$.

推论 1　若 $P, Q, R \in S$, S 为一不含 O 的平面, P, Q, R 互不相同且共线, 则$\boldsymbol{q}, \boldsymbol{r}$ 都是齐性向量.

这时, 注意 OP, OQ 与 OR 互不相同.

推论 2　若 $RQ \| OP$, 则$\boldsymbol{q}, \boldsymbol{r}$ 都是齐性向量.

这时, OP, OQ, OR 也是互不相同的, 如图 10.4 所示.

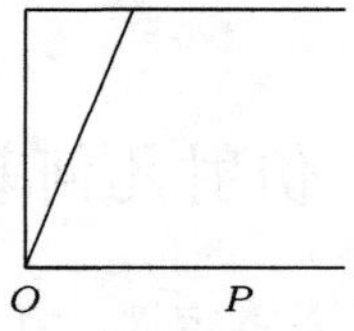

图 10.4

定义 10.4.1　若 A, B, C 是三个非共线点, 则由这三个点和它们间的三个联接称为**三角形** ABC, 记为 $\triangle ABC$, 如图 10.5 所示.

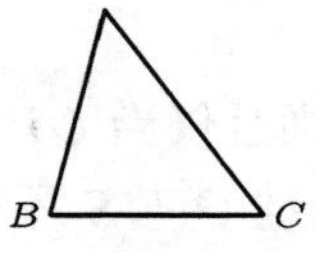

图 10.5

定义 10.4.2 我们称 $\triangle ABC$ 与 $\triangle A'B'C'$ 是从点 P **透射的** (perspective), 如果这七个点 P, A, B, C, A', B', C' 不同且 $AA' \cap BB' \cap CC' = P$. 此时称 P 为**透射中心**, 如图 10.6 所示.

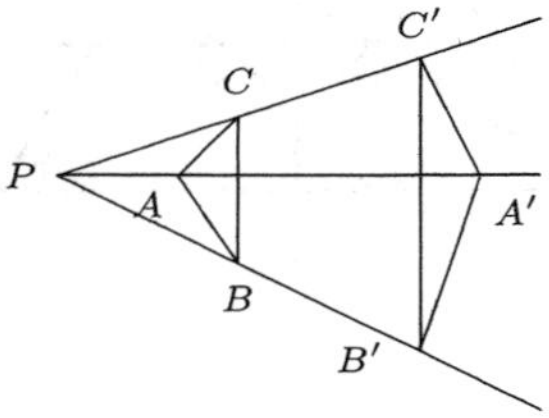

图 10.6

如果 $AA' \| BB' \| CC'$, 且此六点不同, 则称 $\triangle ABC$ 与 $\triangle A'B'C'$ 是**平行透射的**, 如图 10.7 所示.

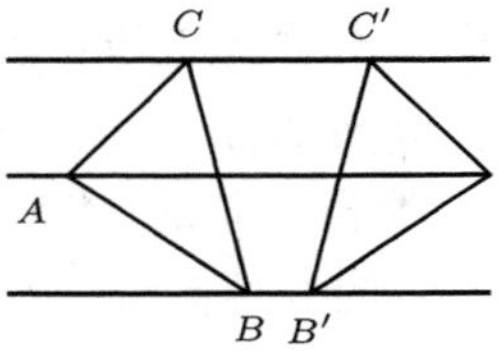

图 10.7

定理 10.4.1 (Desargues) 设 $\triangle ABC$ 与 $\triangle A'B'C'$ 是两个共面的透射三角形.

1) 若 $AB \cap A'B' = L$, $BC \cap B'C' = M$, $CA \cap C'A' = N$, 则 L, M 与 N 共线.

2) 若 $BC \| B'C'$, $CA \| C'A'$, 则 $AB \| A'B'$.

证 设 $\triangle ABC$, $\triangle A'B'C'$ 所在平面为 S, 且 $O \notin S$. 若两个三角形是从 P 的透射, 则 P, A, A' (P, B, B'; P, C, C') 共线, 如图 10.8 所示.

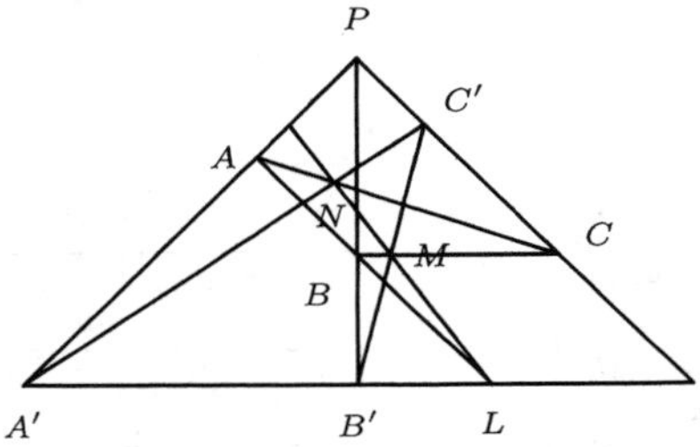

图 10.8

设 $\triangle ABC$ 与 $\triangle A'B'C'$ 是平行透射, 如图 10.9 所示.

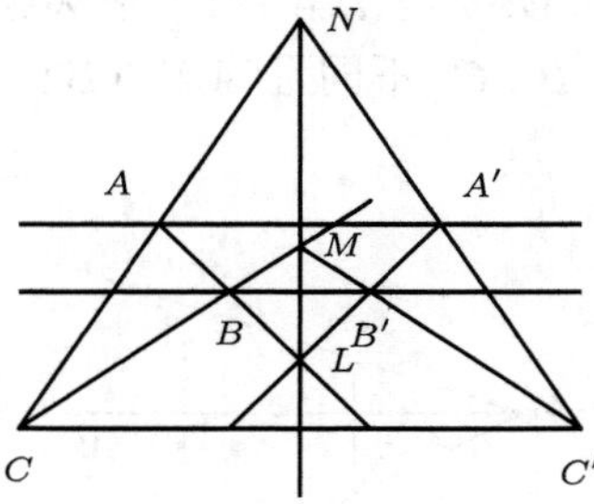

图 10.9

作 $OP \parallel AA' \parallel BB' \parallel CC'$. 于是在这两种情形都是 OP, OA, OA' (OP, OB, OB'; OP, OC, OC') 共面, 且 $OA \neq OA'$ ($OB \neq OB'$; $OC \neq OC'$). 于是由引理 10.4.1 知存在对 P, A, B, C, A', B', C' 的齐性向量$\boldsymbol{p}$, $\boldsymbol{a}$, $\boldsymbol{b}$, $\boldsymbol{c}$, $\boldsymbol{a}'$, $\boldsymbol{b}'$, $\boldsymbol{c}'$ 使得

$$\boldsymbol{a}' = \boldsymbol{p} + \boldsymbol{a}, \quad \boldsymbol{b}' = \boldsymbol{p} + \boldsymbol{b}, \quad \boldsymbol{c}' = \boldsymbol{p} + \boldsymbol{c}.$$

于是 $\boldsymbol{b}' - \boldsymbol{c}' = \boldsymbol{b} - \boldsymbol{c} = \boldsymbol{m} \neq 0$, 因为 $OB \neq OC$. 因而$\boldsymbol{m}$ 属于平面 OBC 与平面 $OB'C'$, 故在 OM 上. 即$\boldsymbol{m}$ 为 M 的齐性向量. 类似$\boldsymbol{l} = \boldsymbol{a}' - \boldsymbol{b}' = \boldsymbol{a} - \boldsymbol{b}$ 为 L 的齐性向量, $\boldsymbol{n} = \boldsymbol{c}' - \boldsymbol{a}' = \boldsymbol{c} - \boldsymbol{a}$为 N 的齐性向量. 又

$$\boldsymbol{l} + \boldsymbol{m} + \boldsymbol{n} = 0,$$

故 OL, OM 与 ON 共面. 因而 L, M 与 N 共线.

若 $BC \parallel B'C'$, $CA \parallel C'A'$, 则没有点 M 与 N, 但是仍有$\boldsymbol{m}$, $\boldsymbol{n}$ 是非零向量. 于是 $\boldsymbol{m}$, $\boldsymbol{n}$ 与 S 平行. 由 $\boldsymbol{l} + \boldsymbol{m} + \boldsymbol{n} = 0$, 故 $\boldsymbol{l}$ 也与 S 平行. 故 AB 与 $A'B'$ 不相交, 故 $AB \parallel A'B'$.

定理 10.4.2 (Pappus)　设 A, B, C 与 A', B', C' 分别在两条不同的共面直线上 (此二直线可以相交, 也可以平行).

1)　若 $AB' \cap A'B = L$, $BC' \cap B'C = M$, $CA' \cap C'A = N$, 则 L, M, N 共线. 如图 10.10 所示.

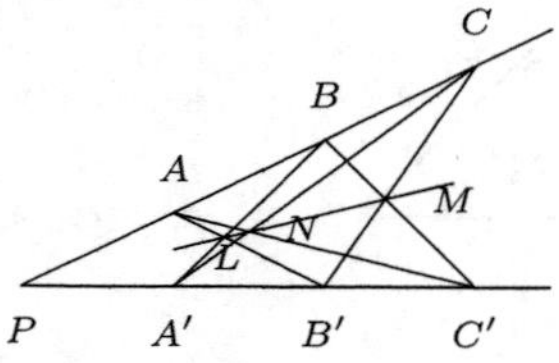

(a)

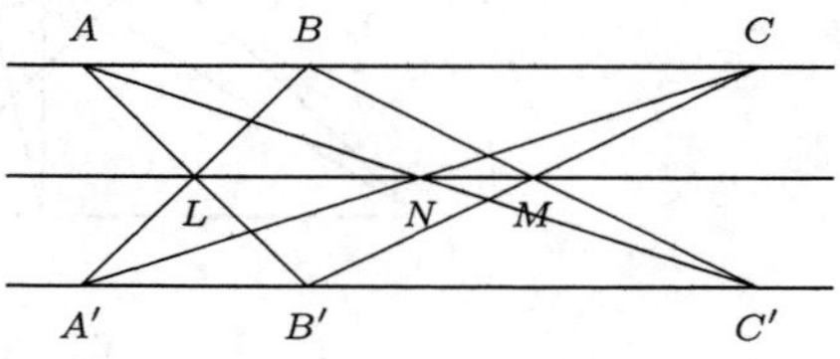

(b)

图 10.10

2) 若 $AB'\|A'B$,$AC'\|A'C$, 则 $BC'\|B'C$, 如图 10.11 所示.

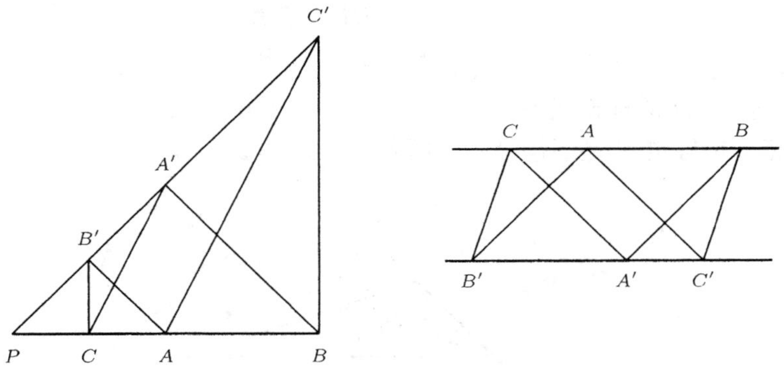

(a) (b)

图 10.11

证 设直线 ABC 与直线 $A'B'C'$ 所在平面 S 不含原点.

若两条直线相交于 P, 则可取对 P 的齐性向量$\boldsymbol{p}$. 若两条直线平行, 则可过 O 作直线 OP 与这两条直线平行, 也可取齐性向量$\boldsymbol{p}$. 由引理 1, 可取对 A, B, A', B' 的齐性向量$\boldsymbol{a}$, $\boldsymbol{b}$, $\boldsymbol{a}'$, $\boldsymbol{b}'$ 使得

$$\boldsymbol{b}=\boldsymbol{p}+\boldsymbol{a},\quad \boldsymbol{b}'=\boldsymbol{p}+\boldsymbol{a}'.$$

同时有对 C, C' 的齐性向量$\boldsymbol{c}$, $\boldsymbol{c}'$ 使得

$$\boldsymbol{c}=\boldsymbol{p}+x\boldsymbol{a},\quad \boldsymbol{c}'=\boldsymbol{p}+y\boldsymbol{a}'.$$

设 $\boldsymbol{l}=\boldsymbol{p}+\boldsymbol{a}+\boldsymbol{a}'$, 故 $\boldsymbol{l}$ 是 $\boldsymbol{a}$ 与 $\boldsymbol{b}'$ 的线性组合, 同样, 也是 $\boldsymbol{a}'$ 与 $\boldsymbol{b}$ 的线性组合. 因而若 $AB'\cap A'B=L$, 则$\boldsymbol{l}$ 是 OL 的齐性向量; 若 $AB'\|A'B$, 则$\boldsymbol{l}$ 与 S 平行.

类似地, $\boldsymbol{n}=\boldsymbol{p}+x\boldsymbol{a}+y\boldsymbol{a}'$ 为 $\boldsymbol{a}$ 与 $\boldsymbol{c}'$ 或 $\boldsymbol{a}'$ 与 $\boldsymbol{c}$ 的线性组合. 因而若 $AC'\cap A'C=N$, 则$\boldsymbol{n}$ 为 N 的齐性向量; 若 $A'C\|AC'$, 则$\boldsymbol{n}$ 与 S 平行.

最后

$$\begin{aligned}\boldsymbol{m}&=xy\boldsymbol{l}-\boldsymbol{n}\\&=x(y-1)\boldsymbol{b}+(x-1)\boldsymbol{c}'\\&=y(x-1)\boldsymbol{b}'+(y-1)\boldsymbol{c}.\end{aligned}$$

于是$\boldsymbol{m}$ 是对 M 的齐性向量; 或$\boldsymbol{m}$ 与 S 平行 (若$\boldsymbol{l}$, $\boldsymbol{m}$ 平行 S). 故 L, M 与 N 共线; 或 BC' 与 CB' 平行.

定理 10.4.3 (调和结构) 设 A, B 是平面 S 上不同两点, G 在 AB 上. C 在 S 上, 但不在 AB 上. D 在 CG 上, 但不同于 C, G. 若

$$E = AD \cap BC,$$
$$F = BD \cap CA,$$
$$H = EF \cap AB,$$

则 H 与 C, D 的选择无关.

证　仍假定 S 是不包含 O 的平面. $AB \nparallel BC$.

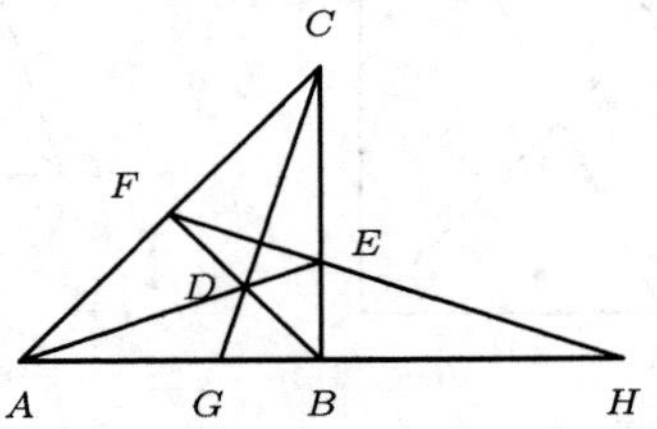

图 10.12

对 A, B, C, G 对应的齐性向量 $\boldsymbol{a}$, $\boldsymbol{b}$, $\boldsymbol{c}$, $\boldsymbol{g}$. 由于 OA, OB, OG 共面, 故有

$$\boldsymbol{g} = x\boldsymbol{a} + y\boldsymbol{b}.$$

由于 G, C, D 共线, 故可取对 D 的齐性向量 $\boldsymbol{d}$ 使得 $\boldsymbol{d} = \boldsymbol{g} + z\boldsymbol{c} = x\boldsymbol{a} + y\boldsymbol{b} + z\boldsymbol{c}$. 令

$$\boldsymbol{e} = y\boldsymbol{b} + z\boldsymbol{c} = \boldsymbol{d} - x\boldsymbol{a},$$
$$\boldsymbol{f} = x\boldsymbol{a} + z\boldsymbol{c} = \boldsymbol{d} - y\boldsymbol{b}.$$

故 $\boldsymbol{e}$, $\boldsymbol{f}$ 是非零向量, 为对应 E, F 的齐性向量. $\boldsymbol{h} = x\boldsymbol{a} - y\boldsymbol{b}$ 是对应 H 的齐性向量. $\boldsymbol{h}$ 由 (x, y) 即由 $\boldsymbol{g}$ 完全决定, 故 H 与 C 与 D 的选取无关.

在选取 C, D 时, 可能出现 $AD \| BC$, 如图 10.13 所示.

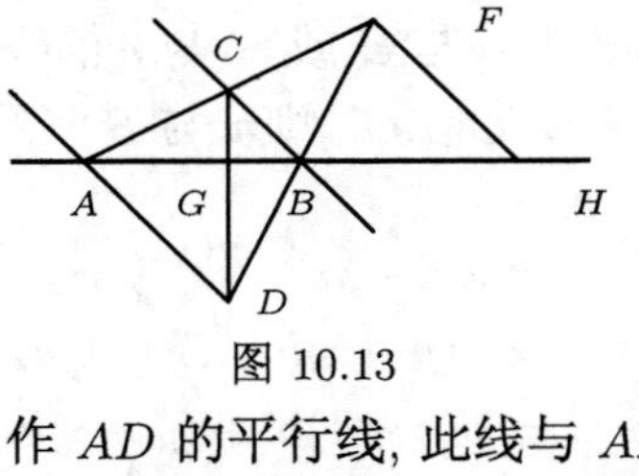

图 10.13

此时过 $F = AC \cap BD$ 作 AD 的平行线, 此线与 AB 的交点即为 H.

定义 10.4.3　在定理 10.4.3 中, H 称为 G 对 A 与 B 的**调和共轭点**. $(A, B; G, H)$ 称为**调和点列**.

我们进一步说明调和共轭点的意义.

设 $\boldsymbol{a}=\overrightarrow{OA}$, $\boldsymbol{b}=\overrightarrow{OB}$.

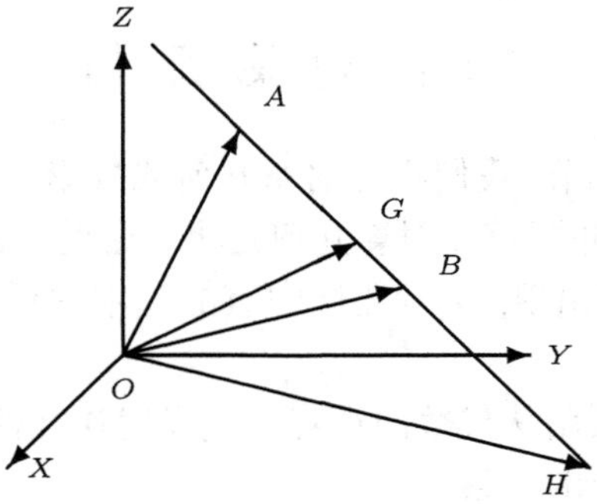

图 10.14

于是线段

$$AB = \{x\boldsymbol{a} + (1-x)\boldsymbol{b} | 0 \leqslant x \leqslant 1\}.$$

由定理 10.4.2 知

$$GA : BG = (1-x) : x.$$

另一方面

$$\overrightarrow{OH} = k(x\boldsymbol{a} - y\boldsymbol{b}), \quad kx - ky = 1.$$

于是当 $x \neq \dfrac{1}{2}$ 时

$$\overrightarrow{OH} = \frac{x}{2x-1}\boldsymbol{a} - \frac{1-x}{2x-1}\boldsymbol{b},$$
$$HA : BH = (1-x) : x.$$

因而

$$GA : BG = HA : BH.$$

G, H 分别称为 AB 的**内分点与外分点**. 调和共轭即内外分点分割 AB 的比例相同.

习 题

1. 设 H 是 G 对 A, B 的调和共轭点. 试证 G 也是 H 对 A, B 的调和共轭点; 若 $G \neq H$, 则 A 是 B 对 G 与 H 的调和共轭.
2. 试证: A 是 A 对 A, B 的调和共轭点, B 是 B 对 A, B 的调和共轭点.
3. 用定理 10.4.2 的符号, 证明 $G = H$ 当且仅当 $2xy = 0$.
4. 证明 $\triangle ABC$ 的三条中线共点.

10.5 射影几何

从本节开始的以下几节，我们将对射影几何或投影几何作一个初步的介绍. 射影几何与仿射几何有密切的关系. 射影几何是将无穷远点加入到仿射几何中而得到的几何. 由于无穷远点的出现，仿射几何中有的基本性质改变了，这种改变有时给我们带来许多方便之处.

我们在叙述中仍然采用从代数的观点来定义射影几何，射影空间. 这样做的好处是容易得到一般的广泛的结果.

定义 10.5.1 设 $\boldsymbol{V}$ 是数域 $\boldsymbol{P}$ 上的线性空间. $\boldsymbol{V}$ 的所有子空间的集合称为$\boldsymbol{V}$上的**射影几何**，记为 $\mathcal{P}(\boldsymbol{V})$.

在这种定义下，我们知道每条通过原点 O 的直线，每个通过原点 O 的平面都是 $\mathcal{P}(\boldsymbol{V})$ 中的元素. 为了将这些元素的差别表达出来，特别引进下面的定义.

定义 10.5.2 设 $\boldsymbol{M}$ 为 $\boldsymbol{V}$ 的子空间. 称 $\dim \boldsymbol{M}-1$ 为 $\boldsymbol{M}$ 的**射影维数**，记为 $\operatorname{pdim} \boldsymbol{M}$，即

$$\operatorname{pdim} \boldsymbol{M}=\dim \boldsymbol{M}-1.$$

当 $\operatorname{pdim} \boldsymbol{M}$ 为 0, 1, 2 或 $\operatorname{pdim} \boldsymbol{V}-1$ 时，分别称$\boldsymbol{M}$ 为 $\mathcal{P}(\boldsymbol{V})$ 中的**射影点**，**射影直线**，**射影平面**或**射影超平面**.

若$\boldsymbol{M}$ 为射影点，则 $\boldsymbol{M}$ 中的非零向量 $\boldsymbol{m}$ 为 $\boldsymbol{M}$ 的**齐性向量**，即 $\boldsymbol{M}=L(\boldsymbol{m})$.

射影几何 $\mathcal{P}(\boldsymbol{V})$ 中所有射影点的集合称为由 $\mathcal{P}(\boldsymbol{V})$ 决定的**射影空间**.

注意，零子空间 $\{0\}$ 不在射影空间中，我们也称 $\{0\}$ 为射影空间中的**空子集**.

若$\boldsymbol{M}, \boldsymbol{N} \in \mathcal{P}(\boldsymbol{V})$，则 $\boldsymbol{M} \cap \boldsymbol{N}=\{0\}$ 当且仅当

$$\operatorname{pdim}\,(\boldsymbol{M} \cap \boldsymbol{N})=-1.$$

此时称$\boldsymbol{M}$ 与 $\boldsymbol{N}$ 是**交错的**.

如果我们讨论的是射影几何，而且不会引起混淆时，我们将 “射影点”，“射影直线” 等前面的 “射影” 二字省去，简称 “点”，“直线” 等. 以 P, Q, R 等表示点，以 PQ 表示不同点的联接，并在自然意义下使用共线，共点，共面等词汇.

与仿射几何类似，我们也有 2, 3 维射影几何的关联性质.

2 维射影几何 (即 $\operatorname{pdim} \boldsymbol{V}=2$) 的关联性质：

1) 不同两点的联接是直线;
2) 不同两条直线的交是点.

3 维射影几何 (即 $\operatorname{pdim} \boldsymbol{V}=3$) 的关联性质：

1) 不同两点的联接是直线;
2) 不同两个平面的交是直线;

3) 两条不同的相交直线的联接是平面;

4) 两条不同的共面直线的交是点;

5) 一点与不含此点的直线的联接是平面;

6) 一平面与不在其中的直线之交是点.

我们只要注意线性空间中关于子空间的交和的维数公式

$$\dim(\boldsymbol{M}+\boldsymbol{N})+\dim(\boldsymbol{M}\cap\boldsymbol{N})=\dim\boldsymbol{M}+\dim\boldsymbol{N},$$

用射影几何的语言即射影维数写出来就是

$$\operatorname{pdim}(\boldsymbol{M}+\boldsymbol{N})+\operatorname{pdim}(\boldsymbol{M}\cap\boldsymbol{N})=\operatorname{pdim}\boldsymbol{M}+\operatorname{pdim}\boldsymbol{N}.$$

利用这个公式即可证明上面的关联性质.

从一个线性空间$\boldsymbol{V}$出发, 我们定义了仿射几何 $\mathcal{A}(\boldsymbol{V})$ 与射影几何 $\mathcal{P}(\boldsymbol{V})$. 自然, $\mathcal{P}(\boldsymbol{V})$ 是 $\mathcal{A}(\boldsymbol{V})$ 的一个极特殊的部分 (通过原点的陪集). 这种看法是自然的, 因而也几乎是平淡无奇的. 更有趣或更深刻的思想是将仿射几何作为射影几何的一部分, 换句话说, 是将仿射几何添上一些东西而使其成为射影几何.

定理 10.5.1(嵌入定理) 设 $\boldsymbol{V}$ 是数域 $\boldsymbol{P}$ 上的线性空间, $\boldsymbol{H}$ 为 $\mathcal{P}(\boldsymbol{V})$ 中一超平面. 又设 $\boldsymbol{\alpha}\in\boldsymbol{V}$, $\boldsymbol{\alpha}\notin\boldsymbol{H}$. 则 $\mathcal{A}(\boldsymbol{\alpha}+\boldsymbol{H})$ 到 $\mathcal{P}(\boldsymbol{V})$ 中的映射 ϕ:

$$\phi(\boldsymbol{S})=L(\boldsymbol{S})$$

有如下性质:

1) ϕ 是一一映射;

2) $\mathcal{A}(\boldsymbol{\alpha}+\boldsymbol{H})$ 在 ϕ 下的象为 $\mathcal{P}(\boldsymbol{H})$ 在 $\mathcal{P}(\boldsymbol{V})$ 中的补集, 即所有不在 $\boldsymbol{H}$ 中的 $\boldsymbol{V}$ 的子空间的集合 $\boldsymbol{A}$;

3) $\boldsymbol{S}\subseteq\boldsymbol{T}$ 当且仅当 $\phi(\boldsymbol{S})\subseteq\phi(\boldsymbol{T})$, $\forall\boldsymbol{S},\ \boldsymbol{T}\in\mathcal{A}(\boldsymbol{\alpha}+\boldsymbol{H})$;

4) $\phi\Big(\bigcap\limits_i\boldsymbol{S}_i\Big)=\bigcap\limits_i\phi(\boldsymbol{S}_i)$, 若 $\bigcap\limits_i\boldsymbol{S}_i\neq\varnothing$;

5) $\phi\left(\bigvee\limits_i\boldsymbol{S}_i\right)=\sum\limits_i\boldsymbol{S}_i$;

6) $\dim\boldsymbol{S}=\operatorname{pdim}\phi(\boldsymbol{S})$, $\forall\boldsymbol{S}\in\mathcal{A}(\boldsymbol{\alpha}+\boldsymbol{H})$;

7) $\boldsymbol{S}\|\boldsymbol{T}$ 当且仅当

$$\phi(\boldsymbol{S})\cap\boldsymbol{H}\subseteq\phi(\boldsymbol{T})\cap\boldsymbol{H}\ 或\ \phi(\boldsymbol{T})\cap\boldsymbol{H}\subseteq\phi(\boldsymbol{S})\cap\boldsymbol{H}.$$

证 1) 若 $\boldsymbol{S}=\boldsymbol{\beta}+\boldsymbol{M}\in\mathcal{A}(\boldsymbol{\alpha}+\boldsymbol{H})$, 则

$$\phi(\boldsymbol{S})=L(\boldsymbol{\beta})+\boldsymbol{M}.$$

这时, $\boldsymbol{\alpha}+\boldsymbol{H}=\boldsymbol{\beta}+\boldsymbol{H}$, $\boldsymbol{\beta}+\boldsymbol{M}\subseteq\boldsymbol{\beta}+\boldsymbol{H}$. 于是$\boldsymbol{M}\subseteq\boldsymbol{H}$. 若有 $x\in\boldsymbol{P}$, $\boldsymbol{m}\in\boldsymbol{M}$, $\boldsymbol{h}\in\boldsymbol{H}$ 使得 $x\boldsymbol{\beta}+\boldsymbol{m}=\boldsymbol{\beta}+\boldsymbol{h}$, 则 $(x-1)\boldsymbol{\beta}=\boldsymbol{h}-\boldsymbol{m}\in\boldsymbol{H}$. 因 $\boldsymbol{\beta}\notin\boldsymbol{H}$, 故 $x=1$, $\boldsymbol{h}=\boldsymbol{m}$. 因而

$$\phi(\boldsymbol{S})\cap(\boldsymbol{\alpha}+\boldsymbol{H})=\boldsymbol{S}.$$

故 ϕ 是一一的, 且

$$\phi^{-1}(\phi(\boldsymbol{S}))=\phi(\boldsymbol{S})\cap(\boldsymbol{\alpha}+\boldsymbol{H}).$$

2) 设 $\boldsymbol{P}\in\mathcal{P}(\boldsymbol{V})$, 但 $\boldsymbol{P}\notin\mathcal{P}(\boldsymbol{H})$. 由于 $\operatorname{pdim}\boldsymbol{H}=\operatorname{pdim}\boldsymbol{V}-1$, 故 $\boldsymbol{P}+\boldsymbol{H}=\boldsymbol{V}$. 又由

$$\dim(\boldsymbol{P}\cap\boldsymbol{H})=\dim\boldsymbol{P}+\dim\boldsymbol{H}-\dim\boldsymbol{V}=\dim\boldsymbol{P}-1$$

知$\boldsymbol{P}\cap\boldsymbol{H}$ 为 $\boldsymbol{P}$ 中超平面.

取 $\boldsymbol{\beta}\in\boldsymbol{P}$, $\boldsymbol{\beta}\notin\boldsymbol{H}$, 则 $\boldsymbol{P}=L(\boldsymbol{\beta})+(\boldsymbol{P}\cap\boldsymbol{H})$, $\boldsymbol{V}=L(\boldsymbol{\beta})+\boldsymbol{H}$. 故 $\boldsymbol{\alpha}=y\boldsymbol{\beta}+\boldsymbol{h}$, $y\in\boldsymbol{P}$, $\boldsymbol{h}\in\boldsymbol{H}$, 故 $\boldsymbol{\gamma}=y\boldsymbol{\beta}\in\boldsymbol{\alpha}+\boldsymbol{H}$. 令$\boldsymbol{M}=\boldsymbol{P}\cap\boldsymbol{H}$. 于是 $\boldsymbol{P}=L(\boldsymbol{\gamma})+\boldsymbol{M}$, 而 $\boldsymbol{\gamma}+\boldsymbol{M}\in\mathcal{A}(\boldsymbol{\alpha}+\boldsymbol{H})$. 即有

$$\phi(\boldsymbol{\gamma}+\boldsymbol{M})=\boldsymbol{P}.$$

因而结论 2) 成立.

3) $\phi(\boldsymbol{S})\subseteq\phi(\boldsymbol{T})$ 当且仅当

$$\phi(\boldsymbol{S})\cap(\boldsymbol{\alpha}+\boldsymbol{H})\subseteq\phi(\boldsymbol{T})\cap(\boldsymbol{\alpha}+\boldsymbol{H}).$$

即

$$\boldsymbol{S}\subseteq\boldsymbol{T}.$$

4) 设 $\boldsymbol{\varepsilon}\in\bigcap\limits_i\boldsymbol{S}_i$, $\boldsymbol{S}_i=\boldsymbol{\varepsilon}+\boldsymbol{M}_i$. 故

$$\bigcap_i\boldsymbol{S}_i=\boldsymbol{\varepsilon}+\bigcap_i\boldsymbol{M}_i.$$

因而

$$\begin{aligned}\phi\left(\bigcap_i\boldsymbol{S}_i\right)&=L(\boldsymbol{\varepsilon})+\bigcap_i\boldsymbol{M}_i\\&=\bigcap_i(L(\boldsymbol{\varepsilon})+\boldsymbol{M}_i)\\&=\bigcap_i\phi(\boldsymbol{S}_i).\end{aligned}$$

5) 注意到 $\phi(\boldsymbol{S}_i)=L(\boldsymbol{S})=\boldsymbol{S}\bigvee\boldsymbol{O}$, 以及当$\boldsymbol{M}$, $\boldsymbol{N}$ 为子空间时 $\boldsymbol{M}\bigvee\boldsymbol{N}=\boldsymbol{M}+\boldsymbol{N}$. 于是

$$\begin{aligned}\phi\Big(\bigvee_i\boldsymbol{S}_i\Big)&=\Big(\bigvee_i\boldsymbol{S}_i\Big)\bigvee\boldsymbol{O}=\bigvee_i\Big(\boldsymbol{S}_i\bigvee\boldsymbol{O}\Big)=\bigvee_i\phi(\boldsymbol{S}_i)\\&=\sum_i\phi(\boldsymbol{S}_i).\end{aligned}$$

6) 若 $\boldsymbol{S}=\boldsymbol{\beta}+\boldsymbol{M}$, 则 $\dim\boldsymbol{S}=\dim\boldsymbol{M}$, 且

$$\dim\phi(\boldsymbol{S})=\dim\boldsymbol{M}+1,\quad L(\boldsymbol{\beta})\cap\boldsymbol{M}=0.$$

故

$$\text{pdim}\,\phi(\boldsymbol{S})=\dim\boldsymbol{M}.$$

7) 若 $\boldsymbol{S}=\boldsymbol{\beta}+\boldsymbol{M}$, 则 $\phi(\boldsymbol{S})\cap\boldsymbol{H}=\boldsymbol{M}$. 这是因为若 $x\in\boldsymbol{P}$, $\boldsymbol{m}\in\boldsymbol{M}$, $\boldsymbol{h}\in\boldsymbol{H}$ 使得 $x\boldsymbol{\beta}+\boldsymbol{m}=\boldsymbol{h}$, 则 $x=0$.

设 $\boldsymbol{S}\|\boldsymbol{T}$, $\boldsymbol{T}=\boldsymbol{\gamma}+\boldsymbol{N}$. 即 $\boldsymbol{N}\subseteq\boldsymbol{M}$ 或 $\boldsymbol{M}\subseteq\boldsymbol{N}$, 即 $\phi(\boldsymbol{S})\cap\boldsymbol{H}\subseteq\phi(\boldsymbol{T})\cap\boldsymbol{H}$ 或 $\phi(\boldsymbol{T})\cap\boldsymbol{H}\subseteq\phi(\boldsymbol{S})\cap\boldsymbol{H}$.

下面我们用三维空间给定理 10.5.1 一个形象的几何解释.

设 $\boldsymbol{V}$ 是 $\mathbf{R}$ 上的三维空间, $\boldsymbol{H}$ 是 $\boldsymbol{V}$ 的一个二维子空间. $\boldsymbol{\alpha}\notin\boldsymbol{H}$, $\boldsymbol{\alpha}+\boldsymbol{H}$ 是$\boldsymbol{H}$ 的一个不过原点的陪集, 即不过原点的平面. 如果 B 是 $\boldsymbol{\alpha}+\boldsymbol{H}$ 上的一个点, 则 $\phi(\boldsymbol{B})$ 是通过 O, B 的直线, 这是 $\mathcal{P}(\boldsymbol{V})$ 中的一个射影点.

如果$\boldsymbol{\beta}+\boldsymbol{M}$ 是 $\boldsymbol{\alpha}+\boldsymbol{H}$ 中的一条直线 ($\dim\boldsymbol{M}=1$), 则 $\phi(\boldsymbol{\beta}+\boldsymbol{M})$ 是通过此直线与原点 $\boldsymbol{O}$ 的平面, 这是 $\mathcal{P}(\boldsymbol{V})$ 中的射影直线.

又若$\boldsymbol{\beta}+\boldsymbol{M}$, $\boldsymbol{\gamma}+\boldsymbol{M}$ 为 $\boldsymbol{\alpha}+\boldsymbol{H}$ 中两条不同的直线, 它们自然是平行的, 故它们的交为空集. 但是

$$\phi(\boldsymbol{\beta}+\boldsymbol{M})\cap\phi(\boldsymbol{\gamma}+\boldsymbol{M})=\boldsymbol{M}$$

是 $\mathcal{P}(\boldsymbol{V})$ 中的一个射影点.

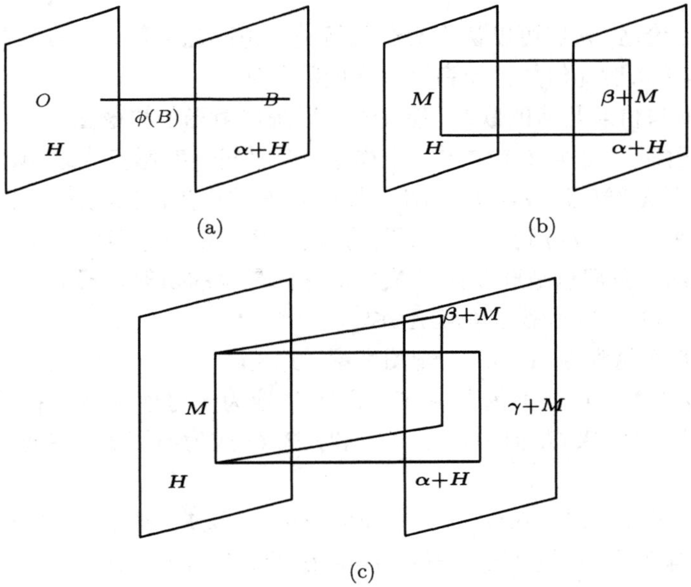

图 10.15

从定理 10.5.1 我们可以看到, 如果把 $\mathcal{A}(\boldsymbol{\alpha}+\boldsymbol{H})$ 与它在 ϕ 下的象$\boldsymbol{A}$, 即 $\boldsymbol{V}$ 的不在 $\boldsymbol{H}$ 中的子空间的集合等同起来, 则 $\mathcal{A}(\boldsymbol{\alpha}+\boldsymbol{H})$ 中的点, 直线, 平面, $\cdots$ 分别为 $\mathcal{P}(\boldsymbol{V})$ 中的射影点, 射影直线, 射影平面, $\cdots$. 而且这种等同下, $\mathcal{A}(\boldsymbol{\alpha}+\boldsymbol{H})$ 中元素的联接, 交则为$\boldsymbol{A}$ 中对应元素的联接, **交**. 这样, 我们可将 $\mathcal{A}(\boldsymbol{\alpha}+\boldsymbol{H})$ 视为 $\boldsymbol{A}$ 即 $\mathcal{P}(\boldsymbol{V})$ 中的一部分. 即我们将仿射几何嵌入到射影几何中了, 或说, 我们将仿射几何 $\mathcal{A}(\boldsymbol{\alpha}+\boldsymbol{H})$ 添加上一些元素 (即添上$\boldsymbol{H}$) 即扩充为射影几何了.

在射影几何 $\mathcal{P}(\boldsymbol{V})$ 中没有平行的概念, 而在仿射几何

$$\mathcal{A}(\boldsymbol{\alpha}+\boldsymbol{H})=\mathcal{P}(\boldsymbol{V})\setminus\mathcal{P}(\boldsymbol{H})=\boldsymbol{A}$$

中有平行概念. 我们可以想像 $\mathcal{P}(\boldsymbol{H})$ (或$\boldsymbol{H}$) 是在 $\boldsymbol{A}$ 的无穷远处. 若 $\boldsymbol{M}\in\boldsymbol{A}$, 则称 $\boldsymbol{M}\cap\boldsymbol{H}$ $(\dim(\boldsymbol{M}\cap\boldsymbol{H})=\dim\boldsymbol{M}-1)$ 为 $\boldsymbol{M}$ (或 $\mathcal{P}(\boldsymbol{M})$) 中**无穷远处的超平面**. 这样, $\boldsymbol{H}$ 为 $\boldsymbol{V}$ 的唯一的无穷远处的超平面.

若$\boldsymbol{M}$ 为 $\boldsymbol{A}$ 中一射影直线, 则 $\boldsymbol{M}\cap\boldsymbol{H}$ 为射影直线上的**无穷远点**. 若$\boldsymbol{N}\in\boldsymbol{A}$ 为射影平面, 则 $\boldsymbol{N}\cap\boldsymbol{H}$ 为射影平面 $\boldsymbol{N}$ 在无穷远处的直线.

定理 10.5.1 的性质 7) 说明, $\boldsymbol{S},\boldsymbol{T}\in\boldsymbol{A}$, $\boldsymbol{S}\|\boldsymbol{T}$ 当且仅当 $\boldsymbol{S}$ 在无穷远处的超平面包含或包含于 $\boldsymbol{T}$ 在无穷远处的超平面中.

特别地, $\boldsymbol{A}$ 中两条直线平行当且仅当它们作为 $\mathcal{P}(\boldsymbol{V})$ 中的射影直线交于无穷远点 (即在无穷远处有相同的点); $\boldsymbol{A}$ 中一条直线与一个平面平行当且仅当它们作为 $\mathcal{P}(\boldsymbol{V})$ 的射影直线与射影平面时, 直线的无穷远点落在平面的无穷远处的直线上.

总结以上论述, 人们可以认为射影几何是比仿射几何稍大一点的几何. 也可以说, 射影几何是仿射几何加上无穷远超平面的几何.

射影几何与仿射几何的联系, 使我们可以画出**射影的构形图**.

设 $\mathcal{C}$ 是射影平面 $\mathcal{P}(\boldsymbol{V})$ 中的一个构形. 选取任一射影直线$\boldsymbol{H}$, 设 $\boldsymbol{\alpha}\notin\boldsymbol{H}$, 取 $\boldsymbol{\alpha}+\boldsymbol{H}$ 与 $\mathcal{C}$ 的**截线**(即 $(\boldsymbol{\alpha}+\boldsymbol{H})\cap\mathcal{C}$ 的图形). 截线产生**仿射构形**图即为在 ϕ^{-1} 下的象. 不同截面 $(\boldsymbol{\alpha}+\boldsymbol{H})$ 可以产生不同的仿射构形图, 但它们总是代表相同的射影构形图. 自然地, 我们总是选取使 $\mathcal{C}$ 失去的东西最少的仿射构形图.

例 10.6 设 $\mathcal{C}$ 为射影三角形 ABC.

1) 取$\boldsymbol{H}$ 不包含点 A, B, C, 则图为图 10.16(a).

2) 取$\boldsymbol{H}$ 包含 B, 但不包含 A, C. 这时 B 成为无穷远点, 则图为图 10.16(b).

3) 取$\boldsymbol{H}$ 包含 B, C, 但不包含 A. 这时 B, C 成为不同的无穷远点, 则图为图 10.16(c).

例 10.7 设 $\mathcal{C}$ 为图 10.17(a) 的平面射影构形. 取$\boldsymbol{H}$ 包含 E, G, 而不包含其他射影点, EG 即为无穷远直线. 于是在 $\boldsymbol{\alpha}+\boldsymbol{H}$ 上, $BC\|AD$, $AB\|CD$. 因而 $\mathcal{C}$ 的仿射构形图为平行四边形 (图 10.17(b)).

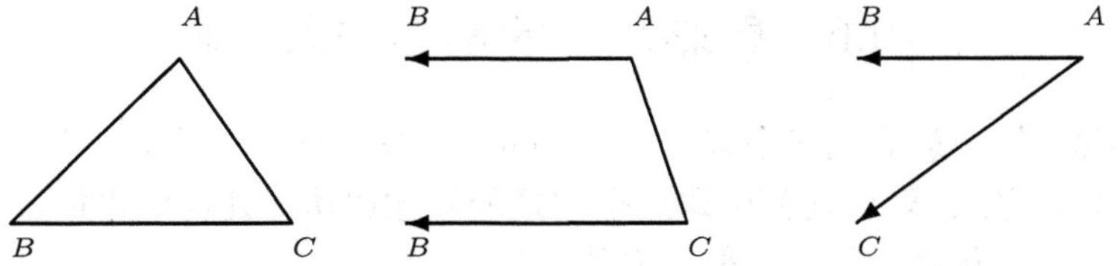

(a) (b) (c)

图 10.16

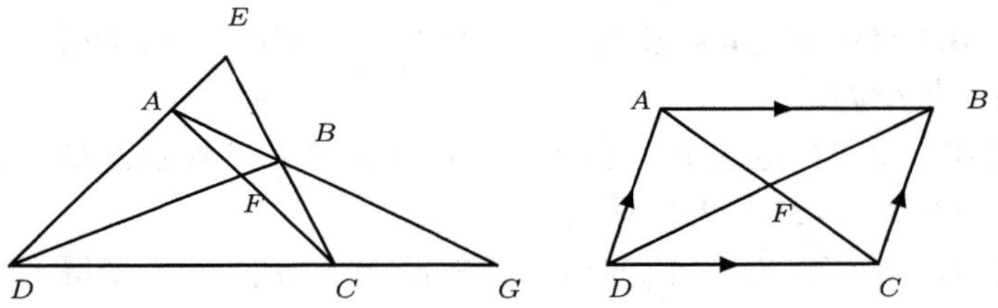

(a) (b)

图 10.17

从这里看到, 在射影几何中任意四边形与平行四边形没有本质的差别.

习 题

1. 设 $\operatorname{pdim}\mathcal{P}(\boldsymbol{V})=3$, P 为其中一点. L, M 是不包含 P 的两条交错直线. 证明：存在唯一的经过 P 与 L, M 相交的直线.

2. 设 $\operatorname{pdim}\mathcal{P}(\boldsymbol{V})=4$. L, M, N 是互相交错且不属于同一超平面的三条直线. 证明
   1) $L\cap(M+N)$ 是点;
   2) 存在 $\mathcal{P}(\boldsymbol{V})$ 中唯一直线与 L, M, N 都相交.

3. 设 P, L 分别为射影几何 $\mathcal{P}(\boldsymbol{V})$ 中的点和直线, 且 $P\notin L$. 证明映射
$$Q\rightarrow PQ,\quad \forall Q\in L$$
是 L 上的点到通过 P 的 $P+L$ 中的直线集上的一一映射.

4. 设 $\operatorname{pdim}\mathcal{P}(\boldsymbol{V})=3$. $\triangle ABC$, $\triangle A'B'C'$ 在不同平面上, 并是从点 P 透射的. 试证对应边的交点 $BC\cap B'C'$, $CA\cap C'A'$, $AB\cap A'B'$ 共线.

5. 设 $\operatorname{pdim}\mathcal{P}(\boldsymbol{V})=4$. 试证 $\mathcal{P}(\boldsymbol{V})$ 中两个平面可以交于一点.

6. 设 $\operatorname{pdim}\mathcal{P}(\boldsymbol{V})=4$, 又$\boldsymbol{A}$ 为由一超平面决定的 $\mathcal{P}(\boldsymbol{V})$ 中的仿射几何. 试证$\boldsymbol{A}$ 中两个非平行平面可以交于无穷远处.

10.6　射影几何的基本关联定理

这节我们将在射影几何中来证 Desargues 定理, Pappus 定理与调和结构定理. 读者很容易看出, 在射影几何中这三个定理的叙述比仿射几何中更简单, 而且每个射影几何的定理包含了几个仿射几何的定理.

定义 10.6.1　设 $\triangle ABC$ 与 $\triangle A'B'C'$ 的六个边互不相同. 若 $L = BC \cap B'C'$, $M = CA \cap C'A'$, $N = AB \cap A'B'$ 是不同的共线点, 直线 LMN 不同于两个三角形的六个边. 我们称 $\triangle ABC$ 与 $\triangle A'B'C'$ 有**透射轴** LMN.

定理 10.6.1 (**Desargues 及逆**)　$\triangle ABC$ 与 $\triangle A'B'C'$ 有透射中心 P 当且仅当它们有透射轴 LMN.

证　必要性　这时, 定理 10.4.1 的证明中的图 10.8 和图 10.9 是一致的. 图 10.9 中 $AA' \cap BB' \cap CC' = P$ 是无穷远点.

取 P, A, B, C, A', B', C' 的齐性向量$\boldsymbol{p}, \boldsymbol{a}, \boldsymbol{b}, \boldsymbol{c}, \boldsymbol{a}', \boldsymbol{b}', \boldsymbol{c}'$ 使得

$$\boldsymbol{a}' = \boldsymbol{p} + \boldsymbol{a}, \quad \boldsymbol{b}' = \boldsymbol{p} + \boldsymbol{b}, \quad \boldsymbol{c}' = \boldsymbol{p} + \boldsymbol{c}.$$

于是 $\boldsymbol{b}' - \boldsymbol{c}' = \boldsymbol{b} - \boldsymbol{c} = \boldsymbol{m} \neq 0$, 故 $\boldsymbol{m} \in BC \cap B'C'$, 故 $\boldsymbol{m}$ 为 M 的齐性向量. 类似$\boldsymbol{l} = \boldsymbol{a}' - \boldsymbol{b}' = \boldsymbol{a} - \boldsymbol{b}$, $\boldsymbol{n} = \boldsymbol{c}' - \boldsymbol{a}' = \boldsymbol{c} - \boldsymbol{a}$ 分别为 L, N 的齐性向量. 又

$$\boldsymbol{l} + \boldsymbol{m} + \boldsymbol{n} = 0.$$

故 L, M, N 共线.

充分性　由 L, M, N 共线, 于是可取对应的齐性向量$\boldsymbol{l}, \boldsymbol{m}, \boldsymbol{n}$ 满足

$$\boldsymbol{l} + \boldsymbol{m} + \boldsymbol{n} = 0.$$

又 $L = AB \cap A'B'$, $M = BC \cap B'C'$, $N = CA \cap C'A'$. 于是有 A, B, C, A', B', C' 的齐性向量 $\boldsymbol{a}_1, \boldsymbol{b}_1, \boldsymbol{c}_1, \boldsymbol{a}_1', \boldsymbol{b}_1', \boldsymbol{c}_1'$ 使得

$$\begin{cases} \boldsymbol{l} = x_1\boldsymbol{a}_1 + y_1\boldsymbol{b}_1, \\ \boldsymbol{m} = y_2\boldsymbol{b}_1 + z_2\boldsymbol{c}_1, \\ \boldsymbol{n} = x_3\boldsymbol{a}_1 + z_3\boldsymbol{c}_1. \end{cases}$$

及

$$\begin{cases} \boldsymbol{l} = x_1'\boldsymbol{a}_1' + y_1'\boldsymbol{b}_1', \\ \boldsymbol{m} = y_2'\boldsymbol{b}_1' + z_2'\boldsymbol{c}_1', \\ \boldsymbol{n} = x_3'\boldsymbol{a}_1' + z_3'\boldsymbol{c}_1'. \end{cases}$$

因而

$$(x_1+x_3)\boldsymbol{a}+(y_1+y_2)\boldsymbol{b}+(z_1+z_3)\boldsymbol{c}=0,$$
$$(x'_1+x'_3)\boldsymbol{a}'+(y'_1+y'_2)\boldsymbol{b}'+(z'_2+z'_3)\boldsymbol{c}'=0.$$

由 A, B, C 不共线, A', B', C' 不共线. 故

$$x_1+x_3=y_1+y_2=z_2+z_3 \quad =0,$$
$$x'_1+x'_3=y'_1+y'_2=z'_2+z'_3 \quad =0.$$

于是, 令 $\boldsymbol{a}=x_1\boldsymbol{a}_1$, $\boldsymbol{b}=-y_1\boldsymbol{b}_1$, $\boldsymbol{c}=z_3\boldsymbol{c}_1$, $\boldsymbol{a}'=x'_1\boldsymbol{a}'_1$, $\boldsymbol{b}'=-y'_1\boldsymbol{b}'_1$, $\boldsymbol{c}'=z'_3\boldsymbol{c}'_1$, 则有

$$\begin{cases} \boldsymbol{l}=\boldsymbol{a}-\boldsymbol{b}=\boldsymbol{a}'-\boldsymbol{b}', \\ \boldsymbol{m}=\boldsymbol{b}-\boldsymbol{c}=\boldsymbol{b}'-\boldsymbol{c}', \\ \boldsymbol{n}=\boldsymbol{c}-\boldsymbol{a}=\boldsymbol{c}'-\boldsymbol{a}'. \end{cases}$$

故

$$\boldsymbol{p}=\boldsymbol{a}-\boldsymbol{a}'=\boldsymbol{b}-\boldsymbol{b}'=\boldsymbol{c}-\boldsymbol{c}'\neq 0$$

是对点 P 的齐性向量. $P\in AA'\cap BB'\cap CC'$, 即为 $\triangle ABC$ 与 $\triangle A'B'C'$ 的透射中心.

注 我们在证明定理时, 并不要求 $\triangle ABC$ 与 $\triangle A'B'C'$ 在同一平面内.

定理 10.6.2 (Pappus) 设 A, B, C 与 A', B', C' 分别在两条共面直线上. 则 $BC'\cap B'C=M$, $AB'\cap A'B=L$, $CA'\cap C'A=N$ 共线.

证 此定理的证明与仿射几何 Pappus 的定理 (定理 10.4.2) 的证明完全一样.

定理 10.6.3 (调和结构) 设 A, B 是射影平面 M 上两个不同点, G 在 AB 上. 在 M 中取 AB 外一点 C, 再在 GC 上取异于 G, C 的一点 D. 则 $E=AD\cap BC$, $F=BD\cap CA$ 与 $H=EF\cap AB$ 都是点, 且 H 与 C, D 的选取无关.

证 设对 A, B, C, G 的齐性向量分别为$\boldsymbol{a}$, $\boldsymbol{b}$, $\boldsymbol{c}$, $\boldsymbol{g}$, 由 A, B, G 共线, 故有

$$\boldsymbol{g}=x\boldsymbol{a}+y\boldsymbol{b}.$$

由 G, C, D 共线, 故可取对 D 的齐性向量$\boldsymbol{d}$ 使得

$$\boldsymbol{d}=\boldsymbol{g}+z\boldsymbol{c}=x\boldsymbol{a}+y\boldsymbol{b}+z\boldsymbol{c}.$$

令

$$\boldsymbol{e}=y\boldsymbol{b}+z\boldsymbol{c}=\boldsymbol{d}-x\boldsymbol{a},$$
$$\boldsymbol{f}=x\boldsymbol{a}+z\boldsymbol{c}=\boldsymbol{d}-y\boldsymbol{b}.$$

故 $\boldsymbol{e} \neq 0$, $\boldsymbol{f} \neq 0$ 为对 $BC \cap AD = E$, $AC \cap BD = F$ 的齐性向量. 而 $\boldsymbol{h} = x\boldsymbol{a} - y\boldsymbol{b} \neq 0$ 是对 H 的齐性向量, 故 H 由 A, B, G 完全确定, 与 C, D 的选取无关.

与在仿射几何一样, 我们称 H 为 G 对 A, B 的**调和共轭点**. $(A, B; G, H)$ 称为**调和点列**.

注意　在射影几何的情形, 若 G 为 AB 的中点, 则 H 为无穷远点.

习　题

1. 若两个四面体 $A_0A_1A_2A_3$, $B_0B_1B_2B_3$ 是从一点 P 透射的. 试证六个交点 $A_iA_j \cap B_iB_j$, $0 \leqslant i < j \leqslant 3$ 共面.
2. 假设 $\triangle ABC$, $\triangle A'B'C'$ 共面, 并由点 P 透射. 过 P 作此平面外的一直线, 在此直线上取 Q, R 使 P, Q, R 三点不同. 作 $\triangle A''B''C''$ 使其与 $\triangle ABC$ 由点 Q 透射, 与 $\triangle A'B'C'$ 由 R 点透射. 试用非共面三角形的 Desargues 定理 (10.5 习题 4) 导出共面三角形的 Desargues 定理.
3. 设 $\triangle A_iB_iC_i$, $i = 1, 2, 3$ 是三个三角形, 其中任意两个是透射的, $\triangle A_iB_iC_i$ 与 $\triangle A_jB_jC_j$ 的透射中心为 P_{ij}. 假定 P_{23}, P_{31}, P_{12} 是不同的共线点, 且 $A_1A_2A_3$, $B_1B_2B_3$, $C_1C_2C_3$ 是三角形. 证明 $\triangle A_iB_iC_i$, $i = 1, 2, 3$ 有公共的透射轴 L; $\triangle A_1A_2A_3$, $\triangle B_1B_2B_3$, $\triangle C_1C_2C_3$ 中任意两个是透射的, 且这三个透射中心在 L 上.
4. 设 A, B, C 三点共线; A', B', C' 三点也共线. 且 $P = ABC \cap A'B'C'$. 证明透射轴 LMN 包含 P 当且仅当 AA', BB', CC' 共点.

10.7 射 影 同 构

本节我们研究射影空间的同构映射, 并在此基础上建立射影空间的坐标系. 这些与线性空间, 仿射几何的坐标系的建立沿着同一套路子.

定义 10.7.1　设 $\mathcal{P}$, $\mathcal{P}'$ 是两个射影几何. π 是 $\mathcal{P}$ 到 $\mathcal{P}'$ 上的一一对应, 且满足

$$\pi(\boldsymbol{M}) \subseteq \pi(\boldsymbol{N}) \text{ 当且仅当 } \boldsymbol{M} \subseteq \boldsymbol{N}.$$

则称 π 是 $\mathcal{P}$ 到 $\mathcal{P}'$ 的**同构**, 这时, 称 $\mathcal{P}$ 与 $\mathcal{P}'$ 是**同构的**.

射影几何的同构显然有以下性质:

性质 1　射影几何 $\mathcal{P}$ 与自身同构.

这时, 可取 $\pi = \mathrm{id}$.

性质 2　射影几何 $\mathcal{P}$ 与 $\mathcal{P}'$ 同构, 则 $\mathcal{P}'$ 与 $\mathcal{P}$ 同构.

若 π 为 $\mathcal{P}$ 到 $\mathcal{P}'$ 的同构, 则 π^{-1} 为 $\mathcal{P}'$ 到 $\mathcal{P}$ 的同构.

性质 3　若 π: $\mathcal{P} \to \mathcal{P}'$; π': $\mathcal{P}' \to \mathcal{P}''$ 都是射影几何的同构, 则 $\pi'\pi$: $\mathcal{P} \to \mathcal{P}''$ 也是射影几何的同构.

性质 4 若 π: $\mathcal{P} \to \mathcal{P}'$ 是射影几何的同构, 则 $\forall \boldsymbol{M}, \boldsymbol{N} \in \mathcal{P}$, 下面两式成立

$$\pi(\boldsymbol{M} \cap \boldsymbol{N}) = \pi(\boldsymbol{M}) \cap \pi(\boldsymbol{N}),$$
$$\pi(\boldsymbol{M} + \boldsymbol{N}) = \pi(\boldsymbol{M}) + \pi(\boldsymbol{N}).$$

这是显然的.

性质 5 射影几何 $\mathcal{P}, \mathcal{P}'$ 同构的充分必要条件是它们的维数相等.

事实上, 若 π: $\mathcal{P} \to \mathcal{P}'$ 为射影几何的同构, 则有 $\boldsymbol{V}_{-1} = \{0\}, \boldsymbol{V}_0, \cdots, \boldsymbol{V}_n \in \mathcal{P}$ 使得

$$\boldsymbol{V}_{-1} \subset \boldsymbol{V}_0 \subset \cdots \subset \boldsymbol{V}_n; \quad \operatorname{pdim} \boldsymbol{V}_i = i,\ n = \operatorname{pdim} \mathcal{P}.$$

于是

$$\pi(\boldsymbol{V}_{-1}) \subset \pi(\boldsymbol{V}_0) \subset \cdots \subset \pi(\boldsymbol{V}_n),$$
$$\operatorname{pdim} \pi(\boldsymbol{V}_{-1}) < \operatorname{pdim} \pi(\boldsymbol{V}_0) < \cdots < \operatorname{pdim} \pi(\boldsymbol{V}_n).$$

因而

$$\operatorname{pdim} \mathcal{P}' \geqslant \operatorname{pdim} \mathcal{P},$$

同样

$$\operatorname{pdim} \mathcal{P} \geqslant \operatorname{pdim} \mathcal{P}'.$$

故 $\mathcal{P}$ 与 $\mathcal{P}'$ 有相同的维数.

反之, 设有线性空间 $\boldsymbol{V}$, $\boldsymbol{V}'$ 使 $\mathcal{P} = \mathcal{P}(\boldsymbol{V})$, $\mathcal{P}' = \mathcal{P}(\boldsymbol{V}')$. 于是由 $\operatorname{pdim} \mathcal{P} = \operatorname{pdim} \mathcal{P}'$ 知 $\dim \boldsymbol{V} = \dim \boldsymbol{V}'$. 因而有线性同构映射 $f:\ \boldsymbol{V} \to \boldsymbol{V}'$, 对于$\boldsymbol{V}$ 的任何子空间 $\boldsymbol{M}$, $f(\boldsymbol{M})$ 为 $\boldsymbol{V}'$ 的子空间. 故 f 诱导了 $\mathcal{P}$ 到 $\mathcal{P}'$ 的映射, 以 $\mathcal{P}(f)$ 表示. 显然 $\mathcal{P}(f)$ 是 $\mathcal{P}$ 到 $\mathcal{P}'$ 的射影几何的同构.

从这里就知可以谈数域$\boldsymbol{P}$ 上的 n 维射影几何.

定义 10.7.2 设 $f:\ \boldsymbol{V} \to \boldsymbol{V}'$ 是线性空间的同构. f 诱导的 $\mathcal{P}(\boldsymbol{V})$ 到 $\mathcal{P}(\boldsymbol{V}')$ 的同构 $\mathcal{P}(f)$ 称为 $\mathcal{P}(\boldsymbol{V})$ 到 $\mathcal{P}(\boldsymbol{V}')$ 上的一个**射影变换**. 特别地, 若$\boldsymbol{V} = \boldsymbol{V}'$, 则称 $\mathcal{P}(f)$ 为 $\mathcal{P}(\boldsymbol{V})$ 的一个**直射变换**.

显然, 若 f: $\boldsymbol{V} \to \boldsymbol{V}'$, g: $\boldsymbol{V} \to \boldsymbol{V}''$ 都是线性同构, 则

$$\mathcal{P}(gf) = \mathcal{P}(g)\mathcal{P}(f), \quad \mathcal{P}(f^{-1}) = \mathcal{P}(f)^{-1}.$$

定理 10.7.1 设 f, g 都是$\boldsymbol{V}$ 到 $\boldsymbol{V}'$ 的线性同构, 则 $\mathcal{P}(f) = \mathcal{P}(g)$ 当且仅当 $g = kf$, $k \in \boldsymbol{P}$, $k \neq 0$.

证 若 $g = kf$, 则 $f(\boldsymbol{M}) = g(\boldsymbol{M})$, $\forall \boldsymbol{M} \in \mathcal{P}(\boldsymbol{V})$. 于是 $\mathcal{P}(f) = \mathcal{P}(g)$.

反之, 若 $\mathcal{P}(f)=\mathcal{P}(g)$, $\boldsymbol{\alpha}\in\boldsymbol{V}$, $L(\boldsymbol{\alpha})\in\mathcal{P}(\boldsymbol{V})$. 因而 $g(L(\boldsymbol{\alpha}))=f(L(\boldsymbol{\alpha}))$, 即有 $k_{\boldsymbol{\alpha}}\in\boldsymbol{P}$ 使得

$$g(\boldsymbol{\alpha})=k_{\boldsymbol{\alpha}}f(\boldsymbol{\alpha}).$$

又 $\forall x\in\boldsymbol{P}$, $g(x\boldsymbol{\alpha})=xg(\boldsymbol{\alpha})=xk_{\boldsymbol{\alpha}}f(\boldsymbol{\alpha})=k_{\boldsymbol{\alpha}}f(x\boldsymbol{\alpha})$. 故

$$k_{x\boldsymbol{\alpha}}=k_{\boldsymbol{\alpha}},\quad \forall\boldsymbol{\alpha}\in\boldsymbol{V},\ x\in\boldsymbol{P}.$$

显然, $\dim\boldsymbol{V}=1$ 时, 定理已经成立. 故设 $\dim\boldsymbol{V}>1$. 设 $\boldsymbol{\alpha}, \boldsymbol{\beta}$ 线性无关, 因而 $f(\boldsymbol{\alpha}), f(\boldsymbol{\beta})$ 线性无关. 又

$$\begin{aligned}g(\boldsymbol{\alpha}+\boldsymbol{\beta})&=k_{\boldsymbol{\alpha}+\boldsymbol{\beta}}(f(\boldsymbol{\alpha})+f(\boldsymbol{\beta})),\\ g(\boldsymbol{\alpha}+\boldsymbol{\beta})&=k_{\boldsymbol{\alpha}}f(\boldsymbol{\alpha})+k_{\boldsymbol{\beta}}f(\boldsymbol{\beta}).\end{aligned}$$

因而

$$k_{\boldsymbol{\alpha}}=k_{\boldsymbol{\beta}}=k_{\boldsymbol{\alpha}+\boldsymbol{\beta}},\quad \forall\boldsymbol{\alpha},\ \boldsymbol{\beta}\in\boldsymbol{V}.$$

故定理成立.

定义 10.7.3 设 $\mathcal{P}(\boldsymbol{V})$ 为数域$\boldsymbol{P}$ 上的 n 维几何, 则 $\mathcal{P}$ 到 $\mathcal{P}(\boldsymbol{P}^{n+1})$ 上的射影变换 π 称为 $\mathcal{P}$ 的一个**射影** (**或齐次**) **坐标系**.

以下我们找 $\mathcal{P}(\boldsymbol{V})$ 中的参照标架以唯一决定 π.

设 $\boldsymbol{P}^{n+1}$ 中元素 $\boldsymbol{e}_0, \boldsymbol{e}_1, \cdots, \boldsymbol{e}_n$ 如下:

$$\begin{aligned}\boldsymbol{e}_0&=(1,\ 0,\ 0,\ \cdots,\ 0)\\ \boldsymbol{e}_1&=(0,\ 1,\ 0,\ \cdots,\ 0)\\ &\cdots\cdots\cdots\cdots\\ \boldsymbol{e}_n&=(0,\ 0,\ \cdots,\ 0,\ 1)\end{aligned}$$

于是, 由 π 为 $\mathcal{P}(\boldsymbol{V})$ 到 $\mathcal{P}(\boldsymbol{P}^{n+1})$ 上同构, 因而有 $\boldsymbol{A}_i\in\mathcal{P}(\boldsymbol{V})$. 使得

$$\pi(\boldsymbol{A}_i)=L(\boldsymbol{e}_i),\quad 0\leqslant i\leqslant n.$$

则称 $\mathcal{P}(\boldsymbol{V})$ 中有序的 $(n+1)-$ 重组 $(\boldsymbol{A}_0,\ \boldsymbol{A}_1,\ \cdots,\ \boldsymbol{A}_n)$ 为给定坐标系 π 的**参照单形**.

当参照单形 $(\boldsymbol{A}_0,\ \boldsymbol{A}_1,\ \cdots,\ \boldsymbol{A}_n)$ 给定后, 设 $\boldsymbol{\alpha}_i$ 为 $\boldsymbol{A}_i$ 的齐性向量, 即 $\boldsymbol{A}_i=L(\boldsymbol{\alpha}_i)$. 于是存在唯一的$\boldsymbol{V}$ 到 $\boldsymbol{P}^{n+1}$ 的线性同构 f 使得

$$f(\boldsymbol{\alpha}_i)=\boldsymbol{e}_i,\quad 0\leqslant i\leqslant n.$$

由此不难得到

$$\pi=\mathcal{P}(f).$$

由于 $\boldsymbol{\alpha}_i$ 的选取不是唯一的，故相应的 f 的选取也不是唯一的. 因而单是 $\boldsymbol{\alpha}_0$, $\boldsymbol{\alpha}_1, \cdots, \boldsymbol{\alpha}_n$ 还不足以描述射影几何.

定义 10.7.4 设 $\mathcal{P}(\boldsymbol{V})$ 是 $n(\geqslant 1)$ 维射影几何. 并设 $(A_0, A_1, \cdots, A_n; U)$ 是 $\mathcal{P}(\boldsymbol{V})$ 中有序的 $(n+2)-$ 重点组，满足下面条件：其中任意 $n+1$ 个点之和的维数为最大维数，则称 $(A_0, A_1, \cdots, A_n; U)$ 为 $\mathcal{P}(\boldsymbol{V})$ 的**参照标架**，U 叫**单位点**，$(A_0, A_1, \cdots, A_n)$ 叫**单形**.

例 10.8 $\operatorname{pdim} p(\boldsymbol{V}) = 2$, A_0, A_1, A_2 为三角形，U 为三条边外任一点. 则 $(A_0, A_1, A_2; U)$ 为 $\mathcal{P}(\boldsymbol{V})$ 的参照标架，U 为单位点，(A_0, A_1, A_2) 为参照三角形.

例 10.9 $\operatorname{pdim} \mathcal{P}(\boldsymbol{V}) = 3$, $A_0A_1A_2A_3$ 为四面体，U 为不在四面体四面上的任一点. 则 $(A_0, A_1, A_2, A_3; U)$ 为 $\mathcal{P}(\boldsymbol{V})$ 的参照标架，U 单位点，(A_0, A_1, A_2, A_3) 为参照四面体.

例 10.10 设 $\dim \boldsymbol{V} = n+1$, $(\boldsymbol{\alpha}_0, \boldsymbol{\alpha}_1, \cdots, \boldsymbol{\alpha}_n)$ 为 $\boldsymbol{V}$ 的一组有序基. 令 $A_i = L(\boldsymbol{\alpha}_i)$, $0 \leqslant i \leqslant n$; $U = L(\boldsymbol{\alpha}_0 + \boldsymbol{\alpha}_1 + \cdots + \boldsymbol{\alpha}_n)$. 则 $(A_0, A_1, \cdots, A_n; U)$ 为 $\mathcal{P}(\boldsymbol{V})$ 的参照标架，U 为单位点，$(A_0, A_1, \cdots, A_n)$ 为参照单形. 此组标架称为**由有序基 $(\boldsymbol{\alpha}_0, \boldsymbol{\alpha}_1, \cdots, \boldsymbol{\alpha}_n)$ 决定的参照标架**.

例 10.11 设 $\boldsymbol{V} = \boldsymbol{P}^{n+1}$, $\boldsymbol{e}_i$, $0 \leqslant i \leqslant n$ 如上所述. 则由 $(\boldsymbol{e}_0, \boldsymbol{e}_1, \cdots, \boldsymbol{e}_n)$ 决定的 $\mathcal{P}(\boldsymbol{P}^{n+1})$ 的参照标架为 $(E_0, E_1, \cdots, E_n; E)$，其中

$$E_i = L(\boldsymbol{e}_i), \quad 0 \leqslant i \leqslant n;$$
$$E = L(\boldsymbol{e}_0 + \boldsymbol{e}_1 + \cdots + \boldsymbol{e}_n) = L((1, 1, \cdots, 1)).$$

这组标架称为 $\mathcal{P}(\boldsymbol{P}^{n+1})$ 的**标准参照标架**.

定理 10.7.2 设 $\operatorname{pdim} \mathcal{P}(\boldsymbol{V}) = n$.

1) $\mathcal{P}(\boldsymbol{V})$ 的每个参照标架 $(A_0, A_1, \cdots, A_n; U)$ 至少为 $\boldsymbol{V}$ 的一有序基决定;

2) $\boldsymbol{V}$ 的两个有序基 $(\boldsymbol{\alpha}_0, \boldsymbol{\alpha}_1, \cdots, \boldsymbol{\alpha}_n)$, $(\boldsymbol{\beta}_0, \boldsymbol{\beta}_1, \cdots, \boldsymbol{\beta}_n)$ 决定同一参照标架当且仅当存在 k 使得

$$\boldsymbol{\beta}_i = k\boldsymbol{\alpha}_i, \quad 0 \leqslant i \leqslant n;$$

3) 若 $(A_0, A_1, \cdots, A_n; U)$, $(A_0', A_1', \cdots, A_n'; U')$ 分别为 $\mathcal{P}(\boldsymbol{V})$, $\mathcal{P}(\boldsymbol{V}')$ 的参照标架，则有 $\mathcal{P}(\boldsymbol{V})$ 到 $\mathcal{P}(\boldsymbol{V}')$ 的唯一的射影变换 π 使得

$$\pi(A_i) = A_i', \quad 0 \leqslant i \leqslant n,$$
$$\pi(U) = U'.$$

证 1) 设 A_i $(0 \leqslant i \leqslant n)$, U 的齐性向量分别为 $\boldsymbol{\gamma}_i$ $(0 \leqslant i \leqslant n)$, $\boldsymbol{\mu}$. 即 $A_i = L(\boldsymbol{\gamma}_i)$, $U = L(\boldsymbol{\mu})$. 由 $\operatorname{pdim} \sum\limits_{i=0}^{n} A_i = n$，故有 $\boldsymbol{\mu} = x_0\boldsymbol{\gamma}_0 + x_1\boldsymbol{\gamma}_1 + \cdots + x_n\boldsymbol{\gamma}_n$.

若对某个 i 有 $x_i = 0$, 则 $\mathrm{pdim}\,(\sum\limits_{j\neq i} A_j + U) < n$, 这与假设矛盾. 故 $x_i \neq 0$, $0 \leqslant i \leqslant n$. 令 $\boldsymbol{\alpha}_i = x_i\boldsymbol{\gamma}_i$, 则 $A_i = L(\boldsymbol{\alpha}_i)$, $0 \leqslant i \leqslant n$; $U = L(\boldsymbol{\alpha}_0 + \boldsymbol{\alpha}_1 + \cdots + \boldsymbol{\alpha}_n)$. 即 $(A_0,\ A_1,\ \cdots,\ A_n;\ U)$ 是由 $(\boldsymbol{\alpha}_0,\ \boldsymbol{\alpha}_1,\ \cdots,\ \boldsymbol{\alpha}_n)$ 决定的参照标架.

2) 若 $\boldsymbol{\beta}_i = k\boldsymbol{\alpha}_i$, $\quad 0 \leqslant i \leqslant n$, 则

$$\begin{aligned} L(\boldsymbol{\beta}_i) &= L(\boldsymbol{\alpha}_i), \quad 0 \leqslant i \leqslant n; \\ L(\boldsymbol{\beta}_0 + \cdots + \boldsymbol{\beta}_n) &= L(k(\boldsymbol{\alpha}_0 + \cdots + \boldsymbol{\alpha}_n)) \\ &= L(\boldsymbol{\alpha}_0 + \cdots + \boldsymbol{\alpha}_n). \end{aligned}$$

故 $(\boldsymbol{\alpha}_0,\ \boldsymbol{\alpha}_1,\ \cdots,\ \boldsymbol{\alpha}_n)$ 与 $(\boldsymbol{\beta}_0,\ \boldsymbol{\beta}_1,\ \cdots,\ \boldsymbol{\beta}_n)$ 决定同一参照标架.

反之, $(\boldsymbol{\alpha}_0,\ \boldsymbol{\alpha}_1,\ \cdots,\ \boldsymbol{\alpha}_n)$, $(\boldsymbol{\beta}_0,\ \boldsymbol{\beta}_1,\ \cdots,\ \boldsymbol{\beta}_n)$ 决定同一参照标架, 则有

$$\begin{aligned} \boldsymbol{\beta}_i &= k_i\boldsymbol{\alpha}_i, \quad 0 \leqslant i \leqslant n; \\ \sum_{i=0}^{n} \boldsymbol{\beta}_i &= k\sum_{i=0}^{n} \boldsymbol{\alpha}_i. \end{aligned}$$

因而

$$\sum_{i=0}^{n} k_i\boldsymbol{\alpha}_i = \sum_{i=0}^{n} k\boldsymbol{\alpha}_i,$$

于是

$$k_0 = k_1 = \cdots = k_n = k.$$

3) 设 $(A_0,\ A_1,\ \cdots,\ A_n;\ U)$ 与 $(A'_0,\ A'_1,\ \cdots,\ A'_n;\ U)$ 分别由$\boldsymbol{V}$, $\boldsymbol{V}'$ 的有序基 $(\boldsymbol{\alpha}_0,\ \boldsymbol{\alpha}_1,\ \cdots,\ \boldsymbol{\alpha}_n)$, $(\boldsymbol{\alpha}'_0,\ \boldsymbol{\alpha}'_1,\ \cdots,\ \boldsymbol{\alpha}'_n)$ 决定. 于是有 $\boldsymbol{V}$ 到 $\boldsymbol{V}'$ 的唯一的线性同构 f 使得

$$f(\boldsymbol{\alpha}_i) = \boldsymbol{\alpha}'_i, \quad 0 \leqslant i \leqslant n.$$

故 $\pi = \mathcal{P}(f)$ 为 $\mathcal{P}(\boldsymbol{V})$ 到 $\mathcal{P}(\boldsymbol{V}')$ 的射影, 且

$$\begin{aligned} \pi(A_i) &= A'_i, \quad 0 \leqslant i \leqslant n; \\ \pi(U) &= U'. \end{aligned}$$

又设 $\boldsymbol{V}$ 到 $\boldsymbol{V}'$ 的线性同构 g, 使得 $\pi_1 = \mathcal{P}(g)$ 满足要求. 于是 $(g(\boldsymbol{\alpha}_0),\ g(\boldsymbol{\alpha}_1),\ \cdots,\ g(\boldsymbol{\alpha}_n))$ 为$\boldsymbol{V}'$ 的有序基, 且

$$\begin{aligned} A'_i &= L(g(\boldsymbol{\alpha}_i)), \quad 0 \leqslant i \leqslant n; \\ U' &= L(g(\boldsymbol{\alpha}_0) + g(\boldsymbol{\alpha}_1) + \cdots + g(\boldsymbol{\alpha}_n)), \end{aligned}$$

即 $(\boldsymbol{\alpha}_0',\ \boldsymbol{\alpha}_1',\ \cdots,\ \boldsymbol{\alpha}_n')$ 与 $(g(\boldsymbol{\alpha}_0),\ \cdots,\ g(\boldsymbol{\alpha}_n))$ 决定 $\mathcal{P}(\boldsymbol{V}')$ 的同一标架. 因而

$$g(\boldsymbol{\alpha}_i) = k\boldsymbol{\alpha}_i' = k\,f(\boldsymbol{\alpha}_i), \quad 0 \leqslant i \leqslant n.$$

故

$$g = k\,f.$$

故由定理 10.7.1 知

$$\pi_1 = \pi.$$

从定理 10.7.2 知道, 射影几何的坐标系 π 与参照标架 $(A_0,\ A_1,\ \cdots,\ A_n;\ U)$ 之间有一一对应关系.

设 P 为射影几何 $\mathcal{P}(\boldsymbol{V})$ 中的一点. 若

$$\pi(P) = L((x_0,\ x_1,\ \cdots,\ x_n)),$$

则称 $(x_0,\ x_1,\ \cdots,\ x_n)$ 为 P 对 π **的射影 (或齐次) 坐标**.

例 10.12 $\mathcal{P}(\boldsymbol{P}^{n+1})$ 中参照标架 $(E_0,\ E_1,\ \cdots,\ E_n;\ E)$ 对应的坐标系 $\pi = \mathcal{P}(\mathrm{id})$. $P = L(\boldsymbol{\alpha})$, $\boldsymbol{\alpha} = \sum\limits_{i=0}^{n} x_i\boldsymbol{\alpha}_i$, 则 P 对 π 的坐标为 $(x_0,\ x_1,\ \cdots,\ x_n)$.

习　题

1. 设 $\mathrm{pdim}\,\mathcal{P}(\boldsymbol{V}) = 2$, $\boldsymbol{L} \subset \mathcal{P}(\boldsymbol{V})$, $\mathrm{pdim}\,\boldsymbol{L} = 1$. 又 π 是 $\mathcal{P}(\boldsymbol{V})$ 的直射变换, 且满足

$$\pi(\boldsymbol{X}) = \boldsymbol{X}, \quad \forall \boldsymbol{X} \in \boldsymbol{L}.$$

且 $\pi \neq \mathrm{id}$. 试证存在 $\boldsymbol{A} \in \mathcal{P}(\boldsymbol{V})$ 使得$\boldsymbol{A}$, $\boldsymbol{P}$, $\pi(\boldsymbol{P})$ $(\boldsymbol{P} \in \boldsymbol{L})$ 共线.
(这样的直射变换称为**中心直射**, $\boldsymbol{L}$ 为**轴**, $\boldsymbol{A}$为**中心**).

2. 设 $\mathrm{pdim}\,\mathcal{P}(\boldsymbol{V}) = 2$, $\boldsymbol{L} \subset \mathcal{P}(\boldsymbol{V})$, $\mathrm{pdim}\,\boldsymbol{L} = 1$. P, P' 为不在 $\boldsymbol{L}$ 上的两点. A 在 PP' 上, 但异于 P, P'. 试证存在唯一的以$\boldsymbol{L}$ 为轴, A 为中心的中心直射变换 π, 使 $\pi(P) = P'$.

3. 设 $\triangle ABC$ 与 $\triangle A'B'C'$ 由点 P 透射. 又设 $L = BC \cap B'C'$, $M = CA \cap C'A'$, $N = AB \cap A'B'$. 试证存在以 LM 为轴, P 为中心的中心直射使得 $\pi(C) = C'$. 由此证明 L, M, N 共线.

4. 设 L, L' 是不同的共面直线, A 为两线外的一点, 又 $P' = AP \cap L'$, $P \in L$. 试证存在中心直射使得 $\pi(P) = P'$, $\forall P \in L$.
($P \to P'$ 为 $\mathcal{P}(L)$ 到 $\mathcal{P}(L')$ 的同构, 称为**以 A 为中心的透射同构**.)

5. 设 $\mathrm{pdim}\,\mathcal{P}(\boldsymbol{V}) = 2$, π 为 $\mathcal{P}(\boldsymbol{V})$ 的直射变换, $\pi(L) = L'$, L, L' 为 $\mathcal{P}(\boldsymbol{V})$ 中不同直线. 试证 π 诱导的 $\mathcal{P}(L)$ 到 $\mathcal{P}(L')$ 上的射影变换为透射当且仅当 $\pi(L \cap L') = L \cap L'$.

10.8　对偶, 对偶几何

射影几何中一个重要的原理是所谓对偶原理, 从这个原理出发引入了射影几何的对偶几何的概念. 其实, 这些只不过是线性空间及其对偶空间之间关系的几何翻版而已. 本节将讨论这些问题.

设 $\mathcal{P}(\boldsymbol{V})$ 是数域$\boldsymbol{P}$ 上的 n 维射影几何. 所谓 $\mathcal{P}(\boldsymbol{M})$ 中一个命题 $\mathfrak{P}$ 就是涉及 $\mathcal{P}(\boldsymbol{V})$ 中元素 (即$\boldsymbol{V}$ 中的子空间) 及其相互间的包含关系的一个论断. 如果在命题 $\mathfrak{P}$ 中分别以 $\supset$、联接 (即子空间的和)、交及维数 $n-1-r$ 代替 $\subset$、交、联接及维数 r, 这样得到一个论断 $\mathfrak{P}^*$ 称为 $\mathfrak{P}$ 的对偶命题.

定理 10.8.1　设 $\mathcal{P}(\boldsymbol{V})$ 是数域$\boldsymbol{P}$ 上的 n 维射影几何. 若命题 $\mathfrak{P}$ 对 $\mathcal{P}(\boldsymbol{V})$ 成立, 则 $\mathfrak{P}$ 的对偶命题 $\mathfrak{P}^*$ 也成立.

证　设 $\boldsymbol{V}^*$ 为 $\boldsymbol{V}$ 的对偶空间. 由于 $\dim \boldsymbol{V}^* = \dim \boldsymbol{V}$, 故 $\mathcal{P}(\boldsymbol{V})$ 与 $\mathcal{P}(\boldsymbol{V}^*)$ 同构. 因而命题 $\mathfrak{P}$ 也对 $\mathcal{P}(\boldsymbol{V}^*)$ 成立.

设 $\boldsymbol{M} \in \mathcal{P}(\boldsymbol{V})$, 即$\boldsymbol{M}$ 为 $\boldsymbol{V}$ 的子空间. 令

$$\boldsymbol{M}^0 = \{f \in \boldsymbol{V}^* | f(\boldsymbol{\alpha}) = 0,\ \forall \boldsymbol{\alpha} \in \boldsymbol{M}\},$$

易证下面性质成立:

1)　$\boldsymbol{M}^0 \in \mathcal{P}(\boldsymbol{V}^*)$, 即 $\boldsymbol{M}^0$ 为 $\boldsymbol{V}^*$ 的子空间, 而且

$$\operatorname{pdim} \boldsymbol{M}^0 = n - 1 - \operatorname{pdim} \boldsymbol{M};$$

2)　$(\boldsymbol{M}^0)^0 = \boldsymbol{M}$;

3)　$\boldsymbol{M} \subseteq \boldsymbol{N}$ 当且仅当 $\boldsymbol{M}^0 \supseteq \boldsymbol{N}^0$;

4)　$(\boldsymbol{M} + \boldsymbol{N})^0 = \boldsymbol{M}^0 \cap \boldsymbol{N}^0$;

5)　$(\boldsymbol{M} \cap \boldsymbol{N})^0 = \boldsymbol{M}^0 + \boldsymbol{N}^0$.

由上述性质知 $\boldsymbol{M} \to \boldsymbol{M}^0$ 是 $\mathcal{P}(\boldsymbol{V})$ 到 $\mathcal{P}(\boldsymbol{V}^*)$ 的一一对应. 在此对应下, 对于 $\mathcal{P}(\boldsymbol{V})$ 的命题 $\mathfrak{P}$ 变为对于 $\mathcal{P}(\boldsymbol{V}^*)$ 的命题 $\mathfrak{P}^*$. 若 $\mathcal{P}(\boldsymbol{V})$ 中命题 $\mathfrak{P}$ 成立, 则 $\mathcal{P}(\boldsymbol{V}^*)$ 中命题 $\mathfrak{P}^*$ 成立. 注意 $\mathcal{P}(\boldsymbol{V})$ 与 $\mathcal{P}(\boldsymbol{V}^*)$ 是同构的, 故 $\mathfrak{P}^*$ 对于 $\mathcal{P}(\boldsymbol{V})$ 也成立.

注 1　定理 10.8.1 称为射影几何的**对偶原理**.

注 2　$\boldsymbol{M}^0$ 称为 $\boldsymbol{M}$ 的**零化子**. 映射 $\boldsymbol{M} \to \boldsymbol{M}^0$ 称为**零化子映射**, 记为 $\circ$.

注 3　若 $\delta: \mathcal{P}(\boldsymbol{V}) \to \mathcal{P}(\boldsymbol{W})$ 是一一对应, 且满足$\boldsymbol{M} \subseteq \boldsymbol{N}$ 当且仅当 $\delta(\boldsymbol{M}) \supseteq \delta(\boldsymbol{N})$, $\forall \boldsymbol{M}, \boldsymbol{N} \in \mathcal{P}(\boldsymbol{V})$, 则称 δ 为 $\mathcal{P}(\boldsymbol{V})$ 到 $\mathcal{P}(\boldsymbol{W})$ 的**反同构**.

显然, 零化子映射 $\circ$: $\mathcal{P}(\boldsymbol{V}) \to \mathcal{P}(\boldsymbol{V}^*)$ 是反同构. 零化子映射 $\circ$ 的逆映射则是 $\mathcal{P}(\boldsymbol{V}^*)$ 到 $\mathcal{P}(\boldsymbol{V}) = \mathcal{P}((\boldsymbol{V}^*)^*)$ 的零化子映射, 仍以 $\circ$ 表示.

定义 10.8.1　若 $f:\ \boldsymbol{V} \to \boldsymbol{W}^*$ 是线性同构, 则称 $\circ\mathcal{P}(f)$ 为 $\mathcal{P}(\boldsymbol{V})$ 到 $\mathcal{P}(\boldsymbol{W})$ 上的**对偶**. 特别地, $\mathcal{P}(\boldsymbol{V})$ 到自身的对偶称为 $\mathcal{P}(\boldsymbol{V})$ 的一个**余关系** (correlation).

为了讨论射影几何的对偶几何, 我们先给出抽象的射影几何的定义.

定义 10.8.2 设 $\boldsymbol{V}$ 是数域 $\boldsymbol{P}$ 上的线性空间, $\boldsymbol{P}$ 是一个集合. 若 Ψ 是$\boldsymbol{P}$ 到 $\mathcal{P}(\boldsymbol{V})$ 上的一一对应, 则称 $(\boldsymbol{P},\Psi)$ (或简单地$\boldsymbol{P}$) 为数域$\boldsymbol{P}$ 上的**射影几何**. 并称 $\operatorname{pdim}\mathcal{P}(\boldsymbol{V})$ 为 $\boldsymbol{P}$ 的维数.

特别地, $(\mathcal{P}(\boldsymbol{V}),\circ)$ 是射影几何, 称为 $\mathcal{P}(\boldsymbol{V})$ 的**对偶几何**, 记为 $\mathcal{P}^*(\boldsymbol{V})$.

注意, $\mathcal{P}(\boldsymbol{V})$ 的对偶几何 $\mathcal{P}^*(\boldsymbol{V})$ 不是 $\mathcal{P}(\boldsymbol{V}^*)$, $\mathcal{P}(\boldsymbol{V})$ 与 $\mathcal{P}^*(\boldsymbol{V})$ 作为集合是一样的. 但是, 它们的几何结构是不一样的. 例如, 若$\boldsymbol{M}$, $\boldsymbol{N}$ 是 $\boldsymbol{V}$ 的两个子空间. $\boldsymbol{M}$, $\boldsymbol{N}$ 作为 $\mathcal{P}(\boldsymbol{V})$ 中元素, 它们的联接, 交分别为$\boldsymbol{M}+\boldsymbol{N}$, $\boldsymbol{M}\cap\boldsymbol{N}$; $\boldsymbol{M}$, $\boldsymbol{N}$ 作为 $\mathcal{P}^*(\boldsymbol{V})$ 中元素, 它们的联接, 交分别为$\boldsymbol{M}\cap\boldsymbol{N}$, $\boldsymbol{M}+\boldsymbol{N}$. 又如若 $\boldsymbol{M}$ 作为 $\mathcal{P}(\boldsymbol{V})$ 中元素的维数为 r, 则作为 $\mathcal{P}^*(\boldsymbol{V})$ 中元素的维数为 $n-1-r$ (这里 $n=\operatorname{pdim}\boldsymbol{V}$).

引入对偶几何的概念后, 我们就可以将射影变换与对偶, 与余关系统一起来. 实际上, $\mathcal{P}(\boldsymbol{V})$ 到 $\mathcal{P}(\boldsymbol{W})$ $(\mathcal{P}(\boldsymbol{V}))$ 上的对偶 (余关系) 就是 $\mathcal{P}(\boldsymbol{V})$ 到 $\mathcal{P}^*(\boldsymbol{W})$ $(\mathcal{P}^*(\boldsymbol{V}))$ 上的射影变换.

下面我们进一步讨论 $\mathcal{P}(\boldsymbol{V})$ 与 $\mathcal{P}^*(\boldsymbol{V})$ 的参照标架之间的关系.

设 $(\boldsymbol{\alpha}_0,\ \boldsymbol{\alpha}_1,\ \cdots,\ \boldsymbol{\alpha}_n)$ 为 $\boldsymbol{V}$ 的一组有序基, 由其决定的参照标架为 $(A_0,\ A_1,\cdots,A_n;\ U)$. 设 $\boldsymbol{V}^*$ 中对 $(\boldsymbol{\alpha}_0,\ \boldsymbol{\alpha}_1,\ \cdots,\ \boldsymbol{\alpha}_n)$ 的对偶基为 $(f_0,\ f_1,\ \cdots,\ f_n)$, 即

$$f_i(\boldsymbol{\alpha}_j)=\delta_{ij},\quad 0\leqslant i,j\leqslant n.$$

于是有 $\mathcal{P}(\boldsymbol{V}^*)$ 的参照标架

$$\left(L(f_0),\ L(f_1),\ \cdots,\ L(f_n);\ L\left(\sum_{i=0}^{n}f_i\right)\right).$$

因而有 $(A_0',A_1',\cdots,A_n';U')$ 为 $\mathcal{P}^*(\boldsymbol{V})$ 的参照标架, 使得 $\circ(A_i')=L(f_i)$, $0\leqslant i\leqslant n$; $L(\sum\limits_{i=0}^{n}f_i)=\circ(U')$. 而且不难证明 $(A_0',A_1',\cdots,A_n';U')$ 为 $(A_0,A_1,\cdots,A_n;U)$ 唯一决定.

定义 10.8.3 称 $(A_0',A_1',\cdots,A_n';U')$ 为 $(A_0,A_1,\cdots,A_n;U)$ 的**对偶标架**.

设 P 为 $\mathcal{P}^*(\boldsymbol{V})$ 中的一点, 故 P^0 为 $\mathcal{P}(\boldsymbol{V}^*)$ 中的一点, 故 P 为 $\mathcal{P}(\boldsymbol{V})$ 中的超平面. 故 P 为某个齐次方程

$$p_0x_0+p_1x_1+\cdots+p_nx_n=0$$

的解空间. 其中 $\sum\limits_{i=0}^{n}p_if_i$ 为 P^0 的齐性向量. 因而对于参照标架 $(A_0',\ A_1',\ \cdots,\ A_n';\ U')$, 点 P 的坐标为 $(p_0,\ p_1,\ \cdots,\ p_n)$, 并称为超平面 P 对 $(A_0,\ A_1,\ \cdots,A_n;U)$ 的**对偶坐标**.

例 10.13 设 $\mathrm{pdim}\,\boldsymbol{V}=2$. $\boldsymbol{R}$ 为 $\mathcal{P}^*(\boldsymbol{V})$ 中射影直线 A 上所有点的集合. 即作为 $\mathcal{P}^*(\boldsymbol{V})$ 中元素 $\mathrm{pdim}\,A=1$, $L\in\boldsymbol{R}$, $\mathrm{pdim}\,L=0$. 但作为 $\mathcal{P}(\boldsymbol{V})$ 中元素, A, L 的射影维数分别为 0, 1. 故 A, L 分别为 $\mathcal{P}(\boldsymbol{V})$ 的点, 直线, 且 $A\in L$. 反之, 若 $\mathcal{P}(\boldsymbol{V})$ 中直线 L_1 通过 A 点, 则作为 $\mathcal{P}^*(\boldsymbol{V})$ 中元素, L_1 是直线 A 上的点. 故$\boldsymbol{R}$ 作为 $\mathcal{P}(\boldsymbol{V})$ 中元素是通过点 A 的直线束.

如果 $\boldsymbol{P}=\mathbf{R}$, 则 A 为 $\boldsymbol{V}$ 中直线, 故 $\boldsymbol{R}$ 为 V 中通过直线 A 的平面束.

例 10.14 设 $\mathrm{pdim}\,\boldsymbol{V}=2$, A, L 分别为 $\mathcal{P}(\boldsymbol{V})$ 中点与直线, 且 $A\notin L$. 仍以$\boldsymbol{L}$ 表示 L 上所有点的集合, 于是映射

$$P\to AP,\quad \forall P\in\boldsymbol{L}$$

是 L 到通过 A 的直线束 $\mathcal{C}$ 上的一一对应. 在 L 上取两点 B, C, 于是得到一个参照三角形 ABC, 再取适当的点为单位点. $P\in L$, P 有坐标 $(0,\ p_1,\ p_2)$. 对应的直线 AP 有方程 $p_2x_1-p_1x_2=0$. 因而 AP 的对偶坐标为 $(0,\ p_2,\ -p_1)$. 于是线性映射: $(p_1,\ p_2)\to(p_2,\ -p_1)$ 建立了 $\mathcal{P}(\boldsymbol{V})$ 的子几何 L 到 $\mathcal{P}(\boldsymbol{V})$ 的子几何 $\mathcal{C}$ 上的射影变换, 如图 10.18 所示.

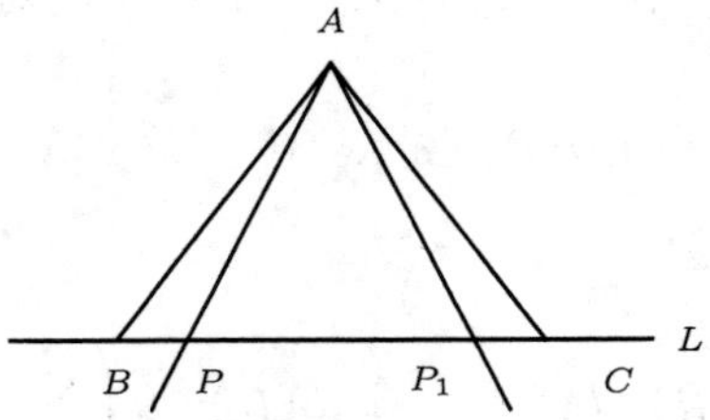

图 10.18

习 题

1. 验证定理 10.8.1 的证明中所述零化子映射 $\circ$ 的五条性质.
2. 证明在射影平面中, Desargues 定理的对偶命题为其逆定理.
   3 维射影几何中的 Desargues 定理的对偶命题是什么?
3. 试证 10.6 的习题 1 的对偶命题.
4. 设 $\mathcal{B}$ 为 n 维射影几何 $\mathcal{P}(\boldsymbol{V})$ 中的一个构形. 若将 $\mathcal{B}$ 中的联接, 交及维数 r 改变为交, 联接及 $n-1-r$ 所得的构形 $\mathcal{B}^*$ 称为 $\mathcal{B}$ 的**对偶构形**.
   设 $\mathcal{B}$ 为二维射影几何中的四边形 $ABCD$, 其中任何三点不共线. 试描述 $\mathcal{B}^*$ 的构形, 并画出 $\mathcal{B}^*$ 的示意图.
5. 设 $(A_0,\ A_1,\ \cdots,\ A_n;\ U)$ 是射影几何 $\mathcal{P}(\boldsymbol{V})$ 的参照标架, $(A_0',\ A_1',\ \cdots,\ A_n';\ U')$ 为其对偶参照标架, 则 A_i' 是单形 $(A_0,\ A_1,\ \cdots,\ A_n)$ 的顶点 A_i 对应的超平面 (即 $A_i'=\sum\limits_{j\neq i}A_j$).

1) 若 $n=1$, 证明 U' 是 U 对 A_0, A_1 的调和共轭点.

2) 设 $n \geqslant 2$, U_n 是点 $A_nU \cap A'_n$. 证明 $(A_0, \cdots, A_{n-1}; U)$ 是子几何 $\mathcal{P}(A'_n)$ 的参照标架, 其对偶标架是

$$(A'_0 \cap A'_n, \ \cdots, \ A'_{n-1} \cap A'_n; \ U' \cap A'_n).$$

3) 对 U', 给出一个由参照标架 $(A_0, \ \cdots, \ A_n; \ U)$ 表示的递推结构.

6. 设射影平面 M 中有一通过 A 的直线束, B 为 M 外一点. 证明: $L \to L \bigvee B$ 是给出的直线束到通过轴 AB 的平面束的射影变换.

10.9 射影二次型

设 $\boldsymbol{V}$ 是数域 $\boldsymbol{P}$ 上的线性空间, $\sigma(\boldsymbol{\alpha}, \ \boldsymbol{\beta})$ 是$\boldsymbol{V}$ 的一个对称双线性函数. 若 $\boldsymbol{M}$ 是 $\boldsymbol{V}$ 的一个子空间, 记

$$\boldsymbol{M}^{\perp} = \{\boldsymbol{\alpha} \in \boldsymbol{V} | \sigma(\boldsymbol{\alpha}, \boldsymbol{\beta}) = 0, \forall \boldsymbol{\beta} \in \boldsymbol{M}\}.$$

显然, $\boldsymbol{M}^{\perp}$ 也是$\boldsymbol{V}$ 的子空间.

$\sigma(\boldsymbol{\alpha}, \ \boldsymbol{\alpha})$ $(\forall \boldsymbol{\alpha} \in \boldsymbol{V})$ 是$\boldsymbol{V}$ 上的二次型. 显然, $\sigma(\boldsymbol{\alpha}, \ \boldsymbol{\alpha}) = 0$ 当且仅当 $\sigma(k\boldsymbol{\alpha}, \ k\boldsymbol{\alpha}) = 0, \forall k \in \boldsymbol{P}$.

于是 $\sigma(\boldsymbol{\alpha}, \ \boldsymbol{\alpha})$ 的零点集, 可以看成 $\mathcal{P}(\boldsymbol{V})$ 中元素的集合.

定义 10.9.1 设 σ 是$\boldsymbol{V}$ 上对称双线性函数, 称 $\mathcal{P}(\boldsymbol{V})$ 中点集

$$Q(\sigma) = \{P \in L(\boldsymbol{\alpha}) \in \mathcal{P}(\boldsymbol{V}) | \sigma(\boldsymbol{\alpha}, \ \boldsymbol{\alpha}) = 0\}$$

为一个**射影二次型**, 简称**二次型**.

特别地, $\mathrm{pdim}\, \boldsymbol{V} = 2$ 时, $Q(\sigma)$ 称为**锥形**.

下面的性质是容易检验的.

性质 1 $Q(\sigma) = \{P \in \mathcal{P}(\boldsymbol{V}) | P \subseteq P^{\perp}\}$.

性质 2 $Q(\sigma) = Q(k\sigma), \forall k \in \boldsymbol{P}, \ k \neq 0$.

性质 3 若 π: $\mathcal{P}(\boldsymbol{V}) \to \mathcal{P}(\boldsymbol{V}')$ 为射影变换, 则 $\pi(Q(\sigma))$ 为 $\mathcal{P}(\boldsymbol{V}')$ 的二次型.

事实上, 有 $\boldsymbol{V}$ 到 $\boldsymbol{V}'$ 的线性同构 f 使得

$$\pi = \mathcal{P}(f).$$

于是

$$\sigma'(f(\boldsymbol{\alpha}), \ f(\boldsymbol{\beta})) = \sigma(\boldsymbol{\alpha}, \ \boldsymbol{\beta}), \ \forall \boldsymbol{\alpha}, \ \boldsymbol{\beta} \in \boldsymbol{V}$$

是 $\boldsymbol{V}'$ 上的对称双线性函数. 而

$$\begin{aligned}Q(\sigma') &= \{L(f(\boldsymbol{\alpha}))|\sigma'(f(\boldsymbol{\alpha}),\ f(\boldsymbol{\alpha}))=0\}\\ &= \{\pi(L(\boldsymbol{\alpha}))|\sigma(\boldsymbol{\alpha},\ \boldsymbol{\alpha})=0\}\\ &= \pi(Q(\sigma)).\end{aligned}$$

即 $\pi(Q(\boldsymbol{\alpha}))$ 是 $\mathcal{P}(\boldsymbol{V}')$ 的二次型.

性质 4 设 $(\boldsymbol{\alpha}_0, \boldsymbol{\alpha}_1, \cdots, \boldsymbol{\alpha}_n)$ 是$\boldsymbol{V}$ 的一组有序基, π 为其决定的坐标系. $P \in \mathcal{P}(\boldsymbol{V})$ 的坐标记为 $\boldsymbol{X} = (x_0, x_1, \cdots, x_n)$, 又 σ 在 $(\boldsymbol{\alpha}_0, \boldsymbol{\alpha}_1, \cdots, \boldsymbol{\alpha}_n)$ 下的矩阵为 $\boldsymbol{A}$. $q(x_0, x_1, \cdots, x_n)$ 为 σ 对基 $(\boldsymbol{\alpha}_0, \boldsymbol{\alpha}_1, \cdots, \boldsymbol{\alpha}_n)$ 的二次 (齐次) 函数. 则

$$\begin{aligned}Q(\boldsymbol{\sigma}) &= \{P|q(x_0,\ x_1,\ \cdots,\ x_n)=0\}\\ &= \{P|\boldsymbol{XAX}'=0\}.\end{aligned}$$

性质 5 在 $\mathcal{P}(\boldsymbol{V})$ 中有射影坐标系, 使得

$$Q(\boldsymbol{\sigma}) = \{P|d_0x_0^2 + \cdots + d_r^2x_r^2 = 0,\ d_i \neq 0\}.$$

性质 6 称 σ 的秩为二次型 $Q(\sigma)$ 的**秩**. 若 π: $\mathcal{P}(\boldsymbol{V}) \to \mathcal{P}(\boldsymbol{V}')$ 为射影变换, 则 $Q(\sigma)$, $\pi(Q(\sigma))$ 有相同的秩.

例 10.15 设 $\operatorname{pdim}\boldsymbol{V} = 1$.

1) 若 $\operatorname{rank}(\sigma) = 2$, 则 $Q(\sigma)$ 或为空集, 或为不同两点构成的集合.

2) 若 $\operatorname{rank}(\sigma) = 1$, $Q(\boldsymbol{\alpha})$ 为一点构成的集合.

3) 若 $\operatorname{rank}(\sigma) = 0$, 则 $Q(\sigma) = \mathcal{P}(\boldsymbol{V})$.

从这个例子可以看出, 在射影直线的情形, 从 $Q(\sigma)$ 的构成, 可以决定 σ 的秩. 在一般情形, 我们从 $Q(\sigma)$ 可以认识 $\boldsymbol{V}^{\perp}$, 其方法如下:

设 $\operatorname{pdim}\boldsymbol{V} \geqslant 2$, L 为 $\mathcal{P}(\boldsymbol{V})$ 中任一射影直线. 于是 $L \cap Q(\sigma)$ 是 $\mathcal{P}(L)$ 的一个二次型, 记为 $Q(\sigma_L)$. 显然, 下面的论断成立:

$$\boldsymbol{\alpha} \in \boldsymbol{V}^{\perp} \text{ 当且仅当 } P = L(\boldsymbol{\alpha}) \in Q(\sigma)$$

$$\text{且 } R(\sigma_{QP}) < 2,\ \forall \text{ 直线 } QP.$$

($\boldsymbol{\alpha} \in \boldsymbol{V}^{\perp}$, $P = L(\boldsymbol{\alpha})$) 称为 $Q(\sigma)$ 的**二重点**.)

$\boldsymbol{V}^{\perp}$ 决定之后, σ 的秩也就决定了:

$$\operatorname{rank}(\sigma) = \dim\boldsymbol{V} - \dim\boldsymbol{V}^{\perp}.$$

我们称 $Q(\sigma)$ 为退化的, 当 σ 为退化的, 即 $\boldsymbol{V}^{\perp} \neq \{0\}$.

习　　题

1. 试证：方程 $ax_0^2+2hx_0x_1+bx_1^2=0$ 定义 $\mathcal{P}(\mathbf{R}^2)$ 中空二次型当且仅当 $h^2<ab$.

下面各题中, σ 表示线性空间 $\boldsymbol{V}$ 上的对称双线性函数, $Q(\sigma)$ 表示 $\mathcal{P}(\boldsymbol{V})$ 的二次型. $\perp(\sigma)$ 表示 $\mathcal{P}(\boldsymbol{V})$ 到 $\mathcal{P}(\boldsymbol{V})$ 的以下映射:

$$\perp(\sigma)(\boldsymbol{M})=\boldsymbol{M}^{\perp},\quad \forall \boldsymbol{M}\in\mathcal{P}(\boldsymbol{V}).$$

$\perp(\sigma)$ 称为 σ 的或 $Q(\sigma)$ 的**极化** (**polarity**).

2. 设 L 为射影直线, 二次型 $Q(\sigma)$ 的秩为 1. 试求 $\perp(\sigma)$.
若 $Q(\sigma)=\{A,\ B\}$, $A\neq B$. 试证 $(A,\ B,\ P,\ P^{\perp})$ $(P\in L)$ 为调和点列.

3. 设 L 为射影直线, 二次型 $Q(\sigma)\neq\varnothing$. 试用 $Q(\sigma)$ 刻画 $\perp(\sigma)$.

4. 给出 $\mathcal{P}(\mathbf{R}^3)$ 中退化锥形 $Q(\sigma)$. 并用锥形刻画 $\perp(\sigma)$.

5. 设 P 为射影平面, Q 是 P 中非退化锥形, A 是 Q 上一点. 试证: P 中通过 A 的每条不同于 $A^{\perp}$ 的直线与 Q 交于两点. 由此, 诱导出 Q 到 P 中任何直线上点集的一一对应.

6. 试证 $\mathcal{P}(\mathbf{Q}^3)$ 中锥形

$$\begin{aligned}Q&=\{P=L(x_0,\ x_1,\ x_2)|x_0^2+x_1^2-2x_2^2=0\}\\&=\{L(m^2+2mn-n^2,\ -m^2+2mn+n^2,\ -m^2-n^2)|m,n\in\mathbf{Z}\}.\end{aligned}$$

7. 设 $Q(\sigma)$ 是非空非退化锥形, 点 $P\notin Q(\sigma)$.
   1) 试证至少有两条通过 P 的直线与 $Q(\sigma)$ 有交点.
   2) 求 $P^{\perp}$.
   3) 若 $P\in Q(\sigma)$, 求 $P^{\perp}$.

参 考 文 献

北京大学数学系几何与代数教研室代数小组. 高等代数. 2 版. 北京：高等教育出版社, 1998

方德植, 陈奕培. 射影几何. 北京：高等教育出版社, 1983

库洛什. 高等代数教程. 2 版. 北京：高等教育出版社, 1956

蓝以中. 线性代数引论. 北京：北京大学出版社, 1981

马力茨夫. 线性代数基础. 修订版. 北京：人民教育出版社, 1959

孟道骥, 等. 高等代数与解析几何学习辅导. 北京：科学出版社, 2009

南开大学《空间解析几何引论》编写组. 空间解析几何引论. 2 版. 北京：高等教育出版社, 1989

苏步青. 高等几何讲义. 上海：上海科技出版社, 1964

孙泽瀛. 解析几何. 北京：高等教育出版社, 1958

许以超. 代数学引论. 上海：上海科技出版社, 1966

许以超. 线性代数与矩阵论. 北京：高等教育出版社, 1992

K W Gruenberg, A J Weir. Linear Geometry. 2nd Ed. New York: Springer-Verlag, 1997

下 册 索 引

A

鞍面 saddle 402

B

半不变量 semi-invariant 431
半单部分 semisimple part 283
半单线性变换 semisimple linear transformation 283
半负定二次型 negative semidefinite quadratic form 380
半径 radius 408
半线性 semilinear 340
半正定二次型 positive semidefinite quadratic form 380
半轴 semi axis 396
扁旋转椭球面 oblate ellipsoid of revolution 415
标准参照标架 standard frame of reference 444, 463
标准形 normalized form 277, 288, 302, 335, 367
标准正交基 orthonormal basis 312, 340
不变因子 invariant factor 283, 288, 294, 296
不变子空间 invariant subspace 262
不可逆线性变换 irreversible linear transformation 234

C

参照单形 simplex of reference 462
参照标架 frame of reference 444, 463
长半轴 long radius 396
长旋转椭球面 prolate ellipsoid of revolution 415
超平面 hyperplane 437
初等变换 elementary transformation 285
初等矩阵 elementary matrix 285
初等因子 elementary factor 282, 296

D

单位点 unit 463
单位化 normalize 306
单位向量 unit vector 306
单形 simplex 463
单叶双曲面 hyperboloid of one sheet 397, 410
等价 equivalence 285
等距变换 isometric transformation 385
底线 base line 408
第二类正交变换 orthogonal transformation of the second kind 332
第一类正交变换 orthogonal transformation of the first kind 332
点 point 437
顶点 vertex 396, 397, 398, 399, 401, 408
度量矩阵 metric matrix 310, 356
短半轴 short radius 396
对称变换 symmetric transformation 334
对称平面 symmetry plane 395
对称双线性函数 symmetric bilinear function 359
对称中心 center of symmetry 395
对称轴 axis of symmetry 395
对偶 duality 466
对偶标架 dual frames 467
对偶构形 dual configuration 468

对偶几何　dual geometry　467
对偶基　dual bases　352
对偶空间　dual space　352
对偶原理　principle of duality　466
对偶坐标　dual coordinates　467
多项式矩阵　polynomial matrix　284

E

二次超曲面　quadric hypersurface　388
二次超曲面的度量分类定理　metric classification theorem of quadric hypersurface　390
二次曲面　quadric surface, surface of second order　395
二次曲面的不变量　invariants of a quadric　431
二次曲面度量分类定理　metric classification theorem of quadric surface　393
二次曲面的共轭点　conjugate points of quadric　422
二次曲面的共轭方向　conjugate directions of a quadric　427
二次曲面的共轭直径　conjugate diameters of a quadric　428
二次曲面的奇点　singular point of quadric　422
二次曲面的奇向　singular direction of quadric　425
二次曲面的极平面　polar plane of quadric　421
二次曲面的渐近方向　asymptotic direction of quadric　423
二次曲面的渐近线　asymptotic line of a quadric　425
二次曲面的切平面　tangent plane of a quadric　421
二次曲面的切线　tangent line of a quadric　420
二次曲面的切锥面　tangent cone of a quadric　429
二次曲面的切柱面　tangent cylinder of a quadric　429
二次曲面的圆截面　cyclic section plane of a quadric　434
二次曲面的中心　centre of quadric surface　424
二次曲面的主方向　principal direction of a quadric　432
二次曲线　quadric curve　392
二次曲线的度量分类定理　metric classification theorem of quadric curve　392
二次型　quadratic form　361, 366
二次型的标准形　canonical form of quadratic form　367
二次型的秩　rank of quadratic form　373, 470
二次锥面　quadric cone　399
二重点　point of multiple 2, double point　470

F

反对称变换　skew-symmetric transformation　339
反对称双线性函数　skew-symmetric bilinear function　359
反同构　anti isomorphism　466
反 Hermite 变换　skew-Hermitian transformation　343
反 Hermite 矩阵　skew-Hermitian matrix　343
仿射变换　affinity　443
仿射构形　affine configuration　456
仿射几何　affine geometry　437
仿射同构　affine isomorphism　441
仿射坐标系　affine coordinate system　445
非退化线性替换　nondegenerate linear substitution　366

符号差 signature 375
负定二次型 negative definite quadratic form 380
负惯性指数 negative index of inertia 375
复二次型 complex quadratic form 373
复二次型的规范形 normal form of complex quadratic form 373

G

根子空间 root subspace 268
共点 concurrent 452
共轭变换 conjugate transformation 325, 341
共轭双曲面 conjugate hyperboloids 399
共轭直径面 conjugate diametral planes of a quadric 425
共面 coplanar 452
共线 collinear 452
勾股定理 Theorem of legs of a right triangle, Pythagorean Theorem 308
惯性定理 inertial theorem 375

H

行列式因子 determinant factor 294, 296
合同矩阵 congruent matrices 358
环面 torus 416

J

基本关联定理 the fundamental incidence theorem 458
极点 pole 421
极化 polarity 471
渐近方向锥面 cone of asymptotic direction 423
渐近锥面 asymptotic cone 400, 425
交错的 skew 452
交错直线 skew lines 440
截线 cross section 456
经线 meridian curve 413
镜面反射 reflection 333

K

可逆线性变换 invertible linear transformation 234
空间仿射坐标系 space affine coordinates system 445

L

联 join 436
联接 join 436
零化子 annihilator 466
零化子空间 annihilator subspace 355
零化子映射 annihilator mapping 466
轮换矩阵 circulant matrix 259

M

马鞍面 saddle 402
幂零部分 nilpotent part 283
幂零线性变换 nilpotent linear transformation 283
面对称 symmetry with respect to a plane 395
面心二次曲面 quadric surface with a symmetric plane 425
母线 generating line 406, 407, 413

N

内分点 internally dividing point 451
内积 inner product 304, 339
内射影 orthogonal projection 322

P

抛物柱面 parabolic cylinder 404
陪集 coset 435
膨胀变换 dilatation 445
平凡不变子空间 trivial invariant subspace 262
平面 plane 437
平行 parallel 437
平行透射 parallel perspective 447

平移　translation　385
平移不变量　translation invariant　431
平移空间　translation space　435

Q

齐次坐标　homogeneous coordinates　465
齐次坐标系　homogeneous coordinate system　462
齐性向量　homogeneous vector　446, 452
嵌入定理　emdeding theorem　453
球面　sphere　415

S

三角形不等式　triangle inequality　307
三角形　triangle　446
射影变换　projectivity　461
射影超平面　projective hyperplane　452
射影点　projective point　452
射影二次型　projective quadric　469
射影构形　projective configuration　456
射影几何　projective geometry　452
射影空间　projective space　452
射影平面　projective plane　452
射影同构　projective isomorphism　460
射影维数　projective dimension　452
射影直线　projective line　452
射影坐标　projective coordinates　465
射影坐标系　projective coordinate system　462
实二次型　real quadratic form　373
实二次型的规范形　normal form of real quadratic form　373
双曲抛物面　hyperbolic paraboloid　401, 412
双曲柱面　hyperbolic cylinder　403
双线性度量空间　bilinear metric space　363
双线性函数　bilinear function　356
双叶双曲面　hyperboloid of two sheets　398
顺序主子式　order principal minor　377

T

特征多项式　characteristic polynomial　249
特征向量　characteristic vector　248, 249
特征值　characteristic value　248, 249
特征子空间　characteristic subspace　248
调和点列　harmonic range　450, 460
调和共轭点　harmonic conjugate point　450, 460
调和结构　harmonic construction　449, 459
同构映射　isomorphic mapping　318
退化　degenerate　470
透射　perspective　447
透射中心　center of perspective　447
透射轴　axis of perspective　458
椭球面　ellipsoid　396
椭圆抛物面　elliptic paraboloid　401
椭圆柱面　elliptic cylinder　402

W

外分点　externally dividing point　451
维数　dimension　437
伪正交变换　pseudo orthogonal transformation　364
伪 Euclid 空间　pseudo-Euclidean space　363
纬圆　latitude　414
无穷远点　point at infinite　456
无穷远处的超平面　hyperplane at infinite　456
无心二次曲面　noncentral quadric surface　425

X

弦　chord　424

限制 restriction 262
线心二次曲面 quadric surface with a symmetric axis 425
线性变换 linear transformation 229
线性变换的迹 trace of a linear transformation 244
线性变换的行列式 determinant of linear transformation 244
线性变换的矩阵 matrix of linear transformation 239
线性变换的运算 operations of linear transformation 233
线性函数 linear function 350
线性空间的二次齐次函数 homogeneous quadratic function of a linear space 360
线性替换 linear substitution 366
线性性 property of linearity 304
相抵 equivalence 285
相反定向 opposite orientation 344
相似矩阵 similar matrix 242
相同定向 same orientation 344
向量的长度 length of a vector 306
向量的混合积 mixed product of vectors 347
向量的夹角 angle between two vectors 308
向量的向量积 vector product of vectors 345
辛变换 symplectic transformation 365
辛空间 symplectic space 363
旋转 rotation 332
旋转单叶双曲面 hyperboloid of one sheet of revolution 415
旋转面 surface of revolution 413
旋转抛物面 paraboloid of revolution 416
旋转双叶双曲面 hyperboloid of two sheets of revolution 415
旋转椭球面 ellipsoid of revolution 415
循环子空间 cyclic subspace 282

Y

腰圆 ellipse of striction 397
异面直线 skew lines 440
有向体积 directed volume 347
有心二次曲面 central quadric surface 425
酉变换 unitary transformation 342
酉矩阵 unitary matrix 341
酉空间 unitary space 339
右手系 right hand system 345
诱导 induce 265
余关系 correlation 466
余弦定理 cosine law 308
原点 origin 444
圆环面 torus 416
圆柱面 circular cylinder 416
圆锥面 circular conical surface 416

Z

正交基 orthogonal basis 312, 364
正定二次型 positive definite quadratic form 376
正定矩阵 positive definite matrix 310
正定性 positive definite 304
正惯性指数 positive index of inertia 375
正规变换 normal transformation 326, 342
正规变换的标准形 canonical form of normal transformation 329, 342
正规矩阵 normal matrix 326
正交半不变量 orthogonal semi invariant 431
正交变换 orthogonal transformation 330
正交不变量 orthogonal invariant 431
正交补 orthogonal complement 321, 364
正交矩阵 orthogonal matrix 310
正交向量组 system of orthogonal vectors 311, 340

正则点 regular point 422
直径 diameter 428
直母线 rectilinear generator 406
直射变换 collineation 461
直纹面 ruled surfaces 406
直线 line 437
秩 rank 232, 285, 470
中半轴 medial radius 396
中心 centre 424, 465
中心对称 central symmetry 395
中心二次曲面 quadric surface with a symmetric centre 424
中心直射 central collineation 465
轴 axis 413, 465
轴对称 axial symmetry 395
主方向 principal direction 432
主径面 principal diameter plane 432
主子式 principal minor 377
柱面 cylinder 407
锥面 cone 408
锥形 conic 469
准线 directrix 407, 409
子几何 subgeometry 437
最低多项式 minimal polynomial 236
左手系 left hand system 345
坐标 coordinate 445

其他

Cauchy-Буняковский 不等式 Cauchy-Буняковский inequality 306
Desargues 定理 Desargues' Theorem 447, 458
Euclid 空间 Euclidean space 304
Euclid 空间的同构 isomorphism of Euclidean spaces 318
Euler 角 Euler's angles 349
Hamilton-Caylay 定理 Hamilton-Caylay Theorem 253
Hermite 变换 Hermitian transformation 343
Hermite 矩阵 Hermitian matrix 343
Jacobi 恒等式 Jacobi identity 349
Jordan 标准形 Jordan canonical form 283
Jordan 分解 Jordan decomposition 277
Jordan 矩阵 Jordan matrix 277, 299
Jordan 块 Jordan piece 277, 299
Lagrange 恒等式 Lagrange identity 349
Pappus 定理 Pappus' Theorem 448, 459
Schmidt 正交化 Schmidt orthogonalization 314